U0237012

“十四五”时期国家重点出版物出版专项规划项目

浙江昆虫志

第十二卷

鳞 翅 目

蛾类（II）

韩红香 姜 楠 主编

科 学 出 版 社
北 京

内 容 简 介

本卷基于野外采集标本和文献资料，系统记述浙江省分布的鳞翅目大蛾类昆虫 5 总科 14 科 409 属 733 种，其中 11 种为浙江新记录种。每种下均有文献引证、鉴别特征、分布、生物学等信息。文后附有成虫彩色图版 46 幅，外生殖器特征图 374 幅。

本志可为昆虫学、生物多样性保护、生物地理学研究提供研究资料，可供昆虫学科研与教学工作者、生物多样性保护与农林生产部门及高等院校有关专业师生参考。

图书在版编目（CIP）数据

浙江昆虫志. 第十二卷，鳞翅目. 蛾类. Ⅱ / 韩红香，姜楠主编. —北京：科学出版社，2023.7

“十四五”时期国家重点出版物出版专项规划项目

国家出版基金项目

ISBN 978-7-03-072342-0

Ⅰ. ①浙… Ⅱ. ①韩… ②姜… Ⅲ. ①昆虫志—浙江②鳞翅目—昆虫志—浙江③蛾—昆虫志—浙江 Ⅳ. ①Q968.225.5②Q969.420.8

中国版本图书馆 CIP 数据核字(2022)第 087071 号

责任编辑：李 悦 付丽娜 / 责任校对：严 娜

责任印制：肖 兴 / 封面设计：北京蓝正合融广告有限公司

科学出版社 出版

北京东黄城根北街 16 号

邮政编码：100717

http://www.sciencep.com

中国科学院印刷厂 印刷

科学出版社发行 各地新华书店经销

*

2023 年 7 月第 一 版 开本：889×1194 1/16

2023 年 7 月第一次印刷 印张：27 1/2 插页：44

字数：1 080 000

定价：568.00 元

（如有印装质量问题，我社负责调换）

《浙江昆虫志》领导小组

主　　任　胡　侠（2018年12月起任）

林云举（2014年11月至2018年12月在任）

副 主 任　吴　鸿　杨幼平　王章明　陆献峰

委　　员　（以姓氏笔画为序）

王　翔　叶晓林　江　波　吾中良　何志华

汪奎宏　周子贵　赵岳平　洪　流　章滨森

顾　　问　尹文英（中国科学院院士）

印象初（中国科学院院士）

康　乐（中国科学院院士）

何俊华（浙江大学教授、博士生导师）

组织单位　浙江省森林病虫害防治总站

浙江农林大学

浙江省林学会

《浙江昆虫志》编辑委员会

《浙江昆虫志　第十二卷　鳞翅目　蛾类（Ⅱ）》
编写人员

主　编　韩红香　姜　楠

副主编　薛大勇　韩辉林　王　星　程　瑞

作者及参加编写单位（按研究类群排序）

蚕 蛾 科

　王　星（琼台师范学院）

　黄国华（湖南农业大学）

大蚕蛾科

　程　瑞　姜　楠　郭小江　韩红香（中国科学院动物研究所）

天 蛾 科

　潘晓丹　薛大勇　韩红香（中国科学院动物研究所）

箩纹蛾科

　韩红香　程　瑞　张鑫怡　姜　楠（中国科学院动物研究所）

枯叶蛾科

　韩红香　程　瑞　鲜春兰　姜　楠（中国科学院动物研究所）

钩 蛾 科

　姜　楠　宋文惠　江　珊　薛大勇　韩红香（中国科学院动物研究所）

尺 蛾 科

　韩红香　姜　楠　崔　乐　项兰斌　李赫男　刘祖莲　薛大勇
　（中国科学院动物研究所）

凤 蛾 科

　韩红香　程　瑞　姜　楠（中国科学院动物研究所）

燕 蛾 科

韩红香　程　瑞　姜　楠（中国科学院动物研究所）

舟 蛾 科

姜　楠　程　瑞　李欣欣　薛大勇（中国科学院动物研究所）

灯 蛾 科

姜　楠　程　瑞　班晓双　薛大勇（中国科学院动物研究所）

毒 蛾 科

姜　楠　程　瑞　刘淑仙　薛大勇（中国科学院动物研究所）

瘤 蛾 科

姜　楠（中国科学院动物研究所）

韩辉林（东北林业大学）

程　瑞（中国科学院动物研究所）

夜 蛾 科

姜　楠（中国科学院动物研究所）

韩辉林（东北林业大学）

程　瑞（中国科学院动物研究所）

《浙江昆虫志》序一

浙江省地处亚热带，气候宜人，集山水海洋之地利，生物资源极为丰富，已知的昆虫种类就有 1 万多种。浙江省昆虫资源的研究历来受到国内外关注，长期以来大批昆虫学分类工作者对浙江省进行了广泛的资源调查，积累了丰富的原始资料。因此，系统地研究这一地域的昆虫区系，其意义与价值不言而喻。吴鸿教授及其团队曾多次负责对浙江天目山等各重点生态地区的昆虫资源种类的详细调查，编撰了一些专著，这些广泛、系统而深入的调查为浙江省昆虫资源的调查与整合提供了翔实的基础信息。在此基础上，为了进一步摸清浙江省的昆虫种类、分布与为害情况，2016 年由浙江省林业有害生物防治检疫局（现浙江省森林病虫害防治总站）和浙江省林学会发起，委托浙江农林大学实施，先后邀请全国几十家科研院所，300 多位昆虫分类专家学者在浙江省内开展昆虫资源的野外补充调查与标本采集、鉴定，并且系统编写《浙江昆虫志》。

历时六年，在国内最优秀昆虫分类专家学者的共同努力下，《浙江昆虫志》即将按类群分卷出版面世，这是一套较为系统和完整的昆虫资源志书，包含了昆虫纲所有主要类群，更为可贵的是，《浙江昆虫志》参照《中国动物志》的编写规格，有较高的学术价值，同时该志对动物资源保护、持续利用、有害生物控制和濒危物种保护均具有现实意义，对浙江地区的生物多样性保护、研究及昆虫学事业的发展具有重要推动作用。

《浙江昆虫志》的问世，体现了项目主持者和组织者的勤奋敬业，彰显了我国昆虫学家的执着与追求、努力与奋进的优良品质，展示了最新的科研成果。《浙江昆虫志》的出版将为浙江省昆虫区系的深入研究奠定良好基础。浙江地区还有一些类群有待广大昆虫研究者继续努力工作，也希望越来越多的同仁能在国家和地方相关部门的支持下开展昆虫志的编写工作，这不但对生物多样性研究具有重大贡献，也将造福我们的子孙后代。

印象初

印象初
河北大学生命科学学院
中国科学院院士
2022 年 1 月 18 日

《浙江昆虫志》序二

浙江地处中国东南沿海，地形自西南向东北倾斜，大致可分为浙北平原、浙西中山丘陵、浙东丘陵、中部金衢盆地、浙南山地、东南沿海平原及海滨岛屿6个地形区。浙江复杂的生态环境成就了极高的生物多样性。关于浙江的生物资源、区系组成、分布格局等，植物和大型动物都有较为系统的研究，如20世纪80年代《浙江植物志》和《浙江动物志》陆续问世，但是无脊椎动物的研究却较为零散。90年代末至今，浙江省先后对天目山、百山祖、清凉峰等重点生态地区的昆虫资源种类进行了广泛、系统的科学考察和研究，先后出版《天目山昆虫》《华东百山祖昆虫》《浙江清凉峰昆虫》等专著。1983年、2003年和2015年，由浙江省林业厅部署，浙江省还进行过三次林业有害生物普查。但历史上，浙江省一直没有对全省范围的昆虫资源进行系统整理，也没有建立统一的物种信息系统。

2016年，浙江省林业有害生物防治检疫局（现浙江省森林病虫害防治总站）和浙江省林学会发起，委托浙江农林大学组织实施，联合中国科学院、南开大学、浙江大学、西北农林科技大学、中国农业大学、中南林业科技大学、河北大学、华南农业大学、扬州大学、浙江自然博物馆等单位共同合作，开始展开对浙江省昆虫资源的实质性调查和编纂工作。六年来，在全国三百多位专家学者的共同努力下，编纂工作顺利完成。《浙江昆虫志》参照《中国动物志》编写，系统、全面地介绍了不同阶元的鉴别特征，提供了各类群的检索表，并附形态特征图。全书各卷册分别由该领域知名专家编写，有力地保证了《浙江昆虫志》的质量和水平，使这套志书具有很高的科学价值和应用价值。

昆虫是自然界中最繁盛的动物类群，种类多、数量大、分布广、适应性强，与人们的生产生活关系复杂而密切，既有害虫也有大量有益昆虫，是生态系统中重要的组成部分。《浙江昆虫志》不仅有助于人们全面了解浙江省丰富的昆虫资源，还可供农、林、牧、畜、渔、生物学、环境保护和生物多样性保护等工作者参考使用，可为昆虫资源保护、持续利用和有害生物控制提供理论依据。该丛书的出版将对保护森林资源、促进森林健康和生态系统的保护起到重要作用，并且对浙江省设立“生态红线”和“物种红线”的研究与监测，以及创建“两美浙江”等具有重要意义。

《浙江昆虫志》必将以它丰富的科学资料和广泛的应用价值为我国的动物学文献宝库增添新的宝藏。

康　乐
中国科学院动物研究所
中国科学院院士
2022年1月30日

《浙江昆虫志》前言

生物多样性是人类赖以生存和发展的重要基础，是地球生命所需要的物质、能量和生存条件的根本保障。中国是生物多样性最为丰富的国家之一，也同样面临着生物多样性不断丧失的严峻问题。生物多样性的丧失，直接威胁到人类的食品、健康、环境和安全等。国家高度重视生物多样性的保护，下大力气改善生态环境，改变生物资源的利用方式，促进生物多样性研究的不断深入。

浙江区域是我国华东地区一道重要的生态屏障，和谐稳定的自然生态系统为长三角地区经济快速发展提供了有力保障。浙江省地处中国东南沿海长江三角洲南翼，东临东海，南接福建，西与江西、安徽相连，北与上海、江苏接壤，位于北纬 27°02′～31°11′，东经 118°01′～123°10′，陆地面积 10.55 万 km^2，森林面积 608.12 万 hm^2，森林覆盖率为 61.17%（按省同口径计算，含一般灌木），森林生态系统多样性较好，森林植被类型、森林类型、乔木林龄组类型较丰富。湿地生态系统中湿地植物和植被、湿地野生动物均相当丰富。目前浙江省建有数量众多、类型丰富、功能多样的各级各类自然保护地。有 1 处国家公园体制试点区（钱江源国家公园）、311 处省级及以上自然保护地，其中 27 处自然保护区、128 处森林公园、59 处风景名胜区、67 处湿地公园、15 处地质公园、15 处海洋公园（海洋特别保护区），自然保护地总面积 1.4 万 km^2，占全省陆域的 13.3%。

浙江素有“东南植物宝库”之称，是中国植物物种多样性最丰富的省份之一，有高等植物 6100 余种，在中东南植物区系中占有重要的地位；珍稀濒危植物众多，其中国家一级重点保护野生植物 11 种，国家二级重点保护野生植物 104 种；浙江特有种超过 200 种，如百山祖冷杉、普陀鹅耳枥、天目铁木等物种。陆生野生脊椎动物有 790 种，约占全国总数的 27%，列入浙江省级以上重点保护野生动物 373 种，其中国家一级重点保护动物 54 种，国家二级保护动物 138 种，像中华凤头燕鸥、华南梅花鹿、黑麂等都是以浙江为主要分布区的珍稀濒危野生动物。

昆虫是现今陆生动物中最为繁盛的一个类群，约占动物界已知种类的 3/4，是生物多样性的重要组成部分，在生态系统中占有独特而重要的地位，与人类具有密切而复杂的关系，为世界创造了巨大精神和物质财富，如家喻户晓的家蚕、蜜蜂和冬虫夏草等资源昆虫。

浙江集山水海洋之地利，地理位置优越，地形复杂多样，气候温和湿润，加之第四纪以来未受冰川的严重影响，森林覆盖率高，造就了丰富多样的生境类型，保存着大量珍稀生物物种，这种有利的自然条件给昆虫的生息繁衍提供了便利。昆虫种类复杂多样，资源极为丰富，珍稀物种荟萃。

浙江昆虫研究由来已久，早在北魏郦道元所著《水经注》中，就有浙江天目山的山川、霜木情况的记载。明代医药学家李时珍在编撰《本草纲目》时，曾到天目山实地考察采集，书中收有产于天目山的养生之药数百种，其中不乏有昆虫药。明代《西天目祖山志》生殖篇虫族中有山蚕、蚱蜢、蜣螂、蛱蝶、蜻蜓、蝉等昆虫的明确记载。由此可见，自古以来，浙江的昆虫就已引起人们的广泛关注。

20 世纪 40 年代之前，法国人郑璧尔（Octave Piel，1876～1945）（曾任上海震旦博物馆馆长）曾分别赴浙江四明山和舟山进行昆虫标本的采集，于 1916 年、1926 年、1929 年、1935 年、1936 年及 1937 年又多次到浙江天目山和莫干山采集，其中，1935～1937 年的采集规模大、类群广。他采集的标本数量大、影响深远，依据他所采标本就有相关 24 篇文章在学术期刊上发表，其中 80 种的模式标本产于天目山。

浙江是中国现代昆虫学研究的发源地之一。1924 年浙江昆虫局成立，曾多次派人赴浙江各地采集昆虫标本，国内昆虫学家也纷纷来浙采集，如胡经甫、祝汝佐、柳支英、程淦藩等，这些采集的昆虫标本现保存于中国科学院动物研究所、中国科学院上海昆虫博物馆（原中国科学院上海昆虫研究所）及浙江大学。据此有不少研究论文发表，其中包括大量新种。同时，浙江省昆虫局创办了《昆虫与植病》和《浙江省昆虫局年刊》等。《昆虫与植病》是我国第一份中文昆虫期刊，共出版 100 多期。

20 世纪 80 年代末至今，浙江省开展了一系列昆虫分类区系研究，特别是 1983 年和 2003 年分别进行了林业有害生物普查，分别鉴定出林业昆虫 1585 种和 2139 种。陈其瑚主编的《浙江植物病虫志　昆虫篇》（第一集 1990 年，第二集 1993 年）共记述 26 目 5106 种（包括蜱螨目），并将浙江全省划分成 6 个昆虫地理区。1993 年童雪松主编的《浙江蝶类志》记述鳞翅目蝶类 11 科 340 种。2001 年方志刚主编的《浙江昆虫名录》收录六足类 4 纲 30 目 447 科 9563 种。2015 年宋立主编的《浙江白蚁》记述白蚁 4 科 17 属 62 种。2019 年李泽建等在《浙江天目山蝴蝶图鉴》中记述蝴蝶 5 科 123 属 247 种，2020 年李泽建等在《百山祖国家公园蝴蝶图鉴　第Ⅰ卷》中记述蝴蝶 5 科 140 属 283 种。

中国科学院上海昆虫研究所尹文英院士曾于 1987 年主持国家自然科学基金重点项目"亚热带森林土壤动物区系及其在森林生态平衡中的作用"，在天目山采得昆虫纲标本 3.7 万余号，鉴定出 12 目 123 种，并于 1992 年编撰了《中国亚热带土壤动物》一书，该项目研究成果曾获中国科学院自然科学奖二等奖。

浙江大学（原浙江农业大学）何俊华和陈学新教授团队在我国著名寄生蜂分类学家祝汝佐教授（1900～1981）所奠定的文献资料与研究标本的坚实基础上，开展了农林业害虫寄生性天敌昆虫资源的深入系统分类研究，取得丰硕成果，撰写专著 20 余册，如《中国经济昆虫志　第五十一册　膜翅目　姬蜂科》《中国动物志　昆虫纲　第十八卷　膜翅目　茧蜂科（一）》《中国动物志　昆虫纲　第二十九卷　膜翅目　螯蜂科》《中国动物志　昆虫纲　第三十七卷　膜翅目　茧蜂科（二）》《中国动物志　昆虫纲　第五十六卷　膜翅目　细蜂总科（一）》等。2004 年何俊华教授又联合相关专家编著了《浙江蜂类志》，共记录浙江蜂类 59 科 631 属 1687 种，其中模式产地在浙江的就有 437 种。

浙江农林大学（原浙江林学院）吴鸿教授团队先后对浙江各重点生态地区的昆虫资源进行了广泛、系统的科学考察和研究，联合全国有关科研院所的昆虫分类学家，吴鸿教授作为主编或者参编者先后编撰了《浙江古田山昆虫和大型真菌》《华东百山祖昆虫》《龙王山昆虫》《天目山昆虫》《浙江乌岩岭昆虫及其森林健康评价》《浙江凤阳山昆虫》《浙江清凉峰昆虫》《浙江九龙山昆虫》等图书，书中发表了众多的新属、新种、中国新记录科、新记录属和新记录种。2014～2020 年吴鸿教授作为总主编之一还编撰了《天目山动物志》（共 11 卷），其中记述六足类动物 32 目 388 科 5000 余种。上述科学考察以及本次《浙江昆虫志》编撰项目为浙江当地和全国培养了一批昆虫分类学人才并积累了 100 万号昆虫标本。

通过上述大型有组织的昆虫科学考察，不仅查清了浙江省重要保护区内的昆虫种类资源，而且为全国积累了珍贵的昆虫标本。这些标本、专著及考察成果对于浙江省乃至全国昆虫类群的系统研究具有重要意义，不仅推动了浙江地区昆虫多样性的研究，也让更多的人认识到生物多样性的重要性。然而，前期科学考察的采集和研究的广度和深度都不能反映整个浙江地区的昆虫全貌。

昆虫多样性的保护、研究、管理和监测等许多工作都需要有翔实的物种信息作为基础。昆虫分类鉴定往往是一项逐渐接近真理（正确物种）的工作，有时甚至需要多次更正才能找到真正的归属。过去的一些观测仪器和研究手段的限制，导致部分属种鉴定有误，现代电子光学显微成像技术及 DNA 条形码分子鉴定技术极大推动了昆虫物种的更精准鉴定，此次《浙江昆虫志》对过去一些长期误鉴的属种和疑难属种进行了系统订正。

为了全面系统地了解浙江省昆虫种类的组成、发生情况、分布规律，为了益虫开发利用和有害昆虫的防控，以及为生物多样性研究和持续利用提供科学依据，2016 年 7 月“浙江省昆虫资源调查、信息管理与编撰”项目正式开始实施，该项目由浙江省林业有害生物防治检疫局（现浙江省森林病虫害防治总站）和浙江省林学会发起，委托浙江农林大学组织，联合全国相关昆虫分类专家合作。《浙江昆虫志》编委会组织全国 30 余家单位 300 余位昆虫分类学者共同编写，共分 16 卷：第一卷由杜予州教授主编，包含原尾纲、弹尾纲、双尾纲，以及昆虫纲的石蛃目、衣鱼目、蜉蝣目、蜻蜓目、𫌀翅目、等翅目、蜚蠊目、螳螂目、蟾虫目、直翅目和革翅目；第二卷由花保祯教授主编，包括昆虫纲啮虫目、缨翅目、广翅目、蛇蛉目、脉翅目、长翅目和毛翅目；第三卷由张雅林教授主编，包含昆虫纲半翅目同翅亚目；第四卷由卜文俊和刘国卿教授主编，包含昆虫纲半翅目异翅亚目；第五卷由李利珍教授和白明研究员主编，包含昆虫纲鞘翅目原鞘亚目、藻食亚目、肉食亚目、牙甲总科、阎甲总科、隐翅虫总科、金龟总科、沼甲总科；第六卷由任国栋教授主编，包含昆虫纲鞘翅目花甲总科、吉丁甲总科、丸甲总科、叩甲总科、长蠹总科、郭公甲总科、扁甲总科、瓢甲总科、拟步甲总科；第七卷由杨星科和张润志研究员主编，包含昆虫纲鞘翅目叶甲总科和象甲总科；第八卷由吴鸿和杨定教授主编，包含昆虫纲双翅目长角亚目；第九卷由杨定和姚刚教授主编，包含昆虫纲双翅目短角亚目虻总科、水虻总科、食虫虻总科、舞虻总科、蚤蝇总科、蚜蝇总科、眼蝇总科、实蝇总科、小粪蝇总科、缟蝇总科、沼蝇总科、鸟蝇总科、水蝇总科、突眼蝇总科和禾蝇总科；第十卷由薛万琦和张春田教授主编，包含昆虫纲双翅目短角亚目蝇总科、狂蝇总科；第十一卷由李后魂教授主编，包含昆虫纲鳞翅目小蛾类；第十二卷由韩红香副研究员和姜楠博士主编，包含昆虫纲鳞翅目大蛾类；第十三卷由王敏和范骁凌教授主编，包含昆虫纲鳞翅目蝶类；第十四卷由魏美才教授主编，包含昆虫纲膜翅目“广腰亚目”；第十五卷由陈学新和王义平教授主编、第十六卷由陈学新教授主编，这两卷内容为昆虫纲膜翅目细腰亚目。16 卷共记述浙江省六足类 1 万余种，各卷所收录物种的截止时间为 2021 年 12 月。

《浙江昆虫志》各卷主编由昆虫各类群权威顶级分类专家担任，他们是各单位的学科带头人或国家杰出青年科学基金获得者、973 计划首席专家和各专业学会的理事长和副理事长等，他们中有不少人都参与了《中国动物志》的编写工作，从而有力地保证了《浙江昆虫志》整套 16 卷学术内容的高水平和高质量，各卷反映了我国昆虫分类学者对昆虫分类区系研究的最新成果。《浙江昆虫志》是迄今为止对浙江省昆虫种类资源最为完整的科学记载，体现了国际一流水平，16 卷《浙江昆虫志》汇集了上万张图片，除黑白特征图外，还有大量成虫整体或局部特征彩色照片，这些图片精美、细致，能充分、直观地展示物种的分类形态鉴别特征。

浙江省林业局对《浙江昆虫志》的编撰出版一直给予关注，在其领导与支持下获得浙江省财政厅的经费资助。在科学考察过程中得到了浙江省各市、县（市、区）林业部门的大力支持和帮助，特别是浙江天目山国家级自然保护区管理局、浙江清凉峰国家级自然保护区管理局、四明山国家森林公园、钱江源国家公园、浙江仙霞岭省级自然保护区管理局、浙江九龙山国家级自然保护区管理局、景宁望东垟高山湿地自然保护区管理局和舟山市自然资源和规划局也给予了大力协助。同时也感谢国家出版基金和科学出版社的资助与支持，保证了 16 卷《浙江昆虫志》的顺利出版。

中国科学院印象初院士和康乐院士欣然为本志作序。借此付梓之际，我们谨向以上单位和个人，以及在本项目执行过程中给予关怀、鼓励、支持、指导、帮助和做出贡献的同志表示衷心的感谢！

限于资料和编研时间等多方面因素，书中难免有不足之处，恳盼各位同行和专家及读者不吝赐教。

《浙江昆虫志》编辑委员会

2022 年 3 月

《浙江昆虫志》编写说明

本志收录的种类原则上是浙江省内各个自然保护区和舟山群岛野外采集获得的昆虫种类。昆虫纲的分类系统参考袁锋等 2006 年编著的《昆虫分类学》第二版。其中，广义的昆虫纲已提升为六足总纲 Hexapoda，分为原尾纲 Protura、弹尾纲 Collembola、双尾纲 Diplura 和昆虫纲 Insecta。目前，狭义的昆虫纲仅包含无翅亚纲的石蛃目 Microcoryphia 和衣鱼目 Zygentoma 以及有翅亚纲。本志采用六足总纲的分类系统。考虑到编写的系统性、完整性和连续性，各卷所包含类群如下：第一卷包含原尾纲、弹尾纲、双尾纲，以及昆虫纲的石蛃目、衣鱼目、蜉蝣目、蜻蜓目、襀翅目、等翅目、蜚蠊目、螳螂目、蛩蠊目、直翅目和革翅目；第二卷包含昆虫纲的啮虫目、缨翅目、广翅目、蛇蛉目、脉翅目、长翅目和毛翅目；第三卷包含昆虫纲的半翅目同翅亚目；第四卷包含昆虫纲的半翅目异翅亚目；第五卷、第六卷和第七卷包含昆虫纲的鞘翅目；第八卷、第九卷和第十卷包含昆虫纲的双翅目；第十一卷、第十二卷和第十三卷包含昆虫纲的鳞翅目；第十四卷、第十五卷和第十六卷包含昆虫纲的膜翅目。

由于篇幅限制，本志所涉昆虫物种均仅提供原始引证，部分物种同时提供了最新的引证信息。为了物种鉴定的快速化和便捷化，所有包括 2 个以上分类阶元的目、科、亚科、属，以及物种均依据形态特征编写了对应的分类检索表。本志关于浙江省内分布情况的记录，除了之前有记录但是分布记录不详且本次调查未采到标本的种类外，所有种类都尽可能反映其详细的分布信息。限于篇幅，浙江省内的分布信息以地级市、市辖区、县级市、县、自治县为单位按顺序编写，如浙江（安吉、临安）；由于四明山国家级自然保护区地跨多个市（县），因此，该地的分布信息保留为四明山。对于省外分布地则只写到省份、自治区、直辖市和特区等名称，参照《中国动物志》的编写规则，按顺序排列。对于国外分布地则只写到国家或地区名称，各个国家名称参照国际惯例按顺序排列，以逗号隔开。浙江省分布地名称和行政区划资料截至 2020 年，具体如下。

湖州：吴兴、南浔、德清、长兴、安吉

嘉兴：南湖、秀洲、嘉善、海盐、海宁、平湖、桐乡

杭州：上城、下城、江干、拱墅、西湖、滨江、萧山、余杭、富阳、临安、桐庐、淳安、建德

绍兴：越城、柯桥、上虞、新昌、诸暨、嵊州

宁波：海曙、江北、北仑、镇海、鄞州、奉化、象山、宁海、余姚、慈溪

舟山：定海、普陀、岱山、嵊泗

金华：婺城、金东、武义、浦江、磐安、兰溪、义乌、东阳、永康

台州：椒江、黄岩、路桥、三门、天台、仙居、温岭、临海、玉环

衢州：柯城、衢江、常山、开化、龙游、江山

丽水：莲都、青田、缙云、遂昌、松阳、云和、庆元、景宁、龙泉

温州：鹿城、龙湾、瓯海、洞头、永嘉、平阳、苍南、文成、泰顺、瑞安、乐清

目　　录

概 述

本书共记述浙江大蛾类昆虫 14 科 409 属 733 种。隶属于蚕蛾总科、枯叶蛾总科、钩蛾总科、尺蛾总科、夜蛾总科等 5 总科。其中记述蚕蛾科 11 属 14 种；大蚕蛾科 5 属 12 种；天蛾科 37 属 75 种；箩纹蛾科 1 属 3 种；枯叶蛾科 16 属 27 种；钩蛾科 27 属 61 种；尺蛾科 142 属 249 种；凤蛾科 1 属 3 种；燕蛾科 2 属 3 种；舟蛾科 46 属 74 种；灯蛾科 25 属 51 种；毒蛾科 13 属 35 种；瘤蛾科 10 属 12 种；夜蛾科 73 属 114 种。

大蛾类 Macromoths 隶属于鳞翅目 Lepidoptera 异脉类 Heteroneura 双孔类 Ditrysia 短突双孔类 Apoditrysia 被蛹类 Obtectmera，共包括 6 总科：蚕蛾总科 Bombycoidea、枯叶蛾总科 Lasiocampoidea、钩蛾总科 Drepanoidea、尺蛾总科 Geometroidea、夜蛾总科 Noctuoidea 和栎蛾总科 Mimallonoidea。其中蚕蛾总科、枯叶蛾总科、钩蛾总科、尺蛾总科和夜蛾总科在浙江省有分布。我国对这几个总科已有较为详尽的研究，且已有 12 卷《中国动物志》出版：朱弘复和王林瑶（1991）《中国动物志 昆虫纲 第三卷 鳞翅目 圆钩蛾科 钩蛾科》；朱弘复和王林瑶（1996）《中国动物志 昆虫纲 第五卷 鳞翅目 蚕蛾科 大蚕蛾科 网蛾科》；朱弘复和王林瑶（1997）《中国动物志 昆虫纲 第十一卷 鳞翅目 天蛾科》；陈一心（1999）《中国动物志 昆虫纲 第十六卷 鳞翅目 夜蛾科》；薛大勇和朱弘复（1999）《中国动物志 昆虫纲 第十五卷 鳞翅目 尺蛾科 花尺蛾亚科》；方承莱（2000）《中国动物志 昆虫纲 第十九卷 鳞翅目 灯蛾科》；武春生和方承莱（2003）《中国动物志 昆虫纲 第三十一卷 鳞翅目 舟蛾科》；赵仲苓（2003）《中国动物志 昆虫纲 第三十卷 鳞翅目 毒蛾科》；赵仲苓（2004）《中国动物志 昆虫纲 第三十六卷 鳞翅目 波纹蛾科》；朱弘复、王林瑶、韩红香（2004）《中国动物志 昆虫纲 第三十八卷 鳞翅目 蝙蝠蛾科 蛱蛾科》；刘友樵和武春生（2006）《中国动物志 昆虫纲 第四十七卷 鳞翅目 枯叶蛾科》；韩红香和薛大勇（2011）《中国动物志 昆虫纲 第五十四卷 鳞翅目 尺蛾科 尺蛾亚科》。这些工作是开展本项研究的重要基础，本书中总科、科、亚科、属等特征，以及属级阶元以上的检索表主要参考以上专著和其他地方区系专著及文献资料。

随着分子生物学技术的快速发展和应用，夜蛾总科的分类系统变动较大，如原属于夜蛾科的各亚科现分属于夜蛾科 Noctuidae、目夜蛾科 Erebidae、瘤蛾科 Nolidae、尾夜蛾科 Euteliidae；毒蛾科、灯蛾科现为夜蛾科的亚科，即毒蛾亚科 Lymantriinae、灯蛾亚科 Arctiinae。为便于使用和参考已出版著作，本卷除瘤蛾科外，其余仍采用原来的分类系统，即夜蛾科参照陈一心（1999）《中国动物志 昆虫纲 第十六卷 鳞翅目 夜蛾科》的分类系统，毒蛾科和灯蛾科仍采用独立科的系统。

本书在编写过程中得到下述机构和学者的支持和帮助，在此一并致谢：国家动物标本资源库提供了部分夜蛾科成虫照片；部分德国波恩考内希动物学博物馆（Zoologisches Forschungsmuseum Alexander Koenig, Bonn, Germany）、英国自然历史博物馆（The Natural History Museum, London, UK）的浙江产标本得以检视；英国自然历史博物馆的 Ian Kitching 教授和 Tony Pittaway 博士同意本书使用 *Sphingidae Taxonomic Inventory* 上的标本照片。

分科检索表[据薛大勇等（2017）修改]

1. 雌蛾无翅或翅退化 ………………………………………… **尺蛾科 Geometridae**（部分）
\- 翅发达 ………………………………………… 2
2. 翅面具箩状条纹 ………………………………………… **箩纹蛾科 Brahmaeidae**
\- 翅面不具箩状条纹 ………………………………………… 3
3. 胸部或腹部无鼓膜听器 ………………………………………… 4

\- 胸部或腹部具鼓膜听器 ············ 8

4\. 雌雄均无翅缰 ············ 5

\- 雄具翅缰，雌翅缰退化或无 ············ 6

5\. 前后翅 M_2 均接近 M_3 ············ **枯叶蛾科 Lasiocampidae**

\- 前翅 M_2 出自 M_1 和 M_3 中部，后翅 M_2 接近 M_1 ············ **大蚕蛾科 Saturniidae**

6\. 前翅 R_5 脉与 $R_{1\text{-}4}$ 分离，与 M_1 共柄，后翅具发达尾突 ············ **凤蛾科 Epicopeiidae**

\- 前翅 R_5 脉不与 $R_{1\text{-}4}$ 分离，也不与 M_1 共柄，后翅不具发达尾突 ············ 7

7\. 后翅有 1 条或 2 条臀脉；雌翅缰从不退化；前翅狭长，顶角尖锐，外缘内倾，后翅近三角形 ············ **天蛾科 Sphingidae**

\- 后翅有 3 条臀脉；雌翅缰偶尔退化；前翅、后翅不如上述 ············ **蚕蛾科 Bombycidae**

8\. 前翅 R_5 与 M_1 并蒂或共柄，和其他 R 脉分离；腹部鼓膜听器雌雄二态，雌位于第 2 腹板下，雄位于第 2、第 3 腹节之间 ············ **燕蛾科 Uraniidae**

\- 前翅 R_5 不与 M_1 共柄，但至少和 R_4 共柄；鼓膜听器雌雄同态 ············ 9

9\. 鼓膜听器位于腹部 ············ 10

\- 鼓膜听器位于后胸 ············ 11

10\. 通常不具毛隆；后翅 $Sc+R_1$ 脉在基部不呈叉状；前翅顶角通常呈钩状 ············ **钩蛾科 Drepanidae**

\- 具毛隆；后翅 $Sc+R_1$ 脉在基部呈叉状；前翅顶角通常不呈钩状 ············ **尺蛾科 Geometridae**

11\. 前翅 M_2 位于 M_1 与 M_3 中间，仅 M_3 靠近 CuA_1，即中室后缘三分支（trifid）；胫距端部边缘锯齿状 ············ **舟蛾科 Notodontidae**

\- 前翅 M_2 与 M_3 接近，M_2、M_3 均靠近 CuA_1，中室后缘四分支（quadrifid）；胫距端部边缘光滑 ············ 12

12\. 前翅中室附近具隆起的瘤状竖鳞 ············ **瘤蛾科 Nolidae**

\- 前翅中室无上述结构 ············ 13

13\. 雌外生殖器肛瓣上具一对可翻转的性腺 ············ **灯蛾科 Arctiidae**

\- 雌外生殖器肛瓣上不具上述结构 ············ 14

14\. 雄触角栉齿状，每个栉齿上具 1–3 个端部远离的刚毛 ············ **毒蛾科 Lymantriidae**

\- 雄触角线形，若为栉齿状，则端部的刚毛不远离 ············ **夜蛾科 Noctuidae**

第一章　蚕蛾总科 Bombycoidea

一、蚕蛾科 Bombycidae

主要特征：成虫体中型，身体粗壮。雄触角基部或整个触角双栉形，雌性或与雄性相似或锯齿形、线形；喙非常短或退化。翅宽大，有时前翅顶角外凸呈钩状。前翅 M_1 与 Rs 分离或短共柄；后翅 $Sc+R_1$ 以 1 横脉与中室相连；前后翅 M_2 常出自中室端脉中部或近 M_1。幼虫圆筒形、粗壮，第 8 腹节具 1 尾角，通常较长。全世界共记载约 40 属 350 种，主要分布在旧热带区和东洋区。Wang 等（2015）记述中国蚕蛾科 25 属 77 种。本部分主要参考朱弘复和王林瑶（1996）的《中国动物志　昆虫纲　第五卷　鳞翅目　蚕蛾科　大蚕蛾科　网蛾科》和 Wang 等（2015）的 *The fauna of the family Bombycidae sensu lato* (*Insecta, Lepidoptera, Bombycoidea*) *from Mainland China, Taiwan and Hainan Islands*，所有的图片均引自 Wang 等（2015）。

分亚科检索表

1. 后足胫节 1 对距 ………………………………………………………………… 蚕蛾亚科 **Bombycinae**
\- 后足胫节 2 对距 ……………………………………………………………………………… 2
2. 成虫复眼裸露；雄触角基半部为长双栉形，抱器瓣通常具有 1 个复杂的钩形突 ……………… 齿翅蚕蛾亚科 **Oberthuerinae**
\- 成虫复眼周围具刚毛；触角双栉形，抱器瓣通常基部具刚毛 ……………………… 窗蚕蛾亚科 **Prismostictinae**

（一）蚕蛾亚科 Bombycinae

主要特征：前后翅均有 CuP 脉；后足胫节 1 对距；基腹弧杯状，抱器腹细长；幼虫取食桑科植物。

分属检索表

1. 前翅顶角下方内凹陷 ……………………………………………………………………………… 2
\- 前翅顶角下方不内凹陷或向外微凸 ………………………………………………………………… 3
2. 体、翅灰白色或黄色，前翅顶角处具 1 近似长方形的宽黑斑 ………………………… 桑螟属 ***Rondotia***
\- 体、翅灰白色或赭色，前翅顶角无斑或具新月形斑纹 ……………………………………… 蚕蛾属 ***Bombyx***
3. 钩形突长而狭窄，炮塔状，顶部浅裂 …………………………………………………… 纵列蚕蛾属 ***Ernolatia***
\- 钩形突二分叉，宽指状 …………………………………………………………………… 毛带蚕蛾属 ***Penicillifera***

1. 蚕蛾属 *Bombyx* Linnaeus, 1758

Bombyx Linnaeus, 1758: 495. Type species: *Phalaena* (*Bombyx*) *mori* Linnaeus, 1758.

Theophila Moore, 1862a: 315. Type species: *Bombyx bengalensis* Moore, 1862.

主要特征：体、翅灰褐色至红褐色。前翅顶角下方明显内凹，内侧有暗褐色月牙斑。雄触角比雌触角长。喙退化，下唇须退化。腿节、胫节上被长密毛；后足胫距 1 对。前翅 Rs 与 M_1 共柄，后翅 M_2 与 M_3 共柄。钩形突二裂成外倾斜的短指状，颚形突呈环状，抱器细而长。

分布：亚洲东南部。世界已知 9 种，中国记录 6 种，浙江分布 2 种。家蚕 *Bombyx mori* L.世界分布（本志不计入）。

（1）野蚕蛾 *Bombyx mandarina* Moore, 1872（图版 I-1）

Bombyx mandarina Moore, 1872: 576.

Theophila mandarina formosana Matsumura, 1927a: 51.

主要特征：前翅长：雄 15–19 mm，雌 17–21 mm。体、翅灰褐色至暗褐色。触角暗褐色，双栉形，雌栉齿短于雄性。前翅顶角外凸，顶端钝，下方至 M_3 脉间有内凹的月牙形；内线、外线深褐色，各由 2 条细线组成，中间色稍浅；亚缘线深褐色较细，下方向内倾斜达臀角；顶角内侧至外缘中部有较大的深褐色斑；中室端具肾形纹。后翅色略深，内线及中线褐色较细，中间呈深色横带，外线色稍浅，缘毛褐色；后缘中央有 1 半月形黑褐色斑，斑的外围白色。雄性外生殖器（图 1*）：钩形突浅二裂，端部钝；抱器基部宽大，端部较细，长度大于钩形突；囊形突粗短。

分布：浙江（龙泉）、内蒙古、河北、山西、山东、河南、陕西、甘肃、江苏、上海、安徽、湖北、江西、湖南、台湾、广东、广西、四川、云南、西藏；俄罗斯，朝鲜，日本。

（2）白弧野蚕蛾 *Bombyx lemeepauli* Lemée, 1950（图版 I-2）

Bombyx lemeepauli Lemée, 1950: 37.

Theophila albicurva Chu *et* Wang, 1993: 214.

主要特征：前翅长：雄 13–15 mm，雌 18–19 mm。体及翅灰褐色。触角双栉形，灰褐色，内侧栉齿长于外侧，端部各节栉齿明显变短。前翅内线及外线白色弧形，顶角端部有黑色大斑，下方略内凹；外缘弧度小，缘毛灰白色。后翅色稍深，外线弧形，白色，将后翅划分为 1 宽 1 窄两部分；后缘为黑白相间的 1 长条斑。翅反面色稍深，斑线与正面相同。胸部灰褐色，腹部第 1 节为深褐色横带；胸足胫节外侧有毛丛。雄性外生殖器（图 2）：钩形突浅二裂，端部钝圆向外倾斜；抱器基部膨大，端部细长呈指状，与钩形突等高；囊形突长，中间细，端部明显膨大呈球形。

分布：浙江（龙泉）、陕西、甘肃、湖北、广西、四川、云南；越南，泰国。

2. 纵列蚕蛾属 *Ernolatia* Walker, 1862

Ernolatia Walker, 1862a: 131. Type species: *Ernolatia signata* Walker, 1862.

主要特征：翅面乳白色或黄白色；前翅外缘在 M_3 脉端凸出；前后翅外缘和后缘缘毛短。钩形突长而狭窄，炮塔状，顶部浅裂；颚形突退化；抱器窄条状。

分布：东洋区。世界已知 2 种，中国记录 1 种，浙江分布 1 种。

（3）黑点纵列蚕蛾 *Ernolatia moorei* (Hutton, 1865)（图版 I-3）

Ocinara moorei Hutton, 1865: 326.

Bombyx plana Walker, 1865: 575.

Ernolatia moorei: Dierl, 1978: 265.

Ocinara bipuncta Chu *et* Wang, 1993: 228.

主要特征：前翅长：雄 12 mm。身体污白色，腹部色稍深。前翅污白色略黄，有蓝色光泽；内线及中

---

* 本卷外生殖器图及图版均在文后——编者注。

线黄褐色，不清晰；外线黄褐色，波浪状，在翅脉处有浅色小点；自中室外至外线间有 1 条灰褐色宽纵带。后翅臀角上方有 2 个赭褐色斑。前翅反面无宽纵带，后翅中室有 1 小黑点。雄性外生殖器（图 3）：钩形突立体呈鹰嘴状，抱器长条形，顶端为一大一小 2 叉。

寄主：桑、构。

分布：浙江（临海）、陕西、福建、台湾、广东、海南、香港、广西、四川、云南、西藏；日本，印度，尼泊尔，缅甸，越南，泰国，斯里兰卡，印度尼西亚。

3. 毛带蚕蛾属 *Penicillifera* Dierl, 1978

Penicillifera Dierl, 1978: 249. Type species: *Dasychira apicalis* Walker, 1862.

主要特征：翅灰白色或赭色，点缀大量小黑点；前翅顶角钝圆；后翅后缘直，点缀 3–4 个黑斑。钩形突二分叉，宽指状；颚形突较退化；囊形突发达；阳茎细长。雄性第 8 腹节腹板后缘具小突；第 8 腹节背板 Y 形，具长的带形突。

分布：东洋区。世界已知 5 种，中国记录 3 种，浙江分布 1 种。

（4）列点毛带蚕蛾 *Penicillifera lactea* (Hutton, 1865)（图版 I-4）

Ocinara lactea Hutton, 1865: 328.

Penicillifera lactea: Dierl, 1978: 252.

Ocinara linafuncta Chu *et* Wang, 1993: 228.

主要特征：前翅长：雄 12 mm。触角双栉形。体及翅灰白色；腹部第 3–4 节背中央有长毛丛。前翅内线、外线灰色；中室端部具 2 个灰黑色斑；外缘区域浅灰色。后翅后缘具 4 个黑点。雄性外生殖器（图 4）：钩形突二裂，呈向外倾斜的二指；颚形突叶片状，抱器呈细钩状；阳茎细长，基部 1/3 处凹。

分布：浙江（临海）、福建、广东、海南、广西、云南；巴基斯坦，印度，越南，泰国，马来西亚，阿富汗。

4. 桑蟥属 *Rondotia* Moore, 1885

Rondotia Moore, 1885: 491. Type species: *Rondotia menciana* Moore, 1885.

Ectrocta Hampson, [1893]: 33. Type species: *Ectrocta diaphana* Hampson, [1893].

主要特征：体细长，杏黄色或灰白色。下唇须短小可见。触角双栉形，雄栉齿较雌虫长。翅杏黄色或灰白色，前翅外缘在顶角下凹陷，在 M_3 脉端突出。前翅内线、外线黑褐色，清晰，呈波浪形或弓形。后翅内线仅后缘上有 1 小黑点，外线弓形。钩形突三裂，抱器端部不对称分叉。

分布：东洋区。世界已知 3 种，中国记录 3 种，浙江分布 1 种。

（5）桑蟥 *Rondotia menciana* Moore, 1885（图版 I-5）

Rondotia menciana Moore, 1885: 492.

Rondotia lurida Fixsen, 1887: 346.

主要特征：前翅长：雄 13–15 mm，雌 19 mm。头黄色间杂有黑色鳞片，下唇须短小。雄触角长双栉形；雌触角短双栉形。前翅橘黄色，顶角略外凸，下方向内凹陷；内线弓形，外线波浪形；中室端部具黑褐色短条纹。后翅内线为后缘上一小黑点，外线在近后缘处清晰。雄性外生殖器（图 5）：钩形突三裂，呈指状；抱器长条状，端部稍膨大，形成一大一小齿状突；阳茎长条形，两端稍弯。

寄主：桑、柳、枸杞。

分布：浙江、辽宁、河北、山西、山东、河南、陕西、甘肃、江苏、安徽、湖北、江西、湖南、福建、广东、海南、广西、四川、云南；朝鲜，日本，印度。

（二）齿翅蚕蛾亚科 Oberthuerinae

主要特征：成虫复眼裸露，雄触角基半部为长双栉形。CuP 脉缺失。后足胫节具 2 对距。幼虫主要取食山矾科、槭树科、豆科、桑科、山茶科和五列木科植物。本亚科分布在亚洲。

分属检索表

1. 前翅狭长，外缘近中部凸，顶角镰刀钩状明显 ······ 2
- 前翅短且钝圆，外缘平滑或顶角呈小钩状 ······ 4
2. 前后翅外缘锯齿状 ······ 齿翅蚕蛾属 *Oberthueria*
- 前后翅外缘平滑 ······ 3
3. 中室除隐约可见一黑点外，无其他斑纹 ······ 拟钩蚕蛾属 *Comparmustilia*
- 中室除黑点明显外，还具其他丰富斑纹 ······ 如钩蚕蛾属 *Mustilizans*
4. 阳茎中部明显弯曲 ······ 茶蚕蛾属 *Andraca*
- 阳茎较直 ······ 伪茶蚕蛾属 *Pseudandraca*

5. 茶蚕蛾属 *Andraca* Walker, 1865

Andraca Walker, 1865: 581. Type species: *Andraca bipunctata* Walker, 1865.

Pseudoeupterote Shiraki, 1911: 48. Type species: *Oreta theae* Matsumura, 1909.

主要特征：体及翅棕赭色。雄触角双栉形；雌触角线形。后足胫距 2 对。前翅顶角钩状。翅型有雌雄差别，雌翅比较狭长、顶角尖，雄翅顶角较钝。钩形突浅二裂或不裂，端部尖或钝圆；颚形突细条状；抱器变化多样；阳茎近中部弯曲明显，端部具发达的刺毛簇。

分布：古北区、东洋区。世界已知 10 种，中国记录 9 种，浙江分布 2 种。

（6）么茶蚕蛾 *Andraca melli* Zolotuhin *et* Witt, 2009（图版 I-6）

Andraca melli Zolotuhin *et* Witt, 2009: 262.

主要特征：前翅长：雄 15–17 mm。体及翅棕赭色带橄榄色。雄前翅顶角略外突，雌顶角凸，呈钩状；内线、中线深棕色，外线较直，近前缘内弯；外线外侧有模糊斑。后翅斑纹不甚清晰。雄性外生殖器（图 6）：钩形突呈立体锥形；颚形突基部细，中部膨大呈片状，端部逐渐变细呈针状；抱器基部宽大，端部呈三角形，抱器端部缢缩。

分布：浙江、江西、福建、广东、海南、广西、四川；缅甸，越南，泰国。

（7）狭黑腰茶蚕蛾 *Andraca olivacea* Matsumura, 1927（图版 I-7）

Andraca olivacea Matsumura, 1927a: 50.

Andraca hedra Chu *et* Wang, 1993: 243.

Pseudandraca ravida Yang, 1995b: 354.

别名：灰素蚕蛾。

主要特征：翅面灰橄榄色，外线外侧色较深。前翅顶角略呈钩状；内线、中线、外线波状，三线近前缘内弯。后翅外线外侧具几个黄褐色浅斑。雄性外生殖器（图 7）：钩形突呈立体锥形；颚形突细弯条状；抱器宽大，端部 1/3 处略收缩，端部钝圆。

分布：浙江、陕西、江西、湖南、福建、台湾、广东、海南、广西；缅甸，越南。

6. 拟钩蚕蛾属 *Comparmustilia* Wang *et* Zolotuhin, 2015

Comparmustilia Wang *et* Zolotuhin, 2015: 79. Type species: *Mustilia sphingiformis* Moore, 1879.

主要特征：触角基半部栉齿状，端部线形。前翅褐色带紫色，顶角强外凸，钩状；外缘处为深褐色新月形斑块；内线弧形，中线模糊，外线直；亚缘线在 M_2 处弯折。后翅外线和亚缘线较直。钩形突二裂，呈短粗指状或细长指状；囊形突宽短。

分布：东洋区。世界已知 3 种，中国记录 3 种，浙江分布 1 种。

（8）直缘拟钩蚕蛾 *Comparmustilia semiravida* (Yang, 1995)（图版 I-8）

Mustilia semiravida Yang, 1995a: 36.

Comparmustilia semiravida: Wang *et al*., 2015: 84.

主要特征：体红棕色。胸部粗大，红棕色，具光泽。前翅顶角外突呈钩状，外缘近中部内凹；横线 3 条，呈红棕色，中室端具 1 小黑点，外线外缘具深红棕色新月形宽边。后翅前半棕黄色、后半红棕色，具 2 条不完整的横线；内缘凹，具黑斑。雄性外生殖器（图 8）：钩形突二裂，呈向外倾斜的尖二指。

分布：浙江（临安、庆元）、江西、福建、广东、海南、广西、四川、云南。

7. 如钩蚕蛾属 *Mustilizans* Yang, 1995

Mustilizans Yang, 1995b: 355. Type species: *Mustilizans drepaniformis* Yang, 1995.

主要特征：体大型，粗壮。触角基半部双栉形，端半部线形。前翅顶角镰状；R_1 脉极短小，从 R_2 脉上斜伸至前缘。后翅翅缰发达。雌蛾体型大于雄蛾，大多底色为红褐色。雄性外生殖器背兜无侧突，无瘤突与纵沟；阳茎粗大，端部具粗刺丛。

分布：古北区、东洋区。世界已知 9 种，中国记录 8 种，浙江分布 2 种。

（9）百山祖如钩蚕蛾 *Mustilizans dierli* (Holloway, 1987)（图版 I-9）

Mustilia dierli Holloway, 1987: 88.

Mustilizans baishanzua Yang, 1995b: 356.

Mustilia dierli refugialis Zolotuhin, 2007: 196.

主要特征：与如钩蚕蛾 *M. drepaniformis* 相似，但体及翅颜色明显带褐色，且翅上斑纹不显著。与一点如钩蚕蛾 *M. hepatica* 相似，但亚缘线较直，基部不为波状（Wang *et al*.，2015）。雄性外生殖器（图 9）：钩形突端部呈二指状；颚形突退化；背兜宽阔；抱器长阔椭圆形；阳茎直，短粗，端部具一圈密集的丛状刺。

分布：浙江（临安、庆元）、陕西、湖北、江西、海南、四川、云南；越南，泰国，马来西亚，印度尼西亚。

（10）如钩蚕蛾 *Mustilizans drepaniformis* Yang, 1995

Mustilizans drepaniformis Yang, 1995b: 356.

主要特征：前翅中室端具 1 明显的黑色圆点；内线黑褐色波曲，在前缘向内折成 1 褐色斑；外线微波曲，在前缘具 1 大黑褐色斑，外线外侧为 1 条灰黄线；翅外缘棕色，近臀角处有 3 个灰色斑。后翅前半灰黄色，后半棕色；外线黑褐色波曲，其外侧近臀角具 3 个灰色斑。

分布：浙江（庆元）。

8. 齿翅蚕蛾属 *Oberthueria* Kirby, 1892

Oberthueria Kirby, 1892: 720. Type species: *Euphranor caeca* Oberthür, 1880.

Euphranor Oberthür, 1880: 40. Type species: *Euphranor caeca* Oberthür, 1880.

主要特征：体及翅污黄至黄褐色。下唇须较长，伸向前方。前翅顶角钩状。前后翅外缘呈锯齿状；内线、外线锯齿状，亚缘线直，近前缘处内凹。后足胫距 2 对。钩形突钳状，左右抱器不对称。

分布：古北区、东洋区。世界已知 6 种，中国记录 5 种，浙江分布 1 种。

（11）艳齿翅蚕蛾 *Oberthueria yandu* Zolotuhin *et* Wang, 2013（图版 I-10）

Oberthueria yandu Zolotuhin *et* Wang, 2013: 472.

Euphranor caeca Oberthür, 1880: 40.

主要特征：与单齿翅蚕蛾相比，体及翅颜色多赭色；前翅外缘齿较多；中线与外线间距较大（Wang *et al.*，2015）。雄性外生殖器（图 10）：钩形突宽大，顶部深裂为钳状；颚形突弯条形；两片抱器不对称，其中一片基部着生 1 个发达的钩形突。

分布：浙江（临安）、黑龙江、吉林、山西、河南、陕西、福建、四川；俄罗斯（地区），朝鲜半岛。

9. 伪茶蚕蛾属 *Pseudandraca* Miyata, 1970

Pseudandraca Miyata, 1970: 190. Type species: *Andraca gracilis* Butler, 1885.

主要特征：前翅顶角尖；翅面深灰色，点缀大量黄色斑块；内线、中线、外线弯曲；中点黑色。

分布：古北区、东洋区。世界已知 2 种，中国记录 1 种，浙江分布 1 种。

（12）黄斑伪茶蚕蛾 *Pseudandraca flavamaculata* (Yang, 1995)（图版 I-11）

Andraca flavamaculata Yang, 1995b: 354.

Andraca nabesan Kishida *et* Owada, 2002: 464.

Pseudandraca flavamaculata: Zolotuhin & Witt, 2009: 264.

主要特征：触角双栉形，端部栉齿渐短。胸、腹部黄褐色，仅基部黑褐色。前翅黄褐色而中部褐色向外缘扩展至顶角及臀角，间有牙形黄斑；顶角略尖突；中线、外线的近前缘处向翅基部回折，中室端具一小黑点。后翅黄褐色，外缘褐色。雄性外生殖器（图 11）：钩形突单指状；抱器基部宽大，端部收缩，抱器端部似小孩足；抱器腹基部具 1 强骨化的刺状突起。

分布：浙江（临安、庆元）、江西、湖南、福建、广东、广西、四川、云南；越南。

（三）窗蚕蛾亚科 Prismostictinae

主要特征：成虫复眼周围具刚毛，触角双栉形。多数种类前翅具半透明斑或白斑；CuP 脉缺失。后足胫节具 2 对距。幼虫取食山矾科植物。

10. 一点蚕蛾属 *Prismostictoides* Zolotuhin *et* Tran, 2011

Prismostictoides Zolotuhin *et* Tran, 2011: 180. Type species: *Prismosticta unihyala* Chu *et* Wang, 1993.

主要特征：雌雄触角双栉形；前翅顶角附近具 1 近三角形透明斑；亚缘线黄色，细，位于一较宽深黄色带中。臀脉 1A 和 2A 基部分离；后翅 Rs 与 M_1 长共柄。钩形突二分裂，每叉钩状；抱器瓣不对称，一侧抱器瓣具大量长刚毛，另一侧抱器瓣具一舌状结构；抱器腹具腹刺。

分布：东洋区。世界已知 1 种，中国记录 1 种，浙江分布 1 种。

（13）一点蚕蛾 *Prismostictoides unihyala* (Chu *et* Wang, 1993)（图版 I-12）

Prismosticta unihyala Chu *et* Wang, 1993: 240.

Prismostictoides unihyala: Zolotuhin & Tran, 2011: 182.

主要特征：同属征。雄性外生殖器见图 12。

分布：浙江（临安）、江西、湖南、福建、广东、广西；越南。

11. 窗蚕蛾属 *Prismosticta* Butler, 1880

Prismosticta Butler, 1880a: 67. Type species: *Prismosticta fenestrata* Butler, 1880.

主要特征：前翅外缘较平滑；顶角附近的三角形透明斑较大。钩形突二分裂较浅，叉突短指状或短齿状；颚形突中突光滑或具微刺；抱器瓣左右对称。

分布：古北区、东洋区。世界已知 6 种，中国记录 4 种，浙江分布 1 种。

（14）窗蚕蛾 *Prismosticta fenestrata* Butler, 1880（图版 I-13）

Prismosticta fenestrata Butler, 1880a: 68.

Prismosticta sinica Yang, 1995b: 353.

别名：中华窗蚕蛾。

主要特征：体及翅黄褐色或赭黄色。前翅顶角突出，附近具 1 三角形透明斑，下方外缘微凹、轻微波浪状；内线、中线波曲；外线及亚缘线中段较直，近前缘内弯；中室端具 1 黑色斑。后翅中线、外线弧形弯曲。雄性外生殖器（图 13）：钩形突宽，顶部呈二叉状；颚形突环条状，端顶部宽，具小齿；抱器宽大，抱器基部上方有 1 尖的突出物，抱器中部具 1 齿状突。

分布：浙江（庆元）、福建、台湾、广东、云南、西藏；印度，尼泊尔。

二、大蚕蛾科 Saturniidae

主要特征：大型蛾类，翅展可达 30 cm，有些种类具细长尾带。色彩艳丽。喙不发达，触角多为双栉形。前翅顶角凸出；后翅无翅缰，肩角发达。前后翅通常具半透明眼斑或窗纹。前后翅 M_2 均接近 M_1 或与 M_1 共柄；后翅 $Sc+R_1$ 与中室分离或以横脉相连。大蚕蛾科全世界约 180 属 3400 种，中国分布大蚕蛾科 11 属约 60 种。

（一）大蚕蛾亚科 Saturniinae

主要特征：中到大型蛾类。触角羽状，每节具 4 枚栉齿，基部分离。翅面有明显的中点；多数种类色彩鲜艳。有些成虫静止时前后翅竖立或平铺。

分属检索表

1. 后翅具尾带 ……………………………………………………………………………………**尾大蚕蛾属 *Actias***
- 后翅不具尾带 …………………………………………………………………………………………………… 2
2. 翅面通常黄色，内线、外线均为强波浪形；前翅中室端脉斑接近前缘 ………………………**豹大蚕蛾属 *Loepa***
- 翅面不为黄色，内线、外线不为强波浪形；前翅中室端具大眼斑，且远离前缘 ……………… **目大蚕蛾属 *Saturnia***

12. 尾大蚕蛾属 *Actias* Leach, 1815

Actias Leach, 1815: 25. Type species: *Phalaena luna* Linnaeus, 1758.

Tropaea Hübner, 1819: 152. Type species: *Phalaena luna* Linnaeus, 1758.

Meceura Billberg, 1820: 83. Type species: *Phalaena luna* Linnaeus, 1758.

Artemis Kirby *et* Spence, 1828: 248. Type species: *Phalaena luna* Linnaeus, 1758.

主要特征：雌雄触角均为长双栉形；下唇须短粗。胸部腹面和足的腿节、胫节多毛。前翅中室端有月牙纹及 1 较小的圆斑；外缘较直，前缘在 Sc 脉处有 1 紫红色纵线直达顶角内侧。后翅臀角有 1 长尾带，长达 16 mm 以上。

分布：古北区、东洋区、新北区。世界已知 24 种，中国记录 8 种，浙江分布 4 种。

分种检索表

1. 翅面粉绿至绿色；前翅中室眼斑远离紫色前缘 ……………………………………………… **宁波尾大蚕蛾 *A. ningpoana***
- 翅面粉绿或黄或橘红色；前翅中室眼斑与紫色前缘相接 …………………………………………………………… 2
2. 前翅中室眼斑较圆且大，与前缘连接处粗；翅面黄色 ………………………………………**华尾大蚕蛾 *A. sinensis***
- 前翅中室眼斑较小，不圆，与前缘连接处细；翅面橘红或粉绿色 …………………………………………………… 3
3. 前后翅具棕黄色内线、外线 ……………………………………………………………… **红尾大蚕蛾 *A. rhodopneuma***
- 前后翅无内线，外线不清晰，不为棕黄色 ……………………………………………………**长尾大蚕蛾 *A. dubernardi***

（15）宁波尾大蚕蛾 *Actias ningpoana* Felder, 1862（图版 II-1）

Actias selene ningpoana Felder, 1862: 34.

Actias ningpoana: Ylla *et al*., 2005: 300.

主要特征：前翅长：59–63 mm。雌雄触角均为长双栉形。体被较密的白色长毛，有些个体略带淡黄色。翅粉绿色；基部有较长的白色绒毛。前翅前缘暗紫色，混杂白色鳞毛；翅脉及 2 条与外缘平行的细线均为淡褐色，外缘黄褐色；中室端有 1 个眼斑，斑的中央在横脉处呈一条透明横带，透明带的外侧黄褐色，内侧内方橙黄色，外方黑色，间杂有红色月牙形纹。后翅自 M_3 脉以后延伸成尾形，长达 40 mm，尾带末端常呈卷折状；中室端有与前翅相同的眼形纹，只是比前翅略小；外线单行黄褐色，有的个体不明显。一般雌蛾色较浅，翅较宽，尾突较短。

分布：浙江、吉林、辽宁、河北、河南、陕西、甘肃、江苏、湖北、江西、湖南、福建、台湾、广东、海南、广西、四川、云南、西藏；日本。

（16）长尾大蚕蛾 *Actias dubernardi* (Oberthür, 1897)（图版 II-2，3）

Tropaea dubernardi Oberthür, 1897: 130.

Actias dubernardi: Jordan, 1911b: 211.

主要特征：前翅长：45–60 mm。雄前翅黄绿色，前缘自基部至外 1/3 处紫褐色；外线纤细，其外侧具 1 条狭窄黄色带，该带外侧至外缘为粉红色，其中的翅脉和外缘黄色；眼斑长椭圆形，下端稍尖，内半黑色，上端延伸 1 黑色细线向内弯至前缘的深色带，眼斑中部带紫红色，外半黄色；外缘平直。雄后翅狭小，顶角弧形，尾角长达 90 mm 左右，末端膨大扭曲；外缘附近和尾角大部分粉红色，尾角基部内侧和末端黄绿色；无眼斑。雌蛾翅面粉绿色，除后翅尾角中段以外无粉红色；前翅前缘的深色带延伸至顶角附近；眼斑较宽阔；外缘浅弧形；后翅较宽，顶角明显，可见白色眼斑的痕迹。

寄主：栎、樟、柳、杨、桦、苹果、梨、栗、胡桃、胡萝卜。

分布：浙江（临安、景宁）、湖北、湖南、福建、广西、贵州、云南。

（17）华尾大蚕蛾 *Actias sinensis* Walker, 1855（图版 II-4）

Actias? sinensis Walker, 1855: 1264.

Actias heterogyna Mell, 1914: 32.

Actias virescens Mell, 1950: 53.

别名：黄尾大蚕蛾。

主要特征：前翅长：40–50 mm。触角长双栉形，雄栉齿略长。胸部肩片及前缘有紫红色横带，腹部棕黄色。前翅暗黄至明黄色，前缘紫红色，间有白色鳞毛。内线黄褐色波浪形，不甚明显，外线灰褐色呈大波浪纹。中室端有椭圆形眼斑，斑的中间紫褐色，外围黑色。内侧黑纹比外侧宽，上角的赤褐色纹与前缘脉相连接；后翅颜色及斑纹与前翅相似，但中室的眼斑比前翅稍大，后角突出呈飘带，长达 30 mm，外缘下半至臀角有紫红色边缘，雄性尾角上常见有红色条纹。

寄主：樟、栎、枫杨、枫香树、杨、柳、木槿、苹果、樱桃、乌桕。

分布：浙江（临安、江山）、福建、广东、海南、广西、西藏。

（18）红尾大蚕蛾 *Actias rhodopneuma* Röber, 1925（图版 II-5）

Actias rhodopneuma Röber, 1925: 45.

Actias distincta Niepelt, 1932: 89.

主要特征：前翅长：45–55 mm。触角双栉形，黄褐色；前胸前缘有紫红色横带，胸部杏黄色，腹部色稍浅；前翅杏黄色，顶角尖，前缘紫红色，翅基部粉红色，内线棕黄色，较直，向外下方斜伸，外线棕黄色，近后缘处内折，外线至外缘间为粉红色区，中室端有钩形眼斑，前上方与紫红色前缘相连接，斑的内侧棕黑色，近中部呈黑色乳形突，中央粉红色，外侧橘红色，翅脉黄褐色。后翅色泽与前翅相似，后角延伸成带状，长达 30–50 mm，端部变细并卷折，外缘有较宽的粉红色带，直达尾角端部，内线、外线均呈褐色，向下方延伸较长，内缘粉红色；中室端的眼斑粉红色，不甚明显。

寄主：樟、栎、油茶、柳、冬青、胡桃。

分布：浙江（临安）、福建、广东、海南、广西。

13. 豹大蚕蛾属 *Loepa* Moore, 1860

Loepa Moore, 1860: 399. Type species: *Saturnia katinka* Westwood, 1848.

主要特征：体黄色。前翅宽大；顶角钝圆，顶角内侧有黑斑；外线呈强烈的波浪状；亚缘线双行黑色，波浪形；缘线乳白色；前翅前缘灰褐至深褐色，中室眼形纹与前缘的深褐色线连接或靠近。

分布：古北区、东洋区。世界已知 50 余种，中国记录 4 种，浙江分布 2 种。

（19）藤豹大蚕蛾 *Loepa anthera* Jordan, 1911（图版 II-6）

Loepa anthera Jordan, 1911a: 131.

主要特征：前翅长：42–45 mm。体黄色，头黄褐色，触角褐色，双栉形；颈板灰褐色有紫色光泽，胸部肩片两侧有较长绒毛，腹部各节间色稍深；前翅前缘灰褐色，间杂有白色鳞毛；内线紫红色呈波浪纹，前上方有一纵黑线与翅基相连，外线黑色呈长齿形，亚缘线黑色双行呈波浪纹，内侧一条直达前缘，外侧一条与顶角内侧黑斑相连：顶角钝圆，内侧有红白相间的闪形纹，闪形纹下方为 1 黑斑；缘线浅黄色，在翅脉上间断，内侧有橘红色斑；中室端有不规则的眼斑，斑的前上方与前缘相连，外围黑色，内有 1 黑色圆圈，内、外黑圈之间的内上方有一白色线纹；后翅色斑与前翅近似；前后翅反面色泽相同，眼形纹的内侧有橘黄色半月形斑，周围圈线呈赭褐色。

分布：浙江（临安）、福建、广东、海南、广西、四川、云南、西藏；印度，中南半岛。

（20）黄豹大蚕蛾 *Loepa katinka* (Westwood, 1848)（图版 III-1）

Saturnia katinka Westwood, 1848: 25.

Loepa katinka: Jordan, 1911a: 132.

Loepa katinka diversiocellata Bryk, 1944: 9.

主要特征：前翅长：40–45 mm，体长 25–28 mm。头污黄色，触角黄褐色，双栉形。肩片及胸部前缘黄褐色，间杂有白色及红色鳞粉，胸部及腹部淡黄色，腹部各节间色稍浅。前翅前缘灰褐色，翅基橘黄色，内线褐色呈波浪形纹，外线深褐色锯齿形，亚缘线灰褐色齿状双行，外侧一行有些不连续，顶角稍外突粉红色，内侧上方有白色闪形纹，下方有肾形黑斑；中室端有椭圆眼斑，斑的中部有粉红色弯线，外围棕褐色，并伴赭黄及褐色多层次轮廓；后翅色与斑同前翅。

分布：浙江（临安）、河北、宁夏、安徽、江西、福建、广东、海南、广西、四川、西藏；印度。

14. 目大蚕蛾属 *Saturnia* Schrank, 1802

Saturnia Schrank, 1802: 149. Type species: *Bombyx pyri* [Denis *et* Schiffermüller], 1775.

Caligula Moore, 1862a: 321. Type species: *Saturnia simla* Westwood, 1847.

Dictyoploca Jordan, 1911b: 218. Type species: *Saturnia simla* Westwood, 1847.

主要特征：前后翅宽大。前翅及后翅中室端具大眼斑，斑内有明显的眸形纹。前翅顶角内侧在前缘处有盾形黑斑；翅基部与内线间有深色区；亚缘线通常双行。

分布：古北区、东洋区、新北区。世界已知 80 余种，中国记录 3 种，浙江分布 2 种。

（21）银杏大蚕蛾 *Saturnia japonica* (Moore, 1862)（图版 III-2）

Dictyoploca japonica Moore, 1862b: 7.

Saturnia japonica: Bourgeois, 1886: 287.

Dictyoploca castanea Swinhoe, 1892: 249.

Dictyoploca manonis Matsumura, 1927a: 51.

主要特征：前翅长：50–60 mm。触角双栉形。体灰褐色至紫褐色；肩片与前胸间有紫褐色横带；胸部有较长黄褐色毛。前翅顶角外凸，钝圆，内侧近前缘处有肾形黑斑。内线紫褐色较直，内线与翅基间呈紫褐色；外线暗褐色，自前缘至中室一段较直，中室下方则呈 1 斜角达后缘与内线靠近；内线与外线间为粉紫色区，亚缘线由 2 条赤褐色波浪纹组成；亚缘线与外线间呈黄褐色；近臀角有白色月牙形纹，外侧暗褐色；中室端有月牙形透明眼斑，斑周围有白色及暗褐色轮廓。后翅从中室横线至翅基间呈较宽的红色区；中室端的眼斑较大，珠眸黑色，外围有 1 灰黄褐色圆圈及银白色线 2 条。前翅反面颜色偏紫红色，中室眼斑明显，中间有珠眸，周围有白色及暗褐色轮纹；后翅反面中室端的眼斑中间不见珠眸。

寄主：银杏、栗、麻栗、柳、樟、胡桃、楸、榛、蒙古栎、李、梨、桑、苹果、瑞木、野漆、柿、白杨、赤杨、刺楸、千丈树等多种植物。

分布：浙江（临安）、黑龙江、吉林、辽宁、河北、山东、陕西、湖北、江西、湖南、台湾、广东、海南、广西、四川、贵州。

（22）樟蚕 *Saturnia pyretorum* Westwood, 1847（图版 III-3）

Saturnia pyretorum Westwood, 1847: 49.

Eriogyna melli Bryk, 1939: 189.

Eriogyna microps Bryk, 1939: 189.

主要特征：前翅长：48–52 mm。雄触角长双栉形，雌触角栉形；肩片白色，胸部棕色有长绒毛，腹部灰白色，各节间有棕褐色横带。前翅基部为黑褐色斑；顶角端部钝圆，有紫红色条纹，内侧上方近前缘有一椭圆形黑斑及一短黑色条纹。内线棕黑色，与翅基间有白色宽线。外线棕色，双锯齿形，外侧具一白色条带。中室端有圆形大眼斑，外层蓝黑色，内层的外侧有淡蓝色半圆纹，最内层为土黄色圈，圈的内侧棕褐色，中间为月牙形透明斑。后翅灰白色有紫红色光泽；内线灰褐色，稍弯曲；外线呈单行齿形；亚缘线双行、中间色深似一条宽带，端线灰色，两线间色浅，中室端的眼斑较前翅小，中间有眸形黑点及白色围线，中间无月牙形半透明斑。

寄主：樟、枫香树、枫杨、番石榴、野蔷薇、沙枣、沙梨、板栗、榆、枇杷、油茶、泡桐。

分布：浙江（临安）、黑龙江、吉林、辽宁、内蒙古、河北、山东、河南、陕西、甘肃、江苏、安徽、湖北、江西、湖南、福建、广东、海南、广西、四川、贵州；俄罗斯，印度，越南。

（二）巨大蚕蛾亚科 Attacinae

15. 柞蚕属 *Antheraea* Hübner, 1819

Antheraea Hübner, 1819: 152. Type species: *Phalaena mylitta* Drury, 1773.

Carmenta Weymer, 1906: 74. Type species: *Antheraea cordifolia* Weymer, 1906.

主要特征：触角羽状，每节 2 对栉齿；雄栉齿极长，雌栉齿远短于雄。前翅顶角通常突出，呈钝钩状。前后翅具眼斑。前翅外线通常较直，倾斜度大，靠近外缘；后翅外线弧形。

分布：世界广布。世界已知 75 种，中国记录 5 种，浙江分布 3 种。

分种检索表

1\. 中室端眼斑内为锈红色；前后翅外线内侧以锈红色为主，外线双行 ·································· **钩翅大蚕蛾 *A. assamensis***
\- 中室端眼斑内中部透明；前后翅外线内侧不为锈红色，外线单行 ·· 2
2\. 翅色均匀；中线和外线均为简单线形 ··· **柞蚕 *A. pernyi***
\- 翅色不均匀，黄褐色翅面被黑褐色线纹隔成斑块状；中线和外线均具锯齿，中线和外线间亦具 1 条波状线纹 ···**明眸大蚕 *A. crypta***

（23）明眸大蚕 *Antheraea crypta* Chu *et* Wang, 1993（图版 III-4）

Antheraea crypta Chu *et* Wang, 1993: 261.

主要特征：前翅长：75 mm。头棕色。顶角向外伸，端部钝圆，后角宽。前翅棕黄色，有紫红色光泽，翅基部色稍浅；各横线深棕色；内线弧形，中线宽而直，外侧线波浪形，亚缘线自顶角内侧斜向后缘，内侧具齿；亚缘线至外缘为灰褐色区。中室端有眼形纹，中间有较大的透明眸，并镶有黄边，外围有黑色细环。后翅斑纹与前翅相似。前后翅反面灰褐色，各线棕色，比前翅更清晰，前翅顶角内侧近前缘处有 1 近三角形黑点：后翅顶角内侧有 1 黑点，外线不连贯，由许多赤褐点组成。

分布：浙江（临安）、湖北、云南。

（24）柞蚕 *Antheraea pernyi* Guérin-Méneville, 1855（图版 III-5）

Antheraea pernyi Guérin-Méneville, 1855: 296.

Antheraea hartii Moore, 1892: 450.

Antheraea constans Staudinger, 1892a: 217.

Antheraea lugubris Niepelt, 1928: 187.

主要特征：前翅长：50–65 mm。身体及翅黄褐色，头深褐色。触角双栉形，雌栉齿明显短于雄性。肩片及中胸前缘紫褐色。前翅前缘紫褐色；顶角外凸、端部较尖；内线紫褐色，内侧有白色伴影；中线黄褐色，模糊；外线紫褐色，接近顶角部位有较明显的白色闪形纹；中室端有较大的椭圆形斑，周围镶嵌白、黑及紫红色圆环，中线贯穿上下。后翅颜色及斑纹与前翅近似。前翅及后翅反面色斑与正面相同。

分布：浙江（临安、江山、景宁）、黑龙江、吉林、辽宁、河北、山东、河南、陕西、江苏、湖北、湖南、四川、贵州。

（25）钩翅大蚕蛾 *Antheraea assamensis* (Helfer, 1837)（图版 III-6）

Saturnia assamensis Helfer, 1837: 43.
Antheraea assamensis: Walker, 1855: 1249.
Antheraea mezankooria Moorc, 1862a: 318.
Antheraea subvelata Bouvier, 1930: 92.

主要特征：前翅长：70–75 mm。前翅顶角明显外突，呈钩状。前翅锈红色，内线赭棕色呈圆弧形，内侧有白色镶边；中线模糊不清，棕色呈散云形；外线棕色，外侧污白色，内侧棕色，外侧至外缘间色淡呈污黄色。眼斑较小、黄褐色，斑的中间有竖立的半透明线纹，外围有黑色细线条圆圈。后翅内线棕赭色，外线棕色双行，两行间色稍浅，眼斑四周的黑色线纹比前翅略宽，圈中内侧具黑色半月牙形斑，中间有一条半透明缝，其余部分棕黄色。前后翅反面有紫粉色鳞片，内线不明显，外线宽，无白色镶边；前翅眼斑黑色外圈不明显，顶角有深棕色斑。

分布：浙江（江山）、广东、云南；印度尼西亚。

16. 樗蚕蛾属 *Samia* Hübner, 1819

Samia Hübner, 1819: 156. Type species: *Phalaena cynthia* Drury, 1773.
Philosamia Grote, 1874a: 258. Type species: *Phalaena cynthia* Drury, 1773.
Desgodinsia Oberthür, 1914: 56. Type species: *Desgodinsia watsoni* Oberthür, 1914.

主要特征：体、翅黄褐至赭褐色；前翅顶角外突，顶端钝，翅的外缘中部内陷，顶角下方有黑色点。前后翅中室有月牙形半透明斑，外线白色，宽细不等。雄性外生殖器的爪形突顶端呈角形双叉。

分布：古北区、东洋区、新北区。世界已知 20 余种，中国记录 2 种，浙江分布 1 种。

（26）樗蚕 *Samia cynthia* (Drury, 1773)（图版 III-7，8）

Phalaena cynthia Drury, 1773: 10.
Samia cynthia: Hübner, 1819: 156.

主要特征：前翅长：65–70 mm。头部白色。触角淡黄色，双栉形。颈片前缘及前胸后缘白色并有长绒毛；腹部与胸部间有 1 条白色横带。前翅顶角外凸，端部钝圆，内侧下方有黑斑，黑斑上方有白色闪形纹。内线白色，外侧镶有黑边，在内线至翅基间形成 1 盾形区，在外角处沿翅脉伸出 2 小叉。外线白色，较直，中部外凸，内侧具黑褐色伴线，外侧有紫红色宽带；亚缘线黑褐色，其内侧黄色。中室有大新月形半透明斑，斑的前缘镶有黑边，下缘黄色。后翅的颜色及斑纹与前翅近似，内线及外线在前缘相接，中室新月形斑的上方隆起，缘线双行，两线间黄色。

分布：浙江（四明山、余姚、磐安）、吉林、辽宁、河北、山西、山东、河南、陕西、甘肃、江苏、安徽、湖北、江西、湖南、福建、台湾、广东、海南、四川、贵州、云南、西藏；朝鲜，日本。

三、天蛾科 Sphingidae

主要特征：成虫体型中到大型，身体呈纺锤形，头较大，无单眼，多数种类喙发达；触角端部较细而弯曲；前翅狭长，顶角尖，后翅较小，呈三角形，飞行能力强；腹部粗壮，末端尖。天蛾幼虫多为圆筒形，一般头、胸部比腹部细。第 8 节背板末端有一锥形体，即为尾角。

本科部分种类成虫图来自 Kitching（2022），用*标记。亚科与属级检索表参照朱弘复和王林瑶（1997）。

分布：世界广布。世界已知 1470 种左右，中国记录 260 种左右，浙江分布 75 种。

分亚科检索表（参照朱弘复和王林瑶，1997）

1. 下唇须第 1 节接近基部内侧有一群短感觉毛；喙较长 ………………………………… **长喙天蛾亚科 Macroglossinae**
- 下唇须第 1 节接近基部内侧无短感觉毛；喙较短 ……………………………………………………………… 2
2. 触角端节长而薄，有长毛和鬃 ………………………………………………………………… **天蛾亚科 Sphinginae**
- 触角端节短 ……………………………………………………………………………………… **目天蛾亚科 Smerinthinae**

（一）天蛾亚科 Sphinginae

多为大型蛾类；胸部多有图案；下唇须第 1 节有厚鳞毛；额稍向外延长；喙很长且厚；前翅较大，顶角尖；后翅臀角圆。

分属检索表（参照朱弘复和王林瑶，1997）

1. 后翅底色杏黄色；胸部背面有骷髅状纹 ……………………………………………… **面型天蛾属 *Acherontia***
- 后翅底色不同；胸部背面无骷髅状纹 ……………………………………………………………………… 2
2. 腹部背面两侧有鲜红侧斑 ………………………………………………………………… **白薯天蛾属 *Agrius***
- 腹部背面两侧无鲜红侧斑 ………………………………………………………………………………… 3
3. 胸部背面两侧及后缘有 1 黑色“U”形框 …………………………………………………………………… 4
- 胸部背面两侧及后缘无黑色“U”形框 ……………………………………………………………… **天蛾属 *Sphinx***
4. 前翅自前缘至外缘通常有深色横带，中室端有白星 ……………………………………… **大背天蛾属 *Meganoton***
- 前翅自前缘至外缘无深色横带，中室端无白星 …………………………………………… **霜天蛾属 *Psilogramma***

17. 面型天蛾属 *Acherontia* Laspeyres, 1809

Acherontia Laspeyres, 1809: 100. Type species: *Sphinx atropos* Linnaeus, 1758.

Brachyglossa Boisduval, 1828: 33. Type species: *Sphinx atropos* Linnaeus, 1758.

Atropos Agassiz, 1846: 9. Type species: *Sphinx atropos* Linnaeus, 1758.

主要特征：喙短而粗壮；触角粗大；胸部有明显的骷髅状纹。前翅较宽，外缘圆滑；后翅底色杏黄色；腹部背面中央有蓝色背中线，两侧有黄黑相间的横纹。

分布：世界广布。世界已知 3 种，中国记录 2 种，浙江分布 2 种。

（27）鬼脸天蛾 *Acherontia lachesis* (Fabricius, 1798)（图版 IV-1）

Sphinx lachesis Fabricius, 1798: 434.

Acherontia morta Hübner, 1819: 140.

Spectrum charon Billberg, 1820: 83.

Acherontia satanas Boisduval, 1836: 1.

Acherontia lethe Westwood, 1847: 87.

Acherontia lachesis: Moore, 1882: 6.

Acherontia sojejimae Matsumura, 1909: 27.

别名： 人面天蛾。

主要特征： 前翅长：50–60 mm。中、后胸背板上有红色鳞毛，有些鳞毛在“骷髅头”的边缘；第 1 跗节外侧有大量的刺。翅及腹部上黑色部分因不同个体而有变化，一般雄性黑色部分多于雌性；前翅中室端有小白点，且与中室顶端的黑色斑块相连；后翅基半部有大黑斑。

分布： 浙江（临安）、吉林、北京、河北、山西、山东、河南、陕西、甘肃、江苏、上海、安徽、湖北、江西、湖南、福建、台湾、广东、海南、香港、广西、重庆、四川、贵州、云南、西藏；俄罗斯，日本，巴基斯坦，印度，尼泊尔，缅甸，越南，老挝，泰国，斯里兰卡，菲律宾，马来西亚，印度尼西亚。

（28）芝麻鬼脸天蛾 *Acherontia styx* Westwood, 1847（图版 IV-2）

Sphinx (*Acherontia*) *styx* Westwood, 1847: 88.

Acherontia medusa Moore, 1858: 267.

Acherontia styx crathis Rothschild *et* Jordan, 1903: 23.

别名： 后黄人面天蛾、裹黄鬼脸天蛾。

主要特征： 前翅长：50–55 mm。胸部背面具骷髅状纹。腹部具青蓝色中背线，并有黄黑相间的横纹。前翅棕黑色，线纹不清晰；翅基下部有橙黄色毛丛；中点为 1 黄色小点。后翅黄色，具两条棕黑色横纹。雄性外生殖器（图 14）：钩形突长锥形，端部略弯；抱器瓣宽大；抱器腹突端部具齿；阳茎极细长。

分布： 浙江（临安、宁波）、北京、河北、山西、山东、河南、陕西、甘肃、江苏、上海、湖北、江西、湖南、福建、台湾、广东、海南、香港、广西、四川、云南、西藏；俄罗斯，朝鲜，韩国，日本，巴基斯坦，印度，尼泊尔，孟加拉国，缅甸，越南，泰国，斯里兰卡，马来西亚，伊拉克，沙特阿拉伯。

18. 白薯天蛾属 *Agrius* Hübner, 1819

Agrius Hübner, 1819: 140. Type species: *Sphinx cingulata* Fabricius, 1775.

Timoria Kaye, 1919: 93. Type species: *Timoria concolorata* Kaye, 1919.

主要特征： 中型天蛾；喙很长；雌雄异型，雄性翅面斑纹比雌性更明显；体及翅灰色。前翅狭长，M_3 与 CuA_1 脉颜色较深，后翅基部常有粉红斑；腹部两侧有鲜红色斑。

分布： 世界广布。世界已知 6 种，中国记录 1 种，浙江分布 1 种。

（29）白薯天蛾 *Agrius convolvuli* (Linnaeus, 1758)（图版 IV-3）

Sphinx convolvuli Linnaeus, 1758: 490.

Agrius convolvuli: Hübner, 1819: 140.

Agrius convolvuli ichangensis Tutt, 1904: 333.

别名：红薯天蛾、旋花天蛾、粉腹天蛾。

主要特征：前翅长：38–50 mm。雄性前翅浅灰色或深灰色，翅上有不同大小和颜色深度的斑点，而雌性前翅为均匀的灰色，几乎没有斑点。腹部有红白黑三色相间的条纹；后胸上有黑色倒“八”字形图案；中垫较长，上有黑色片状悬垂物。雄性外生殖器（图 15）：钩形突粗壮，顶端向内弯曲；抱器瓣粗细较均匀；抱器腹突呈片状，前缘基部有乳状突，末端分为两叉，内侧齿状，外侧端部钝；阳茎粗壮。

分布：浙江（临安）、黑龙江、吉林、辽宁、内蒙古、北京、天津、河北、山西、山东、河南、陕西、甘肃、新疆、江苏、上海、安徽、湖北、江西、湖南、福建、台湾、广东、海南、香港、广西、四川、贵州、云南、西藏；俄罗斯，朝鲜，韩国，日本，印度，欧洲，非洲。

19. 大背天蛾属 *Meganoton* Boisduval, 1875

Meganoton Boisduval, 1875: 58. Type species: *Macrosila nyctiphanes* Walker, 1856.

主要特征：大型天蛾；触角顶端细长；前翅自前缘至外缘有深色横带，中室端有浅色小点；后翅底色深，上有亮斑；腹部两侧有窄的半圆形环。

分布：古北区、东洋区。世界已知 6 种，中国记录 4 种，浙江分布 2 种。

（30）大背天蛾 *Meganoton analis* (Felder, 1874)（图版 IV-4）

Sphinx analis Felder, 1874, *in* Felder & Rogenhofer, 1874: pl. 78, fig. 4.

Diludia tranquillaris Butler, 1876c: 615, 641.

Meganoton analis: Rothschild & Jordan, 1903: 37.

Meganoton analis subalba Mell, 1922b: 18.

主要特征：前翅长：52–74 mm。肩片外缘具粗壮黑线，后缘具 1 对黑斑；腹部背线赭褐色。前翅赭褐色，密布灰白色点；翅中部具一条宽阔黑色斜线，由前缘基部 1/3 处达外缘下 1/3 处；翅顶角处具 1 近三角形黑斑及 1 细长椭圆形斑；翅基部后缘鳞片黑色。后翅深赭黄色，近臀角色深。

分布：浙江（四明山、余姚、磐安）、陕西、甘肃、上海、安徽、湖北、江西、湖南、福建、广东、海南、广西、四川、贵州、云南、西藏；印度，尼泊尔，缅甸，越南，泰国，斯里兰卡，马来西亚。

（31）马鞭草天蛾 *Meganoton nyctiphanes* (Walker, 1856)（图版 V-1）

Macrosila nyctiphanes Walker, 1856: 209.

Pseudosphinx cyrtolophia Butler, 1875b: 259.

Meganoton nyctiphanes: Boisduval, 1875, *in* Boisduval & Guenée, 1875: 58.

主要特征：前翅长：40–45 mm。肩片上具黑色纵条，后胸具 1 对弯月形黑斑，腹部各节间具白色纹。前翅棕褐色，内线、中线、外线黑褐色；外线锯齿状，外侧有灰白色伴线。中点为 1 枯黄色圆点，外围黑色。后翅棕褐色，中部具枯黄色横纹。雄性外生殖器（图 16）：钩形突长条形，端部鸟嘴状；颚形突宽，中间二分裂；抱器腹突内侧具 1–2 枚小齿；囊形突细长；阳茎细长，端部具 3 个骨化片。

分布：浙江、河南、湖南、福建、广东、海南、广西、云南；印度，缅甸，越南，泰国，斯里兰卡，菲律宾，马来西亚，印度尼西亚。

20. 霜天蛾属 *Psilogramma* Rothschild *et* Jordan, 1903

Psilogramma Rothschild *et* Jordan, 1903: 29(key), 42. Type species: *Sphinx menephron* Cramer, 1780.

主要特征：头灰色，下唇须末端与头顶平，第 2 节内侧有纵条纹；触角较短，顶端有短钩；胸部背面两侧及后缘有黑框；前翅正面灰色，顶角下方有斑，外围黑色，中室上无白星，R_1 及 M_1 下方有黑条纹；腹部侧斑显著，身体腹面灰白色；胸足跗节无白环。

分布：古北区、东洋区、澳洲区。世界已知 63 种，中国记录 9 种，浙江分布 1 种。

（32）丁香天蛾 *Psilogramma increta* (Walker, 1865)（图版 V-2）

Anceryx menephron increta Walker, 1865: 36.
Psilogramma increta: Mell, 1922b: 38.
Psilogramma monastyrskii Eitschberger, 2001: 4.

别名：霜天蛾、霜降天蛾、细斜纹天蛾。

主要特征：前翅长：50–65 mm。胸背深褐色，肩片两侧有纵黑线，后缘有 1 对黑斑，黑斑内侧的前上方有白色点，下方有白斑；腹部背中央有较细的黑色纵带，两侧有较宽的黑褐色纵带。前翅灰白色，各横线不明显；中室端有灰黄色小圆点，周围有较厚的黑色鳞片，形成不甚规则的短横带；顶角有较细的黑色曲线。后翅黑褐色，外缘有白色短线，臀角有两块椭圆形灰白色斑。前翅反面灰白色，各横线呈隐约可见的灰色波纹线；中室灰黄色小点在反面呈灰黑色，其下方有灰黑色纵斑；后翅反面灰白色，缘毛灰白两色相间，臀角处色更浅。雄性外生殖器（图 17）：钩形突二分叉，二叉弯曲呈钩状；抱器瓣宽大，抱器背端部有钝刺；阳茎具角状器。

分布：浙江（鄞州）、辽宁、北京、河北、山西、山东、河南、陕西、江苏、上海、湖北、江西、湖南、福建、台湾、广东、海南、香港、四川；朝鲜，韩国，日本，尼泊尔，缅甸，越南，老挝，泰国。

21. 天蛾属 *Sphinx* Linnaeus, 1758

Sphinx Linnaeus, 1758: 489. Type species: *Sphinx ligustri* Linnaeus, 1758.
Spectrum Scopoli, 1777: 413. Type species: *Sphinx ligustri* Linnaeus, 1758.
Hyloicus Hübner, 1819: 139. Type species: *Sphinx pinastri* Linnaeus, 1758.
Lethia Hübner, 1819: 141. Type species: *Sphinx gordius* Cramer, 1779.
Herse Agassiz, 1846: 35. Type species: *Sphinx ligustri* Linnaeus, 1758.
Lintneria Butler, 1876c: 620. Type species: *Agrius eremitus* Hübner, 1823.
Gargantua Kirby, 1892: 692. Type species: *Agrius eremitus* Hübner, 1823.
Mesosphinx Cockerell, 1920: 33. Type species: *Sphinx separatus* Neumoegen, 1885.

主要特征：下唇须黑褐色。触角内侧白色，近端部更明显。胸部有灰褐色长毛，翅基片灰黑色。前足胫节有刺，无爪垫。腹部两侧有灰白色、红色或淡黄色斑纹。前翅中室无白星。

分布：世界广布。世界已知 28 种，中国记录 7 种或亚种，浙江分布 1 种。

（33）松黑天蛾 *Sphinx caligineus sinicus* (Rothschild *et* Jordan, 1903)（图版 V-3）

Hyloicus caligineus sinicus Rothschild *et* Jordan, 1903: 149.

Sphinx caligineus sinicus: Jordan, 1911b: 236.

Sphinx caligineus brunnescens Mell, 1922a: 113.

别名：华中松天蛾、卡天蛾中华亚种。

主要特征：翅展 55–76 mm。前翅内外横线都不明显，中室附近有 5 条倾斜的棕黑色条纹，顶角下方有一向后倾斜的黑纹。后翅棕褐色，无明显斑纹。雄性外生殖器（图 18）：钩形突粗壮；颚形突端部二分裂状；抱器腹分为两支，上面一支明显向上弯曲，下面一支向旁边横出，顶端稍向上弯曲。

分布：浙江（临安）、黑龙江、北京、天津、河北、山东、陕西、江苏、上海、安徽、湖北、湖南、广东、四川、云南；朝鲜，越南，泰国。

（二）目天蛾亚科 Smerinthinae

主要特征：体型中等；体色较艳丽。下唇须第 1 节有鳞毛，最后 1 节窄小，鳞毛少；额不凸出；喙较短。前翅较宽大，外缘在翅脉端常具小齿，臀角大多明显下垂；R_3 与 R_4 脉共柄；后翅短、宽，臀角圆。

分属检索表（参照朱弘复和王林瑶，1997）

1. 前翅绿色，后翅大部分朱红色（若前翅略黄则后翅具 1 大眼斑）…………………………… **绿天蛾属 *Callambulyx***
- 前翅不为绿色，后翅不如上述 …………………………………………………………………… 2
2. 后翅具 1 大眼斑（或只留痕迹）………………………………………………… **目天蛾属 *Smerinthus***
- 后翅无大眼斑 ……………………………………………………………………………………… 3
3. 外形似木蜂；前翅细长，带金属光泽，臀角钝 ………………………………… **木蜂天蛾属 *Sataspes***
- 外形及前翅不如上述 ……………………………………………………………………………… 4
4. 前翅顶角尖锐、下弯，呈鹰嘴形 ……………………………………………… **鹰翅天蛾属 *Ambulyx***
- 前翅顶角较钝、不下弯 …………………………………………………………………………… 5
5. 前翅粉红色，中间有 1 淡黄色纵带 …………………………………………… **蔗天蛾属 *Leucophlebia***
- 前翅不如上述 ……………………………………………………………………………………… 6
6. 前翅臀角附近有 1 圆点或斑，后翅臀角附近有 2 个圆点或斑 ………………… **六点天蛾属 *Marumba***
- 前翅臀角及后翅臀角不如上述 …………………………………………………………………… 7
7. 前翅顶角具 1 月牙形纹 …………………………………………………………………………… 8
- 前翅顶角无月牙形纹 ……………………………………………………………………………… 9
8. 月牙形纹凹入较浅；中室端附近为浅色斑块；前翅外线在后缘远离臀角；体及翅深黑色杂红褐色 ……………………………………………………………………………… **月天蛾属 *Craspedortha***
- 月牙形纹凹入较深；中室端具 1 白色圆点；前翅外线在后缘接近臀角；体及翅绿色 ………… **构月天蛾属 *Parum***
9. 前翅具 3 条横线，几乎平行 …………………………………………………… **三线天蛾属 *Polyptychus***
- 前翅横线不为 3 条，且不平行 …………………………………………………………………… 10
10. 前翅外缘锯齿形或波浪形 ……………………………………………………………………… 11
- 前翅外缘平滑 ……………………………………………………………………………………… 14
11. 前翅中部具 1 大盾形斑 ……………………………………………………… **盾天蛾属 *Phyllosphingia***
- 前翅中部无大盾形斑 ……………………………………………………………………………… 12
12. 翅脉黄色 ……………………………………………………………………………… **黄脉天蛾属 *Laothoe***
- 翅脉不为黄色 ……………………………………………………………………………………… 13
13. 体及翅大型；前翅外缘具大锯齿；后翅外缘附近具 2 条细白线纹 ………………… **锯翅天蛾属 *Langia***
- 体及翅小型；前翅外缘波状，顶角下明显凹入；后翅均匀红褐色 ……………………… **枫天蛾属 *Cypoides***
14. 胸、腹部背面密被长绒毛 ………………………………………………………………………… 15

\- 胸、腹部背面无长绒毛……………………………………………………………………………………16
15. 前翅顶角有白斑，缘线白色；后翅臀角明显突出，且颜色深于翅色……………………绒毛天蛾属 ***Pentateucha***
\- 前翅顶角无白斑，缘线同翅色；后翅臀角不突出…………………………………………绒天蛾属 ***Kentrochrysalis***
16. 前翅内线、外线直且清晰；后翅有粉红色或淡红色斑块……………………………………杧果天蛾属 ***Amplypterus***
\- 前翅内线、外线多为锯齿状，或不清晰；后翅无粉红色或淡黄色斑块……………………………17
17. 前翅顶角尖锐，中室上方有浅色三角形大斑；后翅底色偏黄，中部大部分为深棕色……………豆天蛾属 ***Clanis***
\- 前翅顶角较钝，中室上方无三角形大斑；后翅不如上述………………………………………………18
18. 胸部背面具人面形纹；横线几乎白色…………………………………………………………星天蛾属 ***Dolbina***
\- 胸部背面无人面形纹；横线深褐色…………………………………………………………匀天蛾属 ***Sphingulus***

22. 鹰翅天蛾属 *Ambulyx* Westwood, 1847

Ambulyx Westwood, 1847: 61. Type species: *Sphinx substrigilis* Westwood, 1847.

Oxyambulyx Rothschild *et* Jordan, 1903: 173(key), 192. Type species: *Sphinx substrigilis* Westwood, 1847.

主要特征：前翅底色为灰色、黄色或浅黄色，翅脉颜色深，翅面上有不规则的深色横带，亚前缘线很明显且延伸至边缘处呈扁豆状，前翅顶角尖锐，向下弯曲呈鹰嘴形，许多种类前翅近基线处有深灰色或墨绿色圆斑；后翅常黄色，上有不规则黑色横带；胸部侧面有深绿色的宽带；大多数种类腹部背面有深色细线。

分布：世界广布。世界已知 62 种，中国记录 18 种，浙江分布 5 种。

分种检索表

1. 前翅内线形成的斑块较小…………………………………………………………黄山鹰翅天蛾 ***A. sericeipennis***
\- 前翅内线形成的斑块较大………………………………………………………………………………2
2. 后翅中线由翅脉隔断………………………………………………………………华南鹰翅天蛾 ***A. kuangtungensis***
\- 后翅中线完整，且较粗壮、较直……………………………………………………………………3
3. 前翅土褐色，亚缘线至外缘不形成不同于翅底色的亚缘带…………………………浙江鹰翅天蛾 ***A. zhejiangensis***
\- 前翅枯黄色，亚缘线至外缘形成亚缘带………………………………………………………………4
4. 前翅外线外侧 M_3 下方线纹不清晰，呈边缘不清的斑状；后翅亚缘带较宽，且在近顶角处形成黑点……………………………………………………………………………………………核桃鹰翅天蛾 ***A. schauffelbergeri***
\- 前翅外线外侧仅在后缘处呈斑块状；后翅亚缘带极窄，不形成黑点……………………鹰翅天蛾 ***A. ochracea***

（34）核桃鹰翅天蛾 *Ambulyx schauffelbergeri* Bremer *et* Grey, 1853（图版 V-4）

Ambulyx schauffelbergeri Bremer *et* Grey, 1853b: 62.

Ambulyx trilineata Rothschild, 1894a: 88.

Oxyambulyx schauffelbergeri siaolouensis Clark, 1937: 30.

主要特征：前翅长：45–55 mm。头顶及额灰白色，与头顶交界处黑褐色；胸部两侧黑褐色；腹部中线不明显，第 6 节两侧及第 8 节背面有褐色斑。前翅内线为 2 个圆斑；中线及外线微暗褐色不明显，外线内侧有波状细纹；亚缘线深褐色，由顶角弓形向臀角弯曲；中点黑色较小。后翅茶褐色，布满暗褐色斑纹；亚缘线靠近顶角处有 1 小圆黑点；亚缘线与缘线之间形成黑色宽带。

分布：浙江（临安）、辽宁、北京、河北、山东、河南、陕西、甘肃、江苏、上海、安徽、湖北、江西、福建、广东、海南、广西、重庆、四川、贵州、云南、西藏；朝鲜，韩国，日本，印度，越南。

（35）华南鹰翅天蛾 *Ambulyx kuangtungensis* (Mell, 1922)（图版 V-5）

Oxyambulyx kuangtungensis Mell, 1922a: 114.

Oxyambulyx kuangtungensis formosana Clark, 1936: 73.

Ambulyx kuangtungensis: Inoue, 1990b: 248.

别名：库昂鹰翅天蛾。

主要特征：前翅长：42–45 mm。头枯黄色，下唇须橘黄色，头顶上方的触角间有褐绿色近方形毛丛；肩片后半及后胸背板上有黑褐色斑；背线不明显。前翅底色枯黄，基部有褐色大斑或圆形斑；中线弓形，褐色，不显著；外线深褐色双行，外侧一条呈齿形；亚缘线至外缘呈灰绿色梭形宽带；中点黑色圆形。后翅枯黄色，内部带明显的粉红色；外线、亚缘线和缘线点状，后二者在 CuA_1 以下连成黑色短线。

分布：浙江、河南、陕西、甘肃、新疆、湖北、江西、福建、广东、海南、广西、四川、贵州、云南、西藏；缅甸，越南，泰国。

（36）鹰翅天蛾 *Ambulyx ochracea* Butler, 1885（图版 V-6）

Ambulyx ochracea Butler, 1885: 113.

别名：裂斑鹰翅天蛾。

主要特征：前翅长：50–55 mm。和华南鹰翅天蛾相比，本种后翅中线完整，呈窄带状，前翅中线较连续。雄性外生殖器（图 19）：钩形突锥形，顶端有弯向内部的小钩；颚形突环形，中部隆起；抱器瓣平板状；抱器腹肘形，上有突起，中部突起最大；囊形突三角形；阳茎顶端不具齿，外翻出的角状器最长可与阳茎等长。

分布：浙江（宁波）、辽宁、北京、河北、山西、山东、河南、甘肃、江苏、安徽、湖北、江西、湖南、福建、台湾、广东、海南、香港、广西、四川、云南、西藏；韩国，日本，印度，缅甸，越南，泰国，斯里兰卡。

（37）黄山鹰翅天蛾 *Ambulyx sericeipennis* Butler, 1875（图版 VI-1）

Ambulyx sericeipennis Butler, 1875b: 252.

Oxyambulyx agana Jordan, 1929: 85.

Oxyambulyx amaculata Meng, 1989: 299.

别名：无斑鹰翅天蛾、丝茎鹰翅天蛾。

主要特征：前翅长：43–55 mm。体黄褐色至灰褐色。前翅基部有一大一小 2 个圆斑；内线斑点较小；前缘黄色，中线和外线在前缘形成黑斑；外线内侧黄色带较宽；亚缘线由顶角至臀角，略内凹；臀角内侧有大斑；中点黑色。后翅浅黄褐色，中部带粉红色；中线、外线较明显。腹部有背线，第 6 节（或第 6、7 节）背板两侧及第 8 节背面均有黑斑。

分布：浙江（临安、泰顺）、陕西、安徽、湖北、江西、福建、台湾、广东、海南、香港、广西、重庆、四川、贵州、云南；巴基斯坦，印度，尼泊尔，缅甸，越南，老挝，泰国，柬埔寨，斯里兰卡。

（38）浙江鹰翅天蛾 *Ambulyx zhejiangensis* Brechlin, 2009（图版 VI-2，3）

Ambulyx zhejiangensis Brechlin, 2009: 50.

主要特征：翅展 106 mm。体土褐色。前翅土褐色，翅基部具 2 个深褐色圆斑；亚缘线较翅色浅，其内侧色略深，外侧至外缘同翅色；其他横线不明显。后翅赭黄色，点缀深褐色斑点；中带及外缘深褐色。

分布：浙江（安吉）、湖北。

23. 杧果天蛾属 *Amplypterus* Hübner, 1819

Amplypterus Hübner, 1819: 133. Type species: *Sphinx panupus* Cramer, 1779.

Calymnia Walker, 1856: 77(key), 123. Type species: *Sphinx panupus* Cramer, 1779.

Compsogene Rothschild *et* Jordan, 1903: 173(key), 188. Type species: *Sphinx panupus* Cramer, 1779.

主要特征：大型天蛾；喙长达腹部中部；前翅底色黄褐色，前缘较直，中室端有深褐色不规则的点，外线直而明显；后翅底色棕色，上多有粉红色或淡红色斑；腹部淡黄褐色，上有棕色小点。

分布：古北区、东洋区。世界已知 5 种，中国记录 2 种，浙江分布 1 种。

（39）杧果天蛾 *Amplypterus panopus panopus* (Cramer, 1779)（图版 VI-4）

Sphinx panopus Cramer, 1779: 50.

Amplypterus panopus: Hübner, 1819: 133.

Calymnia pavonica Moore, 1877b: 596.

Amplypterus panopus hainanensis Eitschberger, 2006: 16.

主要特征：翅展 130–160 mm。肩片及胸部背面深棕褐色；腹部棕黄色，第 5 节后各节两侧有黑斑。前翅暗黄色，基部棕黑色；内线、外线直行，外线外侧有略浅的伴带；外缘中部具 1 大深棕色三角形斑；后缘近臀角处具 1 棕黑色椭圆形斑。后翅中室粉红色；横线深棕色；外缘区域宽阔棕黑色、带状。雄性外生殖器（图 20）：钩形突顶端较钝并向下弯曲；抱器瓣宽大；颚形突顶端较圆；阳茎具发达角状器，其中 1 个为椭圆形。

分布：浙江、江西、湖南、福建、广东、海南、香港、广西、贵州、云南；印度，不丹，尼泊尔，缅甸，越南，老挝，泰国，斯里兰卡，菲律宾，马来西亚，印度尼西亚。

24. 绿天蛾属 *Callambulyx* Rothschild *et* Jordan, 1903

Callambulyx Rothschild *et* Jordan, 1903: 173(key), 307. Type species: *Ambulyx rubricosa* Walker, 1856.

主要特征：中、大型天蛾；喙短；前翅青绿色，顶角略尖，外缘较直，后缘端半部凹入，臀角下垂；后翅顶角圆弧形，外缘浅弧形，在臀褶处浅凹。后翅大部分红色。

分布：古北区、东洋区。世界已知 10 种，中国记录 8 种，浙江分布 2 种。

（40）绿带闭目天蛾 *Callambulyx rubricosa* (Walker, 1856)（图版 VI-5）

Ambulyx rubricosa Walker, 1856: 122.

Basiana superba Moore, 1866: 793.

Callambulyx rubricosa: Rothschid & Jordan, 1903: 308.

Callambulyx indochinensis Clark, 1936: 81.

主要特征：翅展 132 mm。前翅绿色；自前缘经中室有斜向臀角的深绿色带，在后缘扩展；外线内侧具一深色宽带；亚缘线外侧色深。后翅红色，前缘呈黄色；臀角处有闭合式眼斑，上方有黑斑。雄性外生殖器（图 21）：钩形突顶端向内下方弯曲呈鸟嘴形；抱器瓣向端部渐窄；抱器腹突肘状，末端有两个大齿，内侧的齿大于外侧；阳茎短，端部向外翻出 3 条透明飘带、1 个骨化片，骨化片一侧有不规则锯齿。

分布：浙江、陕西、甘肃、湖北、广东、海南、广西、云南、西藏；印度，不丹，尼泊尔，越南，泰国，印度尼西亚。

（41）榆绿天蛾 *Callambulyx tatarinovii tatarinovii* (Bremer *et* Grey, 1853)（图版 VI-6）

Smerinthus tatarinovii Bremer *et* Grey, 1853b: 62.

Smerinthus eversmanni Eversmann, 1854: 182.

Smerinthus tatarinovii brunnea Staudinger, 1892a: 238.

Callambulyx tatarinovii: Rothschild & Jordan, 1903: 308(key), 310.

别名：云纹天蛾。

主要特征：前翅长：35–40 mm。翅面绿色，胸部背面黑绿色。腹部背面粉绿色，各节后缘有黄褐色横纹 1 条。前翅前缘顶角有 1 块较大的多角形深绿色斑；中线、外线间连成 1 块深绿色斑，外线呈两条弯曲的波状纹。后翅红色，后缘近白色，外缘淡绿色，臀角上有深色横条。前翅反面近基部后缘淡红色；后翅反面黄绿色。

分布：浙江、黑龙江、吉林、辽宁、内蒙古、北京、天津、河北、山西、山东、河南、陕西、宁夏、甘肃、新疆、江苏、上海、湖北、江西、湖南、福建、四川、西藏；俄罗斯，蒙古国，朝鲜，韩国，日本。

25. 豆天蛾属 *Clanis* Hübner, 1819

Clanis Hübner, 1819: 138. Type species: *Sphinx phalaris* Cramer, 1777.

Basiana Walker, 1856: 78(key), 236. Type species: *Basiana deucalion* Walker, 1856.

Metagastes Boisduval, 1875: 11. Type species: *Sphinx phalaris* Cramer, 1777.

主要特征：大型天蛾；前翅顶角尖锐，中室上方有浅色三角形大斑，后缘向内弯曲，臀角向后突出；胸、腹部体色均匀，或胸、腹部中间有不甚明显的深色条纹。

分布：古北区、东洋区、旧热带区。世界已知 18 种，中国记录 5 种，浙江分布 2 种。

（42）南方豆天蛾 *Clanis bilineata* (Walker, 1866)（图版 VII-1）

Basiana bilineata Walker, 1866: 1857.

Clanis bilineata: Butler, 1881a: 14.

Clanis bilineata tsingtauica Mell, 1922b: 114.

Clanis bilineata formosana Gehlen, 1941: 178.

别名：波纹豆天蛾、豆天蛾。

主要特征：前翅长：50–65 mm。体、翅黄褐色；头及胸部的背线紫褐色；腹部背面灰黄褐色，两侧枯黄，第 5–7 节后缘有暗黄褐色横纹。前翅灰褐色，前缘中央有灰白色近三角形斑；内线、中线、外线深褐色；顶角近前缘有深褐色斜纹，下方色淡，各占顶角的 1/2；R_3 脉部位的纵带呈黑褐色。后翅中部黑褐色，前缘及臀角附近枯黄色，中部有 1 条较细的灰黑色横带。前翅及后翅反面枯黄色；各横线明显；前翅基部中央有黑色长条斑。干旱季节或地方，成虫体色偏红；前翅中室下端有 1 黑色条带。雄性外生殖器（图 22）：钩形突粗壮，顶端鸟嘴形；颚形突二分叉；抱器瓣简单；抱器腹突端部分为两叉，外侧叉较钝；阳茎简单，无特化结构。

分布：除西藏外，我国其他省份都有分布；朝鲜，日本，印度，尼泊尔，印度尼西亚。

（43）灰斑豆天蛾 *Clanis undulosa* Moore, 1879（图版 VII-2）

Clanis undulosa Moore, 1879c: 387.
Clanis gigantea Rothschild, 1894a: 96.
Clanis undulosa jankowskii Gehlen, 1932: 66.

主要特征：翅展 100–160 mm；前翅灰褐色，内线、中线、外线均为双行波浪形灰褐色纹，顶角内侧有长三角形斑，斑内侧灰白色，中室上方自前缘至 M 脉有三角形浅斑。

分布：浙江（四明山、余姚、磐安）、辽宁、北京、河北、山东、河南、陕西、甘肃、江苏、安徽、湖北、江西、湖南、福建、广东、海南、广西、四川、贵州、云南、西藏；俄罗斯，朝鲜，韩国，越南，泰国，马来西亚。

26. 月天蛾属 *Craspedortha* Mell, 1922

Craspedortha Mell, 1922b: 167. Type species: *Craspedortha inapicalis* Mell, 1922.

主要特征：中小型天蛾；体及翅深褐色；前翅顶角平截，内侧有黑色斑及月牙形纹，内线较细，不明显，中线与外线间有 1 大块斑，臀角处有黑色斑块；后翅后角处有 1 黑色斑块；前翅反面顶角处月牙形纹明显，外线明显。

分布：古北区、东洋区。世界已知 2 种，中国记录 2 种，浙江分布 1 种。

（44）月天蛾 *Craspedortha porphyria porphyria* (Butler, 1876)（图版 VII-3）

Daphnusa porphyria Butler, 1876c: 640.
Craspedortha inapicalis Mell, 1922b: 167.
Craspedortha porphyria: Mell, 1934: 531.

别名：月柯天蛾。

主要特征：前翅长：23–27 mm。体及翅深褐色，带紫红色调；胸部及腹部背面色较深。前翅内线较细，不明显，浅褐色；中线与外线间有 1 大块深褐色至黑褐色斑；中室端有小白星；顶角呈截断状，内侧有赭黑斑及月牙形白纹，臀角内上侧有 1 黑斑。后翅深褐色，臀角有 1 黑斑。翅反面比正面色淡。雄性外生殖器（图 23）：钩形突粗壮，抱器瓣简单；抱器腹骨化强，内侧片状，外侧具 1 小端突；阳茎角状器刺斑状。

分布：浙江、陕西、甘肃、湖北、江西、湖南、福建、台湾、广东、海南、广西、四川、云南；印度，尼泊尔，缅甸，越南，泰国。

27. 枫天蛾属 *Cypoides* Matsumura, 1921

Cypoides Matsumura, 1921: 752. Type species: *Cypa formosana* Wileman, 1910.
Amorphulus Mell, 1922b: 173. Type species: *Smerinthulus chinensis* Rothschild *et* Jordan, 1903.

主要特征：小型天蛾；体及翅红褐色；触角丝状；前翅外缘波状；后翅为均匀的红褐色；前翅反面外缘线与亚外缘线之间颜色较深；后翅反面中线与亚外缘线明显。雄性外生殖器中，钩形突细长，顶端尖；

颚形突环状，中间呈刺状突起。阳茎中部弯曲，顶端形成骨化的横带。

分布：古北区、东洋区。世界已知 2 种，中国记录 2 种，浙江分布 1 种。

（45）枫天蛾 *Cypoides chinensis* (Rothschild *et* Jordan, 1903)（图版 VII-4）

Smerinthulus chinensis Rothschild *et* Jordan, 1903: 301.

Cypa formosana Wileman, 1910: 137.

Enpinanga transtriata Chu *et* Wang, 1980: 420.

Cypoides chinensis: Inoue, 1990b: 253.

别名：横带天蛾、中国天蛾、枫小天蛾、凹缘黑天蛾。

主要特征：前翅长：19–30 mm。下唇须和额两侧灰红色；额中部、头顶和胸部背面灰褐色掺杂白色。前翅基部至中线与胸部背面颜色相近，中线至亚缘线间大部分暗黄褐色，亚缘线以外色较浅；内线、中线、外线和亚缘线均为深褐色浅波状。后翅为均匀的红褐色，后缘和臀角附近色较深。翅反面灰红色；前翅反面外缘线与亚缘线之间颜色较深；后翅反面中线与亚缘线明显。雄性外生殖器（图 24）：钩形突发达，端部尖齿状；颚形突齿状；抱器腹端突为 1 大齿。

分布：浙江（临安、岱山）、陕西、甘肃、安徽、湖北、江西、湖南、福建、台湾、广东、海南、香港、广西、贵州、云南；越南，泰国。

28. 星天蛾属 *Dolbina* Staudinger, 1887

Dolbina Staudinger, 1887: 155. Type species: *Dolbina tancrei* Staudinger, 1887.

Dolbinopsis Rothschild *et* Jordan, 1903: 156(key), 159. Type species: *Pseudosphinx grisea* Hampson, 1893.

Elegodolba Eitschberger *et* Zolotuhin, 1997: 143. Type species: *Dolbina elegans* Bang-Haas, 1912.

主要特征：触角粗壮，向端部逐渐变细；下唇须较短，向前伸出；胸部背面有人面形纹；前翅灰褐色，锯齿状横带显著，中室端有白色圆星；前足和中足胫节无刺，后足 2 对距。

分布：古北区、东洋区。世界已知 12 种，中国记录 4 种，浙江分布 2 种。

（46）小星天蛾 *Dolbina exacta* Staudinger, 1892（图版 VII-5）

Dolbina exacta Staudinger, 1892a: 222.

Dolbina parva Matsumura, 1921: 746.

主要特征：前翅长：30–31 mm。体及翅灰褐色；触角基部及肩片两侧灰白色，颈片与肩片内侧呈黑褐色；腹部背中线呈黑点，两侧斑纹不显著；腹部腹面色较淡，有小黑点。前翅内线、外线不明显；中线呈黑褐色波状纹；中室端有灰白色小星；中室下方有 2 条黑色纵线；缘毛色深。后翅土灰色，无显著斑纹；缘毛稍淡。雄性外生殖器（图 25）：钩形突平铲形；颚形突端部为两个指形突；抱器瓣宽大；抱器腹突基部宽，中间变细并向后方凸伸形成 2 突。

分布：浙江（四明山、余姚）、黑龙江、北京、山西、湖北、湖南、广西、四川；俄罗斯，朝鲜，韩国，日本。

（47）大星天蛾 *Dolbina inexacta* (Walker, 1856)（图版 VII-6）

Macrosila inexacta Walker, 1856: 208.

Meganoton khasianum Rothschild, 1894a: 90.

Dolbina inexacta: Rothschild & Jordan, 1903: 160.
Dolbina inexacta sinica Closs, 1915: 93.

别名：白星天蛾。

主要特征：前翅长：45 mm 左右。为本属中体型较大的种类；体及翅暗黄色，有金色光泽；肩片外缘有白色细纹，胸背中央有“八”字形白色纹；腹部背线由黄褐色斑点组成，两侧各有 1 行浅褐色圆点；腹部腹面白色，各节有浅褐色斑 2 块。前翅内线由 2 条深褐色波状纹组成，两纹间白色；中线及外线由黑褐色波状纹组成，各线纹间暗黄色并有金色光泽；中室端有 1 个白色圆星；后翅深褐色，基部色较淡，缘毛白色。

分布：浙江（四明山、余姚）、陕西、甘肃、湖北、江西、湖南、福建、台湾、广东、海南、重庆、四川、云南、西藏；日本，巴基斯坦，印度，尼泊尔，缅甸，越南，老挝，泰国，马来西亚，土耳其。

29. 绒天蛾属 *Kentrochrysalis* Staudinger, 1887

Kentrochrysalis Staudinger, 1887: 157. Type species: *Sphinx streckeri* Staudinger, 1880.

主要特征：下唇须长，超过头顶；触角端部细长，向内弯曲成钩状；胸、腹部背面有长似绒毛的鳞毛，腹部背线明显，侧斑不显著；前翅各线明显，锯齿形，中室上有 1 白星；前后翅缘毛黑色，间有明显的白色鳞毛。

分布：古北区、东洋区。世界已知 4 种，中国记录 3 种，浙江分布 1 种。

（48）白须天蛾 *Kentrochrysalis sieversi* Alphéraky, 1897（图版 VII-7）

Kentrochrysalis sieversi Alphéraky, 1897: 164.
Hyloicus houlberti Oberthür, 1920: 5.

主要特征：前翅长：45–49 mm。头灰白色，触角腹面褐色，背面灰白色，近端部有 1 段黑斑；颈片及肩片外缘灰白色，内缘黑色；胸部背面灰色，边缘有黑、白色斑各 1 对；腹部背线黑色，两侧有较宽的黑色纵带。前翅灰褐色；中线及外线黑褐色锯齿形，中线上半段为双线，伸达中点内侧的黑色剑形纹上，远离中点；中点白色，该处的剑形纹较长；缘毛呈间断的黑白色横点。后翅灰褐色，中央有不明显的浅色横带；缘毛与前翅相同，臀角部位灰白色。雄性外生殖器（图 26）：钩形突端部钝圆；颚形突宽舌状；抱器腹发达，端突细长，后缘形成大小不同的钝齿；阳茎端部为不对称的叉状钩。

分布：浙江（四明山、余姚）、黑龙江、吉林、辽宁、北京、河北、河南、陕西、甘肃、湖北、湖南、福建、海南、四川、云南；俄罗斯，朝鲜，韩国。

30. 锯翅天蛾属 *Langia* Moore, 1872

Langia Moore, 1872: 567. Type species: *Langia zenzeroides* Moore, 1872.

主要特征：大型天蛾；体及翅银灰色；触角最后一节很短；喙较短，不明显；下唇须较小，两侧有长毛；前翅外缘有从上到下逐渐变大的锯齿。

分布：古北区、东洋区、旧热带区。世界已知 2 种，中国记录 1 种，浙江分布 1 种。

（49）锯翅天蛾 *Langia zenzeroides zenzeroides* Moore, 1872（图版 VII-8）

Langia zenzeroides Moore, 1872: 567.

Langia zenzeroides nina Mell, 1922b: 158.

Langia zenzeroides szechuna Chu *et* Wang, 1980: 418.

Langia kunmingensis Zhao, 1984: 183.

主要特征：翅展 100–156 mm。体及翅蓝灰色。胸部背面黄色；腹部背面灰褐色。前翅外缘锯齿状；翅基至顶角有斜向的白色带，并散布紫黑色细点。后翅灰褐色，近臀角有白色和紫黑色条斑。雄性外生殖器（图 27）：钩形突粗壮，二分叉；颚形突中央形成 2 个突出的齿；抱器腹突发达。阳茎端部钩状。

分布：浙江、北京、湖北、福建、海南、广西、四川、云南；韩国，印度，尼泊尔，越南，泰国。

31. 黄脉天蛾属 *Laothoe* Fabricius, 1807

Laothoe Fabricius, 1807: 287. Type species: *Sphinx populi* Linnaeus, 1758.

主要特征：体色灰绿至灰褐色。头及复眼小；下唇须端节尖，向前伸出；触角黄褐色，顶端弯度小。前翅顶角略凸出；前后翅外缘不规则波曲；后翅前缘浅凹，近端部处隆起，顶角凹；翅脉黄色。

分布：古北区、东洋区、旧热带区。世界已知 7 种，中国记录 4 种，浙江分布 1 种。

（50）黄脉天蛾华夏亚种 *Laothoe amurensis sinica* (Rothschild *et* Jordan, 1903)（图版 VIII-1）

Amorpha amurensis sinica Rothschild *et* Jordan, 1903: 337.

Laothoe sinica: Pittaway, 1993: 106.

主要特征：前翅长：40–47 mm。体及翅灰褐色，带灰绿色调；翅上斑纹不明显，内线、中线、外线黑褐色波状，外缘自顶角到中部有黑褐色斑；翅脉被黄褐色鳞毛，较明显。后翅颜色与前翅相同，翅脉黄褐色明显。雄性外生殖器（图 28）：钩形突端部钝；颚形突长舌形；抱器背近端部处有浓毛斑；抱器腹端突小且尖。阳茎角状器为刺状斑块。

分布：浙江（临安）、吉林、辽宁、北京、山西、陕西、甘肃、四川、云南、西藏；朝鲜，韩国。

32. 蔗天蛾属 *Leucophlebia* Westwood, 1847

Leucophlebia Westwood, 1847: 46. Type species: *Leucophlebia lineata* Westwood, 1847.

主要特征：中小型天蛾。下唇须端节长，向上超过头顶；触角背面白色，腹面赭黄色；复眼圆，上面有黑斑。前翅顶角尖，外缘平滑，无波曲，后缘平直，臀角圆；后翅顶角圆，外缘浅弧形。前翅粉红色，基部到外缘有一黄色宽纵条；后翅橙黄色。

分布：古北区、东洋区、旧热带区。世界已知 17 种，中国记录 2 种，浙江分布 1 种。

（51）甘蔗天蛾 *Leucophlebia lineata* Westwood, 1847（图版 VIII-2）

Leucophlebia lineata Westwood, 1847: 46.

Leucophlebia rosacea Butler, 1875a: 15.

Leucophlebia vietnamensis Eitschberger, 2003: 17.

别名：黄条天蛾、双黄带天蛾、禾天蛾。

主要特征：前翅长：35–40 mm。头顶白色，额枯黄色；胸部背面枯黄色，肩片及两侧污白色；腹部背面枯黄色，两侧粉红色；腹部腹面粉红色。前翅粉红色，中央自翅基至顶角有 1 较宽的淡黄色宽带，下方沿 CuA_2 脉至臀角有 1 黄色细纵纹；翅脉黄色，缘线黄褐色。后翅橙黄色，缘毛黄色。雄性外生殖器（图 29）：钩形突粗壮；颚形突中部宽；抱器瓣简单；囊形突窄细。阳茎角状器为 2 片骨化薄片，上密布微点。

分布：浙江（临安）、北京、天津、河北、山西、山东、陕西、江苏、安徽、江西、湖南、福建、台湾、广东、海南、香港、广西、云南；巴基斯坦，印度，尼泊尔，越南，泰国，斯里兰卡，菲律宾，马来西亚，印度尼西亚。

33. 六点天蛾属 *Marumba* Moore, 1882

Marumba Moore, 1882: 8. Type species: *Smerinthus dyras* Walker, 1856.

Burrowsia Tutt, 1902: 386. Type species: *Triptogon roseipennis* Butler, 1875.

Kayeia Tutt, 1902: 386. Type species: *Smerinthus maackii* Bremer, 1861.

Sichia Tutt, 1902: 386. Type species: *Sphinx quercus* Denis *et* Schiffermüller, 1775.

主要特征：触角锯齿形，具毛簇，雄性齿片较雌性宽大；喙很短；下唇须短粗；后足胫节有 1 对距，爪间鬃分为两叶。前翅顶角和臀角端部稍向外凸，外缘锯齿形；中室内、外侧各有 3–4 条横线，最外侧的两条横线在臀角处形成环，环内有 1 圆斑或圆点；后翅臀角处有 2 个圆斑或圆点。

分布：古北区、东洋区。世界已知 18 种，中国记录 17 种，浙江分布 7 种。

分种检索表

1. 后翅大部分为黄色 ······ **黄边六点天蛾 *M. maackii***
- 后翅无黄色 ······ 2
2. 亚缘线在近后缘的弯折深，多于半圆 ······ 3
- 亚缘线在近后缘的弯折浅，呈浅弧形 ······ 4
3. 后翅顶角附近有近三角形斑 ······ **黑角六点天蛾 *M. saishiuana saishiuana***
- 后翅顶角附近无斑块 ······ **枇杷六点天蛾 *M. spectabilis spectabilis***
4. 从头顶至腹部末端的背线明显 ······ 5
- 从头顶至腹部末端无背线 ······ 6
5. 前后翅翅脉鲜明红褐色；亚缘线外侧 1 条为单线 ······ **栗六点天蛾 *M. sperchius***
- 前翅翅脉近红褐色，但不清晰；亚缘线外侧 1 条为双线 ······ **椴六点天蛾 *M. dyras***
6. 内线波曲，中线呈尖齿状凸出 ······ **枣桃六点天蛾 *M. gaschkewitschii***
- 内线较直，中线略呈弧形弯曲，无齿 ······ **菩提六点天蛾 *M. jankowskii***

（52）椴六点天蛾 *Marumba dyras* (Walker, 1856)（图版 VIII-3）

Smerinthus dyras Walker, 1856: 250.

Triptogon sinensis Butler, 1875b: 253.

Triptogon ceylanica Butler, 1875b: 254.

Marumba dyras: Moore, 1882: 9.

主要特征：前翅长：45–50 mm。体及翅土褐色或灰褐色；触角褐色，雄性内下侧有较长纤毛。肩片内侧及颈片后缘呈茶褐色线纹；胸部及腹部背线呈深褐色细线，腹部各节间有褐色环；胸部及腹部翅面赤褐色。前翅灰黄褐色，各横线深褐色；外缘黑褐色锯齿形；臀角有深褐色斑；中室端 1 小白点，白点上方沿横脉有向前上方伸展的 1 个深褐色月牙纹；亚缘线外侧 1 条为双线。后翅茶褐色，前缘稍黄；臀角向内有 2 个黑褐色斑。前后翅反面赤褐色；前翅中线及外线显著，顶角及臀角呈鲜艳的茶褐色；后翅各横线黑褐色，臀角黄褐色，缘毛白色。雄性外生殖器（图 30）：钩形突扁宽，端部二分叉；颚形突骨化强；抱器背基部具 1 尖齿；抱器腹端突为 1 小齿。

分布：浙江（四明山、余姚、磐安）、辽宁、北京、河北、河南、陕西、甘肃、江苏、安徽、江西、湖南、福建、台湾、广东、海南、香港、广西、四川、贵州、云南、西藏；日本，巴基斯坦，印度，尼泊尔，缅甸，越南，泰国，斯里兰卡，马来西亚。

（53）枣桃六点天蛾 *Marumba gaschkewitschii* (Bremer *et* Grey, 1853)（图版 VIII-4）

Smerinthus gaschkewitschii Bremer *et* Grey, 1853b: 62.

Marumba gashkevitshi: Kirby, 1892: 707.

Marumba gordeevorum Eitschberger *et* Saldaitis, 2012: 46.

Marumba greyi Eitschberger, 2012: 47.

别名：桃红六点天蛾、桃六点天蛾。

主要特征：前翅长：40–55 mm。体及翅黄褐色至灰紫褐色。胸部背面棕黄色。前翅外缘波曲；横线清晰，各线间色略深；亚缘线在 M_3 下方外凸后凹入；亚缘线至外缘黑褐色；近臀角处有黑斑。后翅枯黄至粉红色，翅脉褐色，外缘黑褐色，近臀角具 2 个黑斑。

分布：浙江（四明山、余姚、磐安）、黑龙江、辽宁、内蒙古、北京、河北、山西、山东、河南、宁夏、甘肃、江苏、上海、安徽、湖北、江西、湖南、福建、四川、云南、西藏；俄罗斯，蒙古国，朝鲜，韩国。

（54）菩提六点天蛾 *Marumba jankowskii* (Oberthür, 1880)（图版 VIII-5）

Smerinthus jankowskii Oberthür, 1880: 26.

Marumba jankowskii: Kirby, 1892: 708.

Marumba jankowskii bergmani Bryk, 1946: 67.

主要特征：体及翅黄褐色；头、胸部的背线暗棕褐色；腹部各节间有灰黄色环。前翅有较宽的 3 条黄褐色横带，亚缘线下部向后缘迂回弯曲；臀角近后缘处有 1 暗褐色斑，稍上方又有 1 暗褐色圆斑，中室上有一条纹。后翅淡褐色，臀角附近有两个连在一起的暗褐色斑。

分布：浙江、黑龙江、吉林、辽宁、内蒙古、河北、河南、甘肃、江苏、福建；俄罗斯，朝鲜，韩国，日本。

（55）黄边六点天蛾 *Marumba maackii* (Bremer, 1861)（图版 VIII-6）

Smerinthus maackii Bremer, 1861: 474.

Marumba maackii: Kirby, 1892: 707.

主要特征：前翅长：40–43 mm。体和前翅灰黄色；触角茶褐色。前翅各横线深褐色；顶角与外缘间有暗褐色月牙形斑；臀角有 1 黑褐色斑；缘毛黄色。后翅大部分黄色，雄性中间大部分深灰褐色；臀角有 2 个黑褐色近圆形斑。前后翅的反面灰黄色，各横线明显；外线外侧呈灰白色横线；雄性前翅顶角及臀角黄色，后翅外缘黄色；雌性除前翅中部外两翅反面大部分黄色。

分布：浙江、黑龙江、吉林、辽宁、内蒙古、北京、陕西、甘肃、湖北、广西；俄罗斯，朝鲜，韩国，日本。

（56）黑角六点天蛾 *Marumba saishiuana saishiuana* Okamoto, 1924（图版 VIII-7）

Marumba saishiuana Okamoto, 1924: 96.

Marumba spectabilior Mell, 1935b: 351.

Marumba fujinensis Chu *et* Wang, 1997: 243.

别名：福建六点天蛾。

主要特征：前翅长：32 mm。胸、腹部背面灰黄色有棕色背线；各腹节具环带。前翅褐黄色，翅基有棕色斑；内线、中线较直，外线弧形；顶角内侧有棕褐色月牙形斑；自中室向外在 M_3 与 CuA_2 间有一黄色宽斜带直达臀角内上方，臀角内侧具 2 个赭红小点。后翅枯黄色，翅脉褐色；顶角有棕黄色近三角形斑，臀角内有赭红色大点及褐色斑。

分布：浙江（四明山、余姚）、福建、广东、海南、云南；韩国，日本，越南，泰国。

（57）枇杷六点天蛾 *Marumba spectabilis spectabilis* (Butler, 1875)（图版 IX-1）

Triptogon spectabilis Butler, 1875b: 256.

Marumba spectabilis: Kirby, 1892: 707.

Marumba spectabilis chinensis Mell, 1922a: 115.

主要特征：前翅长：36–55 mm。体和翅偏红褐色。前翅上的横带不规则，呈深褐色与浅褐色相间的条带状；臀角处的环十分明显，距离臀角较远；顶角处 1 黑褐色大斑向下延伸至 M_3 以下。后翅暗红色；臀角处有 2 块黑斑，外缘有黑线。前翅反面臀角处呈红褐色；后翅反面接近臀角处有小块红褐色区域。

分布：浙江（临安）、河南、陕西、甘肃、安徽、湖北、江西、湖南、福建、广东、海南、广西、四川、云南；印度，尼泊尔，越南，老挝，泰国，马来西亚，印度尼西亚。

（58）栗六点天蛾 *Marumba sperchius* (Ménétriés, 1857)（图版 IX-2）

Smerinthus sperchius Ménétriés, 1857: 137.

Triptogon piceipennis Butler, 1877a: 393.

Marumba sperchius: Kirby, 1892: 99.

别名：后褐六点天蛾。

主要特征：前翅长：48–60 mm。体及翅淡灰褐色至灰褐色，从头顶到尾端有 1 条暗褐色背线。前翅各线呈不甚明显的暗褐色条纹，曲度较小，亚缘线外侧 1 条为单线；前翅臀角具 1 个暗褐色斑；沿外缘色较暗。后翅暗褐色，臀角处有 1 白斑，内有两个暗褐色圆斑。前后翅翅脉红褐色。

分布：浙江（临安）、黑龙江、吉林、辽宁、内蒙古、北京、河北、山东、河南、陕西、甘肃、江苏、安徽、湖北、江西、湖南、福建、台湾、广东、海南、广西、四川、贵州、云南；俄罗斯，朝鲜，韩国，日本，巴基斯坦，印度，尼泊尔，越南，老挝，泰国。

34. 构月天蛾属 *Parum* Rothschild *et* Jordan, 1903

Parum Rothschild *et* Jordan, 1903: 172, 173(key), 295. Type species: *Daphnusa colligata* Walker, 1856.

主要特征：触角末节较短；喙短，不明显；头顶有深褐色毛丛；下唇须端节长。后足胫节有 1 对或 2

对距。体及翅绿色；前翅狭长，顶角钝，外缘在 R_5 端部略凸，其下平直，后缘端半部浅凹，臀角略下垂；后翅外缘略呈浅弧形，在臀褶处浅凹。前翅内线与外线间有茶褐色宽带，顶角四周白色月牙形。

分布：古北区、东洋区。世界已知 1 种，中国记录 1 种，浙江分布 1 种。

（59）构月天蛾 *Parum colligata* (Walker, 1856)（图版 IX-3）

Daphnusa colligata Walker, 1856: 238.

Metagastes bieti Oberthür, 1886: 29.

Parum colligata: Rothschild & Jordan, 1903: 295(key), 296.

Parum tristis Bryk, 1944: 41.

别名：白点天蛾。

主要特征：前翅长：30–40 mm。体及翅橄榄绿色杂褐色；胸部灰绿色，肩片深褐色。前翅亚基线灰褐色；内线与外线间呈较宽的茶褐色宽带，外缘线与亚外缘线间呈白色月牙形，中室端有鲜明的白点。后翅暗褐色至暗绿色，散布不均匀的黑色，后缘附近色较浅；翅端部的月牙形浅色斑同前翅。雄性外生殖器（图 31）：钩形突顶端较平；颚形突两侧臂不相连；抱器瓣基粗端细；抱器腹端突球状，上密布微刺。阳茎端部具 2 个舌状突。

分布：浙江（四明山、余姚、磐安）、吉林、辽宁、内蒙古、北京、河北、山东、河南、陕西、甘肃、青海、上海、安徽、湖北、江西、湖南、福建、台湾、广东、海南、香港、广西、四川、贵州、云南、西藏；韩国，日本，印度，缅甸，越南，泰国。

35. 绒毛天蛾属 *Pentateucha* Swinhoe, 1908

Pentateucha Swinhoe, 1908: 61. Type species: *Pentateucha curosa* Swinhoe, 1908.

主要特征：触角细长丝状；头、胸、腹部密被长绒毛；前翅中室小点明显；后翅颜色为均匀的灰色，臀角处颜色加深。

分布：古北区、东洋区。世界已知 3 种，中国记录 3 种，浙江分布 1 种。

（60）斯绒天蛾 *Pentateucha stueningi* Owada *et* Kitching, 1997（图版 IX-4）

Pentateucha stueningi Owada *et* Kitching, 1997, *in* Kitching, Owada & Brechlin, 1997: 88.

主要特征：前翅赭灰色，掺杂黑色及白色；内线不明显；外线深褐色，锯齿状，内外侧有白色伴鳞；亚缘线锯齿明显；顶角处为白斑；缘线为 1 列脉上白斑。后翅赭灰色，臀角及外缘色略深。

分布：浙江（临安）、安徽、江西、湖南、福建、广东。

36. 盾天蛾属 *Phyllosphingia* Swinhoe, 1897

Phyllosphingia Swinhoe, 1897: 164. Type species: *Phyllosphingia perundulans* Swinhoe, 1897.

Clarkia Tutt, 1902: 386. Type species: *Triptogon dissimilis* Bremer, 1861.

Clarkunella Strand, 1943: 99. Type species: *Triptogon dissimilis* Bremer, 1861.

主要特征：雄触角锯齿形，雌触角线形；体及翅灰褐色或紫褐色；下唇须第 2 节具有光滑的鳞片；胫节多刺，后足胫节 2 对距。前翅前缘中部有大的盾形斑，外缘锯齿形，后缘端半部凹入，臀角斜切，略下垂。后翅前缘浅凹，端部 1/3 隆起，顶角凹入，外缘锯齿形。

分布：古北区、东洋区。世界已知 1 种，中国记录 1 种，浙江分布 1 种。

（61）盾天蛾 ***Phyllosphingia dissimilis*** **(Bremer, 1861)**（图版 IX-5）

Triptogon dissimilis Bremer, 1861: 475.

Phyllosphingia dissimilis: Rothschild & Jordan, 1903: 338.

Phyllosphingia dissimilis sinensis Jordan, 1911b: 247.

Phyllosphingia dissimilis hoenei Clark, 1937: 32.

别名：盾斑天蛾、紫光盾天蛾。

主要特征：前翅长：40–60 mm。体及翅灰褐色至紫红色，个体差异较大。下唇须红褐色；胸部背线黑褐色；腹部背线紫黑色。前翅基部色稍暗；内线及外线色稍深但不明显；前缘中部有大的盾形斑，盾形斑周围颜色加深；外缘色较深呈显著的波浪纹。后翅有 3 条深色波浪状横带；外缘紫灰色不整齐。后翅反面无白色中线，或只隐约可见。雄性外生殖器（图 32）：钩形突长锥形；颚形突中突尖锐；抱器瓣宽大，端部细；抱器内突有毛丛；抱器腹突中间细，端部具齿。阳茎粗壮，端部两侧有舌状突。

分布：浙江（临安、磐安）、黑龙江、吉林、辽宁、内蒙古、北京、河北、山东、河南、陕西、甘肃、青海、江苏、安徽、湖北、江西、湖南、福建、台湾、广东、海南、广西、四川、贵州；俄罗斯，朝鲜，韩国，日本，印度，菲律宾。

37. 三线天蛾属 *Polyptychus* Hübner, 1819

Polyptychus Hübner, 1819: 141. Type species: *Sphinx dentatus* Cramer, 1777.

主要特征：体型较大；体色灰黑色。下唇须粗壮。前翅顶角圆钝状凸出，外缘不规则波曲，后缘端部凹，臀角下垂；后翅前缘平直，顶角圆，外缘浅波曲。前翅上有明显的横线 3 条。后足胫节有 2 对距。

分布：古北区、东洋区、旧热带区。世界已知 31 种，中国记录 2 种，浙江分布 1 种。

（62）中国三线天蛾 ***Polyptychus chinensis*** Rothschild ***et*** Jordan, 1903（图版 IX-6）

Polyptychus trilineatus chinensis Rothschild *et* Jordan, 1903: 239.

Polyptychus draconis draconoides Mell, 1935b: 348.

Polyptychus chinensis shaanxiensis Brechlin, 2008: 40.

Polyptychus chinensis: Jordan, 1938: 127.

主要特征：前翅长：60 mm。体和翅深灰色，带紫灰色调。前翅的 3 条线黑褐色，向内倾斜，大致与外缘平行；内线与外线间有 1 条模糊且形状不规则的宽带；中点黑褐色短条形；顶角附近黑灰色。后翅由基部至端部颜色渐深，端部黑灰色；亚缘线灰白色，至后缘附近白色；缘毛白色与黑色相间。

分布：浙江（临安）、安徽、湖南、四川。

38. 木蜂天蛾属 *Sataspes* Moore, 1858

Sataspes Moore, 1858: 261. Type species: *Sesia infernalis* Westwood, 1848.

Myodezia Boisduval, 1875: 377. Type species: *Sesia infernalis* Westwood, 1848.

主要特征：外形上模仿木蜂。触角棕黑色，端节细长赭黄色。前翅细长，不透明紫褐色带金属光泽；臀角钝；后翅黑色或暗褐色。

分布：东洋区。世界已知 9 种，中国记录 3 种，浙江分布 3 种。

分种检索表

1. 胸部背面、肩片均为黄色；腹部背面有鲜黄色斑 ························ 2
- 胸部背面、肩片不均为黄色；腹部背面不如上述 ························ 3
2. 腹部有成对鲜黄色侧斑 ························ **黎木蜂天蛾 *S. xylocoparis***
- 腹部背面的黄斑位于腹节中央 ························ **木蜂天蛾 *S. tagalica tagalica***（雄）
3. 胸部背面黄色，肩片黑色 ························ **黄带木蜂天蛾 *S. infernalis***
- 胸部、腹部、肩片均不为黄色 ························ **木蜂天蛾 *S. tagalica tagalica***（雌）

（63）黄带木蜂天蛾 *Sataspes infernalis* (Westwood, 1848)（图版 X-1）

Sesia infernalis Westwood, 1848: 61.

Sataspes infernalis: Moore, 1857: 261.

Sataspes xylocoparis Butler, 1875b: 239.

主要特征：前翅长：30–37 mm。胸部背面黄色，肩片黑色。腹部黑色，各节有灰黄色鳞毛，或第 6、7 节背板上有黄色宽带，其他背板上散布黄色鳞毛。前翅烟黑色，基部有青蓝色光泽；内线、中线不清晰；翅脉黑色。后翅内缘及臀角黑色。

分布：浙江（杭州）、湖南、香港、四川、云南、西藏；巴基斯坦，印度，不丹，尼泊尔，孟加拉国，缅甸，老挝，泰国，马来西亚。

（64）木蜂天蛾 *Sataspes tagalica tagalica* Boisduval, 1875（图版 X-2）

Sataspes tagalica Boisduval, 1875: 378.

Sataspes ventralis Butler, 1875a: 3.

Sataspes hauxwellii de Nicéville, 1900: 173.

主要特征：雄性成虫胸部、腹部背面常为黄色，雌性成虫胸部、腹部背面从不为黄色。腹部后几节淡黄色。前翅正面中域和几乎整个后翅具绿闪光。

分布：浙江（余姚）、甘肃、江苏、湖北、湖南、福建、广东、海南、香港、广西、四川、贵州、云南、西藏；印度，尼泊尔，缅甸，泰国，斯里兰卡，菲律宾。

（65）黎木蜂天蛾 *Sataspes xylocoparis* Butler, 1875（图版 X-3）

Sataspes xylocoparis Butler, 1875b: 239.

主要特征：和黄带木蜂天蛾相近。胸部背面为鲜黄色，腹节有成对鲜黄色侧斑。

分布：浙江（德清、临安）、上海、湖北、江西、湖南、福建、广东、香港、四川、云南、西藏；印度，不丹，缅甸，越南，泰国。

39. 目天蛾属 *Smerinthus* Latreille, 1802

Smerinthus Latreille, 1802: 401. Type species: *Sphinx ocellata* Linnaeus, 1758.

Dilina Dalman, 1816: 205. Type species: *Sphinx ocellata* Linnaeus, 1758.

Merinthus Meigen, 1830: 148. Type species: *Sphinx ocellata* Linnaeus, 1758.

Eusmerinthus Grote, 1877: 132. Type species: *Smerinthus geminata* Say, 1824.

Bellia Tutt, 1902: 386. Type species: *Smerinthus caecus* Ménétriés, 1857.

Daddia Tutt, 1902: 386. Type species: *Smerinthus kindermannii* Lederer, 1853.

Nicholsonia Tutt, 1902: 386. Type species: *Smerinthus saliceti* Boisduval, 1875.

Bellinca Strand, 1943: 98. Type species: *Smerinthus caecus* Ménétriés, 1857.

Niia Strand, 1943: 99. Type species: *Smerinthus saliceti* Boisduval, 1875.

主要特征：头顶有峰状毛丛；触角赭黄色，端节短小；下唇须端节短粗，纤毛长；前翅顶角钝，后缘端部浅凹，臀角下垂；后翅臀角有大型眼斑或者眼斑痕迹。

分布：古北区、东洋区、新北区。世界已知 12 种，中国记录 6 种，浙江分布 1 种。

（66）蓝目天蛾 *Smerinthus planus* Walker, 1856（图版 X-4）

Smerinthus planus Walker, 1856: 254.

Smerinthus argus Ménétriés, 1857: 136.

Smerinthus planus meridionalis Closs, 1917a: 133.

Smerinthus planus kuangtungensis Mell, 1922b: 189.

别名：广东蓝目天蛾、四川蓝目天蛾、北方蓝目天蛾。

主要特征：前翅长：35–50 mm。体及翅褐色，体型变化较大，一般春季羽化的个体较秋季羽化的个体要小；前足胫节无刺。前翅较宽阔，后缘端半部凹入较浅；圆弧形内线在 CuA_2 脉上间断，且向外延伸出一浅色带达外线外侧；外线直且比较清晰。后翅中央有蓝色的眼状斑，眼状斑周围黑色，上方粉红色；后翅反面眼状斑不明显。雄性外生殖器（图 33）：钩形突钝三角形，顶端呈圆形；颚形突舌状；抱器腹端突细长；阳茎端部具钩状齿。

分布：浙江（临安）、黑龙江、吉林、辽宁、内蒙古、北京、天津、河北、山西、山东、河南、陕西、宁夏、甘肃、新疆、上海、安徽、湖北、江西、湖南、福建、广东、四川、贵州、云南、西藏；俄罗斯，蒙古国，朝鲜，韩国，日本。

40. 匀天蛾属 *Sphingulus* Staudinger, 1887

Sphingulus Staudinger, 1887: 156. Type species: *Sphingulus mus* Staudinger, 1887.

主要特征：中小型天蛾。体和翅深灰褐色，颜色单一。下唇须较短，紧贴在额下缘；雄触角锯齿形，具纤毛簇。前翅前缘平直，外缘略呈浅弧形，顶角钝圆，后缘端半部微凹；后翅前缘微隆起，顶角圆，外缘浅弧形。后翅 Rs 与 M_1 极短共柄。后足胫节具 2 对距。

分布：古北区。世界已知 1 种，中国记录 1 种，浙江分布 1 种。

（67）匀天蛾 *Sphingulus mus* Staudinger, 1887（图版 X-5）

Sphingulus mus Staudinger, 1887: 156.

Sphingulus mus taishanis Mell, 1937: 8.

别名：鼠天蛾。

主要特征：前翅长：25–30 mm。体及翅灰褐色，间有白色鳞毛；触角顶端黑色；胸部背线较细，不显著。前翅内线、中线及外线呈单线锯齿形纹，不甚明显；中室端有很小的白点；缘毛相间成黑白色边。后翅深褐色，无显著斑纹，缘毛与前翅相同。前后翅反面深灰褐色，端部色略浅，有深色外线。雄性外生殖器（图 34）：钩形突扁宽，端部平；颚形突扁宽；抱器瓣长条形；抱器腹长，向端部渐细，抱器腹靠近基部 1/3 处有骨化强烈的突起；囊形突细长。

分布：浙江、黑龙江、吉林、辽宁、内蒙古、北京、河北、山西、山东、河南、陕西、湖北、湖南；俄罗斯，朝鲜，韩国。

（三）长喙天蛾亚科 Macroglossinae

主要特征：体小到大型；下唇须发达，第 1 节上无鳞片，其他节有厚鳞片；额明显，喙较长；前翅通常很大，顶角尖，R_2 脉与 R_3 脉共柄；后翅较小，臀角稍向内凹陷；雄性外生殖器中，抱器对称或不对称，抱器瓣上常有能摩擦发声的刚毛。

分属检索表（参照朱弘复和王林瑶，1997）

1. 前翅不透明，后翅枯黄色 ······ **昼天蛾属 *Sphecodina***
- 前翅透明或不透明，若不透明，后翅不为枯黄色 ······ 2
2. 前后翅大部分透明 ······ 3
- 前后翅不透明 ······ 4
3. 前后翅外缘有黑边，前翅黑边宽阔 ······ **黑边天蛾属 *Hemaris***
- 前翅外缘仅在顶角处有明显黑边，其余部位无黑边 ······ **透翅天蛾属 *Cephonodes***
4. 胸、腹部背面中央有 1 条背中线 ······ **葡萄天蛾属 *Ampelophaga***
- 胸、腹部背面中央无背中线，或有背中线但不为 1 条，或胸部无 ······ 5
5. 后翅前缘末端有 1 锤状突起 ······ **锤天蛾属 *Neogurelca***
- 后翅前缘末端无锤状突起 ······ 6
6. 前翅自顶角至后缘中部有宽斜带；后翅中央有红色横带 ······ **白眉天蛾属 *Hyles***
- 前后翅不如上述 ······ 7
7. 后翅前缘至后缘通常具 1 黄色或橘红宽带 ······ **长喙天蛾属 *Macroglossum***
- 后翅几乎无黄色 ······ 8
8. 前翅顶角至后缘具斜行直纹 ······ 9
- 前翅顶角至后缘无斜行直纹 ······ 11
9. 腹部背面具多条纵背线 ······ **斑背天蛾属 *Cechenena***
- 腹部背面通常无纵背线，若有亦不为多条 ······ 10
10. 体及翅通常大部分赭红色 ······ **红天蛾属 *Deilephila***
- 体及翅通常无赭红色，若翅有赭红色，则至少胸、腹部无赭红色 ······ **斜纹天蛾属 *Theretra***
11. 前翅顶角外缘略平截，前缘顶角附近具 1 三角形斑块 ······ **缺角天蛾属 *Acosmeryx***
- 前翅顶角正常，顶角附近无上述斑块 ······ 12
12. 体型较大；前翅外缘浅弧形 ······ **白肩天蛾属 *Rhagastis***
- 体型较小；前翅顶角下外缘略凹，外缘在 CuA_1 脉端凸出，有时在 M_3 脉端亦突出 ······ **缘斑天蛾属 *Sphingonaepiopsis***

41. 缺角天蛾属 *Acosmeryx* Boisduval, 1875

Acosmeryx Boisduval, 1875: 214. Type species: *Sphinx anceus* Stoll, 1781.

主要特征：体及翅有紫色或红色光泽；触角细长，末节鳞片灰白色；下唇须末节超过头顶；前翅上横带明显，中室端常有黄点，自前缘中部至外缘中部有弯曲的斜带，外缘顶部有明显的缺角。

分布：世界广布。世界已知 16 种，中国记录 10 种，浙江分布 3 种。

分种检索表

1. 前翅亚缘线达臀角 ……………………………………………………………… **葡萄缺角天蛾 *A. naga***
- 前翅亚缘线不达臀角 ……………………………………………………………………………… 2
2. 前翅中部具一粗壮倒“Y”形纹；后翅外线模糊 ……………………………… **赭绒缺角天蛾 *A. sericeus***
- 前翅中部无倒“Y”形纹；后翅外线清晰 ……………………………………………… **缺角天蛾 *A. castanea***

（68）缺角天蛾 *Acosmeryx castanea* Rothschild *et* Jordan, 1903（图版 X-6）

Acosmeryx castanea Rothschild *et* Jordan, 1903: 531.

Acosmeryx castanea kuangtungensis Mell, 1922b: 230.

别名：鳞纹天蛾、半缘缺角天蛾。

主要特征：翅展 75–90 mm，身体背面栗色。翅栗色或灰绿色。前翅内线窄带状，弧形弯曲；中带宽阔，外侧边在 M_2 上方内凹，在 M_2 和 CuA_1 间强烈外凸。后翅外线较清晰。雄性外生殖器（图 35）：钩形突细长；颚形突较短宽，顶端具缺口；抱器背具长刚毛；抱器腹端突平截，上具小齿；阳茎顶端有骨化的突起，边缘多呈锯齿状。

分布：浙江（德清、临安）、安徽、湖北、江西、湖南、福建、台湾、广东、海南、香港、广西、四川、贵州、云南、西藏；韩国，日本。

（69）葡萄缺角天蛾 *Acosmeryx naga* (Moore, 1858)（图版 X-7）

Philampelus naga Moore, 1858: 271.

Acosmeryx naga: Boisduval, 1875: 217.

Acosmeryx metanaga Butler, 1879a: 350.

别名：全缘缺角天蛾。

主要特征：前翅长：50–60 mm。下唇须茶褐色；触角背面褐色有白色鳞毛；肩片边缘有白色鳞毛；体及翅灰褐色，反面暗红色；腹部各节有黑褐色横带。前翅各横线黑褐色；亚缘线灰白色达到臀角；顶角端部缺，稍内凹；顶角内侧有深褐色三角形斑及灰白色月牙形纹；中室端近前缘有灰褐色盾形斑；前缘及外缘深灰褐色。后翅各横线明显暗黄褐色。

分布：浙江（临安）、辽宁、北京、河北、山西、河南、陕西、甘肃、安徽、湖北、江西、湖南、福建、台湾、广东、海南、广西、四川、贵州、云南、西藏；俄罗斯，朝鲜，韩国，日本，巴基斯坦，印度，尼泊尔，缅甸，越南，老挝，泰国，马来西亚。

（70）赭绒缺角天蛾 *Acosmeryx sericeus* (Walker, 1856)（图版 X-8）

Philampelus sericeus Walker, 1856: 181.

Acosmeryx anceoides Boisduval, 1875: 216.

Acosmeryx sericeus: Butler, 1876c: 544

主要特征：前翅长：75 mm 左右。体及翅赭红色。前翅外缘锯齿状。前翅底色紫罗兰色杂灰色，横线黑褐色；内线弧形、带状；翅中部具一粗壮倒“Y”形纹，内侧边几乎直行；亚缘带止于臀角上方。后翅横线不明显，外缘为一深褐色窄带。

分布：浙江、江西、台湾、广东、海南、香港、广西、云南、西藏；巴基斯坦，印度，尼泊尔，孟加拉国，越南，泰国，马来西亚。

42. 葡萄天蛾属 *Ampelophaga* Bremer *et* Grey, 1853

Ampelophaga Bremer *et* Grey, 1853b: 61. Type species: *Ampelophaga rubiginosa* Bremer *et* Grey, 1853.

主要特征：触角丝状，细长；背线明显，呈灰白色；前翅顶角较尖，横带突出。

分布：古北区、东洋区。世界已知 5 种，中国记录 4 种，浙江分布 1 种。

（71）葡萄天蛾 *Ampelophaga rubiginosa rubiginosa* Bremer *et* Grey, 1853（图版 X-9）

Ampelophaga rubiginosa Bremer *et* Grey, 1853b: 61.

Deilephila romanovi Staudinger, 1887: 158.

Ampelophaga rubiginosa fasciosa Moore, 1888b: 391.

Acosmeryx iyenobu Holland, 1889: 71.

别名：背中白天蛾。

主要特征：前翅长：45–50 mm。体及翅茶褐色，新鲜标本颜色更深；触角背面黄色，腹面黄褐色；身体背面自前胸到腹部末端有 1 条灰白色纵线，腹面色淡呈红褐色。前翅顶角凸出，各横线黑褐色，中线较粗而弯曲，外线较细呈波纹状；近外缘有不明显的深褐色带；顶角有 1 较宽的三角形斑；后翅黑褐色，外缘及臀角附近各有 1 条茶褐色横带；缘毛色稍红。前后翅反面红褐色，各横线黄褐色；前翅基半部黑灰色，外缘红褐色。雄性外生殖器（图 36）：钩形突、颚形突细长指状；抱器瓣宽大，抱器背具长刺状刚毛；抱器腹突小且钝，上具微齿。

分布：浙江（临安、磐安）、黑龙江、吉林、辽宁、北京、天津、河北、山西、山东、河南、陕西、宁夏、甘肃、江苏、上海、安徽、湖北、江西、湖南、福建、广东、海南、香港、广西、重庆、四川、云南、西藏；俄罗斯，朝鲜，韩国，印度，尼泊尔，缅甸，越南，老挝，泰国，马来西亚，印度尼西亚，阿富汗。

43. 斑背天蛾属 *Cechenena* Rothschild *et* Jordan, 1903

Cechenena Rothschild *et* Jordan, 1903: 674(key), 799. Type species: *Philampelus helops* Walker, 1856.

主要特征：复眼大；喙基部暴露；下唇须第 2 节比第 1 节窄，上具短毛；触角背面灰白色，腹面黄褐色；头及肩片两侧有白色鳞毛。腹部背面有几条纵背线；足跗节具刺，后足第 1 跗节比第 2 到第 4 节总长要短，比胫节短；前胸发达，中胸稍向翅凸出。前翅狭长，顶角尖，略凸出，外缘浅弧形，后缘端半部微凹；后翅顶角尖，臀角略凸出。前翅从顶角到后缘中部有 6 条以上的斜线。

分布：古北区、东洋区、旧热带区。世界已知 5 种，中国记录 5 种，浙江分布 2 种。

（72）条背天蛾 *Cechenena lineosa* (Walker, 1856)（图版 XI-1）

Chaerocampa lineosa Walker, 1856: 144.

Chaerocampa major Butler, 1875b: 249.

Cechenena lineosa: Rothschild & Jordan, 1903: 799.

Cechenena lineosa viridula Bryk, 1944: 53.

别名：棕绿背线天蛾。

主要特征：前翅长：50 mm 左右。体橄榄绿色至灰绿色；头及肩片两侧有白色鳞毛；触角背面灰白色，腹面黄褐色；下唇须第 1 节黄色与粉红色掺杂，第 2 节灰绿色，端部白色；胸部背面有灰黄褐色背线；腹部背中线显著，两侧有灰黄色及黑色斑；身体腹面灰白色，两侧橙黄色。前翅自顶角至后缘基部有灰黄褐色斜纹；前缘部位有黑斑；翅基部有黑、白色毛丛；中室端有黑点。后翅黑色，有灰黄色横带。雄性外生殖器（图 37）：钩形突指状；颚形突较钩形突略粗；抱器背具几枚钉子形鳞片；抱器腹突细钩状；阳茎末端具倒钩。

分布：浙江（临安、磐安）、河北、河南、陕西、甘肃、安徽、湖北、江西、湖南、福建、台湾、广东、海南、广西、四川、贵州、云南、西藏；日本，印度，尼泊尔，越南，泰国，马来西亚，印度尼西亚。

（73）平背天蛾 *Cechenena minor* (Butler, 1875)（图版 XI-2）

Chaerocampa minor Butler, 1875b: 249.

Theretra striata Rothschild, 1894a: 75.

Cechenena minor: Rothschild & Jordan, 1903: 799.

Cechenena minor olivascens Mell, 1922b: 329.

别名：背线天蛾、平背线天蛾。

主要特征：前翅长：40 mm 左右。体及翅青褐色；头及肩片两侧有白色鳞毛；前胸背板中央有 1 黑点；腹部背面有灰褐色条，两侧有黄褐色斑；身体腹面灰白色。前翅自顶角至后缘有深褐色斜线 6 条，各线间黄褐色；翅基部有黑斑；中室端有 1 黑点。后翅灰黑色，端半部有黄褐色横带。翅反面橙黄色略带灰色，散布褐色斑点；中线齿状灰色。该种与条背天蛾很像，但胸部背面没有中带，腹部背中线不显著。

分布：浙江（四明山、余姚、磐安）、河南、安徽、湖北、江西、湖南、福建、台湾、广东、海南、四川、贵州、云南；日本，印度，尼泊尔，泰国，马来西亚。

44. 透翅天蛾属 *Cephonodes* Hübner, 1819

Cephonodes Hübner, 1819: 131. Type species: *Sphinx hylas* Linnaeus, 1771.

Potidaea Wallengren, 1858: 139. Type species: *Potidaea virescens* Wallengren, 1858.

主要特征：成虫白天活动，外形模仿膜翅目；触角棒状；胸、腹部多呈绿色，上有黑色或黄色的斑块；翅透明，翅脉黑色，翅的边缘黑色且加粗。

分布：世界广布。世界已知 18 种，中国记录 1 种，浙江分布 1 种。

（74）咖啡透翅天蛾 *Cephonodes hylas* (Linnaeus, 1771)（图版 XI-3）

Sphinx hylas Linnaeus, 1771: 539.
Cephonodes hylas: Hübner, 1819: 131.

别名：透翅天蛾、大透翅天蛾、栀天蛾。

主要特征：翅展 45–73 mm。翅透明，前翅前缘黑边较细。雄性外生殖器（图 38）：钩形突两次弯曲，端部钩状；颚形突环状；抱器瓣左右不对称，左侧抱器瓣铲状，中部深凹，右侧抱器瓣简单，腹中部具浓密刚毛；阳茎极细长、针状。

分布：浙江（德清、临安）、北京、江苏、上海、安徽、江西、湖南、福建、台湾、广东、海南、香港、广西、重庆、四川、云南、西藏；俄罗斯，韩国，日本，巴基斯坦，印度，尼泊尔，缅甸，越南，老挝，泰国，斯里兰卡，菲律宾，马来西亚，印度尼西亚。

45. 红天蛾属 *Deilephila* Laspeyres, 1809

Deilephila Laspeyres, 1809: 100. Type species: *Sphinx elpenor* Linnaeus, 1758.
Choerocampa Duponchel, 1835: 159. Type species: *Sphinx porcellus* Linnaeus, 1758.
Metopsilus Duncan, 1836: 154. Type species: *Sphinx elpenor* Linnaeus, 1758.
Elpenor Agassiz, 1846: 24. Type species: *Sphinx elpenor* Linnaeus, 1758.
Cinogon Butler, 1881a: 1. Type species: *Cinogon cingulatum* Butler, 1881.

主要特征：身体大部分赭红色（至少胸、腹部间赭红色）；下唇须粗糙，具有分散的长毛。前翅赭红色或暗红色，顶角尖，略凸出，外缘弧形或有齿，后缘端部微凹，臀角略下垂；后翅前缘不弯曲，顶角尖并凸出，臀角略凸出。前足跗节有刺。

分布：古北区、东洋区、新北区。世界已知 4 种，中国记录 3 种，浙江分布 1 种。

（75）红天蛾 *Deilephila elpenor* (Linnaeus, 1758)（图版 XI-4）

Sphinx elpenor Linnaeus, 1758: 491.
Deilephila elpenor: Laspeyres, 1809: 103.
Pergesa elpenor szechuana Chu *et* Wang, 1980: 421.
Pergesa elpenor lushan Fang, 1995: 192.

别名：凤仙花红天蛾、川红天蛾。

主要特征：前翅长：25–35 mm。体中小型，不同个体差异很大。体及翅以红色为主，但不同个体会有玫红、鲜红、暗红的变化。胸、腹部背线红色，两侧黄绿色，外侧红色，第一腹节两侧有黑斑。前翅基部黑色；前缘及外线、亚缘线、外缘和缘毛都为暗红色，外线近顶角较细，越向后缘越粗；中室端有白色小点。后翅基半部黑色，端半部红色。雄性外生殖器（图 39）：钩形突与颚形突均较细长、较钝，后者略粗；抱器瓣宽大，抱器背具骨化长刚毛刺；抱器腹端突细长；阳茎柱形，端部具骨化齿。

分布：浙江（江山、景宁）、黑龙江、吉林、辽宁、内蒙古、北京、河北、山西、山东、河南、陕西、甘肃、新疆、江苏、上海、安徽、湖北、江西、湖南、福建、台湾、四川、贵州、云南、西藏；俄罗斯，蒙古国，朝鲜，韩国，日本，欧洲，加拿大。

46. 黑边天蛾属 *Hemaris* Dalman, 1816

Hemaris Dalman, 1816: 207. Type species: *Sphinx fuciformis* Linnaeus, 1758.
Hemaria Billberg, 1820: 82. Type species: *Sphinx fuciformis* Linnaeus, 1758.
Haemorrhagia Grote *et* Robinson, 1865: 149, 173. Type species: *Sesia thysbe* Fabricius, 1775.
Chamaesesia Grote, 1873: 18. Type species: *Haemorrhagia gracilis* Grote *et* Robinson, 1865.
Aege Felder, 1874: pl. 75, fig. 6. Type species: *Macroglossa venata* Felder, 1861.
Cochrania Tutt, 1902: 503. Type species: *Sphinx croatica* Esper, 1800.
Jilinga Eitschberger, Danner *et* Surholt, 1998, *in* Danner, Surholt & Eitschberger, 1998: 127. Type species: *Hemaris staudingeri* Leech, 1890.
Mandarina Eitschberger, Danner *et* Surholt, 1998, *in* Danner, Surholt & Eitschberger, 1998: 126. Type species: *Sphinx tityus* Linnaeus, 1758.
Saundersia Eitschberger, Danner *et* Surholt, 1998, *in* Danner, Surholt & Eitschberger, 1998: 127. Type species: *Sesia saundersi* Walker, 1856.

主要特征：触角黑褐色，端节细长。下唇须端节宽，顶端有向前伸的长毛丛。胸部背面黄色至锈黄色；后足胫节外侧有毛刷；腹部有黄褐色斑。前翅狭长，顶角钝圆，外缘平滑，后缘浅凹；后翅外缘近平直，在臀褶处浅凹。翅透明，外缘有宽黑边。

分布：古北区、东洋区。世界已知 23 种，中国记录 8 种，浙江分布 3 种。

分种检索表

1. 后翅前缘及后缘黄色 ··········· **后黄黑边天蛾 *H. radians***
- 后翅前缘及后缘黑色 ··········· 2
2. 前翅中室内有 M_2 脉的延伸 ··········· **黑边天蛾 *H. affinis***
- 前翅中室内无 M_2 脉的延伸 ··········· **锈胸黑边天蛾 *H. staudingeri***

（76）黑边天蛾 *Hemaris affinis* (Bremer, 1861)（图版 XI-5）

Macroglossa affinis Bremer, 1861: 475.
Macroglossa sieboldi Boisduval, 1869: 35.
Sesia alternata Butler, 1874: 366.
Hemaris affinis: Chistyakov & Belyaev, 1984: 53.

主要特征：前翅长：27 mm。体灰黑色，胸、腹部背面有污黄色鳞毛。前后翅透明，翅周为黑色带；前翅 M_2 脉延伸至中室内。

分布：浙江（德清、临安）、黑龙江、辽宁、北京、天津、山东、河南、甘肃、青海、江苏、安徽、湖北、福建、台湾、香港、重庆、四川、西藏；俄罗斯，蒙古国，朝鲜，韩国，日本。

（77）后黄黑边天蛾 *Hemaris radians* (Walker, 1856)（图版 XI-6）

Sesia radians Walker, 1856: 84.
Hemaris mandarina Butler, 1875b: 239.
Hemaris radians: Butler, 1875b: 239.
Macroglossa fuciformis brunneobasalis Staudinger, 1892a: 241.

主要特征：前翅长：22 mm。腹部背面各环节金黄色。翅透明。后翅前缘及后缘黄色，外缘棕黑色；前后翅反面杏黄色。

分布：浙江（德清、临安）、黑龙江、内蒙古、山东、河南、甘肃、江苏、上海、湖北、江西。

（78）锈胸黑边天蛾 *Hemaris staudingeri* Leech, 1890（图版 XI-7）

Hemaris staudingeri Leech, 1890: 81.

Haemorrhagia staudingeri kuangtungensis Mell, 1922b: 193.

别名：锈胸褐边天蛾。

主要特征：前翅长：17–20 mm。头黄褐色；触角黑色，比较光滑；胸部背面锈红色，前、中胸腹面枯黄，后胸黑色；腹部前半部黑色，后半部锈红色，腹面前五节黑色，第 6、7 节腹板黑色，侧板杏黄色，尾毛黄褐色。前翅及后翅透明，边缘黑褐色，尤以翅基及后缘黑色；各翅脉纹黑色。翅反面色淡，有蓝紫色光泽。雄性外生殖器（图 40）：钩形突鸟头形二分叉；颚形突舌状；抱器瓣细长；抱器腹突发达，端部具钉状刺；阳茎细长针状。

分布：浙江（德清、临安）、黑龙江、陕西、甘肃、上海、安徽、湖北、江西、湖南、广东、四川；俄罗斯。

47. 白眉天蛾属 *Hyles* Hübner, 1819

Hyles Hübner, 1819: 137. Type species: *Sphinx euphorbiae* Linnaeus, 1758.

Thaumas Hübner, 1819: 138. Type species: *Sphinx vespertilio* Esper, 1780.

Celerio Agassiz, 1846: 14. Type species: *Sphinx galii* Denis *et* Schiffermüller, 1775.

Turneria Tutt, 1903: 76. Type species: *Sphinx hippophaes* Esper, 1793.

Hawaiina Tutt, 1903: 76. Type species: *Deilephila calida* Butler, 1881.

Weismannia Tutt, 1904: 503. Type species: *Sphinx zygophylli* Ochsenheimer, 1808.

Hippohyles Eitschberger *et* Zolotuhin, 1998, *in* Danner, Surholt & Eitschberger, 1998: 202. Type species: *Sphinx hippophaes* Esper, 1793.

Rommeliana Eitschberger *et* Zolotuhin, 1998, *in* Danner, Surholt & Eitschberger, 1998: 201. Type species: *Hyles deserticola* Staudinger, 1901.

Surholtia Eitschberger *et* Zolotuhin, 1998, *in* Danner, Surholt & Eitschberger, 1998: 201. Type species: *Sphinx costata* Normann, 1851.

Danneria Eitschberger *et* Zolotuhin, 1998, *in* Danner, Surholt & Eitschberger, 1998: 201. Type species: *Sphinx lineata* Fabricius, 1775.

Eremohyles Eitschberger *et* Zolotuhin, 1998, *in* Danner, Surholt & Eitschberger, 1998: 202. Type species: *Hyles centralasiae* Staudinger, 1878.

主要特征：中型蛾类；触角末端膨大；下唇须端部宽大，与额平齐；头及肩片两侧有白色鳞毛；体及翅反面常为淡红色。各足跗节具成列的小刺。第 1–4 腹节侧面白色，第 2 和第 3 腹节侧背面白色杂黑斑。前翅顶角尖，外缘近平直或略呈浅弧形，后缘端半部微凹；后翅顶角尖，外缘下半部浅凹。前翅自顶角至后缘中部有斜带；后翅基半部黑色，中央有红色横带。

分布：古北区、东洋区、新北区。世界已知 32 种，中国记录 11 种，浙江分布 1 种。

（79）深色白眉天蛾 *Hyles gallii* (Rottemburg, 1775)（图版 XI-8）

Sphinx gallii Rottemburg, 1775: 107.

Hyles gallii: Hübner, 1819: 137.

Deilephila intermedia Kirby, 1837: 302.

Celerio galii tibetanica Eichler, 1971: 315.

主要特征：前翅长：35–43 mm。体及翅墨绿色；头及肩片两侧有白色绒毛；触角黑褐色，端部灰白色；胸部背面橄榄绿色；腹部腹面墨绿色，节间白色。前翅前缘墨绿色，翅基有白色鳞片；自顶角至后缘接近基部有污黄色斜带，该带中部以下两次弯曲；翅端部灰红色。后翅基部黑色，中部的浅色带较窄，红色较少且不均匀；外侧的黑色带不向内凸出小齿，黑带外侧污黄色。前后翅反面灰褐色；前翅中室及后翅中部横线及臀角呈黑色，前翅中部有污黄色近长三角形大斑。干旱地区的个体体色较浅，而湿润凉爽地区的个体体色更深。

分布：浙江、黑龙江、吉林、辽宁、内蒙古、北京、天津、河北、山东、陕西、甘肃、青海、新疆、上海、云南、西藏；俄罗斯，蒙古国，朝鲜，韩国，日本，巴基斯坦，欧洲，北美洲。

48. 长喙天蛾属 *Macroglossum* Scopoli, 1777

Macroglossum Scopoli, 1777: 414. Type species: *Sphinx stellatarum* Linnaeus, 1758.

Psithyros Hübner, 1819: 132. Type species: *Sphinx stellatarum* Linnaeus, 1758.

Bombylia Hübner, 1822: 10-13. Type species: *Sphinx stellatarum* Linnaeus, 1758.

Rhamphoschisma Wallengren, 1858: 139. Type species: *Rhamphoschisma fasciatum* Wallengren, 1858.

Rhopalopsyche Butler, 1875b: 239. Type species: *Macroglossa nycteris* Kollar, 1844.

主要特征：体型较小。下唇须背面黄褐色，腹面白色，端部尖，与额的毛峰共同形成向前凸伸的锥状；复眼大而圆；触角末节细长，雄触角上有纤毛簇；腹部末端有尾刷。前翅顶角略尖，但不凸出，外缘直，后缘端半部浅凹；后翅小，前缘正常，顶角略凸，外缘较直，中下部微凹，后缘特别短；橘红色或黄色。腹部各节背板和腹板后缘有短、中、长 3 排黑色刺。

分布：世界广布。世界已知 98 种，中国记录 23 种，浙江分布 7 种。

分种检索表

1\. 头部、胸部及腹部前 3 节背面暗青色至橙黄色；后翅无黄色宽带，仅翅基部后缘处有黄斑，或带极窄 ……………… **青背长喙天蛾 *M. bombylans***

\- 头部、胸部、腹部颜色不如上述；后翅具鲜黄色或橙黄色宽带 …………………… 2

2\. 后翅宽带为橙黄色，极宽，仅翅基部和外缘为暗褐色至黑褐色 ……………… **小豆长喙天蛾 *M. stellatarum***

\- 后翅宽带为鲜黄色，外缘部分亦宽阔 …………………… 3

3\. 前翅由 2 条内线组成的黑带外缘直 ……………… **虎皮楠长喙天蛾 *M. passalus***

\- 前翅内线未形成带，或带的外缘弯曲 …………………… 4

4\. 前翅内线未形成黑带 ……………… **长喙天蛾 *M. corythus***

\- 前翅内线形成的黑带外缘弯曲 …………………… 5

5\. 黑带整体倾斜且较直，外缘内凹，内缘直 ……………… **佛瑞兹长喙天蛾 *M. fritzei***

\- 前翅内线形成的黑带外缘弯曲且外凸 …………………… 6

6\. 前翅顶角下外缘略凹；顶角内侧有方形棕色斑 ……………… **夜长喙天蛾 *M. nycteris***

\- 前翅顶角下外缘不凹；顶角下方有黑色短条状斑 ……………… **黑长喙天蛾 *M. pyrrhosticta***

（80）青背长喙天蛾 *Macroglossum bombylans* Boisduval, 1875（图版 XI-9）

Macroglossa bombylans Boisduval, 1875: 334.

Macroglossa tristis Schaufuss, 1870: 22.[nomen dubium]

Macroglossa walkeri Butler, 1875a: 4.

Macroglossum bombylans angustifascia Bryk, 1944: 46.

别名：双带长喙天蛾。

主要特征：前翅长：25 mm。下唇须及胸部腹面白色；头部、胸部及腹部前 3 节背面暗青色至橙黄色，第 1、2 节两侧橙黄色，第 4、5 节上有黑斑，第 6 节后缘有白色横纹；腹面黄褐色，第 3、4 节间有白色斑。前翅内线黑色较宽，近后缘向内方弯曲；外线由 2 条波状横线组成；顶角内侧有深色斑，外缘深褐色。后翅黑褐色，带极窄或在后缘中部有橙黄色斑。翅反面暗褐色，基部污黄色；各横线呈深色波状纹；翅基部有白毛。

分布：浙江（临安）、北京、天津、河北、山东、河南、陕西、甘肃、上海、安徽、湖北、江西、湖南、福建、台湾、广东、海南、香港、广西、重庆、四川、贵州、云南、西藏；俄罗斯，韩国，日本，不丹，尼泊尔，越南，泰国，菲律宾。

（81）长喙天蛾 *Macroglossum corythus* Walker, 1856（图版 XI-10）

Macroglossum corythus Walker, 1856: 92.

Macroglossum proxima Butler, 1875a: 4.

Macroglossa luteata Butler, 1875b: 241.

别名：黄纹长喙天蛾、平带长喙天蛾。

主要特征：前翅长：26 mm 左右。体棕黑色；胸部背面棕褐色；腹部背面棕黑色。前翅深棕色，各横线棕黑色波状；后翅棕黑色，中部为黄色横带。

分布：浙江（岱山）、黑龙江、吉林、辽宁、北京、山东、江苏、湖北、江西、湖南、福建、台湾、广东、海南、香港、广西、重庆、四川、云南、西藏；印度，孟加拉国，越南，泰国，菲律宾，马来西亚，印度尼西亚。

（82）佛瑞兹长喙天蛾 *Macroglossum fritzei* Rothschild *et* Jordan, 1903（图版 XI-11）

Macroglossum fritzei Rothschild *et* Jordan, 1903: 618(key), 654.

Macroglossum hunanensis Chu *et* Wang, 1980: 420.

别名：湖南长喙天蛾。

主要特征：前翅长：23 mm 左右。体及翅深棕色。胸部后缘锈红色，腹部背面灰褐色，各节间有灰白色横线。前翅基部为近三角形浅色斑；黑棕色带上窄下宽，内缘直，外缘内凹；外线灰白，浅波状。后翅基部及外缘棕黑色，中部为一橙黄色宽带。

分布：浙江（四明山、鄞州、余姚、定海、磐安）、湖北、江西、湖南、福建、台湾、广东、海南、香港、广西；日本，缅甸，泰国。

（83）夜长喙天蛾 *Macroglossum nycteris* Kollar, 1844（图版 XI-12）

Macroglossa nycteris Kollar, 1844: 458.

别名：西藏长喙天蛾。

主要特征：翅展 40–48 mm。触角端部膨大；头、胸、腹部灰棕色，腹部前 3 节两侧有黄色斑，倒数第 2 节有白色缘毛，前 2 节白色，后 2 节黑斑尖端橙黄色。前翅顶角下外缘略灰棕色，内线带状、弯向后缘，3 条外线，顶角内侧有方形的棕色斑；后翅黑色，具宽阔黄色横带。

分布：浙江、北京、山东、河南、陕西、甘肃、上海、湖北、江西、重庆、四川、贵州、云南、西藏；日本，巴基斯坦，印度，尼泊尔，缅甸。

（84）虎皮楠长喙天蛾 *Macroglossum passalus* (Drury, 1773)（图版 XI-13）

Sphinx passalus Drury, 1773: 53.
Sphinx pandora Fabricius, 1793: 380.
Macroglossum rhebus Moore, 1858: 263.
Macroglossum passalus: Rothschild & Jordan, 1903: 664.

别名：基黑长喙天蛾、石楠长喙天蛾。

主要特征：翅展 52–62 mm。头、胸部背面灰褐色，具黑色背中线；肩片后半部色深。腹部后面几节近黑色；侧面具黄斑。翅棕褐色。前翅基部色深；两条内线形成直行的黑（墨绿）带；外线弯曲。后翅基部和外缘黑色，中部黄带内凹。

分布：浙江、上海、江西、湖南、台湾、广东、海南、香港、广西、四川、贵州；日本，印度，泰国，斯里兰卡，菲律宾，印度尼西亚。

（85）黑长喙天蛾 *Macroglossum pyrrhosticta* Butler, 1875（图版 XI-14）

Macroglossa pyrrhosticta Butler, 1875b: 242.
Macroglossa catapyrrha Butler, 1875b: 243.
Macroglossum fukienensis Chu *et* Wang, 1980: 420.

别名：黄斑长喙天蛾、福建长喙天蛾。

主要特征：前翅长：27 mm 左右。体茶褐色至棕黑色。腹部 1–3 节两侧有橙黄色斑。前翅内线黑色带状；中线棕色双行；顶角下方有黑色短条状斑。后翅中部为橙黄色带，基部及外缘黑色。

分布：浙江（临安）、北京、山西、上海、湖北、江西、湖南、福建、台湾、广东、海南、香港、重庆、四川、云南、西藏；俄罗斯，朝鲜，韩国，日本，印度，尼泊尔，泰国，斯里兰卡，菲律宾，马来西亚，印度尼西亚。

（86）小豆长喙天蛾 *Macroglossum stellatarum* (Linnaeus, 1758)（图版 XI-15）

Sphinx stellatarum Linnaeus, 1758: 493.
Macroglossum stellatarum: Scopoli, 1777: 414.
Macroglossa nigra Cosmovici, 1892: 280.

主要特征：前翅长：22–25 mm。体及翅暗灰褐色；下唇须及胸部腹面白色；腹部暗灰色，两侧有白色及黑色斑；尾毛黑褐色扩散为刷状。前翅内线及中线弯曲黑褐色；外线不甚明显；中点黑色；缘毛黄褐色。后翅橙黄色，基部及外缘有暗褐色带。翅反面前大半暗褐色，后小半橙色。雄性外生殖器（图 41）：钩形突细长；颚形突端部圆形；抱器瓣简单；抱器腹突细长，末端钝圆，上具小齿；阳茎端部具细长倒齿，角状器为 2 根长条。

分布：浙江（德清、临安）、黑龙江、吉林、辽宁、内蒙古、北京、天津、河北、山西、山东、河南、陕西、甘肃、青海、新疆、江苏、上海、湖北、江西、湖南、广东、海南、香港、广西、四川、西藏；俄罗斯，蒙古国，朝鲜，韩国，日本，巴基斯坦，印度，越南，土耳其，欧洲，尼日利亚。

49. 锤天蛾属 *Neogurelca* Hogenes *et* Treadaway, 1993

Neogurelca Hogenes *et* Treadaway, 1993: 550. Type species: *Lophura hyas* Walker, 1856.

主要特征：头顶有毛丛；下唇须褐色，端节短，顶端尖，向前伸出；复眼有睫毛；触角末节钝圆。前翅前缘直，外缘弯曲，臀角凸出；后翅前缘末端有 1 锤状突起，中部黄色区域为三角形。前足胫节有成列小刺；腹部末端有尾刷。成虫白天活动。

分布：古北区、东洋区。世界已知 6 种，中国记录 3 种，浙江分布 2 种。

（87）三角锤天蛾 *Neogurelca himachala sangaica* (Butler, 1876)（图版 XII-1）

Lophura sangaica Butler, 1876b: 621.

Gurelca masuriensis f. *purpureosignata* Closs, 1917b: 154.

Neogurelca himachala sangaica: Kitching & Cadiou, 2000: 59.

别名：三角凹缘天蛾、三角锥天蛾、喜马锤天蛾。

主要特征：前翅长：18–20 mm。体茶褐色，头及胸部背面有暗褐色纵线，胸部两侧暗褐色；腹部基节混杂有橙褐色鳞毛。前翅顶角处下弯，外缘波状；翅面深褐色，前缘中央至后缘基部有较宽的黑褐色斜带；亚缘线暗褐色较细，至臀角处加宽。后翅橙黄色，外缘有较宽黑褐色边。翅反面深褐色，有暗黄色斑。

分布：浙江（临安）、北京、河北、陕西、上海、湖北、江西、湖南、福建、台湾、广东、香港、广西；朝鲜，韩国，日本。

（88）团角锤天蛾 *Neogurelca hyas* (Walker, 1856)（图版 XII-2）

Lophura hyas Walker, 1856: 107.

Perigonia macroglossoides Walker, 1866: 1851.

Gurelca hyas conspicua Mell, 1922a: 119.

Neogurelca hyas: Hogenes & Treadaway, 1993: 550.

别名：凹缘天蛾。

主要特征：前翅长：20 mm 左右。体紫褐色。头、胸、腹部灰褐色。前翅灰褐色，各线棕色，外线强突出；顶角下方至外缘有月牙形棕黑色斑；臀角内侧有 1 灰褐色半圆形斑，斑内有深棕色横纹。后翅黄色，外缘为黑色宽带；臀角内凹。雄性外生殖器（图 42）：钩形突细长；颚形突扁宽；抱器瓣简单，粗细均匀，端部钝且略窄；抱器腹突细长，端部较尖；阳茎细长，端部具大齿。

分布：浙江（临安）、江苏、湖北、江西、湖南、福建、台湾、广东、海南、香港、广西；日本，印度，尼泊尔，缅甸，越南，泰国，菲律宾，马来西亚，印度尼西亚。

50. 白肩天蛾属 *Rhagastis* Rothschild *et* Jordan, 1903

Rhagastis Rothschild *et* Jordan, 1903: 674(key), 791. Type species: *Pergesa velata* Walker, 1866.

主要特征：中小型天蛾；喙基部暴露；下唇须第 2 节不连结，也不狭于第 1 节；触角端节尖细，雄触角有短纤毛簇。腹部背面无纵背线。前翅较宽阔，顶角尖，凸出，外缘浅弧形，后缘端半部凹，臀角下垂；后翅顶角钝圆，外缘浅弧形，臀角略凸或钝圆。前翅上有杂斑，无从顶角到后缘中部的斜纹，中室有黑褐色中点。

分布：古北区、东洋区。世界已知 19 种，中国记录 11 种，浙江分布 3 种。

分种检索表

1. 前翅各横线棕红色波状，亚缘线至外缘灰白色；后翅亚缘带锈红色 ………………………………… **青白肩天蛾 *Rh. olivacea***
- 前翅横线多数为不连续点状，亚缘线外不为白色；后翅无完整亚缘带 …………………………………………………………… 2

2. 前翅外线外侧椭圆形浅斑大；后翅近臀角处具暗黄色斑 ………………… **缘白肩天蛾中国亚种 *Rh. albomarginatus dichroae***
\- 前翅外线外侧斑形状不明显且较小；后翅近臀角处具黄褐色斑，较小 …………………………… **白肩天蛾 *Rh. mongoliana***

（89）缘白肩天蛾中国亚种 *Rhagastis albomarginatus dichroae* Mell, 1922（图版 XII-3）

Rhagastis albomarginatus dichroae Mell, 1922a: 120.
Rhagastis mongoliana centrosinaria Chu *et* Wang, 1980: 422.

别名：华中白肩天蛾。

主要特征：前翅长：27 mm 左右。体及翅灰绿色。头及胸部侧面白色。前翅外线不连续，在翅脉上呈点状，其外侧亦有 2 列不连续点列；外线外侧具椭圆形浅斑。后翅黑灰色，近臀角处暗黄色。后翅反面中室端有小黑点。

分布：浙江（德清、四明山、余姚）、江西、湖南、福建、广东、香港、广西、四川、贵州。

（90）青白肩天蛾 *Rhagastis olivacea* (Moore, 1872)（图版 XII-4）

Pergesa olivacea Moore, 1872: 566.
Rhagastis olivacea: Rothschild & Jordan, 1903: 792(key), 797.

主要特征：前翅长：34–40 mm。体及翅黄绿色。头及肩片两侧有白色鳞毛。前缘及翅基部青褐色，各横线棕红色波状；亚缘线至外缘灰白色，呈梭形斑；中点青褐色。后翅灰褐色，亚缘带锈红色。

分布：浙江、甘肃、湖北、江西、湖南、福建、广东、海南、广西、四川、贵州、云南、西藏；巴基斯坦，印度，缅甸，越南，老挝，泰国。

（91）白肩天蛾 *Rhagastis mongoliana* (Butler, 1876)（图版 XII-5）

Pergesa mongoliana Butler, [1876b]1875: 622.
Rhagastis mongoliana: Rothschild & Jordan, 1903: 793.
Rhagastis mongoliana pallicosta Mell, 1922a: 120.

别名：实点天蛾、广东白肩天蛾。

主要特征：前翅长：23–30 mm。体及翅褐色；头及肩片两侧有白色鳞毛。前翅各横线呈点状；近外缘呈灰褐色；后缘近基部白色；中点黑色、较小；顶角内侧有 1 三角形黑斑。后翅黑褐色，近臀角有黄褐色斑。前后翅反面橙褐色，有灰色散点及横纹；前翅中部灰褐色。雄性外生殖器（图 43）：钩形突端部渐细；颚形突较钩形突粗；抱器瓣宽大，抱器背具骨化刚毛；抱器腹小，端突细长；阳茎端部具倒钩。

分布：浙江（四明山、余姚、磐安、景宁）、黑龙江、吉林、辽宁、北京、陕西、青海、上海、安徽、湖北、江西、湖南、福建、台湾、广东、海南、广西、四川、贵州；蒙古国，朝鲜，韩国，日本。

51. 昼天蛾属 *Sphecodina* Blanchard, 1840

Sphecodina Blanchard, 1840: 478. Type species: *Thyreus abbottii* Swainson, 1821.
Thyreus Swainson, 1821: 60. Type species: *Thyreus abbottii* Swainson, 1821.
Brachynota Boisduval, 1870: 66. Type species: *Thyreus abbottii* Swainson, 1821.

主要特征：成虫白天活动，体型模仿大黄蜂；触角刚毛状，末节较短；复眼上睫毛明显；前翅狭长不透明，臀角尖，后缘弯曲，稍向内凹陷；后翅淡黄色，臀角外突。

分布：古北区、东洋区、新北区。世界已知 2 种，中国记录 1 种，浙江分布 1 种。

（92）葡萄昼天蛾 *Sphecodina caudata* (Bremer *et* Grey, 1853)（图版 XII-6）

Macroglossa caudata Bremer *et* Grey, 1853b: 62.

Sphecodina caudata: Kirby, 1892: 638.

Sphecodina caudata meridionalis Mell, 1922a: 119.

Sphecodina caudata angulilimbata Clark, 1923: 66.

主要特征：前翅长：34 mm。体赭黑色。前翅狭长，黑褐色；内线及中线呈较宽的黑色带及斑纹，外线不明显。后翅枯黄色，后缘及臀角黑色，翅脉赭黑色。雄性外生殖器（图 44）：钩形突、颚形突形状相似，指状；抱器瓣细长；抱器腹细，短于抱器瓣长度的 1/2；阳茎末端突周围具刺。

分布：浙江（临安）、黑龙江、吉林、辽宁、北京、河北、山东、河南、安徽、湖北、江西、福建、广东、重庆、四川、云南；俄罗斯，朝鲜，韩国，泰国。

52. 缘斑天蛾属 *Sphingonaepiopsis* Wallengren, 1858

Sphingonaepiopsis Wallengren, 1858: 138. Type species: *Sphingonaepiopsis gracilipes* Wallengren, 1858.

Pterodonta Austaut, 1905: 29. Type species: *Proserpinus gorgoniades* Hübner, 1819.

主要特征：体型较小；头棕褐色，有隆起的毛丛；触角末节较短；复眼具睫毛。腹部末端有毛刷。前翅外缘波浪状，R_3 和 M_1 脉共柄；后翅前缘较直。

分布：古北区、东洋区、旧热带区。世界已知 7 种，中国记录 2 种，浙江分布 1 种。

（93）缘斑天蛾 *Sphingonaepiopsis pumilio* (Boisduval, 1875)（图版 XII-7）

Lophura pumilio Boisduval, 1875: 311.

Oenosanda chinensis Schaufuss, 1870: 23.

Lophura minima Butler, 1876a: 310.

Sphingonaepiopsis pumilio: Rothschild & Jordan, 1903: 592.

主要特征：翅展 27–31 mm；前翅灰褐色，基部色略浅；外线棕色较直，自前缘内侧向外下方倾斜达臀角上方；中室外上方具一“V”形纹；后翅橘黄色，外缘有棕色宽带。

分布：浙江、上海、安徽、江西、福建、广东、香港；印度，尼泊尔，孟加拉国，缅甸，越南，泰国，马来西亚。

53. 斜纹天蛾属 *Theretra* Hübner, 1819

Theretra Hübner, 1819: 290. Type species: *Sphinx equestris* Fabricius, 1793.

Oreus Hübner, 1819: 136. Type species: *Sphinx gnoma* Fabricius, 1775.

Gnathostypsis Wallengren, 1858: 137. Type species: *Gnathostypsis ostracina* Wallengren, 1858.

Hathia Moore, 1882: 19. Type species: *Sphinx clotho* Drury, 1773.

Florina Tutt, 1903: 76. Type species: *Choerocampa japonica* Boisduval, 1867.

主要特征：喙基部不暴露；下唇须第 1 节端部内侧有长短不一的密鳞毛，外侧端部有长鳞毛，第 2 节连结，内侧端部有 1 簇鳞毛。前翅顶角尖，外缘较直或略呈浅弧形，后缘端半部浅凹；后翅顶角尖，外缘浅弧形，臀角凸出。前翅自顶角至后缘基部有平行的斜纹。胸部两侧有金黄色或橘黄色的纵带。

分布：世界广布。世界已知 40 种，中国记录 12 种，浙江分布 8 种。

分种检索表

1. 后翅带红色调，粉红、赭红或赭黄色 …… 2
- 后翅不带红色调 …… 3
2. 后翅大部分粉红色；前翅基部有黑斑，中点为黑色小点 …… 斜纹后红天蛾 *Th. alecto*
- 后翅赭黄色；前翅基部无黑斑，中点为白色小点 …… 赭斜纹天蛾 *Th. pallicosta*
3. 前翅外缘及后缘近直线 …… 浙江土色斜纹天蛾 *Th. latreillii lucasii*
- 前翅前缘略凸，后缘略凹 …… 4
4. 前翅顶角附近至翅基部部分条纹呈带状 …… 5
- 前翅顶角附近至翅基部条纹不呈带状 …… 7
5. 翅面橄榄绿色，腹部背中部宽阔橄榄绿色，条纹不清晰 …… 雀纹天蛾 *Th. japonica*
- 翅面褐色或灰绿色，腹部背面清晰 …… 6
6. 腹部背面具 1 条背线 …… 芋单线天蛾 *Th. silhetensis silhetensis*
- 腹部背面具 2 条背线 …… 芋双线天蛾 *Th. oldenlandiae*
7. 前翅基部及前缘暗绿色，顶角至后缘具 2 条斜线 …… 青背斜纹天蛾 *Th. nessus*
- 前翅整个翅面均为绿色，顶角至后缘仅 1 条直线 …… 斜纹天蛾 *Th. clotho clotho*

（94）斜纹后红天蛾 *Theretra alecto* (Linnaeus, 1758)（图版 XII-8）

Sphinx alecto Linnaeus, 1758: 492.
Theretra alecto: Kirby, 1892: 650.
Theretra freyeri Kirby, 1892: 650.
Theretra alecto intermissa Gehlen, 1941: 186.

别名：后红斜纹天蛾、红裹斜纹天蛾。

主要特征：前翅长：40–43 mm。前翅黄褐色有紫红色光泽，自顶角至后缘有棕褐色条纹，基部有黑斑，中点为黑色小点。后翅大部分粉红色，基部及外缘黑色，臀角色较浅。

分布：浙江、福建、台湾、广东、海南、香港、广西、四川、云南、西藏；日本，土库曼斯坦，吉尔吉斯斯坦，乌兹别克斯坦，巴基斯坦，印度，尼泊尔，缅甸，斯里兰卡，菲律宾，印度尼西亚，伊朗，伊拉克，土耳其，黎巴嫩，阿富汗，希腊，埃及。

（95）斜纹天蛾 *Theretra clotho clotho* (Drury, 1773)（图版 XII-9）

Sphinx clotho Drury, 1773: 48.
Chaerocampa aspersata Kirby, 1877: 240.
Theretra clotho: Kirby, 1892: 655.
Theretra tibetiana Vaglia *et* Haxaire, 2010: 21.

主要特征：前翅长：38–43 mm。额、头顶和前胸黑褐色，额和头顶两侧及肩片外侧黄白色；胸部至腹部末端由暗黄褐色过渡到黄绿色。前翅橄榄绿色至灰绿色，散布黑色鳞片，前缘下方和外线外下方暗黄褐色；中室端有小黑点；外线为深褐色单线，直。后翅大部分黑色，前缘和臀角附近黄色，外缘附近黄绿色。

前翅反面各横线不明显，靠近前缘处有 1 小黑点，外缘有灰色区域；后翅反面隐约能看到中线。雄性外生殖器（图 45）：钩形突、颚形突鸟嘴状，后者上具微齿；抱器瓣宽大；抱器腹突短宽，具小突起；阳茎端部有 1 个锯齿状突。

分布：浙江（杭州）、陕西、上海、安徽、湖北、江西、湖南、福建、台湾、广东、海南、香港、广西、四川、贵州、云南、西藏；韩国，日本，巴基斯坦，印度，不丹，尼泊尔，缅甸，越南，老挝，泰国，斯里兰卡，马来西亚，印度尼西亚。

（96）浙江土色斜纹天蛾 *Theretra latreillii lucasii* (Walker, 1856)（图版 XII-10）

Chaerocampa [*sic*] *lucasii* Walker, 1856: 141.

Deilephila spilota Moore, 1858: 277.

Chaerocampa tenebrosa Moore, 1877b: 595.

Theretra latreillii lucasii: Rothschild & Jordan, 1903: 773.

Theretra latreillii distincta Mell, 1922b: 299.

别名：直翅斜纹天蛾、星点多斜纹天蛾、广东土色斜纹天蛾、海南土色斜纹天蛾。

主要特征：前翅长：38 mm 左右。体灰黄色；腹部背面有 3 条棕黑色纹。前翅灰黄色，外缘及后缘直，由顶角至后缘中部具灰黑色斜纹；中点为 1 黑色小点。后翅棕褐色。

分布：浙江（宁波、景宁）、江西、福建、台湾、广东、海南、香港、广西、云南；巴基斯坦，印度，尼泊尔，斯里兰卡，菲律宾。

（97）青背斜纹天蛾 *Theretra nessus* (Drury, 1773)（图版 XII-11）

Sphinx nessus Drury, 1773: 46.

Sphinx equestris Fabricius, 1793: 365.

Theretra nessus: Moore, 1882: 22.

别名：绿背斜纹天蛾、黄腹斜纹天蛾。

主要特征：前翅长：56–65 mm。体褐绿色。前翅褐色，基部及前缘暗绿色，基部后方有黑白交杂的鳞毛；顶角外突且下弯；自顶角至后缘中部具 2 条赭褐色斜纹，斜纹下方有棕褐色带。后翅黑褐色，前缘、外缘至臀角有灰黄色带。

分布：浙江、湖北、江西、湖南、福建、台湾、广东、海南、香港、广西、四川、贵州、云南、西藏；韩国，日本，印度，尼泊尔，缅甸，泰国，斯里兰卡，马来西亚，新加坡，印度尼西亚，巴布亚新几内亚，澳大利亚。

（98）雀纹天蛾 *Theretra japonica* (Boisduval, 1869)（图版 XII-12）

Choerocampa japonica Boisduval, 1869: 36.

Deilephila suifuna Staudinger, 1892a: 228.

Theretra japonica: Kirby, 1892: 654.

Theretra japonica alticola Mell, 1939: 145.

别名：日本斜纹天蛾、黄胸斜纹天蛾。

主要特征：前翅长：34–37 mm。体及翅褐色；触角背面灰色，腹面黄褐色；头部及胸部两侧有白色鳞毛，背部中央有白色绒毛，背线两侧有橙黄色纵条；腹部背线深褐色，两侧有数条不甚明显的暗黄色条纹，各节间有褐色横纹；腹面粉褐色。前翅黄褐色，带橄榄绿色调；顶角达后缘方向有 6 条暗褐色至黑褐色斜条纹，上面一条最明显，第 3 条与第 4 条之间色较淡；中室端有 1 小黑点。后翅黑褐色，臀角附近有灰黄褐色三角斑，外缘黄绿色。

分布：浙江（四明山、余姚、定海、岱山）、黑龙江、吉林、辽宁、内蒙古、北京、河北、山东、河南、陕西、宁夏、甘肃、青海、江苏、上海、安徽、湖北、江西、湖南、福建、台湾、广东、海南、广西、四川、贵州、云南；俄罗斯，朝鲜，韩国，日本。

（99）赭斜纹天蛾 *Theretra pallicosta* (Walker, 1856)（图版 XIII-1）

Chaerocampa pallicosta Walker, 1856: 145.

Theretra pallicosta: Kirby, 1892: 659.

主要特征：前翅长：35–38 mm。体赭红色，头及胸部两侧有白色鳞毛。前翅前缘及后缘近白色；内线、外线不明显；外线浅波曲；中点白色。后翅赭黄略带红色，前缘色浅，缘毛白色。

分布：浙江、陕西、江西、福建、台湾、广东、海南、香港、广西、云南、西藏；印度，尼泊尔，孟加拉国，缅甸，越南，老挝，泰国，斯里兰卡，马来西亚，印度尼西亚。

（100）芋双线天蛾 *Theretra oldenlandiae* (Fabricius, 1775)（图版 XIII-2）

Sphinx oldenlandiae Fabricius, 1775: 542.

Chaeroeampa puellaris Butler, 1876b: 622.

Theretra oldenlandiae: Kirby, 1892: 654.

Cechenena olivascens Mell, 1922b: 329.

别名：双线条纹天蛾、双斜纹天蛾。

主要特征：前翅长：30–38 mm。体及翅灰绿色；头及胸部两侧有白色缘毛；胸部背线灰褐色，两侧有黄白色纵条；腹部有 2 条银白色背线，两侧有褐及淡黄褐色纵条；身体腹面土黄色，有不甚显著的黄褐色条纹。前翅灰绿色；顶角至后缘基部附近有 1 条较宽的浅黄褐色斜带，斜带内外有数条黑、白色条纹；中室端有 1 黑点。后翅黑褐色，有 1 条灰黄色横带；缘毛白色。前后翅反面黄褐色，各有 3 条暗褐色横带。

分布：浙江（杭州）、北京、河北、山东、河南、陕西、甘肃、江苏、上海、安徽、湖北、江西、湖南、福建、台湾、广东、海南、香港、广西、四川、贵州、云南、西藏；俄罗斯，朝鲜，韩国，日本，巴基斯坦，印度，不丹，尼泊尔，缅甸，斯里兰卡，菲律宾。

（101）芋单线天蛾 *Theretra silhetensis silhetensis* (Walker, 1856)（图版 XIII-3）

Chaerocampa silhetensis Walker, 1856: 143.

Sphinx pinastrina Martyn, 1797: pl. 28, fig. 81; pl. 30, fig. 85.

Chaerocampa bisecta Moore, 1858: 278.

Theretra silhetensis: Dudgeon, 1898: 412.

别名：条纹天蛾、单斜纹天蛾。

主要特征：前翅长：32–36 mm。体褐色。腹部背面具 1 条银灰色背线。前翅灰黄褐色，顶角至后缘基部具一宽阔黑色斜带，下方伴有白色；顶角至臀角具 4 条褐色斜线；中点为 1 小黑点。后翅橙灰色，基部及外缘有较宽的灰黑色带。

分布：浙江（杭州）、江苏、江西、湖南、福建、台湾、广东、海南、香港、广西、四川、贵州、云南；日本，印度，尼泊尔，缅甸，越南，泰国，斯里兰卡，马来西亚，印度尼西亚，保加利亚。

四、箩纹蛾科 Brahmaeidae

主要特征：大型蛾类；喙发达，下唇须长，向上伸；雌雄触角均双栉形。翅宽大，前翅顶角圆；翅色浓厚，有许多箩纹和波状纹。后足胫节 2 对距。幼虫与成虫颜色较为相近。有些种类幼虫背部有多条无毒肉刺。曾用名“水蜡蛾科”。世界已知 6 属 70 种左右，主要分布于东洋区、古北区和旧热带区。中国分布约 5 属 10 余种。

54. 箩纹蛾属 *Brahmaea* Walker, 1855

Brahmaea Walker, 1855b: 1200 (key), 1315. Type species: *Brahmaea conchifera* Butler, 1880.

主要特征：体大型；前翅端部圆；黑褐色中带由 10 个长卵形纵纹组成，两侧排布细密箩纹；后翅基部黑色至黑褐色，端半部排布箩纹。

分布：古北区、东洋区。世界已知 40 余种，中国记录 6 种，浙江分布 3 种。

分种检索表

1. 前翅顶角及后缘处有圆形斑，中部翅脉上排列黑点；后翅基部黑色区域小 ······ **青球箩纹蛾 *B. hearseyi***
- 前翅无上述圆斑，中部翅脉亦不如上述；后翅基部黑色区域大 ······ 2
2. 前翅中带宽，箩纹色较深 ······ **黄褐箩纹蛾 *B. certhia***
- 前翅中带窄，箩纹色较浅 ······ **女贞箩纹蛾 *B. ledereri***

（102）黄褐箩纹蛾 *Brahmaea certhia* (Fabricius, 1793)（图版 XIII-4）

Bombyx certhia Fabricius, 1793: 412.

Brahmaea petiveri Butler, 1866: 120.

Brahmaea certhia: Butler, 1880b: 188.

Brahmaea porphyria Chu *et* Wang, 1977: 83.

别名：紫光箩纹蛾。

主要特征：前翅长：57–68 mm。翅棕褐色；前翅中带由 10 个长卵形横纹组成，中带内侧为 7 条波浪纹，褐色间杂棕色，翅基菱形，棕底褐边，中带外侧为 6 条箩纹，浅褐色间棕色，外缘浅褐色，有一列半球形灰褐斑。后翅基半部黑褐色，外侧有 8 条箩纹，外缘褐色间黑色。头部及胸部具棕色褐边，腹部背面棕色。

分布：浙江（四明山、余姚、舟山）、黑龙江、陕西、江苏、安徽、江西。

（103）女贞箩纹蛾 *Brahmaea ledereri* Rogenhofer, 1873（图版 XIII-5）

Brahmaea ledereri Rogenhofer, 1873: 574.

主要特征：与黄褐箩纹蛾相似，体型较小。翅展 97 mm 左右。前翅中带中部较狭窄；后翅基部黑褐色、中后部边缘较直。前后翅箩纹状区域较黄褐箩纹蛾色浅。

分布：浙江（临安）、上海；土耳其。

（104）青球箩纹蛾 *Brahmaea hearseyi* White, 1862（图版 XIII-6）

Brahmaea hearseyi White, 1862: 26.

Brahmaea whitei Butler, 1866: 119.

主要特征：翅展 112–115 mm。体青褐色。前翅青褐色；中带底部球状，通常上面有 3–6 个黑点，上部亦有沿翅脉排列的黑点，中带顶部外侧内凹呈弧形，弧外是 1 圆灰斑，上有 4 条白色鱼鳞纹，中带外侧有 6–7 行箩纹，翅外缘有 7 个青灰色半球形斑，其上方又有 3 粒向日葵籽形斑，中带内侧与翅基间有 6 纵行青黄色条纹。后翅中线曲折，近翅基，内侧棕黑色有灰黄斑，外侧箩纹 9 条，条纹水浪状，青黄色间棕黑色，外缘有 1 列半球状斑。

分布：浙江（临安、江山）、河南、福建、广东、四川、贵州；印度，缅甸，印度尼西亚（加里曼丹岛）。

第二章　枯叶蛾总科 Lasiocampoidea

五、枯叶蛾科 Lasiocampidae

主要特征：枯叶蛾科为中型至大型密被鳞片的蛾类，体躯粗壮，多黄褐色，有些种类静止时后翅的波状边缘伸出前翅两侧，形似枯叶状，下唇须前伸似叶柄，因此得中名。

雌雄触角双栉形。额通常具 1 簇密毛。喙退化或缺，下唇须粗，常呈鼻状或尖锥状延长。无单眼。复眼小而强烈凸出。胸部大多粗壮多毛。足短，强壮而被密毛。具翅抱。翅面颜色丰富，除黄褐色、灰褐色、红褐色和黑褐色外，亦有火红色、苹果绿色、铜褐色、暗灰蓝色等。前翅通常有 1 枚白色中点，一些种类具内线、中线、外线和亚缘斑列。前翅外缘经常呈锯齿形，后缘明显缩短。前翅反面斑纹多为弧形带，与正面的花纹相配合。后翅大多呈圆形，斑纹位于前缘。

刘友樵和武春生（2006）所著的《中国动物志　昆虫纲　第四十七卷　鳞翅目　枯叶蛾科》中记载枯叶蛾科 39 属 219 种和亚种，本研究物种鉴定、描述、寄主信息等均以此卷动物志为重要参考文献。

分属检索表（参照刘友樵和武春生，2006）

1. 身体颜色较醒目，呈火红色、绿黄色或紫褐色 ······ 2
- 身体颜色较暗淡，呈黄褐色、灰褐色、红褐色和黑褐色 ······ 4
2. 前翅无明显的斜线 ······ **点枯叶蛾属 *Alompra***
- 前翅有 1–2 条明显的斜线 ······ 3
3. 翅面底色黄绿色或黄色 ······ **黄枯叶蛾属 *Trabala***
- 翅面底色火红色至红黄色 ······ **苹枯叶蛾属 *Odonestis***
4. 前翅外缘 M_1 脉明显突出；前翅中室内有橙红色斑 ······ **痣枯叶蛾属 *Odontocraspis***
- 前翅外缘 M_1 脉不突出；前翅中室内无橙红色斑 ······ 5
5. 前翅中部有红褐色腿状大斑 ······ **栎枯叶蛾属 *Paralebeda***
- 前翅中部无腿状大斑 ······ 6
6. 后翅的基室大，超过中室的 1/2 ······ 7
- 后翅的基室小，小于中室的 1/2 ······ 9
7. 后翅肩区有 1 条肩脉 ······ **小枯叶蛾属 *Cosmotriche***
- 后翅肩区有 3 条以上的肩脉 ······ 8
8. 前翅 R_4 脉与 R_5 脉共柄 ······ **褐枯叶蛾属 *Gastropacha***
- 前翅 R_4 脉与 R_5 脉不共柄 ······ **纹枯叶蛾属 *Euthrix***
9. 前翅 R_5 脉与 M_1 脉不共柄 ······ 10
- 前翅 R_5 脉与 M_1 脉共柄 ······ 11
10. 前翅只有 1 条横线 ······ **枯叶蛾属 *Lebeda***
- 前翅有 2–3 条横线 ······ **线枯叶蛾属 *Arguda***
11. 前翅 R_4 脉与 R_5+M_1 脉共柄 ······ 12
- 前翅 R_4 脉与 R_5+M_1 脉分离 ······ 13
12. 雄蛾翅宽阔，翅展 35 mm 以下；雌蛾翅展 40 mm 以下 ······ **痕枯叶蛾属 *Syrastrena***

- 雄蛾翅狭长，刀形，翅展 40 mm 以下；雌蛾翅展 60 mm 以上……………………………………云枯叶蛾属 ***Pachypasoides***

13. 后翅 M_2 与 M_3 脉不共柄……………………………………………………………………………角枯叶蛾属 ***Radhica***

- 后翅 M_2 与 M_3 脉共柄……………………………………………………………………………………………14

14. 前翅 R_2 脉与 R_{3+4} 脉共柄……………………………………………………………………幕枯叶蛾属 ***Malacosoma***

- 前翅 R_2 脉自由……………………………………………………………………………………………………15

15. 阳茎有细刺突；抱足肘状…………………………………………………………………………松毛虫属 ***Dendrolimus***

- 阳茎无刺突；抱足腿状……………………………………………………………………………杂枯叶蛾属 ***Kunugia***

55. 点枯叶蛾属 *Alompra* Moore, 1872

Alompra Moore, 1872: 579. Type species: *Alompra ferruginea* Moore, 1872.

主要特征：雄、雌触角基半部梳齿状。下唇须短、前伸、有密鳞，末端呈树桩状。前翅长，顶角圆，边缘倾斜；后翅长，顶角伸过前翅的臀角，前缘基部凸出。前翅三角形，暗红褐色，亚基部有浅红色的环斑，其中有 1 列 3–4 枚小黑点。

分布：东洋区。世界已知 2 种，中国记录 2 种，浙江分布 1 种。

（105）六点枯叶蛾 *Alompra ferruginea* Moore, 1872

Alompra ferruginea Moore, 1872: 580.

Streblote lajonquierei Bender *et* Dierl, 1982: 367.

别名：六斑枯叶蛾。

主要特征：雌蛾翅展 63 mm 左右。体红褐色，触角梗节黑褐色，栉齿黄褐色。翅面鳞片稀薄。前翅亚外缘自第 2 中脉以下呈 1 条浅红褐色长斑，中室端至翅顶角内侧呈纵行浅红褐色长斑，中室端有 1 黑色大斑，不清晰。中室中部到后缘呈 1 列 4 枚黑点，翅基和中室前缘各有 1 枚黑点。前足腿节和胫节均很发达。

分布：浙江（临安）、四川；印度，印度尼西亚。

56. 线枯叶蛾属 *Arguda* Moore, 1879

Arguda Moore, 1879, *in* Hewitson & Moore, 1879a: 79. Type species: *Arguda decurtata* Moore, 1879.

Syrastrenoides Matsumura, 1927a: 20. Type species: *Syrastrenoides horishana* Matsumura, 1927.

主要特征：雄触角有密而长的梳齿状毛，基部长、向端部逐渐变短。雌性梳齿状毛短。下唇须强烈前伸，末节长，鳞片宽，呈铲状。复眼上有密毛，身体覆盖厚绒毛。前翅宽，三角形，顶角尖；前缘端半部弯曲，外缘直，与后缘形成角。后翅宽圆。腿节和胫节有长密毛。中、后足胫节有很短的端距。前翅有 2–3 条横线。

分布：东洋区、澳洲区。世界已知 10 余种，中国记录 7 种，浙江分布 2 种。

（106）双线枯叶蛾 *Arguda decurtata* Moore, 1879（图版 XIII-7）

Arguda decurtata Moore, 1879a, *in* Hewitson & Moore: 79.

主要特征：雄蛾翅展 40–46 mm，雌蛾翅展 52–58 mm。头、胸、前翅黄褐色，腹部、后翅赤褐色。前翅2条褐色直斜线十分明显，中室末端有1明显小黑点。亚缘斑列位于第2条直斜线与外缘之间，由8枚月牙状褐色斑组成，前5枚月牙状斑组成第1斜线，后3枚月牙状斑组成第2斜线。顶角突出略向下弯曲，散布赤褐色鳞粉。后翅圆扇形，深黄褐色，有2条不明显的褐色纹。

寄主：乌桕。

分布：浙江、江西、湖南、福建、云南、西藏；印度，尼泊尔，越南，泰国。

（107）曲线枯叶蛾 *Arguda tayana* Zolotuhin *et* Witt, 2000

Arguda tayana Zolotuhin *et* Witt, 2000: 96.

主要特征：雄蛾翅展44–48 mm。触角淡黄褐色。胸部背面和腹部前4节背面有赤褐色长毛脊线。前翅淡黄褐色至灰褐色，散布赤褐色鳞片，外缘呈波状；翅面上有3条褐色斜线：内侧有2条斜直线，为内线、外线，分别位于前缘1/3至后缘1/5和前缘3/4至后缘1/2；外侧1条曲折呈波状，为亚缘斑列，位于前缘5/6至后缘4/5；中室末端小黑点十分明显。后翅翅基灰黄色，后大半部赤褐色。

分布：浙江（临安）、湖南、福建、广东；越南。

57. 小枯叶蛾属 *Cosmotriche* Hübner, 1820

Cosmotriche Hübner, 1820: 188. Type species: *Phalaeria lunigera* Esper, 1874.

Selenephera Rambur, 1866: 347. Type species: *Rombyx lobulina* [Denis *et* Schiffermüller], 1775.

Kononia Matsumura, 1927b: 112. Type species: *Kononia pinivora* Matsumura, 1927.

Wilemaniella Matsumura, 1927: 20. Type species: *Cosmotriche discitincta* Wileman, 1914.

Selenepherides Daniel, 1953: 253. Type species: *Selenepherides monotona* Daniel, 1953.

别名：小毛虫属。

主要特征：本属体型较小，一般翅展30–50 mm。身体密被毛。体色呈灰褐、灰黑或棕褐色。腿节和胫节具端距。前翅中室端有2枚白色斑点，深色斜纹由翅顶角斜向后缘。前翅延长，但很宽；前缘在端半部弯曲，顶角尖呈直角；外缘弯曲；内缘弯曲或直。后翅宽圆，外缘强烈弯曲。前后翅的外缘或多或少呈波曲状。翅面斑纹变化较多，均具有中线、外线，其间形成宽横带，内侧多斜直，外侧多呈弧形弓出。缘毛呈灰白色和深色相间。亚缘斑列不甚规则，有的呈小碎点状，有的中间消失仅两端明显。

分布：古北区。世界已知15种左右，中国记录10种，浙江分布1种。

（108）松小枯叶蛾 *Cosmotriche inexperta* (Leech, 1899)（图版 XIII-8）

Crinocraspeda inexperta Leech, 1899: 112.

Cosmotriche inexperta: Lajonquière, 1974: 143.

别名：松小毛虫。

主要特征：雄蛾前翅中带上端较模糊，下部呈黑褐色长形斑，其内、外侧衬灰白色线纹。亚缘斑列较模糊，仅端部明显，外缘区呈灰白色，中室端小白点呈三角形。后翅暗色，中间具深色斑纹，双翅的外缘毛呈褐色和灰白色相间，花斑明显。雌蛾前翅中间呈黑褐色宽横带。雄性外生殖器（图46）：大抱针退化，小抱针粗长呈棍棒状；抱足呈三叉形，两侧突长呈角状、边缘有刺，中间突短小且尖；阳茎二分叉状，中间具小锯齿。

寄主：马尾松、黄山松、金钱松、黑松。

分布：浙江（余杭、四明山、鄞州、宁海、余姚、磐安、景宁）、江西、福建。

58. 杂枯叶蛾属 *Kunugia* Nagano, 1917

Kunugia Nagano, 1917: 24. Type species: *Kunugia yamadai* Nagano, 1917.

别名：杂毛虫属。

主要特征：体色一般为褐色或枯黄色。体型和前翅斑纹的变化较大，有的中带和花斑明显（如西昌杂枯叶蛾、双斑杂枯叶蛾等）。亚缘斑列的斑点一般较小，前翅翅形有似松毛虫属的种类，有的狭长，外缘弧形弓出明显。

分布：东洋区。世界已知 60 种左右，中国记录 20 种左右，浙江分布 2 种。

（109）波纹杂枯叶蛾 *Kunugia undans* (Walker, 1855)（图版 XIII-9）

Lebeda undans Walker, 1855: 1453.

Kunugia undans: Zolotuhin & Witt, 2000: 62.

别名：波纹杂毛虫。

主要特征：前翅长：雄 31–36 mm，雌 34–50 mm。体及翅黄褐色；胸部和腹部前 3 节背面及翅基有长鳞毛。前翅中线、外线双线，外线明显波状，中线波状不显著；外、中线间及外缘区黄褐色；亚缘斑列浅黑色，内侧衬以黄色斑纹；中点白色。后翅斑纹不明显；缘毛灰褐色。翅反面外半部黄色，内半部黄褐色，中间形成 2–3 条黄褐色横带。

分布：浙江、河南、陕西、江苏、安徽、湖北、湖南、福建、台湾、广东、广西、四川、贵州、云南、西藏；巴基斯坦，印度。

（110）双斑杂枯叶蛾 *Kunugia yamadai* Nagano, 1917（图版 XIII-10）

Kunugia yamadai Nagano, 1917: 24.

别名：双斑杂毛虫。

主要特征：雄蛾体及翅茶褐色。前翅中点为小白点，小白点与翅基间有 1 大长白斑，略呈弯月形；中线、外线均为双行，深褐色；外线略呈弧状；亚缘斑列呈小黑点状，内侧有不太明显的白纹；翅外半部色稍浅。后翅暗咖啡色，外半部色稍浅。翅反面黄褐色，中间有 2 条深色弧形带，中间呈浅黄褐色。雌蛾体及翅淡黄褐色，前翅中室端小白点模糊，翅基与小白点间白斑亦不明显。中线、外横线双行，褐色较明显，亚缘斑列亦呈小黑点状。

寄主：麻栎、青冈栎、栓皮栎、栗。

分布：浙江（杭州、宁波）、湖北、江西、广东、广西；韩国，日本。

59. 松毛虫属 *Dendrolimus* Germar, 1812

Dendrolimus Germar, 1812: 48. Type species: *Phalaena pini* Linnaeus, 1758.

Eutricha Stephens, 1829a: 40. Type species: *Phalaena pini* Linnaeus, 1758.

Ptilorhina Zetterstedt, 1839: 925. Type species: *Phalaena pini* Linnaeus, 1758.

主要特征：体中至大型，具密毛。色泽灰白色至黑褐色。下唇须前伸，超过额部，密被鳞片和毛。额部密被毛。复眼多毛或裸露。中、后足胫节有端距。前翅延长、顶角稍圆，前缘在中后部弯曲，外缘相当弯曲。后翅宽、圆形，前缘接近或十分直，外缘稍波曲。前翅中线、外线比较明显，亚缘斑列一般为黑褐色，斑点大而明显。

分布：古北区、东洋区。世界已知 30 余种，中国记录 28 种和亚种，浙江分布 5 种。

分种检索表

1. 前翅横线黑白相间 ·· 黄山松毛虫 ***D. marmoratus***
\- 前翅横线不为黑白相间 ·· 2
2. 前翅亚缘斑列不清晰，至外缘为深红褐色带，内侧齿状 ················ 天目松毛虫 ***D. sericus***
\- 前翅有亚缘斑列 ·· 3
3. 翅面淡黄褐色，亚缘斑列色较翅底色略深 ································ 马尾松毛虫 ***D. punctata***
\- 翅面深红褐色或棕褐色，亚缘斑列与翅底色明显不同 ···························· 4
4. 前翅亚缘斑列为黑斑列，周围镶有暗褐色边 ································ 云南松毛虫 ***D. grisea***
\- 前翅亚缘斑列内部黑斑较淡，周围镶有黄褐色边 ···························· 思茅松毛虫 ***D. kikuchii***

（111）云南松毛虫 *Dendrolimus grisea* (Moore, 1879)（图版 XIII-11）

Chatra grisea Moore, 1879a, *in* Hewitson & Moore, 1879: 80.

Dendrolimus houi Lajonquière, 1979a: 184.

Dendrolimus grisea: Zolotuhin, 1995: 167.

主要特征：前翅长：雄 35–42 mm，雌 45–62 mm。雄蛾色泽较深，近赤褐色；内线、中线、外线均弧形弯曲；亚缘斑列由一系列小黑点组成，周围镶有暗褐色边；前翅中点白色。雌蛾灰褐色，前翅白色中点不清晰，横线亦不十分明显，亚缘斑列最后两斑的连线约与翅顶角相交。

寄主：云南松、柳杉、侧柏、油杉、思茅松等。

分布：浙江、陕西、湖北、江西、湖南、福建、海南、四川、贵州、云南；印度，越南，泰国。

（112）思茅松毛虫 *Dendrolimus kikuchii* Matsumura, 1927（图版 XIII-12）

Dendrolimus kikuchii Matsumura, 1927a: 18.

主要特征：成虫棕褐色到深褐色。亚外缘黑斑列内侧有淡黄色斑，前翅中点白色，亚缘斑列黑斑较小且淡，周围镶有黄褐色边，最后两点的连线约与翅顶角相交。雌蛾前翅前缘近末端 1/3 处开始有较强烈弯曲；外缘弧度大。雄蛾前翅中室白斑内侧有两块紧接在一起的淡黄色斑。雄性外生殖器（图 47）：背兜侧突不明显，抱器瓣上叶向末端渐尖，抱器瓣下叶细圆柱形，长于上叶；抱器瓣末端具发达骨化突，末端扁平，边缘具齿；阳茎尖刀状，尖端下弯，刃部具齿。

寄主：思茅松、云南松、云南油杉、华山松、马尾松、黄山松、海南松、金钱松。

分布：浙江（四明山、淳安、余姚、舟山、磐安、开化、景宁）、河南、甘肃、安徽、湖北、江西、湖南、福建、台湾、广东、广西、四川、贵州；越南。

（113）黄山松毛虫 *Dendrolimus marmoratus* Tsai *et* Hou, 1976（图版 XIV-1）

Dendrolimus marmoratus Tsai *et* Hou, 1976: 448.

主要特征：体棕褐色，中室末端白点明显。中线、外线、亚缘斑列鲜明，黑褐色，中线、外线间浅棕色，中线内侧、外线外侧、亚缘斑列内侧伴有白纹，亚缘斑列有两次明显外突，同时向内凹陷亦较深。后翅褐色，近外缘处较暗，有不明显中线和亚外缘线各一条。

寄主：黄山松 *Pinus taiwanensis* Hayata。

分布：浙江（临安）、陕西、安徽、福建。

（114）马尾松毛虫 *Dendrolimus punctata* (Walker, 1855)（图版 XIV-2）

Oeona punctata Walker, 1855: 1418.

Lebeda hebes Walker, 1855: 1462.

Lebeda inconclusa Walker, 1865: 569.

Dendrolimus punctata: Kirby, 1892: 813.

主要特征：翅展：雄 18.4–29.5 mm，雌 42–57 mm。前翅淡黄褐色，各横线色略深，略呈弧形，亚缘斑列深褐色，几乎与外缘平行；中点不清晰。后翅浅黄褐色，无斑纹。

寄主：马尾松、湿地松、火炬松、云南松、南亚松。

分布：浙江（杭州、江山）、河南、陕西、江苏、安徽、湖北、江西、湖南、福建、台湾、广东、海南、广西、四川、贵州、云南；越南。

（115）天目松毛虫 *Dendrolimus sericus* Lajonquière, 1973（图版 XIV-3）

Dendrolimus sericus Lajonquière, 1973b: 530.

主要特征：雄蛾体、翅棕褐色或黄褐色，前翅中点不明显，中线、外线亦不明显，亚缘斑列为浅褐色大斑，中间 2 斑模糊，后翅色泽和前翅相似，无斑纹。雌蛾体、翅浅褐色，中线、外横线颜色稍深，波状，亚缘斑列点较小，亦有连成较细的线纹。

分布：浙江（临安）、江西、福建。

60. 纹枯叶蛾属 *Euthrix* Meigen, 1830

Euthrix Meigen, 1830: 191. Type species: *Phalaena potatoria* Linnaeus, 1758.

Philudoria Kirby, 1892: 820. Type species: *Phalaena potatoria* Linnaeus, 1758.

Routledgia Tutt, 1902: 153. Type species: *Amydorui laeta* Walker, 1855.

Orienthrix Tshistjakov, 1998: 2. Type species: *Amydona laeta* Walker, 1855.

主要特征：前翅形成枯叶形的花纹，有 1 条深色斜线从顶角附近伸到后缘的中央或基部，该线常衬有银白色的窄边；中室端斑通常明显，点很大，多为白色。

分布：古北区、东洋区。世界已知 40 余种，中国记录 20 种左右，浙江分布 1 种。

（116）竹纹枯叶蛾 *Euthrix laeta* (Walker, 1855)（图版 XIV-4）

Amydona laeta Walker, 1855: 1416.

Odonestis divisa Moore, 1879c: 408.

Euthrix laeta: Zolotuhin & Witt, 2000: 31.

别名：竹黄毛虫。

主要特征：前翅长：雄 24 mm，雌 28–35 mm。体及翅橘红色或红褐色。前翅中点为 1 较大的白斑，其上方有白色小斑；由翅顶角至后缘有一斜线，紫褐色渐浅；亚缘斑列长椭圆形，斜列；翅基下半部鲜黄色；前翅外缘至后缘呈圆弧形。后翅前缘区赤褐色，后大半部黄褐色。雄性外生殖器（图 48）：背兜侧突骨化弱，宽阔叶状；抱器瓣上叶基部宽，端部细且弯曲，抱器瓣下叶细长；阳端基环为 1 对长突，端部渐细；抱足具 1 对细长突，端部尖锐；阳茎细长且尖，深弯曲。

分布：浙江（鄞州、磐安）、黑龙江、河北、山西、河南、陕西、甘肃、江苏、安徽、湖北、江西、湖南、福建、台湾、广东、海南、广西、四川、云南；俄罗斯（地区），朝鲜，日本，印度，尼泊尔，越南，泰国，斯里兰卡，马来西亚，印度尼西亚。

61. 褐枯叶蛾属 *Gastropacha* Ochsenheimer, 1810

Gastropacha Ochsenheimer, 1810: 239. Type species: *Phalaena quercifolia* Linnaeus, 1758.

Phylloma Billberg, 1820: 84. Type species: *Phalaena quercifolia* Linnaeus, 1758.

Eutricha Hübner, [1806]: [l]. Type species: *Phalaena quercifolia* Linnaeus, 1758.

Estigena Moore, [1860]: 426. Type species: *Megasoma pardale* Walker, 1855.

Stenophylloides Hampson, 1893a: 429. Type species: *Gastropacha sikkima* Moore, 1879.

主要特征：大型属。触角短，常强烈卷曲。下唇须前伸稍卷曲，两侧平。复眼有短毛。全身覆盖密绒毛。翅缘通常呈强齿状。前翅延长，顶角钝圆，外缘强烈弯曲。后翅短，卵圆形，前缘向外弯曲。中、后足胫节有短端距隐藏在丛毛中。

分布：古北区、东洋区。世界已知 20 种左右，中国记录 8 种，浙江分布 4 种。

分种检索表

1. 后翅近前缘中部有浅色半透明大斑 ······ **橘褐枯叶蛾 *G. pardale sinensis***
- 后翅前缘中部无半透明大斑 ······ 2
2. 前翅外缘近圆滑；前翅顶角区具 2 枚深色小斑点 ······ **石梓褐枯叶蛾 *G. pardale swanni***
- 前翅外缘明显波状；前翅顶角区不如上述 ······ 3
3. 前翅有 5 条黑色断续的波状纹；后翅有 3 条明显的黑色斑纹 ······ **杨褐枯叶蛾 *G. populifolia***
- 前翅中部的 3 条波状横线不明显或不完整；后翅斑纹不明显 ······ **赤李褐枯叶蛾 *G. quercifolia lucens***

（117）橘褐枯叶蛾 *Gastropacha pardale sinensis* Tams, 1935（图版 XIV-5）

Gastropacha pardale sinensis Tams, 1935: 50.

别名：橘毛虫。

主要特征：体及翅淡赤褐色，略带红色。前翅不规则地散布黑色小点，翅脉黄褐色较明显，外缘较长，略呈弧形，后缘较短，中点黑色，顶角区有 2 枚模糊的大黑点。后翅较狭长，后缘区淡黄褐色，肩角突出，近前缘中部为 1 浅色半透明大斑，雄蛾斑内有 2 个黑点。

分布：浙江、湖北、江西、湖南、福建、广东、海南、广西、四川、云南。

（118）石梓褐枯叶蛾 *Gastropacha pardale swanni* Tams, 1935（图版 XIV-6）

Gastropacha pardale swanni Tams, 1935: 52.

Gastropacha philippinensis swanni: Lajonquière, 1977: 142.

别名：石梓毛虫。

主要特征：前翅长：23–24 mm。体淡黄褐色。前翅外缘近圆滑，翅面暗黄褐色至暗褐色，具稀疏黑色小点，顶角区具有 2 枚上下排列的小斑点。雄蛾后翅较狭长，前缘较长呈弧形弓出，外缘短直，后缘直长，肩角突出，前半部由 4 枚花瓣形组成 1 黄色圆斑，圆斑上 2 枚小黑点明显。雌蛾后翅圆斑不明显。

寄主：石梓。

分布：浙江（临安、江山）、湖北、福建、四川、云南、西藏；印度。

（119）杨褐枯叶蛾 *Gastropacha populifolia* (Esper, 1784)（图版 XIV-7）

Bombyx populifolia Esper, 1784: 62.
Gastropacha angustipennis Walker, 1855: 1394.
Gastropacha tsingtauica Grünberg, 1911: 169.
Gastropacha populifolia: Lajonquière, 1976: 162.

别名：杨枯叶蛾。

主要特征：前翅长：雄 18–29 mm，雌 26–46 mm。体及翅黄褐色，前翅窄长，后缘短，外缘呈弧形波状，前翅有 5 条黑色断续的波状纹。后翅有 3 条明显的黑色斑纹。前后翅散布有少量黑色鳞毛。体色及前翅斑纹变化较大，有的呈深黄褐色、黄色等，有时翅面斑纹模糊或消失。

寄主：杨、旱柳、苹果、梨、桃、樱桃、李、杏、栎、柏、核桃等。

分布：浙江（长兴、临安）、黑龙江、辽宁、内蒙古、北京、河北、山西、山东、河南、陕西、甘肃、青海、江苏、安徽、湖北、江西、湖南、广西、四川、云南；俄罗斯，朝鲜，日本，欧洲。

（120）赤李褐枯叶蛾 *Gastropacha quercifolia lucens* Mell, 1939（图版 XIV-8）

Gastropacha quercifolia lucens Mell, 1939: 137.

主要特征：前翅长：25–31 mm。体及翅赤褐色。前翅相对狭长，外缘的锯齿形缺刻较大；中部的 3 条波状横线多不明显或不完整；中点不明显；后缘较短。后翅斑纹不明显。前后翅反面各有 1 条蓝褐色横纹。静止时后翅肩角和前缘部分凸出，形似枯叶状。雄性外生殖器（图 49）：背兜侧突末端尖锐；抱器瓣端部为 1 钝突；抱器腹突锥状，具稀刺；阳端基环发达，外缘锯齿状；阳茎短粗，角状器为 2 丛刺状斑。

分布：浙江（长兴、余杭、磐安、景宁）、陕西、甘肃、安徽、湖北、江西、湖南、福建、广东、广西、四川、贵州、云南、西藏。

62. 云枯叶蛾属 *Pachypasoides* Matsumura, 1927

Pachypasoides Matsumura, 1927a: 19. Type species: *Pachypasoides albinotum* Matsumura, 1927.
Hoenirnnema Lajonquière, 1973b: 513, 560. Type species: *Dendrolijyius sagittifera* Gaede, 1932.

别名：云毛虫属。

主要特征：通常赭色。前翅外线明显或不明显，亚缘斑列多数为赭褐色，衬以灰白色斑纹，外观如浮云腾空状。

分布：古北区、东洋区。世界已知 10 种左右，中国记录 8 种，浙江分布 1 种。

（121）柳杉云枯叶蛾 *Pachypasoides roesleri* (Lajonquière, 1973)（图版 XIV-9）

Hoenimnema roesleri Lajonquière, 1973b: 567.

Pachypasoides roesleri: Zolotuhin & Witt, 2000: 55.

别名：柳杉云毛虫。

主要特征：前翅长：雄 26–32 mm，雌 39–54 mm。体茶褐色。前翅中点白色；中线、外线不明显；亚缘线黑褐色，锯齿形，内侧衬以灰白色斑纹；后缘近翅基处有灰白色鳞毛；前缘顶角散布灰白纹。后翅黄褐色，基部大半部褐色，呈 3 个凸起。前后翅外缘明显呈波曲状，外缘浅褐色。

寄主：柳杉、杉木。

分布：浙江（临安）、陕西、安徽、江西、湖南、福建；越南。

63. 枯叶蛾属 *Lebeda* Walker, 1855

Lebeda Walker, 1855: 1388(key), 1453. Type species: *Lebeda nobilis* Walker, 1855.

别名：松大毛虫属。

主要特征：体大型。体褐色或棕褐色，雄性色较深。下唇须前伸，超过额部。复眼裸露。额部光滑，密被指向前方的毛。前翅宽，前缘强烈弯曲，顶角直角形但稍圆，外缘强烈弯曲，后缘在基半部稍膨大，后又向外缘呈内弯曲。后翅宽，外缘圆形，前缘在中部前强烈内弯曲，然后直而斜伸向边缘。

分布：东洋区。世界已知 10 种左右，中国记录 2 种，浙江分布 1 种。

（122）油茶大枯叶蛾 *Lebeda nobilis sinina* Lajonquière, 1979（图版 XIV-10）

Lebeda nobilis sinina Lajonquière, 1979b: 689.

别名：油茶毛虫、杨梅毛虫、油茶枯叶蛾。

主要特征：前翅长：雄 35–45 mm，雌 40–60 mm。雄蛾体及翅深褐色。前翅呈 4 条浅褐色横线，形成 2 条灰褐色宽带，并自翅中间前半部开始向内呈弧形弯曲，两带间呈深褐色中带；中室端白点呈明显三角形。后翅中间呈 2 条淡褐色横线。雌蛾体及翅较浅。

寄主：油茶、枫杨、板栗、栎、化香、山毛榉、水青冈、苦槠、侧柏。

分布：浙江（杭州、富阳）、河南、陕西、江苏、安徽、湖北、江西、湖南、福建、广西。

64. 幕枯叶蛾属 *Malacosoma* Hübner, 1820

Malacosama Hübner, [1820]1816: 192. Type species: *Bombyx franconica* [Denis *et* Schiffermüller], 1775.

Trichocia Hübner, 1822: 15. Type species: *Phalaena neustria* Linnaeus, 1758.

Trichodia Stephens, 1827: 242. Type species: *Phalaena neustria* Linnaeus, 1758.

Clisiocampa Curtis, 1828: 229. Type species: *Phalaena neustria* Linnaeus, 1758.

别名：天幕毛虫属。

主要特征：体中型，红褐色至灰黄色。全身密被软绒毛。复眼裸露或多毛。雄性触角具有中等长或相当短的梳齿状毛。下唇须有密短毛。翅缘完整，前翅宽，前缘直，外缘有一定弧线。腿节和胫节有长毛。

中、后足胫节有小胫节距。

分布： 世界广布。世界已知 40 种左右，中国记录 10 种左右，浙江分布 2 种。

（123）黄褐幕枯叶蛾 *Malacosoma neustria testacea* (Motschulsky, 1861)（图版 XIV-11）

Clisiocampa testacea Motschulsky, 1861: 32.

Malacosoma neustria interrupta Matsumura, 1921: 901.

Malacosoma neustria testacea: de Lajonquière, 1972: 299.

别名： 黄褐天幕毛虫。

主要特征： 前翅长：雄 11–14 mm，雌 13–18 mm。雄蛾全体黄褐色。前翅有 2 条深褐色横线，两线间颜色较深，形成褐色宽带，宽带内、外侧均衬以淡色斑纹。后翅中间呈不明显的褐色横线。雌蛾体及翅呈褐色，腹部色较深。

寄主： 山楂、苹果、梨、杏、李、桃、海棠、樱桃、沙果、杨、柳、梅、榆、栎类、落叶松、黄菠萝、核桃等。

分布： 浙江（杭州）、黑龙江、吉林、辽宁、内蒙古、北京、河北、山西、山东、河南、陕西、甘肃、青海、江苏、安徽、湖北、江西、湖南、台湾、四川；俄罗斯，朝鲜，日本。

（124）棕色幕枯叶蛾 *Malacosoma dentata* Mell, 1939（图版 XIV-12）

Malacosoma neustria dentata Mell, 1939: 137.

别名： 棕色天幕毛虫。

主要特征： 体及翅棕色或棕黄色。前翅中间呈 2 条平行的深棕色横线，雌蛾更明显，内线较直，外线略与外缘平行，形成上宽下窄的横带。缘线深棕色。前翅外缘第 5 径脉和第 1 中脉间明显外突，缘毛灰黄色和棕色相间，外突处褐色，内凹处灰黄色。后翅中间有一深色斑纹。

寄主： 枫香树、毛栗、栎类、榆、桑、朴树等阔叶树。

分布： 浙江（温州）、江西、湖南、福建、广东、广西、四川、云南；越南。

65. 苹枯叶蛾属 *Odonestis* Germar, 1812

Odonestis Germar, 1812: 49. Type species: *Phalaena pruni* Linnaeus, 1758.

Chrostogastria Hübner, [1820]1816: 189. Type species: *Phalaena pruni* Linnaeus, 1758.

Phylloxera Rambur, 1866: 347. Type species: *Phalaena pruni* Linnaeus, 1758.

Lobocampa Wallengren, 1869: 102. Type species: *Phalaena pruni* Linnaeus, 1758.

Pseudarguda Matsumura, 1932: 51. Type species: *Arguda formosae* Wileman, 1910.

别名： 苹毛虫属。

主要特征： 雄触角长梳齿，雌触角短。下唇须长而尖，伸过额部，密被鳞毛。额部光滑，密被长垂毛。胸部、腹部、腿节、胫节密被长毛。中、后足胫节有长端距。翅面底色火红色至红黄色。前翅相当宽，前缘直，近翅顶角弯曲，外缘直或齿状，顶角尖或稍圆，臀角钝，后缘几乎直。后翅宽、卵圆形，外缘和后缘圆，前缘在基部稍膨大。

分布： 古北区、东洋区。世界已知 20 余种，中国记录 5 种，浙江分布 1 种。

（125）苹枯叶蛾 *Odonestis pruni* (Linnaeus, 1758)（图版 XIV-13）

Phalaena pruni Linnaeus, 1758: 498.

Odonestis pruni: Grünberg, 1911: 170.

别名：苹毛虫、李枯叶蛾。

主要特征：前翅长：雄 17–24 mm，雌 18–31 mm。体及翅赤褐色或橙褐色。前翅内线、外线黑褐色，呈弧形；亚缘斑列隐现，较细，呈波状纹；中室端有 1 近圆形银白色斑点；外缘锯齿形。后翅色泽较浅，有 2 条不太明显的深色横纹。

寄主：苹果、梨、李、梅、樱桃等。

分布：浙江（杭州、江山）、黑龙江、辽宁、内蒙古、北京、山西、山东、河南、陕西、甘肃、安徽、湖北、江西、湖南、福建、广西、四川、云南；朝鲜，日本，欧洲。

66. 栎枯叶蛾属 *Paralebeda* Aurivillius, 1894

Paralebeda Aurivillius, 1894: 178. Type species: *Lebeda plagifera* Walker, 1855.

别名：栎毛虫属。

主要特征：体型较大。触角中部向后弯曲。复眼裸露。雄性前翅狭长，雌性宽；后缘直，臀角钝圆。前翅中间具长形大斑、似腿状，具亚缘斑列。后翅延长，前缘到翅顶直，外缘弯曲。腿节和胫节有密长毛，中、后足胫节有长端距。

分布：东洋区。世界已知 5 种，中国记录 3 种，浙江分布 2 种。

（126）松栎枯叶蛾 *Paralebeda plagifera* (Walker, 1855)（图版 XV-1）

Lebeda plagifera Walker, 1855: 1459.

Paralebeda plagifera: Grünberg, 1911: 175.

Odonestis urda Swinhoe, 1915: 178.

别名：栎毛虫、松栎毛虫、杜鹃毛虫。

主要特征：体褐色，腹部末端呈酱紫色。前翅中部有棕褐色斜带，上部边缘有铅灰色镶边，带内 R_4 脉呈铅灰色；带后端稍窄、色浅，仅余两条平行棕褐色线；亚缘斑列赤褐色、波状，上部呈 3 个黑色斑纹，翅中间由斜带外侧至外缘呈紫褐色，臀角斑小或消失。后翅色浅，中间呈两条黑色斑纹。

分布：浙江（德清）、福建、广东、广西、西藏；印度，尼泊尔，越南，泰国。

（127）东北栎枯叶蛾 *Paralebeda femorata* (Ménétriès, 1855)（图版 XV-2）

Lasiocampa plagifera femorata Ménétriès, 1855: 218.

Paralebeda femorata: Zolotuhin, 1996: 247.

别名：落叶枯叶蛾。

主要特征：和松栎枯叶蛾近似，但斜带前缘前伸较少且斜带中下部内缘弯曲。

寄主：水杉、银杏、楠木、柏木、栎树、马尾松、落叶松、华山松、赤松、檫树、榛、金钱松、柳杉、连翘、丁香、杨、椴树、梨、映山红等。

分布：浙江（德清、临安）、黑龙江、辽宁、北京、山东、河南、陕西、甘肃、湖北、江西、湖南、广西、四川、贵州、云南；俄罗斯，蒙古国，朝鲜。

67. 角枯叶蛾属 *Radhica* Moore, 1879

Radhica Moore, 1879a: 79. Type species: *Radhica flavovittata* Moore, 1879.

主要特征：前翅斑纹中有明显的黄、褐及绿色成分，中室端斑的两侧常有 2 条明显的斜横线。

分布：东洋区。世界已知 5 种，中国记录 2 种，浙江分布 1 种。

（128）黄角枯叶蛾 *Radhica flavovittata* Moore, 1879（图版 XV-3）

Radhica flavovittata Moore, 1879, *in* Hewitson & Moore, 1879a: 79.

别名：灰角黄斑枯叶蛾、黄纹枯叶蛾。

主要特征：前翅长：21–24 mm。体及翅黄褐色。前翅中室端黑点明显；内线褐色；外线褐色和黄色并行，亚缘线斑深褐色；外缘 1/3 处外凸。后翅前缘区褐色，中间呈黄色长斑，中下部黄色，中间隐现深色斑纹。

分布：浙江（临安）、陕西、安徽、湖北、福建、海南、西藏；印度，尼泊尔，缅甸，越南，泰国，马来西亚，印度尼西亚。

68. 痕枯叶蛾属 *Syrastrena* Moore, 1884

Syrastrena Moore, 1884: 373. Type species: *Metanastria minor* Moore, 1879.

主要特征：体小型。体被密毛。下唇须侧面观呈三角形。雌触角有长羽状毛，向端部逐渐变短。前翅宽，三角形，顶角尖。雄性边缘略弯曲。后翅圆形。中、后足胫节有短端距。

分布：东洋区。世界已知 6 种，中国记录 2 种，浙江分布 1 种。

（129）无痕枯叶蛾 *Syrastrena sumatrana sinensis* Lajonquière, 1973（图版 XV-4）

Syrastrena sinensis Lajonquière, 1973a: 259.

Syrastrena sumatrana sinensis: Holloway, 1982, *in* Barlow, 1982: 200.

别名：无斑枯叶蛾。

主要特征：雄蛾翅展 32–36 mm。体及翅红褐色，触角黄褐色。下唇须向前伸。前翅 1/4 稍弓出，外缘斜直，顶角明显，翅面鳞片很稀薄，无斑纹。前翅中部及顶角内侧由前缘达后缘呈浅色横线纹 2 条，这 2 条线在雄蛾中平行，在雌蛾中则向后缘相互有些靠近。

分布：浙江、安徽、江西、湖南、福建、广东、广西、四川、云南。

69. 黄枯叶蛾属 *Trabala* Walker, 1856

Trabala Walker, 1856: 1785. Type species: *Amydona prasina* Walker, 1855.

主要特征：触角长梳齿状，雌性略短。下唇须短，密生有毛。复眼裸露。全身有密毛。雄性腹部细而尖，雌性宽厚有丛毛。雄蛾翅淡苹果绿色，雌蛾翅绿色或黄色。翅外缘波曲，后翅更明显。前翅宽、三角形，顶角近直角，稍圆；前缘外半部弯曲，后缘弯曲。后翅宽圆。中、后足胫节有短端距。

分布：东洋区、新北区、旧热带区。世界已知 40 余种，中国记录 3 种，浙江分布 1 种。

（130）栗黄枯叶蛾 *Trabala vishnou* (Lefèbvre, 1827)（图版 XV-5）

Gastropacha vishnou Lefèbvre, 1827: 207.

Amydona basalis Walker, 1855: 1415.

Trabala vishnou: Walker, 1856: 1758.

别名：绿黄毛虫、蓖麻黄枯叶蛾、栗黄毛虫。

主要特征：雌雄异型。雌蛾体橙黄色至黄绿色，头部黄褐色。前翅近三角形；内线、外线黄褐色；亚缘线为由黄褐色斑点组成的波状纹；前翅中室斑纹近肾形，黄褐色；由中室至后缘为 1 大型黄褐色斑纹。后翅中线和亚缘线为明显的黄褐色波状纹。雄蛾绿色或黄绿色。前翅内线、中线明显，深绿褐色，内侧嵌有白色条纹；亚外缘线绿褐色，不明显；中室处有 1 褐色小斑。

寄主：锐齿栎、栓皮栎、槲栎、辽东栎、枰树、海棠、胡颓子、核桃、沙棘、榛、旱柳、月季花、蓖麻、槭、蔷薇、苹果、山荆子、榆、水桐、山杨、黄檀、白檀、桉树、海南蒲桃、洋蒲桃、肖蒲桃、相思树、枫、咖啡树、毛栗、石榴等。

分布：浙江（长兴、临安、鄞州、磐安、景宁）、江苏、安徽、湖北、江西、湖南、福建、广西、四川、贵州、云南、西藏；巴基斯坦，印度，尼泊尔，越南，泰国，斯里兰卡，马来西亚。

70. 痣枯叶蛾属 *Odontocraspis* Swinhoe, 1894

Odontocraspis Swinhoe, 1894c: 439. Type species: *Odontocraspis hasora* Swinhoe, 1894.

主要特征：前翅顶端有 2 个无鳞透明点，外缘在 M_1 脉处凸出，凸出下方为半圆形凹陷，中室内有橙红色斑。后翅椭圆形、半圆形，后缘直。中、后足胫节无端距。

分布：东洋区。世界已知 2 种，中国记录 2 种，浙江分布 1 种。

（131）小斑痣枯叶蛾 *Odontocraspis hasora* Swinhoe, 1894（图版 XV-6）浙江新记录

Odontocraspis hasora Swinhoe, 1894c: 439.

别名：二顶斑枯叶蛾。

主要特征：雄蛾翅展 35–40 mm。体及翅深黄褐色。前翅外缘上部明显呈锯齿状，顶角下方在 R_4 与 R_5、R_5 与 M_1 间各有 1 四方形透明窗，上小下大；中室端部有由橙色和白色小点组成的三角形斑；横线不明显。后翅圆扇形，前缘色淡，外缘与后缘色深，横线不显著。

分布：浙江（景宁）、湖北、江西、福建、广东、海南、云南；印度，缅甸，越南，泰国，马来西亚，印度尼西亚。

第三章　钩蛾总科 Drepanoidea

六、钩蛾科 Drepanidae

主要特征：中等大小，翅宽阔。触角双栉形、线形、锯齿形或单栉形；下唇须上翘，伸出或下垂；第3节具光滑鳞片；仅少数属具有单眼。中足胫距1对，有时缺失；后足胫距2对，有时1对或缺失。腹部具发达鼓膜听器。前翅顶角常为角状或钩状。翅缰发达（除了山钩蛾亚科）。前翅具窄长径副室；M_2位于M_1与M_3中间（多数圆钩蛾亚科和波纹蛾亚科）或距M_3较M_1近（钩蛾亚科和山钩蛾亚科）。后翅$Sc+R_1$在中室末端与Rs接近后远离；多数M_2较接近M_3。

钩蛾科分为4亚科，即圆钩蛾亚科、钩蛾亚科、山钩蛾亚科和波纹蛾亚科。该科共约120属650种。

分亚科检索表

1. 前翅M_2脉基部居中或接近M_3脉；前翅顶角不呈钩状 …… **波纹蛾亚科 Thyatirinae**
- 前翅M_2脉基部接近M_3脉；前翅顶角常弯曲呈钩状 …… 2
2. 第2腹节有1对感毛簇；前后翅M_2均从中室端脉中部伸出 …… **圆钩蛾亚科 Cyclidiinae**
- 第2腹节无感毛簇；前后翅M_2不从中室端脉中部伸出 …… 3
3. 有翅缰；有喙，如无喙则体色及翅均为白色 …… **钩蛾亚科 Drepaninae**
- 无翅缰；无喙；体色及翅不为白色 …… **山钩蛾亚科 Oretinae**

（一）圆钩蛾亚科 Cyclidiinae

主要特征：中等至大型蛾，翅广阔，体细长。触角扁细，锯齿形、单栉形或双栉形。下唇须发达。中足胫距1对，后足2对距。前后翅M_2从中室端脉中部伸出。后翅$Sc+R_1$与中室及Rs长距离并行，但不与Rs合并或突然接近。雄性第2腹节腹板上有1对感毛簇。

71. 圆钩蛾属 *Cyclidia* Guenée, 1858

Cyclidia Guenée, 1858: 62. Type species: *Euchera substigmaria* Hübner, 1831.

Ciclidia Chou *et* Xiang, 1984: 159.

主要特征：雌雄触角齿状。下唇须发达，向前上翘。翅白色、褐色至黑色。前翅长一般超过20 mm，顶角向外突出，不尖锐，顶角下方不凹陷形成钩状，前翅外缘直或稍向外突出，后翅外缘光滑，在M_3脉端无尾突。前后翅翅面斑纹变化较大，一般具亚缘线，且多由黑色细线连接的赭黑色至黑色间断的块状斑组成。

分布：古北区、东洋区。世界已知8种，中国记录5种，浙江分布2种。

（132）洋麻圆钩蛾 *Cyclidia substigmaria* (Hübner, 1825)（图版 XV-7）

Euchera substigmaria Hübner [1831]1825: 29.

Cyclidia substigmaria: Warren, 1922: 445.

Cyclidia substigmaria brunna Chu *et* Wang, 1987a: 205.

Cyclidia tetraspota Chu *et* Wang, 1987a: 206.

别名：褐爪突圆钩蛾、四星圆钩蛾。

主要特征：前翅长：26–41 mm。前翅顶角圆，外缘稍向外凸呈弧形。前翅白色，基部为 2 条模糊浅灰色带；中域灰色带清晰，内缘深波曲，外缘由顶角内侧至后缘中部，直，其内侧在前缘附近形成 1 深褐色倒三角形斑；中点灰白色，圆形，边缘色深；亚缘线在脉间为黑褐色小斑。后翅外线平直；顶角处不具斑块；中点色较深；其余斑纹与前翅相似。雄性外生殖器（图 50）：钩形突与背兜侧突几乎等长，前者较粗壮。颚形突中突为 1 小突；抱器瓣长且宽，端部圆；阳茎端环为 1 具钳状分叉的突；囊形突不发达；阳茎粗壮，端部骨化，角状器小刺状。雌性外生殖器（图 241）：囊导管细长稍扭曲；囊体长椭圆形，囊片为 2 条微隆起的脊。

寄主：洋麻。

分布：浙江（临安、磐安、庆元）、河南、甘肃、江苏、安徽、湖北、江西、湖南、福建、台湾、广东、海南、香港、广西、四川、贵州、云南；日本，越南。

（133）赭圆钩蛾 *Cyclidia orciferaria* Walker, 1860（图版 XV-8）

Cyclidia orciferaria Walker, 1860: 56.

主要特征：前翅长：32–41 mm。前翅顶角稍尖，向外伸出，外缘直。翅面黑褐色。前翅内线深赭黑色，波状，其内为 1 条由浅蓝灰色粉被组成的微波状线，其外为较宽的浅蓝灰色粉被条带；中点黄色，近方形，中间具黑色纹；外线深赭黑色，波状，其内为较宽的浅蓝灰色粉被条带，其外侧区域多具蓝灰色粉被；亚缘线与缘线均为赭黑色细线纹；缘毛赭黑色。后翅斑纹与前翅相似，无中点。雄性外生殖器（图 51）：钩形突粗壮、背兜侧突细弱。颚形突中突为 1 较宽的小尖突；抱器瓣长而宽，端部变狭；阳茎端环为 1 宽的钳状分叉的突；阳茎长而粗，阳茎端膜上角状器小刺状。

分布：浙江（四明山、宁波、余姚、泰顺）、华北各省、江西、湖南、福建、广东、海南、广西、四川、云南；缅甸，越南，马来西亚。

（二）钩蛾亚科 Drepaninae

中小型蛾类，体细长。体及翅多为白色或黄色。喙发达。下唇须细长，可伸到额下缘，第 3 节可见。后足胫节有 2 对距。前翅通常有 1 径副室；M_2 较近于 M_3。后翅 $Sc+R_1$ 在中室外与 Rs 有一部分合并或互相接近。翅缰发达。幼虫后胸及第 4 腹节上无突起。

分属检索表（参照朱弘复和王林瑶，1991）

1. 前翅不呈钩状 ······ 2
- 前翅呈钩状 ······ 5
2. 鳞片稀少，翅透明具灰色斑纹，或具大面积半透明的灰色区域 ······ **晶钩蛾属 *Deroca***
- 鳞片正常，翅不透明亦不半透明 ······ 3
3. 前后翅均有粗带 ······ 4
- 前后翅无粗带 ······ **白钩蛾属 *Ditrigona***
4. 前翅具黄褐色略带绿色的近椭圆形或圆形斑，向下延伸呈条带状达后缘，和后翅带连续，并在后翅臀角形成灰褐色区域，带边缘清晰 ······ **铃钩蛾属 *Macrocilix***
- 前后翅带边缘较模糊，前翅无椭圆形或圆形斑 ······ **带铃钩蛾属 *Sewa***
5. 翅缰退化；前翅 3 条横线，且外线和亚缘线均达顶角 ······ **三线钩蛾属 *Pseudalbara***
- 翅缰发达；前翅线纹不如上述 ······ 6

6. 翅底色为白色，前翅外线在中部特化为褐色至灰褐色近长椭圆形斑块，亚缘线多由宽的灰色新月形斑组成………………………………………………………………………………………………………豆斑钩蛾属 *Auzata*
- 翅底色不为白色，前翅斑纹不如上述……………………………………………………………………7
7. 前后翅正面有闪光鳞片，尤其沿外缘及中室端和中室外缘………………………丽钩蛾属 *Callidrepana*
- 前后翅正面无闪光鳞片……………………………………………………………………………………8
8. 前翅外缘有突起………………………………………………………………………………古钩蛾属 *Sabra*
- 前翅外缘无突起……………………………………………………………………………………………9
9. 触角干基部及近基部具高度闪光鳞片……………………………………………………线钩蛾属 *Nordstromia*
- 触角上无高度闪光鳞片……………………………………………………………………………………10
10. 前后翅正面底色为黄色…………………………………………………………………黄钩蛾属 *Tridrepana*
- 前后翅正面底色不为黄色…………………………………………………………………………………11
11. 前翅正面的后中带直………………………………………………………………………………………12
- 前翅正面的后中带不直……………………………………………………………………………………15
12. 后翅正面的后中带弓形，齿状或非齿状…………………………………………………………………13
- 后翅正面的后中带直，非齿状……………………………………………………………………………14
13. 后足胫节具 1 对或 2 对距；前翅中室端脉中点和后端点为裸色至黑色较大图斑……………钩蛾属 *Drepana*
- 后足胫节具 2 对距；前翅中室端脉中点和后端点不如上述………………………………距钩蛾属 *Agnidra*
14. 前翅及后翅正面亚缘带由许多小点组成，带的颜色较翅的其余部分暗……………………紫线钩蛾属 *Albara*
- 前翅及后翅正面亚缘带由许多斑组成，不由小点组成…………………………………卑钩蛾属 *Microblepsis*
15. 后足胫节具 1 对距；前后翅无透明大窗斑…………………………………………锯线钩蛾属 *Strepsigonia*
- 后足胫节具 2 对距；前后翅具透明大窗斑…………………………………………大窗钩蛾属 *Macrauzata*

72. 紫线钩蛾属 *Albara* Walker, 1866

Albara Walker, 1866: 1566. Type species: *Albara reversaria* Walker, 1866.

主要特征：雄触角双栉形，雌触角线形。中足具 1 对胫距，后足具 2 对胫距。前翅顶角尖锐，呈钩状，顶角下方翅外缘及后翅外缘平滑，翅底色褐色至深褐色，自前翅顶角 1 黑褐色斜线贯穿翅面达后翅；前后翅亚缘线深褐色，波曲断续状；前翅中室端脉深褐色。

分布：东洋区。世界已知 2 种，中国记录 1 种，浙江分布 1 种。

（134）紫线钩蛾中国亚种 *Albara reversaria opalescens* Warren, 1897（图版 XV-9）

Albara opalescens Warren, 1897a: 12.
Albara griseolincta Wileman, 1914a: 268.
Albara horishana Matsumura, 1921: 948.
Albara reversaria opalescens: Watson, 1968: 17.

主要特征：前翅长：14–16 mm。前翅顶角细而尖锐，弯成钩状；顶角下方翅外缘较直。翅面浅褐色至褐色，自前翅顶角 1 黑褐色斜线贯穿翅面达后翅。前后翅亚缘线深褐色，波曲断续状。前翅中点深褐色；后翅中点不可见。

分布：浙江（临安）、江西、福建、台湾、广东、海南、广西、云南；印度。

73. 距钩蛾属 *Agnidra* Moore, 1868

Agnidra Moore, 1868: 618. Type species: *Fascellina specularia* Walker, 1866.

Zanclabara Inoue, 1962: 27. Type species: *Drepana scabiosa* Butler, 1877.

主要特征：雄触角双栉形，雌触角双栉形或线形。下唇须刚超过额外缘。中足胫距 1 对，后足胫距 2 对。前翅顶角尖锐且明显呈钩状，顶角下方翅外缘和后翅外缘平滑；翅底色深黄色至褐色，种间翅面斑纹变化很大；中室端脉中点和后端点常存在，中室中点存在或消失。

分布：古北区、东洋区。世界已知 20 种，中国记录 14 种，浙江分布 2 种。

（135）栎距钩蛾朝鲜亚种 *Agnidra scabiosa fixseni* (Bryk, 1949)（图版 XV-10）

Albara scabiosa fixseni Bryk, 1949a: 27.

Agnidra scabiosa fixseni: Watson, 1968: 42.

主要特征：前翅长：14–18 mm。翅面灰褐色。前翅亚缘线灰褐色，波浪纹明显，内侧 M_2 与 CuA_1 间有明显的黑褐色斑块；中室上缘至翅后部有 1 列不规则浅色圆斑；中室内具 1 白点。后翅中线和外线褐色，波状，模糊，中室具较前翅小的灰白色散斑。

分布：浙江（临安、鄞州、余姚）、吉林、辽宁、北京、河南、陕西、江苏、湖北、江西、湖南、福建、台湾、广西、四川、云南；朝鲜半岛，日本。

（136）花距钩蛾 *Agnidra specularia* (Walker, 1866)（图版 XV-11，12）

Fascellina specularia Walker, 1866: 1553.

Agnidra specularia: Moore, 1868: 618.

主要特征：前翅长：18–22 mm。雄触角双栉形，雌触角线形。翅面浅黄褐色至暗黄褐色。雌性前后翅中部具大面积透明斑，透明斑外侧区域颜色较深，接近褐色；内线褐色且模糊；外线为深褐色双线，波状，内侧线仅在透明斑下方可见，外侧线紧贴透明斑外缘；亚缘线深褐色，外线和亚缘线间具 1 褐色宽条带。前翅外线和宽条带自 M_2 起；后翅外线和宽条带自翅前缘起。雄蛾无明显透明斑，后翅中室附近有浅色散斑。

分布：浙江（庆元）、福建、广西、云南、西藏；印度，不丹，越南，斯里兰卡。

74. 卑钩蛾属 *Microblepsis* Warren, 1922

Microblepsis Warren, 1922: 461. Type species: *Problepsis cupreogrisea* Hampson, 1895.

Betalbara Matsumura, 1927a: 47. Type species: *Drepana manleyi* Leech, 1898.

主要特征：雄触角多为双栉形，雌触角线形；下唇须达额前缘。中足胫距 1 对，后足胫距 1 或 2 对。前翅顶角狭而尖锐，个别种类前翅顶角略圆，凸出呈钩状，顶角下方翅外缘多平滑，有时中部凸出；后翅外缘平滑。翅底色多褐色至深褐色。一些种类自前翅顶角具一斜线贯穿整个翅面；前后翅内线较弱。前翅 R_1 自径副室发出，或自中室上角前方发出；R_2 出自径副室顶角前方，R_3 与 R_4 长共柄，R_5 与 R_{3+4} 短共柄或出自径副室顶角，M_1 出自中室上角，有时与径副室下缘共柄；后翅 M_2 接近 M_3，有时与 M_3 共同出自中室下角。

分布：古北区、东洋区。世界已知 11 种，中国记录 9 种，浙江分布 3 种。

分种检索表

1. 前翅外线近前缘呈大尖角状 ……………………………… **姬网卑钩蛾浙江亚种 *M. manleyi prolatior***
- 前翅外线近前缘不呈大尖角状 ……………………………………………………………… 2
2. 前翅外线不出自顶角 ……………………………………………… **直缘卑钩蛾 *M. violacea***
- 前翅外线由顶角直达后缘 ………………………………………… **齿线卑钩蛾 *M. flavilinea***

（137）姬网卑钩蛾浙江亚种 *Microblepsis manleyi prolatior* (Watson, 1968)

Betalbara manleyi prolatior Watson, 1968: 53.
Microblepsis manleyi prolatior: Inoue, 1970a: 188.

主要特征：前翅长：16.5–17 mm。触角纤毛状或单片状；前翅顶角钩状、深褐色；内线圆形弯曲；外线呈大尖角状，下端直行至后缘；亚缘线弧形。后翅内线弧形，外线直（为前翅外线的延续），亚缘线浅弯。

分布：浙江（临安）、北京。

（138）齿线卑钩蛾 *Microblepsis flavilinea* (Leech, 1890)

Drepana flavilinea Leech, 1890: 113.
Microblepsis flavilinea: Inoue, 1970a: 188.

主要特征：前翅长：雄 11.5–15 mm；雌 16–18 mm。翅面深棕褐色；前翅顶角钩状。前后翅横线浅褐色。前翅外线由顶角直达后缘，较直，且与后翅外线连续；亚缘线弱。后翅内线弧形，外线略弯曲。

分布：浙江（临安）、湖北、江西、台湾。

（139）直缘卑钩蛾 *Microblepsis violacea* (Butler, 1889)（图版 XV-13）

Agnidra violacea Butler, 1889: 42.
Albara takasago Okano, 1959a: 38.
Microblepsis violacea: Inoue, 1970a: 187.

主要特征：前翅长：14–16 mm。前翅顶角尖锐，顶角下方外缘直。翅面紫褐色，前翅外线不出自顶角、浅黄褐色，与后翅外线连续。前翅前缘红褐色；中点黑色，微小；缘毛浅褐色。后翅中点模糊；外线浅弧形弯曲。

分布：浙江（临安、江山、庆元）、吉林、湖北、湖南、福建、台湾、广东、海南、广西、四川、云南；印度。

75. 三线钩蛾属 *Pseudalbara* Inoue, 1962

Pseudalbara Inoue, 1962: 25. Type species: *Drepana parvula* Leech, 1890.

主要特征：雄触角双栉形，雌触角线形。前翅前缘略呈浅弧形，顶角尖锐，呈钩状；前后翅外缘平滑；后翅肩角隆起，无翅缰。翅底色淡褐色，中线为深褐色细线，自前翅顶角伸出 2 条深褐色斜线达翅臀缘，中室端脉中点和后端点白色，后翅无明显斑纹。前翅具径副室；R_2 和 R_5 分别出自径副室顶角两侧，不共柄，

R_3 和 R_4 长共柄，M_1 与中室下缘共柄；后翅中室端脉双折角。

分布： 古北区、东洋区。世界已知 2 种，中国记录 2 种，浙江分布 2 种。

（140）三线钩蛾 *Pseudalbara parvula* (Leech, 1890)（图版 XV-14）

Drepana parvula Leech, 1890: 112.

Drepana muscular Staudinger, 1892a: 335.

Drepana griseola Matsumura, 1908: 135.

Pseudalbara parvula: Inoue, 1962: 25.

主要特征： 前翅长：10–14 mm。翅面浅褐色。前翅顶角端部具 1 灰白色眼状斑；中线为深褐色细线；外线深褐色，自顶角伸达后缘外 1/3 处，略呈弓形弯曲；亚缘线色略浅；中室端有 2 个灰白色小点。后翅无明显斑纹。

分布： 浙江（四明山）、黑龙江、北京、河北、陕西、湖北、江西、湖南、福建、广西、四川；俄罗斯，日本。

（141）月三线钩蛾 *Pseudalbara fuscifascia* Watson, 1968（图版 XV-15）

Pseudalbara fuscifascia Watson, 1968: 67.

主要特征： 前翅长：雄 13–14 mm；雌 15–16.5 mm。翅面黄褐色，基部和前缘色深；前翅顶角钩状，下方具 1 浅色月牙形斑；内线、外线深褐色，均外凸，两线之间深灰褐色，外线延伸至顶角；亚缘线波曲；中室端具 2 个小浅色斑，后面的较大。后翅色较前翅浅，无清晰横线，中室端具 2 个小深褐色点。

分布： 浙江（临安）、四川。

76. 线钩蛾属 *Nordstromia* Bryk, 1943

Nordstromia Bryk, 1943: 12. Type species: *Nordstromia amabilis* Bryk, 1943.

Allodrepana Roepke, 1948: 214. Type species: *Allodrepana siccifolia* Roepke, 1948.

主要特征： 雄触角双栉形，雌触角线形。下唇须刚超过额缘至 1/2 超过额缘。中足具 1 对胫距，后足具 2 对胫距。多数种类前翅顶角尖锐，呈明显钩状，顶角下方略凹陷，翅外缘及后翅外缘平滑；翅底色黄褐色至褐色；中线和外线为褐色至黑褐色的斜线，有时具淡黄色伴线，在前后翅均有分布。

分布： 古北区、东洋区。世界已知 21 种，中国记录 13 种，浙江分布 4 种。

分种检索表

1. 前翅中点下方具 3 个小白斑 ………………………………………… **星线钩蛾 *N. vira***
- 前翅中点附近无小白斑 ………………………………………… 2
2. 顶角凸出较少，前翅中点为小点状 ………………………………………… **日本线钩蛾 *N. japonica***
- 顶角凸出长，前翅中点为细纹 ………………………………………… 3
3. 前翅内线内侧、外线外侧有黄色伴线；点状亚缘线不清晰 ………………………… **曲缘线钩蛾 *N. recava***
- 前翅内线内侧、外线外侧无黄色伴线；点状亚缘线清晰 ………………………… **双线钩蛾 *N. grisearia***

（142）日本线钩蛾 *Nordstromia japonica* (Moore, 1877)（图版 XV-16）

Drepana japonica Moore, 1877a: 94.

Nordstromia japonica: Inoue, 1962: 27.

主要特征：前翅长：13–16 mm。翅面黄褐色。前翅顶角钩状但不尖锐；内线、外线红褐色，外线外侧伴有黄色；中点为褐色小点；前翅外线外侧具深褐色小点。后翅前缘色浅；内线、外线不达前缘。

分布：浙江、陕西、上海、湖南、广西、四川；日本。

（143）星线钩蛾 *Nordstromia vira* (Moore, 1866)（图版 XV-17）

Drepana vira Moore, 1866: 817.

Albara erpina Swinhoe, 1894c: 433.

Albara minetica Warren, 1922: 470.

Nordstromia vira: Watson, 1968: 73.

主要特征：前翅长：17–19 mm。前翅顶角不尖锐，微呈钩状向外伸出。翅面灰褐色。前翅前缘具 2 个灰黑色斑；中点白色，卵圆形，其下方具 3 个小白斑；中线黑褐色，近平直；外线黑褐色，在顶角内侧形成 1 尖角状凸出，在 R_5 下方平直且向内倾斜；亚缘线黄色，微波曲。后翅基部和前缘色浅；中点模糊；其余斑纹与前翅相似，但未伸达前缘。

分布：浙江、湖北、福建、四川、西藏；印度，尼泊尔，缅甸。

（144）双线钩蛾 *Nordstromia grisearia* (Staudinger, 1892)（图版 XV-18）浙江新记录

Drepana grisearia Staudinger, 1892a: 335.

Nordstromia grisearia: Watson, 1968: 84.

主要特征：前翅长：17–19 mm。前翅顶角钩状。翅面灰褐色。前翅前缘有 4 个边缘不清晰的深灰色斑；中线和外线为黑褐色斜线，平直，外线较内线倾斜；亚缘线黑褐色点状，分布于翅脉间；中点为灰褐色细纹；缘毛黑灰色。后翅前缘色浅，两条横线均不达前缘；亚缘线点列不如前翅清晰。

分布：浙江（磐安、景宁）、福建、广西、四川；俄罗斯，日本。

（145）曲缘线钩蛾 *Nordstromia recava* Watson, 1968（图版 XV-19）

Nordstromia recava Watson, 1968: 84.

主要特征：和双线钩蛾很相似，前翅顶角狭但不尖锐，伸出较长，弯成钩形；顶角下方凹陷，凹陷处翅缘色略深；翅底色黄褐色至褐色；中线和外线直，深褐色，中线内侧和外线外侧明显具黄色伴线；亚缘线黑褐色点状，分布于翅脉间，不如双线钩蛾的亚缘线清晰。

分布：浙江（临安、景宁）、河南、陕西、江苏、湖北、福建、云南。

77. 锯线钩蛾属 *Strepsigonia* Warren, 1897

Strepsigonia Warren, 1897a: 17. Type species: *Strepsigonia nigrimaculata* Warren, 1897.

Monurodes Warren, 1923: 475. Type species: *Monurodes trigonoptera* Warren, 1923.

主要特征：雌雄触角均双栉形。雌雄后足胫节均具 1 对距。翅型分三类，第一类为：前翅顶角圆，呈钩状，顶角下方翅外缘和后翅外缘均平滑，但前翅臀角和后翅顶角具缺刻。第二类为：前翅顶角尖锐且呈钩状，顶角下方翅外缘在 M_3 至 CuA_1 间凸出，后翅外缘同前翅。第三类为：前翅顶角尖锐呈钩状，前后翅外缘平滑。翅底色淡黄褐色至褐色，前后翅内线和外线波浪状，多具波浪状亚缘线，前后翅中室端脉中点和后端点黑色且很明显。

分布：东洋区。世界已知 12 种，中国记录 1 种，浙江分布 1 种。

（146）锯线钩蛾 *Strepsigonia diluta* (Warren, 1897)（图版 XV-20）浙江新记录

Tridrepana diluta Warren, 1897a: 18.

Tridrepana subobliqua Warren, 1897a: 18.

Callidrepana takumukui Matsumura, 1927a: 45.

Strepsigonia diluta: Watson, 1957a: 411.

主要特征：前翅长：15–18 mm。前后翅外缘不凸出。翅面浅黄褐色镶有深黄褐色斑纹，前翅前缘、中室、外缘色深，后翅外缘色深。自前翅顶角 1 条波浪状深褐色斜线贯穿整个翅面。前翅内线浅褐色，波状；中点和中室端脉后端点黑色，微小；亚缘线波状，模糊。后翅中点模糊，后端点黑色；其余斑纹与前翅相似。前后翅隐约可见波浪状亚缘线。

分布：浙江（景宁）、福建、台湾、广东、海南、云南、西藏；印度，马来西亚，印度尼西亚。

78. 古钩蛾属 *Sabra* Bode, 1907

Sabra Bode, 1907: 22. Type species: *Bombyx harpagula* Esper, 1786.

Palaeodrepana Inoue, 1962: 6(key), 21(Japanese), 45(key), 48(English summary). Type species: *Bombyx harpagula* Esper, 1786.

主要特征：雄触角双栉形，雌触角线形。下唇须不超过额外缘。足黄褐色，中足胫节具 1 对距，后足胫节具 2 对距。前翅前缘在顶角处强烈弯曲、顶角下方外缘深凹，使得顶角呈钩状；中部外缘亦凸出。

分布：古北区、东洋区。世界已知 1 种，中国记录 1 种，浙江分布 1 种。

（147）古钩蛾尖翅亚种 *Sabra harpagula emarginata* (Watson, 1968)（图版 XV-21）

Palaeodrepana harpagula emarginata Watson, 1968: 94.

Sabra harpagula: Bode, 1907: 22.

主要特征：前翅长：14–18 mm。前翅顶角尖锐，明显弯成钩状，顶角下方翅外缘深凹陷，后又凸出。翅面褐色。前翅内线深褐色，不规则弯曲；翅中部具 1 半透明的边缘不规则的黄褐色狭长斑块，斑块外侧为深褐色波浪状的外线；外线外侧 M_2 至 CuA_1 间具黑色斑块；翅缘 R_5 至 2A 间具边缘为波浪状的灰褐色区域。后翅外缘在 CuA_1 处外凸；中室下方的浅黄色斑不如前翅明显。

分布：浙江（临安、庆元）、北京、河北、山西、福建。

79. 钩蛾属 *Drepana* Schrank, 1802

Drepana Schrank, 1802: 155. Type species: *Phalaena falcataria* Linnaeus, 1758.

Platypteryx Laspeyres, 1803: 29. Type species: *Phalaena falcataria* Linnaeus, 1758.

Falcaria Haworth, 1809: 152. Type species: *Phalaena lacertinaria* Linnaeus, 1758.

Prionia Hübner, 1819: 150. Type species: *Phalaena lacertinaria* Linnaeus, 1758.

Syssaura Hübner, 1819: 150. Type species: *Phalaena falcataria* Linnaeus, 1758.

别名：镰钩蛾属。

主要特征：雌雄触角双栉形，雌栉齿较短。下唇须短，刚超过额外缘。中足具 1 对胫距，后足具 2 对胫距（少数种具 1 对距）。前翅顶角尖锐，明显呈钩状；前后翅外缘多平滑，少数呈锯齿状；翅底色黄色至淡灰褐色，部分种翅中部具由 2 条明显细线组成的宽条带，部分种（分布于中国的种类均为此型）具明显的内线、外线和亚缘线，自前翅顶角至后缘具一深褐色斜线穿过翅面；前翅中室端脉中点和后端点为褐色至黑色较大圆斑。

分布：古北区、东洋区、旧热带区。世界已知 27 种，中国记录 5 种，浙江分布 1 种。

（148）一点钩蛾湖北亚种 *Drepana pallida flexuosa* Watson, 1968（图版 XVI-1）

Drepana pallida flexuosa Watson, 1968: 107.

主要特征：前翅顶角尖锐、钩状，顶角下方翅外缘直或稍膨出。翅底色淡黄褐色；内线褐色双行、锯齿状；外线褐色波状；外线外侧自前翅顶角至翅后缘具一粗壮褐色斜线。后翅内线同前翅；外线双行，较粗，褐色波浪状。前后翅亚缘线淡褐色，在翅脉上呈黑褐色点状，前翅中室内角翅脉黑色，中室下角具黑斑。

分布：浙江（庆元）、河南、陕西、甘肃、湖北、湖南、福建、广东、四川。

80. 黄钩蛾属 *Tridrepana* Swinhoe, 1895

Tridrepana Swinhoe, 1895: 3. Type species: *Drepana albonotata* Moore, 1879.

Konjikia Nagano, 1917: 39. Type species: *Drepana crocea* Leech, 1888.

主要特征：雌雄触角双栉形，雄栉齿明显长于雌性。额黄色至褐色，喙发达，下唇须黄色至棕色，多稍凸出于额缘。胸部及腹部黄色。中足具 1 对胫距，后足通常具 1 对胫距，如具 2 对胫距，端距则短小且被鳞片覆盖。前翅顶角常呈钩状，顶角下方翅外缘凹陷而后直或略膨出，外缘整体平滑；前翅顶角下方常具新月形斑，其中 2 个斑内具黑褐色卵形斑；外线和亚缘线可见，内线有时模糊，甚至消失；中室端脉中点和后端点存在，部分种具中室内点，少数种无任何点状斑，部分种在中室下角附近具斑点或斑块。后翅顶角圆，外缘平滑，臀缘色较暗；外线和亚缘线可见；通常具中室端脉中点。翅缰发达。

分布：东洋区、澳洲区。世界已知 44 种，中国记录 19 种，浙江分布 1 种。

（149）仲黑缘黄钩蛾 *Tridrepana crocea* (Leech, 1888)（图版 XVI-2）

Drepana crocea Leech, 1888: 649.

Tridrepana crocea: Inoue, 1956: 369.

Tridrepana leva Chu *et* Wang, 1988: 204.

别名：光黄钩蛾。

主要特征：前翅长：雄 14–16 mm。翅面黄色；前翅顶角钩状，顶角下方外缘凹陷处内侧具黑褐色斑；前后翅缘线为一列黑褐色点；前翅具中室内点、后端点和中点，前两者白色，中点覆盖黄褐色鳞片。后翅具 2 个白色中室端点。雄性外生殖器（图 52）：钩形突发达，向端部渐缩，尖端呈钩状；背兜侧突细且短；

颚形突中突背面部分半圆形；阳端基环宽大，基部具 2 骨化强且尖锐的突；抱器瓣长，弯曲；囊形突细长；阳茎粗壮，具刺斑。

分布：浙江（临安、鄞州、舟山、磐安、江山、景宁）、湖北、江西、湖南、福建、广西、四川、云南；朝鲜半岛，日本。

81. 丽钩蛾属 *Callidrepana* Felder, 1861

Callidrepana Felder, 1861: 30. Type species: *Callidrepana saucia* Felder, 1861.

Damna Walker, 1863: 1570. Type species: *Damna gelidata* Walker, 1863.

Ausaris Walker, 1863: 1632. Type species: *Ausaris scintillata* Walker, 1863.

Ticilia Walker, 1865: 394. Type species: *Ticilia argentilinea* Walker, 1865.

Drepanulides Motschulsky, 1866: 193. Type species: *Drepanulides palleolus* Motschulsky, 1866.

Drepanula Gaede, 1914: 65. Type species: *Drepanula argyrobapta* Gaede, 1914.

Drepanulina Gaede, 1927: 287. Type species: *Drepanula argyrobapta* Gaede, 1914.

主要特征：雌雄触角双栉形，雄栉齿长于雌性。额黄褐色至褐色，喙发达，下唇须黄褐色至褐色，侧面观稍突出至 1/3 突出额缘。中足具 1 对胫距，后足具 2 对距。翅底色淡黄色至棕色，有闪光鳞片，一褐色斜线自前翅顶角延伸至后翅臀缘，但在后翅的前半部分不明显；多数种前翅中室外缘有 1 褐色斑，形状由卵形至由点状斑组成的菱形等，不规则，少数种类前翅分布多条褐色横纹；亚缘线多为点状，亚缘线在后翅前半部分不明显。

分布：古北区、东洋区。世界已知 25 种，中国记录 5 种，浙江分布 3 种。

分种检索表

1. 前翅中室具 1 个近方形大斑，由棕褐色散点组成，边缘不清晰 ················ **方点丽钩蛾 *C. forcipulata***
- 前翅中室具短条状中点，无上述大斑 ··························· 2
2. 翅面颜色较浅；前翅内线模糊，中点较小；后翅颜色均匀 ················ **豆点丽钩蛾广东亚种 *C. gemina curta***
- 翅面颜色较深；前翅内线较清晰，中点较大；后翅臀角附近颜色较深 ················ **肾点丽钩蛾 *C. patrana***

（150）方点丽钩蛾 *Callidrepana forcipulata* Watson, 1968（图版 XVI-3）

Callidrepana hirayamai forcipulata Watson, 1968: 124.

Callidrepana forcipulata: Chu & Wang, 1987c: 92.

主要特征：前翅长：14–17 mm。前翅翅面灰黄色；内线褐色，波曲，模糊；中室具 1 近方形大斑，由棕褐色散点组成，边缘不清晰；自顶角至后缘偏外侧具褐色双斜线，外侧线较内侧的粗；亚缘线由 1 列小黑点组成。后翅翅面颜色较前翅浅，前半部分斑纹模糊。

分布：浙江（临安）、湖北、湖南、福建、广西、四川。

（151）肾点丽钩蛾 *Callidrepana patrana* (Moore, 1866)（图版 XVI-4）

Drepana patrana Moore, 1866: 816.

Callidrepana patrana: Warren, 1922: 471.

Callidrepana filina Chou *et* Xiang, 1984: 167.

别名： 妃丽钩蛾。

主要特征： 前翅顶角褐色，不尖锐，弯成钩状；翅底色淡黄褐色至黄褐色，自前翅顶角 2 条褐色斜线横跨整个翅面，外侧斜线粗而清晰，内侧斜线细且隐约可见；亚缘线由分布于翅脉上的黑褐色点状斑组成；中室端脉具褐色斑块。后翅外线在中上部模糊，亚缘线似前翅，臀角附近颜色较深。

分布： 浙江（临安、磐安、景宁）、湖北、湖南、福建、台湾、广东、海南、广西、四川、云南、西藏；日本，印度，缅甸，老挝。

（152）豆点丽钩蛾广东亚种 *Callidrepana gemina curta* Watson, 1968（图版 XVI-5）

Callidrepana gemina curta Watson, 1968: 121.

主要特征： 前翅长：11–16 mm。本种翅面斑纹与肾点丽钩蛾相似，但颜色较浅、中室端的褐斑较小，前翅内线模糊。后翅前半部分颜色与其他区域一致，具深褐色微小中点。

分布： 浙江（泰顺）、江西、湖南、福建、广东、海南。

82. 晶钩蛾属 *Deroca* Walker, 1855

Deroca Walker, 1855a: 822. Type species: *Deroca hyalina* Walker, 1855.

主要特征： 雌雄触角双栉形；下唇须较细。中足胫节具 1 对距，后足胫节 2 对距。翅面斑纹变化较大，透明具灰色至灰褐色斑纹，或具大面积半透明的灰色区域且其上分布波浪状透明线纹，缘毛淡褐色。腹部褐色至黑褐色。

分布： 古北区、东洋区。世界已知 4 种，中国记录 4 种，浙江分布 1 种。

（153）晶钩蛾广东亚种 *Deroca hyalina latizona* Watson, 1957（图版 XVI-6）

Deroca hyalina latizona Watson, 1957b: 134.

主要特征： 前翅长：14–20 mm。前后翅顶角、臀角均较圆。前翅前缘和外缘略呈浅褐色；翅基部具模糊的浅灰色波浪线纹；翅中部至外缘为浅灰色区域，内具 3 条白色波浪状线纹。后翅斑纹与前翅相似。

分布： 浙江（鄞州、景宁）、江西、湖南、福建、台湾、广东、四川。

83. 豆斑钩蛾属 *Auzata* Walker, 1863

Auzata Walker, 1863: 1620. Type species: *Auzata semipavonaria* Walker, 1863.

Gonocilix Warren, 1896b: 337. Type species: *Gonocilix ocellata* Warren, 1896.

主要特征： 雄触角叶状，雌触角锯齿状。喙发达。下唇须多长于 1/2 超出额外，少数端部达额外。足白色至褐色，中足胫节具 1 对距，后足胫节 2 对距。前翅顶角尖锐但不呈钩状，前后翅外缘中部膨出或呈尖锐凸出。翅底色白色，内线及外线灰色双行，前翅外线在 M_2 处特化为褐色至灰褐色近长椭圆形斑块，亚缘线多由宽的灰色新月形斑组成，缘线灰色较细，缘毛翅脉处白色，脉间淡灰色至灰色。胸部被白色长毛。腹部灰色至褐色。

分布： 古北区、东洋区。世界已知 9 种，中国记录 9 种，浙江分布 5 种。

分种检索表

1. 前翅豆斑内具“E”形白纹 ……………… **短线豆斑钩蛾冠毛亚种 *A. superba cristata***
- 前翅豆斑内无“E”形白纹 ……………… 2
2. 后翅外线短粗，不达前后缘 ……………… **单眼豆斑钩蛾 *A. ocellata***
- 后翅外线不如上述 ……………… 3
3. 体型较小，前翅亚缘带在 M_3 与 CuA_1 间中断 ……………… **小豆斑钩蛾浙江亚种 *A. minuta spiculata***
- 体型较大，前翅亚缘带由新月形斑组成，在 M_3 与 CuA_1 间不中断 ……………… 4
4. 前翅豆斑处外线内凹较深，豆斑下方具黑褐色斑 ……………… **半豆斑钩蛾 *A. semipavonaria***
- 前翅豆斑处外线内凹较浅，豆斑下方无黑褐色斑 ……………… **中华豆斑钩蛾浙江亚种 *A. chinensis prolixa***

（154）半豆斑钩蛾 *Auzata semipavonaria* Walker, 1863（图版 XVI-7）

Auzata semipavonaria Walker, 1863: 1620.

主要特征：前翅长：20–25 mm。前翅顶角略凸出。翅面白色。前翅内线和外线为灰色双线，波状；外线内侧具黄褐色豆斑，斑内 CuA_1 和 CuA_2 白色，斑下端有 1 个中间有灰色条纹的黑褐色斑，内有粉色新月形纹；亚缘线由宽的灰色新月形斑组成；缘线与亚缘线相似，但略细；缘毛在翅脉端白色，脉间浅灰色至灰色。后翅斑纹与前翅相似，但外线中部外侧具灰色斑纹，不具黄褐色大斑。

分布：浙江、江西、福建、四川、云南；印度。

（155）短线豆斑钩蛾冠毛亚种 *Auzata superba cristata* Watson, 1959（图版 XVI-8）

Auzata superba cristata Watson, 1959: 248.

主要特征：翅面白色；前翅豆斑明显，内部有“E”形白纹；外侧亚缘线不清晰；后翅外线双行，外侧为灰黄色斑。

分布：浙江（临安）、山西、陕西。

（156）中华豆斑钩蛾浙江亚种 *Auzata chinensis prolixa* Watson, 1959（图版 XVI-9）

Auzata chinensis prolixa Watson, 1959: 238.

主要特征：前翅长：14–16 mm。前翅顶角略凸出。翅面斑纹与半豆斑钩蛾相似，但斑纹颜色较浅；前翅外线外侧黄褐色斑内 M_2、M_3 和 CuA_1 白色，脉端部各具 1 黑点；后翅外线外侧具 1 黄褐色斑，斑内具黑点。

分布：浙江（德清）、上海、福建。

（157）单眼豆斑钩蛾 *Auzata ocellata* (Warren, 1896)（图版 XVI-10）

Gonocilix ocellata Warren, 1896b: 337.

Auzata ocellata: Hampson, 1897: 287.

别名：闪豆斑钩蛾。

主要特征：前翅顶角钝，不呈钩状；前后翅外缘中部突出，前翅外缘在突出部位后直。翅底色白色；前翅内线不连续，在前缘、翅中下部、后缘有黑褐色斑。黄褐色外线中部为 1 椭圆形深褐色眼斑，未达后缘，斑内翅脉白色；亚缘线宽，由灰褐色斑组成；缘线很细，在翅脉间断开，灰褐色。后翅内线双行，前半部模糊；外线灰褐色双行，不达前后缘，M_2、M_3和 CuA_1 脉在外线内明显被白色粉被；亚缘线和缘线同前翅。

分布： 浙江（庆元、泰顺）、北京、河北、江西、福建、广东、海南、广西；印度，缅甸，越南。

（158）小豆斑钩蛾浙江亚种 *Auzata minuta spiculata* Watson, 1959（图版 XVI-11）

Auzata minuta spiculata Watson, 1959: 253.

主要特征： 前翅外缘顶角下略凹。前后翅白色；前翅内线有时为双线；外线发达，豆斑点缀橘红色鳞片，远离翅基；亚缘带在 M_3 与 CuA_1 间中断。后翅内线、外线为双线，后者在中上部有折角；亚缘带宽；后翅外缘有时在 M_3 脉略弯曲。

分布： 浙江（临安）、山西。

84. 铃钩蛾属 *Macrocilix* Butler, 1886

Macrocilix Butler, 1886b: 18. Type species: *Argyris mysticata* Walker, 1863.

主要特征： 雌雄触角双栉形，雄性明显长于雌性；额淡棕色至棕色。喙发达，下唇须刚超过额缘至 1/2 超过额缘。胸部背面有棕色至白色长毛。中足胫距 1 对，后足胫距 2 对。前翅顶角圆，前后翅外缘平滑。翅底色乳白色；前翅具黄褐色略带绿色的近椭圆或圆形斑向下延伸成条带状达后翅，在后翅臀角形成灰褐色区域，后翅条带略带黄色；前后翅中室端脉明显具白色粉被；前后翅亚缘线由灰色斑块组成，多较模糊。

分布： 古北区、东洋区。世界已知 4 种，中国记录 4 种，浙江分布 1 种。

（159）秘铃钩蛾沃氏亚种 *Macrocilix mysticata watsoni* Inoue, 1958（图版 XVI-12）

Macrocilix mysticata watsoni Inoue, 1958b: 11.

别名： 丁铃钩蛾。

主要特征： 翅面白色。前翅中部具黄褐色哑铃状横带，上端圆且大、部分黑褐色，下端小、黄褐色，中间细；上端圆斑内中室端脉白色；外缘 M_3 脉处具 1 灰斑。后翅具黄褐色横带，向后缘色渐深；后缘具 1 条长窄三角形黄褐色斑；亚缘线灰色至黑褐色，点状；臀角灰褐色，内有白色细纹。

分布： 浙江（临安、庆元、景宁、泰顺）、湖北、福建、台湾、广东、广西、四川、云南；日本。

85. 带铃钩蛾属 *Sewa* Swinhoe, 1900

Sewa Swinhoe, 1900a: 591. Type species: *Abraxas orbiferata* Walker, 1862.

主要特征： 前翅顶角圆或略尖，不凸出，顶角下方翅外缘稍膨出或较直，后翅外缘平滑。翅底色乳白色；内线较模糊；外线由 3 条线纹组成；亚缘线宽且模糊，缘线由脉间的细斑组成，后翅外线双行，外线和亚缘线均自中室外附近延伸至翅后缘。

分布： 古北区、东洋区。世界已知 2 种，中国记录 2 种，浙江分布 1 种。

（160）圆带铃钩蛾 *Sewa orbiferata* (Walker, 1862)（图版 XVI-13）

Abraxas orbiferata Walker, 1862: 1126.

Argyris insignata Moore, 1868: 645.

Platypteryx cilicoides Snellen, 1889: 9.

Sewa orbiferata: Swinhoe, 1900a: 591.

主要特征：翅底色乳白色；前翅内线模糊，在前缘和后缘有残存褐斑；外线灰褐色，由 3 条近似波浪状的线纹组成宽条带贯穿整个翅面；亚缘线粗，淡灰色；缘线细，褐色至深褐色。后翅外线和亚缘线均自 M_1 起延伸至后方。

分布：浙江（临安）、北京、江西、湖南、福建、重庆、四川；印度，缅甸，马来西亚，印度尼西亚。

86. 大窗钩蛾属 *Macrauzata* Butler, 1889

Macrauzata Butler, 1889: 43. Type species: *Comibaena fenestraria* Moore, 1868.

主要特征：触角雌雄双栉形。下唇须较短，尖端仅达额缘。后足胫距 2 对。前翅顶角明显呈钩状，翅外缘直至明显膨出，但不呈尖锐凸出，后翅外缘平滑。翅底色淡黄色，前后翅中部具大面积近圆形透明斑，斑外具 2 条褐色边和 1 条白色细边，镶边外侧多具白色雾状区域，亚缘线为白色细线状。

分布：古北区、东洋区。世界已知 7 种，中国记录 3 种，浙江分布 1 种。

（161）中华大窗钩蛾 *Macrauzata maxima chinensis* Inoue, 1960（图版 XVI-14）

Macrauzata maxima chinensis Inoue, 1960: 314.

主要特征：前翅长：23–26 mm。翅面浅黄色。前后翅中部具巨大近圆形透明斑，斑内翅脉浅褐色，斑缘黑褐色，似切割状；斑外具 2 条褐色边和 1 条白色细边，镶边外侧多具白色雾状区域；中点黑色，微小；亚缘线为白色波状细线。后翅在中室上方 M_1 与 M_2 间具褐色弧形纹。

分布：浙江、陕西、湖北、福建、四川。

87. 白钩蛾属 *Ditrigona* Moore, 1888

Ditrigona Moore, 1888a: 258. Type species: *Urapteryx triangularia* Moore, 1868.

Peridrepana Butler, 1889: 43. Type species: *Drepana hyaline* Moore, 1888.

Leucodrepana Hampson, 1893a: 333. Type species: *Leucodrepana drepana idaeoides* Hampson, 1892.

Leucodrepanilla Strand, 1911a: 198. Type species: *Corycia sacra* Butler, 1878.

Auzatella Strand, 1917: 149. Type species: *Auzata micronioides* Strand, 1916.

主要特征：雌雄触角线形、单栉形或双栉形；喙发达；下唇须长度变化很大。头部多褐色，头顶白色，胸及腹部白色。中足胫距 1 对，后足胫距 2 对。前翅顶角较尖锐或圆，不呈钩状，顶角下方翅外缘及后翅外缘不凸出。翅底色白色至淡黄色。本属种类较多，翅面斑纹及外生殖器差异较大，Wilkinson（1968）将其分为 4 个种团。

分布：古北区、东洋区。世界已知 40 余种，中国记录 37 种，浙江分布 4 种。

分种检索表

1\. 前后翅除缘线外仅有内线和外线 2 条横线，且均为黄褐色，呈波浪状，无其他横线 ················ **镰茎白钩蛾 *D. cirruncata***

\- 前后翅除缘线、内线和外线外，还有其他横线 ··· 2

2. 前翅中线和外线离得较远，简单线形 ……………………………………… 浓白钩蛾灰白亚种 *D. conflexaria micronioides*
- 前翅中线和外线离得较近，略呈锯齿状或带状 ……………………………………………………………… 3
3. 前翅外线呈窄带状，亚缘线内侧线在脉间加粗 ……………………………………………… 宽白钩蛾 *D. platytes*
- 前翅外线略呈锯齿状，亚缘线内侧线在脉间不加粗 ……………………………………… 后四白钩蛾 *D. chama*

（162）浓白钩蛾灰白亚种 *Ditrigona conflexaria micronioides* (Strand, 1916)（图版 XVI-15）

Auzata (*Auzatella*) *micronioides* Strand, 1916: 148.
Ditrigona conflexaria micronioides: Wilkinson, 1968: 475.

主要特征：翅正面底色白色或黄色，微闪光；前翅正面前缘脉淡黄色，有 4–5 条棕黄色横线，亚缘线双行，各横线在前翅顶角处靠近，外线在顶角前消失或和中线相遇；后翅正面各横线与前翅连续，但横线平行；前翅反面有棕色散点；后翅反面同前翅；缘毛灰棕色。

分布：浙江（临安）、台湾、重庆、四川；日本。

（163）后四白钩蛾 *Ditrigona chama* Wilkinson, 1968（图版 XVI-16）

Ditrigona chama Wilkinson, 1968: 488.

主要特征：前翅长：16–18 mm。雌雄触角单栉形，鳃片状；额深黑褐色，有时下缘颜色稍浅；下唇须略超过前额，外侧黑褐色；头顶前缘黑褐色，后缘白色。前翅顶端较尖，翅较狭长；翅底色白色，有光泽；前缘脉基部黄棕色，向端部颜色渐浅；前翅正面横线棕灰色，中线、外线较粗，亚缘线双行，小月牙状；后翅正面同前翅；前翅反面前缘基部棕色，其余为黄棕色；后翅反面无明显特征；缘毛白色，有时外缘可见少许棕灰色。

分布：浙江（临安）、陕西、甘肃、湖北、四川、云南、西藏。

（164）宽白钩蛾 *Ditrigona platytes* Wilkinson, 1968（图版 XVI-17）

Ditrigona platytes Wilkinson, 1968: 492.

主要特征：雌雄触角单栉形，鳃片状；额深黑褐色；下唇须略超过前额，黑褐色，内侧颜色稍浅；头顶黑褐色，后缘有一条较细白线。胸部和腹部均为白色。前翅顶端稍尖，外缘略突出。翅面底色白色，有光泽。前翅前缘基部灰棕色，末端乳白色；各横线棕灰色，中线和外线直且平行，亚缘线双行；中线、外线、亚缘线在顶角附近汇聚，外线呈窄带状。后翅横线同前翅延续，亚缘线粗。

分布：浙江（临安）、陕西、湖北、四川、云南。

（165）镰茎白钩蛾 *Ditrigona cirruncata* Wilkinson, 1968（图版 XVI-18）

Ditrigona cirruncata Wilkinson, 1968: 497.

主要特征：前翅长：15–18 mm。雌雄触角单栉形，鳃片状；额白色；下唇须触及前额，黑褐色；头顶白色。胸部和腹部均为白色。前翅顶角略突出；翅底色白色；前翅黄褐色内线及外线均呈波浪状，中室处有一深褐色中点；缘线由翅脉末端深黄褐色小点组成。后翅斑纹似前翅，外线中部锯齿状。前翅反面中室处具 2 个深褐色斑点，缘线较正面色深。

分布：浙江（德清、临安）、山西、河南、陕西、甘肃、安徽、湖北、江西、湖南、广东、广西、四川。

（三）山钩蛾亚科 Oretinae

体和翅均为褐色。身体粗壮。无喙。下唇须短小扁宽，只达额下方，上有密集长毛。无翅缰。后足胫节只有 1 对距，内外距等长。翅脉与钩蛾亚科相似，前翅具径副室。幼虫后胸背板延伸，呈刺状突；腹部第 4 节有 1 对突起。

88. 窗山钩蛾属 *Spectroreta* Warren, 1903

Spectroreta Warren, 1903: 255. Type species: *Oreta hyalodisca* Hampson, 1896.

主要特征：触角双栉形，喙消失。前翅顶角尖锐且突出，前后翅外缘在 M_3 与 CuA_1 间凸出。翅底色红褐色至褐色，翅面点缀有银色粉被，1 条黑褐色斜线贯穿整个翅面，在前翅顶角内侧斜线形成 1 个折角，黑色线外侧有明显的银色伴线；前翅中室端部附近具有多个透明斑组成的大片斑块，中室中部具 1 个透明圆斑，各翅脉间均有椭圆斑，M_3 以前的斑黄色透明，M_3 后的斑为黑色；后翅中室下角外侧具 1 个有金黄色边的黑色圆斑，其外侧另具 2–3 个大小不一的透明圆斑。

分布：东洋区。世界已知 1 种，中国记录 1 种，浙江分布 1 种。

（166）窗山钩蛾 *Spectroreta hyalodisca* (Hampson, 1896)（图版 XVI-19）

Oreta hyalodisca Hampson, 1896: 479.

Spectoreta hyalodisca: Warren, 1903: 255.

Spectroreta fenestra Chu *et* Wang, 1987b: 291.

别名：透窗山钩蛾。

主要特征：翅面斑纹特征同属特征。雄性外生殖器（图 53）：钩形突近三角形，端部圆；背兜侧突长耳状；颚形突的中央突向下，较小，端部略分叉。抱器瓣宽短；内侧突细长向外弯，端部尖锐；外侧突宽短较直，端部圆；阳茎基部 1/4 较细，其余部分较宽，阳茎中部具 1 对骨化的小突。

分布：浙江、江西、福建、广西；印度，缅甸，斯里兰卡，马来西亚，印度尼西亚，喜马拉雅山。

89. 山钩蛾属 *Oreta* Walker, 1855

Oreta Walker, 1855b: 1166. Type species: *Oreta extensa* Walker, 1855.

Dryopteris Grote, 1862: 360. Type species: *Drepana rosea* Walker, 1855.

Hypsomadius Butler, 1877a: 478. Type species: *Hypsomadius insignis* Butler, 1877.

Holoreta Warren, 1902: 340. Type species: *Cobanilla jaspidea* Warren, 1896.

Oretella Strand, 1916: 164. Type species: *Oreta* (*Oretella*) *squamulata* Strand, 1916.

Psiloreta Warren, 1923: 485. Type species: *Oreta sanguinea* Moore, 1879.

Mimoreta Matsumura, 1927a: 46. Type species: *Mimoreta horishana* Matsumura, 1927.

Rhamphoreta Bryk, 1943: 25. Type species: *Oreta* (*Rhamphoreta*) *eminens* Bryk, 1943.

主要特征：雄触角双栉形或单栉形。中、后足胫节分别具 1 对端距，背面具黑色纵线，前翅顶角圆，伸出较长，多弯成明显的钩状，顶角下方翅外缘平滑、膨出或凸出较尖锐，后翅外缘平滑或略膨出。翅底色黄色至深褐色，前翅顶角至臀缘多具斜线，部分种无斜线，翅面斑纹变化较大但无透明斑。

分布：世界广布。世界已知 46 种，中国记录 26 种，浙江分布 9 种。

分种检索表

1. 翅面有黄色 ······ 2
- 翅面无黄色，通常为褐色、黄褐色 ······ 5
2. 前翅顶角凸出长；前翅外线在 CuA_1 下方明显波曲 ······ **荚蒾山钩蛾 *O. eminens***
- 前翅顶角凸出短；前翅外线在 CuA_1 下方无明显波曲 ······ 3
3. 前翅前缘在近顶角处无清晰黑斑，臀角处为大弥散状斑块，黑色杂灰色 ······ **紫山钩蛾 *O. fuscopurpurea***
- 前翅前缘在近顶角处、臀角处有清晰黑斑 ······ 4
4. 前后翅红褐色较多，后翅顶角具 1 红褐色斑块 ······ **接骨木山钩蛾天目亚种 *O. loochooana timutia***
- 前后翅红褐色较少，后翅顶角无斑块 ······ **沙山钩蛾 *O. shania***
5. 前翅外缘光滑，无凸出或齿 ······ **交让木山钩蛾 *O. insignis***
- 前翅外缘凸出或具齿 ······ 6
6. 前翅外缘在 M_3 脉端具齿，无清晰外线 ······ **角山钩蛾 *O. angularis***
- 前翅外缘近钝状凸出，无齿，有外线 ······ 7
7. 前后翅镶有银色鳞片，后翅银色中室端脉最明显 ······ **孔雀山钩蛾华夏亚种 *O. pavaca sinensis***
- 前后翅无银色鳞片 ······ 8
8. 前翅顶角凸出较细长，翅面黑褐色斑点色较深，外线较粗壮；抱器瓣端部具 3 个刺突 ······ **三刺山钩蛾 *O. trispinuligera***
- 前翅顶角凸出较钝，翅面黑褐色斑点色较浅，外线较细；抱器瓣短宽耳状，无刺突 ··· **宏山钩蛾浙江亚种 *O. hoenei tienia***

（167）荚蒾山钩蛾 *Oreta eminens* (Bryk, 1943)（图版 XVI-20）

Rhamphoreta eminens Bryk, 1943: 25.

Oreta eminens: Watson, 1967: 184.

主要特征：前翅长：18–23 mm。前后翅外缘平滑。翅面红褐色，基部黄色，斑纹黄色。前翅顶角凸出长；前缘在内线内侧黄色；内线粗壮，波曲；外线由顶角向内伸至后缘中部附近，下半部波曲；外线外侧具大量黄色鳞片并散布深褐色小点，未达外缘。后翅内线近弧形；外线圆齿状，外侧具黄色宽带，其上散布深褐色小点。雄性外生殖器（图 54）：钩形突半圆形；颚形突中突棒状；抱器瓣长圆形；抱器瓣端部中央的突起和抱器腹末端的突起较尖锐。

分布：浙江（庆元）、江西、湖南、福建、广西、重庆、四川、云南；朝鲜半岛，日本，缅甸。

（168）紫山钩蛾 *Oreta fuscopurpurea* Inoue, 1956（图版 XVI-21）

Oreta extensa ab. *fusco-purpurea* Matsumura, 1927a: 45.

Oreta extensa fuscopurpurea Inoue, 1956: 370.

Oreta purpurea Inoue, 1961b: 10.

Oreta fuscopurpurea: Watson, 1967: 201.

主要特征：前翅长：20–25 mm。本种外形与荚蒾山钩蛾相似，但前翅顶角凸出较荚蒾山钩蛾短钝；外线较纤细，较平直。前翅臀角斑弥散状，黑色杂灰色。雄性外生殖器（图 55）：抱器瓣狭长；抱器腹非常发达，具 2 个尖锐突起，其中 1 个长刺状，左右不对称；囊形突短小三角形；阳茎细长，端部膨大。雌性外生殖器（图 242）：肛瓣周围骨化强；表皮突退化；囊导管较细长，囊片上具刺。

分布：浙江（杭州、泰顺）、湖北、江西、湖南、福建、台湾、广东、海南、广西、四川；日本。

（169）角山钩蛾 *Oreta angularis* Watson, 1967（图版 XVI-22，23）

Oreta angularis Watson, 1967: 187.

主要特征：前翅长：19–22 mm。前翅外缘在 M_3 脉处凸出；后翅顶角处具缺刻。翅面深褐色，散布黑色小点。前翅无清晰横线；中室端部具银色“>”形纹；前缘及臀角各具 1 黑褐色斑。后翅斑纹模糊。雌性色较浅。雄性外生殖器（图 56）：钩形突圆钝；颚形突中突指状；抱器瓣宽；抱器腹端部具 1 细长刺状突，其内侧具 1 短粗指状突；抱器腹基部具钩形突；阳茎末端具 1 横排刺、1 个大刺状斑和 1 个后突；角状器 2 枚。雌性外生殖器（图 243）：交配孔周围骨化，呈圆柱形，腹缘较背缘短；背面具另 1 小管；前表皮突长，后表皮突短；囊导管细，短；囊体无囊片。

分布：浙江（庆元）、江西、湖南、福建、广东、海南。

（170）宏山钩蛾浙江亚种 *Oreta hoenei tienia* Watson, 1967（图版 XVI-24）

Oreta hoenei tienia Watson, 1967: 175.

主要特征：前翅长：15–20 mm。前翅顶角弯曲大，下方凹陷深，前后翅外缘中部凸出；后翅外缘在顶角下方凹入。翅面黄褐色，斑纹深褐色。前翅顶角附近颜色较深；中点为 1 大褐斑；外线自顶角伸至后缘中后部；臀角处具 1 圆斑。后翅中线和外线波曲，模糊。雄性外生殖器（图 57）：钩形突粗锥状，端部圆；颚形突中突细长。抱器瓣短宽耳状；抱器腹基部具 1 宽阔叶状突，其中下部具 1 个小刺突；阳茎端部为 1 圈呈螺旋状的小齿，并在端部形成骨化的指状突。雌性外生殖器（图 244）：肛瓣腹面具 1 对圆突；囊导管短粗；囊体近圆形；囊片近圆形，具小刺。

分布：浙江（临安、庆元）、湖北、江西、湖南、福建。

（171）沙山钩蛾 *Oreta shania* Watson, 1967（图版 XVI-25）

Oreta shania Watson, 1967: 175.
Oreta bimaculata Chu *et* Wang, 1987b: 293.
Oreta cera Chu *et* Wang, 1987b: 295.

别名：黄翅山钩蛾、两点山钩蛾。

主要特征：前翅长：14 mm 左右。前后翅外缘平滑。翅面黄色。前翅前缘近顶角处具 2 个黑斑；外线黄色，由顶角向内伸至后缘中部，其内侧具红褐色模糊带；外线外侧在 M_3 下方为近三角形黄色区域，其余区域褐色；臀角具 1 圆形黑斑；近外缘处具红褐色宽带。后翅端半部散布黑色小点；中线为浅红褐色宽带，模糊，平直。前后翅中室内角和中室下角具白点。雄性外生殖器（图 58）：钩形突基部宽，在中部突然变细，端部尖锐；颚形突中突细长；抱器瓣宽大；抱器腹形成边缘带齿的强骨化板；囊形突扁平；阳茎由射精管向端部逐渐骨化，无角状器。

分布：浙江（临安）、福建、四川。

（172）接骨木山钩蛾天目亚种 *Oreta loochooana timutia* Watson, 1967（图版 XVI-26）

Oreta loochooana timutia Watson, 1967: 168.
Oreta trianga Chu *et* Wang, 1987b: 300.

主要特征：前翅长：16–17 mm。前翅外缘浅弧形隆起；后翅外缘平滑。翅面红褐色。前翅基半部散布黄色鳞片；外线黄色，自顶角向内伸至后缘中部附近，其内侧为褐色区域；外线外侧在 M_2 下方变宽形成近三角形黄色区域，其余区域褐色；臀角处具黑色圆斑。后翅中线为褐色宽带，外缘波曲；顶角处具 1 红褐色斑块。前后翅中室内角和下角均具白斑。雄性外生殖器（图 59）：钩形突基部宽大，端部狭窄，微凹；颚形突中突细长；抱器瓣耳状；抱器腹具细且直的长突，仅端部向外弯成钩状；阳茎端部具双排螺旋状小齿环绕，无角状器。雌性外生殖器（图 245）：囊导管极短；囊体近椭圆形，具 1 个长圆形囊片，囊片具小刺，中央略向内凹入。

分布：浙江（德清、四明山、余姚）、湖北、江西、湖南、福建、广东、广西、四川、云南、西藏。

（173）三刺山钩蛾 *Oreta trispinuligera* Chen, 1985（图版 XVI-27）

Oreta trispinuligera Chen, 1985: 278.

Oreta ancora Chu *et* Wang, 1987b: 300.

Oreta ankyra Chu *et* Wang, 1991: 246.

主要特征：前翅长：18–20 mm。前翅顶角凸出细长，端部钝；外缘中部凸出；前翅外缘臀褶处和后翅外缘顶角下方凹陷。翅面黄褐色，散布黑褐色斑点。前翅外线深灰色，较粗壮，由顶角内侧伸至后缘外 1/4 处，内侧具黑色伴线，外侧顶角至 M_2 具黑色伴线。后翅无线纹。雄性外生殖器（图 60）：钩形突屋脊状，2 外角近直角；颚形突中突细长刺状。抱器瓣近椭圆形，端部具 3 个刺突，上部和中部刺较长，下部的刺较短；囊形突舌状；阳茎端部延伸成 1 勺形长突，端部圆。雌性外生殖器（图 246）：囊导管骨化，短粗；囊体椭圆形，囊片近圆形，具小刺。

分布：浙江（临安、景宁）、河南、陕西、甘肃、湖北、福建、广西、四川、云南。

（174）孔雀山钩蛾华夏亚种 *Oreta pavaca sinensis* Watson, 1967（图版 XVII-1）

Oreta pavaca sinensis Watson, 1967: 184.

Oreta fusca Chu *et* Wang, 1987b: 298.

Oreta unichroma Chu *et* Wang, 1987b: 299.

Oreta lushansis Fang, 2003: 210.

别名：昏山钩蛾、一色山钩蛾、一线山钩蛾。

主要特征：前翅长：22–25 mm。前翅外缘中部略凸出。翅面深褐色，斑纹黄褐色，雌性颜色较浅。前翅外线由顶角向内伸至后缘中部附近，其外侧颜色略浅，被银色闪光鳞片；雌性外线延伸至后翅后缘中部，其内缘的黑褐色向内扩散；亚缘线和缘线均为银色线纹。后翅中部被呈扩散状的银色闪光线纹。前后翅中室端脉银白色。雄性外生殖器（图 61）：钩形突宽大，中部凹陷；颚形突中突细而直。抱器瓣短宽，端部圆；抱器腹具 2 个粗壮的刺状突；阳茎骨化强，阳茎端部螺旋状结构具小齿；角状器为阳茎端膜上 1 片布满小棘的区域。雌性外生殖器（图 247）：肛瓣腹面具 1 对圆突；交配孔周围骨化；囊导管和囊体共同形成宽大袋状，中上部具骨化纵纹；囊片长圆形，具小刺。

分布：浙江（临安、庆元）、湖北、江西、湖南、福建、广东、广西、四川、贵州。

（175）交让木山钩蛾 *Oreta insignis* (Butler, 1877)（图版 XVII-2）

Hypsomadius insignis Butler, 1877a: 479.

Hypsomadius insignis v. (? ab.) *formosana* Strand, 1916: 163.

Oreta insignis: Watson, 1967: 196.

主要特征：前翅长：20–23 mm。前翅顶角尖锐外凸；前后翅外缘平滑。翅面深褐色，散布黑褐色小点。前翅内线模糊；外线深红褐色，由顶角向内伸至后缘中部附近。后翅中线和外线红褐色，中线平直，外线锯齿状。雄性外生殖器（图 62）：钩形突短，顶部中央微凹；颚形突中突长。抱器瓣长，端部突锯齿状，基部突起为大三角形；囊形突短小；阳茎较粗壮。雌性外生殖器（图 248）：前表皮突细长，后表皮突短小；囊导管短粗；囊体具 1 个近圆形囊片。

分布：浙江（景宁）、湖北、江西、湖南、福建、台湾、广东、海南、广西、四川、贵州、云南、西藏；日本。

（四）波纹蛾亚科 Thyatirinae

中型蛾类。触角通常扁柱形或扁针叶形，偶有线形或栉齿状。前翅通常较狭长或宽大。前翅臀角圆或钝或呈叶形突起并有毛缨。后翅较宽。后翅亚前缘脉弯曲，与径脉在中室末端接近或接触。腹部具听器。

分属检索表（参照赵仲苓，2004）

1. 前翅臀角隆出下垂 …… 华波纹蛾属 ***Habrosyne***
- 前翅臀角不隆出下垂 …… 2
2. 前翅 M_1 脉出自中室上角 …… 3
- 前翅 M_1 脉出自径副室后缘 …… 5
3. 翅基片具匙状鳞片 …… 网波纹蛾属 ***Neotogaria***
- 翅基片不具匙状鳞片 …… 4
4. 腹部有背毛束 …… 波纹蛾属 ***Thyatira***
- 腹部无背毛束 …… 异波纹蛾属 ***Parapsestis***
5. 前翅 R_3 脉与 R_4 脉、R_5 脉不共柄 …… 太波纹蛾属 ***Tethea***
- 前翅 R_3 脉与 R_4 脉、R_5 脉共柄 …… 6
6. 前翅基部隆起 …… 影波纹蛾属 ***Euparyphasma***
- 前翅基部不隆起 …… 7
7. 腹部有背毛束 …… 大波纹蛾属 ***Macrothyatira***
- 腹部无背毛束 …… 点波纹蛾属 ***Horipsestis***

90. 波纹蛾属 *Thyatira* Ochsenheimer, 1816

Thyatira Ochsenheimer, 1816: 77. Type species: *Phalaena* (*Noctua*) *batis* Linnaeus, 1758.

Strophia Meigen, 1832: 174. Type species: *Phalaena* (*Noctua*) *batis* Linnaeus, 1758.

Calleida Sodoffsky, 1837: 87. Type species: *Phalaena* (*Noctua*) *batis* Linnaeus, 1758.

Thyathira Bruand, 1845: 89. Type species: *Phalaena* (*Noctua*) *batis* Linnaeus, 1758.

主要特征：额光滑；触角线形，雄性较粗，略呈锯齿形；下唇须中等长，第 1、2 节粗壮，第 3 节光滑短小。第 3 腹节背面具立毛簇。前翅底色为深浅不同的褐色至红褐色，具大小不等的白斑，斑上涂有粉色或褐色；翅面的斑可分为 5 组，即内斑、后缘斑、前缘斑、顶斑和臀斑。后翅为深浅不同的单一灰褐色。前翅具 1 狭长径副室；R_4 与 R_5 在径副室之外短共柄；后翅 M_2 略接近 M_3。

分布：世界广布。世界已知 20 余种，中国记录 1 种，浙江分布 1 种。

（176）红波纹蛾 *Thyatira rubrescens* Werny, 1966（图版 XVII-3）

Thyatira rubrescens Werny, 1966: 36.

Thyatira rubrescens szechwana Werny, 1966: 42.

Thyatira rubrescens kwangtungensis Werny, 1966: 43.

Thyatira rubrescens tienmushana Werny, 1966: 44.

主要特征：前翅长：16–19 mm。头、胸、腹部灰褐色，带灰绿色调，复眼侧后方具黑色长毛。第 3 腹节有 1 暗褐色毛束。前翅深褐色，有 5 个浅粉红色大斑，具光泽；内斑大，其内有 2 个褐斑；后缘斑半圆形；前缘斑近圆形，顶斑较大，狭长，下缘稍平；臀斑椭圆形，内有 2 个褐斑；臀斑上方有 2 个白点；内线和外线黑褐色，纤细波状；亚缘线在前缘斑和顶斑下方可见白色细线；缘线由 1 列半月形黑色细线组成；缘毛灰褐色与黑褐色相间，在大斑外黄白色。后翅深灰褐色，基半部色略浅；缘毛黄白色。雄性外生殖器（图 63）：钩形突细长；背兜侧突发达，长度接近钩形突；抱器瓣简单，较窄；阳茎端部具 1 钩形突。

分布：浙江（四明山、鄞州、余姚、磐安、景宁）、河南、陕西、安徽、湖北、江西、湖南、福建、广东、海南、广西、四川、云南、西藏；印度，尼泊尔，越南。

91. 大波纹蛾属 *Macrothyatira* Marumo, 1916

Macrothyatira Marumo, 1916: 48. Type species: *Thyatira flavida* Butler, 1885.

Haplothyatira Houlbert, 1921: 46(key), 114. Type species: *Haplothyatira transitans* Houlbert, 1921.

Melanocraspes Houlbert, 1921: 47(key), 116. Type species: *Thyatira stramineata* Warren, 1912.

Exothyatira Matsumura, 1933b: 192. Type species: *Thyatira flavida* Butler, 1885.

主要特征：体型较大。额光滑；触角线形，雄性略扁宽；下唇须较短，第 3 节短小。后胸、腹基部和第 3 腹节背面有强壮毛束。前翅狭长，顶角略尖，后缘近基部处略隆起；翅面深褐色、深灰褐色至黑褐色；基部有 1 浅色指突形斑，指向外缘；前缘中部、顶角和臀角通常各有 1 浅色斑。后翅深褐色、黄褐色或黄色，浅色种类通常有 1 深褐色端带。

分布：古北区、东洋区、澳洲区。世界已知 10 种左右，中国记录 10 种，浙江分布 2 种。

（177）大波纹蛾陕西亚种 *Macrothyatira flavida tapaischana* (Sick, 1941)（图版 XVII-4）

Thyatira tapaischana Sick, 1941: 2.

Macrothyatira flavida tapaischana: Werny, 1966 (page number unknown).

主要特征：前翅长：雄 18–23 mm，雌 22 mm。前翅深褐色至黑褐色；基部指状突长约 5 mm，端部较窄，圆；前缘中部斑圆形，后缘中部具 1 不规则形斑，顶斑逗号形，臀斑椭圆形；各斑均带淡黄褐色，其中前缘斑和顶斑略带粉红色；缘线为 1 列半月形黑色细线；缘毛深浅相间，在顶角处有 2 个白点。后翅浅黄褐色，有时带明显灰褐色；端带深灰褐色，比较模糊；缘毛黄色，在翅脉端深灰褐色。

分布：浙江、河南、陕西、宁夏、甘肃、湖北、湖南、福建、四川、云南。

（178）瑞大波纹蛾 *Macrothyatira conspicua* (Leech, 1900)（图版 XVII-5）

Thyatira conspicua Leech, 1900: 12.

Macrothyatira conspicua: Werny, 1966: 219.

主要特征：前翅长：25–27 mm。前翅褐色，具微弱的波浪形黑色线，翅斑白色，具黑色边线；基斑形状不规则，斑内具 3 个黑斑；前缘中部有 1 大斑，斑内具黑色短横线；环斑小圆形；中点弯月形；后缘斑窄长；前缘斑较小，窄长形；顶斑最大；在前缘斑和顶斑之间的前缘有 2 个白点；臀斑半圆形，中央具黑点；顶斑下方带白色；缘线为 1 列新月形黑色纹；缘毛褐色掺杂黑色。后翅浅黄色，端部具褐色宽带；缘毛浅黄色。雄性外生殖器（图 64）：钩形突粗壮；背兜侧突较钩形突细且短；抱器瓣端部渐细，末端圆；抱器腹端部具 1 近三角形横褶；阳端基环宽，中央切口宽；阳茎鞘端突弯曲指状。雌性外生殖器（图 249）：囊导管细长，囊体长圆形；囊片长条形。

分布：浙江、陕西、湖南、福建、台湾、四川、云南。

92. 太波纹蛾属 *Tethea* Ochsenheimer, 1816

Tethea Ochsenheimer, 1816: 64. Type species: *Noctua or* Denis *et* Schiffermüller, 1775.

Palimpsestis Hübner, 1821: 237(as 279). Type species: *Phalaena octogesimea* Hübner, 1786.

Bombycia Hübner, 1822: 22, 25, 26, 31, 34, 37, 38. Type species: *Noctua or* Denis *et* Schiffermüller, 1775.

Ceropacha Stephens, 1829a: 42. Type species: *Noctua or* Denis *et* Schiffermüller, 1775.

主要特征：额光滑；触角线形，雄性略扁宽；下唇须较短，第 3 节短小。腹部背面无立毛簇，侧面有毛丛。前翅狭长，前缘平直，顶角略尖，外缘浅弧形；后翅宽大，顶角略凸，其下方浅凹。前翅以灰褐色为主，横线通常清晰，中域常有不规则形浅色斑；后翅灰褐色，常具深色端带。前翅具径副室，R_2、R_{3+4} 和 R_5 出自径副室顶端，M_1 与径副室下缘长共柄；后翅 M_2 接近 M_3。

分布：古北区、东洋区、澳洲区。世界已知 30 种左右，中国记录 12 种，浙江分布 5 种。

分种检索表（参照赵仲苓，2004）

1. 前翅前缘基部至顶端无浅色纵条纹 ··· 2
- 前翅前缘基部至顶端有浅色纵条纹 ··· 3
2. 前翅内带颜色较翅基色深；环斑和横脉斑内无黑点 ··· **宽太波纹蛾山西亚种 *T. ampliata shansiensis***
- 前翅内带颜色与翅基几乎同色；环斑和横脉斑内均有黑点 ··· **点太波纹蛾 *T. octogesima***
3. 前翅前缘点缀粉红色 ··· **粉太波纹蛾 *T. consimilis***
- 前翅前缘无粉红色 ··· 4
4. 前翅内线在前缘处为黑色带，外侧线明显外凸 ··· **白太波纹蛾 *T. albicostata***
- 前翅内线在前缘处不为黑色带，外侧线外凸不明显 ··· **藕太波纹蛾 *T. (Saronaga) oberthuri***

（179）宽太波纹蛾山西亚种 *Tethea ampliata shansiensis* Werny, 1966（图版 XVII-6）

Tethea ampliata shansiensis Werny, 1966: 354.

Tethea ampliata griseofasciata Werny, 1966: 355.

主要特征：前翅长：雄 21–23 mm。头和前胸黄褐色，前胸后缘有 1 条暗褐色纹，胸部其余部分深灰褐色；腹部灰黄褐色。前翅灰黄褐色，端半部略带灰红色调；亚基线黑色，深锯齿形；内线为 1 组 4 条并行的深褐色波状线；中域色稍浅，环纹小，有时不可见，肾纹近长方形，具浅色黑褐边；外线黑褐色细弱；翅端部在翅脉上有 2 排黑褐色小齿，外侧 1 排的内侧为灰白色波状亚缘线；顶角处具 1 灰白色三角形斑；缘线黑褐色；缘毛黄褐色，在翅脉端黑褐色。后翅灰黄褐色，端部色较深；外线位置有 1 条模糊浅色宽带；缘毛黄白色，在翅脉端深灰褐色。

分布：浙江、河南、陕西、甘肃、湖北、江西、湖南、广西、四川、云南。

（180）点太波纹蛾 *Tethea octogesima* (Butler, 1878)（图版 XVII-7）

Cymatophora octogesima Butler, 1878a: 78.

Cymatophora intensa Butler, 1881b: 234.

Cymatophora angustata Staudinger, 1887: 231.

Tethea octogesima: Werny, 1966: 358.

主要特征： 前翅长：20 mm。头和前胸浅灰色至黑褐色，胸部大部分深灰褐色；腹部灰褐色，带红褐色调。前翅狭长，灰褐至深灰褐色；亚基线黑色锯齿形；内线 4 条，组成深色宽带，该带在前缘较窄，向下渐宽，外缘锯齿形，翅基至该带内缘几乎与带内同底色；环纹为 1 黑圈，中部有 1 黑点，肾纹为 1 长圆形黑圈，下端 1 黑点；外线双线，二次深波曲；亚缘线灰白色波状，其外侧翅脉呈黑色箭头状纹，顶角处具 1 黑色斜线；缘线黑色纤细；缘毛灰褐色与黑褐色相间。后翅灰褐色至深灰褐色，浅色外带十分模糊；缘毛黄白色，在翅脉端深灰褐色。

分布： 浙江、吉林、陕西；俄罗斯，朝鲜半岛，日本。

（181）白太波纹蛾 *Tethea albicostata* (Bremer, 1861)（图版 XVII-8）

Cymatophora albicostata Bremer, 1861: 571.

Tethea albicostata: Werny, 1966: 373.

Tethea albicostata montana Werny, 1966: 375.

主要特征： 前翅长：雄 19 mm，雌 22 mm。头和领片灰褐色，带红褐色调，领片后缘有 1 条黑褐色横线；胸部深灰褐色；腹部灰褐色。前翅前缘至中室中部和 M_2 以上灰白色，略带粉红或灰红色调，中室中部和 M_2 以下深灰褐色；亚基线黑色双线，锯齿形，外侧的线锯齿较深，两线不平行；内线在前缘为黑色带，在中室前缘扩散为逐渐远离的 2 条线，内侧线沿翅脉向内凸出小齿，外侧线在中室中部和臀褶处凸出 2 大齿；环纹和肾纹灰白色带黑圈，内部有黑鳞或黑点；外线黑色双线，波状；亚缘线灰白色不连续，其外侧由顶角下行 1 黑线，在翅脉上向外凸出尖齿；缘线黑色；缘毛深灰褐色。后翅灰褐色，浅色外带较模糊；缘毛黄白色。

分布： 浙江（磐安）、黑龙江、吉林、北京、河北、陕西、甘肃、江苏、湖北、湖南、四川、云南；俄罗斯，朝鲜半岛，日本。

（182）粉太波纹蛾 *Tethea consimilis* (Warren, 1912)（图版 XVII-9）

Saronaga consimilis Warren, 1912: 321.

Tethea consimilis: Werny, 1966: 399.

Tethea consimilis hoenei Werny, 1966: 405.

Tethea consimilis flavescens Werny, 1966: 406.

主要特征： 前翅长：雄 22–25 mm，雌 28 mm。头部黑褐色；胸部褐色与橄榄绿色掺杂，并掺杂鲜黄绿色鳞片；腹部灰褐色，背面略带灰红色。前翅深褐色，前缘至中室下缘和 M_3 散布鲜黄绿色和粉红色；中域有数块鲜黄绿色斑和线，形状不规则；亚缘线黄绿色，锯齿形，在 M_3 以下消失；缘毛黄白色与深灰褐色相间。后翅灰褐色至深灰褐色，隐约可见浅色外带；缘毛黄白色，在翅脉端深灰褐色。雄性外生殖器（图 65）：钩形突长于背兜侧突；抱器瓣端部较细；抱器腹中部腹缘具小突；阳茎端部具钩形突。

分布：浙江（临安）、吉林、河南、陕西、甘肃、湖北、湖南、福建、广东、广西；俄罗斯，朝鲜半岛，日本。

（183）藕太波纹蛾 *Tethea* (*Saronaga*) *oberthuri* (Houlbert, 1921)（图版 XVII-10）

Saronaga oberthuri Houlbert, 1921: 194.

Tethea oberthuri chekiangensis Werny, 1966: 387.

Tethea oberthuri fukienensis Werny, 1966: 388.

主要特征：前翅长：25–28 mm。前翅翅面深褐色；前缘具白色鳞片；亚基线深褐色；内线由 2 条深褐色线组成；环斑圆形，白色具深褐色边，下面具 1 深褐色小点；中点椭圆形，中央收缩，具深褐色细边，斑前面白色，后面深褐色；外线由 2 条相互平行的深褐色线组成；亚缘线由浅灰色和深褐色线组成；在外线和亚缘线之间具 1 深褐色锯齿线；缘线深褐色，新月形。后翅浅褐色，外线褐色细带状，翅端具 1 褐色宽带。

分布：浙江、陕西、湖北、湖南、福建、海南、广西、四川、云南、西藏；印度，尼泊尔，缅甸，马来西亚。

93. 影波纹蛾属 *Euparyphasma* Fletcher, 1979

Euparyphasma Fletcher, 1979: 83. Type species: *Polyploca albibasis* Hampson, 1893.

Lithocharis Warren, 1912: 321. Type species: *Polyploca albibasis* Hampson, 1893. [Junior homonym of *Lithocharis* Dejean, 1833 (Coleoptera)]

主要特征：为波纹蛾亚科中体型最大的类群之一。额光滑；触角线形，雄性略扁宽；下唇须中等长，第 3 节短小光滑。胸部被浓密鳞毛；腹部光滑。前翅狭长，长约为宽的 2 倍，前缘基部隆起，其后平直；顶角尖锐，略凸出；外缘平直，中部以下强烈向下呈弧形弯曲至后缘，无明显臀角。后翅宽阔。前翅具狭长径副室，R_2 出自径副室近端部处，R_5 与 R_{3+4} 短共柄，出自径副室顶端，M_1 与径副室下缘长共柄；后翅 M_2 略接近 M_3。

分布：古北区、东洋区。世界已知 3 种，中国记录 3 种，浙江分布 1 种。

（184）怪影波纹蛾 *Euparyphasma maxima* (Leech, 1888)（图版 XVII-11）

Cymatophora maxima Leech, 1888: 653.

Euparyphasma maxima: Warren, 1912: 321.

主要特征：前翅长：雄 28–32 mm，雌 31–33 mm。头部灰褐色；胸部灰褐色带深黄褐色，有黑色横纹；腹部浅灰褐色。前翅浅灰褐色至灰褐色；亚基线为 1 白色带，其中部有 1 黄褐色线，外缘具黑边；内线和中线灰白色，锯齿形，外侧有深褐色边；环纹和肾纹灰白色，微小；外线灰白色双线，内侧线锯齿形，两侧在翅脉上有深褐色尖齿，外侧线波状；亚缘线灰白色，锯齿形，外侧在翅脉上有深色尖齿；缘线灰白色；缘毛黄白色与灰褐色掺杂。后翅灰褐色，具模糊浅色外带；缘毛黄白色，掺杂少量灰褐色。雄性外生殖器（图 66）：背兜侧突粗于钩形突；抱器瓣较狭，腹缘凹陷；阳茎粗壮，端部具小钩，角状器为刺斑。雌性外生殖器（图 250）：囊导管细长；囊体椭圆形；囊片长条形。

分布：浙江（临安）、陕西、湖北、湖南；朝鲜半岛，日本。

94. 点波纹蛾属 *Horipsestis* Matsumura, 1933

Horipsestis Matsumura, 1933b: 193. Type species: *Horipsestis teikichiana* Matsumura, 1933.

Neochropacha Inoue, 1982, *in* Inoue *et al.*, 1982: 422/262. Type species: *Polyploca aenea* Wileman, 1911.

主要特征：体型较小。额光滑；触角线形，雄性略扁宽；下唇须短，第 3 节细小。胸部多毛；腹部光滑。前翅前缘端半部浅弧形，顶角钝，不凸出；外缘浅弧形；臀角圆。后翅宽大。前翅具径副室；R_2 与 $R_{3\text{-}5}$ 同出自径副室顶端，R_5 与 R_{3+4} 共柄较长，M_1 与径副室下缘长共柄；后翅 M_2 接近 M_3。

分布：古北区、东洋区。世界已知 5 种，中国记录 4 种，浙江分布 1 种。

（185）点波纹蛾浙江亚种 *Horipsestis aenea minor* (Sick, 1941)（图版 XVII-12）

Spilobasis minor Sick, 1941: 9.

Horipsestis aenea minor: Laszlo, Ronkay, Ronkay & Witt, 2007: 161.

主要特征：前翅长：17–20 mm。头和胸部背面灰褐色掺杂黑灰色；腹部背面灰黄褐色。前翅灰褐至深灰褐色；内线黑褐色双线，近“>”形；其余斑纹均不清晰；环纹和肾纹隐约可见深色圈；外线双线，大部分消失，仅在翅脉上留下小黑点；顶角处具 1 黑色斜纹；缘线黑褐色，缘毛深灰褐色。后翅深灰褐色，基半部色略浅；浅色外带通常不可见；缘毛灰褐色。雄性外生殖器（图 67）：钩形突细长；背兜侧突短于钩形突；抱器瓣狭长；阳茎末端粗壮，具棒状突，角状器密布小刺。

分布：浙江（临安）、河南、陕西、甘肃、湖北、江西、湖南、福建、海南、广西、四川、云南。

95. 华波纹蛾属 *Habrosyne* Hübner, 1821

Habrosyne Hübner, 1821: 236. Type species: *Phalaena derasa* Linnaeus, 1767.

Gonophora Bruand, 1845: 89. Type species: *Phalaena derasa* Linnaeus, 1767.

Cymatochrocis Houlbert, 1921, *in* Oberthür, 1921: 45(key), 88. Type species: *Gonophora dieckmanni* Graeser, 1888.

Hannya Matsumura, 1927a: 15. Type species: *Thyatira violacea* Fixsen, 1887.

Miothyatira Matsumura, 1933b: 194. Type species: *Gonophora aurorina* Butler, 1881.

Habrosynula Bryk, 1943: 6. Type species: *Habrosyne argenteipuncta* Hampson, 1893.

主要特征：中型蛾类。额光滑；触角线形，雄性略扁宽；下唇须略长。胸部背面被浓密鳞毛；足腿节和胫节被长毛；腹部具强壮的立毛簇和侧毛束。前翅前缘基部微隆；顶角不凸出；外缘浅弧形；臀角隆出下垂，有 1 束向外延伸的鳞毛。后翅宽大，外缘浅弧形。前翅径副室较宽大；R_2 和 R_3 分别出自径副室前缘近顶角处，不共柄，R_4 和 R_5 出自径副室顶角或有一小段共柄，M_1 与径副室下缘共柄；后翅 M_2 较接近 R_3。

分布：世界广布。世界已知 20 种左右，中国记录 10 种左右，浙江分布 2 种。

（186）印华波纹蛾 *Habrosyne indica* (Moore, 1867)（图版 XVII-13）

Gonophora indica Moore, 1867: 44.

Habrosyne indica: Cotes & Swinhoe, 1888: 258.

Habrosyne fratema chekiangensis Werny, 1966: 275.

主要特征：前翅长：20–22 mm。前翅深灰绿色。亚基线直且细，伸达斜行的内线；内线细；内线内下方深灰绿色，外侧带黄褐色，由内向外逐渐变为灰褐色；前缘的白色部分下方为边界模糊的深褐至黑褐色带；外线为 3 条灰白色与黑褐色线相间，在 M_2 以下显现并呈深度“Z”形折曲；亚缘线为白色带；缘线为 1 列半月形白色细线；缘毛深灰褐色。后翅深灰褐色，缘毛灰黄褐色。

分布：浙江、黑龙江、吉林、河北、河南、陕西、湖北、江西、湖南、福建、广东、广西、四川、云南、西藏；日本，印度，尼泊尔，缅甸，越南，泰国。

（187）银华波纹蛾 *Habrosyne violacea* (Fixsen, 1887)（图版 XVII-14）

Thyatira violacea Fixsen, 1887: 352.

Habrosyne argenteipuncta chinensis Werny, 1966: 293.

Habrosyne argenteipuncta szechwana Werny, 1966: 298.

Habrosyne violacea: Yoshimoto, 1993: 122.

主要特征：前翅长：16–17 mm。头、胸部和前翅灰绿色至黑灰色，带橄榄绿色调。前翅亚基线黑色，其外侧至内线由黑灰色逐渐过渡到灰绿色；内线黑色双线双折曲，在中室前缘之下几乎融合为带状，其外侧散布不均匀黑灰色，有时呈宽阔中带状；环纹和肾纹小黑圈，后者中部有细白纹；外线黑色波状双线，中部外凸，外侧在 M_3 以下有白边；外线外侧在 M_3 以上和臀角处有 2 块灰绿色雾状斑；亚缘线模糊。后翅深灰褐色。雄性外生殖器（图 68）：钩形突和背兜侧突均细长，钩形突长于背兜侧突；抱器瓣宽大，具纵褶，端半部较基半部宽阔，腹缘中部突出；阳茎端部具钩形突，角状器刺斑状。

分布：浙江、吉林、陕西、甘肃、湖北、湖南、福建、海南、四川；俄罗斯，朝鲜半岛。

96. 异波纹蛾属 *Parapsestis* Warren, 1912

Parapsestis Warren, 1912: 329. Type species: *Cymatophora argenteopicta* Oberthür, 1879.

Baipsestis Matsumura, 1933b: 190. Type species: *Parapsestis baibarana* Matsumura, 1931.

Suzupsestis Matsumura, 1933b: 199. Type species: *Parapsestis albida* Suzuki, 1916.

主要特征：额光滑；触角线形，雄性较扁宽；下唇须短。腹部第 3 节背面有毛束。前翅较短宽，前缘基部隆起；顶角近直角；外缘浅弧形。后翅宽大。前翅径副室较宽大；R_2 出自径副室顶端前方，R_3 与 R_{4+5} 短共柄，共同出自径副室顶端，R_4 和 R_5 在 R_3 分离后随即分离，M_1 出自中室上角，不与径副室下缘共柄；后翅 M_2 接近 M_3。

分布：古北区、东洋区。世界已知 10 种左右，中国记录 5 种，浙江分布 3 种。

分种检索表

1. 前翅基部至亚缘线间的翅脉上排布白点 ……………… **华异波纹蛾秦岭亚种 *P. lichenea tsinlinga***
- 前翅不如上述 ……………………………………………… 2
2. 亚缘线为翅脉上 1 列白点，内线形成 1 黑色楔形斑 ……………… **新华异波纹蛾 *P. cinerea***
- 亚缘线不由白点组成，内线不形成楔形斑 ……………… **异波纹蛾 *P. argenteopicta***

（188）异波纹蛾 *Parapsestis argenteopicta* (Oberthür, 1879)（图版 XVII-15）

Cymatophora argenteopicta Oberthür, 1879: 13.

Cymatophora plumbea Butler, 1879a: 357.

Palimpsestis latipennis Matsumura, 1908: 76.

Parapsestis argenteopicta: Warren, 1912: 329.

主要特征：前翅长：雄 19–21 mm，雌 19–22 mm。头和胸部灰褐色，胸部背面有黑褐色横纹；腹部灰黄褐色至深灰褐色，第 3 腹节背面毛簇色较深。前翅灰褐色至深灰褐色；翅基部黑色，有 3 个小白点；内带黑色，有时可分辨出 4 条波状线，在中室前缘处向外凸出黑色尖齿；环纹和肾纹具黑边；外线黑色波状双线，常在前缘形成黑斑；外线外侧翅脉上常形成白点，以亚缘线的白点列最为明显；缘线为 1 列半月形黑色细线；缘毛深灰褐色。后翅基半部淡灰褐色，端半部色较深，浅色外带隐约可见；缘毛黄白色，在翅脉端深灰褐色。

分布：浙江（临安）、吉林、河南、陕西、甘肃、湖北、江西、湖南、四川、云南；俄罗斯，朝鲜半岛，日本。

（189）新华异波纹蛾 *Parapsestis cinerea* Laszlo, Ronkay, Ronkay *et* Witt, 2007（图版 XVII-16）

Parapsestis cinerea Laszlo, Ronkay, Ronkay *et* Witt, 2007: 240.

主要特征：前翅长：雄 19–21 mm，雌 20 mm。头、胸、腹部和前翅灰褐色。前翅翅脉上不同程度地排布浅色小点；亚基线黑色，其两侧共有 3 个小白点；内线 3 条，由前缘至中室下缘形成 1 黑色楔形斑，其下仅外侧一条延伸至后缘；环纹和肾纹灰白色具黑边，有时不可见；外线黑色双线，在前缘扩展成 1 黑斑，两线间翅脉黑色；亚缘线为翅脉上 1 列白点；缘线为 1 列半月形黑色细线；缘毛深灰褐色。后翅灰褐色至深灰褐色，浅色外带比较清晰；缘毛黄白色，在翅脉端深灰褐色。雄性外生殖器（图 69）：钩形突为 1 极小突；背兜侧突细长；抱器瓣较狭长，端部渐窄；抱器腹狭条形骨化，端部具 1 束小刺；阳茎粗壮，末端具细钩形突，角状器刺斑状。

分布：浙江（丽水）、河南、陕西、甘肃、湖北、广西、四川。

（190）华异波纹蛾秦岭亚种 *Parapsestis lichenea tsinlinga* Laszlo, Ronkay, Ronkay *et* Witt, 2007（图版 XVII-17）

Parapsestis lichenea tsinlinga Laszlo, Ronkay, Ronkay *et* Witt, 2007: 244.

主要特征：前翅长：雄 17–19 mm，雌 19–20 mm。前翅内线和外线在中室下缘之上和前缘分别形成黑斑，从基部至亚缘线的翅脉上排布白点。体和翅颜色较深，深灰褐色至黑褐色；翅面白点较大；环纹的白点大而清晰；肾纹分列为 2 个白点。后翅浅色外带清晰，其外侧至外缘深灰褐色，明显较内侧色深。

分布：浙江（临安）、河南、陕西、湖北、福建、四川。

97. 网波纹蛾属 *Neotogaria* Matsumura, 1933

Neotogaria Matsumura, 1933b: 195. Type species: *Neotogaria saitonis* Matsumura, 1931.

主要特征：前翅较狭长，顶角尖，顶角处具黑色倾斜条状斑。前翅翅面灰色，点缀褐色或黑色斑纹，翅基部颜色深，内线、外线均为双线。后翅灰褐色。

分布：东洋区。世界已知 7 种，中国记录 3 种，浙江分布 2 种。

（191）焰网波纹蛾 *Neotogaria flammifera* (Houlbert, 1921)（图版 XVII-18）

Spilobasis flammifera Houlbert, 1921: 154.

Spilobasis curvata Sick, 1941: 8.

Neotogaria flammifera: Yoshimoto, 1984: 24.

主要特征：前翅长：20 mm 左右。前翅灰褐色；内区黑棕色；翅基部有白灰色斑，斑的外缘为黑色亚基线，微向外弯曲；内线双线，黑色，两线在前缘微远离；环斑圆形，具浅黑色边；横脉斑长椭圆形，具浅黑色边；外线双线，平行，黑色；亚缘线黑色；翅顶黑色斜纹在 M_1 脉处与亚缘线相交；亚缘线和缘线间有一条锯齿形浅色线；缘线由一列黑色新月形纹组成。后翅暗灰褐色，基部色浅；缘线为一列暗褐色月形纹；缘毛浅棕色有暗褐色纹。雄性外生殖器（图 70）：钩形突极细长；背兜侧突短于钩形突的 1/2；抱器瓣狭长，端半部窄缩；阳茎端部具钩形突。

分布：浙江、陕西、湖北、江西、湖南、福建、台湾、云南；越南。

（192）网波纹蛾 *Neotogaria saitonis sinjaevi* Laszlo, Ronkay, Ronkay *et* Witt, 2007

Neotogaria saitonis sinjaevi Laszlo, Ronkay, Ronkay *et* Witt, 2007: 148.

主要特征：前翅灰色，有紫色阴影；内区暗褐色，亚基线、内线、外线、亚缘线均为双线、黑色。翅顶具一黑色短斜线。缘线由一列黑色新月形纹组成。后翅暗灰色（参考原始描述）。

分布：浙江（临安）、陕西、广东、云南；越南。

第四章　尺蛾总科 Geometroidea

七、尺蛾科 Geometridae

主要特征：尺蛾科多为中小型蛾类，体形细弱，鳞毛较少。头部有 1 对毛隆，无单眼。足细长，具毛和鳞。翅大而薄，静止时四翅平铺。雌蛾有时无翅或翅退化。前翅 M_2 基部居中，偶有近 M_1 或与 M_1 共柄；后翅 $Sc+R_1$ 在基部弯曲。腹部细长，基部具听器。尺蛾科全世界记述约 25 000 种，中国已记述 3000 种以上。本部分主要参考薛大勇和朱弘复（1999）、韩红香和薛大勇（2011）所著动物志，其中尺蛾亚科绝大部分图片均引自该卷动物志。

分亚科检索表（参照韩红香和薛大勇，2011）

1. 翅发达（♂或♀）……………………………………………………………………………………………… 2
- 翅退化或消失（♀无翅、翅退化类）……………………………………………………………………… 5
2. 后翅 M_2 不发达或完全消失 ………………………………………………………… **灰尺蛾亚科 Ennominae**（部分）
- 后翅 M_2 正常 ………………………………………………………………………………………………… 3
3. 后翅 M_2 基部接近 M_1，远离 M_3；多为绿色蛾类……………………………………………… **尺蛾亚科 Geometrinae**
- 后翅 M_2 基部位于 M_1 与 M_3 中间，有时接近 M_3；绿色种类很少 ……………………………………… 4
4. 后翅 $Sc+R_1$ 与 Rs 在中室基半部有很短一段合并，随即分离；♂颚形突存在 ……………… **姬尺蛾亚科 Sterrhinae**
- 后翅 $Sc+R_1$ 与 Rs 合并至中室中部之外后分离，或在中室中部之外有横脉相连；♂颚形突通常退化 ………………………
………………………………………………………………………………………… **花尺蛾亚科 Larentiinae**（部分）
5. 后足胫节较跗节长，胫距发达；腹部气门外有黑环 ……………………………… **花尺蛾亚科 Larentiinae**（部分）
- 后足胫节较跗节短，如胫节较长，则胫距退化；腹部气门外无黑环 ………………… **灰尺蛾亚科 Ennominae**（部分）

（一）姬尺蛾亚科 Sterrhinae

主要特征：触角类型多样。下唇须纤细。后足胫距发达或胫节退化。前翅 Sc 与 R 脉分离，中室上角具 1 或 2 个径副室。后翅 $Sc+R_1$ 与 Rs 在中室基半部有很短一段合并，随即分离，M_2 基部常位于 M_1 与 M_3 中间。具中点，中央常色浅（除了姬尺蛾族 Sterrhini）。雄性外生殖器的颚形突存在（Prout，1912-1916，1934-1939，1920-1941；Holloway，1997；Hausmann，2004）。

分属检索表

1. 前翅外线为紫红色至深褐色粗壮斜线，由顶角直达后翅后缘中部 ………………………… **紫线尺蛾属 *Timandra***
- 前翅外线不如上述 ……………………………………………………………………………………… 2
2. 前后翅中室端各具 1 大眼斑 ……………………………………………………………… **眼尺蛾属 *Problepsis***
- 前后翅中室端无眼斑或仅前翅有小眼斑 ………………………………………………………………… 3
3. 前后翅翅面焦褐色，前翅外线外侧、后缘具大焦褐色斑 ………………………………… **烤焦尺蛾属 *Zythos***
- 前后翅翅面不如上述 ……………………………………………………………………………………… 4
4. 雄后足胫节 2 对距 ……………………………………………………………………… **赤金尺蛾属 *Synegiodes***
- 雄后足胫节 1 对距或无距 ………………………………………………………………………………… 5

5. 前翅具 2 个径副室 …… 6
- 前翅具 1 个径副室 …… 7
6. 雄后足胫节 1 对端距；前后翅中点小且圆，有时中央具浅色鳞片 ……须姬尺蛾属 ***Organopoda***
- 雄后足胫节无距；翅面通常具灰色阴影或斑块 …… 花边尺蛾属 ***Somatina***
7. 雄后足胫节通常无距，仅部分种类有 1 对距；后翅 Rs 与 M_1 分离 …… 岩尺蛾属 ***Scopula***
- 雄后足胫节有 1 对距；后翅 Rs 与 M_1 共柄 …… 8
8. 后翅宽大；前翅外线接近外缘，在 M_1、M_2 至 CuA_2 上有褐线与缘线相连接；后翅外线不清晰 …… 严尺蛾属 ***Pylargosceles***
- 后翅较狭长；前翅外线远离外缘，无线纹连接外线和缘线；后翅外线锯齿状 …… 栉岩尺蛾属 ***Antilycauges***

98. 眼尺蛾属 *Problepsis* Lederer, 1853

Problepsis Lederer, 1853: 74. Type species: *Caloptera ocellata* Frivaldszky, 1845.

Caloptera Frivaldszky, 1845: 185. Type species: *Caloptera ocellata* Frivaldszky, 1845. [Junior homonym of *Caloptera* Gistl, 1834 (Coleoptera)]

Argyris Guenée, 1858: 12. Type species: *Argyris ommatophoraria* Guenée, 1858.

Problepsiodes Warren, 1899c: 336. Type species: *Problepsis conjunctiva* Warren, 1893.

主要特征：雄性触角双栉形或锯齿形，具纤毛簇；雌性触角线形，偶有锯齿形。前翅顶角略方，外缘弧形；后翅顶角圆，外缘微波曲。翅面白色至灰白色；前后翅中室端各具 1 大眼斑，其内通常具小黑斑和银灰色鳞，后者通常翘起；眼斑内具白色条状中点。后翅中室之下由基部至眼斑外侧及后翅反面基部有稀疏长毛。

分布：世界广布。世界已知 49 种，中国记录 18 种，浙江分布 7 种。

分种检索表

1. 雄触角双栉形 …… 5
- 雄触角锯齿形 …… 12
2. 前翅眼斑圆形或接近圆形 …… 3
- 前翅眼斑呈倒置的梨形或长圆形，上大下小 …… 邻眼尺蛾 ***P. paredra***
3. 雄触角栉齿长约为触角干直径的 3 倍；雄背兜上端内缘具刺；雌囊导管下端无伸入囊体的骨片 ……白眼尺蛾 ***P. albidior***
- 雄触角栉齿长略大于触角干直径；雄背兜内缘无刺；雌囊导管下端有 1 巨大三角形或梯形骨片伸入囊体 …… 4
4. 翅反面眼斑或多或少带灰褐色；雌触角锯齿形；雄抱器背突光滑；雌囊导管伸入囊体的骨片三角形 …… 佳眼尺蛾 ***P. eucircota***
- 翅反面眼斑无灰褐色；雌触角线形；雄抱器背突外侧凸出呈三角形；雌囊导管伸入囊体的骨片梯形 …… 斯氏眼尺蛾 ***P. stueningi***
5. 前翅外线在前缘附近消失；后翅外线中部紧邻眼斑 …… 猫眼尺蛾 ***P. superans***
- 前翅外线完整；后翅外线中部离眼斑较远 …… 6
6. 头顶黑色；后翅眼斑上端窄且方，如指状向前缘凸伸，下端宽且圆 …… 指眼尺蛾 ***P. crassinotata***
- 头顶白色；后翅眼斑总体椭圆形，下方具浅斑 …… 黑条眼尺蛾 ***P. diazoma***

（193）白眼尺蛾 *Problepsis albidior* Warren, 1899（图版 XVII-19）

Problepsis albidior Warren, 1899a: 33.

主要特征：前翅长：雄 15–19 mm，雌 16–21 mm。雄触角双栉形，最长栉齿约为触角干直径的 3 倍；雌触角线形。前翅前缘基部至外线灰黄褐色至黑灰色；眼斑圆形，大多较小，偶有大型（直径 3.5–5.0 mm），黄褐色，斑上有 1 银色圆形和 2 条短银线，斑内在 CuA_1 基部两侧有小黑斑，大斑下在后缘处有 1 小褐斑，周围有银圈。后翅眼斑肾形，中央白色，周围灰黄褐色有银圈，斑下在后缘散布银色鳞片。雄性外生殖器（图 71）：背兜侧突短小锥状；背兜端部内缘具尖利骨刺。抱器背突和抱器腹突均细长，后者端部略呈弯钩状；阳茎端半部二分叉，其中 1 支末端具小刺；阳茎盲囊略膨大；阳茎端膜上有 2 片骨化区域，形状不规则。雌性外生殖器（图 251）：囊导管强骨化；囊体圆形；囊片中部形成骨化带，两侧排布小刺。

分布：浙江（杭州）、甘肃、安徽、湖北、湖南、福建、台湾、广东、海南、广西、四川、云南、西藏；日本，印度，印度尼西亚。

（194）黑条眼尺蛾 *Problepsis diazoma* Prout, 1938（图版 XVII-20）

Problepsis diazoma Prout, 1938: 222.

主要特征：前翅长：雄 18–23 mm，雌 20–24 mm。雄触角锯齿形，具纤毛簇；雌触角线形。头顶白色。翅面污白色；前翅眼斑圆形，银圈在 M_3 脉以上较完整，CuA_1 基部两侧黑斑发达；斑内有白色条形中点；斑下为 1 模糊灰影状带，有银鳞。后翅眼斑椭圆形，有时两侧缘略凹，银圈较完整，上端开口，斑内无黑色；其下方小斑色深但边缘模糊，有少量银鳞。雄性外生殖器（图 72）：背兜侧突具侧叶。爪状的抱器背突基部至弯折处宽阔，弯折处内侧有 1 小指状突，弯折处外缘或多或少形成凸角；阳茎端膜除 2 条骨化条外另具 3 片骨片，其中在端膜转角处的骨片较大，具刺。雌性外生殖器（图 252）：前后阴片骨化弱，狭窄，结合成环状，后阴片后缘的 1 对囊袋状突大而明显，指状。囊导管短，中上部膨大，背面不均匀骨化并向下延伸至袋状囊体。囊片位于囊体右侧，范围较小，小刺少，不连成片。

分布：浙江（临安、江山）、湖北、湖南、福建、海南；朝鲜半岛，日本。

（195）佳眼尺蛾 *Problepsis eucircota* Prout, 1913（图版 XVIII-1）

Problepsis eucircota Prout, 1913, *in* Seitz, 1913: 50.

主要特征：前翅长：雄 14–21 mm，雌 14–19 mm。雄触角双栉形；雌触角锯齿形。翅白色；前翅眼斑圆形，有时略呈卵圆形，眼斑内的银圈通常比较完整，CuA_1 两侧具鲜明黑斑，M_3 以上无黑色；眼斑下方具 1 小黄褐色斑，未达后缘，其上有银鳞。后翅眼斑肾形，具银圈，在 M_3 与 CuA_1 基部附近常有少量黑色。雄性外生殖器（图 73）：背兜端部三角形；背兜侧突粗大指状。阳端基环宽大舌状。抱器腹突较抱器背突细长，基部膨大；抱器背突光滑；阳茎短粗；阳茎鞘端部侧面着生 1 片横向小刺；阳茎端膜具 2 个三角形或匙形角状器及 3 条骨化带。雌性外生殖器（图 253）：囊导管粗大，长宽相近；后阴片半圆形；囊导管下端形成 1 略膨大、骨化较弱的环，其背面具 1 巨大尖三角形骨片，凸伸至囊体内部；囊体圆形；囊片位于左侧面，小刺稀疏。

分布：浙江（临安、舟山、磐安）、河南、陕西、甘肃、上海、湖北、江西、湖南、福建、广西、四川、贵州、云南；朝鲜半岛，日本。

（196）斯氏眼尺蛾 *Problepsis stueningi* Xue, Cui *et* Jiang, 2018（图版 XVIII-2）

Problepsis stueningi Xue, Cui *et* Jiang, 2018: 106.

主要特征：前翅长：雄 15–18 mm，雌 16–17 mm。雄触角结构、头胸腹颜色同佳眼尺蛾 *P. eucircota*，但雌触角为线形，无锯齿，而佳眼尺蛾 *P. eucircota* 雌触角锯齿状；雄后足跗节长度约为胫节的 1/3。翅面斑纹与佳眼尺蛾 *P. eucircota* 极为相近，区别如下：前翅眼斑略呈椭圆形，而佳眼尺蛾前翅眼斑为圆形；外线颜色较浅淡，淡黄褐色，粗细较均匀，弧形较圆润；后翅眼斑无黑色。雄性外生殖器（图 74）：与佳眼尺蛾相比，钩形突较细；抱器背突外侧凸出，呈三角形，凸出部分的端部具不规则的刺。雌性外生殖器（图 254）：与佳眼尺蛾相比，伸入囊体的大骨片近梯形，两下角略外展。囊片范围较大。

分布：浙江（临安）、河南、陕西、甘肃、湖北、江西、湖南、福建、广东、广西、重庆、四川、贵州。

（197）邻眼尺蛾 *Problepsis paredra* Prout, 1917（图版 XVIII-3）

Problepsis paredra Prout, 1917b: 312.

主要特征：前翅长：雄 14–18 mm，雌 15–18 mm。雄触角双栉形；雌触角线形。前翅前缘基部至外线灰褐至深灰褐色；前翅眼斑上大下小、呈倒梨形或长圆形，内缘凹，大部分有黑边，外缘中部凸出，斑内银圈较完整；后缘的小斑黄褐色，不与眼斑接触或略有接触，下端到达后缘，或多或少掺杂黑色和银鳞。后翅眼斑较狭小，大多呈条形，斑内有小黑斑或散碎黑鳞，下端不与后缘小斑接触。雄性外生殖器（图 75）：背兜侧突较长，呈锥状，背兜内缘的小刺延伸到其中部；小刺下端起自背兜中部之上，且为单层，仅有少量重叠；阳端基环较短宽；抱器瓣的背腹两突较长，粗细相仿，抱器背突伸达背兜侧突中部，抱器腹突伸达背兜顶端；阳茎较细小，端膜具 4 片不规则形角状器。雌性外生殖器（图 255）：后阴片较长。囊导管粗壮，长小于宽的 2 倍。囊片范围较小。

分布：浙江（江山、庆元、泰顺）、陕西、甘肃、湖北、江西、湖南、福建、广东、广西、重庆、四川。

（198）指眼尺蛾 *Problepsis crassinotata* Prout, 1917（图版 XVIII-4）

Problepsis crassinotata Prout, 1917b: 310.

主要特征：前翅长：雄 16–22 mm，雌 19–25 mm。雄触角锯齿形，具纤毛簇；雌触角线形。头顶黑色。前翅眼斑圆形，深褐色，具 1 不完整黑圈和稀疏银灰色鳞片；眼斑下方在后缘处具小褐斑。后翅眼斑色深，上端窄且方；后缘小斑与眼斑接触或十分接近，具银色鳞片。雄性外生殖器（图 76）：背兜狭长，顶端略尖；合并的背兜侧突长且粗大，中下部有 1 对侧叶。阳端基环近三角形；囊形突扁宽。抱器背突中下部隆起，端半部渐细，略弯曲，末端尖锐；抱器腹突基部膨大，末端尖锐；阳茎较粗壮，末端具 1 刺突；角状器为两条细长弯曲骨化条和 1 微小骨片。雌性外生殖器（图 256）：前后阴片愈合成碗状，骨化较弱；后阴片后缘有 1 对囊袋状突。囊导管短，不均匀骨化，中部以上膨大；囊体椭圆形；囊片位于囊体腹面右侧，小刺多少在个体间有较大变化。

分布：浙江（临安、庆元、景宁）、河南、陕西、甘肃、湖北、江西、湖南、福建、台湾、广西、重庆、四川、贵州、云南、西藏；印度。

（199）猫眼尺蛾 *Problepsis superans* (Butler, 1885)（图版 XVIII-5）

Argyris superans Butler, 1885: 122.

Problepsis superans: Strand, 1911b: 122.

Problepsis superans f. *summa* Prout, 1935: 33.

主要特征：前翅长：雄 24–30 mm，雌 26–31 mm。雄触角锯齿形；雌触角线形。前翅眼斑大而圆，具黑圈，其上端开口，黑圈内为 1 不完整的银圈，CuA_1 两侧有小黑斑；眼斑内有白色条状中点；眼斑下方的小斑近于消失；外线在前缘附近消失。后翅眼斑色深，有时近黑灰色，近椭圆形，较宽阔，斑内散布银鳞，外上角带少量黑色。雄性外生殖器（图 77）：背兜侧突短粗。阳端基环下端半圆形，中部以上“Y”形；抱器背突和抱器腹突均较短；抱器背突较粗壮，呈爪样；抱器腹突基半部膨大，有 1 半圆形外翻的骨片；阳茎较粗大，中段大片密集横置的小刺；阳茎鞘端部背面延伸 2 条骨化带，其中 1 条端半部多刺；阳茎端膜具 1 条细长骨化带，其端部扩展成片，并有 1 尖刺状角状器。雌性外生殖器（图 257）：前后阴片与粗壮囊导管愈合成一体，强骨化，上缘腹面两侧有 1 对极发达的囊袋状突，细长，向后环绕到囊导管背面；囊导管下端左侧背面有 1 弧形褶，褶的左侧 1 小齿、右侧 1 大刺伸入囊体；囊体椭圆形，右侧上半部略有骨化；囊片位于左侧背面，梭形分布。

分布：浙江（临安、泰顺）、黑龙江、吉林、辽宁、北京、河北、河南、陕西、甘肃、湖北、江西、湖南、福建、台湾、广西、四川、贵州、云南；俄罗斯，朝鲜半岛，日本。

99. 花边尺蛾属 *Somatina* Guenée, 1858

Somatina Guenée, 1858: 10. Type species: *Somatina anthophilata* Guenée, 1858.

Nebessa Walker, 1869, *in* Chapman, 1869: 375. Type species: *Nebessa chalyboeata* Walker, 1869.

Prasonesis Meyrick, 1889: 486. Type species: *Prasonesis microphylla* Meyrick, 1889.

Somatinopsis Warren, 1896b: 379. Type species: *Somatinopsis nigridiscata* Warren, 1896.

主要特征：雄触角纤毛状或栉齿状；雌触角线形，有时纤毛状。雄后足有时有端距。翅面通常黄白色，有时灰黑色（如雌性暗花边尺蛾和铅花边尺蛾），前翅前缘脉端部通常弯曲，顶角稍尖锐，外缘稍弯曲。后翅顶角钝圆，外缘弯曲。翅面有时具灰色阴影或斑块，有时具弯曲细线。中点常小黑点状，有时小短条状。

分布：东洋区、旧热带区、澳洲区。世界已知 50 种，中国记录 10 种，浙江分布 1 种。

（200）忍冬尺蛾 *Somatina indicataria* (Walker, 1861)（图版 XVIII-6）

Argyris indicataria Walker, 1861: 809.

Somatina indicataria: Prout, 1913, *in* Seitz, 1913: 44.

Somatina indicataria sufflava Prout, 1938: 220.

主要特征：前翅长：雄 13–17 mm；雌 14–17 mm。翅面白色，翅端部斑纹灰色。前翅内线非常细弱，锯齿形，黄褐色；中线起始于中点外侧，弯曲细带状；外线近外缘，非常细弱，在前缘外扩展成 1 小斑，外侧为 2 列半月形小灰斑；缘线黑色，在翅脉间形成半月状；缘毛灰色，在翅脉端白色；中点黑色短条状，有 2 向外凸的小齿，其周围为 1 灰褐色圆环（与中点间有空隙），与中线接触处加深形成黑斑。后翅中线波浪状模糊带未达前缘；中点较小，为黑色小竖条；外线锯齿形，远离外缘且较完整，其尖齿在翅脉上形成小黑点，外侧为 2 列灰斑，内侧 1 列较大而圆，常互相接触。

分布：浙江（临安）、黑龙江、吉林、辽宁、北京、河北、山东、河南、陕西、宁夏、甘肃、上海、湖北、江西、湖南、福建、四川、贵州；俄罗斯，朝鲜，日本。

100. 烤焦尺蛾属 *Zythos* Fletcher, 1979

Zythos Fletcher, 1979: 218. Type species: *Nobilia turbata* Walker, 1862.

Nobilia Walker, 1861: 950(key). Type species: *Nobilia turbata* Walker, 1862. [Junior homonym of *Nobilia* Gray, 1855 (Mollusca)]

主要特征：雄触角锯齿形，具长纤毛簇；雌触角线形。额略凸出；下唇须第 3 节明显，端部伸达额外。雄后足腿节多毛；胫节短，具长毛束，无距；跗节不缩短，多毛。前翅顶角常略呈钩状；后翅外缘浅波曲，中部略凸出。

分布：古北区、东洋区、澳洲区。世界已知 11 种，中国记录 1 种，浙江分布 1 种。

（201）烤焦尺蛾 *Zythos avellanea* (Prout, 1932)（图版 XVIII-7）

Nobilia avellanea Prout, 1932: 3.

Zythos avellanea: Fletcher, 1979: 218.

主要特征：前翅长：19–20 mm。翅面焦褐色，密布黄色碎纹。前翅前缘有 1 条灰黄色宽带，在翅基部和中部扩展至后缘；中点黑色短条状，宽带外侧至中点垂直方向具 1 块近三角形焦褐色斑；外线深褐色，并沿 CuA_2 向外凸出 1 细长尖齿；亚缘线灰白色，在 CuA_1 附近与缘线接触，外线至外缘具焦褐色斑；缘线黑褐色；缘毛灰褐色。雄性外生殖器（图 78）：背兜侧突为 1 对粗长指状突；抱器背较抱器腹长且粗壮，端部略细且弯曲；抱器腹细刺状，弯曲；囊形突延长，底部圆形；阳茎骨化强，略弯曲，无角状器。

分布：浙江（景宁）、甘肃、湖北、江西、湖南、福建、台湾、广东、海南、广西、四川、云南；印度，缅甸，越南，马来西亚，印度尼西亚。

101. 严尺蛾属 *Pylargosceles* Prout, 1930

Pylargosceles Prout, 1930b: 296. Type species: *Acidalia steganioides* Butler, 1878.

主要特征：雄触角双栉形；雌触角线形。额不凸出；下唇须仅尖端伸达额外。雄后足胫节 1 对距，无毛束；雌后足胫节 2 对距。前翅外缘平直；后翅圆，外缘平滑，后缘直。前翅具 1 个径副室，R_5 不共柄；后翅 Rs 与 M_1 共柄。

分布：古北区、东洋区。世界已知 1 种，中国记录 1 种，浙江分布 1 种。

（202）双珠严尺蛾 *Pylargosceles steganioides* (Butler, 1878)（图版 XVIII-8）

Acidalia steganioides Butler, 1878c: ix, 51.

Ptychopoda limbaria Wileman, 1915: 81.

Pylargosceles steganioides: Prout, 1930b: 296.

主要特征：前翅长：雄 12–13 mm，雌 12–13 mm（春季型）；雄 9–11 mm，雌 10–12 mm（夏季型）。雄触角双栉形；雌触角线形。翅黄褐色，斑纹红褐至紫褐色。前翅前缘深褐色；基部散布黑褐色小点；内线波状；中线较直；中点为深褐色小点，位于中线内侧；外线深褐色，波状并较接近外缘，在 M_1、M_2 至 CuA_2 上有褐线与缘线相连接。

分布：浙江（临安、舟山、江山）、北京、河北、山东、河南、陕西、甘肃、上海、湖北、湖南、福建、台湾、广东、广西、四川；朝鲜半岛，日本。

102. 栉岩尺蛾属 *Antilycauges* Prout, 1913

Antilycauges Prout, 1913, *in* Seitz, 1913: 51. Type species: *Emmiltis pinguis* Swinhoe, 1902.

主要特征：雄触角双栉形；雌触角线形。额光滑；下唇须长，粗壮，鳞片粗糙。雄后足胫节具 1 对端距，雌 2 对距。前翅狭长，前缘和外缘几乎直，外缘倾斜。中室长，径副室简单、大，R 脉正常。后翅较狭长，前缘长，外缘圆；中室长于翅长的 1/2，$Sc+R_1$ 与中室前缘在一点上融合后逐渐分离；Rs 与 M_1 短共柄。

分布：古北区、东洋区。世界已知 1 种，中国记录 1 种，浙江分布 1 种。

（203）滨海栉岩尺蛾 *Antilycauges pinguis* (Swinhoe, 1902)（图版 XVIII-9）

Emmiltis pinguis Swinhoe, 1902b: 660.

Antilycauges pinguis: Prout, 1913, *in* Seitz, 1913: 51.

主要特征：前翅长：9–10 mm。雄触角双栉形。翅面灰褐色，雄性色略深。前后翅中室端各有 1 黑褐色小斑点，前翅上的斑点略大。前翅内线灰黑色波状；中线模糊；外线锯齿形（雌性较雄性明显），双层，外线至外缘区域颜色加深。后翅外线锯齿形，雄性外线至外缘间色调为灰黑色，亚缘线波状，不清晰。

分布：浙江、天津、山东、上海、台湾、广东；日本，越南。

103. 岩尺蛾属 *Scopula* Schrank, 1802

Scopula Schrank, 1802: 162. Type species: *Phalaena paludata* Linnaeus, 1767.

Sphecodes Hübner, 1822: 39-52. Type species: *Geometra arcuaria* Hübner, [1799]1796.

Calothysanis Hübner, 1823: 301. Type species: *Geometra imitaria* Hübner, [1799]1796.

Leptomeris Hübner, [1825]1816: 310. Type species: *Geometra umbelaria* Hübner, [1813]1796.

Craspedia Hübner, [1825]1816: 312. Type species: *Phalaena ornata* Scopoli, 1763.

Acidalia Treitschke, 1825: 438. Type species: *Geometra strigaria* Hübner, [1799].

Cymatida Sodoffsky, 1837: 91. Type species: *Geometra strigaria* Hübner, [1799]1796.

Pylarge Herrich-Schäffer, 1855: 105, 116. Type species: *Idaea commutata* Freyer, [1832]1833.

Pigia Guenée, 1858: 19. Type species: *Pigia infantularia* Guenée, 1858.

Phyletis Guenée, 1858: 169. Type species: *Phyletis silonaria* Guenée, 1858.

Lycauges Butler, 1879a: 373. Type species: *Lycauges lactea* Butler, 1879.

Trichoclada Meyrick, 1886a: 208. Type species: *Trichoclada epigypsa* Meyrick, 1886.

Longula Staudinger, 1892b: 157. Type species: *Longula extraordinaria* Staudinger, 1892.

Synelys Hulst, 1896: 297, 300. Type species: *Acidalia enucleata* Guenée, 1858.

Induna Warren, 1897a: 55. Type species: *Induna rufisalsa* Warren, 1897.

Triorisma Warren, 1897b: 226. Type species: *Triorisma violacea* Warren, 1897.

Acidalina Staudinger, 1898: 269. Type species: *Acidalina decolor* Staudinger, 1898.

Pleionocentra Warren, 1898: 242. Type species: *Scopula plionocentra* Prout, 1920.

Chlorocraspedia Warren, 1899b: 292. Type species: *Chlorocraspedia ansorgei* Warren, 1899.

Lipocentris Warren, 1905: 389. Type species: *Lipocentris rubriceps* Warren, 1905.

Psilephyra Bastelberger, 1909: 101. Type species: *Psilephyra bilineata* Bastelberger, 1909.

Holarctias Prout, 1913, *in* Seitz, 1913: 85. Type species: *Haematopis sentinaria* Geyer, 1837.

Ustocidalia Sterneck, 1932: 70. Type species: *Acidalia adelpharia* Püngeler, 1894.

Eucidalia Sterneck, 1941: 27, 42. Type species: *Phalaena immorata* Linnaeus, 1758.

主要特征：雄触角常线形并具短纤毛，有时为短双栉形；雌触角线形。额不凸出；下唇须纤细，尖端伸达额外。雄后足胫节膨大，无距，具毛束，跗节常短缩。前翅外缘近弧形；后翅圆。翅通常污白色或黄褐色；中点黑色清晰。前翅反面常深于后翅反面。前翅具 1 个径副室，不超过中室；R_1 出自中室顶角，R_2-R_4 与 R_5 共柄；后翅 Rs 与 M_1 通常分离，有时并蒂或短共柄。

分布：世界广布。世界已知 700 种，中国记录 141 种，浙江分布 10 种。

分种检索表

1. 翅面白色；外线外侧具云纹状斑块 …… 2
- 翅面灰褐色或黄褐色；外线外侧无云纹状斑块 …… 3
2. 前翅外线外侧、中室外延处颜色深，后缘近臀角具 1 黑褐色斑块 …… **皓岩尺蛾 *S. insolata***
- 前翅外线外侧、中室外延处颜色浅，后缘近臀角无黑褐色斑块 …… **褐斑岩尺蛾 *S. propinquaria***
3. 雄后足胫节具 1 对端距 …… 4
- 雄后足胫节无距 …… 5
4. 翅红褐色，亚缘线不为黄白色 …… **叉岩尺蛾 *S. emissaria***
- 翅不为红褐色，亚缘线黄白色 …… **距岩尺蛾 *S. impersonata***
5. 前翅外线中央与末端具 2 块斑 …… **玛莉岩尺蛾 *S. proximaria***
- 前翅外线中央与末端无斑 …… 6
6. 前翅缘线近顶角处有明显不同于缘线的小黑点 …… 7
- 前翅缘线近顶角处和其他部位缘线相同 …… 8
7. 前翅缘线近顶角处具 1 个黑色小点 …… **端点岩尺蛾 *S. apicipunctata***
- 前翅缘线近顶角处具多个黑色小点 …… **伊岩尺蛾 *S. ignobilis***
8. 前后翅白色亚缘线清晰、斑块状 …… **比岩尺蛾 *S. bifalsaria bifalsaria***
- 前后翅亚缘线不清晰，较翅底色略浅 …… 9
9. 后翅中线在中点处明显内凹 …… **琴岩尺蛾 *S. modicaria***
- 后翅中线在中点处内凹不明显 …… **麻岩尺蛾 *S. nigropunctata nigropunctata***

（204）比岩尺蛾 *Scopula bifalsaria bifalsaria* (Prout, 1913)（图版 XVIII-10）

Acidalia falsaria Leech, 1897: 94.

Acidalia bifalsaria Prout, 1913, *in* Seitz, 1913: 61.

Scopula bifalsaria: Prout, 1934, *in* Strand, 1934: 192.

主要特征：前翅长：13–14 mm。雄触角线形，具毛束；雌触角线形。翅面浅黄褐色；翅面斑纹黄褐色。前翅内线几乎不可见；中线倾斜；外线远离中线，波曲，外侧伴随一条模糊带；亚缘线为脉间白斑；缘线为脉间黑点，隐约相连；两翅中点均小黑点状，前翅较小。后翅中线紧贴中点内侧，有时绕过；外线与前翅相似。缘毛浅黄褐色。

分布：浙江（临安）、湖北、四川。

（205）端点岩尺蛾 *Scopula apicipunctata* (Christoph, 1881)（图版 XVIII-11）

Acidalia apicipunctata Christoph, 1881: 54.

Acidalia arenaria Leech, 1897: 95.

Scopula apicipunctata: Prout, 1934, *in* Strand, 1934: 150.

主要特征：前翅长：雄 11–12 mm，雌 10–13 mm。雄触角线形，具毛束；雌触角线形。翅面浅黄褐色；斑纹黄褐色。前翅内线在中室处外凸，之后斜向下至后缘；中线与内线相似，在 R_5 脉处外凸，与内线几乎平行；外线与中线距离远，在 R_5 脉处稍外凸；亚缘线靠近外线，粗，模糊；靠近外缘处具褐色斑，模糊。缘线褐色；外缘近端部处具 1 黑色小点；后翅中线直，穿过中点。

分布：浙江（临安、泰顺）、陕西、湖北、江西、福建、四川、云南；俄罗斯，朝鲜半岛，日本。

（206）叉岩尺蛾 *Scopula emissaria* (Walker, 1861)（图版 XVIII-12）

Acidalia emissaria Walker, 1861: 751.
Acidalia defamataria Walker, 1861: 752.
Lycauges lactea Butler, 1879a: 373.
Lycauges proxima Butler, 1886a: 435
Lycauges mollis Warren, 1896b: 373.
Scopula emissaria: Prout, 1935: 34.

主要特征：前翅长：雄 9–11 mm，雌 10–11 mm。雄、雌触角均线形。翅红褐色，密布黑色微点，翅端部色略深并略带红褐色调。前翅狭长，顶角稍圆，外缘弯曲；后翅顶角圆，外缘倾斜。前翅由顶角至后缘中部为 1 宽阔暗褐色斜带，有时为黑褐色，在中部略粗，其外侧在各脉上为灰黑色斑点，斑点间可见细弱波状细线连接；亚缘线极弱，仅残存少量黑鳞；缘线在翅脉间有小黑点；前后翅中点为小黑点；后翅斑纹似前翅。

寄主：水稻、玉米、合萌、黑吉豆、赤小豆、豇豆。

分布：浙江（杭州）、内蒙古、青海、上海、江西、湖南、福建、台湾、广东、海南、广西、四川、云南；朝鲜半岛，日本，印度，缅甸，斯里兰卡，澳大利亚。

（207）皓岩尺蛾 *Scopula insolata* (Butler, 1889)（图版 XVIII-13）

Craspedia insolata Butler, 1889: 22, 109.
Acidalia butleri Prout, 1913, *in* Seitz, 1913: 78.
Scopula insolata: Prout, 1934, *in* Strand, 1934: 219.

主要特征：前翅长：雄 8–10 mm，雌 9–10 mm。雄、雌触角均线形。翅白色，斑纹淡黄褐色，零星散布黑色鳞片，外缘区域呈块状。前翅内线在中室上缘具 1 折角；中线通过黑色中点，在中室上缘具 1 折角；外线从前缘外 1/4 处至后缘臀角内侧，上部具 2 个小突状波纹，其外侧在中室外延处颜色深，且在 2A 脉至后缘间形成 1 大黑斑；亚缘线白色，波状，外侧至外缘为淡黄褐色；缘线为黄褐色细线，M_3 以上在脉间具黑点。后翅基部 1/4 处具 1 淡黄褐色内线，其间散布黑色鳞片；中点黑色；外线近弧形，其上具黑色鳞片呈小点状，外侧紧贴 1 淡黄褐色条带；亚缘线模糊，分散；缘线与前翅相似，模糊。

分布：浙江（泰顺）、中国西部、湖北、湖南、福建、广东、广西、四川、云南；日本，印度，越南，马来西亚，印度尼西亚。

（208）褐斑岩尺蛾 *Scopula propinquaria* (Leech, 1897)（图版 XVIII-14）

Acidalia propinquaria Leech, 1897: 91.
Scopula propinquaria: Prout, 1934, *in* Strand, 1934: 220.

主要特征：前翅长：雄 11 mm；雌 10–12 mm。翅面白色。前翅内线和中线黄褐色，波曲，模糊；中点黑色，微小；外线黄褐色，微波状，接近外缘，其外侧为 1 列浓重云纹状斑块；亚缘线白色，波状，其外侧为 1 条黄褐色带；缘线黑灰色，在翅脉端断离；缘毛灰黄色。后翅中线平直；其余斑纹与前翅相似。

分布：浙江（泰顺）、内蒙古、北京、山东、河南、甘肃、湖北、江西、湖南、福建、台湾、广东、海南、广西、四川、贵州；朝鲜半岛，越南。

（209）距岩尺蛾 *Scopula impersonata* (Walker, 1861)（图版 XVIII-15）

Acidalia impersonata Walker, 1861: 758.

Acidalia macescens Butler, 1879a: 439.

Acidalia accurataria Christoph, 1881: 47.

Acidalia muscularia Staudinger, 1897: 18.

Scopula impersonate: Prout, 1934, *in* Strand, 1934: 171.

主要特征：前翅长：雄 9–10 mm，雌 10 mm。雌雄触角均线形，雄触角具纤毛束。两翅外缘均圆，前翅顶角稍圆。前翅内线模糊，弯曲；前后翅均具黑褐色中线与外线，两线微波曲，中线始于中点，外线在中室前略向内凹，在脉上具黑点；亚缘线浅黄白色，与外线之间区域颜色加深；缘线在翅脉间有灰褐色至黑褐色短条状斑；中点黑褐色。

分布：浙江、华北、甘肃、上海、湖北、湖南、福建、台湾；日本。

（210）麻岩尺蛾 *Scopula nigropunctata nigropunctata* (Hüfnagel, 1767)（图版 XVIII-16）

Phalaena nigropunctata Hüfnagel, 1767: 526.

Phalaena (*Geometra*) *nemorata* Borkhausen, 1794: 518.

Phalaena inspersata Schrank, 1802: 57.

Calothysanis exemptaria Hübner, 1823: 301.

Scopula nigropunctata: Prout, 1934, *in* Strand, 1934: 235.

主要特征：前翅长：13–15 mm。雄触角纤毛状。翅面浅黄褐色，散布较稀疏的黑褐色鳞片。前后翅斑纹略微波曲；前翅内线中室处向外凸出成角；中线远离中点，粗，颜色加深；外线细，小波曲状，外侧具 2 条模糊阴影状亚缘线。后翅外缘在 M_3 脉端外凸；中线位于中点内侧，稍直，粗。两翅中点均为小黑点状。雄性外生殖器（图 79）：背兜侧突极短，具长鬃毛。抱器瓣不对称；抱器背端部弯曲，粗壮；抱器腹左侧端半部细指状，右侧端半部扩大成片，端部中央凹陷呈二叉状。阳端基环对称，片状；阳茎短粗；角状器包括阳茎端膜上 1 大型骨片、1 小骨化突和 1 细长弯曲骨化带。

寄主：菊科 Compositae（Asteraceae）蒲公英属 *Taraxacum*；毛茛科 Ranunculaceae 铁线莲属 *Clematis*。

分布：浙江（临安、庆元、泰顺）、黑龙江、北京、河北、山东、河南、陕西、甘肃、湖北、江西、湖南、福建、广西、四川、西藏；俄罗斯，朝鲜，日本，欧洲。

（211）玛莉岩尺蛾 *Scopula proximaria* (Leech, 1897)（图版 XVIII-17）

Acidalia proximaria Leech, 1897: 93.

Craspedia indigenata Wileman, 1911a: 400.

Scopula proximaria: Prout, 1934, *in* Strand, 1934: 224.

主要特征：前翅长：雄 11–13 mm，雌 12 mm。雌雄触角线形，雄触角具纤毛簇。翅面灰黄色。前翅外缘 M_3 以上直。前翅内线中室处外凸；中线波曲，M_1 脉处尖锐；外线细，M 脉间与 CuA_2 以下为黑色斑，外线外侧为 1 黄褐色模糊带；亚缘线在脉间呈斑状；缘线为脉间半月形黑点。后翅与前翅相似；中点黑点状；中线位于中点内侧，绕过中点；外线无黑斑。

分布：浙江（临安）、湖北、江西、湖南、台湾、四川。

（212）琴岩尺蛾 *Scopula modicaria* (Leech, 1897)（图版 XVIII-18）

Acidalia modicaria Leech, 1897: 94.
Scopula modicaria: Prout, 1938: 207.
Acidalia virginaria Imaidzumi, 1941: 295.

主要特征：前翅长：雄 11–12 mm，雌 10–13 mm。雌雄触角均线形。翅黄白色，翅面斑纹浅黄褐色。后翅 M_3 脉处稍凸出。内线弯曲；中线斜，后翅中线在中点处明显内凹；外线清晰，可见细小齿，外侧具黄褐色亚缘线，模糊斑状，缘线为脉间黑点。

分布：浙江（杭州）、河北、山西、山东、江西、湖南、福建、广东、广西。

（213）伊岩尺蛾 *Scopula ignobilis* (Warren, 1901)（图版 XVIII-19）

Craspedia ignobilis Warren, 1901: 22.
Scopula ignobilis: Prout, 1935: 38.

主要特征：前翅长：10–11 mm。雌雄触角线形。翅面斑纹淡黄褐色。前翅外缘圆弧状，斑纹黑色微波状，中室端有 1 枚黑色中点，清晰可见；两翅外线均弱锯齿状，外线外隐约见弯曲阴影，模糊；缘线为翅脉端部间的 1 列黑点；两翅中点小。后翅外缘中部略外凸，翅面斑纹与前翅基本相同；中线位于中点内侧，在中点位置稍弯曲。

分布：浙江、山西、河南、湖北、台湾、四川；朝鲜，日本。

104. 赤金尺蛾属 *Synegiodes* Swinhoe, 1892

Synegiodes Swinhoe, 1892: 11. Type species: *Anisodes sanguinaria* Moore, 1868.

主要特征：中等大小，翅展为 25–35 mm。雄触角双栉形；雌触角线形。翅面密布黄褐色点，有时具黑点；翅面斑纹带状，稍倾斜，或为断开且不规则斑；中线缺失或弱。中点明显，中间白色，边缘黑色，后翅中点较前翅大。前翅具 1 伸长的或者 2 个小型的径副室。

分布：东洋区。世界已知 7 种，中国记录 6 种，浙江分布 1 种。

（214）褐赤金尺蛾 *Synegiodes brunnearia* (Leech, 1897)（图版 XVIII-20）

Ephyra brunnearia Leech, 1897: 107.
Synegiodes brunnearia: Prout, 1934, *in* Strand, 1934: 48.

主要特征：前翅长：13–14 mm。雄触角双栉形，雌触角线形。翅褐色，稠密地分布着褐色斑点。翅面淡褐色，外缘区域为淡葡萄酒色。前翅顶角尖锐；亚基线由脉上小黑点组成；内线模糊并具黑点；中线缺失；两翅外线模糊弯曲并具黑点；亚缘线波状，为脉上小点；中点黑色。雄性外生殖器（图 80）：钩形突厚，端部小口状。背兜侧缘具 1 对长突，端部及边缘具刺。抱器瓣宽，端部窄，腹缘具稠密的刚毛与刺；前缘严重膨胀，中部具小丘形突；阳茎细，阳茎端膜具不规则的骨化带。雌性外生殖器（图 258）：前阴片扇形，后缘三叉状；后阴片宽片状。囊导管几乎与囊体等长；囊体圆，无囊片。

分布：浙江、湖北、湖南、广西、四川、云南。

105. 紫线尺蛾属 *Timandra* Duponchel, 1829

Timandra Duponchel, 1829: 105. Type species: *Timandra griseata* Petersen, 1902.

Bradyepetes Stephens, 1829a: 44. Type species: *Timandra griseata* Petersen, 1902.

主要特征：雄触角双栉形；雌触角线形。额略凸出；下唇须细，端部伸达额外。雄后足胫节具 2 对距，不膨大。前翅顶角尖，有时凸出；后翅外缘中部凸出 1 尖角。翅面通常浅灰色至灰黄色，除微小中点、外线、亚缘线和缘线之外无其他斑纹；外线为紫红色至深褐色粗壮斜线，由前翅顶角直达后翅后缘中部。

分布：世界广布。世界已知 21 种，中国记录 12 种，浙江分布 5 种。

分种检索表

1. 前后翅亚缘线模糊，在翅脉上呈黑点状 ……………………………… **极紫线尺蛾 *T. extremaria***
\- 前后翅亚缘线清晰，线形 ……………………………………………………………………… 2
2. 前翅外线始于顶角内侧；前后翅缘线极细弱或近于消失 ………………… **同紫线尺蛾 *T. convectaria***
\- 前翅外线始于顶角；前后翅缘线清晰 ……………………………………………………………… 3
3. 前后翅外线外侧、外缘具粉红色阴影 ………………………… **霞边紫线尺蛾 *T. recompta recompta***
\- 前后翅外线外侧、外缘不具粉红色阴影 ………………………………………………………… 4
4. 前翅缘毛除顶角处颜色同外线外，其余部分均匀的灰黄色 ……………… **曲紫线尺蛾 *T. comptaria***
\- 前翅缘毛除顶角处为红褐色外，在翅脉端亦为红褐色，翅脉间缘毛为浅黄褐色 ……… **分紫线尺蛾 *T. dichela***

（215）分紫线尺蛾 *Timandra dichela* (Prout, 1935)（图版 XVIII-21）

Calothysanis dichela Prout, 1935: 29.

Timandra dichela: Inoue, 1977: 240.

主要特征：前翅长：雄 12–14 mm；雌 12–15 mm。雄触角双栉形；雌性线形。翅面颜色较黄，线纹色较浅，外线与缘线常为黄褐色或红褐色，较细弱；前翅倾斜外线与后翅中线连成一直线；后翅亚缘线略接近外缘，中部凸出。缘毛浅黄褐色，顶角处、翅脉端红褐色。雄性外生殖器（图 81）：背兜侧突融合，中央具 1 指状突；背兜侧突两侧分别具 2 小突。抱器瓣背缘与腹缘端部均具小突；抱器背短小。阳端基环细长；阳茎细长，无角状器。雌性外生殖器（图 259）：前阴片窄片形，端部分叉。囊导管短，腹面骨化。囊片具 1 竖直向内弱骨片，底部呈兜状。

分布：浙江（余姚、舟山）、河南、湖北、江西、湖南、福建、台湾、广东、海南、四川、云南；俄罗斯，朝鲜半岛，日本，印度。

（216）极紫线尺蛾 *Timandra extremaria* Walker, 1861（图版 XVIII-22）

Timandra extremaria Walker, 1861: 801.

Timandra? *sordidaria* Walker, 1863: 1615.

Calothysanis extremaria f. *xenophyes* Prout, 1935: 29.

主要特征：前翅长：16–19 mm。雄触角双栉形。前翅顶角极凸出，近钩状，外缘较直；后翅外缘凸角较前 3 种尖而长。翅面浅灰红色，散布黑色鳞片和灰色碎纹。前后翅外线深黄褐色，带红褐色调，粗壮，在前翅顶角处变为黑色；亚缘线模糊，在翅脉上呈黑点状；无缘线；缘毛灰黄色。雄性外生殖器（图 82）：钩形突端部近方形；抱器瓣端部展宽，钝圆；抱器瓣基部具 1 椭圆形毛瘤；抱器瓣中部具 2 个刺突；抱器瓣腹缘中部具 1 三角形小突；阳茎略弯曲，无角状器。雌性外生殖器（图 260）：交配孔下端骨化。囊片为 1 竖直向内弱骨片，底部呈兜状。

分布： 浙江（临安）、陕西、甘肃、上海、安徽、湖北、湖南、福建、台湾、广西、四川、贵州。

（217）曲紫线尺蛾 *Timandra comptaria* Walker, 1863（图版 XVIII-23）

Timandra comptaria Walker, 1863: 1615.

Timandra amata comptaria: Prout, 1913, *in* Seitz, 1913: 48.

Calothysanis comptaria: Prout, 1934, *in* Strand, 1934: 55.

主要特征： 前翅长：11–14 mm。雄触角双栉形，雌触角线形。翅面灰黄色，散布暗褐色微点。前翅顶角至后缘中部为 1 倾斜紫色斜线，和后翅中线连成一直线。亚缘线为灰黑色细线，呈“S”形。前翅中点为 1 黑褐色小点，不清晰；后翅无中点。前翅缘毛除顶角处颜色同外线外，其余部分均匀的灰黄色。雄性外生殖器（图 83）：钩形突三角形。背兜侧突短粗，端部圆，外缘不光滑。抱器背背腹缘伸出 1 细长臂，逐渐变细；抱器腹细长，端部钝圆，具稠密鬃毛。阳端基环窄长；基部宽，后端片状；阳茎后端弯曲；角状器为 1 不规则骨化区。雌性外生殖器（图 261）：前阴片片状，后端中央凹陷，两边圆。后阴片宽。囊片为 1 竖直向内弱骨片，底部呈兜状。

分布： 浙江（临安、鄞州、余姚、磐安、江山、缙云、庆元）、黑龙江、吉林、北京、河北、甘肃、江苏、上海、湖北、江西、湖南、福建、台湾、广东、重庆、四川、云南；俄罗斯，朝鲜，日本，印度。

（218）同紫线尺蛾 *Timandra convectaria* Walker, 1861（图版 XVIII-24）

Timandra convectaria Walker, 1861: 800.

Calothysanis convectaria: Prout, 1934, *in* Strand, 1934: 56.

主要特征： 前翅长：雄 12–13 mm，雌 13–14 mm。雄触角双栉形，雌触角线形。前翅前缘基半部灰黑色；外缘较直，中部凸出极弱或不凸出；前后翅外线细，灰红色带黄褐色，略向外侧扩散；后翅亚缘线中部外凸；前后翅缘线灰红色，极细弱或近于消失。后翅外缘中部凸角略长。雄性外生殖器（图 84）：钩形突端部短指状，基部宽。背兜侧突细指状。抱器背端部扩大，平；背缘中部具 1 尖锐小突；腹缘伸出 1 细长臂，左侧略短于右侧；抱器腹细长，端部钝圆，弯曲，具稠密鬃毛。阳端基环长片状；阳茎细长，角状器为 1 骨化细条。雌性外生殖器（图 262）：囊导管细长，约与囊体等长。囊片为 1 竖直向内弱骨片，底部呈兜状。

分布： 浙江（舟山、江山）、湖北、福建、台湾、海南、广西、四川、云南；俄罗斯，朝鲜半岛，日本，印度，孟加拉国，越南，菲律宾。

（219）霞边紫线尺蛾 *Timandra recompta recompta* (Prout, 1930)（图版 XVIII-25）

Calothysanis amata recompta Prout, 1930b: 297.

Timandra amataria myokosana Bryk, 1949a: 159.

Timandra recompta: Kaila & Albrecht, 1994: 461.

主要特征： 前翅长：雄 11–15 mm，雌 10–14 mm。雄触角双栉形；雌触角线形。翅面浅黄褐色。前翅外缘稍弯曲；后翅外缘 M_3 处向外凸出成角。前翅外线内侧红褐色，外侧具粉红色阴影向外扩散，斜直；外线外侧具 1 褐色弯曲细线，端部与外线重合；外缘具粉红色阴影；前翅中点褐色小点状。后翅中线与前翅外线相似，直；外线为褐色细线，M_3 处稍外凸。雄性外生殖器（图 85）：背兜后端突起；背兜侧突短棒状，基部翘起，边缘具不规则刺。抱器背端部分离成细指状突；腹缘中央伸出 1 细长突；抱器腹短粗，端部稍尖；阳端基环长三角形；囊形突中央凹陷；阳茎细直，角状器为 1 指状突。雌性外生殖器（图 263）：前阴片窄片形。囊导管短，骨化。囊片为 1 竖直向内弱骨片，底部呈兜状。

分布：浙江（温州）、黑龙江、吉林、辽宁、内蒙古、北京、河北、山东、河南、新疆、上海、湖北、江西、湖南、云南；俄罗斯，朝鲜半岛，日本。

106. 须姬尺蛾属 *Organopoda* Hampson, 1893

Organopoda Hampson, 1893b: 38, 147. Type species: *Anisodes carnearia* Walker, 1861.

主要特征：雄触角锯齿形，具簇生纤毛。下唇须延长。雄后足胫节特化成感觉器官，具长毛束，仅具 1 对端距。前翅顶角尖；外缘稍弯曲；后翅顶角钝圆。翅面斑纹通常呈锯齿状，有时模糊，脉上具黑点；中点圆，有时中央具浅色鳞片。前翅 R_2 脉与 R_1 脉共柄。前翅具 2 个径副室。

分布：东洋区、澳洲区。世界已知 12 种，中国记录 4 种，浙江分布 1 种。

（220）深须姬尺蛾 *Organopoda atrisparsaria* Wehrli, 1923（图版 XVIII-26）

Organopoda atrisparsaria Wehrli, 1923: 62.

主要特征：前翅长：雄 11–15 mm；雌 12–15 mm。雌雄触角线形，雄触角具短纤毛。翅面黄色，散布不均匀红色。前后翅外缘浅弧形。前翅前缘下方为 1 灰褐色纵带；中线灰褐色掺杂红色，带状，边缘稍模糊，微波曲；中点呈黑点状；外线红色，纤细波状，接近外缘；亚缘线在前缘、M_2 处和臀角处各有 1 个灰褐色斑，后者较大。雄性外生殖器（图 86）：钩形突极长，端部膨大，具长刚毛。抱器瓣短宽，端部方；抱器背中部具 1 钝突；囊形突近长方形；阳茎后端具骨化突。

分布：浙江（临安、余姚、磐安）、河南、陕西、江苏、上海、湖北、江西、湖南、福建、广西、重庆、四川、贵州、云南。

（二）花尺蛾亚科 Larentiinae

主要特征：小至中型蛾类，少数种类大型。触角多为线形。后足胫节一般具 2 对距。前翅宽大；后翅多三角形。前翅中室上角具 1 或 2 个径副室。后翅 Sc 和 Rs 有一段合并至中室中部之外后分离，或在中室中部之外有 1 横脉相连；M_2 发达，基部位于中室端脉中部，如中室端脉双折角，则 M_2 略接近 M_3。雄性外生殖器的颚形突常退化。

分属检索表

1. 前翅径副室消失或近于消失 ························ 虹尺蛾属 ***Acolutha***
- 前翅有 1–2 个发达径副室 ························ 2
2. 后足胫节仅 1 对距 ························ 3
- 后足胫距 2 对距 ························ 4
3. 前翅具 1 个径副室；下唇须极长，约 3/4 伸出额外；后翅中室端脉弱双折角 ························ 秃尺蛾属 ***Episteira***
- 前翅具 2 个径副室；下唇须约 1/2 伸出额外；后翅中室端脉不为双折角 ························ 后叶尺蛾属 ***Epilobophora***
4. ♂后翅 $Sc+R_1$ 与 Rs 分离，在中室中部附近或其外侧有横脉相连 ························ 5
- ♂后翅 $Sc+R_1$ 与 Rs 合并至中室中部之外 ························ 6
5. 下唇须约 1/2 伸出额外；前翅径副室 1 个；前翅外缘中部凸出，后翅外缘凸出两个尖齿 ························ 双角尺蛾属 ***Carige***
- 下唇须仅尖端伸达额外或略长；前翅径副室 2 个；前后翅外缘不如上述 ························ 异翅尺蛾属 ***Heterophleps***

6. ♂前翅反面在 CuA_2 下方或 2A 两侧具毛束；前翅正面常具多条横纹 ………………………… 洄纹尺蛾属 ***Chartographa***
- ♂前翅反面在 CuA_2 下方或 2A 两侧无毛束；前翅正面不如上述 ………………………… 7
7. 前翅具 1 个径副室 ………………………… 8
- 前翅一般具 2 个径副室，如为 1 个，则♂抱器瓣极宽大，凸伸于腹部末端之外，且后翅外缘深锯齿形 ………… 9
8. 雌雄触角均双栉形；前后翅外缘弧形；无阳茎基环侧突 ………………………… 洁尺蛾属 ***Tyloptera***
- 雌雄触角均线形；前翅外缘波曲，后翅外缘浅锯齿形；阳茎基环侧突端部呈扇形 ………… 扇尺蛾属 ***Telenomeuta***
9. 后翅 M_3 与 CuA_1 共柄 ………………………… 泛尺蛾属 ***Orthonama***
- 后翅 M_3 不与 CuA_1 共柄 ………………………… 10
10. 体型大（前翅长大于 20 mm，常可达 30 mm 以上）；后翅前缘隆起，外缘圆；♂有时在前翅 CuA_2 与 2A 之间有一小窝（第二性征）；♂阳茎基环侧突端部毛束的毛端膨大 ………………………… 枯叶尺蛾属 ***Gandaritis***
- 体型较小（前翅长通常小于 20 mm），如较大，则后翅与♂特征不如上述 ………………………… 11
11. 后翅中室端脉弯曲或为 1 个折角，如为弱双折角，则其中段长度小于下段，M_2 基部居中或略接近 M_1 ………… 12
- 后翅中室端脉中等强度至强烈双折角，其中段长度大于或等于下段，M_2 基部略接近 M_3 ………… 18
12. ♂触角双栉形 ………………………… 潢尺蛾属 ***Xanthorhoe***
- ♂触角线形 ………………………… 13
13. 后翅外缘中部明显凸出成尖角；下唇须短小，仅尖端伸达额外或更短 ………………………… 白尺蛾属 ***Asthena***
- 后翅外缘浅弧形或浅波状，中部无明显凸出；下唇须短小至 1/2 伸出额外 ………………………… 14
14. ♂腹部末端具 1–3 对味刷 ………………………… 15
- ♂腹部末端无味刷 ………………………… 16
15. 额宽阔，明显凸出；后翅 $Sc+R_1$ 与 Rs 合并至中室中部分离 ………………………… 折线尺蛾属 ***Ecliptopera***
- 额不特别宽阔，无明显凸出；后翅 $Sc+R_1$ 与 Rs 合并至近中室端部分离 ………………………… 游尺蛾属 ***Euphyia***
16. 下唇须仅尖端伸达额外或更短 ………………………… 黑岛尺蛾属 ***Melanthia***
- 下唇须 1/4 以上伸出额外 ………………………… 17
17. 体型大，前翅长 19–23 mm；♂囊形突宽大舌状，抱器背具发达角状基突；♀具两片囊片，一个为三角形，另一个为圆形 ………………………… 夕尺蛾属 ***Sibatania***
- 体型较小，前翅长很少达到 19 mm 以上；♂♀外生殖器特征不如上述 ………………………… 18
18. 下唇须约 1/2 伸出额外；前翅正面具多条横纹，且在臀角附近汇聚 ………………………… 汇纹尺蛾属 ***Evecliptopera***
- 前翅顶角尖，不同程度凸出；前翅正面斑纹不如上述，具几乎直行外线 ………………………… 黑点尺蛾属 ***Xenortholitha***
19. 后翅外缘锯齿状或中部明显凸出；雄性外生殖器抱器腹不具端突 ………………………… 夸尺蛾属 ***Philereme***
- 后翅外缘浅弧形或浅波状，中部无明显凸出；雄性外生殖器抱器腹具 2 个端突 ………………………… 奇带尺蛾属 ***Heterothera***

107. 虹尺蛾属 *Acolutha* Warren, 1894

Acolutha Warren, 1894a: 393. Type species: *Emmelesia pictaria* Moore, 1888.

主要特征：触角线形，雄触角腹面略凸，呈齿形，每节具 2 对长纤毛簇。后足胫距 2 对，各对内侧一支较长。前翅宽阔，前缘中部浅凹；顶角钝圆；外缘近浅弧形，在 M_2 附近略凹；臀角明显，后缘平直。后翅前后缘平直，顶角和臀角皆圆；外缘在 M_1 和 M_3 至 CuA_1 处凸出，2 个凸角之间明显凹入。前翅径副室消失或有 1 个极小径副室；后翅中室端脉浅弯。

分布：古北区、东洋区。世界已知 9 种，中国记录 2 种，浙江分布 1 种。

（221）虹尺蛾中国亚种 *Acolutha pictaria imbecilla* Warren, 1905（图版 XVIII-27）

Acolutha imbecilla Warren, 1905: 426.

Acolutha pictaria imbecilla: Prout, 1930a: 133.

主要特征：前翅长：雄 10 mm，雌 10–13 mm。前翅前半部散布大量褐色鳞片；亚基线、内线、中线、外线和亚缘线均宽带状，轮廓不清楚，中部外凸；各线在中室前缘至 R_{2-4} 以上红褐色，在中室内或 R_5 至 M_3 之间褐色、红褐色与黄色掺杂，在中室下缘或 M_3 以下黄色；中点黑色；顶角附近略带红褐色，顶角内下方散布深褐色鳞片。后翅内线、中线和外线黄色，宽带状，轮廓不清，各线内侧和翅端部散布褐色鳞片。雄性外生殖器（图 87）：钩形突短小，背兜短宽。抱器瓣基部较狭，端部略展宽；阳茎极长，角状器为一簇短粗骨刺，其中 2 枚刺较大。雌性外生殖器（图 264）：囊导管粗壮，囊颈骨化；囊体球形，内密生小刺。

分布：浙江（舟山、丽水）、福建、台湾、海南、四川、云南。

108. 白尺蛾属 *Asthena* Hübner, 1825

Asthena Hübner, 1825: 310. Type species: *Geometra candidata* [Denis *et* Schiffermüller], 1775.

Roessleria Breyer, 1869: 19. Type species: *Geometra candidata* [Denis *et* Schiffermüller], 1775.

主要特征：雄触角纤毛短。下唇须尖端伸达额外。前翅径副室 2 个，R_1 出自径副室顶角或其前方，R_5 与 R_{2-4} 共柄，或出自径副室顶角下方，M_1 自由。后翅外缘在 M_3 处凸出一角，$Sc+R_1$ 与 Rs 合并至中室前缘外 1/3 处，Rs 与 M_1 共柄较短，中室端脉浅弧形弯曲，M_2 基部略接近 M_1，无 2A。

分布：古北区、东洋区、澳洲区。世界已知 22 种，中国记录 8 种，浙江分布 2 种。

（222）二星白尺蛾 *Asthena octomacularia* Leech, 1897

Asthena octomacularia Leech, 1897: 85.

主要特征：前翅长：雌 11 mm。翅白色，斑纹污黄色。前翅内线和中线各 2 条，分别在中部互相融合成带状，内线在中室下缘上下方各具 1 齿，中线在 M_2 和 CuA_2 处各凸出 1 大齿；外线在 M_3 与 CuA_2 之间外凸，形成 3 个黑褐色斑；外线外侧为 1 宽阔污黄色带；亚缘线 2 条，断续；外缘在顶角下方有 2 个黄褐色小点。后翅外缘在 M_3 处略凸出，中线以外斑纹与前翅连续。前后翅均有微小黑褐色中点。

分布：浙江（临安）、湖北；日本。

（223）对白尺蛾 *Asthena undulata* (Wileman, 1915)（图版 XVIII-28）

Leucoctenorrhoe undulata Wileman, 1915: 17.

Asthena undulata: Prout, 1938: 181.

主要特征：前翅长：雄 11–13 mm，雌 12–13 mm。翅白色。前翅亚基线、内线和中线污黄色，深弧形；中点黑色；外线黑褐色，在前缘处色浅，中部略凸，微波曲；外线外侧伴随 1 条深色带，上半段黄褐色，在 M_3 与 CuA_1 处形成 1 对黑斑，有时 2 黑斑互相融合，黑斑以下渐细，灰褐色，并在 CuA_2 以下并入外线；顶角内侧灰黄褐色，形成 1 三角形斑；亚缘线为 3 列短条状灰黄褐色斑点；缘线为 1 列小黑点。后翅具污黄色内线，端部有 2–3 条污黄色线。雄性外生殖器（图 88）：背兜狭小，囊形突特别宽大，端部呈乳状凸出。抱器瓣宽阔，端部近平截，抱器腹端突长，叉状，伸达抱器端之外；阳茎极粗大，角状器为 1 列发达骨刺。

分布：浙江（四明山、余姚、磐安、江山、丽水、景宁）、上海、湖北、江西、湖南、福建、台湾、广东、广西、四川。

109. 双角尺蛾属 *Carige* Walker, 1863

Carige Walker, 1863: 1631. Type species: *Carige duplicaria* Walker, 1863.

Epimacaria Staudinger, 1897: 42. Type species: *Macaria nigronotaria* Bremer, 1864.

主要特征：雌雄触角均为双栉形，每节腹面基部有 1 对栉齿，齿上具纤毛，雄栉齿较长。后足胫距 2 对，各对内侧一支较长。前翅前缘两端略弯曲，中段平直；顶角凸出，雌凸出较少；外缘在 M_3 处凸出一角，其上下凹；臀角明显，后缘平直。后翅长；前缘微隆，雄较明显；雄顶角微凹，雌圆；外缘在 M_1 和 M_3 各凸出一角，其间凹；臀角圆，后缘狭窄平直；雌后缘较宽。雄后翅后缘基部有 1 小叶瓣。前翅径副室 1 个；后翅中室端脉在雄蛾中双折角，雌蛾略弯曲。

分布：东洋区。世界已知 10 种，中国记录 5 种，浙江分布 1 种。

（224）双角尺蛾 *Carige cruciplaga* (Walker, 1861)（图版 XVIII-29）

Macaria cruciplaga Walker, 1861: 937.

Carige cruciplaga: Walker, [1863]1862: 1632.

Carige duplicaria Walker, [1863]1862: 1632.

主要特征：前翅长：雄 14–15 mm，雌 15–16 mm。额、头顶和下唇须黄褐色。胸、腹部背面浅黄褐色。前翅浅灰黄色，散布褐色鳞。翅脉黄色；内线和外线黄色，两侧在翅脉间各有 1 列黑斑，黄色翅脉从黑斑之间穿过，内线两侧在中室下缘上方和 2A 两侧的 3 对斑略大而清晰，外线两侧 M_3 上下方和 2A 上下方的 4 对黑斑大而清晰，其余黑斑弱小，有时消失；中点细弱短条形；翅端部由顶角下方至 M_2 脉和 CuA_1 以下各翅脉间有黑褐斑，浅色亚缘线由斑块之间穿过。后翅中点和外线同前翅，外线两侧黑斑在各翅脉间大小相仿。前后翅缘毛黄色与褐色相间。雄性外生殖器（图 89）：抱器腹平直，其基部与阳端基环联合形成的大突短粗。雌性外生殖器（图 265）：囊片粗大，12–14 枚。

分布：浙江、黑龙江、吉林、辽宁、内蒙古、甘肃、上海；俄罗斯，朝鲜，日本。

110. 洄纹尺蛾属 *Chartographa* Gumppenberg, 1887

Chartographa Gumppenberg, 1887: 325(key). Type species: *Lygris tigrinata* Christoph, 1881.

主要特征：雌雄触角均线形，雄触角具短纤毛。后足胫距 2 对，各对内侧一支略长。前翅宽阔，前缘平直，顶角钝圆，外缘浅弧形，臀角圆。雄前翅反面有一浅黄色毛束，位于中室下缘与 2A 之间近基部处，毛端伸向顶角方向。后翅前缘和外缘浅弧形，顶角和臀角皆圆。前翅具 2 个径副室；后翅中室端脉双折角。

分布：古北区、东洋区。世界已知 10 种，中国记录 10 种，浙江分布 3 种。

分种检索表

1. 前翅斑纹不由细线组成，中域在前缘处有 1 巨大楔形斑 ········ 云南松洄纹尺蛾 *Ch. fabiolaria*
- 前翅斑纹由数条细线组成，除臀角外翅面无块状斑 ········ 2
2. 前翅长约 15 mm，线条分布均匀，无明显分组 ········ 多线洄纹尺蛾 *Ch. plurilineata*
- 前翅长大于 20 mm，线条分为 4 组（亚基线+内线组、中线组、外线组、亚缘线组） ········ 常春藤洄纹尺蛾 *Ch. compositata*

（225）常春藤洄纹尺蛾 *Chartographa compositata* (Guenée, 1857)（图版 XVIII-30）

Abraxas compositata Guenée, 1857: 207.
Abraxas junctilineata Walker, 1862: 1123.
Chartographa compositata: Xue, 1992: 839.

主要特征：前翅长：雄 22–24 mm，雌 23–25 mm。翅白色，斑纹褐色；亚基线 3 条，内线 2 条，中线和外线各 3 条，亚缘线 4 条；各线均向后缘近臀角的方向倾斜；中带和外带在后缘附近相互接合成回纹；亚缘带内侧的 2 条线在 M_3 下方合并，外侧的 2 条线较细，在 M_3 上方消失；外带外侧近臀角处为 1 褐斑。后翅基部有 1 小褐斑；中点褐色；外线上段消失，M_2 至后缘为 3 条细线，在 M_3 以下合并成带状，外线外侧与 1 大黄斑接触，斑内有 4 个小褐斑；由前缘至大斑上端为 1 条褐色带。雄性外生殖器（图 90）：阳茎基环侧突较细；抱器瓣端部稍尖；阳茎端膜的 2 束刺约等大。雌性外生殖器（图 266）：前阴片两侧骨化；骨环较小；囊片带状，下端略粗，其两侧囊体略有骨化。

分布：浙江（舟山、岱山）、华北、山东、湖北、江西、湖南、福建、台湾、四川、云南；朝鲜，日本。

（226）云南松洄纹尺蛾 *Chartographa fabiolaria* (Oberthür, 1884)（图版 XVIII-31）

Euchera fabiolaria Oberthür, 1884b: 35.
Chartographa fabiolaria: Prout, 1941: 317.

主要特征：前翅长：雄 21–24 mm，雌 25–27 mm。前翅灰白色，基部有 1 个黄褐色斑；斑外为 1 条灰白色线和 1 个浅灰色斑，灰斑向后缘逐渐加宽；中域由前缘至 M_3 有 1 个发达的楔形褐斑，下缘平截；亚缘线白色，波状，其内侧有 1 条深褐色带，其下端逐渐变为深灰褐色；亚缘线外侧在 M_1 处与由顶角发出的白色波状斜线汇合，斜线上方深灰色，下方有 1 个半圆形深灰褐色斑。后翅白色；中点深灰色，较小；中室下角附近至后缘有 1 串深灰褐色斑；顶角前方和下方各有 1 个深灰褐色斑，但前者较模糊；臀角附近有 1 个较大的深灰褐色斑。

分布：浙江（龙泉）、北京、陕西、甘肃、湖北、湖南、广西、四川、贵州、云南；朝鲜。

（227）多线洄纹尺蛾 *Chartographa plurilineata* (Walker, 1862)（图版 XVIII-32）

Abraxas plurilineata Walker, 1862: 1123.
Chartographa plurilineata: Prout, 1941: 317.

主要特征：前翅长：雌 15 mm。翅面污白色，线纹深灰褐色。前翅共 15 条线纹，排列大致均匀，线条直，其中第 5、6 条和第 11、12 条距离稍远；第 8、9 条在 CuA_1 附近合并。后翅端半部由黄白色逐渐过渡为翅端部 1 黄色大斑；中点巨大，灰褐色；其外侧为 3 条浅弧形线；顶角内侧为 1 大褐斑，其下方在大黄斑内有 1 列细小褐点。

分布：浙江（龙泉）、上海、福建。

111. 折线尺蛾属 *Ecliptopera* Warren, 1894

Ecliptopera Warren, 1894b: 679. Type species: *Eustroma triangulifera* Moore, 1888.

主要特征：额宽阔、明显凸出。触角线形。后足胫距 2 对，各对内侧一支略长。前翅前缘中段平直，两端略呈浅弧形弯曲；顶角尖或钝圆，略凸出；外缘在 M_1、M_2 处微凹，其下浅弧形；臀角明显；后缘平直。后翅圆而宽阔。前翅亚缘线外侧由顶角发出一条斜线，伸达 M_2 并接近亚缘线后折向外缘中部，然后再次向内下方延伸接近亚缘线并与之并行，下端向外弯伸达臀角。前翅具 2 个径副室；后翅 $Sc+R_1$ 与 Rs 合并至中室中部分离，中室端脉弯曲或具 1 个折角。

分布：古北区、东洋区、澳洲区。世界已知 42 种，中国记录 20 种，浙江分布 1 种。

（228）方折线尺蛾 *Ecliptopera benigna* (Prout, 1914)（图版 XVIII-33）

Euphyia benigna Prout, 1914: 247.

Ecliptopera benigna: Prout, 1940: 306.

主要特征：前翅长：雄 17–18 mm，雌 18–22 mm。前翅顶角微呈钩状；线纹白色；内线与中线接近，其间有浅色纹；内线在中室前缘有 1 个折角，其下较直；中线外倾，在 CuA_2 下方凸出 1 个尖齿；外线由前缘至 CuA_2 直立，然后向内凸出 2 个尖齿，第 1 个尖齿粗大，有时与中线的尖齿相接形成粗壮白线；亚缘线未达前缘；翅端折线粗壮，由顶角向下呈弧形弯曲至 CuA_1 下方接近外缘。后翅浅灰褐色，横线在臀角附近明显。雄性外生殖器（图 91）：阳茎基环侧突的柄细长，端部膨大，呈头状。囊形突较小；抱器瓣短但十分宽阔；阳茎特别粗大，端膜具 2 束细长毛刺。雌性外生殖器（图 267）：骨环中等大；囊体肥大，中部弱骨化；囊片短粗梭形，略长于前表皮突。

分布：浙江（临安）、陕西、安徽、江西、湖南、台湾、广西、四川。

112. 后叶尺蛾属 *Epilobophora* Inoue, 1943

Epilobophora Inoue, 1943: 9. Type species: *Lobophora obscuraria* Leech, 1891.

主要特征：雌雄触角均线形，雄触角具短纤毛。下唇须约 1/2 伸出额外。后足胫节 1 对距，雄胫节基部有一黄白色毛束。前翅狭长，前缘微呈浅弧形；顶角钝圆；外缘浅弧形；臀角圆；后缘较短，平直。雄后翅狭长，前缘微隆，外缘平直；顶角和臀角圆；后缘窄缩，基部有一微小叶瓣。雌后翅前缘长且平直，翅略宽或狭长。前翅具 2 个径副室；后翅中室端脉具 1 个折角。

分布：古北区、东洋区。世界已知 11 种，中国记录 9 种，浙江分布 1 种。

（229）暗后叶尺蛾 *Epilobophora obscuraria* (Leech, 1891)（图版 XVIII-34）

Lobophora obscuraria Leech, 1891: 55.

Epilobophora obscuraria: Inoue, 1943: 9.

主要特征：前翅长：16 mm。翅深灰褐色。前翅后缘由基部至外线大部分黑色；亚基线和内线细弱黑色，后者呈“W”形；中点黑色细弱；内线以外各翅脉常为黑色；外线由前缘至臀褶深弧形弯曲，在臀褶处向外弯折；翅端部在 M 脉间和 CuA_2 以下有黑纹；缘线黑灰色，模糊且不连续。后翅有黑褐色中点。雄性外生殖器（图 92）：阳端基环弱小；抱器瓣狭长，背腹均骨化，具短小抱器腹端突；抱器瓣中部有一细长钩状骨化带；抱器端上角有一小尖突；阳茎内具 3 支角状器。

分布：浙江、甘肃、四川；日本。

113. 秃尺蛾属 *Episteira* Warren, 1899

Episteira Warren, 1899a: 36. Type species: *Episteira colligata* Warren, 1899.

主要特征：额和下唇须黑色或深褐色。下唇须极长，约 3/4 伸出额外。前翅具 1 个径副室。雄后翅端部正常，中室宽阔，长短常有变化，$Sc+R_1$ 与 Rs 分离，在近中室端部处有横脉相连，Rs 与 M_1 共柄或分离，中室端脉弱双折角，M_2 正常，M_3 与 CuA_1 合并，CuA_2 极弱或消失；翅基部叶瓣通常小。雌后翅中室端脉弱双折角，Rs 与 M_1、M_3 与 CuA_1 共柄。

分布：古北区、东洋区、澳洲区。世界已知 13 种，中国记录 2 种，浙江分布 1 种。

（230）黑线秃尺蛾 *Episteira nigrilinearia* (Leech, 1897)（图版 XVIII-35）

Sauris nigrilinearia Leech, 1897: 76.

Episteira nigrilinearia: Dugdale, 1980: 309.

主要特征：前翅长：13–14 mm。前翅浅灰绿色，亚基线波状黑色，在中室处断离；内线、中线和外线均为波状双线，在前缘处黑色，其下大部分灰绿色，中点黑色短条形；亚缘线黑色，微波曲，其外侧在 M_1 以下散布紫灰色；外缘内侧有一条紫黑色模糊线，其外侧紫灰色；缘线在翅脉端有一列模糊黑点。后翅和翅反面灰褐色。雄后翅后缘叶瓣宽大，长度大于后翅后缘长的 1/2，有折边。雌性外生殖器（图 268）：囊导管细长；囊体葫芦形，内面密生微刺。

分布：浙江、华西；日本。

114. 游尺蛾属 *Euphyia* Hübner, 1825

Euphyia Hübner, 1825: 326. Type species: *Geometra picata* Hübner, 1813.

主要特征：雄触角线形，具短纤毛，略扁宽，中段各节长宽相近；雌触角线形。后足胫距 2 对，各对内侧一支长度约为外侧一支的 2 倍。翅中等宽度。前翅前缘平，端部附近渐弯；顶角钝圆。外缘近平直；臀角圆；后缘微隆。后翅前缘浅弧形；外缘浅弧形，顶角和臀角圆，后缘平直。前翅具 2 个径副室；后翅 $Sc+R_1$ 与 Rs 合并至近中室端部分离，中室端脉具 1 个折角。

分布：世界广布。世界已知 178 种，中国记录 6 种，浙江分布 1 种。

（231）黑纹游尺蛾 *Euphyia undulata* (Leech, 1889)（图版 XVIII-36）

Melanippe (?) *undulata* Leech, 1889b: 147.

Euphyia undulata: Prout, 1939: 282.

主要特征：前翅长：雄 14 mm，雌 16 mm。翅白色，密布黑褐色波状线纹，白色区域在前后翅中线外侧（尤其中点周围和外线上半段内侧）较宽；中点大，黑色椭圆形；缘线内侧留下一列小白斑，其中顶角处的白斑远比其他白斑大；缘毛黑灰色。翅反面斑纹同正面，白色区域稍扩大。雄性外生殖器（图 93）：钩形突细长刺状，背兜特别小；囊形突宽阔，底端深凹；抱器瓣宽大无突；阳茎细小，无角状器。

分布：浙江、湖北、江西、湖南。

115. 汇纹尺蛾属 *Evecliptopera* Inoue, 1982

Evecliptopera Inoue, 1982: 484. Type species: *Cidaria decurrens* Moore, 1888.

主要特征：与折线尺蛾属相似，但下唇须长且粗壮，端半部伸出额外。额毛簇发达。翅较狭窄；前翅顶角钝圆，臀角圆；具多条横纹，在臀角附近汇聚；后翅前缘扩展较少。前翅具 2 个径副室；后翅 $Sc+R_1$ 与 Rs 合并至近中室端部。

分布：古北区、东洋区。世界已知 2 种，中国记录 1 种，浙江分布 1 种。

（232）汇纹尺蛾 *Evecliptopera decurrens decurrens* (Moore, 1888)（图版 XIX-1）浙江新记录

Cidaria decurrens Moore, 1888, *in* Hewitson & Moore, 1888a: 276.

Evecliptopera decurrens: Inoue, 1982: 484; 2: 281.

主要特征：前翅长：雄 13–15 mm；雌 16 mm。前翅黑褐色，线条黄白色；亚基线斜行；内线 1 条，极度外倾；中线 3 条，外倾；外线 4 条；亚缘线 1 条，直；由顶角发出的 1 条白线在 M_1 处与亚缘线交叉，然后在 M_2 下方与第 4 条外线汇合；除亚缘线外，上述所有线纹均汇入臀角处的 1 个浅色大斑中；内线下方另有 2 条白线起自后缘内 1/3 处，上行并外倾，汇入大斑。后翅灰褐色。雄性外生殖器（图 94）：钩形突细刺状；抱器瓣基部宽，在外 1/3 处略展宽；阳茎基环侧突细长棒状，端部侧面凸出 1 个尖齿，形如鸟喙；阳茎粗大；阳茎端膜具 2 束小刺。

分布：浙江（景宁）、陕西、湖北、江西、福建、四川；印度，不丹。

116. 枯叶尺蛾属 *Gandaritis* Moore, 1868

Gandaritis Moore, 1868: 660. Type species: *Gandaritis flavata* Moore, 1868.

Christophia Staudinger, 1897: 25. Type species: *Abraxas festinaria* Christoph, 1881.

主要特征：雌雄触角均线形，雄触角具短纤毛。后足胫距 2 对。翅宽大。前翅前缘基半部平直，端半部浅弧形；臀角圆；后缘平直。后翅前缘隆起；顶角圆；外缘弧形。部分种类雄性具第二性征：前翅 CuA_2 与 2A 相向弯曲，二者之间在翅反面有 1 小窝，其中无鳞，着生 1 排细刺，边缘（尤其内侧）着生长毛。前翅具 2 个径副室，后翅中室端脉弱双折角。

分布：古北区、东洋区。世界已知 15 种，中国记录 9 种，浙江分布 1 种。

（233）中国枯叶尺蛾 *Gandaritis sinicaria* Leech, 1897（图版 XIX-2）

Gandaritis flavata var. *sinicaria* Leech, 1897: 677.

Gandaritis reduplicata Warren, 1897b: 235.

Gandaritis flavata sinicaria: Prout, 1914, *in* Seitz, 1914: 214.

Gandaritis sinicaria: Prout, 1941: 317.

别名：枯叶尺蛾。

主要特征：前翅长：雄 30–35 mm，雌 33–35 mm。前翅枯黄色；亚基线、内线和中线波状，内线和中线间黄色，有枯黄色和灰褐色晕影；中线外侧有 2 条细纹，中点黑色短条状，外线呈“＞”形，其外侧在 M_1 以上至顶角有 1 黄色大斑，略带橘黄色。后翅基半部白色，端半部黄色；中点微小；中带具折角，外带和亚缘带锯齿形，后者较宽，其外侧边缘模糊，上端未达前缘；缘毛在顶角附近黄色，向下逐渐过渡为灰褐色。雄性外生殖器（图 95）：抱器瓣宽大；阳茎基环侧突较细。雌性外生殖器（图 269）：骨环细长；囊片近水滴形。

分布：浙江（临安）、陕西、甘肃、安徽、湖北、江西、湖南、福建、台湾、广西、四川、云南；印度。

117. 异翅尺蛾属 *Heterophleps* Herrich-Schäffer, 1854

Heterophleps Herrich-Schäffer, 1854: 202. Type species: *Heterophleps triguttaria* Herrich-Schäffer, [1854].

Lygranoa Butler, 1878b: 447. Type species: *Lygranoa fusca* Butler, 1878.

Dysethia Warren, 1893: 347. Type species: *Dysethia bicommata* Warren, 1893.

Nannia Hulst, 1896: 256, 262. Type species: *Macaria refusaria* Walker, 1861.

Ortholithoidia Wehrli, 1932: 221. Type species: *Heterophleps euthygramma* Wehrli, 1932.

主要特征：雄触角双栉形或双列纤毛状。下唇须仅尖端伸达额外或略长。后足胫节 2 对距，雄后足胫节具毛束。前翅宽大，外缘长度大于后缘长度；前缘平直，近顶角处弯曲呈拱形；顶角略凸出或近直角；外缘浅波状；臀角明显，后缘平直。后翅小，顶角和臀角圆；外缘波曲；雄后翅后缘极窄缩，常由 2A 上方向上折叠，折边宽窄常有变化，翅反面沿折痕有 1 列细毛。前翅具 2 个宽大径副室。

分布：古北区、东洋区、新北区。世界已知 25 种，中国记录 12 种，浙江分布 1 种。

（234）黄异翅尺蛾中国亚种 *Heterophleps fusca sinearia* Wehrli, 1931

Heterophleps fusca sinearia Wehrli, 1931: 18.

主要特征：前翅长：雄 15–17 mm，雌 15–16 mm。前翅顶角明显凸出，翅面黄褐色，深浅略有变化；前缘在中线和外线处各有 1 楔形黑斑；中点微小，黑褐色；外线细弱，颜色较翅面略浅，由外侧的楔形斑下端向外缘方向凸出，在 M_1 上方形成 1 齿，然后折回延伸至后缘外 1/4 处，有时外线内缘略带褐色，特别在齿尖处较明显，雌蛾的这一条褐色线较明显；前缘在外线与顶角之间有 1 较小的黑斑；缘毛灰黄褐色。后翅色较浅，灰黄褐色；灰褐色外线在雌蛾中较清楚，在雄蛾中大多消失；无中点；缘毛灰黄色。雄后翅后缘向上折叠，折边宽约 1 mm，折痕处着生 1 列黄毛，毛长大于缘毛。

分布：浙江（临安）、湖北、湖南、四川、云南。

118. 奇带尺蛾属 *Heterothera* Inoue, 1943

Heterothera Inoue, 1943: 12. Type species: *Cidaria postalbida* Wileman, 1911.

主要特征：触角线形，雄性具短纤毛。前翅径副室 2 个，后翅中室端脉强烈双折角。后翅外缘浅弧形或浅波状，中部无明显凸出。雄性阳茎基环侧突较短；抱器腹具 2 个端突；囊形突特别扁宽，两下角凸；阳茎端膜具 1 束细刺。

分布：古北区、东洋区。世界已知 13 种，中国记录 2 种，浙江分布 1 种。

（235）奇带尺蛾 *Heterothera postalbida* (Wileman, 1911)（图版 XIX-3）

Cidaria postalbida Wileman, 1911c: 325.

Heterothera postalbida: Inoue, 1943: 12.

主要特征：前翅长：雄 14–16 mm，雌 16–17 mm。头和胸部背面灰褐色，腹部背面灰黄褐色。翅较狭长。前翅灰红褐色；内线浅弧形；中线波状，外线中部极凸出，中线与外线之间色略深，散布黑色，在翅脉上尤为明显；亚缘线黑色，锯齿状，其凸齿外侧在翅脉间常有 1 小白斑，周围黑色，在 R_5 至 CuA_1 之间黑色呈尖齿状延伸至近缘线处；缘线深灰褐色不完整，缘毛黄白至浅灰褐色。后翅白至灰白色，仅有极弱小的中点。雄性外生殖器（图 96）：钩形突刺状。阳茎基环侧突短，端部丘状，具 1 束细毛。囊形突略延长，宽阔，底缘浅凹；抱器瓣狭长，端部圆，抱器腹膨大并弱骨化，具 1 对角状端突；阳茎细小，角状器为 1 束微小毛刺。雌性外生殖器（图 270）：肛瓣肥大。囊导管和囊体均膜质，无骨环；囊片为一狭长三角形骨片。

分布：浙江（临安、龙泉）、陕西、甘肃、上海、湖南、四川、云南；俄罗斯，朝鲜，日本。

119. 黑岛尺蛾属 *Melanthia* Duponchel, 1829

Melanthia Duponchel, 1829: 111. Type species: *Geometra procellata* [Denis *et* Schiffermüller], 1775.

主要特征：雌雄触角均线形，雄性具极短纤毛。下唇须仅尖端伸达额外或更短。后足胫距 2 对，各对内侧一支约为外侧一支的 2 倍。翅中等宽度或较宽阔。前翅前缘基部隆起，中部微凹，端半部浅弧形；顶角略凸出；外缘浅弧形；臀角明显；后缘略呈浅弧形。后翅前缘平直；顶角和臀角钝圆；外缘浅弧形，略波曲；后缘平直。后翅斑纹不与前翅连续。前翅具 2 个径副室，后翅中室端脉弧形弯曲。

分布：古北区、东洋区、旧热带区。世界已知 8 种，中国记录 5 种，浙江分布 1 种。

（236）黑岛尺蛾四川亚种 *Melanthia procellata szechuanensis* (Wehrli, 1931)（图版 XIX-4）

Cidaria procellata szechuanensis Wehrli, 1931: 21.

Melanthia procellata szechuanensis: Prout, 1939: 291.

主要特征：前翅长：雄 17 mm，雌 20 mm。头、胸、腹部背面颜色较深。前翅基部黑斑略大，在前缘处几乎与中线内侧的小斑接触，后者略扩大，颜色加深；中线和外线细弱但连续；翅端部的深色带向内扩展，与中域的大斑接触，扩展部分黄褐色，其上有模糊褐色波状细线；亚缘线在 M_2 以上的白点弱小，臀褶处的白点扩大成 1 个小白斑。后翅斑纹较弱。雄性外生殖器（图 97）：阳茎基环侧突联合部分较长；囊形突延长呈倒梯形；抱器瓣宽大，抱器背端部隆起不明显，抱器腹端突指状、发达；阳茎较粗大，无角状器。

分布：浙江（临安）、山西、甘肃、湖北、湖南、台湾、四川；日本。

120. 泛尺蛾属 *Orthonama* Hübner, [1825]1816

Orthonama Hübner, [1825]1816: 331. Type species: *Geometra lignata* Hübner, [1799]1796.

Nycterosea Hulst, 1896: 256, 263. Type species: *Nycterosea brunneipennis* Hulst, 1896.

Percnoptilota Hulst, 1896: 257, 282. Type species: *Geometra fluviata* Hübner, [1799]1796.

主要特征：雄触角双列纤毛簇状，每节有 2 对纤毛簇。雌触角线形。后足胫距 2 对，各对内侧一支较长，跗节不缩短。前翅略狭长，前缘长，平直；顶角钝；外缘倾斜；臀角圆；后缘直。后翅较狭长，前缘近平直；顶角略凸；外缘中部圆钝状凸出；臀角圆；后缘平直。前翅具 2 个狭小径副室，后翅 M_3 与 CuA_1 共柄。

分布：世界广布。世界已知 3 种，中国记录 1 种，浙江分布 1 种。

（237）泛尺蛾 *Orthonama obstipata* (Fabricius, 1794)（图版 XIX-5）

Phalaena obstipata Fabricius, 1794: 199.

Geometra fluviata Hübner, [1799]1796: pl. 54: 280.

Geometra gemmata Hübner, [1799]1796: pl. 54: 283.

Orthonama obstipata: Janse, 1917: 100.

主要特征：前翅长：雄 9–11 mm，雌 10–12 mm。雌雄颜色不同。雄翅灰黄褐色；中域有一条黑灰色带，其上中部外凸，内缘（中线）浅弧形，外缘未达外线；黑色椭圆形中点在带内，其周围有白圈；带内侧的亚基线和内线、带外侧的外线和亚缘线灰褐色，在中室前缘至 R_5 一线弯折，然后呈波状并与外缘平行至后缘；顶角处一黑色斜线伸达亚缘线，其黑色向下扩散，亚缘线在其下模糊或消失；缘线在翅脉端两侧有 1 对小黑点，缘毛灰黄褐至灰褐色。后翅可见内线、中线、外线和亚缘线；前 3 条线深灰色，有时仅在翅后半部清楚，亚缘线浅色波状；内线内侧常散布灰褐色。雄性外生殖器（图 98）：抱器背短，圆形隆起，无抱器内突；阳端基环环状，无腹突，无阳茎基环侧突；囊形突宽大；阳茎细长，无角状器。

分布：浙江（杭州）、辽宁、内蒙古、北京、河北、山东、河南、甘肃、上海、湖南、福建、广西、四川、云南、西藏；全世界（除澳大利亚外）。

121. 夸尺蛾属 *Philereme* Hübner, [1825]1816

Philereme Hübner, [1825]1816: 330. Type species: *Geometra rhamnata* [Denis *et* Schiffermüller], 1775.

Scotosia Stephens, 1829a: 44. Type species: *Geometra rhamnata* [Denis *et* Schiffermüller], 1775.

主要特征：触角线形，雄触角具短纤毛。后足胫距 2 对，细长，各对内侧一支较长。翅宽窄程度种间变化很大，尤其雄后翅，有时特别狭长。前翅前缘平直，或基部隆起；顶角和臀角或尖或圆，变化很大；外缘浅波状直至深锯齿形。后翅前缘平，顶角和臀角由钝圆直至外凸；外缘锯齿形至深锯齿形；后缘平直。前翅具 2 个径副室，偶有 1 个；后翅中室端脉强烈双折角。

分布：古北区、东洋区。世界已知 10 种，中国记录 2 种，浙江分布 1 种。

（238）双斑夸尺蛾 *Philereme bipunctularia* (Leech, 1897)

Scotosia bipunctularia Leech, 1897: 555.

Philereme bipunctularia: Prout, 1914, *in* Seitz, 1914: 205.

主要特征：前翅长：雄 14–15 mm，雌 14–16 mm。前后翅底色浅灰褐色，略带灰红色调，不为白色；前翅中线和外线在前缘处形成 2 个清晰的小黑斑。

分布：浙江、上海、湖北、湖南、四川。

122. 夕尺蛾属 *Sibatania* Inoue, 1944

Sibatania Inoue, 1944: 66. Type species: *Cidaria mactata* Felder *et* Rogenhofer, 1875.

主要特征：下唇须略长，约 1/3 伸出额外。额毛簇发达。翅较宽阔，外缘微波曲，前翅顶角尖。前后翅中室较短，M_2 居中；前翅具 2 个径副室；后翅 $Sc+R_1$ 与 Rs 合并至近中室端部。

分布：古北区、东洋区。世界已知 2 种，中国记录 1 种，浙江分布 1 种。

（239）阿里山夕尺蛾宁波亚种 *Sibatania arizana placata* (Prout, 1929)（图版 XIX-6）

Ecliptopera mactata placata Prout, 1929: 142.

Cidaria (*Ecliptopera*) *mactata placata*: Prout, 1938: 155.

Sibatania arizana placata: Inoue, 1982: 486.

主要特征：前翅长：雄 19–21 mm，雌 23 mm。前翅深红褐色至黑褐色，斑纹白色；亚基线斜行或浅弧形，内线不规则波曲，中线直立，在中室前缘、M_3 基部和 2A 处各凸出一微小尖齿；内线与中线之间弥漫着灰黄色；外线在 M_2 与 M_3 之间向外凸出接近亚缘线，在 CuA_1、CuA_2 和 2A 脉处各向内凸出一齿，其中 CuA_2 的齿特别细长，齿尖接近或伸达中线；外线外侧为一灰黄至灰褐色带，其上端分叉，在亚缘线内外两侧各留下 1 个黑斑，在 M_2 以下该灰褐色带充满外线与缘线之间，偶尔在外缘内侧留下数个大小不一的黑点，带内可见白色点状亚缘线。后翅灰褐至深灰褐色，外线白色，浅波状；亚缘线由一列鲜明的白点组成。雄性外生殖器（图 99）：钩形突刺状；囊形突特别发达，宽大并呈舌状延长；阳茎基环侧突端部膨大，具毛束；抱器瓣狭长；抱器背骨化，具一发达基突和一刺状端突。雌性外生殖器（图 271）：前阴片骨化为一条狭长横带；囊导管短粗，具一发达骨环；囊体袋状，具一倒三角形和一圆形骨化囊片。

分布：浙江（临安、宁波）、湖北、江西、湖南、福建、广西、四川、云南。

123. 扇尺蛾属 *Telenomeuta* Warren, 1903

Telenomeuta Warren, 1903: 264. Type species: *Scotosia punctimarginaria* Leech, 1891.

主要特征：雌雄触角均线形，雄触角具短纤毛。后足胫距 2 对，各对内侧一支较长。前翅宽大；前缘基部略隆起，中部微凹，端半部略呈浅弧形；顶角微凸；外缘波曲，中部略凸；臀角钝圆；后缘略呈浅弧形。后翅宽大；前缘略呈浅弧形；顶角明显；外缘浅锯齿形；臀角圆；后缘宽阔。前翅具 1 个狭长径副室，后翅中室端脉具 1 个折角。

分布：古北区、东洋区。世界已知 1 种，中国记录 1 种，浙江分布 1 种。

（240）星缘扇尺蛾 *Telenomeuta punctimarginaria* (Leech, 1891)（图版 XIX-7）

Scotosia punctimarginaria Leech, 1891: 53.

Telenomeuta punctimarginaria: Warren, 1903: 264.

Triphosa inconsicua Bastelberger, 1909: 77.

主要特征：前翅长：雄 25–26 mm，雌 26–28 mm。头、胸、腹部均深褐色。前翅深灰褐色，由翅基部至端部排列多条波状线；亚基线和内线黑色，仅在中室上缘之上清楚；中线 2 条，黑色；中点黑色；中线之外有 3 条深褐色细线；外线 2 条，深褐色有黑边，在 Rs 和 M_3 下方各有 1 个凸齿；外线外侧为 1 条黄褐色带和 1 条纤细黑色伴线；翅端部深灰褐色，亚缘线为翅脉上的一列白点。后翅斑纹与前翅连续，外线无大凸齿。雄性外生殖器（图 100）：钩形突近三角形，基部具微小侧叶；阳茎基环侧突粗大，2 节，端部一节呈扇形，着生波曲的毛刺；囊形突延长，舌状。抱器瓣中等宽度，端部狭窄并向抱器背方向弯曲；抱器背具短粗端突；阳茎长，中等粗，端膜具一束细小毛刺。雌性外生殖器（图 272）：前阴片骨化，狭条形；囊导管高度骨化；囊体长圆形，具两条纵带状囊片。

分布：浙江（临安）、甘肃、湖北、福建、台湾、四川；日本。

124. 洁尺蛾属 *Tyloptera* Christoph, 1881

Tyloptera Christoph, 1881: 114. Type species: *Tyloptera eburneata* Christoph, 1881.

Microloba Hampson, 1895b: 333. [Unnecessary replacement name for *Tyloptera* Christoph]

主要特征：雌雄触角均双栉形，触角干各节较短，每节腹面基部有 1 对栉齿，齿上着生纤毛，雄栉齿略长于雌性。后足胫节短，2 对距，距特别长。前翅宽大，前缘平直，近端部处微弯曲；顶角钝圆；外缘浅弧形；臀角圆；后缘短。后翅狭小，雄性尤甚；顶角和臀角圆，外缘弧形；后缘狭窄。前翅具 1 个微小径副室，后翅中室端脉双折角。

分布：东洋区。世界已知 1 种，中国记录 1 种，浙江分布 1 种。

（241）洁尺蛾缅甸亚种 *Tyloptera bella diacena* (Prout, 1926)（图版 XIX-8）

Microloba bella diacena Prout, 1926b: 321.

Tyloptera bella diacena: Sato, 1986: 131.

主要特征：前翅长：雄 12–17 mm，雌 16–19 mm。前翅白色。前缘有一列黄褐色至褐色斑，新鲜标本带橄榄绿色，其中中斑宽大，下缘邻近黑色圆形中点，其外侧可见模糊灰黄色影带；亚缘线白色，深波状，其内侧为一列深灰褐色斑，由前缘排列至 M_2，亚缘线外侧至外缘为一条褐带，在 M_3 与 CuA_1 之间消失；缘线深灰褐色，不连续。后翅中线和外线细弱，中线内半宽带消失。雄性外生殖器（图 101）：钩形突短粗锥状；颚形突环状，中央具微刺；囊形突短平；抱器瓣狭长，背缘直，腹缘近浅弧形；阳茎粗壮，无角状器。

分布：浙江（四明山、龙泉）、陕西、甘肃、湖北、江西、湖南、福建、台湾、广西、四川、云南；缅甸。

125. 潢尺蛾属 *Xanthorhoe* Hübner, [1825]1816

Xanthorhoe, Hübner, [1825]1816: 327. Type species: *Geometra montanata* [Denis *et* Schiffermüller], 1775.

Malenydris Hübner, [1825]1816: 329. Type species: *Geometra incursata* Hübner, [1813]1796.

Ochyria Hübner, [1825]1816: 334. Type species: [*Phalaena*] *quadrifasiata* Clerck, 1759.

主要特征：雄触角双栉形或双列纤毛簇状，前者栉齿在触角端部 1/3 渐短至消失，后者每节两对纤毛簇。雌触角线形，具短纤毛。后足胫距 2 对。翅中等宽度。前翅前缘平直，端部 1/3 浅弧形；顶角钝圆；外缘浅弧形，微波曲；臀角圆；后缘微呈浅弧形。后翅前缘略长，端半部略隆起；顶角明显；外缘浅弧形微波曲，臀角明显，后缘平直。前翅径副室 1–2 个，后翅中室端脉不为双折角。

分布：世界广布。世界已知 235 种，中国记录 17 种，浙江分布 1 种。

（242）盈潢尺蛾 *Xanthorhoe saturata* (Guenée, 1857)（图版 XIX-9）

Larentia saturata Guenée, 1857: 269.

Larentia exliturata Walker, 1862: 1105.

Coremia livida Butler, 1878b: 449.

Larentia inamoena Butler, 1879a: 444.

Xanthorhoe saturata: Prout, 1939: 260.

主要特征：前翅长：雄 10–12 mm，雌 11–14 mm。翅灰褐色。前翅亚基线和内线模糊深褐色带状；中线与外线间形成宽阔暗褐色中带，中线浅弧形，在中室内向外凸出，外线波状，上中部外凸；中点微小黑色；翅端部色较深，亚缘线灰白色波状，其内侧在前缘和 M_2 两侧有黑褐色斑块；顶角至外线有一条灰白色斜线；缘线黑褐色，在翅脉端间断。后翅中域隐见数条深色线纹；外线轮廓清晰，其外侧为一条灰白色细带，带上具外线的伴线；亚缘线部分消失；缘线间断不如前翅明显。雄性外生殖器（图 102）：钩形突粗壮；阳端基环钟罩形，两上角具棒槌状侧突，其端部膨大具毛，中突较长；囊形突呈指状延长；抱器瓣端半部急剧窄缩，形成扁平叉状；阳茎粗大，角状器为两簇纤细毛刺。雌性外生殖器（图 273）：囊导管粗且长，弱骨化；囊体两侧面有大片弱骨化区，囊片为一列纤细毛刺。

分布：浙江（丽水）、河南、甘肃、湖南、福建、台湾、海南、广西、四川、云南、西藏；日本，印度。

126. 黑点尺蛾属 *Xenortholitha* Inoue, 1944

Xenortholitha Inoue, 1944: 64. Type species: *Cidaria propinguata* Kollar, [1844]1848.

主要特征：雌雄触角均线形，雄触角具短纤毛，中段各节宽大于长。后足胫距 2 对，各对内侧一支长约为外侧一支的 2 倍。胸部背面具弱小立毛簇。翅中等宽度。前翅前缘中部微凹，端半部浅弧形；顶角不同程度凸出；外缘浅弧形；臀角圆，后缘平直。后翅前缘浅弧形，近平直；顶角圆；外缘浅弧形；臀角略显；后缘平直。前翅基部至外线多为深褐色，外线中部大多外凸，其外侧色较浅，顶角处常有 2 个黑点。后翅斑纹不与前翅连续。前翅具 2 个径副室，后翅中室端脉具 1 或 2 个折角。

分布：古北区、东洋区。世界已知 8 种，中国记录 7 种，浙江分布 1 种。

（243）直线黑点尺蛾 *Xenortholitha euthygramma* (Wehrli, 1924)（图版 XIX-10）

Cidaria euthygramma Wehrli, 1924: 131.

Xenortholitha euthygramma: Xue, 1992: 844.

主要特征：前翅长：13–14 mm。前翅宽阔，顶角呈钩状凸出；翅面灰黄褐色至深褐色，通常雄性颜色较深；内线和中线白色波状，两线间色略浅；中点黑色；外线内半深灰褐色，外半有鲜明白色镶边，在 M_1 附近微凸，然后笔直到达后缘，其外侧翅脉上有两列小黑点；翅端部色渐深；顶角至前缘近端部处有一半环形短线；亚缘线为一列极细小的白点；缘线黑灰色。后翅灰褐色，具灰色中点和浅弧形浅色外线。雄性外生殖器（图 103）：钩形突细长；阳茎基环侧突细长杆状，端部具一束毛和一支大刺；阳茎较长，端膜具一束细刺状角状器。

分布：浙江、北京、江苏、上海、湖北、湖南、福建、四川。

（三）尺蛾亚科 Geometrinae

翅大多绿色，静止时四翅平铺；翅缰较弱或退化；后翅 M_2 脉接近 M_1，远离 M_3；雄性腹部第 3 节常有成对的刚毛斑，有时刚毛斑在中间融合或位于中部；雄性外生殖器常具发达背兜侧突；阳茎具纵向骨化带；雌性外生殖器肛瓣钝突状，常具小瘤状突，囊常具双角状囊片。

尺蛾亚科成虫、外生殖器图片均引自韩红香和薛大勇（2011）的文献。

分属检索表

1. 前后翅外线外侧翅脉上和翅脉间具放射状黑线……………………………………辐射尺蛾属 *Iotaphora*
- 前后翅外线外侧不如上述……………………………………………………………………………2
2. ♂无翅缰……………………………………………………………………………………………3
- ♂翅缰发达…………………………………………………………………………………………7
3. 翅面浅黄色，具粉褐色斑块………………………………………………………黄斑尺蛾属 *Epichrysodes*
- 翅面颜色、斑纹不如上述……………………………………………………………………………4
4. 后翅外缘光滑，浅弧形或略呈折角状凸出，无尾突或缺刻…………………………………………5
- 后翅外缘或多或少有尾突或缺刻（*Hemistola* 部分种类外缘光滑）……………………………………6
5. 前翅前缘和两翅缘线常具深色宽带；若有外线，则由脉上斑点组成，且淡黄色和红褐色相间……亚四目绿尺蛾属 *Comostola*

\- 前翅前缘和两翅缘线无上述深色宽带；外线白色波状或锯齿形，或为直线 ……………………………… 二线绿尺蛾属 *Thetidia*

6\. 后翅通常有内线 ………………………………………………………………………………………………… 突尾尺蛾属 *Jodis*

\- 后翅无内线 ……………………………………………………………………………………………… 无缰青尺蛾属 *Hemistola*

7\. ♂后足胫节仅 1 对端距，前翅臀角和后翅顶角无褐斑 …………………………………………………………………… 8

\- ♂后足胫节 2 对距，如为 1 对，则前翅臀角和后翅顶角有褐斑 …………………………………………………… 10

8\. 后翅外缘圆或在 M_1-M_3 间具浅缺刻，M_3 处无明显凸出，♂触角双栉形 …………………………… 麻青尺蛾属 *Nipponogelasma*

\- 后翅外缘在 M_3 处凸出成尖角，如外缘圆，则♂触角纤毛状 ……………………………………………………………… 9

9\. ♂抱器背前缘无骨化突；抱器瓣中间具凹槽，内有具浓密刚毛的骨化突 ……………………………… 锈腰尺蛾属 *Hemithea*

\- ♂抱器背前缘有骨化突；抱器瓣不如上述 …………………………………………………………… 仿锈腰尺蛾属 *Chlorissa*

10\. 翅正反面具中空椭圆形或肾形中点，多为紫色；♂外生殖器抱器背近端部具浓密刚毛斑，刚毛在端部分支………………
…… 豆纹尺蛾属 *Metallolophia*

\- 翅正反面中点不如上述；♂外生殖器抱器背无上述刚毛斑……………………………………………………………… 11

11\. ♂触角线形或锯齿形，如为双栉形，则♂外生殖器钩形突端部膨大、圆钝匙形，或无钩形突 ………………………… 12

\- ♂触角双栉形，栉齿长度大于触角干直径，♂外生殖器钩形突不如上述 ……………………………………………… 15

12\. 翅反面有深色端带……………………………………………………………………………… 始青尺蛾属 *Herochroma*

\- 翅反面无端带……… 13

13\. 翅鲜绿色，有白色碎斑或斑块，很多种类♂♀二态（雄蛾中为白色的区域在雌蛾中散布红色或黑色鳞片）；♂外生殖器钩形突端部膨大、圆钝耳状突…………………………………………………………………… 彩青尺蛾属 *Eucyclodes*

\- 翅鲜绿色、紫灰色或黄绿色，无白色斑块，不为♂♀二态；♂外生殖器钩形突不如上述 ………………………………… 14

14\. 翅鲜绿色，前翅内线通常窄带状，粗细不均匀，弯曲 ……………………………………………… 艳青尺蛾属 *Agathia*

\- 翅淡黄绿色，翅面除内线、外线外无其他斑纹，且内线不为带状 ……………………………… 芦青尺蛾属 *Louisproutia*

15\. 前后翅颜色不同，斑纹不连续；如颜色相同且斑纹连续，则体大型（前翅长 22–32 mm），前后翅反面黑色端带以内大部分或全部黄色，或翅白色散布灰斑，两翅端部黄色……………………………………………………………………… 16

\- 前后翅颜色相同，斑纹连续；体小至大型，斑纹不如上述 …………………………………………………………… 17

16\. 前翅橄榄绿色，顶角镰状，前缘具 1 宽阔褐色带；后翅正面无黄色调 ………………………… 巨青尺蛾属 *Limbatochlamys*

\- 前翅顶角、颜色不如上述；后翅正面通常为鲜黄色或至少有黄色调，通常有宽阔端带 ………………… 峰尺蛾属 *Dindica*

17\. 前后翅具大且圆的中点，后翅中点大于前翅，且在后翅中点与前缘间散布暗红褐色斑块 ………………………………
……………………………………………………………………………………………… 四眼绿尺蛾属 *Chlorodontopera*

\- 前后翅无中点或中点小，后翅中点不如上述……………………………………………………………………………… 18

18\. 前翅顶角镰状，且外缘由顶角至 M_3 具半月形光滑缺刻；前翅外线外侧具大块白斑，后翅外线处具宽阔白色带，白斑和白带内有褐色线纹；♂钩形突极扁宽，端部凹陷 …………………………………… 缺口青尺蛾属 *Timandromorpha*

\- 前翅顶角不呈镰状，若为镰状，则顶角下方无上述缺刻；前后翅无上述白斑和白带；♂钩形突不如上述……………… 19

19\. 翅面通常无绿色，偶有灰绿色或暗绿色，但颜色不均匀，或具黑色锯齿形外线 ……………………………………… 20

\- 翅面鲜绿色或蓝绿色，颜色均匀，无黑色锯齿形外线…………………………………………………………………… 22

20\. 后翅正面在近中点和中点与后缘之间有两簇鳞毛簇 ………………………………………………… 粉尺蛾属 *Pingasa*

\- 后翅正面无上述两簇鳞毛簇……………………………………………………………………………………………… 21

21\. 后翅近臀角处 CuA_1-CuA_2 间有 1 纵向的深色短条；♂外生殖器抱器瓣几乎均匀地分为抱器背和抱器腹，且抱器背、抱器腹边缘无骨化突………………………………………………………………………………… 垂耳尺蛾属 *Pachyodes*

\- 后翅无上述深色短条；♂外生殖器不如上述……………………………………………………… 冠尺蛾属 *Lophophelma*

22\. 前翅 R_5 脉出自 R_2 前方 ……………………………………………………………………… 绿尺蛾属 *Comibaena*

\- 前翅 R_5 脉出自 R_2 后方 …………………………………………………………………………………………… 23

23\. 后翅 Rs 与 M_1 共柄，M_3 与 CuA_1 共柄 ………………………………………………………………………… 24

\- 后翅 Rs 与 M_1 分离，M_3 与 CuA_1 分离 ……………………………………………………………………… 26

24\. 前翅外缘浅波曲，后翅外缘在 M_1 和 M_3 脉端凸出，其间浅缺刻；♂外生殖器颚形突无中突………… 赤线尺蛾属 *Culpinia*

- 前翅外缘光滑或锯齿形，后翅外缘在 M_1 脉端不凸出，如有凸出，则凸齿远短于 M_3 脉端凸齿，且前翅外缘顶角至 M_3 锯齿形；♂外生殖器颚形突有中突……25

25\. 翅面通常灰绿色，后翅外缘尾突通常发达；♂外生殖器抱器瓣腹缘通常具耳状突……**尖尾尺蛾属 *Maxates***

- 翅面蓝绿色，但后翅外缘中部折角状凸起，不形成尾突；♂外生殖器抱器瓣腹缘无耳状突……**海绿尺蛾属 *Pelagodes***

26\. 后翅 M_2 极近 M_1，基部位于中室端脉上 1/5 以上……27

- 后翅 M_2 脉基部位于中室端脉上 1/3 处或以下……28

27\. 前翅顶角呈镰状；后翅外缘弧形……**岔绿尺蛾属 *Mixochlora***

- 前翅顶角不呈镰状；后翅外缘中部凸出……**新青尺蛾属 *Neohipparchus***

28\. 前翅顶角呈镰状，外缘光滑；后翅外缘弧形；前后翅外线波状或锯齿形，内线内侧及外线外侧常伴有浅色斑块；翅反面近端部处常有深色斑点或翅反面有锈红色……**镰翅绿尺蛾属 *Tanaorhinus***

- 翅型和斑纹多变，前翅顶角圆钝或凸出，外缘光滑或锯齿形；后翅外缘光滑、锯齿形或有尾突；如前翅顶角镰状凸出且后翅外缘圆，则两翅外线为平滑白线，或翅反面无上述深色斑点或锈红色……**青尺蛾属 *Geometra***

127. 峰尺蛾属 *Dindica* Moore, 1888

Dindica Moore, 1888a: 248. Type species: *Hypochroma basiflavata* Moore, 1868.

Perissolophia Warren, 1893: 350. Type species: *Perissolophia subrosea* Warren, 1893.

主要特征：胸、腹部背面具发达立毛簇。雄性后足胫节有时膨大，具毛束。前翅通常灰绿色或橄榄绿色，散布黑褐色、红褐色鳞片或斑。后翅大多数种类翅基部为黄色，常密布黄色细毛，有时为污白色杂粉色或灰色，端部为褐色或黑色端带。

分布：古北区、东洋区。世界已知 22 种，中国记录 13 种，浙江分布 4 种。

分种检索表

1\. 后翅不为黄色，后翅反面有中点……2

- 后翅或多或少有黄色，后翅反面中点有或无……3

2\. 前翅外线折角处较钝；后翅正面和 2 翅反面均无端带……**平峰尺蛾 *D. limatula***

- 前翅外线折角处较尖；后翅正面和 2 翅反面具清晰黑褐色端带……**天目峰尺蛾 *D. tienmuensis***

3\. 后翅端带较窄或断续，反面中点有或无；♂背兜侧面有 1 对发达角状突……**赭点峰尺蛾 *D. para***

- 后翅端带宽阔，反面无中点；♂背兜侧面无上述角状突……**宽带峰尺蛾 *D. polyphaenaria***

（244）平峰尺蛾 *Dindica limatula* Inoue, 1990（图版 XIX-11）

Dindica limatula Inoue, 1990a: 152.

主要特征：前翅长：雄 16–20 mm；雌 20–21 mm。前翅浅橄榄绿色，散布极少黑褐色及红褐色鳞片；内线、外线黑褐色与红褐色掺杂，内线在中室下缘至 2A 脉间不清晰，翅基部沿 2A 脉有黑色狭长斑；外线中部强外凸，折角处较钝、形成 1 圆齿，下半段不清晰；外线外侧亦有红褐色与黑褐色相杂的斑块。后翅污白色，点缀有灰褐色斑点；外线走向似前翅，但不清晰。

分布：浙江（临安）、江苏、湖南。

（245）赭点峰尺蛾 *Dindica para* Swinhoe, 1891（图版 XIX-12）

Dindica para Swinhoe, 1891: 490.

Dindica erythropunctura Chu, 1981: 115

主要特征：前翅长：雄 18–21 mm；雌 23–24 mm。前翅灰褐色、黄绿色或暗绿色，散布黑色碎纹和少量灰红色；内线、外线及中点较清楚，外线近“>”形；翅基部中室下缘脉下方、外线外侧 M_1 和 CuA_2 下方各形成 1 红斑。后翅浅黄色至鲜黄色，偶有白色；翅端部深色带较窄，稍模糊。翅反面：前翅灰白至浅黄色，中点大而清晰，翅端部黑带狭窄，未达外缘；后翅黄白至鲜黄色，黑带同前翅，其外侧灰白色；后翅中点有或无。雄性外生殖器（图 104）：背兜侧突尖端近 1/4 二分叉；颚形突中突尖；背兜发达，尖端延伸呈角状；抱器背端部膨大内弯，抱器腹近端部处外缘具齿，端部为细长突；囊形突小、指状；阳茎骨化，内有 1 钝形角状器。雌性外生殖器（图 274）：前阴片在两侧近椭圆形；囊导管短，囊体向下渐粗，无囊片。

分布：浙江（四明山、鄞州、余姚、磐安、庆元）、河南、陕西、甘肃、湖北、江西、湖南、福建、海南、广西、四川、云南、西藏；印度，不丹，尼泊尔，泰国，马来西亚。

（246）宽带峰尺蛾 *Dindica polyphaenaria* (Guenée, 1858)（图版 XIX-13）

Hypochroma polyphaenaria Guenée, 1858: 280.

Hypochroma basiflavata Moore, 1868: 632.

Dindica polyphaenaria: Warren, 1894a: 382.

主要特征：前翅长：雄 21–22 mm；雌 23–24 mm。前翅暗黄褐色至黑褐色，略带绿色调；内线、中点、外线均十分模糊，外线“>”形。后翅黄色，端部为 1 黑色宽带，端带在 M_3 下方常为灰绿色。翅反面黄色，在前翅长条形中点外侧及臀褶下方白色；前后翅端部均为黑色宽带；后翅端带在上半段达外缘。雄性外生殖器（图 105）：背兜侧突尖端二分叉；颚形突中突尖；背兜两侧具宽阔片状凸起；抱器背端部近球形膨大，前缘处弯钩状，上具数个小齿，抱器腹外缘在近端部处膨大，端部具 1 发达尖锯齿形端突，抱器瓣近基部处有褶皱的脊；囊形突中突短粗；阳茎短小，内具 1 钝囊片。雌性外生殖器（图 275）：交配孔周围骨化；后阴片具 1 小“U”形凹陷；前阴片褶皱，呈带状，两侧膨大。囊导管细弱；囊体长椭圆形，无囊片。

分布：浙江（临安）、湖北、江西、湖南、福建、台湾、海南、广西、四川、贵州、云南；印度，不丹，尼泊尔，喜马拉雅山东北部，越南，泰国，马来西亚，印度尼西亚。

（247）天目峰尺蛾 *Dindica tienmuensis* Chu, 1981（图版 XIX-14）

Dindica tienmuensis Chu, 1981: 116.

主要特征：前翅长：雄 19–22 mm；雌 21–23 mm。前翅较狭长，灰黑色，略带灰绿色调；翅基部散布模糊红褐色斑，后缘有 1 段黑色纵线；中点大而圆，黑灰色模糊；外线模糊，中部外凸呈“>”形折角，外线外侧有 1 条十分模糊的灰红色带。后翅灰白色，具模糊的中点和外线，翅端部为 1 条狭窄的深灰褐色带。翅反面灰白色，斑纹深灰褐色；前翅中点大而圆，清晰，外线为 1 弧形细带，未达后缘；翅端部为 1 宽带。后翅反面中点较小，外线近消失，翅端部深色带较正面略窄缩。雄性外生殖器（图 106）：背兜侧突深二分叉；颚形突中突尖三角状；抱器背端部呈钩状，基部有发达角状突，抱器腹端部三角形；内侧有 1 大的角状骨化突；阳茎较粗，阳茎鞘上具 1 细长骨化突。雌性外生殖器（图 276）：前阴片宽阔，上缘中部深凹陷但有 1 小弧形凸起；后阴片为 1 对骨化侧突。囊导管极短，囊体大，近球形，无囊片。

分布：浙江（德清、四明山、余姚、江山）、江西、湖南、福建、广东、广西、贵州。

128. 始青尺蛾属 *Herochroma* Swinhoe, 1893

Herochroma Swinhoe, 1893a: 148. Type species: *Herochroma baba* Swinhoe, 1893.

Chloroclydon Warren, 1894a: 464. Type species: *Scotopteryx usneata* Felder *et* Rogenhofer, 1875.

Archaeobalbis Prout, 1912: 24. Type species: *Hypochroma viridaria* Moore, 1868.

Neobalbis Prout, 1912: 26. Type species: *Pseudoterpna elaearia* Hampson, 1903.

主要特征：雌雄触角线形。雄性后足胫节常极膨大，有发达的毛束和端突，2 对距。前翅外缘波状，后翅外缘深波状，或锯齿形。翅通常黄绿色或草绿色，散布灰色或红褐色。内线、外线黑褐色，或杂有红褐色；内线锯齿形或波曲；外线锯齿形，多数种类常在内线内侧、中室下缘和 A 脉间及 A 脉和后缘间各有 1 红褐色与黑褐色相杂的斑块；外线外侧伴有红褐色或黄褐色与黑褐色相杂的带，在 M_3-CuA_1 间无或极少；亚缘线由脉间浅色斑或黑褐色斑组成；两翅均有中点。翅反面基部白色或黄色，有时散布红褐色、灰褐色鳞片；通常有端带。

分布：古北区、东洋区。世界已知 34 种，中国记录 15 种，浙江分布 1 种。

（248）绿始青尺蛾马来亚种 *Herochroma viridaria peperata* (Herbulot, 1989)（图版 XIX-15）

Archaeobalbis viridaria peperata Herbulot, 1989: 172.

Archaeobalbis peperata: Yazaki, 1994: 5.

Herochroma viridaria peperata: Inoue, 1999: 78.

主要特征：前翅长：21–22 mm。翅面深绿色杂黑色碎点。前翅内线模糊；外线清晰，黑色锯齿形，外侧具黑色杂黄褐色斑块。后翅后缘延长，外缘锯齿形；外线黑色锯齿形。前后翅中点黑色；亚缘线、缘线为翅脉间一列黑点。翅反面：前后翅均有大而圆的黑色中点；翅基部橘黄色杂有黑色碎点，前翅基部近后缘处为白色；后翅后缘中部有 1 大块黑色斑块；前后翅端部为宽阔的黑褐色端带，达外缘。雄性外生殖器（图 107）：钩形突简单，短突起；背兜侧突中部弯折；颚形突中突三角形；抱器瓣端部圆，抱器腹基中部有 1 小齿，横带片有基部和侧面 2 对凸起，基部凸起较短，侧面凸起细长；阳茎细长，阳茎鞘中部有 1 大三角形凸起，上有小齿。雌性外生殖器（图 277）：交配孔周围强骨化，具 1 对发达骨化圆钝侧突；囊导管短；囊体内有囊片，具 2 个尖齿。

分布：浙江（泰顺）、福建、广东、海南、广西、四川；越南，泰国，马来西亚。

129. 垂耳尺蛾属 *Pachyodes* Guenée, 1858

Pachyodes Guenée, 1858: 282. Type species: *Pachyodes almaria* Guenée, 1858.

Archaeopseustes Warren, 1894a: 380. Type species: *Abraxas amplificata* Walker, 1862.

主要特征：雄触角基部双栉形，尖端线形；雌触角线形。雄性后足胫距 2 对，有些后足胫节膨大，有毛束和端突。前翅外缘几乎不波曲；后翅外缘弧形，后缘延长。多数种类翅面污白色，散布少量灰绿色；前翅前缘散布紫红褐色或黑褐色碎纹，常在内线外侧和中点内侧向下扩展，渐细；顶角处具深灰褐色至紫红色大斑；外线弯曲，在脉上呈黑点状；亚缘线白色波状或锯齿形。有些种类后翅基部中点内侧亦有紫红色碎纹；后翅近外缘处、CuA_1 和 CuA_2 脉间有纵向紫褐色或灰绿色斑或黑条状斑。翅反面白色，翅基部黄色；前后翅均有深灰褐色至黑色中点，黄色翅基部和中点之间通常散布黑色；黑色端带多数破碎成点状结构，少数完整。

分布：东洋区。世界已知 8 种，中国记录 6 种，浙江分布 1 种。

（249）金星垂耳尺蛾 *Pachyodes amplificata* (Walker, 1862)（图版 XIX-16）

Abraxas amplificata Walker, 1862: 1124.

Pachyodes amplificata: Prout, 1912: 12.

主要特征：前翅长：雄 25–27 mm；雌 27–30 mm。翅乳白色，散布大小不等的深灰色斑块。前翅中点黑色短条形，在 1 大灰斑之内；外线为 1 列灰斑；翅端部灰斑散碎，散布鲜黄色斑，其上有黑色碎纹，黄斑在臀角处扩展；缘线为 1 列黑点。后翅外线的灰斑间断；黄斑几乎占据整个臀角区域，其间在 CuA_2 和 2A 脉间具黑斑。翅反面白色，基部黄色，正面的斑纹在反面黑褐色，略扩展，翅端部无黄色。雄性外生殖器（图 108）：背兜侧突基部 2/3 融合；颚形突中突较尖；抱器背腹面褶皱具不规则小齿，基部隆起 1 大弱骨化片，抱器腹宽阔，外缘中上部略褶皱粗糙，上部至端部外缘具 1 列小齿；囊形突半圆形凸出；阳茎短粗，端部骨化，具细密小齿。雌性外生殖器（图 278）：交配孔周围骨化，背部强烈骨化褶皱，具 1 方形后阴片；囊导管短；囊体极长，无囊片。

分布：浙江（临安、舟山、江山、泰顺）、甘肃、安徽、湖北、江西、湖南、福建、广西、四川。

130. 粉尺蛾属 *Pingasa* Moore, 1887

Pingasa Moore, 1887: 419. Type species: *Hypochroma ruginaria* Guenée, 1858.

Skorpisthes Lucas, 1900: 143. Type species: *Skorpisthes undascripta* Lucas, 1900.

主要特征：雄触角短双栉形；雌触角线形。大多数种类雄后足胫节膨大，有毛束和极短端突，2 对距。前翅有清晰的内线、外线、亚缘线；后翅有清晰的外线；内线波状或锯齿形；外线常为不规则锯齿形；翅面被外线分割成两部分，外线内侧通常色浅，由白色至灰褐色；外线外侧由淡灰色至粉褐色、红褐色、灰红褐色、深灰色、深灰绿色等；外线外侧颜色深的种类通常在前翅和后翅中部具白斑或浅色斑；亚缘线锯齿形或波状。翅反面：前后翅基部为白色或黄色，少量散布灰褐色；前翅通常有中点，后翅中点有或无；端带多变。

分布：世界广布。世界已知 47 种，中国记录 8 种，浙江分布 3 种。

分种检索表

1. 前后翅外线弧形、圆滑，不为锯齿形，仅在脉上呈短线状延伸 …………………… **粉尺蛾日本亚种 *P. alba brunnescens***
- 前后翅外线不为弧形，或多或少呈锯齿形 …………………………………………………… 2
2. 前后翅外线外侧清晰粉褐色、红褐色或黄褐色 …………………………………… **红带粉尺蛾 *P. rufofasciata***
- 前后翅外线外侧为均匀的深灰色，无粉褐色或红褐色 ……………………………… **小灰粉尺蛾 *P. pseudoterpnaria***

（250）粉尺蛾日本亚种 *Pingasa alba brunnescens* Prout, 1913（图版 XIX-17）

Pingasa alba brunnescens Prout, 1913b: 397.

主要特征：前翅长：雄 22–23 mm；雌 24–25 mm。翅灰白色。前翅内线波状。中点细长条状。外线圆滑，基本不波曲，在翅脉上向外呈短线状延伸；外线外侧色较深，灰黄褐色至深灰色；亚缘线灰白色，锯齿形；缘线黑色纤细。后翅无中点；外线、亚缘线、缘线、缘毛同前翅。翅反面白色，基部污灰色，前后翅均有黑色短棒状中点，后翅中点较小；翅端部为 1 黑色宽带，在前翅 M 脉间向外扩展达外缘；在后翅 M 脉间向外扩展，但未达外缘。雄性外生殖器（图 109）：背兜侧突尖端二分叉短小，整体盾形；颚形突中突扁宽；抱器瓣极宽阔；抱器背前缘外凸，端突较细，尖角状，抱器腹端具尖齿，上有多个粗壮大齿；阳茎短粗，端部较细，内有角状器。

分布：浙江（泰顺）、湖北、江西、湖南、福建、广西、四川、贵州；日本。

（251）红带粉尺蛾 *Pingasa rufofasciata* Moore, 1888（图版 XIX-18）

Pingasa rufofasciata Moore, 1888, *in* Hewitson & Moore, 1888a: 247.

主要特征：前翅长：21–22 mm。前后翅外线以内白色，散布大量黑灰色鳞片。前翅内线黑色波曲；中点黑色细长；外线黑色，弧形浅锯齿形，在翅脉上有短线状延伸；外线外侧为深灰色带黄褐色、粉红色或红褐色；亚缘线白色锯齿形，较模糊。后翅外线、亚缘线和翅端部颜色基本同前翅；在中点位置上暗褐色，上有白色长鳞毛覆盖。翅反面大部分白色；中点短条形；端带黑色；前翅端带上宽下窄，顶角处和近臀角附近色渐浅，几乎白色；后翅端带未达外缘。雄性外生殖器（图 110）：背兜侧突尖端二分叉；颚形突中突浅凹陷；抱器瓣两侧不对称，抱器背端突细长指状，左侧抱器腹端突较短宽，右侧抱器腹端突细长，尖锐刺状；阳茎短粗，内有 2 支强骨化角状器。雌性外生殖器（图 279）：交配孔漏斗状；囊导管很短；囊体大，上窄下宽，上半部骨化；无囊片。

分布：浙江（临安、泰顺）、湖北、江西、湖南、福建、广西、四川、贵州、云南；印度。

（252）小灰粉尺蛾 *Pingasa pseudoterpnaria* (Guenée, 1858)（图版 XIX-19）

Hypochroma pseudoterpnaria Guenée, 1858: 276.

Hypochroma pryeri Butler, 1878b: 398.

Pingasa pseudoterpnaria: Prout, 1912: 11.

主要特征：前翅长：雄 17 mm；雌 17–23 mm。翅面散布大量深灰褐至黑褐色鳞；前后翅均有模糊短条状中点。前翅内线波状；外线锯齿形，在翅脉形成鲜明黑点；外线外侧为均匀的深灰色；亚缘线白色锯齿形。翅反面：基部白色，在前翅中域内及前翅前缘散布少量灰色；前后翅均有短条状中点，后翅中点较小；前后翅均有黑褐色端带，在前翅 M 脉间达外缘，在后翅 M_2 附近略有所扩展。雄性外生殖器（图 111）：背兜侧突端部二分叉；颚形突端部深二分叉；抱器背与抱器腹之间深凹陷，抱器背端部有 2 个尖齿，抱器腹端部为 1 尖齿，其下方外侧有粗齿；阳茎具纹，角状器为 1 边缘不清晰的钝骨片。

分布：浙江（江山）、北京、山东、江苏、安徽、湖北、江西、湖南、福建、四川；日本。

131. 豆纹尺蛾属 *Metallolophia* Warren, 1895

Metallolophia Warren, 1895: 88. Type species: *Hypochroma vitticosta* Walker, 1860.

主要特征：雄触角锯齿形、纤毛状、短双栉形；雌触角线形。雄后足胫节不膨大或略膨大，毛束有或无，雌雄均具 2 对距。前后翅外缘波状或光滑。翅面绿色及褐色鳞片，并有紫色色调；前翅前缘下方常有 1 条浅色带；内线、外线波曲或锯齿形，外线常在翅中上部强烈外凸。前后翅均有巨大中点，中点通常中心色浅，有深色边。翅反面：前后翅基部、外线内侧色浅，常带有紫色色调，翅基具鲜黄色；端部通常为宽阔的紫色或褐色带，有时亦具粗壮的外线；前翅有大中点，通常中空；中点内侧和近后缘亦具另 1 黑紫色斑块。

分布：古北区、东洋区。世界已知 16 种，中国记录 7 种，浙江分布 2 种。

（253）紫砂豆纹尺蛾 *Metallolophia albescens* Inoue, 1992（图版 XIX-20）

Metallolophia albescens Inoue, 1992b: 156.

Metallolophia ostrumaria Xue, 1992: 810.

主要特征：前翅长：雄 21–24 mm；雌 25 mm。翅面暗绿色杂紫色碎纹。前翅中室内至外线白色，且向上扩展至顶角；中点的紫色环纹较细弱；外线波状直行。后翅豆纹形中点较前翅狭小，外线锯齿形。前后翅缘线紫色连续。翅反面浅紫色，前翅基部有 2 个紫斑，前后翅豆纹形中点紫色，翅端部为 1 极模糊的紫色带，其外侧色浅淡，前翅顶角处有 1 白斑。雄性外生殖器（图 112）：背兜侧突二分裂；颚形突中突细长；

抱器瓣端部圆，着生浓密毛簇；抱器腹端部形成 1 宽阔铲状突，具密刺；抱器瓣基部有 1 狭长骨片，端部圆形。阳茎细小，具成排小齿，角状器为一发达骨片。雌性外生殖器（图 280）：前表皮突退化。囊导管短粗，骨化；囊体小袋状，无囊片。

分布：浙江（温州）、湖南、广东、云南；越南。

（254）豆纹尺蛾 *Metallolophia arenaria* (Leech, 1889)（图版 XIX-21）

Pachyodes arenaria Leech, 1889b: 144.

Hypochroma danielaria Oberthür, 1913: 291.

Metallolophia danielaria: Prout, 1934, *in* Seitz, 1934: 6.

主要特征：前翅长：雄 22–26 mm；雌 26–28.5 mm。翅灰白色，散布大量深紫色碎纹和成片灰绿色鳞片；前翅内线、外线深紫色，外线近“S”形，上中部极外凸；中点为 1 巨大豆形深紫色环纹，纹内灰绿色；前缘在外线与顶角之间有 1 深紫色斑。翅反面灰白色，基部黄色，前后翅环形中点和粗壮外线均紫色；翅基部有 1 紫色大点，其下方散布紫色，亚缘线处为 1 模糊紫色带。雄性外生殖器（图 113）：背兜侧突短粗，二分叉；抱器瓣基部骨化片基半部膨大，端半部形状似花生，抱器腹端突短粗，端部膨大，具小刺；阳茎具一条狭长具刺的骨片，角状器“Y”形。雌性外生殖器（图 281）：囊体长袋状；囊导管和囊体上半部弱骨化。

分布：浙江（临安）、江西、湖南、福建、台湾、四川、云南；缅甸，越南。

132. 冠尺蛾属 *Lophophelma* Prout, 1912

Lophophelma Prout, 1912: 40. Type species: *Hypochroma vigens* Butler, 1880.

主要特征：雄触角基部双栉形，端部线形；雌触角线形或短双栉形。雄后足胫节通常不膨大，胫距 2 对。前后翅外缘浅波曲；后翅前缘短，顶角圆，后缘延长。翅正面通常均匀散布褐色、灰绿色、红褐色、黑色纵纹和斑。前翅通常在顶角下方有 1 浅色斑，有清晰的亚基线、内线、外线；内线直，弱波曲或强波曲；外线锯齿形，在中上部外凸；亚缘线通常由脉间白点组成；前翅中点清晰，短线状。后翅具锯齿形外线；亚缘线同前翅；中点同前翅或较细弱。翅反面：翅基部污白色、白色、污黄色至淡黄色；两翅均有端带，宽阔完整或不连续。

分布：东洋区。世界已知 19 种，中国记录 8 种，浙江分布 2 种。

（255）江浙冠尺蛾 *Lophophelma iterans* (Prout, 1926)（图版 XX-1）

Terpna iterans iterans Prout, 1926a: 2.

Lophophelma iterans: Pitkin *et al*., 2007: 383.

别名：江浙垂耳尺蛾。

主要特征：前翅长：雄 26–35 mm；雌 34 mm。翅面浅灰黄绿色，散布暗绿色斑块和黑色碎纹，斑纹黑色。前翅亚基线浅弧形；内线斜行；中点细长；外线深锯齿形，中部外凸，其外侧具银灰色鳞片。后翅中点细长；外线在 M_3 上凸出。翅反面白色，基部略带黄白色，散布灰色碎纹，前翅内线和前后翅外线在反面深灰色；中点大而清晰；翅端部为 1 条不完整黑褐色带，在前翅 M 脉之间扩展到外缘；后翅黑带常退化成 1 列大小不等的黑褐斑。雄性外生殖器（图 114）：背兜侧突端半部二分裂；颚形突中突较小。抱器背端突细长弯曲，靠近抱器瓣一侧中部具 1 大钝突，抱器腹端突巨大角状；阳茎粗壮，端部密布小齿，具 1 圆钝突。雌性外生殖器（图 282）：交配孔周围骨化；囊导管极短，骨化；囊体巨大，无囊片。

分布：浙江（四明山、余姚、景宁、泰顺）、河南、陕西、甘肃、上海、湖北、江西、湖南、福建、海南、广西、四川；越南。

（256）川冠尺蛾江西亚种 *Lophophelma erionoma kiangsiensis* (Chu, 1981)（图版 XX-2）

Terpna erionoma kiangsiensis Chu, 1981: 114.

Lophophelma erionoma kiangsiensis: Pitkin *et al*., 2007: 382.

主要特征：前翅长：雄 21 mm；雌 24 mm。雄触角双栉形；雌触角线形。额凸出，中部具 1 黑色横带，上下白色杂粉红色。下唇须背面褐色，腹面和侧面黄白色。胸部与腹部背面紫色与黑色相间，腹部背面有立毛簇。雄后足胫节 2 对距。

分布：浙江（泰顺）、江西。

133. 巨青尺蛾属 *Limbatochlamys* Rothschild, 1894

Limbatochlamys Rothschild, 1894b: 540. Type species: *Limbatochlamys rosthorni* Rothschild, 1894.

主要特征：雌雄触角短双栉形。后足胫节不膨大，2 对距。前翅顶角尖，略呈钩状；后翅顶角圆；前后翅外缘光滑。前翅均匀橄榄绿色，前缘为 1 条褐色带，下缘有深色线；后翅前缘区域草黄色，向下过渡至灰绿色区域，翅端部灰绿色；前翅前缘带和后翅大部分散布黑褐色鳞片；前翅外线为脉上小点或微弱锯齿形细线；后翅外线为黑褐色锯齿形，常为细带状；前翅中点弱，后翅清晰或无。翅反面浅褐色，散布红褐色及黑褐色碎纹，前翅常有粗壮黑褐色直带状外线，后翅偶尔有外线；中点有或无。

分布：古北区、东洋区。世界已知 3 种，中国记录 3 种，浙江分布 1 种。

（257）中国巨青尺蛾 *Limbatochlamys rosthorni* Rothschild, 1894（图版 XX-3）

Limbatochlamys rosthorni Rothschild, 1894b: 540.

主要特征：前翅长：雄 28–37 mm；雌 38 mm。翅面橄榄绿色。前翅顶角略呈钩状；前缘为 1 条灰黄色带；外线在翅脉上为 1 列小黑点。后翅灰黄色，后缘基部附近和外缘附近带灰绿色调；翅面散布黑色碎纹；中点细长模糊；外线灰黑色锯齿形。翅反面灰黄褐色，端部密布黑色碎纹；前翅有粗壮灰黑色直带状外线，未达前后缘；前后翅近外缘区域为灰白色；前翅黑色中点变化较大。雄性外生殖器（图 115）：钩形突细长指状；背兜侧突长度约为钩形突的 1/2；颚形突中突较细；抱器背端膨大，密布小尖齿，端突细长，抱器内突舌片状；阳茎短粗，角状器尖刺形，阳茎上具 2 个骨化突。雌性外生殖器（图 283）：交配孔骨化，后阴片褶皱；囊导管极短，囊体粗壮，在上 1/3 处弯曲，囊片双角状。

分布：浙江（丽水）、陕西、甘肃、江苏、上海、湖北、江西、湖南、福建、广西、重庆、四川、云南。

134. 青尺蛾属 *Geometra* Linnaeus, 1758

Geometra Linnaeus, 1758: 519. Type species: *Phalaena papilionaria* Linnaeus, 1758.

Hipparchus Leach, 1815: 134. Type species: *Phalaena papilionaria* Linnaeus, 1758.

Leptornis Billberg, 1820: 90. Type species: *Phalaena papilionaria* Linnaeus, 1758.

Terpne Hübner, 1822: 38-41, 44, 47, 48, 51, 52. Type species: *Phalaena papilionaria* Linnaeus, 1758.

Holothalassis Hübner, 1823: 285. Type species: *Phalaena papilionaria* Linnaeus, 1758.

Hydrochroa Gumppenberg, 1887: 328. Type species: *Geometra glaucaria* Ménétriès, 1858.

Megalochlora Meyrick, 1892: 95. Type species: *Chlorochroma sponsaria* Bremer, 1864.

主要特征：雄触角双栉形，尖端线形；雌触角线形。雄后足胫节常膨大，有毛束和端突；雌雄 2 对距。前翅顶角略呈镰状、钝或较尖，外缘光滑或锯齿形，有时顶角下方外缘呈缺刻状；后翅外缘光滑或锯齿形，或在 M_3 脉端有尾突。翅绿色，通常带蓝绿色调。内线、外线通常白色，纤细或粗壮，波曲或直；亚缘线模糊或微弱，或为脉间白斑；中点通常不清晰。

分布：古北区、东洋区。世界已知 18 种，中国记录 16 种，浙江分布 3 种。

分种检索表

1. 前后翅外线均直行且较粗壮，前翅内线、外线在后缘处靠得较近；前后翅外缘锯齿状 ………………… **直脉青尺蛾 *G. valida***
\- 前翅外线在近前缘处明显弯曲、较纤细，前翅内线、外线在后缘处离得较远；前后翅外缘不为锯齿状 ……………… 2
2. 后翅外线较粗壮，污白色；前翅外缘顶角至 M_3 光滑 ………………………………………………………… **白带青尺蛾 *G. sponsaria***
\- 后翅外线纤细，白色；前翅外缘顶角至 M_3 波曲，在翅脉端有小凸齿 ……………………………**乌苏里青尺蛾 *G. ussuriensis***

（258）白带青尺蛾 *Geometra sponsaria* (Bremer, 1864)（图版 XX-4）

Chlorochroma sponsaria Bremer, 1864: 77.

Megalochlora mandarinaria Leech, 1897: 235.

Geometra sponsaria: ICZN, 1957: 254.

主要特征：前翅长：雄 23–25 mm；雌 22–30 mm。翅绿色。前翅顶角下方凹入较深，外缘光滑，在 M_3 脉处为 1 小尖角；前缘污白色；内线、外线污白色，粗壮，较直，近前缘处略弯曲，形成褐斑；中点为位于中室端脉上的白色细线。后翅外缘在 M_3 上有尖齿；外线污白色，直，较前翅粗壮；亚缘线浅弧形，波状。雄性外生殖器（图 116）：背兜侧突细长；颚形突中突杆状；抱器瓣狭长膜质，端部钝圆，抱器腹长度略短于抱器瓣长的 1/2，端突细长刺状；阳茎向尖端渐细。雌性外生殖器（图 284）：交配孔周围骨化，无前后阴片；囊导管短，具近“V”形骨环；囊体袋状，有 1 新月形囊片。

分布：浙江（德清）、黑龙江、内蒙古、北京、甘肃、上海、湖北、湖南、四川；俄罗斯，朝鲜半岛，日本。

（259）乌苏里青尺蛾 *Geometra ussuriensis* (Sauber, 1915)（图版 XX-5）

Megalochlora ussuriensis Sauber, 1915: 203.

Hipparchus herbeus Kardakoff, 1928: 421.

Geometra ussuriensis: ICZN, 1957: 254.

主要特征：前翅长：雄 18–23 mm；雌 23–25 mm。前翅顶角尖，顶角下方深凹陷，外缘波曲，在 M_3 脉端凸出 1 大齿；前缘黄白色；内线、外线白色，细线形；内线微波曲。后翅外缘在 M_3 脉处有尖尾突；外线直，较前翅粗。雄性外生殖器（图 117）：钩形突呈浅弧形；背兜侧突细长；颚形突中突极细长；抱器瓣特别狭长，浅弧形弯曲，抱器腹短小，具 1 细长骨化突；阳茎粗壮，向尖端渐细。雌性外生殖器（图 285）：后阴片形状不规则；囊导管短，具“V”形骨环；囊体长袋状，上细下粗；囊片为新月形。

分布：浙江（杭州）、黑龙江、河南、陕西、甘肃、湖北、四川；俄罗斯，朝鲜半岛，日本。

（260）直脉青尺蛾 *Geometra valida* Felder *et* Rogenhofer, 1875（图版 XX-6）

Geometra valida Felder *et* Rogenhofer, 1875: pl. 127, fig. 37.

Geometra dioptasaria Christoph, 1881: 41.

别名：栎大尺蛾。

主要特征：前翅长：雄 27–29 mm；雌 29–32 mm。翅面青绿色。前后翅外缘锯齿形；前翅前缘浅灰绿色；内线白色，较直；外线直，向下逐渐加粗；内线外侧及外线内侧有暗绿色阴影。中点深绿色。后翅外缘在 M_3 上的凸齿大；外线较前翅粗。雄性外生殖器（图 118）：背兜侧突细长。颚形突中突杆状；抱器瓣基宽端窄，抱器腹发达，约为抱器瓣长的 1/2，具细长骨化端突；阳茎粗壮，向尖端渐细。雌性外生殖器（图 286）：交配孔周围骨化，无清晰前后阴片；囊导管短，具“V”形骨环；囊体大，具新月形囊片。

分布：浙江（杭州）、黑龙江、吉林、辽宁、内蒙古、北京、山西、山东、河南、陕西、宁夏、甘肃、上海、湖北、江西、湖南、福建、广西、四川、贵州、云南；俄罗斯，朝鲜半岛，日本。

135. 镰翅绿尺蛾属 *Tanaorhinus* Butler, 1879

Tanaorhinus Butler, 1879b: xi, 38. Type species: *Geometra confuciaria* Walker, 1861.

主要特征：雄触角基部 1/2–2/3 短双栉形；雌触角线形。额圆球形中度凸出；下唇须粗壮，雌第 3 节常极度延长。雄后足胫节通常膨大，有毛束和端突，2 对距。前翅顶角凸出，呈镰状；后翅顶角圆或略凸出；后翅后缘延长，近臀角为 1 缺刻，臀角通常呈下垂状；前后翅外缘光滑。翅面墨绿色、绿色或蓝绿色；部分种类雌雄二态，雌多紫红色，偶带蓝绿色。前翅内线波状或锯齿形；外线锯齿形，在后翅较近翅基部；前翅两线在近后缘处接近，部分种类两线间散布银灰色鳞片；亚缘线由脉间散斑组成；前翅中点黑色或白色，有时呈双点状。翅反面：颜色多变，大多绿色，或绿色、紫色、黄-红褐色相间；后翅常略带黄绿色或黄色。外线线形，或扩展为狭窄或宽阔的端带；前后翅大多均有中点。

分布：东洋区。世界已知 13 种，中国记录 6 种，浙江分布 1 种。

（261）镰翅绿尺蛾中国亚种 *Tanaorhinus reciprocata confuciaria* (Walker, 1861)（图版 XX-7）浙江新记录

Geometra confuciaria Walker, 1861: 522.

Tanaorhinus confuciaria: Prout, 1912: 16.

Tanaorhinus reciprocata confuciaria: Inoue, 1961a: 40.

主要特征：前翅长：雄 32–33 mm；雌 35–36 mm。前翅顶角凸出呈镰状。翅蓝绿色；线纹白色。前翅内线波状；前后翅中点微小，墨绿色；外线锯齿形，其外侧在翅脉间有 1 列浅色模糊斑；亚缘线为 1 列白色至黄白色点。翅反面翠绿色或黄绿色，中点较正面清晰且略大；外线深褐色细带状，位置较正面近外缘，在后翅略呈弧形；亚缘线在前翅臀角附近有 2 个褐点，在后翅为 1 列褐点；后翅顶角附近常有 1 小褐斑。雄性外生殖器（图 119）：背兜侧突强壮；颚形突中突为钩形突；抱器瓣宽，端部较窄，抱器腹及端突骨化，左右不对称，左侧细长，右侧弯曲呈“S”形。阳茎端部粗大。雌性外生殖器（图 287）：前阴片“凹”形；后阴片为一圆形骨片；囊导管很短，骨环呈“V”形；囊体袋状，内有新月形囊片。

分布：浙江、河南、湖北、湖南、福建、台湾、海南、广西、四川、贵州、云南、西藏；朝鲜半岛，日本。

136. 岔绿尺蛾属 *Mixochlora* Warren, 1897

Mixochlora Warren, 1897a: 42. Type species: *Mixochlora alternata* Warren, 1897.

主要特征：雄触角双栉形，尖端线形；雌触角线形。雄后足胫节通常不膨大，雌雄胫距 2 对。前翅略呈镰状，体型较小。翅绿色，深绿色带与灰绿色或银灰色带相间，其中内带和外带在后缘处接近或相接触呈“V”形；翅反面黄绿色，可见正面的斑纹。

分布：古北区、东洋区。世界已知 4 种，中国记录 1 种，浙江分布 1 种。

（262）三岔绿尺蛾 *Mixochlora vittata* (Moore, 1868)（图版 XX-8）

Geometra vittata Moore, 1868: 636.

Mixochlora vittata: Holloway, 1976: 61.

别名：三岔镰翅绿尺蛾。

主要特征：前翅长：雄 15–20 mm；雌 17–22 mm。翅浅灰绿色，斑纹鲜绿色，带状；前翅顶角凸出，略呈钩状。前翅基带、内带和中点均外倾；外带内倾并与中点和内带接触，呈三叉状；亚缘带直，与外缘平行。后翅具外带和亚缘带，外带向下渐粗，亚缘带微呈弧形、粗壮，端带弧形。翅反面黄色，略带黄绿色；前后翅中点微小，黑灰色，外带黑灰色、弧形；亚缘带残留少量黑灰色鳞片。雄性外生殖器（图 120）：背兜侧突弯曲，间距宽，颚形突中突宽大舌状；抱器瓣狭长平直，抱器背基部有钩状大突，近抱器腹有 2 丛刚毛；阳茎端部略尖，骨化。雌性外生殖器（图 288）：囊导管细长，约为囊体长的 1.5 倍，上端具骨环；囊体近圆形，无囊片。

分布：浙江（临安、舟山、江山）、江苏、湖北、江西、湖南、福建、台湾、广东、海南、四川、云南；日本，印度，不丹，尼泊尔，泰国，菲律宾，马来西亚，印度尼西亚。

137. 新青尺蛾属 *Neohipparchus* Inoue, 1944

Neohipparchus Inoue, 1944: 60. Type species: *Thalassodes vallata* Butler, 1878.

主要特征：雄触角双栉形，尖端线形；雌触角线形，有极短纤毛。雄后足胫节膨大、有毛束，2 对距，有时有短端突。前翅顶角略尖，外缘较直或浅弧形，臀角近直角；后翅顶角大多明显，外缘在 M_3 脉处凸出成发达尾突，其上下接近直线，后缘延长。前翅浅色内线、外线粗壮，较直，有时细弱；后翅多有倾斜的白色外线；多数种类两翅有微弱的白色亚缘线；多数种类后翅外缘尾突处缘毛为褐色，似褐斑状。翅反面：基部大部分近白色，端半部浅绿色至深绿色，斑纹与正面相似，但不清晰。

分布：古北区、东洋区。世界已知 5 种，中国记录 5 种，浙江分布 1 种。

（263）双线新青尺蛾 *Neohipparchus vallata* (Butler, 1878)（图版 XX-9）

Thalassodes vallata Butler, 1878a: 50.

Neohipparchus hypoleuca: Xue, 1992, *in* Liu, 1992: 817.

主要特征：前翅长：雄 15 mm；雌 16–18 mm。翅面蓝绿色，散布黄褐色鳞片。前翅内线、外线白色，内线外侧、外线内侧分别具黄褐色伴线；中点褐色。后翅外缘在 M_3 和 CuA_1 脉端具 1 宽阔凸起；外线直，白色，内侧有黄褐色伴线；亚缘线白色波状，不清晰。雄性外生殖器（图 121）：钩形突、背兜侧突几乎等长；颚形突中突耳蜗状强凸出，端部尖；抱器瓣宽，端部圆，基部具 1 簇刚毛，并有数支大刺；阳茎短小，端半部侧面有 1 细长尖齿。雌性外生殖器（图 289）：肛瓣尖。前阴片为 1 近方形骨片；囊导管细长，和囊体长度相当；囊体近椭圆形，内有 1 小尖齿形囊片。

分布：浙江（临安）、山西、陕西、甘肃、江苏、湖北、江西、湖南、福建、台湾、四川、云南、西藏；朝鲜半岛，日本，印度，尼泊尔，越南。

138. 缺口青尺蛾属 *Timandromorpha* Inoue, 1944

Timandromorpha Inoue, 1944: 62. Type species: *Tanaorhinus discolor* Warren, 1896.

主要特征：雄触角双栉形；雌触角线形。雄后足胫节不膨大，无毛束；雌雄 2 对距。前翅顶角凸出，镰状；外缘在顶角至 M_3 深凹陷，并在 M_3 脉端形成 1 尖齿或 1 折角；臀角凸出。后翅顶角圆，外缘较光滑，在 M_3 脉端有凸起。翅面暗绿色杂暗紫色。前翅外线两侧有黄白色斑块；后翅中部有宽阔黄白色带。翅反面斑纹似正面，颜色较灰。

分布：古北区、东洋区。世界已知 4 种，中国记录 3 种，浙江分布 1 种。

（264）小缺口青尺蛾 *Timandromorpha enervata* Inoue, 1944（图版 XX-10）

Timandromorpha enervata Inoue, 1944: 63.

主要特征：前翅长：雄 18–23 mm；雌 24 mm。前翅顶角钩状，外缘具缺刻。翅暗绿色。前翅内线深色波状；外线处有数个大小不等的黄白色斑，外线在白斑内穿过，其外侧在 CuA_1 或 CuA_2 下常有黑齿。后翅基部暗绿色至灰绿色；中部为宽大黄白色斑，斑内翅脉褐色，似网状；斑外至外缘上半部灰黄褐色至灰绿色，下半部紫灰色至暗绿色。雄性外生殖器（图 122）：钩形突长约为宽的 2 倍，端部二分叉；背兜侧突基部膨大；颚形突舌状；抱器背端部圆，有浓密刚毛簇，抱器腹端部具 1 束刚毛刺；阳茎细长，端部有稀疏小刺。雌性外生殖器（图 290）：交配孔处弱骨化；囊导管细长，接近囊体渐粗；囊体梨形，内有双角状囊片。

分布：浙江（德清、临安、庆元）、河南、陕西、甘肃、湖北、江西、湖南、福建、台湾、四川；朝鲜半岛，日本。

139. 四眼绿尺蛾属 *Chlorodontopera* Warren, 1893

Chlorodontopera Warren, 1893: 351. Type species: *Odontoptera chalybeata* Moore, 1872.

主要特征：雄触角 3/4 双栉形，或线形；雌触角线形。雄后足胫节膨大，有毛束，雌雄均具 2 对距。前翅长，前缘几乎直，外缘上半部强锯齿形，在顶角至 M_1 及 M_1-M_3 之间有缺刻，在 M_3 下方倾斜，微波曲；后翅宽，外缘强锯齿形，M_1-M_3 缺刻深。翅面草绿色。前后翅均有巨大中点；后翅中点上方有灰黄色至灰红色区域，密布褐色至暗红褐色，锯齿形外线在该区域为深褐色至黑褐色。

分布：东洋区。世界已知 4 种，中国记录 4 种，浙江分布 1 种。

（265）中国四眼绿尺蛾 *Chlorodontopera mandarinata* (Leech, 1889)（图版 XX-11）

Odontoptera mandarinata Leech, 1889b: 141.

Chlorodontopera mandarinata: Leech, 1897: 231.

主要特征：前翅长：19–25 mm。翅暗绿色。前后翅各有 1 巨大黑色中点，周围有黄白边。前翅内线、外线、亚缘线浅绿色，波状。后翅外线内侧前缘附近至 M_3 灰黄色，散布紫灰褐色，此处外线黑褐色。两翅缘线黑褐色。翅反面土灰色，带灰黄色调，隐见外线。雄性外生殖器（图 123）：钩形突端半部钝圆，扇形。背兜侧突发达，长于钩形突；颚形突两侧臂发达，具小刺，中部凸出；抱器瓣狭长，抱器背弯曲，端部具多个小齿，抱器腹具 1 小端突，端部略凹陷或近平截；横带片为 1 对凸起，基部宽大，端部细长；阳茎具 1 圆钝角状器。雌性外生殖器（图 291）：交配孔腹面为近“V”形凹陷。

分布：浙江（临安、江山、庆元、泰顺）、江西、湖南、广西、重庆、四川。

140. 绿尺蛾属 *Comibaena* Hübner, 1823

Comibaena Hübner, 1823: 284. Type species: *Geometra bajularia* Denis *et* Schiffermüller, 1775.

Phorodesma Boisduval, 1840: 179. Type species: *Geometra bajularia* Denis *et* Schiffermüller, 1775.

Uliocnemis Warren, 1893: 355. Type species: *Phorodesma cassidara* Guenée, 1858.

Colutoceras Warren, 1895: 88. Type species: *Colutoceras diluta* Warren, 1895.

Myrtea Gumppenberg, 1895: 477, 478. Type species: *Phalaena pustulata* Hufnagel, 1767.

Probolosceles Meyrick, 1897: 73. Type species: *Comibaena quadrinotata* Butler, 1889.

Chlorochaeta Warren, 1904: 464. Type species: *Chlorochaeta longipennis* Warren, 1904.

主要特征：雄触角双栉形，尖端线形带纤毛；雌触角线形纤毛状；极少种类雌雄触角均为双栉形。绝大多数种类雄后足胫节膨大，有毛束和端突，2 对距。后翅顶角和外缘圆，少数种类前翅顶角尖。翅绿色；通常两翅均有小中点。前翅内线及外线清晰、粗壮或极细弱，外线弯曲或较直；有些种类外线外侧伴有白色区域；有些种类内线、外线由脉上小点组成；极少种类前翅无内线、外线。后翅通常无外线；偶有亚缘线。通常前翅臀角及后翅顶角有大小不一的斑，斑白色至褐色，中间色浅或颜色均匀；有些在前翅可达 M_1，在后翅可达 M_3；部分种类无斑；少数种类在后翅外缘有云纹状斑。幼虫背部有植物叶片碎屑，进行伪装；取食树木和灌木。

分布：世界广布。世界已知 57 种，中国记录 26 种，浙江分布 7 种。

分种检索表

1. 后翅中点为短条状黑斑 ………………………………………………………………………… 2
- 后翅中点为黑色小点 ………………………………………………………………………… 3
2. 前翅外线在 M_1 脉上齿较尖 …………………………………………………… **长纹绿尺蛾 *C. argentataria***
- 前翅外线在 M_1 脉上齿较钝 ………………………………… **亚长纹绿尺蛾中国亚种 *C. signifera subargentaria***
3. 前翅臀角斑及后翅顶角斑白色，内部翅脉褐色 ……………………………………………… 4
- 前翅臀角斑及后翅顶角斑颜色深 …………………………………………………………… 5
4. 后翅顶角斑较大，下缘达 M_2，内缘圆滑，Rs 及 M_1 在斑中为褐色 ……………… **亚肾纹绿尺蛾 *C. subprocumbaria***
- 后翅顶角斑较小，下缘达 M_1，内缘凸出，仅 Rs 在斑中为褐色 ………………………… **肾纹绿尺蛾 *C. procumbaria***
5. 后翅正面无亚缘线，前翅臀角斑和后翅顶角斑颜色一致 ……………………………… **栎绿尺蛾 *C. quadrinotata***
- 后翅正面有细弱亚缘线，前翅臀角斑和后翅顶角斑颜色不一致 ……………………………………… 6
6. 后翅顶角斑为黑色；前后翅缘线的黑点清晰完整；♂外生殖器钩形突基部融合，端部深二分叉 ……………………………………………………………………………… **黑角绿尺蛾 *C. subdelicata***
- 后翅顶角斑紫红色掺杂黑灰色；前后翅缘线的黑点部分消失；♂外生殖器钩形突为互相远离的 2 个指状突 ……………………………………………………………………………… **紫斑绿尺蛾 *C. nigromacularia***

（266）紫斑绿尺蛾 *Comibaena nigromacularia* (Leech, 1897)（图版 XX-12）

Euchloris nigromacularia Leech, 1897: 237.

Uliocnemis delicatior Warren, 1897a: 391.

Comibaena nigromacularia: Prout, 1912: 100.

Phorodesma eurynomaria Oberthür, 1916: 106.

主要特征：前翅长：雄 18 mm；雌 21 mm。翅绿色。前翅内线和外线白色，外线较粗壮，其外侧在 M 脉间为白色斑块，且向外扩展至近外缘；臀角处的斑块橘红色，较小，外侧有 2 个黑点。后翅顶角斑紫红色掺杂黑灰色，在 M_1 以上较宽，M_1 以下狭窄并沿外缘延伸到近 M_3 处；臀角处为 1 浅黄色斑块。两翅中点黑色。前后翅缘线的黑点部分消失。雄性外生殖器（图 124）：钩形突为 2 个指状突；背兜侧突基部较粗，端部尖细；抱器背花瓣状，尖端有 1 短尖齿；抱器瓣末端圆；囊形突中间浅凹陷；阳茎细长，中部膨大、球形，具微齿。雌性外生殖器（图 292）：后阴片为 1 近似椭圆形骨片；囊导管极细长；囊体极细弱。

分布：浙江（四明山、余姚、庆元、泰顺）、黑龙江、北京、河南、陕西、甘肃、安徽、湖北、江西、湖南、福建、台湾、广西、四川、云南；俄罗斯，朝鲜半岛，日本。

（267）黑角绿尺蛾 *Comibaena subdelicata* Inoue, 1986（图版 XX-13）

Comibaena subdelicata Inoue, 1986: 52.

主要特征：前翅长：雄 14 mm。翅面绿色，前后翅均有褐色小中点。前翅内线、外线白色；臀角处为 1 褐斑，略带暗红色；缘线为脉间小黑点。后翅顶角具 1 大黑斑，从前缘几乎直行至 M_1 脉，后外折，并向下延伸，达 M_2 脉；具细弱白色亚缘线。雄性外生殖器（图 125）：钩形突端部深二分叉；背兜侧突尖端钩状；抱器瓣端部略窄，抱器背缘中部凸出，腹缘膨大，边缘具密刺，端部较尖；囊形突中间深凹陷，2 侧突端部钝；阳茎纤细。

分布：浙江（临安）、江西、福建、台湾、四川；日本。

（268）肾纹绿尺蛾 *Comibaena procumbaria* (Pryer, 1877)（图版 XX-14）

Euchloris procumbaria Pryer, 1877: 232.

Comibaena vaga Butler, 1881a: 410.

Comibaena procumbaria: Prout, 1912: 20.

别名：珠链绿尺蛾。

主要特征：前翅长：雄 11–14 mm；雌 12–14 mm。翅鲜绿色。前后翅中点深褐色。内线、外线近白色，不清晰；臀角处的红褐斑中部白色。后翅顶角斑下端仅达 M_1，周围褐色，中间白色带少量褐色，Rs 脉在斑内褐色；臀角处有 1 小斑，周围褐色，中间白色。雄性外生殖器（图 126）：钩形突为 2 支分离的刺状突；背兜侧突中部弯曲，端部尖；抱器瓣端部略窄，无突；囊形突特别延长，2 叉中间深凹陷；阳茎细长。雌性外生殖器（图 293）：交配孔骨化；囊导管弱骨化，较粗壮；囊体弱小。

分布：浙江（临安、舟山、温州）、北京、河北、山西、山东、河南、甘肃、上海、湖北、江西、湖南、福建、台湾、广东、香港、广西、四川、云南；朝鲜半岛，日本。

（269）亚肾纹绿尺蛾 *Comibaena subprocumbaria* (Oberthür, 1916)（图版 XX-15）

Phorodesma subprocumbaria Oberthür, 1916: 103.

Comibaena subprocumbaria: Prout, 1933: 93.

主要特征：前翅长：雄 10–11.5 mm；雌 13–14 mm。翅鲜绿色，前后翅中点为深褐色小点。前翅内线、外线近白色，不清晰；臀角处的红褐斑中部白色。后翅顶角斑下端达 M_2，内缘圆滑，$Sc+R_1$ 及 M_1 在斑中为褐色；臀角处有 1 小斑，周围褐色，中间白色。雌雄外生殖器似肾纹绿尺蛾。

分布：浙江（四明山、鄞州、余姚、磐安）、北京、河北、河南、甘肃、江苏、湖北、江西、湖南、福建、海南、广西、四川、云南、西藏。

（270）栎绿尺蛾 *Comibaena quadrinotata* Butler, 1889（图版 XX-16）

Comibaena quadrinotata Butler, 1889: 22, 105.

主要特征：前翅长：雄 10–11 mm；雌 12 mm。翅面绿色，带蓝绿色调；两翅均有褐色小中点。前翅内线、外线微弱，白色；臀角斑褐色，颜色均匀，较小。后翅顶角斑褐色，其下端未达到 M_1。雄性外生殖器（图 127）：钩形突端半部二分叉；背兜侧突短于钩形突；颚形突无中突；抱器瓣基部略宽，抱器背端部具 1 骨化尖突；囊形突深凹陷；阳茎针状。

分布：浙江（临安）、河南、江苏、湖北、湖南、福建、台湾、海南、广西、四川；日本，印度，喜马拉雅山东北部，越南，斯里兰卡，马来西亚，印度尼西亚。

（271）长纹绿尺蛾 *Comibaena argentataria* (Leech, 1897)（图版 XX-17）

Euchloris argentataria Leech, 1897: 237.

Comibaena argentataria: Prout, 1913, *in* Seitz, 1913: 20.

主要特征：前翅长：雄 11–15.5 mm；雌 13–18.5 mm。翅深绿色。前翅顶角尖；前缘浅绿色；内线细弱；中点为 1 小褐点；外线白色，不规则波曲，在 M_1 处的凸齿较尖且粗大，其下端在臀褶处增粗、内凹；臀角处斑块深灰褐色。后翅中点短棒状；顶角斑向下延伸至 M_3，臀角处白斑较小。雄性外生殖器（图 128）：钩形突细长两突状；背兜侧突长于钩形突，钩状。抱器背膨大，端部钝圆，具微齿；左侧抱器瓣端部较尖，右侧抱器瓣端部圆；囊形突钝二分叉，2 叉端部圆；阳茎细长。

分布：浙江（临安）、湖北、江西、湖南、福建、台湾、广东、广西、四川；朝鲜半岛，日本。

（272）亚长纹绿尺蛾中国亚种 *Comibaena signifera subargentaria* (Oberthür, 1916)（图版 XX-18）

Phorodesma subargentaria Oberthür, 1916: 105.

Comibaena signifera subargentaria: Prout, 1933: 93.

主要特征：前翅长：雄 16 mm；雌 17–18 mm。翅深绿色。前翅顶角尖。中点为 1 小褐点，周围有白色。前翅外线上半段波曲较浅，在 M_1 处的凸齿短而圆，但在 CuA_2 与臀褶之间的内凸尖齿极长，尖端接近内线；前翅内线下端在后缘处形成小褐斑；后翅中点特别长，亦较粗。雄性外生殖器（图 129）：钩形突、背兜侧突、囊形突似长纹绿尺蛾；抱器背尖端骨化强，为钝突，其腹缘中部有 1 尖齿，尖齿和抱器端之间的边缘亦有小齿；阳茎细长。雌性外生殖器（图 294）：后阴片强骨化、褶皱；前阴片为 2 个近三角形的骨化片，前后阴片几乎呈圆形；囊导管细长；囊体极小，很弱。

分布：浙江（庆元）、福建、广西、四川、云南。

141. 二线绿尺蛾属 *Thetidia* Boisduval, 1840

Thetidia Boisduval, 1840: 189. Type species: *Thetidia plusiaria* Boisduval, 1840.

Euchloris Hübner, 1823: 283. Type species: *Phalaena smaragdaria* Fabricius, 1787. [Junior homonym of *Euchloris* Billberg, 1820 (Coleoptera)]

Aglossochloris Prout, 1912: 212. Type species: *Phorodesma fulminaria* Lederer, 1871.

Antonechloris Raineri, 1994: 365. Type species: *Phalaena smaragdaria* Fabricius, 1787.

主要特征：雄触角双栉形；雌触角线形或锯齿形。雄后足胫节膨大或不膨大，毛束有或无；雌雄 2 对距，无端突。翅绿色，斑纹白色。前翅通常有白色波状内线及强锯齿形、略波曲或较直的外线，内线、外线细弱或粗壮；亚缘线通常消失，有时由脉间一系列短条状斑组成；缘线有或无。后翅颜色通常较前翅浅，前缘区域尤其明显，无内线及外线，通常有细弱亚缘线，接近外缘；两翅通常有圆形或短杆状白色中点，偶尔无。

分布：古北区、东洋区。世界已知 25 种，中国记录 7 种，浙江分布 1 种。

（273）菊四目绿尺蛾 *Thetidia albocostaria* (Bremer, 1864)（图版 XX-19）

Euchloris albocostaria Bremer, 1864: 76.

Thetidia albocostaria: Inoue, 1961a: 75.

主要特征：前翅长：雄 13–14 mm；雌 14–18 mm。两翅外缘弧形凸出，圆锯齿形。翅绿色。前翅内线、外线白色波状，外线在 M_3 上方波曲较密且小。前后翅中点为圆形大白斑，其周缘有黄褐色边，在后翅较显著，斑内中室端脉黄褐色至深褐色。后翅除中点外无其他斑纹。雄性外生殖器（图 130）：钩形突二分叉状，向尖端渐细；背兜侧突向尖端渐细；抱器瓣简单；囊形突宽大凸出，长宽相近，端部中间弧形凹陷；阳茎纤细，针状。雌性外生殖器（图 295）：交配孔周围骨化，囊体及囊导管极弱小，囊体内无囊片。

分布：浙江（宁波、舟山）、黑龙江、吉林、辽宁、内蒙古、河南、陕西、甘肃、青海、江苏、上海、安徽、湖北、湖南；俄罗斯，朝鲜半岛，日本。

142. 彩青尺蛾属 *Eucyclodes* Warren, 1894

Eucyclodes Warren, 1894a: 390. Type species: *Phorodesma buprestaria* Guenée, 1858.

主要特征：雄触角双栉形、锯齿形、纤毛状；雌触角线形。雌雄后足胫节 2 对距；雄后足胫节常膨大，有毛束和端突。前翅顶角钝，外缘弧形微波曲；后翅外缘浅波曲，中部在 M_3 脉端略凸出或折角状凸出。翅鲜绿色至蓝绿色，很多种类呈半透明状，上有白色至褐色碎斑或斑块，斑纹多变。很多种类雌雄二态：翅面上雄性为白色的区域，雌性散布红色或黑色鳞片。食植物的嫩叶、芽、花及果实。

分布：古北区、东洋区、澳洲区。世界已知 89 种，中国记录 15 种，浙江分布 2 种。

（274）枯斑翠尺蛾 *Eucyclodes difficta* (Walker, 1861)（图版 XX-20）

Comibaena difficta Walker, 1861: 576.

Eucyclodes difficta: Holloway, 1996: 235.

主要特征：前翅长：雄 14–16 mm；雌 14–18 mm。翅绿色，斑纹黄白色带枯褐色调。前翅有纤细内线和微小暗绿色中点；外线上端消失，由 M_1 以下不规则波曲，在 M_2 与 M_3 之间和 CuA_2 以下向外扩展成斑块；外缘中部有 1 白斑。后翅外缘在 M_3 脉端略凸出；外线在 M_3 与 CuA_2 之间弓形外凸，其外侧斑纹与前翅 CuA_2 以下相连续，内有灰绿色小斑块、红褐色杂灰褐色碎斑和白色亚缘线。雄性外生殖器（图 131）：钩形突端部膨大、凹陷较浅；背兜侧突弱；颚形突中突尖齿形；抱器背端部为圆钝耳状突，基部有粗钝骨化突，抱器腹内缘隆起骨化；囊形突中间凹陷；阳茎具 1 发达具齿的骨化带。雌性外生殖器（图 296）：交配孔至囊导管强骨化，呈桶状；囊体短粗，无囊片。

分布：浙江、黑龙江、吉林、辽宁、内蒙古、北京、河北、河南、陕西、甘肃、江苏、上海、安徽、湖北、江西、湖南、福建、台湾、重庆、云南；俄罗斯，朝鲜半岛，日本。

（275）弯彩青尺蛾 *Eucyclodes infracta* (Wileman, 1911)（图版 XX-21）

Thalassodes infracta Wileman, 1911c: 342.

Eucyclodes infracta: Holloway, 1996: 235.

主要特征：前翅长：雄 12–14 mm；雌 15 mm。翅面暗绿色，中点小，较翅色略深。前翅内线白色，波状；外线白色，弯曲，近前缘处不清晰；亚缘线由白色小点组成；外缘在 M_3 脉上有 1 白斑。后翅外线白色，在 M_3-CuA_2 间极为凸出；外线外侧为白色杂棕褐色斑块，在 M_1 下方至臀角具暗绿色鳞片。雄性外生殖器（图 132）：钩形突端部膨大，中间浅凹；背兜侧突弱；颚形突中突尖齿形；抱器背端突较圆，超出抱器瓣端部，抱器瓣基部具凹槽，其端部展成弱骨化小突；囊形突小，中部浅凹陷；阳茎细长，端部骨化。雌性外生殖器（图 297）：囊导管极短，具骨环；囊体宽大，褶皱，内具 1 横带形囊片。

分布：浙江（庆元）、福建、海南、香港、广西、四川、云南；日本。

143. 锈腰尺蛾属 *Hemithea* Duponchel, 1829

Hemithea Duponchel, 1829: 106, 233. Type species: *Geometra aestivaria* Hübner, 1799.

Geometrina Motschulsky, 1861: 35. Type species: *Geometrina viridescentaria* Motschulsky, 1861.

Lophocrita Warren, 1894a: 389. Type species: *Thalera undifera* Walker, 1861.

Mixolophia Warren, 1894a: 391. Type species: *Mixolophia ochrolauta* Warren, 1894.

主要特征：雄触角锯齿形，具长纤毛，端部线形具纤毛；雌触角线形，具短纤毛。雄后足胫节通常膨大，有毛束和短钝端突，1 对端距；雌 2 对距。前翅顶角尖或圆，有时略凸出；前后翅外缘光滑或极浅波曲；后翅外缘在 M_3 脉端有小尾突。翅面橄榄绿色或灰绿色。前翅前缘通常有污白色至深褐色窄带，上散布褐色小点；前翅内线白色，细弱、波曲；前后翅外线白色，细弱、波曲或直，偶尔锯齿形，有时在翅脉上呈点状；两翅中点通常不清晰；缘线在脉端常呈浅色点状。

分布：古北区、东洋区、澳洲区。世界已知 32 种，中国记录 6 种，浙江分布 1 种。

（276）奇锈腰尺蛾 *Hemithea krakenaria* Holloway, 1996（图版 XX-22）

Hemithea krakenaria Holloway, 1996: 266.

主要特征：前翅长：雄 10 mm；雌 12 mm。后翅外缘在 M_3 脉端有尾突。前翅内线模糊，仅在下半段可见；外线由脉上小白点组成或连成白色细线，中部略外凸；缘线黑褐色，在脉端为黄白色小点。后翅外线、缘线、缘毛同前翅；后翅在中点位置上色较深。后翅反面顶角有 1 黑褐色小斑块。雄性外生殖器（图 133）：钩形突、背兜侧突细长且尖；颚形突纤细，无中突；抱器瓣中间具凹槽，内有发达抱器，上具小齿和刚毛；凹槽端部上方具 1 小凸起，上有密刺。阳茎细长，端部骨化，具 1 细长骨化突。雌性外生殖器（图 298）：后阴片具 1 对刚毛丛。囊导管粗壮，褶皱；囊体小，椭圆形，内有 1 圆形囊片。

分布：浙江（临安）、河南、福建、广西、四川、云南；马来西亚。

144. 仿锈腰尺蛾属 *Chlorissa* Stephens, 1831

Chlorissa Stephens, 1831: 315. Type species: *Phalaena viridata* Linnaeus, 1758.

Aoshakuna Matsumura, 1925a: 156. Type species: *Aoshakuna sachalinensis* Matsumura, 1925.

主要特征：雄触角纤毛状；雌触角线形或带极短纤毛。雄后足胫节膨大，有毛束和端突，仅 1 对端距；雌 2 对距。体型较小。前翅顶角钝，后翅顶角圆或略凸出；前后翅外缘极微弱波曲或较光滑，后翅外缘在 M_3 脉端常有小尾突；后翅后缘有时延长；前后翅内线、外线白色，较细弱，内线通常波状或弧形弯曲，外线略曲折或较直；中点有或无；缘线有或无；缘毛长。翅反面较正面色浅，有时前翅上半部色略深，无斑纹。

分布：古北区、东洋区、旧热带区。世界已知 41 种，中国记录 9 种，浙江分布 2 种。

（277）安仿锈腰尺蛾 *Chlorissa anadema* (Prout, 1930)（图版 XX-23）

Hemithea anadema Prout, 1930b: 294.

Chlorissa tyro Prout, 1935: 15.

Chlorissa anadema: Prout, 1935: 15.

主要特征：前翅长：雄 11 mm。翅绿色。前翅内线、外线白色，内线外侧和外线内侧伴有暗灰黄绿色；内线波状，接近前缘处消失；外线在 CuA_2 上方为脉上的小白点；中点不清晰；无缘线；缘毛绿色，长。后翅中点、外线、缘线、缘毛同前翅。幼虫细弱，背部具褐色。取食灌木和树木。

分布：浙江、山东、上海、四川；俄罗斯，日本。

（278）遗仿锈腰尺蛾 *Chlorissa obliterata* (Walker, 1863)（图版 XX-24）

Nemoria obliterata Walker, 1863: 1558.

Chlorissa obliterata: Prout, 1912: 174.

别名：仿锈腰青尺蛾、薄绿尺蛾。

主要特征：前翅长：10–12 mm。翅黄绿色。前翅内线、外线白色，内线弧形，外线较直；中点不清晰。后翅外线略粗，中部略外凸；无中点和缘线。翅反面浅黄绿色，可见模糊外线。雄性外生殖器（图 134）：钩形突、背兜侧突细长且尖；颚形突无中突。抱器背凸起 1 大三角形骨片，上具 1 细长刺状尖突；抱器背基部有钝指状突；囊形突具 1 细长指状突；阳茎端部呈缺口状，边缘具小齿；阳茎端膜上具 1 角状器。雌性外生殖器（图 299）：后阴片弱骨化，具 1 对弱骨化突；囊颈弱骨化，囊体极细长，无囊片。

分布：浙江（德清）、黑龙江、北京、河北、山西、山东、河南、甘肃、江苏、上海、湖南、福建、四川；俄罗斯，朝鲜半岛，日本。

145. 亚四目绿尺蛾属 *Comostola* Meyrick, 1888

Comostola Meyrick, 1888: 836, 869. Type species: *Eucrostis perlepidaria* Walker, 1866.

Pyrrhorachis Warren, 1896c: 292. Type species: *Pyrrhorachis cornuta* Warren, 1896.

Leucodesmia Warren, 1899a: 25. Type species: *Comibaena dispansa* Walker, 1861.

Chloeres Turner, 1910: 570. Type species: *Chlorochroma citrolimbaria* Guenée, 1858.

主要特征：雄触角双栉形；雌触角线形、纤毛状或锯齿形。雄后足胫节通常不膨大，少数种类膨大且具毛束和短端突，2 对距。体型小。翅面蓝绿色或绿色。前翅内线和前后翅外线常由脉上小点组成，淡黄色或红褐色，通常两色相伴，外线小点在 M_1 上方通常消失；多数种类具特征鲜明的大中点，通常分为 3 层；缘线红色与黑色相间，其内缘波状、锯齿形或平滑；少数种类外缘处无多色的缘线；有些种类缘线为串珠状，且在后缘和前缘处各有 1 个指状突。幼虫粗壮，向尾部渐粗，头部双锥形；取食花或嫩芽。

分布：古北区、东洋区、澳洲区。世界已知 49 种，中国记录 18 种，浙江分布 1 种。

（279）亚四目绿尺蛾 *Comostola subtiliaria* (Bremer, 1864)（图版 XX-25）

Euchloris subtiliaria Bremer, 1864: 76.

Comostola subtiliaria: Prout, 1912: 236.

主要特征：前翅长：雄 11 mm。翅面蓝绿色。前翅内线由中室下缘和 A 脉上 2 个小黄点组成，黄点内侧有红色鳞片；中点最内层银灰色，中间褐色，外层白色略带淡黄色；外线亦由脉上小黄点组成，黄点外侧具红色鳞片。后翅外缘中部略外凸；中点比前翅大；外线同前翅，在 CuA_1 上的点距中点比距外缘近。前后翅缘线内侧粉褐色，外侧褐色。雄性外生殖器（图 135）：钩形突尖端浅凹陷。背兜侧突尖端渐细。颚形突细长、尖。抱器背中部凸出，向抱器瓣方向形成微弱骨化的三角形突；抱器腹端部具浓密刚毛刺。囊形突宽大半圆形。阳茎端部针状，中部膨大。雌性外生殖器（图 300）：后阴片为 1 近方形的骨化薄片，中间“V”形凹陷，前阴片为 1 对三角形骨化尖齿。囊导管极短，与囊体不可分；囊体较大，扁宽，无囊片。

分布：浙江（临安、庆元、泰顺）、河南、陕西、甘肃、青海、上海、江西、福建、广东、广西、四川、云南；俄罗斯，日本，印度，印度尼西亚。

146. 赤线尺蛾属 *Culpinia* Prout, 1912

Culpinia Prout, 1912: 15(key), 139. Type species: *Thalera diffusa* Walker, 1861.

主要特征：雄触角双栉形；雌触角线形。雄后足胫节不膨大，2 对距，中距很短。前翅顶角略尖，后翅顶角较圆；两翅外缘波曲，后翅外缘在 M_1-M_3 间有缺刻。翅面灰绿色，褪色后为黄绿色。前翅前缘色浅；具波状白色内线和外线。后翅具白色外线。前后翅中点在中室端脉处色略深；缘线鲜红褐色；缘毛浅绿色，在翅脉端鲜红褐色。

分布：古北区、东洋区。世界已知 2 种，中国记录 1 种，浙江分布 1 种。

（280）赤线尺蛾 *Culpinia diffusa* (Walker, 1861)（图版 XX-26）

Thalera diffusa Walker, 1861: 597.

Thalera crenulata Butler, 1878b: 399.

Thalera rufolimbaria Hedemann, 1879: 512.

Culpinia diffusa: Prout, 1912: 21.

别名：红足青尺蛾。

主要特征：前翅长：雄 10–12 mm；雌 11.5–15 mm。翅面灰绿色。前翅内线白色波状，细弱；中点在中室端脉处略加深；外线白色，细弱波状，几乎和外缘平行；缘线鲜红褐色，在翅脉端偶有间断；缘毛浅绿色，在翅脉端鲜红褐色。后翅白色细弱外线在中部外凸；中点、缘线、缘毛同前翅。雄性外生殖器（图 136）：钩形突、背兜侧突细长；颚形突无中突；抱器瓣狭长，抱器背基部具 1 发达骨化突，近伸达抱器瓣端部；囊形突中部凸出 1 锥形尖突；阳茎端部较粗，有骨化齿和钝突；阳茎盲囊细长。雌性外生殖器（图 301）：交配孔周围膜质，褶皱；囊导管短，和囊体不分；囊体上半部褶皱，囊体内无囊片。

分布：浙江（德清）、辽宁、山东、江苏、湖南、福建、重庆、四川；俄罗斯，朝鲜半岛，日本。

147. 无缰青尺蛾属 *Hemistola* Warren, 1893

Hemistola Warren, 1893: 353. Type species: *Hemistola rubrimargo* Warren, 1893.

主要特征：雄触角部分双栉形或双栉形至尖端；雌触角线形或短双栉形。雄后足胫节常膨大，具毛束和端突，雌雄具 2 对距。前翅顶角尖或钝；后翅顶角圆；前后翅外缘均光滑，后翅外缘在 M_3 脉端有微弱钝突或尖突，或圆。翅淡绿色，常带蓝绿色调或灰绿色调。前翅内线、外线较细弱，清晰或不清晰，白色，线形，有时外线锯齿形；通常无中点，有时有深褐色或白色中点，偶尔中点为白圆圈状，圈内颜色同翅色。翅反面色较正面浅，绿白色，通常无斑纹，偶尔有微弱中点。

分布：世界广布。世界已知 41 种，中国记录 25 种，浙江分布 2 种。

（281）粉无缰青尺蛾 *Hemistola dijuncta* (Walker, 1861)（图版 XX-27）

Geometra dijuncta Walker, 1861: 523.

Geometra? *inoptaria* Walker, 1863: 1555.

Jodis claripennis Butler, 1878b: 399.

Hemistola dijuncta: Prout, 1913, *in* Seitz, , 1913: 31.

主要特征：前翅长：雄 18 mm；雌 20 mm。翅面蓝绿色。前翅内线白色，弧形弯曲；外线白色，在前缘处消失，在翅脉上略向外凸出微小尖齿。后翅外缘弧形浅波曲，在 M_3 脉端凸出 1 尖角；外线白色。雄性外生殖器（图 137）：钩形突端部 1/3 处二分叉；背兜侧突细小。颚形突中突细长刺状；抱器背下半部极度凸出，抱器腹内缘为 1 列骨化刺，端突细小，抱器腹端突上方抱器瓣腹缘凹陷；囊形突宽大半圆形；阳茎粗壮，一侧骨化，具 1 较短骨化突。

分布：浙江（德清）、华北、江苏、上海、福建；朝鲜半岛，日本。

（282）金边无缰青尺蛾 *Hemistola simplex* Warren, 1899（图版 XXI-1）

Hemistola simplex Warren, 1899a: 24.

Hemistola fulvimargo Inoue, 1978: 216

主要特征：前翅长：15–16 mm。翅面蓝灰色。前翅内线白色波状，在中室下缘上方不清晰，在后缘上形成 1 小褐点；外线白色浅波曲，在 M_1 上方不清晰，在后缘亦形成 1 小褐点；缘线黄褐色杂红褐色；缘毛白色，在翅脉端红褐色。后翅外缘在 M_3 脉端具 1 尖齿；外线白色浅波曲，在 M_3 至 CuA_1 间外凸。雄性外生殖器（图 138）：背兜侧突长于钩形突，端部膨大；颚形突中突细长且尖；抱器瓣宽阔，抱器腹端部内侧具 1 小钝突，基部有 1 细长且尖的骨化刺；阳茎短粗，角状器为 1 丛浓密发达骨化刺。

分布：浙江（临安）、北京、河南、甘肃、湖南、福建、台湾、四川。

148. 突尾尺蛾属 *Jodis* Hübner, 1823

Jodis Hübner, 1823: 286. Type species: *Geometra aeruginaria* Denis *et* Schiffermüller, 1775.

Pareuchloris Warren, 1894a: 386. Type species: *Phalaena vernaria* Linnaeus, 1761.

Leucoglyphica Warren, 1894a: 391. Type species: *Geometra pallescens* Hampson, 1891.

主要特征：雄触角至少 1/2 以上双栉形，栉齿长，栉齿紧贴触角干上，有纤毛；雌触角线形。前翅顶角钝或较尖，后翅顶角圆或略凸出；后翅外缘中部具尾突，中等凸出或很微弱。翅通常灰绿色，褪色后为黄绿色。前后翅均有内线、外线，内线通常波状，两翅外线常呈锯齿形；前后翅中点常略深于翅色，有时为白圈状或杂白色鳞片。

分布：古北区、东洋区。世界已知 34 种，中国记录 18 种，浙江分布 5 种。

分种检索表

1. 前后翅中点掺杂白色鳞片 ……………………………………………………………… **藕色突尾尺蛾 *J. argutaria***
- 前后翅中点为简单颜色加深（黄绿色） ……………………………………………………………… 2
2. 前后翅外线仅略弯曲，近线形，在前翅中部不外凸 ……………………………… **青突尾尺蛾 *J. lactearia***
- 前后翅外线明显锯齿形，常在前翅中部外凸 ……………………………………………………………… 3
3. ♂抱器背膜质，无端突亦无特化；抱器腹端突尖 ……………………………… **齿突尾尺蛾 *J. dentifascia***
- ♂抱器背骨化，膨大或具端突；抱器腹端突宽阔 ……………………………………………………………… 4
4. ♂抱器背弧形隆起，基半部骨化部分有小刺；抱器腹端突端部圆 ……………… **幻突尾尺蛾 *J. undularia***
- ♂抱器背较直，基半部骨化部分光滑；抱器腹端突端部平截 ……………………… **东方突尾尺蛾 *J. orientalis***

（283）藕色突尾尺蛾 *Jodis argutaria* (Walker, 1866)（图版 XXI-2）

Thalera argutaria Walker, 1866: 1614.

Gelasma concolor Warren, 1893: 352.

Thalera sinuosaria Leech, 1897: 244.

Jodis argutaria: Inoue, 1961a: 52.

主要特征：前翅长：雄 13 mm；雌 14 mm。后翅外缘中部尾突尖而长。翅青绿色至灰绿色。前翅内线深波状，圆滑，白色，外侧有灰黄褐色边；中点黄褐色，下端掺杂白鳞；外线锯齿形，白色，内侧有灰黄褐色边，在 M_1、M_3 和 CuA_1 处的凸齿长。后翅斑纹同前翅。雄性外生殖器（图 139）：钩形突顶端尖；背兜侧突膜质；颚形突中突细长骨化；抱器腹缘中部有 2 个凸起，凸起中间至抱器瓣基部内凹；阳端基环强骨化，上缘凹陷，具密刺；囊形突中部具 1 指状小突；阳茎粗壮，中部具齿；阳茎盲囊细长。

分布：浙江（庆元）、陕西、甘肃、湖北、湖南、台湾、四川、云南、西藏；日本，印度。

（284）齿突尾尺蛾 *Jodis dentifascia* (Warren, 1897)（图版 XXI-3）

Iodis dentifascia Warren, 1897b: 212.

Jodis dentifascia: Inoue, 1961a: 53.

主要特征：前翅长：雄 13 mm；雌 16 mm。前翅顶角较尖，后翅外缘中部尾突短钝，折角状。翅暗灰绿色。前翅内线深波状，圆滑，白色；中室端脉黄褐色，不清晰；外线白色，锯齿形，其内缘深波状。后翅有波状内线；中点和外线同前翅。雄性外生殖器（图 140）：钩形突较短粗；背兜侧突短于钩形突；颚形突中突舌状。抱器腹端突骨化，具小齿；抱器瓣中部为宽阔凹槽。横带片为 1 对骨化尖齿。阳端基环片状，中间凹陷。囊形突中部具 1 细长突，其端部展宽呈小叉状。阳茎端部较粗，骨化；阳茎盲囊细长。雌性外生殖器（图 302）：后阴片清晰，片状；囊导管极短；囊体大，近球形，内有 1 弧形双角状囊片。

分布：浙江（德清）；朝鲜半岛，日本。

（285）青突尾尺蛾 *Jodis lactearia* (Linnaeus, 1758)

Phalaena (*Geometra*) *lactearia* Linnaeus, 1758: 519.

Phalaena (*Geometra*) *vernaria* Linnaeus, 1761: 323.

Geometra aeruginaria Denis *et* Schiffermüller, 1775: 314.

Phalaena lactea Fourcroy, 1785: 273.

Phalaena (*Geometra*) *decolorata* Villers, 1789: 385.

Jodis lactearia: Inoue, 1961a: 51.

主要特征：前翅长：11–12 mm。后翅外缘中部有尾突。翅黄绿色，褪色的标本几乎褪为污白色。前翅内线弧形弯曲，白色；外线白色，近线形；无缘线。后翅内线、外线基本同前翅，外线在中部外凸。前后翅中点为中室端脉加深。

分布：浙江（临安）、北京、湖南、四川；东西伯利亚，朝鲜半岛，日本，欧洲。

（286）东方突尾尺蛾 *Jodis orientalis* Wehrli, 1923（图版 XXI-4）

Jodis putata orientalis Wehrli, 1923: 62.

Jodis orientalis: Beljaev, 2007: 55.

主要特征：前翅长：10–12 mm。前翅顶角钝，后翅顶角圆；两翅外缘较光滑，后翅外缘中部小尾突折角状。翅面灰绿色。仅可见白色细弱锯齿形外线，其他斑纹极模糊，难以分辨；前翅似有内线，中点为中室端脉加深。翅反面灰白色，无斑纹。

分布：浙江（德清）、上海、湖南；俄罗斯，朝鲜半岛，日本。

（287）幻突尾尺蛾 *Jodis undularia* (Hampson, 1891)（图版 XXI-5）

Thalera undularia Hampson, 1891: 28.

Jodis undularia: Parsons *et al.*, 1999, *in* Scoble, 1999: 528.

主要特征：前翅长：8.5–11 mm。后翅外缘中部有小尾突。翅暗灰绿色；内线深波状，圆滑，白色；外线白色，浅锯齿形；无缘线；缘毛灰白色。后翅内线、外线、缘毛基本同前翅。前后翅中点为中室端脉加深，细长条状。雄性外生殖器（图 141）：钩形突向端部渐尖；背兜侧突略短于钩形突；颚形突中突小且尖；抱器瓣狭长，抱器背基半部凸出，具稀疏小齿，抱器腹端部具 1 骨化钝圆突；阳端基环为 1 弱骨化卵圆形骨片；囊形突凸出，长大于宽；阳茎短粗，弱骨化。

分布：浙江（宁波）、湖北、台湾、海南、四川；印度，斯里兰卡。

149. 尖尾尺蛾属 *Maxates* Moore, 1887

Maxates Moore, 1887: 436. Type species: *Thalassodes coelataria* Walker, 1861.

Gelasma Warren, 1893: 352. Type species: *Jodis thetydaria* Guenée, 1858.

Thalerura Warren, 1894a (April 16): 392. Type species: *Thalerura prasina* Warren, 1894.

Thalerura Swinhoe, 1894a (May 11): 175. Type species: *Timandra goniaria* Felder *et* Rogenhofer, 1875.

主要特征：雄触角双栉形；雌触角线形。雄后足胫节通常膨大，具毛束和短端突，2 对距，个别种类仅 1 对端距。前翅顶角尖或钝圆；后翅外缘在 M_3 脉端通常有弱至发达的尾突。翅面灰色、灰绿色至鲜绿色；前翅内线与外线、后翅外线锯齿形，略波曲，由脉上小点组成，或为宽阔带状；后翅无内线；中点较翅色略深，细长，或极少为白点状。翅反面通常无任何斑纹，有时在前翅臀角和后翅顶角有深色大斑块。

分布：世界广布。世界已知 100 余种，中国记录 34 种，浙江分布 4 种。

分种检索表

1. 翅反面在前翅臀角和后翅顶角有斑块 ············ **斑尖尾尺蛾 *M. submacularia***
- 翅反面无任何斑纹 ············ 2
2. 翅正面（至少前翅）有缘线 ············ 3
- 翅正面无缘线（或缘线和翅面颜色相同） ············ **疑尖尾尺蛾 *M. ambigua***
3. 抱器瓣端部腹缘耳状突长且钝，♂阳茎盲囊末端展宽，呈二叉状 ············ **线尖尾尺蛾 *M. protrusa***
- 抱器瓣端部腹缘具 1 小突，♂阳茎盲囊末端不展宽 ············ **续尖尾尺蛾 *M. grandificaria***

（288）疑尖尾尺蛾 *Maxates ambigua* (Butler, 1878)（图版 XXI-6）

Thalassodes ambigua Butler, 1878a: 49.

Maxates ambigua: Holloway, 1996: 274.

主要特征：前翅长：13–17 mm。后翅外缘中部尾突小。翅橄榄绿色。线纹白色，纤细但清晰；前翅内线波状；前后翅外线锯齿形，后翅外线中部外凸；前后翅均有微小的白色中点；无缘线。雄性外生殖器（图 142）：钩形突细长；背兜侧突比钩形突短宽；颚形突中突舌状；抱器背基部至外 1/3 处直，在该处与抱器瓣腹缘对应凸起，抱器瓣端部呈斜切状，抱器腹端突为 1 向内弯的尖刺；囊形突宽大半圆形；阳茎端部膨大；阳茎盲囊细长。

分布：浙江、江苏、湖南、福建、台湾、广东、云南；朝鲜半岛，日本。

（289）续尖尾尺蛾 *Maxates grandificaria* (Graeser, 1890)（图版 XXI-7）

Nemoria grandificaria Graeser, 1890: 266.

Thalera colataria Leech, 1897: 245.

Maxates grandificaria: Holloway, 1996: 274.

别名：青灰讥尺蛾。

主要特征：前翅长：15–21 mm。前翅顶角尖；后翅尾突中等。翅正面深绿色，带黄绿色调；白色线纹弱，但清晰。前翅前缘赭黄色，点缀黑褐色；内线波曲。前后翅外线锯齿形；缘线黑褐色，极少在翅脉上中断；中点颜色较深，在后翅呈线形；缘毛黄白色，在脉端点缀黑褐色。翅反面浅绿色，除可见黑色的缘线外无其他斑纹。雄性外生殖器（图 143）：钩形突刺状；背兜侧突短于钩形突；颚形突中突宽大舌状；抱器瓣端部腹缘具 1 小突，抱器腹具粗大端突，背缘锯齿形，腹缘光滑，端部圆，中部具 1 列浓密毛束；阳端基环为 1 延长骨片，端部中央呈“V”形深凹；阳茎细长弯曲，端部尖。

分布：浙江（庆元）、山东、河南、甘肃、江苏、上海、湖北、湖南、台湾、四川；俄罗斯（西伯利亚东南部），朝鲜半岛，日本。

（290）线尖尾尺蛾 *Maxates protrusa* (Butler, 1878)（图版 XXI-8）

Thalera protrusa Butler, 1878a: 50.

Maxates protrusa: Holloway, 1996: 274.

主要特征：前翅长：雄 16–17 mm。前翅顶角尖，略凸出，呈钩状；后翅外缘中部尾突长且尖。翅面灰绿色。前翅前缘黄褐色，散布少量黑褐色；内线、外线白色，细弱；中点暗绿色，细长；缘线褐色，在脉端呈点状；缘毛灰褐色。后翅外线在中部略外凸，中点、缘线、缘毛同前翅。翅反面灰绿色，无斑纹。雄性外生殖器（图 144）：钩形突强骨化；背兜侧突短于钩形突；颚形突中突扁宽；抱器瓣宽大，端部腹缘耳状突长且钝，抱器腹端部具褶皱的骨化大突；阳端基环为 1 弱骨化片，中间深凹陷；囊形突短小；阳茎纤细针状，端部斜切状；阳茎盲囊末端展宽，呈二叉状。雌性外生殖器（图 303）：交配孔两侧骨化强，无清晰后阴片。囊导管细长；囊体卵形，无囊片。

分布：浙江（临安）、黑龙江、山西、江苏、湖南、福建、台湾、广西；俄罗斯（西伯利亚东南部），朝鲜半岛，日本。

（291）斑尖尾尺蛾 *Maxates submacularia* (Leech, 1897)（图版 XXI-9）

Thalassodes submacularia Leech, 1897: 242.

Gelasma submacularia: Prout, 1912: 148.

Maxates submacularia: Holloway, 1996: 274.

主要特征：前翅长：18–19 mm。前翅顶角尖，后翅 M_3 脉端具明显尾突。白色内线和外线细弱，后翅外线在中部的折角较明显；中点暗绿色，仅隐约可见。缘线黑色。翅反面前翅臀角和后翅顶角有黑灰色大斑。雄性外生殖器（图 145）：钩形突细长刺状；背兜侧突略短于钩形突；颚形突中突细长，指状；抱器腹端突细长，抱器近椭圆形，具骨化密刺；抱器瓣腹缘端部 1/3 处具 1 凹陷，上有 1 小突；囊形突舌状。阳茎细长弯曲，弱骨化，端部尖。

分布：浙江（温州）、四川。

150. 麻青尺蛾属 *Nipponogelasma* Inoue, 1946

Nipponogelasma Inoue, 1946: 1. Type species: *Gelasma immunis* Prout, 1930.

主要特征：雄触角双栉形或锯齿形；雌触角线形。雄后足胫节膨大，有毛束和短端突，具 2 对距或 1 对距；雌具 2 对距。前翅顶角钝，外缘光滑；后翅外缘在 M_3 脉端有微弱凸起，但仿麻青尺蛾 *N. chlorissodes* 外缘光滑。翅面灰绿色，前翅具微弱近白色的内线、外线，后翅仅有外线，无其他斑纹。翅反面无斑纹。

分布：古北区、东洋区。世界已知 2 种，中国记录 1 种，浙江分布 1 种。

（292）仿麻青尺蛾 *Nipponogelasma chlorissodes* (Prout, 1912)（图版 XXI-10）

Microloxia chlorissodes Prout, 1912: 201.

Chlorissa chlorissodes: Prout, 1933: 117.

Nipponogelasma chlorissodes: Inoue, 1971: 145.

主要特征：前翅长：7–10 mm。前翅顶角钝，后翅顶角圆；两翅外缘光滑。翅面灰黄绿色。前翅内线、两翅外线白色，极其微弱，有时不可见；缘线无；缘毛灰黄绿色。翅反面颜色较正面浅，无斑纹。雄性外生殖器（图 146）：钩形突发达，细长且尖；背兜侧突长度和钩形突相当；颚形突无中突。抱器腹具发达、细长杆状的端突；囊形突端部狭窄；阳茎端半部骨化；阳茎盲囊极细长。

分布：浙江（宁波）、山东、台湾、海南、香港。

151. 黄斑尺蛾属 *Epichrysodes* Han *et* Stüning, 2007

Epichrysodes Han *et* Stüning, 2007: 128. Type species: *Epichrysodes tienmuensis* Han *et* Stüning, 2007.

主要特征：触角线形，有短纤毛。后足胫节几乎不膨大，具毛束和短端突，1 对端距。前后翅顶角圆。前翅外缘光滑，略外凸。后翅后缘延长，外缘在 M_3 脉端具 1 钝突。翅浅黄色，具粉褐色斑块，新鲜标本中略有绿色。

分布：东洋区。本属为中国特有属，仅 1 种，分布在浙江。

（293）天目黄斑尺蛾 *Epichrysodes tienmuensis* Han *et* Stüning, 2007（图版 XXI-11）

Epichrysodes tienmuensis Han *et* Stüning, 2007: 131.

主要特征：前翅长：雄 13 mm。翅浅黄色具粉褐色斑块，新鲜标本中略有绿色。前翅基部粉褐色；前缘区具 1 宽阔粉褐色带，被 3 个浅黄色区分成 4 块，与褐色中点相连，有时前缘区仅有 1 块黄色区域或无黄色，粉褐色带连续；亚缘区为 1 系列脉间斑点，中部粉褐色，边缘粉色；缘毛在脉端粉色，脉间浅黄色。后翅中点褐色；隐见极弱浅色外线，具 2 个凸起；后缘有 3 个粉褐色斑块。雄性外生殖器（图 147）：钩形突，向尖端渐细，末端有 1 急尖；背兜侧突较钩形突粗，中部膨大且弯曲；颚形突窄环状；抱器瓣狭长；抱器背骨化，近端部处具 1 刺状端突，背面密布小刺；囊形突短宽，中部具 1 小圆突；阳茎细长，具 1 褶皱的钝骨化突，无角状器。

分布：浙江（临安）。

152. 海绿尺蛾属 *Pelagodes* Holloway, 1996

Pelagodes Holloway, 1996: 261. Type species: *Thalassodes aucta* Prout, 1912.

主要特征：雄触角基半部双栉形，端半部线形；雌触角线形。雄后足胫节不膨大，2 对距。翅面蓝绿色，半透明状，散布白色纤细碎纹。前翅前缘黄褐色，内线向外倾斜，较直，有时模糊；外线直，几乎与后缘垂直，常位于翅中部。后翅外线上半段直或略波曲，在 CuA_1 处内折，下方呈波曲状。

分布：古北区、东洋区、澳洲区。世界已知 22 种，中国记录 5 种，浙江分布 1 种。

（294）海绿尺蛾 *Pelagodes antiquadraria* (Inoue, 1976)（图版 XXI-12）

Thalassodes antiquadraria Inoue, 1976: 9.

Pelagodes antiquadraria: Holloway, 1996: 261.

主要特征：前翅长：16.5 mm。后翅外缘中部凸出极微弱。翅面蓝绿色，散布白色碎纹，线纹纤细。前翅内线向外倾斜，较直；外线直，几乎与后缘垂直，位于翅中部。后翅外线由前缘至 CuA_1 略波曲。雄性外生殖器（图 148）：钩形突上下粗细较均匀；背兜侧突宽大扇形；颚形突中突细杆状；抱器背突指状；抱器腹略隆起；囊形突狭小，呈半圆形。阳茎短粗，端部具密刺。雌性外生殖器（图 304）：后阴片为 1 对具小齿的骨化区，边缘不清晰；前阴片两侧为 1 对尖突；囊导管短、细、褶皱骨化；囊体近球形，内有 1 双角状囊片。

分布：浙江（临安）、江西、福建、台湾、广西；日本，印度，不丹，泰国。

153. 辐射尺蛾属 *Iotaphora* Warren, 1894

Iotaphora Warren, 1894a: 384. Type species: *Panaethia iridicolor* Butler, 1880.

Grammicheila Staudinger, 1897: 3. Type species: *Metrocampa admirabilis* Oberthür, 1884.

主要特征：雄触角双栉形，尖端线形；雌触角锯齿形。前翅内线白色、宽阔，圆弧形，外侧有暗灰绿色、内侧有淡黄色伴影；外线白色，内侧有暗灰绿色、外侧有淡黄色伴影；前后翅外线外侧翅脉上和翅脉间有放射状黑色线。两翅中点黑色、弯曲，前翅中点较长。翅反面近白色，可见翅正面斑纹，中点同正面。

分布：古北区、东洋区。世界已知 2 种，中国记录 2 种，浙江分布 1 种。

（295）青辐射尺蛾 *Iotaphora admirabilis* (Oberthür, 1884)（图版 XXI-13）

Metrocampa admirabilis Oberthür, 1884c: 84.

Iotaphora admirabilis: Prout, 1912: 18.

别名：华丽尺蛾。

主要特征：前翅长：雄 28–29 mm；雌 31–32 mm。翅面淡绿色，具黄色和白色斑纹。前翅前缘基部有 1 黑点，黑点至内线黄色，内线弧形，内黄外白；中点黑色，月牙形；外线中部即 M_3-CuA_1 间向外凸出，并在 M_3 和 CuA_1 脉上形成 2 个小齿，内白外黄；外线外侧色较淡，排列辐射状黑纹。后翅外线较直，内白外黄。雄性外生殖器（图 149）：钩形突细长。背兜侧突和钩形突长度相当，粗于钩形突；颚形突中突骨化强，近三角形；抱器背基部弱凸出；阳茎粗壮，阳茎鞘上有 1 近“Y”形骨化突。雌性外生殖器（图 305）：后阴片上半部膨大，顶端较平，下半部较宽；前阴片为 2 个丘状凸起；囊导管长度约等于囊体长；囊体近圆形，内有双角状囊片。

分布：浙江（临安）、黑龙江、吉林、辽宁、北京、山西、河南、陕西、甘肃、湖北、江西、湖南、福建、广西、四川、云南；俄罗斯，越南。

154. 艳青尺蛾属 *Agathia* Guenée, 1858

Agathia Guenée, 1858: 380. Type species: *Geometra lycaenaria* Kollar, 1844.

Lophochlora Warren, 1894a: 389. Type species: *Thalera cristifera* Walker, 1861.

Hypagathia Inoue, 1961a: 32. Type species: *Agathia carissima* Butler, 1878.

主要特征：雌雄触角线形。雄后足胫节通常强膨大，有毛束和短宽端突。雄性第 3 腹节腹板通常有 1 对刚毛斑。雄性第 8 腹节无特化。前翅外缘光滑，偶有浅波曲或中部略凸出；后翅外缘在 M_1 和 M_3 脉端均有齿。翅鲜绿色，通常无中点。前翅通常有灰白色至褐色前缘带；翅基部有小褐斑；中线呈带状，偶尔无；两翅端部通常有褐色至黑褐色斑或带，带内可见浅色外线。后翅整个后缘褐色。翅反面绿白色，可见翅正面的斑纹；多数种类在前翅基部有 1 小且浅的凹，被着生在中室下缘的短毛束遮盖。

分布：世界广布。世界已知 77 种，中国记录 15 种，浙江分布 3 种。

分种检索表

1. 后翅有褐色小中点；前翅顶角绿斑被隔成 3 块小斑 ……………………………**焦斑艳青尺蛾宁波亚种 *A. visenda curvifiniens***
- 后翅无中点；前翅顶角绿斑未被隔成 3 块小斑 …………………………………………………………………………………… 2
2. 前后翅端带宽阔，在后缘的宽度接近后缘长度的 1/2……………………………………………**半焦艳青尺蛾 *A. hemithearia***
- 前后翅端带较窄，在后缘的宽度远小于后缘长度的 1/2………………………………………………**萝摩艳青尺蛾 *A. carissima***

（296）萝摩艳青尺蛾 *Agathia carissima* Butler, 1878（图版 XXI-14）

Agathia carissima Butler, 1878a: 50.
Agathia lacunaria Hedemann, 1879: 512
Agathia prasina Swinhoe, 1893b: 219.

别名：萝摩青尺蛾。

主要特征：前翅长：雄 16–20 mm；雌 17–19 mm。翅鲜绿色。后翅外缘在 M_1 和 M_3 脉端有凸齿。前翅前缘黄白色；中带边缘浅褐色，中间灰白色，外倾；端带深褐色；顶角处有 1 绿斑，绿斑下端带浅褐色，在臀角上方有 1 狭长黑斑。后翅后缘深褐色；端带内缘波曲，中部在翅脉上呈锯齿形，在 M_3 端具黑红斑；顶角下方有 1 狭长绿斑。前后翅端带较窄，在后缘的宽度远小于后缘长度的 1/2。雄性外生殖器（图 150）：背兜侧突基部宽大，端部细尖；颚形突中突指状。抱器背基部具 1 大拇指状突；端突细长、钝；抱器腹腹缘在中部内陷，端突变细，外缘有微齿；阳茎细长。雌性外生殖器（图 306）：前阴片带状，中部凹陷，两端呈棒槌状凸起；囊导管上细下粗；囊体长椭圆形，具 1 双角状囊片。

分布：浙江（临安）、黑龙江、吉林、辽宁、内蒙古、北京、山西、河南、陕西、甘肃、湖北、湖南、四川、云南；俄罗斯，朝鲜半岛，日本，印度。

（297）半焦艳青尺蛾 *Agathia hemithearia* Guenée, 1858（图版 XXI-15）

Agathia hemithearia Guenée, 1858: 381.

主要特征：前翅长：雄 16–19 mm；雌 18–20 mm。后翅外缘在 M_1 脉端和 M_3 脉下方有凸齿，后者大。翅面鲜绿色。前翅前缘区域黄褐色，散布黑褐色鳞片；中带深褐色，中部外凸，后内弯；端带深褐色，宽阔，内侧波曲，在 M_2 至 M_3 之间外凸；顶角下有大绿色斑。后翅外线灰白色，锯齿形，内侧有黑色影线；M_3 脉端形成 1 三角形黑褐色斑；在近顶角处亦有 1 大绿斑。前后翅端带宽阔，在后缘的宽度接近后缘长度的 1/2。雄性外生殖器（图 151）：背兜侧突发达，尖端骤尖；颚形突中突扁平；抱器背中部具 1 圆形凸起；抱器腹短粗，端部圆钝凸出；囊形突端部平，梯形；阳茎细长，端部具 2 个骨化突。雌性外生殖器（图 307）：交配孔背面两侧弱骨化；囊导管短粗；囊体椭圆形，内有 1 双角状囊片。

分布：浙江（泰顺）、福建、台湾、广东、海南、广西；印度，泰国，斯里兰卡。

（298）焦斑艳青尺蛾宁波亚种 *Agathia visenda curvifiniens* Prout, 1917（图版 XXI-16）

Agathia curvifiniens Prout, 1917a: 112.
Agathia visenda curvifiniens: Inoue, 1986: 47.

主要特征：前翅长：雄 15–17 mm；雌 18 mm。前翅前缘区域宽阔灰褐色，散布黑色鳞片；翅基部红褐色与黑褐色掺杂；中带宽阔；端带内缘在 M_2-M_3 间向外凸出；顶角处有 3 个绿斑。后翅端带内缘中部呈锯齿形；顶角处具 1 大绿斑，斑内被褐色 M_1 脉相隔。雄性外生殖器（图 152）：背兜侧突发达，端部骤尖；颚形突中突扁平。抱器背中部具 1 钝突；抱器瓣端部腹缘有 5–6 个强骨化大刺；抱器腹短粗；阳茎骨化，端部略粗。雌性外生殖器（图 308）：前阴片为 1 对钝骨化突；囊导管粗壮；囊体近椭圆形，内有 1 近直角形囊片。

分布：浙江（临安）、山西、山东、江西、湖南、台湾；朝鲜半岛，日本。

155. 芦青尺蛾属 *Louisproutia* Wehrli, 1932

Louisproutia Wehrli, 1932: 220. Type species: *Louisproutia pallescens* Wehrli, 1932.

主要特征：胸、腹部背面无立毛簇。雄后足胫节略膨大，2 对距，有毛束。前翅内线浅弧形，白色模糊，其外缘色略深；中点隐约可见；外线远离外缘，白色，内缘色略深；亚缘线浅白色极模糊。后翅斑纹同前翅，无内线。

分布：古北区、东洋区。世界已知 1 种，中国记录 1 种，浙江分布 1 种。

（299）褪色芦青尺蛾 *Louisproutia pallescens* Wehrli, 1932（图版 XXI-17）

Louisproutia pallescens Wehrli, 1932: 220.

主要特征：前翅长：20 mm。体及翅淡黄绿色。前翅内线浅弧形，白色模糊，其外侧色略深；中点隐约可见，暗绿色；外线远离外缘，白色，内侧色略深，浅弧形。后翅斑纹同前翅，无内线，外线浅弧形。雄性外生殖器（图 153）：背兜侧突端半部二分叉。颚形突中突细长，窄舌状；抱器背基半部略隆起，近中部边缘具 1 弯曲指状突；抱器瓣基部中央具 1 大 1 小 2 个骨化尖突；囊形突发达，宽大；阳茎细长，边缘具几个骨化尖齿。雌性外生殖器（图 309）：前阴片为 1 对骨化钝突；囊导管细长，向囊体方向渐细；囊体近球形，具 1 弱小双角状囊片。

分布：浙江（临安）、山西、陕西、湖南、四川、云南、西藏。

（四）灰尺蛾亚科 Ennominae

主要特征：小至大型蛾类，体型、翅型和翅色变化很大。其主要鉴别特征是后翅 M_2 脉退化消失，M_1 与 M_3 略相向弯曲，在翅端部与其他翅脉保持相同的距离；$Sc+R_1$ 与中室前缘有一段接近并同时向上弧形弯曲。

分属检索表

1\. 雄触角单栉形 ······ 2
\- 雄触角不为单栉形 ······ 3
2\. 雌触角线形；翅面无黄色 ······ **掌尺蛾属 *Amraica***
\- 雌触角单栉形；翅面常浅黄色或鲜黄色，具红褐色或灰色斑块 ······ **丸尺蛾属 *Plutodes***
3\. 后翅外缘在 Rs 处凸出，R_2 不与 R_{3-5} 共柄，雄钩形突不呈三角形且两侧中部无三角形小突 ······ 4
\- 后翅外缘在 Rs 处不凸出，如凸出则 R_2 与 R_{3-5} 共柄或雄钩形突符合上述特征 ······ 6
4\. 翅面斑纹白色带状，组成树枝状；雄钩形突短宽盾状，端部两侧各具 1 乳状突 ······ **树尺蛾属 *Mesastrape***
\- 特征不如上述 ······ 5
5\. 后翅外缘在 M_3 处凸出成尾角 ······ **黄蝶尺蛾属 *Thinopteryx***
\- 后翅外缘在 M_3 处不凸出成尾角 ······ **璃尺蛾属 *Krananda***
6\. 前翅臀角下垂，后缘端部凹入 ······ **片尺蛾属 *Fascellina***
\- 前翅翅型不如上述 ······ 7
7\. 翅黄色，前后翅外线外侧在翅脉上排列放射状纵向条纹；雄阳端基环端部具 2 个半圆形骨片，中部两侧具 1 对细长突，其

端部膨大……………………………………………………………………………………虎尺蛾属 *Xanthabraxas*
- 特征不如上述……………………………………………………………………………………8
8. 雄第 7 腹节腹板侧面具 1 对突起；抱器背端部形成 1 具刚毛的骨化突，与抱器瓣背缘分离……………统尺蛾属 *Sysstema*
- 特征不如上述……………………………………………………………………………………9
9. 雄钩形突三角形，端部近方形，背面具突起；抱器背近中部具 1 骨化带伸达抱器腹端部，其上在近抱器腹端部处常具骨化结构；角状器为 1 排粗壮短刺………………………………………………拟雕尺蛾属 *Arbomia*
- 特征不如上述……………………………………………………………………………………10
10. 前翅外缘中等波状，后翅外缘中等或深度波状；雄抱器背宽阔，左右不对称，且抱器背突上具 2–5 根细长骨化刺……………………………………………………………………………………虚幽尺蛾属 *Ctenognophos*
- 特征不如上述……………………………………………………………………………………11
11. 翅面常为褐色；雄钩形突弯曲……………………………………………………觅尺蛾属 *Petelia*
- 特征不如上述……………………………………………………………………………………12
12. 前翅外线外侧常具黑色三角形斑……………………………………………………碴尺蛾属 *Psyra*
- 前翅外线不如上述……………………………………………………………………………13
13. 前翅基部常具黄色鳞片；前后翅外线在后缘附近常扩大为斑块；腹部黄色，背面和侧面具成列的黑斑；雄抱器背常呈杆状……………………………………………………………………金星尺蛾属 *Abraxas*
- 特征不如上述……………………………………………………………………………………14
14. 多数种类前翅前缘脉处具 2 块倒三角形黑斑，臀角不凹入……………………离隐尺蛾属 *Apoheterolocha*
- 翅面斑纹不如上述………………………………………………………………………………15
15. 前翅 R_2 至 R_5 共柄；雄抱器瓣短，简单，囊形突延长；雌囊体密布小刺…………………白沙尺蛾属 *Cabera*
- 特征不如上述……………………………………………………………………………………16
16. 翅面白至灰白色，前后翅端部不为橘黄色或黄色，斑纹由成列的斑点组成……………………………17
- 翅面颜色和斑纹不如上述………………………………………………………………………19
17. 前翅 R_2 与 $R_{3\text{-}5}$ 共柄；前翅基部具黄色或褐色鳞片……………………………后星尺蛾属 *Metabraxas*
- 前翅 R_2 不与 $R_{3\text{-}5}$ 共柄；前翅基部不具黄色或褐色鳞片…………………………………………18
18. 前后翅中点与其他斑点大小相似；雄抱器腹端部具突起……………………………匀点尺蛾属 *Antipercnia*
- 后翅中点巨大，明显大于其他斑点；雄抱器腹端部不具突起……………………柿星尺蛾属 *Parapercnia*
19. 雄触角线形；后翅端部常为橘黄色或黄色；翅面斑纹由成列的斑点组成……………………………20
- 特征不如上述……………………………………………………………………………………23
20. 前翅 R_2 与 $R_{3\text{-}5}$ 共柄；雄抱器瓣向内弯曲……………………………………丰翅尺蛾属 *Euryobeidia*
- 前翅 R_2 不与 $R_{3\text{-}5}$ 共柄；雄抱器瓣不向内弯曲………………………………………………21
21. 雄阳茎细长，中部略粗，端半部具 1 细长骨片，其端部平…………………………狭长翅尺蛾属 *Parobeidia*
- 雄阳茎粗细均匀，端半部不具细长骨片…………………………………………………………22
22. 雄角状器为 1 或 2 簇长刺……………………………………………………后缘长翅尺蛾属 *Postobeidia*
- 雄角状器为 1 长束短刺…………………………………………………………拟长翅尺蛾属 *Epobeidia*
23. 后翅顶角略方；翅中部常具绿色斑块………………………………………………龟尺蛾属 *Celenna*
- 特征不如上述……………………………………………………………………………………24
24. 前后翅外缘不规则波曲，中部凸出，前翅外缘在 M_3 以下常凹入；额具极发达的额毛簇，倾斜铲状……………………………………………………………………………………秋黄尺蛾属 *Ennomos*
- 特征不如上述……………………………………………………………………………………25
25. 前后翅中点清楚，中央色浅，边缘色深；雄第 8 腹节后端节间膜不具刺束；阳茎圆柱形……………………26
- 前后翅中点不如上述；如中点特征符合上述则雄第 8 腹节后端节间膜具刺束或阳茎中间粗，基部细……………27
26. 前翅 R_1 和 R_2 共柄；雄抱器腹端部具突起，沿抱器瓣腹缘延伸……………………………造桥虫属 *Ascotis*
- 前翅 R_1 和 R_2 不共柄；雄抱器腹端部不具上述突起……………………………………………27

27. 雌触角线形；雄第 1 腹节背面具 1 列鳞毛……霜尺蛾属 ***Cleora***
- 雌触角双栉形；雄第 1 腹节背面不具 1 列鳞毛……四星尺蛾属 ***Ophthalmitis***
28. 前翅中点巨大，中空，边缘色深；后翅中点小，不中空；雄钩形突半圆形，端部形成 1 细小突起，末端平……毛腹尺蛾属 ***Gasterocome***
- 特征不如上述……29
29. 雄前翅基部泡窝常极度发达，椭圆形，其长径常大于腹部直径；前翅反面近顶角处常具 1 褐色斑块……穿孔尺蛾属 ***Corymica***
- 雄前翅基部不具泡窝或泡窝不如上述；前翅反面顶角处常不具深色斑块……30
30. 前翅基部和前缘、前后翅外缘具黑色带；前翅中点大，近长方形……封尺蛾属 ***Hydatocapnia***
- 前翅基部和前缘、前后翅外缘不具黑色带；前翅中点不如上述……31
31. 前翅顶角凸出，外缘波曲或锯齿状，前后翅脉端不具褐色端点……32
- 前翅翅型不如上述，如符合上述特征则前后翅脉端具褐色端点……35
32. 翅面黄色，前翅外线外侧除臀角区域外橘黄色……娴尺蛾属 ***Auaxa***
- 翅面颜色不如上述……33
33. 雄抱器背基部和抱器腹端部具突起……免尺蛾属 ***Hyperythra***
- 雄抱器背基部和抱器腹端部不具突起……34
34. 阳端基环两侧不具骨化突……妖尺蛾属 ***Apeira***
- 阳端基环两侧具 1 对骨化突……边尺蛾属 ***Leptomiza***
35. 前翅中线向外斜行至臀角内侧，与外线接合成回纹状；雄味刷基部两侧各具 2 条细长骨化突……俭尺蛾属 ***Trotocraspeda***
- 前翅中线与外线不如上述；雄味刷基部两侧无上述骨化突……36
36. 前翅 R_2 与 R_{3-5} 共柄且 R_5 出自 R_2 之前……37
- 前翅 R_2 不与 R_{3-5} 共柄，如共柄则 R_5 出自 R_2 之后……38
37. 前翅顶角略凸出，后翅外缘锯齿状或在中部略凸出……印尺蛾属 ***Rhynchobapta***
- 前翅顶角不凸出，后翅外缘弧形……鲨尺蛾属 ***Euchristophia***
38. 雄阳端基环两侧具细长骨化突，常不对称；基腹弧延长，两侧具味刷……斜灰尺蛾属 ***Loxotephria***
- 特征不如上述……38
39. 体大型；前翅中部常具 1 白色大斑，由前缘中部向外斜行至外缘中部以下……玉臂尺蛾属 ***Xandrames***
- 特征和斑纹不如上述……40
40. 前翅 R_2 与 R_{3-5} 共柄，雄抱器腹不短于抱器背且为三角形，其上不具突起……41
- 前翅 R_2 不与 R_{3-5} 共柄，如共柄则雄抱器腹较抱器背短，常为三角形，其上常具突起……42
41. 前翅顶角常具斑块；雄抱器背常具三角形突起……慧尺蛾属 ***Platycerota***
- 前翅顶角常不具斑块；雄抱器背不具三角形突起……42
42. 雄前翅基部具泡窝；雄钩形突端部分叉……达尺蛾属 ***Dalima***
- 雄前翅基部不具泡窝；雄钩形突端部不分叉……惑尺蛾属 ***Epholca***
43. 翅浅色，密布黄褐色至深褐色横纹；雄阳端基环两侧具 1 对骨化突，基腹弧延长……木纹尺蛾属 ***Plagodis***
- 特征不如上述……44
44. 前翅外缘中部凸出；前后翅脉端不具褐色端点；雄钩形突端部不具 2 根长刺……45
- 前翅外缘中部不凸出，如凸出则前后翅脉端具褐色端点或雄钩形突端部具 2 根长刺……47
45. 雄触角锯齿形；翅面基半部黄色，端半部紫粉色……赭尾尺蛾属 ***Exurapteryx***
- 雄触角双栉形或线形，如为锯齿形则翅面颜色不如上述……46
46. 前翅 R_1 与 R_2 共柄；第 2 腹节腹板端部分叉，具长鳞毛……绶尺蛾属 ***Xerodes***
- 前翅 R_1 和 R_2 分离；第 2 腹节腹板端部不分叉，不具长鳞毛……夹尺蛾属 ***Pareclipsis***
47. 雄第 8 腹节腹板中央形成 1 凹陷……奇尺蛾属 ***Chiasmia***
- 雄第 8 腹节腹板中央不形成 1 凹陷……48

48. 前翅 Sc 与 R_1 有一段合并；雄钩形突端部具 2 根刺；抱器瓣分为三叉，抱器背和抱器腹分离，中间膜质……………………紫云尺蛾属 ***Hypephyra***
\- 特征不如上述……49
49. 雄第 7 腹节和第 8 腹节之间具 1 个味刷；钩形突半圆形，端部中央具突起；雌囊片为新月状………宙尺蛾属 ***Coremecis***
\- 特征不如上述……50
50. 雄后足胫节极度膨大；抱器背端部内侧具 1 细指状突，端部具 1 短刺，伸向抱器瓣腹侧……矶尺蛾属 ***Abaciscus***
\- 雄后足胫节不极度膨大；抱器背端部内侧不具上述突起……51
51. 后翅外线平直，与前翅外线形成 1 直线，前翅顶角凸出，下方不具深色斑块……52
\- 后翅外线不如上述，如符合上述特征则顶角不凸出或下方具 1 深色斑块……53
52. 前翅 R_1 与 R_2 长共柄；翅面粉红色，前翅外线绿褐色，由顶角伸达后缘中部……普尺蛾属 ***Dissoplaga***
\- 前翅 R_1 与 R_2 分离；翅面颜色和外线不如上述……白尖尺蛾属 ***Pseudomiza***
53. 雄抱器瓣腹缘或抱器腹具长刚毛……54
\- 雄抱器瓣腹缘或抱器腹不具长刚毛……56
54. 前翅 R_4 和 R_5 完全合并；后翅颜色较前翅浅……芽尺蛾属 ***Scionomia***
\- 前翅 R_4 和 R_5 分离；后翅颜色与前翅相近……55
55. 前翅 Sc 和 R_1 有时合并，R_1 和 R_2 分离；雄颚形突退化……冥尺蛾属 ***Heterarmia***
\- 前翅 Sc 和 R_1 部分合并，R_2 与 Sc+R_1 常由 1 短柄相连；雄颚形突发达……皮鹿尺蛾属 ***Psilalcis***
56. 后翅外缘在 M_3 上方波曲；雄钩形突两侧中部各具 1 三角形小突……方尺蛾属 ***Chorodna***
\- 后翅外缘在 M_3 上方不波曲，如波曲则雄钩形突两侧中部不具三角形小突……57
57. 前翅 M_2 与 M_1 接近或出自中室上角；翅面通常为浅黄色，前后翅外线在 M 脉之间和 CuA_2 下方向内弯曲，外线外侧具深色带；雄抱器瓣背基突长杆状且弯曲……晶尺蛾属 ***Peratophyga***
\- 特征不如上述……58
58. 雄触角线形……59
\- 雄触角双栉形或锯齿状……66
59. 前翅顶角下方常具 1 深色斑块……蟠尺蛾属 ***Eilicrinia***
\- 前翅顶角下方不具深色斑块……60
60. 翅面浅黄色，前后翅基半部常具不规则黑斑；雄抱器背基突细长弯曲……泼墨尺蛾属 ***Ninodes***
\- 翅面颜色和斑纹不如上述，如符合则雄抱器背基突不细长弯曲……61
61. 翅面常黄色，密被深色碎纹；雄颚形突退化……蜡尺蛾属 ***Monocerotesa***
\- 翅面不如上述，如符合上述特征则雄颚形突不退化……62
62. 翅面常白色或灰白色；雄抱器瓣简单，宽大，密被长刚毛……褶尺蛾属 ***Lomographa***
\- 翅面不如上述，如颜色相近则雄抱器瓣不宽大，不密被长刚毛……63
63. 翅面灰黄色至深红褐色；雄钩形突端部为 1 心形突起……墟尺蛾属 ***Peratostega***
\- 翅面颜色不如上述，如相似则雄钩形突端部不形成心形突起……64
64. 雄钩形突端部深分叉，凹陷的背面具 1 短刺突……65
\- 雄钩形突不如上述……苔尺蛾属 ***Hirasa***
65. 雄性抱器背和抱器腹之间具骨片连接；雌性囊体不具囊片……辉尺蛾属 ***Luxiaria***
\- 雄性抱器背和抱器腹之间不具骨片连接；雌性囊体具囊片……双线尺蛾属 ***Calletaera***
66. 前翅顶角明显凸出呈钩状；前后翅脉端不具褐色端点……67
\- 前翅顶角不凸出或凸出不明显，如明显凸出呈钩状则前后翅脉端具褐色端点……68
67. 雄基腹弧延长，具味刷……魑尺蛾属 ***Garaeus***
\- 雄基腹弧不延长，不具味刷……钩翅尺蛾属 ***Hyposidra***
68. 雄钩形突近圆形，端部中央形成 1 细小突起……小盅尺蛾属 ***Microcalicha***
\- 雄钩形突不如上述……69

69. 前后翅外线外侧常具黄褐色或红褐色斑块……70
- 前后翅外线外侧不具黄褐色或红褐色斑块……72
70. 雄抱器腹不具端突……71
- 雄抱器腹具端突，沿抱器瓣腹缘延伸，端部具数根短刺……**烟尺蛾属 *Phthonosema***
71. 前翅外线在 M 脉之间向外凸出；雄阳端基环不为 1 对骨化突……**用克尺蛾属 *Jankowskia***
- 前翅外线在 M 脉之间不向外凸出；雄阳端基环为 1 对骨化突……**皛尺蛾属 *Calicha***
72. 前翅外线外侧在 M_3 至 CuA_1 处常形成 1 叉状斑；雄颚形突中突退化；抱器瓣简单且狭长……**埃尺蛾属 *Ectropis***
- 特征不如上述……73
73. 翅面常黄色或浅黄褐色，前后翅外线、前翅内线和中点常清楚；雄味刷端部圆……**隐尺蛾属 *Heterolocha***
- 翅面颜色和斑纹不如上述，如符合上述特征则雄不具味刷或味刷端部不圆……74
74. 雄抱器背具基突……75
- 雄抱器背不具基突……76
75. 雄性抱器背基突细长弯曲，端半部具长刚毛……**琼尺蛾属 *Orthocabera***
- 雄性抱器背基突不如上述……**展尺蛾属 *Menophra***
76. 雄部分腹节具味刷；雌具附囊……**灰尖尺蛾属 *Astygisa***
- 雄各腹节不具味刷；雌不具附囊……77
77. 雄抱器瓣不具任何突起……78
- 雄抱器瓣具突起……79
78. 雌触角双栉形；雄钩形突端部膨大，呈伞状……**蚀尺蛾属 *Hypochrosis***
- 雌触角线形；雄钩形突端部不膨大，但分叉……**鹰尺蛾属 *Biston***
79. 雄抱器瓣长，端部略窄；抱器背内侧常具 1 排短刺……**蛮尺蛾属 *Darisa***
- 雄抱器瓣和抱器背不如上述……80
80. 前后翅外线外侧至外缘色较深；雄阳端基环分叉……**佐尺蛾属 *Rikiosatoa***
- 前后翅外线外侧颜色与内侧相近，如略深则雄阳端基环不分叉或仅部分分叉……81
81. 雄抱器背下方具 1 细骨化带伸达抱器腹端部，并在近抱器腹处具 1 簇短刺；阳茎后端常具 1 骨化刺……**鲁尺蛾属 *Amblychia***
- 雄抱器瓣和阳茎不如上述……82
82. 前后翅外线常为锯齿状；亚缘线内侧具深色带；雄抱器背和抱器瓣腹缘内侧常具带短刺的骨化结构，或抱器瓣中部具带粗壮短刺的骨化结构……**尘尺蛾属 *Hypomecis***
- 前后翅外线不如上述，如符合上述特征则抱器瓣不如上述……83
83. 雄抱器腹具骨化突……**杜尺蛾属 *Duliophyle***
- 雄抱器腹不具骨化突……**弥尺蛾属 *Arichanna***

156. 金星尺蛾属 *Abraxas* Leach, 1815

Abraxas Leach, 1815: 134. Type species: *Phalaena grossulariata* Linnaeus, 1758.

Calospilos Hübner, 1825: 305. Type species: *Phalaena ulmata* Fabricius, 1775.

Potera Moore, 1879b: 852. Type species: *Potera marginata* Moore, 1878.

Omophyseta Warren, 1894a: 414. Type species: *Abraxas triseriaria* Herrich-Schäffer, 1855.

Silabraxas Swinhoe, 1900a: 305. Type species: *Abraxas lobata* Hampson, 1895.

Isostictia Wehrli, 1934: 139. Type species: *Abraxas picaria* Moore, 1868.

Dextridens Wehrli, 1934: 140. Type species: *Abraxas sinopicaria* Wehrli, 1934.

Spinuncus Wehrli, 1934: 162. Type species: *Abraxas celidota* Wehrli, 1931.

Mesohypoleuca Wehrli, 1935a: 1. Type species: *Abraxas metamorpha* Warren, 1893.

Diceratodesia Wehrli, 1935b: 117. Type species: *Abraxas pusilla* Butler, 1880.

Rhabdotaedoeagus Wehrli, 1935b: 101. Type species: *Abraxas martaria* Guenée, 1858.

Trimeresia Wehrli, 1935b: 119. Type species: *Abraxas miranda* Butler, 1878.

主要特征：雌雄触角均线形。额平坦；下唇须短小，尖端不伸达额外。雄后足胫节膨大。前翅顶角圆，外缘平滑；后翅圆。雄前翅基部不具泡窝。前翅 R_1 在 Sc 近后端与 R_2 分离，之后与 Sc 合并。前翅基部常具黄色鳞片；前后翅外线在后缘附近常扩大为斑块。腹部黄色，背面和侧面具成列的黑斑。

分布：古北区、东洋区、澳洲区。浙江分布 2 种。

（300）丝棉木金星尺蛾 *Abraxas suspecta* Warren, 1894（图版 XXI-18）

Abraxas suspecta Warren, 1894a: 419.

Abraxas lepida Wehrli, 1935b: 116.

Abraxas lepida obscurifrons Wehrli, 1935b: 116.

主要特征：前翅长：18–23 mm。翅面污白色。前翅基部和前后翅外线在后缘处具黄褐色大斑，其余斑纹灰色。前翅中域灰斑常有变化，有时可扩展至中室下缘之下并与臀褶处灰斑相连；外线外侧零散斑点极少；缘线上的斑点相互连接成带状，内缘不整齐，在 M_2 下方至 CuA_1 下方向内扩展成 1 个大斑，有时可与外线接触。后翅前缘基部和中部各有 1 个灰斑，后者伸达中室上角；外线同前翅，斑点较小，其外侧偶有零星散点；缘线的斑点独立或部分连接。

分布：浙江，国内广布。

（301）榛金星尺蛾 *Abraxas sylvata* (Scopoli, 1763)（图版 XXI-19）

Phalaena sylvata Scopoli, 1763: 220.

Phalaena ulmata Fabricius, 1775: 632.

Abraxas sylvata: Meyirick, 1892: 116.

主要特征：前翅长：17–19 mm。头、胸、腹部橘黄色，散布黑斑。前翅白色；基部有黄褐色斑；后缘近外缘处有 1 个黄褐色略带银色的斑；在中室末端有 1 个灰斑伸至前缘；外线由翅脉上的灰斑组成；外线外侧仍有一些黑斑，一些靠近边缘的斑在中部形成 1 个大斑；缘线深灰色，粗壮。后翅白色，基部具黑灰色斑；中点灰色；外线由翅脉上的灰斑组成，通常在后缘处形成 1 个大黄褐色略带银色的斑；缘线深灰色，粗壮。

分布：浙江、东北、山西、陕西、甘肃、江苏、海南；俄罗斯，日本，中亚，欧洲。

157. 晶尺蛾属 *Peratophyga* Warren, 1894

Peratophyga Warren, 1894a: 407. Type species: *Acidalia aerata* Moore, 1868.

Euctenostega Prout, 1916: 38. Type species: *Euctenostega hypsicyma* Prout, 1916.

主要特征：雄触角双栉形、锯齿形或线形；雌触角线形。额平坦；下唇须仅尖端伸达额外。雄后足胫节膨大，具毛束。前后翅外缘常弧形；后翅外缘有时在 M_3 端部凸出。雄前翅基部常具泡窝。前翅 R_1 在 Sc 近后端与 R_2 分离，之后与 Sc 合并，M_2 与 M_1 接近或出自中室上角。翅面通常为浅黄色，前后翅外线在 M

脉之间和 CuA_2 下方向内弯曲，外线外侧具深色带。

分布：古北区、东洋区。世界已知 17 种，中国记录 6 种，浙江分布 1 种。

（302）长晶尺蛾江西亚种 *Peratophyga grata totifasciata* Wehrli, 1923（图版 XXI-20）

Peratophyga hyalinata var. *totifasciata* Wehrli, 1923: 66.

主要特征：前翅长：9–12 mm。前后翅基部至中线、外线至近外缘之间灰褐色，中线与外线间淡黄色。前翅内线浅黄色，在前缘处加粗；中点深灰色，短条状；中线灰褐色，在 M_3 处向外形成 1 个小齿，其外侧淡黄色区域中具 1 条模糊并间断的灰褐色宽带；外线灰褐色，在 M 脉之间和 CuA_2 下方向内凸出；外线内侧具 1 列灰褐色小点；缘毛黄色。后翅中点模糊，其余斑纹与前翅相似。雄性外生殖器（图 154）：颚形突中突短舌状；抱器瓣背突细长且中部弯折；抱器瓣端部细长钩状；阳茎侧面骨化突具小刺，具 2 个角状器。雌性外生殖器（图 310）：后阴片椭圆形，后缘中部凹入；前阴片细带状；囊导管骨化，长度约为囊体的 2/3；囊体和囊片椭圆形。

分布：浙江（江山）、黑龙江、辽宁、山东、河南、陕西、甘肃、青海、江西、湖南、福建、广东、广西；朝鲜半岛，日本。

158. 泼墨尺蛾属 *Ninodes* Warren, 1894

Ninodes Warren, 1894a: 407. Type species: *Ephyra splendens* Butler, 1878.

主要特征：雌雄触角均线形，雄触角具纤毛。额不凸出；下唇须短小细弱，未伸达额外。前翅顶角圆，前后翅外缘近弧形。雄前翅基部具泡窝。前翅 R_1 和 R_2 完全合并。翅面浅黄色，基半部常具不规则黑斑。

分布：古北区、东洋区。世界已知 5 种，中国记录 3 种，浙江分布 1 种。

（303）方泼墨尺蛾 *Ninodes quadratus* Li, Xue *et* Jiang, 2017（图版 XXI-21）

Ninodes quadratus Li, Xue *et* Jiang, 2017: 57.

主要特征：前翅长：9–10 mm。前翅基部至内线黑色；中点浅灰色，模糊；中线和外线黄色，细且弯曲；近臀角处具 1 个黑色方形斑；缘线在各脉间呈黑色短线，缘毛浅黄色。后翅基部浅黄色，中点几乎不可见；中线与外线之间为黑色宽带；亚缘线黄色，波曲，较前翅明显；缘线和缘毛与前翅相似。雄性外生殖器（图 155）：抱器瓣背缘向外弯曲且具 1 排长刺，背突弯曲呈“S”形；角状器由 1 个方形骨片和 1 个刺状斑组成。雌性外生殖器（图 311）：囊导管骨化并具纵纹；囊片大且圆。

分布：浙江（临安）、河南、陕西、甘肃。

159. 封尺蛾属 *Hydatocapnia* Warren, 1895

Hydatocapnia Warren, 1895: 143. Type species: *Zamarada marginata* Warren, 1893.

主要特征：雌雄触角均线形，雄触角具纤毛。额不凸出；下唇须细，仅尖端伸达额外。雄后足胫节不膨大。前翅顶角略尖，外缘平滑；后翅圆。雄前翅基部具泡窝。前翅 R_1 和 R_2 完全合并。前翅基部、前缘、前后翅外缘具黑色带；前翅中点大，近长方形。

分布：东洋区、澳洲区。世界已知 7 种，中国记录 3 种，浙江分布 1 种。

（304）双封尺蛾 *Hydatocapnia gemina* Yazaki, 1990（图版 XXI-22）

Hydatocapnia gemina Yazaki, 1990: 241.

主要特征：前翅长：12–14 mm。翅面黄褐色，散布褐色小点。前翅基部和前缘具黑色带。前翅中点黑褐色，大，近方形；亚缘线在前缘下方向外弯曲，在 CuA_2 下方向内凸出；亚缘线与外缘之间为黑色带；缘毛黑灰色；其余斑纹模糊。后翅中点较前翅小；亚缘线与外缘近平行，二者之间为黑色带。

分布：浙江（四明山、鄞州、余姚、舟山、江山）、甘肃、安徽、江西、湖南、福建、台湾、广西；尼泊尔。

160. 白沙尺蛾属 *Cabera* Treitschke, 1825

Deilinia Hübner, [1825 December 31]1816: 310. Type species: *Phalaena pusaria* Linnaeus, 1758.

Cabera Treitschke, 1825 [October 18]: 437. Type species: *Phalaena pusaria* Linnaeus, 1758.

Cabera Stephens, 1829a: 44. Type species: *Phalaena pusaria* Linnaeus, 1758. [Junior homonym of *Cabera* Treitschke, 1825]

Thysanochilus Butler, 1878b: 404. Type species: *Thysanochilus purus* Butler, 1878.

Gyalomia Prout, 1913a: 218. Type species: *Gyalomia elatina* Prout, 1913.

主要特征：雄触角双栉形，雌触角线形。额光滑，不凸出。下唇须短小，仅尖端伸出额外。雄后足胫节不膨大，2 对距。翅宽阔；前翅前缘微隆起，顶角近直角，外缘浅弧形；后翅顶角圆，外缘弧形。雄前翅基部无泡窝；后翅基部具泡窝。前翅 R_2 至 R_5 共柄，R_2 在 R_5 之后与 R_{3+4} 分离。翅面大多白色，斑纹简单，偶有淡黄色或灰黄色。

分布：世界广布。世界已知 32 种，中国记录 5 种，浙江分布 1 种。

（305）灰边白沙尺蛾浙江亚种 *Cabera griseolimbata apotaeniata* Wehrli, 1939（图版 XXI-23）

Cabera griseolimbata apotaeniata Wehrli, 1939: 308.

别名：灰边白沙尺蛾四川亚种。

主要特征：前翅长：14 mm。体及翅淡黄色，散布深褐色碎纹，以翅基部和外线外侧最为显著。前翅 3 条及后翅 2 条深褐色线十分清晰，其中外线在 M 脉之间外凸；中点短条状；翅中部翅脉深褐色；前翅臀角处有 1 个巨大深褐色斑；缘线黑褐色，在翅脉端断离；翅脉在近端部处逐渐变为鲜黄色；缘毛黄白色。翅反面白色，斑纹同正面，较弱。

分布：浙江、陕西、甘肃、湖南、四川。

161. 琼尺蛾属 *Orthocabera* Butler, 1879

Orthocabera Butler, 1879a: 439. Type species: *Orthocabera sericea* Butler, 1879.

Microniodes Hampson, 1893b: 34, 139. Type species: *Microniodes obliqua* Hampson, 1893.

主要特征：雄触角双栉形；雌触角线形。额略凸出。下唇须仅尖端伸达额外。雄后足胫节膨大。前翅外缘平直；后翅圆。雄前翅基部不具泡窝。前翅 R_1 与 R_2 分离。

分布：古北区、东洋区、澳洲区。世界已知 14 种，中国记录 3 种，浙江分布 2 种。

(306) 聚线琼尺蛾 *Orthocabera sericea sericea* Butler, 1879（图版 XXI-24）

Orthocabera sericea Butler, 1879a: 440.

Myrteta sericea: Prout, 1915: 313.

主要特征：前翅长：雄 18–20 mm。翅面白色。前翅前缘散布深褐色小点；内线、中线和外线均为黄褐色双线，向内倾斜，中线外侧线和外线内侧线平直，其余线微波曲；中点不可见；亚缘线褐色，微波曲，略向内倾斜，在 R_5 和 M_1 之间与外线相交；缘线黄褐色，连续；缘毛白色。后翅中线平直；外线为双线，近平直；亚缘线近弧形；缘线和缘毛与前翅相似。

分布：浙江（四明山、鄞州、余姚、景宁）、甘肃、江西、福建、广东、广西、四川、云南；印度，越南。

(307) 清波琼尺蛾 *Orthocabera tinagmaria* (Guenée, 1858)（图版 XXI-25）

Cabera tinagmaria Guenée, 1858: 56.

Orthocabera tinagmaria: Holloway, 1994: 140.

主要特征：前翅长：14–17 mm。翅面白色，斑纹灰黄色。前翅前缘下方散布浅灰褐色；前翅内线近弧形；中点为清晰黑褐色圆点；中线波曲，向内倾斜至中点下方内侧；外线波曲，略向内倾斜；亚缘线常间断，在前缘下方为 2 个黑点；无缘线；缘毛白色或浅灰黄色。后翅中线近平直；外线微波曲；中点、亚缘线、缘线和缘毛与前翅相似。

分布：浙江（四明山、余姚、磐安）、湖北、江西、湖南、福建、广西、四川；日本。

162. 墟尺蛾属 *Peratostega* Warren, 1897

Peratostega Warren, 1897a: 80. Type species: *Peratostega coctata* Warren, 1897.

主要特征：雌雄触角均线形，雄触角具纤毛。额不凸出；下唇须端部伸出额外，第 3 节明显。雄后足胫节膨大。前翅顶角有时略凸出，外缘凸出；后翅圆，中部有时凸出。雄前翅基部不具泡窝。前翅 R_1 和 R_2 完全合并。翅面灰黄色至深红褐色。

分布：古北区、东洋区。世界已知 4 种，中国记录 1 种，浙江分布 1 种。

(308) 雀斑墟尺蛾 *Peratostega deletaria* (Moore, 1888)（图版 XXI-26）

Macaria deletaria Moore, 1888, *in* Hewitson & Moore, 1888a: 261.

Peratostega deletaria: Holloway, 1994: 124.

主要特征：前翅长：16 mm。翅面灰黄色，散布黑褐色鳞片。前翅中点极微小，其下方有中线残迹；中域散布褐色至深褐色，并扩展至带状外线；外线深褐色，在前缘下方色较深，其内缘不整齐且模糊，外缘锯齿状清晰，在 CuA 脉处外凸；翅端部在 R_5 以下散布深褐色，并向下逐渐加宽，在 CuA 脉处与外线接触；亚缘线为 1 列黑点，部分消失；缘毛深灰褐色。后翅斑纹与前翅相似，翅端部斑纹较弱。

分布：浙江（江山）、吉林、湖南、福建、台湾、海南、广西；日本，印度，尼泊尔。

163. 褶尺蛾属 *Lomographa* Hübner, 1825

Lomographa Hübner, 1825: 311. Type species: *Geometra taminata* Denis *et* Schiffermüller, 1775.

Bapta Stephens, 1829a: 45. Type species: *Phalaena bimaculata* Fabricius, 1775.

Anhibernia Staudinger, 1892b: 170. Type species: *Hybernia orientalis* Staudinger, 1892.

Leucetaera Warren, 1894a: 405. Type species: *Acidalia inamata* Walker, 1861.

Akrobapta Wehrli, 1924: 136. Type species: *Bapta perapicata* Wehrli, 1924.

Earoxyptera Djakonov, 1936: 492, 515, 517. Type species: *Anhibernia buraetica* Staudinger, 1892.

Cirretaera Wehrli, 1939: 298. Type species: *Somatina simplicior* Butler, 1881.

主要特征：雌雄触角均线形，不具纤毛。额不凸出。下唇须仅尖端伸出额外。雄后足胫节不膨大。前翅顶角有时凸出，外缘平直或弧形；后翅圆。雄前翅基部通常不具泡窝。前翅 R_1 和 R_2 常完全合并。翅面常白色或灰白色。

分布：世界广布。世界已知 90 余种，中国记录 20 种左右，浙江分布 1 种。

（309）云褶尺蛾 *Lomographa eximiaria* (Oberthür, 1923)（图版 XXI-27）

Corycia eximiaria Oberthür, 1923: 234.

Bapta eximia Wehrli, 1939: 301.

Lomographa eximiaria: Parsons *et al.*, 1999, *in* Scoble, 1999: 553.

主要特征：前翅长：雄 17 mm，雌 18 mm。翅白色。前后翅中点为黑色小点；前翅中线和前后翅外线为深灰色云状纹；前后翅亚缘线为 1 列模糊灰斑，在前翅 Cu 脉附近常消失或减弱；缘线黑色，在前翅绕过顶角延伸到前缘端部，并在 R_5 至 M_3 各翅脉端加粗形成内凸的小齿，该处亚缘线与缘线间散布深灰色鳞片；缘毛白色，在前翅顶角和 M_3 之间掺杂灰色。

分布：浙江、陕西、湖南、福建、四川。

164. 鲨尺蛾属 *Euchristophia* Fletcher, 1979

Euchristophia Fletcher, 1979: 80. Type species: *Pogonitis cumulata* Christoph, 1881.

主要特征：雄触角双栉形；雌触角线形。额略凸出。下唇须尖端不伸达额外。雄后足胫节膨大。前翅前缘基部常隆起，顶角圆，前后翅外缘弧形。雄前翅基部具泡窝。前翅 R_1 自由，R_2 与 R_{3+4} 共柄，$R_{2\text{-}4}$ 与 R_5 共柄。前后翅中点黑色，近长方形。

分布：古北区、东洋区。世界已知 1 种，中国记录 1 种，浙江分布 1 种。

（310）金鲨尺蛾 *Euchristophia cumulata sinobia* (Wehrli, 1939)（图版 XXI-28）

Pogonitis cumulata sinobia Wehrli, 1939: 306.

Euchristophia cumulata sinobia: Xue, 1997: 1243.

主要特征：前翅长：12–14 mm。翅面黄白色。前翅除前缘、中室和顶角区域外，其余密布黑色短横纹；内线、中线、外线和亚缘线为黄褐色弧形宽带，其中亚缘线最宽；中点黑色，清楚，近长方形；缘线不可见；缘毛黄白色。后翅中点内侧密布黑色短横纹；中点较前翅小；中线不可见；其余斑纹与前翅相似。

分布：浙江（四明山、余姚）、陕西、甘肃、福建、广西、四川。

165. 紫云尺蛾属 *Hypephyra* Butler, 1889

Hypephyra Butler, 1889: 20, 101. Type species: *Hypephyra terrosa* Butler, 1889.

Visitara Swinhoe, 1902b: 621. Type species: *Visitara brunneiplaga* Swinhoe, 1902.

主要特征：雌雄触角均线形，雄触角具纤毛。额凸出，额毛簇发达。下唇须长，端部伸出额外，第 3 节明显。毛隆不横向延长。雄后足胫节膨大，具毛束。前翅顶角尖，有时凸出，外缘平直；后翅圆，外缘有时在 M_1 端部凸出。雄前翅基部不具泡窝。前翅 Sc 与 R_1 部分合并，在近端部分离，R_2 自由。翅面褐色或黄褐色。

分布：古北区、东洋区。世界已知 6 种，中国记录 1 种，浙江分布 1 种。

（311）紫云尺蛾 *Hypephyra terrosa* Butler, 1889（图版 XXI-29）

Hypephyra terrosa Butler, 1889: 20.

主要特征：前翅长：23–25 mm。翅灰褐色，斑纹黑褐色，前翅内线与外线之间区域颜色较浅。前翅内线为双线，锯齿形，内侧的较模糊；中点短条状；中线波曲，在 M_3 之前清楚；外线锯齿形，在 M_3 之前加粗；亚缘线微波曲，模糊，其内侧在 M_3 与 CuA_1 之间具黑色斑块；缘线连续；缘毛深灰色掺杂黄褐色。后翅中点微小；中线模糊；外线锯齿形；其余斑纹与前翅相似。

分布：浙江（临安）、陕西、甘肃、上海、安徽、湖北、江西、湖南、福建、广东、广西、四川、贵州、云南、西藏；日本，印度，马来西亚，印度尼西亚。

166. 奇尺蛾属 *Chiasmia* Hübner, 1823

Chiasmia Hübner, 1823: 295. Type species: *Phalaena clathrata* Linnaeus, 1758.

Arte Stephens, 1829b: 373. Type species: *Phalaena clathrata* Linnaeus, 1758.

Strenia Duponchel, 1829: 112(key). Type species: *Phalaena clathrata* Linnaeus, 1758.

主要特征：雌雄触角均线形，雄触角具纤毛。额不凸出。下唇须细，尖端伸出额外。毛隆横向延长。雄后足胫节膨大，具毛束。前后翅外缘中部有时凸出；后翅外缘微波曲。雄前翅基部有时具泡窝。前翅 R_1 与 R_2 合并。

分布：世界广布。世界已知 270 余种，中国记录 20 种，浙江分布 3 种。

分种检索表

1. 前翅外线 M_2 下方内侧和 M_3 以下两侧在翅脉间排列鲜明的黑斑 ················ **槐尺蠖 *Ch. cinerearia***
- 前翅外线内外侧不如上述 ················ 2
2. 前后翅中线近平直 ················ **合欢奇尺蛾 *Ch. defixaria***
- 前后翅中线波曲 ················ **雨尺蛾 *Ch. pluviata***

（312）槐尺蠖 *Chiasmia cinerearia* (Bremer *et* Grey, 1853)（图版 XXI-30）

Philobia cinerearia Bremer *et* Grey, 1853a: 20.

Macaria elongaria Leech, 1897: 308.

Chiasmia defixaria: Parsons *et al.*, 1999, *in* Scoble, 1999: 129.

主要特征：前翅长：20–22 mm。前翅外缘平直；后翅外缘中部凸出，凸角之上波曲较深。体和翅灰白至浅灰色，密布深灰褐色鳞；斑纹深灰褐色，略带灰绿色调。前翅内线、中线和外线上端向外凸出，然后向内倾斜至后缘，中线的凸角由外侧绕过深灰褐色短条状中点；外线由前缘至 M_1 形成 1 条倾斜的黑纹，M_2 下方内侧和 M_3 以下两侧在翅脉间排列鲜明的黑斑；翅端部色较深，顶角有 1 个浅色大斑。后翅中线直，较近翅基；外线浅波曲，其外侧色较深；中点黑色，小而圆。翅反面黄白色，线纹深褐色，翅端部散布黄褐色，前翅顶角浅色斑白色鲜明，有深褐色边。

分布：浙江、黑龙江、吉林、辽宁、北京、天津、河北、山西、山东、河南、陕西、宁夏、甘肃、江苏、安徽、湖北、江西、台湾、广西、四川、西藏；朝鲜半岛，日本。

（313）合欢奇尺蛾 *Chiasmia defixaria* (Walker, 1861)（图版 XXI-31）

Macaria defixaria Walker, 1861: 932.

Macaria zachera Butler, 1878b: 405.

Chiasmia defixaria: Parsons *et al.*, 1999, *in* Scoble, 1999: 129.

主要特征：前翅长：雄 13–16 mm，雌 15–17 mm。前翅外缘中部微凸；后翅外缘中部凸出 1 个尖角。翅灰黄色，密布黑褐色小斑点，斑纹灰褐色。前翅顶角处有 1 个灰白色斑；内线在中室上方向外弯曲，在中室下方近平直；中点在中线外侧，短条状，有时其上端与中线接触；中线近平直；外线在 M 脉之间向外呈圆形凸出，凸角内侧有 1 条浅弧形灰线；外线外侧有时有灰褐色带；缘线连续；缘毛浅黄色，在翅脉端黑褐色。后翅中点小；外线为双线，近平直，其外侧在 M_3 与 CuA_1 之间有 1 个小黑点，有时消失；其余斑纹与前翅相似。

分布：浙江（四明山、鄞州、余姚、舟山、江山、景宁）、山东、河南、甘肃、江苏、湖北、江西、湖南、福建、广西、四川、贵州；朝鲜半岛，日本。

（314）雨尺蛾 *Chiasmia pluviata* (Fabricius, 1798)（图版 XXI-32）

Phalaena pluviata Fabricius, 1798: 456.

Macaria sufflata Guenée, 1858: 88.

Macaria breviusculata Walker, 1863: 1650.

Semiothisa diplotata Felder *et* Rogenhofer, 1875: pl. 128, fig. 16.

Godonela, as *Gonodela horridaria* Moore, 1888, *in* Hewitson & Moore, 1888a: 262.

Chiasmia pluviata: Parsons *et al.*, 1999, *in* Scoble, 1999: 134.

主要特征：前翅长：雄 12 mm；雌 13 mm。翅面灰褐色，前后翅基部至外线以内区域颜色较浅，斑纹黑褐色。前翅顶角内下方具 1 白色斑块；内线近弧形；中线波曲；中点小，色深；外线色较深，在 R_5 和 M_2 之间向外呈圆形凸出，在 M_2 以下呈双线，与外缘近平行；无亚缘线；缘线连续，不间断。后翅中线微波曲，位于中点内侧；外线近平直，为双线；外线外侧 M_3 附近具 1 个黑褐色小斑块；缘线和中点与前翅相似。

分布：浙江（四明山、余姚、舟山、江山）、北京、河北、上海、湖南、福建、广东、广西、云南、西藏；朝鲜半岛，印度，缅甸，越南。

167. 辉尺蛾属 *Luxiaria* Walker, 1860

Luxiaria Walker, 1860: 231. Type species: *Luxiaria alfenusaria* Walker, 1860.

主要特征：雌雄触角均线形，雄触角具纤毛。额不凸出。下唇须细，端半部伸出额外。雄后足胫节膨大，具毛束。前翅顶角有时凸出，外缘倾斜；后翅外缘锯齿形或平滑，有时中部凸出。雄前翅基部常具泡窝。前翅 R_1 和 R_2 合并，Sc 和 R_1 在近端部具 1 点合并。

分布：古北区、东洋区、澳洲区。世界已知 40 种，中国记录 6 种，浙江分布 2 种。

（315）辉尺蛾 *Luxiaria mitorrhaphes* Prout, 1925（图版 XXI-33）

Luxiaria mitorrhaphes Prout, 1925a: 64.

主要特征：前翅长：雄 18 mm，雌 19–20 mm。翅面灰黄色，斑纹灰褐色。前翅内线模糊或消失，常在前缘、中室下缘和后缘形成暗色斑点；中点微小；中线模糊，在前缘形成暗色小斑；外线在翅脉上有 1 列小点，其外侧为 1 条宽窄不均匀的深色带；亚缘线浅色，锯齿形；缘线极细弱，在翅脉间有小黑点；缘毛浅黄色。后翅外缘锯齿形；中点较前翅小但清晰；中线近弧形；其余斑纹与前翅相似。雄性外生殖器（图 156）：钩形突端部凹入，呈“V”形；抱器瓣背突腹缘中部具 1 指状突，腹突基部隆起，端部呈蛇头状；角状器长。雌性外生殖器（图 312）：后阴片后缘具 1 长三角形突；囊导管骨化，具纵纹；囊体膜质。

分布：浙江（四明山、余姚、磐安、江山、景宁）、吉林、北京、陕西、甘肃、江苏、湖北、江西、湖南、福建、台湾、广东、海南、广西、四川、贵州、云南、西藏；日本，印度，不丹，缅甸。

（316）云辉尺蛾 *Luxiaria amasa* (Butler, 1878)（图版 XXII-1）

Bithia amasa Butler, 1878b: 405.

Luxiaria fasciosa Moore, 1888, *in* Hewitson & Moore, 1888a: 254.

Luxiaria fulvifascia Warren, 1894a: 440.

Luxiaria amasa: Wehrli, 1940: 407.

主要特征：前翅长：19–21 mm。翅面黄褐色，斑纹深褐色。前翅顶角略凸出；内线、中线和外线在前缘处形成 3 个大斑点；内线和中点模糊；中线在 M_3 处呈手肘状转折；外线近弧形，在各脉上呈点状，其外侧至外缘为深褐色宽带，仅在顶角处色浅；亚缘线锯齿形，常间断，在近后缘处颜色较深；缘线深褐色不明显。后翅外缘锯齿形；基部具 1 个小黑斑；中线近平直，近前缘处模糊；外线近后缘处略波曲，外线外侧的深色宽带较前翅宽，下半部分裂；亚缘线较前翅连续；缘线和中点与前翅相似。雄性外生殖器（图 157）：钩形突端部凹入浅；阳端基环具 1 对三角形骨片；阳茎端部具 1 个指状突；角状器短。雌性外生殖器（图 313）：后阴片后缘略凹入；前阴片近方形，后缘凹入；囊体后端弱骨化。

分布：浙江、陕西、甘肃、湖北、江西、湖南、福建、台湾、广东、海南、香港、广西、四川、云南、西藏；俄罗斯，朝鲜半岛，日本，印度，尼泊尔，印度尼西亚。

168. 双线尺蛾属 *Calletaera* Warren, 1895

Calletaera Warren, 1895: 132. Type species: *Macaria ruptaria* Walker, 1861.

Bithiodes Warren, 1899c: 354 (nec *Bithiodes* Warren, 1894). Type species: *Luxiaria obliquata* Moore, 1888.

主要特征：与辉尺蛾属相似，但雄触角双栉形或线形；前翅 R_1 和 R_2 合并或长共柄；雄性外生殖器的抱器背突和腹突之间不具骨片相连；抱器腹突近端部不弯曲；雄性第 8 腹板后缘不凹入；雌性外生殖器具囊片。

分布：东洋区。世界已知 40 种，中国记录 10 种，浙江分布 1 种。

（317）突双线尺蛾 *Calletaera obvia* Jiang, Xue *et* Han, 2014（图版 XXII-2）

Calletaera obvia Jiang, Xue *et* Han, 2014: 82.

主要特征：雄触角双栉形。前翅长：17–19 mm。翅面黄白色。前翅中线灰褐色，在 M_1 处向外凸出；中点灰褐色，短线形；外线由黑点组成，与中线近平行，在前缘形成 1 个黑斑；外线外侧具模糊灰褐色带；亚缘线黄白色，两侧伴有灰褐色鳞片，在前缘形成 1 个黑斑；缘线由黑点组成；缘毛黄白色。后翅中线灰褐色，平直；中点模糊；外线由黑点组成，平直，外侧具灰褐色带；亚缘线、缘线和缘毛与前翅相似。雄性外生殖器（图 158）：抱器瓣背突背缘中部具 1 小圆突起；抱器瓣腹突渐细，端部形成 1 个弯曲细刺；角状器 2 个。雌性外生殖器（图 314）：后阴片小，心形；囊导管具骨环，后端略弯曲且骨化；囊片大，椭圆形。

分布：浙江（庆元）、江西、湖南、福建、广西。

169. 虎尺蛾属 *Xanthabraxas* Warren, 1894

Xanthabraxas Warren, 1894a: 422. Type species: *Abraxas hemionata* Guenée, [1858].

主要特征：雌雄触角均线形。额略凸出。下唇须端部伸达额外。雄后足胫节不膨大。雄前翅基部不具泡窝。前翅 R_1 和 R_2 分离。翅黄色，前后翅外线外侧在翅脉上排列放射状纵向条纹。

分布：古北区、东洋区。世界已知 1 种，中国记录 1 种，浙江分布 1 种。

（318）中国虎尺蛾 *Xanthabraxas hemionata* (Guenée, 1858)（图版 XXII-3）

Abraxas hemionata Guenée, 1858: 208.

Xanthabraxas hemionata: Warren, 1894a: 422.

主要特征：前翅长：26–29 mm。翅略狭长，外缘圆。翅面黄色，斑纹黑色。前翅基部有 2 个大斑，内线和外线相向弯曲，带状，在 CuA_2 下方接近或接触；中点巨大；翅基部和前缘附近以及中点周围散布不规则碎斑；外线外侧在翅脉上排列放射状纵条纹，其间散布零星小点；缘毛在翅脉端深灰褐色。后翅斑纹同前翅但无内线。

分布：浙江（临安）、安徽、湖北、江西、湖南、广东、广西、四川。

170. 狭长翅尺蛾属 *Parobeidia* Wehrli, 1939

Parobeidia Wehrli, 1939: 268. Type species: *Obeidia gigantearia* Leech, 1897.

主要特征：雌雄触角均线形。额凸出。下唇须细长，端部伸出额外。雄后足胫节膨大，具毛束。体型大。雄腹部特别细长。前翅极狭长，顶角凸且尖，外缘倾斜；后翅圆。雄前翅基部不具泡窝。前翅 R_1 和 R_2 分离，R_2 与 $R_{3\text{-}5}$ 具 1 个横脉相连。前翅基部、前后翅前缘和端部橘黄色。

分布：东洋区。世界已知 1 种，中国记录 1 种，浙江分布 1 种。

（319）巨狭长翅尺蛾 *Parobeidia gigantearia* (Leech, 1897)（图版 XXII-4）

Obeidia gigantearia Leech, 1897: 458.

Obeidia gigantearia f. *longimacula* Wehrli, 1939: 268.

Parobeidia gigantearia: Inoue, 2003: 149.

主要特征：前翅长：雄 37–42 mm，雌 41–42 mm。前后翅基部、前缘和端部黄色，密布大小不等的黑色斑点，其他区域白色。前翅无内线；中点巨大，圆形；外线由 1 列大斑构成，近平直，在 M_3 处的斑与中点接触；外线外侧碎斑点连成宽带状；缘毛黄色掺杂黑色。后翅斑纹与前翅相似。

分布：浙江（临安、磐安、庆元、景宁、泰顺）、陕西、甘肃、湖北、江西、湖南、福建、台湾、广东、广西、四川、贵州、云南；缅甸。

171. 拟长翅尺蛾属 *Epobeidia* Wehrli, 1939

Epobeidia Wehrli, 1939: 267. Type species: *Abraxas tigrata* Guenée, 1858.

主要特征：本属外部形态特征与狭长翅尺蛾属相似，体型较小，前翅外缘倾斜较少。

分布：古北区、东洋区。世界已知 3 种，中国记录 3 种，浙江分布 2 种。

（320）梭拟长翅尺蛾中部亚种 *Epobeidia lucifera conspurcata* (Leech, 1897)（图版 XXII-5）

Obeidia conspurcata Leech, 1897: 458.

Epobeidia lucifera conspurcata: Inoue, 2003: 147.

别名：散长翅尺蛾。

主要特征：前翅长：28–33 mm。翅较虎纹拟长翅尺蛾贵州亚种狭长。翅面中部大部分白色，前翅白色区域向上扩展至中室内，向外扩展至外线；其余橘黄色，密布黑灰色斑，翅中部的斑块较大；两翅斑点颜色较虎纹拟长翅尺蛾贵州亚种淡，特别细碎，局部连成不规则片状。

分布：浙江（临安）、河南、陕西、甘肃、湖北、江西、湖南、重庆、四川。

（321）虎纹拟长翅尺蛾贵州亚种 *Epobeidia tigrata leopardaria* (Oberthür, 1881)（图版 XXII-6）

Rhyparia leopardaria Oberthür, 1881: 17.

Obeidia tigrata var. *neglecta* Thierry-Mieg, 1899: 20.

Epobeidia tigrata leopardaria: Inoue, 2003: 143.

别名：猛长翅尺蛾。

主要特征：前翅长：30 mm。前翅黄至橘黄色，后缘中部少量白色；后翅端部与前翅同色，外线以内白色；前后翅基部和端部有很多细碎小斑；前翅内线和前后翅外线近弧形，由 1 列大斑点构成；中点大，在前翅肾形，在后翅圆形。

分布：浙江（临安）、辽宁、陕西、甘肃、湖北、江西、湖南、福建、广东、广西、重庆、四川；朝鲜半岛，日本。

172. 后缘长翅尺蛾属 *Postobeidia* Inoue, 2003

Postobeidia Inoue, 2003: 135. Type species: *Obeidia horishana* Matsumura, 1931.

主要特征：雌雄触角均线形。下唇须几乎不伸出额外。雄后足胫节不膨大，不具毛束。前翅狭长，外缘略倾斜，浅弧形。前翅橙黄色，后翅中室前脉以下白色，或前后翅均为白色。翅面散布黑色斑点，基部与端部斑点碎小，中部较大。前翅 R_1 和 R_2 分离，$R_{3\text{-}5}$ 共柄。

分布：古北区、东洋区。世界已知 5 种，中国记录 3 种，浙江分布 1 种。

（322）后缘长翅尺蛾 *Postobeidia postmarginata* (Wehrli, 1933)（图版 XXII-7）

Obeidia postmarginata Wehrli, 1933a: 39.

Postobeidia postmarginata: Inoue, 2003: 138.

主要特征：前翅长：28–30 mm。前翅橙黄色，翅面散布深灰色斑点，翅基部以及端部散布碎小斑点，顶角分布较密集；外线为 1 列大斑，弧形，在 M 脉处向外凸出，中点巨大。后翅基部至亚缘线在中室中部以下白色，其他橙黄色；翅基部以及端部散布碎小斑点，外线为 1 列大斑，斑点之间相融连成带状。

分布：浙江（临安）、福建、广西、四川、西藏。

173. 丰翅尺蛾属 *Euryobeidia* Fletcher, 1979

Euryobeidia Fletcher, 1979: 84. Type species: *Abraxas languidata* Walker, 1862.

主要特征：雌雄触角均线形。额不凸出。下唇须短粗，仅尖端伸达额外，第 3 节不明显。雄后足胫节不具毛束。前翅外缘稍倾斜，后翅圆弧形，顶角均不突出。前翅 R_1 自由，R_2 与 $R_{3\text{-}5}$ 共柄。前翅白色或淡黄色，后翅白色，端部具淡黄色带。前后翅均散布许多深灰色大斑，斑点之间有融合，不同种类间斑点的融合程度不一。胸部背面及腹部各节均有 1 个浓密的大黑斑。

分布：东洋区。世界已知 5 种，中国记录 5 种，浙江分布 2 种。

（323）金丰翅尺蛾 *Euryobeidia largeteaui* (Oberthür, 1884)（图版 XXII-8）

Rhyparia largeteaui Oberthür, 1884b: 32.

Euryobeidia largeteaui: Fletcher, 1979: 84.

主要特征：前翅长：雄 19–23 mm；雌 21–23 mm。翅面橙黄色，斑纹由深大灰色斑点组成，翅基部与端部分布较密且碎小，基部斑点有些融合，中部斑点较基部与端部明显大而圆；外线在 M 脉处向外弯曲，斑点间有融合，融合程度因个体而异。后翅基部 2/3 白色，端部 1/3 橙黄色；翅基部与端部密布碎小斑点，基部斑点融合较前翅明显，形成较大斑块，有时后缘斑点连成一片；外线密布大而圆深灰色斑点，且斑点间有融合；中点为 1 个深灰色大斑。雄性外生殖器（图 159）：钩形背面具半圆形隆起；颚形突微弱；抱器背顶端有 1 个小突起；阳茎末端具 1 个弯钩形突起，阳茎端膜具褶皱形状不规则骨化片。雌性外生殖器（图 315）：前阴片近三角形，中间具 1 个方形骨化褶；囊导管强骨化，前端弯曲；囊体近囊导管部分骨化，前端不具骨化刺突。

分布：浙江（临安、余姚、庆元、泰顺）、甘肃、湖北、江西、湖南、福建、台湾、广东、广西、重庆、四川、贵州、西藏。

（324）方丰翅尺蛾 *Euryobeidia quadrata* Xiang *et* Han, 2017（图版 XXII-9）

Euryobeidia quadrata Xiang *et* Han, 2017: 374.

主要特征：前翅长：雄 19–21 mm；雌 21–23 mm。前翅近后缘白色，翅面散布深灰色斑点，翅基部与端部分布密且碎小；后翅端部 1/3 橙黄色，其余白色，翅基部斑点融合较前翅明显。前翅内线、前后翅中线和外线由 1 列斑点构成。前后翅中点大且圆。雄性外生殖器（图 160）：钩形突背面具近方形隆起；阳茎末端具 1 个长方形突起；角状器由 1 个弱骨片和 1 个长椭圆形骨片组成。雌性外生殖器（图 316）：后阴片呈“M”形；前阴片为 1 对半圆形骨片，分别位于左、右两侧；囊导管强骨化；囊体膜质，后半端具骨化刺突。

分布：浙江（庆元、景宁、泰顺）、湖北、江西、福建、广东、广西、四川。

174. 柿星尺蛾属 *Parapercnia* Wehrli, 1939

Parapercnia Wehrli, 1939: 265. Type species: *Abraxas giraffata* Guenée, 1858.

主要特征：雄触角锯齿形，具纤毛；雌触角线形。额不凸出。下唇须短粗。体型大；翅宽大；前翅顶角圆钝，外缘浅弧形；后翅顶角圆，外缘较前翅略平直。前翅 M_2 出自中室端脉中央偏上方。翅白色，散布黑灰色斑点，前后翅中点巨大。

分布：古北区、东洋区。世界已知 2 种，中国记录 2 种，浙江分布 1 种。

（325）柿星尺蛾 *Parapercnia giraffata* (Guenée, 1858)（图版 XXII-10）

Abraxas giraffata Guenée, 1858: 205.

Percnia giraffata: Xue, 1992: 865.

主要特征：前翅长：雄 34–37 mm。此种为本属体型最大的种类。翅白色至灰白色，斑纹黑灰色，粗大。前翅内线和外线为双线，每条线由 1 列斑点构成，部分融合；中点特别巨大，延伸至前缘，略呈长方形；亚缘线由 1 列斑点构成，在前缘附近与端部的斑点融合。后翅基部具 1 个圆点；中线仅在中点下方清楚，由 2 个斑点构成；中点较前翅小；外线弧形，由 1 列斑点构成。

分布：浙江（临安、余姚、磐安）、北京、河北、山西、河南、陕西、甘肃、安徽、湖北、江西、湖南、福建、台湾、广西、四川、贵州、云南；朝鲜半岛，日本，印度，缅甸，印度尼西亚。

175. 匀点尺蛾属 *Antipercnia* Inoue, 1992

Antipercnia Inoue, 1992b: 167. Type species: *Percnia albinigrata* Warren, 1896.

主要特征：雄触角锯齿形，具纤毛簇；雌触角线形。额略凸出。下唇须纤细，仅尖端伸达额外。雄后足胫节膨大，具毛束。前翅顶角圆，外缘弧形；后翅圆。雄前翅基部具泡窝。前翅 M_2 出自中室端脉中央偏上方。翅面白色，斑纹由成列的黑点构成。

分布：古北区、东洋区。世界已知 3 种，中国记录 2 种，浙江分布 1 种。

（326）拟柿星尺蛾 *Antipercnia albinigrata* (Warren, 1896)（图版 XXII-11）

Percnia albinigrata Warren, 1896b: 395.

Percnia albinigrata inquinata Inoue, 1941: 26.

Antipercnia albinigrata: Inoue, 1992b: 167.

主要特征：前翅长：雄 24–27 mm，雌 25–29 mm。翅面白色，前翅前缘浅灰色，斑纹黑色。前翅基部具 2 个斑点；内线和中线弧形，由 4 个斑点组成；中点大于其他斑点，圆形；外线近“S”形，由 1 列斑点组成；亚缘线和缘线的 2 列斑点整齐，二者距离远较亚缘线与外线的距离近。后翅中点较前翅小；中线仅可见 2 个斑点；其余斑纹与前翅相似。

分布：浙江（临安、磐安、江山）、河南、陕西、甘肃、江苏、安徽、湖北、江西、湖南、福建、台湾、广西、四川、贵州；朝鲜半岛，日本。

176. 后星尺蛾属 *Metabraxas* Butler, 1881

Metabraxas Butler, 1881a: 419. Type species: *Metabraxas clerica* Butler, 1881.

主要特征：雄触角双栉形；雌触角锯齿形，具纤毛。额凸出。下唇须短粗，尖端伸达额外。雄后足胫节膨大。前翅顶角圆，外缘弧形；后翅圆。雄前翅基部具泡窝。前翅 R_2 与 $R_{3\text{-}5}$ 共柄。翅面斑纹由成列斑点构成，前翅基部具黄色或褐色鳞片。

分布：古北区、东洋区。世界已知 14 种，中国记录 6 种，浙江分布 1 种。

（327）中国后星尺蛾 *Metabraxas inconfusa* Warren, 1894（图版 XXII-12）

Metabraxas clerica var. *inconfusa* Warren, 1894a: 415.

Metabraxas inconfusa: Parsons *et al.*, 1999, *in* Scoble, 1999: 595.

主要特征：前翅长：雄 33–35 mm。翅面白色，前后翅基部各具 1 个深灰色斑点。前翅内线、前后翅中线、外线、亚缘线和缘线均由深灰色斑点构成，缘线上的斑点颜色较深。前翅中点小；外线和亚缘线为双线；缘毛在前翅顶角附近深灰色，其下至后翅白色。后翅外线仅 1 条，其余斑纹与前翅相似。

分布：浙江、陕西、甘肃、湖北、湖南、福建、广西、四川、云南、西藏。

177. 弥尺蛾属 *Arichanna* Moore, 1868

Arichanna Moore, 1868: 658. Type species: *Scotosiaplagifera* Walker, 1866.

Rhyparia Hübner, 1825: 305. Type species: *Phalaena melanaria* Linnaeus, 1758. [Junior homonym of *Rhyparia* Fischer, 1834, (Orthoptera)]

Icterodes Butler, 1878c: ix. Type species: *Rhyparia fraterna* Butler, 1878.

Paricterodes Warren, 1893: 389. Type species: *Abraxas tenebraria* Moore, 1868.

Phyllabraxas Leech, 1897: 441. Type species: *Phyllabraxas curvaria* Leech, 1897.

Epicterodes Wehrli, 1933b: 29, 41, 47, 51. Type species: *Arichanna flavomacularia* Leech, 1897.

主要特征：雄触角双栉形或锯齿形具纤毛簇；雌触角线形。额不凸出。下唇须粗壮，尖端伸达额外。雄后足胫节膨大。翅宽大；前翅顶角钝圆，外缘浅弧形；后翅圆。雄前翅基部常具泡窝。前翅 R_1 常与 Sc 部分合并。

分布：古北区、东洋区。世界已知 70 余种，中国记录 59 种，浙江分布 2 种。

（328）灰星尺蛾 *Arichanna jaguararia* (Guenée, 1858)（图版 XXII-13）

Rhyparia jaguararia Guenée, 1858: 198.

Arichanna jaguararia: Parsons *et al.*, 1999, *in* Scoble, 1999: 65.

主要特征：雄触角双栉形。前翅长：雄 28–31 mm，29–32 mm。前翅外缘浅弧形；后翅顶角钝圆。翅面斑纹均由黑色圆点组成。前翅灰色，前缘色略深；亚基线为 2 个小黑点；内线为 4 个黑点；中点黑色巨大；外线和亚基线各为 1 列黑点；缘线为翅脉间 1 列黑点，缘毛灰色。后翅基半部灰色，在中点外侧逐渐过渡为黄色；中点、外线、亚缘线和缘线同前翅；缘线的黑点在前翅微小，在后翅稍大；后翅缘毛黄色。

分布：浙江（德清）、河南、安徽、湖北、江西、湖南、福建、台湾、广西；日本。

（329）边弥尺蛾 *Arichanna marginata* Warren, 1893（图版 XXII-14）

Arichanna marginata Warren, 1893: 423.

主要特征：雄触角锯齿形，具纤毛簇。前翅长：雄 20–23 mm，雌 21–24 mm。翅面灰黄色，斑纹深褐色至黑褐色。前翅亚基线和中线仅在前缘处形成小黑斑，其下消失；内线和外线为双线，其中第一条内线斜行，第二条内线较弱或消失，第一条外线波状内倾，第二条外线扩散成 1 条模糊带；中点圆形，中空；亚缘线白色，波状，其两侧排列深色斑块；顶角处有 1 条浅色斜带，缘线为 1 列黑点。后翅中点、外线下半段灰褐色；翅端部为 1 条灰褐色宽带。

分布：浙江（临安）、湖南、台湾、广东、海南、广西、云南；印度，不丹，尼泊尔，泰国。

178. 达尺蛾属 *Dalima* Moore, 1868

Dalima Moore, 1868: 614. Type species: *Dalima apicata* Moore, 1868.

Panisala Moore, 1868: 620. Type species: *Panisala truncataria* Moore, 1868.

Metoxydia Butler, 1886b: xi, 55. Type species: *Oxydia calamina* Butler, 1880.

Hololoma Warren, 1893: 395. Type species: *Hololoma lucens* Warren, 1893.

Leptostichia Warren, 1893: 397. Type species: *Leptostichia latitans* Warren, 1893.

Calladelphia Warren, 1894a: 442. Type species: *Dalima patnaria* Felder *et* Rogenhofer, 1875.

Homoeoctenia Warren, 1894a: 442. Type species: *Xandrames subflavata* Felder *et* Rogenhofer, 1875.

Heterabraxas Warren, 1894a: 416. Type species: *Abraxas spontaneata* Walker, 1862.

Erebabraxas Thierry-Mieg, 1907: 212. Type species: *Abraxas metachromata* Walker, 1862.

主要特征：雄触角双栉形，具纤毛；雌触角线形。额光滑，不凸出。下唇须短粗，仅尖端伸达额外，第 3 节不明显。雄后足胫节膨大。前翅顶角常凸出呈钩状，外缘直；后翅外缘弧形，常在 Sc 和 Rs 之间凹入，有时在 Rs 和 M_1 之间具尾突。雄前翅基部具泡窝。前翅 R_1 自由，R_2 与 $R_{3\text{-}5}$ 共柄。

分布：古北区、东洋区。世界已知 22 种，中国记录 14 种，浙江分布 3 种。

分种检索表

1. 翅面杏黄色 ……………………………………………………………… 达尺蛾 ***D. apicata***
- 翅面灰紫色或灰褐色 ………………………………………………………………………… 2
2. 后翅尾突长 ……………………………………………………………… 洪达尺蛾 ***D. hoenei***
- 后翅尾突短 ……………………………………………………………… 易达尺蛾 ***D. variaria***

（330）达尺蛾 *Dalima apicata* Moore, 1868（图版 XXIII-1）

Dalima apicata Moore, 1868: 615.

主要特征：前翅长：雄 27–34 mm，雌 27–38 mm。前翅顶角凸出呈钩状。翅面杏黄色，散布深灰褐色碎点。前翅内线、中线和外线模糊，仅在前缘处形成 3 个灰褐色斑点；中点为灰褐色大圆点，正下方在后缘处具 1 个小黑斑；顶角至前缘中部具 1 个红褐色大斑；亚缘线在脉间呈灰褐色，三角形，略带银灰色鳞片；缘毛黄褐色掺杂黑褐色。后翅中点较前翅的小；亚缘线灰褐色，呈点状，在近后缘处清楚；顶角缺刻处外缘具银灰色鳞片。

分布：浙江（庆元）、湖北、湖南、福建、广东、四川、云南、西藏；印度。

（331）洪达尺蛾 *Dalima hoenei* Wehrli, 1923（图版 XXIII-2）

Dalima hoenei Wehrli, 1923: 68.

主要特征：前翅长：雄 19–21 mm，雌 19–22 mm。前翅顶角呈钩状；后翅外缘在 Rs 和 M_1 之间具 1 个尖突，较易达尺蛾长。翅面灰紫色，密布大量深灰色碎点。前翅内线、中线和外线在近前缘处各形成 1 条黑褐色细纹；中点灰色，扁圆形；外线内侧浅黄色，外侧黄褐色，在 R_5 下方极度向外凸出至近外缘处，之后平直，向内倾斜至后缘中部；外线内侧在近后缘具 1 个黑褐色长方形斑；外线外侧在 M_2 以下有 1 条深灰色线；缘毛红褐色。后翅中线黄褐色，在近后缘处较清楚；外线平直，颜色如前翅，外侧的深灰色线仅在近前缘处清楚；缘毛红褐色。

分布：浙江（临安）、河南、陕西、宁夏、甘肃、江苏、湖北、江西、湖南、福建、广东、广西、四川、西藏。

（332）易达尺蛾 *Dalima variaria* Leech, 1897（图版 XXIII-3）

Dalima variaria Leech, 1897: 215.

主要特征：前翅长：雄 25–27 mm，雌 24–25 mm。前翅顶角呈钩状，后翅顶角略凹入，在 Rs 处具 1 个微小尖突。翅面灰褐色，散布深灰色碎点。前翅内线黑褐色，波曲；中点深灰色，微小；外线内侧黑褐色，外侧银白色，沿 M_1 向外斜行，在 M_1 下方微波曲并向内倾斜，在 CuA_2 下方平直，在后缘处加粗为 1 个黑褐色方形斑；外线外侧具 1 条黑灰色波曲细线。后翅中线褐色，平直，模糊；外线颜色与前翅相似，在 M_1 上方略波曲，其余部分平直；其余斑纹与前翅相似。

分布：浙江（庆元）、湖北、湖南、福建、海南、广西、四川、云南。

179. 钩翅尺蛾属 *Hyposidra* Guenée, 1858

Hyposidra Guenée, 1858: 150. Type species: *Hyposidra janiaria* Guenée, 1858.

Lagyra Walker, 1860: 5(key), 58. Type species: *Lagyra talaca* Walker, 1860.

Chizala Walker, 1860: 263. Type species: *Chizala decipiens* Walker, 1860.

Kalabana Moore, 1879c: 415. Type species: *Lagyra picaria* Walker, 1866.

主要特征：雄触角双栉形；雌触角线形。额略凸出。下唇须尖端伸达额外。雄后足胫节膨大。前翅顶角凸出呈钩状。雄前翅基部具泡窝。中型蛾类，前翅顶角凸出呈钩状，其下外缘平直；后翅外缘弧形或中部凸出呈尖角；前翅 R_1 和 R_2 短共柄。

分布：东洋区、旧热带区、澳洲区。世界已知 27 种，中国记录 5 种，浙江分布 2 种。

（333）钩翅尺蛾 *Hyposidra aquilaria* (Walker, 1862)（图版 XXIII-4）

Lagyra aquilaria Walker, 1862c: 1485.
Hyposidra albipunctata Warren, 1893: 398.
Hyposidra kala Swinhoe, 1893a: 153.
Hyposidra davidaria Poujade, 1895b: 55.
Hyposidra aquilaria: Hampson, 1895b: 214.

主要特征：前翅长：雄 18–25 mm，雌 28–32 mm。翅面深褐色至深紫褐色，斑纹黑色。前翅内线近弧形；中线平直；中点微小；外线波曲；雌外线外侧具 1 个灰褐色大斑；外线外侧在后缘处有 1 个小白斑，雌较明显；无亚缘线和缘线；缘毛深褐色。后翅外缘弧形；亚缘线带状，模糊；其余斑纹与前翅相似。

分布：浙江（四明山、鄞州、余姚、磐安）、陕西、甘肃、湖北、江西、湖南、福建、台湾、广东、海南、广西、重庆、四川、贵州、云南、西藏；印度，马来西亚，印度尼西亚。

（334）剑钩翅尺蛾 *Hyposidra infixaria* (Walker, 1860)（图版 XXIII-5）

Lagyra infixaria Walker, 1860: 60.
Macaria aquilaria Walker, 1863: 1652.
Chaerodes umbrosa Swinhoe, 1890: 203.
Hyposidra infixaria: Hampson, 1895b: 215.
Hyposidra virgata Wileman, 1910: 347.

主要特征：前翅长：雄 16–18 mm，雌 22–27 mm。雄后翅外缘在 M_3 和 CuA_1 之间略向外凸出。雄翅面斑纹褐色，雄翅面浅黄色，雌翅面浅褐色。前翅基部至内线之间黑褐色；前缘下方具 1 条黑褐色带由翅基部伸达顶角；中点黑色，微小；外线外侧具 1 条浅色波曲伴线，雄外线在前缘下方向外呈尖状凸出，雌的近平直；亚缘线为 1 列白斑，有时模糊，其内侧具黑点。后翅中线近平直，模糊；外线及其外侧伴线微波曲；中点和亚缘线与前翅相似。

分布：浙江（临安）、江西、福建、台湾、海南、香港、广西、云南；印度，缅甸，泰国，马来西亚，印度尼西亚。

180. 璃尺蛾属 *Krananda* Moore, 1868

Krananda Moore, 1868: 648. Type species: *Krananda semihyalina* Moore, 1868.
Trigonoptila Warren, 1894a: 441. Type species: *Krananda latimarginaria* Leech, 1891.
Zanclopera Warren, 1894a: 441. Type species: *Zanclopera falcata* Warren, 1894.

主要特征：雄触角线形，具纤毛；雌触角线形。额不凸出。下唇须仅尖端伸达额外。雄后足胫节略膨大。前翅顶角常呈钩状凸出；后翅在顶角处具缺刻，外缘在 Rs 处常具 1 个尖突。雄前翅基部具泡窝。前翅 R_1 和 R_2 分离。前后翅基部至外线之间翅面颜色略浅，常透明，外线外侧常具深色带。

分布：古北区、东洋区。世界已知 10 种，中国记录 8 种，浙江分布 4 种。

分种检索表

1. 翅面黄色 ·· **蒿杆三角尺蛾 *K. straminearia***
\- 翅面灰紫色或灰褐色 ·· 2

2. 后翅外线平直 ……………………………………………………………… 三角璃尺蛾 ***K. latimarginaria***
\- 后翅外线波曲 ……………………………………………………………………………………… 3
3. 前翅中点灰黄色 ……………………………………………………………… 玻璃尺蛾 ***K. semihyalina***
\- 前翅中点黑色 ……………………………………………………………… 橄璃尺蛾 ***K. oliveomarginata***

（335）三角璃尺蛾 *Krananda latimarginaria* Leech, 1891（图版 XXIII-6）

Krananda latimarginaria Leech, 1891: 56.

Orsonoba orthogrammaria Longstaff, 1905: 184.

Trigonoptila postexcisa Wehrli, 1924: 141.

主要特征：前翅长：雄 18–20 mm，雌 19–21 mm。前翅顶角不凸出，外缘平直；后翅顶角凹，外缘在 Rs 处凸出 1 个尖角，在 Rs 与 M_3 之间波曲，其余平直。翅面浅黄褐色，斑纹褐色至黑褐色。雄前翅内线在中室呈“八”字形叉开，雌在中室呈手肘状转折；中点黑色微小；外线平直，略向内倾斜，其外侧为不均匀的褐色至深褐色，未伸达外缘；缘毛黄褐色掺杂灰白色；顶角处有 1 个白斑，臀角内侧有不规则形黑斑。后翅外线上半部微弯曲，其外侧由深黄褐色逐渐过渡为浅黄褐色；亚缘线白色，较前翅清楚，内侧在 M_1 上方具黑斑；其余斑纹与前翅相似。

分布：浙江（临安、舟山、泰顺）、吉林、陕西、上海、江西、湖南、福建、台湾、广东、海南、香港、广西、四川；朝鲜半岛，日本。

（336）橄璃尺蛾 *Krananda oliveomarginata* Swinhoe, 1894（图版 XXIII-7）

Krananda oliveomarginata Swinhoe, 1894b: 139.

Krananda nicolasi Herbulot, 1987: 105.

主要特征：前翅长：雄 14–18 mm，雌 18–20 mm。前翅后缘平直；后翅外缘在 Rs 至 M_3 之间波曲，在 M_3 下方平直。前后翅基部至外线之间半透明，具薄层不均匀灰绿色鳞片。前翅内线橄榄绿色，在中室处向外呈尖状凸出，其内侧散布橄榄绿色鳞片；中点黑色，短条状；外线橄榄绿色，在 M_3 附近向内略凸出，其外侧的深色带特别宽阔，在 CuA_2 以下扩展至外缘，并在近臀角处形成 1 个大黑斑；外线内侧在前缘处具 2 个橄榄绿色斑块，在后缘处的黑色斑块上端仅达臀褶；缘线橄榄绿色；顶角具 1 个白斑。后翅中线为橄榄绿色双线，在中室处向外呈尖状凸出；中点黑色，点状；外线波曲，其外侧的深色带在顶角处扩展至外缘；亚缘线白色，锯齿状，较前翅清楚；缘线与前翅相似。

分布：浙江（泰顺）、甘肃、湖北、江西、湖南、福建、台湾、广东、海南、广西、四川、云南、西藏；印度，尼泊尔，越南，泰国，马来半岛，印度尼西亚（加里曼丹岛）。

（337）玻璃尺蛾 *Krananda semihyalina* Moore, 1868（图版 XXIII-8）

Krananda semihyalina Moore, 1868: 648.

Krananda vitraria Felder *et* Rogenhofer, 1875: pl. 128, fig. 32.

主要特征：前翅长：雄 14–18 mm，雌 18–20 mm。前翅外缘微波曲，后缘外半部分向内凹入；后翅尾突明显。前后翅外线以内半透明或透明，大部分无鳞片；两翅前缘有黑色和黄色；前翅内线两侧黑色，中点灰黄色，中线黑色，仅在 CuA_2 以下可见；后翅中线黑色，在中室断开，其下面一段扩展至外线；外线在前翅 CuA_2 以下和后翅与其外侧的深色带同色并融合；外线外侧灰黄褐色或深灰褐色，亚缘线为 1 列半透明斑点；缘线黑褐色；缘毛灰黄至深灰褐色。

分布：浙江（临安、江山、庆元、景宁、泰顺）、青海、湖北、江西、湖南、福建、台湾、广东、海南、广西、四川、贵州、云南、西藏；日本，印度，马来西亚，印度尼西亚。

（338）蒿杆三角尺蛾 *Krananda straminearia* (Leech, 1897)（图版 XXIII-9）

Zanclopera straminearia Leech, 1897: 306.

Krananda straminearia: Jiang *et al*., 2017: 436.

主要特征：前翅长：13–20 mm。前翅顶角钩状。翅面黄色，斑纹灰褐色。前翅内线波曲，模糊；中点微小；中线不可见；外线粗壮，浅弧形，其内侧具 1 列黑褐色小点，有时仅在近后缘处清晰可见；无亚缘线和缘线；缘毛深褐色。后翅中线微波曲，细弱；其余斑纹与前翅相似。

分布：浙江（杭州）、甘肃、湖北、江西、湖南、福建、台湾、广东、海南、香港、广西、重庆、四川、云南；印度，尼泊尔，缅甸，马来半岛，印度尼西亚（加里曼丹岛）。

181. 鲁尺蛾属 *Amblychia* Guenée, 1858

Amblychia Guenée, 1858: 214. Type species: *Amblychia angeronaria* Guenée, 1858.

Elphos Guenée, 1858: 285. Type species: *Elphos hymenaria* Guenée, 1858.

主要特征：雄触角双栉形；雌触角线形。额凸出。下唇须粗壮，尖端不伸达额外。雄后足胫节膨大，具毛束。后翅外缘锯齿状，雌锯齿较雄深。雄前翅基部具泡窝。前翅 R_1 和 R_2 自由。

分布：东洋区、澳洲区。世界已知 21 种，中国记录 2 种，浙江分布 1 种。

（339）白珠鲁尺蛾 *Amblychia angeronaria* Guenée, 1858（图版 XXIII-10）

Amblychia angeronaria Guenée, 1858: 215.

Amblychia torrida Moore, 1877b: 621.

Amblychia sinibia Wehrli, 1938: 88.

主要特征：前翅长：雄 39–47 mm，雌 44–50 mm。前翅顶角略凸出。翅面枯黄色。前翅内线、中线和外线和亚缘线深褐色；内线波曲；中线在中室内弯折；中点黑色，点状；外线平直，其内侧具大小不等的半圆形白斑，位于 CuA_1 和 2A 之间的较大；亚缘线锯齿状；无缘线。后翅中线深褐色，弧形，位于中点外侧，与前翅中线相连；中点较前翅的小；其余斑纹与前翅相似。

分布：浙江（四明山、余姚、磐安）、湖南、福建、台湾、海南、广西、四川、贵州、云南、西藏；日本，印度，越南，泰国，马来西亚，印度尼西亚，巴布亚新几内亚。

182. 玉臂尺蛾属 *Xandrames* Moore, 1868

Xandrames Moore, 1868: 634. Type species: *Xandrames dholaria* Moore, 1868.

主要特征：雌雄触角均双栉形；雌触角栉齿较短。额凸出。下唇须尖端伸出额外。雄后足胫节膨大。体大型，翅宽大。前翅顶角圆，外缘浅弧形；后翅外缘微波曲。雄前翅基部具泡窝。前翅 Sc 和 R_1 游离，R_2 与 $R_{3\text{-}5}$ 共柄。前翅常具 1 个大斑，由前缘近中部向外斜行至后缘处。

分布：古北区、东洋区。世界已知 7 种，中国记录 4 种，浙江分布 2 种。

（340）黑玉臂尺蛾 *Xandrames dholaria* Moore, 1868（图版 XXIII-11）

Xandrames dholaria Moore, 1868: 634.

主要特征：前翅长：雄 35–41 mm，雌 44–45 mm。前翅基半部灰白色，散布黑色碎纹，前缘中部内侧有 2 条黑色斜纹，后缘内 1/3 处有 1 小黑斑，外 1/3 处有 1 对黑色弯纹；翅中部具 1 个宽大向外斜行白斑，其上散布灰色碎纹，下端灰纹较多，伸达外缘下半段；白斑外侧上方为 1 条黑色斜线，其外侧至顶角黑褐色。后翅黑褐色，隐见黑色锯齿形外线；顶角附近白色。

分布：浙江（四明山、余姚、景宁、泰顺）、河南、陕西、甘肃、湖北、湖南、福建、台湾、广东、广西、四川、贵州、云南、西藏；朝鲜半岛，日本，印度，尼泊尔，越南。

（341）折玉臂尺蛾 *Xandrames latiferaria* (Walker, 1860)（图版 XXIII-12）

Pachyodes? *latiferaria* Walker, 1860: 445.

Xandrames latiferaria: Hampson, 1895b: 250.

Xandrames cnecozona Prout, 1926a: 21.

主要特征：前翅长：雄 28–32 mm，雌 33–38 mm。翅面浅褐色，排布黑褐色碎纹。前翅基半部碎纹细长且排列整齐，有时可见黑色内线和中线；翅中部大白斑上具灰黑色碎纹，白斑内缘沿 CuA_1 外凸成 1 个鲜明折角，折角下方下垂至臀角内侧；白斑外上方有 1 段黑色带和白色亚缘线。后翅翅脉色较浅；隐见黑灰色中点；白色亚缘线十分鲜明，其中部接近外缘；顶角附近色较浅，但不为白色。

分布：浙江（四明山、鄞州、余姚、舟山、江山、景宁）、陕西、湖北、江西、湖南、福建、台湾、广东、海南、四川、贵州、云南、西藏；日本，印度，尼泊尔，泰国，印度尼西亚（加里曼丹岛）。

183. 绥尺蛾属 *Xerodes* Guenée, 1858

Xerodes Guenée, 1858: 291. Type species: *Xerodes ypsaria* Guenée, 1858.

Zethenia Motschulsky, 1861: 34. Type species: *Zethenia rufescentaria* Motschulsky, 1861.

Gyadroma Swinhoe, 1894a: 220. Type species: *Ennomos testacearia* Moore, 1868.

Zygoctenia Warren, 1895: 128. Type species: *Zygoctenia cinerosa* Warren, 1895.

主要特征：雌雄触角均线形，雄触角具长纤毛。额不凸出。下唇须约 1/3 伸出额外。雄前翅基部具泡窝。雄后足胫节膨大，具毛束。前翅顶角凸出，外缘中部凸出；后翅外缘波曲。雄前翅基部具泡窝。前翅 R_1 与 R_2 共柄，R_1 与 Sc 大部分合并或由短柄相连。翅面褐色或灰褐色，前后翅外线常呈锯齿状。第 2 腹节腹板端部分叉，具长鳞毛。

分布：古北区、东洋区、澳洲区。世界已知 15 种，中国记录 4 种，浙江分布 1 种。

（342）白珠绥尺蛾 *Xerodes contiguaria* (Leech, 1897)（图版 XXIII-13）

Zethenia contiguaria Leech, 1897: 223.

Zethenia obscura Warren, 1899a: 66.

Zethenia contiguaria cathara Wehrli, 1940: 339.

Hyposidra muscula Bastelberger, 1911: 249.

Xerodes contiguaria: Wang, 1998: 322.

主要特征：前翅长：雄 18 mm；雌 19–20 mm。翅深褐色，略带灰紫色调。前翅内线波状；中点黑色微小；中带较翅色略深，宽但十分模糊；外线黑色，纤细，锯齿形，有时很弱或消失；外线内侧在 CuA_2 两侧具半月形小白斑；外线外侧在 M_3 和 CuA_1 之间常具 1 个黑斑；亚缘线和缘线模糊；缘毛与翅同色。后翅斑纹与前翅相似，但外线内侧不具半月形小白斑，外线外侧不具黑斑。

分布：浙江（四明山、鄞州、余姚）、江苏、湖北、湖南、福建、台湾、四川、贵州；日本。

184. 杜尺蛾属 *Duliophyle* Warren, 1894

Duliophyle Warren, 1894a: 432. Type species: *Boarmia agitata* Butler, 1878.

主要特征：雄触角双栉形；雌触角线形。额凸出；下唇须尖端伸达额外。雄后足胫节膨大。前翅外缘平滑；后翅外缘微波曲。雄前翅基部具泡窝。前翅 R_1 和 R_2 游离。

分布：古北区、东洋区。世界已知 4 种，中国记录 3 种，浙江分布 1 种。

（343）杜尺蛾 *Duliophyle agitata* (Butler, 1878)（图版 XXIV-1）

Boarmia agitata Butler, 1878b: 396.

Duliophyle agitata: Warren, 1894a: 432.

主要特征：前翅长：雄 21–30 mm，雌 30–31 mm。翅面灰黄色，密布深灰褐色碎纹，斑纹深灰褐色至黑褐色。前翅中点条状，其外侧有 1 个清晰白斑；外线由前缘至 M_3 清晰带状，其外缘锯齿形，外侧为 1 条白线；雌外线外侧扩展为 1 个白斑；亚缘线白色，内侧具 1 条深灰色带；缘线黑色，在脉端常间断；缘毛黑褐色与灰黄色相间。后翅外线弧形；亚缘线仅在 M_3 以下可见；其余斑纹与前翅相似。

分布：浙江、北京、陕西、甘肃、江西、湖南、福建、台湾、四川、西藏；日本。

185. 树尺蛾属 *Mesastrape* Warren, 1894

Mesastrape Warren, 1894a: 432. Type species: *Erebomorpha consors* Butler, 1878.

Stygomorpgha Thierry-Mieg, 1899: 21. Type species: *Erebomorpha fulgurariа* Walker, 1860.

主要特征：雌雄触角均双栉形，栉齿背面不具鳞片。额凸出。下唇须端部伸达额外。雄后足胫节膨大。体大型，翅宽大。前翅外缘平滑；后翅外缘在 Rs 和 M_3 处各凸出 1 个尖角。雄前翅基部不具泡窝。前翅 R_1 和 R_2 共柄。

分布：古北区、东洋区。世界已知 1 种，中国记录 1 种，浙江分布 1 种。

（344）细枝树尺蛾 *Mesastrape fulguraria* (Walker, 1860)（图版 XXIV-2）

Erebomorpha fulguraria Walker, 1860: 495.

Mesastrape fulguraria: Stüning, 2000: 116.

主要特征：前翅长：雄 37–43 mm，雌 36–39 mm。翅面绿褐色，密布黑色长碎纹，斑纹白色带状。前翅内线中部极度向外呈尖状凸出，在 CuA_2 处插入外线；中点黑条状；外线中部略向外凸出；亚缘线锯齿形，纤细，仅在 M_3 下方清楚；由顶角发出 1 条白色带，向内弯曲至 M_3，之后与外线平行。后翅前缘自基部至外线之间白色；中点较前翅短粗；外线近弧形；Rs 脉端发出 1 条白色带，向内弯曲至 M_3，之后与外线平行。

分布：浙江（临安、庆元、景宁、泰顺）、河南、陕西、甘肃、湖北、江西、湖南、福建、台湾、广西、四川、云南、西藏；日本，印度，尼泊尔。

186. 方尺蛾属 *Chorodna* Walker, 1860

Chorodna Walker, 1860: 311, 314. Type species: *Chorodna erebusaria* Walker, 1860.

Erebomorpha Walker, 1860: 494. Type species: *Erebomorpha fulgurita* Walker, 1860.

Medasina Moore, 1887: 408. Type species: *Hemerophila strixaria* Guenée, 1858.

主要特征：雄触角双栉形；雌触角线形。额凸出。下唇须仅尖端伸达额外。雄后足胫节膨大。前翅顶角有时凸出，外缘常平直；后翅外缘常波曲，在 M_3 上方较明显。雄前翅基部不具泡窝。前翅 R_1 和 R_2 长共柄，在近端部分离。前后翅亚缘线常清楚。

分布：东洋区、旧热带区。世界已知 40 余种，中国记录 12 种，浙江分布 2 种。

（345）默方尺蛾 *Chorodna corticaria* (Leech, 1897)（图版 XXIV-3）

Boarmia corticaria Leech, 1897: 419.

Chorodna creataria: Sato, 1994: 53.

Chorodna corticaria: Parsons *et al.*, 1999, *in* Scoble, 1999: 150.

主要特征：前翅长：雄 31–40 mm，雌 35–37 mm。翅面黄褐色。前翅前缘下方散布细密黑色碎纹；中线黑色，仅在前缘和近后缘处清楚；中点黑色，点状；外线黑色，浅锯齿状，常在 M_2 下方清楚，向内倾斜，与中线平行；亚缘线黄白色，在 M_3 上方不规则波曲，在 M_3 处向内弯折，之后平直，内侧散布不均匀黑色鳞片，形成 1 个由 M_2 至后缘内 1/4 的三角形大黑斑；缘线在脉间呈黑色短条状；缘毛黄褐色掺杂灰褐色。后翅亚基线黑色，外侧至外缘密布黑色碎纹；中线较前翅清楚，平直；其余斑纹与前翅相似。

分布：浙江（杭州）、陕西、甘肃、湖北、湖南、福建、台湾、广西、四川、云南、西藏。

（346）宏方尺蛾 *Chorodna creataria* (Guenée, 1858)（图版 XXIV-4）

Hemerophila creataria Guenée, 1858: 217.

Elphos? *parisnattei* Walker, 1863: 1545.

Chorodna creataria: Sato, 1994: 53.

主要特征：前翅长：雄 35–38 mm，雌 39–40 mm。翅面深褐色，密布黑色碎纹。前翅内线和中线模糊；中点黑色，点状；外线黑色，锯齿状，模糊，在 M 脉之间向外凸出，之后向内倾斜；外线外侧至外缘翅面颜色较深；亚缘线白色，波曲，在 M_3 和 CuA_1 之间形成 1 个小白点，其内侧在 M_3 下方具 1 条黑色细线；缘线在脉间呈黑色短条状；缘毛深褐色掺杂黑色。后翅中线黑色，平直；外线黑色，锯齿状；亚缘线中部不具白斑，内侧黑色线较前翅粗壮；其余斑纹与前翅相似。

分布：浙江（临安、庆元）、甘肃、湖北、湖南、福建、台湾、海南、香港、广西、四川、云南、西藏；印度，尼泊尔，泰国。

187. 蛮尺蛾属 *Darisa* Moore, 1888

Darisa Moore, 1888a: 243. Type species: *Boarmia mucidaria* Walker, 1866.

主要特征：雄触角双栉形；雌触角线形。额凸出。下唇须第 3 节小，伸出额外。雄后足胫节膨大，具毛束。前翅顶角圆，外缘浅弧形；后翅外缘微波曲。雄前翅基部不具泡窝。前翅 R_1 和 R_2 长共柄，在近端部分离。

分布：东洋区。世界已知 10 种，中国记录 4 种，浙江分布 1 种。

（347）拟固线蛮尺蛾 *Darisa missionaria* (Wehrli, 1941)（图版 XXIV-5）

Medasina parallela missionaria Wehrli, 1941, *in* Seitz, 1941: 447.

Darisa missionaria: Sato, 1995: 217.

主要特征：前翅长：雄 24–25 mm，雌 25–30 mm。翅面浅黄褐色，散布灰蓝色碎斑。前翅内线黑色，在中室中部和臀褶处向外呈尖角状凸出，其内侧具 1 条褐色带；中线在近前缘处形成 1 个黑斑，其余部分细弱；中点黑色，短条状；外线黑色，在 M_1 上方向内呈尖角状凸出，在 M_1 下方呈“S”形；外线外侧至外缘褐色；外线与亚缘线之间在 M_3 和 CuA_1 之间具 1 个黑斑；亚缘线灰白色，锯齿状，内侧具 1 条蓝黑色带，外缘锯齿状。后翅中线平直，内侧灰蓝色；外线锯齿状，在 M_3 之后向内弯曲；外线和亚缘线外侧不具黑斑。

分布：浙江、福建、四川、贵州、云南；越南，泰国。

188. 宙尺蛾属 *Coremecis* Holloway, 1994

Coremecis Holloway, 1994: 203. Type species: *Boarmia incursaria* Walker, 1860.

主要特征：雄触角双栉形；雌触角线形。额不凸出。下唇须仅尖端伸达额。雄后足胫节膨大。前翅外缘略倾斜，顶角圆，臀角方；后翅圆。雄前翅基部不具泡窝。前翅 Sc 与 R_1 长共柄，R_2 游离。

分布：东洋区。世界已知 6 种，中国记录 2 种，浙江分布 1 种。

（348）蕾宙尺蛾 *Coremecis leukohyperythra* (Wehrli, 1925)（图版 XXIV-6，7）

Medasina leukohyperythra Wehrli, 1925: 55.

Coremecis leukohyperythra: Sato & Wang, 2006: 71.

主要特征：前翅长：雄 16–20 mm，雌 20–22 mm。翅面浅褐色。前翅内线为黑褐色双线，近弧形，在中室处断开；中点为浅灰色点，模糊；中线常模糊，在前缘处形成 1 个黑褐斑；外线黑褐色，在 M 脉间向外呈圆形凸出；亚缘线灰白色，锯齿状；亚缘线与外线之间在 M_3 和 CuA_2 之间具 1 个黑褐色斑；缘线在脉间呈黑褐色短条状；缘毛褐色掺杂黑褐色。后翅中线平直，常模糊；外线黑褐色，锯齿状；亚缘线白色，后半部分较清楚且内侧具深色带；其余斑纹与前翅相似。雌翅面斑纹与雄的区别：前翅内线内侧和内线与中线之间区域灰白色；近顶角处和亚缘线外侧在 CuA_1 与 CuA_2 之间具灰白色斑；后翅中线内侧和亚缘线外侧在 M_3 至后缘之间区域灰白色。

分布：浙江（四明山、余姚、磐安、庆元、泰顺）、湖南、福建、广东。

189. 佐尺蛾属 *Rikiosatoa* Inoue, 1982

Rikiosatoa Inoue, 1982: 541. Type species: *Boarmia grisea* Butler, 1878.

主要特征： 雄触角双栉形；雌触角线形。额不凸出。下唇须尖端伸达额外。雄后足胫节膨大。前翅外缘浅弧形；后翅圆，外缘微波曲。雄前翅基部具泡窝。前翅 R_1 和 R_2 短共柄，Sc 和 R_1 部分合并。前后翅外线清楚，外侧至外缘色略深。

分布： 古北区、东洋区。世界已知 11 种，中国记录 7 种，浙江分布 2 种。

（349）紫带佐尺蛾 *Rikiosatoa mavi* (Prout, 1915)（图版 XXIV-8）

Boarmia mavi Prout, 1915: 369.

Boarmia (*Alcis*) *mavi opiseura* Wehrli, 1943.

Alcis shibatai Inoue, 1978: 240.

Rikiosatoa mavi: Inoue, 1982: 541.

主要特征： 前翅长：15–17 mm。翅面浅灰色，前后翅外线外侧至外缘紫灰色。前翅内线黑色，细弱；中点黑色条状；外线黑色，外线在 M_1 与 M_3 之间和 CuA_2 与 2A 之间向外凸出；外线外侧近中部具黑色斜带向外延伸至顶角下方；亚缘线灰白色，模糊；顶角处有 1 个灰白色斑；缘线黑色，纤细；缘毛灰黄色与灰褐色掺杂。后翅中线黑色，模糊，平直；中点较前翅小；外线黑色，平直；亚缘线内侧具 1 条波曲黑色细线，其余斑纹与前翅相似。

分布： 浙江（景宁、泰顺）、湖北、江西、湖南、福建、台湾、广东、海南、广西、四川、贵州；日本。

（350）中国佐尺蛾 *Rikiosatoa vandervoordeni* (Prout, 1923)（图版 XXIV-9）

Cleora grisea vandervoordeni Prout, 1923: 319.

Rikiosatoa vandervoordeni: Sato, 1992: 562.

主要特征： 前翅长：雄 17–18 mm，雌 19–20 mm。翅面灰褐色，略带灰紫色调和黄褐色调，外线外侧颜色较深，斑纹黑色。前翅内线弧形，模糊；中点短条状；外线在 M_1 与 M_3 之间和 CuA_2 与 2A 之间向外凸出；缘线细弱，在脉间呈点状；缘毛与翅面同色。后翅中线模糊；中点较前翅的小；外线近平直；缘线和缘毛与前翅相似。

分布： 浙江、黑龙江、江苏、湖北、江西、湖南、福建、广东、四川。

190. 冥尺蛾属 *Heterarmia* Warren, 1895

Heterarmia Warren, 1895: 143. Type species: *Boarmia buettneri* Hedemann, 1881.

Peristygis Wehrli, 1941, *in* Seitz, 1941: 471. Type species: *Tephrosia charon* Butler, 1878.

主要特征： 雄触角双栉形或线形具纤毛簇；雌触角线形。额不凸出。下唇须尖端伸达额外。后足胫节膨大，有时具毛束。前翅顶角圆，后翅外缘微波曲。雄前翅基部具泡窝。前翅 Sc 和 R_1 有时合并，R_1 和 R_2 游离；有时 R_2 与 R_{3+4} 形成 1 个狭长径副室。

分布： 古北区、东洋区。世界已知 15 种，中国记录 7 种，浙江分布 1 种。

（351）幽冥尺蛾 *Heterarmia tristaria* (Leech, 1897)（图版 XXIV-10）

Boarmia tristaria Leech, 1897: 344.

Heterarmia tristaria: Parsons *et al.*, 1999, *in* Scoble, 1999: 433.

主要特征：前翅长：雄 18–20 mm，雌 20–21 mm。翅面灰褐色。前翅内线、中线和外线在前缘处形成 3 个黑褐色斑；内线黑褐色，模糊，近平直；中线黑褐色，模糊；中点微小；外线细锯齿状，在 CuA_2 下方向内弯曲，与中线近平行；亚缘线白色，锯齿状；外线外侧和亚缘线内侧各具 1 条深褐色线；缘线在脉间呈黑条状；缘毛黄褐色掺杂深褐色。后翅斑纹与前翅相似。

分布：浙江（德清）、江苏、江西、湖南。

191. 皮鹿尺蛾属 *Psilalcis* Warren, 1893

Psilalcis Warren, 1893: 430. Type species: *Tephrosia inceptaria* Walker, 1866.

Paralcis Warren, 1894a: 435. Type species: *Menophra conspicuata* Moore, 1888.

主要特征：雄触角常线形具纤毛或双栉形；雌触角线形。额不凸出。下唇须尖端伸达额外。雄后足胫节膨大，具毛束。前翅外缘浅弧形；后翅圆，外缘微波曲。雄前翅基部具泡窝。前翅 Sc 和 R_1 长共柄，R_2 与 R_{3+4} 常由短柄相连。前翅中线和外线在 CuA_2 下方常接近或接触。

分布：东洋区、澳洲区。世界已知 67 种，中国记录 7 种，浙江分布 2 种。

（352）金星皮鹿尺蛾 *Psilalcis abraxidia* Sato *et* Wang, 2006（图版 XXIV-11）

Psilalcis abraxidia Sato *et* Wang, 2006: 76.

主要特征：前翅长：20–24 mm。雄触角双栉形，栉齿短。翅面白色，斑纹灰色。前翅前缘和前后翅端部密布灰色碎纹。前翅内线由 2–3 个大斑点组成；中点大而圆，中央常具黑色条纹；外线和亚缘线带状，中部间断；缘线带状，常不间断，雌模糊；缘毛灰色掺杂白色。后翅中点较前翅小；中线和缘线模糊；外线和亚缘线常间断。

分布：浙江、福建、广东。

（353）天目皮鹿尺蛾 *Psilalcis menoides* (Wehrli, 1943)（图版 XXIV-12）

Boarmia menoides Wehrli, 1943: 491.

Psilalcis menoides: Sato, 1996b: 58.

主要特征：前翅长：12–13 mm。雄触角线形。翅面灰白色，前翅内线内侧和前后翅外线至外缘浅灰褐色。前翅内线黑色，弧形；中点条状；中线黑色，紧贴中点外侧，略向外倾斜；外线黑色，浅锯齿状，在 M 脉间向外呈圆形凸出，在 CuA_2 下方与中线汇合；亚缘线灰白色，锯齿状，内侧具间断的黑色带。后翅中线黑色，近平直；中点较前翅的小；亚缘线内侧黑色带模糊；其余斑纹与前翅相似。

分布：浙江（临安）、湖南、福建、台湾、广东。

192. 尘尺蛾属 *Hypomecis* Hübner, 1821

Hypomecis Hübner, 1821: 7. Type species: *Cymatophora umbrosaria* Hübner, 1813.

Boarmia Treitschke, 1825 [October 18]: 433. Type species: *Geometra roboraria* [Denis *et* Schiffermüller], 1775.

Dryocoetis Hübner, [1825]1816: 316. Type species: *Geometra roboraria* [Denis *et* Schiffermüller], 1775.

Alcippe Gumppenberg, 1887: 335(key). Type species: *Macaria castigataria* Bremer, 1864.

Narapa Moore, 1887: 410. Type species: *Boarmia adamata* Felder *et* Rogenhofer, 1875.

Pseudangerona Moore, 1887: 413. Type species: *Boarmia separata* Walker, 1860.

Serraca Moore, 1887: 416. Type species: *Boarmia transcissa* Walker, 1860.

Astacuda Moore, 1888a: 243. Type species: *Astacuda cineracea* Moore, 1888.

Anticypella Meyrick, 1892: 101(key), 108. Type species: *Nychiodes gigantaria* Staudinger, 1897.

Maidana Swinhoe, 1900a: 280. Type species: *Macaria tetragonata* Walker, [1863]1862.

Pseudoboarmia McDunnough, 1920: 21. Type species: *Cymatophora umbrosaria* Hübner, [1813]1806.

Erobatodes Wehrli, 1943: 521. Type species: *Boarmia eosaria* Walker, [1863]1862.

主要特征：雄触角双栉形；雌触角线形。额略凸出。下唇须尖端伸达额外。雄后足胫节膨大，有时具毛束。前翅外缘浅弧形；后翅外缘浅波曲。雄前翅基部具泡窝。前翅 R_1 和 R_2 完全合并。前后翅外线常锯齿形；亚缘线内侧具深色带。体和翅多灰褐至黑褐色，斑纹较模糊。

分布：世界广布。世界已知 150 余种，中国记录 14 种，浙江分布 8 种。

分种检索表

1. 翅面大部分区域黑灰色，仅前翅中部附近显露不均匀的灰白色……黑尘尺蛾 ***H. catharma***
- 翅面颜色不如上述……2
2. 翅面为白色，斑纹灰褐色……齿纹尘尺蛾 ***H. percnioides***
- 翅面斑纹不如上述……3
3. 前后翅外线模糊呈点状……罴尘尺蛾 ***H. diffusaria***
- 前后翅外线清楚……4
4. 前翅中线较粗壮……暮尘尺蛾 ***H. roboraria***
- 前翅中线不粗壮……5
5. 前后翅中点短条状……黎明尘尺蛾 ***H. eosaria***
- 前后翅中点不为短条状……6
6. 前后翅中点圆形，不中空……青灰尘尺蛾 ***H. cineracea***
- 前后翅中点不如上述……7
7. 后翅外线较平直……杂尘尺蛾 ***H. crassestrigata***
- 后翅外线较不平直……尘尺蛾 ***H. punctinalis***

（354）黑尘尺蛾 *Hypomecis catharma* (Wehrli, 1943)（图版 XXIV-13）

Boarmia catharma Wehrli, 1943: 519.

Hypomecis catharma: Xue, 1992: 871.

主要特征：前翅长：雄 23–26 mm，雌 24–27 mm。翅面大部分区域黑灰色，仅前翅中部附近显露不均匀的灰白色。前翅内线黑色，弧形；中线黑色，细弱；中点黑色，短条状；外线黑色，锯齿状，CuA_1 下方至后缘极接近中线；亚缘线灰白色，细锯齿状，内侧具 1 条锯齿状黑线；缘线为 1 列黑点；缘毛黑褐色与黄白色相间。后翅中线黑色，近平直；中点黑色，半月形；外线黑色，锯齿状，浅弧形；其余斑纹与前翅相似。

分布：浙江（临安、江山）、河南、安徽、湖北、江西、湖南、福建、广东、海南、广西、四川、贵州。

（355）青灰尘尺蛾 *Hypomecis cineracea* (Moore, 1888)（图版 XXIV-14）

Astacuda cineracea Moore, 1888, *in* Hewitson & Moore, 1888a: 244.

Alcis decrepitata Wileman, 1911b: 344.

Hypomecis cineracea: Sato, 1988: 129.

主要特征：前翅长：雄 23–30 mm，雌 25–31 mm。翅面灰色。前翅内线黑褐色，细弱，波曲；中线黑褐色，细弱，在 M 脉之间向外凸出，之后平直；中点黑褐色，圆形，不中空；外线黑褐色，锯齿状，在 M 脉之间略向外凸出，之后向内倾斜，在近后缘处与中线近平行；外线外侧具深褐色带；亚缘线灰白色，锯齿状，内侧具锯齿状黑褐色带；缘线在脉间呈黑褐色短条状。后翅中线黑褐色，平直，仅在中点下方清楚；外线黑褐色，锯齿状，近弧形；其余斑纹与前翅相似。

分布：浙江（庆元）、江西、福建、台湾、广东、海南、香港；印度，尼泊尔，泰国，菲律宾。

（356）杂尘尺蛾 *Hypomecis crassestrigata* (Christoph, 1881)（图版 XXIV-15）

Boarmia crassestrigata Christoph, 1881: 75.

Boarmia (*Serraca*) *crassestrigata eunotia* Wehrli, 1943: 528.

Hypomecis crassestrigata: Inoue, 1982: 544.

主要特征：前翅长：雄 16–18 mm，雌 18 mm。此种特征与尘尺蛾 *H. punctinalis* 非常相似，但体型远较该种小；后翅外缘波曲较深，外线较平直；前后翅外线外侧具不完整的深灰褐色带。

分布：浙江（临安）、黑龙江、辽宁、北京、陕西、江苏、湖南、四川、西藏；俄罗斯，朝鲜半岛，日本，印度。

（357）黎明尘尺蛾 *Hypomecis eosaria* (Walker, 1863)（图版 XXIV-16）

Boarmia eosaria Walker, 1863: 1535.

Hypomecis eosaria: Xue, 1992: 870.

主要特征：前翅长：雄 22–25 mm，雌 25–26 mm。翅面紫灰色。前翅内线黑褐色，细弱；中线有时模糊；中点模糊，短条状；外线黑褐色，略呈锯齿状，在 M 脉间向外明显凸出，之后向内倾斜；外线外侧常具不均匀深褐色鳞片；亚缘线灰白色，锯齿状，内侧具 1 条模糊锯齿状黑线；缘线在各脉间呈黑褐色点状，有时模糊；缘毛灰褐色掺杂黑褐色。后翅中线黑褐色，细弱；中点黑褐色，短条状；外线较前翅平直；其余斑纹与前翅相似。

分布：浙江（临安、鄞州、江山、景宁）、江苏、安徽、湖北、江西、湖南、福建、广东、海南、香港、广西、重庆、四川。

（358）齿纹尘尺蛾 *Hypomecis percnioides* (Wehrli, 1943)（图版 XXV-1）

Boarmia percnioides Wehrli, 1943: 520.

Hypomecis percnioides: Inoue, 1992a: 115.

主要特征：前翅长：雄 25–29 mm，雌 28–32 mm。翅面白色，斑纹灰褐色，散布大量灰褐色碎纹。前翅内线在前缘形成 1 个黑斑，其下大部分消失，在中室上下缘可见 2 个尖齿；外线亦大部分消失，仅在翅脉上留有尖齿；翅端部大部分灰褐色，白色亚缘线波状，断续；中点黑灰色，小。后翅中点大，不规则形；外线较连续，中部外凸；翅端部同前翅。

分布：浙江（临安）、河南、陕西、湖北、福建、台湾、广西、四川、云南。

（359）尘尺蛾 *Hypomecis punctinalis* (Scopoli, 1763)（图版 XXV-2）

Phalaena punctinalis Scopoli, 1763: 217.

Hypomecis punctinalis: Inoue, 1982: 543.

主要特征： 前翅长：雄 22–25 mm，雌 24–25 mm。翅面灰褐色，外线外侧色较深。前翅内线黑色，弧形；中线黑色，模糊，在 M 脉之间向外凸出，在 M_3 之后向内斜行；中点黑色，扁圆形，中空；外线黑色，锯齿形，在 M 脉之间略向外呈凸出，在 M_3 之后与中线平行；亚缘线灰白色，模糊，内侧具 1 条锯齿形黑线；缘线在各脉间呈黑色短条状；缘毛灰褐色。后翅中线黑色，近平直；中点较前翅小；其余斑纹与前翅相似。

分布： 浙江（德清、临安、庆元、泰顺）、黑龙江、吉林、内蒙古、北京、山东、河南、陕西、宁夏、甘肃、安徽、湖北、湖南、福建、台湾、广东、广西、四川、贵州、云南、西藏；俄罗斯，朝鲜半岛，日本，欧洲。

（360）暮尘尺蛾 *Hypomecis roboraria* (Denis *et* Schiffermüller, 1775)（图版 XXV-3）

Geometra roboraria Denis *et* Schiffermüller, 1775: 101.

Hypomecis roboraria: Inoue, 1982: 542.

主要特征： 前翅长：雄 23–27 mm，雌 24–32 mm。此种与尘尺蛾 *H. punctinalis* 相似，但前后翅中线清楚，较粗壮；前翅内线和前后翅外线黑色，较该种鲜明；前后翅中点为短条状，不中空。雄触角栉齿较长。

分布： 浙江（临安）、黑龙江、吉林、内蒙古、河南、陕西、甘肃、湖北、江西、台湾、西藏；俄罗斯，朝鲜半岛，日本，欧洲。

（361）罴尘尺蛾 *Hypomecis diffusaria* (Leech, 1897)（图版 XXV-4）

Medasina diffusaria Leech, 1897: 432.

Nychiodes gigantaria Staudinger, 1897: 48.

Hypomecis diffusaria: Leley, 2016: 561.

主要特征： 前翅长：雄 35–37 mm，雌 40–42 mm。翅灰褐色至深灰褐色。前翅后缘附近和外缘中部至臀角附近以及整个后翅均散布密集黑褐色碎纹。前翅内线、中线和外线在前缘形成小黑斑，其下大部分消失；中线有时隐约可见，在后缘处增粗；外线在翅脉上存留 1 列黑点，在 M 脉处弧形外凸；亚缘线内侧在 M_1 与 M_3 之间和 CuA_1 至后缘有 2 块不规则形黑灰色斑。后翅中线和外线大多完整，前者浅弧形，后者浅锯齿形；可见黑色短条形中点；亚缘线内侧黑灰色带通常完整。

分布： 浙江（临安）、黑龙江、辽宁、内蒙古、北京、山西、陕西、甘肃、江苏、湖北、湖南、四川、云南；俄罗斯。

193. 矶尺蛾属 *Abaciscus* Butler, 1889

Abaciscus Butler, 1889: 20, 102. Type species: *Abaciscus tristis* Butler, 1889.

Enantiodes Warren, 1896a: 133. Type species: *Enantiodes stellifera* Warren, 1896.

Prionostrenia Wehrli, 1939: 317. Type species: *Alcis costimacula* Wileman, 1912.

主要特征： 雄触角锯齿状或线形具纤毛；雌触角线形。额不凸出。下唇须短粗，端半部伸出额外。后足细长，雄后足胫节极度膨大，具毛束。前翅外缘平滑；后翅圆，外缘微波曲。雄前翅基部具泡窝。前翅 Sc 与 R_1 常部分合并，R_1 和 R_2 游离。前后翅亚缘线常模糊，呈小点状，在 M_3 和 CuA_1 之间略扩大。雄第 3

腹节腹板具刚毛斑。

分布：东洋区。世界分布 20 种左右，中国记录 9 种，浙江分布 2 种。

（362）桔斑矶尺蛾 *Abaciscus costimacula* (Wileman, 1912)（图版 XXV-5）

Alcis? *costimacula* Wileman, 1912: 72.

Proteostrenia (*Prionostrenia*) *ochrimacula ochrispila* Wehrli, 1939: 317.

Abaciscus costimacula: Inoue, 1987: 233.

主要特征：前翅长：雄 18–20 mm，雌 17–19 mm。翅面黑褐色，散布浅色碎纹，前翅前缘和后翅中部碎纹密集，并不同程度地带橘黄色。前翅前缘外 1/4 处具灰黄色大斑，略带橘黄色；内线黑色弧形；中点黑色短条状；外线黑色波状；亚缘线为 1 列细小白点；缘毛黑褐色。后翅中线模糊；外线较前翅的清楚；其余斑纹与前翅相似。

分布：浙江（四明山、余姚、磐安、景宁、泰顺）、湖北、江西、湖南、福建、台湾、广东、海南、广西、四川、贵州、云南。

（363）浙江矶尺蛾 *Abaciscus tristis tschekianga* (Wehrli, 1943)（图版 XXV-6）

Boarmia tristis tschekianga Wehrli, 1943: 540.

Abaciscus tristis tschekianga: Xue, 1992: 876.

主要特征：前翅长：雄 18–20 mm；雌 19–20 mm。前翅黑褐色，内线和外线黑色，细锯齿形，在近后缘处具白色碎纹；中线黑色，在中室处向外凸出，中室下方平直；中点黑色短条状；亚缘线为 1 列细小白点，在 M_3 和 CuA_1 之间形成 1 个白斑，其上具黑褐色碎纹；缘线为 1 列细小黑点；缘毛深灰褐色。后翅顶角和臀角区域黑褐色，其余部分白色，散布黑褐色碎纹，斑纹与前翅相似。

分布：浙江（四明山、余姚、泰顺）、湖南、福建、广东、海南、广西、四川、云南。

194. 霜尺蛾属 *Cleora* Curtis, 1825

Cleora Curtis, 1825: 88. Type species: *Geometra cinctaria* Denis *et* Schiffermüller, 1775.

Cerotricha Guenée, 1858: 284. Type species: *Cerotricha licornaria* Guenée, 1858.

Aegitrichus Butler, 1886a: 434. Type species: *Aegitrichus lanaris* Butler, 1886.

Chogada Moore, 1887: 415. Type species: *Boarmia alienaria* Walker, 1860.

Carecomotis Warren, 1896b: 402. Type species: *Carecomotis perfumosa* Warren, 1896.

Neocleora Janse, 1932: 266. Type species: *Boarmia tulbaghata* Felder *et* Rogenhofer, 1875.

主要特征：雄触角双栉形，近端部线形，栉齿长；雌触角线形。额不凸出。下唇须第 3 节细长，尖端伸达额外。雄后足胫节不膨大，具毛束。雄第 1 腹节背面具 1 列鳞毛。前翅外缘浅弧形；后翅圆，外缘微波曲。雄前翅基部具泡窝。前翅 R_1 和 R_2 分离。前后翅中点常中空，外线锯齿形。

分布：世界广布。世界已知 190 种左右，中国记录 10 种，浙江分布 2 种。

（364）襟霜尺蛾 *Cleora fraterna* (Moore, 1888)（图版 XXV-7）

Chogada fraterna Moore, 1888, *in* Hewitson & Moore, 1888a: 245.

Boarmia (*Chogada*) *fraterna*: Wehrli, 1943: 496.

Cleora fraterna: Sato, 1993: 15.

主要特征：前翅长：雄 22–23 mm，雌 22–25 mm。翅面白色，散布深灰色碎纹。前翅内线黑色，锯齿状，内侧具褐色宽带；中点扁圆形，中空，边缘黑色；外线黑色，锯齿状，在 M_1 和 M_2 之间向外凸出；外线外侧具褐色宽带；亚缘线白色，锯齿状；亚缘线内侧和外侧具深灰色带，外侧带在各脉上具褐色斑点；顶角下方和外缘内侧在 M_3 与 CuA_1 之间常具白斑。后翅基部具黑色鳞片；中线仅在中点下方清楚，近平直；中点较前翅的小；其余斑纹与前翅相似。

分布：浙江（庆元）、青海、江西、福建、台湾、广东、海南、香港、广西、四川、云南、西藏；印度，尼泊尔，泰国，斯里兰卡，菲律宾，马来西亚，印度尼西亚。

（365）瑞霜尺蛾 *Cleora repulsaria* (Walker, 1860)（图版 XXV-8）

Boarmia repulsaria Walker, 1860: 374.

Boarmia (*Carecomotis*) *repulsaria kobeensis* Wehrli, 1943: 495.

Cleora repulsaria: Fletcher, 1967: 113.

主要特征：前翅长：雄 17–20 mm，雌 20–21 mm。此种翅面斑纹与襟霜尺蛾 *C. fraterna* 相似，但翅面颜色偏灰；前翅中点大，其上常密布黑灰色鳞片；后翅中线位于中点内侧，而襟霜尺蛾 *C. fraterna* 的中线位于中点下方。

分布：浙江（杭州）、江苏、上海、江西、湖南、台湾、广东、海南、香港、广西、重庆、四川、贵州、云南；朝鲜半岛，日本，缅甸，越南，泰国，菲律宾。

195. 造桥虫属 *Ascotis* Hübner, 1825

Ascotis Hübner, [1825]1816: 313. Type species: *Geometra selenaria* Denis *et* Schiffermüller, 1775.

Hypopalpis Guenée, 1862: 29. Type species: *Hypopalpis terebraria* Guenée, 1862.

Burichura Moore, 1888a: 245. Type species: *Boarmia imparata* Walker, 1860.

Trigonomelea Warren, 1904: 475. Type species: *Trigonomelea semifusca* Warren, 1904.

主要特征：雄触角锯齿形，具纤毛簇；雌触角线形。额不凸出。下唇须尖端不伸达额外；雄后足胫节膨大，具毛束。前翅外缘平直；后翅圆，外缘微波曲。雄前翅基部具泡窝。前翅 Sc 游离，R_1 与 R_2 共柄。前后翅中点常呈星状，中间色浅。

分布：古北区、东洋区、旧热带区。世界已知 11 种，中国记录 1 种，浙江分布 1 种。

（366）大造桥虫 *Ascotis selenaria* (Denis *et* Schiffermüller, 1775)（图版 XXV-9）

Geometra selenaria Denis *et* Schiffermüller, 1775: 101.

Phalaena furcaria Fabricius, 1794: 141.

Ascotis selenaria: Hübner, [1825]1816: 313.

Boarmia selenaria var. *lutescens* Wagner, 1923: 43.

主要特征：前翅长：雄 21–25 mm，雌 22–24 mm。翅面灰白色，密布深灰色小点。前翅内线黑色，波曲，内侧具深褐色带；中线模糊；中点星状，中空，灰蓝色，边缘黑色；外线黑色，细锯齿形，在 M 脉之间略向外凸出；亚缘线灰白色，锯齿形；亚缘线内侧和外侧具深灰色带，在 M 脉间颜色加深；缘线黑色，在脉间呈短条状；缘毛白色掺杂深灰色。后翅中线黑色，近平直；中点较前翅小；外线锯齿状；亚缘线灰白色；缘线黑条状；缘毛灰白色掺杂深灰色。

分布：浙江（德清、临安、庆元、泰顺）、黑龙江、吉林、辽宁、内蒙古、北京、河北、山西、陕西、甘肃、新疆、江苏、安徽、湖北、江西、湖南、福建、台湾、广东、海南、香港、广西、重庆、四川、贵州、云南、西藏；俄罗斯，朝鲜半岛，日本，印度，斯里兰卡，欧洲，非洲。

196. 四星尺蛾属 *Ophthalmitis* Fletcher, 1979

Ophthalmodes Guenée, 1858: 283. Type species: *Ophthalmodes herbidaria* Guenée, 1858. [Junior homonym of *Ophthalmodes* Fischer, 1834 (Orthoptera)]

Ophthalmitis Fletcher, 1979: 146. Type species: *Ophthalmodes herbidaria* Guenée, 1858.

主要特征：雄触角部分或全部双栉形，雌栉齿较雄的短。额不凸出。下唇须仅尖端伸达额外。雄后足胫节不膨大，不具毛束。前翅外缘略凸出；后翅圆。雄前翅基部具泡窝。前翅 Sc 和 R_1 常长共柄，并在中室后分离，Sc+R_1 与 R_2 常由 1 个短柄相连，R_2 和 R_{3-5} 分离，在近基部接近，在中室上角前方分离。前翅外线在 CuA_1 下方向内凸出，前后翅中点常呈星状，中空。

分布：古北区、东洋区。世界已知 26 种，中国记录 14 种，浙江分布 7 种。

分种检索表

1. 翅面灰白色 ……………………………………………… **核桃四星尺蛾 *O. albosignaria***
- 翅面不为灰白色 ……………………………………………… 2
2. 前翅外线与中线之间密布黑褐色小点 ……………………………… **四星尺蛾 *O. irrorataria***
- 前翅外线与中线之间不密布黑褐色小点 ……………………………… 3
3. 后翅中点附近具宽带 ……………………………………………… 4
- 后翅中点附近不具宽带 ……………………………………………… 6
4. 前翅外线锯齿细弱 ……………………………………………… **宽四星尺蛾 *O. tumefacta***
- 前翅外线锯齿明显 ……………………………………………… 5
5. 雄触角栉齿短 ……………………………………………… **锯纹四星尺蛾 *O. herbidaria***
- 雄触角栉齿长 ……………………………………………… **拟锯纹四星尺蛾 *O. siniherbida***
6. 前翅中点大且圆 ……………………………………………… **钻四星尺蛾 *O. pertusaria***
- 前翅中点不如上述 ……………………………………………… **中华四星尺蛾 *O. sinensium***

（367）核桃四星尺蛾 *Ophthalmitis albosignaria* (Bremer *et* Grey, 1853)（图版 XXV-10）

Boarmia albosignaria Bremer *et* Grey, 1853a: 21.

Boarmia ocellata Leech, 1889b: 143.

Boarmia saturniaria Graeser, 1889: 398.

Ophthalmodes ocellata juglandaria Oberthür, 1913: 292.

Boarmia (*Ophthalmodes*) *albosignaria isorphnia* Wehrli, 1943: 530.

Ophthalmitis albosignaria: Inoue, 1982: 545.

主要特征：前翅长：雄 26–28 mm，雌 30–32 mm。翅面灰白色；翅面斑纹灰褐色，模糊，仅中点清楚，大，边缘粗壮；前后翅亚缘线和外线之间具灰色宽带，在 M_3 和 CuA_1 之间断开；翅反面端带在中间断开。雄性外生殖器（图 161）：抱器腹背缘具弱锯齿状骨化带，其端部具小刺；抱器瓣中部突起为条状，其上密布小刺；阳端基环中部较窄，端部较宽；阳茎上的骨化刺小。雌性外生殖器（图 317）：囊导管短粗，侧面中央向外凸出；囊片边缘小刺长，中央小齿辐射分布。

分布：浙江（四明山、余姚、舟山、江山、庆元、泰顺）、黑龙江、吉林、辽宁、内蒙古、北京、河南、陕西、甘肃、江苏、安徽、湖北、江西、湖南、福建、台湾、广西、四川、云南；俄罗斯，朝鲜半岛，日本。

（368）锯纹四星尺蛾 *Ophthalmitis herbidaria* (Guenée, 1858)（图版 XXV-11）

Ophthalmodes herbidaria Guenée, 1858: 283.

Ophthalmodes pulsaria Swinhoe, 1891: 489.

Ophthalmitis herbidaria: Fletcher, 1979: 146.

主要特征：前翅长：雄 26–28 mm，雌 28–30 mm。本种与四星尺蛾 *O. irrorataria* 相似。但本种前后翅中点较大；外线与亚缘线之间和亚缘线与缘线之间常具灰褐色斑块；外线内侧区域不具黑褐色鳞片；翅反面端带较宽，中点较大。最明显的区别在雄性外生殖器（图 162）：钩形突端部方形，而四星尺蛾 *O. irrorataria* 的为圆形；抱器腹背缘长且弯曲，较四星尺蛾 *O. irrorataria* 的宽，其上的小齿微弱，较小；抱器瓣中部突起较宽，端部背侧具 1 个刺状突；阳茎上的骨化刺较大。雌性外生殖器（图 318）与四星尺蛾 *O. irrorataria* 的区别：后阴片较宽；囊导管骨环较长；囊导管较长。

分布：浙江（临安）、陕西、上海、湖北、江西、湖南、福建、台湾、海南、香港、四川、云南；印度，尼泊尔。

（369）四星尺蛾 *Ophthalmitis irrorataria* (Bremer *et* Grey, 1853)（图版 XXV-12）

Boarmia irrorataria Bremer *et* Grey, 1853a: 20.

Boarmia senex Butler, 1878b: 396.

Boarmia hedemanni Christoph, 1881: 79.

Ophthalmodes lectularia Swinhoe, 1891: 489.

Ophthalmodes irrorataria: Prout, 1930b: 331.

Boarmia (*Ophthalmodes*) *irrorataria episcia* Wehrli, 1943: 530.

Boarmia (*Ophthalmodes*) *irrorataria specificaria* Bryk, 1949a: 209.

Ophthalmitis irrorataria: Inoue, 1982: 545.

主要特征：前翅长：雄 22–27 mm，雌 25–27 mm。翅面绿至深绿色，斑纹黑褐色。前翅内线深波曲，清楚；中线锯齿形，模糊；中点星状，中空，边缘黑褐色；外线深锯齿形，在 M 脉之间向外凸出；外线与中线之间密布黑褐色小点；亚缘线白色，锯齿形，内侧在各脉间具三角形小黑斑；缘线在各脉间呈短条状。后翅基部密布黑褐色小点，中线至外线间具深色宽带；中点较前翅小；外线深锯齿形；亚缘线和缘线与前翅相同。雄性外生殖器（图 163）：抱器腹背缘具锯齿状骨化带，端部具小刺，伸向抱器瓣中部突起的基部；抱器瓣中部突起为 1 个密布小刺的骨化条；阳茎上的骨化刺小。雌性外生殖器（图 319）：囊导管粗细均匀；囊片椭圆形。

分布：浙江（临安、庆元、泰顺）、黑龙江、吉林、北京、河北、陕西、宁夏、甘肃、湖北、江西、湖南、福建、广东、广西、四川、云南；俄罗斯，朝鲜半岛，日本，印度。

（370）钻四星尺蛾 *Ophthalmitis pertusaria* (Felder *et* Rogenhofer, 1875)（图版 XXV-13）

Boarmia pertusaria Felder *et* Rogenhofer, 1875: pl. 125, fig. 17.

Ophthalmitis pertusaria: Sato, 1993: 16.

主要特征：前翅长：雄 25–30 mm，雌 30–32 mm。本种外形与核桃四星尺蛾 *O. albosignaria* 相似：前后翅外线在前缘和 M_1 之间和近后缘处锯齿状，在其余部分呈点状；前后翅中点大且圆，边缘粗壮；后翅中线和中点之间的深色带缺失。但可利用以下特征来区别：翅面绿色，而核桃四星尺蛾 *O. albosignaria* 的为灰白色；翅反面端带较宽。最明显的区别在于雄性外生殖器（图 164）：钩形突较粗，具 2 对侧突，而核桃四星尺蛾 *O. albosignaria* 的只具 1 对侧突；抱器瓣中部不具突起；阳茎上的骨化刺较大。雌性外生殖器（图 320）也与核桃四星尺蛾 *O. albosignaria* 相似，但囊导管侧面中央不向外凸出。

分布：浙江（庆元）、湖北、湖南、福建、广东、海南、广西、云南、西藏；印度，尼泊尔，泰国。

（371）中华四星尺蛾 *Ophthalmitis sinensium* (Oberthür, 1913)（图版 XXV-14）

Ophthalmodes sinensium Oberthür, 1913: 292.

Ophthalmitis sinensium: Parsons *et al.*, 1999, *in* Scoble, 1999: 670.

主要特征：前翅长：雄 28–31 mm，雌 29–32 mm。翅面淡绿色；前后翅中点小，前翅中点椭圆形，后翅中点近圆形；后翅中线与中点内缘接近，不形成黑褐色宽带。雄性外生殖器（图 165）：钩形突具 1 对侧突；抱器腹具 1 个短指状突起，端部尖锐；阳端基环端半部窄。雌性外生殖器（图 321）：囊导管骨化，后端较前端细；囊片小而圆。

分布：浙江（临安）、河南、甘肃、安徽、湖北、湖南、台湾、广东、广西、四川、云南、西藏；印度，越南，泰国。

（372）拟锯纹四星尺蛾 *Ophthalmitis siniherbida* (Wehrli, 1943)（图版 XXV-15）

Boarmia (*Ophthalmodes*) *herbidaria siniherbida* Wehrli, 1943: 529.

Ophthalmitis siniherbida: Sato & Wang, 2007: 43.

主要特征：前翅长：雄 27–29 mm，雌 29–31 mm。本种与锯纹四星尺蛾 *O. herbidaria* 相似，但区别如下：雄触角的栉齿较长；雄性外生殖器（图 166）的钩形突侧突较短，末端圆，而锯纹四星尺蛾 *O. herbidaria* 的较长，末端尖锐；抱器瓣端部较宽；抱器腹背缘非常宽，深锯齿状，延伸至抱器内突基部；抱器瓣中部突起较宽，较纵向排列，边缘锯齿状，前端具 1 个大尖突；雄第 8 腹节腹板凹陷上的端突圆，骨化较弱，而锯纹四星尺蛾的较尖。雌性外生殖器（图 322）与锯纹四星尺蛾 *O. herbidaria* 的区别：后阴片较窄；囊导管较短，两侧平行。

分布：浙江（庆元、泰顺）、湖南、福建、广东、广西。

（373）宽四星尺蛾 *Ophthalmitis tumefacta* Jiang, Xue *et* Han, 2011（图版 XXVI-1）

Ophthalmitis tumefacta Jiang, Xue *et* Han, 2011: 18.

主要特征：前翅长：雄 26–28 mm，雌 29–31 mm。翅面灰绿色，斑纹黑褐色至黑色。前翅内线和中线在脉上呈小齿状；中点星状，中空，边缘黑褐色；外线锯齿状，细弱或不可见；亚缘线在脉间呈小三角形，在 M 脉间和近前后缘处清楚；亚缘线和缘线之间在 M 脉之间和臀角处各具 1 个黑斑；缘线在脉间呈短条状；缘毛灰白色或绿色。后翅中线与中点之间具宽带；外线较前翅清楚；亚缘线较前翅连续；缘线和缘毛与前翅相似。雄性外生殖器（图 167）：钩形突具 1 对短且尖的侧突；抱器腹背缘宽，具齿状边缘，端部形成 1 刺突，伸至抱器瓣中部突起的基部；抱器瓣中部突起为 1 个密布小刺的刺状突；阳茎后端具 1 对小骨化刺。雌性外生殖器（图 323）：后阴片强骨化，后端弯曲，其后方具 3 个骨片；囊导管短，具骨环；囊片大而圆。

分布：浙江（庆元、泰顺）、福建、海南。

197. 拟雕尺蛾属 *Arbomia* Sato *et* Wang，2004

Arbomia Sato *et* Wang, 2004: 50. Type species: *Arbomia kishidai* Sato *et* Wang, 2004.

主要特征：雄触角双栉形，端部线形；雌触角双栉形，但栉齿极短。额不凸出。下唇须短，不伸出额外。雄后足胫节不膨大，不具毛束。前后翅外缘平滑。雄前翅基部不具泡窝。前翅 R_1 和 R_2 游离。

分布：东洋区。世界已知 2 种，中国记录 2 种，浙江分布 1 种。

（374）拟雕尺蛾 *Arbomia kishidai* Sato *et* Wang, 2004（图版 XXVI-2）

Arbomia kishidai Sato *et* Wang, 2004: 51.

主要特征：前翅长：19 mm。翅面浅黄褐色，密布黑色斑点，斑纹黑色。前翅内线为弧形双线；中线紧贴中点外侧；中点大；外线锯齿状，在中室下方向内倾斜至 CuA_2，在 CuA_2 之后与后缘近垂直；亚缘线常间断，呈点状；缘线在脉间呈短条状；缘毛黄褐色掺杂黑色。后翅中点较前翅小；其余斑纹与前翅相似。雄性外生殖器（图 168）：抱器背近基部略向外凸出；抱器腹端部密布短刺；阳茎近端部不具突起；角状器为 1 排粗壮短刺。雌性外生殖器（图 324）：后阴片中央的骨片为圆形；前阴片横向骨化，后缘锯齿状；囊体后半端具纵纹，前半端膨大呈球状，具 1 个小囊片。

分布：浙江（庆元）、湖南、福建、广东、广西；越南。

198. 盅尺蛾属 *Calicha* Moore, 1888

Calicha Moore, 1888a: 236. Type species: *Calicha retrahens* Moore, 1888.

主要特征：雄触角双栉形，栉齿非常长；雌触角线形。额不凸出。下唇须第 3 节小，尖端略伸出额外。雄后足胫节膨大，具毛束。前翅外缘凸出；后翅圆，外缘波曲。雄前翅基部具泡窝。前翅 R_1 和 R_2 完全合并。前后翅外线外侧常具黄褐色或红褐色斑块。

分布：古北区、东洋区。世界已知 6 种，中国记录 4 种，浙江分布 1 种。

（375）金盅尺蛾 *Calicha nooraria* (Bremer, 1864)（图版 XXVI-3）

Boarmia nooraria Bremer, 1864: 75.

Boarmia ornataria nigrisignata Wehrli, 1927: 98.

Boarmia ornataria yangtseina Wehrli, 1943: 523.

Boarmia (*Calicha*) *ornataria chosenicola* Bryk, 1949a: 208.

Calicha nooraria: Inoue, 1953: 16.

主要特征：前翅长：雄 25–29 mm，雌 18–26 mm。翅面绿褐色，密布黑色小点。前翅内线黑色，弧形；中线黑色，模糊；中点黑色，短条状；外线黑色，在翅脉上向外凸出呈细小尖齿状，向内倾斜；亚缘线灰白色，锯齿形；亚缘线内侧具黄褐色宽带，其上具红褐色斑块，在 M 脉之间和近后缘处呈黑褐色。后翅中线黑色，近平直；外线波曲；亚缘线内侧黄褐色宽带上具红褐色斑块，在 M_2 上和近后缘处颜色深，黑褐色。

分布：浙江（临安）、黑龙江、陕西、甘肃、湖南、福建、广东、广西、四川、云南；俄罗斯（地区），朝鲜半岛，日本。

199. 小盅尺蛾属 *Microcalicha* Sato, 1981

Microcalicha Sato, 1981: 108. Type species: *Boarmia fumosaria* Leech, 1891.

主要特征：雄触角双栉形，栉齿非常长；雌触角线形。额不凸出。雄后足胫节膨大，具发达毛束。下唇须端部伸达额外。前翅顶角圆，外缘平直或微波曲；后翅外缘波曲。雄前翅基部具泡窝。前翅 R_1 和 R_2 常完全合并。

分布：古北区、东洋区。世界已知 12 种，中国记录 8 种，浙江分布 2 种。

（376）凸翅小盅尺蛾 *Microcalicha melanosticta* (Hampson, 1895)（图版 XXVI-4）

Boarmia melanosticta Hampson, 1895b: 266.

Selidosema catotaeniata Poujade, 1895b: 58.

Selidosema catotaeniaria Poujade, 1895a: 313.

Microcalicha melanosticta: Holloway, 1994: 248.

主要特征：前翅长：12–17 mm。翅面黄褐色；斑纹黑色。前翅内线和外线模糊；中线在前缘和后缘处清楚；中点微小；亚缘线粗壮，仅在近前缘和近后缘处清楚；臀角处为 1 大斑块；缘线间断，在脉间呈短条状；缘毛灰黄色掺杂黑色。后翅外缘中部凸出；外线至中线之间具黑色宽带，上端延伸至顶角处；亚缘线在近前缘处较粗壮，其余部分较弱或消失。

分布：浙江（临安、庆元）、山东、河南、陕西、甘肃、湖北、湖南、福建、台湾、广东、海南、广西、四川、云南；印度，缅甸。

（377）斯小盅尺蛾 *Microcalicha stueningi* Sato *et* Wang, 2007（图版 XXVI-5）

Microcalicha stueningi Sato *et* Wang, 2007: 38.

主要特征：前翅长：雄 17–19 mm，雌 18–21 mm。翅面灰褐色，散布黑灰色碎纹。前翅内线模糊；中线仅在前缘处形成 1 个黑灰色斑；中点模糊；外线由 1 列黑灰色点组成，在 M 脉间向外凸出；外线与亚缘线之间散布红褐色鳞片，雌较雄的清楚；亚缘线浅灰色，锯齿状，模糊。后翅中线黑灰色，平直，清楚；中线与外线之间密布黑灰色鳞片；中点黑色，椭圆形，较前翅大且清楚；外线黑灰色，锯齿状，近弧形；其余斑纹与前翅相似。

分布：浙江（庆元）、广东。

200. 用克尺蛾属 *Jankowskia* Oberthür, 1884

Jankowskia Oberthür, 1884a: 25. Type species: *Jankowskia athleta* Oberthür, 1884.

Pleogynopteryx Djakonov, 1926: 66, 70. Type species: *Pleogynopteryx tenebricosa* Djakonov, 1926.

主要特征：雄触角双栉形；雌触角线形。额不凸出。下唇须短粗，仅尖端伸达额外，第 3 节不明显。雄后足胫节膨大。前翅顶角和臀角圆；外缘平直或凸出，后缘平直；后翅圆，前后缘直，外缘微波曲。雄前翅基部具泡窝。前翅 R_1 与 R_2 在雄蛾中分离，在雌蛾中合并。前翅外线在 M 脉之间向外凸出，之后与中线近平行；前后翅外线外侧具黄褐色斑。

分布：古北区、东洋区。世界已知 9 种，中国记录 6 种，浙江分布 1 种。

（378）小用克尺蛾 *Jankowskia fuscaria* (Leech, 1891)（图版 XXVI-6）

Boarmia fuscaria Leech, 1891: 45.

Jankowskia fuscaria: Leech, 1897: 429.

Boarmia unmon Sonan, 1934: 212.

Boarmia (*Jankowskia*) *athleta geloia* Wehrli, 1941, *in* Seitz, 1941: 469.

Boarmia (*Jankowskia*) *athleta nanaria* Bryk, 1949a: 200.

主要特征：前翅长：雄 18–21 mm，雌 21–26 mm。翅面灰褐色。前翅内线黑色，微波曲；中线模糊，后端与外线接近；中点短条状；外线黑色，雄外线波曲，在 M_1 与 M_2 之间向外凸出，M_2 之后向内凹，与中线接近且平行，外线外侧至外缘具黄褐色，雌外线较平直，黄褐色斑不明显。后翅基部浅灰色；中线黑色，平直，较外线宽；外线黑色，下半段向内弯曲；其余斑纹与前翅相似。雄性外生殖器（图 169）：颚形突中突半圆形；阳端基环不对称，左端骨化突三角形，右端弱骨化。雌性外生殖器（图 325）：囊体后半端细，弱骨化，前半端膨大呈椭圆形；囊片长圆形。

分布：浙江（德清、临安、泰顺）、河南、甘肃、安徽、湖北、江西、湖南、福建、广东、海南、广西、重庆、四川、贵州、云南；朝鲜半岛，日本，泰国。

201. 毛腹尺蛾属 *Gasterocome* Warren, 1894

Gasterocome Warren, 1894a: 435. Type species: *Cleora pannosaria* Moore, 1868.

主要特征：雌雄触角均线形，雄触角具纤毛。额凸出。下唇须端部伸达额外。雄后足胫节膨大。前翅顶角圆，外缘平直；后翅外缘浅波曲。雄前翅基部具泡窝。前翅 R_1 和 R_2 游离。前翅中点巨大，中空，边缘色深；后翅中点小，且不中空。

分布：东洋区。世界已知 4 种，中国记录 1 种，浙江分布 1 种。

（379）齿带毛腹尺蛾中国亚种 *Gasterocome pannosaria sinicaria* (Leech, 1897)（图版 XXVI-7）

Boarmia pannosaria sinicaria Leech, 1897: 421.

Gasterocome pannosaria sinicaria: Parsons *et al.*, 1999, *in* Scoble, 1999: 394.

主要特征：前翅长：17–19 mm。翅面灰黄色，散布深灰色碎纹。前翅基部有 1 个小黑褐斑；内线为黑褐色双线；翅中部在中室上方具 1 个黑褐色斑，下端沿 M_3 向外延伸，与翅端部黑褐带融合，中点灰黄色，在斑内；翅端部具 1 条黑褐色宽带，其内缘在 M_2 至 M_3 之间向内凸出大齿；亚缘线为 1 列白点；缘线为 1 列黑点；缘毛深灰褐色与黄色相间。后翅中点为深灰色圆点；外线深灰色，后半端清楚，平直；翅端带内缘平直；其余斑纹与前翅相似。

分布：浙江（四明山、余姚、景宁）、甘肃、青海、湖北、湖南、福建、台湾、广东、香港、广西、四川、云南、西藏。

202. 埃尺蛾属 *Ectropis* Hübner, 1825

Ectropis Hübner, [1825]1816: 316. Type species: *Geometra crepuscularia* Denis *et* Schiffermüller, 1775.

Boarmia Stephens, 1829a: 43. Type species: *Geometra crepuscularia* Denis *et* Schiffermüller, 1775.

Tephrosia Boisduval, 1840: 198. Type species: *Geometra crepuscularia* Denis *et* Schiffermüller, 1775.

主要特征：雄触角锯齿形，每节具 2 对纤毛簇；雌触角线形。额凸出。下唇须尖端伸达额外。雄后足胫节膨大，有时具毛束。前翅外缘浅弧形；后翅外缘浅波曲。雄前翅基部具 1 个小泡窝，有时较不发达。雄前翅 R_1 和 R_2 共柄，雌 R_1 和 R_2 常完全合并。前翅外线外侧在 M_3 至 CuA_1 处常形成 1 个叉形斑块。

分布：世界广布。世界已知 100 余种，中国记录 2 种，浙江分布 2 种。

（380）埃尺蛾 *Ectropis crepuscularia* (Denis *et* Schiffermüller, 1775)（图版 XXVI-8）

Geometra crepuscularia Denis *et* Schiffermüller, 1775: 101.

Phalaena (*Geometra*) *biundulata* Villers, 1789: 337.

Phalaena (*Geometra*) *biundularia* Borkhausen, 1794: 162.

Phalaena Geometra baeticaria Scharfenberg, 1805: 638.

Boarmia strigularia Stephens, 1831: 192.

Boarmia defessaria Freyer, 1847: 46.

Tephrosia abraxaria Walker, 1860: 403.

Ectropis crepuscularia: Lempke, 1970: 213.

主要特征：前翅长：雄 16–18 mm，雌 20–21 mm。翅面浅灰色。前翅内线黑色，细弱，在中室处向外弯曲，内侧具 1 灰褐色带；中线模糊；中点黑色短条状；外线黑色，在各脉上向外凸出 1 尖齿，在 R_5 和 CuA_2 处向内弯曲；外线外侧具 1 条灰褐色带，在 M_3 至 CuA_1 处颜色加深形成 1 叉形斑；亚缘线灰白色，锯齿形，内侧具 1 条间断的黑色带；缘线为 1 列细小黑点；缘毛灰白色与浅灰色掺杂。后翅外线锯齿形较前翅明显，外侧不具叉形斑；其余斑纹与前翅相似。

分布：浙江（临安、庆元）、黑龙江、吉林、辽宁、内蒙古、甘肃、江西、湖南、福建、广西、四川、贵州；俄罗斯，朝鲜半岛，日本，欧洲，北美洲。

（381）小茶尺蛾 *Ectropis obliqua* Prout, 1930（图版 XXVI-9）

Ectropis obliqua Prout, 1930b: 333.

主要特征：前翅长：17–18 mm。翅面斑纹细弱，灰黄褐色；外线清晰，细锯齿状，在 CuA_1 脉上方近平直，在 CuA_1 脉下方略向内弯曲，其外侧在前翅 M_3 至 CuA_1 处有 1 个叉形斑；亚缘线浅色，锯齿形；缘线为 1 列细小黑点；缘毛灰白色与灰褐色掺杂。雄性外生殖器（图 170）：阳端基环后端两侧形成 1 对细指状突起；角状器长度约为阳茎的 1/5；雌性外生殖器（图 326）：前阴片为 1 对近三角形大骨片，后端圆；囊片椭圆形。

分布：浙江（杭州）、甘肃、湖北、湖南、福建、重庆、四川；日本。

203. 蜡尺蛾属 *Monocerotesa* Wehrli, 1937

Monocerotesa Wehrli, 1937a: 248. Type species: *Chiasmia strigata* Warren, 1893.

主要特征：雌雄触角均线形。额不凸出。下唇须细，仅尖端伸达额外。雄后足胫节膨大。前翅顶角圆，外缘平直；后翅圆。雄前翅基部具泡窝。前翅 R_1 和 R_2 完全合并。翅面常黄色，密被深色碎纹。

分布：古北区、东洋区、澳洲区。世界已知 23 种，中国记录 4 种，浙江分布 1 种。

（382）青蜡尺蛾 *Monocerotesa trichroma* Wehrli, 1937（图版 XXVI-10）

Monocerotesa trichroma Wehrli, 1937a: 249.

主要特征：前翅长：12 mm。翅面浅黄色，密布黑色碎纹。前翅内线黑色微波曲，内侧具 1 条白色带；中点黑色，近椭圆形；外线黑色近后端略向内弯曲，外侧具 1 条白色带；亚缘线白色，锯齿状，内侧具 1 条黑带；亚缘线外侧具 1 条黑带，在顶角和 M_3 与 CuA_1 之间缺失；缘毛黑色掺杂黄白色。后翅外线锯齿状；中点较前翅的小；其余斑纹与前翅相似。

分布：浙江（临安）、福建、广东。

204. 统尺蛾属 *Sysstema* Warren, 1899

Sysstema Warren, 1899a: 57. Type species: *Eupithecia semicirculata* Moore, 1868.

主要特征：雄触角双栉形；雌触角线形。额不凸出。下唇须端部伸达额外。雄后足胫节不膨大。前翅顶角圆，前后翅外缘浅弧形。雄前翅基部不具泡窝。前翅 R_1 和 R_2 完全合并。

分布：东洋区。世界已知 7 种，中国记录 1 种，浙江分布 1 种。

（383）半环统尺蛾 *Sysstema semicirculata* (Moore, 1868)（图版 XXVI-11）

Eupithecia semicirculata Moore, 1868: 654.

Anagoge? *concinna* Warren, 1893: 411.

Sysstema semicirculata: Sato, 1994: 48.

主要特征：前翅长：12–13 mm。翅面黑灰色。前翅内线为黑色粗带，平直；中点黑色，条状；外线黑色，浅锯齿状，在 M 脉之间向外凸出；中室端部具 1 个白色斑块，其外侧具 1 条白色细纹向上伸至前缘；亚缘线灰白色，模糊；缘线黄褐色与黑色相间；缘毛灰黑色。后翅后缘黄褐色掺杂黑色；中点较前翅的小；外线锯齿状，在近后缘向内弯曲；亚缘线、缘线和缘毛与前翅相似。

分布：浙江、福建、广西、四川、云南；印度，尼泊尔。

205. 烟尺蛾属 *Phthonosema* Warren, 1894

Phthonosema Warren, 1894a: 428. Type species: *Amphidasys tendinosaria* Bremer, 1864.

主要特征：雄触角双栉形，栉齿非常长；雌触角线形。额不凸出。下唇须仅尖端伸达额外。雄后足胫节膨大，不具毛束。前翅顶角圆，外缘平直；后翅圆。雄前翅基部具泡窝。前翅 Sc 与 R_1 分离，R_1 与 R_2 之间共柄或完全合并。前后翅外线外侧常具红褐色或黄褐色斑块。

分布：古北区、东洋区。世界已知 8 种，中国记录 3 种，浙江分布 1 种。

（384）锯线烟尺蛾 *Phthonosema serratilinearia* (Leech, 1897)（图版 XXVI-12）

Biston serratilinearia Leech, 1897: 323.

Phthonosema serratilinearia: Xue, 1992: 872.

主要特征：前翅长：雄 30–35 mm，雌 34–40 mm。翅面灰白色，端部色略深。前翅内线灰色，弧形；内线内侧浅黄褐色；中点浅灰色，短条状，模糊；外线黑色，浅锯齿形，M_3 之上较平直，M_3 之下向内弯曲；外线外侧近后缘具 1 个深红褐色斑；缘线在各脉间呈短条状；缘毛灰褐色掺杂黄褐色。后翅中线灰色，模糊；中点较前翅的清楚；外线黑色，较前翅的细；外线外侧黄褐色带模糊；缘线和缘毛与前翅相同。

分布：浙江（临安）、吉林、辽宁、北京、陕西、甘肃、江苏、湖北、湖南、福建、广西、四川、贵州、云南。

206. 掌尺蛾属 *Amraica* Moore, 1888

Amraica Moore, 1888a: 245. Type species: *Amraica fortissima* Moore, 1888.

主要特征：雄触角单栉形，端部线形；雌触角线形。额不凸出，具发达的额毛簇。下唇须尖端不伸达额外。雄后足胫节膨大，具毛束。前翅外缘平直，后翅圆，外缘微波曲。雄前翅基部具泡窝。前翅 R_1 和 R_2 共柄。前翅近顶角和基部常具深褐色或红褐色斑。

分布：古北区、东洋区、澳洲区。世界已知 15 种，中国记录 5 种，浙江分布 2 种。

（385）掌尺蛾 *Amraica superans* (Butler, 1878)（图版 XXVI-13）

Amphidasys superans Butler, 1878a: 48.

Buzura recursaria superans: Prout, 1930b: 327.

Buzura (*Amraica*) *superans decolorans* Wehrli, 1941, *in* Seitz, 1941: 435.

Buzura (*Amraica*) *superans subnigrans* Wehrli, 1941, *in* Seitz, 1941: 435.

Amraica superans: Inoue, 1982: 557.

主要特征：前翅长：雄 24–32 mm，雌 33–35 mm。翅面灰褐色。前翅基部和前缘端部具深红褐色大斑；内线黑色，波状，在 CuA_2 与 2A 之间向内深弯曲；中点为深灰色圆点；外线黑色，仅前缘至 M_1 之间清楚，在 R_5 与 M_1 之间向内深弯曲；亚缘线白色，微波状；亚缘线外侧各脉上具褐色斑点；缘线黑色，短条状；缘毛褐色掺杂深灰色。后翅基部具深灰色鳞片；外线模糊；中点较前翅小；中线、亚缘线、缘线和缘毛与前翅相似。雄性外生殖器（图 171）：抱器腹左右突起近对称，长度约为抱器瓣腹缘的 2/3，端部圆；阳茎具 1 个刺状斑形的角状器。雌性外生殖器（图 327）：前阴片后缘凹陷浅；囊导管粗；囊体前半端膨大呈椭圆形，具 1 个囊片。

分布：浙江（临安）、黑龙江、吉林、北京、河北、河南、陕西、甘肃、江苏、上海、安徽、湖北、江西、湖南、福建、台湾、重庆、四川、贵州；俄罗斯，朝鲜半岛，日本。

（386）拟大斑掌尺蛾 *Amraica prolata* Jiang, Sato *et* Han, 2012（图版 XXVI-14）

Amraica prolata Jiang, Sato *et* Han, 2012: 228.

主要特征：前翅长：雄 30–32 mm，雌 38 mm。翅面黑褐色。前翅基部和近顶角处具深褐色斑，雌性的较模糊；内线黑色，在 CuA_2 和 2A 之间明显向内弯曲；中线模糊；外线黑色，仅在前缘和 M_1 之间清楚，在 R_5 和 M_1 之间明显向内弯曲；亚缘线白色，清楚；亚缘线外侧在各脉上具褐色点；缘线黑色，在各脉端间断；缘毛褐色掺杂深灰色；中点深灰色，大，椭圆形或肾形。后翅基部灰色；外线模糊；中线、亚缘线、缘线和缘毛与前翅的相似；亚缘线外侧在各脉上具褐色点；中点较前翅的小。雄性外生殖器（图 172）：抱器腹杆状直形突起细长，伸达抱器瓣腹缘末端，端部具短刺；角状器为 1 个刺状斑。雌性外生殖器（图 328）：

前阴片长且宽，后缘凹陷长度约为前阴片的 1/2；后阴片后端具明显的半圆形条纹；囊导管弱骨化；具 1 个囊片。

分布：浙江（临安、鄞州、舟山、磐安、江山、泰顺）、江西、湖南、福建、广东、广西；老挝，泰国。

207. 鹰尺蛾属 *Biston* Leach, 1815

Biston Leach, 1815: 134. Type species: *Geometra prodromaria* Denis *et* Schiffermüller, 1775.

Dasyphara Billberg, 1820: 89. Type species: *Geometra prodromaria* Denis *et* Schiffermüller, 1775.

Pachys Hübner, 1822: 38-44, 46, 47, 49, 50, 52. Type species: *Geometra prodromaria* Denis *et* Schiffermüller, 1775.

Eubyja Hübner, [1825]1816: 318. Type species: *Phalaena betularia* Linnaeus, 1758.

Amphidasis Treitschke, 1825: 434. Type species: *Geometra prodromaria* Denis *et* Schiffermüller, 1775.

Buzura Walker, 1863: 1531. Type species: *Buzura multipunctaria* Walker, 1863.

Culcula Moore, 1888a: 266. Type species: *Culcula exanthemata* Moore, 1888.

Eubyjodonta Warren, 1893: 416. Type species: *Eubyjodonta falcata* Warren, 1893.

Blepharoctenia Warren, 1894a: 428. Type species: *Amphidasys bengaliaria* Guenée, 1858.

Epamraica Matsumura, 1910: 130. Type species: *Epamraica bilineata* Matsumura, 1910.

主要特征：雄触角双栉形或锯齿形；雌触角线形。额不凸出。下唇须尖端不伸达额外。足密布鳞毛。雄后足胫节略膨大，不具毛束。前后翅外缘平直或波曲；后翅圆，外缘平滑，有时在 M 脉之间凹入或在 M_1 和 CuA_1 之间凸出。雄前翅基部不具泡窝。前翅 R_1 和 R_2 常共柄。前翅内线内侧和前后翅外线外侧常具宽带。

分布：世界广布。世界已知 52 种，中国记录 17 种，浙江分布 7 种。

分种检索表

1. 雄触角锯齿形 ·· 2
- 雄触角双栉形 ·· 3
2. 前后翅中点为浅灰色大圆点 ·· **木橑尺蠖 *B. panterinaria***
- 前后翅中点不为浅灰色大圆点 ·· **云尺蛾 *B. thibetaria***
3. 前翅外线外侧至外缘具不规则褐色斑块 ·· **双云尺蛾 *B. regalis***
- 翅面斑纹不如上述 ·· 4
4. 后翅具亚基线 ·· **小鹰尺蛾 *B. thoracicaria***
- 后翅不具亚基线 ·· 5
5. 前翅外线至外缘之间具浅黄色带 ·· **油桐尺蠖 *B. suppressaria***
- 前翅斑纹不如上述 ·· 6
6. 后翅外缘在 M 脉间凹入 ·· **花鹰尺蛾 *B. melacron***
- 后翅外缘在 M 脉间不凹入 ·· **油茶尺蠖 *B. marginata***

（387）花鹰尺蛾 *Biston melacron* Wehrli, 1941（图版 XXVI-15）

Biston melacron Wehrli, 1941, *in* Seitz, 1941: 430.

Biston exotica Inoue, 1977: 322.

主要特征：前翅长：雄 23–27 mm。雄触角双栉形。本种在外形上与油茶尺蠖 *B. marginata* 相似，但区别如下：后翅外缘在 M 脉之间凹入，而油茶尺蠖 *B. marginata* 近平直；翅面斑纹黑色，而不是深褐色；后

翅外线在 M_3 下方波曲，而 *B. marginata* 近平直；翅反面斑纹较清楚。雄性外生殖器（图 173）：钩形突端部宽；颚形突中突端部圆；抱器瓣上的刚毛弱；阳端基环窄，端部急尖；角状器小指状。

分布：浙江（临安）、江西、福建、台湾、四川；朝鲜半岛，日本。

（388）油茶尺蠖 *Biston marginata* Shiraki, 1913（图版 XXVI-16）

Biston marginata Shiraki, 1913: 433.

Biston fragilis Inoue, 1958a: 254.

主要特征：前翅长：雄 22–24 mm，雌 20–22 mm。雄触角双栉形。前翅内线、外线黑褐色且清楚，中线隐约可见；外线在 M 脉之间向外呈双峰凸出，在 CuA_2 和 2A 之间略向外凸出；亚缘线不规则波曲。后翅短小，外线和亚缘线黑褐色，后半端清楚。雄性外生殖器（图 174）：颚形突中突端部尖锐；阳端基环端部圆；阳茎端膜后端骨化较弱；角状器小刺状。雌性外生殖器（图 329）：囊导管短；囊体前端渐粗，囊片椭圆形。

分布：浙江、江西、湖南、福建、台湾、广东、广西、重庆；日本，越南。

（389）小鹰尺蛾 *Biston thoracicaria* (Oberthür, 1884)（图版 XXVI-17）

Jankowskia thoracicaria Oberthür, 1884a: 26.

Lycia tortuosa Wileman, 1911c: 310.

Biston thoracicaria: Prout, 1915: 359.

主要特征：前翅长：雄 15–18 mm，雌 19–20 mm。雄触角部分双栉齿。翅面深褐色，斑纹黑色。前翅内线锯齿状；前后翅外线在 M 间和 CuA_2 和 2A 之间向外凸出，中点条状。后翅具亚基线。雄性外生殖器（图 175）：钩形突和颚形突端部细；抱器瓣较细长；阳端基环细；角状器小刺状。雌性外生殖器（图 330）：囊体前半端弯曲；囊片小，椭圆形。

分布：浙江（临安）、北京、河北、山东、河南、陕西、甘肃、江苏、湖北、云南；俄罗斯，朝鲜半岛，日本。

（390）油桐尺蠖 *Biston suppressaria* (Guenée, 1858)（图版 XXVI-18）

Amphidasys suppressaria Guenée, 1858: 210.

Buzura multipunctaria Walker, 1863: 1531.

Biston suppressaria: Hampson, 1895b: 247.

Buzura suppressaria benescripta Prout, 1915: 360.

Biston (*Buzura*) *suppressaria* f. *benesparsa* Wehrli, 1941, *in* Seitz, 1941: 436.

Biston luculentus Inoue, 1992b: 171.

主要特征：前翅长：雄 24–27 mm，雌 37–39 mm。雄触角双栉形。翅面灰白色，带淡黄色调，密布黑色小点。前翅内线黑色，微波曲；内线内侧具浅黄色宽带；中线浅黄色，模糊；中点为浅灰色圆点；外线黑色，在 M 脉之间向外呈双峰型凸出；外线至外缘之间具浅黄色带，其上掺杂黑色鳞片。后翅亚基线黑色，不与前翅内线组成 1 个弧形；中线黄色，模糊；外线黑色，在 M 脉之间呈圆形凸出；外线外侧具浅黄色带，其上掺杂黑色鳞片。雄性外生殖器（图 176）：钩形突和颚形突中突窄小；阳端基环端部圆；不具角状器。雌性外生殖器（图 331）：囊体不弯曲，具 1 个囊片。

分布：浙江（临安、江山、景宁、泰顺）、河南、陕西、江苏、安徽、湖北、江西、湖南、福建、广东、海南、香港、广西、重庆、四川、贵州、云南、西藏；印度，尼泊尔，缅甸。

（391）双云尺蛾 *Biston regalis* (Moore, 1888)（图版 XXVII-1）

Amphidasys regalis Moore, 1888, *in* Hewitson & Moore, 1888a: 234.

Biston regalis: Prout, 1915: 359.

主要特征：前翅长：雄 27–32 mm，雌 20–22 mm。雄触角双栉形。翅面白色，散布稀疏浅褐色条纹，在前翅前缘和外缘附近较密集。前翅内线黑色，不规则锯齿形，内侧具褐色宽带；中线褐色，模糊；中点模糊；外线黑色，在 R_5 和 M_3 之间向外呈圆形凸出，在 CuA_2 和臀褶之间略向外凸出；外线外侧至外缘具不规则褐色斑块，但在顶角区域和 M_3 与 CuA_1 之间常为白色。后翅亚基线黑色，微波曲，内侧具褐色宽带；外线在 M 脉之间向外凸出，其外侧褐色斑块较弱；其余与前翅相似。雄性外生殖器（图 177）：抱器瓣中央区域的刚毛浓密；颚形突中突端部方形；阳端基环细长，端部尖锐；阳茎端膜具 2 个角状器，基部的一个为椭圆形，侧面具 1 个小齿，另一个为带刺的骨化褶。雌性外生殖器（图 332）：后阴片近三角形；囊体袋状；囊片椭圆形。

分布：浙江（临安）、辽宁、河南、陕西、甘肃、湖北、江西、湖南、福建、台湾、广东、海南、四川、云南；俄罗斯，朝鲜半岛，日本，巴基斯坦，印度，尼泊尔，菲律宾，美国。

（392）云尺蛾 *Biston thibetaria* (Oberthür, 1886)（图版 XXVII-2）

Amphidasys thibetaria Oberthür, 1886: 32.

Buzura (*Blepharoctenia*) *thibetaria*: Wehrli, 1941, *in* Seitz, 1941: 436.

Biston thibetaria: Parsons *et al.*, 1999, *in* Scoble, 1999: 88.

主要特征：前翅长：雄 28–31 mm，雌 33–38 mm。雄触角锯齿形。翅白色；前翅前缘基部和中部各有 1 个小黑斑，内线黑色粗壮，弧形，其内侧有 1 条黄绿色带；中点深灰色，椭圆形，中空；前后翅外线黑色粗壮，形状较双云尺蛾规则，其外侧有 1 条黄绿色带；前翅外缘在 M_3 附近有散碎小黑斑；前后翅缘毛白色，在前翅中部有少量黑毛。雄性外生殖器（图 178）：钩形突短粗；颚形突中突短，端部圆；抱器瓣基半部较圆，腹缘略波曲；阳端基环后缘中部具 1 个深凹陷；角状器棒状；阳茎侧面具 1 条细骨化带。雌性外生殖器（图 333）：后阴片椭圆形；交配孔弱骨化；囊导管极短；囊体中部弯曲，后端右侧凸出，前端膨大呈圆形；囊片椭圆形。

分布：浙江、河南、湖北、湖南、福建、广西、四川、贵州、云南、西藏。

（393）木橑尺蠖 *Biston panterinaria* (Bremer *et* Grey, 1853)（图版 XXVII-3）

Amphidasis panterinaria Bremer *et* Grey, 1853a: 21.

Buzura abraxata Leech, 1889b: 143.

Culcula panterinaria lienpingensis Wehrli, 1939: 266.

Culcula panterinaria szechuanensis Wehrli, 1939: 266.

Biston panterinaria: Sato, 1996a: 225.

主要特征：前翅长：雄 28–34 mm，雌 37–39 mm。雄触角锯齿形。翅面白色，散布浅灰色斑块，在后翅外线内侧分布较稀少；前翅基部灰色，具 1 个褐色大斑；内线黄褐色；前后翅外线黄色，细，在 M 脉之间向外凸出，散布深褐色椭圆形斑；前后翅中点为浅灰色大圆点；翅反面中点中部深褐色。雄性外生殖器（图 179）的抱器瓣端部较云尺蛾 *Biston thibetaria* 略尖，雌性外生殖器（图 334）的后阴片骨化弱。

分布：浙江（德清、四明山、鄞州、余姚、磐安、江山、庆元、景宁、泰顺）、辽宁、北京、河北、山西、山东、河南、陕西、宁夏、甘肃、安徽、湖北、江西、湖南、福建、广东、海南、广西、重庆、四川、贵州、云南、西藏；印度，尼泊尔，越南，泰国。

208. 展尺蛾属 *Menophra* Moore, 1887

Menophra Moore, 1887: 409. Type species: *Phalaena abruptaria* Thunberg, 1792.

Hemerophila Stephens, 1829a: 43. Type species: *Phalaena abruptaria* Thunberg, 1792. [Junior homonym of *Hemerophila* Hübner, [1817] 1806 (Lepidoptera: Glyphipterigidae)]

Ephemerophila Warren, 1894a: 434. Type species: *Hemerophila humeraria* Moore, 1868.

Leptodontopera Warren, 1894a: 445. Type species: *Selenia decorata* Moore, 1868.

Ceruncina Wehrli, 1941, *in* Seitz, 1941: 454. Type species: *Hemerophila senilis* Butler, 1878.

Malacuncina Wehrli, 1941, *in* Seitz, 1941: 461. Type species: *Hemerophila prouti* Sterneck, 1928.

主要特征：雄触角双栉形；雌触角线形。额不凸出。下唇须端部伸出额外。雄后足胫节膨大。前后翅外缘浅波状或锯齿形。雄前翅基部不具泡窝。前翅 R_1 和 R_2 在近基部具一段合并。

分布：世界广布。世界已知 65 种，中国记录 15 种，浙江分布 1 种。

（394）桑尺蠖 *Menophra atrilineata* (Butler, 1881)（图版 XXVII-4）

Hemerophila atrilineata Butler, 1881a: 405.

Hemerophila brunnearia Herz, 1904: 367.

Phthonandria emarioides Wehrli, 1941: 1067.

Phthonandria emarioides epistygna Wehrli, 1941: 1068.

Menophra atrilineata: Inoue, 1982: 560/305.

主要特征：前翅长：26 mm。体及翅灰黑色，翅面密布不规则黑纹。前翅内线与外线略平行，在中室端折向前缘，外线由后缘中部斜向顶角而折至前缘，两线之间及其附近灰黑色，外缘呈钝齿状，顶角具长方形黄褐色大斑。后翅外线明显且较直，其外侧具黄褐色及黑褐色纹，外缘钝锯齿形。

寄主：桑、梨、苹果。

分布：浙江、内蒙古、山西、陕西、甘肃、江苏、安徽、湖北、湖南、台湾、广东、广西、四川、贵州、云南；朝鲜半岛，日本。

209. 虚幽尺蛾属 *Ctenognophos* Prout, 1915

Ctenognophos Prout, 1915: 384. Type species: *Gnophos eolaria* Guenée, 1858.

主要特征：雄触角双栉形；雌触角线形。雄后足胫节通常不膨大，无毛束，偶略膨大或具毛束。前翅外缘中等波状，后翅外缘中等或深度波状。翅缰发达，雄性前翅基部不具泡窝。前翅 Sc 和 R_1 交叉，R_5 和 M_1 不共柄。后翅 Sc+R_1 与 Rs 近基部几乎合并；M_3 与 CuA_1 分离；具 3A。翅面带灰色、深灰色、灰黄色或灰黑色调。

分布：古北区、东洋区。世界已知 19 种，中国记录 9 种，浙江分布 2 种。

（395）大虚幽尺蛾 *Ctenognophos grandinaria* (Motschulsky, 1861)（图版 XXVII-5）

Ennomos grandinaria Motschulsky, 1861: 37.

Ennomos serrata Bremer, 1864: 100.

Odontopera orientalis Hedemann, 1881: 48.

Ctenognophos grandinaria: Wehrli, 1953: 571.

主要特征：前翅长：雄 24–27 mm，雌 23–26 mm。翅面浅黄色至黄色。前翅内线纤细，黑色，小波浪状，或模糊；中点黑色，点状，周围具深灰色晕斑；中线为灰黄色小宽带；外线纤细，黑色，从前缘至 M_1 脉处向内凹陷，之后向内延伸，小波浪状；亚缘线灰黄色，前缘至 M_3 具深灰色宽带，外侧为锯齿状；缘线具黑点，缘毛同翅色。后翅中线为灰黄色宽带，外线黑色，波浪状；缘线和缘毛同前翅。

分布：浙江（临安）、黑龙江、吉林、辽宁、山东、安徽；日本。

（396）圆虚幽尺蛾 *Ctenognophos tetarte* (Wehrli, 1931)（图版 XXVII-6）

Gnophos (*Ctenognophos*) *tetarte* Wehrli, 1931: 30.

Ctenognophos tetarte: Wehrli, 1953: 570.

主要特征：前翅长：雄 22–25 mm。翅面灰褐色。前翅内线模糊；中点黑色，点状；外线黑色，波浪状；亚缘线灰褐色，均匀波浪状；缘线黑色；缘毛色同翅。后翅中点黑色，较前翅小；外线黑色，均匀波浪状；亚缘线灰褐色，均匀波浪状；缘线黑色；缘毛色同翅。

分布：浙江、北京、河北、陕西、湖北。

210. 苔尺蛾属 *Hirasa* Moore, 1888

Hirasa Moore, 1888a: 238. Type species: *Tephrosia scripturaria* Walker, 1866.

Hirasodes Warren, 1899a: 51. Type species: *Hirasa contubernalis* Moore, 1888.

Hirasichlora Wehrli, 1951: 8. Type species: *Gnophos muscosaria* Walker, 1866.

主要特征：雄触角双栉形或线形；雌触角线形。额略向外凸出。雌下唇须向外略伸出，第 3 节短小。雄后足胫节有时膨大，有时具毛束。胸部背面鳞片粗糙。前后翅外缘中等波曲；前翅顶角尖；后翅顶角、臀角圆。雄性前翅基部不具泡窝。前翅 R_1 和 R_2 在近基部部分合并。翅面为墨绿色调或灰色调；前后翅外线波曲或锯齿形。

分布：东洋区。世界已知 19 种，中国记录 15 种，浙江分布 3 种。

分种检索表

1. 雄触角双栉形 ……………………………………………………………… 粗苔尺蛾 ***H. austeraria***
- 雄触角线形 ……………………………………………………………………………………… 2
2. 翅面深灰色 ……………………………………………………………… 暗绿苔尺蛾 ***H. muscosaria***
- 翅面灰白色 ………………………………………………………… 书苔尺蛾天目亚种 ***H. scripturaria eugrapha***

（397）粗苔尺蛾 *Hirasa austeraria* (Leech, 1897)（图版 XXVII-7）

Synopsia austeraria Leech, 1897: 430.

Hirasa austeraria: Prout, 1915: 380.

Hirasa paupera grisea Sterneck, 1928: 226.

主要特征：前翅长：雄 21–22 mm，雌 20–27 mm。雄触角双栉形；雌触角线形。翅面灰色。前翅内线黑色，近似弧形，较模糊；中点黑色，点状；外线黑色，翅脉上颜色较深，前缘至 R_5 之间向内稍微凹陷，之后向内弯曲延伸；亚缘线由脉间灰白色小点组成；缘线由脉间黑色小点组成；缘毛灰色。后翅中点黑色点状，较前翅小，其余斑纹与前翅相似。

分布：浙江（庆元）、陕西、甘肃、湖北、湖南、四川、云南。

（398）暗绿苔尺蛾 *Hirasa muscosaria* (Walker, 1866)（图版 XXVII-8）

Gnophos muscosaria Walker, 1866: 1596.

Scotosia vitreata Moore, 1868: 656.

Hirasa (*Hirasichlora*) *muscosaria*: Wehrli, 1953: 551.

主要特征：前翅长：雄 23–25 mm，雌 24–27 mm。雌雄触角均线形。翅面深灰色。前翅内线灰黑色，波浪状；中点灰黑色，或模糊；中线和外线灰黑色，锯齿状，外线在 CuA_1 至外缘之间向内凹陷；外线与亚缘线之间色浅；亚缘线灰白色，均匀小波浪状；缘线灰黑色；缘毛同翅色。后翅中点灰黑色，较前翅清晰；具模糊中线，小锯齿状；外线灰黑色，均匀锯齿状；亚缘线、缘线和缘毛同前翅。

分布：浙江（临安）、湖北、湖南、四川、云南、西藏；印度，尼泊尔。

（399）书苔尺蛾天目亚种 *Hirasa scripturaria eugrapha* Wehrli, 1953（图版 XXVII-9）

Hirasa scripturaria eugrapha Wehrli, 1953: 547.

主要特征：前翅长：雄 18–20 mm，雌 19–21 mm。雌雄触角均线形。翅面灰白色。前翅内线黑色；中点黑色，点状；外线黑色，锯齿状，在 M 脉之间向外凸出；外线外侧近后缘处具 1 条灰褐色线；缘线在脉间呈黑点状；缘毛灰色。后翅外线黑色，锯齿状；外线外侧具 1 条灰褐色线；中点、缘线和缘毛色与前翅相似。

分布：浙江（临安）、湖北、湖南、福建。

211. 碴尺蛾属 *Psyra* Walker, 1860

Psyra Walker, 1860: 311, 482. Type species: *Psyra cuneata* Walker, 1860.

Orbasia Swinhoe, 1894a: 222. Type species: *Hyperythra spurcataria* Walker, 1863.

Oncodocnemis Rebel, 1901: 354. Type species: *Phasiane boarmiata* Graeser, 1892.

主要特征：雌雄触角均线形。额平滑。下唇须端部伸出额外。雄后足胫节膨大，具毛束。前翅顶角凸出，略呈钩状，外缘中部略凸出；后翅外缘微波曲。雄前翅基部不具泡窝。前翅 Sc 和 R_1 常在中部具 1 段或 1 点合并；$R_{2\text{-}5}$ 由中室上角发出。前翅亚缘线在 M_1 至 M_3 之间常具黑斑。前翅灰白色、灰黄色或灰褐色，夹杂黑色或褐色斑块，斑纹灰色、褐色；内线、外线常呈点状；外线常在 M_1 至 M_3 之间形成 2 个向外的黑色尖齿，在臀褶处形成 1 个向内的尖齿。后翅较前翅色浅；有时具深色端带。

分布：古北区、东洋区。世界已知 17 种，中国记录 13 种，浙江分布 1 种。

（400）小斑碴尺蛾 *Psyra falcipennis* Yazaki, 1994（图版 XXVII-10）

Psyra falcipennis Yazaki, 1994: 32.

主要特征：前翅长：21–28 mm。翅面灰黄色，夹杂灰色斑点。前翅内线灰色，小波浪状；中点灰色，圆形，有时中间具白色点；中线灰黄色；外线灰黄色，翅脉上具黑色小点，外线在 M_1 与 M_2 之间、CuA_1 与 2A 之间具 2 个黑色小斑块，近似小三角形；外线以内翅面颜色较深；亚缘线深灰色，波曲；缘线由脉间灰色小点组成；缘毛同翅色。后翅中点不明显；中线为灰色宽带；其余斑纹同前翅。雄性外生殖器（图 180）：抱器瓣背突细长，具刚毛，端部圆；抱器瓣背缘中部具 1 个三角形突起，抱器瓣基部具不规则骨化片；阳茎后端具 1 条骨化带，其上具 2 个三角形突起；角状器长刺状。雌性外生殖器（图 335）：囊导管弯曲；囊体似袋状；囊片圆形。

分布：浙江（临安）、陕西、甘肃、湖北、湖南、福建、广西、四川、云南；尼泊尔。

212. 蚀尺蛾属 *Hypochrosis* Guenée, 1858

Hypochrosis Guenée, 1858: 536. Type species: *Hypochrosis sternaria* Guenée, 1858.

Marcala Walker, 1863: 1764. Type species: *Marcala ignivorata* Walker, 1863.

Patruissa Walker, 1863: 1691. Type species: *Patruissa pyrrhophaeata* Walker, 1863.

Phoenix Butler, 1880a: 122. Type species: *Phoenix iris* Butler, 1880.

主要特征：雌雄触角均双栉形。额光滑，略凸出。下唇须端部伸出额外。雄后足胫节不膨大。前翅狭长，外缘常近平直，有时在近臀角处内凹；后翅外缘下半段有时浅凹。雄前翅基部不具泡窝。前翅 R_1 和 R_2 共柄，R_1 与 R_2 分离后与 Sc 由一短柄相连，R_2 与 R_{3+4} 由一短柄相连。

分布：古北区、东洋区。世界已知 47 种，中国记录 10 种，浙江分布 1 种。

（401）四点蚀尺蛾 *Hypochrosis rufescens* (Butler, 1880)（图版 XXVII-11）

Pagrasa rufescens Butler, 1880a: 224.

Hypochrosis rufescens: Parsons *et al.*, 1999, *in* Scoble, 1999: 469.

主要特征：前翅长：雄 12–13 mm，雌 13–17 mm。前翅外缘直，臀角具缺刻；后翅外缘后半部稍内凹。翅面灰黄色，端部色深。前翅前缘散布灰黑色斑点，具 2 个三角形黑斑，将前翅前缘三等分；内线橙黄色，平直，由中室下缘向外倾斜；外线橙黄色，平直，由 R_5 脉向内倾斜。后翅外线弧形。前后翅缘线灰黄色。

分布：浙江（庆元）、上海、江西、湖南、福建、台湾、广东、海南、广西、四川、云南、西藏；印度，尼泊尔。

213. 隐尺蛾属 *Heterolocha* Lederer, 1853

Heterolocha Lederer, 1853: 176, 202, 207. Type species: *Hypoplectis laminaria* Herrich-Schäffer, 1852.

Nabla Walker, 1866: 1668. Type species: *Nabla pyreniata* Walker, 1866.

Symmetresla Wehrli, 1937b: 502. Type species: *Hyperythra aristonaria* Walker, 1860.

主要特征：雄触角双栉形；雌触角线形。额不凸出。下唇须 1/3–1/2 伸出额外。雄性后足胫节不膨大，无毛束。前翅顶角尖或圆，外缘平直；后翅外缘近平直。雄前翅基部不具泡窝。前翅 R_1 和 R_2 长共柄，端部分离，或二者完全合并。翅面常黄色或浅黄褐色，斑纹浅红黄色或浅黄褐色，有时浅灰褐色；前后翅外线，前翅中点常中空。

分布：古北区、东洋区。世界已知 42 种，中国记录 28 种，浙江分布 7 种。

分种检索表

1. 前翅顶角无顶角斑……………………………………………………………………显隐尺蛾 ***H. notata***
- 前翅顶角具顶角斑……………………………………………………………………………………………2
2. 前翅外线始于顶角斑之下，由间断的黑点组成……………………………………雾隐尺蛾 ***H. elaiodes***
- 前翅外线不如上述……………………………………………………………………………………………3
3. 后翅外线 M_1 以上密布褐色点，呈斑状，M_1 以下细………………………………拉隐尺蛾 ***H. laminaria***
- 前翅外线不如上述……………………………………………………………………………………………4
4. 前翅内线外侧波浪状……………………………………………………………………玲隐尺蛾 ***H. aristonaria***
- 前翅内线模糊…………………………………………………………………………………………………5
5. 后翅外线宽………………………………………………………………………………金隐尺蛾 ***H. chrysoides***
- 后翅外线窄……………………………………………………………………………………………………6
6. 后翅中线与中点距离较远……………………………………………………………深黑隐尺蛾 ***H. atrivalva***
- 后翅中线与中点距离较近……………………………………………………………黄玫隐尺蛾 ***H. subroseata***

（402）玲隐尺蛾 *Heterolocha aristonaria* (Walker, 1860)（图版 XXVII-12）

Hyperythra aristonaria Walker, 1860: 130.

Hyperythra niphonica Butler, 1878a: 46.

Heterolocha aristonaria catapasta Wehrli, 1940: 367.

Heterolocha aristonaria szetschwanensis Wehrli, 1940: 368.

Heterolocha aristonaria hoengica Wehrli, 1940: 368.

Heterolocha aristonaria mokanensis Wehrli, 1940: 368.

主要特征：前翅长：12 mm。翅面黄色至黄褐色，散布褐色斑纹；翅面斑纹黄褐色。前翅前缘脉具褐色斑点；前翅内线外侧波浪状；顶角处具褐色顶角斑，向下连接外线，斜向内延伸至后缘，外线与外缘之间密布褐色斑点，颜色加深；前缘脉与中室上缘之间具褐色斑，中室上缘下连接内线，以中室下缘与 2A 脉为界呈波浪状；中点卵圆形，空心，边缘褐色。后翅外线与前翅外线汇合，周围密布黄褐色斑点，向外至外缘颜色变深；中点较小。前后翅缘毛黄色。

寄主：忍冬科金银花。

分布：浙江（临安）、辽宁、山东、河南、江苏、上海、安徽、湖北、江西、湖南、福建、广西、四川；朝鲜半岛，日本，印度，越南，斯里兰卡。

（403）深黑隐尺蛾 *Heterolocha atrivalva* Wehrli, 1937（图版 XXVII-13）

Heterolocha atrivalva Wehrli, 1937b: 516.

主要特征：前翅长：13 mm。翅面黄色，散布灰褐色斑纹；翅面条带橙黄色；两翅均具橙黄色中点，前翅中点空心圆形，后翅中点卵圆形；前翅顶角处具灰褐色卵圆形斑，中央颜色浅；前缘基部 1/3 处具 1 条黑褐色短横纹，止于中室前缘脉，向内至基部橙黄色；前翅内线宽，弧形，似与基部相连形成斑，并与后翅内线连续；外线 M_1 处以上消失，M_3 以下清楚。后翅外线 M_1 脉以上宽，以下细。前后翅缘毛橙黄色。

分布：浙江、河南、陕西、甘肃、湖北、江西、湖南、福建、台湾、广东、海南、广西、四川、贵州。

（404）金隐尺蛾 *Heterolocha chrysoides* Wehrli, 1937（图版 XXVII-14）

Heterolocha chrysoides Wehrli, 1937b: 502.
Heterolocha chrysoides juno Wehrli, 1937b: 503.

主要特征：前翅长：14 mm。前缘褐色；顶角具卵圆形斑；前缘与中室上缘脉间基部 1/3 处具 1 个褐色斑；内线与基部相连形成 1 个红黄色斑，与后翅内线汇合；外线 M_3 脉以上模糊，M_3 脉以下形成红黄色斑，外线与外缘区域密布褐色斑点；中点较圆，红黄色。后翅外线宽，红黄色，有时延伸至外缘区域，外线与外缘区域密布褐色斑点。前后翅缘毛橙黄色。

分布：浙江、江西、广东、海南、四川、云南。

（405）雾隐尺蛾 *Heterolocha elaiodes* Wehrli, 1937（图版 XXVII-15）

Heterolocha elaiodes Wehrli, 1937b: 503.

主要特征：前翅长：16 mm。翅面浅黄色。前翅前缘具褐色点；前缘脉与中室前缘之间基部 1/4 处具黑褐色竖纹，向基部黄褐色；内线始于中室上缘之下，波浪状，外缘褐色；中点椭圆形；顶角处具卵圆形斑，边缘黑褐色；外线始于顶角斑之下，由间断的黑点组成，M_3 以下部分外侧伴随着红黄色阴影，并向内倾斜；雌性 M_3 以上无黑点。后翅中点较前翅小；外线外侧伴有紫红色带，内缘 M_1 脉处具缺口。前后翅缘毛黄色。

分布：浙江（杭州）、江西、四川、云南。

（406）拉隐尺蛾 *Heterolocha laminaria* (Herrich-Schäffer, 1852)（图版 XXVII-16）

Hypoplectis laminaria Herrich-Schäffer, 1852: 71.
Heterolocha sachalinensis Matsumura, 1925a: 177.
Heterolocha laminaria euxantha Wehrli, 1937b: 502.
Heterolocha laminaria: Wehrli, 1940: 363.
Heterolocha laminaria lungtana Wehrli, 1940: 364.

主要特征：前翅长：11 mm。前翅前缘具黑褐色点，与中室上缘间基部 1/3 处褐色；内线模糊；顶角处具半卵圆形褐色斑；边缘颜色较深；外线起始于顶角斑，M_1 脉之下较清晰，浅橙黄色，外侧至外缘散布褐色点；中点长圆形。后翅外线 M_1 以上密布褐色点，呈斑状，M_1 以下细；中点小于前翅。前后翅缘毛黄色。

分布：浙江、河南、陕西、江苏、湖北；俄罗斯，日本，土耳其。

（407）显隐尺蛾 *Heterolocha notata* Leech, 1897（图版 XXVII-17）

Heterolocha notata Leech, 1897: 229.
Heterolocha jobaphegrapha Wehrli, 1923: 70.

主要特征：前翅长：15 mm。翅面浅黄色，密布褐色斑点，斑纹粉红色。前缘脉具褐色点；内线弯曲；外线自顶角延伸至后缘，条带逐渐变粗，有时外缘边缘具同样条带，上部与外线重合；前翅中点肾形。后翅外线起于 M_2 脉以下；中点小于前翅。

分布：浙江（临安、庆元）、安徽、湖北、江西、湖南、四川、贵州、西藏；日本。

（408）黄玫隐尺蛾 *Heterolocha subroseata* Warren, 1894（图版 XXVII-18）

Heterolocha subroseata Warren, 1894a: 449.

主要特征：前翅长：雄 15–17 mm，雌 18–19 mm。翅面明黄色。前翅前缘、外缘、翅及后翅翅面散布灰褐色斑点；前翅前缘近基部 1/3 处具 1 个黑褐色斑点；前翅顶角具卵圆形灰褐色斑，边缘黑褐色。两翅均具卵圆形空心中点。前翅内线为橙黄色条带，模糊；外线 M_1 或 M_2 以上消失；后翅基部斑点密集，外线为橙黄色条带。前后翅缘毛橙黄色。

分布：浙江（临安）、陕西、甘肃、湖北、江西、湖南、福建、台湾、海南、广西、四川、云南、西藏；日本。

214. 离隐尺蛾属 *Apoheterolocha* Wehrli, 1937

Apoheterolocha Wehrli, 1937b: 517. Type species: *Heterolocha quadraria* Leech, 1897.

主要特征：雄触角双栉形；雌触角线形。前翅顶角尖锐，有时略外凸。翅面黄色至绿色，或灰色。前翅内线明显或模糊，多数种类前翅前缘脉处具 2 块倒三角形黑斑，外线直或弯曲，起始于顶角或第二块三角斑；后翅外线外凸弧形，细线状或粗条状。

分布：古北区、东洋区。世界已知 6 种，中国记录 4 种，浙江分布 1 种。

（409）绿离隐尺蛾 *Apoheterolocha patalata* (Felder *et* Rogenhofer, 1875)（图版 XXVII-19）

Heterolocha patalata Felder *et* Rogenhofer, 1875: pl. 132, figs 9, 9a.

Marcala varians Swinhoe, 1891: 487.

Apoheterolocha patalata: Stüning, 2000: 113.

主要特征：前翅长：14 mm。翅面淡黄色。前翅顶角略外凸；前缘具 2 块黑斑，有时不明显；内线直或弯曲；外线始于顶角，较直。后翅外线弧形，宽带状，在后缘处略增粗并形成 1 个黑斑，上半段有时扩展至顶角和外缘。

分布：浙江、陕西、甘肃、湖北、湖南、海南、四川、云南；尼泊尔，印度，喜马拉雅山。

215. 斜灰尺蛾属 *Loxotephria* Warren, 1905

Loxotephria Warren, 1905: 13. Type species: *Loxotephria olivacea* Warren, 1905.

主要特征：雌雄触角均线形。额不凸出，额毛簇发达。下唇须顶端伸出额外。雄性后足胫节不膨大，无毛束。前翅 Sc 与 $R_{1\text{-}2}$ 由短脉相连，R_1 和 R_2 共柄，R_3 和 R_4 共柄，M_2 靠近 M_1。翅面黄褐至红褐色，斑纹条带状，平直。

分布：东洋区。世界已知 6 种，中国记录 4 种，浙江分布 2 种。

（410）红褐斜灰尺蛾 *Loxotephria elaiodes* Wehrli, 1937（图版 XXVII-20）

Loxotephria elaiodes Wehrli, 1937d: 118.

主要特征：前翅长：15 mm。翅面浅红褐色，具银白色光泽。前翅内线银白色，外缘红褐色，在中室前缘处向外折角；外线在 R_5 处向外折角达顶角下方，与外缘相连，白色条带状，逐渐变宽；前翅 M_1 脉以上黄绿色。前后翅外线边缘具银白色鳞片。后翅中线与外线之间区域白色，外线具褐色阴影。

分布：浙江、湖北、福建、海南、云南。

（411）橄榄斜灰尺蛾 *Loxotephria olivacea* Warren, 1905（图版 XXVII-21）

Loxotephria olivacea Warren, 1905: 14.

Loxotephria taiwana Wileman, 1915: 17.

主要特征：前翅长：13–14 mm。翅面黄绿色与紫灰色掺杂。前翅前缘黄绿色；内线紫红色，外线和亚缘线暗黄绿色，在前缘附近均极向外倾斜，内线至紫红色中点附近、外线和亚缘线至外缘附近折回，向内斜行至后缘；内线内侧和外线外侧有灰白边；外线与亚缘线之间形成浅色带，由上至下逐渐加宽；缘毛基半部深紫褐色，端半部色较浅。后翅外线及其外侧斑纹与前翅连续，线条加粗。

分布：浙江（四明山、余姚）、河南、安徽、湖北、江西、湖南、福建、台湾、广东、海南、广西、云南；缅甸。

216. 魑尺蛾属 *Garaeus* Moore, 1867

Garaeus Moore, 1867: 623. Type species: *Garaeus specularis* Moore, 1867.

Epifidonia Butler, 1886c: 391. Type species: *Epifidonia signata* Butler, 1886.

Drepanopsis Warren, 1896a: 144. Type species: *Drepanopsis ferrugata* Warren, 1896.

主要特征：雌雄触角均双栉形，雌栉齿极短。额凸出明显。下唇须多发达，粗壮，第 3 节伸出额外。雄后足胫节略膨大。前翅顶角凸出，外缘呈弧形凸出；后翅外缘浅弧形；前后翅外缘有时浅波曲或浅锯齿形。雄前翅基部不具泡窝。前翅 R_1 和 R_2 分离。前翅外线平直，向内倾斜。翅面黄褐色至红褐色，常具有翅窗。

分布：古北区、东洋区。世界已知 27 种，中国记录 17 种，浙江分布 2 种。

（412）白顶魑尺蛾 *Garaeus niveivertex* Wehrli, 1936（图版 XXVII-22）

Garaeus niveivertex Wehrli, 1936b: 6.

主要特征：前翅长：雄 14–17 mm，雌 21 mm。翅面红褐色至灰红褐色，略带紫灰色调，或多或少散布黑色碎纹；前翅前缘黄褐色；前后翅中点黑色，在后翅极微小；外线由前翅顶角直达后翅后缘中部外侧，暗褐色，内侧有浅色镶边；缘毛基半部深褐色，端半部黄褐色，在前翅顶角黑褐色。

分布：浙江（临安、庆元）、湖北、江西、福建、广西、四川、云南。

（413）无常魑尺蛾 *Garaeus subsparsus* Wehrli, 1936（图版 XXVIII-1）

Garaeus subsparsus Wehrli, 1936b: 5.

主要特征：前翅长：15–17 mm。前翅前缘平直，顶角不上翘，微凸出；外缘浅弧形；后翅外缘弧形。翅面黄色至黄褐色。前翅内线深灰色，波曲，模糊，其内侧密布深灰色碎纹；中点深灰色，微小；外线深灰褐至黑褐色，由前翅顶角直达后缘中后方；亚缘线和缘线模糊；缘毛灰黄色。后翅基半部密布深灰色碎纹；无中点；外线深灰褐色，平直，内侧在中室端部至 CuA_2 有 2–3 块半透明小斑；其余斑纹与前翅相似。

分布：浙江（四明山、余姚）、湖南、福建、广西、重庆、四川。

217. 片尺蛾属 *Fascellina* Walker, 1860

Fascellina Walker, 1860: 67, 215. Type species: *Fascellina chromataria* Walker, 1860.

主要特征：雌雄触角均线形，雄触角具短纤毛。额略凸出。下唇须粗壮，尖端伸达额外。雄后足胫节不膨大。前翅顶角有时凸出，外缘直，臀角下垂，后缘端部凹入；后翅顶角有时凹入，外缘浅弧形。雄前翅基部不具泡窝。前翅 R_1 和 R_2 长共柄，在近端部分离，Sc 与 R_{1+2} 部分合并。

分布：古北区、东洋区。世界已知 28 种，中国记录 6 种，浙江分布 2 种。

（414）灰绿片尺蛾 *Fascellina plagiata* (Walker, 1866)（图版 XXVIII-2）

Geometra plagiata Walker, 1866: 1601.

Fascellina viridis Moore, 1867: 79.

Fascellina plagiata kankozana Matsumura, 1931: 900.

Fascellina plagiata icteria Wehrli, 1936b: 126.

Fascellina plagiata subvirens Wehrli, 1936b: 126.

主要特征：前翅长：雄 12–15 mm，雌 15–17 mm。后翅顶角正常，外缘浅弧形。翅面叶绿色，散布稀疏黑鳞。前翅前缘浅灰褐色，其下方有 1 条不完整的褐线；内线模糊；中线黑色，波状，在中室处常断开；中点黑色；翅端部 M_1 下方为 1 个黑褐色方形大斑；外线在前缘至 M_1 之间呈黑点状，在 M_1 之后为黑色细线，不规则波曲，穿过大斑；缘毛在大斑外黑褐色，其余黄绿色。后翅外线近平直，粗壮，内侧黑褐色，外侧黄褐色；亚缘线黑色，纤细，弧形，其外侧在后缘处有 1 个黑斑；缘毛黄绿色。

寄主：樟科 Lauraceae 锡兰肉桂 *Cinnamomum zeylanicum*。

分布：浙江（四明山、鄞州、余姚、遂昌、庆元）、河南、甘肃、青海、安徽、湖北、江西、湖南、福建、台湾、广东、海南、香港、广西、四川、贵州、云南、西藏；日本，印度，尼泊尔，缅甸，喜马拉雅山，马来西亚。

（415）紫片尺蛾 *Fascellina chromataria* Walker, 1860（图版 XXVIII-3）

Fascellina chromataria Walker, 1860: 215.

Geometra usta Walker, 1866: 1602.

Fascellina ceylonica Moore, 1887: 394.

Fascellina chromataria subchromaria Wehrli, 1936b: 126.

Fascellina chromataria: Fletcher, 1979: 223.

主要特征：前翅长：雄 16–19 mm，雌 19–20 mm。后翅顶角凹，外缘接近平直。翅面紫褐色至黑紫色，雄色较雌浅，散布黑褐色碎纹；后翅较前翅明显。前翅前缘中部和近顶角处有浅色小斑；中点黄色，雌较弱；内线和外线黑色，波状，后者在 M_2 以上消失；亚缘线在 M_2 以下有 1 列黑点；缘毛深褐色或紫褐色，在臀角附近黑色。后翅外线较近外缘；无中点；顶角和臀角常有黄斑的痕迹。

分布：浙江（四明山、余姚、江山、景宁、泰顺）、吉林、河南、陕西、甘肃、江苏、安徽、湖北、江西、湖南、福建、台湾、广东、海南、广西、四川、云南、西藏；朝鲜半岛，日本，印度，不丹，缅甸，喜马拉雅山东部，越南，斯里兰卡，印度尼西亚。

218. 龟尺蛾属 *Celenna* Walker, 1861

Celenna Walker, 1861: 519. Type species: *Geometra saturataria* Walker, 1861.

主要特征： 雌雄触角均双栉形。额不凸出。下唇须短，不伸出额外，或端部约 1/3 伸出额外。雄后足胫节不膨大，无毛束。前翅顶角尖，外凸；外缘平直，或浅弧状。前翅 Sc 自由，与 R_1 有一段或少许汇合，或具短脉相连；R_1 与 R_2 共柄；R_2 与 R_{3+4} 具短脉连接，雌性有时无；M_2 靠近 M_1。翅面常具绿斑。

分布： 古北区、东洋区。世界已知 13 种，中国记录 2 种，浙江分布 1 种。

（416）绿龟尺蛾 *Celenna festivaria* (Fabricius, 1794)（图版 XXVIII-4）

Phalaena festivaria Fabricius, 1794: 152.

Geometra saturataria Walker, 1861: 519.

Hypochrosis festivaria temperata Prout, 1925b: 311.

Celenna festivaria: Fletcher, 1979: 227.

主要特征： 前翅长：雄 13–14 mm，雌 15–19 mm。翅面灰褐色，散布深灰棕色点，两翅外缘区域及前翅基部颜色加深。雄前翅基部不具泡窝，具 2 块深绿色斑，边缘黄白色，2 块斑在中室端部常具明显分隔，有时紧密相连或连为一体，近基部斑较大，延伸至后缘，近端部斑在约 CuA_2 脉于 CuA_1 脉间突出。后翅后半部具 1 个不规则深绿色斑。前后翅缘线灰褐色。

分布： 浙江（庆元）、江西、湖南、福建、台湾、广东、海南、广西、云南；日本，印度，缅甸，斯里兰卡，菲律宾，马来西亚，印度尼西亚。

219. 普尺蛾属 *Dissoplaga* Warren, 1894

Dissoplaga Warren, 1894a: 442. Type species: *Cimicodes sanguiflua* Moore, 1888.

主要特征： 雌雄触角均线形。额略凸出。下唇须尖端伸出额外。雄后足胫节膨大。前翅顶角凸出，两翅外缘弧形。雄前翅基部不具泡窝。前翅 R_1 与 R_2 长共柄，在近端部分离。翅面粉红色，前翅外线绿褐色，由顶角伸达后缘中部。

分布： 东洋区。世界已知 1 种，中国记录 1 种，浙江分布 1 种。

（417）粉红普尺蛾 *Dissoplaga flava* (Moore, 1888)（图版 XXVIII-5）

Cimicodes flava Moore, 1888, *in* Hewitson & Moore, 1888a: 233.

Cimicodes sanguiflua Moore, 1888, *in* Hewitson & Moore, 1888a: 233.

Dissoplag flave: Parsons *et al.*, 1999, *in* Scoble, 1999: 236.

主要特征： 前翅长：雄 17–19 mm，雌 21–23 mm。翅面粉红色。前翅中线模糊，在中室中部向外形成 1 个折角；中线与外线间黄色；外线绿褐色，由顶角伸达后缘中部，在前翅顶角下有时扩展成 1 个暗绿色斑；外线与前缘夹角处略带白色；前翅顶角下方黄色；无亚缘线和缘线；缘毛黄色。后翅无中线；外线绿褐色，近平直，内侧具黄色带；缘毛黄绿色。

分布： 浙江（四明山、余姚）、甘肃、安徽、湖北、湖南、福建、广东、海南、广西、四川、云南；印度。

220. 木纹尺蛾属 *Plagodis* Hübner, 1823

Plagodis Hübner, 1823: 294. Type species: *Phalaena dolabraria* Linnaeus, 1767.

Anagoga Hübner, 1823: 294. Type species: *Phalaena pulveraria* Linnaeus, 1758.

Eurymene Duponchel, 1829: 105, 185. Type species: *Phalaena dolabraria* Linnaeus, 1767.

Apoplagodis Wehrli, 1939: 358. Type species: *Plagodis reticulata* Warren, 1893.

主要特征： 雄触角双栉形或线形；雌触角线形。额略凸出。下唇须细，仅尖端伸达额外。雄后足胫节略膨大。前翅前缘脉稍弯曲；顶角稍尖锐；除碎木纹尺蛾 *Plagodis pulveraria* 外，外缘 CuA_1 脉之后向内凹陷呈缺刻状；后翅同样位置具浅缺刻，隐约可见。雄前翅基部不具泡窝。前翅 R_1 和 R_2 分离或共柄。翅面密布黄褐色至深褐色横纹。翅面黄色，具木纹状斑纹；两翅臀角处通常具烧焦状斑。

分布： 古北区、东洋区。世界已知 18 种，中国记录 12 种，浙江分布 1 种。

（418）斧木纹尺蛾 *Plagodis dolabraria* (Linnaeus, 1767)（图版 XXVIII-6）

Phalaena (*Geometra*) *dolabraria* Linnaeus, 1767: 861.

Phalaena ustulataria Hüfnagel, 1767: 516.

Plagodis dolabraria: Prout, 1915: 43.

主要特征： 前翅长：15–17 mm。雄触角双栉形；雌性线形。前翅前缘平滑；顶角稍尖；外缘 CuA_1 脉以上直，以下向内形成缺刻状。后翅顶角钝圆；外缘 CuA_2 脉下方浅缺刻状。翅面黄色，前翅翅面与后翅端部区域密布木纹状横纹；前翅前缘脉各具 2 块不规则形黑斑，模糊，将前缘脉三等分；顶角具 1 个小黑点；臀角区域具烧焦状斑，内侧与后缘相连具黑色倾斜的短横纹，此处缘毛黑色，其余黄褐色。后翅臀角相同位置具黑褐色不规则烧焦状斑；翅面除端部区域外具褐色斑点；缘毛与前翅颜色相同。

分布： 浙江（临安、庆元）、吉林、内蒙古、河南、陕西、甘肃、湖北、江西、湖南、台湾、广东、四川、云南、西藏；俄罗斯，日本，印度，欧洲。

221. 穿孔尺蛾属 *Corymica* Walker, 1860

Corymica Walker, 1860: 230. Type species: *Corymica arnearia* Walker, 1860.

Caprilia Walker, 1866: 1568. Type species: *Caprilia vesicularia* Walker, 1866.

Thiopsyche Butler, 1878b: 393. Type species: *Thiopsyche pryeri* Butler, 1878.

主要特征： 雌雄触角均线形。额不凸出。下唇须中等长度。雄后足胫节不膨大，不具毛束。前翅狭长，顶角钝圆、尖或略呈钩状，前后翅外缘在 M_3 上方略波曲，有时平滑。雄前翅基部具泡窝，常极发达，椭圆形，长度可达翅长的 1/5 以上，使翅基部呈穿孔状。前翅 R_1 和 R_2 完全合并，与 Sc 具一段合并。翅多为黄色，翅面斑纹模糊，前翅反面近顶角处常具 1 个褐色斑块。

分布： 古北区、东洋区。世界已知 12 种，中国记录 6 种，浙江分布 2 种。

（419）毛穿孔尺蛾 *Corymica arnearia* Walker, 1860（图版 XXVIII-7）

Corymica arnearia Walker, 1860: 231.

主要特征：前翅长：雄 12–13 mm，雌 13–14 mm。翅面黄色，斑纹通常缺失。前翅内缘中央具近“8”字形中空斑，后翅前缘脉部位具中空斑。中点通常褐色小点状；前翅近顶角区域具黑褐色竖条带状斑，端部颜色深，其后模糊；外缘间断黑褐色；缘毛与外缘颜色相同。

分布：浙江（杭州、泰顺）、江西、湖南、福建、台湾、广东、广西、四川、云南；韩国，日本，印度，越南，马来西亚，印度尼西亚。

（420）光穿孔尺蛾 *Corymica specularia* (Moore, 1868)（图版 XXVIII-8）

Caprilia specularia Moore, 1868: 649.

Corymica specularia: Wehrli, 1940: 362.

主要特征：前翅长：雄 11–12 mm，雌 13–14 mm。翅黄色，散布褐色斑纹。前翅前缘脉基部 1/4 处散布白色鳞片，稍弯曲的短棍状突起向内起始于前缘脉，近端部具 1 个大斑，中央具 1 个细小的褐色斑；后缘具褐色指状突，端部钝圆，沿后缘延长；另 1 个短褐色棒状斑位于近臀角处，有时模糊；后翅前缘脉中部具小型中空的褐色斑；另外 2 个较小斑分别位于前缘脉端部 1/4 处和后缘中央。缘毛基半部深红褐色，端半部浅白色，在 M_2 和 CuA_1 间褐色。

分布：浙江（临安）、河南、甘肃、安徽、湖南、台湾、广东、海南、广西、四川、云南、西藏；朝鲜半岛，日本，印度。

222. 免尺蛾属 *Hyperythra* Guenée, 1858

Hyperythra Guenée, 1858: 99. Type species: *Hyperythra limbolaria* Guenée, 1858.

Pseuderythra Swinhoe, 1894a: 204. Type species: *Hyperythra phoenix* Swinhoe, 1891.

Tycoonia Warren, 1894a: 439. Type species: *Tycoonia obliqua* Warren, 1894.

Callipona Turner, 1904: 236. Type species: *Callipona metabolis* Turner, 1904.

主要特征：雄触角双栉形；雌触角线形。额略凸出。下唇须第 3 节伸出额外。雄后足胫节不膨大。前后翅外缘锯齿形。雄前翅基部有时具泡窝。前翅 R_1 自由，R_2 与 R_{3+4} 共柄。翅面黄色至灰黄色，中线和外线平行，十分接近，略呈浅弧形，两线间色浅；外线外侧色较深。

分布：古北区、东洋区、澳洲区。世界已知 7 种，中国记录 2 种，浙江分布 1 种。

（421）红双线免尺蛾 *Hyperythra obliqua* (Warren, 1894)（图版 XXVIII-9）

Tycoonia obliqua Warren, 1894a: 439.

Hyperythra obliqua: Holloway, 1994: 99.

主要特征：前翅长：雄 20–22 mm，雌 23 mm。雄前翅臀褶基部附近有 1 束翘起的鳞片。翅面黄色，散布灰褐色鳞。前翅内线红褐色，细弱；中点深灰褐色，短条状；中线红褐色，平直，向内倾斜；外线深灰褐色，与中线平行；中线和外线之间区域色较浅，外线外侧大部分区域红褐色；雄外线外侧在 Rs 两侧有深褐色斑块；缘毛紫红色、红褐色与深褐色掺杂。后翅斑纹与前翅相似。

分布： 浙江（四明山、余姚）、北京、河北、山东、陕西、甘肃、江苏、江西、湖南、福建、广东、广西、四川、贵州。

223. 丸尺蛾属 *Plutodes* Guenée, 1858

Plutodes Guenée, [1858]: 117. Type species: *Plutodes cyclaria* Guenée, [1858].

主要特征： 雌雄触角均单栉形，末端 1/4 无栉齿。额光滑，不凸出。下唇须短小。雄后足胫节不膨大，无毛束。前翅顶角钝圆，前后翅外缘浅弧形。前翅 R_1 与 $R_{2\text{-}5}$ 共柄较长，分离后不与 Sc 接触。翅面常浅黄色或鲜黄色，具红褐色或灰色斑块。

分布： 古北区、东洋区。世界已知 35 种，中国记录 11 种，浙江分布 1 种。

（422）墨丸尺蛾 *Plutodes warreni* Prout, 1923（图版 XXVIII-10）

Plutodes warreni Prout, 1923: 322.

主要特征： 前翅长：雄 18–20 mm，雌 18–21 mm。前翅中部常有红褐色斑块，前翅前缘具 1 条黄色带，其下缘具齿状凸出，在端部 1/3 处具 1 个向下凸出的大齿，在顶角与基部各有 1 个凸出的小齿；翅端部黄色，内缘不规则波曲。后翅黄褐色，散布许多白色细短纹，顶角处具 1 个黄色斑块。

分布： 浙江（景宁、泰顺）、陕西、甘肃、湖北、江西、湖南、福建、广东、广西、重庆、四川、云南、西藏；印度，尼泊尔。

224. 边尺蛾属 *Leptomiza* Warren, 1893

Leptomiza Warren, 1893: 406. Type species: *Hyperythra calcearia* Walker, 1860.

Pristopera Swinhoe, 1900b: 309. Type species: *Pristopera hepaticata* Swinhoe, 1900.

主要特征： 雄触角双栉形或线形；雌触角线形。额不凸出。下唇须仅尖端伸达额外。雄后足胫节不膨大。前后翅外缘不规则波曲或锯齿形；后翅外缘中部有时凸出。雄前翅基部不具泡窝。前翅 R_1 和 R_2 分离。

分布： 古北区、东洋区。世界已知 6 种，中国记录 4 种，浙江分布 1 种。

（423）双线边尺蛾 *Leptomiza bilinearia* (Leech, 1897)（图版 XXVIII-11）

Selenia? *bilinearia* Leech, 1897: 206.

Leptomiza bilinearia: Prout, 1915: 328.

主要特征： 前翅长：雄 14 mm。翅面枯黄色，密布浅褐色碎纹。前翅内线模糊；中线浅褐色，在中室处向外凸出呈尖角状，之后平直并向内倾斜；外线浅褐色，近平直，向内倾斜至后缘中部附近；缘毛褐色掺杂灰黄色。后翅仅外线清楚，与前翅相似，其外侧的白色细线较前翅清楚。

分布： 浙江、陕西、甘肃、湖北、福建。

225. 白尖尺蛾属 *Pseudomiza* Butler, 1889

Pseudomiza Butler, 1889: 20, 100. Type species: *Cimicodes castanearia* Moore, 1868.

Heteromiza Warren, 1893: 405. Type species: *Cimicodes castanearia* Moore, 1868.

主要特征：雄触角线形，具纤毛簇，有时为双栉形；雌触角线形。额不凸出；下唇须仅尖端伸达额外。雄后足胫节膨大，具毛束。前翅顶角略凸出，外缘直；后翅外缘浅弧形或近平直。雄前翅基部有时具泡窝。前翅 R_1 与 R_2 分离，R_2 与 R_{3+4} 由 1 个短柄相连。前翅外线出自顶角，斜行达后缘中部，其与前缘夹角处有白斑；后翅外线通常与前翅连续。

分布：古北区、东洋区。世界已知 11 种，中国记录 6 种，浙江分布 2 种。

（424）紫白尖尺蛾 *Pseudomiza obliquaria* (Leech, 1897)（图版 XXVIII-12）

Auzea obliquaria Leech, 1897: 182.

Pseudomiza obliquaria: Prout, 1915: 328.

主要特征：前翅长：雄 18–20 mm，雌 20–22 mm。翅面紫褐色，散布黑灰色短条状碎纹。前翅中线黑褐色，纤细，在中室凸出呈尖角状，之后向内倾斜；外线黑褐色，粗壮，外线上半段“＞”形，折角之后向内倾斜至后缘中部附近，其外侧具深灰色边；顶角处白斑下缘黑灰色，斑上有黑灰色碎纹；无亚缘线、缘线和中点；缘毛深褐色。后翅外线黑褐色，粗壮，平直；亚缘线深灰色，模糊；缘毛深褐色。

分布：浙江（四明山、余姚、舟山、磐安）、陕西、甘肃、湖北、江西、湖南、福建、台湾、海南、广西、四川、云南、西藏；尼泊尔。

（425）束白尖尺蛾 *Pseudomiza argentilinea* (Moore, 1868)（图版 XXVIII-13）

Drepanodes argentilinea Moore, 1868: 617.

Pseudomiza argentilinea: Prout, 1923: 320.

主要特征：前翅长：20–21 mm。翅面黄绿色，散布少量灰紫色碎纹。前翅内线为灰紫色宽带，向内倾斜；中线暗灰紫色，前半部分波曲，后半部分平直；中点黑色微小；外线为双线，平直，由前翅顶角伸至后翅后缘中后方，内侧黑褐色，外侧的灰紫色较宽；翅端部具灰紫色带；缘毛灰黄色。后翅基半部具黑色条纹；外线与前翅连续；无中点和中线；缘毛黄色。

分布：浙江（景宁）、湖南、福建、广西、四川、贵州、云南、西藏；印度。

226. 觅尺蛾属 *Petelia* Herrich-Schäffer, 1855

Petelia Herrich-Schäffer, 1855: 109, 122. Type species: *Petelia medardaria* Herrich-Schäffer, 1856.

Bargosa Walker, 1860: 311(key), 479. Type species: *Bargosa chandubija* Walker, 1860.

Antipetelia Inoue, 1943: 20. Type species: *Bargosa rivulosa* Butler, 1881.

主要特征：雄触角双栉形，端部无栉齿；雌触角线形。额略凸出，有时具发达额毛簇。下唇须粗壮，中等长，约 1/3 至 1/2 伸出额外。体较粗壮，胸部腹面和中足腿节被毛；雄后足胫节不膨大。翅宽大，鳞片致密；前翅顶角钝圆或略尖，外缘浅弧形；后翅外缘弧形。前翅 R_1 自由，$R_{2\text{-}5}$ 共柄，R_2 通常远离 R_5。雄前翅基部不具泡窝，后翅基部有时具泡窝。

分布：世界广布。世界已知 24 种，中国记录 1 种，浙江分布 1 种。

(426) 彤觅尺蛾天目山亚种 *Petelia riobearia erythroides* (Wehrli, 1936)(图版 XXVIII-14)

Apopetelia erythroides Wehrli, 1936a: 568.

Petelia erythroides: Parsons *et al*., 1999, *in* Scoble, 1999: 737.

主要特征：前翅长：19–22 mm。下唇须约 1/3 伸出额外。雄后翅前缘基部附近隆起 1 个凸角，凸角下方有 1 个透明泡窝，在翅反面泡窝上半部被由翅基延伸的长毛覆盖。触角干红褐色与黑色相间，栉齿黑色；下唇须黄色，背面红褐色；额和体背灰红褐色。翅基部至外线红褐色，后翅散布较多深灰褐色；中线模糊带状，深灰褐色；中点微小清晰，前翅黑色，后翅白色；外线至外缘形成深灰褐色宽带，其内缘不规则波曲。

分布：浙江（四明山、余姚）、陕西、江西、湖南、广西、云南。

227. 灰尖尺蛾属 *Astygisa* Walker, 1864

Astygisa Walker, 1864a: 192. Type species: *Astygisa larentiata* Walker, 1864.

Alana Walker, 1866: 1567. Type species: *Alana rubiginata* Walker, 1866.

Apopetelia Wehrli, 1936a: 567. Type species: *Tacparia morosa* Butler, 1881.

主要特征：雄触角双栉形；雌触角线形。额略凸出。下唇须短粗，尖端不伸出额外。雄后足胫节不膨大。雄部分腹节具味刷。前翅顶角有时略凸出，外缘浅弧形；后翅圆。雄前翅基部不具泡窝。前翅 R_1 和 R_2 合并。翅面深红色至深褐色；后翅中点白色或黄色。

分布：古北区、东洋区。世界已知 8 种，中国记录 2 种，浙江分布 1 种。

(427) 大灰尖尺蛾 *Astygisa chlororphnodes* (Wehrli, 1936)(图版 XXVIII-15)

Apopetelia chlororphnodes Wehrli, 1936a: 567.

Astygisa chlororphnodes: Parsons *et al*., 1999, *in* Scoble, 1999: 74.

主要特征：前翅长：雄 15–17 mm，雌 17 mm。翅宽大，紫灰色至紫褐色，斑纹大部分模糊。前翅顶角下方有 1 个鲜明蓝灰色斑；中点黑色，短条状，十分模糊。后翅中点白色，微小。前后翅中部具 1 条黄褐色宽带；缘线白色；缘毛在前翅顶角灰白色，其余紫灰色。

分布：浙江（四明山、余姚）、陕西、江西、湖南、福建、广西、四川、云南；日本。

228. 俭尺蛾属 *Trotocraspeda* Warren, 1899

Trotocraspeda Warren, 1899a: 66. Type species: *Agathia divaricata* Moore, 1888.

主要特征：雄触角短双栉形；雌触角线形。额不凸出。下唇须短小，端部伸出额外。雄后足胫节膨大。前翅顶角不凸出；外缘中部略凸出；后翅外缘波曲，中部凸出。雄前翅基部不具泡窝。前翅 R_1 自由，R_2 与 $R_{3\text{-}5}$ 共柄。前翅中线向外斜行至臀角内侧与外线接合成回纹状。

分布：古北区、东洋区。世界已知 1 种，中国记录 1 种，浙江分布 1 种。

(428) 金叉俭尺蛾 *Trotocraspeda divaricata* (Moore, 1888)(图版 XXVIII-16)

Agathia? *divaricata* Moore, 1888, *in* Hewitson & Moore, 1888a: 250.

Agathia polishana Matsumura, 1931: 863.

Trotocraspeda divaricata: Warren, 1899a: 66.

主要特征：前翅长：雄 18–21 mm，雌 19–22 mm。翅面黄色，斑纹深褐色至灰红褐色。前翅中线和外线细带状，中线外缘、外线内缘深褐色；中线向外斜行至臀角内侧与外线接合成回纹状；外线外侧有 1 束较弱的伴线；顶角下方至 M_2 有黄褐色长斑，其外侧缘毛黄褐色；M_2 以下有笔直的黄褐色亚缘线，缘毛黄色。后翅顶角处为 1 个紫灰色至紫褐色大斑，其下方是 1 束不规则弯曲的线纹，并有 1 支伸向翅中部；外缘和缘毛在 Rs 至 M_3 处深褐色，M_3 以下缘毛黄色。

分布：浙江（四明山、余姚）、湖北、江西、湖南、福建、台湾、海南、广西、四川、云南；印度。

229. 惑尺蛾属 *Epholca* Fletcher, 1979

Epholca Fletcher, 1979: 73. Type species: *Epione arenosa* Butler, 1878.

Ephoria Meyrick, 1892: 102, 109. Type species: *Epione arenosa* Butler, 1878. [Junior homonym of *Ephoria* Herrich-Schäffer, 1855 (Lepidoptera: Bombycidae)]

主要特征：雄触角短双栉形，具短纤毛；雌触角线形。额毛簇发达。下唇须尖端伸达额外，粗壮。前翅略狭长，两翅外缘浅弧形。雄前翅基部不具泡窝。前翅 R_1 自由，R_2 与 $R_{3\text{-}5}$ 共柄。翅面常黄色，斑纹深褐色或黑褐色。

分布：古北区、东洋区。世界已知 3 种，中国记录 2 种，浙江分布 1 种。

（429）桔黄惑尺蛾 *Epholca auratilis* (Prout, 1934)（图版 XXVIII-17）

Ephoria auratilis Prout, 1934: 126.

Epholca auratilis: Xue, 1997: 1256.

主要特征：前翅长：雄 15–16 mm。翅面橘黄色，斑纹黑褐色。前翅内线弧形；中点纤细短条状；外线上半段“＞”形，折角位于 M_1 处，折角上方紧邻 1 个卵圆形浅色斑；外线外侧至外缘散布不均匀黑褐色，在 M_3 以下逐渐减弱，至 CuA_2 附近消失，顶角内侧有 1 个清晰半月形小白斑；亚缘线深波曲，在外线折角处和 M_3 至 CuA_1 附近与外线接触；缘毛深褐色至黑褐色。后翅中点较前翅小；外线浅弯曲，由上向下渐粗，向内倾斜，下端到达后缘中部；亚缘线纤细，波曲，远离外线，其外侧在顶角附近散布黑褐色；缘毛与前翅相似。

分布：浙江（临安）、北京、陕西、甘肃、湖北、福建、广西、四川、云南。

230. 蟠尺蛾属 *Eilicrinia* Hübner, 1823

Eilicrinia Hübner, 1823: 287. Type species: *Phalaena cordiaria* Hübner, 1790.

Pareilicrinia Warren, 1894a: 462. Type species: *Noreia flava* Moore, 1888.

主要特征：雌雄触角均线形。额不凸出。下唇须短小细弱，仅尖端伸达额外。雄后足胫节膨大。前翅顶角略凸，两翅外缘浅弧形。雄前翅基部不具泡窝。前翅 R_1 和 R_2 完全合并。前翅顶角下方常具 1 个深色斑块。

分布：古北区、东洋区。世界已知 10 种，中国记录 3 种，浙江分布 1 种。

（430）黄蟠尺蛾 *Eilicrinia flava* (Moore, 1888)（图版 XXVIII-18）

Noreia flava Moore, 1888, *in* Hewitson & Moore, 1888a: 233.

Hyperythra rufofasciata Poujade, 1891: 65.

Eilicrinia flava: Prout, 1915: 345.

主要特征：前翅长：15–18 mm。翅面黄色。前翅内线黄褐色，细弱，向外倾斜；中点巨大，黑褐色圆圈状，中空；外线深褐色，较近外缘，细锯齿形，近前缘处模糊；顶角下方有 1 个半月形褐斑，其外侧缘毛深灰褐色，其余缘毛黄色。后翅中点黑褐色，微小；外线深褐色，近平直，缘毛黄色。

分布：浙江（四明山、鄞州、余姚）、黑龙江、吉林、陕西、甘肃、新疆、江苏、湖北、湖南、福建、台湾、海南、广西、四川、云南；印度。

231. 妖尺蛾属 *Apeira* Gistl, 1848

Apeira Gistl, 1848: xi. Type species: *Phalaena syringaria* Linnaeus, 1758.

Pericallia Stephens, 1828: 151. Type species: *Phalaena syringaria* Linnaeus, 1758. [Junior homonym of *Pericallia* Hübner, [1820] 1816 (Lepidoptera: Arctiidae)]

主要特征：雄触角双栉形，雌触角锯齿形，有时双栉形。额凸出，具额毛簇。下唇须第 3 节细长，伸出额外。各足腿节多毛；雄后足胫节膨大。前翅外缘波曲，顶角和 M_3 处凸出；后翅外缘锯齿形；前后翅外缘有时不波曲，仅中部凸出呈折角状。雄前翅基部不具泡窝。前翅中室狭长，可达翅长的 2/3；R_1 和 R_2 分离，$R_{3\text{-}5}$ 出自中室，不与 M_1 共柄。

分布：古北区、东洋区。世界已知 9 种，中国记录 7 种，浙江分布 2 种。

（431）波缘妖尺蛾南方亚种 *Apeira crenularia meridionalis* (Wehrli, 1940)（图版 XXVIII-19）

Phalaena crenularia var. *meridionalis* Wehrli, 1940: 329.

Apeira crenularia meridionalis: Xue, 1992: 888.

主要特征：前翅长：17–18 mm。雄触角双栉形；雌触角锯齿形。前翅外缘波曲，顶角和 M_3 处凸出；后翅外缘锯齿状。翅面深黄褐色，斑纹深褐色至黑灰色。前翅内线浅弧形；两翅中线穿过中点；外线中部凸出成尖角；中线与外线间色略深，隐见翅反面的外线，呈黑灰色；浅色锯齿状亚缘线仅在前翅前缘附近清楚，其内侧有深色斑；缘毛黄褐色与深褐色掺杂。翅反面基半部枯黄色，前翅具内线和短条形中点，后翅具微小中点；外线深褐色，在前翅直，在后翅浅弧形；外线外侧色较灰。

分布：浙江（四明山、余姚）、湖南、福建。

（432）缘斑妖尺蛾 *Apeira latimarginaria* (Leech, 1897)（图版 XXVIII-20）

Pericallia latimarginaria Leech, 1897: 209.

Phalaena latimarginaria: Prout, 1915: 326.

Apeira latimarginaria: Parsons *et al.*, 1999, *in* Scoble, 1999: 50.

主要特征：前翅长：15–16 mm。翅面淡黄褐色。前翅顶角凸出很小，外缘在 M_3 处凸出呈折角状，其上下均平直；后翅外缘由顶角至 M_3 浅波曲，M_3 处凸出，其下方略呈浅弧形。前翅内线深褐色，弧形弯曲，不规则锯齿形；前后翅中点微小，黑色；外线深灰褐色，弯曲和缓；亚缘线深褐色，细但清晰，不规则折曲；外线和亚缘线之间色较深；亚缘线外侧在 CuA_1 以下散布不均匀深褐色斑块；前后翅外缘由顶角至 M_3 有 1 个狭长深褐色斑。

分布：浙江、陕西、甘肃、湖北、湖南、四川、西藏。

232. 夹尺蛾属 *Pareclipsis* Warren, 1894

Pareclipsis Warren, 1894a: 462. Type species: *Endropia gracilis* Butler, 1879.

主要特征：雌雄触角均线形。额略凸出。下唇须粗壮，端半部伸出额外。雄后足胫节不膨大。翅略狭长，前后翅外缘在 M_3 处凸出成尖角。雄前翅基部不具泡窝。前翅 R_1 和 R_2 分离。

分布：东洋区、旧热带区。世界已知 11 种，中国记录 2 种，浙江分布 1 种。

（433）双波夹尺蛾 *Pareclipsis serrulata* (Wehrli, 1937)（图版 XXVIII-21）

Spilopera serrulata Wehrli, 1937d: 118.

Pareclipsis serrulata: Stüning, 1987: 356.

主要特征：前翅长：雄 15–19 mm，雌 17–20 mm。翅面浅黄色，散布黑色碎纹。前翅内线深灰褐色，细带状，中部呈锯齿状外凸；中点小且黑；外线黄褐色，带状，边缘波状且颜色加深，由顶角内侧向后缘中后部斜行，上端略宽，颜色较深；外缘在 M_3 以上有 1 狭窄的灰褐色斑，其外侧缘毛深灰褐色，其余缘毛黄白色。后翅中点同前翅；外线黄褐色带状，边缘波状，在近后缘处颜色加深；缘毛黄白色。

分布：浙江（临安）、陕西、甘肃、湖北、湖南、福建、广西、四川、云南。

233. 芽尺蛾属 *Scionomia* Warren, 1901

Scionomia Warren, 1901: 35. Type species: *Cidaria mendica* Butler, 1879.

Xandramella Matsumura, 1911: 54. Type species: *Xandramella marginata* Matsumura, 1911.

主要特征：雌雄触角均线形。额不凸出。下唇须短小，尖端伸达额外。胸后足胫节膨大，具毛束，2 对距。雄腹部细长。雄前后翅狭长；雌雄前翅顶角不凸出，前后翅外缘浅弧形。雄前翅基部具泡窝。前翅 R_1 自由，R_2-R_5 长共柄，仅在末端分为 2 叉。

分布：古北区、东洋区。世界已知 7 种，中国记录 3 种，浙江分布 1 种。

（434）长突芽尺蛾 *Scionomia anomala* (Butler, 1881)（图版 XXVIII-22）

Cidaria? *anomala* Butler, 1881a: 425.

Xandramella marginata Matsumura, 1911: 54.

Scionomia anomala nasuta Prout, 1915: 338.

主要特征：前翅长：雄 16 mm，雌 17–20 mm。触角线形，下唇须尖端伸达额外。体和翅深灰褐色至黑褐色，或多或少显露出黄白色底色。前翅顶角不凸出，外缘浅弧形；后翅外缘微波曲。前翅中点黑色；外线中部凸出 1 个钝圆长突；外线外侧有清晰黄白色轮廓线，长突外侧色较浅；亚缘线黄白色，其外侧色浅；后翅中点模糊；外线及其外侧的浅色轮廓线不清晰；亚缘线通常消失；前后翅缘线黑褐色，在翅脉间断；缘毛灰黄色与黑褐色相间。翅反面颜色较浅，斑纹同正面，色浅；前后翅中点均黑色；后翅外线在翅脉上形成 1 列黑褐色点。

分布：浙江、陕西、甘肃、湖北、江西、湖南、四川；俄罗斯，日本。

234. 娴尺蛾属 *Auaxa* Walker, 1860

Auaxa Walker, 1860: 271. Type species: *Auaxa cesadaria* Walker, 1860.

主要特征：雌雄触角均线形。额略凸出。下唇须细弱，伸出额外。雄后足胫节膨大，具毛束。前翅顶角凸出；两翅外缘微波曲。雄前翅基部不具泡窝。前翅 R_1 与 R_2 共柄，在近端部分离。翅面黄色，前翅外线外侧除臀角区域外橘黄色。

分布：古北区、东洋区。世界已知 5 种，中国记录 3 种，浙江分布 1 种。

（435）娴尺蛾 *Auaxa cesadaria* Walker, 1860（图版 XXVIII-23）

Auaxa cesadaria Walker, 1860: 271.

主要特征：前翅长：雄 16–20 mm。翅面黄色，散布黄褐色碎纹。前翅中点为橘黄色圆点；外线黄褐色，由顶角内侧伸至后缘中部，在近前缘处微波曲；外线外侧除臀角区域外橘黄色；缘毛与其内侧翅面同色，在翅脉端具小褐点。后翅无中点；外线黄褐色，近平直；缘毛在翅脉端有小褐点。

分布：浙江、山西、陕西、宁夏、甘肃、江西、湖南、福建、台湾、广西、四川、贵州、云南、西藏；朝鲜半岛，日本，印度。

235. 秋黄尺蛾属 *Ennomos* Treitschke, 1825

Ennomos Treitschke, 1825: 427. Type species: *Eugonia autumnaria* Werneburg, 1859.

Ennomus Agassiz, 1847: 139. [Emendation of *Ennomos* Treitschke]

Eugonia Hübner, [1823]1816: 291. Type species: *Eugonia autumnaria* Werneburg, 1859.

Odontoptera Agassiz, 1847: 255. [Emendation of *Odoptera* Sodoffsky, and junior homonym of *Odontoptera* Carreño, 1842 (Hemiptera)]

Deuteronomos Prout, 1914, *in* Pierce, 1914: xxvii, 8. Type species: *Phalaena alniaria* Linnaeus, 1758.

主要特征：雌雄触角均双栉形，雌栉齿很短或锯齿形。下唇须中等长，雌第 3 节延长，十分粗糙；额具极发达的额毛簇，倾斜铲状。胸部背腹面和足均被长毛；后足胫节中距短小或消失。前翅顶角凸出；前后翅外缘不规则波曲，中部凸出，前翅外缘在 M_3 以下常凹入。雄前翅基部不具泡窝。翅脉常有变化，在下述两种中，R_1 和 R_2 均出自中室上角前方，R_1 与 Sc 在一点接触后再与 R_2 在一点接触。

分布：古北区、新北区。世界已知 18 种，中国记录 4 种，浙江分布 1 种。

（436）秋黄尺蛾天目亚种 *Ennomos autumnaria pyrrosticta* Wehrli, 1940（图版 XXIX-1）

Ennomos autumnaria pyrrosticta Wehrli, 1940: 324.

主要特征：前翅长：雄 24 mm。雌雄触角均双栉形，雌栉齿很短。下唇须中等长，雌第 3 节延长，十分粗糙。额具极发达的额毛簇，倾斜铲状。胸部背腹面和足均被长毛。头和胸部背面黄色，掺杂黄褐色或橘红色，腹部背面灰黄色。前翅顶角凸出，两翅外缘不规则波曲，翅中部凸齿较大，齿尖下垂。翅面黄色，散布大量暗黄褐色至红褐色斑点，斑点中心常带深灰色；前翅外缘上半部和后翅外缘中下部红褐色；前翅具模糊内线和外线；两翅均有深灰色中点，大而模糊，中空；缘毛致密整齐，基半部橘黄色，端半部在翅脉间黄白色，翅脉端有 1 个黑褐色大点。翅反面黄色，散点同正面；前后翅端部的深色斑在反面深褐色，中点黑褐色。

分布：浙江（临安）、内蒙古、陕西、甘肃、青海；俄罗斯，朝鲜半岛，日本，欧洲。

236. 慧尺蛾属 *Platycerota* Hampson, 1893

Platycerota Hampson, 1893b: 34, 141. Type species: *Ennomos spilotelaria* Walker, 1863.

Xenagia Warren, 1894a: 407. Type species: *Hyperythra vitticostata* Walker, 1863.

主要特征：雌雄触角均线形，具纤毛。额不凸出。下唇须细，尖端伸达额外。雄后足胫节略膨大，不具毛束。前后翅外缘弧形。雄后翅基部不具泡窝。前翅 R_1 与 Sc 部分合并，R_2 与 R_{3-5} 共柄。翅面灰褐色、红褐色或黄褐色，前翅顶角常具斑块。

分布：东洋区。世界已知 12 种，中国记录 1 种，浙江分布 1 种。

（437）同慧尺蛾 *Platycerota homoema* (Prout, 1926)（图版 XXIX-2）

Crypsicometa homoema Prout, 1926: 788.

Platycerota homoema: Stüning, 2000: 109.

主要特征：前翅长：雄 16–17 mm，雌 19 mm。翅枯黄褐色。前翅前缘深褐色，隐约可见双波状内线；顶角处具 1 个卵圆形大斑，斑内黄白色至灰白色，边缘深褐色；中点黑色，极微小；外线锯齿状，由斑下内倾至后缘，其外侧齿凹内白色；缘线深灰褐色，内侧稍模糊；缘毛浅灰褐色。后翅外线粗壮且较直，其外侧大部分灰白色，散布深灰褐色碎纹；其余斑纹与前翅相似。

分布：浙江（磐安、景宁）、湖北、湖南、福建、台湾、四川、云南；印度，缅甸。

237. 印尺蛾属 *Rhynchobapta* Hampson, 1895

Rhynchobapta Hampson, 1895b: 143(key), 194. Type species: *Noreia cervinaria* Moore, 1888.

Phanauta Warren, 1896a: 147. Type species: *Phanauta eburnivena* Warren, 1896.

主要特征：雄触角线形或双栉形；雌触角线形。额不凸出。下唇须细长，端部伸达额外。雄后足胫节不膨大。前翅顶角略凸出，微呈钩状，外缘近弧形；后翅外缘锯齿状或在 M_3 处略凸出。

分布：古北区、东洋区。世界已知 5 种，中国记录 2 种，浙江分布 1 种。

（438）线角印尺蛾 *Rhynchobapta eburnivena* (Warren, 1896)（图版 XXIX-3）

Phanauta eburnivena Warren, 1896a: 147.

Nadagara albovenaria Leech, 1897: 302.

Rhynchobapta eburnivena: Prout, 1915: 346.

主要特征：前翅长：17 mm。雄触角线形。后翅外缘锯齿状。翅面深褐色，带红褐色调，翅脉白色。前翅内线白色，纤细，下半段较内倾；中点黑褐色；外线内半深褐色，外侧半边白色较宽，由顶角向内倾斜至后缘外 1/3 处；缘线深褐色，连续；缘毛黄白色掺杂少量深灰褐色。后翅中点较前翅小；外线浅弧形；其余斑纹与前翅相似。

分布：浙江（余姚）、湖北、湖南、福建、海南、四川；日本，印度，印度尼西亚。

238. 赭尾尺蛾属 *Exurapteryx* Wehrli, 1937

Exurapteryx Wehrli, 1937c: 160. Type species: *Urapteryx aristidaria* Oberthür, 1911.

主要特征：雄触角锯齿形，具纤毛簇；雌触角线形。额略凸出。下唇须端部伸出额外。雄后足胫节膨大。前翅顶角及外缘中部稍凸出；后翅外缘中部凸出成 1 个尖角。雄前翅基部不具泡窝。前翅 Sc、R_1 和 R_2 均自由。翅面基半部黄色，端半部紫粉色。

分布：东洋区。世界已知 1 种，中国记录 1 种，浙江分布 1 种。

（439）赭尾尺蛾 *Exurapteryx aristidaria* (Oberthür, 1911)（图版 XXIX-4）

Urapteryx aristidaria Oberthür, 1911a: 31.

Exurapteryx aristidaria: Wehrli, 1937c: 160.

主要特征：前翅长：15–17 mm。翅面外线内侧黄色，外线外侧紫粉色，散布黑灰色碎条纹。前翅中点黑色，微小；外线黑褐色，在 M 脉之间略向内弯曲，其外侧隐约可见 1 条深灰色细线；外线外侧在 M_3 与 CuA_2 之间具黑灰色斑；缘线深褐色；缘毛灰褐色。后翅外线在 M 脉之间向外凸出；其余斑纹与前翅相似。

分布：浙江（四明山、余姚、景宁）、陕西、甘肃、安徽、湖北、江西、湖南、福建、广西、四川、贵州、云南；缅甸。

239. 黄蝶尺蛾属 *Thinopteryx* Butler, 1883

Thinopteryx Butler, 1883a: 197, 202. Type species: *Ourapteryx crocoptera* Kollar, 1844.

主要特征：雌雄触角均线形，雄触角具纤毛簇。额略凸出。下唇须粗壮，伸出额外。雄后足胫节不膨大。前翅宽大，顶角有时凸出，外缘浅弧形；后翅外缘在 M_3 处凸出成尾角。雄前翅基部具泡窝。前翅 R_1 和 R_2 长共柄，Sc 与 R_{1+2} 具 1 点合并。

分布：古北区、东洋区。世界已知 6 种，中国记录 2 种，浙江分布 2 种。

（440）灰沙黄蝶尺蛾 *Thinopteryx delectans* (Butler, 1878)（图版 XXIX-5）

Urapteryx delectans Butler, 1878c: ix, 45.

Thinopteryx marginata Warren, 1899a: 43.

Thinopteryx delectans: Prout, 1915: 337.

主要特征：前翅长：29–31 mm。翅面橘黄色，斑纹灰褐色。前翅前缘灰白色；内线细弱，向外倾斜；中点短条状；外线略向外倾斜至臀角；亚缘线为翅脉上 1 列深褐色点，在 R_5 和 M_3 之间向外弯曲，在 M_3 下方向内倾斜，在臀角处与外线接触；缘毛鲜黄色。后翅中点向内弯曲，其外侧至外线之间翅面颜色略深；外线近外缘，中部向外凸出；外缘中部凸出 1 个尾角，尾角两侧有 2 个黑斑；缘毛黄色，在尾角处黑色。

分布：浙江（舟山）、甘肃、江西、湖南、福建、四川；朝鲜半岛，日本。

（441）黄蝶尺蛾 *Thinopteryx crocoptera* (Kollar, 1844)（图版 XXIX-6）

Urapteryx crocoptera Kollar, 1844: 483.

Thinopteryx crocoptera: Prout, 1915: 336.

主要特征：前翅长：29–31 mm。翅面橘黄色，斑纹灰褐色。前翅前缘灰白色；内线细弱，向外倾斜；中点短条状；外线略向外倾斜至臀角；亚缘线为翅脉上 1 列深褐色点，在 R_5 和 M_3 之间向外弯曲，在 M_3 下方向内倾斜，在臀角处与外线接触；缘毛鲜黄色。后翅中点向内弯曲，其外侧至外线之间翅面颜色略深；外线近外缘，中部向外凸出；外缘中部凸出 1 个尾角，尾角两侧有 2 个黑斑；缘毛黄色，在尾角处黑色。

分布：浙江（舟山）、河南、陕西、甘肃、湖北、江西、湖南、福建、台湾、广东、海南、广西、四川、云南、西藏；朝鲜半岛，日本，印度，越南，斯里兰卡，马来西亚，印度尼西亚。

八、凤蛾科 Epicopeiidae

主要特征：中型至大型蛾类，具有宽大、颜色鲜艳的翅，形似凤蝶，后翅具尾突或尾带。触角线形、棒状、锯齿形或双栉形；无单眼。复眼发达；具毛隆；喙发达，基部宽大；下唇须弯曲，短或中等长，后2节平伸或微向上弯曲。中足胫距1对，后足2对。腹部无鼓膜听器。大多雄性具翅缰；雌性无翅缰或极度退化。前翅无副室；R_2、R_3与R_4共柄；R_5独立或与M_1共柄；M_2常接近M_1；CuA_1与M_3远离。后翅$Sc+R_1$近基部与中室相连；Rs与M_1独立或具短共柄；M_2略接近M_1。该科共9属25种，分布于古北区以及亚洲的热带地区。

240. 凤蛾属 *Epicopeia* Westwood, 1841

Epicopeia Westwood, 1841: 17. Type species: *Epicopeia polydora* Westwood, 1841.

主要特征：喙发达；触角双栉形；中足胫距1对，后足2对。前翅中室内有1叉状脉，横贯中央。后翅Rs、M_1和M_2脉特别延长，伸入延长的尾带。翅缰发达或不发达。

分布：古北区、东洋区。浙江分布3种。

分种检索表

1. 前翅前缘基部具1鲜红斑 ………………………………………………… **天目凤蛾 *E. caroli tienmuensis***
- 前翅前缘基部无鲜红斑 ………………………………………………………………………… 2
2. 后翅外缘具2列红斑；翅面烟黑色至黑色 ……………………………………………… **榆凤蛾 *E. mencia***
- 后翅外缘具1列红斑；翅面浅灰褐色 ………………………………………………… **浅翅凤蛾 *E. hainesii***

（442）天目凤蛾 *Epicopeia caroli tienmuensis* Chu *et* Wang, 1981（图版 XXIX-7）

Epicopeia caroli tienmuensis Chu *et* Wang, 1981: 108.

主要特征：雄翅展117–118 mm，体型较大。前翅中室外侧至外缘为棕黑间灰褐色条纹，与翅脉平行；前缘基部1/4处有1鲜红斑。后翅中带白色长而狭窄，弯曲度大，呈闪电状，中部突出偏于后缘；外缘具1列鲜红斑。

分布：浙江（临安）。

（443）榆凤蛾 *Epicopeia mencia* Moore, 1874（图版 XXIX-8）

Epicopeia mencia Moore, 1874: 578.

主要特征：前翅长：雄26–35 mm，雌29–44 mm。头和胸部背面黑色。腹部背面黑色，节间橙黄色（雄）或红色（雌）。翅烟黑色至黑色；后翅端半部黑色，外缘有2列红斑，新月形或圆形，雌蛾红斑色较浅。

分布：浙江（临安）、黑龙江、吉林、辽宁、河北、陕西、江苏、湖北、江西、福建、云南；朝鲜。

（444）浅翅凤蛾 *Epicopeia hainesii* Holland, 1889（图版 XXIX-9）

Epicopeia hainesii Holland, 1889: 72.

Epicopia sinicaria Leech, 1897: 181.

Epicopeia hainesii matsumurai Okano, 1973: 82.

主要特征：翅展：雄 59–61 mm，雌 58–67 mm。翅面浅灰褐色，翅脉黑色；后翅尾带及外缘黑色，尾带狭长，内侧有 1 列 4 个鲜红斑。

分布：浙江（临安）、湖北、福建、广西、四川。

九、燕蛾科 Uraniidae

主要特征：小型至大型阔翅蛾；体细长。日出性种类的翅常具漂亮的色彩。触角常锯齿形，有时为线形或单栉形，少数为双栉形。无单眼或单眼小。前翅 M_2 位于 M_1 与 M_3 的中间，或近 M_1；后翅外缘常具角或 M_3 延伸形成尾突，有时具多个凹口或多个尾突；腹部鼓膜听器具明显的性二型现象：雄性鼓膜听器位于第 2 和第 3 腹节的连接处，雌性鼓膜听器位于第 2 腹节腹板的侧前方。燕蛾科包括 4 亚科，约 90 属 300 种，主要分布在环球热带地区。

（一）小燕蛾亚科 Microniinae

主要特征：成虫似尺蛾，体细长。额狭窄；雄触角线形。翅乳白色或灰白色，并具数条暗带。后翅 M_3 形成短小的尖尾突，尾突基部具黑色眼斑。前翅翅脉常表现为性二型现象，雌性 M_3 与 CuA_1 分离，雄性则共生或共柄。无翅缰或退化。停息时，翅平展紧贴在基片上；触角隐藏在翅下。

241. 斜线燕蛾属 *Acropteris* Geyer, 1832

Acropteris Geyer, 1832, *in* Hübner, 1832: 36. Type species: *Acropteris grammearia* Geyer, 1832.

Chlevasta Herrich-Schäffer, 1855: 106, 117. Type species: *Acropteris grammearia* Geyer, 1832.

主要特征：小型蛾类，体十分纤细。额与小燕蛾亚科其他属相比略宽；触角线形，具纤毛；下唇须短小。后足胫距 2 对。前翅顶角略凸出，外缘光滑，臀角明显。后翅外缘弧形，中部几乎不凸出。翅面银白色，具铅灰色或黄褐色线纹。

分布：古北区、东洋区。

（445）斜线燕蛾 *Acropteris iphiata* (Guenée, 1857)（图版 XXIX-10）

Micronia iphiata Guenée, 1857: 19.

Acropteris iphiata: Seitz, 1912: 276.

主要特征：前翅长：17–18 mm。体和翅银白色。前翅前缘散布小黑点，顶角下方具 1 黄褐色斑，由该斑发出 2 组共 7 条铅灰色线，分别伸达翅基部和后缘端半部；缘线深黄褐色，粗壮。后翅基部排列铅灰色细纹；中带由多条密集细纹组成；外线和亚缘线各为铅灰色双线；缘线深黄褐色，细弱。

分布：浙江（余姚）、陕西、江苏、西藏；俄罗斯，日本，印度，缅甸。

（二）蛱蛾亚科 Epipleminae

体较燕蛾科其他亚科小。后翅可分为不同区，外缘常具角状齿或由 Rs 和 M_3 形成短尾。常具有 2 条臀脉，而其他亚科仅有 1 条臀脉。具翅缰和翅缰钩。停息姿势多变：有时翅可能非常平，3 个翅远离基片，1 个前翅紧贴基片，后翅前缘被前翅遮挡；另一种情况，翅对称平展，前翅远离后翅，有时前翅和后翅明显颤动，且 2 对翅远离等。

242. 蛱蛾属 *Epiplema* Herrich-Schäffer, 1855

Epiplema Herrich-Schäffer, 1855: wrapper, pl. 58, fig. 324. Type species: *Epiplema acutangularia* Herrich-Schäffer, 1855.

主要特征：体型小，一般前翅长：10–18 mm，灰色至灰褐色，有的个体翅面有污黄色或蓝紫色光泽。下唇须长，3 节，喙发达。雄触角增粗或扁宽。前翅外线整齐或有 1–2 个隆起，隆起部位在 M_3、CuA_1 及 R_5 脉端。后翅外缘有数量不等的向外延伸的齿形凸起，前缘中部向下凹。前翅 R_2 出自中室，不与 R_{3+4} 共柄。

分布：世界广布。

（446）后两齿蛱蛾 *Epiplema suisharyonis* Strand, 1916（图版 XXIX-11）

Epiplema suisharyonis Strand, 1916: 143.

主要特征：前翅长：11–13 mm。触角丝状，雄性各节间有密集的纤毛。身体黄褐色；胸足灰褐色，中足胫节端距 1 对，后足胫节 2 对。前翅灰黄色，顶角向外伸出，下方内凹，外缘中部呈齿状突起，后缘中部内凹，臀角下伸；内线红褐色，向外方弯曲；外线向外方突出；顶角下方有黑斑。后翅灰黄色，前缘中部下凹深，顶角呈下切状，外缘有 2 个尖形齿，臀角稍外凸；内线及中线灰褐色，呈三角形向外伸出，各线外侧色稍浅；缘毛红褐色，在第 2 个缘齿下方有 1 黑点。前后翅反面土灰色，正面的各线隐约可见，有蓝色光泽。

分布：浙江（杭州）、湖北、福建、台湾、云南。

（447）棕端白蛱蛾 *Epiplema bicaudata* (Moore, 1868)

Acidalia bicaudata Moore, 1868: 643.

Epiplema bicaudata: Leech, 1897: 186.

主要特征：前翅长：10 mm。触角丝状，各节间有黑色环纹。前后翅白色，前翅前缘有深棕色斑点，中室下方有 1 黑圆点，外线黄褐色呈双行，在翅的中部向外呈齿形伸展，外线至外缘间有棕褐色区，形成较宽的褐色边，外缘波浪形，缘线污黄色，缘毛白色，各翅脉端的缘毛灰黑色；顶角内侧有白斑。后翅基线部位有灰褐色斑，外线褐色，前半单行，后半双行，两线间呈黄色，中部外弯呈齿状，外缘有 2 个向外伸出的齿，下方的 1 个内侧有 1 个黑色点。前后翅反面的颜色斑纹与正面近似，但不十分清晰。

分布：浙江、湖北、广西；印度。

第五章 夜蛾总科 Noctuoidea

十、舟蛾科 Notodontidae

主要特征：中至大型蛾类，少数小型。大多褐色或暗灰色，少数洁白或其他鲜艳颜色，夜间活动，具趋光性，外表与夜蛾相似，但口器不发达，喙柔弱或退化；雄蛾触角常为双栉形，部分单栉形或锯齿形具毛簇，少数为线形或毛丛形，雌蛾常为线形，有时与雄蛾相同，如为双栉形，其分枝必较雄蛾短；无下颚须；下唇须中等长。头部具毛簇。胸部被浓厚的毛和鳞，不少的属背面中央有竖立、纵行的脊形毛簇或称冠形毛簇，极少数的属在后胸背上有较短的竖立横行毛簇；鼓膜位于胸腹面一小凹窝内，膜向下（与夜蛾科不同）。前足胫节无距，但常具发达的叶突；中、后足胫节有距，中足 1 对，后足通常 2 对。

翅的形状大多与夜蛾相似，少数像天蛾，个别像钩蛾。在许多属里，前翅的后缘中央有 1 个齿形毛簇或呈月牙形的缺刻，缺刻两侧具齿形毛簇或梳形毛簇，静止时两翅后褶成屋脊形，毛簇竖起如角。前后翅脉序与夜蛾总科中各科近似，但前翅 M_2 出自中室端脉中部或稍偏上，少数稍偏下方，但不呈四叉形；仅广舟蛾亚科 Platychasmatinae 例外，M_2 接近 M_3，为四叉形；前翅径副室有或无。后翅翅缰发达，$Sc+R_1$ 脉与中室前缘平行至中室中部之外，但不超过中室，$Sc+R_1$ 脉基部有时稍弯曲，无短脉与翅缰相连（与尺蛾科不同）；M_1 与 Rs 脉常共柄；M_2 脉基部居中，有时细弱甚至消失；臀脉 2 条（2A，3A）。

世界已知 3500 多种，中国记录 580 多种，浙江分布 46 属 74 种。

分属检索表（参照武春生和方承莱，2003）

1. 前翅肘脉三叉形（M_2 居中或接近 M_1）……2
- 前翅肘脉四叉形（M_2 接近 M_3）……广舟蛾属 *Platychasma*
2. 前翅后缘具齿形毛簇或梳形毛簇……3
- 前翅后缘无齿形毛簇或梳形毛簇……17
3. 前翅后缘有 1 枚齿形毛簇……4
- 前翅后缘有 2 枚齿形毛簇……14
4. 前翅有径副室……5
- 前翅无径副室……11
5. 雄触角全部或部分双栉形……6
- 雄触角单栉形、锯齿形或线形……9
6. 前翅 M_1 出自径副室基部……亥齿舟蛾属 *Hyperaeschrella*
- 前翅 M_1 出自径副室的 1/3 以外……7
7. 前翅 R_2 出自径副室的上缘……8
- 前翅 R_2 出自径副室的顶角，R_3 与 R_4 共柄……半齿舟蛾属 *Semidonta*
8. 体型很大；翅外缘锯齿状，多为橘黄色……星舟蛾属 *Euhampsonia*
- 体较小；翅形和颜色多样……冠齿舟蛾属 *Lophontosia*
9. 前翅后缘基半部扩大……同心舟蛾属 *Homocentridia*
- 前翅后缘不扩大……10
10. 前翅 M_1 出自中室上角……篦舟蛾属 *Besaia*

\- 前翅 M_1 出自径副室……羽齿舟蛾属 ***Ptilodon***

11\. 雄触角全部或部分双栉形……12

\- 雄触角单栉形、锯齿形或双栉形……13

12\. 下唇须相当长……异齿舟蛾属 ***Hexafrenum***

\- 下唇须短或很短……云舟蛾属 ***Neopheosia***

13\. 前翅 M_2 脉从横脉中央伸出……内斑舟蛾属 ***Peridea***

\- 前翅 M_2 脉从横脉上方伸出……新林舟蛾属 ***Neodrymonia***

14\. 下唇须非常粗长，约与胸部等长，斜向上伸过头顶……羽舟蛾属 ***Pterostoma***

\- 下唇须短、中等长或细长……15

15\. 前翅有径副室……16

\- 前翅无径副室……锦舟蛾属 ***Ginshachia***

16\. 雄触角双栉形，分枝到端部 2/3……奇舟蛾属 ***Allata***

\- 雄触角双栉形，分枝接近顶端或锯齿形……金舟蛾属 ***Spatalia***

17\. 腹部末端有匙形毛簇……18

\- 腹部末端无匙形毛簇……19

18\. 前翅 R_2 从径副室上缘分出；后足胫节有 1 对距……蕊舟蛾属 ***Dudusa***

\- 前翅 R_2 与 R_{3+4} 共柄，从径副室顶角分出；后足胫节有 2 对距……银斑舟蛾属 ***Tarsolepis***

19\. 雄触角双栉形……20

\- 雄触角不为双栉形……43

20\. 雄触角双栉形分枝到末端……21

\- 雄触角双栉形分枝不到末端……36

21\. 后翅 M_1 存在……22

\- 后翅 M_1 缺乏……23

22\. 后足胫节有 1 对距……小舟蛾属 ***Micromelalopha***

\- 后足胫节有 2 对距……扇舟蛾属 ***Clostera***

23\. 后足胫节无距……润舟蛾属 ***Liparopsis***

\- 后足胫节有距……24

24\. 雄腹部末端有分叉的细毛束……角翅舟蛾属 ***Gonoclostera***

\- 雄腹部末端有短粗的鳞毛簇……25

25\. 头小；触角短；下唇须不太发达；腹部短……谷舟蛾属 ***Gluphisia***

\- 头正常；触角长；下唇须发达；腹部多少伸出后翅臀角……26

26\. 前翅外缘波浪形……钩翅舟蛾属 ***Gangarides***

\- 前翅外缘几乎平滑……27

27\. 后足胫节有 1 对距……28

\- 后足胫节有 2 对距……32

28\. 径副室存在……29

\- 径副室缺失……31

29\. 前翅 M_1 出自径副室的末端之前……30

\- 前翅 M_1 出自径副室的末端……燕尾舟蛾属 ***Furcula***

30\. 前翅底色为闪光的白色……邻二尾舟蛾属 ***Kamalia***

\- 前翅底色不为闪光的白色……二尾舟蛾属 ***Cerura***

31\. 后翅臀角具 1 块大暗斑……枝舟蛾属 ***Harpyia***

\- 后翅臀角无 1 块大暗斑……灰舟蛾属 ***Cnethodonta***

32\. 径副室存在……33

\- 径副室缺失……34

33\. 前翅翅顶尖，外缘几乎直……纡舟蛾属 ***Periergos***

\- 前翅翅顶略圆，外缘斜、曲度小，微波浪形……冠舟蛾属 ***Lophocosma***

34\. 雄触角双栉形……35

\- 雄触角锯齿形，内半段具毛簇……夙舟蛾属 ***Pheosiopsis***

35\. 下唇须粗，上举达头顶……霭舟蛾属 ***Hupodonta***

\- 下唇须很小，前伸……小掌舟蛾属 ***Microphalera***

36\. 雄触角栉齿几乎等长……蚁舟蛾属 ***Stauropus***

\- 雄触角栉齿逐渐变短……37

37\. 前翅无径副室……38

\- 前翅有径副室……39

38\. 后足胫节有 1 对距……良舟蛾属 ***Benbowia***

\- 后足胫节有 2 对距……胯舟蛾属 ***Syntypistis***

39\. 前翅 R_2 从径副室上缘分出……威舟蛾属 ***Wilemanus***

\- 前翅 R_2 从径副室末端分出……40

40\. 前翅 M_1 从中室上角或其下分出……41

\- 前翅 M_1 从径副室末端分出……42

41\. 后翅 M_1+Rs 脉共柄短，约为 M_1 脉长的 1/6……扁齿舟蛾属 ***Hiradonta***

\- 后翅 M_1+Rs 脉共柄长，约为 M_1 脉长的 2/3……美舟蛾属 ***Uropyia***

42\. 前翅 M_2 从横脉上方伸出……纷舟蛾属 ***Fentonia***

\- 前翅 M_2 出自横脉中点……反掌舟蛾属 ***Antiphalera***

43\. 前翅无径副室……昏舟蛾属 ***Betashachia***

\- 前翅有径副室……44

44\. 前翅 M_1 出自径副室……掌舟蛾属 ***Phalera***

\- 前翅 M_1 出自中室上角或其下……45

45\. 后翅 CuA_1 与 M_3 同出一点……怪舟蛾属 ***Hagapteryx***

\- 后翅 CuA_1 与 M_3 分离……篦舟蛾属 ***Saliocleta***

（一）蕊舟蛾亚科 Dudusinae

243. 蕊舟蛾属 *Dudusa* Walker, 1865

Dudusa Walker, 1865: 446. Type species: *Dudusa nobilis* Walker, 1865.

Dudusopsis Matsumura, 1929a: 79. Type species: *Dudusa fumosa* Matsumura, 1925.

Dudusoides Matsumura, 1929a: 80. Type species: *Dudusa sphingiformis* Moore, 1872.

主要特征：雌雄触角双栉形，分枝超过中央，雌蛾分枝较雄蛾短。胸背具竖立冠形毛簇，腿节、胫节饰长毛，后足胫节只有 1 对距。腹部长而粗壮，约有 1/2 伸过后翅臀角，臀毛簇大而具匙形毛簇。前翅宽长，前缘外半部拱形，翅顶尖，外缘倾斜、曲度不明显，锯齿形，臀角明显，M_1 脉从中室上角伸出，具长径副室，R_5 脉和 R_{3+4} 脉同出于径副室顶角，R_2 脉在径副室前缘近顶角伸出；后翅宽，Rs 与 M_1 脉共柄很短。

分布：古北区、东洋区。世界已知 20 种，中国记录 5 种，浙江分布 2 种。

（448）著蕊舟蛾 *Dudusa nobilis* Walker, 1865（图版 XXIX-12）

Dudusa nobilis Walker, 1865: 447.

Dudusa spingiformis distincta Mell, 1922a: 121.

Dudusa baibarana Matsumura, 1929b: 37.

别名：著蕊尾舟蛾。

主要特征：前翅长：雄 36–43 mm，雌 43–50 mm。头暗褐色。胸部背面黄褐色，具立毛簇；前胸中央有 2 个黑点。腹背黑褐色，每节中央黄白色，臀毛簇和匙形毛簇黑色、暗红褐色。前翅较短宽，外缘微波曲；翅面黄褐色，前缘中央黄白色，向后延伸至中室下角似 1 斑；中央有 1 条暗褐色宽斜带，从前缘内侧 1/3 斜伸至臀角，斜带与 M_3 脉夹角间有 1 个小三角形银白斑，斜带与基部之间有 1 条同色但较宽的暗带，从前缘向后缘逐渐扩散；内线、外线为暗褐色平行双线，两线渐黄白色，内线只有从中室上缘至臀脉一段清晰，锯齿形，外线锯齿形，从前缘到 M_1 脉外曲，随后斜伸达后缘中央；外线与亚缘线间有 1 条暗褐色细带，由翅尖内曲至后缘外侧约 1/3；亚缘线由 2 列平行脉间月牙形暗褐色线组成，每列衬黄白色边；缘线细，由 1 列脉间黄白色月牙形线组成；脉端缘毛黄褐色，其余暗褐色。后翅暗褐色；前缘内半部和后缘色较淡；亚缘线、缘线和缘毛同前翅但较模糊。

寄主：荔枝。

分布：浙江（安吉）、北京、陕西、甘肃、湖北、台湾、海南、广西；越南，泰国。

（449）黑蕊舟蛾 *Dudusa sphingiformis* Moore, 1872（图版 XXIX-13）

Dudusa sphingiformis Moore, 1872: 577.

Dudusa sphingiformis birmana Bryk, 1949b: 1.

Dudusa sphingiformis tsushimana Nakamura, 1978: 220.

别名：黑蕊尾舟蛾。

主要特征：前翅长：雄 32–40 mm，雌 41–43 mm。头和触角黑褐色。领片、肩片和前、中胸背面灰黄褐色，各有 2 条褐色线，前胸中央有 2 个黑点，冠形毛簇端部、后胸、腹部背面、臀毛簇和匙形毛簇黑褐色。前翅狭长，顶角尖，外缘倾斜，波曲较深；翅面灰黄褐色，基部有 1 个黑点，前缘有 5–6 个暗褐色斑点；从翅尖到后缘近基部的暗褐色略呈 1 大三角形斑，中央的暗褐色斜带不清晰；亚基线、内线和外线灰白色，亚基线不清晰，内线呈不规则锯齿形，外线清晰，斜伸双曲形；亚缘线（双线）和缘线均由脉间月牙形灰白色线组成；缘毛暗褐色。后翅暗褐色，前缘基部和后角灰褐色；亚缘线和缘线同前翅。雄性外生殖器（图 181）：钩形突分叉；抱器背基突圆；抱器瓣端部略窄，近方形；抱器腹平滑；阳茎细长，后端略弯曲；阳茎后端具 1 簇短刺。

寄主：槭属。

分布：浙江（临安）、北京、河北、山东、河南、陕西、甘肃、湖北、江西、湖南、福建、广西、四川、贵州、云南；朝鲜半岛，日本，印度，缅甸，越南。

244. 银斑舟蛾属 *Tarsolepis* Butler, 1872

Tarsolepis Butler, 1872: 125. Type species: *Tarsolepis remicauda* Butler, 1872.

主要特征：雄蛾触角双栉形，分枝达 2/3，端部线形，雌蛾与雄蛾相同，但栉齿较短；喙中等；下唇须短，斜向前伸，不超过额；复眼无毛。胸部腹面、各足腿节和后足胫节饰长毛，后足胫节有 2 对距。腹部长，较粗壮，几乎有 1/2 伸过后翅臀角，腹面基部两侧各有 1 丛长毛簇；腹末尖削，具 1 丛大匙形臀毛簇。前翅宽大，中部有 2–4 个三角形银斑；顶角尖；外缘倾斜，较直，锯齿形，臀角明显。前翅具径副室，R_5 脉和 R_{2+3+4} 脉同出于径副室顶角，M_1 脉从中室上角伸出，M_2 脉从中室端脉中央伸出，M_3 与 CuA_1 脉几乎同出一点；后翅 Rs 与 CuA_1 脉共柄较短，M_3 与 CuA_1 脉几乎同出一点。

分布： 古北区、东洋区。世界已知 15 种，中国记录 6 种，浙江分布 2 种。

（450）肖银斑舟蛾 *Tarsolepis japonica* Wileman *et* South, 1917（图版 XXX-1）

Tarsolepis japonica Wileman *et* South, 1917: 29.

Tarsolepis japonica inouei Okano, 1958: 52.

别名： 肖剑心银斑舟蛾。

主要特征： 前翅长：雄 33–35 mm。腹部腹面基部毛簇鲜红色。下唇须灰黄褐色；额和头顶黑褐色，有灰红褐色横线。领片和前、中胸背面灰褐色；腹部背面末节两边有 1 条黑褐色纵线，腹面基部毛簇鲜红色。前翅狭长，前缘端半部浅弧形，顶角尖，外缘直，倾斜，微波曲；翅面较暗，外缘灰褐色宽带较窄；A 与 CuA_2 脉间银斑内缘向外凹；外侧的银斑外缘向内凹；亚缘线和缘线细、较直。后翅暗褐色，可见模糊椭圆形黑色中点。前翅反面较暗，无银斑；从 M_3 脉中央至臀角有 1 淡黄色的椭圆形斑；后翅反面黑色中点大而清晰。

分布： 浙江（杭州）、陕西、甘肃、江苏、湖北、福建、台湾、海南、广西、贵州、云南；朝鲜半岛，日本。

（451）点银斑舟蛾 *Tarsolepis sericea* Rothschild, 1917（图版 XXX-2）

Tarsolepis sericea Rothschild, 1917: 252.

Stigmatophorina hammamelis Mell, 1922a: 122.

主要特征： 前翅长：29 mm。头顶红褐色。胸部背面灰褐色，具黑褐色斑纹；腹部背面暗红褐色，末节泛黄褐色，具 6 条棕黑色纵线；臀毛簇红褐色和黄褐色。翅面灰褐色，具弱淡紫色光泽。前翅具 1 黑色双齿形斑，由中室下角向内伸至后缘近基部；中室末端与近臀角之间形成 1 黑色三角形区域；顶角脉间有 2 条黑色纹：M_3 脉下方具 1 个银白色斑点（雌比雄大）；亚缘线灰褐色，锯齿形；缘线在各脉间呈黑色三角形。后翅斑纹模糊。

分布： 浙江（临安）、上海、安徽、湖北、江西、湖南、福建、广东、广西、四川、云南；越南，泰国，印度尼西亚。

245. 钩翅舟蛾属 *Gangarides* Moore, 1866

Gangarides Moore, 1866: 821. Type species: *Gangarides dharma* Moore, 1866.

主要特征： 雄蛾触角双栉形，分枝到近末端时突然变很短；喙中等；下唇须厚，向上伸至与头顶同高；复眼无毛。胸足粗壮，腿节、胫节饰浓密长毛，后足胫节有 2 对距。腹部长，约有 1/3 伸过后翅臀角。前翅宽，前缘外半部拱形，翅顶尖，凸出呈钩形，外缘有点垂直，波浪形，臀角明显，M_2 脉从中室横脉中央伸出，M_1 脉从中室上角伸出，具径副室，R_5 脉从径副室后缘近顶角伸出，R_2 脉和 R_{3+4} 脉从径副室顶角伸出；后翅宽，M_1 与 Rs 脉共柄短，约为 M_1 脉长度的 1/4。

分布： 古北区、东洋区。世界已知 11 种，中国记录 4 种，浙江分布 1 种。

（452）钩翅舟蛾 *Gangarides dharma* Moore, 1866（图版 XXX-3）

Gangarides dharma Moore, 1866: 821.

Gangarides puerariae Mell, 1922a: 123.

主要特征：前翅长：雄 30–34 mm，雌 34–40 mm。体和前翅灰黄色，满布褐色鳞片，头顶、胸部背面和前翅带浅朱红色。前翅具 5 条清晰的暗褐色横线，亚基线波浪形，内线在中室前外曲，随后几乎垂直于后缘，中线在横脉外曲，外线在 R_5 脉弯曲，随后斜伸达后缘的白点处，亚缘线波浪形，内衬明亮边，中点为 1 个白点。后翅灰黄褐带浅红色，具 1 模糊暗褐色外带。

分布：浙江（德清、临安）、辽宁、北京、陕西、甘肃、湖北、江西、湖南、福建、海南、香港、广西、四川、云南、西藏；朝鲜半岛，印度，孟加拉国，缅甸，越南，泰国。

246. 星舟蛾属 *Euhampsonia* Dyar, 1897

Euhampsonia Dyar, 1897: 16. Type species: *Trabala niveiceps* Walker, 1865.

Shachihoka Matsumura, 1925b: 403. Type species: *Shachihoka formosana* Matsumura, 1925.

Rabtala Draeseke, 1926: 105. Type species: *Trabala cristata* Butler, 1877.

Lampronadata Kiriakoff, 1967, *in* Wytsman, 1967a: 23. Type species: *Trabala cristata* Butler, 1877.

别名：凹缘舟蛾属。

主要特征：雄蛾触角双栉形，分枝达 2/3 以上，雌蛾触角同雄蛾或为线形；喙不发达；下唇须斜向上伸至额中央；复眼无毛。胸部背面多具长冠形毛簇，腿节、胫节饰长毛，后足胫节有 2 对距。腹部粗壮。前翅长而宽，前缘外半部拱形，翅顶钝，外缘斜具不规则缺刻，后缘中央前有 1 小齿形毛簇，M_3 与 CuA_1 脉基部分离或有短共柄，M_2 脉从横脉中央伸出，具径副室，M_1 脉从中室上角或径副室后缘近中央伸出，R_5 脉和 R_{2+3+4} 脉同出于径副室顶角；后翅 CuA_1、M_3 脉同一点伸出，M_2 脉从横脉中央或稍上方伸出，Rs 与 M_1 脉共柄短，约为脉长的 1/3。

分布：古北区、东洋区。世界已知 8 种，中国记录 5 种，浙江分布 3 种。

分种检索表

1. 前翅外缘的缺刻不规则，中部 2 个大而深；中点 1 个 …………………… **锯齿星舟蛾秦岭亚种 *E. serratifera viridiflavescens***
- 前翅外缘的缺刻小而浅；中点 2 个 …………………… 2
2. 前翅翅面黄褐色 …………………… **黄二星舟蛾 *E. cristata***
- 前翅翅面黄绿色 …………………… **银二星舟蛾 *E. splendida***

（453）锯齿星舟蛾秦岭亚种 *Euhampsonia serratifera viridiflavescens* Schintlmeister, 2008（图版 XXX-4）

Euhampsonia serratifera viridiflavescens Schintlmeister, 2008: 44.

主要特征：前翅长：36 mm。头和领片灰白色。胸部背面淡黄褐色。腹部背面黄褐色。前翅外缘的缺刻不规则，中部 2 个大而深。前翅黄褐色，横线模糊；内线呈不规则弯曲；中线和外线带形；中点 1 个，清楚，为椭圆形黄白色小斑。后翅前缘黄白色，其余部分深褐色。

分布：浙江（临安）、北京、陕西、湖北。

（454）黄二星舟蛾 *Euhampsonia cristata* (Butler, 1877)（图版 XXX-5）

Trabala cristata Butler, 1877a: 480.

Euhampsonia cristata: Schintlmeister, 1992: 46.

别名：槲天社蛾、大光头。

主要特征：前翅长：雄 32–33 mm，雌 35–42 mm。头和领片灰白色。胸部背面灰黄色带赭色，冠形毛簇端部和后胸边缘黄褐色；腹部背面黄褐色。前翅狭长，顶角尖，外缘浅锯齿形，齿大小不规则，后缘中部有 1 小齿形毛簇；翅面黄褐色，中央横线间较灰白，有 3 条暗褐色横线：内线、外线较清晰，内线微曲伸达后缘齿形毛簇的基部，中线松散带形，外线稍直；中点由 2 个同大的黄白色小圆点组成，脉间缘毛灰白色。后翅黄褐色，前缘色较淡。

寄主：蒙古栎。

分布：浙江（临安、新昌）、黑龙江、吉林、辽宁、内蒙古、北京、河北、山西、山东、河南、陕西、甘肃、江苏、安徽、湖北、江西、湖南、台湾、海南、四川、云南；俄罗斯，朝鲜半岛，日本，缅甸。

（455）银二星舟蛾 *Euhampsonia splendida* (Oberthür, 1880)（图版 XXX-6）

Trabala splendida Oberthür, 1880: 65.

Euhampsonia splendida: Schintlmeister, 1992: 46.

主要特征：前翅长：雄 28–33 mm，雌 36 mm。头和领片灰白色。胸部背面和冠形毛簇柠檬黄色。腹部背面淡褐黄色。前翅外缘缺刻小；翅面黄绿色；前缘具银白色鳞片，尤以外侧 1/3 较显著；CuA_2 脉和中室下缘后方的整个后缘区黄色；内线、外线深褐色，呈“V”形在后缘接近；中点黄色，有时模糊，其内侧具 2 个白色圆点。后翅深灰褐色，散布银白色鳞片，近后缘黄色，隐约可见深灰色中线。

寄主：蒙古栎。

分布：浙江（临安）、黑龙江、吉林、辽宁、北京、河北、山东、河南、陕西、湖北、湖南；俄罗斯，朝鲜半岛，日本。

（二）广舟蛾亚科 Platychasminae

247. 广舟蛾属 *Platychasma* Butler, 1881

Platychasma Butler, 1881a: 596. Type species: *Platychasma virgo* Butler, 1881.

主要特征：足饰长毛，胫节距末端光滑。复眼无毛。下唇须中等长，第 2 节长是第 1 节长的 1.5 倍。前翅有 1 个很小的径副室，前缘中部凸出。雌蛾有 2 根翅缰。跗爪二分叉，后足胫节有 2 对距。

分布：古北区、东洋区。世界已知 2 种，中国记录 2 种，浙江分布 1 种。

（456）黄带广舟蛾 *Platychasma flavida* Wu *et* Fang, 2003（图版 XXX-7）

Platychasma flavida Wu *et* Fang, 2003: 307.

主要特征：前翅长：雄 22 mm。触角腹面黄褐色，背面黄白色，基部尤其明显。下唇须前伸，黄褐色，外侧明显比内侧颜色深。头顶密被黄白色的直立长毛。前胸被橘黄色的长鳞毛。腹部褐色。前翅污黄色，有 2 条黄绿色的横带；内带的内、外缘都衬波状的黑褐边，在中室下缘呈角状向外突出，在翅的后缘形成 1 个大的黑褐色斑；外带斜，几乎与翅的外缘平行，其外侧衬锯齿状的黑褐边；翅后缘在内、外带之间的区域也为橘黄色；中室中部有 1 小黑褐点；中点黑褐色，呈细弧形内凹。后翅浅黄褐色，端半部密布细小的褐色鳞片。

寄主：槭树。

分布：浙江（临安）、陕西、广东、四川。

（三）角茎舟蛾亚科 Biretinae

248. 篦舟蛾属 *Besaia* Walker, 1865

Besaia Walker, 1865: 458. Type species: *Besaia rubiginea* Walker, 1865.

Ottachana Kiriakoff, 1962a: 179. Type species: *Pydna sideridis* Kiriakoff, 1962.

Palessa Kiriakoff, 1962a: 190. Type species: *Pydna alboflavida* Bryk, 1950.

Subniganda Kiriakoff, 1962b: 222. Type species: *Subniganda aurantiistriga* Kiriakoff, 1962.

Struba Kiriakoff, 1962a: 169. Type species: *Bireta argenteodivisa* Kiriakoff, 1962.

Kuohsingia Nakamura, 1974: 125. Type species: *Besaia nebulosa* Wileman, 1914.

主要特征：雄触角锯齿形具毛簇，雌触角线形；喙不发达；下唇须肥厚，斜向上举，不伸过头顶；复眼无毛。足粗壮，后足胫节有 2 对距。腹部长，锥形，有 1/3 以上伸过后翅臀角；臀毛簇长。前翅宽，前缘略拱，翅顶稍圆，外缘陡、曲度大，M_2 脉从横脉中央伸出，M_1 脉从中室上角伸出，具径副室，R_1 脉和 R_{3+4+5} 脉同出于径副室顶角。后翅 $Rs+M_1$ 脉共柄短。

分布：古北区、东洋区。世界已知 50 种以上，中国记录约 40 种，浙江分布 2 种。

（457）竹篦舟蛾 *Besaia* (*Besaia*) *goddrica* (Schaus, 1928)（图版 XXX-8，9）

Pydna goddrica Schaus, 1928: 87.

Besaia rubiginea simplicior Gaede, 1930: 646.

Besaia (*Besaia*) *goddrica*: Schintlmeister, 1992: 57.

别名：纵稻竹舟蛾。

主要特征：前翅长：雄 23 mm，雌 25 mm。雄蛾头部和胸部背面浅黄褐色，肩片色较淡，冠形毛簇末端暗红褐色。腹部背面灰褐色，节间色较淡。前翅淡灰黄色具红褐色雾点，从基部到外线的后缘区较暗，翅中央具 1 条暗灰褐色纵纹，从基部沿中室下缘和 M_3 脉伸到外缘，纵纹下衬灰白色边；内线黑色波曲，模糊；中点黑色；中线为影状深褐色带，模糊；外线黑色锯齿状，常模糊呈点状；外线外侧在 CuA_2 以下具 1 个黑斑；亚缘线由 1 列脉间黑点组成。后翅深褐色，前缘和缘毛浅褐黄色。雌蛾翅顶较尖且凸出，前翅斑纹模糊。

寄主：毛竹。

分布：浙江（德清、余杭、临安）、陕西、江苏、江西、湖南、福建、广东、四川；越南，泰国。

（458）枯舟蛾 *Besaia* (*Curuzza*) *frugalis* (Leech, 1898)（图版 XXX-10）

Pydna frugalis Leech, 1898: 302.

Besaia (*Curuzza*) *frugalis*: Schintlmeister, 1992: 65.

主要特征：前翅长：22 mm。前翅浅褐色，中部在中室下缘具 1 个黑点；内线在近前缘隐约可见；外线由 2 列深褐色斑点组成，在中室向外弯曲，随后向内倾斜；亚缘线双线，由模糊的褐色阴影带组成；从中室基部伸出 1 条褐色纵纹，止于外线；从翅顶伸出 1 条深褐色斜纹，止于外线外侧 M_2 上，并在 M_2 与 M_3 之间扩大为 1 个黑褐色椭圆形斑；缘线由 1 列脉间小黑褐色点组成。后翅浅褐色。

分布：浙江（临安）、陕西、四川、云南。

249. 篓舟蛾属 *Saliocleta* Walker, 1862

Saliocleta Walker, 1862a: 124. Type species: *Saliocleta nonagrioides* Walker, 1862.

Armiana Walker, 1862a: 141. Type species: *Armiana lativitta* Walker, 1862.

Ceira Walker, 1865: 462. Type species: *Ceira metaphaea* Walker, 1865.

Norraca Moore, 1881: 340. Type species: *Norraca longipennis* Moore, 1881.

Norracana Kiriakoff, 1962a: 153 (key), 205. Type species: *Norracana niveipicta* Kiriakoff, 1962.

Oraura Kiriakoff, 1962a: 204. Type species: *Bireta aurora* Kiriakoff, 1962.

主要特征：雄触角锯齿形具毛簇，雌触角线形；下唇须较细；复眼无毛。后足胫节有 2 对距。腹部具臀毛簇。前翅后缘近基部凸呈宽三角形，黄色。后翅褐色；CuA_1 与 M_3 分离。

分布：东洋区。世界已知 20 余种，中国记录 12 种，浙江分布 1 种。

（459）竹篓舟蛾 *Saliocleta* (*Saliocleta*) *retrofusca* (de Joannis, 1894)（图版 XXX-11）

Norraca retrofusca de Joannis, 1894: 160.

Saliocleta (*Saliocleta*) *retrofusca*: Schintlmeister, 2008: 83.

主要特征：前翅长：23–24 mm。头和胸部背面浅灰黄色，胸背中央有 1 条暗褐色纵线伸至头顶，领片后缘和肩片内缘暗褐色；腹部背面前端浅黄带褐色，向后褐色逐渐加深，最后两节颜色变淡呈浅灰黄色。前翅前后缘几乎完全平行，外缘浅弧形过渡到后缘；翅面浅黄带灰红褐色，后缘基部暗褐色；在亚基线位置上的亚前缘脉上有 1 暗褐色点；仅见内线在前缘、中室下缘和 A 脉上有 3 个小黑点，通常前缘上的点不清晰；中点为 1 浅色的椭圆形斑，其内侧和 CuA_2 脉基部下方各有 1 暗褐色小圆斑，其外侧 M_1 至 M_3 脉间有 2 条暗褐色短纵纹，稍外侧有 1 条断续的暗褐色斜带伸到顶角；外线稍外曲，由 1 列脉上小黑点组成；亚缘线由 1 列脉间小黑点组成。后翅暗灰红褐色至深褐色，前缘浅黄色；脉端缘毛浅黄色。

寄主：毛竹。

分布：浙江（德清、余杭、富阳、临安）、甘肃、江苏、上海、江西、湖南、广东、重庆；越南。

250. 纡舟蛾属 *Periergos* Kiriakoff, 1959

Periergos Kiriakoff, 1959: 321. Type species: *Periergos obsolete* Kiriakoff, 1959.

Pydna Walker, 1856: 1753. Type species: *Pydna testacea* Walker, 1856. [Junior homonym of *Pydna* Herrich-Schäffer, 1855 (Lepidoptera: Geometridae)]

Loudonta Kiriakoff, 1962a: 164. Type species: *Pydna* (?) *dispar* Kiriakoff, 1962.

Eupydna Watson, Fletcher *et* Nye, 1980, *in* Nye, 1980: 72. Type species: *Pydna testacea* Walker, 1856.

主要特征：雄蛾触角长双栉形；下唇须长，向前伸。后足胫节有 2 对距。前翅前缘微拱，翅顶尖，外缘几乎直；臀角圆；M_3、CuA_1 脉出发点靠近，M_2 脉从中室上角稍下方伸出，M_3 脉从中室上角伸出，具小径副室，R_5 脉和 R_{2+3+4} 脉同出于径副室顶角。后翅宽，M_3、CuA_1 脉同前翅，M_2 脉从横脉中央稍上方伸出，Rs 与 M_1 脉共柄很短。

分布：东洋区。世界已知超过 15 种，中国记录 8 种，浙江分布 1 种。

（460）皮纡舟蛾 *Periergos magna* (Matsumura, 1920)（图版 XXX-12）

Pydna magna Matsumura, 1920: 151.

Ceira horishana Matsumura, 1925b: 404.

Periergos confusus Kiriakoff, 1962b: 220.

Periergos magna: Schintlmeister, 1992: 77.

别名：皮舟蛾。

主要特征：前翅长：雄 24 mm，雌 28–30 mm。该种是该属体型较小的一种。头和胸部淡黄带褐色，领片后缘和肩片内缘褐色。雄蛾腹部红褐色，雌蛾黄白泛微红色。前翅浅黄褐色，满布褐色斑点，横线模糊；中点黑色，小；亚缘线黑色，锯齿状，隐约可见。后翅雄蛾红赭色，雌蛾黄白泛微红色。

分布：浙江（四明山、余姚）、陕西、福建、台湾、广东、广西、四川、云南。

（四）蚁舟蛾亚科 Stauropinae

251. 二尾舟蛾属 *Cerura* Schrank, 1802

Cerura Schrank, 1802: 155. Type species: *Phalana vinula* Linnaeus, 1758.

Andria Hübner, 1822: 15, 16, 18, 20. Type species: *Phalana vinula* Linnaeus, 1758.

Dicranura Boisduval, 1828: 54. Type species: *Phalana vinula* Linnaeus, 1758.

主要特征：雄蛾触角长，双栉形。喙不发达；下唇须短小，向前伸。后足胫节有 1 对距。腹部密被柔毛，末端约有 1/3 伸过后翅臀角。前翅长，前缘直，翅顶圆，外缘斜、曲度小，臂角明显；M_2 脉从横脉上方近中室上角伸出；具大径副室；M_1 脉从径副室下缘近顶角伸出；R_2 脉和 R_{3+4+5} 脉同出于径副室顶角或共短柄。后翅 CuA_1、M_3 脉几乎同出一点；M_2 脉从横脉中央伸出；M_1+Rs 脉共柄短，约为 M_1 脉长的 1/4。

分布：古北区、东洋区、新北区。世界已知 16 种，中国记录 6 种，浙江分布 1 种。

（461）杨二尾舟蛾大陆亚种 *Cerura erminea menciana* Moore, 1877 （图版 XXXI-1，2）

Cerura menciana Moore, 1877a: 89.

Cerura erminea menciana: Schintlmeister, 2008: 122.

主要特征：前翅长：雄 26–30 mm，雌 28–37 mm。头和胸部灰白微带紫褐色，胸背有两列 6 个黑点；肩片有 2 个黑点。腹部背面黑色，第 1–6 节中央有 1 条灰白色纵带，两侧各具 1 黑点；末端两节灰白色，两侧黑色，中央有 4 条黑纵线。前翅外缘倾斜，浅弧形；雌前翅较雄宽阔；翅面灰白色微带紫褐色，翅脉黑褐色，所有斑纹黑色；基部有 3 个黑点；亚基线由 1 列黑点组成；内线 3 条；中线从前缘中央开始，沿中室端脉内侧呈深齿形到中室下角，以后呈深锯齿形与外线平行达后缘中央；中点月牙形；外线为双线，在脉间呈深锯齿形曲；缘线由脉间黑点组成，其中 R_4 至 M_3 脉间的黑点向内延长，呈两头粗中间细的纹。后翅灰白色微带紫色；翅脉黑褐色；基部和后缘带灰黄色；中点黑色；缘线由 1 列脉间黑点组成。雌蛾翅色略深，后翅缘线的黑点较粗大。

分布：浙江，全国各地（新疆、广西和贵州尚无记录）；俄罗斯，朝鲜半岛，日本，印度，缅甸，越南，欧洲。

252. 邻二尾舟蛾属 *Kamalia* Kocak *et* Kemal, 2006

Kamalia Kocak *et* Kemal, 2006: 3. Type species: *Cerura tattakana* Matsumura, 1927.

Paracerura Schintlmeister, 2002: 106. Type species: *Cerura tattakana* Matsumura, 1927. [Junior homonym of *Paracerura* Deharveng *et* Oliveira, 1994 (Collembola: Isotomidae)]

主要特征：与二尾舟蛾属相似，但前翅底色为闪光的白色。

分布：世界已知 15 种，中国记录 4 种，浙江分布 1 种。

（462）白邻二尾舟蛾 *Kamalia tattakana* (Matsumura, 1927)（图版 XXXI-3，4）

Cerura tattakana Matsumura, 1927a: 7.

Kamalia tattakana: Schintlmeister, 2008: 124.

别名：大新二尾舟蛾、白二尾舟蛾。

主要特征：前翅长：雄 26–32 mm，雌 32–41 mm。下唇须上缘和额黑色，头、领片和胸部白色带微黄色，胸部背面中央有两列 6 个黑点，肩片上有 2 个黑点，胫节上有黑点，跗节大部分黑色。腹部背面中央 1–6 节有 1 条明显的白色纵带；雄蛾第 7 节中央具小环纹，第 8 节白色，中央具半圆形黑纹，后缘具黑边；雌蛾第 7、8 两节白色具黑边，第 7 节中央具黑环，环内有 1 个黑点。翅面白色，前缘具黑斑。前翅亚基线由 2 列黑点组成，向外倾斜；内线为黑色宽带，不规则弯曲，其外侧伴有 1 条平行的黑色细线；中点黑色，月牙形；中线黑色，伸达中室下缘，随后向上弯曲与外线内侧线相交；外线由 3 条黑色平行的波浪形线组成；亚缘线由 1 列脉间三角形黑斑组成，其中 A-M_3 脉间的斑块向内延伸；缘线由 1 列脉间黑色近三角形斑组成。后翅中点和外线灰黑色，模糊；翅端部具灰黑色模糊宽带；缘线清楚，由 1 列脉间黑点组成。

寄主：红花天料木 *Homalium hainanense* 和杨、柳。

分布：浙江（德清、临安）、陕西、江苏、湖北、湖南、台湾、四川、云南；日本，缅甸，越南。

253. 燕尾舟蛾属 *Furcula* Lamarck, 1816

Furcula Lamarck, 1816: 581. Type species: *Phalaena furcula* Clerck, 1759.

主要特征：雄蛾触角双栉形，雌蛾分枝较雄蛾短；喙退化；下唇须短小，向前伸不过额；复眼无毛。胸部和足密被长柔毛，后足胫节有 1 对距。前翅脉序与二尾舟蛾属很近似，但 M_1 脉和 $R_{2+3+4+5}$ 脉同出于径副室顶角；后翅 M_3+CuA_1 脉同出一点或共短柄，从中室下角伸出，M_1+Rs 共柄长，超过 M_1 脉长的 2/3。

分布：古北区、新北区。世界已知 16 种，中国记录 6 种，浙江分布 1 种。

（463）燕尾舟蛾 *Furcula furcula* (Clerck, 1759)（图版 XXXI-5）

Phalaena furcula Clerck, 1759: pl. 9: 9.

Cerura sangaica Moore, 1877a: 90.

Harpyia intercalaris Grum-Grshimailo, 1900: 470.

Furcula furcula: Schintlmeister, 1992: 81.

主要特征：前翅长：15–19 mm。头和领片灰色；肩片灰色；胸部背面有 4 条黑带，带间赭黄色。跗节具白环。腹部背面黑色，每节后缘衬灰白色横线。前翅狭长，顶角圆，外缘浅弧形，倾斜，臀角不明显，后缘内 1/3 处略凸出。前翅灰色，内线、外线间较暗呈雾状烟灰色；基部有 2 个黑点；亚基线由 4、5 个黑点组成，排列成拱形；内线为黑色带状，中间收缩，两侧饰赭黄色点，带内缘在臀褶处呈深角形内曲，带外侧有 1 不清晰的黑线，通常只在前、后缘和 CuA_2 脉基部三点可见；外线黑色，从前缘近顶角处伸至 M_3 脉呈斑形，随后由脉间月牙形线组成，内衬灰白边，有些标本在外线内侧有 2 条不清晰黑线；中点为 1 黑点；缘线由 1 列脉间黑点组成。后翅灰白色，外带模糊松散，近臀角较暗；中点黑色；缘线同前翅。

分布：浙江（临安）、黑龙江、吉林、内蒙古、河北、陕西、甘肃、新疆、江苏、湖北、四川、云南；俄罗斯（西伯利亚），朝鲜半岛，日本。

254. 润舟蛾属 *Liparopsis* Hampson, 1892

Liparopsis Hampson, 1892: 154. Type species: *Liparopsis postalbida* Hampson, 1892.

主要特征：雄触角双栉形，分枝长；雌分枝短；下唇须短小，前伸。中足胫节有 1 对距，后足胫节无距。前翅 CuA_2 脉弯曲；M_2 脉从中室近上角处分出；M_1 脉与 $R_{2+3+4+5}$ 脉共柄。后翅阔，前缘拱；M_2 脉从中室近上角处分出；M_1+Rs 共柄；Rs 和 Sc+R_1 脉弯向前缘。

分布：东洋区。世界已知 4 种，中国记录 1 种，浙江分布 1 种。

（464）东润舟蛾 *Liparopsis postalbida* Hampson, 1893（图版 XXXI-6）

Liparopsis postalbida Hampson, 1893a: 154.

Liparopsis formosana Wileman, 1914b: 323.

主要特征：前翅长：19–20 mm。头部与领片灰白色。胸部背面赭褐色，被灰白色毛。腹部背面灰白色与褐色混杂。前翅灰白色，基部、近后缘和近外缘区域密布黑灰色鳞片；内线和外线黑色，模糊，有时呈点状，外线为双线；外线外侧在前缘上具 1 个黑斑延伸至近顶角；缘线黑色；缘毛黑灰色。后翅灰白色；前缘散布黑色鳞片，外线隐约可见；缘线黑灰色；缘毛灰白色。

分布：浙江（临安、景宁）、湖北、江西、湖南、福建、台湾、广东、海南、广西、云南；印度，缅甸，越南，老挝，泰国，印度尼西亚。

255. 昏舟蛾属 *Betashachia* Matsumura, 1925

Betashachia Matsumura, 1925b: 399. Type species: *Betashachia angustipennis* Matsumura, 1925.

Pseudofentonia Kiriakoff, 1963: 277. Type species: *Pseudofentonia cineraria* Kiriakoff, 1963.

Mesaeschra Kiriakoff, 1963: 273. Type species: *Mesaeschra senescens* Kiriakoff, 1963.

Apistaeschra Kiriakoff, 1963: 272. Type species: *Apistaeschra substyxana* Kiriakoff, 1963.

主要特征：雄蛾触角毛簇形；喙发达；下唇须短，向上伸；复眼无毛。后足胫节有 2 对距。前翅灰色，具有黑色的中点。

分布：古北区、东洋区。世界已知 3 种，中国记录 3 种，浙江分布 1 种。

（465）昏舟蛾 *Betashachia senescens* (Kiriakoff, 1963)（图版 XXXI-7）

Mesaeschra senescens Kiriakoff, 1963: 273.

Betashachia senescens: Schintlmeister, 1992: 85.

主要特征：前翅长：雄 20–22.5 mm，雌 25 mm。触角淡黄褐色；额带淡黄褐色；下唇须暗红褐色；胸部背面灰色；跗节暗褐色具白环。腹部赭土褐灰色。前翅灰褐色至深褐色，横线黑褐色锯齿状；基线向外倾斜；内线、外线均为双线，每条线外侧均具灰白色；中点黑褐色，短条状；中点外侧至外线具 1 个灰白色大圆斑，延伸至前缘近顶角；亚缘线外侧在近臀角散布灰白色鳞片；缘毛在脉端深褐色，其余灰白色。后翅深褐色，斑纹模糊。雌蛾全体底色较雄蛾明亮，外线清晰可见。

分布：浙江（四明山、余姚）、江苏、江西、福建、广东、广西、四川；朝鲜半岛。

256. 美舟蛾属 *Uropyia* Staudinger, 1892

Uropyia Staudinger, 1892a: 344. Type species: *Notodonta meticulodina* Oberthür, 1884.

Dracoskapha Yang, 1995c: 159. Type species: *Dracoskapha pontada* Yang, 1995.

主要特征：雄触角双栉形，分枝达 2/3，端部 1/3 短锯齿形；雌触角线形；喙退化；下唇须薄而小，向前伸不过头顶；复眼无毛。胸部背面中央被浓密的绒毛，腿节、胫节饰长毛，后足胫节只有 1 对距。腹部约有 1/3 伸过后翅臀角。前翅长，前缘直，翅顶钝；外缘曲度小，锯齿形；臀角明显，后缘差不多与外缘同长。CuA_2、M_3 脉出发点距离较宽，M_2 脉从横脉中央伸出，M_1 脉从中室上角伸出，具径副室，R_{3+4+5} 脉从径副室顶角伸出，R_2 脉从径副室前缘近顶角伸出。后翅 CuA_2、M_3 脉出发点距离较近，M_2 脉同前翅，M_1+Rs 脉共柄长，约为 M_1 脉长的 2/3。

分布：古北区、东洋区。世界已知 3 种，中国记录 3 种，浙江分布 1 种。

（466）核桃美舟蛾 *Uropyia meticulodina* (Oberthür, 1884)（图版 XXXI-8）

Notodonta meticulodina Oberthür, 1884b: 16.

Uropyia meticulodina: Staudinger, 1892a: 344.

Uropyia hammamelis Mell, 1931: 377.

主要特征：雄触角双栉形，分枝达 2/3，端部 1/3 短锯齿形；雌触角线形；喙退化；下唇须薄而小，向前伸不过头顶；复眼无毛。胸部背面中央被浓密的绒毛，腿节、胫节饰长毛，后足胫节只有 1 对距。腹部约有 1/3 伸过后翅臀角。前翅长，前缘直，翅顶钝；外缘曲度小，锯齿形；臀角明显，后缘差不多与外缘同长。CuA_2、M_3 脉出发点距离较宽，M_2 脉从横脉中央伸出，M_1 脉从中室上角伸出，具径副室，R_{3+4+5} 脉从径副室顶角伸出，R_2 脉从径副室前缘近顶角伸出。后翅 CuA_2、M_3 脉出发点距离较近，M_2 脉同前翅，M_1+Rs 脉共柄长，约为 M_1 脉长的 2/3。雄性外生殖器（图 182）：钩形突基部两侧膨大，端部尖锐；颚形突发达，扁平；抱器背骨化宽，近端部呈角形曲；阳茎粗而直；角状器为 1 簇短刺。

寄主：胡桃 *Juglans regia*、胡桃楸 *J. mandshurica*。

分布：浙江（德清、长兴、临安）、吉林、辽宁、北京、山东、陕西、甘肃、江苏、湖北、江西、湖南、福建、广西、四川、贵州、云南；俄罗斯，朝鲜半岛，日本。

257. 蚁舟蛾属 *Stauropus* Germar, 1812

Stauropus Germar, 1812: 45. Type species: *Phalaena* (*Noctua*) *fagi* Linnaeus, 1758.

Neostauropus Kiriakoff, 1967, *in* Wytsman, 1967a: 89. Type species: *Stauropus basalis* Moore, 1877.

主要特征：雄蛾触角 2/3 双栉形，栉齿几乎等长，末端 1/3 和雌触角线形；喙退化；下唇须向前伸，刚伸过额；复眼无毛。后足胫节具 1 对距。腹部背面第 1–5 节每节具 1 毛簇，臀毛簇长。前翅宽长，前缘外半部微拱，翅顶钝角形，外缘较斜、曲度平稳，与后缘连接成一弧形，臀角不明显；M_2 脉从横脉中央伸出，M_1 脉和 $R_{2\text{-}5}$ 脉同出于中室上角，无径副室。后翅 M_2 脉同前翅，M_1+Rs 脉共柄短，不超过 M_1 脉长的 1/2。

分布：古北区、东洋区。浙江分布 2 种。

（467）茅莓蚁舟蛾 *Stauropus basalis* Moore, 1877（图版 XXXI-9）

Stauropus basalis Moore, 1877a: 90.

Neostauropus basalis: Kiriakoff, 1967a, *in* Wytsman: 89.

主要特征：前翅长：雄 16–20 mm，雌 20–22 mm。前翅灰褐至褐色，内半部灰白色，中部红褐色；基部有 1 黑褐色点；内线不清晰，深褐色；中线为 1 松散的带，在中室端脉外呈肘形弯曲；中点暗褐色；外线灰黄白色，饰红褐边；亚缘线由 1 列脉间黑褐色点组成，每点内衬灰白边；缘线由脉间黑褐色月牙形点组成，内衬灰白边。后翅灰褐色，内半部和后缘色较浅；前缘较暗，有 2 灰白色纹，缘线由 1 列脉间黑褐色点组成。

寄主：茅莓 *Rubus parvifolius*、千金榆 *Carpinus cordata*。

分布：浙江（德清、长兴、临安）、北京、河北、山西、山东、陕西、甘肃、江苏、湖北、江西、湖南、福建、台湾、广西、四川、贵州、云南；俄罗斯，朝鲜半岛，日本，越南。

（468）苹蚁舟蛾 *Stauropus fagi* (Linnaeus, 1758)（图版 XXXI-10）

Phalaena (*Noctua*) *fagi* Linnaeus, 1758: 508.

Stauropus persimilis Butler, 1879a: 353.

Stauropus fagi: Schintlmeister, 1992: 86.

别名：苹果天社蛾。

主要特征：前翅长：雄 28 mm，雌 37 mm。前翅较宽，外缘浅弧形倾斜，与后缘连接成一弧形，臀角不明显。前翅灰红褐色；内半部色较暗，基部有 1 红褐色点；内线、外线灰白色，内线不清晰，呈双波形曲；无中线；外线锯齿形；亚缘线由 6 个暗红褐色圆点组成；缘线由脉间暗红褐色锯齿形线组成；中点暗红褐色。后翅灰红褐色，前缘色较暗，中央有 1 灰白色斑。

寄主：苹果、梨、李、樱桃、麻栎 *Quercus acutissima*、赤杨 *Alnus japonica*、胡枝子 *Lespedeza bicolor*、连香树 *Cercidiphyllum japonicum*、菝葜 *Smilax china*。

分布：浙江（临安）、吉林、内蒙古、山西、陕西、甘肃、广西、四川；俄罗斯，朝鲜半岛，日本。

258. 灰舟蛾属 *Cnethodonta* Staudinger, 1887

Cnethodonta Staudinger, 1892a: 214, 215. Type species: *Cnethodonta girsescens* Staudinger, 1887.

主要特征：雄蛾触角双栉形，雌蛾分枝较雄蛾短；喙退化；下唇须斜向上伸到额中央；复眼无毛。后足胫节具 1 对距，具臀毛簇。前翅稍宽，前缘外半部微拱，外缘斜、曲度平稳，CuA_2、M_3 脉出发点靠近，M_2 脉从横脉中央伸出，M_1 脉和 $R_{2\text{-}5}$ 脉同出于中室上角，无径副室。后翅 CuA_2、M_3 脉几乎同一点出，M_2 脉从横脉中央上方伸出，M_1+Rs 脉共柄长，超过 M_1 脉长的 1/2。

分布：古北区、东洋区。世界已知 5 种，中国记录 4 种，浙江分布 1 种。

（469）灰舟蛾 *Cnethodonta girsescens* Staudinger, 1887（图版 XXXI-11）

Cnethodonta girsescens Staudinger, 1887: 214.

主要特征：前翅长：雄 17–21 mm，雌 22 mm。头和胸部灰色。腹部灰褐色，无浅灰色背线，末端灰白色，具臀毛簇。前翅顶角圆，外缘浅弧形，臀角明显，后缘近基部处略凸。前翅灰白色布满黑褐色雾点，所有斑纹黑褐色，由半竖起鳞片组成；无亚基线；4 条横线不清晰，衬白边；内线外斜，微波浪形；外线双曲形；亚缘线和缘线由脉间黑褐色点组成；中点较清晰。后翅深褐色，前缘附近与前翅同色。

寄主：春榆 *Ulmus davidiana*、糠椴 *Tilia mandshurica*。

分布：浙江（德清、临安）、黑龙江、吉林、辽宁、北京、河北、山西、陕西、甘肃、湖北、江西、湖南、福建、台湾、广西、四川；俄罗斯，朝鲜半岛，日本。

259. 胯舟蛾属 *Syntypistis* Turner, 1907

Syntypistis Turner, 1907: 679. Type species: *Syntypistis chloropasta* Turner, 1907.

Quadricalcarifera Strand, 1916a: 160. Type species: *Stauropus* (*Quadricalcarifera*) *subgeneris* Strand, 1916.

Egonocia Marumo, 1920: 333. Type species: *Somera cyanea* Leech, 1889.

Taiwa Kiriakoff, 1967b: 51. Type species: *Stauropus confusa* Wileman, 1910.

主要特征：本属与蚁舟蛾属 *Stauropus* 近似，但雄蛾触角均为长双栉形，分枝达 4/5，末端 1/5 锯齿形；下唇须较长；后足胫节有 2 对距。前翅脉序与蚁舟蛾属相同，即 M_2 脉从横脉中央伸出，M_1 脉和 $R_{2+3+4+5}$ 脉同出于中室上角，无径副室。后翅 M_2 脉同前翅，M_1+Rs 脉共柄短，约为 M_1 脉长的 1/3。

分布：古北区、东洋区。世界已知 60 余种，中国记录 20 多种，浙江分布 5 种。

分种检索表

1. 翅面具大白斑 ………………………………………………………… **白斑胯舟蛾 *S. comatus***
- 翅面不具大白斑 ………………………………………………………… 2
2. 前翅亚缘线不明显 ………………………………………………………… **微灰胯舟蛾 *S. subgriseoviridis***
- 前翅亚缘线明显 ………………………………………………………… 3
3. 前翅以白色为主，基线与内线之间在 A 脉上方具 1 个近三角形黑斑 ………… **佩胯舟蛾古田山亚种 *S. perdix gutianshana***
- 前翅不如上述 ………………………………………………………… 4
4. 前翅前缘掺有白色鳞片 ………………………………………………………… **普胯舟蛾 *S. pryeri***
- 前翅前缘散布较多黑色鳞片 ………………………………………………………… **黑基胯舟蛾 *S. nigribasalis***

（470）微灰胯舟蛾 *Syntypistis subgriseoviridis* (Kiriakoff, 1963)（图版 XXXI-12）

Quadricalcarifera subgriseoviridis Kiriakoff, 1963: 265.

Syntypistis subgriseoviridis: Schintlmeister & Fang, 2001: 13.

别名：青白胯舟蛾。

主要特征：前翅长：雄 18–22 mm，雌 24 mm。头和胸部背面灰白掺有褐色。腹部背面灰褐色。前翅暗红褐色掺有灰白、灰褐和黄绿色鳞片，尤其沿前缘基部附近至中部之外灰白色较明显；内线、外线暗褐色很不清晰，内线在中室上呈齿状外曲，在 A 脉上呈深角状内曲，外线从前缘向内斜，在 M_3 脉上呈角状曲；亚缘线不明显。后翅灰褐色，前缘色较暗，有 1 模糊外带。

寄主：山核桃 *Carya cathayensis*。

分布：浙江（德清、临安、宁波）、陕西、甘肃、江苏、湖北、江西、湖南、广西、四川。

（471）普胯舟蛾 *Syntypistis pryeri* (Leech, 1899)（图版 XXXI-13）

Somera pryeri Leech, 1899: 216.

Syntypistis pryeri: Schintlmeister & Fang, 2001: 51.

主要特征：前翅长：雄 18–22 mm，雌 24–26 mm。头和胸部背面灰白掺有褐色。腹部背面灰褐色。前翅浅灰褐色掺有灰白和暗黄绿色鳞片；前缘中部和中室横脉内外侧有 3 个不太明显的白斑；内线、外线暗褐色，均为双线；内线较直，细齿状；外线从前缘向内斜，波状；亚缘线波状；翅脉大部分黑色，在亚缘线之外更为明显。后翅灰褐色至灰白色，前缘色较暗，有 1 模糊外带。

分布：浙江（德清、临安）、陕西、甘肃、湖北、湖南、福建、台湾、广西、四川、云南；朝鲜半岛，日本。

（472）佩胯舟蛾古田山亚种 *Syntypistis perdix gutianshana* (Yang, 1995)（图版 XXXI-14）

Quadricalcarifera gutianshana Yang, 1995c: 162.

Syntypistis perdix gutianshana: Schintlmeister & Fang, 2001: 52.

主要特征：前翅长：18 mm。触角基部有白色长鳞毛，鞭节黄褐色；下唇须褐色，腹面白色；头部灰白混有褐色鳞毛。胸部背面黑白混杂，腹面黄白色。腹部赭褐色，末端密被灰白色毛。前翅灰白色，横线黑色，密布黑色斑点；基线和内线均为双线；基线向外弯曲；基线与内线之间在 A 脉上方具 1 个近三角形黑斑；内线微波曲；外线锯齿状，在 CuA_1 下方向内倾斜，其内侧在中室和 CuA_2 与 A 之间各具 1 浅褐色斑；亚缘线外侧翅脉颜色加深；缘毛在脉端白色，其余灰色。后翅灰白色，中线黑色锯齿状，前缘可见模糊外线和亚缘线。

分布：浙江（临安、开化、景宁）、湖南、福建、台湾、广东、海南、广西。

（473）黑基胯舟蛾 *Syntypistis nigribasalis* (Wileman, 1910)（图版 XXXI-15）

Stauropus nigribasalis Wileman, 1910: 289.

Quadricalcarifera saitonis Matsumura, 1927a: 12.

Quadricalcarifera notoprocta Yang, 1995c: 162.

Syntypistis nigribasalis: Schintlmeister & Fang, 2001: 52.

主要特征：前翅长：雄 19 mm。触角黄褐色；下唇须粗长，外侧褐色；头部黄褐色混有褐色鳞毛。胸部背面黑褐色，肩片后缘灰白色。足黄褐色有长毛。前翅灰白色，前缘散布较多黑鳞；翅基部黑色，内线白色；中线不完整，为断开的白线；外线白色波状，其内侧在近后缘处有 1 黑色圆斑；中点浅褐色围白边；亚缘线褐色，波状。后翅灰白色，前缘近顶角处有 1 短宽黑褐色斑，其内侧有 1 小褐斑。

分布：浙江（开化）、甘肃、江西、福建、台湾、广西、贵州；越南，泰国，马来西亚，印度尼西亚。

（474）白斑胯舟蛾 *Syntypistis comatus* (Leech, 1898)（图版 XXXI-16，XXXII-1）

Stauropus comatus Leech, 1898: 306.

Quadricalcarifera viridimacula Matsumura, 1922: 521.

Syntypistis comatus: Schintlmeister & Fang, 2001: 13.

主要特征：前翅长：雄 22 mm，雌 29 mm。下唇须黑褐色；缘毛白色。头白色带赭色，领片白色。胸部背面褐色掺有灰白色。腹部灰褐色，末端掺有较多的灰白色。前翅顶角圆，外缘浅弧形倾斜，臀角明显，后缘约与外缘等长，近基部略凸出。雄蛾前翅暗褐色，基部和前缘中部之外掺有暗绿色雾点；在中室内、下方和沿中室的前缘到基部有 1 大灰白斑；雌蛾灰白斑向外扩大到整个外缘，把底色分割成 2 个大的暗褐带绿色斑，一个在前缘外 1/2 到近顶角，呈倒置扁钟罩形，另一个从基部沿后缘向外伸至臀角附近；基线、内线和外线均为黑色双线，基线仅在前缘可见；内线波浪形，内面一条较清晰，外面一条隐约可见；外线锯齿形，只有在暗褐色部分较清晰，外面一条较浓；缘线隐约可见，暗褐色锯齿形；脉端缘毛灰白色，其余暗褐色。后翅浅赭灰色，前缘灰白色，具 1 从前缘到后缘逐渐变细的暗褐色外带；其中以前缘处色最暗；缘线和翅脉暗褐色；缘毛灰白色。

分布：浙江（景宁）、陕西、甘肃、湖北、江西、湖南、福建、台湾、广东、四川、云南、西藏；印度，缅甸，越南，泰国，菲律宾，马来西亚，印度尼西亚。

260. 良舟蛾属 *Benbowia* Kiriakoff, 1967

Benbowia Kiriakoff, 1967b: 52. Type species: *Stauropus virescens* Moore, 1879.

主要特征：触角双栉形，分枝超过 3/4；下唇须中等长，细，上举。后足胫节只有 1 对距，内距约是外距的 2 倍长。翅形似胯舟蛾属。前翅 CuA_1 与 M_3 脉同出一点，M_2 脉出自中室中部，M_1 脉出自中室上角，与 R 脉同出一点。后翅 M_2 脉出自中室中点稍偏上，M_1+Rs 脉共柄短，约为 M_1 脉长的 2/5。

分布：东洋区。世界已知 4 种，中国记录 2 种，浙江分布 1 种。

（475）曲良舟蛾 *Benbowia callista* Schintlmeister, 1997（图版 XXXII-2）

Benbowia callista Schintlmeister, 1997: 97.

Benbowia camilla Schintlmeister, 1997: 98.

Benbowia callista xingyun Schintlmeister *et* Fang, 2001: 52.

别名：绿蚁舟蛾。

主要特征：前翅长：16 mm。触角双栉形，褐色；下唇须灰赭色，外侧暗褐色；头和胸部背面绿色，前、中足外面绿色具褐点，内面灰色。腹部背面褐色，第 1–5 节上的毛簇黑褐色，其中第 1 节毛簇较大，中心绿色，末节和臀毛簇绿色。前翅较宽阔，顶角圆，外缘浅弧形过渡到后缘，臀角不明显；翅面绿色，4 条横线均由褐色点组成，均衬浅黄白色边；内线外斜，外侧有 2 个浅黄白色点；外线为双线，由脉间月牙形点组成，双曲形达臀角；亚缘线不清晰，缘线较清晰，各为 1 列脉间小褐点；脉间缘毛褐色，其余黄白色。后翅褐色，前缘绿色，有 3 条褐色横线。

分布：浙江（德清、临安）、陕西、甘肃、湖北、江西、海南、广西、重庆、四川、云南；印度北部，尼泊尔，越南北部，泰国。

261. 枝舟蛾属 *Harpyia* Ochsenheimer, 1810

Harpyia Ochsenheimer, 1810: 19. Type species: *Bombyx milhauseri* Fabricius, 1775.

Hoplitis Hübner, 1819: 147. Type species: *Bombyx terrifica* Denis *et* Schiffermüller, 1775.

Hybocampa Lederer, 1853: 78. Type species: *Bombyx milhauseri* Fabricius, 1775.

Damata Walker, 1855: 1044. Type species: *Damata longipennis* Walker, 1855.

主要特征：雄蛾触角长双栉形，分枝达 3/4，末端 1/4 锯齿形；喙退化；下唇须短，向前伸至额；复眼无毛；足被密长毛，后足胫节只有 1 对距。前翅狭长，雌蛾稍宽，前缘外半部略拱，翅顶稍尖，外缘斜、曲度小；M_2 脉从横脉中央伸出，M_1 脉和 R_{2-5} 脉同出于中室上角或共 1 短柄，大多无径副室。后翅 M_2 脉从横脉中央稍上方伸出，M_1+Rs 脉共柄短，占全脉长的 1/4–1/3。后翅臀角有 1 块大暗斑是本属外形上的一个显著特征。

分布：古北区、东洋区。世界已知 11 种，中国记录 5 种，浙江分布 1 种。

（476）小斑枝舟蛾 *Harpyia tokui* (Sugi, 1977)（图版 XXXII-3）

Hybocampa tokui Sugi, 1977: 9.

Harpyia tokui: Schintlmeister & Fang, 2001: 54.

主要特征：前翅长：雄 21–23 mm。下唇须灰白色，侧面混有褐色与黑色毛；头顶灰色混有黑色与白色。胸部暗灰褐色。前翅淡铅灰色，混有赭色；前缘基部 1/3 有 1 黑色楔形大斑，该斑围有灰色边；该斑对应的翅后缘色暗；外线浅灰色，前缘其内、外侧各有 1 黑斑；中点黑色；缘毛在脉端浅黄白色，其余部分暗褐色。后翅赭白色，前缘和外缘黑褐色；臀角黑色，内侧伴有 1 条短黑线；脉间缘毛赭白色，其余暗褐色。

分布：浙江（杭州）、陕西；日本。

262. 反掌舟蛾属 *Antiphalera* Gaede, 1930

Antiphalera Gaede, 1930: 614. Type species: *Phalera bilineata* Hampson, 1896.

Grangulina Kiriakoff, 1974: 377. Type species: *Grangulina sumatrana* Kiriakoff, 1974.

主要特征：雄触角双栉形，分枝到 2/3–3/4；下唇须前伸，粗而较长。后足胫节有 2 对距。前翅前缘稍拱；M_2 脉出自横脉中点；有副室，M_1 脉几乎出自副室的顶角，R_{2-5} 脉出自副室的顶角。本属的各种外形很相似，仅在外线形状上稍有差别，而且还有季节型，因此，对各种的正确鉴别必须依赖雄性外生殖器。

分布：东洋区。世界已知 6 种，中国记录 4 种，浙江分布 1 种。

（477）妙反掌舟蛾 *Antiphalera exquisitor* Schintlmeister, 1989（图版 XXXII-4）

Antiphalera exquisitor Schintlmeister, 1989: 108.

主要特征：前翅长：21–22 mm。触角灰白色；下唇须黄褐色；头部黑褐色。胸部褐色与灰色混杂。腹部褐色。前翅灰褐色，近外缘色浅；亚基线深灰色，向外倾斜，模糊；内线深灰色波状，外侧伴有 1 条模糊浅色带（雌比雄明显）；中点由 2 个黄白色圆斑组成，其上散布深褐色鳞片；中线为黑色双线，后半部较波曲，内侧线较模糊；外线为黑色双线，外侧线较模糊；亚缘线黑色，在 M_3 下方短条状；缘线黑色；缘毛灰色，掺杂灰褐色。后翅深褐色。雄性外生殖器（图 183）：钩形突长三角形；颚形突细长，端部边缘锯齿状；抱器瓣短，极宽；抱器背骨化，基部具 1 弯曲短突，密被小刺；阳茎亚端部侧面具 1 小齿突。

分布：浙江（临安、鄞州、磐安、景宁、温州）、江西、福建、广东、海南、广西；越南，柬埔寨。

263. 纷舟蛾属 *Fentonia* Butler, 1881

Fentonia Butler, 1881a: 20. Type species: *Fentonia laevis* Butler, 1881.

Urocampa Staudinger, 1892a: 343. Type species: *Harpyia ocypete* Bremer, 1861.

Neoshachia Matsumura, 1925b: 400. Type species: *Neoshachia parabolica* Matsumura, 1925.

Subwilemanus Kiriakoff, 1963: 281. Type species: *Subwilemanus pictus* Kiriakoff, 1963.

主要特征：雄触角双栉形，分枝约达 2/3，末端 1/3 锯齿形，雌触角线形；有喙；下唇须饰长毛，斜向上伸至额中央。后足胫节有 2 对距。腹部长，约有 1/3 伸过后翅臀角。前翅长，近三角形，前缘近翅顶处微拱，翅顶尖，外缘斜而曲度较小，约与后缘等长，臀角明显；M_2 脉从横脉上方伸出，有长径副室，M_1 脉靠近径副室后缘中央伸出，R_5 脉和 R_4+R_3 脉同出于径副室顶角，R_2 脉从径副室前缘近顶角伸出。后翅 M_2 脉从横脉中央稍上方伸出，M_1+Rs 脉共柄短，占脉长的 1/6–1/5。

分布：古北区、东洋区。世界已知 15 种，中国记录 7 种，浙江分布 3 种。

分种检索表

1. 前翅具 1 条灰白色纵带 ……………………………………………… **涟纷舟蛾 *F. parabolica***
- 前翅不具灰白色纵带 ……………………………………………………………………… 2
2. 前翅内线与外线之间在近后缘具 1 灰白色大圆斑 ……………………………… **斑纷舟蛾 *F. baibarana***
- 前翅内线与外线之间在近后缘不具灰白色大圆斑 ………………………………… **栎纷舟蛾 *F. ocypete***

（478）栎纷舟蛾 *Fentonia ocypete* (Bremer, 1861)（图版 XXXII-5）

Harpyia ocypete Bremer, 1861: 481.

Fentonia ocypete: Grünberg, 1912: 292.

Fentonia ocypete yun Yang *et* Lee, 1978, *in* Yang, 1978: 505.

主要特征：前翅长：雄 21–23 mm，雌 22–25 mm。头和胸部褐色与灰白色混杂。腹部灰褐色。前翅狭长，近三角形，顶角尖，外缘十分倾斜，约与后缘等长，臀角明显；翅面暗灰褐色，有时稍带暗红褐色；内线为黑色浅波浪形模糊双线；内线以内的臀褶上有 1 黑色纵纹（有时带暗红褐色）；外线黑色，双线平行，从前缘到 CuA_2 脉浅锯齿形（有时平滑不呈锯齿形），向外弯曲，以后呈 2、3 个深锯齿形折曲伸达后缘近臀角处，其中靠内侧 1 条较模糊，外侧 1 条外衬灰白边；中点为 1 灰褐色圆点，中央暗褐色；中点与外线间有 1 模糊的深褐色至黑色椭圆形大斑；亚缘线模糊，暗褐色锯齿形；缘线细，黑色；脉端缘毛黑色，其余暗灰褐色。后翅灰褐色（有时灰白色），臀角有 1 模糊的暗斑；外线为 1 模糊的浅色带。

寄主：日本栗 *Castanea japonica*、麻栎 *Quercus acutissima*、柞栎 *Q. dentata*、枹栎 *Q. glandulifera*、蒙古栎 *Q. mongolica*。

分布：浙江（四明山、余姚、江山）、黑龙江、吉林、北京、山西、陕西、甘肃、江苏、湖北、江西、湖南、福建、广西、重庆、四川、贵州、云南；俄罗斯，朝鲜半岛，日本。

（479）斑纷舟蛾 *Fentonia baibarana* Matsumura, 1929（图版 XXXII-6）

Fentonia ocypete baibarana Matsumura, 1929b: 41.

Fentonia baibarana: Schintlmeister & Fang, 2001: 15.

主要特征：前翅长：23–24 mm。下唇须黄褐色。头部、胸部和肩片灰白色与黑褐色混杂。腹部赭褐色。前翅黑褐色，外线外侧色较浅；内线为黑色双线，波浪状；中点深褐色；外线为黑色双线，弱锯齿状；外侧线外侧伴有 1 灰白色线；中室下方从翅基部至外线之间具 1 黑色纵纹；内线与外线之间在近后缘具 1 灰白色大圆斑；亚缘线模糊；缘线黑色；缘毛在脉端黑褐色，其余灰褐色。后翅浅褐色至褐色。

分布：浙江（临安、江山）、湖北、湖南、福建、台湾、海南、广西、四川、云南；越南，泰国。

（480）涟纷舟蛾 *Fentonia parabolica* (Matsumura, 1925)（图版 XXXII-7）

Neoshachia parabolica Matsumura, 1925b: 400.

Subwilemanus pictus Kiriakoff, 1963: 282.

Fentonia parabolica: Schintlmeister, 1992: 103.

别名：新涟舟蛾。

主要特征：前翅长：18–19 mm。头部和胸部背面灰褐色与灰白色混杂。腹部灰褐色。前翅深灰褐色；翅中部具 2 条黑色平行纵带，由基部延伸至近外缘，随后向前延伸，在顶角下方呈圆形弯曲，伸达前缘端部 1/4 处，其内侧具 1 条灰白色纵带；黑色纵带外侧在 M_1 上方伴有 1 白色细线；近臀角处具灰白色鳞片；缘线黑色。后翅深灰褐色；缘线黑色。

分布：浙江（德清、临安、黄岩、江山）、甘肃、湖北、江西、湖南、福建、台湾、海南、广西。

264. 云舟蛾属 *Neopheosia* Matsumura, 1920

Neopheosia Matsumura, 1920: 147. Type species: *Pheosia fasciata* Moore, 1888.

主要特征：雄蛾触角基部 2/5 双栉形，其余线形，雌触角线形；喙弱；下唇须细小，斜向上伸，不达额中央。复眼无毛。胸部被长毛，后足胫节有 2 对距。前翅狭，近三角形；前缘外半部微拱，翅顶略尖；外缘较斜，曲度小；臀角明显；M_2 脉从横脉较上方伸出；M_1+$R_{2\text{-}5}$ 脉从中室上角伸出。后翅 M_2 脉同前翅，M_1+Rs 脉共柄短，约为 M_1 脉长的 1/6。

分布：东洋区。世界已知 4 种，中国记录 2 种，浙江分布 2 种。

（481）云舟蛾 *Neopheosia fasciata* (Moore, 1888)（图版 XXXII-8）

Pheosia fasciata Moore, 1888b: 401.

Neopheosia fasciata: Matsumura, 1920: 147.

Neopheosia fasciata formosana Okano, 1959: 39.

主要特征：前翅长：雄 20 mm，雌 24–28 mm。下唇须黄白色，背缘黄褐色。头部、胸部和腹部基毛簇灰绿色掺有红褐色。腹部灰褐色，带灰绿色调。前翅狭长，近三角形；顶角略尖；外缘倾斜，曲度小；臀角明显；翅面淡黄褐带赭红色（雌蛾赭红色稍浓），翅基部和后缘黑褐色连接成带状；有 3 条暗褐色云雾状斜斑，前缘至顶角一条较窄，中间一条较宽大，从前缘中央斜伸至 M_3 脉外下方，内侧一条从中室外半部斜伸至肘脉基部，但在中室较明显，近球形；外线不清晰，暗褐色锯齿形，弧形外曲伸达后缘中央，前段横过中间的斜斑；脉端缘毛暗褐色；后缘为断续的黑褐色。后翅灰白带褐色，外缘暗褐色，臀角色特别暗；缘毛同前翅。雄性外生殖器（图 184）：钩形突基部具 3 个长指状突，端部二分叉；抱器瓣端部圆；角状器为 1 列短刺。

寄主：李属（*Prunus*）。

分布：浙江（临安）、北京、河南、陕西、甘肃、湖北、江西、湖南、福建、台湾、广东、海南、广西、四川、贵州、云南、西藏；日本，印度，缅甸，越南，泰国，菲律宾，马来西亚，印度尼西亚。

（482）白缘云舟蛾 *Neopheosia atrifusa* (Hampson, 1897)（图版 XXXII-9，10）

Pheosia atrifusa Hampson, 1897: 282.

Neopheosia atrifusa: Schintlmeister, 2007: 161.

主要特征：前翅长：雄 20–24 mm，雌 27 mm。头部和胸部灰色与褐色混杂，腹部赭褐色。前翅黑褐色；基线灰白色；内线灰白色波状，外衬褐色边；中线黑褐色，波状；外线黑色波状，波峰衬白色；亚缘线波状，外侧的整个端区颜色浅，其中 M_1 以上的部分浅褐色，以下的部分白色；缘线黑褐色；缘毛黑褐色与白色相间。后翅褐色，外缘色深。

分布：浙江（临安）、河南、陕西、湖南、福建、广西；印度北部，越南。

265. 威舟蛾属 *Wilemanus* Nagano, 1916

Wilemanus Nagano, 1916: 2. Type species: *Stauropus bidentatus* Wileman, 1911.

Chadisroides Matsumura, 1924: 35. Type species: *Ochrostigma ussuriensis* Püngler, 1912.

Ganminia Cai, 1979: 462. Type species: *Ganminia hamata* Cai, 1979.

主要特征：雄触角双栉形，分枝接近顶端（有时分枝不对称，一侧长，另一侧短），末端锯齿形；雌触角线形或同雄蛾；喙中等；下唇须短小，向前伸到额。后足胫节有 2 对距。腹部较长，约有 2/5 伸过后翅臀角。前翅前缘直，近翅顶略拱；外缘斜，曲度平稳；M_2 脉从横脉中央稍上方伸出；前翅具径副室；M_1 脉从径副室下缘近中央伸出；R_5 脉、R_2+R_3 脉和 R_2 脉均从径副室顶角伸出。后翅 M_2 脉同前翅，M_1+M_2 脉共柄短。

分布：古北区、东洋区。世界已知 2 种，中国记录 2 种，浙江分布 1 种。

（483）梨威舟蛾 *Wilemanus bidentatus* (Wileman, 1911)（图版 XXXII-11）

Stauropus bidentatus Wileman, 1911c: 287.

Wilemanus bidentatus: Matsumura, 1924: 30.

Wilemanus duli Yang *et* Lee, 1978, *in* Yang, 1978: 506.

别名：黑纹银天社蛾、亚梨威舟蛾。

主要特征：前翅长：17–19 mm。雄触角双栉形，两侧分枝等长；下唇须暗褐色；头和胸部背面灰白带褐色；领片和肩片后缘具黑褐色边；后胸中央有 1 条黑褐色横线；胸足跗节黑褐色，具白环。腹部浅灰黄褐色。前翅外缘波状，倾斜较少，后缘长，臀角明显；翅面灰白泛赭色，有一大一小 2 个醒目的黑褐色斑，大斑几乎占满翅的内半部，在中室下呈双齿形分叉（有时分叉不明显），外叉下缘在臀褶处具 1 黑色纹（有时不明显），斑的内缘黑色衬灰白边；小斑在前缘外线与亚缘线之间，近三角形，内有 2 条黑色楔形纹；中点黑色微弯，构成大斑外缘的一部分；内线、外线和亚缘线均为模糊的灰白色带，内线仅在大斑下一段可见，呈内齿形曲；外线和亚缘线锯齿形，外线外曲在臀褶处与大斑外叉相截；缘线细，黑褐色；脉端缘毛暗褐色，其余灰白带褐色。后翅灰褐色，具 1 模糊灰白色外带；缘线由脉间月牙形暗褐色线组成；缘毛同前翅。

寄主：梨、苹果。

分布：浙江（临安）、黑龙江、辽宁、北京、河北、山西、山东、河南、陕西、甘肃、江苏、安徽、湖北、江西、湖南、福建、广东、广西、四川、贵州、云南；俄罗斯，朝鲜半岛，日本。

（五）舟蛾亚科 Notodontinae

266. 内斑舟蛾属 *Peridea* Stephens, 1828

Peridea Stephens, 1828: 32. Type species: *Bombyx serrata* Thunberg, 1792 = *B. anceps* Goeze, 1781.

Mesodonta Matsumura, 1920: 145. Type species: *Notodonta monetaria* Oberthür, 1879.

主要特征：雄触角锯齿形具毛簇，雌触角线形；喙不发达；下唇须很短，第 2 节向前伸不过额；胸背无冠形毛簇，后足胫节有 2 对距。前翅宽，前缘外半部微拱，翅顶圆，外缘斜、曲度平稳，后缘中央前有 1 大齿形毛簇；M_2 脉从横脉中央伸出，M_1+R_{2-5} 脉共柄，从中室上角伸出；无径副室。后翅 M_2 脉从横脉上方伸出，M_1+Rs 脉共柄短，不超过脉长的 1/3。

分布：古北区、东洋区。世界已知种，中国记录 11 种，浙江分布 2 种。

（484）侧带内斑舟蛾 *Peridea lativitta* (Wileman, 1911)（图版 XXXII-12，13）

Notodonta lativitta Wileman, 1911c: 292.

Peridea lativitta: Kiriakoff, 1963: 284.

主要特征：前翅长：30 mm。头和胸部背面灰褐色，领片和肩片边缘暗褐色。腹部背面灰褐带赭黄色。前翅灰褐色，齿形毛簇黑色；从基部沿臀褶到亚缘线有 1 条赭黄色宽带；亚基线和内线较清晰，暗红褐色，亚基线从前缘伸至 A 脉呈双齿形曲，内线锯齿形，内衬灰白边；中点暗褐色，周围灰白色；中点上方的前缘有 1 模糊暗灰褐色斑点；外线暗褐色锯齿形，在前、后缘较清晰，外衬灰白边；亚缘线模糊，外衬灰白边；缘线细，暗褐色。后翅灰白色，后缘浅灰褐色，前缘灰褐色；雌蛾有 1 条不清晰的灰褐色外带；缘线细，暗褐色；缘毛灰白色。

分布：浙江（德清）、河南、陕西、湖北、四川；朝鲜半岛。

（485）厄内斑舟蛾 *Peridea elzet* Kiriakoff, 1963（图版 XXXII-14）

Peridea elzet Kiriakoff, 1963: 285.

主要特征：前翅长：雄 22–26 mm。头和胸部背面灰褐色，肩片边缘黑色。腹部背面灰褐色。前翅暗灰褐带暗红色，齿形毛簇黑褐色；4 条横线暗红褐色：亚基线双齿形曲，两侧衬浅黄色边；内线波浪形，其中中央的弧度最大，内侧衬浅黄色边；外线锯齿形，前缘一段较显著，外侧衬浅黄色边；中点暗红褐色，周围衬浅黄色边；亚缘线模糊，由 1 列脉间暗红褐色点组成；缘线细，暗褐色。后翅灰褐色，前缘和外缘色较暗，后缘带黄褐色；外线和亚缘线模糊，灰白色；缘线细，黑褐色；缘毛浅灰黄色。雄性外生殖器（图 185）：钩形突粗壮，末端圆；颚形突粗壮；抱器背骨化强，亚端部向外凸出，内侧形成 1 指状突；抱器背末端膨大呈圆形；阳茎端部一侧形成刺突，另一侧近方形。

分布：浙江（临安、磐安）、辽宁、北京、山西、河南、陕西、甘肃、江苏、湖北、江西、湖南、福建、四川、云南；朝鲜半岛，日本。

267. 同心舟蛾属 *Homocentridia* Kiriakoff, 1967

Homocentridia Kiriakoff, 1967, *in* Wytsman, 1967a: 144. Type species: *Fentonia concentrica* Oberthür, 1911.

Khasidonta Kiriakoff, 1968, *in* Wytsman, 1968: 175. Type species: *Notodonta picta* Hampson, 1900.

主要特征：雄蛾触角短单栉齿形具毛簇或锯齿形；有喙；下唇须斜向上伸过额中央。后足胫节有 2 对距。腹部前 1/4 背面具 1 基毛簇。前翅稍大，前缘近于直，近翅顶处微拱，翅顶圆，外缘很斜、曲度小，臀角不明显，后缘中央之前有 1 大而短的齿形毛簇；CuA_1 脉和 M_3 脉出发点距离较宽，M_2 脉从横脉中央伸出，具狭长径副室，M_1 脉从中室上角伸出，R_5 脉和 R_{2+3+4} 脉同出于径副室顶角。后翅翅顶圆，M_2 脉从横脉中央稍上方伸出，M_1+Rs 脉共柄短，约为脉长的 1/4。

分布：东洋区。世界已知 2 种，中国记录 2 种，浙江分布 1 种。

（486）同心舟蛾 *Homocentridia concentrica* (Oberthür, 1911)（图版 XXXII-15）

Fentonia concentrica Oberthür, 1911b: 336.

Homocentridia concentrica: Kiriakoff, 1967, *in* Wytsman, 1967a: 144.

主要特征：前翅长：雄 20–23 mm，雌 25–26 mm。雌雄触角均锯齿形。头和胸部背面暗褐混有灰白色。腹部背面灰褐色。前翅宽大，前缘较直，顶角圆，外缘浅弧形倾斜，臀角不明显，后缘中部内侧凸出，有 1 大而短的齿形毛簇；翅面暗灰褐色，中央泛紫色；亚基线不清晰，深锯齿形，下端仅达 A 脉，黑褐色具灰白边；中线黑褐色，双线平行，呈不规则波浪形，在臀褶处呈 1 锐角曲，其内侧衬 1 黑褐色斑，从前缘中央之前伸达后缘齿形毛簇基部；外线双线，内侧一条黑褐色，从前缘中央至 CuA_2 脉呈弧形曲，随后呈微波状斜向内伸达后缘中央齿形毛簇之前，外侧一条灰白色，两侧衬黑褐色细边，但上端不达前缘，其余部分几乎与内侧一条平行；外线外侧的翅脉上有 1 列白黑相接的点；亚缘线由 1 列模糊的脉间灰白色点组成；缘线很不清晰，只有在 CuA_1 脉以后一段隐约可见，黑褐色，很细。后翅深灰褐色。

分布：浙江（临安）、河南、陕西、甘肃、江苏、湖北、江西、湖南、福建、四川、云南。

268. 半齿舟蛾属 *Semidonta* Staudinger, 1892

Semidonta Staudinger, 1892a: 358. Type species: *Drymonia biloba* Oberthür, 1880.

Sinodonta Kiriakoff, 1967, *in* Wytsman, 1967a: 107. Type species: *Semidonta bidens* Oberthür, 1914.

主要特征：雄触角双栉形，分枝接近末端，雌触角线形；喙中等；下唇须斜向上伸至额中央；复眼无毛。胸背具脊形毛簇；后足胫节有 2 对距。前翅长，前缘外半部略拱，外缘斜、曲度平稳，后缘中央内侧有 1 大齿形毛簇；M_2 脉从横脉中央伸出；具径副室；M_1 脉从径副室下缘近基部伸出，R_5 脉和 R_{2+3+4} 脉同出于径副室顶角。后翅 M_2 脉从横脉中央稍上方伸出，M_1+Rs 脉共柄短，约为 M_1 脉长的 1/3。

分布：古北区、东洋区。世界已知 3 种，中国记录 2 种，浙江分布 1 种。

（487）大半齿舟蛾 *Semidonta basalis* (Moore, 1865)（图版 XXXII-16）

Notodonta basalis Moore, 1865: 813.

Semidonta bidens Oberthür, 1914: 59.

Semidonta basalis: Schintlmeister, 1992: 118.

主要特征：前翅长：21–26 mm。头和领片暗紫褐色，胸部背面灰褐色，脊形毛簇末端和胸部背面中央暗紫褐色。腹部灰褐色。前翅长，外缘浅弧形倾斜，微波曲，后缘中央内侧略凸，有 1 大黑色齿形毛簇；翅面从基部到外线暗紫褐色，其余灰褐色；中室下从基部到内线有 1 淡赭黄色斑，外边为内线所包围，似呈二叶形；内线模糊，灰白色，两侧衬黑褐边；外线黑褐色，外衬灰白边，从前缘到 M_3 脉几乎垂直，随后在 CuA_2–M_3 脉间呈钝角外曲，以后内弯伸达齿形毛簇外侧；外线外侧有 1 列在脉上的黑褐色点；中点不清晰，黑褐色；亚缘线为 1 模糊的暗褐色带，波浪形，外衬灰白边；缘线细，黑褐色微波浪形。后翅深灰褐色，有 1 模糊的浅色中带。

分布：浙江（临安）、河南、陕西、甘肃、湖北、江西、湖南、福建、台湾、广东、海南、广西、四川、云南；印度，尼泊尔，越南，泰国。

269. 冠舟蛾属 *Lophocosma* Staudinger, 1887

Lophocosma Staudinger, 1887: 222. Type species: *Lophocosma atriplaga* Staudinger, 1887.

主要特征：雄蛾触角双栉形，雌蛾线形。胸背具冠形毛簇；喙不发达；下唇须斜向上伸到额中央；复眼具毛。后足胫节有 2 对距。腹部约有 1/3 伸过后翅臀角。前翅长，前缘直，翅顶略圆，外缘斜、曲度小，微波浪形；M_2 脉从横脉中央伸出；M_1 脉从中室上角伸出；具径副室，R_5 脉和 $R_{2\text{-}4}$ 脉同出于径副室顶角。后翅外缘微波浪形，M_2 脉从横脉中央上方伸出，M_1+Rs 脉共柄不超过 M_1 脉长的 1/2。

分布：古北区。世界已知 4 种，中国记录 3 种，浙江分布 2 种。

（488）中介冠舟蛾 *Lophocosma intermedia* Kiriakoff, 1963（图版 XXXII-17）

Lophocosma intermedia Kiriakoff, 1963: 280.

Lophocosma rectangula Yang, 1995b: 333.

Lophocosma recurvata Yang, 1995b: 334.

主要特征：前翅长：雄 24–26 mm，雌 29–31 mm。与弯臂冠舟蛾 *L. nigrilinea* 极为相似，但本种前翅前缘内线的黑点距离弯臂较远，通常远于其与亚基线黑点的距离；黑点下方的灰白色较多。而弯臂冠舟蛾内线的黑点距离弯臂较近，通常近于其与亚基线黑点的距离；黑点下方的灰白色较少。

分布：浙江（临安、庆元）、河南、陕西、甘肃、湖北、湖南、云南。

（489）弯臂冠舟蛾 *Lophocosma nigrilinea* (Leech, 1899)（图版 XXXII-18）

Stauropus nigrilinea Leech, 1899: 216.

Lophocosma curvatum Gaede, 1933: 177.

Lophocosma nigrilinea: Schintlmeister, 1992: 122.

主要特征：前翅长：雄 22–26 mm，雌 29–31 mm。头和领片暗红褐色至黑褐色。胸部背面灰白掺有淡褐色；腹部背面灰褐色至黑褐色。前翅长，前缘直，顶角圆，外缘略呈浅弧形，倾斜，臀角明显，后缘内 1/3 处略凸。前翅灰褐色，基半部密布灰白色鳞片；5 条暗褐色横线在前缘均呈不同大小的斑，其中以中线的最大，它在到达中室下角时呈钝角状向外拐，直达外缘，形成 1 条弯臂状黑带；基线不清晰，波浪形；内线波浪形，不清晰；外线锯齿形，但在脉上一点较可见，外衬 1 列灰白点；亚缘线为 1 模糊的波浪形宽带，向内扩散可达中线；脉间缘毛末端灰白色。后翅深灰褐色；缘毛同前翅。

分布：浙江（临安）、北京、山西、河南、陕西、甘肃、湖北、台湾、四川。

270. 新林舟蛾属 *Neodrymonia* Matsumura, 1920

Neodrymonia Matsumura, 1920: 143. Type species: *Phalera delia* Leech, 1888.

主要特征：雄触角单栉齿形具毛簇、锯齿形或双栉形，雌触角线形；喙弱；下唇须短，斜向上伸不过额中央。后足胫节有 2 对距。前翅前缘直，近翅顶微拱，翅顶稍尖，外缘斜、曲度平稳；M_2 脉从横脉上方伸出，M_1+$R_{2\text{-}5}$ 脉从中室上角伸出，无径副室。后翅 M_2 脉同前翅，M_1+Rs 脉共柄短，约为脉长的 1/8。

分布：东洋区。世界已知 20 种，中国记录 15 种，浙江分布 3 种。

分种检索表

1. 前翅亚缘线在脉间呈月牙形……朝鲜新林舟蛾 ***N. coreana***
- 前翅亚缘线在脉间呈短纹状……2
2. 前翅亚缘线内衬灰白色……连点新林舟蛾 ***N. seriatopunctata***
- 前翅亚缘线不内衬灰白色……安新林舟蛾 ***N. anna***

（490）朝鲜新林舟蛾 *Neodrymonia coreana* Matsumura, 1922（图版 XXXIII-1）

Neodrymonia coreana Matsumura, 1922: 522.

主要特征：前翅长：19–20 mm。头部和胸部灰带褐色，领片后缘和肩片边缘黑色。腹部背面浅灰褐色，前 3 节带黄褐色，基毛簇黑色；腹面灰白色。前翅狭长，前缘直，顶角稍尖，外缘浅弧形，倾斜较少，臀角明显；翅面银灰带紫色，具褐色雾点；从基部到亚基线的 A 脉上有 1 条黑纹；亚基线、内线和外线黑色双线：亚基线只有前半段清晰，在臀褶上呈锐角外折并向外延伸与内线连接；内线直向外斜伸；亚基线与内线间的前半部灰褐色；外线波浪形，在 CuA_1-R_5 脉间呈深弧形内曲，在臀褶上呈小齿形内曲；外线外侧衬灰褐色影状宽带，其中从前缘近顶角到 M_3 脉较宽较浓，近三角形；内线、外线间的前缘上有 2 条模糊的灰褐色斜纹；中点为黑色月牙形点；亚缘线由脉间月牙形黑线组成。后翅褐色。

分布：浙江（德清、四明山、余姚、庆元）、山东、甘肃、江苏、湖南、福建、广东、四川、云南；朝鲜半岛。

（491）连点新林舟蛾 *Neodrymonia seriatopunctata* (Matsumura, 1925)（图版 XXXIII-2）

Disparia seriatopunctata Matsumura, 1925b: 394.

Neodrymonia seriatopunctata: Schintlmeister, 1992: 130

Disparia lunulata Yang, 1995c: 161.

别名：新月迥舟蛾。

主要特征：前翅长：雄 19–20 mm。触角黄褐色，基部有白色长毛；下唇须褐色；头部和领片暗红褐色，领片后缘具暗边。胸部背面灰褐掺有红褐色。腹部背面灰红褐色，末端较灰色，基毛簇褐色。前翅灰黄白色，斑纹黑褐色；亚基线向外斜曲；内线为不规则波曲双线，向外倾斜；亚基线与内线内侧之间黑褐色；内线外侧在中室之间具 1 小黑点；中点为 1 黑色短纹；中线为波曲双线，仅在近前缘清楚；外线为波曲双线，外线外侧至亚缘线内侧在前缘形成 1 黑色大斑，向后延伸至 CuA_1 脉，近三角形；亚缘线由 1 列脉间短纹组成，内衬灰白色；缘毛在脉端黑色，其余灰白色。后翅灰褐色。

分布：浙江（临安、开化）、河南、陕西、湖南、台湾、海南；印度，尼泊尔，越南，泰国。

（492）安新林舟蛾 *Neodrymonia anna* Schintlmeister, 1989（图版 XXXIII-3）

Neodrymonia anna Schintlmeister, 1989: 110.

主要特征：前翅长：24 mm。触角黄褐色，基部有白色长毛；下唇须褐色；头部和领片暗红褐色，领片后缘具暗边。胸部背面灰褐掺有红褐色，肩片末端暗褐色。腹部背面灰红褐色，末端较灰色，基毛簇褐色。前翅灰黄色，斑纹黑色：亚基线向外弯曲；内线呈不规则的波浪形；亚基线与内线之间黑色；中点为黑色短纹；中线黑褐色，模糊；外线为黑色双线，波浪形，外侧在前缘与近顶角之间具 1 大黑褐色斑，向后延伸至翅中部；亚缘线由 1 列脉间短纹组成；缘毛在脉端黑褐色，其余灰白色。后翅红褐色至深褐色。

分布：浙江（景宁、温州）、湖北、湖南、福建、广东、广西、四川；朝鲜半岛。

271. 夙舟蛾属 *Pheosiopsis* Bryk, 1949

Pheosiopsis Bryk, 1949b: 33. Type species: *Pheosiopsis niveipicta* Bryk, 1949.

主要特征：雄触角锯齿形，内半段具毛簇，雌触角线形；喙弱；下唇须饰长毛，向上伸至额中央。后足胫节有 2 对距。腹部粗钝。前翅窄，近长三角形，前缘外半部拱，翅顶尖，外缘斜而近于直，臀角明显；M_2 脉从横脉中央伸出，M_1+$R_{2\text{-}5}$ 脉共柄从中室上角伸出，无径副室。后翅 M_2 脉从横脉中央伸出，M_1+Rs 脉共柄，约为脉长的 2/5。

分布：古北区、东洋区。浙江分布 2 种。

（493）噶夙舟蛾 *Pheosiopsis gaedei* Schintlmeister, 1989（图版 XXXIII-4）

Pheosiopsis gaedei Schintlmeister, 1989: 111.

主要特征：前翅长：21–24 mm。头、胸部和腹背末端灰白与褐色混杂，领片后缘和肩片边缘较暗。腹部背面黄褐色，腹面浅灰黄色。前翅灰白色带淡黄绿色，散布许多红褐色雾点；翅基部至内线在 A 脉上具 1 黑色纵纹；翅面斑纹黑褐色，模糊；内线向外弯曲，弧形；中点粗直，内衬灰白边；外线为锯齿形双线，两线之间灰白色；亚缘线和缘线各由 1 列脉间黑褐色点组成。后翅灰褐色。

分布：浙江（临安）、河南、陕西、湖北、湖南、云南；越南。

（494）喜夙舟蛾秦岭亚种 *Pheosiopsis cinerea canescens* (Kiriakoff, 1963)（图版 XXXIII-5）

Suzukia cinerea canescens Kiriakoff, 1963: 266.

Pheosiopsis cinerea canescens: Schintlmeister & Fang, 2001: 76.

主要特征：前翅长：21–23 mm。头、胸部和腹背末端灰白和褐色混杂，领片后缘和肩片边缘较暗。腹部背面黄褐色，腹面浅灰黄色。前翅窄，近长三角形，前缘外半部拱，顶角钝圆，外缘浅弧形倾斜，臀角明显，后缘中部内侧有弱小齿形毛簇；翅面灰白色，散布许多褐色雾点；A 脉前方有 1 条较粗的黑纹从基部伸至内线；所有横线不清晰，黑褐色；亚基线在前缘下仅见 1 齿形点；内线和外线双线锯齿形，内线呈肘形曲，外线仅在脉上的齿形点较可见，其中靠外面一条在 CuA_1、CuA_2 和 M_3 脉上的点较长，双线中间灰白色，在 CuA_2、M_3 脉上分别呈近直角形曲；中点粗黑色，其外、前方有 3–4 个黑褐色点；亚缘线和缘线各由 1 列脉间黑褐色点组成；缘线黑点近长方形。后翅深褐色。

分布：浙江（临安）、北京、山西、河南、陕西、甘肃、湖北、湖南、四川、云南。

272. 霭舟蛾属 *Hupodonta* Butler, 1877

Hupodonta Butler, 1877a: 475. Type species: *Hupodonta corticalis* Butler, 1877.

主要特征：雄触角双栉形，分枝到末端，雌触角线形；下唇须粗，上举达头顶。后足胫节有 2 对距。前翅狭长，前缘在顶角前稍拱，顶角较尖；外缘斜，弧形拱；臀角钝圆；后缘直，无齿形突；M_2 脉出自横脉中央，M_1 脉与 R_5 脉共柄；后翅 M_2 脉同前翅，M_1 与 Rs 脉共柄较长，达脉长的 1/4。

分布：古北区、东洋区。世界已知 4 种，中国记录 4 种，浙江分布 1 种。

（495）皮霭舟蛾 *Hupodonta corticalis* Butler, 1877（图版 XXXIII-6，7）

Hupodonta corticalis Butler, 1877a: 475.

Hupodonta pulcherrima pallida Okano, 1959b: 38.

主要特征：前翅长：26–31 mm。触角基部的毛簇及触角干的颜色与头部的颜色相同；头部赭黄色至黄白色。胸部赭黄色至黄白色。腹部黄褐色至黄白色，基毛簇褐色。前翅狭长，顶角钝圆，外缘斜，微波曲，臀角圆，后缘中部内侧略隆起，齿形突十分弱小；翅面黄白色至乳白色，散布黄褐色鳞片；内线内褐色锯齿状，但只在前缘明显；中线黄褐色，模糊；外形锯齿状，仅齿尖明显；亚缘线微波状，黄白色内衬黄黑褐色；亚缘线以外的部分褐色；缘线暗褐色。后翅褐色，有暗色的外线和浅色的亚缘线；臀角黑褐色。

寄主：山樱花 *Prunus serrulata* var. *spontanea*。

分布：浙江（临安）、河南、陕西、甘肃、湖北、湖南、福建、台湾、云南；俄罗斯，朝鲜半岛，日本。

（六）羽齿舟蛾亚科 Ptilodoninae

273. 羽舟蛾属 *Pterostoma* Germar, 1812

Pterostoma Germar, 1812: 42. Type species: *Pterostoma salicis* Germar, 1812.

Euchila Billberg, 1820: 84. Type species: *Phalaena palpina* Clerck, 1759.

Orthorinia Boisduval, 1828: 56. Type species: *Phalaena palpina* Clerck, 1759.

Ptilodontis Stephens, 1828: 28. Type species: *Phalaena palpina* Clerck, 1759.

Epiptilodontis Kiriakoff, 1963: 256. Type species: *Epiptilodontis pterostomina* Kiriakoff, 1963.

主要特征：雄蛾触角长双栉形，雌蛾分枝比雄蛾稍短；喙弱；下唇须非常粗长，约与胸部等长，斜向上伸过头顶。胸背中央具冠形毛簇；后足胫节有 2 对距。雄蛾腹末具臀毛簇。前翅长，前缘几乎直，翅顶尖；外缘锯齿形，较斜，曲度平稳；后缘中央具月牙形缺刻，两侧各有 1 个大梳形毛簇；M_2 脉从横脉中央伸出；M_1 脉从中室上角伸出；具长大的径副室；R_5 脉和 R_{2+3+4} 脉同出于径副室顶角。后翅半圆形，外缘微波浪形；M_2 脉同前翅，M_1+Rs 脉共柄短，不超过 M_1 脉长的 1/4。幼虫圆柱形，身体光滑，从第 2 胸节背面开始有 4 列颗粒状突起，侧面有 2 列比颗粒突起小的瘤，幼虫静止时头部平直向前，不特别翘起。

分布：古北区。世界已知 10 种左右，中国记录 6 种，浙江分布 1 种。

（496）槐羽舟蛾 *Pterostoma sinicum* Moore, 1877（图版 XXXIII-8）

Pterostoma sinicum Moore, 1877a: 91.

Pterostoma grisea Graeser, 1888: 145.

别名：白杨天社蛾、中华杨天社蛾、国槐羽舟蛾。

主要特征：前翅长：雄 27–31 mm，雌 33–39 mm。头和胸部稻黄色带褐色，领片前、后缘褐色。腹部背面暗灰褐色，末端黄褐色。腹面淡灰黄色，中央有 4 条暗褐色纵线。前翅长，顶角尖，外缘锯齿形，较斜，后缘中央具月牙形缺刻，两侧各有 1 个大梳形毛簇；翅面稻黄褐色至灰黄白色，后缘梳形毛簇暗褐色至黑褐色，其中内面的 1 个较显著；翅脉黑褐色，脉间具褐色纹；亚基线、内线和外线暗褐色，双线锯齿形；亚基线深双齿形曲；内线前半段不清晰，后半段尤其在内梳形毛簇基部可见；外线在 R_{2+3+4} 脉共柄处几乎呈直角形曲，以后呈弧形外曲伸达后缘缺刻外方；内线、外线之间有 1 条模糊的暗褐色影状带；外线与顶角之间的前缘有 3–4 个灰白色斜点；亚缘线由 1 列脉间暗褐色点组成，每点内衬灰白边；缘线由脉间弧形线组成；脉端缘毛稻黄色，其余黄褐色。后翅浅褐色至黑褐色，后缘和基部稻黄色；外线为 1 模糊的稻黄色带；缘线暗褐色；脉端缘毛和缘毛末端稻黄色。

寄主： 槐 *Sophora japonica*、刺槐 *Robinia pseudoacacia*、多花紫藤 *Wisteria floribunda*、朝鲜槐 *Maackia amurensis*。

分布： 浙江（临安）、辽宁、北京、河北、山西、山东、河南、陕西、甘肃、江苏、上海、安徽、湖北、江西、湖南、福建、广西、四川、云南、西藏；俄罗斯，朝鲜半岛，日本。

274. 羽齿舟蛾属 *Ptilodon* Hübner, 1822

Ptilodon Hübner, 1822: 15. Type species: *Phalaena camelina* Linnaeus, 1758 = *Phalaena capucina* Linnaeus, 1758.

Lophopteryx Stephens, 1828: 26. Type species: *Phalaena camelina* Linnaeus, 1758.

Fusapteryx Matsumura, 1920: 146. Type species: *Lophopteryx ladislai* Oberthür, 1879.

Ptilodontella Kiriakoff, 1967, *in* Wytsman, 1967a: 176. Type species: *Bombyx cucullina* Denis *et* Schiffermüller, 1775.

主要特征： 雄蛾触角单栉齿形或锯齿形具毛线簇；喙不发达；下唇须短，斜向上伸至额中央。胸背具冠形毛簇，后足胫节有 2 对距。腹部短，雄蛾端部两侧具毛簇。前翅直，翅顶钝，外缘斜、曲度稍大，波浪形，后缘中央有 1 大齿形毛簇；M_2 脉从横脉中央伸出；有短径副室；M_1 脉从径副室下缘近基部伸出；R_5 脉和 $R_{2\text{-}4}$ 脉同出于径副室顶角。后翅 M_2 脉同前翅，M_1+Rs 脉共柄短，约为 M_1 脉长的 1/3；后翅臀角色暗而有 1 条白线。

分布： 古北区、东洋区。世界已知 20 余种，中国记录 12 种，浙江分布 1 种。

（497）绚羽齿舟蛾 *Ptilodon saturata* (Walker, 1865)（图版 XXXIII-9）

Lophopteryx saturata Walker, 1865: 415.

Ptilodon saturata: Kiriakoff, 1968: 232.

主要特征： 前翅长：18–24 mm。雄触角锯齿形具毛簇。体背红褐色。前翅宽阔，前缘直，顶角钝，外缘波浪形，后缘中央有 1 大齿形毛簇；翅面暗红褐色，所有横线黑色；亚基线双波形曲，从前缘伸至 A 脉；内线锯齿形；外线双线微锯齿形，其中以 M_3、M_1 和 R_5 脉上的齿形曲较向外凸出，内侧一条较粗，外侧一条模糊影状，外侧衬明亮边并有 1 列在脉上的灰白点；从外线到顶角的前缘上有 3 个灰白点；中点不清晰；亚缘线锯齿形，为 1 模糊的宽带；缘线细，明亮。后翅灰褐色，臀角具黑斑，其上有 2 条灰白色短线横过；缘线同前翅。

分布： 浙江（临安）、吉林、北京、河北、河南、陕西、甘肃、四川、云南；印度北部，不丹，尼泊尔，缅甸，越南。

275. 小掌舟蛾属 *Microphalera* Butler, 1885

Microphalera Butler, 1885: 119. Type species: *Microphalera grisea* Butler, 1885.

主要特征： 雄触角双栉形，分枝到末端，雌触角线形；下唇须很小，前伸；复眼无毛。后足胫节有 2 对距。前翅三角形，前缘微拱，顶角较尖，外缘弧形，后缘有小梳形毛簇；无径副室；M_2 脉出自横脉中央。后翅 M_2 脉出自横脉中央，M_1 与 Rs 脉共柄长，约占脉长的 1/2。

分布：古北区。世界已知 1 种，中国记录 1 种，浙江分布 1 种。

（498）灰小掌舟蛾中国亚种 *Microphalera grisea vladmurzini* (Schintlmeister, 2008)（图版 XXXIII-10）

Ptilodon grisea vladmurzini Schintlmeister, 2008: 311.

Microphalera grisea vladmurzini: Hideki & Masaru, 2016: 32.

主要特征：前翅长：雄 17 mm，雌 20–21 mm。头部和胸部灰白色与褐色混杂。腹部赭褐色。前翅较宽，顶角钝圆，外缘弧形微波曲，后缘中部内侧有小齿形毛簇；翅面灰白色，散布褐色鳞片；中室内和顶角下前方各有 1 条黑色纵纹；内线灰白色波状，两侧衬有黑点；外线锯齿形，两侧衬黑点边；缘线由小黑点组成；缘毛灰色与褐色相间。后翅褐色；脉端缘毛灰白色，其余褐色。

分布：浙江（临安）、山西、陕西、甘肃、四川。

276. 冠齿舟蛾属 *Lophontosia* Staudinger, 1892

Lophontosia Staudinger, 1892a: 361. Type species: *Odontosia cuculus* Staudinger, 1887.

Olophontosia Yang *et* Lee, 1978, *in* Yang, 1978: 502. Type species: *Lophontosia draekei* Bang-Haas, 1927.

主要特征：雄触角双栉形，分枝到顶端；喙不发达；下唇须斜向前伸过额中央。后足胫节有 2 对距。腹部短，末端刚好伸过后翅臀角。前翅稍宽短，前缘直，近翅顶略拱；外缘斜、曲度平稳，波浪形；后缘中央有 1 大齿形毛簇；M_2 脉从横脉中央伸出；无径副室；M_1 脉和 $R_{2\text{-}5}$ 脉同出于中室上角。后翅宽，M_2 脉从横脉中央上方伸出，M_1+Rs 脉共柄短，约为 M_1 脉长的 1/6。

分布：古北区、东洋区。世界已知 30 余种，中国记录 6 种，浙江分布 1 种。

（499）冠齿舟蛾 *Lophontosia cuculus* (Staudinger, 1887)（图版 XXXIII-11）

Odontosia cuculus Staudinger, 1887: 226.

Lophontosia cuculus: Kiriakoff, 1967, *in* Wytsman, 1967a: 192.

主要特征：前翅长：雄 16 mm。头和胸部背面暗褐色，肩片灰褐色。腹部暗灰褐色。前翅深褐色，内线、外线之间颜色略深；齿形毛簇灰黑色；亚基线波浪形，模糊；内线波浪形，外衬浅色边，以后缘附近最明显；外线锯齿形；亚缘线为 1 条模糊的灰带，其中在 M_1、M_3 脉端部各呈 1 大齿形曲。后翅灰褐色，臀角黑斑上有 2 条白色的短横线。

分布：浙江（临安）、黑龙江、吉林、山西、河南、陕西、江苏；俄罗斯，朝鲜半岛，日本。

277. 怪舟蛾属 *Hagapteryx* Matsumura, 1920

Hagapteryx Matsumura, 1920: 149. Type species: *Lophopteryx admirabilis* Staudinger, 1887.

Margaropsecas Kiriakoff, 1963: 289. Type species: *Margaropsecas margarethae* Kiriakoff, 1963.

主要特征：雄触角锯齿形，雌触角线形；喙中等；下唇须短，向前仅伸过额。胸部背面无冠形毛簇。后足胫节有 2 对距。腹部稍长，末端约有 1/3 伸过后翅臀角。前翅稍狭长，前缘外半部微拱，翅顶钝；外缘较斜而曲度小，锯齿形；后缘中央有 1 枚大齿形毛簇；M_2 脉从横脉中央稍下方伸出，M_1 脉从中室上角伸出，具径副室，R_5 脉和 $R_{2\text{-}4}$ 脉同出于径副室顶角。后翅 M_2 脉从横脉中央伸出；M_1+Rs 脉共柄长，约为

M_1 脉长的 1/2，后翅 CuA_1 与 M_3 同出一点。

分布：古北区、东洋区。世界已知 6 种，中国记录 6 种，浙江分布 1 种。

（500）岐怪舟蛾 *Hagapteryx mirabilior* (Oberthür, 1911)（图版 XXXIII-12）

Lophopteryx mirabilior Oberthür, 1911b: 324.

Hagapteryx kishidai Nakamura, 1978: 213.

Hagapteryx mirabilior: Schintlmeister, 1992: 151.

主要特征：前翅长：雄 18–20 mm，雌 22 mm。雄触角锯齿形，齿端略向两侧扩展，雌触角线形。头和胸部暗红褐色，肩片有 2 条模糊的暗纹。腹部黄褐色。前翅狭长，顶角钝，外缘倾斜，锯齿形，后缘中央有 1 枚大齿形毛簇；翅面暗红褐色，较窄，所有横线灰白色衬暗边；基线不清晰，从前缘斜伸至 A 脉，在中室下向外弯曲；亚基线呈不规则的锯齿形向外斜伸；内线、外线和亚缘线的前缘部分较明亮而粗；内线锯齿形伸达后缘齿形毛簇中央；外线锯齿形，从前缘到 CuA_2 脉近基部呈弧形曲，随后斜伸达后缘齿形毛簇外侧；中点较宽大，月牙形，暗红褐色具灰白边，其内侧有 1 大的肾形纹，暗红褐色具灰白边；亚缘线只有从前缘到 M_2 脉一段可见，在 R_5 脉上呈内齿形曲；缘线细锯齿形。后翅灰褐色，后缘带黄褐色，臀角缘毛暗红褐色；A 脉缘毛呈尖齿形凸出；外线模糊暗灰色。

分布：浙江（临安、温州）、吉林、北京、陕西、甘肃、湖北、江西、湖南、福建、四川、云南；俄罗斯，朝鲜半岛，日本，越南。

278. 扁齿舟蛾属 *Hiradonta* Matsumura, 1924

Hiradonta Matsumura, 1924: 31, 36. Type species: *Hiradonta takaonis* Matsumura, 1924.

主要特征：雄蛾触角基部 2/3 锯齿形，端部 1/3 线形，雌触角线形；喙退化；下唇须短，斜向上伸不到额中央；复眼具毛。胸部背面无冠形毛簇。后足胫节有 2 对距。腹部长，约有 1/3 伸过后翅臀角。前翅宽；前缘直，近翅顶处微拱；翅顶略尖；外缘斜、曲度小，微锯齿形；后缘中央具齿形毛簇；M_2 脉从横脉中央伸出，具径副室；M_1 脉从中室上角或径副室后缘近基部伸出，R_5 脉和 R_{2+3+4} 脉同出于径副室顶角。后翅 M_1+Rs 脉共柄短，约为 M_1 脉长的 1/6。

分布：古北区、东洋区。世界已知 4 种，中国记录 4 种，浙江分布 1 种。

（501）白纹扁齿舟蛾 *Hiradonta hannemanni* Schintlmeister, 1989（图版 XXXIII-13）

Hiradonta hannemanni Schintlmeister, 1989: 113.

主要特征：前翅长：22–24 mm。雄触角锯齿形，雌触角线形。头部和领片暗褐色。胸部背面暗褐色，肩片黄褐色。腹部黄褐色，基毛簇暗褐色。前翅宽，前缘直，顶角略尖，外缘略呈浅弧形，倾斜较少，后缘中央具齿形毛簇；翅面黑褐色，后缘和顶角斑黄褐色；内线、外线黑褐色锯齿形，横过后缘黄褐色一段较可见；外线锯齿形较深，从前缘沿顶角斑内边向内弯曲，至 M_3 脉后向内斜伸达后缘齿形毛簇前方；内线、外线间的后缘部分略带灰褐色；外线外 M_2-M_3 脉间黄褐色，M_3-R_4 每脉间各有 1 模糊的黑褐色纵纹；中点黑褐色；脉端缘毛黄褐色，其余暗褐色。后翅灰黄褐色；外线模糊，灰褐色；缘毛同前翅。

分布：浙江、北京、河南、陕西、甘肃、湖北、江西、四川、云南、西藏。

279. 亥齿舟蛾属 *Hyperaeschrella* Strand, 1916

Hyperaeschrella Strand, 1916: 154. Type species: *Hyperaeschrella kosemponica* Strand, 1916 = *Hyperaeschra nigribasis* Hampson, 1892.

Kumataia Kiriakoff, 1967b: 56. Type species: *Kumataia producta* Kiriakoff, 1967.

Polyaeschra Kiriakoff, 1967b: 60. Type species: *Hyperaeschra dentata* Hampson, 1892.

主要特征：雄触角双栉形，分枝到 3/4，雌触角线形；喙退化；下唇须上举，中等粗，卵形，末节隐藏。后足胫节有 2 对距。腹部有短的基毛簇。前翅窄；前缘端部 1/3 微拱；顶角宽圆；外缘斜而拱；臀角很钝；后缘有小的齿形突；M_2 脉出自横脉中央，有短径副室；M_1 脉出自径副室近基部，$R_{2+3+4+5}$ 脉从径副室顶角分出。后翅 M_2 脉弱，出自横脉中央；M_1 和 Rs 脉共柄短，约为脉长的 1/4。

分布：东洋区。世界已知 4 种，中国记录 1 种，浙江分布 1 种。

（502）双线亥齿舟蛾 *Hyperaeschrella nigribasis* (Hampson, 1892)（图版 XXXIII-14，15）

Hyperaeschra nigribasis Hampson, 1892: 165.

Hyperaeschrella nigribasis: Schintlmeister & Fang, 2001: 90.

主要特征：前翅长：雄 21 mm，雌 27 mm。头部暗褐色，领片、冠形毛簇末端和后胸背中央黑褐色，领片后缘具淡黄褐色边；胸部背面淡黄褐色，肩片内缘具黑褐色边。腹部暗灰褐色。前翅略狭长，顶角圆，外缘浅弧形微波曲，倾斜，后缘有小齿形突；前翅暗灰褐色，后缘和外缘部分略带淡黄色；顶角斑不清晰；内线、外线双线黑褐色；内线前半段模糊，后半段较清晰锯齿形，内侧 1 条在臀褶处重叠成 1 松散的黑褐色纹，双道中间淡黄褐色；外线微波浪形，在 M_2 脉处呈近角形曲，内侧 1 条较模糊松散，外侧 1 条外衬淡黄褐色边，尤以前缘部分显著；中点黑褐色，线形；亚缘线淡黄褐色，锯齿形；缘线细，微波浪形。后翅灰褐色。

分布：浙江（德清、临安）、甘肃、湖北、江西、福建、台湾、海南、广西、四川、云南；巴基斯坦，印度，尼泊尔，缅甸，越南，泰国，阿富汗。

280. 异齿舟蛾属 *Hexafrenum* Matsumura, 1925

Hexafrenum Matsumura, 1925b: 400. Type species: *Hexafrenum maculifer* Matsumura, 1925.

Allodontina Kiriakoff, 1974: 409. Type species: *Allodontina apicalis* Kiriakoff, 1974.

主要特征：雄触角双栉形，分枝不到 2/3，端部线形，雌触角线形；喙不太发达；下唇须斜向上伸至近头顶，第 3 节小，前伸。胸背具冠形毛簇；后足胫节有 2 对距。前翅长，前缘微拱；外缘斜、曲度平稳，锯齿形；臀角明显；后缘中央齿形毛簇较大；M_2 脉从横脉中央伸出；$M_1+R_5+R_2+R_4+R_3$ 脉共柄从中室上角伸出；无径副室。后翅 M_1+Rs 脉共柄短，约为 M_1 脉长的 2/5。

分布：东洋区。世界已知约 20 种，中国记录 8 种，浙江分布 1 种。

（503）白颈异齿舟蛾 *Hexafrenum leucodera* (Staudinger, 1892)（图版 XXXIII-16）

Allodonta leucodera Staudinger, 1892a: 357.

Allodonta elongata Oberthür, 1911b: 323.

Hexafrenum leucodera: Sugi, 1980: 184.

主要特征：前翅长：雄 22–24 mm，雌 27 mm。触角基部毛簇、下唇须和额暗红褐色；头顶和领片灰白色，领片后缘黑褐色。胸部背面暗红褐色，肩片基部略带灰白色。腹部背面灰褐色。前翅狭长，外缘倾斜，锯齿形，后缘中央齿形毛簇较大；翅面暗褐色，基部有 1 白点；顶角斑狭长，从顶角到前缘端部 1/3 黄白色，其内脉间具暗褐色纵纹；中室下从基部到外缘近中央的整个后缘区稍带黄白色；内线以内的臀褶上有 2 条红褐色纵纹；横脉到外缘暗红褐色似呈 1 条宽带；内线、外线不清晰暗红褐色，内线双线波浪形，中央断裂，外线锯齿形，后半段较可见；中点暗红褐色。后翅灰褐色。

寄主：栎属 *Quercus* 和栗属 *Castanea*（Fagaceae）；榆属 *Ulmus*（Ulmaceae）；榛属 *Corylus*、鹅耳枥属 *Carpinus* 和桦属 *Betula*（Betulaceae）。

分布：浙江（临安）、黑龙江、吉林、辽宁、北京、山西、河南、陕西、甘肃、湖北、福建、台湾、四川、云南；俄罗斯，朝鲜半岛，日本。

（七）掌舟蛾亚科 Phalerinae

281. 掌舟蛾属 *Phalera* Hübner, 1819

Phalera Hübner, 1819: 147. Type species: *Phalaena bucephala* Linnaeus, 1758.

Acrosema Meigen, 1830: 24. Type species: *Phalaena bucephala* Linnaeus, 1758.

Hammatophora Westwood, 1843, *in* Humphreys & Westwood, 1843: 63. Type species: *Phalaena bucephala* Linnaeus, 1758.

Anticyra Walker, 1855: 1091. Type species: *Anticyra combusta* Walker, 1855.

Dinara Walker, 1856: 1699. Type species: *Dinara lineolata* Walker, 1856.

Horishachia Matsumura, 1929b: 40. Type species: *Horishachia infusca* Matsumura, 1929.

Phaleromimus Bryk, 1949b: 9. Type species: *Phaleromimus albocalceolata* Bryk, 1949.

Erconholda Kiriakoff, 1968, *in* Wytsman, 1968: 220. Type species: *Fentonia mangholda* Schaus, 1928.

主要特征：雄触角常锯齿形具毛簇，雌触角线形；喙不发达；下唇须短，勉强伸过额。后胸背面具竖立横行的毛簇；后足胫节有 2 对距。前翅稍宽，翅顶和臀角圆；顶角大多具掌形斑；外缘斜、曲度平稳，微波浪形；M_2 脉从横脉中央稍上方伸出，具长径副室；M_1 脉从径副室伸出；R_5 脉、R_2 脉和 R_3+R_4 脉或 $R_2+R_3+R_4$ 脉同出于径副室顶角。后翅 CuA_1、M_3 脉同一点伸出；M_2 脉同前翅，M_1+Rs 脉共柄短，约为 M_1 脉长的 1/3。

分布：世界广布。世界已知 50 多种，中国记录 35 种，浙江分布 8 种。

分种检索表

1. 前翅翅面黄白色，无顶角斑 ············ **苹掌舟蛾 *Ph. flavescens***
- 前翅翅面不为黄白色，具顶角斑 ············ 2
2. 前翅顶角斑浅黄白色 ············ 3
- 前翅顶角斑不带黄色调 ············ 7
3. 前翅外线在 M_3 上方深褐色 ············ **迈小掌舟蛾 *Ph. minor***
- 前翅外线在 M_3 上方不为深褐色 ············ 4
4. 前翅顶角斑下缘锯齿状 ············ **脂掌舟蛾 *Ph. sebrus***
- 前翅顶角斑下缘不为锯齿状 ············ 5
5. 前翅外线沿顶角深褐色 ············ **栎掌舟蛾 *Ph. assimilis***
- 前翅外线沿顶角黑色 ············ 6

6. 前翅顶角斑较短 …………………………………………………… 宽掌舟蛾 ***Ph. alpherakyi***
\- 前翅顶角斑较长 …………………………………………………… 拟宽掌舟蛾 ***Ph. schintlmeisteri***
7. 前翅顶角斑下缘白色 ………………………………………………… 壮掌舟蛾 ***Ph. hadrian***
\- 前翅顶角斑下缘不为白色 …………………………………………… 刺槐掌舟蛾 ***Ph. grotei***

（504）苹掌舟蛾 *Phalera flavescens* (Bremer *et* Grey, 1852)（图版 XXXIV-1）

Pygaera flavescens Bremer *et* Grey, 1852: 31.
Trisula andreas Oberthür, 1880: 38.
Phalera flavescens: Mell, 1931: 380.
Phalera flavescens kuangtungensis Mell, 1931: 380.

主要特征：前翅长：雄 16–24 mm，雌 21–32 mm。头部和胸部背面浅黄白色。腹部背面黄褐色。前翅较宽，顶角和臀角圆，外缘略呈浅弧形，微波浪形；翅面黄白色，无顶角斑，有 8 条不清晰的黄褐色锯齿形横线；基部和外缘各有 1 暗灰褐色斑，前者圆形，外衬 1 黑褐色半月形小斑，中间有 1 条红褐色纹相隔，后者为波浪形宽带，从臀角至 M_1 脉逐渐变细，内侧衬半圆形黑斑，黑斑上有暗红褐色波浪形带。后翅黄白色，具 1 条模糊的暗褐色亚端带，其中近臀角一段较明显。雄性外生殖器（图 186）：钩形突长三角形，末端尖锐；颚形突具小齿，端部渐细；抱器背骨化强，近端部膨大拱形，末端具 1 小刺突；阳端基环短，后端中央浅凹入；囊形突中部凹入；阳茎端膜不具角状器。雌性外生殖器（图 336）：前阴片宽大，后缘锯齿状；囊导管两侧骨化，短于囊体；囊体球状；囊片月牙形。

寄主：苹果、杏、梨、桃、李、樱桃、枇杷、海棠、沙果、榆叶梅、椒、栗、榆等。

分布：浙江（长兴、临安、温州）、黑龙江、辽宁、北京、河北、山西、山东、河南、陕西、甘肃、江苏、上海、湖北、江西、湖南、福建、台湾、广东、海南、广西、四川、贵州、云南；俄罗斯，朝鲜半岛，日本，缅甸。

（505）栎掌舟蛾 *Phalera assimilis* (Bremer *et* Grey, 1852)（图版 XXXIV-2）

Pygaera assimilis Bremer *et* Grey, 1852: 30.
Phalera ningpoana Felder, 1862: 37.
Phalera formosicola Matsumura, 1934: 172.
Phalera assimilis: Okano, 1955: 53.

主要特征：前翅长：雄 21–26 mm，雌 23–36 mm。下唇须和额褐色，头顶和领片黄灰白色。胸部背面前半部黄褐色，后半部灰白色；肩片基部和后胸有 2 条暗褐色横线。腹部背面黄褐色，末端两节各有 1 条黑色横带。前翅灰褐色，具银色光泽；前缘色较暗，后缘较灰白；顶角斑浅黄白色，似掌形，有时呈三角形，从翅顶伸至 M_3 脉，斑内脉间具黄褐色纹，该斑在前缘具 3 个黑褐色斜点，斑内缘弧形平滑；亚基线、内线和外线黑褐色；亚基线微波浪形，从前缘伸达 A 脉；内线在中室下缘和 A 脉上凸出呈齿状；中点肾形，黄白色，中央灰褐色；外线沿顶角斑呈弧形曲（此段为深褐色），随后呈波浪形；内线、外线间有 3–4 条不清晰的黑褐色波浪形横线；外线外侧臀角处有 1 黑褐色斑；亚缘线由 1 列模糊的脉间黑褐色点组成；缘线黑褐色；缘毛棕色，脉端色较暗。后翅黑褐色，外线灰白色带状；缘毛在脉端深褐色，其余黄白色。

寄主：麻栎、栓皮栎、柞栎、白栎等栎属植物，以及板栗、榆和白杨。

分布：浙江（德清、临安）、辽宁、北京、河北、山西、河南、陕西、甘肃、江苏、湖北、江西、湖南、福建、台湾、海南、广西、四川、云南；俄罗斯，朝鲜半岛，日本。

（506）宽掌舟蛾 *Phalera alpherakyi* Leech, 1898（图版 XXXIV-3）

Phalera alpherakyi Leech, 1898: 299.

主要特征：前翅长：雄 24–27 mm，雌 31–36 mm。下唇须和额褐色，头顶和领片黄褐色。胸部背面前半部黄褐色，后半部灰白色；肩片基部和后胸有 2 条暗褐色横线。腹部背面黄褐色，各节通常有暗褐色的横带，末端两节尤其明显。前翅灰褐色，具银色光泽；前缘较暗，后缘较灰白；顶角斑浅黄白色，较宽，呈大半圆形，从顶角伸至 M_3 脉，斑内脉间具黄褐色纹，斑前缘有 2–3 个暗褐色斜点，斑内缘弧形平滑；亚基线、内线和外线黑褐色较清晰；亚基线微波浪形，从前缘伸达 A 脉；内线在 A 脉上呈齿形曲；外线沿顶角斑呈弧形曲，随后呈波浪形；内线、外线间有 3–4 条不清晰的黑褐色波浪形横线；外线外侧臀角处有 1 黑褐色斑；中点肾形，黄白色，中央灰褐色；亚缘线由 1 列脉间黑褐色点组成；缘线黑褐色；缘毛红褐色，脉端较暗。后翅暗褐色，具 1 条模糊的灰白色外带；脉端缘毛红褐色，其余黄白色。

分布：浙江（长兴）、北京、山西、陕西、甘肃、江苏、湖北、福建、广西、四川、云南；越南。

（507）拟宽掌舟蛾 *Phalera schintlmeisteri* Wu *et* Fang, 2004（图版 XXXIV-4）

Phalera schintlmeisteri Wu *et* Fang, 2004: 113.

主要特征：前翅长：雄 24–27 mm，雌 31–36 mm。下唇须和额褐色，头顶和领片黄褐色。胸部背面前半部黄褐色，后半部灰白色；肩片基部和后胸有 2 条暗褐色横线。腹部背面黄褐色，末端两节各有 1 条黑色横带。前翅较苹掌舟蛾略窄；翅面灰褐色，具银色光泽；顶角斑浅黄白色，似长掌形，从顶角伸至 M_3 脉，斑内脉间具黄褐色纹，斑前缘有 3 个暗褐色斜点，斑内缘弧形平滑；亚基线、内线和外线黑褐色较清晰；亚基线微波浪形，从前缘伸达 A 脉；内线在 A 脉上呈齿形曲；外线沿顶角斑内缘呈弧形曲，黑色，随后呈波浪形；内线、外线间有 3–4 条不清晰的黑褐色波浪形横线；外线外侧臀角处有 1 黑褐色斑；中点肾形，黄白色，中央灰褐色；亚缘线由 1 列脉间黑褐色点组成；缘线黑褐色；缘毛红褐色，脉端较暗。后翅暗褐色，具 1 条模糊的灰白色外带；脉端缘毛红褐色，其余黄白色。

分布：浙江（临安）、陕西、甘肃、湖北、湖南、福建、四川、贵州、云南。

（508）迈小掌舟蛾 *Phalera minor* Nagano, 1916（图版 XXXIV-5）

Phalera minor Nagano, 1916: 24.

别名：小掌舟蛾。

主要特征：前翅长：雄 25–30 mm，雌 30–33 mm。下唇须和额褐色，头顶和领片黄白带棕色。胸部背面前半部棕黄色，后半部灰白色；肩片基部和后胸有 2 条暗褐色横线。腹部背面黄褐色，末端两节各有 1 条黑色横带。前翅略呈三角形，后翅外缘浅锯齿状。前翅深褐色，内线内侧和近后缘散布灰白色鳞片；亚基线黑褐色，微波浪形，伸达 A 脉；内线黑褐色在 A 脉上向内凸出 1 个小齿；中点肾形，黄白色，中央灰褐色；内线、外线间有 3–4 条黑褐色波浪形模糊细线；外线在 M_3 上方深褐色，略向内弯曲，随后黑褐色，波浪形；外线外侧 M_3 上方至顶角具 1 个黄白色斑，其上散布深褐色鳞片，略呈三角形，外缘波曲；亚缘线由 1 列脉间黑褐色点组成；缘线黑褐色；缘毛深褐色，脉端颜色较深。后翅深褐色，具 1 条模糊的灰白色外线；缘毛在脉端深褐色，其余黄褐色。

寄主：栎属 *Quercus* spp.。

分布：浙江（杭州）、河南、陕西、湖北、湖南、四川、云南；朝鲜半岛，日本。

（509）脂掌舟蛾 *Phalera sebrus* Schintlmeister, 1989（图版 XXXIV-6）

Phalera sebrus Schintlmeister, 1989: 114.

主要特征：前翅长：雄 26–28 mm，雌 32–37 mm。下唇须和额褐色，头顶和领片黄褐色。胸部背面前半部黄褐色，后半部灰白色；肩片基部和后胸有 2 条暗褐色横线。腹部背面黄褐色，末端两节有暗褐色的横带。前翅灰褐色，具银色光泽；前缘较暗，后缘较灰白；顶角斑深黄褐色，略狭长，从顶角伸至 M_3 脉上方，斑前缘有 2–3 个暗褐色斜点，斑内缘微波状，斑下缘锯齿状；亚基线、内线和外线黑褐色较清晰；亚基线微波浪形，从前缘伸达 A 脉；内线在 A 脉上呈暗斑状；外线波浪形；内线、外线间有 3–4 条不清晰的黑褐色波浪形横线；外线外侧臀角处有 1 黑褐色斑；亚缘线由 1 列脉间黑褐色点组成；缘线黑褐色；肾形的中点和中室环纹灰白色；脉端缘毛红褐色，其余灰白色。后翅暗褐色至黑褐色；脉端缘毛红褐色，其余灰白色。

分布：浙江（温州）、陕西、甘肃、福建、广东、海南、云南。

（510）壮掌舟蛾 *Phalera hadrian* Schintlmeister, 1989（图版 XXXIV-7）

Phalera hadrian Schintlmeister, 1989: 115.

主要特征：前翅长：雄 21–28 mm，雌 34 mm。下唇须暗黄褐色；额暗褐色；触角基毛簇、头顶和领片灰黄色，领片后缘具暗褐色横线。胸部背面前半部黄褐色至黑褐色，后半部和肩片褐色。腹部背面黄褐色，无白色横线。前翅较狭长；翅面灰褐色，前半部色较暗，后半部较灰白；顶角斑灰白带褐色，狭窄，从顶角伸至 M_3 脉，斑的前缘有 3 个暗褐色斜点，斑下缘白色，在 M_1 脉上呈齿形突；亚基线、内线和外线黑色；亚基线不清晰；内线微波浪形，近于垂直；外线波状；内线、外线间有 3–4 条模糊的锯齿形暗横线；外线外侧臀角附近有 1 暗斑；中点暗褐色；亚缘线不清晰，由脉上暗褐色短线组成；缘线细；脉端缘毛暗褐色，其余褐色。后翅灰褐色至褐色，隐约可见 1 淡色外带；缘毛同前翅。

分布：浙江（临安）、河南、陕西、甘肃、湖北、四川、贵州。

（511）刺槐掌舟蛾 *Phalera grotei* Moore, 1860（图版 XXXIV-8）

Phalera grotei Moore, 1860, *in* Horsfield & Moore, 1860a: 434.
Phalera sangana birmicola Bryk, 1949b: 7.
Phalera cihuai Yang *et* Lee, 1978, *in* Yang, 1978: 486.
Phalera birmicola obfuscata Nakamura, 1978: 219.

主要特征：前翅长：雄 35–37 mm。下唇须黄褐色，背缘暗褐色；额暗褐至黑褐色；触角基毛簇和头顶白色；领片灰黄褐色，后缘有暗褐色和灰色横线各 1 条。胸部背面暗褐色，中央有 2 条和后缘有 1 条黑褐色横线；肩片灰褐色。腹部背面暗黄褐色至黑褐色，每节后缘具灰黄白色横带，末端 2 节灰色。前翅暗灰褐色至灰褐色，基部前半部和臀角附近的外缘带灰白色；顶角斑暗红褐色，斑内缘弧形平滑，斑下缘锯齿状；横线黑色；亚基线不清晰，微波浪形；内线拱形，在 A 脉上呈内齿曲；外线沿顶角斑呈弧形，随后波浪形，外衬 1 条不清晰的向上渐细的褐色带，近臀角呈 1 暗斑；内线、外线间有 4 条不清晰的暗褐色波浪形横线；肾形的中点和中室内环纹灰白色；亚缘线和缘线由脉间月牙形线组成，亚缘线前有 1 列很不清晰的脉间赭色点；缘毛暗黄褐色。后翅暗褐色，隐约可见有 1 模糊的浅色外带；脉端缘毛较暗，其余灰褐色。雄性外生殖器（图 187）：钩形突端部细长；颚形突近长方形，内缘具 1 尖齿；抱器瓣狭长；抱器背近中部具 2 个小突，末端向内弯曲；阳茎短粗。

分布：浙江（德清、临安、温州）、辽宁、北京、河北、山东、甘肃、江苏、安徽、湖北、江西、湖南、福建、广东、海南、广西、四川、贵州、云南；朝鲜半岛，印度，尼泊尔，缅甸，越南，马来西亚，印度尼西亚。

（八）扇舟蛾亚科 Pygaerinae

282. 金舟蛾属 *Spatalia* Hübner, 1819

Spatalia Hübner, 1819: 145. Type species: *Bombyx argentina* Denis *et* Schiffermüller, 1775.

Heterodonta Duponchel, 1845: 92. Type species: *Bombyx argentina* Denis *et* Schiffermüller, 1775.

Spataloides Matsumura, 1924: 36. Type species: *Spatalia dives* Oberthür, 1884.

Stenospatalia Matsumura, 1924: 36. Type species: *Spatalia jezoensis* Wileman *et* South, 1916.

主要特征：雄触角双栉形，分枝接近顶端或锯齿形具毛簇，雌触角线形；喙不发达；下唇须饰浓厚毛，斜向上伸达额中央。胸部背面有冠形毛簇，后足胫节有 2 对距。腹部长，约有 1/3 伸过后翅臀角；具侧毛簇和分叉的臀毛簇。前翅宽，近三角形；前缘直，翅顶稍尖；外缘约与后缘同长，较斜，曲度小，波浪形；后缘中央有 1 大浅弧形缺刻，两侧具齿形毛簇，其中内齿形毛簇较大；M_2 脉从横脉中央伸出；具径副室；M_1 脉从中室上角或径副室基部伸出；R_5 脉和 R_4+R_3+R_2 脉同出于径副室顶角；或无径副室，M_1 脉和 R_5+R_4+R_3+R_2 脉同出于中室上角。后翅 M_2 脉从横脉中央稍上方伸出；M_1+Rs 脉共柄短，约为 M_1 脉长的 1/6。

分布：古北区、东洋区。世界已知 7 种，中国记录 4 种，浙江分布 1 种。

（512）富金舟蛾 *Spatalia plusiotis* (Oberthür, 1880)（图版 XXXIV-9）

Ptilodontis plusiotis Oberthür, 1880: 65.

Spatalia plusiotis: Kiriakoff, 1967, *in* Wytsman, 1967a: 204.

主要特征：前翅长：雄 20–21 mm，雌 23–24 mm。雄触角锯齿形具毛簇，雌触角线形。前翅外缘光滑无锯齿，在 M_1 脉端部稍隆起；后缘弧形缺刻较深；翅面暗褐色，有时带红褐色；中室下方的后缘区有几个较分散的银斑；此外，在最外侧还有 2 个小银点，以及基部还有 1 个稍大的金点；中室端脉上有 1 个稍大的近长方形黑斑点；内线、外线不清晰，只有在前缘一段可见；外线双线灰黑色，微波浪形；亚缘线由 1 列脉间灰黑色点组成，内衬灰白边；外线与亚缘线之间有 1 列模糊的灰黑色点组成的斜带；顶角下 M_2-R_5 脉间有 1 赭褐色斑点；缘线不清晰，灰黑色。后翅黄褐色或灰褐色；缘毛色浅。

寄主：蒙古栎。

分布：浙江（临安）、黑龙江、吉林、北京、河南、陕西、甘肃、湖北、湖南、四川；俄罗斯，朝鲜半岛。

283. 奇舟蛾属 *Allata* Walker, 1862

Allata Walker, 1862a: 140. Type species: *Allata argentifera* Walker, 1862.

主要特征：雄蛾触角双栉形，分枝到端部 2/3，末端 1/3 线形；喙弱；下唇须稍宽，向上伸过额中央。胸背具冠形毛簇；后足胫节有 2 对距。腹部具基毛簇和分叉的臀毛簇。前翅稍窄，近三角形；前缘直，翅顶圆；外缘较斜，曲度小，波浪形；臀角略凸出；后缘中央有 1 大的浅弧形缺刻，其两侧具齿形毛簇，内齿形毛簇较大；M_2 脉从横脉中央稍上方伸出；具短径副室（个别标本无径副室）；M_1 脉从径副室下缘伸出；R_5 脉和 R_2+R_4+R_3 脉从径副室顶角伸出。后翅 M_2 脉同前翅，M_1+Rs 脉共柄短，约为 M_1 脉长的 1/5。

分布：东洋区、澳洲区。世界已知 10 多种，中国记录 3 种，浙江分布 2 种。

（513）新奇舟蛾 *Allata sikkima* (Moore, 1879)（图版 XXXIV-10，11）

Celeia sikkima Moore, 1879, *in* Hewitson & Moore, 1879a: 63.
Allata (*Celeia*) *licitus* Schintlmeistert, 1989: 116.
Allata sikkima: Schintlmeister & Fang, 2001: 96

主要特征：前翅长：雄 20–22 mm，雌 24 mm。雌雄触角均双栉形，分枝一侧较短。头和胸部背面暗褐色，领片前缘偏灰白色。腹部背面灰褐色，基毛簇烟灰色，腹面灰褐色。前翅外缘浅波浪形。雄蛾前翅前半部灰褐色，其中内半部蒙有一层灰褐色，顶角有 1 暗褐色斑；前翅后半部暗褐色，其中基部色较暗，外缘 M_3 脉以下灰白色；中室下缘外半部有 1 横尖刀形银斑，内侧衬 1 小银点，$CuA_{1\text{-}2}$ 脉基部有一“工”字形银纹，外侧脉上有 2 个小银点；内线、中线和外线不清晰，隐约可见每线由 2 列暗褐色点组成；亚缘线由 1 列脉间暗褐点组成，内衬灰白边；缘线细，暗褐色。后翅灰褐色，基部色较浅。雌蛾前翅前半部（顶角除外）浅灰黄色，其后方边缘从基部中央几乎成直线向外伸至外缘 M_1 脉基部；后半部暗红褐色，中室端脉后端有 1 枚“V”形灰白纹；中室下缘端部和 $CuA_{1\text{-}2}$ 脉基部具灰白色短线；中点不清晰，灰白色；内线、外线不清晰，后半段隐约可见灰白色两侧具黑褐边；内线内斜，略呈锯齿形；外线波浪形，外侧衬 1 模糊的暗褐色波浪形带；亚缘线黑褐色，锯齿形，内衬灰白边；缘线模糊，暗色锯齿形；脉端上具灰白色小点。后翅灰红褐色；缘毛色浅。

分布：浙江（德清、临安、舟山）、甘肃、江西、湖南、福建、海南、广西、四川、贵州、云南；印度，越南，马来西亚，印度尼西亚。

（514）伪奇舟蛾 *Allata laticostalis* (Hampson, 1900)（图版 XXXIV-12，13）

Spatalia laticostalis Hampson, 1900: 43.
Spatalia argyropeza Oberthür, 1914: 58.
Allata laticostalis: Schintlmeister, 1992: 174.

别名：半明奇舟蛾、银刀奇舟蛾。

主要特征：前翅长：雄 19–23 mm，雌 24 mm。雌雄触角均双栉形，两侧分枝等长。头和胸背暗红褐色，头顶和前胸背中央黑色，领片浅灰黄褐色，中央有 1 暗褐色横线，后胸背有 2 个灰白点。腹部背面灰褐色。前翅外缘浅波浪形。雄蛾前翅中室以上的前半部浅灰褐色，R_5 脉以上的顶角有 1 暗红褐色至黑褐色斑；翅后半部暗红褐色，基部和外缘中央较暗近黑色；中室下缘外半部有 1 近刀形的银斑，内侧有 1 小银点，外侧 CuA_1 和 CuA_2 脉基部各有 1 枚短银线；内线、外线黑褐色，双线锯齿形，前半段只有 2 列黑点可见；前缘中央到横脉有 1 暗褐色影状斜带；亚缘线为 1 模糊灰褐色带；缘线细，黑色波浪形。后翅灰褐色；缘毛色较浅。雌蛾前翅前半部（除翅尖有 1 暗褐色斑外）浅灰黄色，其后缘沿中室下缘几乎成直线伸至外缘；翅后半部暗褐色，内半部近黑色，后缘缺刻边缘红褐色；前缘中央到中室端脉有 1 褐色影状斑；中室下角无灰白色“V”形纹；外线和亚缘线不清晰黑褐色，亚缘线锯齿形；缘线细，黑褐色。后翅灰褐色。

分布：浙江（德清、临安）、北京、河北、山西、河南、陕西、甘肃、湖北、江西、福建、四川、云南；巴基斯坦，印度北部，越南，阿富汗。

284. 锦舟蛾属 *Ginshachia* Matsumura, 1929

Ginshachia Matsumura, 1929b: 45. Type species: *Ginshachia elongata* Matsumura, 1929.

主要特征：雄触角分枝长，端部 1/3 线形，雌触角线形；下唇须大，棒状，具短鳞毛，第 3 节无毛，短而稍圆。腹部长，臀毛簇不分叉。前翅脉序与金舟蛾属相同，但无径副室。后翅 M_1+Rs 脉共柄短。

分布：东洋区。世界已知 6 种，中国记录 3 种，浙江分布 1 种。

（515）光锦舟蛾秦巴亚种 *Ginshachia phoebe shanguang* Schintlmeister *et* Fang, 2001（图版 XXXV-1）

Ginshachia phoebe shanguang Schintlmeister *et* Fang, 2001: 98.

主要特征：前翅长：雄 23–24 mm，雌 26–29 mm。头部黄褐色。胸部暗黄褐色，肩片锈黄色。前翅宽阔，顶角圆，外缘浅弧形，后缘中央至臀角具 1 大弧形缺刻，内侧具黑色齿形毛簇；翅面浅红褐色至枯黄褐色；基部有 1 方形银斑，其周围暗褐色；中室下有 1 三角形银色大斑；沿中室下缘有 1 条暗褐色纵纹从翅基部伸到翅外缘；外线黄白色波状，外衬黑褐色影带，前缘尤其明显；中点黑褐色；亚缘线由 1 列褐色斑点组成，每点内衬黄白色。后翅淡黄带淡红褐色。

分布：浙江（临安、舟山）、陕西、甘肃、广西、四川。

285. 谷舟蛾属 *Gluphisia* Boisduval, 1828

Gluphista Boisduval, 1828: 56. Type species: *Bombyx crenata* Esper, 1758.

Paragluphisia Djakonov, 1927: 219. Type species: *Paragluphisia oxiana* Djakonov, 1927.

主要特征：雄触角双栉形（雌触角分枝很短）；喙退化；下唇须细小，向前伸不过额；额被长毛；复眼有毛；有单眼。后足胫节只有 1 对距。腹部短，仅伸至后翅臀角。前翅短宽，三角形；前缘直，翅顶圆；外缘斜、曲度平稳，约与后缘等长；无副室；M_1 脉与 R_5+R_4+R_3+R_2 脉共柄，从中室上角伸出。后翅 M_1+Rs 脉共柄长，约为 M_1 脉长的 3/5。

分布：古北区。世界已知 2 种，中国记录 1 种，浙江分布 1 种。

（516）杨谷舟蛾细颚亚种 *Gluphisia crenata tristis* Gaede, 1933（图版 XXXV-2）

Gluphisia crenata f. *tristis* Gaede, 1933: 177.

Gluphisia crenata tristis: Nakamura, 1956: 143.

主要特征：前翅长：13–16 mm。触角、下唇须、头部和胸部背面暗褐色。腹部背面灰褐色。前翅短宽，前缘直，顶角圆，外缘至后缘中部为 1 完整的弧形；前翅灰色至黑灰色，内半部带褐色或暗褐色；4 条横线黑色锯齿形；亚基线不清晰，外衬灰白边；内线在 A 脉上稍向内弯，内衬灰白边；外线外衬灰白边；亚缘线较松散，内衬灰白边；中点月牙形，衬灰白边；脉端缘毛灰黑色，其余灰白色至浅灰色。后翅底色较前翅稍淡，中央有 1 模糊浅色带。前后翅反面灰褐色，均有 1 条灰白色衬暗边的外带。

寄主：杨。

分布：浙江（德清、临安）、吉林、河北、山西、陕西、甘肃、江苏、湖北、四川、云南。

286. 角翅舟蛾属 *Gonoclostera* Butler, 1877

Gonoclostera Butler, 1877a: 475. Type species: *Gonoclostera latipennis* Butler, 1877.

Plusiogramma Hampson, 1895: 278. Type species: *Plusiogramma aurosigna* Hampson, 1895.

主要特征：雄蛾触角双栉形（雌蛾分枝较短）；喙弱；下唇须较短宽，斜向上伸不及额中央；复眼具毛。胸部背面具弱冠形毛簇；后足胫节有 2 对距。腹部短，雄蛾具分叉的臀毛簇。前翅宽；前缘直，翅顶圆；外缘从翅顶到 M_2 脉呈浅弧形内切，M_1-M_2 脉间呈角形凸；M_2 脉从横脉中央伸出；M_1 脉和 R_5+R_2+R_4+R_3 脉同出于中室上角。后翅 M_2 脉微弱或消失；M_1+Rs 脉共柄短，为 M_1 脉长的 1/5–1/3。

分布：古北区、东洋区。世界已知 4 种，中国记录 3 种，浙江分布 2 种。

（517）角翅舟蛾 *Gonoclostera timoniorum* (Bremer, 1861)（图版 XXXV-3）

Pygaera timoniorum Bremer, 1861: 482.

Pygaera timonides Bremer, 1864: 45.

Gonoclostera timoniorum: Schintlmeister, 1992: 180.

主要特征：前翅长：13–15 mm。触角干灰白色，分枝灰褐色；下唇须红褐色；头部和胸部背暗褐色。腹部背面灰褐色，臀毛簇末端暗褐色。前翅宽，前缘直，翅顶圆，外缘从顶角到 M_2 脉呈浅弧形内凹，M_3 脉端呈角形凸出；翅面黄褐带紫色；内线、外线之间有 1 暗褐色三角形斑，斑尖几乎达翅后缘，斑内颜色从内向外逐渐变浅，最后呈灰色，但从中室端脉到前缘较暗；内线前半段不清晰，后半段较清晰，灰白色外衬暗褐边；外线灰白色浅波曲，明显；亚缘线为模糊的暗褐色，锯齿形；外线与亚缘线之间的前缘处有 1 暗褐色影状楔形斑；缘毛暗褐色。后翅灰褐色，有 1 模糊的灰白色外线。

寄主：多种柳树。

分布：浙江（临安、宁波、温州）、黑龙江、吉林、辽宁、北京、山东、陕西、甘肃、江苏、上海、安徽、湖北、江西、湖南；俄罗斯，朝鲜半岛，日本。

（518）暗角翅舟蛾 *Gonoclostera denticulata* (Oberthür, 1911)（图版 XXXV-4）

Pygaera denticulata Oberthür, 1911b: 337.

Gonoclostera denticulata: Schintlmeister, 1992: 180.

主要特征：前翅长：17–20 mm。前翅黑褐带紫色；斑纹与角翅舟蛾 *G. timoniorum* 相似，但内线内侧颜色较深；外线不明显。

分布：浙江（临安）、陕西、四川。

287. 扇舟蛾属 *Clostera* Samouelle, 1819

Clostera Samouelle, 1819: 247. Type species: *Phalaena curtula* Linnaeus, 1758.

Melalopha Hübner, 1822: 14, 16, 19, 20. Type species: *Phalaena curtula* Linnaeus, 1758.

Neoclostera Kiriakoff, 1963: 254. Type species: *Neoclostera insignior* Kiriakoff, 1963.

主要特征：雄蛾触角双栉形（雌蛾分枝较短）；喙退化；下唇须中等长，斜向上伸达额；复眼具毛。胸部被毛浓密，具冠形毛簇；足饰浓厚的柔毛，尤其前足毛一直长到跗节上；后足胫节有 2 对距。雄蛾腹部细，末端尖削，具分叉的臀毛簇。前翅宽，翅顶圆，外缘曲度平稳；M_2 脉从横脉上方近中室上角伸出，M_1 脉和 R_5+R_2+R_4+R_3 脉同出于中室上角；无径副室。后翅 M_2 脉微弱或消失，从横脉中央上方伸出；M_1+Rs 脉共柄短，不超过 M_1 脉长的 1/3。幼虫长圆柱形，全身密被长毛；第 1 和第 8 腹节背面生有大小不同的突起或横瘤；第 2 胸节背面和侧面具小疣，有时小疣增大成突起。

分布：古北区、东洋区、旧热带区。世界已知约 50 种，中国记录 12 种，浙江分布 2 种。

（519）杨扇舟蛾 *Clostera anachoreta* (Denis *et* Schiffermüller, 1775)（图版 XXXV-5）

Phalaena anachoreta Denis *et* Schiffermüller, 1775: 55.

Pygaera mahatma Bryk, 1949b: 43.

Clostera anachoreta: Kiriakoff, 1967, *in* Wytsman, 1967a: 218.

别名：白杨天社蛾、白杨灰天社蛾、杨树天社蛾、小叶杨天社蛾。

主要特征：前翅长：雄 12–17 mm，雌 16–20 mm。下唇须灰褐色；体灰褐色，头顶至胸背中央黑褐色，臀毛簇末端暗褐色。前翅狭长；翅面灰褐色至褐色，顶角斑暗褐色，扇形，向内伸至中室横脉，向下伸达 CuA_1 脉；3 条横线灰白色具暗边；亚基线在中室下缘断裂，错位外斜；内线外侧有雾状暗褐色，近后缘处外斜；外线前半段穿过顶角斑，呈斜伸的双齿形曲，外衬锈红色斑，后半段垂直伸达后缘；中室下内线、外线之间有 1 灰白色斜线；亚缘线由 1 列脉间黑点组成，其中以 CuA_1–CuA_2 脉间的 1 点较大而显著；缘线细，黑色。后翅灰褐色。

寄主：多种杨柳。

分布：浙江，除海南、广西和贵州外，全国其余各地均有记录；朝鲜半岛，日本，印度，越南，斯里兰卡，印度尼西亚，欧洲。

（520）分月扇舟蛾 *Clostera anastomosis* (Linnaeus, 1758)（图版 XXXV-6）

Phalaena (*Bombyx*) *anastomosis* Linnaeus, 1758: 506.

Neoclostera insignior Kiriakoff, 1963: 254.

Clostera anastomosis: Kiriakoff, 1967, *in* Wytsman, 1967a: 219.

别名：银波天社蛾、山杨天社蛾、杨树天社蛾、杨叶夜蛾。

主要特征：前翅长：雄 12–17 mm，雌 17–22 mm。下唇须暗黄褐色；体灰褐色至暗灰褐色；头顶到胸背中央黑褐色。前翅略宽，前缘中部凹入不明显；翅面灰褐至暗灰褐色，顶角斑扇形，呈模糊的红褐色；3 条灰白色横线具暗边；亚基线在中室下缘断裂，错位外斜；内线略外拱，外侧雾状暗褐色，近后缘处外斜；外线在 M_2 脉前稍内弯，在臀褶处向内弯曲达后缘；中室下内线、外线之间有 1 斜的三角形影状斑；中点灰白色，周围有 1 锈红色大圈，圈内除中点外暗褐色；外线与亚缘线之间在 R_5 至 CuA_1 之间有一段锈红色折线；亚缘线由 1 列脉间黑褐色点组成，波浪形，在 CuA_1 脉呈直角弯曲；缘线细，不清晰。后翅灰褐色，略带灰黄色调。

寄主：杨、柳。

分布：浙江（临安）、黑龙江、吉林、内蒙古、河北、河南、陕西、甘肃、新疆、江苏、安徽、湖北、湖南、福建、四川、贵州、云南；俄罗斯，蒙古国，朝鲜半岛，日本，欧洲。

288. 小舟蛾属 *Micromelalopha* Nagano, 1916

Micromelalopha Nagano, 1916: 10. Type species: *Pygaera troglodyta* Graeser, 1890.

Bifurcifer Ebert, 1968: 203. Type species: *Bifurcifer afhanus* Ebert, 1968.

Closteroides Kiriakoff, 1976: 33. Type species: *Closteroides dorsalis* Kiriakoff, 1976. [Junior homonym of *Closteroides* Tomlin, 1929 (Mollusca)]

Closterellus Fletcher, 1980, *in* Watson *et al.*, 1980: 41. Type species: *Closteroides dorsalis* Kiriakoff, 1976. [Replacement name for *Closteroides* Kiriakoff, 1976]

主要特征：雄蛾触角双栉形；喙弱；下唇须短，斜向上伸至额中央；复眼具毛。胸部背面中央具冠形毛簇；足饰浓厚柔毛；后足胫节只有 1 对距。腹部末端尖削，雄蛾具分叉的臀毛簇。前翅翅顶尖，外缘斜、曲度平稳；M_2 脉弱或消失；M_1 脉和 $R_5+R_2+R_4+R_3$ 脉同出于中室上角；无径副室。后翅 M_2 脉弱，M_1+Rs 脉共柄很短。幼虫长圆柱形，身体光滑，每一小疣上只有 1 根毛。

分布：古北区、东洋区。世界已知 20 多种，中国记录 11 种，浙江分布 1 种。

（521）杨小舟蛾 *Micromelalopha sieversi* (Staudinger, 1892)（图版 XXXV-7）

Pygaera sieversi Staudinger, 1892a: 370.

Micromelalopha populivona Yang *et* Lee, 1978, *in* Yang, 1978: 498.

Micromelalopha sieversi: Schintlmeister, 1992: 187.

别名：杨褐天社蛾、小舟蛾。

主要特征：前翅长：10–12 mm。翅面黑褐色。前翅斑纹白色，两侧衬深色边；亚基线微波浪形；内线从前缘到臀褶直向外斜伸，然后呈屋脊状分叉；中点为 1 个小黑点；外线波浪形；亚缘线由 1 列脉间黑点组成，波浪形。后翅臀角有 1 个赭色或红褐色小斑；中点为 1 个小黑点。相对粗壮的身体和相对狭窄的前翅是本种区别于其他近缘种的一个特征。

寄主：杨、柳。

分布：浙江（临安、温州）、黑龙江、吉林、北京、山西、山东、陕西、江苏、安徽、湖北、江西、湖南、四川、云南、西藏；俄罗斯，朝鲜半岛，日本。

十一、灯蛾科 Arctiidae

主要特征：小至中型蛾类，少数大型。雄蛾触角多为栉齿形，少数为线形或锯齿形；雌蛾触角多为线形具纤毛，少数为短栉齿状；头顶及额常密被毛；喙发达或不发达；下唇须向前平伸或向上伸。胸背面的领片与肩片多具有斑点或斑带。翅通常发达，只有少数种类的雌蛾翅稍退化而小于雄蛾。前翅通常较窄长，后翅较宽，某些种雄蛾后翅臀角延长成 1 尖突。前翅的颜色多为白色、灰色、浅黄色、黄色、红色、褐色及黑色等。后翅多为红色或黄色。前翅 M_2 脉从中室下角微向上方伸出；M_1 脉从中室上角或从上角微向下方伸出；有或无径副室；某些种类缺 R_3 脉或 R_4 脉，有些缺 M_3 脉。苔蛾亚科的部分属 Sc 脉与前缘之间有 4 或 5 个短横脉相连。后翅 $Sc+R_1$ 脉与中室上缘合并至中部或中部以外；M_1 与 Rs 脉有时并合，有些种类缺 M_2 脉或 M_3 脉，或两者并合。腹部一般较粗钝，苔蛾亚科的腹部则较纤细，多为黄色或红色，除苔蛾亚科的大多数属种外，其背面与侧面常具黑色点斑。

中国目前记载灯蛾科约 133 属 558 种。本志记述分布于浙江的 25 属 51 种。

（一）苔蛾亚科 Lithosiinae

分属检索表（参照方承莱，2000）

1. 前翅无 M_2 脉 ······ 2
- 前翅有 M_2 脉 ······ 4
2. 前翅无 R_3 脉 ······ 泥苔蛾属 ***Pelosia***
- 前翅有 R_3 脉 ······ 3
3. 翅反面中室端有褶 ······ 苏苔蛾属 ***Thysanoptyx***
- 翅反面中室端无褶 ······ 土苔蛾属 ***Eilema***
4. 后翅无 M_2 脉 ······ 清苔蛾属 ***Apistosia***
- 后翅有 M_2 脉 ······ 5
5. 前翅无径副室 ······ 6
- 前翅有径副室 ······ 11
6. 喙退化 ······ 7
- 喙极发达 ······ 8
7. 足胫节距长 ······ 佳苔蛾属 ***Hypeugoa***
- 足胫节距正常 ······ 绣苔蛾属 ***Asuridia***
8. 后翅 M_2 发育不全 ······ 雪苔蛾属 ***Cyana***
- 后翅 M2 充分发育 ······ 9
9. 足胫节距短 ······ 艳苔蛾属 ***Asura***
- 足胫节距正常或长 ······ 10
10. 足胫节距正常 ······ 美苔蛾属 ***Miltochrista***
- 足胫节距长 ······ 痣苔蛾属 ***Stigmatophora***
11. 下唇须向上伸不过头顶 ······ 荷苔蛾属 ***Ghoria***
- 下唇须向上伸达头顶或第 3 节长过头顶 ······ 12
12. 下唇须向上伸达头顶，第 3 节短 ······ 网苔蛾属 ***Macrobrochis***
- 下唇须第 3 节长过头顶 ······ 滴苔蛾属 ***Agrisius***

289. 佳苔蛾属 *Hypeugoa* Leech, 1899

Hypeugoa Leech, 1899: 189. Type species: *Hypeugoa flavogrisea* Leech, 1899.

主要特征：雄蛾触角线形，具鬃毛和纤毛；喙退化，极小；下唇须平伸不过额。足胫节距长。腹部鳞片光滑。前翅窄，前缘近基部拱形，然后近于直；外缘斜圆。

分布：古北区、东洋区。世界已知 2 种，中国记录 1 种，浙江分布 1 种。

（522）黄灰佳苔蛾 *Hypeugoa flavogrisea* Leech, 1899（图版 XXXV-8）

Hypeugoa flavogrisea Leech, 1899: 190.

主要特征：前翅长：20–24 mm。胸、腹部背面灰黄色至黄褐色。前翅前缘略呈浅弧形，顶角钝圆，外缘浅弧形，倾斜。前翅灰色，散布暗褐色；中带宽，黑灰色；亚缘线为不规则齿状。后翅黄色，散布暗褐色鳞片。

分布：浙江、河北、山西、山东、河南、陕西、甘肃、江苏、湖北、江西、广西、四川、云南。

290. 痣苔蛾属 *Stigmatophora* Staudinger, 1881

Stigmatophora Staudinger, 1881: 399. Type species: *Setina micans* Bremer *et* Grey, 1853.

主要特征：雄蛾触角线形，具纤毛；喙极发达，下唇须平伸过额。足胫节距长。

分布：古北区、东洋区。世界已知 15 种，中国记录 11 种，浙江分布 2 种。

（523）黄痣苔蛾 *Stigmatophora flava* (Bremer *et* grey, 1853)（图版 XXXV-9）

Setina flava Bremer *et* Grey, 1853b: 63.

Stigmatophora flava: Hampson, 1900: 552.

主要特征：前翅长：11–16 mm。体黄色，头、领片和肩片色较深。前翅前缘略呈浅弧形；翅面黄色，前缘区深黄色，前缘基部有黑边；亚基点、内线 3 个黑点及外线黑点小，外线在前缘下方的黑点近于消失；亚缘线在顶角下具 1 个或 2 个黑点，M_3 处有时有 1 个或数个黑点，数目不定。后翅淡黄色，无斑点。前翅反面中央或多或少散布暗褐色。

寄主：玉米、桑、高粱、牛毛毡。

分布：浙江、黑龙江、吉林、辽宁、河北、山西、山东、河南、陕西、甘肃、新疆、江苏、湖北、江西、湖南、福建、台湾、广东、四川、贵州、云南；朝鲜半岛，日本。

（524）枚痣苔蛾 *Stigmatophora rhodophila* (Walker, 1864)（图版 XXXV-10）

Barsine rhodophila Walker, 1864: 254.

Stigmatophora rhodophila: Hampson, 1900: 551.

主要特征：前翅长：10–13 mm。胸部和前翅橘红色，腹部和后翅黄色略带橘红色。前翅较狭窄，端部较圆；基部在前缘和中脉上具黑点，内线前方有 5 个黑褐色短带；内线在前缘下方折角，然后倾斜不达后缘；中线和外线由 2 列长短不一的黑褐色短带组成，在中室下合并成 1 列短带；前缘及外缘色较红。后翅无斑纹。

寄主：牛毛毡。

分布：浙江、黑龙江、吉林、河北、山西、山东、河南、陕西、甘肃、湖北、江西、湖南、福建、广西、四川、云南；朝鲜半岛，日本。

291. 美苔蛾属 *Miltochrista* Hübner, 1819

Miltochrista Hübner, 1819: 166. Type species: *Noctua rubicunda* Denis *et* Schiffermüller, 1775.

Calligenia Duponchel, 1845: 59. Type species: *Bombyx rosea* Fabricius, 1775.

Barsine Walker, 1854: 546. Type species: *Barsine defecta* Walker, 1854.

Sesapa Walker, 1854: 547. Type species: *Sesapa inscripta* Walker, 1854.

Ammatho Walker, 1855: 759. Type species: *Ammatho cuneonotatus* Walker, 1855.

Cabarda Walker, 1863: 435. Type species: *Cabarda molliculana* Walker, 1863.

Castabala Walker, 1865: 270. Type species: *Castabala roseata* Walker, 1865.

Mahavira Moore, 1878: 11. Type species: *Mahavira flavicollis* Moore, 1878.

Korawa Moore, 1878: 11. Type species: *Korawa pallida* Moore, 1878.

Gurna Swinhoe, 1892: 123. Type species: *Dysauxes indica* Moore, 1879.

主要特征：雄蛾触角线形，具长鬃和纤毛；喙极发达，下唇须平伸过额。胸、腹部被粗毛，足胫节距正常。

分布：古北区、东洋区、旧热带区。世界已知 150 多种，中国记录 70 种，浙江分布 9 种。

分种检索表

1. 翅面黄白色 ……………………………………………………………………………………**黄边美苔蛾 *M. pallida***
- 翅面不为黄白色 ……………………………………………………………………………………2
2. 前翅白色，前缘和外缘具红色带 ………………………………………………………**之美苔蛾 *M. ziczac***
- 前翅翅面不如上述 ……………………………………………………………………………………3
3. 后翅前缘、顶角和外缘 CuA_2 以上黑色 ……………………………………………**黑缘美苔蛾 *M. delineata***
- 后翅不带黑色 ……………………………………………………………………………………4
4. 前翅内线和中线在中室相交呈“X”形 ……………………………………………**毛黑美苔蛾 *M. nigrociliata***
- 前翅内线和中线不如上述 ……………………………………………………………………………………5
5. 前翅外线在前缘下方强烈外曲后斜，呈不规则齿状再向外曲至后缘 ……………………**异美苔蛾 *M. aberrans***
- 翅外线不如上述 ……………………………………………………………………………………6
6. 前翅外线呈钩状达中室前缘后向外平伸至近顶角处，其下极深折曲至后缘，每折的内端圆形，外端尖齿状 …………………………………………………………………………………………**曲美苔蛾 *M. flexuosa***
- 前翅外线不如上述 ……………………………………………………………………………………7
7. 前翅外线上端在中室外分叉至顶角前 ……………………………………………………**优美苔蛾 *M. striata***
- 前翅外线上端在中室外不分叉 ……………………………………………………………………………………8
8. 前翅中线直 ……………………………………………………………………………………**硃美苔蛾 *M. pulchra***
- 前翅中线在中室折角 ……………………………………………………………………**东方美苔蛾 *M. orientalis***

（525）之美苔蛾 *Miltochrista ziczac* (Walker, 1856)（图版 XXXV-11）

Hypoprepia ziczac Walker, 1856: 1681.

Miltochrista ziczac: Hampson, 1900: 470.

主要特征：前翅长：9–15 mm。额与头顶具黑点；领片和肩片具红斑。身体白色。前翅狭长，前缘和外缘浅弧形，顶角圆；前缘下方在内线以内具红色带；中线至顶角为红色前缘带，外缘区为红色带；前缘基部有 1 暗褐色点；亚基线黑色；前缘从基部到内线具黑边；内线在前缘下方向外弯后斜，在臀褶处向外折角；黑色中线微波状，在中室内向内曲，中脉末端上方及横脉上具黑斜带；黑色外线起自前缘近中线处，高度齿状，在前缘下方向外曲后斜；亚缘线为 1 列黑点。后翅淡红色。

分布：浙江、山西、河南、陕西、甘肃、江苏、湖北、江西、湖南、福建、台湾、广东、广西、四川、云南；朝鲜半岛，日本。

（526）曲美苔蛾 *Miltochrista flexuosa* Leech, 1899（图版 XXXV-12）

Miltochrista flexuosa Leech, 1899: 196.

主要特征：前翅长：12–16 mm。头和胸部粉红色，下唇须稍染黑色。腹部灰黄色，后半具黑毛，末端灰黄色。前翅近梭形，前缘外 1/3 处隆起，外缘浅弧形；翅面红色，前缘基部黑边达内线；中室基部有 1 黑点，亚基区脉间有黑色斑点；线纹黑褐色，两侧均衬灰黄色边；内线弧形弯曲，微波状；中线较直；中室端部具 1 个或 2 个短斜纹，外线起自其上方，呈钩状达中室前缘后向外平伸至近顶角处，其下极深折曲至后缘，每折的内端圆形，外端尖齿状。后翅前缘较直，顶角尖，外缘曲度很小；翅面淡红色。前后翅缘毛黄色。

分布：浙江、陕西、甘肃、湖北、湖南、福建、四川、云南。

（527）异美苔蛾 *Miltochrista aberrans* Butler, 1877（图版 XXXV-13）

Miltochrista aberrans Butler, 1877a: 397.

主要特征：前翅长：9–13 mm。头、胸部黄色，肩角、肩片具黑点。前足基节染红色；胫节具黑带。腹部暗褐色，基部灰色，端部赭色。前翅前缘中部隆起，外缘倾斜较少，浅弧形，后缘较长；翅面橙红色，有 1 黑色基点；中室下方有 2 个斜置的黑色亚基点；前缘基部至内线处具黑边；内线在中室折角；中线在中室向内折角与内线接近或相接；外线在前缘起点与中线同，在前缘下方强烈外曲后斜，呈不规则齿状再向外曲至后缘；亚缘线为 1 列弯曲的短黑纹。后翅黄色，略带红色调。

分布：浙江、黑龙江、吉林、河南、陕西、甘肃、江苏、湖北、江西、湖南、福建、台湾、广东、海南、四川；朝鲜半岛，日本。

（528）黑缘美苔蛾 *Miltochrista delineata* (Walker, 1854)（图版 XXXV-14）

Hypoprepia delineata Walker, 1854: 487.

Ammatho figuratus Walker, 1855: 759.

Hypocrita rhodina Herrich-Schäffer, 1855: 438.

Miltochrista delineata: Hampson, 1900: 485.

主要特征：前翅长：11–17 mm。头、胸部和前翅橙红色；腹部和后翅橘黄色。前翅狭长，前缘较直，外缘浅弧形；前缘基部至顶角具较宽的黑边；基点黑色；中室下方具 1 短黑带；内线在中室和臀褶上方两次折角，角尖与中线相接；中线粗壮，中部略内弯；中点为 1 小黑点；外线在前缘和后缘与中线相接，中部齿状外凸，其外侧具 1 列黑带，部分融合，中部达外缘；缘线和缘毛黑色。后翅前缘、顶角和外缘 CuA_2

以上黑色；顶角附近翅面散布黑褐色，该处翅脉黑色。

分布：浙江、陕西、甘肃、江苏、江西、湖南、福建、台湾、广东、香港、广西、四川、云南。

（529）优美苔蛾 *Miltochrista striata* (Bremer *et* Grey, 1853)（图版 XXXV-15）

Lithosiagratiosa ab. *striata* Bremer *et* Grey, 1853, *in* Motschulsky, 1853b: 63.

Miltochrista striata: Daniel, 1951: 327.

主要特征：前翅长：雄 13–21 mm，雌 17–24 mm。头胸部黄色，领片和肩片具红边；头顶、肩角、肩片和中胸背面具黑点。腹部粉红色。前翅狭长；翅面黄色，脉间散布红色短带；基点、亚基点黑色；内线由黑灰色点连成；中线黑灰色点不相连；外线黑灰点较粗，在中室外折角后向内斜至后缘，上端在中室外分叉至顶角前。后翅底色雄蛾淡红，雌蛾黄色或淡红色。雌蛾前翅的点线有时不清晰，以黄色为主。

寄主：地衣、大豆。

分布：浙江（舟山、磐安、江山）、吉林、河北、山东、河南、陕西、甘肃、江苏、湖北、江西、湖南、福建、广东、海南、广西、四川、云南；日本。

（530）东方美苔蛾 *Miltochrista orientalis* Daniel, 1951（图版 XXXV-16）

Miltochrista orientalis Daniel, 1951: 324.

主要特征：前翅长：12–19 mm。与硃美苔蛾相似，但翅面红色斑块特别密集，翅端部的斑块在外缘互不接触，向内伸较长，有的穿过外线；黑灰色的中线在中室折角；外线点列曲度较小。雄性外生殖器（图188）：钩形突细长；抱器背中部具 1 宽钝骨片；抱器腹基部具 1 发达、细长钩状突；近端部具 1 小骨化突，尖端二分叉；阳茎角状器为 3 簇刺斑。

分布：浙江（余姚、磐安、景宁）、陕西、甘肃、湖北、江西、福建、台湾、广东、海南、广西、四川、云南、西藏；尼泊尔。

（531）硃美苔蛾 *Miltochrista pulchra* Butler, 1877（图版 XXXV-17）

Miltochrista gratiosa ab. *pulchra* Butler, 1877a: 396.

Miltochrista pulchra: Daniel, 1952a: 75.

主要特征：前翅长：10–17 mm。头橙红色，胸、腹部红色；头顶、肩角、肩片和胸部具黑点。前翅狭长，黄色，排布大量朱红色斑块，翅端部的红色斑块在缘线处互相接触，向内凸出三角形或楔形齿；黑色基点和亚基点各 1 个，前缘基部黑边达内线；内线黑灰点列在中室向外折角；黑灰中线点列稍斜，向后缘几乎直；黑灰外线点列在中室外向外折角后至后缘，其外方的翅脉为长短不一的黑灰带。后翅黄色，中部之外逐渐过渡到橘黄色或橘红色。

分布：浙江、黑龙江、河北、山东、河南、陕西、甘肃、湖北、江西、福建、广西、四川、云南；朝鲜半岛，日本。

（532）黄边美苔蛾 *Miltochrista pallida* (Bremer, 1864)（图版 XXXV-18，19）

Calligena pallida Bremer, 1864: 97.

Miltochrista pallida: Hampson, 1900: 494, 495.

主要特征：前翅长：8–12 mm。触角黄色。体白色，下唇须边缘暗褐色。前翅黄白色；前缘及外缘区具黄色宽带，翅基部具 1 个黑点；前缘基部具黑边；中点黑色。后翅黄白色。

分布：浙江、黑龙江、辽宁、河北、山东、陕西、江苏、安徽、湖北、江西、湖南、福建、台湾、广西、四川、云南；朝鲜半岛，日本。

（533）毛黑美苔蛾 *Miltochrista nigrociliata* Fang, 1991（图版 XXXV-20）

Miltochrista nigrociliata Fang, 1991: 391, 396.

主要特征：前翅长：9–10 mm。头和胸黄色，肩片、中胸、后胸具黑点，足黄色，胫节与腹节末端具黑纹。腹部黄色，节间具黑毛。前翅红色；基部具 1 个黑点；前缘在基部与内线之间为黑色；内线和中线黑色，在中室相交呈“X”形；内线内侧在中室下方具 2 个黑斑；中点为 1 个黑色小点；外线黑色，在前缘和中室之间平直，向外倾斜，随后呈深锯齿状，在 CuA_2 下方平直，向外倾斜；亚缘线为 1 列黑色短纵纹，弧形。后翅浅红色。

分布：浙江（舟山、江山）、福建。

292. 艳苔蛾属 *Asura* Walker, 1854

Asura Walker, 1854: 484. Type species: *Asura cervicalis* Walker, 1854.

Pitane Walker, 1854: 462. Type species: *Pitane fervens* Walker, 1854.

Pallene Walker, 1854: 542. Type species: *Pallene structa* Walker, 1854.

Cyllene Walker, 1854: 543. Type species: *Cyllene humilis* Walker, 1854.

Cyme Felder, 1861: 36. Type species: *Cyme reticulata* Felder, 1861.

Stonia Walker, 1863: 187. Type species: *Stonia bipars* Walker, 1865.

Cymella Felder, 1874, *in* Felder & Rogenhofer, 1874: pl. 106, fig. 14. Type species: *Cymella congerens* Felder, 1874.

Setinochroa Felder, 1874, *in* Felder & Rogenhofer, 1874: pl. 106, fig. 16. Type species: *Setinochroa infumata* Felder, 1874.

Adites Moore, 1882: 61. Type species: *Doliche hilaris* Walker, 1854.

Xanthocraspeda Hampson, 1894: 42, 121. Type species: *Nudaria marginata* Walker, 1865.

主要特征：喙极发达；下唇须平伸，细长不过额，被毛。足胫节距短。腹部背面被粗毛。翅具毛鳞。

分布：东洋区、澳洲区。中国记录 25 种，浙江分布 2 种。

（534）褐脉艳苔蛾 *Asura esmia* (Swinhoe, 1893)（图版 XXXV-21，22）

Miltochrista esmia Swinhoe, 1893b: 217.

Asura esmia: Hampson, 1900: 437, 463.

主要特征：前翅长：11–14 mm。胸淡红或红色。腹部淡红染黑色，雄蛾腹末橙红色，足染黑灰色。前翅粉红色，边缘红色；翅脉、中室上下缘及中室中央的纵带、横脉纹、臀褶暗褐色，脉间红色；前缘基部具黑边。后翅粉红色。前后翅缘毛黄色。

分布：浙江、河南、陕西、湖北、江西、湖南、四川、云南；缅甸。

（535）条纹艳苔蛾 *Asura strigipennis* (Herrich-Schäffer, 1855)（图版 XXXV-23）

Paidia strigipennis Herrich-Schäffer, 1855: fig. 437.

Miltochrista strigipennis sinica Moore, 1877a: 87.

Asura strigipennis: Hampson, 1900: 456.

主要特征：前翅长：7–14 mm。本种变异较大，由黄色至橙红色，斑纹强弱不等。前翅常染红色，特别是前缘及外缘；有 1 黑色亚基点；前缘基部有黑边；内线为 5 个短黑带，在中室内及 2A 脉上的黑带向外移；中线黑色，斜，微波曲；中点黑色，短条形；外线为 1 列短黑纹；缘线为 1 列黑点。后翅顶角染红色，亚缘带有时存在。

寄主：柑橘。

分布：浙江（四明山、余姚）、河南、陕西、甘肃、江苏、湖北、江西、湖南、福建、台湾、广东、海南、广西、四川、云南、西藏；印度，印度尼西亚。

293. 绣苔蛾属 *Asuridia* Hampson, 1900

Asuridia Hampson, 1900: 412. Type species: *Ammatho carnipicta* Butler, 1877.

主要特征：雄蛾触角具鬃及纤毛；喙退化，微小；下唇须平伸不过额。足胫节距正常。前翅狭窄，前缘弓形。

分布：东洋区。世界已知 10 种，中国记录 5 种，浙江分布 1 种。

（536）绣苔蛾 *Asuridia carnipicta* (Butler, 1877)（图版 XXXV-24，25）

Ammatho carnipicta Butler, 1877c: 342.

Asuridia carnipicta: Hampson, 1900: 412.

主要特征：前翅长：9–12 mm。腹部被粗毛。前翅红色。前缘基部至内线处及中线到翅顶有黑边；内线黑色，从前缘向外弯至亚中褶并在此处微向内折角；中线黑色，从前缘向内斜至中脉，向外折角；外线黑色，在中室向外弯曲明显，随后向内弯曲；外线外侧在翅脉上具长短不一的黑色纵纹。后翅淡红色；中点黑色。

分布：浙江、陕西、甘肃、江西、福建、广东、广西、四川、西藏；日本。

294. 雪苔蛾属 *Cyana* Walker, 1854

Cyana Walker, 1854: 528. Type species: *Cyana detriata* Walker, 1854.

Doliche Walker, 1854: 529. Type species: *Doliche gelida* Walker, 1854.

Isine Walker, 1854: 548. Type species: *Isine trigutta* Walker, 1854.

Bizone Walker, 1854: 548. Type species: *Bizone perornata* Walker, 1854.

Chionaema Herrich-Schäffer, 1855: 100-101. Type species: *Phalaena puella* Drury, 1773.

Clerckia Aurivillius, 1882: 157. Type species: *Phalaena fulvia* Linnaeus, 1758.

Exotrocha Meyrick, 1886b: 691, 693. Type species: *Phalaena liboria* Stoll, 1781.

Sphragidium Butler, 1887: 218. Type species: *Sphragidium miles* Butler, 1887.

Gnophrioides Heylaerts, 1891: 412. Type species: *Gnophrioides flaviplaga* Heylaerts, 1891.

Macronola Kirby, 1892: 299. Type species: *Cyana detrita* Walker, 1854.

主要特征：雄蛾触角线形，具鬃和纤毛；喙极发达；下唇须通常平伸，少数向上伸；额圆且稍凸出。足胫节距正常。腹部被粗毛。前翅长而窄。后翅 M_2 发育不全。

分布：世界广布。中国记录 43 种，浙江分布 3 种。

分种检索表

1. 前翅外带外侧在前缘下方有 1 分叉 ………………………………………… **天目雪苔蛾 *C. tienmushanensis***
- 前翅外带外侧在前缘下方不具分叉 ………………………………………………………………………… 2
2. 前翅内线、外线较窄 ………………………………………………………………………… **草雪苔蛾 *C. pratti***
- 前翅内线、外线较宽，呈带状 ………………………………………………………………… **明雪苔蛾 *C. phaedra***

（537）草雪苔蛾 *Cyana pratti* (Elwes, 1890)（图版 XXXV-26，27）

Bizone pratti Elwes, 1890: 394.

Cyana pratti: Fang, 1992: 258.

主要特征：前翅长：雄 11–15 mm，雌 14–16 mm。体白色，肩片端部具红纹。腹部染红色。前翅狭长；雄蛾翅正面前缘中部具发达毛缨，反面该位置具叶突，叶突三裂，红色，翅脉扭曲；翅面白色，斑纹橘红色，亚基带由前缘至中室下缘；内线在中室处外凸；外线在中室处变细甚至消失；雄蛾中室内近端部具 1 黑点，中室下角具 1 黑点，外线上近前缘处具 1 黑点；雌蛾的 3 个黑点位置较低，分别在 CuA_2 基部、CuA_2 脉上和中室下角；翅端部具 1 条模糊亚缘带，上下端未达前后缘。后翅橘黄色至橘红色，前缘区及缘毛白色。

分布：浙江（四明山、余姚）、辽宁、河北、山西、河南、陕西、甘肃、江苏、湖北、江西、湖南。

（538）明雪苔蛾 *Cyana phaedra* (Leech, 1889)（图版 XXXV-28，29）

Bizone phaedra Leech, 1889b: 126.

Cyana phaedra: Fang, 1992: 259.

主要特征：前翅长：雄 16–20 mm，雌 19–23 mm。头白色；领片和肩片白色衬红边。雄腹部白色掺杂少量红色。前翅较同属其他种类略宽、白色，大部分被红色斑纹覆盖；不规则的亚基带在前缘及臀褶与内带相连；内带在前缘扩宽，在前缘下方向外弯；中室端半部及中室上、下角各有 1 黑点；外带从前缘外曲至臀褶向内折角，然后外弯达后缘；端带在前缘区扩大成 1 大斑，其内边齿状几乎与外带相接；后翅红色。前翅反面中域黑色。雄蛾前翅反面前缘基部至内线边红色，叶突红色，单一，极小。

分布：浙江（临安）、河南、陕西、甘肃、湖北、江西、湖南、四川、云南。

（539）天目雪苔蛾 *Cyana tienmushanensis* (Reich, 1937)（图版 XXXV-30）

Chionaema tianmushanensis Reich, 1937: 122.

Cyana tienmushanensis: Fang, 1992: 259.

主要特征：前翅长：雄 18 mm。体背和前翅白色；领片具红边，肩片端半部、胸部中部和后缘红色。前翅狭长；具 4 条红色带，均较粗壮；亚基带在中室以上特别宽，并沿前缘向两侧扩展，中室以下细，未达后缘；内带为很浅的两次弧形弯曲；外带较直，斜行，下端接近臀角，外带外侧在前缘下方有 1 分叉；端带内缘弧形，上端未达顶角；雄中室端部具 3 个黑点，端脉内侧的大而圆，端脉上的 2 个较小；雌蛾中室仅具 2 个黑点。后翅红色。前后翅缘毛白色。雄蛾前翅反面叶突大而单一。

分布：浙江（临安）、甘肃、湖北、湖南、福建、广西、四川。

295. 滴苔蛾属 *Agrisius* Walker, 1855

Agrisius Walker, 1855: 723. Type species: *Agrisius guttivitta* Walker, 1855.

主要特征：雄蛾触角线形，具丛毛；喙极发达；下唇须向上伸，细长，第 3 节长过头顶。足胫节距正常。前翅窄。

分布：东洋区。世界已知 4 种，中国记录 3 种，浙江分布 1 种。

（540）滴苔蛾 *Agrisius guttivitta* Walker, 1855（图版 XXXV-31）

Agrisius guttivitta Walker, 1855: 723.

主要特征：前翅长：20–25 mm。体和翅灰白色；领片、肩片、中后胸具黑点。腹部具黑带。前翅较宽阔，顶角略尖，外缘浅弧形；前缘基部具黑边；黑色亚基点外有 3 个斜置黑点；内线黑点向前缘分叉，中室中央及上方各有 1 黑点；中线为 1 列黑点；中点黑色；外线 1 列黑点起自中室上角外，在中室下方内曲；外线外的翅脉为颜色很浓的黑带；顶角缘毛黑色。后翅端半部翅脉深灰褐色。

分布：浙江（江山）、河南、陕西、甘肃、安徽、湖北、江西、湖南、广西、四川；印度。

296. 网苔蛾属 *Macrobrochis* Herrich-Schäffer, 1855

Macrobrochis Herrich-Schäffer, 1855: 95, 97. Type species: *Macrobrochis interstitialis* Herrich-Schäffer, 1855.

Tripura Moore, 1858: 298. Type species: *Tripura prasena* Moore, 1860.

主要特征：下唇须向上伸达头顶，第 3 节短。雄性外生殖器的抱器瓣窄长，端半部较基部细窄；钩形突细长，顶端尖；阳茎扁。

分布：东洋区。中国记录 9 种，浙江分布 1 种。

（541）乌闪网苔蛾 *Macrobrochis staudingeri* (Alphéraky, 1897)（图版 XXXV-32）

Paraona staudingeri Alphéraky, 1897: 168.

Macrobrochis staudingeri: Kishida, 1993, *in* Haruta, 1993: 36.

主要特征：前翅长：16–26 mm。触角线形。身体和翅暗灰褐色稍带蓝色光泽，领片、下唇须除顶端外足腿节及腹部腹面金黄色至橙红色，臀簇基部染赭色。前翅略狭长，前缘弓形，顶角略尖，外缘浅弧形；无斑纹，翅脉色略深。后翅色淡，无蓝光。雄性外生殖器（图 189）：基腹弧长，“U”形；抱器背宽大；抱器腹发达，末端形成 1 小刺突，近端部内侧具 1 长骨化突，伸向抱器背基部；阳茎短粗，略弯曲；角状器由 1 小骨片、1 梳状斑和 1 锥形刺状斑组成。

分布：浙江（景宁）、吉林、河南、陕西、甘肃、湖北、江西、湖南、福建、台湾、四川、云南；朝鲜半岛，日本，尼泊尔。

297. 清苔蛾属 *Apistosia* Hübner, 1818

Apistosia Hübner, 1818: 13. Type species: *Apistosia judas* Hübner, 1818.

主要特征：喙极其发达，下唇须短而斜向上伸。足胫节距正常。腹部被粗毛。前翅有径副室；后翅无 M_2。

分布：东洋区、新热带区、澳洲区。世界已知 6 种，中国记录 1 种，浙江分布 1 种。

（542）点清苔蛾 *Apistosia subnigra* (Leech, 1899)（图版 XXXVI-1）

Oeonistisia subnigra Leech, 1899: 179.

Apistosia subnigra: Daniel, 1952b: 320.

主要特征：前翅长：12–19 mm。前翅淡橙黄色，前缘基部有黑边；外线处黑点位于前缘及臀褶上，前缘的黑点大，从黑点到基部有 1 窄的浅色前缘带。后翅色淡。雌蛾前翅色深，为黄褐色。

分布：浙江、陕西、湖北、湖南、福建、四川、云南。

298. 荷苔蛾属 *Ghoria* Moore, 1878

Ghoria Moore, 1878: 12. Type species: *Ghoria albocinerea* Moore, 1878.

主要特征：触角线形，具纤毛和鬃；喙发达；下唇须向上伸不过头顶。足胫节距正常。前翅窄长。雄性外生殖器的抱器瓣窄长，端部尖，常弯曲；颚形突存在，但不明显；钩形突细长；阳茎长。

分布：古北区、东洋区。中国记录 10 种，浙江分布 1 种。

（543）头橙荷苔蛾 *Ghoria gigantea* (Oberthür, 1879)（图版 XXXVI-2）

Lithosia gigantea Oberthür, 1879: 6.

Ghoria gigantea: Kishida, 1994, *in* Haruta, 1994: 68.

主要特征：前翅长：14–20 mm。头和领片橙黄色。翅灰褐色。前翅黄色的前缘带较宽，至顶角逐渐尖削；前缘基部具黑边。后翅色较前翅淡。腹部末端及腹面黄色。

分布：浙江、黑龙江、吉林、辽宁、河北、山西、河南、陕西、甘肃；俄罗斯，朝鲜半岛，日本。

299. 苏苔蛾属 *Thysanoptyx* Hampson, 1894

Thysanoptyx Hampson, 1894: 40, 74. Type species: *Lithosia tetragona* Walker, 1854.

主要特征：触角线形，具长的鬃和纤毛；下唇须平伸，第 2 节被毛缨。足长。前翅长而窄，雄蛾中室基部具长鳞片缨。翅反面中室端有褶，前翅具径副室。

分布：东洋区。中国记录 4 种，浙江分布 1 种。

（544）圆斑苏苔蛾 *Thysanoptyx signata* (Walker, 1854)（图版 XXXVI-3）

Lithosia signata Walker, 1854: 495.

Thysanoptyx directa Leech, 1899: 180.

Thysanoptys signata: Leech, 1899: 179.

主要特征：前翅长：12–19 mm。头、领片、肩片和腹部黄色，胸部背面黑色。前翅前缘端半部弓形，顶角近直角，外缘较直，后缘基半部隆起，端部略凹。雌蛾前翅灰黄色，外线黑点位于前缘上；中室末端下方至后缘处具有黑色大圆斑。后翅黄色。雄蛾前翅底色较灰，前翅中室具褶，褶的基部有大毛簇及短的黄色鳞片缨。后翅后缘区有一些粗鳞片。

分布：浙江（临安）、陕西、甘肃、湖北、江西、湖南、福建、广西、四川、云南。

300. 土苔蛾属 *Eilema* Hübner, 1819

Eilema Hübner, 1819: 165. Type species: *Bombyx caniola* Hübner, 1806.

主要特征：触角线形，具纤毛和鬃；喙发达；下唇须平伸达额，第 2 节下方具毛；额圆，单眼有弱痕迹。足细长，胫节距短。腹部被粗毛。前翅长而窄，有时较短。

分布：世界广布。中国记录 38 种，浙江分布 8 种。

分种检索表

1. 前翅前缘具 1 黑色或黑褐色点 …… 2
- 前翅前缘不具黑色或黑褐色点 …… 3
2. 前翅顶角较尖 …… **前痣土苔蛾 *E. stigma***
- 前翅顶角不尖 …… **缘点土苔蛾 *E. costipuncta***
3. 额黑色 …… **额黑土苔蛾 *E. conformis***
- 额不为黑色 …… 4
4. 雄前翅覆盖粉鳞 …… 5
- 雄前翅无粉鳞 …… 6
5. 前翅翅面颜色较深 …… **粉鳞土苔蛾 *E. moorei***
- 前翅翅面颜色较浅 …… **黄土苔蛾 *E. nigripoda***
6. 翅面草黄色 …… **耳土苔蛾 *E. auriflua***
- 翅面不为草黄色 …… 7
7. 前翅 Sc 与 R_1 脉分开 …… **乌土苔蛾 *E. ussurica***
- 前翅 Sc 与 R_1 脉有一段并接 …… **灰土苔蛾 *E. griseola***

（545）缘点土苔蛾 *Eilema costipuncta* (Leech, 1890)（图版 XXXVI-4）

Lithosia costipuncta Leech, 1890: 82.

Eilema costipuncta: Strand, 1922: 547.

主要特征：前翅长：17–19 mm。触角及足大部分黑色。身体深橙色，具黑斑。前翅前缘基部有黑边，前缘中部下方具 1 黑色圆点。腹部腹面除末端外各节都有黑斑。

分布：浙江、山东、河南、陕西、安徽、湖北、江西、湖南、福建、台湾、四川。

（546）前痣土苔蛾 *Eilema stigma* Fang, 2000（图版 XXXVI-5）

Eilema stigma Fang, 2000: 261.

主要特征：前翅长：14–17 mm。触角褐色；额褐色。胸、腹部背面灰黄色，腹部末端黄色。前翅狭长，顶角较尖；翅面淡黄色散布褐色，尤以中室外顶角附近褐色较深；前缘从基部到中室末端具淡黄色的亚前缘带，其末端在前缘处有 1 黑褐点；前缘基部到内线处具短黑边。后翅淡黄色。

分布：浙江（景宁）、陕西、甘肃、湖北、福建、广西、四川、云南。

（547）额黑土苔蛾 *Eilema conformis* (Walker, 1854)（图版 XXXVI-6，7）

Lithosia conformis Walker, 1854: 509.

Lithosia nigrifrons Moore, 1872: 572.

Eilema conformi: Strand, 1922: 546.

别名：同土苔蛾。

主要特征：前翅长：14 mm。额黑色；头顶、领片和胸部灰黄色，肩片端部灰色。腹部污黄色，背面掺杂灰色。雄蛾前翅前缘直，外缘短，后缘基部 2/3 强烈隆起，端部 1/3 略内凹；中室基部具粗粉鳞；中室下方具纵沟，覆粉鳞；翅面土黄色；反面除边缘外褐色；后翅灰黄褐色。雌蛾前翅较宽，前缘弓形，外缘较圆，后缘弯曲远较雄蛾浅；翅面灰黄褐色；后翅同雄蛾。

分布：浙江（临安）、山西、甘肃、湖北、江西、湖南、福建、广西、四川、贵州、云南；日本，印度，不丹，喜马拉雅山西北部。

（548）乌土苔蛾 *Eilema ussurica* (Daniel, 1954)（图版 XXXVI-8）

Lithosia ussurica Daniel, 1954: 111.

Eilema ussurica: Fang, 1982, *in* Zhu, 1982: 200.

主要特征：前翅长：12–17 mm。头、领片黄色，肩片、胸部背面及前翅土黄色至灰褐色。腹部灰色或黄色。前翅狭长；前缘区带浅黄色，不达顶角；反面前缘及端区带黄色，其余褐色。后翅黄色染褐色或全部灰黄色。前翅 Sc 与 R_1 脉分开是本种与灰土苔蛾 *E. griseola* 的主要鉴别特征。

分布：浙江（临安）、黑龙江、辽宁、河北、山西、山东、河南、陕西、甘肃、江苏、湖北、湖南、云南；朝鲜半岛。

（549）灰土苔蛾 *Eilema griseola* (Hübner, 1827)（图版 XXXVI-9）

Lithosia flava Haworth, 1809: 147.

Bombyx griseola Hübner, 1827: 97.

Lithosia aegrota Butler, 1877a: 397.

Eilema griseola: Seitz, 1910: 65.

主要特征：前翅长：13–19 mm。淡灰黄色至浅黑灰色。前翅有少许光泽，前缘区从基部到外线处有很窄的淡黄色带。前翅反面灰褐色，前缘区及端区黄带较明显。后翅灰黄色至黄白色。

分布：浙江（舟山）、黑龙江、吉林、辽宁、北京、山西、山东、陕西、甘肃、安徽、江西、福建、广西、四川、云南；朝鲜半岛，日本，印度，尼泊尔，欧洲。

（550）耳土苔蛾 *Eilema auriflua* (Moore, 1878)（图版 XXXVI-10）

Systropha auriflua Moore, 1878: 18.

Eilema auriflua: Strand, 1922: 535.

主要特征：前翅长：9–13 mm。触角除基部外暗褐色。体草黄色。前翅狭长，端部圆；翅面草黄色。

后翅黄白色。

分布：浙江（德清、临安）、河南、陕西、甘肃、湖北、江西、湖南、福建、广东、广西、四川；印度。

（551）粉鳞土苔蛾 *Eilema moorei* (Leech, 1890)（图版 XXXVI-11，12）

Katha moorei Leech, 1890: 81.

Eilema moorei: Strand, 1922: 571.

主要特征：前翅长：雄 13–22 mm，雌 16–24 mm。雄蛾头和胸、腹部灰白色带暗褐色。前翅狭长，后缘基部 1/3 处略呈弓形；翅面覆盖粉状灰白色鳞片，前缘区基部 1/3 及端区饰有暗褐色；反面暗褐色。后翅黄白色。雌蛾前翅较宽，后缘弯曲较少；翅面颜色一致，暗褐色，覆盖灰白色鳞片。

分布：浙江、河北、山西、河南、陕西、甘肃、湖北、江西、湖南、四川、云南。

（552）黄土苔蛾 *Eilema nigripoda* (Bremer, 1853)（图版 XXXVI-13）

Lithosia nigripoda Bremer, 1853b: 63.

Lithosia ibsolita Walker, 1854: 497.

Lithosia praecipua Walker, 1864: 229.

Eilema nigripoda: Strand, 1922: 572.

主要特征：前翅长：雄 19–22 mm，雌 21–24 mm。雄蛾触角及下唇须第 3 节黑色；头和颈板淡黄色，足大部分暗褐色。腹部淡黄色。雄蛾前翅暗白色，覆盖粉状粗鳞片；前缘基半部具黑边，端区黄色。前翅反面中域染暗褐色，与端区黄色分界明显。后翅淡黄色。雌蛾橙黄色。前翅反面中区具浅褐色纹，与端区无明显分界。

分布：浙江、河南、陕西、上海；日本。

301. 泥苔蛾属 *Pelosia* Hübner, 1827

Pelosia Hübner, 1827: 185. Type species: *Phalana muscerda* Hüfnagel, 1767.

Samera Wallengren, 1863: 146. Type species: *Phalaena muscerda* Hüfnagel, 1766.

Paidina Staudinger, 1887: 184. Type species: *Lithosia ramosula* Staudinger, 1887.

Paralithosia Daniel, 1954: 131. Type species: *Paralithosia hoenei* Daniel, 1954.

主要特征：雄触角锯齿形或线形；下唇须平伸；额被粗鳞。足胫节距正常。腹部被粗毛。前翅前缘向上拱，外缘圆。前翅不具 R_3 脉。

分布：古北区、东洋区。中国记录 4 种，浙江分布 1 种。

（553）泥苔蛾 *Pelosia muscerda* (Hüfnagel, 1766)（图版 XXXVI-14）

Phalana muscerda Hüfnagel, 1766: 400.

Noctua cinerina Esper, 1786: 67.

Tinea perlella Fabricius, 1787: 241.

Pelosia muscerda: Seitz, 1910: 70.

主要特征：前翅长：9–14 mm。体和翅灰褐色。前翅狭长；前缘区淡色至中部，前缘基部有黑边；臀褶及 CuA_2 脉中部斜置 2 个黑点，从前缘外线处至中室下角外侧斜置 4 个黑点。后翅基部色淡。

分布：浙江、黑龙江、吉林、河南、陕西、甘肃、江苏、江西、湖南、福建、台湾、海南、广西、四川、云南；日本，欧洲。

（二）灯蛾亚科 Arctiinae

分属检索表（参照方承莱，2000）

1. 后翅显著小于前翅……………………………………………………………………鹿蛾属 *Amata*
- 后翅不显著小于前翅……………………………………………………………………2
2. 前翅具黄色或白色斑块……………………………………………………………………3
- 前翅不具黄色或白色斑块……………………………………………………………………5
3. 前翅具径副室……………………………………………………………………丽灯蛾属 *Callimorpha*
- 前翅不具径副室……………………………………………………………………4
4. 前翅中室很短……………………………………………………………………新丽灯蛾属 *Chelonia*
- 前翅中室为翅长的 1/2……………………………………………………………………大丽灯蛾属 *Aglaomorpha*
5. 后足胫节无中距……………………………………………………………………6
- 后足胫节有中距……………………………………………………………………7
6. 前足胫节内侧有弯爪……………………………………………………………………缘灯蛾属 *Aloa*
- 前足胫节内侧无弯爪……………………………………………………………………灰灯蛾属 *Creatonotos*
7. 后翅红色……………………………………………………………………浑黄灯蛾属 *Rhyparioides*
- 后翅不为红色……………………………………………………………………8
8. 雄抱器瓣特别细长……………………………………………………………………白雪灯蛾属 *Chionarctia*
- 雄抱器瓣不特别细长……………………………………………………………………9
9. 翅白色，有或多或少的黑点……………………………………………………………………雪灯蛾属 *Spilosoma*
- 翅面不如上述……………………………………………………………………10
10. 雄外生殖器背面观长窄三角形，钩形突长，抱器瓣具三角形突起，阳茎有 1 群或 2 群角状器长刺……望灯蛾属 *Lemyra*
- 雄外生殖器不如上述……………………………………………………………………11
11. 雄蛾第 8 腹节无特殊的香鳞群或在其第 8 腹板上缺乏 1 对分开的板……………………东灯蛾属 *Eospilarctia*
- 雄蛾第 8 腹节不如上述……………………………………………………………………污灯蛾属 *Spilarctia*

302. 浑黄灯蛾属 *Rhyparioides* Butler, 1877

Rhyparioides Butler, 1877a: 395. Type species: *Rhyparioides nebulosa* Butler, 1877.

主要特征：雄蛾触角双栉形或锯齿形；身体较细长，下唇须也较细长，平伸不向下斜。雄性外生殖器的钩形突细长（*R. subvarius* 除外，其钩形突短而粗），侧面具若干短毛；背兜分为强骨化的前部和弱骨化的后部，背面观前部的基部宽、向后窄，后部向侧面扩宽；抱器瓣小，阳茎端基环近长方形，侧面有若干短齿（*R. subvarius* 除外，光滑）；阳茎长而较粗，向背面弯曲，阳茎上部有许多锯齿形脊针。

分布：古北区、东洋区。中国记录 4 种，浙江分布 2 种。

（554）肖浑黄灯蛾 *Rhyparioides amurensis* (Bremer, 1861)（图版 XXXVI-15，16）

Chelonia amurensis Bremer, 1861: 477.

Rhyparioides amurensis: Kirby, 1892: 250.

主要特征：前翅长：雄 20–27 mm，雌 24–29 mm。雄触角双栉形，雌触角线形。雄蛾深黄色；下唇须上方黑色，下方红色；额黑色，触角暗褐色。前翅宽大，前缘直，外缘较倾斜，浅弧形；前缘具黑边；中线在前缘处有 2–3 个黑点，在后缘处有 1–2 个黑点；中室下角有 1 个黑点，有时在中室上角及下角外方有黑点。后翅红色，中室中部下方有 1 个黑点，有时在 A 脉上方有 1 个黑点；中点为新月形黑纹；亚缘点黑色。雌蛾前翅黄褐色，大部分黑点消失，被暗褐色所替代；内线点褐色；中线暗褐色，在中室下方折角；中点为 1 个褐点，在中室下角处与一大块暗褐斑相连；外线褐色，在中间折角；亚缘点暗褐色，不太清晰；外缘染暗褐色。后翅红色，具黑色中带，斑块较雄蛾的大。

寄主：栎、柳、榆、蒲公英、染料木 *Genista tinctoria*。

分布：浙江、黑龙江、吉林、辽宁、内蒙古、河北、山西、山东、河南、陕西、甘肃、江苏、湖北、江西、湖南、福建、广西、四川、云南；朝鲜半岛，日本。

（555）红点浑黄灯蛾 *Rhyparioides subvarius* (Walker, 1855)（图版 XXXVI-17）

Diacrisia subvarius Walker, 1855: 637.

Rhyparioides subvaria: Seitz, 1910: 94.

主要特征：前翅长：15 mm。雄触角锯齿形，雌触角线形，暗褐色；额和下唇须上方暗褐色，下唇须下方红色；胸部背面灰黄至灰红色。腹部背面橙黄色，背面和两侧各有 1 列黑点；腹部腹面红色。前翅宽阔，近三角形，前缘直，外缘浅弧形；翅面浅黄褐色；内线、中线和外线的黑点列或有或无；中室中部具 1 鲜明黑点；中室下角有 1 较大的黑褐色斑；中室上角内、外方各有 1 黑点，两点之间的中室端脉上有 1 红纹；缘毛在翅脉间有暗褐色点。后翅红色；中室中部下方具 1 黑点；中点大，楔形；亚缘点 3–4 个。

分布：浙江、陕西、甘肃、安徽、湖北、江西、湖南、广东；朝鲜半岛，日本。

303. 缘灯蛾属 *Aloa* Walker, 1855

Aloa Walker, 1855: 699. Type species: *Phalaena lactinea* Cramer, 1777.

主要特征：喙退化，极小；下唇须平伸过额，下方被长毛；额通常被粗毛。前足胫节内侧有发达或不发达的弯爪，外侧有短爪；后足胫节有 1 对距。

分布：古北区、东洋区。中国记录 1 种，浙江分布 1 种。

（556）红缘灯蛾 *Aloa lactinea* (Cramer, 1777)（图版 XXXVI-18）

Phalaena lactinea Cramer, 1777: 58.

Bombyx sanguinolenta Fabricius, 1793: 473.

Aloa lactinea: Walker, 1855: 702.

Aloa frederici Kirby, 1892: 223.

主要特征：前翅长：雄 22–27 mm，雌 25–31 mm。雄蛾触角锯齿形，黑色；下唇须红色，顶端褐色；头、颈、颈片边缘及肩角条带红色；肩片通常具黑点。腹部背面除基部及臀簇外橙黄色，腹面白色，背面具黑色横带，侧面具黑色纵带，亚侧面有 1 列黑点。前翅白色；前缘具红带；中点黑色，小。后翅白色；中点黑色，较前翅大；亚缘点常 0–4 个。

寄主：玉米、大豆、谷子、棉花、芝麻、高粱、绿豆、向日葵、紫穗槐等 109 种植物，分别隶属于 26 科，包括 26 种农作物、16 种树木、67 种杂草。

分布：浙江、辽宁、河北、山西、山东、河南、陕西、江苏、安徽、湖北、江西、湖南、福建、台湾、广东、海南、广西、四川、云南、西藏；朝鲜半岛，日本，印度，尼泊尔，缅甸，越南，斯里兰卡，印度尼西亚。

304. 灰灯蛾属 *Creatonotos* Hübner, 1819

Creatonotos Hübner, 1819: 170. Type species: *Phalaena interrupta* Linnaeus, 1767.

Amphissa Walker, 1855: 684. Type species: *Amphissa vacillans* Walker, 1855. [Junior homonym of *Amphissa* Adams *et* Adams, 1853 (Mollusca)]

Phissama Moore, 1860, *in* Horsfield & Moore, 1860: 362. Type species: *Amphissa vacillans* Walker, 1855. [Replacement Name of *Amphissa* Walker, 1855]

主要特征：喙退化。下唇须平伸不过额；头、胸部被光滑的鳞片。后足胫节无中距。雄性外生殖器的背兜细长；钩形突长而细，几乎直，被许多短毛，顶端微尖，向腹面弯曲；基腹弧很窄；抱器瓣简单且长，被许多短毛，其内壁骨化一致是本属的主要特征。

分布：东洋区、旧热带区、澳洲区。中国记录 2 种，浙江分布 1 种。

（557）八点灰灯蛾 *Creatonotos transiens* (Walker, 1855)（图版 XXXVI-19）

Spilosoma transiens Walker, 1855: 675.

Creatonotos transiens: Hampson, 1901: 334.

主要特征：前翅长：17–26 mm。触角线形，黑色；头、胸白色，稍染褐色。足具黑带，腿节上方橙色。腹部背面橙黄色，腹面和雌蛾臀簇白色；背面、侧面和亚侧面各有 1 列黑点。前翅底色白，除前缘区外脉间染褐色，中室上、下角的内、外方各有 1 列黑点（共 4 个）。后翅白色或灰褐色，有时具有亚缘点 1–4 个。雌蛾前后翅色淡。雄性外生殖器（图 190）：背兜细长；钩形突长且细，顶端尖。抱器瓣细长，近端部具 1 短小、较钝背突；阳茎角状器为刺状斑。

寄主：桑、茶、稻、柑橘、柏、法国梧桐等。

分布：浙江（四明山、鄞州、余姚、舟山、磐安、江山）、山西、山东、河南、陕西、甘肃、江苏、安徽、湖北、江西、湖南、福建、台湾、广东、海南、广西、四川、贵州、云南、西藏；印度，缅甸，越南，菲律宾，印度尼西亚。

305. 望灯蛾属 *Lemyra* Walker, 1856

Lemyra Walker, 1856: 1690. Type species: *Lemyra extensa* Walker, 1856.

Thyrgorina Walker, 1865: 317. Type species: *Thyrgorina spilosomata* Walker, 1865.

Icambosida Walker, 1865: 400. Type species: *Icambosida nigrifrons* Walker, 1865.

Thanatarctia Butler, 1877a: 395. Type species: *Thanatarctia infernalis* Butler, 1877.

Carbisa Moore, 1879, *in* Hewitson & Moore, 1879a: 41. Type species: *Carbisa venosa* Moore, 1879.

Challa Moore, 1879c: 398. Type species: *Challa discalis* Moore, 1879.

Xanthomaenas Roepke, 1940: 25. Type species: *Xanthomaenas singularis* Roepke, 1940.

Allochrista Roepke, 1946: 85. Type species: *Allochrista toxopei* Roepke, 1946.

主要特征：雄蛾触角双栉形，雌蛾线形。体色大多白或黄色，少数为红、褐或黑色，许多种类雌雄异型、色泽不同。喙退化；下唇须短，向上伸达头顶前，其下方被长毛。中足胫节有 1 对距，后足胫节具中距及端距。前后翅脉与污灯蛾属 *Spilarctia* 相似。

分布：东洋区、澳洲区。中国记录 39 种，浙江分布 4 种。

分种检索表

1. 前翅无斑点 ……………………………………………………………………………………**漆黑望灯蛾 *L. infernalis***
- 前翅有斑点 ……… 2
2. 前翅淡橙黄色 ………………………………………………………………………………………**淡黄望灯蛾 *L. jankowskii***
- 前翅非淡橙黄色 ……………………………………………………………………………………………………… 3
3. 前翅前缘基半部常具黑灰色边 ……………………………………………………………**伪姬白望灯蛾 *L. anormala***
- 前翅前缘基半部不具黑灰色边 …………………………………………………………………………**梅尔望灯蛾 *L. melli***

（558）梅尔望灯蛾 *Lemyra melli* (Daniel, 1943)（图版 XXXVI-20，21）

Spilarctia melli Daniel, 1943: 712.

Lemyra melli: Thomas, 1990: 15.

主要特征：前翅长：13–20 mm。雄触角双栉形，雌触角线形，黑色。头和胸部背面白色；下唇须下方红色，上方黑色；领片前缘及肩角红色；足白色有黑条带，前足基节和腿节上方鲜红色。腹部背面雄鲜红色，雌黄白色；基部与末端有白毛，背面与侧面各有 1 列黑点。前翅宽阔，近三角形，白色，稍带乳黄色；中点黑色；从顶角至后缘中部有 1 列黑点。后翅乳白色；中点黑色；顶角下方及臀角上方各有 1 黑点。有些个体前后翅均无黑点。

寄主：核桃、泡桐、白蜡、桑、楸、山杏、榆、臭椿、月季、杨、刺槐、葡萄等。

分布：浙江、黑龙江、吉林、辽宁、河北、山西、河南、陕西、甘肃、湖北、江西、湖南、广西、四川、云南、西藏；俄罗斯（地区），缅甸。

（559）伪姬白望灯蛾 *Lemyra anormala* (Daniel, 1943)（图版 XXXVI-22，23）

Spilarctia rhodophila anormala Daniel, 1943: 710.

Lemyra anormala: Thomas, 1990: 16.

主要特征：前翅长：雄 14–20 mm，雌 19–24 mm。雄触角双栉形，雌触角锯齿形，白色；下唇须基部红色，端部黑色；额两侧及触角黑色；领片侧面有红斑。足上方具黑带，前足基节和腿节上方红色。腹部背面除基部和末端外红色，背面、侧面和亚侧面各有 1 列黑点。前翅白色，前缘基半部常具黑灰色边；中室上角有 1 黑点；内线暗褐色点在中室有时存在；外线为 1 斜列暗褐色点，从 M_3 脉至后缘，有时与顶角的点线相连；亚缘线暗褐色，从 M_2 脉至 CuA_1 脉有时存在。后翅中点暗褐色；亚缘线暗褐色点位于 M_2 脉上方及臀角上方。

分布：浙江、河南、陕西、甘肃、湖北、江西、湖南、福建、四川、贵州、云南、西藏；缅甸。

（560）漆黑望灯蛾 *Lemyra infernalis* (Butler, 1877)（图版 XXXVI-24，25）

Thanatarctia infernalis Butler, 1877a: 395.

Lemyra infernalis: Thomas, 1990: 39.

主要特征：前翅长：雄 16–17 mm，雌 20–22 mm。雄触角双栉形，雌为很短的双栉形。雌雄异型。雄蛾黑色，头顶、肩角红色或橙红色，额、触角及下唇须上方黑色。胸部腹面、下唇须下方及足基节红色。腹部红色，背面、侧面及亚侧面各有 1 列黑点。前后翅黑褐色。雌蛾黄白色至浅黄色，下唇须第 3 节及触角黑色；领片侧缘有红毛；足染褐色；腹部背面除基节与端节外红色，背面、侧面及亚侧面各具 1 列黑点，腹部末端黄色，较膨大。翅黄白至黄色，前翅无斑点。后翅后缘基区常染红色；有时具褐色中点；亚缘点褐色，或有或无。

寄主：桑、梨、樱桃、苹果、柳等。

分布：浙江（临安）、辽宁、北京、河南、陕西、甘肃、湖北、湖南；日本。

（561）淡黄望灯蛾 *Lemyra jankowskii* (Oberthür, 1880)（图版 XXXVI-26）

Spilosoma jankowskii Oberthür, 1880: 31.

Diacrisia valis Oberthür, 1911b: 337.

Lemyra jankowskii: Thomas, 1990: 44.

主要特征：前翅长：雄 16–20 mm，雌 21–25 mm。雄触角双栉形，雌触角锯齿形。下唇须上方、额侧缘及触角黑色，触角干有一些白色鳞片，尖端较明显。足白色，有黑条带；前足基节和腿节上方红色。腹部背面除基部及端部外红色，腹面白色，背面及侧面各有 1 列黑点。前翅淡橙黄色，中室上角有 1 灰褐色点；从 M_2 脉至 A 脉有 1 斜列灰褐色点带。后翅白色，稍染黄色，中点灰褐色；有时 M_2 上方和臀角上方有 1 灰褐色亚缘点。

寄主：榛、珍珠梅。

分布：浙江、黑龙江、吉林、辽宁、北京、河北、山西、河南、陕西、甘肃、青海、江苏、湖北、广西、四川、云南、西藏；朝鲜半岛。

306. 东灯蛾属 *Eospilarctia* Kôda, 1988

Eospilarctia Kôda, 1988: 39. Type species: *Seiarctia lewisii* Butler, 1885.

主要特征：雄触角双栉形；额中部宽度为头宽的 1/3，被长粗鳞片；下唇须平伸达头腹缘。雄蛾第 8 腹节无特殊的香鳞群或在其第 8 腹板上缺乏 1 对分开的板，这是易与污灯蛾属 *Spilarctia* 区别的特征。

分布：东洋区。中国已记录 7 种，浙江分布 1 种。

（562）褐带东灯蛾 *Eospilarctia lewisii* (Butler, 1885)（图版 XXXVI-27，28）

Seiarctia lewisii Butler, 1885: 115.

Eospilarctia lewisii: Kôda, 1988: 45.

主要特征：前翅长：19–24 mm。头和胸部白色；额黑色；颈具红圈；领片具黑点，边缘稍带红色。胸部背面具黑色纵带；足腿节上方红色，胫节和跗节上方黑色。腹部背面除基部外红色，腹面白色，背面、侧面和亚侧面各有 1 列黑点。前翅略长，顶角圆，外缘浅弧形；白色，翅脉黄色或白色；前缘具黑边；中室除上角外黑色，上具 2 黑点，上角上方至顶角前有 1 黑带；中室外黑带在 M_2 脉中部分叉，直达外缘；CuA_2 脉中部上、下方有黑褐带至外缘；A 脉上、下方自亚基点至臀角有黑褐带。后翅白色；中室端脉内、外方有黑褐色斑点；亚缘点黑褐色，或有或无。

分布：浙江、河南、陕西、甘肃、湖北、湖南、广西、四川、云南；日本。

307. 白雪灯蛾属 *Chionarctia* Kôda, 1988

Chionarctia Kôda, 1988: 54. Type species: *Dionychopus niveus* Ménétriès, 1859.

主要特征：下唇须微向上伸。雄性外生殖器的抱器瓣特别细长是本属的主要特征；背兜正常大，其前、后部分完全连接，前部背面向上翻；钩形突大，渐向腹面尖削；抱器背窄而短，抱器瓣端部延伸为 1 长突起；阳茎端基环近梯形；阳茎正常大，较直。

分布：古北区、东洋区。中国记录 2 种，浙江分布 1 种。

（563）白雪灯蛾 *Chionarctia nivea* (Ménétriès, 1859)（图版 XXXVII-1，2）

Dionychopus niveus Ménétriès, 1859: 218.

Chionarctia nivea: Kôda, 1988: 54.

主要特征：前翅长：雄 26–34 mm，雌 34–39 mm。雄触角双栉形，雌触角线形。体白色。下唇须基部红色，第 3 节黑色。前足基节红色具黑斑，腿节具黑纹，各足腿节上方红色。腹部白色，侧面除基节及端节外有红斑，背面与侧面各有 1 列黑点。翅白色，翅脉色稍深；后翅中点深灰色至黑灰色，“<”形。

寄主：高粱、大豆、小麦、黍、车前、蒲公英等。

分布：浙江（临安）、黑龙江、吉林、辽宁、内蒙古、河北、山东、河南、陕西、甘肃、湖北、江西、湖南、福建、广西、四川、贵州、云南；朝鲜半岛，日本。

308. 雪灯蛾属 *Spilosoma* Curtis, 1825

Spilosoma Curtis, 1825: pl. 92. Type species: *Bombyx menthastri* Denis *et* Schiffermüller, 1775.

主要特征：喙退化，微小；下唇须平伸不过额；头、胸部具粗毛；复眼大而光滑。后足胫节有中距。本属与污灯蛾属 *Spilarctia* 相近，但本属的种类均为白色，身体较粗钝，前翅宽，外缘较直；后翅宽，翅面鳞片较厚，腹部短，很少达后翅臀角。本属最主要的特征是雄性外生殖器的抱器瓣和抱器内突向后延长。

分布：古北区、东洋区。中国记录 8 种，浙江分布 1 种。

（564）红星雪灯蛾 *Spilosoma punctarium* (Stoll, 1782)（图版 XXXVII-3）

Bombyx punctaria Stoll, 1782, *in* Cramer, 1782: 233.

Spilosoma punctarium: Kôda, 1988: 54.

主要特征：前翅长：14–21 mm。雄触角双栉形，雌触角线形。腹部背面除基节和端节外红色。翅面白色，斑纹均由黑色斑点组成。前翅黑点或多或少，黑点数目个体变异极大；内线和中线在中脉处向外凸出；中点小；亚缘线在 M_2 上方分叉，有时仅上半段清楚；中室下角内外侧各具 1 黑点；外线点在中室向外凸出；缘点有时部分缺失。后翅中点黑色，亚缘点有时可见，位于顶角下方、M_2 上方和 CuA_1 下方。

分布：浙江、黑龙江、吉林、辽宁、北京、河南、陕西、甘肃、江苏、安徽、湖北、江西、湖南、台湾、四川、贵州、云南；俄罗斯，日本。

309. 污灯蛾属 *Spilarctia* Butler, 1875

Spilarctia Butler, 1875c: 39. Type species: *Phalaena lutea* Hüfnagel, 1766.

主要特征：雄触角多为双栉形，少数为锯齿形；喙退化；下唇须平伸；头和胸部被粗毛。后足胫节有中距。雄蛾腹部较细长，雌蛾较钝，长度通常超过后翅臀角。前翅前缘通常向翅顶弯曲，外缘凸；后翅椭圆形；前翅 CuA_1 脉从近中室下角伸出，M_2 脉从中室下角上方伸出，M_1 从中室上角伸出，$R_{3\text{-}5}$ 共柄；后翅 CuA_1 从中室下角伸出，M_2 从中室上角或下角上方伸出，M_1、Rs 脉从中室上角伸出或共短柄。

分布：本属分布范围较广，但以东洋区为主。中国记录 30 种，浙江分布 4 种。

分种检索表

1. 雄触角为短双栉形 ·· 人纹污灯蛾 ***S. subcarnea***
- 雄触角为双栉形 ·· 2
2. 前翅翅面白色 ·· 净污灯蛾 ***S. alba***
- 前翅翅面不为白色 ·· 3
3. 肩角和肩片具黑点 ·· 强污灯蛾 ***S. robusta***
- 肩角和肩片不具黑点 ·· 黑须污灯蛾 ***S. casigneta***

（565）人纹污灯蛾 *Spilarctia subcarnea* (Walker, 1855)（图版 XXXVII-4，5）

Spilosoma subcarnea Walker, 1855: 675.

Spilarctia subcarnea: Daniel, 1943: 694.

别名：红腹白灯蛾、人字纹灯蛾。

主要特征：前翅长：雄 19–22 mm，雌 20–25 mm。雌雄触角均短双栉形。雄蛾头和胸部黄白色；额下部黑色；下唇须红色，端部黑色。肩片有时具黑点。腹部背面除基节与端节外红色，腹面黄白色，背面、侧面和亚侧面各有 1 列黑点。前翅狭长，前缘直，外缘较直，倾斜；翅面黄白色染肉色，通常在 A 脉上方具有 1 黑色内线点；中室上角通常有 1 黑点；从 CuA_1 脉到后缘有 1 斜列黑色外线点，有时减少至 1 个黑点，位于 A 脉上方；顶角有时存在 3 个黑点。后翅红色；缘毛白色，或后翅白色，后缘区染红色或无红色。雌蛾翅黄白色，无红色，前翅有时有黑点；后翅有时有黑色亚端点。有的雌雄两性前后翅全为乳黄色，无任何斑点，尤其以雌性为多。

寄主：桑、木槿、十字花科蔬菜、豆类等。

分布：浙江、黑龙江、吉林、辽宁、内蒙古、河北、山西、山东、河南、陕西、甘肃、江苏、安徽、湖北、江西、湖南、福建、台湾、广东、广西、四川、贵州、云南；朝鲜半岛，日本，菲律宾。

（566）净污灯蛾 *Spilarctia alba* (Bremer *et* Grey, 1853)（图版 XXXVII-6）

Chelonia alba Bremer *et* Grey, 1853a: 15.

Spilarctia alba: Daniel, 1943: 700.

别名：净雪灯蛾。

主要特征：前翅长：雄 23–25 mm，雌 30–37 mm。雄触角双栉形，雌触角略呈锯齿形。头和胸部白色；下唇须上方、额两侧及触角黑色，下唇须下方白色；复眼后方有红毛。足白色具黑带，前足基节红色具黑点，腿节上方红色。腹部背面深红色，中间几节背面以及侧面和亚侧面具黑点。前翅白色，基部具黑点，前缘基部有黑边；中室下角外方有 1 黑点；M_2脉上方具 1 黑色短纹，有时 A 脉上方有中线点。后翅中点黑灰色，其外侧常具 1 微小黑点；有时 M_2脉上方及臀角上方具黑色亚缘点。

分布：浙江（四明山、余姚、磐安）、吉林、河北、山西、河南、陕西、甘肃、湖北、江西、湖南、福建、广西、四川、贵州、云南；朝鲜半岛。

（567）强污灯蛾 *Spilarctia robusta* (Leech, 1899)（图版 XXXVII-7，8）

Spilosoma robusta Leech, 1899: 149.

Spilarctia robusta: Seitz, 1910: 86.

主要特征：前翅长：雄 25–31 mm，雌 30–36 mm。雄触角双栉形，雌触角线形。头、胸部和翅乳白色；下唇须基部上方红色，下方有白毛，端部黑色。肩角和肩片具黑点；前足基节侧面和腿节上方红色。腹部红色，背面、侧面和亚侧面各具 1 列黑点。前翅中室上角有 1 黑点；A 脉上、下方各具 1 黑色中线点，M_1脉处有时有黑点。后翅中点黑色；黑色的亚缘点或多或少。

分布：浙江、北京、山东、河南、陕西、甘肃、江苏、湖北、江西、湖南、福建、四川、云南；朝鲜半岛。

（568）黑须污灯蛾 *Spilarctia casigneta* (Kollar, 1844)（图版 XXXVII-9，10）

Euprepia casigneta Kollar, 1844, *in* Hugel, 1844: 466.

Spilarctia casigneta: Seitz, 1910: 85.

主要特征：前翅长：雄 17–26 mm，雌 21–30 mm。雄触角双栉形。本种个体变异较大。下唇须黑色是本种的一个主要识别特征。下唇须、触角和额下方黑色。胸部腹面前方黑色，有时胸背有黑带。腹部背面除基部及端部外红色，背面 1 列黑点不明显，侧面及亚侧面各有 1 列黑点。前翅内线黑点有时位于 A 脉上方；顶角下方至后缘或多或少有 1 列黑点；中室下角有时有黑点。后翅色稍淡，后缘区常染红色；中点黑色；臀角上方常具黑点。前翅反面中域常染红色。

分布：浙江、河南、陕西、甘肃、湖北、湖南、福建、广西、四川、云南、西藏；印度，克什米尔地区。

310. 丽灯蛾属 *Callimorpha* Latreille, 1809

Callimorpha Latreille, 1809: 220. Type species: *Phalaena dominula* Linnaeus, 1758.

Panaxia Tams, 1939a: 73. Type species: *Phalaena dominula* Linnaeus, 1758.

Eucallimorpha Dubatolov, 1990: 99, 100. Type species: *Callimorpha principalis fedtschenkoi* Grum-Grshimaïlo, 1902.

主要特征：雄蛾触角线形，具微纤毛；下唇须长而平伸。后足胫节有 2 对距。前翅窄长，具径副室。

分布：本属主要分布于东洋区。中国记录 6 种，浙江分布 1 种。

（569）首丽灯蛾 *Callimorpha principalis* (Kollar, 1844)（图版 XXXVII-11）

Euprepia principalis Kollar, 1844, *in* Hugel, 1844: 465.

Callimorpha principalis: Hampson, 1894: 35.

主要特征：前翅长：29–46 mm。头红色；额中部具 1 黑斑；下唇须红色，第 2 节基部和第 3 节黑色。领片红色，具 1 对大黑斑，肩片黑色，有蓝色光泽。腹部背面基部和末端红色，其余黄色，腹面橙黄色，背面有黑斑点，有些黑斑点成短带或整个连成一片，腹面也有黑斑，侧面黑点有时相连。前翅较狭长，外缘倾斜；墨绿色有蓝色光泽；斑纹黄色；前缘脉下方有 4 个黄斑，分别位于亚基线、内线、中线及外线处；翅基部有黄点；中室内有 2 块乳白色斑；A 脉上方从基部到端部有 5 个黄斑，基部的 1 个为 1 短带；从前缘外线斑至 CuA_2 脉端部上方有 1 列长短不一的黄白斑；前缘至 M_1 脉中部有 3 个淡黄色的小斑；M_1 脉至 M_3 脉间近外缘有 2 个小黄点。后翅黄色或橙色，色斑变化较大，翅脉黑色；中点黑色；亚缘线为黑斑带。

分布：浙江、黑龙江、河南、陕西、甘肃、湖北、江西、湖南、福建、四川、云南、西藏；克什米尔地区，印度，尼泊尔，缅甸。

311. 新丽灯蛾属 *Chelonia* Oberthür, 1883

Chelonia Oberthür, 1883: 43. Type species: *Chelonia bieti* Oberthür, 1883.

Callarctia Leech, 1899: 168. Type species: *Chelonia bieti* Oberthür, 1883. [Junior homonym of *Callarctia* Packard, 1864. (Lepidoptera: Arctiidae)]

Euleechia Dyar, 1900: 347. Type species: *Chelonia bieti* Oberthür, 1883.

Neochelonia Draeseke, 1926: 47. Type species: *Chelonia bieti* Oberthür, 1883.

主要特征：喙发达；下唇须长而平伸。后足胫节有 2 对距。前翅中室很短，无径副室。

分布：古北区、东洋区。中国记录 3 种，浙江分布 1 种。

（570）新丽灯蛾 *Chelonia bieti* Oberthür, 1883（图版 XXXVII-12，13）

Chelonia bieti Oberthür, 1883: 43.

主要特征：前翅长：雄 29 mm，雌 25–31 mm。身体大小及斑纹变异较大，被分成 4 个亚种。雄蛾头部、触角黑色；下唇须黄色，具黑毛。领片黑色有红边，胸部腹面红色。腹部背面黑色，腹面橙黄色具黑带，亚侧面具黑点，腹末端具红色毛簇。前翅黑色，翅脉墨绿色带闪光；前缘内半部下方具金黄色纵带，纵带端部下方具 1 金黄色斜带达 CuA_2 脉端部或此二黄带相接；亚缘区翅顶下方有 1 金黄圆点或倒钩形点。后翅金黄色，中点为 1 黑色大斑点；亚中褶处有 1 黑条纹；缘线为黑宽带，其内边不规则齿状。雌蛾后翅黄色，端部具黑斑。

分布：浙江、山西、河南、陕西、甘肃、湖北、四川、云南。

312. 大丽灯蛾属 *Aglaomorpha* Kôda, 1987

Aglaomorpha Kôda, 1987: 187. Type species: *Hypercompa histrio* Walker, 1855.

Neocallimorpha Dubatolov, 1990: 100. Type species: *Hypercompa histrio* Walker, 1855.

主要特征：前翅中室为翅长的 1/2；下唇须向上伸。领片大，近方形，边圆，足转节为胫节的 1/5 长。前翅长而窄，无径副室。

分布：东洋区。中国记录 2 种，浙江分布 1 种。

（571）大丽灯蛾 *Aglaomorpha histrio* (Walker, 1855)（图版 XXXVIII-1）

Hypercompa histrio Walker, 1855: 654.

Aglaomorpha histrio: Kôda, 1987: 193.

主要特征：前翅长：39–41 mm。触角线形，黑色。头和胸、腹部背面橙黄色；额和下唇须黑色。领片有 2 个黑斑，肩片黑色，胸部背面具黑色纵斑，均带蓝色光泽。腹部背面具黑色横带，第 1 节的黑斑呈三角形，末两节呈方形，侧面和腹面各具 1 列黑斑。前翅狭长，外缘浅弧形，倾斜；翅面黑褐色，有光泽，除中室内 1 黄点外，其他斑点黄白色；翅基部具 1 小点，前缘具 4 个长点，中室内黄点内侧有 1 狭长点，臀褶位置由 2A 基部至亚缘线共 6 个点；外线至亚缘线斜置 3 个大点，亚缘线在其上方另有 4 个小点，其中下面 2 个较近外缘。后翅橙黄色，中线至缘线有 4 列大小不一的黑斑，大多在顶角附近连成片；CuA_2 基部至后缘有 1 黑带；中点为 1 大黑斑。

寄主：油茶、杉木。

分布：浙江（江山、景宁）、吉林、甘肃、江苏、安徽、湖北、江西、湖南、福建、台湾、广西、四川、贵州、云南；俄罗斯，朝鲜半岛，日本。

313. 鹿蛾属 *Amata* Fabricius, 1807

Amata Fabricius, 1807: 289. Type species: *Zygaena passalis* Fabricius, 1781.

Syntomis Ochsenheimer, 1808: 103. Type species: *Sphinx phegea* Linnaeus, 1758.

Coenochromia Hübner, 1819: 121. Type species: *Zygaena passalis* Fabricius, 1781.

Hydrusa Walker, 1854: 255. Type species: *Euchromia bicolor* Walker, 1854.

Asinusca Wallengren, 1862: 197. Type species: *Asinusca atricornis* Wallengren, 1863.

Buthysia Wallengren, 1863: 139. Type species: *Buthysia sangaris* Wallengren, 1863.

主要特征：该属中，古北区的种类由 Obraztsov（1966）修订，用外生殖器特征做了准确的区分，它们在翅征和腹部环带上均显示出了很大的变异。雌雄两性中生殖器均不对称。雄性背兜有明显的侧叶；抱器瓣强健、弯曲，抱器基部突起不对称；阳茎端膜有剑状排列的阳茎针。雌性生殖器不对称；交配孔位于第 7 和第 8 背板之间。

分布：世界广布。

（572）牧鹿蛾 *Amata pascus* (Leech, 1889)（图版 XXXVIII-2）

Syntomis pascus Leech, 1889b: 124.

Amata pascus: Obraztsov, 1966: 116.

主要特征：前翅长：19–25 mm。触角线形，基部 2/3 黑色，端部白色。头和胸部黑褐色；额黄白色；中、后胸具黄斑。腹部黑色具黄带，雌蛾 6 节，雄蛾 7 节，腹部末端完全黑褐色。前翅较狭长，前缘直，顶角圆，外缘直，长于后缘，特别倾斜，后缘中部浅凹；后翅小。前翅黑色，基部有少量黄色鳞毛，翅面具 5 个透明大斑；端部 2 个被黑色翅脉分成 2 块；中室内的大斑梯形，与中室同宽，外端未达中室端脉；近后缘的 2 块斑上边沿中室下缘和 CuA_2 脉，下边沿弯曲的 2A 脉，略近长方形。后翅黑色，中部透明大斑占据翅面大部分区域，其中的翅脉黄褐色。

寄主：青松。

分布：浙江、河南、陕西、甘肃、江苏、湖北、江西、福建、广西、四川、西藏。

十二、毒蛾科 Lymantriidae

主要特征：中至大型蛾类。头部较小，半球形，角质化强；无单眼；复眼发达，呈圆形、椭圆形或上方稍尖的卵圆形；眼面裸露或被细毛。触角短，通常仅有前翅长的 1/3，较长的也达不到前翅长的 1/2；大多数种类雄蛾触角为长双栉形，雌蛾为短双栉形。口器退化；下唇须短，分 3 节，第 2 节长，第 3 节短小或退化，下唇须向上翻、向前平伸或下垂。翅 2 对，通常发达，有些种类雌蛾翅短缩或十分退化。前翅径副室有或无，M_1 基部与 R_5 基部接近，M_2 基部接近 M_3。后翅 $Sc+R_1$ 基部与中室前缘并接或接近形成闭锁或半闭锁的基室；Rs 常与 M_1 共柄，M_2 基部接近 M_3。前翅斑纹可分为；基线、亚基线、内线、中线、外线、亚缘线、缘线和中点；后翅斑纹有外线、亚缘线、缘线和中点。有些种类的雌蛾翅脉退化；大多数种类翅面被细毛和鳞片，鳞片形状变化很大。少数种类翅只被细毛。腹部由 10 节组成，第 1 节腹板退化，大多数种类第 10 节退化或消失，有些种类第 9 节也退化或与第 10 节合并；雌蛾背板和腹板骨质化很弱，侧片呈薄膜状；生殖腺发达的种类腹部通常十分膨大。

中国已记载毒蛾科约 37 属 343 种。本志记述分布于浙江的 13 属 35 种。

（一）古毒蛾亚科 Orgyinae

分属检索表（参照赵仲苓，2003）

1. 后足胫节有 1 对距 ………………………………………… 台毒蛾属 *Teia*
- 后足胫节有 2 对距 ………………………………………… 2
2. 下唇须向上 ………………………………………… 3
- 下唇须向前 ………………………………………… 5
3. 前翅 R_2 从径副室端部分出 ………………………………………… 点足毒蛾属 *Redoa*
- 前翅 R_2 从径副室中部分出 ………………………………………… 4
4. 下唇须达头顶 ………………………………………… 斜带毒蛾属 *Numenes*
- 下唇须超过头顶 ………………………………………… 丛毒蛾属 *Locharna*
5. 前翅较宽圆 ………………………………………… 肾毒蛾属 *Cifuna*
- 前翅较窄长 ………………………………………… 6
6. 雄抱器瓣发达 ………………………………………… 丽毒蛾属 *Calliteara*
- 雄抱器瓣正常 ………………………………………… 素毒蛾属 *Laelia*

314. 丽毒蛾属 *Calliteara* Butler, 1881

Calliteara Butler, 1881a: 12. Type species: *Dasychira argentata* Butler, 1881.

主要特征：下唇须向前平伸，第 2 节被长毛，第 3 节小。足被长毛，后足胫节有 2 对距，爪简单。前翅径副室大，Sc 脉沿翅前缘伸出，R_1 脉起于中室前缘端半部，R_2 脉从径副室前缘伸出，R_3 脉和 R_4 脉共柄，在近翅顶角处分开，R_5 脉从径副室顶端分出或与 R_3+R_4 脉起于同一点，或有一小段共柄，M_1 脉从中室上角顶端分出，M_2 脉从中室横脉下段分出，接近 M_3 脉，M_3 脉从中室下角顶端分出，CuA_1 脉从中室后缘近 M_3 脉伸出，CuA_2 脉从中室后缘端半部伸出，2A 脉沿翅后缘伸出。后翅基室大，$Sc+R_1$ 脉在基部与中室前缘靠近，Rs 脉与 M_1 脉共柄，或同起于中室上角顶端，M_2 脉和 M_3 脉接近，起于中室下角，CuA_1 脉起于中室后缘近 M_3 脉伸出，CuA_2 脉起于中室后缘端半部，2A 脉、3A 脉游离，沿翅后缘伸出。

本属幼虫主要取食桦木科、壳斗科、蔷薇科、芸香科、桑科、杜鹃科、杨柳科、松科、柏科、豆科、禾本科等多种植物。

分布：世界广布。中国记录 28 种，浙江分布 2 种。

（573）结丽毒蛾 *Calliteara lunulata* (Butler, 1877)（图版 XXXVIII-3）

Dasychira lunulata Butler, 1877a: 403.

Calliteara lunulata: Inoue, 1982: 629.

别名：赤眉毒蛾。

主要特征：前翅长：雄 21–27 mm，雌 31–39 mm。头和胸部银灰色，稍带黑褐色。腹部黑褐色，基部和末端灰白色。前翅狭长，雌较雄略宽；银白色，布黑色和黑褐色鳞片；内线在翅前缘为 1 黑色环扣状黑斑；中线仅在翅前缘现 1 小黑点；中点新月形，由翘起的银白色鳞片组成；外线黑色，波浪形，其前端外侧有 1 黑色弯线，有时该线连续，与外线并行达后缘；亚缘线锯齿形；缘线由 1 列黑色间断的线组成。雄后翅深灰褐色，基部和前缘色稍浅；雌后翅污白色，端部散布较多深灰褐色鳞片；中点黑褐色；外线深灰褐色至黑褐色，模糊带状，在雄蛾后翅颜色较深的个体中不可见。

寄主：栎、栗等。

分布：浙江、黑龙江、吉林、辽宁、河北、河南、陕西、甘肃、湖北、湖南、福建、广东；俄罗斯，朝鲜半岛，日本。

（574）刻丽毒蛾 *Calliteara taiwana* (Wileman, 1910)（图版 XXXVIII-4，5）

Dasychira taiwana Wileman, 1910: 311.

Dasychira multilineata Swinhoe, 1917: 160.

Dasychira keibarae Matsumura, 1927a: 30.

Calliteara taiwana: Inoue, 1982: 629.

主要特征：前翅长：雄 23 mm，雌 34 mm。头和胸部灰白色略带黑灰色。腹部基部灰白色，其余浅黄褐色，第 2 至第 5 节背面有黑斑，常部分缺失。前翅较宽阔，灰白色布有黑褐色云状纹；亚基线黑褐色，波状折曲，在前缘清晰；内线黑褐色，波状；亚基线和内线间带黑色，呈宽带状；中点具黑褐色边；外线和亚缘线波状；缘线为黑褐色细线。后翅黄褐色；外带黑褐色模糊，其上半部常向两侧扩展至前缘中部和外缘，雌蛾一般扩展较少或不扩展；中点黑褐色。

分布：浙江（临安）、陕西、甘肃、台湾、四川、云南；日本。

315. 台毒蛾属 *Teia* Walker, 1855

Teia Walker, 1855: 803. Type species: *Teia anartoides* Walker, 1855.

主要特征：雄蛾触角双栉形；下唇须短小，向前平伸，被浓毛，第 2 节长，第 3 节短，微向下；复眼小，长圆形。足胫节被长毛。前翅有径副室，较小，呈菱形，前翅 Sc 脉沿翅前缘伸出，R_1 脉起于中室前缘，近中室上角，R_2 脉起于径副室前缘，近径副室顶端，R_3 脉和 R_4 脉共柄，R_3 脉和 R_4 脉近翅顶分开，R_5 脉从径副室后缘分出，M_1 脉起于中室上角顶端，M_2 脉起于中室顶端横脉下段，M_3 脉起于中室下角顶端，CuA_1 脉起于中室后缘，接近 M_3 脉，CuA_2 脉起于中室后缘端半部，2A 脉发达。后翅 $Sc+R_1$ 脉在基部与中室前缘靠近，形成基室，Rs 脉和 M_1 脉共柄，起于中室上角，M_2 脉起于中室下角上方，M_3 脉起于中室下角顶端，

CuA_1 脉起于中室后缘，靠近 M_3 脉，CuA_1 脉比 M_2 脉更接近 M_3 脉，CuA_2 脉从中室后缘近 1/2 处伸出。本属雌雄异型显著，一些种类雌蛾无翅。

分布：世界广布。中国记录 9 种，浙江分布 1 种。

（575）角斑台毒蛾 *Teia gonostigma* (Linnaeus, 1767)（图版 XXXVIII-6）

Phalaena (*Bombyx*) *gonostigma* Linnaeus, 1767: 57.

Teia gonostigm: Riotte, 1979: 304.

别名：杨白纹毒蛾、囊尾毒蛾、角斑古毒蛾。

主要特征：前翅长：雄 11–17 mm。头和体背黑褐色；肩片端部带黄褐色。雄蛾前翅较暗黑红褐色；基部有 1 具白色边的褐色斑；内线和外线黑褐色；中点具白色边；外线外侧在前缘处有 1 橙黄色斑；亚缘线白色，不完整，在前缘和臀角处各形成 1 白斑。后翅黑灰色。雌蛾体被灰白色或淡黄色绒毛，翅退化，仅留翅痕迹。

寄主：苹果、梨、桃、杏、山楂、悬铃木、柳、榆、杨、桦、桤木、山毛榉、栎、蔷薇、悬钩子、唐棣、榛、泡桐、樱桃、花椒、落叶松等。

分布：浙江（临安）、黑龙江、吉林、辽宁、内蒙古、北京、河北、山西、山东、河南、陕西、宁夏、甘肃、江苏、湖北、湖南、贵州；朝鲜半岛，日本，欧洲。

316. 肾毒蛾属 *Cifuna* Walker, 1855

Cifuna Walker, 1855: 1172. Type species: *Cifuna locuples* Walker, 1855.

Artaxa Bremer, 1861: 479. Type species: *Artaxa guttata* Walker, 1855.

Baryaza Moore, 1879, *in* Hewitson & Moore, 1879a: 45. Type species: *Baryaza cervina* Moore, 1879.

Orgyia Oberthür, 1884b: 13. Type species: *Phalaena antiqua* Linnaeus, 1758.

Porthetria Butler, 1885: 118. Type species: *Phalaena dispar* Linnaeus, 1758.

主要特征：下唇须向前伸，较长，第 2 节被长毛，第 3 节短。头部和胸部被长毛；足被长毛，后足胫节有 2 对距，爪腹面有齿。前翅短宽，外缘较平直，径副室大，近菱形，R_1 脉起于中室前缘端部的 1/4，R_2 脉起于径副室前缘，R_3 脉和 R_4 脉共柄长，两脉在近翅顶分开，R_3 脉+R_4 脉和 R_5 脉共同起于径副室顶端，M_1 脉起于中室上角（位于径副室后缘中央）；后翅基室较大，Rs 脉和 M_1 脉起于中室上角，M_2 脉同起于中室下角或共柄，CuA_2 脉起于中室后缘。

分布：古北区、东洋区、旧热带区。我国已记载 4 种，浙江分布 1 种。

（576）肾毒蛾 *Cifuna locuples* Walker, 1855（图版 XXXVIII-7）

Cifuna locuples Walker, 1855: 113.

别名：豆毒蛾。

主要特征：前翅长：雄 14–19 mm，雌 20–24 mm。头和体背深黄褐色；后胸和第 2、3 腹节背面各有 1 黑色短毛簇。前翅较宽大，前缘端半部弓形，后缘长，外缘较直立；翅面深黄褐色；内区前半褐色，布白色鳞片，后半黄褐色；内线为 1 褐色宽带，带内侧衬白色细线；中点大，肾形，黄褐色，围深褐色边；外线深褐色，微向外弯曲；中区前半黄褐色，后半褐色布白鳞；亚缘线深褐色，在 R_5 脉与 CuA_1 脉处外凸；外线与亚缘线间色较深；缘线深褐色衬白色，在臀角处内突。后翅淡黄色带褐色；中点和缘线色较暗。雌蛾比雄蛾色暗。

寄主：大豆、小豆、绿豆、芦苇、苜蓿、棉花、紫藤、樱桃、海棠、柿、柳、榆、茶等。

分布：浙江、黑龙江、吉林、辽宁、内蒙古、河北、山西、山东、河南、陕西、宁夏、甘肃、青海、江苏、安徽、湖北、江西、湖南、福建、广东、广西、四川、贵州、云南、西藏；俄罗斯，朝鲜半岛，日本，印度，越南。

317. 素毒蛾属 *Laelia* Stephens, 1827

Laelia Stephens, 1827: 52. Type species: *Bombyx coenosa* Hübner, 1808.

Anthora Walker, 1855: 801. Type species: *Anthora subrosea* Walker, 1855.

Repena Walker, 1855: 799. Type species: *Repena cervina* Walker, 1855.

Harapa Moore, 1879a, *in* Hewitson & Moore: 47. Type species: *Harapa testacea* Moore, 1879.

Hondella Moore, 1883: 144. Type species: *Ptilomacra juvenis* Walker, 1855.

主要特征：下唇须细长，向前伸或微向下垂，第 2 节被浓毛，第 3 节较长。前翅径副室不大，R_1脉起于中室前缘，R_2脉起于径副室前缘，R_3脉和 R_4脉共柄，R_5脉游离，R_3脉+R_4脉与 R_5脉同起于径副室顶端，M_1脉起于中室上角，M_2脉起于中室下角上方，M_3脉起于中室下角，CuA_1脉起于中室下角下方，CuA_2脉起于中室后缘；后翅基室窄长，Rs 脉和 M_1脉共柄，起于中室上角，M_2脉起于中室下角上方，M_3脉起于中室下角，CuA_1脉起于中室下角稍下方，CuA_2脉起于中室后缘。

分布：古北区、东洋区、旧热带区。我国已记载 8 种，浙江分布 1 种。

（577）素毒蛾 *Laelia coenosa* (Hübner, 1804)（图版 XXXVIII-8）

Bombyx coenosa Hübner, 1804: 120.

Laelia sangaica Moore, 1877a: 92.

Laelia coenosa: Kirby, 1892: 459.

Laelia formosana Matsumura, 1931: 710.

主要特征：前翅长：雄 12–17 mm，雌 16–22 mm。前翅黄白色，脉间布烟黄色鳞；在亚缘区脉间有 1 列黑色点（从 R_5脉至 A 脉间），前 5 个点与翅外缘近平行，后 2 个点与翅后缘近平行。后翅黄白色。雌蛾色淡，前翅脉间黑色点不显著或消失。

寄主：水稻、芦苇、荻、牧草、杨、榆。

分布：浙江、黑龙江、吉林、辽宁、内蒙古、河北、山西、山东、河南、陕西、江苏、安徽、湖北、江西、湖南、福建、台湾、广东、广西、云南；俄罗斯，朝鲜半岛，日本，越南，欧洲。

318. 丛毒蛾属 *Locharna* Moore, 1879

Locharna Moore, 1879, *in* Hewitson & Moore, 1879a: 53. Type species: *Locharna strigipennis* Moore, 1879.

主要特征：下唇须向上，过头顶。足胫节具长毛，后足胫节具 2 对距。前翅具径副室，R_1脉从中室前缘伸出，R_2脉从径副室前缘伸出，R_3脉、R_4脉和 R_5脉同起于一点，M_1脉起于中室上角，M_2脉、M_3脉和 CuA_1脉起于中室下角，或靠近中室下角伸出。后翅 R_5脉与 M_1脉同起于中室上角，M_2脉从中室下角上方伸出，M_3脉与 CuA_1脉从中室下角分出，CuA_2脉从中室后缘伸出。

寄主：山毛榉科、樟科、漆树科等植物。

分布：东洋区，浙江分布 1 种。

（578）丛毒蛾 *Locharna strigipennis* Moore, 1879（图版 XXXVIII-9）

Locharna strigipennis Moore, 1879, *in* Hewitson & Moore, 1879a: 53.

别名：细纹黄毒蛾、黄羽毒蛾。

主要特征：前翅长：21 mm。下唇须橙黄色，外侧掺杂黑褐色；额、头顶、领片和肩片基部黑褐色与橙黄色掺杂，并有少量白色鳞毛。肩片大部分和胸部背面白色，后胸背面具 1 黑色毛簇；足橙黄色，各跗节黄白色具黑褐色纵纹；前足腿节和胫节橙黄色，具黑色长毛，毛端白色。腹部橙黄色，雄蛾背中有 1 条黑褐色纵带，雌蛾无此纵带。前翅中等宽度，顶角圆，外缘较直，略倾斜；翅面黄白色至浅污黄色，密布黑色短纹，前缘端半部和后缘基部至臀褶中部黑纹较少；中点黑色。后翅黄色。

寄主：尖齿槲栎、肉桂、杧果、人面果。

分布：浙江（德清、临安、舟山、景宁）、甘肃、江苏、安徽、湖北、江西、湖南、福建、台湾、广东、广西、四川、贵州、云南；印度，缅甸，马来西亚。

319. 斜带毒蛾属 *Numenes* Walker, 1855

Numenes Walker, 1855: 662. Type species: *Numenes siletti* Walker, 1855.

Aroa Walker, 1855: 780 (key), 791. Type species: *Aroa discalis* Walker, 1855.

Pseudomesa Walker, 1855: 923. Type species: *Pseudomesa quadriplagiata* Walker, 1855.

Heteronygmia Holland, 1893: 416. Type species: *Heteronygmia rhodapicata* Holland, 1893.

Dasycampa Janse, 1915: 25. Type species: *Dasycampa ianthina* Janse, 1915. [Junior homonym of *Dasycampa* Guenée, 1837 (Lepidoptera: Noctuidae)]

Hemerophanes Collenette, 1953: 571. Type species: *Dasycampa ianthina* Janse, 1915.

主要特征：下唇须斜向上，达头顶，第 1、2 节被浓毛。后足胫节具 2 对距。前翅顶角尖，具径副室，R_1 脉从中室前缘伸出，R_2 脉从径副室前缘端部伸出，R_3 与 R_4 脉共柄，R_3+R_4 脉和 R_5 脉同起于径副室顶端，M_1 脉从中室上角伸出，M_2 脉从中室下角上方分出，M_3 脉起于中室下角，CuA_1 脉、CuA_2 脉从中室下角下方伸出。后翅 Rs 脉和 M_1 脉从中室上角伸出，M_2 脉从中室下角上方伸出，M_3 脉和 CuA_1 脉从中室下角伸出，CuA_2 脉从中室后缘伸出。

本属蛾类是毒蛾科具有观赏价值的 1 个类群。它不仅具有鲜艳的色彩和醒目的斑纹，而且大多数种类具有明显的雌雄异型。本属雌雄异型与毒蛾科其他属种雌雄异型的不同在于本属雌蛾色彩较雄蛾更为丰富，斑纹更为清晰。

分布：本属在全世界已知 15 种，分布于非洲 4 种、亚洲 11 种，中国记录 8 种，浙江分布 1 种。

（579）白斜带毒蛾 *Numenes albofascia* (Leech, 1888)（图版 XXXVIII-10，11）

Lymantria albofascia Leech, 1888: 629.

Numenes albofascia: Inoue, 1975: 377.

主要特征：前翅长：雄 22–26 mm，雌 31–35 mm。下唇须、额、头顶、领片和肩片橙黄色与黑色掺杂；胸部背面黑色。雄蛾腹部黑色，雌蛾腹部黄色。前翅中等宽度，雌蛾略宽于雄蛾；翅面天鹅绒样黑色；雄蛾从前缘近基部 2/3 起通向臀角有 1 条黄白色或白色斜宽带。后翅黑色。雌蛾亚基线为黄白色带，其带前半部较宽，后半部较窄；内带和外带分别在 M_2-CuA_2 脉与亚缘带汇合成 1 条带后，斜至臀角，外观呈三叉形黄白色带，内带和外带较直，亚缘带从顶角至臀角弯成弓形。后翅橙黄色；亚缘区有 2 个黑斑，一个斑较小，在 Rs 脉和 M_2 脉间呈肾形，另一个斑较大，在 CuA_1 脉与 A 脉间近多边形；隐见黄褐色中点。

分布：浙江（临安）、河南、陕西、甘肃、湖北、湖南、福建、云南；朝鲜半岛，日本。

320. 点足毒蛾属 *Redoa* Walker, 1855

Redoa Walker, 1855: 826. Type species: *Redoa submarginata* Walker, 1855.

Cypra Saalmüller, 1878: 92. Type species: *Cypra marginepunctata* Saalmüller, 1878. [Junior homonym of *Cypra* Boisduval, 1832 (Lepidoptera, Geometridae)]

Scaphocera Saalmüller, 1884: 181. Type species: *Cypra marginepunctata* Saalmüller, 1878.

主要特征：下唇须向上。后足胫节有 2 对距，爪弯曲，腹面有齿。前翅有径副室，窄长，R_1 脉与 R_2 脉均起于中室前缘，R_3 脉、R_4 脉和 R_5 脉共柄，R_3 脉比 R_5 脉远离中室，R_2 脉在 R_5 脉前方与 R_3 脉+R_4 脉并接一短距离后分开，M_1 脉起于中室上角，M_2 脉从中室下角上方分出，M_3 脉从中室下角顶端分出，CuA_1 脉从中室下角下方分出，比 M_2 脉接近 M_3 脉，CuA_2 脉从中室后缘分出。后翅中室长约等于翅长的 1/2，Rs 与 M_1 脉同起于中室上角，M_2 脉起于中室下角上方，M_3 脉起于中室下角顶端，CuA_1 脉接近中室下角分出，CuA_2 脉从中室后缘分出。

分布：古北区、东洋区、旧热带区。在我国记载 11 种，其中大部分种类分布在东洋区，浙江分布 3 种。

分种检索表

1. 前翅顶角圆 ……………………………………………………………… **白点足毒蛾 *R. cygnopsis***
- 特征不如上述 ……………………………………………………………………………………… 2
2. 额白色，上部有黑褐色斑 ……………………………………………… **鹅点足毒蛾 *R. anser***
- 雄额茶色带赤褐色；雌额白色 ………………………………………… **茶点足毒蛾 *R. phaeocraspeda***

（580）鹅点足毒蛾 *Redoa anser* Collenette, 1938（图版 XXXVIII-12）

Redoa anser Collenette, 1938: 212.

主要特征：前翅长：雄 21–24 mm。下唇须白色，端部黑褐色；额白色，上部有黑褐色斑。胸、腹部和足白色；前足、中足腿节末端、胫节和跗节内侧基部和末端有黑斑。翅白色。前翅前缘直，顶角尖，外缘上半段直，中部以下浅弧形，后缘长；翅面基部和前缘略带黄褐色；中点微小黑色。后翅外缘直，后缘较长，臀角略呈下垂状。

分布：浙江（临安）、陕西、甘肃、湖北、江西、湖南、福建、四川。

（581）白点足毒蛾 *Redoa cygnopsis* (Collenette, 1934)（图版 XXXVIII-13）

Stilpnotia cygnopsis Collenette, 1934: 114.

Redoa cygnopsis: Collenette, 1938: 220.

主要特征：前翅长：18 mm。体和翅白色；足白色，跗节末端橙黄色；前足、中足胫节基部各有 1 暗褐色斑，中足胫节近中央外侧有 1 暗褐色斑。翅半透明，无斑纹；前翅顶角圆，外缘浅弧形；后翅外缘中部略直，但远不及鹅点足毒蛾明显，臀角不下垂。

寄主：茶。

分布：浙江（临安）、甘肃、安徽、湖北、江西、湖南、福建、广东、贵州。

（582）茶点足毒蛾 *Redoa phaeocraspeda* Collenette, 1938（图版 XXXVIII-14）

Redoa phaeocraspeda Collenette, 1938: 212.

主要特征：前翅长：19–20 mm。雄蛾下唇须茶色，内侧白色；额茶色带赤褐色，下半色浅。体和足白色；前足和中足胫节内侧基部和跗节基部各有 1 黑褐色斑，跗节端半部浅茶色。前翅顶角形状介于鹅点足毒蛾和白点足毒蛾之间，外缘浅弧形；翅面白色，有光泽；中点黑色微小，清晰；前缘和顶角带茶色。后翅外缘浅弧形，污白色。前后翅缘毛灰褐色，臀角缘毛白色。雌蛾下唇须、额、足和翅的缘毛均白色。

分布：浙江（德清、临安）、甘肃、江西、湖南、福建、广东。

（二）毒蛾亚科 Lymantriinae

分属检索表（参照赵仲苓，2003）

1. 前翅 R_2 和 R_3、R_4、R_5 共柄 ······ 2
- 前翅 R_2 从中室前缘分出 ······ 4
2. 后足胫节有 1 对距 ······ 柏毒蛾属 *Parocneria*
- 后足胫节有 2 对距 ······ 3
3. 下唇须第 2 节长，第 3 节短小 ······ 毒蛾属 *Lymantria*
- 下唇须第 2 节短，第 3 节长 ······ 黄毒蛾属 *Euproctis*
4. 后足胫节有 1 对距 ······ 5
- 后足胫节有 2 对距 ······ 白毒蛾属 *Arctornis*
5. 翅面宽 ······ 黄足毒蛾属 *Ivela*
- 翅面窄 ······ 雪毒蛾属 *Leucoma*

321. 毒蛾属 *Lymantria* Hübner, 1819

Lymantria Hübner, 1819: 160. Type species: *Phalaena monacha* Linnaeus, 1758.

Enome Walker, 1855: 883. Type species: *Enome ampla* Walker, 1855.

Palasea Wallengren, 1865: 35. Type species: *Palasea albimacula* Wallengren, 1863.

Barhona Moore, 1879, *in* Hewitson & Moore, 1879a: 55. Type species: *Barhona carneola* Moore, 1879.

主要特征：触角双栉形，雄蛾栉齿比雌蛾长；下唇须向前平伸，第 2 节长，第 3 节短小；后足胫节有 2 对距，爪简单。前翅无径副室，Sc 脉沿翅前缘伸出，R_1 脉起于径副室前缘，R_2 脉、R_3 脉、R_4 脉和 R_5 脉共柄，R_2 脉比 R_5 脉近中室分出，M_1 脉起于中室上角，M_2 脉起于中室横脉下段，接近 M_3 脉，M_3 脉起于中室下角，CuA_1 脉起于中室后缘，接近 M_3 脉，CuA_2 脉起于中室后缘端半部；2A 脉沿翅后缘伸出。后翅 Sc+R_1 脉在基部与中室前缘接触，形成基室，Rs 和 M_1 脉起于中室上角，M_2 脉起于中室下角上方，M_3 脉起于中室下角，CuA_1 脉起于中室后缘，接近 M_3 脉，CuA_2 脉起于中室后缘，2A 脉和 3A 脉发达。

分布：世界广布。我国已记载 31 种，浙江分布 7 种。

分种检索表

1. 雄翅面黑褐色；雌翅面黄白色 ………………………………………………………………………… **杧果毒蛾 *L. marginata***
- 翅面颜色不如上述 ……………………………………………………………………………………………………… 2
2. 翅面灰褐色至深灰褐色 ……………………………………………………………………………… **条毒蛾 *L. dissoluta***
- 翅面白色 ……… 3
3. 翅面不密布暗色鳞片 ……………………………………………………………………………………………… 4
- 翅面密布暗色鳞片 …………………………………………………………………………………………………… 5
4. 腹部灰白色，两侧及腹部下面深红色 …………………………………………………… **扇纹毒蛾 *L. minomonis***
- 腹部背面绝大部分粉红色 ………………………………………………………………………… **络毒蛾 *L. concolor***
5. 后翅带黄色 …… 6
- 后翅不带黄色 ………………………………………………………………………………………… **枫毒蛾 *L. nebulosa***
6. 雄后翅暗橙黄色 ……………………………………………………………………………………… **栎毒蛾 *L. mathura***
- 雄后翅黄褐色 …………………………………………………………………………………………… **珊毒蛾 *L. grandis***

（583）络毒蛾 *Lymantria concolor* Walker, 1855（图版 XXXIX-1，2）

Lymantria concolor Walker, 1855: 876.

主要特征：前翅长：雄 20–27 mm，雌 29–34 mm。头、胸、腹部基部和足黄白色带黑斑；头部和胸部间有 1 条粉红色线。腹部粉红色微带黄白色，背面有 1 列黑斑，腹面黄白色，节间黑色。前翅中等宽度，顶角圆，外缘浅弧形。翅面黄白色，基部有 7 个黑色斑；横线和斑纹黑色；内线、中线、外线和亚缘线均锯齿形，在前缘扩大成黑斑；内线外侧在中室内有 1 黑斑；中点肾形；缘线为 1 列短条，其外侧缘毛黑褐色。后翅黄白色，翅后缘黑褐色；中点深灰褐色；亚缘线为不规则形深灰褐色带；缘线深灰褐色；缘毛黄白色与深灰褐色相间。雌蛾后翅 CuA_2 脉端部下方有 1 褐色条纹。

分布：浙江（临安、磐安、景宁）、陕西、甘肃、湖南、四川、云南、西藏；印度，越南。

（584）栎毒蛾 *Lymantria mathura* Moore, 1865（图版 XXXIX-3）

Lymantria mathura Moore, 1865: 805.

Lymantria aurora Swinhoe, 1903: 488.

别名：苹叶波纹毒蛾、栎舞毒蛾。

主要特征：前翅长：雄 24 mm，雌 39 mm。下唇须浅橙黄色，外侧褐色；额中部灰色，两侧浅橙黄色；头顶黑褐色；领片黑褐色掺杂黄白色。胸部和足浅橙黄色带黑褐色斑。腹部暗灰黄色，两侧微带红色，背面和侧面在节间有黑斑。前翅宽阔，外缘较直，倾斜较少。雄蛾前翅灰白色，密布暗色鳞片；斑纹黑褐色，翅脉灰白色；亚基线黑褐色；内线在中部外弓；中室中央有 1 圆斑；中点黑褐色，新月形；中线为锯齿形宽带；外线由 1 列新月形斑组成，从前缘微外斜至 CuA_2 脉后，内弯抵后缘；亚缘线由 1 列新月形斑组成，止于 2A 脉；缘线由 1 列嵌在脉间的小点组成；缘毛灰白色，脉间褐色。后翅暗橙黄色，中点深灰褐色；亚缘线为 1 条褐色斑状带。雌蛾灰白色；前翅亚基线黑色，前方后缘有粉红色和黑色斑；内线深褐色，锯齿形，后缘微外斜；中线深褐色，波浪形，在前缘形成 1 深褐色半圆形环，在 2A 脉后内弯，与内线接近；中点深褐色；外线深褐色，锯齿形，在前缘和后缘清晰；亚缘线和缘线同雄蛾；缘毛粉红色，脉间深褐色；翅前缘和后缘的边缘粉红色。后翅浅粉红色；中点灰褐色；亚缘线由 1 列灰褐色斑组成；缘线由 1 列灰褐色点组成。

寄主：栎、苹果、梨、栗、野漆、榉、青冈等。

分布：浙江、黑龙江、吉林、辽宁、河北、山西、山东、河南、陕西、甘肃、江苏、湖北、湖南、广东、四川、云南；朝鲜半岛，日本，印度。

（585）枫毒蛾 *Lymantria nebulosa* Wileman, 1910（图版 XXXIX-4，5）

Lymantria nebulosa Wileman, 1910: 309.

主要特征：前翅长：24–25 mm。头和胸部灰色，二者之间粉红色；足灰褐色带黑斑。腹部灰色，侧面微带粉红色。前翅宽阔，但较栎毒蛾略窄，外缘较圆。雄蛾前翅灰白色；亚缘线黑色，微波曲，止于中室下缘；内线黑色锯齿形，倾斜；中点黑色新月形；中室近内线处有 1 黑点；外线黑色锯齿形，中部几个齿长，伸达亚缘线；内线与外线间密布黑鳞，形成深色宽带；亚缘线黑色锯齿形，部分消失，在臀褶附近特别清晰；缘线由 1 列黑点组成，其外侧缘毛黑色。后翅深灰褐色，外缘区色较深。雌蛾与雄蛾相似，但前翅内线、外线之间黑色鳞片不浓密。雄性外生殖器（图 191）：钩形突细；抱器瓣短宽；背缘基部具 1 指状突，端部尖锐，略弯，抱器瓣端部具 1 二分叉突起，其中一支较长；囊形突粗壮，端部近三角形；阳茎端膜不具角状器。

寄主：枫树。

分布：浙江（临安、舟山）、甘肃、江苏、安徽、湖北、江西、湖南、福建、台湾、广东、广西、四川。

（586）杧果毒蛾 *Lymantria marginata* Walker, 1855（图版 XXXIX-6，7）

Lymantria marginata Walker, 1855: 877.
Lymantria pusilla Felder, 1874, *in* Felder & Rogenhofer, 1874: pl. 99, fig. 3.

别名：黑边花毒蛾。

主要特征：前翅长：雄 20 mm，雌 25 mm。雌雄异型。雄蛾下唇须黑色，内侧和末端黄白色。头黄白色；胸部黑褐色带白色和橙黄色斑；足黑色带白色斑。腹部橙黄色，背面和侧面有黑斑。前翅三角形，外缘直或微凹，长于后缘；翅面黑褐色，斑纹黄白色；内线波状，触及亚基线；从前缘中部到中室有 1 黄白色斑，其上有 1 黑点；中点黑褐色圆形；中线锯齿形；外线波状，不明显；亚缘线锯齿形；缘毛黑褐色，具黄白色点。后翅黑褐色，翅外缘有 1 列白色斑点。雌蛾头和胸部灰白色带橙黄色与黑色斑；足粉红色带黑斑。腹部橙黄色，背面和侧面具黑斑。前翅宽阔，外缘浅弧形，臀角圆，后缘长于外缘；翅面黄白色；基部具 1 近方形黑斑；内线、中线和外线均为不规则锯齿状带，黑褐色，中线和外线在前缘下方融合，中线和内线在臀褶与后缘处接触；内线外侧在中室内有 1 圆点；中点黑色圆形；亚缘线锯齿形，部分接触缘线；缘线为 1 列大小不等的黑斑；缘毛黑褐色与黄白色相间。后翅白色；中点黑褐色，常不明显；沿翅外缘有 1 黑褐色宽带，带内在脉间嵌有 1 列白点。

寄主：杧果。

分布：浙江（温州）、河南、陕西、甘肃、福建、广东、广西、四川、云南；印度。

（587）条毒蛾 *Lymantria dissoluta* Swinhoe, 1903（图版 XXXIX-8，9）

Lymantria dissoluta Swinhoe, 1903: 484.

别名：川柏毒蛾。

主要特征：前翅长：雄 15 mm，雌 19 mm。下唇须、头顶和领片深灰褐色；额浅灰褐色。胸、腹部背面灰褐色。腹部带灰红色调。前翅略狭长，顶角圆，外缘浅弧形，臀角圆；翅面灰褐至深灰褐色，具 4 条模糊的黑褐色锯齿形线；内线波状；中点条形折角，通常较清晰；中线仅在前缘清晰；外线和亚缘线近平行；缘线由 1 列黑褐色斑点组成；缘毛灰褐色，有黑褐色斑点。后翅灰褐色，微带黄色；外缘色较暗。

寄主：马尾松、油松、柏、栎等。

分布：浙江（德清、临安、温州）、甘肃、江苏、安徽、湖北、江西、湖南、福建、台湾、广东、香港、广西、四川、云南。

（588）扇纹毒蛾 *Lymantria minomonis* Matsumura, 1933（图版 XXXIX-10）

Lymantria minomonis Matsumura, 1933a: 137.

主要特征：前翅长：雄 15–18 mm。触角干灰白色，栉齿灰褐色；下唇须灰白色，外侧灰褐色；头和胸部白灰色；肩片深红色；足灰白色具暗褐色点。腹部灰白色，两侧及腹部下面深红色，腹部背面中央及两侧具暗褐色点。翅面灰白色，斑纹暗褐色；前翅亚基线点状，外斜；内线、中线、外线与亚缘线锯齿形；内线内侧具 1 列斑点；中室中央有 1 黑点；中点新月形；中线与外线后半端几乎重合；缘线由 1 列黑色点组成。后翅亚缘线明显。

分布：浙江、陕西、江苏、湖北、江西、湖南、福建、台湾、广西；日本。

（589）珊毒蛾 *Lymantria grandis* Walker, 1855（图版 XXXIX-11）

Lymantria grandis Walker, 1855: 874.

Lymantria maculosa Walker, 1855: 881.

Lymantria metarhoda Walker, 1862b: 78.

Lymantria viola Swinhoe, 1889: 406.

主要特征：前翅长：雄 18 mm。雄前翅黄褐色，除亚缘线外侧区域外密布黑灰色鳞片；斑纹黑色；基线直，微外斜，在中室向外呈近直角弯折；基线外侧衬黄褐色；中点肾形，模糊；外线和亚缘线锯齿形；缘线由 1 列脉间黑点组成；缘毛黄褐色与黑色相间。后翅黄褐色，中点黑色，亚缘线由 1 列脉间黑斑组成；缘毛大部分黄褐色掺杂少量黑色。

分布：浙江（四明山、余姚）、湖北、江西、湖南、福建、广东、海南、广西、四川、云南；印度，斯里兰卡。

322. 白毒蛾属 *Arctornis* Germar, 1810

Arctornis Germar, 1810: 18. Type species: *Bombyx v-nigrum* Fabricius, 1775.

Cypra Saalmüller, 1878: 92. Type species: *Cypra marginepunctata* Saalmüller, 1878. [Junior homonym of *Cypra* Boisduval, 1832 (Lepidoptera, Geometridae)]

Scaphocera Saalmüller, 1884: 181. Type species: *Cypra marginepunctata* Saalmüller, 1878.

主要特征：下唇须向上；后足胫节有 2 对距，爪弯曲，腹面有齿。前翅有径副室，窄长，R_1 脉与 R_2 脉均起于中室前缘，R_3 脉、R_4 脉和 R_5 脉共柄，R_3 脉比 R_5 脉远离中室，R_2 脉在 R_5 脉前方与 R_3 脉+R_4 脉并接一段短距离后分开，M_1 脉起于中室上角，M_2 脉从中室下角上方分出，M_3 脉从中室下角顶端分出，CuA_1 脉从中室下角下方分出，比 M_2 脉接近 M_3 脉，CuA_2 脉从中室后缘分出。后翅中室长约等于翅长的 1/2，Rs 与 M_1 脉同起于中室上角，M_2 脉起于中室下角上方，M_3 脉起于中室下角顶端，CuA_1 脉接近中室下角分出，CuA_2 脉从中室后缘分出。

分布：古北区、东洋区、旧热带区。在我国已记载 22 种，浙江分布 4 种。

分种检索表

1. 前翅中点角形 ……………………………………………………………… 白毒蛾 ***A. l-nigrum***
- 前翅中点不为角形 ……………………………………………………………… 2
2. 前后翅外缘平直 ……………………………………………………………… 直角点足毒蛾 ***A. anserella***
- 前后翅外缘不平直 ……………………………………………………………… 3
3. 下唇须白色，端部浅黄色 ……………………………………………………………… 茶白毒蛾 ***A. alba***
- 下唇须黑色，内侧白色 ……………………………………………………………… 黑足白毒蛾 ***A. moorei***

（590）茶白毒蛾 *Arctornis alba* (Bremer, 1861)（图版 XXXIX-12）

Aroa alba Bremer, 1861: 478.

Redoa sinensis Moore, 1877a: 92.

Arctornis alba: Strand, 1911a: 123.

别名：茶叶白毒蛾、白毒蛾。

主要特征：前翅长：雄 15–17 mm，雌 19–21 mm。下唇须白色，端部浅黄色；头部白色，额和触角基部浅赭黄色。胸和腹部白色；足白色，微带浅黄色。前翅白色，有光泽；中点为 1 黑色圆点。后翅白色。前后翅反面白色，翅基部和前缘微带黄色。

寄主：茶、油茶、蒙古栎、榛。

分布：浙江、黑龙江、吉林、辽宁、河北、山东、河南、陕西、江苏、安徽、湖北、江西、湖南、福建、台湾、广东、广西、四川、贵州、云南；俄罗斯，朝鲜半岛，日本。

（591）白毒蛾 *Arctornis l-nigrum* (Müller, 1764)（图版 XXXIX-13）

Phalaena (*Bombyx*) *l-nigrum* Müller, 1764: 40.

Bombyx v-nigrum Fabricius, 1775: 577.

Arctornis l-nigrum: Swinhoe, 1922: 478.

主要特征：前翅长：雄 20 mm，雌 20–25 mm。下唇须白色，外侧上半部黑色；头和体白色；足白色，前足和中足胫节内侧有黑斑，跗节第 1 节和末节黑色。前翅宽阔，外缘浅弧形，臀角圆；白色；中点黑色，角形。后翅白色。

寄主：山毛榉、栎、鹅耳枥、苗榆、榛、桦、苹果、山楂、榆、杨、柳等。

分布：浙江、黑龙江、吉林、辽宁、河北、山东、河南、陕西、甘肃、江苏、安徽、湖北、湖南、福建、四川、云南；俄罗斯，朝鲜半岛，日本，欧洲。

（592）黑足白毒蛾 *Arctornis moorei* (Leech, 1899)（图版 XXXIX-14）

Redoa alba Moore, 1877a: 92.

Leucoma moorei Leech, 1899: 143.

Arctornis moorei: Zhao, 2003: 272.

主要特征：前翅长：13–14 mm。下唇须黑色，内侧白色；头和胸、腹部白色；足白色，前足和中足转节、腿节和胫节具黑褐色纵纹，跗节黑色；后足跗节黑色。前翅短宽，前缘短，外缘浅弧形；白色，有光泽；具大量微凸出翅面的小横纹；中点圆形，黑色清晰。后翅白色，有光泽。

分布：浙江、甘肃、江苏、湖北、四川。

（593）直角点足毒蛾 *Arctornis anserella* (Collenette, 1938)（图版 XXXIX-15）

Redoa anserella Collenette, 1938: 212.

Arctornis anserella: Holloway, 1999: 115.

主要特征：前翅长：18–20 mm。头和胸、腹部白色。前翅顶角尖，外缘平直，臀角圆；后翅外缘平直。前翅白色，中点为 1 黑色小点。后翅白色。前后翅缘毛在臀角白色，其余灰褐色。雄性外生殖器（图 192）：钩形突粗壮，端部圆；抱器瓣端部圆，基部具 1 长突。

寄主：茶。

分布：浙江（临安、磐安、江山、景宁）、陕西、湖北、江西、湖南、福建、广西、贵州、云南。

323. 雪毒蛾属 *Leucoma* Hübner, 1822

Laria Schrank, 1802: 150. Type species: *Phalaena salicis* Linnaeus, 1758. [Junior homonym of *Laria* Scopoli, 1763 (Coleoptera)]

Leucoma Hübner, 1822: 14-16, 18, 19. Type species: *Phalaena salicis* Linnaeus, 1758.

Stilpnotia Westwood, 1843, *in* Humphreys & Westwood, 1843: 90. Type species: *Phalaena salicis* Linnaeus, 1758.

Leucosia Rambur, 1866: 266. Type species: *Phalaena salicis* Linnaeus, 1758.

Nymphyxis Grote, 1895: 4. Type species: *Phalaena salicis* Linnaeus, 1758.

主要特征：下唇须细长，弯曲，向前伸。后足胫节有 1 对距，爪简单。前翅无径副室，Sc 脉沿翅前缘伸出，R_1 脉和 R_2 脉均起于中室前缘，R_2 脉接近中室上角分出，R_3 脉、R_4 脉和 R_5 脉共柄，起于中室上角，R_5 脉比 R_3 脉接近中室分出，M_1 脉起于中室上角，M_2 脉和 M_3 脉接近，从中室下角分出，CuA_1 脉和 CuA_2 脉均起于中室后缘，CuA_1 脉比 M_2 脉远离 M_3 脉，2A 脉发达。后翅 $Sc+R_1$ 脉在翅基部向中室前缘靠近，形成基室，基室不闭锁，Rs 脉与 M_1 脉共柄长，M_2 脉和 M_3 脉基部靠近，CuA_1 脉和 CuA_2 脉起于中室后缘，2A 脉比 3A 脉短；中室末端横脉呈直角形。

分布：古北区、东洋区、新北区。我国已记载 11 种，浙江分布 2 种。

（594）杨雪毒蛾 *Leucoma candida* (Staudinger, 1892)（图版 XXXIX-16）

Stilpnotia candida Staudinger, 1892a: 308.

Leucoma candida: Kozhanchikov, 1950: 345.

别名：柳毒蛾。

主要特征：前翅长：雄 15–18 mm，雌 21–29 mm。触角和下唇须黑色，触角干背面有白色横纹；头、胸、腹部背面白色；足白色有黑环；后足仅 1 对距。前后翅白色，有光泽，鳞片宽，排列紧密，不透明；前翅较狭长，外缘较倾斜。

寄主：杨、柳。

分布：浙江、黑龙江、吉林、辽宁、河北、山西、山东、河南、陕西、甘肃、青海、江苏、安徽、湖北、江西、湖南、福建、四川、云南；俄罗斯，朝鲜半岛，日本。

（595）点背雪毒蛾 *Leucoma horridula* (Collenette, 1934)（图版 XXXIX-17）

Caviria sericea horridula Collenette, 1934: 114.

Leucoma horridula: Zhao, 2003: 289.

主要特征： 前翅长：22 mm。触角黄白色；下唇须白色，外侧黑色；体白色；后胸背面有 2 个黑色圆点；前足内面黑色；后足仅 1 对距。前后翅白色，有光泽。

分布： 浙江（临安）、甘肃、江西。

324. 黄足毒蛾属 *Ivela* Swinhoe, 1903

Ivela Swinhoe, 1903: 388. Type species: *Leucoma auripes* Butler, 1877.

主要特征： 下唇须细弱向前，第 3 节微小；后足胫节有 1 对距，前足跗节第 1 节短于胫节，爪腹面有齿。翅面宽，被鳞片，翅基部有少量毛；前翅无径副室，Sc 脉沿翅前缘伸出，R_1 脉、R_2 脉起于中室前缘，R_3 脉、R_4 脉和 R_5 脉共柄，共柄长，起于中室上角，R_5 脉比 R_3 脉接近中室，M_1 脉起于中室下角，CuA_1 脉和 CuA_2 脉同起于中室后缘，2A 脉发达；后翅 Sc+R_1 脉沿翅前缘伸出，基室窄长，Rs 脉与 M_1 脉起于中室上角，M_2 脉接近中室横脉下端分出，M_3 脉起于中室下角，CuA_1 脉和 CuA_2 脉起于中室后缘，2A 脉和 3A 脉发达。

分布： 古北区、东洋区。世界已知 4 种，中国记录 3 种，浙江分布 1 种。

（596）黄足毒蛾 *Ivela auripes* (Butler, 1877)（图版 XXXIX-18）

Leucoma auripes Butler, 1877a: 402.

Sitivia denulata Swinhoe, 1892: 202.

Ivela auripes: Strand, 1911a: 124.

主要特征： 前翅长：雄 21–24 mm，雌 24–30 mm。下唇须白色有黑点。前翅灰白色，半透明，有闪光鳞片。后翅灰白色。

分布： 浙江（临安）、陕西、湖北、江西、湖南、福建、四川；朝鲜，日本。

325. 柏毒蛾属 *Parocneria* Dyar, 1897

Parocneria Dyar, 1897: 13. Type species: *Bombyx detrita* Esper, 1785.

主要特征： 雄蛾触角长双栉形，雌蛾触角短栉齿状，栉齿上被细毛；下唇须细长，向前平伸，第 3 节长度为第 2 节的 1/3。足被少量长毛，前足前胫突与胫节近等长，后足胫节有 1 对距。前翅无径副室，Sc 脉沿翅前缘伸出，R_1 脉起于中室前缘端半部，R_2 脉、R_3 脉、R_4 脉和 R_5 脉共柄，R_2 脉距中室顶端径干 1/7 处分出，R_5 脉距中室顶端径干近 1/2 处分出，R_3 脉和 R_4 脉在亚顶区分开，M_1 脉起于中室横脉上端，近径脉分出，M_2 脉起于中室横脉下端，近 M_3 脉分出，M_3 脉起于中室下角顶端，CuA_1 脉起于中室后缘，近 M_3 脉，CuA_2 脉起于中室后缘，2A 脉发达，沿翅后缘伸出。后翅 Sc+R_1 脉沿翅前缘伸出，与中室前缘基部靠近，形成开放基室，基室披针形，Rs 脉起于中室上角顶端，M_1 脉起于中室横脉上端，近 Rs 脉，M_2 脉起于中室横脉下端，M_3 脉起于中室下角，CuA_1 脉起于中室下角稍后，M_2 脉与 M_3 脉比 M_3 脉与 CuA_1 脉在中室横脉上的间距长，CuA_2 脉起于中室后缘，2A 和 3A 脉游离，发达。

分布：古北区、东洋区。中国记录 2 种，浙江分布 1 种。

（597）侧柏毒蛾 *Parocneria furva* (Leech, 1888)（图版 XXXIX-19）

Ocneria furva Leech, 1888: 631.

Parocneria furva: Inoue, 1982: 635.

别名：柏毛虫。

主要特征：前翅长：雄 8–12 mm，雌 9–16 mm。触角栉齿黑灰色；体和翅灰褐色至深灰褐色。前翅略狭长，外缘略呈浅弧形；斑纹黑色；内线、外线和亚缘线均纤细，不显著；中室下方至 CuA_2 下方以及外线位置在 M 脉与 Cu 脉附近有一些散碎小黑斑，形状不规则。后翅色稍浅，隐见深灰褐色中点；缘毛灰色。雌蛾色较浅，微透明，斑纹较雄蛾清晰。

寄主：侧柏、黄桧、桧柏。

分布：浙江、黑龙江、吉林、辽宁、内蒙古、河北、山西、山东、河南、陕西、甘肃、江苏、安徽、湖北、湖南；日本。

326. 黄毒蛾属 *Euproctis* Hübner, 1819

Euproctis Hübner, 1819: 159. Type species: *Phalaena chrysorrhoea* Linnaeus, 1758.

Porthesia Stephens, 1828: 65. Type species: *Phalaena chrysorrhoea* Linnaeus, 1758.

Artaxa Walker, 1855: 780 (key), 794. Type species: *Artaxa guttata* Walker, 1855.

Dulichia Walker, 1855: 779 (key), 809. Type species: *Dulichia fasciata* Walker, 1855.

Antipha Walker, 1855: 806. Type species: *Antipha costalis* Walker, 1855.

Urocoma Herrich-Schäffer, 1858: 82. Type species: *Porthesia limbalis* Herrich-Schäffer, 1855.

Bembina Walker, 1865: 505. Type species: *Bembina apicalis* Walker, 1865.

Cozola Walker, 1865: 390. Type species: *Cozola leucospila* Walker, 1865.

Themaca Walker, 1865: 394. Type species: *Themaca comparata* Walker, 1865.

Orvasca Walker, 1865: 502. Type species: *Orvasca subnotata* Walker, 1865.

Gogana Walker, 1866: 1920. Type species: *Gogana atrosquama* Walker, 1866.

Choerotricha Felder, 1874, *in* Felder & Rogenhofer, 1874: pl. 98, figs 12-17. Type species: *Choerotricha glandulosa* Felder, 1874.

Tearosoma Felder, 1874, *in* Felder & Rogenhofer, 1874: pl. 100, fig. 6. Type species: *Tearosoma aspersum* Felder, 1874.

Chionophasma Butler, 1886a: 384. Type species: *Chionophasma paradoxa* Butler, 1886.

主要特征：下唇须细长，向前伸或微下垂，第 2 节短，第 3 节长。后足胫节有 2 对距，爪腹面有大齿；头部、胸部和腹部被毛，雌蛾腹部具臀簇。前翅无径副室，Sc 脉沿翅前缘伸出，R_1 脉从中室前缘分出，接近中室上角，R_2 脉、R_3 脉、R_4 脉和 R_5 脉共柄，共柄起于中室上角，R_2 脉从共柄 1/2 处分出，R_5 脉接近中室，从共柄 1/4 处分出，R_3 脉接近翅顶，从共柄 1/4 处分出，M_1 脉起于中室上角或上角稍后，M_2 脉起于中室横脉下端，接近 M_3 脉，M_3 脉从中室下角顶端分出，CuA_1 脉从中室后缘分出，CuA_2 脉从中室后缘近端半分出，2A 脉发达。后翅 $Sc+R_1$ 脉在基部向中室前缘接近，形成开放的基室，Rs 脉与 M_1 脉共柄，M_2 脉从中室横脉下段分出，接近 M_3 脉，M_3 脉与 CuA_1 脉共柄，共柄起于中室下角顶端，CuA_2 脉从中室后缘端半部分出，2A、3A 脉发达。

分布：世界广布。我国记录 110 余种，浙江分布 10 种。

分种检索表

1. 雄翅面大部分黑褐色……2
- 翅面颜色不如上述……5
2. 前翅具三角形斑……**云星黄毒蛾 *E. niphonis***
- 前翅不具三角形斑……3
3. 前翅中室下缘上方和 2A 脉下方黄色……**岩黄毒蛾 *E. flavotriangulata***
- 前翅中室下缘上方和 2A 脉下方深褐色或黑褐色……4
4. 翅面暗色鳞片在 R_5 与 M_1 脉间和 M_3 与 CuA_1 脉间向外凸伸至外缘……**戟盗毒蛾 *E. pulverea***
- 翅面暗色鳞片在 M_3 与 CuA_1 脉间向外凸伸至外缘……**乌桕黄毒蛾 *E. bipunctapex***
5. 前翅内线和外线黄白色，两线间布褐色至黑褐色鳞，形成叉形中带……**叉带黄毒蛾 *E. angulata***
- 前翅斑纹不如上述……6
6. 亚缘线在顶角附近有 2 个黑褐色圆点……**折带黄毒蛾 *E. flava***
- 亚缘线在顶角附近不具 2 个黑褐色圆点……7
7. 前翅不具暗色鳞片……**幻带黄毒蛾 *E. varians***
- 前翅具暗色鳞片……8
8. 前翅具黑褐色中带，从 M_2 脉内斜至翅后缘中部，在臀褶处中断……**梯带黄毒蛾 *E. montis***
- 前翅斑纹不如上述……9
9. 前翅暗色鳞片区域较小……**豆盗毒蛾 *E. piperita***
- 前翅暗色鳞片区域较大……**双线盗毒蛾 *E. scintillans***

（598）豆盗毒蛾 *Euproctis piperita* (Oberthür, 1880)（图版 XXXIX-20，21）

Leucoma piperita Oberthür, 1880: 35.
Euproctis piperita: Bryk, 1934: 220.

别名：并点黄毒蛾。

主要特征：前翅长：雄 11–14 mm，雌 14–16 mm。头和体柠檬黄色。前翅略狭长，外缘浅弧形，雌蛾较雄蛾倾斜；翅面和缘毛柠檬黄色；从基部到亚外缘有 1 不规则形褐色大斑，上散布黑褐色鳞；在顶角有 2 个褐色小斑；后缘中央有黑色长毛。后翅浅黄色。

寄主：茶、楸、豆类。

分布：浙江（德清、临安）、黑龙江、吉林、辽宁、内蒙古、河北、山西、山东、河南、陕西、甘肃、江苏、安徽、湖北、江西、湖南、福建、广东、四川；俄罗斯，朝鲜半岛，日本。

（599）双线盗毒蛾 *Euproctis scintillans* (Walker, 1856)（图版 XXXIX-22）

Somena scintillans Walker, 1856: 1734.
Euproctis moorei Snellen, 1879: 106.
Euproctis scintillans: Kishida, 1992: 166.

别名：棕衣黄毒蛾。

主要特征：前翅长：雄 9–12 mm，雌 12–18 mm。头和体背橙黄色。前翅略狭长，外缘浅弧形；翅面大部分覆盖赤褐色，微带浅紫色闪光；内线和外线黄色，有的个体不清晰；外缘和缘毛黄色，部分被赤褐色部分分隔成 3 段。后翅黄色。

寄主：荔枝、刺槐、枫、茶、柑橘、梨、龙眼、黄檀、泡桐、枫香树、栎、乌桕、蓖麻、玉米、棉花和十字花科植物。

分布： 浙江（临安、温州）、河南、陕西、甘肃、湖南、福建、台湾、广东、广西、四川、云南；巴基斯坦，印度，缅甸，斯里兰卡，马来西亚，新加坡，印度尼西亚。

（600）戟盗毒蛾 *Euproctis pulverea* (Leech, 1888)（图版 XL-1）

Artaxa pulverea Leech, 1888: 623

Euproctis kurosawai: Inoue, 1982: 333.

别名： 黑衣黄毒蛾。

主要特征： 前翅长：雄 9–10 mm，雌 14–15 mm。下唇须和头部橙黄色。胸部灰褐色。腹部灰褐色带黄色。胸、腹部腹面和足黄色。前翅略狭长，外缘浅弧形，较倾斜；翅面赤褐色布黑色鳞；前缘和外缘附近黄色，赤褐色部分外侧边缘带银白色斑，并在 R_5 与 M_1 脉间和 M_3 与 CuA_1 脉间向外凸伸至外缘；近顶角有 1 褐色小点；内线黄色，不清晰。后翅大部分褐色，前缘和端部黄色。

寄主： 刺槐、茶、油茶、苹果、柑橘。

分布： 浙江（四明山、余姚、磐安、景宁）、辽宁、河北、河南、陕西、甘肃、江苏、安徽、湖北、湖南、福建、台湾、广西、四川；朝鲜半岛，日本。

（601）云星黄毒蛾 *Euproctis niphonis* (Butler, 1881)（图版 XL-2，3）

Chearotricha niphonis Butler, 1881a: 9(♂).

Chearotricha squamosa Butler, 1881a: 9(♀).

Porthesia raddei Staudinger, 1887: 207.

Euproctis niphonis: Leech, 1899: 133.

别名： 黑纹毒蛾。

主要特征： 前翅长：雄 15–17 mm，雌 17–22 mm。头部和下唇须黄色掺杂黑色。胸部黄色；足黄色，跗节有纵向黑纹。腹部背面暗灰褐色，腹面黄色。前翅黄色，前缘基部黑褐色，中室后方和外侧密布黑褐色鳞片，形成 1 个近三角形大斑；中点为黑褐色圆斑；缘毛黄色掺杂黑褐色。后翅黑褐色，前缘基半部黄色。雌蛾腹部金黄色；前翅三角形黑褐色斑较雄蛾小。

寄主： 榛、醋栗、赤杨、白桦、蔷薇、锥栗、刺槐。

分布： 浙江（临安）、黑龙江、吉林、辽宁、内蒙古、河北、山西、山东、河南、陕西、湖北、江西、湖南、四川；俄罗斯，朝鲜半岛，日本。

（602）叉带黄毒蛾 *Euproctis angulata* Matsumura, 1927（图版 XL-4）

Euproctis angulata Matsumura, 1927a: 40.

Euproctis sakaguchii Matsumura, 1927a: 40.

主要特征： 前翅长：20–22 mm。体和翅黄色。前翅中等宽度，外缘浅弧形，臀角圆；内线和外线黄白色，两线间布褐色至黑褐色鳞，形成叉形中带，分叉处隐见黄白色中点；内线内侧和外线外侧各有 1 条由稀疏褐色鳞组成的带，上端不明显或消失；亚缘线由大小不等的黑褐色点组成。后翅浅黄色。

寄主： 刺槐。

分布： 浙江（临安）、河南、陕西、甘肃、湖北、江西、湖南、福建、台湾、广东、广西、西藏。

（603）折带黄毒蛾 *Euproctis flava* (Bremer, 1861)（图版 XL-5）

Aroa flava Bremer, 1861: 479.
Aroa subflava Bremer, 1864: 41.
Euproctis flava: Strand, 1910: 135.

别名：柿叶毒蛾、杉皮毒蛾、黄毒蛾。

主要特征：前翅长：雄 11–15 mm，雌 16–20 mm。头、胸、腹部橙黄色；足浅黄色。前翅中等宽度，外缘浅弧形；翅面黄色；内线和外线浅黄色，从前缘外斜至中室下缘，折角后内斜，两线间布深褐色鳞，形成折带；内线内侧和外线外侧布稀疏褐鳞；亚缘线在顶角附近有 2 个黑褐色圆点。后翅浅黄色。

寄主：樱桃、梨、苹果、桃、梅、李、海棠、柿、蔷薇、栎、山毛榉、枇杷、石榴、茶、槭、刺槐、赤杨、紫藤、赤麻、山漆、杉、柏、松等。

分布：浙江、黑龙江、吉林、辽宁、内蒙古、河北、山西、山东、河南、陕西、甘肃、江苏、安徽、湖北、江西、湖南、福建、广东、广西、四川、贵州、云南；俄罗斯，朝鲜半岛，日本。

（604）梯带黄毒蛾 *Euproctis montis* (Leech, 1890)（图版 XL-6）

Artaxa montis Leech, 1890: 111.
Euproctis montis: Strand, 1910: 137.

主要特征：前翅长：雄 14–16 mm，雌 19–21 mm。下唇须浅黄色，外侧暗褐色；头、胸部、腹部基部和臀簇橙黄色，腹部其余部分黑色。足浅黄色。前翅中等宽度，外缘浅弧形，较倾斜；翅面黄色；中带黑褐色，从 M_2 脉内斜至翅后缘中部，在臀褶处中断。后翅黄白色；缘毛较翅面色略深。

分布：浙江（德清、临安）、陕西、甘肃、江苏、湖北、江西、湖南、福建、广东、广西、四川、云南、西藏。

（605）幻带黄毒蛾 *Euproctis varians* (Walker, 1855)（图版 XL-7）

Artaxa varians Walker, 1855: 769.
Euproctis pygmaea Moore, 1879, *in* Hewitson & Moore, 1879a: 48.
Euproctis pusilla Moore, 1883: 86.
Euproctis varians: Hampson, 1892: 475.

主要特征：前翅长：雄 8 mm，雌 14 mm。体和足橙黄色。前翅黄色，内线和外线黄白色，略向外弯曲，接近平行；内线、外线间的区域不具暗色鳞片；无中点。后翅浅黄色。

寄主：柑橘、茶、油茶。

分布：浙江（临安、温州）、河北、山西、山东、河南、陕西、江苏、上海、安徽、湖北、江西、湖南、福建、台湾、广东、广西、四川、云南；印度，马来西亚。

（606）乌桕黄毒蛾 *Euproctis bipunctapex* (Hampson, 1891)（图版 XL-8）

Somena bipunctapex Hampson, 1891: 57.
Euproctis bipunctapex: Hampson, 1892: 484.

别名：枇杷毒蛾、乌桕毒蛾、乌桕毒毛虫、油桐叶毒蛾。

主要特征：前翅长：雄 10–18 mm，雌 15–20 mm。下唇须黄褐色；头部黄色带褐色。胸部和腹部黄棕色。足浅棕黄色。前翅深褐色鳞密布黑褐色小斑点；顶角和臀角各具 1 个黄色大斑，顶角黄斑内具 2 个黑点。后翅深褐色，端部具 1 条黄色带。

寄主：乌桕、油桐、杨、桑、女贞、茶、栎、樟、苹果、桃、柿、重阳木、柑橘、大豆、甘薯、南瓜等植物。

分布：浙江（温州）、河南、陕西、江苏、上海、湖北、江西、湖南、福建、台湾、广东、广西、四川、云南、西藏；印度，新加坡。

（607）岩黄毒蛾 *Euproctis flavotriangulata* Gaede, 1932（图版 XL-9，10）

Euproctis flavotriangulata Gaede, 1932: 104.

主要特征：前翅长：雄 11–13 mm，雌 13–15 mm。下唇须微小，尖端不伸出额外，黄色；雄蛾额中部灰褐色掺杂黄色，边缘黄色；领片和肩片黄色，胸部深褐色；腹部黑褐色，臀簇黄色。雌蛾额黄色；胸部黄色较多；腹部同雄蛾。前翅较狭长，雌蛾前翅外缘较雄蛾倾斜；翅面黄色；由基部至近外缘处有 1 不规则形大斑，雄蛾黑褐色，端部较近外缘，并在顶角下方和 M_3 与 CuA_1 之间伸达外缘；雌蛾大斑色较浅，深黄褐色掺杂黑色，外缘距翅外缘较远，在顶角下方未达外缘，仅有 1 黑点；雌雄大斑中部在中室下缘上方和 2A 脉下方均留有黄色，前缘黄色。后翅底色黄色；雄蛾除前缘外几乎全部覆盖黑褐色；雌蛾黑褐色范围较小，前缘和后缘留有较宽黄边，端部近 1/3 黄色；缘毛黄色。

寄主：核桃。

分布：浙江（四明山、临安、余姚、磐安）、北京、河南、陕西、甘肃、湖南、福建、四川、云南。

十三、瘤蛾科 Nolidae

主要特征：体微型到小型，无单眼，复眼大。胸、腹部纤细，在腹部前几节背部着生有毛簇。前翅中室附近有隆起的竖鳞呈瘤状，种类不同其形状多样。雄性翅缰钩多为条形。雄性外生殖器结构简单；雌性外生殖器的交配囊多密布角片或颗粒或褶皱。幼虫多取食草本植物，也有些种类取食花蕊和树木（邵天玉，2011）。

全世界已知 30 属 3000 种以上，为世界分布，主要分布于热带、温带东洋区和古北区东部。中国记录 90 种以上，浙江分布 10 属 12 种。

分亚科检索表

1. 触角不长于前翅 ………………………………………………………………………… 2
- 触角长于前翅长角 ……………………………………………… **长角皮夜蛾亚科 Risobinae**
2. 中室端不具隆起鳞片簇 ……………………………………………………………………… 3
- 中室端具隆起鳞片簇 ………………………………………………………… **瘤蛾亚科 Nolinae**
3. 前翅狭长；后翅前缘、顶角和外缘区黑色，其余部分黄色 …………………… **旋夜蛾亚科 Eligminae**
- 前翅形状多样；后翅多颜色均匀，或仅外缘区色深 ……………………… **丽夜蛾亚科 Chloephorinae**

（一）旋夜蛾亚科 Eligminae

327. 旋夜蛾属 *Eligma* Hübner, 1819

Eligma Hübner, 1819: 165. Type species: *Phalaena narcissus* Cramer, 1775.

Heligma Agassiz, 1847: 136, 175. An unjustified emendation of *Eligma* Hübner, [1819].

Panglima Moore, 1858, *in* Horsfield & Moore, 1858: 297. Type species: *Phalaena narcissus* Cramer, 1775.

Agathia Guenée, 1858: 380. Type species: *Geometra lycaenaria* Kollar, 1844.

主要特征：雄蛾触角基部扁宽，基节上有一撮毛；雌触角线形；喙退化很小；下唇须长，第 2 节中部伸出额外，第 3 节细长；额平滑。胸部鳞片与毛均有，平滑无毛簇，胫节两侧有长毛。腹部扁圆，基部两节有毛簇。前翅狭长，前缘基部微拱，其余部分很直，顶角角度很钝，外缘从顶角到中部较垂直，然后内倾，不呈锯齿形；后翅外缘在 M_2 和 M_3 脉间微内陷。幼虫黄色间黑色，有长毛。

分布：古北区、东洋区、旧热带区。

（608）旋夜蛾 *Eligma narcissus* (Cramer, 1775)（图版 XL-11）

Phalaena narcissus Cramer, 1775: 116.

Eligma narcissus: Rothschild & Jordan, 1896: 57.

主要特征：前翅长：31–33 mm。头和胸部背面紫褐色，有黑点。腹部背面黄色，背中线和侧线各有 1 列黑点。前翅特别狭长，顶角钝圆，外缘与后缘呈 1 连续弧形，无明显臀角；前缘区黑色，该区下缘弧形并衬白色，向下过渡为紫褐色；翅基部 6 个黑点组成环形；内线在中室下缘处有 3 个黑点，组成三角形，在 2A 脉上有另 1 黑点；中线波状，由中室至后缘；外线双线白色，织成网状；亚缘线为 1 列黑点。后翅前缘长，平直，其下宽大扇形，外缘在 M 脉间浅凹，臀角圆；翅面杏黄色，翅端部为 1 蓝黑色大斑，上宽下窄，其中有 1 列粉蓝斑。雄性外生殖器（图 193）：钩形突小；抱器瓣狭长，端部尖锐，强骨化；囊形突小；阳茎端部具小刺。雌性外生殖器见图 337。

分布：浙江（临安、鄞州、舟山）、河北、山西、甘肃、湖北、江西、湖南、福建、台湾、四川、云南；俄罗斯，朝鲜半岛，日本，印度，菲律宾，马来西亚，印度尼西亚。

（二）丽夜蛾亚科 Chloephorinae

分属检索表

1. 前翅顶角区不具黑色点斑 …… 2
- 前翅顶角区具黑色点斑 …… 豹夜蛾属 ***Sinna***
2. 前翅横纹未组成网格状 …… 3
- 前翅横纹组成网格状 …… 砌石夜蛾属 ***Gabala***
3. 翅展 30 mm 以上 …… 4
- 翅展 30 mm 以下 …… 钻夜蛾属 ***Earias***
4. 前翅臀角区非红色 …… 5
- 前翅臀角区红色 …… 花布夜蛾属 ***Camptoloma***
5. 后翅非红褐色 …… 6
- 后翅红褐色 …… 红衣夜蛾属 ***Clethrophora***
6. 前翅臀角区无角形斑 …… 粉翠夜蛾属 ***Hylophilodes***
- 前翅臀角区具角形斑 …… 癣皮夜蛾属 ***Blenina***

328. 癣皮夜蛾属 *Blenina* Walker, 1858

Blenina Walker, 1858: 1178, 1214. Type species: *Blenina accipiens* Walker, 1858.

Eliocroea Walker, 1865: 935. Type species: *Eliocroea chrysochlora* Walker, 1865.

Amrella Moore, 1882, *in* Hewitson & Moore, 1882: 158. Type species: *Amtella angulipennis* Moore, 1882.

主要特征：触角线形，雄蛾触角有纤毛；喙发达；下唇须向上伸，第 2 节达头顶，鳞片细长，第 3 节中长，有些端部比较宽；额平滑，上方有毛，呈脊状。胸部几乎全为鳞片，前胸无毛簇，后胸有扁形毛簇；胫节有毛。腹部基部两节有毛簇。前翅顶角稍钝，外缘曲度平稳，微呈锯齿形；前翅 R_1 脉自中室伸出，径副室狭长，M_1 脉从中室上角伸出，M_3 和 CuA_1 脉从中室下角伸出。后翅 M_2 脉自中室下角前方伸出。

分布：东洋区、旧热带区、澳洲区。

（609）柿癣皮夜蛾 *Blenina senex* (Butler, 1878)（图版 XL-12）

Dandaca senex Butler, 1878a: 82.

Blenina senex: Hampson, 1912: 407.

主要特征：前翅长：17 mm。头、胸部和前翅灰绿色杂白色。腹部灰褐色。前后翅外缘略呈波状，中部外凸；前翅后缘长，外缘不倾斜。前翅亚基线、内线和外线黑色，内线波状，外线下半段锯齿形；中室有黑色竖鳞组成的 2 黑点；前缘有 1 列黑点；亚缘线白色，波状，内侧衬黑色，并在臀褶处形成 1 内凸的尖齿；缘线褐色。后翅褐色，端部黑褐色；中线暗褐色。雄性外生殖器见图 194。

分布：浙江（景宁）、陕西、甘肃、江苏、江西、湖南、福建、台湾、海南、广西、四川、云南；日本，越南，泰国。

(610)枫杨癣皮夜蛾 *Blenina quinaria* Moore, 1882(图版 XL-13)

Blenina quinaria Moore, 1882: 158.

主要特征：前翅长：16–21 mm。头、胸部白色带墨绿色，额有黑斑。前翅白色带褐色，布有暗绿细点，外区有黄褐色细点，后缘区中段乳黄色，各横线黑色；内线、外线不明显；外线前半锯齿形；亚缘线波浪形；肾纹黑色，前方具 1 黑斜纹；翅外缘具 1 列黑点。后翅黄褐色，端区黑褐色，有 1 褐色中带。腹部灰褐色。

分布：浙江、陕西、安徽、江西、湖南、台湾、海南、四川、云南、西藏；日本，印度，越南，老挝，泰国，菲律宾，马来西亚，文莱，印度尼西亚，东帝汶，巴布亚新几内亚。

329. 豹夜蛾属 *Sinna* Walker, 1865

Sinna Walker, 1865: 641. Type species: *Sinna calospila* Walker, 1865.

Teinopyga Felder, 1874, *in* Felder & Rogenhofer, 1874: pl. 106. Type species: *Teinopyga reticularis* Felder, 1874.

主要特征：雄蛾触角有纤毛；喙发达；下唇须向上伸，第 2 节达额中部，前面略有毛，第 3 节长；额平滑。胸部毛鳞混生；胫节鳞片平滑。腹部较细长，无毛簇。前翅顶角圆，外缘曲度平稳，不呈锯齿形；前翅 R_2 至 R_4 脉共柄，有径副室。后翅 $Sc+R_1$ 脉仅在基部与径脉接触，M_1 和 M_2 脉位于中室上角，M_3 脉位于中室下角。

分布：古北区、东洋区。

(611)胡桃豹夜蛾 *Sinna extrema* (Walker, 1854)(图版 XL-14)

Deiopeia extrema Walker, 1854: 573.

Sinna extrema: Hampson, 1912: 468.

主要特征：前翅长：17–18 mm。触角线形，雄触角有纤毛。头、胸部白色，领片、肩片及前胸、后胸均有黄斑；下唇须第 3 节端半部黑灰色。腹部黄白色。前翅中等宽度，外缘弧形；翅面白色，基部至外线由不规则橘黄色线组成网状，外线为 1 橘黄色细带，中部外凸至外缘附近；顶角有 4 个小黑斑；外缘下半部有 3 个黑点。后翅白色，外缘附近有时略带浅褐色。有时头胸和前翅的橘黄色消退，全体呈白色，仅前翅外缘可见部分黑斑。雄性外生殖器见图 195。雌性外生殖器见图 338。

分布：浙江(临安)、黑龙江、山东、河南、陕西、甘肃、江苏、湖北、江西、湖南、福建、海南、四川；俄罗斯，朝鲜半岛，日本，泰国。

330. 砌石夜蛾属 *Gabala* Walker, 1866

Gabala Walker, 1866: 1220. Type species: *Gabala polyspialis* Walker, 1866.

主要特征：雄蛾触角线形；喙不发达，很小；下唇须斜向上伸，第 2 节远超过头顶，前端上方有 1 撮毛，第 3 节很长，前端有毛簇；额平滑，上部有鳞脊；复眼圆大。胸部几全被鳞片，后胸有竖起毛簇；胫节鳞片光滑。腹部仅基部两节有毛簇；雄蛾腹侧面有由大鳞组成的扇形构造遮住气门。前翅前缘很拱曲，顶角微凸出，外缘曲度平稳，不呈锯齿形。

分布：古北区、东洋区、澳洲区。

（612）银斑砌石夜蛾 *Gabala argentata* Butler, 1878（图版 XL-15）

Gabala argentata Butler, 1878c: 56.

主要特征：前翅长：12–14 mm。雌雄触角均线形；下唇须斜向上伸，第 2 节远超过头顶，前端上方有 1 撮毛，第 3 节很长，前端有毛簇；头、胸部及前翅赤褐色，头顶有 1 银色斑，周围血红色；领片、肩片及前后胸均有砌石状赤褐边白纹；胸部腹面与足白色。腹部背面白色带淡褐色，毛簇赤褐色。前翅近长方形，顶角近直角，外缘略呈浅弧形；翅基部有许多银白斑，均围以赤褐色，大小不一；外线隐约可见双线赤褐色波浪形，在 M_3 脉后内弯，中段在各翅脉间有黑点；顶角有几个围以赤褐色的银白斑；亚缘线银白色，波浪形，仅中段可见，衬以赤褐色；缘线黑褐色；缘毛赤褐色，臀角外灰褐色。后翅白色带淡褐色，翅外缘前半带赤褐色。雄性外生殖器见图 196。

分布：浙江、陕西、甘肃、湖北、江西、湖南、广东、海南、西藏；朝鲜半岛，日本，印度，缅甸，越南，泰国。

331. 花布夜蛾属 *Camptoloma* Felder, 1874

Camptoloma Felder, 1874, *in* Felder & Rogenhofer, 1874: pl. 93, fig. 7. Type species: *Camptoloma erythropygum* Felder, 1874.

主要特征：雄触角线形；下唇须细长平伸。足胫节距长。前翅前缘基部弓形，翅顶圆，外缘很斜，后缘短而圆。

分布：古北区、东洋区。我国已记载 3 种。

（613）花布夜蛾 *Camptoloma interiorata* (Walker, 1865)（图版 XL-16）

Numenes interiorata Walker, 1865: 290.

Camptoloma erythropygum Felder, 1874, *in* Felder & Rogenhofer, 1874: 2, pl. 93, fig. 7.

Camptoloma interiorata: Swinhoe, 1892: 129.

主要特征：前翅长：14–18 mm。雌雄触角均线形。头、胸、腹部金黄色。雌蛾腹部末端 3 节红色，且毛簇厚密。前翅前缘基部隆起，外缘约与后缘等长，较直且倾斜，后缘略呈浅弧形；翅面黄色，有光泽，自前缘基部至臀褶中部具 1 黑色斜纹，自前缘内线至臀角上方有 1 黑色横斜纹；中点为 1 黑色短斜纹；自前缘中部稍外方至 CuA_1 脉中部有 1 黑色斜纹；顶角前至 CuA_1 脉端部具 1 黑色横纹；外缘上半部有 1 黑线，下半部及臀角向内放射红色斑纹，下半部的缘毛上有 3 个黑点。后翅金黄色。

寄主：栎属 *Quercus*、乌桕 *Sapium sebiferum*。

分布：浙江、黑龙江、辽宁、河北、山东、河南、陕西、甘肃、江苏、安徽、湖北、江西、湖南、福建、广东、广西、四川、云南；日本。

332. 钻夜蛾属 *Earias* Hübner, 1825

Earias Hübner, 1825: 395. Type species: *Phalaena clorana* Linnaeus, 1761.

Aphusia Walker, 1858: 766. Type species: *Aphusia speiplena* Walker, 1858.

主要特征：雄蛾触角的纤毛极细小；喙发达；下唇须向上伸，第 2 节约达头顶，第 3 节短，斜伸；额平滑，上方有毛簇；复眼圆大。胸部鳞片与毛混生，无毛簇；胫节具鳞片。腹部基部两节上有毛簇。前翅顶角微凸出；外缘斜曲，不呈锯齿形。雄蛾的翅缰钩由 1 簇毛组成。

分布：世界广布。

（614）鼎点钻夜蛾 *Earias cupreoviridis* (Walker, 1862)（图版 XL-17）

Xanthoptera? cupreoviridis Walker, 1862b: 92.

Earias cupreoviridis: Hampson, 1912: 505.

主要特征：前翅长：8–10 mm。头部白色微带绿色，额两侧褐色，触角有白环；胸背黄绿色，肩片及前胸前沿黄色。腹部灰白色带绿褐色。前翅狭长，外缘较倾斜；黄绿色，前缘区内半带红色，中室色较黄，有 2 明显褐色点，中室前有 1 淡褐色点，端区有 1 褐色带，其内缘三次曲折，带中有橘红色点；缘毛红褐色。后翅白色，顶角微带褐色。雄性外生殖器见图 197。雌性外生殖器见图 339。

分布：浙江、陕西、甘肃、湖北、湖南、四川、云南、西藏；朝鲜半岛，日本，印度，斯里兰卡，非洲。

（615）粉缘钻夜蛾 *Earias pudicana* Staudinger, 1887（图版 XL-18）

Earias pudicana Staudinger, 1887: 174.

主要特征：前翅长：7–8 mm。雌雄触角均线形；头与领片黄白色带青色。肩片和胸部背面白色带粉红色。腹部灰白色。前翅中等宽度，顶角钝圆，外缘直，略倾斜；翅面黄绿色，前缘约 2/3 带粉红色；缘毛褐色。后翅白色。

分布：浙江、黑龙江、吉林、辽宁、北京、河北、山西、山东、河南、宁夏、甘肃、江苏、湖北、江西、湖南；俄罗斯，朝鲜半岛，日本。

333. 粉翠夜蛾属 *Hylophilodes* Hampson, 1912

Hylophilodes Hampson, 1912: 510. Type species: *Halias orientalis* Hampson, 1894.

主要特征：喙发达；下唇须向上伸，第 2 节达头顶，第 3 节长；额平滑。胸部仅有毛，无毛簇；胫节有毛。腹部基部两节微有毛簇；雄蛾在腹基节两侧有扁形鳞。前翅顶角较尖，外缘较直，不呈锯齿形，R_2 与 R_3 脉共柄。

分布：古北区、东洋区。

（616）太平粉翠夜蛾 *Hylophilodes tsukusensis* Nagano, 1918（图版 XL-19）

Hylophiloides [= *Hylophilodes*] *tsukusensis* Nagano, 1918: 192.

主要特征：前翅长：16 mm。头部黄绿色，额白色，触角红褐色，下唇须红褐色杂白色。前翅黄绿色，内线直，中央黄色，内侧衬绿色，外侧衬白色，稍内斜；外线中央黄色，内侧衬白色，外侧衬绿色，自前缘脉近顶角处近直线内斜至翅后缘中部；亚缘线绿色，三曲形，翅前缘带有黄色，端部红色，翅后缘区带有黄色；外缘毛红褐色。后翅白色。

分布：浙江（舟山、江山、景宁）；日本。

334. 红衣夜蛾属 *Clethrophora* Hampson, 1894

Clethrophora Hampson, 1894: 416. Type species: *Gonitis distincta* Leech, 1889.

主要特征：雄蛾触角有细纤毛；喙发达；下唇须向上伸，第 2 节达头顶，第 3 节斜而长；额平滑，上有尖毛簇；复眼圆大。胸部只有毛，无毛簇。腹部基节有毛簇。前翅顶角较尖，外缘在顶角后内削，中部外凸，M_3脉后内斜；R_2至R_5脉共柄，无径副室。后翅M_3和CuA_1脉共 1 短柄。

分布：古北区、东洋区。

（617）红衣夜蛾 *Clethrophora distincta* (Leech, 1889)（图版 XL-20）

Gonitis distincta Leech, 1889c: 506.

Gonitis virida Heylaerts, 1890: 30.

Clethrophora distincta: Hampson, 1912: 535.

主要特征：前翅长：20 mm。触角线形，雄触角有细纤毛。头部及胸部深绿色，下唇须、足及胸部腹面红褐色带灰色。前翅顶角尖，略凸出，外缘中部凸出，臀角明显；翅面深绿色；中点为 1 黑点；外线淡绿色，自前缘近顶角处直线内斜至后缘；亚缘线隐约可见，中部稍外弯；缘毛褐色。后翅红褐色；缘毛灰褐色。

分布：浙江、陕西、湖北、湖南、福建、云南、西藏；日本，印度。

（三）瘤蛾亚科 Nolinae

335. 洼皮夜蛾属 *Nolathripa* Inoue, 1970

Nolathripa Inoue, 1970b: 38. Type species: *Nola lactaria* Graeser, 1892.

主要特征：雄蛾触角线形，有纤毛；喙发达；下唇须向上伸，第 2 节达头顶，第 3 节稍长；额平滑，有毛簇；复眼圆大，有长睫毛。胸部有毛和毛状鳞，肩片有鳞片，端部膨大；后胸有散形大毛簇；前足胫节外侧饰毛较宽。腹部基部几节有毛簇，第 1 及 3 节上的较大。前翅顶角圆形，外缘曲度平稳，不呈锯齿形，臀角有鳞齿；有径副室。后翅中室约为翅长之半。

分布：古北区、东洋区。

（618）洼皮夜蛾 *Nolathripa lactaria* (Graeser, 1892)（图版 XL-21）

Nola lactaria Graeser, 1892: 211.

Dialithoptera stellata Wileman, 1911c: 193.

Nolathripa lactaria: Inoue, 1970b: 38.

主要特征：前翅长：9–14 mm。触角线形，雄触角有纤毛。头、胸部白色。腹部浅褐杂白色，基节白色。前翅狭长，端部圆；内半白色，外半暗褐色；中室基部具 1 簇白竖鳞，端部 1 黑纹达前缘脉；外线黑色，有银色鳞簇；亚缘线浅褐色，波浪形，内侧衬黑色；缘线黑褐色。后翅白色，端区浅灰褐色。雄性外生殖器见图 198。雌性外生殖器见图 340。

分布：浙江、黑龙江、河北、陕西、甘肃、江西、湖南、海南、四川；俄罗斯，朝鲜半岛，日本。

（四）长角皮夜蛾亚科 Risobinae

336. 长角皮夜蛾属 *Risoba* Moore, 1881

Risoba Moore, 1881: 328. Type species: *Thyatira repugnans* Walker, 1856.

Pitrasa Moore, 1882, *in* Hewitson & Moore, 1882: 94. Type species: *Pitrasa variegata* Moore, 1882.

Lycoselene Möschler, 1887: 87. Type species: *Lycoselene lunata* Möschler, 1887.

主要特征：触角长度与前翅相等，雄蛾触角大部分线形；喙发达；下唇须向上伸，第 2 节伸达头顶，适度被鳞，第 3 节长度适中，前伸；额平滑；复眼圆大。胸部被鳞片并混有毛，后胸具散开的毛簇。足胫节具长毛。雄蛾腹部较长，中部具小的背毛簇，腹端毛簇分开。前翅顶角钝，外缘曲度平稳，微波状。

分布：古北区、东洋区。

（619）显长角皮夜蛾 *Risoba prominens* Moore, 1881（图版 XL-22）

Risoba prominens Moore, 1881: 329.

主要特征：前翅长：13–17 mm。触角线形，雄触角基部 2/5 具浓密纤毛束；下唇须向上伸，第 2 节伸达头顶，第 3 节向前伸；头淡灰褐色。胸部中央白色，领片和肩片灰褐色。腹部基部色浅，其后深褐色至黑褐色。前翅狭长，端部宽，顶角钝圆，外缘微波曲；翅面黑褐色；基部 1 白斑由前缘下方扩展至后缘内 2/5 处，斑内有褐色至深灰褐色纹；中线模糊；外线黑色，由前缘至后缘外 1/3 处，内侧衬白色宽带，其内侧可见橘红色肾纹，具黑边；外线外侧在翅脉上凸出黑色尖齿，并衬白色细带；顶角内下方具 1 大黑斑，衬白边，黑斑内侧有 1 楔形黑纹，下方有 1 黑色纵条。后翅白色至乳白色，翅脉可见；中点较大，黑灰色；翅端部深灰褐色至黑褐色。

分布：浙江（余姚、景宁）、河北、甘肃、湖北、江西、湖南、福建、台湾、海南、广西、四川、云南；朝鲜半岛，印度，尼泊尔，缅甸，越南，老挝，泰国，菲律宾，马来西亚，新加坡。

十四、夜蛾科 Noctuidae

主要特征：中等至大型蛾类，部分类群小型。成虫触角线形、锯齿形或栉齿形；喙多发达，静止时蜷缩，少数喙短小；下唇须通常发达，向前或向上伸，少数种类向上弯至后胸；极少数种类有下颚须；多数有单眼；复眼大，半球形，少数种类复眼呈椭圆形；额圆，有时有不同形状的突起。后足胫节具 2 对距，有时具刺。前翅通常有径副室；M_2 脉基部接近 M_3，或与 M_3 同出自中室下角。后翅 M_2 脉出自中室下角（四叉形）或中室端脉中部（三叉形）；$Sc+R_1$ 与 Rs 有部分合并，但不超过中室前缘中部；翅缰发达。颜色灰暗或艳丽，翅面斑纹丰富。

夜蛾科是鳞翅目中最大的科，全世界超过 3 万种。其分类系统近年来有许多变化。本志记述浙江分布的 73 属 114 种。

分亚科检索表

1. 前翅无顶剑状纹或基大斑无有鯊纹 …… 2
- 前翅具顶剑状纹或基大斑具有鯊纹 …… **剑纹夜蛾亚科 Acronictinae**

2. 前翅基半部无黄白色大斑 …… 3
- 前翅基半部具 1 个黄白色大斑 …… **杂夜蛾亚科 Amphipyrinae**

3. 前翅中部的中室之后无外斜条、斑或金色斑纹 …… 4
- 前翅中部的中室之后具外斜条、斑或金色斑纹 …… **金翅夜蛾亚科 Plusiinae**

4. 下唇须非弧形弯曲至额或额上方 …… 5
- 下唇须弧形弯曲至额或额上方 …… **长须夜蛾亚科 Herminiinae**

5. 下唇须非肘形 …… 6
- 下唇须肘形，第 3 节长且略斜前伸或平伸 …… **髯须夜蛾亚科 Hypeninae**

6. 臀毛簇不发达 …… 7
- 臀毛簇发达 …… **尾夜蛾亚科 Euteliinae**

7. 前翅无竖立鳞毛 …… 8
- 前翅具竖立鳞毛 …… **蕊夜蛾亚科 Stictopterinae**

8. 臀角斑不明显 …… 9
- 臀角斑明显 …… **毛夜蛾亚科 Pantheinae**

9. 前翅横线不呈白点或中室端外侧无明显外斜宽条带 …… 10
- 前翅横线呈白点或中室端外侧具明显外斜宽条带 …… **虎蛾亚科 Agaristinae**

10. 前翅无臀剑纹斑 …… 11
- 前翅具臀剑纹斑 …… **苔藓夜蛾亚科 Bryophilinae**

11. 环状纹非白色圆环 …… 12
- 环状纹白色圆环 …… **点夜蛾亚科 Condicinae**

12. 前翅三角形且顶角非尖锐或非三角形 …… 13
- 前翅三角形且顶角尖锐 …… **文夜蛾亚科 Eustrotiinae**

13. 后翅 M_2 脉正常或退化 …… 14
- 后翅 M_2 脉存在且弱 …… **绮夜蛾亚科 Acontiinae**

14. 胸部光滑 …… 15
- 胸部多具毛簇或蓬松 …… **盗夜蛾亚科 Hadeninae**

15. 复眼具有睫毛；后翅 M_2 正常 …… **夜蛾亚科 Noctuinae**
- 复眼无睫毛；后翅 M_2 退化 …… **裳夜蛾亚科 Catocalinae**

（一）毛夜蛾亚科 Pantheinae

337. 后夜蛾属 *Trisuloides* Butler, 1881

Trisuloides Butler, 1881c: 36. Type species: *Trisuloides sericea* Butler, 1881.

Tambana Moore, 1882, *in* Hewitson & Moore, 1882: 155. Type species: *Tambana variegata* Moore, 1882.

Xanthomantis Warren, 1909: 18. Type species: *Acronycta cornelia* Staudinger, 1888.

Disepholcia Prout, 1924, *in* Prout & Talbot, 1924: 404. Type species: *Trisuloides caerulea* Butler, 1889.

主要特征：雄蛾触角以双栉形为主；喙发达。下唇须斜向上伸，第 2 节约达额中部，饰鳞较宽，第 3 节短小；额光滑无突起；复眼大，圆形。胸部被粗毛和毛状鳞，后胸有毛簇；后足胫节饰长毛。腹部背面有 1 列毛簇。前翅外缘平稳弧曲，有 1 径副室。后翅中室长约为翅之半，M_2 脉发达，自中室下角前发出。

分布：古北区、东洋区、澳洲区。

（620）污后夜蛾 *Trisuloides contaminate* Draudt, 1937（图版 XL-23）

Trisuloides contaminate Draudt, 1937: 399.

主要特征：前翅长：21 mm。腹部黑褐色。头、胸部及前翅黑褐色；各横线黑色；内线、外线均双线；环纹大，黑边；肾纹有黄白环，外侧一片灰白区，约似肾形。后翅杏黄色，外缘黑褐色。雄性外生殖器见图 199。雌性外生殖器见图 341。

分布：浙江、黑龙江、吉林、辽宁、内蒙古、山东、陕西、湖南、云南；俄罗斯，朝鲜半岛，日本，泰国。

（621）洁后夜蛾 *Trisuloides bella* Mell, 1935（图版 XL-24）

Trisuloides bella Mell, 1935a: 38.

Trisuloides chekiana Draudt, 1937: 400.

主要特征：前翅长：25 mm。头、胸部黄白色杂黑色。腹部浅黄褐色杂黑色。前翅浅褐色，各横线黑色；亚基线和内线衬白色，外线外侧衬白色；环纹、肾纹白色黑边，肾纹外有白斑。后翅黄色，有黑褐端带。

分布：浙江、陕西、江西、湖南、广东；缅甸，越南。

338. 靛夜蛾属 *Belciana* Walker, 1862

Belciana Walker, 1862a: 182. Type species: *Dandaca biformis* Walker, 1858.

Nalca Walker, 1866: 1983, unnecessary replacement name.

主要特征：触角线形；喙发达；下唇须向上伸，第 2 节达头顶，第 3 节长。胸部被平滑鳞片。腹部短。前翅宽，顶角稍尖；浅蓝绿色或草绿色，具褐色斑。后翅宽，深灰褐色，基部颜色渐浅。后翅 M_2 脉发达。

分布：古北区、东洋区。

（622）新靛夜蛾 *Belciana staudingeri* (Leech, 1900)（图版 XL-25）

Polydesma staudingeri Leech, 1900: 551.

Belciana staudingeri: Warren, 1913: 368.

Daseochaeta trinubila Draudt, 1937: 374.

主要特征：前翅长：16–19 mm。雌雄触角均线形。头和腹部灰褐色；胸部绿色、白色和黑色掺杂。前后翅外缘浅弧形；前翅外缘较倾斜；翅面深灰褐色至黑褐色，基部和中部排布密集白色至蓝绿色斑块和条带；各条带边缘不规则，锯齿形或波状；蓝绿色斑块在 Cu 脉附近扩展至外缘，在外缘附近形成 2 个月牙形和 1 个不规则形斑；顶角内侧有 1 较模糊的蓝绿色斑。后翅灰褐色；中点和臀角附近深灰褐色至黑灰色；臀角附近有白纹。雄性外生殖器见图 200。雌性外生殖器见图 342。

分布：浙江（余姚、磐安、江山）、黑龙江、吉林、辽宁、山西、陕西、甘肃、江西、湖南、西藏；俄罗斯，朝鲜半岛。

（二）剑纹夜蛾亚科 Acronictinae

339. 斑蕊夜蛾属 *Cymatophoropsis* Hampson, 1894

Cymatophoropsis Hampson, 1894: 397. Type species: *Gluphisia sinuata* Moore, 1879.

Trispila Houlbert, 1921, *in* Oberthür, 1921: 235. Type species: *Thyatira trimaculata* Bremer, 1861.

Thyatirides Kozhanchikov, 1950: 451. Type species: *Thyatira trimaculata* Bremer, 1861.

主要特征：雄蛾触角线形；喙发达；下唇须斜向上伸，不达头顶。后胸有小毛簇。腹部基部两节有毛簇。前翅顶角圆形，翅基部有 1 小杂竖鳞簇。

分布：古北区、东洋区。

（623）大斑蕊夜蛾 *Cymatophoropsis unca* (Houlbert, 1921)（图版 XL-26）

Trispila unca Houlbert, 1921, *in* Oberthür, 1921: 237.

Cymatophoropsis unca: Mell, 1943: 211.

主要特征：前翅长：15–16 mm。头部黑褐色。胸部白色至褐色。腹部灰褐色，基部背面及腹端均带有白色。前翅黑褐色，密布黑褐色波曲细纹；翅基部有 1 大长白斑，外缘平滑；斑内大部分带褐色并布有黑色波曲细纹；顶角有 1 近圆形白斑，大部分带褐色；臀角有 1 近扁圆形白斑，大部分带褐色并布有黑褐细纹；翅外缘在 CuA_1 脉后有 1 白点；缘毛黑褐色杂灰褐色，白斑处缘毛端部白色。后翅浅黄褐色，端区色暗；隐约可见暗褐色横脉纹及外线。雄性外生殖器见图 201。雌性外生殖器见图 343。

分布：浙江（临安）、黑龙江、吉林、辽宁、山东、陕西、湖北、江西、四川、云南、西藏；俄罗斯，朝鲜半岛，日本。

340. 剑纹夜蛾属 *Acronicta* Ochsenheimer, 1816

Acronicta Ochsenheimer, 1816: 62. Type species: *Phalaena leporina* Linnaeus, 1758.

Triaena Hübner, 1818: 21. Type species: *Phalaena psi* Linnaeus, 1758.

Hyboma Hübner, 1820: 200. Type species: *Noctua strigosa* Denis *et* Schiffermüller, 1775.

Apatele Hübner, 1822: 21, 28. Type species: *Phalaena leporina* Linnaeus, 1758.

Chamaepora Warren, 1909: 16. Type species: *Phalaena rumicis* Linnaeus, 1758.

主要特征：触角稍扁；喙发达；下唇须斜向上伸，第 2 节约达额中部，第 3 节短小；额光滑无突起；复眼大，圆形。胸部被毛或杂线状鳞，或只被鳞片，无毛簇。前翅有 1 径副室。后翅 M_2 脉微弱。

分布：世界广布。

分种检索表

1. 后翅无灰黄色 ······ 2
- 后翅具灰黄色 ······ **白斑剑纹夜蛾 *A. catocaloida***
2. 前翅外线在后缘区呈 1 白斑 ······ **梨剑纹夜蛾 *A. rumicis***
- 前翅外线在后缘区无白斑 ······ **桃剑纹夜蛾 *A. intermedia***

（624）梨剑纹夜蛾 *Acronicta rumicis* (Linnaeus, 1758)（图版 XL-27）

Phalaena (*Noctua*) *rumicis* Linnaeus, 1758: 516.

Acronicta rumicis: Leech, 1889b: 129.

主要特征：前翅长：雄 16–17 mm，雌 18 mm。头、胸部灰褐色杂黑白色。腹部灰褐色。前翅深褐间白色；内线、外线均双线黑色；肾纹前有 1 黑条伸至前缘脉；外线在后缘区呈 1 白斑；亚缘线白色。后翅黄褐色。雄性外生殖器见图 202。

分布：浙江、陕西、甘肃、新疆、江苏、湖北、湖南、福建、四川、贵州、云南；欧洲。

（625）桃剑纹夜蛾 *Acronicta intermedia* Warren, 1909（图版 XL-28）

Acronicta intermedia Warren, 1909: 14.

主要特征：前翅长：19 mm。头顶灰褐色。胸部灰色。腹部褐色。前翅灰色，基剑纹黑色，枝形；内线、外线均双线；环纹、肾纹灰色，两纹间有 1 黑线；外线在 M_2 及亚中褶有黑纹穿越；亚缘线白色。后翅白色。雄性外生殖器见图 203。

分布：浙江、陕西、湖南；日本。

（626）白斑剑纹夜蛾 *Acronicta catocaloida* (Graeser, 1889)（图版 XLI-1）

Acronycta catocaloida Graeser, 1889: 313.

Acronicta catocaloida: Warren, 1909: 13.

主要特征：前翅长：19 mm。头、胸部灰白色杂黑色。腹部灰色杂黑色。前翅黑灰色；亚基线、内线、外线均双线黑色；亚缘线白色；环纹、肾纹白色，中央黑色。后翅具灰黄色。

分布：浙江、黑龙江、山西、陕西；俄罗斯，日本。

（三）杂夜蛾亚科 Amphipyrinae

341. 孔雀夜蛾属 *Nacna* Fletcher, 1961

Canna Walker, 1865: 790. Type species: *Canna pulchripicta* Walker, 1865. [Junior homonym of *Canna* Gray, 1821 (Mammalia)]

Nacna Fletcher, 1961: 198 Type species: *Canna pulchripicta* Walker, 1865. [Replacement name for *Canna* Walker, 1865]

主要特征：触角微呈齿形；喙发达；下唇须向上伸，第 2 节达额中部，有毛，第 3 节短小；额平滑，复眼圆大。胸部有长形鳞片；前胸无毛簇；中胸有成对的鳞片簇；后胸有散开形毛簇；肩片端部有向上伸的鳞片簇；胫节有长毛；腹部背面有 1 列毛簇，第 4 腹节上的较大。前翅短宽，顶角钝，外缘略向外曲。

分布：古北区、东洋区。

（627）绿孔雀夜蛾 *Nacna malachitis* (Oberthür, 1880)（图版 XLI-2）

Telesilla malachitis Oberthür, 1880: 80.

Canna splendens Moore, 1888b: 412.

Nacna malachtis: Chen, 1982: 239.

主要特征：前翅长：15 mm。头、胸部及前翅粉绿色。肩片及后胸褐色。腹部黄白色。前翅后缘长，外缘近直立，中部微隆起，顶角和臀角皆圆；翅基半部 1 褐色曲带围成椭圆形大斑；外区具 1 褐色斜带；顶角有 1 黄白斑达 M_1 脉，后端有暗影。后翅白色，亚端区具模糊灰褐色带。雄性外生殖器见图 204。

分布：浙江（景宁）、黑龙江、辽宁、山西、河南、陕西、甘肃、福建、四川、云南、西藏；俄罗斯，日本，印度。

（四）虎蛾亚科 Agaristinae

342. 彩虎蛾属 *Episteme* Hübner, 1820

Episteme Hübner, 1820: 180. Type species: *Phalaena lectrix* Linnaeus, 1764.

Eusemia Dalman, 1825: 26. Type species: *Phalaenae lectrix* Linnaeus, 1764.

主要特征：雄蛾触角多为线形，近端部膨大；喙发达；下唇须向上伸，第 2 节前缘饰长毛，第 3 节长；额有平截的锥形突起，边缘隆脊形。前翅 R_2 至 R_5 脉共柄，无径副室。后翅 Rs 和 M_1 脉共 1 短柄或分离。雄蛾腹部第 4 节两侧有毛簇。

分布：东洋区。

（628）选彩虎蛾 *Episteme lectrix* (Linnaeus, 1764)（图版 XLI-3）

Phalaena (*Noctua*) *lectrix* Linnaeus, 1764: 389.

Episteme lectrix: Jordan, 1909: 5.

主要特征：前翅长：38 mm。雌雄触角均线形。头、胸部及前翅黑色；肩片有黄斑。腹部橘黄色，各节有黑条。前翅宽大，顶角圆，外缘浅弧形；翅基部有 2 列粉蓝斑；中室基部具 1 浅黄三角形斑，中部具 1 同色方形斑，其后具 1 同色斜方斑；外区前半有 2 组长方形黄斑；亚缘区具 1 列小白斑。后翅橘黄色，基部黑色；中室端具 1 黑斑；1 黑带自中室下角至翅后缘；端带黑色，前部具 1 蓝白圆斑，中段具 1 蓝白点。

分布：浙江、陕西、甘肃、湖北、江西、台湾、四川、贵州、云南。

343. 修虎蛾属 *Sarbanissa* Walker, 1865

Sarbanissa Walker, 1865: 746. Type species: *Sarbanissa insocia* Walker, 1865.

Seudyra Stretch, 1875: 19. Type species: *Eusemia transiens* Walker, 1856.

主要特征：雄蛾触角有纤毛；喙发达；下唇须向上伸，第 2 节约达额中部，前面有毛；额突截锥形，有隆起的边；复眼圆大。胸部有毛及毛形鳞，无毛簇；前足胫节有长毛，中足及后足也有少量毛。腹部背面有 1 列毛簇。前翅顶角钝，外缘不呈锯齿形。

分布：古北区、东洋区。

分种检索表

1. 后翅具中点 …… 2
- 后翅不具中点 …… **白云修虎蛾 *S. transiens***
2. 后翅臀角斑块黄褐色 …… **葡萄修虎蛾 *S. subflava***
- 后翅臀角斑块黑色 …… **艳修虎蛾 *S. venusta***

（629）白云修虎蛾 *Sarbanissa transiens* (Walker, 1856)（图版 XLI-4）

Eusemia transiens Walker, 1856: 1588.

Agarista aegoceroides Felder, 1874, *in* Felder & Rogenhofer, 1874: pl. 107, fig. 10.

Seudyra dissimilis Swinhoe, 1890: 174.

Sarbanissa transiens: Poole, 1989: 888.

主要特征：前翅长：18–23 mm。头、胸部及前翅褐色。腹部杏黄色，背面具 1 列黑毛簇。前翅内线后半内侧带枣红色；近臀角处具 1 枣红斑；环纹与肾纹黑褐色，肾纹外 1 白斑；亚缘线灰色。后翅杏黄色，端带黑褐色，连续。

分布：浙江（磐安）、陕西、甘肃、湖南、云南；印度，缅甸，马来西亚，印度尼西亚。

（630）葡萄修虎蛾 *Sarbanissa subflava* (Moore, 1877)（图版 XLI-5）

Seudyra subflava Moore, 1877a: 85.

Zalissa jankowskii Alphéraky, 1897: 151.

Sarbanissa subflava: Inoue, 1982: 935.

主要特征：前翅长：20–22 mm。头和胸部紫褐色。腹部黄色，背面黑色斑。前翅黑褐色，前缘至中室下缘在外线内侧密布灰黄色鳞片，在 CuA_1 和 CuA_2 之间扩展至外缘；内线和外线均为灰黄色，双线；内线拱形；外线中部向外凸出；环纹和肾纹紫褐色，具灰黄色边缘；亚缘线灰白色，锯齿状；缘点为 1 列脉间黑点，内衬灰黄色边。后翅杏黄色；中点黑灰色，外缘具紫褐色宽带，内缘不规则；近臀角具 1 个黄褐色斑。雌性外生殖器见图 344。

分布：浙江（舟山、江山）、黑龙江、辽宁、河北、山东、湖北、江西、贵州；朝鲜半岛，日本。

（631）艳修虎蛾 *Sarbanissa venusta* (Leech, 1888)（图版 XLI-6）

Seudyra venusta Leech, 1888: 614.

Sarbanissa venusta: Inoue, 1982, *in* Inoue *et al.*, 1982: 935/409.

主要特征：前翅长：17–21 mm。头、胸部黑色杂白色。腹部杏黄色，有 1 列黑毛簇。前翅白色密布黑褐色细点，后半大部分紫灰色，顶角区蓝紫色；内线、外线均双线，灰白色；环纹、肾纹具黑褐色白边；外线前后端外侧各有 1 枣红斑；亚缘区有粉蓝纹；端部灰白色，外侧具 1 列黑长点。后翅杏黄色，中室端具 1 小黑斑，臀角具 1 黑斑，端带黑色波曲。雌性外生殖器见图 345。

分布：浙江（临安）、黑龙江、吉林、北京、河北、山东、河南、陕西、甘肃、江苏、上海、安徽、湖北、四川、云南；俄罗斯，朝鲜半岛，日本。

（五）苔藓夜蛾亚科 Bryophilinae

344. 苔藓夜蛾属 *Cryphia* Hübner, 1818

Cryphia Hübner, 1818: 13. Type species: *Noctua receptricula* Hübner, 1803.

Poecilia Schrank, 1802: 157. Type species: *Noctua perla* Denis *et* Schiffermüller, 1775. [Junior homonym of *Poecilia* Schneider, 1801 (Pisces)]

Euthales Hübner, 1820: 205. Type species: *Noctua algae* Fabricius, 1775.

Jaspidia Hübner, 1822: 23, 36. Type species: *Noctua spoliatricula* Denis *et* Schiffermüller, 1775.

Bryophila Treitschke, 1825, *in* Ochsenheimer, 1825: 57. Type species: *Noctua perla* Denis *et* Schiffermüller, 1775.

主要特征：喙发达或短缩，也有完全退化的；额光滑或呈球面形，或稍突起。胸部通常被鳞片。腹部背面多有毛簇。前翅近三角形；R_3 和 R_4 脉常共有短柄，有 1 径副室，M_1 脉自中室上角发出，M_2 脉、M_3 脉和 CuA_1 脉自中室下角发出，3A 脉与 2A 脉分离。后翅 M_2 脉微弱，自中室端脉中部发出，M_3 脉和 CuA_1 脉自中室下角发出，3A 脉和 2A 脉基部相接。幼虫有稀疏的短毛，主要取食地衣、苔藓类植物，白天隐藏于洞穴裂缝中，天黑后活动。

分布：世界广布。

（632）斑藓夜蛾 *Cryphia granitalis* (Butler, 1881)（图版 XLI-7）

Gerbatha granitalis Butler, 1881a: 194.

Bryophila glaucula Staudinger, 1892a: 394.

Metachrostis leprosa Warren, 1909: 19.

Cryphia granitalis: Poole, 1989: 286.

主要特征：前翅长：11–14 mm。头、胸部黑色。腹部灰褐色，毛簇黑色。前翅灰黑色，中室外半及端区带褐色；亚基线、内线与外线黑色，内线内侧有 1 细黑线；环纹黄褐色，斜圆形；肾纹黄褐色；外线上半段深弧形外凸，中段内斜，向下折角于臀褶上方，此处有 1 黑线与内线相连，其后方较黑；亚缘线暗褐色，内侧有灰白纹；臀褶上方有 1 黑纵纹穿越。后翅灰褐色至深灰褐色，有光泽。

分布：浙江、黑龙江、河北、山东、陕西、甘肃、江苏、江西、湖南、福建；俄罗斯，日本。

（六）夜蛾亚科 Noctuinae

345. 狼夜蛾属 *Ochropleura* Hübner, 1821

Ochropleura Hübner, 1821: 223. Type species: *Phalaena plecta* Linnaeus, 1761.

主要特征：雄蛾触角线形、锯齿形或双栉形；喙发达；下唇须向前或斜向上伸；额光滑或中部有突起。各足胫节均具刺，前足胫节稍长于跗基节。雄性外生殖器的抱器窄，有冠刺，但不很发达，或有无冠刺的种类；抱钩较小，微弯。

分布：古北区、东洋区、旧热带区。

（633）夕狼夜蛾 *Ochropleura refulgens* (Warren, 1909)（图版 XLI-8）

Rhyacia refulgens Warren, 1909: 43.

Ochropleura refulgens: Boursin, 1963: 89.

主要特征：前翅长：16 mm。头、胸部及前翅紫黑色。腹部灰褐色。前翅外线内方的前缘区及部分中室黄赭色；臀褶基部具 1 斜黑斑；内线、外线双线；剑纹梭形；环纹红褐色，半圆形；肾纹黑灰色，外围红褐色；亚缘线黑色，锯齿形。后翅灰褐色。

分布：浙江、河北、陕西、甘肃、四川、云南、西藏；印度，克什米尔地区。

346. 歹夜蛾属 *Diarsia* Hübner, 1821

Diarsia Hübner, 1821: 222. Type species: *Noctua dahlia* Hübner, 1813.

Oxira Walker, 1865: 656. Type species: *Oxira ochracea* Walker, 1865.

主要特征：触角线形；喙发达；下唇须第 2 节端部前缘饰毛，似三角形，第 3 节超过头顶；额光滑。各足胫节均具刺，前足胫节不短于跗基节。

分布：世界广布。

分种检索表

1. 前翅褐色或红褐色 ······ 2
- 前翅浅黄色 ······ **污歹夜蛾 *D. coenostola***
2. 前翅色深，散布紫色 ······ **赭尾歹夜蛾 *D. ruficauda***
- 前翅色淡，无紫色散布 ······ **暗缘歹夜蛾 *D. cerastioides***

（634）暗缘歹夜蛾 *Diarsia cerastioides* (Moore, 1867)（图版 XLI-9）

Graphiphora cerastioides Moore, 1867: 54.

Diarsia cerastioides: Boursin, 1954: 249.

主要特征：前翅长：15 mm。头和胸部红褐色。腹部深褐色。前翅狭长，外缘浅弧形；后翅外缘微波曲。前翅褐色，密布细灰点；前缘区外半色深，无灰点；亚基线、内线和外线深褐色，双线；外线锯齿形；剑纹与环纹灰色，具黑边；肾纹褐色具灰白色边。后翅深灰色，近外缘色深。

分布：浙江、甘肃、湖南、福建、四川、西藏；印度。

（635）赭尾歹夜蛾 *Diarsia ruficauda* (Warren, 1909)（图版 XLI-10）

Rhyacia ruficauda Warren, 1909: 46.

Diarsia ruficauda: Boursin, 1954: 251.

主要特征：前翅长：16 mm。头、胸、腹部及前翅红褐色；腹部腹面和臀簇锈红色。前翅端半部略显紫红色，斑纹模糊；亚基线和内线均由黑点组成；中线褐色；外线双线，褐色，锯齿形；亚缘线灰白色，内侧近前缘颜色深；剑纹为 1 黑点；环纹不清晰；肾纹“8”字形。后翅浅黄褐色。雄性外生殖器见图 205。

分布：浙江、黑龙江、甘肃、江苏、江西、湖南、福建、云南；俄罗斯，朝鲜半岛，日本。

（636）污歹夜蛾 *Diarsia coenostola* Boursin, 1954（图版 XLI-11）

Diarsia coenostola Boursin, 1954: 240.

主要特征：前翅长：16 mm。头部与胸部乳黄色；下唇须外侧暗褐色。腹部灰黄色。前翅浅黄色；亚基线与内线均双线褐色，后者波浪形；剑纹仅现 1 黑点；环纹圆形，有不完整的褐边，中央具 1 褐点；肾纹具褐色边，较模糊；中线粗，自前缘脉外斜至肾纹后端折角内斜；外线双线褐色，外弯，在 M_3 以下内弯，线外方色较褐；亚缘线在褐色区中现浅黄色，中段稍外弯。后翅浅褐色。

分布：浙江、山西、陕西、甘肃。

（七）盗夜蛾亚科 Hadeninae

分属检索表

1. 前翅可见横线或斑 ········· 2
- 前翅不显横线或斑 ········· 白夜蛾属 ***Chasminodes***
2. 前翅顶角不显 2 个内斜条或斑 ········· 3
- 前翅顶角显 2 个内斜条或斑 ········· 散纹夜蛾属 ***Callopistria***
3. 前翅非白色 ········· 4
- 前翅白色 ········· 明夜蛾属 ***Sphragifera***
4. 前翅内线非白色粗线 ········· 5
- 前翅内线为白色粗线 ········· 驳夜蛾属 ***Karana***
5. 前翅不呈密布的小白点斑 ········· 6
- 前翅呈密布的小白点斑 ········· 普夜蛾属 ***Prospalta***
6. 前翅 M_1 基部无黑色纵短条纹 ········· 7
- 前翅 M_1 基部具黑色纵短条纹 ········· 乏夜蛾属 ***Niphonyx***
7. 前翅前半部无从基部延伸至顶角的灰白色纵条 ········· 8
- 前翅前半部具从基部延伸至顶角的灰白色纵条 ········· 炫夜蛾属 ***Actinotia***
8. 前翅内线和外线不为平行直线 ········· 9
- 前翅内线和外线为平行直线 ········· 条夜蛾属 ***Virgo***
9. 前翅肾状纹到前缘呈非倒乳头形 ········· 10
- 前翅肾状纹到前缘呈倒乳头形 ········· 掌夜蛾属 ***Tiracola***
10. 前翅中外部无小圆斑组成的宽条带 ········· 11
- 前翅中外部具小圆斑组成的宽条带 ········· 井夜蛾属 ***Dysmilichia***
11. 前翅外缘非锯齿形 ········· 12
- 前翅外缘锯齿形 ········· 胖夜蛾属 ***Orthogonia***
12. 前翅中部无黑色宽条带 ········· 13
- 前翅中部具黑色宽条带 ········· 衫夜蛾属 ***Phlogophora***
13. 前翅外侧翅脉间无黑色纵条线达外缘 ········· 14
- 前翅外侧翅脉间具黑色纵条线达外缘 ········· 翅夜蛾属 ***Dypterygia***
14. 前翅亚缘线内侧的翅脉间无内向黑色纵楔条纹 ········· 15
- 前翅亚缘线内侧的翅脉间具内向黑色纵楔条纹 ········· 灰翅夜蛾属 ***Spodoptera***
15. 前翅无楔状纹 ········· 16
- 前翅具楔状纹 ········· 纬夜蛾属 ***Atrachea***

16. 前翅中线不明显……17
- 前翅中线明显……委夜蛾属 ***Athetis***
17. 前翅外线实线且大弧形弯曲……遗夜蛾属 ***Fagitana***
- 前翅外线非实线，或非大弧形弯曲……秘夜蛾属 ***Mythimna***

347. 掌夜蛾属 *Tiracola* Moore, 1881

Tiracola Moore, 1881: 351. Type species: *Agrotis plagiata* Walker, 1857.

主要特征：触角线形；喙发达，下唇须向上伸，第 3 节短，斜伸，额无突起；复眼大，圆形。前胸具三角形脊状毛簇，后胸具散开形毛簇。腹部基部背面具毛簇；前翅顶角稍尖。后翅中室短，CuA_1 和 M_3 脉共柄，M_2 脉弱，自中室横脉中部伸出。

分布：东洋区、新北区、澳洲区。

（637）掌夜蛾 *Tiracola plagiata* (Walker, 1857)（图版 XLI-12）

Agrotis plagiata Walker, 1857: 740.

Tiracola plagiata: Hampson, 1905: 258.

主要特征：前翅长：24–25 mm。触角线形。头部、胸部、前翅黄褐色。腹部暗褐色。前翅狭长，顶角钝圆，外缘波曲，倾斜；后翅外缘浅波曲。前翅有细褐点及零星黑点，端区带暗灰和赤褐色；亚基线点列状；内线黑褐色，波浪形；环纹具褐边；肾纹红褐色，位于前缘中部 1 深褐色大斑内；中线褐色；外线两端黑褐色，其余为黑点；亚缘线黄色，内侧衬赤褐色。后翅浅灰褐色。前后翅缘线为翅脉间 1 列黑点。雄性外生殖器（图 206）：钩形突小；抱器瓣宽大，端部圆，具 1 细长背突，强骨化，端部密布短刺，末端伸出抱器瓣端部；角状器由短刺组成。雌性外生殖器（图 346）：肛瓣短小；交配孔和囊导管骨化；囊导管平直，与囊体长度相似；囊体球状；附囊长袋状。

分布：浙江（四明山、鄞州、余姚、磐安、江山、景宁）、山东、甘肃、江西、湖南、福建、台湾、海南、四川、云南、西藏；印度，越南，老挝，泰国，斯里兰卡，菲律宾，马来西亚，印度尼西亚，巴布亚新几内亚。

348. 秘夜蛾属 *Mythimna* Ochsenheimer, 1816

Mythimna Ochsenheimer, 1816: 78. Type species: *Phalaena turca* Linnaeus, 1761.

Philostola Billberg, 1820: 87. Type species: *Phalaena turca* Linnaeus, 1761.

Aletia Hübner, 1821: 239. Type species: *Noctua vitellina* Hübner, 1808.

Hyphilare Hübner, 1821: 239. Type species: *Noctua albipuncta* Denis *et* Schiffermüller, 1775.

Heliophila Hübner, 1822: 20, 32. Type species: *Phalaena pallens* Linnaeus, 1758.

Leucania Boisduval, 1828: 82. Type species: *Phalaena pallens* Linnaeus, 1758.

Hyperiodes Warren, 1910: 94. Type species: *Phalaena turca* Linnaeus, 1761.

Pseudaletia Franclemont, 1951: 64. Type species: *Noctua unipuncta* Haworth, 1809.

Analetia Calora, 1966: 709. Type species: *Leucania micacea* Hampson, 1891.

Sablia Sukhareva, 1973: 405, 413. Type species: *Leucania anderreggii* Boisduval, 1840.

主要特征：触角线形，雄触角具纤毛；喙发达；下唇须第 2 节斜向上伸；额平滑；复眼大，圆形。腹基部有粗毛，有或无毛簇。前翅稍宽，外缘较直，顶角较圆。

分布：世界广布。

（638）柔秘夜蛾 *Mythimna placida* Butler, 1878（图版 XLI-13）

Mythimna placida Butler, 1878a: 79.

主要特征：前翅长：16–20 mm。头和胸部黄褐色。腹部黄褐色杂黑灰色。前翅黄褐色；内线、外线和缘线呈黑点状；肾纹“8”字形，外侧色深，后半部分具 1 黑点；顶角下方具 1 暗影。后翅基部黄褐色，向端部逐渐过渡到深灰褐色；缘毛黄色，掺杂少量灰褐色。雄性外生殖器见图 207。雌性外生殖器见图 347。

分布：浙江、甘肃、江苏、湖北、海南、广西、四川；朝鲜半岛，日本。

（639）秘夜蛾 *Mythimna turca* (Linnaeus, 1761)（图版 XLI-14）

Phalaena (*Noctua*) *turca* Linnaeus, 1761: 322.

Mythimna turca: Ochsenheimer, 1816: 78.

主要特征：前翅长：19–20 mm。头部红褐色。胸部红褐色带浅紫色。腹部黄褐色。前翅顶角钝圆，外缘上半段直立，中部以下弧形弯曲；后翅外缘浅弧形。前翅红褐色，密布暗褐细纹；内线、外线黑色，内线弧形，外线微波曲；剑纹、环纹不明显；肾纹为斜窄黑条，后端具 1 白点。后翅红褐色，端区带灰黑色。雄性外生殖器见图 208。

分布：浙江（四明山、余姚、磐安）、黑龙江、吉林、辽宁、北京、山东、陕西、甘肃、湖北、江西、湖南、四川；蒙古国，朝鲜半岛，日本，中亚地区，高加索地区，欧洲。

349. 胖夜蛾属 *Orthogonia* Felder *et* Felder, 1862

Orthogonia Felder *et* Felder, 1862: 38. Type species: *Orthogonia sera* Felder *et* Felder, 1862.

主要特征：触角线形；喙发达；下唇须向上伸，第 2 节约达头顶，前方有毛，第 3 节很长，前方有毛；额平滑，有毛簇；复眼圆大。肩片向背面伸展成脊状；前胸有 1 三角形毛簇及 1 双脊形毛簇；胫节微有毛。腹部基部几节背面有小毛簇，两侧有毛。前翅前缘基部拱形，外缘锯齿形，缘毛也呈锯齿形。

分布：古北区、东洋区。

（640）胖夜蛾 *Orthogonia sera* Felder *et* Felder, 1862（图版 XLI-15）

Orthogonia sera Felder *et* Felder, 1862: 38.

Orthogonica sera: Hampson, 1908: 47.

主要特征：前翅长：27–33 mm。头、胸、腹部及前翅深褐色。前翅较宽，外缘锯齿形；后翅外缘波曲。前翅亚基线由 3 个黑斑组成，其余各横线黑色；剑纹只现 1 黑点；亚缘线在 M_1 至 M_3 脉间有 1 黑纹，内侧具 2 黑点；内线、外线间为黑褐色区。后翅深褐色。雌性外生殖器见图 348。

分布：浙江、黑龙江、吉林、辽宁、陕西、江西、四川、云南；俄罗斯，朝鲜半岛，日本。

（641）华胖夜蛾 *Orthogonia plumbinotata* (Hampson, 1908)（图版 XLI-16）

Orthogonica plumbinotata Hampson, 1908: 46.

Orthogonia plumbinotata: Draudt, 1939: 148.

主要特征：前翅长：29 mm。头部黄褐色。胸部深红褐色。腹部灰褐色。前翅外线内侧黑褐色，外线外侧浅褐色；中脉和外线外侧翅脉灰白色；亚缘线红褐色；近外缘除顶角外黑褐色；其余斑纹黑色；亚基线、内线及外线均双线；剑纹为 1 黑点；环纹浅黄褐色；肾纹大，前端斜外伸，约呈舌形；环纹、肾纹间具 1 黑斑；缘毛深灰褐色。后翅灰褐色，端部深灰褐色；缘毛灰黄色。

分布：浙江（临安）、甘肃、湖北。

350. 翅夜蛾属 *Dypterygia* Stephens, 1829

Dypterygia Stephens, 1829b: 167. Type species: *Phalaena scabriuscula* Linnaeus, 1758.

主要特征：雄蛾触角有纤毛；喙发达；下唇须向上伸，第 2 节不达头顶；额平滑；复眼圆大；头部和胸部主要是鳞片；胸部有双脊形毛簇；胫节有毛。腹部背面有 1 列毛簇，第 2 腹节上的较大。前翅短宽，顶角圆，外缘锯齿形，在臀角处内削。

分布：世界广布。

（642）暗翅夜蛾 *Dypterygia caliginosa* (Walker, 1858)（图版 XLI-17）

Hadena caliginosa Walker, 1858: 1729.

Dypterygia caliginosa: Hampson, 1908: 67.

主要特征：前翅长：16–21 mm。头、胸、腹部及前翅黑褐色。前翅外线外方前半及 M_3 脉下方浅褐色；后缘区有 1 浅褐纵纹；亚基线、内线及外线黑色，内线波浪形，外线锯齿形；内线内方的 2A 脉上下各 1 黑纹；剑纹、环纹及肾纹大，黑褐色；亚缘线灰白色，锯齿形。后翅深褐色。

分布：浙江、黑龙江、吉林、辽宁、河北、陕西、湖北、湖南、福建、海南、贵州、云南；俄罗斯，朝鲜半岛，日本。

351. 乏夜蛾属 *Niphonyx* Sugi, 1982

Niphonyx Sugi, 1982, *in* Inoue *et al*., 1982: 779. Type species: *Miana segregata* Butler, 1878.

主要特征：触角线形；喙发达；下唇须向上伸，第 3 节短；额光滑无突起；复眼大。前后胸具毛簇。腹背具 1 列毛簇。前翅具 1 副室。后翅 M_2 脉弱。

分布：古北区、东洋区。

（643）乏夜蛾 *Niphonyx segregata* (Butler, 1878)（图版 XLI-18）

Miana segregata Butler, 1878a: 85.

Niphonyx segregata: Sugi, 1982, *in* Inoue *et al*., 1982: 779.

主要特征：前翅长：12 mm。头、胸、腹部灰褐色。前后翅外缘微波曲。前翅外缘中部微隆；翅面灰褐色，中部具黑褐色宽带，内缘“＞”形，折角在臀褶上方，外缘微波曲；肾纹黑褐色，具灰白边；外线黑色，外侧衬灰白色；亚缘线灰白色，仅前半部分明显；外线与亚缘线之间在前缘附近黑褐色。后翅灰褐色。

分布：浙江（舟山）、黑龙江、吉林、辽宁、河北、河南、甘肃、福建、云南；俄罗斯，朝鲜半岛，日本。

352. 衫夜蛾属 *Phlogophora* Treitschke, 1825

Phlogophora Treitschke, 1825, *in* Ochsenheimer, 1825: 369. Type species: *Phalaena meticulosa* Linnaeus, 1758.

主要特征：雄蛾触角有纤毛；喙发达；下唇须向上伸，第 2 节约达额中部，第 3 节短；额平滑；复眼圆大；头部及胸部主要是鳞片，头顶有鳞脊；前、后胸有散开的毛簇。腹部有 1 列毛簇。前翅顶角略呈长方形，外缘微波浪状。

分布：世界广布。

（644）白斑衫夜蛾 *Phlogophora albovittata* (Moore, 1867)（图版 XLI-19）

Euplexia albovittata Moore, 1867: 57.

Phlogophora albovittata: Yoshimoto, 1994: 110.

主要特征：前翅长：20 mm。头、胸部黑色。腹部灰黑色。前翅白色，基部黑色；中室具 1 白点，中区具 1 黑带，在臀褶向两侧凸出；环纹灰色，两侧各 1 黑斑；肾纹白色，前端超出中室，外侧具 1 黑灰纹；外线前半可见双黑线；亚缘线在 CuA_1 和 CuA_2 脉内突；端区黑色，M_3 与 CuA_2 脉间有 2 白纹。后翅白色，向外渐带褐色。

分布：浙江、陕西、湖南、福建、海南、四川、云南；印度。

353. 驳夜蛾属 *Karana* Moore, 1882

Karana Moore, 1882: 106. Type species: *Karana decorata* Moore, 1882.

Yula Bethune-Baker, 1906: 193. Type species: *Yula novaeguineae* Bethune-Baker, 1906.

主要特征：雌雄触角均线形；喙发达；下唇须向上伸，第 2 节约达额中部，第 3 节短；额平滑无凸起；复眼大，圆形；头顶有鳞脊。前、后胸有散开的毛簇。腹部背面有 1 列毛簇，第 3 腹节毛簇较大，端部几节腹侧面也有毛簇。前翅外缘微波曲，有径副室。后翅 M_2 脉微弱。

分布：东洋区、澳洲区。

（645）白纹驳夜蛾 *Karana gemmifera* (Walker, 1858)（图版 XLI-20）

Plusia gemmifera Walker, 1858: 934.

Karana gemmifera: Boursin, 1970: 64.

主要特征：前翅长：15–18 mm。头部灰白色。胸部黑褐色杂少许白色。腹部黑褐色杂灰色。前翅狭长，前缘平直，顶角钝圆，后缘基部凸出；前后翅外缘波曲。前翅紫褐色，布有金绿细点；亚基线、内线白色，后者带状，在 A 脉前伸出 1 白条；剑纹、环纹及肾纹白色，后者似“8”字形，前端具 1 白纹；中线、外线黑色，后者锯齿形，前端两侧银灰色和白色，外侧 1 列白齿纹；亚缘线为 1 列白点，内侧 1 列黑齿纹。

后翅中部白色，前后缘和翅端部深灰褐色。

分布：浙江、陕西、甘肃、江西、福建、四川、云南；印度。

354. 纬夜蛾属 *Atrachea* Warren, 1911

Atrachea Warren, 1911: 175. Type species: *Spaelotis nitens* Butler, 1878.

主要特征：雄蛾触角微锯齿形，有纤毛丛；喙发达；下唇须向上伸，第 2 节约达额中部，较宽，饰粗毛，第 3 节短；额平滑无突起；复眼大；头顶有鳞脊。胸部被粗毛，无毛簇。腹面与足腿节有绒毛；腹部背面有 1 列毛簇。前翅宽，外缘波曲；有 1 径副室。后翅 M_2 脉弱，自中室中下部发出。

分布：古北区、东洋区。

（646）纬夜蛾 *Atrachea nitens* (Butler, 1878)（图版 XLI-21）

Spaelotis nitens Butler, 1878a: 164.

Atrachea nitens: Warren, 1911: 175.

主要特征：前翅长：19 mm。头、胸部及前翅灰黄色至灰褐色，掺杂黑褐色。腹部深灰褐色。前翅微带绿色；亚基线、内线和外线均黑色双线，后者锯齿形；剑纹小；环纹和肾纹霉绿色；中线黑色锯齿形；亚缘线灰白色锯齿形，内侧衬黑色。后翅深灰褐色至黑褐色，近臀角处有浅黄色纹。雄性外生殖器见图 209。雌性外生殖器见图 349。

分布：浙江、陕西、湖南；日本。

355. 普夜蛾属 *Prospalta* Walker, 1857

Prospalta Walker, 1857: 114. Type species: *Prospalta leucospila* Walker, 1858.

主要特征：雄蛾触角线形；喙发达；下唇须向上伸，第 2 节约达头顶；额光滑，无突起；复眼大。胸部主要被鳞片，前、后胸有毛簇。腹基节背面有毛簇。前翅外缘曲度平稳，有 1 径副室。后翅 M_2 脉细弱。

分布：古北区、东洋区、澳洲区。

（647）聚星普夜蛾 *Prospalta siderea* Leech, 1900（图版 XLI-22）

Prospalta siderea Leech, 1900: 121.

Perigea siderea: Hampson, 1908: 313.

主要特征：前翅长：13–16 mm。前后翅外缘平滑。前翅深褐色，亚基线由 2 个白点组成；内线白色波浪状，仅前半部清楚，其与亚基线之间在中室后方有 1 白色“8”字形斑纹；环纹中央为 1 斜长白点，内侧 2 个白点，外侧 3 个白点，肾纹内部有 1 弯曲白条，内侧 3 个白点，外侧 4 个白点，后端 1 个白点；中线白色，仅前端可见 1 曲纹；外线和亚缘线都由 1 列白点组成；缘线为间断暗褐色线，其内侧由白色小细点组成。后翅褐色，中室处有 1 黑褐色点状斑。翅反面灰褐色，后翅隐约可见正面斑纹。

分布：浙江、陕西、湖南、四川。

356. 散纹夜蛾属 *Callopistria* Hübner, 1821

Callopistria Hübner, 1821: 216. Type species: *Phalaena juventina* Stoll, 1782.

Eriopus Treitschke, 1825, *in* Ochsenheimer, 1825: 365. Type species: *Phalaena juventina* Stoll, 1782.

Miropalpa Berio, 1955: 123. Type species: *Callopistria pauliani* Berio, 1955.

主要特征：雄蛾触角多变化；喙发达；下唇须向上伸，第 2 节达头顶，有长毛，第 3 节长，向前伸；额无突起。胸部毛、鳞混生，前、后胸有毛簇；中胸有 1 对毛簇；胫节有长毛。腹部 1–3 节有毛簇。前翅外缘曲折，臀角处有鳞齿。

分布：世界广布。

分种检索表

1. 前翅顶角具内斜宽条斑 ······ 2
- 前翅顶角具内斜小白斑 ······ **沟散纹夜蛾 *C. rivularis***
2. 前翅外线弯曲 ······ 3
- 前翅外线近似内斜线 ······ **红晕散纹夜蛾 *C. replete***
3. 前翅外线中段向外大弧形凸出 ······ **暗角散纹夜蛾 *C. phaeogona***
- 前翅外线中段在中室端略向外凸出 ······ **散纹夜蛾 *C. juventina***

（648）暗角散纹夜蛾 *Callopistria phaeogona* (Hampson, 1908)（图版 XLI-23）

Eriopus phaeogona Hampson, 1908: 535.

Callopistria phaeogona: Warren, 1911: 194.

主要特征：前翅长：12 mm。雌雄触角均为线形；雄蛾触角 1/3 处具 1 指状突。头、胸、腹部浅黄褐色。前翅宽阔，顶角尖，略凸，外缘略呈锯齿形，M_3 与 CuA_1 脉端带凸齿较大；翅面浅黄褐色；基部黑斑，中室处具白纹；内线双线黑色，线间白色；环纹及肾纹窄，中央黑色，边缘白色，环纹外斜，肾纹内斜，两纹间具黑褐斑，三角形，其前方具梯形黑斑，肾纹后具黑褐色斜条伸达后缘中部；外线双线黑色，线间白色；亚缘线白色，内侧近中部具三角形黑斑。后翅灰褐色。

分布：浙江、甘肃、四川。

（649）散纹夜蛾 *Callopistria juventina* (Stoll, 1782)（图版 XLI-24）

Phalaena (*Noctua*) *juventina* Stoll, 1782, *in* Cramer, 1782: 245.

Noctua purpureofasciata Piller, 1783: 70.

Callopistria juventina: Hübner, 1821: 216.

主要特征：前翅长：15–16 mm。雄触角中段波曲，基部 1/3 处微凸起；头部褐色杂黄褐色。胸部黄褐色杂黑褐色。腹部基部黄褐色，其余黑褐色，各节后缘和腹部末端黄色。前翅紫褐色，基部微黑；亚基线白色，只达中室；内线双线黑色，线间白色，弧形外弯；环纹黑色白边，极窄而外斜；肾纹白色，中央有黑窄圈；外线双线黑色，线间紫色，后半内侧呈较宽的黄褐色，外侧褐色带紫色，呈带状；亚缘线仅前半为 3 个白色内斜纹及 1 白色外斜纹；缘线白色，外侧具 1 黑线及褐色粗线；缘毛黑色。后翅淡黄褐色，端区污褐色。雄性外生殖器（图 210）：钩形突细长，端部略膨大；抱器瓣短小，端半部较细，末端尖锐，不具骨化突；抱器腹基部分裂；味刷发达；囊形突小；阳茎短粗；阳茎端膜具 1 粗壮角状器和 1 刺状斑。

分布：浙江（四明山、余姚、磐安、江山、景宁）、黑龙江、吉林、辽宁、山东、河南、陕西、甘肃、江苏、湖北、江西、湖南、福建、海南、广西、四川；俄罗斯，朝鲜半岛，日本，印度，越南，泰国，高加索地区，欧洲，北非。

（650）红晕散纹夜蛾 *Callopistria replete* Walker, 1858（图版 XLII-1）

Callopistria replete Walker, 1858: 865.

主要特征：前翅长：15–17 mm。雌雄触角均为线形。前翅近三角形，顶角圆，外缘折曲，在 R_2 脉和 M_2 脉处向外凸出，后翅外缘波浪状。前翅灰褐色，基线双线褐色，微曲；内线为黄白色窄条带，内部有 1 褐色条纹，后半部微凸出；环纹黑色黄边，椭圆形，肾纹黄白色，长条状，内部有 2 条斜黑纹，环纹、肾纹与前缘脉之间形成 1 黑色倒三角形斑；外线双线褐色，内侧黄白色，平直，在后端稍内斜，外线外侧有 1 锯齿形黑线，在 R 脉间内凹，内凹处内侧黑色，其后黄褐色；亚缘线黄白色，在 R_2 脉和 M_2 脉处稍凸出呈尖齿状；缘线黄白色；后翅灰褐色。翅反面灰褐色，后翅中线微曲，其余斑纹不明显。

分布：浙江（余姚、江山、景宁）、黑龙江、山西、河南、陕西、湖北、湖南、福建、海南、广西、四川、云南；朝鲜半岛，日本，印度。

（651）沟散纹夜蛾 *Callopistria rivularis* Walker, 1858（图版 XLII-2）

Callopistria rivularis Walker, 1858: 867.

主要特征：前翅长：14 mm。头和胸部黄褐色。前翅红褐色，翅脉浅黄色；内线内方；中室及亚端区带黑色；基线白色，内线黑色，两侧各 1 白线；环纹黑色；肾纹白色，外半紫色，后外端 1 白点；外线双线黑色，线间白色，两侧紫褐色；亚缘线白色。后翅褐色。

分布：浙江、河北、台湾；朝鲜半岛，日本，印度，尼泊尔，加里曼丹岛，澳大利亚。

357. 遗夜蛾属 *Fagitana* Walker, 1865

Fagitana Walker, 1865: 645. Type species: *Fagitana lucidata* Walker, 1865.

Pseudolimacodes Grote, 1874b: 212. Type species: *Pseudolimacodes niveicostatus* Grote, 1874.

主要特征：雄蛾触角锯齿形；喙发达；下唇须向上伸，第 2 节达头顶，第 3 节较长；额光滑无突起；复眼大，圆形。胸部被毛和毛状鳞，无毛簇。腹部基部几节背面有毛簇。前翅有 1 径副室。后翅 M_2 脉微弱，自中室端脉中下部发出。

分布：古北区、东洋区、新北区。

（652）宏遗夜蛾 *Fagitana gigantea* Draudt, 1950（图版 XLII-3）

Fagitana gigantea Draudt, 1950: 109.

主要特征：前翅长：23 mm。头、胸部及前翅黄褐色杂黑色。前翅除 A 脉、径脉主干及亚前缘脉外，各翅脉均黄褐色，前缘脉带红色；亚基线黄褐色，只达 2A 脉；内线黄褐色，直线外斜；剑纹小，外侧具 1 明显黑点；环纹大，黄边；肾纹大，黄边，中央有黄圈，后端开放；外线黄色，外弯，后半直，内斜；亚缘线黄色间断为曲纹，内侧各有黑点；缘毛深褐色，端部红褐色，后缘毛黄褐色。后翅淡灰褐色。腹部灰色带红褐色。

分布：浙江、云南。

358. 条夜蛾属 *Virgo* Staudinger, 1892

Virgo Staudinger, 1892a: 467. Type species: *Nonagria amoena* Staudinger, 1888.

主要特征：雄蛾触角锯齿形，各节有短纤毛及长而弯曲的鬃毛；喙不发达；下唇须斜向上伸，第 2 节有粗毛，第 3 节尖。胸部被粗毛，前胸有毛簇。腹部基节背面有毛簇。前翅有 1 径副室。后翅 M_2 脉微弱，自中室端脉中部稍后发出。

分布：古北区、东洋区。

（653）条夜蛾 *Virgo datanidia* (Butler, 1885)（图版 XLII-4）

Nephelodes datanidia Butler, 1885: 132.

Virgo datanidia: Warren, 1911: 197.

主要特征：前翅长：23 mm。头、胸、腹部及前翅黄褐色杂黑色。前翅翅脉多为黄色，前缘脉带红色；亚基线和内线黄褐色；剑纹小，外侧具 1 黑点；环纹大，黄边；肾纹中有黄环，外围亦黄色；外线黄色，后半较直内斜；亚缘线为 1 列黄曲纹，内侧各有黑点。后翅浅灰褐色。

分布：浙江、黑龙江、吉林、陕西、湖南；俄罗斯，朝鲜半岛，日本。

359. 炫夜蛾属 *Actinotia* Hübner, 1821

Actinotia Hübner, 1821: 244. Type species: *Phalaena perspicillaris* Linnaeus, 1761.

主要特征：雄蛾触角线形；喙发达；下唇须向上伸，第 2 节前缘饰毛，第 3 节平滑；额光滑；复眼大，圆形。前、后胸有散开的毛簇；前足胫节无刺，中、后足胫节具刺。腹基部几节背面有毛簇。前翅较短宽。

分布：古北区、东洋区。

（654）间纹炫夜蛾 *Actinotia intermediata* (Bremer, 1861)（图版 XLII-5）

Cloantha intermediata Bremer, 1861: 489.

Actinotia intermediata: Sugi, 1982, *in* Inoue *et al.*, 1982: 760/368.

主要特征：前翅长：14–16 mm。头、胸、腹部及前翅灰白色带浅褐色；后足胫节无刺。翅外缘波曲较浅；前翅外缘中部不隆起。前翅翅脉黑色；前、后缘中室前半带紫褐色，肾纹后方及 M_2 脉至 CuA_2 各脉基部紫褐色；剑纹细长；环纹长扁；肾纹大；2A 脉后有 1 褐线，肾纹有 1 尖白齿，1 黑纹自顶角至肾纹；臀角前具 1 黑纹。后翅浅灰褐色，端区黑褐色。

分布：浙江（临安、鄞州、磐安）、黑龙江、吉林、辽宁、陕西、甘肃、湖北、湖南、福建、海南、四川、云南；俄罗斯，朝鲜半岛，日本，巴基斯坦，印度，尼泊尔，越南，泰国，斯里兰卡。

360. 灰翅夜蛾属 *Spodoptera* Guenée, 1852

Spodoptera Guenée, 1852, *in* Boisduval & Guenée, 1852: 153. Type species: *Hadena mauritia* Boisduval, 1833.

Laphygma Guenée, 1852, *in* Boisduval & Guenée, 1852: 156. Type species: *Noctua exigua* Hübner, 1808.

Prodenia Guenée, 1852, *in* Boisduval & Guenée, 1852: 159. Type species: *Hadena retina* Freyer, 1845.

Calogramma Guenée, 1852, *in* Boisduval & Guenée, 1852: 165. Type species: *Polia picta* Guérin-Méneville, 1838.

Rusidrina Staudinger, 1892a: 491. Type species: *Rusidrina rasdolnia* Staudinger, 1892.

主要特征：雄蛾触角有纤毛；喙发达；下唇须向上伸，第 2 节约达额中部，第 3 节短；额平滑；复眼大而圆。胸部几乎全为平滑鳞片，前胸无毛簇，后胸有分裂的毛簇；胫节略有毛。腹部基部几节有毛簇。前翅狭长，顶角钝，外缘曲度平稳，波浪形。

分布：世界广布。

（655）斜纹灰翅夜蛾 *Spodoptera litura* (Fabricius, 1775)（图版 XLII-6）

Noctua litura Fabricius, 1775: 601.

Spodoptera litura: Barlow, 1982: 86.

主要特征：前翅长：15–16 mm。触角线形，雄触角有纤毛。头、胸、腹部及前翅褐色。前翅狭长，顶角钝圆，外缘微波曲；后翅外缘在 M 脉间浅凹。前翅外区翅脉大部分浅黄褐色，各横线黄褐色；环纹狭长斜向肾纹；肾纹外缘中凹，前端齿形；亚缘线内侧有 1 列黑齿纹；1 灰白纹自前缘经环纹、肾纹间达 CuA_1 和 CuA_2 脉基部；雄蛾外线与亚缘线间带紫灰色。后翅白色，各翅脉浅黄褐色；缘线深灰褐色，纤细。雄性外生殖器（图 211）：钩形突细长，略弯曲；背兜倒“U”形；基腹弧“V”形；抱器瓣宽大，端部方形，中部具 1 直角形骨化突，该突端部细长且尖锐；抱器瓣腹缘弧形；阳端基环小三角形；阳茎强骨化，略弯曲。

分布：浙江（鄞州、磐安、江山、景宁）、黑龙江、吉林、辽宁、山东、陕西、甘肃、江苏、湖南、福建、广东、海南、贵州、云南；俄罗斯，朝鲜半岛，亚洲热带、亚热带地区，非洲。

361. 委夜蛾属 *Athetis* Hübner, 1821

Athetis Hübner, 1821: 209. Type species: *Noctua dasychira* Hübner, 1809.

Proxenus Herrich-Schäffer, 1850: 190, 240. Type species: *Caradrina hospes* Freyer, 1831.

Elydna Walker, 1858: 1712. Type species: *Elydna transversa* Walker, 1858.

Dadica Moore, 1881: 349. Type species: *Dadica lineosa* Moore, 1881.

Radinogoes Butler, 1886a: 393. Type species: *Radinogoes tenuis* Butler, 1886.

Strepselydna Warren, 1911: 229. Type species: *Elydna truncipennis* Hampson, 1910.

Hydrillula Tams, 1938: 123. Type species: *Noctua pallustris* Hübner, 1808.

Tectorea Berio, 1955: 118. Type species: *Caradrina nitens* Saalmüller, 1891.

主要特征：雄蛾触角线形或锯齿形，少数双栉形；喙正常；下唇须向上伸，第 2 节达头顶，第 3 节短；额平滑；复眼大，圆形。胸部被毛或毛状鳞。腹部背面无毛簇。前翅稍窄，有径副室。

分布：世界广布。

（656）线委夜蛾 *Athetis lineosa* (Moore, 1881)（图版 XLII-7）

Dadica lineosa Moore, 1881: 349.

Athetis lineosa: Sugi, 1982, *in* Inoue *et al.*, 1982: 768/370.

主要特征：前翅长：12–19 mm。头部灰褐色。胸部褐色。腹部灰黄褐色。前翅浅褐色，翅脉有暗褐纹，各横线均黑色；亚基线到达中室下缘，内线直，未达后缘；环纹为 1 黑点；肾纹为 1 白斑，前方有 1 小白点；中线粗而模糊，弧形弯曲；外线浅弧形；亚缘线不清晰，不规则锯齿形。后翅灰褐色；缘毛黄白色；雄蛾后翅反面的前缘区有向后的鳞片丛，亚前缘脉上的鳞片列呈脊状。雄性外生殖器见图 212。雌性外生殖器见图 350。

分布：浙江、黑龙江、吉林、辽宁、河北、河南、陕西、甘肃、湖北、湖南、福建、海南、广西、四川、云南；日本，印度。

362. 白夜蛾属 *Chasminodes* Hampson, 1908

Chasminodes Hampson, 1908: 4. Type species: *Acontia albonitens* Bremer, 1861.

主要特征：雌雄触角均为线形；喙发达；下唇须向上伸，第 2 节伸达头顶，被鳞，平滑，第 3 节较长；额平滑；复眼圆大。胸部被鳞并混有毛，无毛簇；足胫节被毛。腹部背面有 1 列毛簇。前翅顶角方形，外缘曲度平稳，不呈波状。前翅有 1 小径副室；后翅 M_2 脉细弱，出自中室端脉下 1/3 处。

分布：古北区、东洋区。

（657）白夜蛾 *Chasminodes albonitens* (Bremer, 1861)（图版 XLII-8）

Acontia albonitens Bremer, 1861: 490.

Chasminodes albonitens: Hampson, 1910: 351.

主要特征：前翅长：14 mm。体白色。前足胫节基部有 1 黑点。前翅狭长，前缘与后缘近平行，外缘至后缘端部为 1 完整的弧形；后翅外缘浅弧形。前翅中室端部有短条形黑色中点；翅外缘有 1 列小黑点。后翅雪白色，无斑纹。前翅反面黑色中点和缘线黑点隐约可见，前缘近顶角处有 3–4 个条形黑点。雄性外生殖器见图 213。雌性外生殖器见图 351。

分布：浙江、黑龙江、河北、山西、陕西、甘肃、江苏、湖南；朝鲜半岛，日本。

363. 明夜蛾属 *Sphragifera* Staudinger, 1892

Sphragifera Staudinger, 1892, *in* Romanoff, 1892a: 554. Type species: *Anthoecia sigillata* Ménétriés, 1859.

主要特征：雄蛾触角大部分丝状；喙发达；下唇须向上伸，第 2 节达头顶，第 3 节短；额平滑；复眼圆大。胸部几乎全为鳞片，无毛簇；胫节略有毛。腹部仅基节上有毛簇。前翅顶角钝，外缘曲度平稳，不呈锯齿形。

分布：古北区、东洋区。

（658）丹日明夜蛾 *Sphragifera sigillata* (Ménétriés, 1859)（图版 XLII-9）

Anthoecia? sigillata Ménétriés, 1859: 219.

Sphragifera sigillata: Staudinger, 1892a: 554.

主要特征：前翅长：17–19 mm。头、胸部及前翅白色，额黑褐色；肩片基部具 1 暗褐斑。腹部灰黄色，基部稍白。前翅亚基线仅在中室现 1 黑点；内线褐色，波浪形；肾纹新月形；外线褐色，仅在肾纹前后可见；亚缘区具 1 深褐大斑，似桃形；亚缘线褐色，双线波浪形；缘线黑褐色，锯齿形。后翅赭白色，端区色暗。雄性外生殖器见图 214。

分布：浙江、黑龙江、吉林、辽宁、河南、陕西、福建、台湾、四川、云南；俄罗斯，朝鲜半岛，日本。

（659）日月明夜蛾 *Sphragifera biplagiata* (Walker, 1865)（图版 XLII-10）

Acontia biplagiata Walker, 1865: 781.

Sphragifera biplagiata: Poole, 1989: 920.

主要特征：前翅长：14–16 mm。头、胸部及前翅白色，额有 1 黑横纹。腹部浅褐色，基部微白。前翅较丹日明夜蛾宽阔，翅后半及端区带土灰色；前缘脉基部具 1 褐点，中部具 1 赤褐斜斑，其后端达中室下角，近顶角具 1 赤褐曲斑；亚缘线白色；肾纹黑褐色白边，似“8”字形，外侧 1 黑褐斑；翅外缘 1 列黑点。后翅黄白色，外半带褐色。雄性外生殖器（图 215）：钩形突粗壮且长，末端膨大，尖锐；抱器瓣端部圆，腹缘近端部具凹陷；抱器内突粗角状；角状器刺状，粗壮。

分布：浙江（四明山、鄞州、余姚、舟山、磐安、江山、景宁）、吉林、辽宁、河北、河南、陕西、甘肃、江苏、湖北、江西、湖南、福建、台湾、贵州；朝鲜半岛，日本。

364. 井夜蛾属 *Dysmilichia* Speiser, 1902

Dysmilichia Speiser, 1902: 140. Type species: *Perigea gemella* Leech, 1889.

Phalacra Staudinger, 1892a: 568. Type species: *Perigea gemella* Leech, 1889. [A junior homonym of *Phalacra* Walker, 1866-Lepidoptera: Drepanidae]

主要特征：雄蛾触角一般有纤毛；喙发达；下唇须斜伸，短，前缘饰毛；额凸起呈平截锥形，有凸起边缘，其下有 1 角质片；复眼圆大。体较细长，胸部主要是鳞片，无毛簇。腹部无毛簇。前翅短宽，顶角圆形，外缘曲度平稳，不呈锯齿形；有径副室。

分布：古北区、东洋区。

（660）井夜蛾 *Dysmilichia gemella* (Leech, 1889)（图版 XLII-11）

Perigea gemella Leech, 1889c: 492.

Dysmilichia gemella: Speiser, 1902: 140.

主要特征：前翅长：12–16 mm。触角线形。前翅宽阔，顶角钝圆，外缘浅弧形；褐色；亚基线由 3 个黄白小细点组成；内线为 1 列黄白圆斑，稍外斜排列；环纹为 1 黄白圆斑，黑色边；肾纹由 2 个黄白圆斑纵向排列组成，似“8”字形，其内部有 1 褐色曲纹；外线由 2 列排列紧密的黄白斑组成，在 M_2 脉和 M_3 脉之间中断，位于内侧的 1 列黄白斑大，R 脉和 M_1 脉间的黄白斑近方形并彼此间相连接，位于外侧的 1

列黄白斑小，多呈月牙形；外线外侧亚前缘脉处还有 2 个近椭圆形白斑；亚缘线前端为几个白斑，后端为白色曲纹。后翅灰褐色。雄性外生殖器见图 216。

分布：浙江、黑龙江、吉林、辽宁、河北、陕西、甘肃、福建；俄罗斯，朝鲜半岛，日本。

（八）点夜蛾亚科 Condicinae

365. 星夜蛾属 *Perigea* Guenée, 1852

Perigea Guenée, 1852, *in* Boisduval & Guenée, 1852: 225. Type species: *Perigea xanthioides* Guenée, 1852.

Bagada Walker, 1858: 1753. Type species: *Bagada pyrochroma* Walker, 1858.

Perigeodes Hampson, 1908: x (key), 287. Type species: *Orthosia rectivitta* Moore, 1881.

主要特征：雄蛾触角线形；喙发达；下唇须斜向上伸，第 2 节前缘饰毛；复眼大；额光滑无突起。胸部被平滑鳞片。前翅外缘平稳外弯，有 1 径副室。后翅 M_2 脉微弱。

分布：世界广布。

（661）围星夜蛾 *Perigea cyclicoides* Draudt, 1950（图版 XLII-12）

Perigea cyclicoides Draudt, 1950: 94.

主要特征：前翅长：10 mm。头部暗褐色杂灰白色。胸部黑褐色杂红褐色及灰白色。腹部灰色。前翅铜褐色杂白色；亚基线在中室前与臀褶处现白色；内线白色外弯，在中室间断；环纹为 1 白色圆圈；肾纹由白色点纹组成，内缘为 1 白曲纹，中央为另 1 白曲纹；外线白色间断为点，中段外弯，不明显，锯齿形，内侧衬黑褐色；亚缘线白色，不规则波浪形，稍间断，前端明显；外线与亚缘线间的前缘脉上有 3 个白点；翅脉色暗；缘毛黑褐色杂灰色，端部杂红褐色，基部有 1 列白点，位于各翅脉端。后翅灰褐色，端区带黑色，缘毛暗褐色，基部具 1 黄褐色线。

分布：浙江、河北、陕西、江苏、湖南、福建。

（九）绮夜蛾亚科 Acontiinae

分属检索表

1. 前翅底色无黄色 ………………………………………………………… 2
- 前翅底色具黄色 ………………………………………………………… 绮夜蛾属 *Acontia*
2. 肾状纹圆形或椭圆形 ………………………………………………… 瑙夜蛾属 *Maliattha*
- 肾状纹非圆形或椭圆形 ……………………………………………… 兰纹夜蛾属 *Stenoloba*

366. 兰纹夜蛾属 *Stenoloba* Staudinger, 1892

Stenoloba Staudinger, 1892, *in* Romanoff, 1892a: 381. Type species: *Dichagyris jankowskii* Oberthür, 1884.

Neothripa Hampson, 1894: 382. Type species: *Neothripa punctistigma* Hampson, 1894.

主要特征：雄蛾触角有纤毛；喙发达；下唇须斜向上伸，第 2 节约达头顶；额有尖锥形突起；复眼圆大。胸部全被鳞片，前胸有斜立的长扁毛簇，后胸有散开毛簇；前足胫节有长毛，中、后足胫节毛中长。腹部有毛簇。前翅狭长，前后缘接近平行，顶角较钝，外缘曲度平稳，非锯齿形，有径副室。后翅 M_2 脉发达，从中室端脉下方伸出。

分布：古北区、东洋区。

（662）海兰纹夜蛾 *Stenoloba marina* Draudt, 1950（图版 XLII-13）

Stenoloba marina Draudt, 1950: 131.

主要特征：前翅长：12 mm。触角线形，基部黑色，雄触角有纤毛触角；头部淡灰绿色，下唇须外侧黑色。胸部背面淡灰绿色，领片基部与中部各有 1 黑纹，肩片中部与端部各有黑纹；后胸杂黑色。腹部浅灰褐色。前翅狭长，前后缘近平行，外缘浅弧形；翅面霉灰色，基部黑色；亚基线黑色，自前缘脉至后缘，其前段 2 叉，后端内侧有 1 黑色纵纹；内线双线黑色，波浪形外斜，亚基线与内线之间布有黑色细点；环纹只现 1 黑点；肾纹黑色；中线黑色，波曲外斜；CuA_2 脉基部后方有 1 赤褐色点；外线双线黑色，自前缘脉外斜至 M_1 脉折向内斜；亚缘线灰白色，内侧衬黑色，大波浪形；缘线由 1 列黑点组成；亚缘线至翅外缘密布黑色细点。后翅浅灰褐色；缘毛灰白色。

分布：浙江、陕西、甘肃、湖南、福建、广东、广西、四川、西藏。

（663）兰纹夜蛾 *Stenoloba jankowskii* (Oberthür, 1884)（图版 XLII-14）

Dichagyris jankowskii Oberthür, 1884b: 28.

Edema nivilinea Leech, 1888: 638

Stenoloba jankowskii: Sugi, 1970: 133.

主要特征：前翅长：14–16 mm。头、胸部黑褐色杂白色。腹部黑褐色。前翅黑褐色，中室前方带灰绿色，1 白纹沿中室下缘外伸并折向顶角，中室下角外具 1 小黑斑；外线、亚缘线白色，外线外侧翅脉白色；近顶角有 1 黑点，近外缘具 1 白线。后翅暗褐色。

分布：浙江、黑龙江、陕西、甘肃、云南；俄罗斯，朝鲜半岛，日本。

367. 瑙夜蛾属 *Maliattha* Walker, 1863

Maliattha Walker, 1863: 86. Type species: *Maliattha separata* Walker, 1863.

Hyelopsis Hampson, 1894: 304. Type species: *Acontia vialis* Moore, 1882.

主要特征：喙发达；下唇须向上伸，第 2 节达头顶，前缘被鳞；额平滑；复眼大而圆；雄蛾触角有纤毛。胸部主要是鳞片，前胸无毛簇；胫节微有毛；腹部基部几节上有毛簇，第 3 和第 4 节上的毛簇较大。前翅顶角稍钝，外缘斜。

分布：世界广布。

（664）桃红瑙夜蛾 *Maliattha rosacea* (Leech, 1889)（图版 XLII-15）

Erastria rosacea Leech, 1889c: 527.

Maliattha rosacea: Sugi, 1982, *in* Inoue *et al.*, 1982: 815.

主要特征：前翅长：8–9 mm。头、胸部及前翅浅桃红色。腹部浅灰褐色杂少许黑色。前翅带暗褐色，有细黑点；亚基线、内线、中线和外线黑色；剑纹大，圆形；环纹小，中央黑色；肾纹大，内有暗褐曲纹；外线双线，后段锯齿形；亚缘线内侧衬黑色，锯齿形。后翅灰褐色；缘毛浅灰褐色。

分布：浙江、北京、河北、甘肃；日本。

（665）白斑瑙夜蛾 *Maliattha melaleuca* (Hampson, 1910)（图版 XLII-16）

Lithacodia melaleuca Hampson, 1910: 508.

Maliattha melaleuca: Warren, 1912: 277.

主要特征：前翅长：7–8 mm。头部与胸部黑褐色带铅灰色。胸部腹面与足黑褐色杂灰色，跗节外侧各节间有白斑。腹部黑褐色杂少许白色，毛簇黑色。前翅黑褐色带铅灰色，部分带铜色；亚基线仅在前缘区现 1 褐纹；内线黑色，内侧有少许褐色，波浪形后行；环纹圆形，肾纹内外缘中凹，两纹均有不完整的黑边，肾纹前有 1 白色三角形斑；外线双线黑色，外弯，后段外侧有 1 白斑，前缘脉近端部有 2 白点；亚缘线黑色，锯齿形，在中褶与臀褶处内弯；翅外缘有 1 列新月形黑纹。后翅黑褐色带有铜色调，翅外缘有 1 列黑纹；缘毛有 1 白线 1 黑线。

分布：浙江、甘肃、湖北、湖南。

368. 绮夜蛾属 *Acontia* Ochsenheimer, 1816

Acontia Ochsenheimer, 1816: 91. Type species: *Noctua solaris* Denis *et* Schiffermüller, 1775.

Tarache Hübner, 1823: 261. Type species: *Noctua aprica* Hübner, 1808.

Desmophora Stephens, 1829b: 109. Type species: *Phalaena catena* Sowerby, 1804.

Euphasia Stephens, 1830: 115. Type species: *Phalaena catena* Sowerby, 1804.

Trichotarache Grote, 1875: 48. Type species: *Trichotarache assimilis* Grote, 1875.

主要特征：雄蛾触角多为线形，稍扁；喙发达；下唇须在额外向前伸，第 2 节下缘较宽饰鳞，第 3 节短；额具圆形突起，中部常较粗糙，其下具一角质片；复眼大。胸部几乎全被鳞片，后胸有低伏的毛簇。前翅顶角较钝，外缘曲度平稳，几乎不呈锯齿形，有副室。

分布：世界广布。

（666）两色绮夜蛾 *Acontia bicolora* Leech, 1889（图版 XLII-17，18）

Acontia bicolora Leech, 1889b: 133.

主要特征：前翅长：7–8 mm。头部与胸部黑褐色带铅灰色；胸部腹面与足黑褐色杂灰色，跗节外侧各节间有白斑。腹部黑褐色杂少许白色，毛簇黑色。前翅黑褐色带铅灰色，部分带铜色；亚基线仅在前缘区现 1 褐纹；内线黑色，内侧有少许褐色，波浪形后行；环纹圆形，肾纹内外缘中凹，两纹均有不完整的黑边，肾纹前有 1 白色三角形斑；外线双线黑色，外弯，后段外侧有 1 白斑，前缘脉近端部有 2 白点；亚缘线黑色，锯齿形，在中褶与臀褶处内弯；翅外缘有 1 列新月形黑纹。后翅黑褐色带有铜色调，翅外缘有 1 列黑纹；缘毛中有 1 白线 1 黑线。

分布：浙江、河北、山东、甘肃、江苏、湖北、江西、湖南、福建、贵州；朝鲜半岛，日本。

（十）文夜蛾亚科 Eustrotiinae

369. 卫翅夜蛾属 *Amyna* Guenée, 1852

Amyna Guenée, 1852: 406. Type species: *Amyna selenampha* Guenée, 1852.

Berresa Walker, 1859: 208. Type species: *Berresa natalis* Walker, 1859.

Ilattia Walker, 1859: 208. Type species: *Ilattia cephusalis* Walker, 1859.

Amynodes Warren, 1913: 273. Type species: *Erastria distigmata* Hampson, 1896.

Formosamyna Strand, 1920: 119. Type species: *Amyna frontalis* Strand, 1920.

主要特征：雄触角线形；喙发达；下唇须向上伸，第 2 节约达头顶；额光滑无突起。胸部背面无毛簇。前翅短宽。后翅 M_2 脉发达，自中室下角上方伸出；臀角较圆。

分布：世界广布。

（667）卫翅夜蛾 *Amyna punctum* (Fabricius, 1794)（图版 XLII-19）

Noctua punctum Fabricius, 1794: 34.

Amyna punctum: Hampson, 1910: 472.

主要特征：前翅长：16 mm。雌雄触角均线形。头、胸、腹部和前翅灰褐色；额白色有黑斑。前翅中等宽度，前缘直，顶角钝圆，外缘浅弧形；后翅外缘微波曲。前翅各横线褐色或暗褐色；内线波浪形；外线锯齿形；亚缘线不规则锯齿形；环纹、肾纹褐色白边，后者“8”字形。后翅灰褐色。

分布：浙江、山东、甘肃、江苏、福建、台湾、广东、海南、云南、西藏；印度，缅甸，斯里兰卡，新加坡，印度尼西亚，非洲。

（十一）尾夜蛾亚科 Euteliinae

370. 尾夜蛾属 *Eutelia* Hübner, 1823

Eutelia Hübner, 1823: 259. Type species: *Noctua adulatrix* Hübner, 1813.

Eurhipia Boisduval, 1828: 73. Type species: *Noctua adulatrix* Hübner, 1813.

Phlegetonia Guenée, 1852, *in* Boisduval & Guenée, 1852: 301. Type species: *Phlegetonia catephioides* Guenée, 1852.

Ripogenus Grote, 1865: 325. Type species: *Ripogenus pulcherrimus* Grote, 1865.

Zobia Saalmüller, 1891: 384. Type species: *Ingura snelleni* Saalmüller, 1881.

Alotsa Swinhoe, 1900a: 87. Type species: *Eutelia discitriga* Walker, 1865.

Silacida Swinhoe, 1900a: 86. Type species: *Eutelia inextricata* Moore, 1882.

Noctasota Clench, 1954: 297. Type species: *Noctasota curiosa* Clench, 1954.

主要特征：雄蛾触角下半部较宽扁，双栉形，基部有 1 大鳞簇；喙很小；下唇须向上伸，第 2 节约达额中部，第 3 节长；额平滑，上方有毛簇。后胸有成对毛簇。前翅顶角较钝，外缘锯齿形，臀角处内削。

分布：世界广布。

（668）钩尾夜蛾 *Eutelia hamulatrix* Draudt, 1950（图版 XLII-20）

Eutelia hamulatrix Draudt, 1950: 140.

主要特征：前翅长：14–15 mm。头部及胸部黑色杂灰白色；前胸背面带褐色。腹部褐色。前翅灰白色，密布黑色细点；亚基线黑色外弯至中室；内线双线黑色，微外弯；环纹白色黑边；肾纹白色黑边，内有褐纹；外线双线黑色，在 M_1 脉呈外凸齿，在 M_3 和 CuA_1 脉稍外凸，后半外侧白色及褐色；亚缘线双线白色，内侧的线大波浪形外斜至 CuA_1 脉端部，内侧 M_2 与 CuA_1 脉间为 1 新月形黑斑，外侧的线微波浪形外斜至

M_3 脉端部，内侧 M_1 脉处有 1 黑斑；缘线为 1 列新月形黑点，均围以白色。后翅淡褐色，向端区渐暗；外线、亚缘线微白，仅后部可见。

分布：浙江、吉林、辽宁、河南、陕西、安徽、台湾、四川；朝鲜半岛。

（669）漆尾夜蛾 *Eutelia geyeri* (Felder *et* Rogenhofer, 1874)（图版 XLII-21）

Eurhipia geyeri Felder *et* Rogenhofer, 1874: pl. 110, fig. 23.

Eutelia inextricata Moore, 1882: 147.

Eutelia geyeri: Warren, 1913: 287.

主要特征：前翅长：15–16 mm。头、胸部褐色杂灰色，1 白线横越肩片及胸背。腹部暗褐色。前翅外缘波曲较深，下半段倾斜；翅面褐色带枯黄；亚基线、内线均双线白色；肾纹白色，前半 1 褐斑；外线双线黑色，前半波曲，后半波浪形内斜，内侧的线后端有 1 黑斑，内侧中褶处有双黑纹，M_3 脉至后缘具 1 红褐带；亚缘线白色，中段间断并衬黑色；缘线为 1 列衬白色的黑点，M_3 和 CuA_1 脉端的黑点合成 1 斜斑纹。后翅白色微褐；外线褐色；亚缘区具 1 暗褐宽带；缘线双线暗褐色。雄性外生殖器（图 217）：钩形突细长，端部尖锐；抱器瓣端半部窄，背缘末端膨大呈指状；抱器背近基部具 1 小指状突；抱器腹宽大，基部具 1 长指突；角状器为 1 圆形骨片，其上具 1 小突。

分布：浙江（舟山、磐安、江山）、黑龙江、吉林、辽宁、陕西、甘肃、江苏、江西、湖南、福建、台湾、四川、云南、西藏；俄罗斯，朝鲜半岛，日本，印度，尼泊尔，缅甸，越南，泰国。

371. 殿尾夜蛾属 *Anuga* Guenée, 1852

Anuga Guenée, 1852. *in* Boisduval & Guenée, 1852: 307. Type species: *Anuga constricta* Guenée, 1852.

Caecila Walker, 1858: 1824. Type species: *Caecila complexa* Walker, 1858.

Piada Walker, 1858: 1746. Type species: *Piada multiplicans* Walker, 1858.

Phumana Walker, 1863a: 164. Type species: *Phumana canescens* Walker, 1863.

Spersara Walker, 1863a: 174. Type species: *Spersara glaucopoides* Walker, 1863.

Mimanuga Warren, 1913: 288. Type species: *Piada japonica* Leech, 1889.

主要特征：雄蛾触角一般较前翅长，有栉齿；喙发达；下唇须向上伸，第 2 节饰鳞较宽，第 3 节短；额无突起，有鳞脊。胸无毛簇。腹部背面无毛簇，臀毛簇长。前翅狭长。后翅 M_2 脉自中室下角稍前方伸出。

分布：古北区、东洋区。

（670）折纹殿尾夜蛾 *Anuga multiplicans* (Walker, 1858)（图版 XLII-22）

Piada multiplicans Walker, 1858: 1747.

Anuga multiplicans: Hampson, 1912: 106.

主要特征：前翅长：19–20 mm。雄触角双栉形，栉齿长度略大于触角干直径。头、胸、腹部及前翅暗褐色杂灰色。前翅狭长，外缘波曲，倾斜；后翅外缘波状。前翅后半色较纯褐；亚基线、内线均双线黑色，后者波浪形；环纹为 1 黑点；肾纹褐色黑边；中线黑色；外线黑色锯齿形，齿端有黑、白点；1 黑色波浪形线自顶角内斜至后缘；亚缘线灰色锯齿形，内侧具 1 列黑点。后翅暗褐色，基部灰色；外线双线，仅后半部明显，双线间灰白色至灰黄色；亚缘线灰黄色锯齿形，仅后半明显；缘线黑色。雄性外生殖器（图 218）：钩形突短小，端部圆；抱器瓣短，近三角形，端部圆，具 1 对长背突，向抱器瓣端部弯曲呈“C”形；囊形突长；阳茎细长，后端骨化。雌性外生殖器（图 352）：交配孔骨化；囊导管短且细，膜质；囊体长，不具囊片。

分布：浙江（四明山、鄞州、余姚、磐安、江山）、陕西、甘肃、江西、湖南、福建、台湾、广东、海南、四川、贵州、云南；朝鲜半岛，印度，缅甸，泰国，斯里兰卡，菲律宾，马来西亚，新加坡。

（671）月殿尾夜蛾 *Anuga lunulata* Moore, 1867（图版 XLII-23）

Anuga lunulata Moore, 1867: 62.

主要特征：前翅长：17 mm。雄触角基半部有长而下垂的栉齿，栉齿长度大于触角干直径的 3 倍，基节有 1 簇鳞片；头部及胸部淡黄褐色；下唇须基节黑色。腹部灰褐色。前翅黄白色带褐色，后缘区及端区后半暗褐色；亚基线双线黑色达中室；内线双线黑色锯齿形；环纹、肾纹黄白色黑边，肾纹中有褐纹；中线黑褐色，只后半可见；外线双线黑褐色锯齿形；亚缘线黄白色，两侧褐色，中段不明显；缘线为 1 列黑点；缘毛赭色，顶角处缘毛黄白色。后翅基部白色，其余污褐色；外线黑色；外区较宽，带有黑褐色，臀角区褐色，有 1 黄白纹及 1 赭点。

分布：浙江、河南、陕西、甘肃、湖南、福建、四川、西藏；印度，孟加拉国。

（十二）蕊夜蛾亚科 Stictopterinae

372. 脊蕊夜蛾属 *Lophoptera* Guenée, 1852

Lophoptera Guenée, 1852, *in* Boisduval & Guenée, 1852: 54. Type species: *Lophoptera squammigera* Guenée, 1852.

Ciasa Walker, 1863a: 165. Type species: *Ciasa pustulifera* Walker, 1863.

Evia Walker, 1863: 89. Type species: *Evia ferrinalis* Walker, 1863.

Sadarsa Moore, 1882, *in* Hewitson & Moore, 1882: 164. Type species: *Sadarsa longipennis* Moore, 1882.

主要特征：触角线形；下唇须向前上方伸出，尖端伸出额外，第 2 节较长；额毛簇深褐色，向前突出。胸部背面通常被深褐色毛。前翅 R_3、R_4 与 R_5 共柄于中室上角发出，R_5 由共柄基部 1/3 之前发出；R_3 与 R_4 在共柄端部 1/3 处分离；R_{3-5} 与 R_2 由一短脉相连。在中室上角之前形成 1 副室。后翅 Rs 与 M_1 由中室上角发出；M_2、M_3 与 CuA_1 由中室下角发出。前翅斑纹变异较大，通常为深褐色，翅面线形斑纹通常黑色，翅面通常有竖起的鳞毛丛。后翅简单，褐色，基半部透明或半透明，透明时可见黑色翅脉。

分布：东洋区、旧热带区、澳洲区。

（672）暗裙脊蕊夜蛾 *Lophoptera squammigera* Guenée, 1852（图版 XLII-24）

Lophoptera squammigera Guenée, 1852: 55.

Lophoptera costata Moore, 1885: 123.

主要特征：前翅长：16–20 mm。头胸部灰褐色。腹部黑褐色。前翅前缘有 1 黑褐色宽带由基部延伸至顶角，由基部至外线逐渐变宽，之后渐渐弯曲至顶角；在黑褐色纵带后面有 1 灰色纵带由基部延伸至外线；内线黑色双线波曲；中线黑色；肾纹模糊，外围黑色；外线黑色双线锯齿状；内线、中线和外线仅在灰色宽带与后缘之间可见；在外线与亚缘线之间有 1 黑色波曲线。后翅黑褐色；基半部略透明，翅脉黑色；缘毛与前翅相同。雄性外生殖器（图 219）：钩形突细长，端部尖，中部稍弯曲；抱器瓣基部宽大，端部分为两叉，背侧叉较长；阳端基环五角形；囊形突三角形；阳茎细长。雌性外生殖器（图 353）：肛瓣短宽，表面密布短毛；后表皮突线形，长于前表皮突；后叶大，三角形，表面密布短毛；囊导管细长，在交配孔附近变宽大；附囊发达，近圆形，略大于交配囊；囊体圆形；囊片圆形，囊片表面密布小刺。

分布：浙江（鄞州）、江西、湖南、福建、台湾、广东、海南、香港、广西、四川、贵州、云南、西藏；朝鲜半岛，日本，印度，越南，泰国，斯里兰卡，新加坡，印度尼西亚，巴布亚新几内亚，澳大利亚。

（673）弯脊蕊夜蛾 *Lophoptera anthyalus* (Hampson, 1894)（图版 XLII-25）

Stictoptera anthyalus Hampson, 1894: 403.

Lophoptera anthyalus: Sugi, 1975: 375.

主要特征：前翅长：13–16 mm。头部、胸部黑褐色。腹部黑褐色。前翅亚基线黑色，两侧灰褐色，仅前缘可见；内线黑色锯齿状，两侧灰黄色，在中室附近可见灰黄色环纹；中线黑色，波曲；肾纹黑色；外线黑色波曲，在前缘附近内侧有灰黄色斑；在外线与亚缘线之间具 1 黑色线，波曲，在其内侧伴灰黄色纹；亚缘线灰黄色波曲，在其外侧伴黑色纹，在顶角附近有黑色斑；缘线黑色，在脉端断离。后翅黑褐色，基半部略透明，可见黑色翅脉。雄性外生殖器（图 220）：钩形突细长，端部特化为盘状；抱器瓣具 1 细长背突，弯钩状，端部圆；抱器腹具 1 列长毛簇；囊形突三角形；阳茎短粗。雌性外生殖器（图 354）：肛瓣短宽，表面密布短毛；前表皮突短，膜质，后表皮突长，线形；交配孔圆形，后缘骨化；囊导管细长；附囊椭圆形，小于交配囊；囊体椭圆形。

分布：浙江（临安）、江西、湖南、海南、香港、广西、云南；日本，印度，尼泊尔，泰国，马来西亚，新加坡，印度尼西亚，巴布亚新几内亚。

（十三）裳夜蛾亚科 Catocalinae

分属检索表

1. 后翅非仅显 1 渐窄蓝色条斑 ········· 2
- 后翅仅显 1 渐窄蓝色条斑 ········· **蓝条夜蛾属 *Ischyja***
2. 后翅非显蓝色斑、条 ········· 3
- 后翅显蓝色斑、条 ········· **封夜蛾属 *Arcte***
3. 后翅无倒僧帽斑 ········· 4
- 后翅具倒僧帽斑 ········· **艳叶夜蛾属 *Eudocima***
4. 额部外突不明显 ········· 5
- 额部外突角形 ········· **壶夜蛾属 *Calyptra***
5. 前翅后缘正常 ········· 6
- 前翅后缘具内凹和外凸 ········· **嘴壶夜蛾属 *Oraesia***
6. 前翅外缘区非明显黑色不规则宽带 ········· 7
- 前翅外缘区具明显黑色不规则宽带 ········· **畸夜蛾属 *Bocula***
7. 前后翅非红色 ········· 8
- 前后翅桃红色 ········· **尺夜蛾属 *Dierna***
8. 前翅顶角区无黄绿色条斑 ········· 9
- 前翅顶角区具黄绿色条斑 ········· **篦夜蛾属 *Episparis***
9. 前翅外缘区非窄直灰色条带 ········· 10
- 前翅外缘区呈窄直灰色条带 ········· **关夜蛾属 *Artena***
10. 前翅无白色臀剑状纹 ········· 11
- 前翅具白色臀剑状纹 ········· **耳夜蛾属 *Ercheia***
11. 后翅无橙黄色圆斑 ········· 12

\- 后翅具橙黄色圆斑 …… 鹰夜蛾属 ***Hypocala***
12. 后翅基半部无黑色且具蓝白色曲线条 …… 13
\- 后翅基半部具黑色且具蓝白色曲线条 …… 肖毛翅夜蛾属 ***Thyas***
13. 前翅无内、外横线相连 …… 14
\- 前翅内、外横线相连 …… 安钮夜蛾属 ***Ophiusa***
14. 肾状纹不裂呈 5 小斑 …… 15
\- 肾状纹裂呈 5 小斑 …… 变色夜蛾属 ***Hypopyra***
15. 前翅外缘区 R_5-M_1 间无黑色圆斑 …… 16
\- 前翅外缘区 R_5-M_1 间具黑色圆斑 …… 双衲夜蛾属 ***Dinumma***
16. 前翅斑纹非点斑列 …… 17
\- 前翅斑纹呈点斑列 …… 朋闪夜蛾属 ***Hypersypnoides***
17. 翅展大于 23 mm …… 18
\- 翅展小于 23 mm …… 勒夜蛾属 ***Laspeyria***
18. 前翅前缘区近顶角无倒梯形斑 …… 19
\- 前翅前缘区近顶角具倒梯形斑 …… 客来夜蛾属 ***Chrysorithrum***
19. 前翅内线非外斜粗条 …… 20
\- 前翅内线呈外斜粗条 …… 毛胫夜蛾属 ***Mocis***
20. 前翅内线和外线非平行 …… 21
\- 前翅内线和外线平行 …… 卷裙夜蛾属 ***Plecoptera***
21. 环状纹中央无白色小点斑 …… 22
\- 环状纹中央具白色小点斑 …… 桥夜蛾属 ***Anomis***
22. 外线前半部非锯齿形 …… 23
\- 外线前半部呈锯齿形 …… 裳夜蛾属 ***Catocala***
23. 前翅 M_3 在外缘无凸起 …… 24
\- 前翅 M_3 在外缘具凸起 …… 眉夜蛾属 ***Pangrapta***
24. 后翅少于 4 条横线 …… 25
\- 后翅多于 4 条横线 …… 环夜蛾属 ***Spirama***
25. 肾状纹非似太极图 …… 26
\- 肾状纹似太极图 …… 目夜蛾属 ***Erebus***
26. 前翅前缘区近顶角无倒乳突形斑 …… 27
\- 前翅前缘区近顶角具倒乳突形斑 …… 薄夜蛾属 ***Mecodina***
27. 顶角无内斜斑、条 …… 析夜蛾属 ***Sypnoides***
\- 顶角具内斜斑、条 …… 巾夜蛾属 ***Dysgonia***

373. 裳夜蛾属 *Catocala* Schrank, 1802

Catocala Schrank, 1802: 158. Type species: *Phalaena nupta* Linnaeus, 1767.

Ephesia Hübner, 1818: 11. Type species: *Phalaena paranympha* Linnaeus, 1767.

主要特征：喙发达；下唇须向上伸，第 2 节达额中部；额平滑，有毛簇；复眼圆大。胸部毛簇混生，前、后胸具散形的毛簇，中胸具成对的小毛簇；胫节微有毛，前足胫节无刺，中、后足胫节有刺，但后足胫节上的刺仅在两对距之间；雄蛾中足胫节扩大，有 1 长毛簇着生于 1 褶沟中。腹部几个基节有脊状毛簇或小毛簇。前翅三角形，顶角较钝，外缘曲度平稳，锯齿形。后翅中室长度约为翅长的 1/3。

分布：世界广布。

分种检索表

1. 前翅 M_{1-2} 无黑色纵线……2
- 前翅 M_{1-2} 具黑色纵线……**白光裳夜蛾 *C. nivea***
2. 前翅亚缘线非弧形灰白色……3
- 前翅亚缘线呈弧形灰白色……**兴光裳夜蛾 *C. eminens***
3. 前翅无紫色……4
- 前翅泛紫色……**鸽光裳夜蛾 *C. columbina***
4. 后翅外缘区黑色条带未断裂……**奇光裳夜蛾 *C. mirifica***
- 后翅外缘区黑色条带末端断裂……**鸱裳夜蛾 *C. patala***

（674）鸱裳夜蛾 *Catocala patala* Felder *et* Rogenhofer, 1874（图版 XLII-26）

Catocala patala Felder *et* Rogenhofer, 1874: pl. 112, fig. 23.

Catocala volcanica Butler, 1877b: 244.

主要特征：前翅长：33–35 mm。前后翅外缘波浪形，顶角圆钝。前翅灰褐色，密布黑色小细点；亚基线黑色，仅前半部清楚，其后方有 1 深黑横纹；内线深黑色大波浪形略有外斜；环纹不明显；肾纹灰褐色黑边，月牙形，肾纹后方有 1 灰白斑，褐色边，圆形或椭圆形；外线黑色锯齿形，在 M 脉之间凸出呈 2 个尖齿状条纹，在 Cu 脉间内凹，大波浪形排列，在 2A 脉处内折，外线内折的部分深黑且粗壮，外线两侧灰白色；亚缘线灰白色波浪状，两侧褐色；缘线由 1 列黑点组成。后翅黄色，外线黑色弯曲，内部自翅基部有 1 黑纵条延伸至外线；翅端部黑色，其内缘在 CuA_2 脉处内凸至外线，其下黑色条带窄缩，在臀角处再次扩展至接近外线；顶角处有 1 椭圆形黄斑；缘毛黄色，在翅脉端黑色。

分布：浙江（四明山、鄞州、余姚）、陕西、宁夏、江西、福建；朝鲜半岛，日本，印度。

（675）奇光裳夜蛾 *Catocala mirifica* Butler, 1877（图版 XLII-27）

Catocala mirifica Butler, 1877b: 243.

Ephesia mirifica: Hampson, 1913: 176.

主要特征：前翅长：25 mm。头、胸部灰色杂黑褐色。腹部黄褐色。前翅灰白带褐色，密布黑褐细点，前缘中部至顶角有 1 大黑褐斑；亚基线黑色达臀褶；内线黑色波浪形，内侧衬白色；外线黑色锯齿形，外侧衬白色；亚缘线白色波浪形，内侧微黑；缘线为 1 列黑点。后翅黄色，中带黑色外弯，曲度大，后端与臀褶的黑条相接合；端带黑色，在 CuA_2 脉处间断。

分布：浙江、陕西、甘肃、江西；日本。

（676）鸽光裳夜蛾 *Catocala columbina* Leech, 1900（图版 XLIII-1）

Catocala columbina Leech, 1900: 535.

Ephesia columbina: Hampson, 1913: 199.

主要特征：前翅长：23 mm。头与领片黑褐色杂少许灰色；胸背暗灰色微带褐色。腹部暗黄褐色。前翅灰褐色，泛紫色；亚基线与外线黑色；内线灰色波浪形，外侧具 1 粗黑条；肾纹黑色，后方具 1 灰斑；中线黑褐色带状；肾纹外侧有几个黑齿纹；外线锯齿形；亚缘线灰色，内侧黑褐色，外侧有 2 黑褐色影。

后翅黄色，中带与端带黑色，臀褶有黑褐纹。雄性外生殖器（图 221）：钩形突细长；抱器瓣端部圆，抱器背骨化增厚，在端部形成 1 端突；抱器腹发达，具 1 长指状突；阳茎细长。

分布：浙江（余姚）、河南、陕西、甘肃、湖北、江西、四川；俄罗斯，朝鲜半岛，日本。

（677）兴光裳夜蛾 *Catocala eminens* Staudinger, 1892（图版 XLIII-2）

Catocala eminens Staudinger, 1892a: 12.

Ephesia eminens: Hampson, 1913: 176.

主要特征：前翅长：31 mm。头部及胸部黑褐色杂少许灰白色，头顶有黑横纹。腹部黄褐色。前后翅外缘波曲很浅。前翅暗褐色部分杂灰白色及黑色；亚基线双线黑色，外斜至 2A 脉，线间灰白色；内线双线黑色，深波浪形外斜，在中脉与 2A 脉上成内凸尖齿，线间灰白色；外区有 1 黑色近三角形大斑，其内缘自前缘脉中部微曲外斜至 M_3 脉中部，并衬以灰白色，其外缘与外线相遇；外线灰白色，前半锯齿形，至 CuA_1 脉后稍间断，并内伸至 CuA_1 脉回旋外伸，在 CuA_2 脉近端部成 1 齿，在 2A 脉成 1 内突小齿，在 CuA_1 脉后有 1 黑窄纹；亚缘线灰白色，外斜至 M_1 脉折向内斜，其外侧各翅脉间有 1 黑色齿形纹；缘线为 1 列黑点；缘毛黑褐色，基部黄褐色。后翅杏黄色，中带与端带黑色，前者在臀褶折角内伸至翅基部。

分布：浙江、黑龙江、陕西、甘肃、湖南；俄罗斯（地区）。

（678）白光裳夜蛾 *Catocala nivea* Butler, 1877（图版 XLIII-3）

Catocala nivea Butler, 1877b: 241.

Ephesia nivea: Hampson, 1913: 150.

主要特征：前翅长：43 mm。头部白色。前翅灰褐色；亚基线黑色，前端略外折；内线褐色，波曲，前缘区内侧微白色；环纹不明显；肾纹白色黑边，椭圆形，内部有黑点；外线黑色，自 M_1 脉处向外凸出为锯齿形，之后在 M 脉间内凹，锯齿形，其连接 1 条深黑纵纹至前翅外缘，在 CuA_2 脉处外折，连接另 1 细黑纹至前翅外缘，外线外侧呈灰白色；内线、肾纹和外线的灰白色部分带不均匀的灰绿色。后翅白色，中央有黑色波曲状斑纹；亚缘带黑色，前缘粗壮，后端渐细。

分布：浙江（临安）、黑龙江、吉林、辽宁、陕西、湖南、台湾、四川；俄罗斯，朝鲜半岛，日本，印度，尼泊尔。

374. 封夜蛾属 *Arcte* Kollar, 1844

Arcte Kollar, 1844, *in* Hügel, 1844: 477. Type species: *Arcte polygrapha* Kollar, 1844.

Cocytodes Guenée, 1852, *in* Boisduval & Guenée, 1852: 41. Type species: *Cocytodes coerula* Guenée, 1852.

主要特征：喙发达；下唇须向上伸，第 2 节达额中部，第 3 节短；额平滑；复眼圆大。胸部仅被毛，无毛簇；胫节饰长毛，均具刺。腹背扁平，有细长毛。前翅狭长，有径副室，顶角较钝，外缘曲度平稳，呈锯齿形。后翅中室约为翅长的 1/3。

分布：东洋区、澳洲区。

（679）苎麻夜蛾 *Arcte coerula* (Guenée, 1852)（图版 XLIII-4）

Cocytodes coerula Guenée, 1852, *in* Boisduval & Guenée, 1852: 41.

Arcte coerulea: Sugi, 1982, *in* Inoue *et al*., 1982: 852/392.

主要特征：前翅长：35–48 mm。头、胸部黄褐色。腹部蓝褐色。前翅赤褐色，散布蓝白细点，后半带黑褐色；亚基线、内线、中线及外线黑色，亚基线外侧有宽黑条；环纹为 1 黑点；肾纹具黑边；外线后半锯齿形；亚缘线浅红褐色；顶角有似三角形红褐区；外缘具 1 列黑点。后翅黑褐色有紫色闪光，中部具 1 粉蓝圆斑，外区具 1 粉蓝曲带，近臀角具 1 粉蓝窄纹。雄性外生殖器见图 222。雌性外生殖器见图 355。

分布：浙江（临安、舟山）、黑龙江、吉林、辽宁、河北、山东、陕西、湖北、江西、湖南、福建、台湾、广东、海南、四川、云南；俄罗斯，朝鲜半岛，日本，印度，尼泊尔，斯里兰卡，印度尼西亚，南太平洋若干岛屿。

375. 关夜蛾属 *Artena* Walker, 1858

Artena Walker, 1858: 1388. Type species: *Artena submira* Walker, 1858.

主要特征：喙发达；下唇须向上伸，第 2 节达额中部，第 3 节短；额平滑；复眼圆大。胸部仅被毛而无毛簇；胫节饰长毛，均具刺。腹背扁平，有细长毛。前翅狭长，有径副室，顶角较圆，外缘曲度平稳，呈锯齿形。后翅中室约为翅长的 1/3。

分布：东洋区、澳洲区。

（680）斜线关夜蛾 *Artena dotata* (Fabricius, 1794)（图版 XLIII-5）

Noctua dotata Fabricius, 1794: 55.

Artena dotata: Barlow, 1982: 101.

主要特征：前翅长：27–29 mm。头、胸部及前翅褐色。前翅布有黑褐细点，外区色浓，端区灰白色；内线外斜至后缘中部；环纹为 1 黑褐点；肾纹为 2 黑圆斑；外线微波浪形，后端达臀角，内线、外线均衬灰色；亚缘线黑褐色，直；缘线双线波浪形。后翅黑褐色，中部具 1 蓝白弯带，外缘有蓝白色；缘毛黄白色，中段有褐色。腹部灰褐色。雌性外生殖器见图 356。

分布：浙江（舟山）、辽宁、河南、陕西、江苏、湖北、江西、湖南、福建、台湾、广东、四川、贵州、云南；俄罗斯，朝鲜半岛，日本，巴基斯坦，印度，尼泊尔，缅甸，越南，泰国，柬埔寨，斯里兰卡，菲律宾，新加坡，印度尼西亚。

376. 肖毛翅夜蛾属 *Thyas* Hübner, 1824

Thyas Hübner, 1824: pl. 203. Type species: *Thyas honesta* Hübner, 1824.

Lagoptera Guenée, 1852, *in* Boisduval & Guenée, 1852: 223. Type species: *Ophideres elegans* Hoeven, 1840.

Dermaleipa Saalmüller, 1891: 460. Type species: *Ophiodes parallelipipeda* Guenée, 1852.

主要特征：喙发达；下唇须向上伸，第 2 节约达头顶，第 3 节短或中等长短；额平滑；复眼圆大。胸部几乎全被毛，无毛簇。雄蛾前后足胫节饰长毛，前足胫节无刺，中足胫节具刺，后足胫节在中距与端距之间有刺。腹部基部几节有毛簇。前翅前缘在尖端拱起，顶角稍外伸而尖锐，外缘曲度平稳，略呈锯齿形。后翅中室约为翅长的 1/3；雄蛾的后翅反面有丝状香鳞。

分布：世界广布。

（681）庸肖毛翅夜蛾 *Thyas juno* (Dalman, 1823)（图版 XLIII-6）

Noctua juno Dalman, 1823: 52.

Ophideres elegana Hoeven, 1840: 280.

Lagoptera multicolor Guenée, 1852, *in* Boisduval & Guenée, 1852: 226.

Thyas bella Bremer *et* Grey, 1853b: 66.

Thyas juno: Pcole, 1989: 960.

主要特征：前翅长：41 mm。触角线形。头、胸部及前翅黄褐色或灰褐色。腹部红色，背面大部分暗灰褐色。前翅顶角尖，略凸出，外缘较直；后翅外缘微波曲，在臀褶上方凹。前翅布有细黑点，后缘红褐色；亚基线、内线及外线红褐色，内线后半及外线直；环纹为 1 黑点；肾纹灰褐色，内有黑点；1 黑色或黄褐色曲线自顶角至臀角，亚缘区有 1 隐约的暗褐纹；翅外缘 1 列黑点。后翅黑色，端区红色，中部有粉蓝色钩形纹，外缘中段有密集黑点。雄性外生殖器见图 223。

分布：浙江（临安）、黑龙江、吉林、辽宁、河北、山东、河南、陕西、甘肃、安徽、湖北、江西、湖南、福建、台湾、海南、四川、贵州、云南；俄罗斯，朝鲜半岛，日本，印度，尼泊尔，泰国、菲律宾，马来西亚，印度尼西亚。

377. 安钮夜蛾属 *Ophiusa* Ochsenheimer, 1816

Ophiusa Ochsenheimer, 1816: 93. Type species: *Phalaena tirhaca* Cramer, 1777.

Ophiogenes Reichenbach, 1817: 288. Type species: *Phalaena tirhaca* Cramer, 1777.

Anua Walker, 1858: 1788. Type species: *Anua amplior* Walker, 1858.

Stenopis Mabille, 1880: 107. Type species: *Stenopis reducta* Mabille, 1880.

Subanua Berio, 1960: 316. Type species: *Anua flavociliata* Aurivillius, 1925.

Peranua Berio, 1960: 316. Type species: *Achaea conspicienda* Walker, 1858.

Perophiusa Berio, 1960: 316. Type species: *Anua pseudotirhaca* Berio, 1956.

主要特征：雄蛾触角具纤毛；喙发达；下唇须向上伸，第 2 节达头顶，第 3 节长；额平滑，上方有锥形毛簇。胸部仅具毛，无毛簇；前足基节、腿节、胫节都具长毛，中足及后足胫节微具缘毛，前足胫节无刺，中足及后足胫节有刺。腹部仅基部几节有毛簇。前翅很狭长，翅端圆形，外缘弯曲。后翅中室约为翅长的 1/3。

分布：世界广布。

（682）安钮夜蛾 *Ophiusa tirhaca* (Cramer, 1777)（图版 XLIII-7）

Phalaena (*Noctua*) *tirhaca* Cramer, 1777: 116.

Ophiusa tirhaca: Ochsenheimer, 1816: 93.

Ophiusa separans Walker, 1858: 1357.

主要特征：前翅长：32–34 mm。头、胸部及前翅黄绿色。腹部黄色。前翅有褐色碎纹，端区褐色；内线外斜至后缘中部，后端与外线相遇；环纹为黑点；肾纹褐色，外区前缘具 1 半圆黑褐斑；亚缘线暗褐色锯齿形，前段外侧有黑齿纹。后翅黄色，亚端带黑色。雌性外生殖器见图 357。

分布：浙江、辽宁、山东、陕西、江苏、湖北、江西、福建、台湾、广东、海南、广西、四川、贵州、云南；俄罗斯，朝鲜半岛，日本，印度，尼泊尔，越南，斯里兰卡，菲律宾，西亚，欧洲，澳洲，非洲。

378. 目夜蛾属 *Erebus* Latrielle, 1810

Erebus Latrielle, 1810: 365. Type species: *Phalaena crepuscularis* Linnaeus, 1758.

Byas Billberg, 1820: 85. Type species: *Phalaena crepuscularis* Linnaeus, 1758.

Nyctipao Hübner, 1823: 272. Type species: *Phalaena crepuscularis* Linnaeus, 1758.

主要特征：喙发达；下唇须向上伸，第 2 节达头顶，第 3 节长；额平滑；复眼圆大。胸部仅有毛，无毛簇；胸部腹面有长毛；各足胫节具刺并饰毛。腹部基节背面有毛，呈脊状，但无毛簇。前翅顶角稍尖，外缘曲度平稳，锯齿形，中室约为翅长的 1/3。后翅中室约为翅长的 1/5。

分布：世界广布。

（683）毛目夜蛾 *Erebus pilosa* (Leech, 1900)（图版 XLIII-8）

Nyctipao pilosa Leech, 1900: 548.

Erebus pilosa: Hampson, 1913: 289.

主要特征：前翅长：44 mm。触角线形。头、胸部、腹部深褐色。翅宽大，外缘锯齿形。雄蛾前翅黑褐色，带有青紫色光泽，内半部在中室后被香鳞，呈褐色；内线黑色，微波曲，自前缘脉至中室下缘；肾纹红褐色，后端外凸，呈二齿形，杂有少许银蓝色，黑边；中线黑色，自前缘区后半圆形外弯，绕过肾纹外侧至其后端，其后不明显，线内侧衬褐色，中线与肾纹之间为黑色大斑，中线外方有 1 暗褐色外弯粗线；外线白色，自前缘区后外斜，在 M_1 与 M_2 脉间及 M_3 与 CuA_1 脉间明显外凸，其后波浪形稍内斜，并渐细弱。后翅黑褐色，有 1 狭窄蓝紫色端带；缘毛褐色。雌蛾前翅内线完整，后端达翅后缘；中线在肾纹后波浪形达后缘。后翅可见中线及白色波浪形外线。

分布：浙江、陕西、甘肃、湖北、江西、福建、四川。

（684）诶目夜蛾 *Erebus ephesperis* (Hübner, 1823)（图版 XLIII-9）

Nyctipao ephesperis Hübner, 1823: 272.

Erebus ephesperis: Zahiri *et al*., 2012: 109.

主要特征：前翅长：41–50 mm。头、胸部和腹部黑褐色，腹部近基部具灰色横纹。翅面黑褐色，亚缘线至外缘颜色偏灰。前翅内线、中线、外线及亚缘线均黑色；内线波曲；肾纹深褐色具黑边，其内侧具 1 黑色短横纹，外侧下方具 2 个黑斑；中线外侧衬白色，半圆形绕过肾纹，在 CuA_2 脉附近内突形成 1 尖突，之后内倾与内线在后缘汇合；外线近平直，外侧衬白色；亚缘线内侧衬间断的白色，不规则波曲，在近顶角处具 1 白斑。后翅中线黑色，弧形；外线黑色，平直，外侧衬白色；亚缘线黑色，波浪形，内侧衬间断的白色。雄性外生殖器（图 224）：钩形突端部细长；抱器瓣短宽，端部近方形，背缘和腹近端部内侧具 1 小指状突；阳茎短小，强骨化；角状器由 1 大块刺状斑组成。

分布：浙江（临安、余姚、磐安、景宁）、台湾、广东；印度，尼泊尔，孟加拉国，中南半岛。

379. 变色夜蛾属 *Hypopyra* Guenée, 1852

Hypopyra Guenée, 1852, *in* Biosduval & Guenée, 1852: 198. Type species: *Noctua vespertilio* Fabricius, 1787.

主要特征：雌雄触角均线形；喙发达；下唇须向上伸，第 2 节达头顶，第 3 节长；额平滑，具毛簇；

复眼圆大。胸部仅被毛，无毛簇；各足胫节具刺，外侧饰长毛，雄蛾后足胫节及跗节毛很长；腹基部有粗毛，但无毛簇。前翅前缘端部略拱，外缘曲度平稳，不呈锯齿形。后翅中室约为翅长的 1/3。

分布：古北区、东洋区。

（685）变色夜蛾 *Hypopyra vespertilio* (Fabricius, 1787)（图版 XLIV-1）

Noctua vespertilio Fabricius, 1787: 136.

Hypopyra vespertilio: Hampson, 1913: 328.

主要特征：前翅长：37–38 mm。头黑褐色。胸部灰褐色。腹部近基部灰褐色，其余杏黄色。前翅灰褐色略带青色，有变化，大部分密布黑褐色小点；内线黑色，弧形；肾纹窄，黑褐色，外侧后方具 3 个黑褐色卵圆形斑；中线黑褐色，前半部分波曲，后半部分平直，内倾，外侧伴随褐色细线；外线黑褐色，波浪形，在翅脉上为黑点，外侧翅面颜色略暗；亚缘线双线，灰褐色，波浪形；顶角具 1 黑褐色纹。后翅灰褐色，斑纹深灰色。雄蛾前翅肾纹弱。雄性外生殖器见图 225。

分布：浙江（景宁）、山东、江苏、江西、福建、台湾、广东、海南、云南；朝鲜半岛，日本，印度，尼泊尔，缅甸，越南，柬埔寨，斯里兰卡，马来西亚，印度尼西亚。

380. 环夜蛾属 *Spirama* Guenée, 1852

Spirama Guenée, 1852, *in* Biosduval & Guenée, 1852: 194. Type species: *Phalaena retorta* Clerk, 1764.

主要特征：喙发达；下唇须向上伸，第 2 节约达头顶，第 3 节长；额平滑，具毛簇；复眼圆大。胸部仅被毛而无毛簇；胫节均具刺。腹部平滑无毛簇。前翅前缘在顶角处很拱，顶角钝圆，外缘曲度平稳，微呈锯齿形。后翅中室约为翅长的 1/3。

分布：世界广布。

（686）环夜蛾 *Spirama retorta* (Clerck, 1764)（图版 XLIV-2，3）

Phalaena retorta Clerck, 1764: pl. 54, fig. 2.

Hypopyra martha Butler, 1878a: 292.

Spirama retorta: Sugi, 1967: 4

主要特征：前翅长：31–36 mm。头、胸部及前后翅黑褐色。雄蛾前翅各横线黑色；外线、亚缘线均双线；肾纹后部膨大旋曲，边缘黑、白色，凹曲处至顶角有隐约白纹；外线前后段双线较宽。后翅横线黑色，较直内斜，微波浪形。雌蛾褐色，前翅浅黄褐色带褐色；内线内侧有 2 黑褐斜纹，外侧 1 黑褐斜条。后翅色同前翅。雄性外生殖器见图 226。雌性外生殖器见图 358。

分布：浙江（四明山、鄞州、余姚、舟山、磐安）、辽宁、山东、河南、陕西、甘肃、江苏、湖北、江西、福建、台湾、广东、海南、广西、四川、云南；俄罗斯，朝鲜半岛，日本，印度，尼泊尔，孟加拉国，缅甸，越南，斯里兰卡，菲律宾，马来西亚。

381. 蓝条夜蛾属 *Ischyja* Hübner, 1823

Ischyja Hübner, 1823: 265. Type species: *Phalaena manlia* Cramer, 1776.

Potamophora Guenée, 1852, *in* Boisduval & Guenée, 1852: 122. Type species: *Phalaena manlia* Cramer, 1776.

主要特征：雌雄触角均线形，雄触角有纤毛簇；喙发达；下唇须第 2 节宽，下缘饰鳞，第 3 节长，斜伸。前足胫节有毛簇，后足胫节有长毛。前翅前缘近端部弧形拱曲，顶角较尖，外缘斜曲；后翅中室很短，雄蛾 M_3、CuA_1 和 CuA_2 脉基部接近。

分布：古北区、东洋区。

（687）蓝条夜蛾 *Ischyja manlia* (Cramer, 1766)（图版 XLIV-4）

Phalaena (*Noctua*) *manlia* Cramer, 1766: 144.

Ischyja manlia: Hübner, 1823: 265.

主要特征：前翅长：48–50 mm。前翅前缘端部外凸，顶角尖，外缘内斜微曲，后缘微曲；后翅外缘微曲。前翅外线以内暗红褐色，外线以外深褐色；环纹黄褐色，圆形；肾纹黄褐色，椭圆形；外线黑色，平直内斜；亚缘线黑褐色，自顶角向内倾斜，在 M 脉间向外弯折呈三角形，其内侧黄褐色。后翅褐色，外线为 1 粉蓝色微曲条带，其外侧深褐色，带有黑褐色横纹。翅反面灰褐色，前翅外线灰白色，微波浪状，稍外斜；后翅外线灰白色，波浪状。

分布：浙江、山东、陕西、江西、湖南、福建、广东、海南、广西、云南；日本，印度，尼泊尔，缅甸，越南，泰国，柬埔寨，斯里兰卡，菲律宾，印度尼西亚。

382. 耳夜蛾属 *Ercheia* Walker, 1858

Ercheia Walker, 1858: 1107. Type species: *Ercheia diversipennis* Walker, 1858.

主要特征：雄蛾触角有纤毛；喙发达；下唇须向上伸，第 2 节达头顶，第 3 节长，端部稍膨大；额平滑，上缘有毛簇；复眼圆大。胸部毛鳞混生，无毛簇；前足胫节无刺，后足胫节具刺。腹部基节有散开的大毛簇，第 2、3 节有粗毛。前翅顶角圆钝，外缘一般曲度平稳，强锯齿形，后缘中部以内稍拱起，有径副室。后翅中室约为翅长之半。

分布：东洋区、旧热带区、澳洲区。

（688）雪耳夜蛾 *Ercheia niveostrigata* Warren, 1913（图版 XLIV-5）

Ercheia niveostrigata Warren, 1913: 335.

主要特征：前翅长：20 mm。触角线形。头、胸部褐色杂灰色；领片外半黑褐色，中央 1 黑纹。腹部灰褐色。前翅略狭长，顶角钝圆，外缘锯齿形；后翅外缘波曲。前翅灰褐色，臀褶具 1 黑纵纹，内有白纵条，近翅后缘有 1 黑纵纹；翅脉黑色，均衬以褐色，翅外半的翅脉间多有长短不一的黑纵纹；内线黑色，后半不明显；环纹为黑点；中线仅前端可见褐色；肾纹窄而小；外线黑色，后半波浪形并间断，前后段外侧衬黄色；近翅外缘具 1 列黑点。后翅褐白色；外线暗褐色；端区具 1 黑褐宽带，其后半中央有 1 褐白曲线。

分布：浙江（四明山、鄞州、余姚）、吉林、辽宁、陕西、甘肃、江苏、湖南、福建、台湾、四川；朝鲜半岛，日本。

383. 巾夜蛾属 *Dysgonia* Hübner, 1823

Dysgonia Hübner, 1823: 269. Type species: *Phalaena algria* Linnaeus, 1767.

Naxia Guenée, 1852, *in* Boisduval & Guenée, 1852: 254. Type species: *Naxia absentimacula* Guenée, 1852.

Pasipeda Moore, 1882, *in* Hewitson & Moore, 1882: 171. Type species: *Hulodes palumba* Guenée, 1852.

Macaldenia Moore, 1885: 162. Type species: *Hulodes palumba* Guenée, 1852.

Pindara Moore, 1885: 169. Type species: *Noctua illibata* Fabricius, 1775.

Caranilla Moore, 1885: 169. Type species: *Naxia onelia* Guenée, 1852.

Bastilla Swinhoe, 1918: 78. Type species: *Ophiusa redunca* Swinhoe, 1900.

Xiana Nye, 1975: 505. Type species: *Naxia absentimacula* Guenée, 1852.

主要特征：喙发达；下唇须向上伸，第 2 节约达头顶；额平滑，其上有毛簇。前、后足胫节无刺，中足胫节具刺。前翅有径副室，翅外缘曲度平稳，微锯齿形。后翅中室约为翅长的 1/3。

分布：世界广布。

分种检索表

1. 后翅具白色中带 ………………………………………………………………………… 3
- 后翅无白色中带 …………………………………………………………………… **霉巾夜蛾 *D. maturata***
2. 前翅顶角具黑双齿斑 ……………………………………………………………………… 3
- 前翅顶角不具黑双齿斑 ……………………………………………………………… **肾巾夜蛾 *D. praetermissa***
3. 前翅不具中点 ……………………………………………………………………… **玫瑰巾夜蛾 *D. arctotaenia***
- 前翅具中点 …………………………………………………………………………… **石榴巾夜蛾 *D. stuposa***

（689）玫瑰巾夜蛾 *Dysgonia arctotaenia* (Guenée, 1852)（图版 XLIV-6）

Ophiusa arctotaenia Guenée, 1852, *in* Boisduval & Guenée, 1852: 272.

Parallelia arctotaenia: Hampson, 1913: 594.

Dysgonia arctotaenia: Poole, 1989: 337.

主要特征：前翅长：20–22 mm。触角线形。全体暗灰褐色。翅宽大，前后翅外缘微波曲。前翅中带窄，白色，布细褐点；外线前半白色外斜，后半内斜，黑褐色，后端与中带相遇；顶角具 1 黑双齿斑。后翅中带白色锥形，外缘后半白色。雌性外生殖器见图 359。

分布：浙江、吉林、辽宁、河北、陕西、甘肃、江苏、湖北、江西、福建、台湾、广东、广西、四川、贵州、云南；俄罗斯，朝鲜半岛，日本，印度，尼泊尔，孟加拉国，缅甸，斯里兰卡，菲律宾，马来西亚，印度尼西亚，斐济，澳大利亚。

（690）霉巾夜蛾 *Dysgonia maturata* (Walker, 1858)（图版 XLIV-7）

Ophisma maturata Walker, 1858: 1382.

Ophiama falcata Moore, 1882: 171.

Dysgonia maturata: Poole, 1989: 339.

主要特征：前翅长：25–28 mm。头部、领片紫褐色。腹部暗灰褐色。前翅紫灰色，内线内方带暗褐色；内线直线外斜；中线直，其外侧至外线为深褐色宽带；外线黑褐色，在 M_1 脉成外凸尖齿，其后内斜；亚缘线灰白色锯齿形，在翅脉上为白点；顶角具 1 黑褐色斜纹。后翅暗褐色；端区带紫灰色。雌性外生殖器见图 360。

分布：浙江（四明山、鄞州、余姚）、辽宁、山东、河南、陕西、甘肃、江苏、江西、福建、台湾、海南、四川、贵州、云南；朝鲜半岛，日本，印度，尼泊尔，越南，泰国，菲律宾，马来西亚，印度尼西亚。

（691）肾巾夜蛾 *Dysgonia praetermissa* (Warren, 1913)（图版 XLIV-8）

Ophiusa praetermissa Warren, 1913: 329.

Dysgonia praetermissa: Poole, 1989: 340.

主要特征：前翅长：24 mm。头部和胸部深褐色至黑褐色，头顶两侧有白点。前翅黑褐色，中部有 1 白色外斜宽带；中点黑色清晰；外线上端白色纤细，外斜至 M_1 下方内折，其下无白色，但其外侧翅面色浅，外线下端呈弧形并接近中带；外线折角处向上延伸至顶角；缘毛灰褐色。后翅黑褐色，白色中带上宽下窄，在臀褶附近逐渐消失；臀角处有 1 鲜明的黑斑。

分布：浙江（舟山）、陕西、江西、湖南、福建、台湾、云南；印度，泰国。

（692）石榴巾夜蛾 *Dysgonia stuposa* (Fabricius, 1794)（图版 XLIV-9）

Noctua stuposa Fabricius, 1794: 42.

Dysgonia stuposa: Poole, 1989: 341.

主要特征：前翅长：20–22 mm。头、胸部褐色。腹部灰褐色。前翅内线内弯，内方黑褐色；中线直，与内线间灰白色，布褐色细点；肾纹为褐色长点；外线在 M_1 脉折角，与中线间黑褐色，外线外侧衬白色；亚缘线不明显，与外线间褐色，与缘线间灰褐色，其间翅脉灰白色；顶角有 2 齿形黑褐斑。后翅暗褐色，端区灰褐色，有 1 白色中带。雄性外生殖器见图 227。雌性外生殖器见图 361。

分布：浙江、河北、山东、陕西、甘肃、江苏、湖北、江西、福建、台湾、广东、海南、四川、云南；朝鲜半岛，日本，印度，尼泊尔，越南，柬埔寨，斯里兰卡，菲律宾，印度尼西亚。

384. 毛胫夜蛾属 *Mocis* Hübner, 1823

Mocis Hübner, 1823: 267. Type species: *Phalaena virbia* Cramer, 1780.

Remigia Guenée, 1852, *in* Boisduval & Guenée, 1852: 312. Type species: *Remigia latipes* Guenée, 1852.

Pelamia Guenée, 1852, *in* Boisduval & Guenée, 1852: 312. Type species: *Pelamia phasianoides* Guenée, 1852.

Baratha Walker, 1865: 1021. Type species: *Baratha acuta* Walker, 1865.

Cauninda Moore, 1885: 190. Type species: *Phalaena archesia* Cramer, 1780.

主要特征：喙发达；下唇须向上伸，第 2 节几乎达头顶，第 3 节斜；额平滑；复眼圆大。胸部几乎全被鳞片，无毛簇；雄蛾胫节饰长毛；前足胫节无刺，后足胫节具刺。腹部较细长，平滑，无毛簇。前翅顶角伸长，外缘曲度平稳，微呈锯齿形，有径副室。后翅中室为翅长之半。

分布：世界广布。

（693）毛胫夜蛾 *Mocis undata* (Fabricius, 1775)（图版 XLIV-10）

Noctua undata Fabricius, 1775: 600.

Mocis virbia Draudt, 1950: 153.

Mocis undata: Holloway, 1976: 31.

主要特征：前翅长：24 mm。触角线形。头、胸、腹部及前翅灰褐色。前后翅外缘微波曲。前翅带紫色；亚基线灰黑色；内线为褐色窄带，后端内方具 1 黑斑；环纹为黑点；中线褐色波浪形，后半间断成小斑；肾纹大，中部有曲纹；外线黑褐色，在臀褶弯曲向中室下角；亚缘线波浪形，内侧具 1 列黑点，与外线间带暗灰色。后翅暗黄褐色；外线、亚缘线黑褐色，后者带状，后半分裂为二并呈波浪形。雄性外生殖器见图 228。雌性外生殖器见图 362。

分布：浙江、黑龙江、吉林、辽宁、河北、山东、河南、陕西、甘肃、江苏、江西、湖南、福建、台湾、广东、贵州、云南；俄罗斯，朝鲜半岛，日本，印度，尼泊尔，孟加拉国，缅甸，越南，斯里兰卡，菲律宾，新加坡，印度尼西亚，巴布亚新几内亚，斐济，澳大利亚，非洲。

（694）奚毛胫夜蛾 *Mocis ancilla* (Warren, 1913)（图版 XLIV-11）

Caunında ancilla Warren, 1913: 334.
Mocis ancilla: Draudt, 1950: 153.

主要特征：前翅长：17 mm。头部与胸部深褐色。前翅褐色；亚基线双线暗褐色，自前缘脉至 2A 脉；内线深褐色，为 1 窄带，在前缘区稍外凸，其后直线外斜，线内侧色较浅；中线波曲；肾纹窄曲，褐色边；外线暗褐色，微外弯，在 CuA_2 脉后微外凸；亚缘线双线暗褐色，锯齿形，外侧具 1 列黑点。后翅黄褐色；外线与亚缘线暗褐色。雌性外生殖器见图 363。

分布：浙江、黑龙江、辽宁、河北、山东、河南、陕西、甘肃、江苏、湖南、福建、台湾；俄罗斯，朝鲜半岛，日本。

385. 桥夜蛾属 *Anomis* Hübner, 1821

Anomis Hübner, 1821: 249. Type species: *Anomis erosa* Hübner, 1822.
Cosmophila Boisduval, 1833: 94. Type species: *Cosmophila xanthindyma* Boisduval, 1833.
Gonitis Guenée, 1852, *in* Boisduval & Guenée, 1852: 403. Type species: *Gonitis editrix* Guenée, 1852.
Rusicada Walker, 1858: 984. Type species: *Rusicada nigritarsis* Walker, 1858.
Molopa Swinhoe, 1902a: 420. Type species: *Molopa planalis* Swinhoe, 1902.
Gonopteronia Bethune-Baker, 1906: 239. Type species: *Gonopteronia albopunctata* Bethune-Baker, 1906.

主要特征：雄蛾触角具微细纤毛或栉形；喙发达；下唇须向上伸，第 2 节达头顶，第 3 节细长；额有 1 钝角毛簇。胸部和腹部鳞片平滑；胫节无刺。腹部仅基节上有 1 毛簇。前翅顶角略外凸；外缘中部呈 1 角形凸出。后翅 M_2 脉从中室端脉中部略后方伸出。

分布：世界广布。

（695）连桥夜蛾 *Anomis combinans* (Walker, 1858)（图版 XLIV-12）

Gonitis combinans Walker, 1858: 1001.
Gonitis revocans Walker, 1858: 1794.
Anomis combinans: Barlow, 1982: 239.

主要特征：前翅长：18 mm。头部与胸部红褐色杂黄色，胸部腹面黄褐色。腹部灰褐色。前翅底色橙黄，密布赭红色细点；亚基线赭红色，自前缘外弯达中室；内线赭红色，波曲外斜，至臀褶处内折；环纹小，浅黄色点状，外围赭红色；肾纹不明显，仅横脉上 1 赭红纹；外线赭红色，不规则锯齿形，自前缘外弯至 CuA_1 脉伸至中室下角后波曲至后缘；亚缘线隐约可见，不规则锯齿形，内侧暗褐色；翅外缘中部凸出呈 1 钝角，其下呈直线内斜。后翅灰褐至深灰褐色。

分布：浙江（余姚、景宁）、陕西、湖北、广东；斯里兰卡，印度尼西亚，澳大利亚。

386. 析夜蛾属 *Sypnoides* Hampson, 1913

Sypnoides Hampson, 1913: 5. Type species: *Sypna mandarina* Leech, 1900.

Supersypnoides Berio, 1958, *in* Berio & Fletcher, 1958: 344. Type species: *Sypna erebina* Hampson, 1926.

Equatosypna Berio, 1960: 304. Type species: *Sypna equatorialis* Holland, 1894.

Pysnoides Berio, 1960: 304. Type species: *Sypna mandarina* Leech, 1900.

主要特征：雄蛾触角多为线形，有纤毛丛；喙发达；下唇须向上伸；额有毛簇。后足胫节具刺。前翅有径副室。

分布：古北区、东洋区、旧热带区。

（696）肘析夜蛾 *Sypnoides olena* (Swinhoe, 1893)（图版 XLIV-13）

Sypna olena Swinhoe, 1893c: 261.

Sypnoides olena: Berio & Fletcher, 1958: 349.

主要特征：前翅长：20 mm。头部与胸部褐色。腹部黄褐色，背面灰褐色。前翅顶角钝圆；前后翅外缘波状。前翅深褐色；亚基线黑色，自前缘脉伸至臀褶；内线粗，黑色模糊，较直内斜，中室前稍折曲；环纹只现 1 白点；中线粗，黑色模糊，自前缘脉外斜至中室下角，折角微曲内斜；肾纹浅黄褐色，不明显；外线前半黑色，自前缘脉波浪形外弯，在中褶处内凹，CuA_1 脉后不明显，外侧带有黄褐色；亚缘线黑色，粗而浓，自前缘脉内斜至 M_2 脉折向外斜，在 M_3 脉成 1 大外凸齿，内斜至臀褶折向后；近翅外缘有 1 列黄白色点，均衬黑色。后翅褐色；外线黑色，仅在中褶后明显，在臀褶处稍内弯；亚缘线双线黑色，较粗，仅在 M_1 脉后明显，内侧的线稍向内扩展；翅外缘有 1 列白点。

分布：浙江、陕西、甘肃、江西、福建、四川、贵州、云南、西藏。

（697）赫析夜蛾 *Sypnoides hercules* (Butler, 1881)（图版 XLV-1）

Gisira hercules Butler, 1881a: 579.

Sypna rectifasciata Graeser, 1889: 370.

Sypnoides hercules: Berio & Fletcher, 1958: 346.

主要特征：前翅长：19 mm。头部灰褐色杂白色；下唇须土黄色杂少许黑色，第 3 节端部灰白色。胸部背面深黄色，后胸灰褐色杂白色。腹部灰褐色杂黄色。前翅顶角尖，前后翅外缘波状。前翅暗黄褐色；亚基线浅灰白色，波浪形，自前缘脉到 2A 脉；内线双线白色，较直，或在臀褶处稍外凸，在中室前缘及中室下缘略后呈细锯齿，外侧的线弱，在锯齿处及近翅后缘双线间有黑点；中线双线白色；肾纹狭长，中央具 1 白曲纹；外线黄褐色，在 M_3 脉呈外凸齿；亚缘线褐色，后半锯齿形内弯；缘线为 1 列黑褐点。后翅暗灰黄褐色；外线、亚缘线黑褐色，后者双线；翅外缘 1 列黑褐点。雄性外生殖器见图 229。雌性外生殖器见图 364。

分布：浙江（景宁）、黑龙江、吉林、辽宁、陕西、甘肃、西藏；俄罗斯，朝鲜半岛，日本，尼泊尔。

387. 朋闪夜蛾属 *Hypersypnoides* Berio, 1954

Hypersypnoides Berio, 1954: 341. Type species: *Hypersypnoides congoensis* Berio, 1954.

Hyposypnoides Berio, 1954: 343. Type species: *Hypersypnoides flandriana* Berio, 1954.

Othresypna Berio, 1958, *in* Berio & Fletcher, 1958: 362. Type species: *Cerbia subolivacea* Walker, 1863.

主要特征：触角线形；喙发达；下唇须斜向上伸，第 3 节达额中部，第 3 节向前伸。胸部被鳞片，后胸有小毛簇。腹部基部几节背面有毛簇。前翅外缘弧曲，微锯齿形。

分布：东洋区、旧热带区。

（698）白点朋闪夜蛾 *Hypersypnoides astrigera* (Butler, 1885)（图版 XLV-2）

Sypna astrigera Butler, 1885: 135.

Hypersypnoides astrigera: Berio & Fletcher, 1958: 366.

主要特征：前翅长：22 mm。头、胸部暗褐色。腹部黑褐色。前翅褐色；亚基线、内线、外线及亚缘线黑色，亚基线、内线波浪形；环纹不显或现 1 白点；肾纹中央具 1 白圆斑；中线黑褐色波浪形，仅后半明显；外线在 CuA_1 脉后内凸至肾纹后折角后垂，后段外侧具 1 黑褐线；亚缘线锯齿形；翅外缘具 1 列衬白的黑点。后翅灰褐色；外线与亚缘线黑色，后者双线波浪形；翅外缘具 1 列衬白的黑点。雄性外生殖器见图 230。

分布：浙江、陕西、甘肃、江西、福建、台湾、海南、四川、云南；俄罗斯，朝鲜半岛，日本。

（699）巨肾朋闪夜蛾 *Hypersypnoides pretiosissima* (Draudt, 1950)（图版 XLV-3）

Sypna pretiosissima Draudt, 1950: 160.

Hypersypnoides pretiosissima: Berio & Fletcher, 1958: 372.

主要特征：前翅长：23 mm。头和胸部黄褐色。腹部灰褐色，节间微黄。前翅褐色；亚基线仅前端、臀褶及翅后缘各现 1 白纹；内线为 1 列白点，前端双白点；环纹为 1 白点；肾纹大，白色，前、后端外凸，后半有暗褐色；中线黑褐色波浪形，后半内斜；外线为 1 列小白斑，前端双白斑间黑色，各斑均有黑边；亚缘线黑褐色，在 M_3 脉处外凸近达翅外缘，其后波浪形内弯；近翅外缘具 1 列白点。后翅黄色，基部有褐绒毛；中线黑色；外线粗，黑色，后半锯齿形；端区具 1 前宽后窄的黑带，后半分为 2 支。

分布：浙江（临安）、陕西、广东。

388. 双衲夜蛾属 *Dinumma* Walker, 1858

Dinumma Walker, 1858: 1805. Type species: *Dinumma placens* Walker, 1818.

Ortheaga Walker, 1865: 927. Type species: *Ortheaga combusta* Walker, 1865.

主要特征：触角有纤毛；喙发达；额扁平；下唇须向上伸，第 2 节达头顶，第 3 节直立。胸部鳞片平滑，胸部腹面及腿节有长毛，胫节无刺，微有毛。腹部背面有 1 列毛簇。前翅狭长，顶角及外缘较圆。后翅 M_2 脉接近 M_3 脉，从中室下角伸出。

分布：亚洲东部。

（700）曲带双衲夜蛾 *Dinumma deponens* Walker, 1858（图版 XLV-4）

Dinumma deponens Walker, 1858: 1806.

主要特征：前翅长：17 mm。触角基节外侧白色；头部黑褐色；额下部灰色；下唇须灰色，第 1、2 节外侧杂黑褐色。腹部黑褐色，足外侧灰褐色，前足胫节与跗节黑灰色，跗节各节间有灰色斑。前翅深褐色，密布暗褐色细点；亚基线为 1 黑褐色短条，自前缘脉至臀褶，在中室处稍间断；内线深波浪形外斜，内侧衬白色；外线大波曲，自前缘脉微外斜，至 M_1 外凸，M_2 脉下内斜，CuA_2 脉下强内弯；内线与外线之间黑色，成 1 宽带；外线外侧衬白色，外方有 1 模糊黑褐色线，曲度与外线相似，外侧衬淡褐色；亚缘线灰白色，锯齿形，在 R_5 脉处外凸，中段外弯；翅端部暗红褐色，R_5 与 M_1 脉间、M_2 与 M_3 脉间和臀褶处各有 1 黑点，近翅外缘有 1 列白点。后翅灰褐色。雄性外生殖器见图 231。雌性外生殖器见图 365。

分布：浙江、山东、河南、陕西、江苏、江西、湖南、福建、台湾、广东、广西、云南；朝鲜半岛，日本，印度，尼泊尔，泰国。

389. 客来夜蛾属 *Chrysorithrum* Butler, 1878

Chrysorithrum Butler, 1878a: 292. Type species: *Catocala amata* Bremer *et* Grey, 1853.

主要特征：雄蛾触角叶片形，有微细绒毛；喙发达；下唇须短粗，向上伸，两侧扁平，第 2 节鳞片很厚，第 3 节光滑，向前伸，约为第 2 节长度之半；额微圆，平滑，上方有 1 短厚毛簇。后胸有 1 对短毛簇；胸部腹面及腿节有细长毛。腹部平滑。前翅顶角微凸，外缘较垂直，呈微波浪形。后翅 M_2 脉较接近 M_3 脉。

分布：古北区、东洋区。

（701）客来夜蛾 *Chrysorithrum amata* (Bremer *et* Grey, 1853)（图版 XLV-5）

Catocala amata Bremer *et* Grey, 1853b: 66.

Chrysorithrum amata: Warren, 1913: 375.

主要特征：前翅长：31–32 mm。雄触角叶片形，有微细绒毛。头部与胸部深褐色；领片端部灰黄色。腹部灰褐色。前翅顶角略凸；前后翅外缘微波曲。前翅灰褐色，密布褐色细点；亚基线白色，自前缘脉外斜至中室折角内斜至 2A 脉；内线白色，自前缘脉微曲外斜至中室后折角内斜，亚基线与内线之间深褐色，呈 1 宽带，但不达翅后缘；环纹只现 1 黑色圆点；肾纹不显；中线细，外弯，前端外侧暗褐色；外线黄色，在 CuA_1 脉处回升至中室上角再后行；亚缘线灰白色，M_3 脉后明显内弯，与外线之间暗褐色，在 M_1 脉前呈 1 豆斑。后翅暗褐色，中部具 1 橙黄色曲带，顶角具 1 黄纹。

分布：浙江、黑龙江、吉林、辽宁、内蒙古、北京、河北、山东、河南、陕西、甘肃、福建、云南；俄罗斯，朝鲜半岛，日本。

（702）筱客来夜蛾 *Chrysorithrum flavomaculata* (Bremer, 1861)（图版 XLV-6）

Bolina flavomaculata Bremer, 1861: 492.

Chrysorithrum flavomaculata: Warren, 1913: 375.

主要特征：前翅长：24–25 mm。头、胸部及前翅暗褐色。腹部暗褐色带灰色。前翅基部、中区及端区带有灰色；亚基线灰色，外弯，自前缘脉至中室后缘，翅后缘区近基部有 1 黑斑；内线灰色，自前缘脉后微波曲外斜，至中室后外凸，2A 脉处内凸，后端折向内前方近 2A 脉再内斜；亚基线与内线之间深褐色；环纹小，近圆形，黑色灰边；中线黑色，微曲外斜；外线灰色，在 CuA_1 脉处回升至中室上角再后行；亚缘线灰色衬黑褐色，与外线之间黑褐色，前段似头形；翅外缘具 1 列黑点。后翅暗褐色，中部具 1 橙黄色大斑。雄性外生殖器见图 232。雌性外生殖器见图 366。

分布：浙江、黑龙江、吉林、辽宁、内蒙古、河北、陕西、云南；俄罗斯，蒙古国，朝鲜半岛，日本。

390. 畸夜蛾属 *Bocula* Guenée, 1852

Bocula Guenée, 1852, *in* Boisduval & Guenée, 1852: 295. Type species: *Bocula caradrinoides* Guenée, 1852.

主要特征：雄蛾触角线形，或有纤毛丛；喙发达；下唇须细，向上伸，约达头顶，第 3 节短小。胸部被平滑鳞片；足胫节饰毛。雄蛾前翅反面有时有 1 鳞丛。后翅反面有时有大鳞丛。腹部较长，常有长毛簇。

分布：东洋区、旧热带区、澳洲区。

（703）二型畸夜蛾 *Bocula bifaria* (Walker, 1863)（图版 XLV-7）

Lacibisa bifaria Walker, 1863a: 82.
Bocula bifaria: Holloway, 2005: 204.

主要特征：前翅长：14 mm。触角线形，基节灰黄色；头部灰褐色。胸部背面灰褐色。腹部灰褐色。前翅顶角钝圆；前后翅外缘微波曲。前翅灰褐色；亚基线黑褐色，微外斜，自前缘脉至中褶；内线黑褐色，在前缘脉后微外凸，其后较直向后，2A 脉后微外斜；中线双线黑褐色，微内弯；中点小；外线黑褐色，微内弯；端区有 1 大黑斑，内缘在顶角处窄缩成 1 短钩形，在 R_5 脉后强内伸，近达外线，成 1 钝圆角折向外斜达臀角。后翅深灰褐色。

分布：浙江（余姚）；印度，泰国，菲律宾，马来西亚，印度尼西亚。

391. 卷裙夜蛾属 *Plecoptera* Guenée, 1852

Plecoptera Guenée, 1852, *in* Boisduval & Guenée, 1852: 429. Type species: *Plecoptera reflexa* Guenée, 1852.
Carteia Walker, 1863a: 82. Type species: *Carteia nebulilinea* Walker, 1863.
Biregula Saalmüller, 1891: 491. Type species: *Biregula recens* Saalmüller, 1891.
Plecopteroides Strand, 1918: 110. Type species: *Plecoptera chalciope* Strand, 1918.

主要特征：雄蛾触角线形，有长纤毛和鬃；喙发达；下唇须短，向上伸达头顶，第 3 节小。胸部被鳞片，无毛簇。前翅顶角稍尖凸。雄蛾后翅有时反卷成 1 皱褶；中室短，不及后翅之半。

分布：东洋区、旧热带区、澳洲区。

（704）双线卷裙夜蛾 *Plecoptera bilinealis* (Leech, 1889)（图版 XLV-8）

Calobochyla bilinealis Leech, 1889a: 64.
Plecoptera bilinealis: Poole, 1989: 809.

主要特征：前翅长：14–15 mm。触角线形，雄触角有长纤毛和鬃。头部与领片黄褐色；下唇须第 3 节短小；领片端部带褐色。胸部背面浅灰褐色，前胸毛簇褐色；胸部腹面浅灰黄色。腹部灰褐色，腹面黄褐色。前翅顶角稍尖凸；前后翅外缘浅弧形；雄后翅后缘反卷成 1 皱褶。前翅浅灰褐色，全翅布有黑褐细点；中室基部有 1 深褐色点；内线褐色，近呈直线，在前缘区微弯；肾纹仅在中室端脉两端各具 1 褐色点，后 1 点稍弯曲；外线褐色，呈直线，线外方的前缘脉上有 1 近三角形黑褐色斑，其后具 1 列黑褐点，均衬黄褐色；翅外缘有 1 列模糊黑灰点。后翅浅黄褐色，除前缘区外，大部分带有褐色，端区色暗。雄性外生殖器（图 233）：钩形突粗壮，端部 2/3 密被刚毛；抱器瓣宽大；抱器背骨化，波曲呈双峰状，末端细指状，伸出抱器瓣端部；抱器腹骨化，端部形成 1 短指状突；阳茎后半端略细。

分布：浙江（四明山、余姚、磐安、江山）、河南、陕西、甘肃、江苏。

392. 篦夜蛾属 *Episparis* Walker, 1857

Episparis Walker, 1857: 475. Type species: *Episparis penetrata* Walker, 1857.

Neviasca Walker, 1859: 7. Type species: *Neviasca variabilis* Walker, 1859.

Pradiota Walker, 1866: 1572. Type species: *Pradiota sejunctata* Walker, 1866.

Episparina Berio, 1964: 2. Type species: *Episparis hieroglyphica* Holland, 1894.

主要特征：喙发达；下唇须向上伸，第 3 节小；额有毛簇；雄蛾触角 2/3 双栉形。胸部及腹部具粗毛；胫节有毛。前翅前缘直，外缘自顶角至 M_3 脉内削。后翅外缘在 M_3 脉外凸，然后内削。

分布：东洋区、旧热带区、澳洲区。

（705）白线篦夜蛾 *Episparis liturata* (Fabricius, 1787)（图版 XLV-9）

Phalaena liturata Fabricius, 1787: 197.

Episparis liturata: Warren, 1913: 380.

主要特征：前翅长：18–20 mm。雄触角 2/3 双栉形，雌触角线形。头、胸、腹部及前翅黄褐色。前翅略狭长，顶角凸出；前后翅外缘中部凸出成角。前翅中线褐色，其余各横线白色；环纹为 1 黑点；肾纹白色近三角形，肾纹下方为 1 黄斑；中线后半波浪形，前端外侧具 1 白纹；亚缘线波浪形；外线前段与顶角间浅黄色并有褐色细点。后翅褐色，前缘区白色；外线暗褐色外弯；亚缘线白色，在中褶折角；缘线白色波浪形。

分布：浙江（江山）、陕西、甘肃、云南；印度，缅甸，斯里兰卡，印度尼西亚。

393. 鹰夜蛾属 *Hypocala* Guenée, 1852

Hypocala Guenée, 1852, *in* Boisduval & Guenée, 1852: 73. Type species: *Hyblaea deflorata* Fabricius, 1794.

主要特征：雄蛾触角有短纤毛；喙发达；下唇须向前伸，第 3 节斜向下伸，鳞片很密，整个下唇须呈三角形；额平滑，上方有毛簇。胸部鳞片平滑；胫节无刺，微有稀毛。前翅比较狭，顶角略圆，外缘与前缘较垂直，曲度平稳，色泽变化很多。后翅黑褐色有橙黄色圆斑。

分布：世界广布。

（706）苹梢鹰夜蛾 *Hypocala subsatura* Guenée, 1852（图版 XLV-10）

Hypocala subsatura Guenée, 1852: 75.

Hypocala aspersa Butler, 1883b: 164.

Hypocala subsatura var. *limbata* Butler, 1889: 76.

主要特征：前翅长：15–17 mm。触角线形。头、胸、腹部灰黄褐色。前翅狭长，顶角钝圆，前后翅外缘微曲。前翅灰褐色，密布灰色细点；内线黑褐色，波浪状外弯；肾纹椭圆黑色边；中线褐色，波浪状，仅后半部可见；外线黑褐色，前半部平直外斜，后半部微曲内斜；亚缘线黑褐色，波浪状，自前缘脉处外

斜至 M_1 脉后内折；缘线黑褐色，微波浪状。后翅黑褐色，在中室端部和外缘中部有 1 杏黄色圆形斑；后缘有 1 黄色条带，其内部有 1 黑色纵纹。部分个体前翅黑褐色，顶角内侧有 1 灰红色半圆形大斑；后缘区灰红色，在基部扩展至前缘，中部呈半圆形向上扩展，端部沿外缘向上扩展至 M_1 以上；亚缘线在该灰红色区域内浅波状，红褐色，内侧衬白色。

分布：浙江（临安）、黑龙江、辽宁、河北、山东、河南、陕西、甘肃、江苏、福建、台湾、广东、海南、云南、西藏；日本，印度，孟加拉国。

394. 艳叶夜蛾属 *Eudocima* Billberg, 1820

Eudocima Billberg, 1820: 85. Type species: *Phalaena salaminia* Cramer, 1777.

主要特征：雄蛾触角线形，有纤毛；喙发达；下唇须向上伸，第 2 节达头顶，第 3 节细长，端部钝；复眼大，圆形；额光滑无突起。后胸有毛簇。腹部背面被粗毛。前翅前缘稍拱曲，后缘中部凹。

分布：东洋区、旧热带区、澳洲区。

（707）枯艳叶夜蛾 *Eudocima tyrannus* (Guenée, 1852)（图版 XLV-11）

Ophideres tyrannus Guenée, 1852, *in* Boisduval & Guenée, 1852: 110.

Eudocima tyrannus: Poole, 1989: 401.

主要特征：前翅长：46 mm。头和胸部暗红褐色；前足腿节上中部前侧有 1 银斑。腹部橙黄色。前翅褐色，形似枯叶，翅脉上有成列黑点；内线褐色内斜至 2A 脉，其内侧在中室下方有 1 绿斑；1 黑褐色线自顶角内斜至后缘近中部；环纹仅见 1 黑点；肾纹黄绿色；翅中部至端部隐见黑褐色曲纹。后翅橘黄色，端半部有 2 条相对弯曲的黑带。

分布：浙江（临安）、辽宁、河北、山东、陕西、江苏、湖北、福建、台湾、海南、广西、四川、云南；俄罗斯，朝鲜半岛，日本，印度，尼泊尔。

395. 壶夜蛾属 *Calyptra* Ochsenheimer, 1816

Calyptra Ochsenheimer, 1816: 78. Type species: *Phalaena thalictri* Borkhausen, 1790.

Culasta Moore, 1881: 376. Type species: *Culasta indecisa* Moore, 1881.

Hypocalpe Butler, 1883b: 157. Type species: *Calpe fasciata* Moore, 1882.

Percalpe Berio, 1956: 110. Type species: *Calpe canadensis* Bethune, 1865.

主要特征：触角形状不一，雄蛾触角双栉形或三角形纤毛撮或毛撮形纤毛丛；喙发达；额有大钝形毛簇；下唇须向前伸，第 3 节隐藏在鳞片中。后胸有微小毛簇；胸部腹面有长毛；雄蛾的足毛很厚，胫节无刺。腹部背面有粗毛。前翅顶角尖，外缘在 CuA_1 脉微凸出，后缘中部有 1 弧形内削。后翅 M_2 脉紧接 M_3 脉。

分布：古北区、东洋区、新北区。

（708）翎壶夜蛾 *Calyptra gruesa* (Draudt, 1950)（图版 XLV-12）

Calpe gruesa Draudt, 1950: 168.

Calyptra gruesa: Sugi, 1982, *in* Inoue *et al.*, 1982: 861/394.

主要特征：前翅长：雄 39–40 mm，雌 39–43 mm。雄触角双栉形，外侧栉齿长，内侧栉齿短，最长栉齿约为触角干直径的 2 倍；头部与胸部褐色带紫灰色；下唇须带有褐色，第 2 节端部饰毛浓密，将第 3 节遮蔽。腹部褐色。前翅褐色带紫灰色；亚基线暗褐色，在中室前缘折角，其后直线内斜；内线暗褐色，直线内斜；中线不清晰，暗褐色，自前缘脉微外斜至肾纹后折角内斜；肾纹暗褐至黑褐色，前后半各有 1 暗点，外缘中凹；外线红褐色衬暗褐色，自顶角直线内斜至翅后缘中部；1 暗褐曲纹自外区前缘脉伸至外线 M_1 脉处，亚缘线暗褐色，不清晰，在 CuA_1 脉处有时有 1 黄褐斑；缘毛深灰褐色。后翅褐色，端区色暗；隐约可见暗褐色外线与大波曲的亚缘线；缘毛黄白色。

分布：浙江（临安、江山）、黑龙江、辽宁、山东、河南、陕西、甘肃、新疆、福建、四川、云南；朝鲜半岛，日本，欧洲。

（709）平嘴壶夜蛾 *Calyptra lata* (Butler, 1881)（图版 XLV-13）

Calpe lata Butler, 1881a: 21.

Calpe aureola Graeser, 1890: 260.

Calyptra lata: Zaspel & Branham, 2008: 2.

主要特征：前翅长：31 mm。头、胸和腹部灰褐色。前翅黄褐色带紫红色；基线、内线及中线深褐色；肾纹仅外缘明显深褐色；自顶角内斜至后缘近中部具 1 红褐色线；亚端部有暗褐色曲线，在翅脉上为黑点。后翅浅黄褐色；外线及端区暗褐色。

分布：浙江（临安）、黑龙江、吉林、河北、山东、甘肃、福建、云南；俄罗斯，朝鲜半岛，日本。

396. 嘴壶夜蛾属 *Oraesia* Guenée, 1852

Oraesia Guenée, 1852, *in* Boisduval & Guenée, 1852: 362. Type species: *Noctua emarginata* Fabricius, 1794.

主要特征：雄触角单栉形。喙发达。额光滑无突起。下唇须向前伸，第 3 节短小。复眼大，圆形。后胸有小毛簇。前翅外缘中部折曲，顶角尖；后缘近基部及臀角处后突，中段凹。

分布：世界广布。

（710）鸟嘴壶夜蛾 *Oraesia excavata* (Butler, 1878)（图版 XLV-14）

Calpe excavata Butler, 1878a: 202.

Oraesia excavata: Zaspel & Branham, 2008: 7.

主要特征：翅展 49 mm。腹部灰黄色，背面带有黑色。前翅顶角外凸呈尖齿；外缘后半斜削；后缘内中部后凸呈圆钝片状，其外方翅后缘内凹呈弧形；褐色带紫色；中室后缘黑褐色；自顶角直线内斜具 1 黑褐色线。后翅灰黄色，端区微带褐色。雌性外生殖器见图 367。

分布：浙江、吉林、山东、江苏、湖南、福建、台湾、广东、广西、云南；朝鲜半岛，日本，泰国，菲律宾。

397. 薄夜蛾属 *Mecodina* Guenée, 1852

Mecodina Guenée, 1852, *in* Boisduval & Guenée, 1852: 372. Type species: *Mecodina lanceola* Guenée, 1852.

Boethantha Walker, 1865: 982. Type species: *Boethantha bisignata* Walker, 1865.

Seneratia Moore, 1885: 220. Type species: *Thermesia praecipua* Walker, 1865.

Araeognatha Hampson, 1893b: 31, 129. Type species: *Araeognatha umbrosa* Hampson, 1893.

主要特征：喙发达；下唇须向上伸，镰刀状，但不弯向后，第 2 节达头顶，第 3 节长。胸部被平滑鳞片，无毛簇；中、后足胫节外缘饰毛。前翅稍窄，有 1 狭窄径副室。后翅 M_2 脉发达，自中室下角发出。

分布：世界广布。

（711）大斑薄夜蛾 *Mecodina subcostalis* (Walker, 1865)（图版 XLVI-1）

Ophiusa subcostalis Walker, 1865: 969.

Mecodina subcostalis: Leech, 1900: 595.

主要特征：前翅长：18 mm。头部和胸部灰褐色带紫色。腹部灰紫色。前翅褐色，带紫灰色调；亚基线、内线、中线和外线深褐色，均波浪状，后三者在前缘扩大为黑褐色斑；环纹为 1 清晰黑点；肾纹窄，灰色褐色边，内有 1 褐线；亚缘线前端白色，其后为各翅脉上的白色尖点；亚缘线内侧前缘处有 1 黑褐色三角形大斑，斑的下端扩展为 1 黑色圆点。后翅较前翅色暗；内线和中线深褐色，波浪状；外线黑褐色，粗壮，在前缘附近折曲，其下较直，外线内侧衬暗黄色，外侧衬灰色。前后翅缘线黑褐色。

分布：浙江（舟山、江山）、河北、河南、甘肃、湖北、江西、湖南、福建、台湾、广西；朝鲜半岛，印度，尼泊尔，泰国。

（712）中带薄夜蛾 *Mecodina lankesteri* Leech, 1900（图版 XLVI-2）

Mecodina lankesteri Leech, 1900: 593.

主要特征：前翅长：16 mm。触角线形。头部和领片灰褐色；胸部背面淡紫灰色。腹部背面灰褐色。前翅顶角略尖；前后翅外缘微波曲。前翅灰色带黑色；亚基线黑色，较粗，自前缘脉至中室；内线双线黑色，粗而模糊，较直；肾纹极窄，白色，外缘中凹，内侧衬黑色；中线黑色带状，自前缘外斜至中室下角后折向后缘；外线黑色，波状，不清晰，在前缘形成 1 模糊三角形斑；亚缘线灰白色，内侧有 1 较大黑斑，其内缘外斜，外缘二齿状，位于前缘至 M_1 之间；近臀角处有 1 灰黄色斑，近三角形；端区中部色较暗。后翅深灰褐色至黑褐色；中线双线黑色，波状；亚缘线灰褐色，仅在 M_3 脉以后可见，内侧有 1 片黑色，外侧黄褐色。

分布：浙江（舟山）、甘肃、湖南、福建、四川。

398. 勒夜蛾属 *Laspeyria* Germar, 1810

Laspeyria Germar, 1810: 13. Type species: *Bombyx flexula* Denis *et* Schiffermüller, 1775.

Colposia Hübner, 1823: 287. Type species: *Bombyx flexula* Denis *et* Schiffermüller, 1775.

Aventia Duponchel, 1829, *in* Godart & Duponchel, 1829: 190. Type species: *Bombyx flexula* Denis *et* Schiffermüller, 1775.

主要特征：雄蛾触角线形，有纤毛丛；喙发达；下唇须向上伸，第 2 节饰密毛，第 3 节小。胸部背面无毛簇。前翅顶角尖，外缘前半强内凹，中部外凸成角。后翅宽，外缘弧曲。幼虫第 1、2 对腹足较小。

分布：古北区、东洋区。

（713）赭灰勒夜蛾 *Laspeyria ruficeps* (Walker, 1864)（图版 XLVI-3）

Thermesia ruficeps Walker, 1864a: 186.

Thermesia sparsa Walker, 1864a: 187.

Laspeyria ruficeps: Holloway, 2010: 85.

主要特征：前翅长：11 mm。头部与领片红褐色。胸部浅褐色杂深褐色。前翅浅灰褐色，带深褐色并有黑色细点；内线深褐色，大波浪形外弯；肾纹黑色，由 3 个黑点组成，外线灰黄色，自前缘脉外弯至中室下缘，折向内斜，外区前缘脉上有 1 列黄灰色点间杂暗褐纹。后翅外线灰黄色，平直。前后翅亚缘线为 1 列黑点。

分布：浙江（景宁）、黑龙江、吉林、辽宁、台湾、广东、四川；日本，印度，尼泊尔，斯里兰卡，马来西亚，印度尼西亚。

399. 眉夜蛾属 *Pangrapta* Hübner, 1818

Pangrapta Hübner, 1818: 18. Type species: *Pangrapta decoralis* Hübner, 1818.

Marmorinia Guenée, 1852, *in* Boisduval & Guenée, 1852: 370. Type species: *Marmorinia epionoides* Guenée, 1852.

Saraca Walker, 1866: 1190. Type species: *Saraca disruptalis* Walker, 1866.

Stenozethes Hampson, 1926: 556. Type species: *Marmorinia obscurata* Butler, 1879.

主要特征：雄蛾触角有纤毛；喙发达；额上有毛簇；下唇须斜向上伸，微曲呈镰刀形，第 2 节长过头顶，弯曲，鳞片甚厚，第 3 节直立细长。胸、腹部鳞片平滑。前翅外缘中凸成 1 尖角或圆角，或曲度平稳、外缘仅呈锯齿形，外线从前缘起即向外倾曲，其前方大都有 1 三角形较淡色斑。

分布：世界广布。

分种检索表

1. 前翅内线在褶脉不弯折成角 ………………………………………………………… 2
- 前翅内线在褶脉弯折成角 ……………………………………………… **鳞眉夜蛾 *P. squamea***
2. 后翅基半部非黑色 ………………………………………………………… 3
- 后翅基半部黑色 ……………………………………………… **暗灰眉夜蛾 *P. griseola***
3. 翅面不具裂状纹 ………………………………………………………… 4
- 翅面具裂状纹 ……………………………………………… **白痣眉夜蛾 *P. albistigma***
4. 前翅前缘不具半圆形灰色大斑 ……………………………………………… **纱眉夜蛾 *P. textilis***
- 前翅前缘具半圆形灰色大斑 ……………………………………………… **浓眉夜蛾 *P. trimantesalis***

（714）纱眉夜蛾 *Pangrapta textilis* (Leech, 1889)（图版 XLVI-4）

Saraca textilis Leech, 1889c: 567.

Pangrapta textilis: Warren, 1913: 409.

主要特征：前翅长：13 mm。头部与胸部浅褐色，密布深褐点。腹部浅黄色，部分有黑褐色横条。前翅顶角和前后翅外缘中部均凸出，但较弱，外缘其余部分明显波曲。前翅黄白色，布有黑褐细点，中脉及外线外方的各翅脉上黑褐色致密；亚基线黑褐色，仅前缘区可见；内线暗褐色，波曲外弯；环纹小，近圆形，有模糊黑褐边；肾纹窄曲，内缘黑褐色，中央有 1 黑曲纹；外线双线黑褐色，自前缘脉外斜至 M_2 脉折角内斜，在臀褶处稍外弯；外线外方的前缘脉暗褐色，有 1 列黄白点；亚缘线黄白色，内侧衬褐色，外侧黑褐色，在 R_5 脉处外凸，中段外弯，其后微波浪形，下端达臀角；M_2 至 M_3 脉间有 1 黑褐纵纹穿越外线及亚缘线达翅外缘；缘线黑色，微波浪形；缘毛浅黄褐色带赭色，中间有 1 波浪形黑线。后翅黄白色，有黑褐色细点；中线与外线黑褐色；亚缘线两侧黑褐色，锯齿形。雄性外生殖器见图 234。

分布：浙江（余姚）、河北、山东、陕西、甘肃、福建；朝鲜半岛。

（715）白痣眉夜蛾 *Pangrapta albistigma* (Hampson, 1898)（图版 XLVI-5）

Zethes albistigma Hampson, 1898: 457.

Pangrapta albistigma: Warren, 1913: 409.

主要特征：前翅长：10–13 mm。头部白色杂黑色；下唇须外侧灰色杂黑灰色，第 3 节端部灰白色。胸部背面灰色杂褐色；足外侧黑灰色，跗节各节间有灰白斑。腹部灰褐色。前翅白色带褐色，密布暗褐色细点；亚基线黑色，自前缘脉至中室；内线黑色，自前缘脉外斜，在中室处内凹，中室后内斜；环纹只现 1 黑粗点；肾纹白色，边缘暗褐色，中央有 1 暗褐色曲纹；中线黑色，自前缘脉外斜至中室前缘，在中室间断，自中室后缘波曲内斜；外线黑色，自前缘脉外斜至 M_1 脉折角波曲内斜；亚缘线在 M_2 脉前至前缘脉间为 1 列白色斜点，均围以暗褐边，内侧色暗，M_2 脉暗褐色。后翅白色，有暗褐细点，横脉处具 1 白斑，由细黑线分割为几个小斑；内线、外线黑色，后者外方具另 1 黑线；亚缘区及端区由 1 黑线分割成双列白斑。

分布：浙江（余姚、舟山、磐安）、河北、陕西、湖北、台湾、四川；俄罗斯，朝鲜半岛，日本，印度。

（716）暗灰眉夜蛾 *Pangrapta griseola* Staudinger, 1892（图版 XLVI-6）

Pangrapta griseola Staudinger, 1892a: 620.

主要特征：前翅长：14 mm。前翅黑褐色；内线黑色，自前缘脉外斜至中室折角内斜；环纹褐色，中央微白；肾纹白色，半圆形，内侧有 2 白点，外侧前后方各有 1 白点；中线黑色，外弯；外线外侧灰白色，中段内侧黑色，自前缘脉外斜至 M_1 脉后内斜；亚缘线灰白色，前半锯齿形；缘线黑色。后翅基半部黑色，中点白色，其中有黑色曲纹，后方有 2 白点；外线黑色衬白色，外弯；亚缘线灰白色，内侧黑色，在中褶处有 1 齿形黑褐斑；缘线黑色。

分布：浙江（景宁）、吉林、甘肃；俄罗斯，朝鲜半岛。

（717）浓眉夜蛾 *Pangrapta trimantesalis* (Walker, 1859)（图版 XLVI-7）

Egnasia trimantesalis Walker, 1859: 220.

Pangrapta trimantesalis: Warren, 1913: 406.

主要特征：前翅长：14 mm。头部暗红褐色；下唇须灰褐色；胸部暗红褐色。腹部深褐色。前翅顶角尖，凸出较少；前后翅外缘较光滑，中部隆起，不形成尖角。前翅深褐色带灰色，密布黑褐色细点，基部暗褐色；亚基线黑色，波浪形，自前缘脉至臀褶，外侧衬灰色；内线黑色，波浪形外弯，在中室处明显内凸；环纹灰褐色，边缘黑褐色，小而圆；肾纹色似环纹，小而模糊；中线黑褐色，自前缘脉外斜至肾纹前端，自肾纹后端内斜并微波浪形；外线黑褐色，自前缘脉外斜至 M1 脉，折角波曲内斜，前段外方有 1 近半圆形灰色大斑，后端 1 黑褐波浪形线；亚缘线黑褐色间断；顶角 1 灰白斜纹。后翅灰褐色，各横线黑褐色；外线双线波浪形；亚缘线间断；缘线 1 细褐线。

分布：浙江（余姚、舟山）、吉林、陕西、甘肃、江苏、福建、云南；朝鲜半岛，日本，印度，孟加拉国。

（718）鳞眉夜蛾 *Pangrapta squamea* (Leech, 1900)（图版 XLVI-8）

Zethes squamea Leech, 1900: 601.

Pangrapta squamea: Warren, 1913: 407.

主要特征：前翅长：24 mm。头和体背黑灰色；下唇须外侧黑褐色。前翅略狭长，顶角凸出，外缘中部凸出 1 尖角，凸角与顶角之间微凹；后翅外缘中部略凸。前翅黑褐色，前缘区灰白色，自近基部向顶角逐渐扩展；亚基线黑色，自前缘外弯至臀褶；内线黑色，粗而模糊，弧形弯曲；环纹和肾纹灰色，边缘黑色，均不太明显；中线黑色，模糊带状，自前缘外斜至中褶后折角内斜，后端与内线合并，折角处有 1 黑色纵纹外伸至外缘；外线黑色，前端较粗，自前缘外斜至 M_1 脉，折角内斜；亚缘线白色，外侧暗褐色，在 CuA_2 脉以下内侧暗褐色；外线折角以上至顶角为 1 灰白色大斑。后翅黑褐色；中点浅黄色，由 1 黑线分割为二；中线、外线黑色；亚缘线白色，锯齿形。

分布：浙江（临安）、河南、甘肃、湖北、云南。

400. 尺夜蛾属 *Dierna* Walker, 1859

Dierna Walker, 1859: 204. Type species: *Dierna acanthusalis* Walker, 1859.

Nahara Walker, 1865: 1004. Type species: *Nahara clavifera* Walker, 1865.

Naganoella Sugi, 1982, *in* Inoue *et al.*,1982: 885. Type species: *Dierna timandra* Alphéraky, 1897.

主要特征：雄蛾触角有纤毛；喙发达；下唇须向上弯，第 2 节长而宽，伸达头顶，第 3 节细尖。胸部和腹部被鳞平滑。前翅三角形，顶角尖，外缘斜弯，臀角圆弯。

分布：古北区、东洋区。

（719）红尺夜蛾 *Dierna timandra* Alphéraky, 1897（图版 XLVI-9）

Dierna? *timandra* Alphéraky, 1897: 179.

Perynea pvilcherina [*sic*!] Nagano, 1918: 449.

主要特征：前翅长：13–14 mm。触角线形，暗褐色，雄触角有纤毛；头部白色带有桃红色；下唇须灰黄色杂黑褐色。胸部桃红色。腹部黑灰色，基节背面中央桃红色。前翅顶角尖锐凸出，外缘浅弧形，中部微隆；后翅略呈浅弧形。前翅桃红色，布有黑色细点；内线灰黄色，中部有微白线，较直，微内斜；肾纹窄曲，灰黄色；前缘区外半部灰黄色，有白点，1 灰黄斜带自顶角直线内斜至翅后缘近中部，其中有 1 白线；亚缘线白色，微曲内斜；缘线灰白色。后翅桃红色，布有黑色细点，前缘区灰黄色，内窄外宽，不达顶角；内线灰黄色，中部有 1 白线；外线为灰黄色宽带，中部有 1 白线；亚缘线白色，自前缘区灰黄斑后外斜，M_3 脉后内斜。雄性外生殖器（图 235）：钩形突粗壮，端部尖锐；抱器背与抱器腹分离；抱器背细长；抱器腹骨化强，端部近方形；囊形突端部圆；阳端基环菱形；阳茎端半部具 1 骨化带，其上具 1 列小齿，另具 2 个小齿。

分布：浙江（四明山、余姚、江山、景宁）、黑龙江、吉林、河北、河南、陕西、甘肃、湖北、湖南；朝鲜半岛，日本。

（十四）髯须夜蛾亚科 Hypeninae

401. 髯须夜蛾属 *Hypena* Schrank, 1802

Hypena Schrank, 1802: 163. Type species: *Phalaena proboscidalis* Linnaeus, 1758.

主要特征：喙发达；下唇须很长，饰长毛，第 3 节尖；额有尖毛簇。胸部被平滑鳞片。腹部第 1、2 节背面有毛簇。前翅顶角尖，外缘弧曲，前半微凹。

分布：古北区、东洋区。

分种检索表

1. 后翅无黄色……………………………………………………………………………………2
- 后翅黄色……………………………………………………………**两色髯须夜蛾 *H. trigonalis***
2. 前翅外线自前缘脉外斜至 M_2 脉折角内斜……………………………………**阴髯须夜蛾 *H. stygiana***
- 前翅外线不如上述………………………………………………………………………………3
3. 前翅亚缘线后半部在翅脉上呈白色小点斑……………………………**双色髯须夜蛾 *H. bicoloralis***
- 前翅亚缘线后半部在翅脉上不呈白色小点斑…………………………………**满髯夜蛾 *H. mandarina***

（720）两色髯须夜蛾 *Hypena trigonalis* (Guenée, 1854)（图版 XLVI-10）

Dichromia trigonalis Guenée, 1854, *in* Boisduval & Guenée, 1854: 19.
Hypena trigonalis: Hampson, 1895b: 73.

主要特征：前翅长：17 mm。雌雄触角均线形；头和胸部黑褐色；下唇须很长，饰长毛，第 3 节尖。腹部黄色。前翅顶角略凸；前后翅外缘浅弧形。前翅黑褐色，布有灰色细点，翅基部和亚缘线两侧灰点致密；内线黑色，自前缘脉外斜至 2A 脉，此处内侧略带红褐色；外线灰白色，微呈波状，内线、外线之间形成 1 片黑褐色楔形区域；亚缘线灰白色，不规则波曲；缘线为 1 列半月形灰白色点。后翅黄色，端部有 1 黑色带，上宽下窄，下端止于 CuA_2 脉；缘毛与其内侧翅面颜色相同。雄性外生殖器见图 236。雌性外生殖器见图 368。

分布：浙江（舟山、磐安）、吉林、辽宁、山东、河南、陕西、甘肃、江西、福建、台湾、四川、贵州、云南、西藏；朝鲜半岛，日本，巴基斯坦，印度，印度尼西亚。

（721）阴髯须夜蛾 *Hypena stygiana* Butler, 1878（图版 XLVI-11）

Hypena stygiana Butler, 1878c: 55.

主要特征：前翅长：16 mm。前翅外线内方为 1 黑褐色带紫色大斑；内线浅褐色，自前缘脉外斜至中室前缘折角内斜，至臀褶再折角外斜；外线白色，自前缘脉外斜至 M_2 脉折角内斜；环纹隐约可见；亚缘线灰白色，波状，极不明显，内侧有几个模糊黑斑，顶角有 1 斜黑纹，缘线黑色。后翅灰褐色，中点小，暗褐色。雌性外生殖器见图 369。

分布：浙江、吉林、辽宁、北京、山东、陕西、江西、西藏；俄罗斯，朝鲜半岛，日本。

（722）双色髯须夜蛾 *Hypena bicoloralis* Graeser, 1889（图版 XLVI-12）

Hypena bicoloralis Graeser, [1889]1888: 381.

主要特征：前翅长：13–14 mm。头部与胸部深褐色；胸部腹面浅褐色。腹部褐色，背毛簇黑褐色。前翅暗褐色，布有少许蓝白细点，外线外方及后缘区内半灰白色带褐色；外线内方为 1 近菱形大斑，其下缘起自中室下缘基部，外斜至 2A 脉中部，未达翅后缘；外线白色，自前缘脉微曲外斜，至 M_3 与 CuA_1 脉处折角内斜，近 2A 脉处呈弧形内伸，在 2A 脉与大斑后的白色相接合，线外侧另有 1 暗褐线与之平行，其前段外方有 1 近半圆形暗褐斑；亚缘线白色，不规则锯齿形，在各翅脉处间断，线内侧有 1 列暗褐色齿形纹，在 2A 脉后的纹较粗长；1 深褐色纹自顶角后内斜至外线折角处；缘线由 1 列新月形黑点组成；缘毛基部黄褐色，其余灰褐色。后翅褐色；缘线由 1 列长弧形褐点组成；缘毛浅褐色，基部淡黄色。雄性外生殖器

（图 237）：钩形突端部弯曲，尖锐；阳茎弯曲，角状器为 1 簇小刺。雌性外生殖器（图 370）：前后阴片不发达；具骨环；囊导管细长，膜质；囊体较囊导管长，椭圆形，膜质。

分布：浙江（临安、余姚、舟山、磐安）、河南、陕西、甘肃、江苏、湖南、福建、广西、四川、西藏；印度，缅甸。

（723）满髯夜蛾 *Hypena mandarina* Leech, 1900（图版 XLVI-13）

Hypena mandarina Leech, 1900: 658.

主要特征：前翅长：15 mm。头部黑褐色，头顶有黑褐色杂灰白色的毛簇；下唇须向前平伸，第 2 节浅褐色杂黑色，上缘饰长密鳞，第 3 节黑褐色，端部尖，下缘饰密鳞。胸、腹部黑褐色。前翅内半几乎全被 1 大褐色斑所占，其下缘自前缘脉基部后方外斜至 2A 脉，其外缘与外线平行，自前缘脉外斜至 M_2 脉折角内斜，斑的后方有 1 楔形黑纵纹，斑的外侧为细弱黑褐色外线，外线外方灰褐色；亚缘线由 1 列模糊黑点组成，亚缘区前部有 1 暗褐斑；顶角有 1 内斜黑纹；缘线褐色。后翅烟褐色，中点暗褐色。

分布：浙江、陕西、甘肃、湖北、湖南、福建、四川、云南、西藏；日本。

（十五）长须夜蛾亚科 Herminiinae

分属检索表

1. 前翅外线和亚缘线外侧无灰白色 ………… 2
- 前翅外线和亚缘线外侧伴灰白色 ………… 尖须夜蛾属 *Bleptina*
2. 亚缘线非从顶角出发 ………… 3
- 亚缘线从顶角出发 ………… 镰须夜蛾属 *Zanclognatha*
3. 肾状纹非白色大斑 ………… 5
- 肾状纹为白色大斑 ………… 白肾夜蛾属 *Edessena*
4. 前翅亚缘线平直 ………… 贫夜蛾属 *Simplicia*
- 前翅亚缘线弧形弯曲 ………… 波夜蛾属 *Bocana*

402. 尖须夜蛾属 *Bleptina* Guenée, 1854

Bleptina Guenée, 1854, *in* Boisduval & Guenée, 1854: 66. Type species: *Bleptina caradrinalis* Guenée, 1854.

主要特征：雄触角有短纤毛丛；喙发达；下唇须镰刀形，第 2 节超过头顶，第 3 节尖而长，后缘有毛簇。胸、腹部鳞片平滑；前足胫节下缘常有 1 鞘，内有成块的鳞丛。前翅顶角稍尖，有径副室。

分布：世界广布。

（724）白线尖须夜蛾 *Bleptina albolinealis* Leech, 1900（图版 XLVI-14）

Bleptina albolinealis Leech, 1900: 627.

主要特征：前翅长：14–16 mm。头部褐色，下唇须向上伸并向后弯至胸部背面，第 3 节细，端部尖。胸部褐色。腹部灰褐色。前翅深褐色；内线黑色，外侧衬白色，平直且内倾；肾纹黑色，条状；外线黑色，内侧衬明显白色，近平直，内倾角度小于内线；亚缘线黑色，外侧衬白色；外线与亚缘线之间翅面颜色略深；缘线由 1 列黑色短条状斑纹组成。后翅颜色较前翅浅，翅面斑纹与前翅相似。

分布：浙江（舟山）、江西、湖南、福建、广西、四川。

403. 白肾夜蛾属 *Edessena* Walker, 1859

Edessena Walker, 1859: 162. Type species: *Edessena gentiusalis* Walker, 1859.

主要特征：雄蛾触角亚锯齿形，每齿有 1 对弯曲的鬃毛；喙发达；额平滑，微圆；下唇须扁平，向上曲伸，呈镰刀形，第 2 节宽，鳞片紧密，第 3 节尖，仅为第 2 节长度的 1/2 左右。胸、腹部鳞片平滑；腿节与胫节有许多毛簇，跗节基部有小毛簇。前翅雌较雄宽，顶角略伸，外缘微曲。后翅很大，Rs 和 M_1 脉共柄，M_2 脉从中室下角附近伸出。前后翅中室外侧均有 1 半透明白纹。

分布：古北区、东洋区。

（725）白肾夜蛾 *Edessena gentiusalis* Walker, 1859（图版 XLVI-15）

Edessena gentiusalis Walker, 1859: 162.

Edessena gentiusalis var. *formosensis* Strand, 1920: 157.

主要特征：前翅长：23–24 mm。头部和胸部黑褐色。腹部黑褐色。翅面黑褐色。前翅内线黑色，模糊，弧形；环纹为 1 黑点；肾纹白色，巨大，内缘直，外缘中部凹入，外线与亚缘线黑色，模糊。后翅外线和亚缘线与前翅相似。雄性外生殖器见图 238。

分布：浙江（四明山、鄞州、余姚、磐安）、河北、湖南、福建、台湾、海南、四川、云南、西藏；日本。

（726）钩白肾夜蛾 *Edessena hamada* (Felder *et* Rogenhofer, 1874)（图版 XLVI-16）

Renodes hamada Felder *et* Rogenhofer, 1874: pl. 119, fig. 23.

Edessena hamada: Leech, 1889c: 564.

主要特征：前翅长：20–23 mm。头部灰褐色；下唇须扁平，向上伸，呈镰刀形。胸部灰褐色。腹部暗灰褐色。前翅雌较雄宽，顶角略伸，外缘微波曲；后翅很大。前翅灰褐色；内线暗褐色，自前缘脉至中室前缘，折角强外斜并呈极细锯齿形，至臀褶处折角波浪形内斜；环纹只现 1 白点；肾纹白色，下半向外折而凸出；外线暗褐色，不规则锯齿形；亚缘线暗褐色锯齿形，不明显。后翅灰褐色，中点暗褐色，后半为 1 白点；外线暗褐色，在中褶后内弯；亚缘线暗褐色，曲度似外线。雄性外生殖器见图 239。雌性外生殖器见图 371。

分布：浙江（四明山、余姚、磐安）、黑龙江、吉林、辽宁、河北、山东、陕西、甘肃、江西、湖南、福建、四川、云南；俄罗斯，朝鲜半岛，日本。

404. 贫夜蛾属 *Simplicia* Guenée, 1854

Simplicia Guenée, 1854, *in* Boisduval & Guenée, 1854, 8: 15. Type species: *Herminia rectalis* Eversmann, 1842.

Libisosa Walker, 1859: 187. Type species: *Libisosa butesalis* Walker, 1859.

Culicula Walker, 1863a: 178. Type species: *Culicula bimarginata* Walker, 1863.

Aginna Walker, 1865: 1022. Type species: *Aginna circumscripta* Walker, 1865.

主要特征：触角线形，雄触角有纤毛，基部 2/5 处常有 1 疖状膨大；喙发达；下唇须上弯，镰刀形，第 2 节越过头顶，第 3 节长。胸部与腹部被鳞片；雄蛾前足胫节有鞘，内生丛鳞。前翅无径副室，R_2 至 R_4 脉共柄。

分布：世界广布。

（727）黑点贫夜蛾 *Simplicia rectalis* (Eversmann, 1842)（图版 XLVI-17）

Herminia rectalis Eversmann, 1842: 558.
Herminia sicca Butler, 1879b: 62.
Simplicia rectalis minoralis Warren, 1913: 416.

主要特征：前翅长：雄 18 mm，雌 15–17 mm。头、胸、腹部及前翅暗黄褐色。前翅狭长，顶角圆，外缘浅弧形；内线褐色，波浪形；肾纹褐色，点状；外线褐色，细锯齿形；亚缘线白色，近呈直线；缘线为 1 列黑点。后翅灰黄褐色；亚缘线白色，不明显；缘线褐色。雌性外生殖器见图 372。

分布：浙江、内蒙古、河北、陕西、甘肃、湖南、福建、台湾、海南、广西、云南、西藏；朝鲜半岛，日本。

405. 镰须夜蛾属 *Zanclognatha* Lederer, 1857

Zanclognatha Lederer, 1857: 45, 211. Type species: *Pyralis tarsiplumalis* Hübner, 1796.
Mesoplectra Butler, 1879b: 65. Type species: *Mesoplectra lilacina* Butler, 1879.
Adrapsoides Matsumura, 1925a: 153. Type species: *Adrapsa reticulatis* Leech, 1900.

主要特征：雄蛾触角有鬃毛，往往在中部有 1 疖形构造；喙发达；额平滑，上方有向前伸的短尖毛簇；下唇须镰刀形，远超过头顶，第 3 节尖。前足有 1 撮可以伸张的长毛。冬季幼虫仍能在干枯叶子上取食，在地面作 1 白色丝茧化蛹。

分布：世界广布。

（728）杉镰须夜蛾 *Zanclognatha griselda* (Butler, 1879)（图版 XLVI-18）

Herminia griselda Butler, 1879b: 63.
Zanclognatha griselda: Warren, 1913: 417.

主要特征：前翅长：13–14 mm。头、胸、腹部灰褐色。翅面灰褐色，具紫色调；斑纹黑褐色。前翅内线弧形；肾纹中部向内弯曲，后端略粗；外线在中室向外呈角状凸出；亚缘线粗壮，自顶角内斜至翅后缘近臀角处。后翅中点模糊；外线模糊，微外弯；亚缘线深褐色，前细后粗，外侧衬白边；缘线黑褐色。雌性外生殖器见图 373。

分布：浙江（四明山、鄞州、余姚、磐安）、辽宁、甘肃、江西、福建；俄罗斯，朝鲜半岛，日本，欧洲。

（729）黄镰须夜蛾 *Zanclognatha helva* (Butler, 1879)（图版 XLVI-19）

Herminia helva Butler, 1879a: 447.
Zanclognatha helva: Warren, 1913: 418.

主要特征：前翅长：13 mm。头部、胸部和腹部黄褐色，具深褐色斑点。翅面黄褐色，近外缘颜色略深，密布深褐色斑点，斑纹深褐色。前翅内线波曲；肾纹小，点状；外线在中室处向外凸出，之后波曲且内斜；亚缘线为双线，自顶角伸达臀角，两线间灰白色；缘线连续；后翅中点小；外线微波曲；亚缘线外侧衬白色，近臀角处内斜；缘线连续。雄性外生殖器见图 240。

分布：浙江（舟山、磐安）、江西、湖南、福建、台湾；俄罗斯，朝鲜半岛，日本。

406. 波夜蛾属 *Bocana* Walker, 1859

Bocana Walker, 1859: 170. Type species: *Bocana manifestalis* Walker, 1859.

Lamura Walker, 1859: 189. Type species: *Lamura oberratalis* Walker, 1859.

Asthala Moore, 1882: 196. Type species: *Bocana silenusalis* Walker, 1859.

主要特征：雄蛾触角双栉形；喙发达；雄蛾下唇须第 2 节平滑，第 3 节裸而上弯；前顶角突出，外缘斜弯，雄蛾反面具 1 大前缘褶。

分布：东洋区、澳洲区。

（730）淡缘波夜蛾 *Bocana marginata* (Leech, 1900)（图版 XLVI-20）

Adrapsa marginata Leech, 1900: 614.

Bocana marginata: Warrren, 1913: 423.

主要特征：前翅长：17 mm。头部灰白色，胸部灰色至深褐色。腹部浅黄褐色。翅面黄褐色，后翅颜色略浅；斑纹黑色。前翅内线近平直，内倾；中线模糊；肾纹中部向内弯曲；外线外侧衬白色，在中室下方向内弯曲，随后平直；亚缘线外侧衬白色，粗壮，近平直，略内倾；缘线由 1 列黑色短纹组成。后翅基半部灰色；外线平直；亚缘线外侧衬白色，在前缘下方向内凹入，之后近平直，在近臀角处内倾；缘线与前翅相似。雌性外生殖器（图 374）：囊体长椭圆形，具 2 条由骨化刺组成的带。

分布：浙江（余姚、磐安、江山、景宁）、江西、湖南、福建、贵州。

（十六）金翅夜蛾亚科 Plusiinae

分属检索表

1. 肾状纹不呈黑色纵条端 ··· 2
- 肾状纹呈黑色纵条端 ··· 银锭夜蛾属 ***Macdunnoughia***
2. 前翅中部至顶角具有 1 弧形金斑 ··· 中金弧夜蛾属 ***Thysanoplusia***
- 前翅中部至顶角无弧形金斑，仅中部具有 1 外斜灰白色至黄灰色条带 ··············· 银纹夜蛾属 ***Ctenoplusia***

407. 银纹夜蛾属 *Ctenoplusia* Dufay, 1970

Ctenoplusia Dufay, 1970b: 91. Type species: *Plusia limbirena* Guenée, 1852.

Acanthoplusia Dufay, 1970a: 104. Type species: *Pytometra tarassota* Hampson, 1913.

主要特征：雄触角线形；下唇须短；额平滑无突起。各足胫节无刺。腹部第 1、3 节背面和腹侧有鳞簇。前翅较短宽；楔形纹除白条夜蛾外多为 1 “U” 形银斑和 1 圆形或椭圆形斑纹。

分布：世界广布。

（731）白条夜蛾 *Ctenoplusia albostriata* (Bremer *et* Grey, 1853)（图版 XLVI-21）

Plusia albostriata Bremer *et* Grey, 1853a: 18.

Ctenoplusia albostriata: Yoshimoto, 1993: 54.

主要特征：前翅长：15 mm。头部及胸部褐色；领片有黑线。腹部暗褐色。前翅亚基线、内线及外线黑褐色；内线、外线间色较深，1 褐白色斜条自中室沿 CuA_2 脉伸至外线；肾纹黑边；亚缘线黑褐色锯齿形；缘毛黑褐色。后翅淡褐色，外半逐渐过渡到深灰褐色；缘毛淡黄褐色掺杂深灰褐色。

分布：浙江（鄞州、余姚、磐安）、黑龙江、吉林、辽宁、北京、河北、山东、陕西、甘肃、湖北、台湾、广东；俄罗斯，朝鲜半岛，日本，东南亚，澳大利亚，新西兰。

408. 中金弧夜蛾属 *Thysanoplusia* Ichinosé, 1973

Thysanoplusia Ichinosé, 1973: 137. Type species: *Phytometra intermixta* Warren, 1913.

主要特征：触角线形；下唇须中长；额平滑无突起。足胫节无刺。腹部背面有毛簇。前翅具大片金斑或楔形纹为一或长或短的斜纹。雄性外生殖器抱器瓣狭长，端部膨大，抱器腹边缘无刺。

分布：世界广布。

（732）中金弧夜蛾 *Thysanoplusia intermixta* (Warren, 1913)（图版 XLVI-22）

Phytometra intermixta Warren, 1913: 357.

Thysanoplusia intermixta: Yoshimoto, 1993: 53.

主要特征：前翅长：18 mm。触角背面有白褐相间的鳞片；头部和胸部红褐色；肩片及胸部后部褐色。腹部黄白色，基节毛簇褐色，腹部侧面及末端带红褐色。前翅深褐色；亚基线和内线灰色，细；环纹和肾纹为灰色细纹，均不明显；翅端半部由前缘外 1/4 处起至 M_1 后向内伸，最后沿 CuA_2 扩展至中室下缘的部分为大片金黄色；外线前半段褐色，明显，后半段不清晰；亚缘线、缘线和缘毛褐色。后翅黄白色，端半部浅褐色；中点褐色；缘毛黄褐色。

分布：浙江（余姚）、辽宁、河北、陕西、甘肃、湖北、福建、台湾、四川、贵州；俄罗斯，朝鲜半岛，日本，印度，东南亚，澳大利亚。

409. 银锭夜蛾属 *Macdunnoughia* Kostrowicki, 1961

Macdunnoughia Kostrowicki, 1961: 402. Type species: *Plusia confusa* Stephens, 1850.

Scleroplusia Ichinosé, 1962: 249. Type species: *Plusia confusa* Stephens, 1850.

Puriplusia Chou *et* Lu, 1974: 71, 77. Type species: *Plusia purissima* Butler, 1878.

主要特征：雄蛾触角线形；下唇须短，第 3 节端部钝圆；额平滑无突起。各足胫节无刺。腹部较短，第 1–3 节背面有小鳞簇。前翅较短宽，有银纹。

分布：古北区、东洋区。

（733）淡银锭夜蛾 *Macdunnoughia purissima* (Butler, 1878)（图版 XLVI-23）

Plusia purissima Butler, 1878a: 202.

Macdunnoughia purissima: Dufay, 1977: 140.

别名：淡银纹夜蛾。

主要特征：前翅长：13–15 mm。触角褐色。体灰色；后胸及第 1 腹节毛簇黑褐色。前翅灰色；亚基线、内线在中室后的部分及外线和亚缘线均黑褐色斜行；内线、外线间在中室后暗褐色，其内在 CuA_2 上有 2 个三角形银斑，中室后外侧有 1 暗褐斑，隐见 1 暗色条向内斜伸至前缘；外缘淡褐色；缘毛灰色。后翅灰褐色，端半部色较深，中部有 1 深色细条。

分布：浙江、吉林、辽宁、河北、陕西、甘肃、湖北、四川、贵州；俄罗斯，朝鲜半岛，日本，印度。

参 考 文 献

鲍新梅, 徐一忠. 1995. 鳞翅目: 天蛾科. 347-350. 见: 吴鸿. 华东百山祖昆虫. 北京: 中国林业出版社.
蔡邦华, 侯陶谦. 1976. 中国松毛虫属及其近缘属的修订(枯叶蛾科). 昆虫学报, 19(4): 443-452.
蔡邦华, 侯陶谦. 1980. 中国枯叶蛾科的新种. 昆虫分类学报, 2(4): 257-266.
蔡荣权. 1979. 中国舟蛾科的新属新种. 昆虫学报, 22(4): 462-467.
陈小钰. 1985. 钩蛾科二新种记述. 昆虫分类学报, 7(4): 277-280.
陈一心. 1982. 中国蛾类图鉴 III. 北京: 科学出版社, 237-390.
陈一心. 1999. 中国动物志 昆虫纲 第十六卷 鳞翅目 夜蛾科. 北京: 科学出版社, 1-1596.
方承莱. 1991. 中国美苔蛾属的研究. 见: 中国科学院动物研究所编辑. 动物学集刊, 8. 北京: 科学出版社, 383-397.
方承莱. 1992. 中国雪苔蛾属的研究. 见: 中国科学院动物研究所编辑. 动物学集刊, 9. 北京: 科学出版社, 253-266.
方承莱. 2000. 中国动物志 昆虫纲 第十九卷 鳞翅目 灯蛾科. 北京: 科学出版社, 1-589.
方育卿. 1995. 庐山天蛾科研究. 江西农业大学学报, 17(2): 191-196.
方育卿. 2003. 庐山蝶蛾志. 南昌: 江西高校出版社, 1-673.
方志刚, 吴鸿. 2001. 浙江昆虫名录. 北京: 中国林业出版社.
韩红香, 薛大勇. 2002. 鳞翅目: 尺蛾科. 543-561. 见: 黄复生. 海南森林昆虫. 北京: 科学出版社.
韩红香, 薛大勇. 2004. 鳞翅目: 尺蛾科. 467-482. 见: 杨星科. 广西十万大山地区昆虫. 北京: 中国林业出版社.
韩红香, 薛大勇. 2011. 中国动物志 昆虫纲 第五十四卷 鳞翅目 尺蛾科 尺蛾亚科. 北京: 科学出版社, 1-787.
刘友樵, 武春生. 2006. 中国动物志 昆虫纲 第四十七卷 鳞翅目 枯叶蛾科. 北京: 科学出版社, 1-385.
孟绪武. 1989. 中国鹰天蛾属一新种. 昆虫分类学报, 11(4): 299-300.
邵天玉. 2011. 中国西南地区瘤蛾族(鳞翅目: 夜蛾科: 瘤蛾亚科)分类学研究. 东北林业大学博士学位论文.
王林瑶. 1992. 蝙蝠蛾科, 网蛾科, 敌蛾科, 凤蛾科, 钩蛾科, 天蛾科, 蚕蛾科, 大蚕蛾科, 箩纹蛾科, 燕蛾科, 锚纹蛾科. 756-760, 766-773, 782-806. 见: 刘友樵. 湖南森林昆虫图鉴. 长沙: 湖南科学技术出版社.
王林瑶. 1997. 鳞翅目: 蝙蝠蛾科, 网蛾科, 蛱蛾科, 凤蛾科, 钩蛾科, 天蛾科, 蚕蛾科, 大蚕蛾科, 箩纹蛾科, 蚬蛾科, 燕蛾科, 锚纹蛾科. 1022-1043. 见: 杨星科. 长江三峡库区昆虫(下). 重庆: 重庆出版社.
王林瑶. 2001. 鳞翅目: 蝙蝠蛾科, 网蛾科, 蛱蛾科, 凤蛾科, 圆钩蛾科, 钩蛾科, 天蛾科, 蚕蛾科, 箩纹蛾科, 燕蛾科. 590-596. 见: 吴鸿, 潘承文. 天目山昆虫. 北京: 科学出版社.
王林瑶. 2004. 鳞翅目: 蝙蝠蛾科, 网蛾科, 蛱蛾科, 凤蛾科, 圆钩蛾科, 钩蛾科, 天蛾科, 蚕蛾科, 大蚕蛾科, 箩纹蛾科, 燕蛾科, 锚纹蛾科, 蚬蛾科. 412-427. 见: 杨星科. 广西十万大山地区昆虫. 北京: 中国林业出版社.
王林瑶. 2005. 鳞翅目: 网蛾科, 蚕蛾科, 大蚕蛾科, 蚬蛾科, 锚纹蛾科, 圆钩蛾科, 钩蛾科, 凤蛾科, 蛱蛾科, 天蛾科. 517-531. 见: 杨星科. 秦岭西段及甘南地区昆虫. 北京: 科学出版社.
王效岳. 1998. 台湾尺蛾科图鉴(2). 台北: 台湾省立博物馆, 1-399.
吴鸿, 朱志建. 1998. 鳞翅目: 天蛾科, 天蚕蛾科. 205-208. 见: 吴鸿. 龙王山昆虫. 北京: 中国林业出版社.
武春生, 方承莱. 2003. 中国动物志 昆虫纲 第三十一卷 鳞翅目 舟蛾科. 北京: 科学出版社, 1-952.
薛大勇. 1987. 鳞翅目: 尺蛾科. 279-289. 见: 章士美. 西藏农业病虫及杂草. 第 1 卷. 拉萨: 西藏人民出版社.
薛大勇. 1992. 鳞翅目: 尺蛾科. 807-904. 见: 刘友樵. 湖南森林昆虫. 长沙: 湖南科学技术出版社.
薛大勇. 1993. 鳞翅目: 尺蛾科. 556-583. 见: 黄春梅. 龙栖山动物. 北京: 中国林业出版社.
薛大勇. 1996. 鳞翅目: 尺蛾科. 153-160. 见: 黄复生. 喀喇昆仑-昆仑山地区昆虫. 北京: 科学出版社.
薛大勇. 1997. 鳞翅目: 尺蛾科. 1221-1266. 见: 杨星科. 长江三峡库区昆虫. 重庆: 重庆出版社.
薛大勇. 2001. 尺蛾科. 320-360. 见: 黄邦侃. 福建昆虫志. 福州: 福建科学技术出版社.
薛大勇. 2004. 鳞翅目: 尺蛾科. 101-102. 见: 杨星科. 西藏雅鲁藏布大峡谷昆虫. 北京: 中国科学技术出版社.
薛大勇. 2010. 动物标本采集、保藏、鉴定和信息共享指南. 北京: 中国标准出版社, 1-442.
薛大勇, 韩红香, 姜楠. 2017. 鳞翅目大蛾类. 1-756. 见: 杨星科. 秦岭昆虫志. 西安: 世界图书出版公司.
薛大勇, 韩红香. 2005. 鳞翅目: 尺蛾科. 588-627. 见: 杨星科. 秦岭西段及甘南地区昆虫. 北京: 科学出版社.
薛大勇, 谢娟, 韩红香. 2009. 天蛾科. 213-218. 见: 王义平. 浙江乌岩岭昆虫及其森林健康评价. 北京: 科学出版社.
薛大勇, 朱弘复. 1999. 中国动物志 昆虫纲 第十五卷 鳞翅目 尺蛾科 花尺蛾亚科. 北京: 科学出版社, 1-1090.
杨集昆. 1978. 华北灯下蛾类图志(中). 北京: 北京农业大学, 301-527.
杨集昆. 1995a. 广西产钩蚕蛾属三新种(鳞翅目: 蚕蛾科). 广西科学, 2(4): 35-37, 40.
杨集昆. 1995b. 鳞翅目: 舟蛾科. 333-340. 蚕蛾科. 353-358. 见: 吴鸿. 华东百山祖昆虫. 北京: 中国林业出版社.
杨集昆. 1995c. 鳞翅目: 舟蛾科. 159-164. 见: 朱延安. 浙江古田山昆虫和大型真菌. 杭州: 浙江科学技术出版社.
杨淑贞, 王义平. 2001. 蓑蛾科, 木蠹蛾科, 透翅蛾科, 斑蛾科, 波纹蛾科. 536-539. 见: 吴鸿, 潘承文. 天目山昆虫. 北京: 科学出版社.
赵万源. 1984. 锯翅天蛾属一新种. 昆虫分类学报, 6(2-3): 183-185.
赵仲苓. 1994. 中国经济昆虫志 第四十二卷 鳞翅目 毒蛾科. 北京: 科学出版社, 1-165.
赵仲苓. 2003. 中国动物志 昆虫纲 第三十卷 鳞翅目 毒蛾科. 北京: 科学出版社, 1-484.
赵仲苓. 2004. 中国动物志 昆虫纲 第三十六卷 鳞翅目 波纹蛾科. 北京: 科学出版社, 1-291.
周尧, 卢筝. 1974. 金翅夜蛾亚科 Plusiinae 研究. 昆虫学报, 17(1): 66-78.
周尧, 向和. 1984. 云南钩蛾科研究. 昆虫分类学报, 6(2-3): 159-169.
朱弘复. 1981-1983. 中国蛾类图鉴, 1-4 卷. 北京: 科学出版社.
朱弘复, 王林瑶, 韩红香. 2004. 中国动物志 昆虫纲 第三十八卷 鳞翅目 蝙蝠蛾科 蛱蛾科. 北京: 科学出版社, 1-291.
朱弘复, 王林瑶. 1977. 中国箩纹蛾科. 昆虫学报, 20(1): 83-85.
朱弘复, 王林瑶. 1980. 中国天蛾科新种记述. 动物分类学报, 5(4): 418-425.
朱弘复, 王林瑶. 1987a. 圆钩蛾科分类及地理分布(鳞翅目: 尺蛾总科). 昆虫学报, 30(2): 203-211.
朱弘复, 王林瑶. 1987b. 中国山钩蛾亚科分类及地理分布(鳞翅目: 钩蛾科). 昆虫学报, 30(3): 291-306.
朱弘复, 王林瑶. 1987c. 中国钩蛾亚科续报(鳞翅目: 钩蛾科) I. *Callidrepana*; II. *Callicilix*; III. *Palaeodrepana*; IV. *Macrauzata*; V. *Thymistida*; VI. *Thymistadopsis*; VII. *Didymana*. 见: 中国科学院动物研究所编辑. 动物学集刊, 5. 北京: 科学出版社, 91-103.
朱弘复, 王林瑶. 1988. 中国钩蛾亚科黄钩蛾属(鳞翅目: 钩蛾科). 昆虫学报, 31(2): 203-209.
朱弘复, 王林瑶. 1991. 中国动物志 昆虫纲 第三卷 鳞翅目 圆钩蛾科 钩蛾科. 北京: 科学出版社, 1-269.
朱弘复, 王林瑶. 1993. 中国蚕蛾科研究. 见: 中国科学院动物研究所编辑. 动物学集刊, 10. 北京: 科学出版社, 211-238.
朱弘复, 王林瑶. 1996. 中国动物志 昆虫纲 第五卷 鳞翅目 蚕蛾科 大蚕蛾科 网蛾科. 北京: 科学出版社, 1-302.
朱弘复, 王林瑶. 1997. 中国动物志 昆虫纲 第十一卷 鳞翅目 天蛾科. 北京: 科学出版社, 1-410.
朱弘复, 薛大勇. 1992. 鳞翅目: 尺蛾科. 926-948. 见: 陈世骧. 横断山区昆虫 II. 北京: 科学出版社.
Agassiz L. [1847]1846. Nomenclatoris zooogici, (Index universalis). Soloduri. 1155.
Alphéraky S. 1895. Lépidoptéres nouveaux. Deutsche Entomologische Zeitschrift, Iris, 8: 180-202.
Alphéraky S. 1897. Lépidoptères de l'Amour et de la Corée. *In*: Romanoff N M (ed), Mémoires sur les Lépidoptères, 9: 151-184, pls. 10-13.
Aurivillius C. 1882. Recensio critica Lepidopterorum Musei Ludovicae Ulricae, quae descripsit Carolus a Linne. Svenska Akademiens Handlingar, 19(5): 1-188.
Aurivillius C. 1894. Die palaearktischen Gattungen der Lasiocampiden, Striphnopterygiden und Megalopygiden. Deutsche ent. Zeitschr. Lepidopt. Hefte, Iris. VII: 121-192.
Austaut J L. 1892. Deux Sphingides nouveaux de l'Asie orientale. Le Naturaliste, 68-69.
Austaut J L. 1905. Notice sur une nouvelle espece du genre *Satyrus*, ainsique sur deux genres nouveaux de la famille des Sphingides. Entomologische Zeitschrift Guben, 19: 25-26.
Austaut J L. 1912. Lepidopteres asiatiques nouveaux. [Nebst deutscher Ubers.] Internationale Entomologische Zeitschrift Guben, 6: 87-89, 125-127.
Bang-Haas O. 1927. Rhopalocera. Horae Macrolepidopt Dresden. 1: ixviii+128.
Bang-Haas O. 1938. Neubeschreibungen und Berichtigungen der palaearktischen Macrolepidopteren fauna. XXXIII, XXXVI. Entomologische Zeitschrift Frankfurt a. M., 1938(51): 177-180.
Barlow H S. 1982. An Introduction to the Moths of South East Asia. The Malayan Nature Society, Faringdon, U.K., 305.
Bastelberger M J. 1909. Neue Geometriden aus Central-Formosa*. Entomologische Zeitschrift, 23: 33-34, 39-40, 77.
Bastelberger M J. 1911. Neubeschreibungen von Geometriden aus dem Hochgebirge von Formosa. Internationale Entomologische Zeitschrift, 4(46): 248-250.
Bastelberger S R. 1909. Ein neues genus und neun neue afrikanische Geometriden aus meiner Sammlung. Internationale Entomologische Zeitschrift, 100-101.
Beljaev E A. 2007. Taxonomic changes in the emerald moths (Lepidoptera: Geometridae, Geometrinae) of East Asia, with notes on the systematics and phylogeny of Hemitheini. Zootaxa, 1584: 55-68.
Bender R, Dierl W. 1982. Zur Kenntnis der Lepidoptera Sumatras. Eine neue Art der Gattung Streblote Hübner, [1820]1816 (Lepidoptera, Lasiocampidae). Entomofauna, 3(23): 367-370.
Berio E. 1954. Nuove Catocalinae africane al Museo del Congo beiga di Tervuren (Lep. Noctuidae). Annali del Museo Civico di Storia Naturale di Genova, 66: 336-343.
Berio E. 1955. Contribution a l'etude des Noctuidae de Madagascar. Memoires de l'Institut Scientifique de Madagascar Tananarive (E), 6: 109-140.
Berio E. 1956. Appunti su alcune specie del genere *Calpe* Tr. (Lep. Noctuidae). Memorie della Societa Entomologica Italiana Genoa, 35: 109-119.
Berio E. 1960. Studi sulla sistematica delle cosiddette "Catocalinae" e "Othreinae" (Lepidoptera, Noctuidae). Annali del Museo

*台湾是中国领土的一部分。Formosa（早期西方人对台湾岛的称呼）一般指台湾，具有殖民色彩。本书因引用历史文献不便改动，仍使用 Formosa 一词，但并不代表作者及科学出版社的政治立场。

Civico di Storia Naturale di Genova, 71: 276-327.

Berio E. 1964. Appunti su alcune specie ascritte al gen. *Episparis* Wlk. con descrizione di nuovi taxa Africani (Lepidoptera, Noctuidae). Doriana Genova, 4(151): 1-5.

Berio E, Fletcher D S. 1958. Monografia dell'antico genere *Sypna* Guen. (Lepidoptera-Noctuidae). Annali del Museo Civico di Storia Naturale di Genova, 70: 14-20, 323-402.

Bethune-Baker G T. 1906. New Noctuidae from British New Guinea. Novitates Zoologicae, 13: 191-287.

Bethune-Baker G T. 1908. New Heterocera from British New Guinea. Novitates Zoologicae, 15: 175-243.

Bethune-Baker G T. 1911. Descriptions of new species of Lepidoptera from tropical Africa. Annals & Magazine of Natural History, 8: 506-542.

Billberg G J. 1820. Enumeratio Insectorum in Museo Gust. Joh. Billberg. Typis Gadelianis, Stockholm, 158.

Blanchard C E. 1840. Sixième ordre. Lépidoptères. *In*: de Castelnau F L de L (ed), Histoire naturelle des Insectes Orthoptères, Névroptères, Hémiptères, Hyménoptères, Lépidoptères et Diptères. Vol. 3. Paris: P. Duménil, 417-562.

Bode W. 1907. Die Schmetterlingsfauna von Hildesheim. Mitteilungen aus dem Roemer-Museum Hildesheim. Nr., 22: 1-65.

Boisduval J B A D. 1827. Sur cinq espèces nouvelles de Lépidoptères d'Europe. Mémoires de la Société Linnéenne de Paris, 6: 109-120.

Boisduval J B A D. 1828. Europaeorum Lepidopterorum Index Methodicus: Pars prima, sistens genera *Papilio*, *Sphinx*, *Bombyx et Noctua* Lin. Méquignon-Marvis et Crochard, Paris, 103.

Boisduval J B A D. 1833. Faune Entomologique de Madagascar, Bourbon et Maurice. Lépidoptères. Nouvelles Annales du Muséum d' Histoire Naturelle. Paris, 122.

Boisduval J B A D. 1836. *In*: Roret, Suites à Buffon Histoire naturelle des insects. Species Général de. Lépidoptères. Vol. 1, Paris: Librairie Encyclopédique de Roret, 690.

Boisduval J B A D. 1840. Genera Index methodicus europaeorum Lepidopterorum. Paris, viii+238.

Boisduval J B A D. 1852. Annales de la Sociàt, Entomologique de France. Paris, 2(10): 318.

Boisduval J B A D. 1868. Lépidoptères de la Californie. Annales de la Société Entomologique de Belgique, 12: 5-28, 37-94.

Boisduval J B A D. 1869. Hétérocères. *In*: l'Orza P (ed), Les Lépidoptères japonais à la Grande Exposition Internationale de 1867. Catalogue raisonné des espèces qui y ont figuré avec la description des espèces nouvelles. Rennes: Oberthür & Fils, 35-49.

Boisduval J B A D. 1870. Title unknown. *In*: l'Orza P (ed), Considérations sur des Lépidoptères envoyés du Guatemala à M. de l'Orza. Paris: Oberthür & Fils, à Rennes, 100.

Boisduval J B A D. [1875]1874. Sphingides, Sésiides, Castnides. *In*: Boisduval J B A D, Guenée M A (eds), Histotie naturelle des insectes. Species général des Lépidoptères. Hétérocères. Vol. 1. Paris: Librairie Encyclopédique de Roret, 568.

Borkhausen M B. 1788-1794. Naturgeschichte der Europaischen Schmetterlinge nach systematischer Ordnung: Der Phalanen erste Horde, die Spinner. Volumes 1-5. Varrentrapp und Wenner.

Bourgeois M J. 1886. [Title unknown] Bulletin de la Société entomologique de France, 4: 281-287.

Boursin C. 1954. Die "*Agrotis*"-Arten aus Dr. h.c.H. Höne's China-Ausbeuten (Beitrag zur Fauna sinica). Bonner Zoologische Beiträge, 5: 213-309.

Boursin C. 1963. Die "Noctuinae"-Arten (Agrotinae vulgo sensu) aus Dr. h. c. H. Hohne's China-Ausbeuten (Beitrag zur Fauna Sinica). Forsch. Ber. Lands Nordrhein-Westfallen Koln & Opladen, 1170: 1-107.

Boursin C. 1970. Description de 40 espéces nouvelles de Noctuidae Trifinae paléartiques et de deus genres nouveaux des sous-familles Noctuinae et Amphipyrinae. Entomops, 3(18): 45-79.

Bouvier E L. 1928. Eastern Saturniidae with descriptions of new species. Bulletin of the Hill Museum Wormley, 2: 122-141.

Bouvier E L. 1930. Seconde contribution à la conaissance des saturnioïdes du Hill Museum. Bulletin of the Hill Museum Wormley, 4(1): 1-116; (2): pls. 1-13.

Brechlin R. 2008. Ein neues Taxon der Gattung *Polyptychus* Hübner, 1819 ["1816"] aus China (Lepidoptera: Sphingidae). Entomo-Satsphingia, 1: 38-42.

Brechlin R. 2009. Vier neue Taxa der Gattung *Ambulyx* Westwood, 1847 (Lepidoptera: Sphingidae). Entomo-Satsphingia, 2(2): 50-56.

Bremer O. 1861. Neue Lepidopteren aus Ost-Sibirien und dem Amur-Lande, gesammelt von Radde und Maack. Bulletin de la Académie Impériale de las Sciences de St. Pétersbourg, 3: 462-496.

Bremer O. 1864. Lepidopteren Ostsibiriens, insbesondere des Amur-Landes, gesammelt von den Herrn G. Radde, R. Maack und P. Wulffius. Mémoires de l'Académie Impériale des Sciences de St. Petersbourg, (7)8(1): 1-103, pls. 1-8.

Bremer O, Grey W. 1852. [Title unknown]. Etudes d'Entomologie, 1: 30-31.

Bremer O, Grey W. 1853a. Beitrage zur Schmetterlungs-Fauna des nordlichen China's. Petersburg, 23., 10 pls.

Bremer O, Grey W. 1853b. *In*: Motschulsky., Diagnoses de Lépidoptéres nouveaux trouvés par MM Tatarinoff et Gaschkewitsch aux environs de Pekin. Etudes Entomologiques, 1: 58-67.

Breyer M. 1869. Assemblée mensuelle du 3 Octobre 1869. Comptes-Rendu des Séances de la Société Entomologique de Belgique [Annales de la Société Entomologique de Belgique], 12: xvi-xxi.

Bruand C T. 1845. Mémoires de la Société d'Emulation du Doubs. Outhenin-Chalandre Fils, Besançon, 142.

Bryk F. 1934. Lymantriidae. *In*: Strand E (ed), Lepidopterorum Catalogus. W. Junk's-Gravenhage, Berlin, 62: 1-441.
Bryk F. 1939. Relation entre les ocelles aberrants chez les Saturniides avec la nervulation aberrante (Lep.: Saturniidae Walk.). Lambillionea Brussels, 39: 186-190.
Bryk F. 1943. Entomological results from the Swedish expedition 1934 to Burma and British India. Lepidoptera: Drepanidae. Arkiv för Zoologi, 34A(13): 1-30, 3 pls.
Bryk F. 1944. Entomological results from the Swedish expedition 1934 to Burma and British India. Lepidoptera: Saturniidae, Bombcidae, Eupterotidae, Uraniidae, Epiplemidae and Sphingidae. Arkiv för Zoologi, 35: 1-55.
Bryk F. 1946. Zur Kenntnis der Grossschmetterlinge von Korea. Pars I. Rhopalocera, Hesperiodea et Macrofrenatae I(Sphingidae). Arkiv för Zoologi, 38A(3): 77.
Bryk F. 1949a. Zur Kenntnis der Gross-Schmetterlinge von Korcea. Part II. Arkiv för Zoologi, 41A(1): 1-225, 7 pls.
Bryk F. 1949b. Entomological Results from the Swedish Expedition 1934 to Burma and British India. Lepidoptera: Notodontidae Stephens, Cossidae Newman und Hepialidae Stephens. Arkiv för Zoologi Stockholm, 42 A(19): 1-51, pls. 1-4.
Butler A G. [1876b]1875. Descriptions of several new species of heterocerous Lepidoptera from Japan. Proceedings of the Zoological Society of London, 1875: 621-623.
Butler A G. 1866. Note on the genus *Brahmaea* of Walker. Proceedings of the Zoological Society of London: 118-121.
Butler A G. 1872. Description of a new genus and species of heterocerous Lepidoptera. Annals and Magazine of Natural History, (4)10: 125-126.
Butler A G. 1874. Descriptions of some new species of *Sessia* in the collection of the British Museum. Annals and Magazine of Natural History, 4(14): 365-367.
Butler A G. 1875a. Descriptions of thirty-three new or little-known species of Sphingidae in the collection of the British Museum. Proceedings of the Zoological Society of London, 1875: 3-16.
Butler A G. 1875b. Descriptions of new species of Sphingidae. Proceedings of the Zoological Society of London, 1875: 238-261.
Butler A G. 1875c. Revision of the genus *Spilosoma* and allied groups of the family Arctiidae. Cistula Entomologica, 2: 21-44.
Butler A G. 1876a. Descriptions of Lepidoptera from the Collection of Lieut. Howland Roberts. Proceedings of the Zoological Society of London, 2: 308-310.
Butler A G. 1876c. Revision of the heterocerous Lepidoptera of the family Sphingidae. Transactions of the Zoological Society of London, 9: 511-644.
Butler A G. 1877a. Descriptions of new species of Heterocera from Japan. Part I. Sphinges and Bombyces. Annals and Magazine of Natural History, (4)20: 393-404, 473-483.
Butler A G. 1877b. On new species of *Catocala* and *Sypna* from Japan. Cistula Entomologica, 2: 241-246.
Butler A G. 1877c. On the Lepidoptera of family Lithosiidae, in the collection of the British Museum. Transactions of the Entomological Society of London, 1877: 325-377.
Butler A G. 1878a. Descriptions of new species of Heterocera from Japan. Part II. Annals and Magazine of Natural History, 5(1): 7-85, 161-169, 192-204, 287-295.
Butler A G. 1878b. Descriptions of new species of Heterocera from Japan. Part III. Geometridae. Annals and Magazine of Natural History, (5)1: 392-407, 440-452.
Butler A G. 1878c. Illustrations of Typical Specimens of Lepidoptera Heterocera in the Collection of the British Museum. Part 2. London, i-x, 1-62, pls. 21-40.
Butler A G. 1879a. Descriptions of new species of Lepidoptera from Japan. Annals and Magazine of Natural History, 5(4): 349-374, 437-457.
Butler A G. 1879b. Illustrations of Typical Specimens of Lepidoptera Heterocera in the Collection of the British Museum. Part 3. London, i-xviii, 1-82, pls. 41-60.
Butler A G. 1880a. Descriptions of new species of Asiatic Lepidoptera Heterocera. Annals and Magazine of Natural History, (5)6: 61-69, 119-129, 214-230.
Butler A G. 1880b. Note on the genus *Brahmaea* of Walker. Annals and Magazine of Natural History, (5)5: 188-189.
Butler A G. 1881a. Descriptions of new genera and species of heterocerous Lepidoptera from Japan. Transactions of the Royal Entomological Society of London, 1881(3): 1-23, 171-200, 401-426, 579-600.
Butler A G. 1881b. On the first part of a memoir by Mons. Charles Oberthür on the Lepidoptera of the Isle Askold. Annals and Magazine of Natural History, (5)7: 228-237.
Butler A G. 1881c. Descriptions of new species of Lepidoptera in the collection of the British Museum. Annals and Magazine of Natural History, (5)7: 31-37.
Butler A G. 1883a. On the moths of the family Urapterygidae in the collection of the British Museum. Zoological Journal of the Linnean Society, 17: 195-204.
Butler A G. 1883b. On a collection of Indian Lepidoptera received from C. Swinhoe, with numerous notes by the Collector. Proceedings of the Zoological Society of London, 1883: 144-175.
Butler A G. 1885. Descriptions of moths new to Japan, collected by Messrs. Lewis and Pryer. Cistula Entomologica, 3: 113-136.
Butler A G. 1886a. Descriptions of 21 new genera and 103 new species of Lepidoptera-Heterocera from the Australian region.

Transactions of the Entomological Society of London, 1886: 381-441.
Butler A G. 1886b. Illustrations of typical specimens of Lepidoptera Heterocera in the collection of the British Museum. 6. Taylor and Francis, London, xv+89, 20 pls.
Butler A G. 1886c. On Lepidoptera collected by Major Yerbury in Western India. Proceedings of the Zoological Society of London, 1886: 355-395.
Butler A G. 1887. Descriptions of new species of bombycid Lepidoptera from the Solomon Islands. Annals and Magazine of Natural History, (5)19: 214-225.
Butler A G. 1889. Illustrations of typical specimens of Lepidoptera Heterocera in the collection of the British Museum. 7. Taylor and Francis, London, iv+124, 18 pls.
Butler A G. 1893. Notes on the genus *Entomogramma*, as represented by the Noctuid Moths of that group in the collection of the British Museum. Annals and Magazine of Natural History, (6)12: 43-46.
Calora F B. 1966. A revision of the species of the *Leucania*-complex occurring in the Philippines (Lepidoptera Noctuidae, Hadeninae). Philippine Agriculturist, 50: 633-728.
Cannaviello E. 1900. Contributo alla fauna entomologica della colonia Eritrea. Bollettino della SocietàEntomologica Italiana, 32: 289-306.
Chapman T. 1869. On some Lepidopterous Insects from Congo. Proceedings of the Natural History Society of Glasgow, 1: 325-378.
Chistyakov Yu A, Belyaev E A. 1984. Sphingidae of the genus *Hemaris* Dalman (Lepidoptera, Sphingidae) of the Soviet Far East. *In*: Ler P A (ed), Fauna i Ekologiya Nasekomykh yuga Dalinego Vostoka. Vladivostock, Russia: Akademiya Nauk SSSR, 50-59.
Christ H. 1882. Die Tagfalter und Sphingiden Teneriffa's. Mitteilungen der Schweizerischen Entomologischen Gesellschaft, 6: 333-348.
Christoph H. 1881. Neue Lepidopteren des Amurgebietes. Bulletin de la Société Impériale des Naturalistes de Moscou, 55(3): 33-121.
Clark B P. 1922. Twenty-five new Sphingidae. Proceedings of the New England Zoological Club, 8: 1-23.
Clark B P. 1923. Thirty-three new Sphingidae. Proceedings of the New England Zoological Club, 8: 47-77.
Clark B P. 1933. Descriptions of three new subspecies of Sphingidae. Proceedings of the New England Zoological Club, 18: 101-103.
Clark B P. 1936. Descriptions of twenty-four new Sphingidae and notes concerning two others. Proceedings of the New England Zoological Club, 15: 71-91.
Clark B P. 1937. Twelve new Sphingidae and notes on seven others. Proceedings of the New England Zoological Club, 16: 27-39.
Clemens B. 1859. Synopsis of North American Sphingidae. Journal of the Academy of Natural Sciences of Philadelphia, 4: 97-190.
Clench H K. 1954. Another case of a partially replaced lost vein in a new Nyctemerid from West Africa. Revue de Zoologie et de Botanique Africaines, 50: 296-301.
Clerck C. 1759-1764. Icones Insectorum Rariorum cum Nominibus eorum Trivialibus, Locisque e C. Linnae. Holmiae. 1759: plates 1-12, Sectio Primo. 1764: plates 13-55, Sectio Secundo.
Closs A H. 1915. Neue Aberrationen aus der Familie der Sphingidae (Lep. Het.). Internationale Entomologische Zeitschrift Guben, 9: 1-200.
Closs A H. 1917a. Ueber einige Heteroceren. Entomologische Mitteilungen Berlin, 6: 129-135.
Closs A H. 1917b. Neue Formen aus der Familie der Sphingidae. Internationale Entomologische Zeitschrift Guben, 11: 154-242.
Cockerell T D A. 1920. The generic position of *Sphinx separatus* Neum. Canadian Entomologist, 52: 33.
Collenette C L. 1934. New Lymantriidae (Lep.) from Chekian and Kiangsu, eastern China. Stylops London, 3: 113-117.
Collenette C L. 1938. On a collection of Lymantriidae (Heterocera) from China. Proceedings of the Royal Entomological Society of London (B), 7: 211-221.
Collenette C L. 1953. Notes on African Lymantriidae, with descriptions of some new species. Annals and Magazine of Natural History, (12)6: 561-578.
Cosmovici L C. 1892. Contributions a l'etude de la faune entomologique Roumaine. Lepidopteres. Le Naturaliste, 254-256, 264, 280.
Cotes E C, Swinhoe C. 1887-1889. A catalogue of the moths of India. Part 1-4, Sphinges, Bombyces, Noctues, Pseudo-Deltoides, and Deltoides, Geometrites, 1-590.
Cramer P. 1775-1782. Die Uitlandsche Kapellen Voorkomende in de Drie Waereld-Deelen Asia, Africa en America. Amserdan, S.J. Baalde and Utrecht, Barthelemy Wild. Volumes 1-4.
Curtis J. 1823-1839. British Entomology. 16 volumes. London, 770 pls.
Dalman J W. 1816. Title unknown. Kungliga svenska Vetenskapsakademiens Handlingar Stockholm, 1816(2): 205-207.
Dalman J W. 1823. Analecta Entomologica. Holmiae. Typis Lindhianis, vii + 104.
Dalman J W. 1825. Prodromus Monographie Casniae, Generis Lepidopterorum. Holmiae. P.A. Norstedt, 28., 4 pls.
Daniel F. 1943. Beitäge zur Kenntnis der Arctiidae Ostasiens unter besonderer Berücksichtigung dor Ausbeute H. Höne's aus diesem Gebiet (Lep. Het.). I, II. Teil Mitt munchn ent Ges Munich, 33: 247-269, 671-755.
Daniel F. 1951. Beiträge zur Kenntnis der Arctiidae Ostasiens unter besonderer Berücksichtigung der Ausbeuten von Dr. h. c. H. Höne aus diesem Gebiet (Lep.-Het.). Bonner Zoologische Beiträge, 2: 291-327, 1 pl.
Daniel F. 1952a. Beiträge zur Kenntnis der Arctiidae Ostasiens unter besonderer Berücksichtigung der Ausbeuten von Dr. h. c. H. Höne aus diesem Gebiet (Lep.-Het.). III. Teil: Lithosiinae. Bonner Zoologische Beiträge, 3: 75-90, pl. II.

Daniel F. 1952b. Beiträge zur Kenntnis der Arctiidae Ostasiens unter besonderer Berücksichtigung der Ausbeuten von Dr. h. c. H. Höne aus diesem Gebiet (Lep.-Het.) HI. Teil: Lithosiinae (contd.). Bonner Zoologische Beiträge, 3: 305-324.

Daniel F. 1953. Neue Heterocera-Arteon und-Formen. Mitteilungen der Muenchener Entomologischen Gesellschaft Munich, 43: 252-261.

Daniel F. 1954. Beiträge zur Kenntnis der Arctiidae Ostasiens unter besonderer Berücksichtigung der Ausbeuten von Dr. h.c. Höne aus diesem Gebiet (Lep. Het.) III. Teil: Lithosiinae (contd.). Bonner Zoologische Beiträge, 5: 89-138.

Daniel F. 1961. Lepidoptera der Deutschen Nepal-Expedition 1955. Zygaenidae-Cossidae. Veröeffentlichungen der Zoologischen Staatssammlung Müenchen, 6: 151-162.

Danner F, Surhoil B, Eitschberger U. 1998. Die Schwarmer der westlichen Palaearktis. Bausteine zu einer Revision (Lepidoptera: Sphingidae). Herbipoliana Buchreihe zur Lepidopterologie. Markleuthen, 4(1): 1-368.

de Joannis J. 1894. Description d'un Lepldoptere nouveau. Bulletin de la Société Entomologique de France, 1894: 159-160.

Denis M, Schiffermüller I. 1775. Ankündigung eines systematischen Werkes von den Schmetterlongen der Wienergegend. Augustin Bernardi, Wien., 323., 3 pls.

Derzhavets Yu A. 1977. Hawkmoths (Lepidoptera, Sphingidae) of Mongolia. Nasekomye Mongolii, 5: 642-648.

Dierl W. 1978. Revision der orientalischen Bombycidae (Lepidoptera), Teil I: Die Ocinara Gruppe. Spixiana, 1(3): 225-268.

Djakonov A M. 1926. Zur Kentnis der Geometriden Fauna des Minussinsk-Bezirks (Sibirien, Ienissej Gouv.). Jahrb Martjanov Staatsmus Minussinsk, 4: 1-78.

Djakonov A M. 1927. Einige neue und wenig bekannte Arten und Gattuhgen der palaarktischen Heteroceren (Lepidoptera). Annuaire du Musée Zoologique Acad Leningrad, 27(1926): 219-232.

Djakonov A M. 1936. Die Geometriden des Amur-Ussuri-Gebietes, II. Tribus Caberini, nebst Revision einiger Gattungen dieser Gruppe. Trudy Zoologicheskogo instituta Leningrad, 3: 475-531, 11 pls.

Draeseke J. 1926. Die Schmetterlinge der Stotznerschen Ausbeute. Phalaenae, Nachtfalter. Deutsche Entomologische Zeitschrift Iris, 40: 44-55, 98-108.

Draudt M. 1937. Neue Agrotiden (= Noctuiden)-Arten und Formen aus den Ausbeuten von Herrn H. Höne, Shanghai. Entomologische Rundschau, 54: 373-376, 381-384, 397-401, 1 pl.

Draudt M. 1939. Die Gattung *Orthogonica* Fldr.(Lep. Noct.)in den Höne-Ausbeuten. Entomologische Rundschau, 58: 145-150.

Draudt M. 1950. Beiträge zur Kenntnis der Agrotiden-Fauna Chinas. Aus den Ausbeuten Dr. H. Höne's. Mitteilungen der Muenchener Entomologischen Gesellschaft Munich, 40: 1-174.

Druce H. 1901. Descriptions of some new species of Heterocera. Annals and magazine of Natural History, including Zoology, Botany, and Geology, 7: 74-79.

Drury D. 1773. Illustrations of Natural History. Wherein are Exhibited Upwards of Two Hundred and Forty Figures of Exotic Insects, According to their Different Genera: Very Few of Which Have Hitherto Been Figured by Any Author, Being Engraved and Coloured from Nature, with the Greatest Accuracy, and Under the Author's Own Inspection on Fifty Copper-plates. Vol. 2. B. White, London, 50 pls, vii + 90., plus unnumbered index.

Dubatolov V V. 1990. New taxons of Arctiidae for the Palaearctic. Communication 2. Novye i Maloizvestnye Vidy Fauny Sibiri, 22: 89-101.

Dudgeon G C. 1898. A catalogue of the Heterocera of Sikhim and Bhutan with notes by HJ Elwes and additions by Sir George F. Hampson. Part II. Journal of the Bombay Natural History Society, 11: 406-419.

Dufay C. 1970a. Descriptions de nouvelles especes et d'un genre dePlusiinae indo-australiens (Lep. Noctuidae)(note preliminaire). Bulletin Mensuel de la Societe Linneenne de Lyon, 39: 101-107.

Dufay C. 1970b. Insectes lepidopteres Noctuidae Plusiinae. Faune Madagascar, 31: 1-198.

Dufay C. 1973. Les Plusiinae des expeditions allemandes au Nepal de 1955 a 1967(Lepidoptera, Noctuidae). Ergebnisse Forsch Unternehmens Nepal Himalaya, 4(3): 389-400.

Dufay C. 1977. Ergebnisse der Bhutan-Expedition 1972 des Naturhistorischen Museums in Basel. Lepidoptera: fam. Noctuidae subfam. Plusiinae. Entomologica Basiliensia, 2: 139-143.

Dugdale J S. 1980. Australian Trichopterygini (Lepidoptera: Geometridae) with descriptions of eight new taxa. Australian Journal of Zoology, 28(2): 301-340, figs. 1-105.

Duncan J. 1836. Spotted Elephant Hawk-moth. *In*: Jardine W (ed), The Naturalist's Library: Duncan, J. the Natural History of British Moths. Vol. 4. Edinburgh, W. H. Lizars, 149-155.

Duponchel P A J. 1829. *In*: Godart J B, Duponchel P A J (ed), Histoire Naturelle des Lépidoptères ou Papillons de France, 7(2): 1-507.

Duponchel P A J. 1835. Supplément à l'histoirei naturelle des Lépidoptérès d'Europe. Vol. 2, Crépusculaires. Paris: Méquignon-Marvis, 197.

Duponchel P A J. 1845. Catalogue méthodique des Lépidoptères d'Europe xxx. Paris, 523.

Dyar H G. 1897. A generic revision of the Ptilodontidae and Melalophidae. Transactions of the American Entomological Society, 24: 1-20.

Dyar H G. 1900. Change of preoccupied names. The Canadian Entomologist, 32: 347.

Ebert G. 1968. Afghanische Bombyces und Sphinges. 2. Notodontidae. Ergebnisse der 2. Deutschen Afghanistan-Expedition (1966) der Landessammlungen fur Naturkunde in Karlsruhe. Reichenbachia, 10: 199-205.

Eichler F. 1971. *Celerio galii tibetanica* ssp. n. sowie Bemerkungen zur Art (Lepidoptera, Sphingidae). Entomologische Abhandlungen und Berichte aus dem Staatlichen Museum für Tierkunde in Dresden, 38: 315-324.

Eitschberger U, Zolotuhin V. 1997. Die Gattung *Dolbina* Staudinger, 1877 mit der Beschreibung eines neuen subgenus *Elegodolba* subgen. nov.(Lepidoptera, Sphingidae). Atalanta (Marktleuthen), 28(1-2): 135-144.

Eitschberger U. 2001. Neubeschreibungen von Arten in der Gattung *Psilogramma* Rothschild & Jordan, 1903(Lepidoptera, Sphingidae). Neue Entomologische Nachrichten, Supplement 1: 3-63.

Eitschberger U. 2003. Revision und Neugliederung der Schwaermer Gattung *Leucophlebia* Westwood, 1847(Lepidoptera, Sphingidae). Neue Entomologische Nachrichten, 56: 1-400.

Eitschberger U. 2006. Die Gattung *Amplypterus* Hübner, (1819)(Lepidoptera, Sphingidae). Neue Entomologische Nachrichten, 59: 1-106, 408-419.

Eitschberger U. 2012. Review of *Marumba gaschkewitschii* (Bremer & Grey, 1852)-Complex Art. Neue Entomologische Nachrichten, 68: 1-293.

Elwes H J. 1890. On some new moths from India. Proceedings of the Zoological Society, 1890: 378-401.

Esper E J C. 1776-1830. Die Schmetterlinge in Abbildungen nach der Natur mit Beschreibungen. Erlangen, 5 Bande.

Eversmann E. 1842. Quaedam Lepidopterorum species novae in Rossia orientali observatae. Bulletin de la Société Impériale des Naturalistes de Moscou, 15(3): 542-565.

Eversmann E. 1854. Beiträge zur Lepidopterologie Russlands, und Beschreibung, einiger anderer Insecten ausden südlichen Kirgisensteppen, den nördlichen Ufern des Aralsees und des Efern des Aralsees und des Sir-Darja's. Bulletin de la Société Impériale des Naturalistes de Moscou, 27: 182.

Fabricius J C. 1775. Systema Entomologicae, sistens Insectorum classes, ordines, genera, species, adjectis, synonymis, locis, descriptionibus, observationibus. Flensburgi et Lipsiae: Libraria Kortii, 832.

Fabricius J C. 1787. Mantissa Insectorum, sistens eorum species nuper detectas. Volume 2. Hafniae, 382.

Fabricius J C. 1793. Entomologia systematica emendata et aucta. Secundum classes, ordines, genera, species, adjectis synonymis, locis, observationibus, descriptionibus, emendationibus. Vol. 3(1). Hafniae: C.G. Proft. 487.

Fabricius J C. 1794. Entomologia Systematica Emendata et Aucta. Volume 3(2). Hafniae, 349.

Fabricius J C. 1798. Supplementum Entomologiae systematicae. Halfniae: Proft et Storch, 572.

Fabricius J C. 1807. Nach *Fabricii* Systema Glossatorum. Magazin fur Insektenkunde (Illiger), 6: 279-289.

Felder C. 1861. Lepidopterorum Amboinensium a Dre L. Doleschall annos 1856-58 collectorum. 2. Heterocera. Sitzungsberichte der Akademie der Wissenschaften. Mathematisch-Natyrwissenschaftliche Classe. Wien., 43(1): 26-44.

Felder C. 1862. Observationes de Lepidopteris nonnullis Chinae centralis et Japoniae. Wiener entomologische Monatschrift, 6(2): 33-40.

Felder R, Rogenhofer A F. 1874. Lepidoptera. Heft 4. Atlas der Heterocera, Sphingida-Noctuida. Reise österreichischen Fregatte Novara um die Erde in den Jahren 1857, 1859. Zoologischer Theil, 2 (2. Abt). Carl Gerold's Sohn, Wien, pls. 75-120.

Felder R, Rogenhofer A F. 1875. Lepidoptera. Heft V. Atlas der Heterocera, Geometridae Pterophorida. Reise der österreichischen Fregatte Novara um die Erde, Zoologischer Theil, 2(2. Abt): pls. 121-140.

Fernández A. 1931. Un nuevo genero de la subfamilia Amphipyrinae y otras novedades lepidopterologicas ibericas. Eos, 7(2): 211-222.

Fixsen C. 1887. Lepidopter aus Korea. *In*: Romanoff N M (ed), Mémoires sur les Lépidoptères. 3 St.-Pétersbourg: Imprimerie de M.M. Stassuléwitch, 233-365, 2 pls, 1 map.

Fletcher D S. 1961. Noctuidae. Ruwenzori Expedition 1952. Volume 1, number 7. British Museum (Natural History), London, 177-323.

Fletcher D S. 1967. A revision of the Ethiopian species and a check list of the world species of *Cleora* (Lepidotpera: Geometridae). Bulletin of the British Museum (Natural History), 8: 1-119, 146 figures, 14 pls, 9 maps.

Fletcher D S. 1979. *In*: Nye W B (ed), The Generic Names of Moths of the World. Vol. 3. Trustees of the British Museum (Natural History), London, 243.

Fourcroy A F. 1785. Entomologia Parisiensis; sive catalogus Insectorum quae in agro Parisiensi reperiuntur. Volumes 1 & 2. Parisiis, vii+544.

Franclemont J G. 1951. The species of the *Leucania unipuncta* group, with a discussion of the generic names for the various segregates of *Leucania* in North America (Lepidoptera, Phalaenidae, Hadeninae). Proceedings of the Entomological Society of Washington, 53: 57-85.

Freyer C F. 1847. Neuere Beiträge zur Schmetterlingskunde mit Abbildungen nach der Natur, 6(85): 37-48.

Frivaldszky I. 1845. Rövid áttekintése egy természetrajzi utazásnak, az európai Töröbirodalomban, egyszersmind nehány a közben újdonnat fölfedezett állatnak leírása. [Brief overview of a natural history journey taken in the European part of the Ottoman Empire, supplemented with the description of some newly discovered animals.]. A Királyi Magyar Természettudományi Társulat évkönyvei. Első kötet. Pesten, nyomatott Beimel Józsefnél, 1: 163-187, pls. I-III.

Gaede M. 1914. Neue afrikanische Drepaniden aus dem Berliner Zoologischen Museum. Internationale Entomologische Zeitschrift, 8:

65-66.

Gaede M. 1927. Family: Drepanidae. 287-292. *In*: Seitz A (ed), The Macrolepidoptera of the World. Vol. 14: The African Bombyces and Sphinges. Alfred Kernen, Stuttgart.

Gaede M. 1930. Notodontidae. 607-655. *In*: Seitz A (ed), The Macrolepidoptera of the World. Vol. 10. Kernen Verlag, Stuttgart.

Gaede M. 1931. Family: Drepanidae. 1-60. *In*: Strand E (ed), Lepidopterorum Catalogus, Volume 49, Berlin.

Gaede M. 1932. Lymantriidae. 95-106. *In*: Seitz A (ed), The Macrolepidoptera of the World, suppl. Vol. 2. Alfred Kernen, Stuttgart.

Gaede M. 1933. Notodontidae. *In*: Seitz A (ed), Die Gross-Schmetterlinge der Erde. Band 2. Supplement. Palaearktische Spinner und Schwämer. A. Kernen, Stuttgart, 173-186.

Gehlen B. 1932. Entomologische Rundschau Stuttgart, 49: 62-64, 65-66, 84-85, 182-184.

Gehlen B. 1941. Neue Sphingiden. Entomologische Zeitschrift Frankfurt a. M., 55: 178-179, 185-186.

Gehlen B. 1942. Eine neue Sphingide von Vorderindien. Veröeffentlichungen Deutschen Kolon-Mus Bremen, 3: 286-287.

Germar E F. 1810-1812. Dissertatio sistens Bombycum Species. Secundum Oris Partium Diversitatem in Nova Genera Distributas. Quam Auctoritate Amplissimi Philosophorum Ordinis pro Summis in Philosophia Honoribus. Section I & II. Schimmelpfennigiana, Halae, 51.

Geyer C. 1832. Zuträge zur Sammlung exotischer Schmetterlinge bestehend in Bekundigung einzelner Fleigmuster neuer oder seltener nichteuropäischer Arten (Fortsetzung des Hübner'schen Werkes). Viertes Hundert, 4: 1-48, figs. 401-600.

Gistl J. 1848. Naturgeschichte des Thierreichs für höhere Schulen. Naturg Thierreichs, Stuttgart, xvi+216, atlas, 32 pls.

Goeze J A E. 1781. Entomologische Beyträge zu des Ritter Linné Zwölften Ausgabe des Natursystens, 3(3). Leipzig, 439.

Graeser L. 1888-1892. Beiträge zur Kenntniss der Lepidopteren-Fauna des Amurlandes. part i-v. Berliner Entomologische Zeitschrift, 32: 33-153(part i, 1888); 32: 309-414(part ii, 1889); 33: 251-268(part iii, 1890); 35: 71-84(part iv, 1890); 37: 209-234(part v, 1892).

Grote A R, Robinson C T. 1865. A synonymical catalogue of the North American Sphingidae, with notes an ddescriptions. Proceedings of the Entomological Society of Philadelphia, 5: 149-193.

Grote A R. 1862. Additions to the nomenclature of North American Lepidoptera. No. 2. Proceedings of the Academy of Natural Sciences of Philadelphia, 1862: 359-360.

Grote A R. 1865. Descriptions of North American Lepidoptera-No. 6. Proceedings of the Entomological Society of Philadelphia, 4: 315-330.

Grote A R. 1873. Title unknown. Bulletin of the Buffalo Society of Natural Sciences, 1: 17-28.

Grote A R. 1874a. List of the North American Platypterices, Attaci, Hemileucini, Ceratocampadae [*sic*!], Lachneides, Teredines and Hepiali, with notes. Proceedings of the American Philosophical Society, 14: 256-264.

Grote A R. 1874b. New species of North American Noctuidae. Proceedings of the Academy of Natural Sciences of Philadelphia, 26(3): 197-214.

Grote A R. 1875. Preliminary list of the Noctuidae of California: part IV. Canadian Entomologist, 7: 44-49.

Grote A R. 1877. Notice of Mr. Butler's Revision of the Sphingidae. Canadian Entomologist, 9: 130-133.

Grote A R. 1895. Systema Lepidopterorum Hildesiae juxta opera praeliminaria, quae ediderunt Bates, Scudder, Guillielmus Mueller, Comstock, Dyar, Chapman, compositum. Mitteilungen aus dem Roemer-Museum, Hildesheim, 1: 1-4.

Grum-Grshimailo G E. 1891. Lepidoptera nova in Asia centrali novissime lecta. Horae Entomologicae Rossicae, 25: 445-465.

Grum-Grshimailo G E. 1900. Lepidoptera nova vel parum cognita regionis palaearcticae. I. Annuaire du Musee St Petersbourg, 4: 455-472.

Grünberg K. 1911-1912. Lasiocampidae, Notodontidae. *In*: Seitz A (ed), Die Großschmetterlinge der Erde, Die Paläarktische Bombyciden und Sphingiden. Band 2. A. Kernen Verlag, Stuttgart, Lasiocampidae, p. 147-180; Notodontidae, p. 281-319.

Guenée M A. 1852-1858. *In*: Boisduval J B A D, Guenée M A (eds), Histoire Naturelle des Insectes. Spécies Général des Lépidoptéres. Tome 5 Noctuélites 1: i-xcvi, 1-407(1852); Tome 6 Noctuélites 2: 1-444(1852); Tome 7 Noctuélites 3: 1-442, pls. 1-24(1852); Tome 8 Deltoides et Pyralites: 1-448, pls. 1-10(1854); Tome 9 Uranides et Phalenites 1: 1-514, pls. 1-56(1858); Tome 10 Uranides et Phalenites 2: 1-584, pls. 1-22(1858).

Guenée M A. 1858 [imprint 1857]. Uranides et Phalénites. *In*: Boisduval J B A D, Guenée A (eds), Histoire Naturelle des Insectes (Lepidoptera), Spécies Général des Lépidoptères, 9: 1-514, pls. 1-56; 10: 1-584, pls. 1-22.

Guenée M A. 1862. Annexe G: Lépidoptères. *In*: Maillard L (ed), Notes sur l'île de la Réunion (Bourbon), 1-72.

Gumppenberg C V. 1887. Systema Geometrarum zonae temperatioris septentrionalis. Theil 1. Nova Acta Academiae Caesarea Leopoldino-Carolinae Germanicum Naturae Curiosorum, 49: 229-400, pls. 8-10.

Gumppenberg C V. 1895. Systema Geometrarum zonae temperatioris septentrionalis. Siebenter Theil. Nova Acta Academiae Caesarea Leopoldino-Carolinae Germanicum Naturae Curiosorum, 64: 367-512.

Hampson G F. 1891. The Lepidoptera Heterocera of the Nilgiri district. Illustrations of typical specimens of Lepidoptera Heterocera in the collection of the British Museum. Part 8: iv+144, pls. 139-156.

Hampson G F. 1892-1893a. The Fauna of British India Including Ceylon and Burma, Moths. Vol. I. Taylor & Francis, London, 527.

Hampson G F. 1893b. Illustrations of Typical Specimens of Lepidoptera Heterocera in the Collection of the British Museum. Part 9: The Macrolepidoptera Heterocera of Ceylon. Trustees of the British Museum (Natural History), v+182, plates CLVII-CLXXVI.

Hampson G F. 1894. Moths. The Fauna of British India, including Ceylon and Burma, Vol. 2: 1-609.

Hampson G F. 1895a. Descriptions of New Heterocera from India. Transactions of the Royal Entomological Society of London, 1895: 277-315, 16 text-figs.
Hampson G F. 1895b. The Fauna of British India, including Ceylon and Burma (Moths). 3: i-xxviii, 1-546. London: Taylor and Francis.
Hampson G F. 1896. The Fauna of British India. Moths. 4. Taylor and Francis, London, British, xxviii+594, 287 text-figs.
Hampson G F. 1897. The moths of India. Supplementary paper to the Volumes in "The Fauna of British India". Part I. Journal of the Bombay Natural History Society, 11: 277-297, 1 pl., 3 text-figs.
Hampson G F. 1898-1913. Catalogue of the Lepidoptera Phalaenae of the Collection of the British Museum. Vol. 1: i-xxi, 1-559(1898); Vol. 2: i-xx, 1-589(1900); Vol. 3: i-xix, 1-690(1901); Vol.4: i-xx, 1-689(1903); Vol. 5: i-xvi, 1-634(1905); Vol. 6: i-xiv, 1-532(1906); Vol. 7: i-xv, 1-709(1908); Vol. 8: i-xiv, 1-583(1909); Vol. 9: i-xv, 1-552(1910); Vol. 10: i-xix, 1-829(1910); Vol. 11: i-xvii, 1-689(1912); Vol. 12: i-xiii, 1-858(1913); Vol. 13: i-xiv, 1-609(1913); Pls. 1-239. London.
Hampson G F. 1900. The moths of India. Supplementary paper to the volumes in "The fauna of British India". Series ii, Part I. Journal of the Bombay Natural History Society, 8: 37-51.
Hampson G F. 1926. Descriptions of new Genera and species of Lepidoptera Phalaenae of the Subfamily Noctuinae (Noctuidae) in the British Museum (Natural History). London, 641.
Han H-X, Stüning D, Xue D-Y. 2007. *Epichrysodes* gen. n., a new genus of Geometrinae from the West Tianmu mountains, China (Lepidoptera, Geometridae). with description of a new species. Deutsche Entomologische Zeitschrift, 54(1): 127-135, figs. 1-30.
Harris T W. 1833. Insects. *In*: Hitchcock E (ed.), Report of the geology, minerology, botany, and zoology of Massachusetts. JS and C Adams, Amherst, 566-595.
Hausmann A. 2004. Sterrhinae. The Geometrid Moths of Europe. Vol. 2: Apollo Books, 600.
Haworth A H. 1809. Lepidoptera Britannica, sistens digestionem novam Lepidopterorum quae in Magna Britannia reperiuntur. Part 2. Veneunt apud J. Murray, 137-376.
Hedemann W. 1879. Beitrag zur Lepidopteren-Fauna des Amurlandes. Horae Entomologicae Rossicae, 14: 506-516, pl. 3.
Hedemann W. 1881. Beitrag zur Lepidopteren-Fauna des Amur-landes (Fortsetzung). Horae Entomologicae Rossicae, 16: 43-57, 257-272.
Helfer J W. 1837. On the indigenous silkworm of India. Journal of the Asiatic Society of Bengal, 6: 43.
Herbulot C. 1987. Deux nouveaux Geometridae de Borneo. Lambillionea, 87(9-10): 105-108.
Herbulot C. 1989. Nouveaux Geometridae de Malaisie (Lepidoptera). Lambillionea, 88(11-12): 171-172.
Herrich-Schäffer G A W. 1843-1856. Systematische Bearbeitung der Schmetterlinge von Europa, zugleich als Text, Revision und Supplement zu Jakob Hübners Sammlung europäischer Schmetterlinge. Regensburg. G.J. Manz 6 vols.
Herrich-Schäffer G A W. 1850-1858. Sammlung neuer oder wenig bekannter, aussereuropäischer Schmetterlinge. Volume 1, series 1. G.J. Manz, Regensburg, 84, 96 pls.
Herz O. 1904. Lepidoptera von Korea. Noctuidae et Geometridae. Annuaire du Musée Zoologique de l'Académie Inpériale des Sciences de St. Petersbourg (Ezheg. zool. Muz.), 9: 263-390, 1 pl.
Heylaerts F J M. 1890. Heterocera Exotica. Nouveaus genre et espéces des Indes Orientales néerlandaises. Comptes Rendus des Séances Société Entomologique de Belgique, 4(1): 26-30.
Heylaerts F J M. 1891. Heterocera Exotica. Nouveaus genre et espéces des Indes Orientales néerlandaises. Comptes Rendus des Séances Société Entomologique de Belgique, 35: 409-417.
Hideki K, Masaru N. 2016. Molecular phylogeny of the Notodontidae: Subfamilies inferred from 28S rRNA sequences (Lepidoptera, Noctuoidea, Notodontidae). Tinea, 23: 1-83.
Hoeven J. 1840. Beschrijving eeniger nieuwe of weinig bekende uitlandsche soorten van Lepidoptera. Tijdschrift voon Naturlijke Geschiedenis en Physiologie, 7: 276-283, 3 pls.
Hogenes W, Treadaway C G. 1993. New hawk moths from the Philippines (Lepidoptera, Sphingidae). Nachrichten des Entomologischen Vereins Apollo (N.F.), 13(4): 533-552.
Holland W J. 1889. Descriptions of new species of Japanese Heterocera. Transactions of the American Entomological Society, 16: 71-76.
Holland W J. 1893. Descriptions of new species and genera of West African Lepidoptera. Psyche, 6: 411-418.
Holloway J D. 1976. Moths of Borneo, with Special Reference to Mount Kinabalu. Kuala Lumpur, 132.
Holloway J D. 1987. The moths of Borneo (III), Superfamily Bombycoidea: families Lasiocampidae, Eupterotidae, Bombycidae, Brahmaeidae, Saturniidae, Sphingidae. The Malaysian Nature Society, Kuala Lumpur, 199.
Holloway J D. 1994. The moths of Borneo: Family Geometridae, Subfamily Ennominae. Malayan Nature Journal, 47: 1-309.
Holloway J D. 1996. The moths of Borneo: Family Geometridae, subfamilies Oenochrominae, Desmobathrinae and Geometrinae. Malayan Nature Journal, 49(3-4): 147-326, 427 figures, 12 pls.
Holloway J D. 1997. The moths of Borneo: Family Geometridae, subfamily Sterrhinae, Larentiinae, adding to other subfailies. Malayan Nature Journal, 10: 1-242.
Holloway J D. 1999. The moths of Borneo: Family Lymantriidae. Malayan Nature Journal, 53(1-2): 1-188.
Holloway J D. 2005. The moths of Borneo: Family Noctuidae, subfamily Catocalinae. Malayan Nature Journal, 58(1-4): 1-529.

Holloway J D. 2010. The moths of Borneo: Family Noctuidae, subfamilies Pantheinae (part), Bagisarinae, Acontiinae, Aediinae, Eustrotiinae, Bryophilinae, Araeopteroninae, Aventiinae, Eublemminae and further miscellaneous genera. Malayan Nature Journal, 62(1-2): 1-240.

Houlbert C. 1921. Revision monographique de la Famille des Cymatophoridae. *In*: Oberthür C (ed), Études de Lépidoptérologie Comparée, 18(2): 23-252.

Hua L Z. 2005. List of Chinese Insects. Vol. III. Guangzhou: Sun Yat-sen University Press, 595.

Hübner J. 1796-1838. Sammlung Europäischer Schmetterlinge. Augsberg, Germany: J. Hübner.

Hübner J. 1816-1825. Verzeichniss bekannter Schmettlinge. Augsburg: bey dem Verfasser zu Finden, (1): 1-3, 4-16(1816); (2): 17-32(1819); (3): 33-48(1819); (4): 49-64(1819); (5): 65-80(1819); (6): 81-96(1819); (7): 97-112(1819); (8): 113-128(1819); (9): 129-144(1819); (10): 145-160(1819); (11): 161-176(1819); (12): 177-192(1820); (13): 193-208(1820); (14): 209-224(1821); (15): 225-240(1821); (16): 241-256(1821); (17): 257-272(1823); (18): 273-288(1823); (19): 289-304(1823); (20): 305-320(1825); (21): 321-336(1825); (22): 337-352(1825); (23-27): 353-431(1825).

Hübner J. 1818-1831. Zuträge zur Sammlung exotischer Schmetterlinge, bestehend in Bekundigung einzelner Fliegmuster neuer oder rarer nichteuropäischer Gattungen. Augsburg: Im Verlag der Hübner'schen Werke bei C. Geyer.

Hübner J. 1821. Index exoticorum Lepidopterorum, in foliis 244 a Jacobo Hübner hactenus effigiatorum; adjectis denominationibus emendatis, tam communioribus quam exactioribus. Anno 1821. die 22. Decembris. Augustae Vindelicorum, 7 leaves.

Hübner J. 1822. Systematisch-alphabetisches Verzeichniss aller Bisher bey den Fürbildungen zur Samlung Europäischer Schmetterlinge angegebenen Gattungs-benennungen: mit Vormerkung auch Augsburgischer Gattungen. Augsburg, 81.

Hüfnagel J S. 1766. Fortsetzung der Tabelle von den Nachtvögeln. IV. Fotsetzung der vierten Tabelle von den Insecten, besongers von denen so genannten Nachteulen als der zwoten Klasse. Der Nachtvögel hiesiger Gegend. Berlinisches Magazin, 3: 279-309, 393-426.

Hüfnagel J S. 1767. Fortsetzung der Tabelle von den Nachtvögeln, welche die 3te Art derselben, nehmlich die Spannenmesser (Phalaenas Geometras Linnaei) enthält. Berlinisches Magazin, 4(5): 504-527, 599-619.

Hulst G D. 1896. Classification of Geometrina of North America. Transactions of the American Entomological Society, 23: 235-386.

Hutton C T. 1864-1865. On the reversion and restoration of the silkworm (Part II), with distinctive characters of eighteen species of silk-producing Bombycidae. Transactions of the Entomological Society of London, 2(3): 295-358.

Ichinosé T. 1962. Studies on the genus *Plasia* (s.l.)(Noctuidae, Plusiinae) IV. On autographa group and peponis group. Kontyû, 30: 248-251.

Ichinosé T. 1973. A revision of some genera of the Japanese Plusonae, with descriptions of a new genus and two new subgenera (Lepidoptera, Noctuidae). Kontyû, 41(2): 135-140.

ICZN (the International Commission on Zoological Nomenclature). 1957. Geometridae (correction of Geometrida Leach, 1818) placed on Official List of Family-Group Names in Zoology. Opinion Decision International Commission on Zoological Nomenclature, 15 (Opinion 450): 254.

Imaidzumi T. 1941. Acidaliinae (Geometridae) from Tokyo with description of a new species. Tenthredo Kyoto, 3: 295-297.

Inoue H. 1941. On some Geometridae of Corea. Mushi, 14: 21-28.

Inoue H. 1943. New and little known Geometridae from Japan. Transactions of the Kansai Entomological Society, 12: 1-40.

Inoue H. 1944. Notes on some Japanese Geometridae. Transactions of the Kansai Entomological Society, 14(1): 60-71.

Inoue H. 1946. Notes on some Geometridae from Japan, Corea and Saghalien. Bulletin of the Lepidoptera Society of Japan, 1: 1-17.

Inoue H. 1953. Notes on some Japanese Larentiinae and Geometrinae. Tinea, 1: 1-18, 21 figures, 1 pl.

Inoue H. 1956. Check List of the Lepidoptera of Japan. Part 4. Tokyo: Rikusuisha, 365-429.

Inoue H. 1958a. Descriptions and records of some Japanese Geometridae (II). Tinea, 4(2): 241-256, 1 pl., 10 figs.

Inoue H. 1958b. Three new subspecies and on unrecorded species of the Drepanidae from Japan (Lepedoptera). Transactions of the Shikoku Entomological Society, 6: 11-13, 4 text-figs.

Inoue H. 1960. One new species and one new subspecies of *Macrauzata* from Japan and China.(Lepidoptera: Drepanidae). Tinea, 5(2): 314-316, 1 pl.

Inoue H. 1961a. Lepidoptera: Geometridae. Insecta Japonica, Series 1, Part 4: 1-106, pls. 1-7, Hokuryukan, Tokyo.

Inoue H. 1961b. Notes on two species of the Drepanidae from Japan. Transactions of the Lepidopterological Society of Japan, 12: 9-13, 6 text-figs.

Inoue H. 1962. Lepidoptera: Cyclidiidae, Drepanidae. *In*: Inoue H (ed), insecta Japonica. Vol. 2(1), Hokuryukan Publishing, Tokyo, 1-54, 1-3 pls.

Inoue H. 1970a. Supplementary notes on the Japanese Drepanidae (I). Tinea, 8(1): 185-189.

Inoue H. 1970b. Two new genera of the subfamily Nycteolinae, Noctuidae, from East Asia (Lepidoptera). Bulletin of the Japan Entomological Academy, 5: 37-42.

Inoue H. 1971. The Geometridae of the Ryukyu Islands (Lepidoptera). Bulletin of Faculty of Domestic Sciences, Otsuma Woman's University, 7: 141-179.

Inoue H. 1975. On the species of the genus *Numenes* from Japan and neighbouring countries (Lymantriidae). Japan Heterocerists' Journal, 83: 377-383.

Inoue H. 1976. Descriptions and records of some Japanese Geometridae (V). Tinea, 10(2): 7-37.

Inoue H. 1977. Catalogue of the Geometridae of Japan (Lepidoptera). Bulletin of Faculty of Domestic Sciences, Otsuma Woman's University, 13: 227-346, 80 figs.

Inoue H. 1978. New and unrecorded species of the Geometridae from Taiwan with some synonymic notes (Lepidoptera). Bulletin of Faculty of Domestic Sciences, Otsuma Woman's University, 14: 203-254, 129 figs.

Inoue H. 1982. *In*: Inoue H, Sugi S, Kuroko H, Moriuti S, Kawabe A (ed), Moths of Japan. Kodansha, Tokyo. Volume 1: Text, 966; Volume 2: Plates and Synonymic Catalogue, 552, 392 pls.

Inoue H. 1986. Descriptions and records of some Japanese Geometridae (6). Tinea, 12(7): 45-71, 27 figs.

Inoue H. 1987. Notes on several species of the Ennominae (Geometridae) from Taiwan. Japan Heterocerists' Journal, 140: 232-235.

Inoue H. 1990a. A revision of the genus *Dindica* Moore (Lepidoptera: Geometridae). Bulletin of Faculty of Domestic Sciences, Otsuma Woman's University, 26: 121-161.

Inoue H. 1990b. Supplementary notes on the Sphingidae of Taiwan, with special reference to *Marumba spectabilis*-complex. Tinea, 12(28): 245-258.

Inoue H. 1992a. Geometridae, Thyatiridae, Cyclidiidae, Drepanidae. *In*: Heppner J B, Inoue H (ed), Lepidoptera of Taiwan. Volume. 1, part 2: Checklist. Florida, 111-129, 151-153.

Inoue H. 1992b. Twenty-four new species, one new subspecies and two new genera of the Geometridae (Lepidoptera) from East Asia. Bulletin of Otsuma Women's University, 28: 149-188.

Inoue H. 1999. Revision of the genus *Herochroma* Swinhoe (Geometridae, Geometrinae). Tinea, 16(2): 76-105, figs. 1-107.

Inoue H. 2003. A revision of the genus *Obeidia* Walker, with descriptions of four new genera, two new species and one new subspecies. Tinea, 17(3): 133-156.

Janse A J T. 1915. Contribution towards our knowledge of the South African Lymantriadae. Annals of the Transvaal Museum, 5: 1-67.

Janse A J T. 1917. Check-List of the South African Lepidoptera Heterocera. Pretoria, Transvaal Museum, xii+219.

Janse A J T. 1932. The moths of South Africa. Volume I. Sematuridae and Geometridae. Commercial Printing Company, Durban, *x*+376.+15 pls.

Jiang N, Li X-X, Hausmann A, Cheng R, Xue D-Y, Han H-X. 2017. A molecular phylogeny of the Palaearctic and Oriental members of the tribe Boarmiini (Lepidoptera: Geometridae: Ennominae). Invertebrate Systematics, 31: 427-441.

Jiang N, Sato R, Han H-X. 2012. One new and one newly recorded species of the genus *Amraica* Moore, 1888(Lepidoptera: Geometridae: Ennominae) from China, with diagnoses of the Chinese species. Entomological Science, 15: 219-231.

Jiang N, Xue D-Y, Han H-X. 2011. A review of *Ophthalmitis* Fletcher, 1979 in China, with descriptions of four new species (Lepidoptera: Geometridae, Ennominae). Zootaxa, 2735: 1-22.

Jiang N, Xue D-Y, Han H-X. 2014. A review of *Luxiaria* Walker and its allied genus *Calletaera* Warren (Lepidoptera, Geometridae, Ennominae) from China. Zootaxa, 3856(1): 73-99.

Jordan K. 1909. Familie: Agaristidae. 5-8. *In*: Seitz A (ed), Die Gross-Schmetterlinge der Erde. Abteilung I. Die Gross-Schmetterlinge des Palaearktischen Faunengebietes. Band 3, Die Eulenartigen Nachtfalter. Alfred Kernen, Stuttgart.

Jordan K. 1911-1912. Family Sphingidae. the Palearctic Bombyces & Sphinges. *In*: Seitz A (ed), The Macrolepidoptera of the World. A systematic description of the hitherto known macrolepidoptera in collaboration with well-known specialists, Vol. 2: 229-273.

Jordan K. 1911a. Descriptions of new Saturniidae. Novitates Zoologicae, 18: 129-134.

Jordan K. 1911b. 13. Familie, Saturniidae. 209-226, pls. 31-34, *In*: Seitz A(ed), Die Gross-Schmetterlinge der Erde. Eine systematische Bearbeitung der bis jetzt bekannten Gross-Schmetterlinge, I. Abteilung, Die Gross-Schmetterlinge des Palaearktischen Faunengebietes, Band 2, Die Palaearktischen Spinner & Schwarmer. Stuttgart (A. Kernen), VII + 479 + 3, pls. 1-56.

Jordan K. 1929. On some Oriental Sphingidae. Novitates Zoologicae, 35: 85-88.

Kaila L, Albrecht A. 1994. The classification of the *Timandra griseata* group (Lepidoptera: Geometridae, Sterrhinae). Insect Systematics and Evolution, 25(4): 461-479.

Kardakoff N. 1928. Zur Kenntnis der Lepidopteren des Ussuri-Gebietes. Entomologische Mitteilungen, 17: 261-273, 414-425, 5 pls, 2 figs.

Kaye W J. 1919. New species and genera of Nymphalidae, Syntomidae and Sphingidae in the Joicey collection. Annals and Magazine of Natural History, 4: 84-93.

Kirby W F, Spence W. 1828. An Introduction to Entomology: or elements of the natural history of Insects, 5th ed.

Kirby W F. 1837. The insects. *In*: Richardson J (ed), Fauna Boreali-Americana; or the zoology of the northern parts of British America: containing descriptions of the objects of natural history collected by the late Northern Land Expeditions, under command of Captain Sir John Franklin, R. N. Vol. 4. Norwich: Josiah Fletcher, 325, pls. 1-8.

Kirby W F. 1877. Notes on the new or rare Sphingidae in the Museum of the Royal Dublin Society, and remarks on Mr. Butler's recent revision of the family. Transactions of the Entomological Society of London, 1877: 233-244.

Kirby W F. 1892. A synonymic Catalogue of Lepidoptera Heterocera (moths), Vol. I. Sphinges and Bombyces, 951. Gurney & Jackson, London; R. Friedlander, Berlin.

Kiriakoff S G. 1959. Entomological results of the Swedish expedition 1934 to Burma and British India. Lepidoptera: Family Notodontidae. Arkiv för zool. Ser. 2, 12(20): 313-333.

Kiriakoff S G. 1962a. Notes sur les Notodonfidae (Lepidoptera) *Pydna* Walker et genres voisins. Bulletin et Annales de la Société R

Entomologique de Belgique, 98: 149-214, pls. 1-6.

Kiriakoff S G. 1962b. Die Notodontiden der Ausbeuten H. Hönes aus Ostasien (Lepidoptera: Notodontoidea). Bonner Zoologische Beiträge, 13: 219-236.

Kiriakoff S G. 1963. Die Notodontiden der Ausbeuten H. Hönes aus Ostasien (Lepidoptera: Notodontoidea). Bonner Zoologische Beiträge, 14: 248-293.

Kiriakoff S G. 1967a. Notodontidae. *In*: Wytsman P (ed), Genera Insectorum. fasc. 217B. Kraainem, 238.

Kiriakoff S G. 1967b. New Genera and Species of Oriental Notodontidae (Lepidoptera). Tijdschrift voor Entomologie, 110: 37-64.

Kiriakoff S G. 1968. Notodontidae. *In*: Wytsman P (ed), Genera Insectorum. fasc. 217 C. Kraainem, 269.

Kiriakoff S G. 1974. Neue und wenig bekannte asiatische Notodontidae (Lepidoptera). Veroffentlichungen Zool St Samml Munich, 17: 371-421.

Kiriakoff S G. 1976. Neue asiatische Notodontidae (Lepidoptera) nebst Beschreibung zweier Neallotypen. Mitteilungen der Münchner Entomologischen Gesellschaft, 66: 29-35.

Kishida Y. 1992. Lymantriidae. *In*: Heppner J B, Inoue H (ed), Lepidoptera of Taiwan. Vol. 1, part 2: Checklist. Florida, 164-166.

Kishida Y. 1993. Arctiidae: Lithosiinae. *In*: Haruta T (ed), Moths of Nepal. Part 2. Tinea, 13(Supplement 3): 36-40.

Kishida Y. 1994. Arctiidae. *In*: Haruta T (ed), Moths of Nepal. Part 3. Tinea 14(Supplement 1): 66-71.

Kitching I J. 2022. Sphingidae Taxonomic Inventory. http://sphingidae.myspecies.info/[2021-3-10].

Kitching I J, Cadiou M. 2000. Hawkmoths of the world: An annotated and illustrated revisionary checklist. London: The natural History Museum. Ithaca: Cornell University Press, 226.

Kitching I J, Owada M, Brechlin R. 1997. A revision of the genus *Pentateucha* (Lepidoptera, Sphingidae), with the description of two new species from eastern China and Taiwan. Tinea, 15(2): 79-93.

Kocak A O, Kemal M. 2006. Checklist of the family Notodontidae in Thailand (Lepidoptera). Centre for Entomological Studies Miscellaneous Papers, 104: 1-8.

Kôda N. 1987. A generic classification of the subfamily Arctiinae of the Palaearctic and Oriental regions based on the male and female genitalia (Lepidoptera, Arctiidae). Part 1. Tyô to Ga, 38(3): 153-237.

Kôda N. 1988. A generic classification of the subfamily Arctiinae of the Palaearctic and Oriental Regions based on the male and female genitalia (Lepidotera, Arctiidae). Part II. Tyô to Ga, 39(1): 1-79.

Kollar V, Redtenbacher L. 1844. Aufzählung und Beschreibung der von Freiherrn Carl v. Hügel auf seiner Reise durch Kaschmir und das Himaleyagebirge gesammelten Insecten (Part 2). *In*: von Hügel C (ed), Kaschmir und das Reich der Siek. Stuttgart, 4(2): 393-564, 582-585.

Kostrowicki A S. 1961. Studies on the Palaearctic species of the subfamily Plusiinae (Lepidoptera, Phalaenidae). Acta Zoologica Cracoviensia, 6: 367-472.

Kozhanchikov I. 1950. Fauna SSSR. Nacekomie Chesuekrilie [Insecta, Lepidoptera]. Volume 12. Leningrad, 581.

Lajonquière Y. 1972. Espèces et formes asiatiques du genre *Malacosoma* Hübner [Lep. Lasiocampidae]. Bulletin de la Société entomologique de France, 77(9-10): 297-307.

Lajonquière Y. 1973a. Deux espèces nouvelles des genres *Syrastrena* Moore et *Somadysas* Gaede, ainsi qu'une sous-espèce nouvelle du Genre *Takanea* Nagano. Bulletin de la Société entomologique de France, 78: 259-267.

Lajonquière Y. 1973b. Genres *Dendrolimus* Germar, *Hoenimnema* n. gen., *Cyclophragma* Turner. Annales de la Société entomologique de France, 9: 509-592.

Lajonquière Y. 1974. Formes asiatiques du genre *Cosmotriche* Hübner (=*Selenephera* Rambur=*Selenepherides* Daniel =*Wilemaniella* Matsumura)(Lep.). Bulletin de la Société entomologique de France, 79(5-6): 132-146.

Lajonquière Y. 1976. Le Genre *Gastropacha* Ochsenheimer en Asie et le genre *Paradoxopla* nov. gen. Annales de la Société entomologique de France, 12: 151-177.

Lajonquière Y. 1977. Le Genre *Gastropacha* en Asie (Note complémentaire et rectificative). Bulletin de la Société entomologique de France, 82: 138-145.

Lajonquière Y. 1979a. Lasiocampides orientaux nouveaux ou mal connus et description du genre *Chonopla* nov. Bulletin de la Société entomologique de France, 84: 184-201.

Lajonquière Y. 1979b. Les Genres *Metanastria* Hübner *et Lebeda* Walker. Annales de la Société entomologique de France, 15: 681-704.

Lamarck J B. 1815-1822. Histoire naturelle des animaux sans vertèbres. Paris: Verdiere, Libraire, Quai des Augustins.

Laspeyres H J. 1803. Vorschlag zu einer neuen in die Classe der Glossaten einzufürenden Gattung. Die Gesellschaft Naturforschender Freunde zu Berlin, Neue Schriften, 4: 23-58.

Laspeyres J H. 1809. Naturgeschichte. Jenaische Allgemeine Literatur-Zeitung, 4(239): 89-96; 4(240): 97-104.

Laszlo G M, Ronkay G, Ronkay L, Witt Th. 2007. The Thyatiridae of Eurasia: including the Sundaland and New Guinea (Lepidoptera). Esperiana, 13: 2-683.

Latreille P A. 1802. Histoire naturelle, générale et particulière des crustacés et des insectes. "An. X."(1801-1802). *In*: Sonnini C S (ed), Histoire naturelle, générale et particulière des insects. Ouvrage faisant suite aux oeuvres de Leclerc de Buffon, et partie du cours complete d'histoire naturelle réhist par C.S. Sonnini. Vol. 3. Paris: F. Dufart, 468.

Latrielle P A. 1810. Considérations Générales sur l'Ordre Naturel des Animaux Composant les Classes des Crustacès, des Arachnides, et des Insectes: avec un tableau méthodique de leurs genres, disposés en familles. Paris: F. Schoell, 444.
Leach W E, Nodder R P. 1815. The zoological miscellany; being descriptions of new, or interesting animals. Illustrated with coloured figures, drawn from nature, by R. P. Nodder. 2: 1-154, [1-6], Pl. LXICXX [= 61-120]. London.(Nodder).
Leach W E. 1815. Entomology. *In*: Brewster D (ed), Brewster's Edinburgh Encyclopaedia. Edinburgh. Printed for William Blackwood, 1830. Vols. 1-18 texts, Vols. 19-20 plates.
Lederer J. 1853. Lepidopterologisches aus Sibirien. Verhandlungen des Zoologisch-Botanischen Vereins in Wien, 3(Abh): 1-386.
Lederer J. 1857. Die Noctuinen Europa's, mit Zuziehung einger bisher mesit dazu gezählter Arten des Asiatischen Russland's, Syrien's, und Labrador's. Wien: Friedrich Manz, xv+251.
Leech J H. 1888. On the Lepidoptera of Japan and Corea, Part II. Heterocera, Sect. I. Proceedings of the Zoological Society of London, 1888: 580-655.
Leech J H. 1889a. New species of deltoids and pyrales from Corea, North China, and Japan. Entomologist, 22: 62-71, pls. 2-4.
Leech J H. 1889b. On a collection of Lepidoptera from Kiukiang. Transactions of the Royal Entomological Society of London, 1889(1): 99-148.
Leech J H. 1889c. On the Lepidoptera of Japan and Corea. Part III, Heterocera; Sect II, Noctues and Deltoides. Proceedings of the Zoological Society, 1889: 474-571.
Leech J H. 1890. New species of Lepidoptera from China. Entomologist, 23: 26-50, 81-83, 109-114.
Leech J H. 1891. Descriptions of new species of Geometridae from China, Japan, and Korea. Entomologist, 24(Suppl.): 42-56.
Leech J H. 1897. On Lepidoptera Heterocera from China, Japan, and Corea. Annals and Magazine of Natural History, (6)19: 180-235, 297-349, 414-463, 543-573, 640-679, pls. 6, 7; ibidem, (6)20: 65-110, 228-248, pls. 7, 8.
Leech J H. 1898-1900. Lepidoptera Heterocera from Northern China, Japan and Corea. Transactions of the Royal Entomological Society of London, 1898: 261-379(Part I); 1899: 99-219(Part II); 1900: 9-161(Part III); 1900: 511-663(Part IV).
Lefèbvre M A. 1827. Description de cinq espèces de Lépidoptères Nocturnes, des Indes Orientales. The Zoological Journal, 3: 205-212.
Leley A C. 2016. Annotated catalogue of the insects of Russian Far East. Volume II. Lepidoptera. Vladivostok: Dalnauka, 1-812.
Lemée C L P. 1950. The family Bombycidae. *In*: Lechevalier (ed), Contribution à l'étude des Lépidoptères du Haut-Tonkin (Nord-Vietnam) et de Saïgon, 37.
Lempke B J. 1970. Catalogus der Nederlandse Macrolepidoptera (Zestiende supplement). Tijdschrift voor Entomologie, 113: 125-252.
Li X-X, Xue D-Y, Jiang N. 2017. One new species and one new record for the genus *Ninodes* Warren from China (Lepidoptera, Geometridae, Ennominae). Zookeys, 679: 55-63.
Linnaeus C. 1758. Systema Natura per Regna Tria Natura, Secundum Classes, Ordines, Genera, Species, Cum Characteribus, Differentiis, Synonymis, Locis. Tomus I. Editio Decima, Reformata, Holmiæ, 824.
Linnaeus C. 1761. Fauna Suecica Sistens Animalia Sueciae Regni: Mammalia, Aves, Amphibia, Pisces, Insecta, Vermes. Distributa per Classes, Ordines, Genera, Species, cum differentiis Specierum, Synonymis Auctorum, Nominibus Incolarum, Locis Natalium, Descriptionibus Insectorum. Stockholmiae 2th ed. Laurentii Salvii, 578.
Linnaeus C. 1764. Museum S'ae R'ae M'tis Ludovicae Ulricae Reginae Svecorum, Gothorum, Vandalorumque Mus. Lud. Ulr.: vi + 720 + [2].
Linnaeus C. 1767. Systema Naturae (ed. 12). Volume 1(2). Stockholm.
Linnaeus C. 1771. Mantissa plantarum altera generum editionis VI. specierum editionis II. Holmiae: Laurentiis Salvii. 143-558.
Longstaff G B. 1905. A new Geometer from Hong Kong. Entomologist's Monthly Magazine, 41: 184-188.
Lucas T P. 1894. Descriptions of new Australian Lepidoptera, with additional localities for known species. Proceedings of the Linnean Society of New South Wales, (2)8: 133-166.
Lucas T P. 1900. New species of Queensland Lepidoptera. Proceedings of the Royal Society of Queensland, 15: 137-161.
Mabille M P. 1880. Note sur une collection de Lépidoptéres. Comptes Rendus des Séances de la Société Entomologique de Belgique, 23: 104-109.
Martyn T. 1797. Psyche. Figures of non descript lepidopterous insects, or rare moths and butterflies from different parts of the world. Figures des insects lépidoptères des differentes parties du globe, dont in n'y a point encore eu de description. Unpublished manuscript, consulted in The Natural History Museum, London, 16.
Marumo N. 1916. Notes on the family Cymatophoridae from Japan, including Korea and Taiwan. Insect World, Gifu, Japan, 20(2): 47-50.
Marumo N. 1920. A revision of the Notodontidae of Japan, Corea and Formosa with descriptions of 5 new Genera and 5 new species. Journal of the College of Agriculture Hokkaido Imperial University, 6: 273-359.
Matsumura S. 1908. The illustrated thousand insects of Japan (Supplement). Volume 1. Tokyo, 151.
Matsumura S. 1909. Thousand Insects of Japan. Supplement 1. Keiseisha, Tokyo, 145, 16 pls.
Matsumura S. 1910. Thousand Insects of Japan. Supplement 2. Keiseisha, Tokyo, 144, pls. 17-29.
Matsumura S. 1911. Erster Beitrag zur Insekten-Fauna Sachalin. Journal of the College of Agriculture, Tohoku Imperial University, 4:

1-145.
Matsumura S. 1919. New species of the Notodontidae from Japan. Zoological Magazine Tokyo, 31: 74-80.
Matsumura S. 1920. New genera and new species of the Notodontidae from Japan. Zoological Magazine Tokyo, 32: 139-151.
Matsumura S. 1921. Thousand Insects of Japan (Additamenta). Vol. 4. Keiseisha, Tokyo, 741-962.
Matsumura S. 1922. A critical review to Marumo's paper on the Notodontidae with descriptions of new species. Zoological Magazine Tokyo, 34: 517-523.
Matsumura S. 1924. Some new Notodontidae from Japan, Corea and Formosa, with a list of known species. Transactions of the Sapporo Natural History Society, 9: 29-50.
Matsumura S. 1925a. An enumeration of the butterflies and moths from Saghalien, with descriptions of new species and subspecies. Journal of the College of Agriculture, Hokkaido Imperial University. Sapporo, 15(3): 83-196, pls. 8-11.
Matsumura S. 1925b. The Formosian Notodontidae. Zoological Magazine Tokyo, 37: 391-409.
Matsumura S. 1926. New species of Noctuidae from Japan and Corea. Insecta Matsumurana Sapporo, 1: 1-47.
Matsumura S. 1927a. New species and subspecies of moths from the Japanese Empire. Journal of the College of Agriculture, Hokkaido Imperial University, Sapporo, 19(1): 1-91.
Matsumura S. 1927b. A list of moths collected on Mt. Daisetsu with the descriptions of new species. Insecta Matsumurana Sapporo, 1: 109-119.
Matsumura S. 1929a. Generic revision of the Palaearetic Notodontidae. Insecta Matsumurana Sapporo, 4: 78-93.
Matsumura S. 1929b. New species and genera of Notodontidae. Insecta Matsumurana Sapporo, 4: 36-48.
Matsumura S. 1931. 6000 Illustrations of the Insects of the Japanese Empire. Tokyo: Toukoushoin.
Matsumura S. 1932. Lasiocampidae-moths in the Japan-Empire. Insecta Matsumurana, 7: 33-54.
Matsumura S. 1933a. Lymantriidae of the Japan-Empire. Insecta Matsumurana, 7: 111-152, pl. 3.
Matsumura S. 1933b. New species of Cymatophoridae of Japan and Formosa. Insecta Matsumurana, 7(4): 190-201.
Matsumura S. 1934. Review of the Notodontid moths in the "6000 Illustrated Insects of the Japan-Empire." Insecta Matsumurana Sapporo, 8: 157-181.
McDunnough J H. 1920. Studies in North American Cleorini (Geometridae). Bulletin of the Department of Agriculture Entomology, 18: 1-64.
McDunnough J H. 1944. Revision of the North American genera and species of the Phalaenid subfamily Plusiinae (Lepidoptera). Memoirs of the Southern California Academy of Sciences, 2: 175-232, 6 pls.
Meigen J W. 1818-1830. Systematische Beschreibung der bekannten Europäischen zweiflügeligen Insekten. Aachen & Hamm.
Meigen J W. 1832. Systematische Beschreibung der europemy of Sciences, Los Angeles, 275. Part I. Macrolepid. Jacob Anton Mayer, Aachen und Leipzig, 276.
Mell R. 1914. Eine neue und eine wenig bekannte *Actias* aus China. Entomologische Rundschau, 31: 31-32.
Mell R. 1922a. Neue sudchinesische Lepidoptera. Deutsche Entomologische Zeitschrift, 1922: 113-129.
Mell R. 1922b. Beiträge zur Fauna sinica. Biologie und Systematik der südchinesischen Sphingiden. Vol. 1 & 2, R. Friedländer & Sohn, Berlin.
Mell R. 1931. Undescribed Lepidoptera from China III (Notodontidae). Lingnan Science J., 9: 377-380.
Mell R. 1933. Ueber Catocalinen von Chekiang (und Deutung eines Vorkommens von 2 Farbformen einer Art im gleichen Gebiet).(Lep.). Mitteilungen der Deutschen Entomologischen Gesellschaft, 4: 58-64.
Mell R. 1934. Chekiang als NO-Pfeiler der Osthimalayana (auf Grund von Lepidopterenökologie und Verbreitung). Archiv für Naturgeschichte (N.F.), 3: 491-533.
Mell R. 1935a. Noch unbeschriebene chinesischo Lepidopteren. IV. Mitteilungen der Deutschen Entomologischen Gesellschaft, 6: 36-38.
Mell R. 1935b. Beitrage zur Fauna sinica. XV. Zur Systematik und Oekologie der Sphingiden und Saturni-iden von Chekiang (Samml. Höne). Mitteilungen aus dem Zoologischen Museum in Berlin, 20: 337-365.
Mell R. 1937. Beitrage zur Fauna sinica. XIV, XVII. Deutsche Entomologische Zeitschrift, 1937: 1-19.
Mell R. 1939. Beitrage zur Fauna sinica. xviii. Noch unbeschriebene chinesische Lepidopteren (V). Deutsche Entomologische Zeitschrift Iris, 52: 135-152.
Mell R. 1943. Beiträge zur Fauna sinica. XXIV. Über Phlogophorinae, Odontodinae, Sarrothripinae, "West-ermannianae" und Camptolominae (Noctuidae, Lepid.) von Kuangtung. Zoologische Jahrbuecher Jena Systematik, 76: 171-226.
Mell R. 1950. Aus der Biologie der chinesischen *Actias* Leach (*Argema chapae* sp. n., *A. sinensis* f. *virescens* f.n.). Entomologische Zeitschrift Frankfurt, 60: 41-45, 53-56.
Ménétriès E. 1857. Enumeratio Corporum Animalium Musei Imperialis Academiae Scientiarum Petropolitanae. Classis Insectorum. ordo Lepodopterorum. Pars II. Lepidoptera Heterocera. Petropolitanae: Academiae Scientiarum Imperialis, vi+[2]+ p.67-112+[2]+ p.99-144, pls. VII-XIV.
Ménétriès J E. 1855-1863. Enumeratio corporum animalium Musei imperialis Academiae scientiarum Petropolitanae: Classis insectorum, ordo lepidopterorum.(Butterflies; Classification; Identification; Lepidoptera; Pictorial works). Petropoli: Typis Academiae Scientiarum Imperialis.

Ménétriès J E. 1859. Lépidoptères de la Sibérie orientale et en particulier des rives de l'Amour. Bulletin de la Classe Physico-Mathématique de l'Académie Impériale des Sciences de St.-Pétersbourg, 17(12-14): 211-221.

Meyrick E. 1886a. Descriptions of Lepidoptera from the South Pacific. Transactions of the Royal Entomological Society of London, 1886: 189-296.

Meyrick E. 1886b. Revision of Australian Lepidoptera. I. Proceedings of the Linnean Society of New South Wales, (2)1: 687-802.

Meyrick E. 1888. Descriptions of Australian Micro-lepidoptera. Proceedings of the Linnean Society of New South Wales, (2)2: 827-966.

Meyrick E. 1889. On some Lepidoptera from New Guinea. Transactions of the Royal Entomological Society of London, 1889: 455-522.

Meyrick E. 1892. On the classification of the Geometrina of the European fauna. Transactions of the Royal Entomological Society of London, 1892: 53-140, pl. 3.

Meyrick E. 1897. On Lepidoptera from the Malay Archipelago. Transactions of the Entomological Society of London, 1897: 69-92.

Miyata T. 1970. A generic revision of the Japanese Bombycidae, with description of a new genus (Lepidoptera). Tinea, 8: 190-199.

Moore F. 1857-1860. *In*: Horsfield T H, Moore F (ed), A Catalogue of the Lepidopterous Insects in the Museum of the Honourable East India Company. London, 440.

Moore F. 1862a. On the Asiatic silk-producing moths. Transactions of the Entomological Society of London, (3)1: 313-322.

Moore F. 1862b. Title unknown. The Technologist: 7, no. 37.

Moore F. 1865/1866. On the lepidopterous insects of Bengal. Proceedings of the Zoological Society of London, 1865: 755-823.

Moore F. 1867-1868. On the Lepidopterous Insects of Bengal. Proceedings of the Zoological Society of London, 1867, 44-98, pl. 6-7(1867); 612-686, pl. 32-33(1868).

Moore F. 1872. Descriptions of new Indian Lepidoptera. Proceedings of the Zoological Society of London, 1872: 555-586.

Moore F. 1874. Descriptions of new Asiatic Lepidoptera. Proceedings of the Zoological Society of London, 1874: 565-579.

Moore F. 1877a. New species of Heterocerous Lepidoptera of the tribe Bombyces, collected by Mr. W. B. Pryer chiefly in the District of Shanghai. Annals and Magazine of Natural History, 4(20): 83-94.

Moore F. 1877b. The lepidopterous fauna of the Andaman and Nicobar Islands. Proceedings of the Zoological Society of London, 1877(3): 580-632.

Moore F. 1878. A revision of certain genera of European and Asiatic Lithosiidae, with characters of new Genera and Species. Proceedings of the Zoological Society of London, 1878: 3-37.

Moore F. 1879a. Heterocera. *In*: Hewitson W C, Moore F (ed), Descriptions of New Indian Lepidopterous Insects from the Collection of the Late Mr. W. S. Atkinson. Part 1. London, Taylor and Francis, 5-88, pls. 2-3.

Moore F. 1879b. A list of the Lepidopterous insects collected by Mr. Ossian Limborg in Upper Tenasserim, with descriptions of new species. Proceedings of the Zoological Society of London, 1878(4): 821-858.

Moore F. 1879c. Descriptions of new genera and species of Asiatic Lepidoptera Heterocera. Proceedings of the Zoological Society of London, 1879: 387-416, pls. 32-34.

Moore F. 1880-1887. The Lepidoptera of Ceylon. Volumes 1-3. L. Reeve, London, xv+578, 215 pls.

Moore F. 1881. Description of new genera and species of Asiatic nocturnal Lepidoptera. Proceedings of the Zoological Society of London, 1881: 326-380, 2 pls.

Moore F. 1882. Heterocera. *In*: Hewitson W C, Moore F (eds), Description of New Indian Lepidopterous Insects from the Collection of the Late Mr. W. S. Atkinson. Part 2. London, Taylor and Francis, 89-198, pls. 4-6.

Moore F. 1884. Descriptions of new species of Indian Lepidoptera-Heterocera. Transactions of the Entomological Society of London, 1884: 355-376.

Moore F. 1885. Description of a species of wild-mulberry silkworm, allied to *Bombyx*, from Chehkiang, N. China. Annals and Magazine of Natural History, 15(5): 491-492.

Moore F. 1888a. Heterocera continued (Pyralidae, Crambidae, Geometridae, Tortricidae, Tineidae). *In*: Hewitson W C, Moore F(eds), Descriptions of New Indian Lepidopterous Insects from the Collection of the Late Mr.W.S. Atkinson (3). Calcutta, Asiatic Society of Bengal, 199-299, pls. 7-8.

Moore F. 1888b. Descriptions of new genera and species of Lepidoptera Heterocera, collected by Rev. J. H. Hocking, chiefly in the Kangra district, N.W. Himalaya. Proceedings of the Zoological Society, 1888: 390-412.

Moore F. 1892. Descriptions of some new species of Asiatic Saturniidae. Annals of Natural History, 6(9): 448-453.

Möschler H B. 1887. Beiträge zur Schmetterlings-Fauna der Goldküste. Abhandlungen der Senckenbergischen Naturforschenden Gesellschaft, 15: 49-100.

Motschulsky V. 1861. Insectes du Japan. Études d'Entomologie, 9: 4-41.

Motschulsky V. 1866. Catalogue des insects recus du Japon. Bulletin de la Société Impériale des Naturalistes de Moscou, 39: 163-200.

Müller O F. 1764. Fauna Insectorum Fridrichsdalina sive Methodica Descriptio Insectorum Agri Fridrichsdalensis cum Characteribus Genericis et specificis, Nominibus Trivialibus, Locis Natalibus, Iconibus Allegatis, Novisque Pluribus Speciebus Additis. Hafniae and Lipsiae. F. Gleditschii, xxiv+96.

Nagano K. 1916. Life history of some Japanese Lepidoptera containing new genera and species. Bulletin of the Nawa Entomological

Laboratory Gifu, 1: 1-27.
Nagano K. 1917. Studies of the Japanese Lasiocampidae and Drepanidae. Bulletin of the Nawa Entomological Laboratory Gifu, 2: 1-140, pls. 1-10.
Nagano K. 1918. New and unrecorded species of Heterocera from Japan. Insect World, 22: 411-415, 448-451.
Nakamura M. 1956. Contribution to the knowledge of some Japanese notodontid moths. Revisional notes X. Tinea, 3: 142-143.
Nakamura M. 1974. Notodontidae of eastern Nepal based on the collection of the Lepidopterological research expedition to Nepal Himalaya by the Lepidopterological society of Japan in 1963 (Lepidoptera). Tyô to Ga, 25(4): 115-129.
Nakamura M. 1978. Some new species and subspecies of Notodontidae from Japan and adjacent regions (Lepidoptera). Tinea, 10: 213-224.
Nakatomi K. 1977. A new subspecies of *Dudusa sphingiformis* from Korea and Tsushima Island with description of the last instar larva (Lepidoptera, Notodontidae). Entomological Review of Japan, 30(1-2): 41-42.
Nicéville L De. 1900. On new and little-known Lepidoptera from the Oriental region. Journal of the Bombay Natural History Society: 157-176.
Niepelt W. 1928. Neue exotische Rhopaloceren. Entomologische Zeitschrift Frankfurt, 42: 217-218.
Niepelt W. 1932. Neue orientalische Saturniiden. Internationale Entomologische Zeitschrift, 26(8): 89-92.
Nye I W B. 1975. The generic names of moths of the world. Volume 1: Noctuoidea (part): Noctuidae, Agaristidae, and Nolidae. Publications British Museum (Natural History), 568.
Oberthür C. 1879. Diagnoses d'espéces nouvelles Lépidoptéres de I'ile Askold. Oberthür and Son, Rennes, 16.
Oberthür C. 1880. Faune des Lépidoptères de l'ile Askold. Première Partie. Études d'Entomologie, 5: i-x, 1-88, pls. 1-9.
Oberthür C. 1881. Lépidoptères de Chine. Études d'Entomologie, 18: viii+49, 6 pls.
Oberthür C. 1883. Lepidopteres du Tibet. Bulletin de la Société Entomologique de France, (6)3: 43.
Oberthür C. 1884a. Lepidopteres du Thibet, de Mantschourie, d'Asie-Mineure et d'Algerie. Études d'Entomologie, 9: 1-40.
Oberthür C. 1884b. Lepidopteres de l'Asie orientale. Études d'Entomologie, 10: 1-35.
Oberthür C. 1884c. [Title unknown.] Bulletin de la Société Entomologique de France, (6)3: 11-13, 43, 76-77, 84, 128-129.
Oberthür C. 1886. Nouveaux Lepidopteres du Thibet. Études d'Entomologie, 11: 1-38, pls. 1-7.
Oberthür C. 1897. Description d'une espèce nouvelle de *Tropaea* (Lépid. hétéroc. fam. Saturniidae). Bulletin de la Société entomologique de France, Paris, 1897(7): 129-131, 174.
Oberthür C. 1911a. Révision iconographique des Espèces de Phalénites (*Geometra* L.)Enumérées et décrites par Achille Guenée dans les Volumes ix et x de Species général des Lépidoptères, publiés à Paris, chez l'éditeur Roret, en 1857. Études de Lépidoptérologie Comparée, 5: 7-84.
Oberthür C. 1911b. Explication des planches publiées dans le volume V des Etudes de Lépidoptérologie comparée. Études de Lépidoptérologie Comparée, 5(1): 315-345.
Oberthür C. 1913. Suite de la révision des Phalénites décrites par A. Guenée dans le Species général. Études de Lépidoptérologie Comparée, 7: 237-331.
Oberthür C. 1914. Lépidoptéres de la, region sinothibetaine. Études de Lépidoptérologie Comparée, 9(2): 41-60.
Oberthür C. 1916. Révision iconographique des Espèces de Phalénites Enumaérées et décrites par Achille Guenée dans les Volumes 9 et 10 du Species général des Lépidoptères. Études de Lépidoptérologie Comparée, 12: 67-176, pls. 382-401.
Oberthür C. 1920. Sur quelques Sphingidae et plusieurs Lépidoptères Nord-Américains. Études de Lépidoptérologie Comparée, 17: 3-7.
Oberthür C. 1923. Revision iconographique des especes de Phalenites (*Geometra* Linne) enumerees et decrites par Guenee dans le Volume X du Species general des Lepidopteres, publie a Paris, chez l'editeur Roret, en 1857. Études de Lépidoptérologie Rennes, 20: 214-283.
Obraztsov N S. 1966. Die palaearktischen *Amata*-Arten (Lepidoptera, Ctenuchidae). Veröffentlichungen der Zoologischen Staatssammlung München, 10: 1-383.
Ochsenheimer F. 1807-1835. Die Schmetterlinge von Europa. Band 1-10. Gerhard Fleischer, Leipzig.
Okamoto H. 1924. The insect fauna of Quelpart Island (Saishiu-to). Bull Agric Expt Sta Govt Gen Chosen Suigen Korea, 1: 47-233.
Okano M. 1955. A revision of the genus *Phalera* Hübner from Japan (Lepidoptera, Notodontidae). Report of the Gakugei Faculty of the Iwate University, 8(2): 49-55.
Okano M. 1958. New or little known moths from Formosa (1). Annual Report of the Gakugei Faculty of the Iwate University, 13(2): 51-56.
Okano M. 1959a. New or little known moths from Formosa (2). Annual Report of the Gakugei Faculty of the Iwate University, 14(2): 37-42, 1 fig., 1 pl.
Okano M. 1959b. New or little known moths from Formosa (3). Annual Report of the Gakugei Faculty of the Iwate University, 15(2): 35-40.
Okano M. 1973. A revision of the Formosan species of the family Epicopeiidae (Lepidoptera), Aries Liberales, 13: 81-84.
Owada M, Kishida Y, Thinh T H, Jinbo U. 2002. Moths of the Genus *Andraca* (Lepidoptera, Bombycidae, Prismostictinae) from Vietnam. Special Bulletin of the Japanese Society of Coleopterology, 5: 461-472.
Parsons M S, Scoble M J, Honey M R, Pitkin L M, Pitkin B R. 1999. The catalogue. *In*: Scoble M J (ed), Geometrid Moths of the

World: a Catalogue (Lepidoptera, Geometridae). Australia: CSIRO, Collingwood, 1-1016.

Pierce N. (1914 [reprint 1967]). The Genitalia of the Group Geometridae of the British Islands. Middlesex: E.W. Classey Ltd, 88.

Piller M, Mitterpacker L. 1783. Iter per Poseganam Sclavoniae Provinciam Mensibus Junio et Julio anno MDCCLXXXII. J.M. Wengand, Budae, 147, 16 pls.

Pitkin L M, Han H-X, James S. 2007. Moths of the tribe Pseudoterpnini (Geometridae: Geometrinae): a review of the genera. Zoological Journal of the Linnean Society, 150: 343-412.

Pittaway A R. 1993. The hawkmoths of the western Palaearctic. 1-240. Harley Books, Colchester.

Poda N. 1761. Insecta Musei Græcensis, quae in ordines, genera et species juxta systema naturae Caroli Linnaei. Widmanstad, Graecii, 127.

Poole R W. 1989. Lepidopterorum Catalogus (new series). Fascicle 118. Noctuidae. Part 1. Abablemma to Heraclia (part). xii + 500; Part 2. Heraclia (concl.) to Zutragum, 501-1013.

Poujade G A. 1891. Diagnoses de Lepidopteres, Heteroceres du Laos. Bulletin de la Societe Entomologique de France, 1891: 63-65.

Poujade G A. 1895a. Nouvelles especes de Lepidopteres Heteroceres (Phalaenidae) recueillis a Mou-Pin par M. l'Abbe A. David. Annales de la Societe Entomologique de France, 64: 307-316, pls. vi & vii.

Poujade G A. 1895b. Nouvelles espèces de ePhalaedinaee, recueillies à Moupin par l'abbé A. David. Bulletin du Muséum d'Histoire Naturelle, 1(2): 55-59.

Prout A E, Talbot G. 1924. A preliminary revision of the genus *Trisuloides* Btlr. (Lep. Het., Noctuidae). With descriptions of new genera and new species, and notes on the genitalia. Bulletin of the Hill Museum, 1: 400-412.

Prout L B. 1912. Lepidoptera Heterocera, Fam. Geometridae, subfam. Hemitheinae. *In*: Wytsman P (ed), Genera Insectorum, 129: 1-274, pls. 1-5.

Prout L B. 1912-1916. The Palaearctic Geometrae. *In*: Seitz A (ed), The Macrolepidoptera of the World. Volume 4. Alfred Kernen, Publisher, Stuttgart, 1-479, pls. 1-25.

Prout L B. 1913a. New South African Geometridae. Annals of the Transvaal Museum, 3: 194-225.

Prout L B. 1913b. Contributions to a knowledge of the subfamilies Oenochrominae and Hemitheinae of Geometridae. Novitates Zoologicae, 20: 388-442.

Prout L B. 1914. Sauter's Formosa-Ausbeute. Geometridae (Lepidoptera). Entomologische Mitteilungen, 3(7/8): 236-249, 259-273.

Prout L B. 1916. New species of indo-australian Geometridae. Novitates Zoologicae, 23: 1-77.

Prout L B. 1917a. New Geometridae in the Joicey collection. Annals and Magazine of Natural History, (8)20: 108-128, pl. vii.

Prout L B. 1917b. On new and insufficiently known indo-australian Geometridae. Novitates Zoologicae, 24: 293-317.

Prout L B. 1920-1941. The Indoaustralian Geometridae. *In*: Seitz A (ed), The Macrolepidoptera of the World. Volume 12: 1-56, pls. 1-41, 50.

Prout L B. 1923. New species and forms of Geometridae. Annals and Magazine of Natural History, (9)11: 305-322.

Prout L B. 1925a. Geometrid descriptions and notes. Novitates Zoologicae, 32: 31-69.

Prout L B. 1925b. New Geometridae in the collection of the Deutsches Ent. Institut (Lep.). Entomologische Mitteilungen, 14: 309-312.

Prout L B. 1926a. New Geometridae. Novitates Zoologicae, 33: 1-32.

Prout L B. 1926b (1926-1927). On a collection of moths of the family Geometridae from Upper Burma made by Captain A.E. Swann. Parts 1-4. Journal of the Bombay Natural History Society, 31: 129-146, 1 pl.; 308-322, 1 pl.; 780-799; 932-950.

Prout L B. 1929. New palaearctic Geometridae. Novitates Zoologicae, 35: 142-149.

Prout L B. 1930a. A catalogue of the Lepidoptera of Hainan. Bulletin of the Hill Museum, 4: 125-144.

Prout L B. 1930b. On the Japanese Geometridae of the Aigner collection. Novitates Zoologicae, 35: 289-377, 1 fig.

Prout L B. 1932 (1932-1933). The Lepidopterous genus *Nobilia* (Geometridae: Sterrhinae). Novitates Zoologicae, 38: 1-314.

Prout L B. 1934. Geometridae: subfamilia Sterrhinae. *In*: Strand E (ed), Lepidopterorum catalogus, 61, 63, 68. W. Junk, Berlin, Germany, 1-486.

Prout L B. 1934. New species and subspecies of Geometridae. Novitates Zoologicae, 39: 99-136.

Prout L B. 1934-1939. Die Spanner des Palaearktischen Faunengebietes. In: Seitz A (ed), Die Gross-Schmetterlinge der Erde. Bd. 4(Supplement). Verlag A. Kernen, Stuttgart, 1-253, pls. 1-18.

Pryer W B. 1877. Descriptions of new species of Lepidoptera from North China. Cistula Entomologica, 2(18): 231-235, pl. 4: 1-13.

Raineri V. 1994. Some considerations on the genus *Thetidia* and description of a new genus: *Antonechloris* gen. nov. Atalanta, 25(1-2): 365-372.

Rambur P. 1866. Catalogue systematique des Lepidopteres de l'Andalusie. 2me livraison. 8vo. Catalogue Systematique des Lepidopteres de l'Andalusie. 2me livraison, 8: 93-412.

Rebel H. 1901. Famil. Papilionidae-Hepialidae. *In*: Staudinger O, Rebel H (ed), Catalog der Lepidopteren des Palaearctischen Faunengebietes. Vol. 1. Berlin, 1-411.

Reich P. 1937. Die Arctiidae der Chinnaausbeute des Herrn Hermann Höne in Shanghai. Deutsche Entomologische Zeitschrift Iris, 51: 113-130.

Reichenbach [R.L.= Reichenbach, Leipzig]. 1817 . Jenaische Allgemeine Literatur-Zeitung, 1.

Riotte J C E. 1979. Australian and Papuan Tussock Moths of the *Orgyia* Complex (Lepidoptera, Lymantriidae). Pacific Insects, 20(2-3): 293-311.

Röber J. 1925. Neue Falter (Schluß). Entomologische Rundschau, Darmstadt, 42(12): 45-46.

Roepke W. 1935. Alte und neue Indomalayische Noctuiden (Lepido-ptera, Heterocera) aus dem Leidener Museum. Zoologische Mededeelingen Leiden, 18: 269-280.

Roepke W. 1940. Ueber Indomalayische Nachtfalter (Lep. Heteroc.). VI. Entomologische Zeitschrift Frankfurt a M, 54: 25-28.

Roepke W. 1946. The Lithosiids, collected by Dr. L. J. Toxopeus in Central Celebes, with remarks on some allied species. Tijdschrift voor Entomologie, 87: 77-91.

Roepke W. 1948. Lepidoptera Heterocera from the summit of Mt. Tanggamus 2100 m, in Southern Sumatra. Tijdschrift voor Entomologie, 89: 209-232, figs. 1-8, pls. 13-14.

Roepke W. 1953. Four Lasiocampids from Java (Lepidoptera Heterocera). Tijdschrift voor Entomologie Amsterdam, 96: 95-97.

Rogenhofer A, Mann J. 1873. Neue Lepidopteren gesammelt von Herrn J. Haberhauer. Verhandlungen der Zoologisch-botanischen Gesellschaft in Wien, 23: 569-574.

Rothschild W. 1894a. Notes on Sphingidae, with description of new species. Novitates Zoologicae, 1: 65-98.

Rothschild W. 1894b. Some new species of Lepidoptera. Novitates Zoologicae, 1: 535-540.

Rothschild W. 1917. On some apparently new Notodontidae. Novitates Zoologicae, 24: 231-264.

Rothschild W. 1920. Preliminary descriptions of some new species and subspecies of Indo-Malayan Sphingidae. Annals of Natural History London, 5: 479-482.

Rothschild W, Jordan K. 1896. Notes on Heterocera, with descriptions of new genera and species. Novitates Zoologicae, 3: 21-62.

Rothschild W, Jordan K. 1903. A revision of the Lepidoptera family Sphingidae. Novitates Zoologicae, 9(suppl.): cxxxv + 972.

Rothschild W, Jordan K. 1915. Thirteen new Sphingidae. Novitates Zoologicae, 22: 281-290.

Rottemburg S A von. 1775. Anmerkungen zu den Hufnagelischen Tabellen der Schmetterlinge. Zweyte Abtheilung. Der Naturforscher, 7: 105-112.

Saalmüller M. 1878. Mitteilungen über Madagaskar, seine Lepidopteren-Fauna. Bericht uber die Senckenbergischen Naturforschen Gesellschaft in Frankfurt am Main, 1877-1878: 71-96.

Saalmüller M. 1884. Lepidopteren von Madagascar, Erste Abtheilung: Rhopalocera, Heterocera: Sphinges et Bombyces. Senckenberg'sche naturforschende Gesellschaft, Frankfurt am Main, 246.

Saalmüller M. 1891. Lepidopteren von Madagascar. Zweite Abtheilung: Noctuae, Geometrae, Microlepidoptera. Werner and Winter, Frankfurt am Main, 249-531, pls. 7-14.

Samouelle G. 1819. The Entomologist's Useful Compendium; or an Introduction to the Knowledge of British Insects. R. and A. Thomas Boys, London, 496.

Sato R, Wang M. 2004. Records and descriptions of the Boarmiini (Geometridae, Ennominae) from Nanling Mts. S. China. Part 1. Tinea, 18(1): 43-55.

Sato R, Wang M. 2006. Records and descriptions of the Boarmiini (Geometridae, Ennominae) from Nanling Mts, S. China. Part 3. Tinea, 19(2): 69-79.

Sato R, Wang M. 2007. Records and descriptions of the Boarmiini (Geometridae, Ennominae) from Nanling Mts, S. China. part 4. Tinea, 20(1): 33-44.

Sato R. 1981. Taxonomic notes on the genus *Calicha* Moore and its allied new genus from Japan and adjacent countries Lepidoptera: Geometridae). Tyô to Ga, 31(3 & 4): 103-120, 43 figs.

Sato R. 1986. Descriptions of a new species of *Brabira* from north Honshu and a new subspecies of *Tyloptera bella* (Butler) (Geometridae: Larentiinae) from Amami-Oshima Island, Japan. Japan Heterocerists' J, 134: 129-131, figs. 1-8.

Sato R. 1988. A new species of *Hypomecis* Hübner from Sumatra (Lepidoptera: Geometridae). Heterocera Sumatrana, 2: 129-132, 3 figs.

Sato R. 1992. The genus *Rikiosatoa* (Lepidoptera, Geometridae) from Thailand, with taxonomic notes on two Chinese species. Japanese journal of Entomology, 60(3): 559-566.

Sato R. 1993. Geometridae: Ennominae (part). *In*: Haruta T (ed), Moths of Nepal. Part 2. Tinea, 13(Supplement 3): 5-30, figs. 114-174, pls. 34-38.

Sato R. 1994. Geometridae: Ennominae (part). *In*: Haruta T (ed), Moths of Nepal. Part 3. Tinea, 14(Supplement 1): 41-62, figs. 384-432, pls. 73-76.

Sato R. 1995. Records of the Boarmiini (Geometridae: Ennominae) from Thailand 2. Transactions of the Lepidopterological Society of Japan, 46(4): 209-227.

Sato R. 1996a. Records of the Boarmiini (Geometridae; Ennominae) from Thailand III. Transactions of the Lepidopterological Society of Japan, 47(4): 223-236, 25 figs.

Sato R. 1996b. Six new species of the genus *Psilalcis* Warren (Geometridae, Ennominae) from Indo-Malayan region, with some taxonomic notes on the allied species. Tinea, 15(1): 55-68.

Sauber A. 1915. Mitteilungen aus dem Entomologischen Verein Hamburg-Altona. Internationale Entomologische Zeitschrift, 8 (36): 203.

Scharfenberg G L. 1805. *In*: Bechstein J M, Scharfenberg G L (ed), Vollständige Naturgeschicte der schädlichen Forstinsekten. 3 Theil. Leipzig.

Schaufuss L W. 1870. Die exotischen Lepidoptera Heterocera der Früher Kaden'schen Sammlung. Nunquam Otiosus, 1: 7-23.
Schaus W. 1928. New moths of the family Ceruridae (Notodontidae) in the United States National Museum. Proceedings of the United States National Museum, 73(art.19): 1-90.
Schintlmeister A, Fang C L. 2001. New and lessknown Notodontidae from mainland China (Lepidoptera, Notodontidae). Neue Entomologische Nachrichten, 50: 1-141.
Schintlmeister A. 1989. Zoogeographie der palearktischen Notodontidae (Lepidoptera). Neue Entomologische Nachrichten, 25: 1-117.
Schintlmeister A. 1992. Die Zahnspinner Chinas (Lepidoptera, Notodontidae). Nachrichten des Entomologischen Vereins Apollo, (Suppl.)11: 1-343.
Schintlmeister A. 1997. Moths of Vietnam with special reference to Mt. Fan-si-pan. Family: Notodontidae. Entomofauna (Supplement), 9: 33-248.
Schintlmeister A. 2002. Das genus *Paracerura* gen. n. und seine Arten in der orientalischen Region (Lepidoptera: Notodontidae). Nachrichten des Entomologischen Vereins Apollo, 23(3): 105-117.
Schintlmeister A. 2007. Notodontidae. *In*: Schintlmeister A, Pinratana A (ed), Moths of Thailand, 5. Brothers of Saint Gabriel in Thailand, Bangkok, 1-320.
Schintlmeister A. 2008. Palaearctic Macrolepidoptera 1: Notodontidae. Apollo Books, Stenstrup, Denmark.
Schrank F P. 1802. Fauna Boica: Durchgedachte Geschichte der in Baiern einheimischen und zahmen Thiere.(2)2. Spinnerförmige Schmetterlinge, Nürnberg, 412.
Scoble M J, Hausmann A. 2007. Online list of valid and available names of the Geometridae of the World. Available from: http: //www.lepbarcoding.org/geometridae/species_checklists.php.
Scopoli G A. 1763. Entomologia Carniolica, exhibens insecta Carnioliæ indigena et distributa in ordines, genera, species, varietates. Methodo Linnæana. Vindobonæ, xxxvi+420, 43 pls.
Scopoli G A. 1777. Introductio ad historiam naturalem, sistens genera lepidum. Plantarum et *animalium*, ...Prague: Gerle. 506
Scriba F. 1919. Einige neue Lepidopteren aus Hondo (Central-Japan). Entomologische Rundschau, 36: 41-42, 44-45.
Seitz A. 1909-1912. Die Gross-Schmetterlinge der Erde. Abteilung I. Band 2, Die Palaearktischen Spinner & Schwärmer. Alfred Kernen, Stuttgart, vii+479, 56 pls.
Seitz A. 1928-1929. Family Sphingidae. The Indo-Australian Bomyces and Sphinges. *In*: Seitz A (ed), The Macrolepidoptera of the World. A systematic description of the hitherto known macrolepidoptera in collaboration with well-known specialists. Vol. 10. 523-576, pls. 47, 56c, 60-68.
Shiraki T. 1911. Monographie der Grylliden von Formosa. Catalogue Insectorum Noxiorum Formosarum: 40-68.
Shiraki T. 1913. Investigation upon insects injurious to cotton. Special Report Formosa Agricultural Experiment Station [Special reports No. 8] Publication No. 68, 650.
Sick H. 1941. Neue Cymatophoridae des Höne'schen Ausbeuten. Deutsche Entomologische Zeitschrift Iris, 1941: 1-9.
Skell F. 1913. Title unknown. Mutteilungen der Muenchener Entomologischen Gesellschaft Munich, 4: 56.
Snellen P C T. 1879. Lepidoptera van Celebes verzameld door Mr. M.C. Piepers, met aanteekeningen en beschrijving der nieuwe soorten. Tijdschrift voor Entomologie, 22: 61-126.
Snellen P C T. 1889. Aanteekening over *Cyclidia substigmaria* Hübner en eenige andere verwante soorten van Lwpidoptera. Tijdschrift voor Entomologie, 32: 5-18, 1 pl., 5 figs.
Sodoffsky C H W. 1837. Etymologische Untersuchungen ueber die Gattungsnamen der Schmetterlinge. Bulletin de la Etymologische Untersuchu, 10(6): 76-99.
Sonan J. 1934. On three new species of the moths in Japan and Formosa. Kontyû, 8(4-6): 212-214.
Speiser F. 1902. Lepidopterologische Notizen. Berliner Entomologische Zeitschrift, 47: 135-143.
Staudinger O. 1881. Beitrag zur Lepidopterenfauna Central-Asiens. Stettiner Entomologische Zeitung, 42: 393-424.
Staudinger O. 1887. Neue Arten und Varietäten von Lepidopteren aus dem Amur-Gebiet. *In*: Romanoff N M (ed), Mémoires sur les Lépidopteres, 3: 126-232.
Staudinger O. 1892a. *In*: Romanoff N M (ed), Die Macrolepidopteren des Amurgebietes. I. Theil. Rhopalocera, Sphinges, Bombyces, Noctuae. Mémoires sur les Lépidoptères. 6: 83-658.
Staudinger O. 1892b. Neue Arten und Varietaten von palaarktischen Geometriden. Deutsche Entomologische Zeitschrift Iris, 5: 141-260.
Staudinger O. 1897. Die Geometriden des Amurgebiets. Deutsche Entomologische Zeitschrift Iris, 10: 1-122, pls. 1-3.
Staudinger O. 1897-1898. Vier neue Heteroceren aus Algerien und Tunesien. Deutsche Entomologische Zeitschrift Iris, 10: 265-270.
Stephens J F. 1827-1835. Illustrations of British Entomology. Volumes 1-4. London: Baldwin and Cradock.
Stephens J F. 1828. *In*: Kirby W, Spence W (eds), An Introduction to Entomology. Volumes 1-4. 5th ed. [*In*: Kirby W F, Spence W. 1828.]
Stephens J F. 1829a. The Nomenclature of British Insects. London: Baldwin and Cradock, 68.
Stephens J F. 1829b. A Systematic Catalogue of British Insects 2. 1-388. London: Baldwin and Cradock.
Sterneck J. 1928. Die Schmetterlinge der Stotznerschen Ausbeute. Geometridae, Spanner. Deutsche Entomologische Zeitschrift Iris, 42: 131-244.

Sterneck J. 1932. Studien uber Acidaliinae (Geometr.). Zeitschrift des Osterreichischen Entomologen-Vereins, 17: 67-71, 77-80, 82-84.

Sterneck J. 1941. Versuch einer Darstellung der systematischen Bezichungen bei den palaearktischen Sterrhinae (Aciduliinae). Studien uber Acidaliinae (Sterrhinae) VII-IX. Zeitschrift des Wiener Entomologen-Vereins Vienna, 26: 17-31, 41-65, 88-96, 105-116, 160-168, 176-183, 191-198, 211-230, 248-262.

Stoll C. 1775-1782. *In*: Cramer P (ed), Uitlandsche Kapellen. ca. 1775. Volumes 1-4.

Strand E. 1910-1911a. 5. Family: Lymantriidae, Drepanidae. *In*: Seitz A (ed), The Macrolepidoptera of the World. Vol. 2: the Palearctic Bombyces & Sphinges. Alfred Kernen, Stuttgart, 109-141(Lymantriidae), 195-206(Drepanidae).

Strand E. 1911b. Neue afrikanische Arten der Bienengattungen Anthophora, Eriades, Anthidium, Coelioxys und Trigona. Entomologische Rundschau, 28: 119-102, 122-124.

Strand E. 1916. H. Sauter's Formosa-Ausbeute: Hepialidae, Notodontidae und Drepanidae. Archiv für Naturgeschichte, 81(A 12): 150-165; 82(A 3): 111-152.

Strand E. 1917. H. Sauter's Formosa-ausbeute: Lithosiinae, Nolinae, Noctuidae (p.p.), Ratardidae, Chalcosiidae, sowie nacträge zu den familien Drepanidae, Limacodidae, Gelechiidae, Oecophoriidae und Heliodinidae. Archiv für Naturgeschichte, 82(A 3): 111-152.

Strand E. 1918. Noctuiden aus Belgisch-Kongo. Zeitschrift des Österreichischen Entomologen-Vereines, 3: 77-78, 88-91, 98-100, 110-111.

Strand E. 1920. Sauter's Formosa-Ausbeute: Noctuidae II nebst Nachtragen zu den Familien Arctiidae, Lymantriidae, Notodontidae, Geometridae, Thyrididae, Pyralididae, Tortricidae, Gelechiidae und Oecophoridae. Archiv für Naturgeschichte, 84: 102-197.

Strand E. 1922. Arctiidae: Subfam. Lithosiinae. *In*: Gaede M (ed), Lepidopterorum Catalogus. Volume 26. W. Junk, Berlin, 501-899.

Strand E. 1943. Miscellanea nomenclatorica zoologica et palaeontologica. Folia Zoologica et Hydrobiologica, 12: 94-114.

Stretch R H. 1875. Remarks on the synonymy of the Atlas of the Heterocera Sphingida and Noctuida, published as portion of the results of the "Frigate Novara", November 1874. Cistula Entomologica, 2: 11-19.

Stüning D. 1987. Die Spanner der Gattungen *Spilopera* und *Pareclipsis* in Ostasien, mit Beschreibung einer neuen Art (Lepidoptera: Geometridae, Ennominae). Bonner Zoologische Beiträge, 38(4): 341-359, 51 figs.

Stüning D. 2000. Additional notes on the Ennominae of Nepal, with descriptions of eight new species (Geometridae). *In*: Haruta T (ed), Moths of Nepal. Part 6. Tinea, 16(Supplement 1): 94-152, figs. 1433-1509, pls. 170-172.

Sugi S. 1967. Notes on species of *Spirama* Guenée of Japan, with remarks for the classification of the genus (Lepidoptera, Noctuidae, Catocalinae). Tyô to Ga, 18(1-2): 4-9.

Sugi S. 1970. Notes on the genus *Stenoloba* Staudinger, with description of a new genus (Lepidoptera, Noctuidae, Cryphiinae). Kontyû, 38(2): 130-135.

Sugi S. 1975. On a specimen of *Laphoptera anthyalus* (Swinhoe) captured in Nagoya city (Noctuidae: Sticktopterinae). Japan Heterocerists' J, 83: 375-376.

Sugi S. 1977. A new species of the genus *Hybocampa* Lederer (Lepidoptera, Notodontidae) from Tsushima Island. Kontyû, 45(1): 9-11.

Sugi S. 1980. New genera and new species of Notodontidae with synonymic notes (Lepidoptera). Tyô to Ga, 30(3-4): 179-187.

Sugi S. 1987. Larvae of Larger Moths in Japan. Tokyo: Kodansha, 453, 120 pls.

Sukhareva L L. 1973. On the taxonomy of the subfamily Hadeninae Guenée, 1837 (Lepidoptera, Noctuidae). Entomologicheskoe Obozrenie, 52(2): 400-415.

Swainson W. 1821. Zoological illustrations, or original figures and descriptions of new, rare, or interesting animals, selected chiefly from the classes of ornithology, entomology and conchology. Series 1, Vol. 1. London: Baldwin, Cradock & Joy, and W. Wood. pls. 1-66.

Swinhoe C. 1889. On new Indian Lepidoptera, chiefly Heterocera. Proceedings of the Zoological Society, 1889: 396-432. [*Lymantria viola* Swinhoe, 1889: 406]

Swinhoe C. 1890. The Moths of Burma. Transactions of the Entomological Society of London, 1890(2): 161-296.

Swinhoe C. 1891. New species of Heterocera from the Khasia Hills. Part I. Transactions of the Entomological Society of London, (4): 473-495.

Swinhoe C. 1892. New species of Heterocera from Khasia Hills. Part II. Transactions of the Entomological Society of London, (1): 1-487.

Swinhoe C. 1893a. On new Geometers. Annals and Magazine of Natural History, (6)12: 147-157.

Swinhoe C. 1893b. New species of Oriental moths. Annals and Magazine of Natural History, (6)12: 210-225.

Swinhoe C. 1893c. New species of Oriental Lepidoptera. Annals and Magazine of Natural History, (6)12: 254-265.

Swinhoe C. 1894a. A list of the Lepidoptera of the Khasia Hills. Part II. Transactions of the Entomological Society of London, 1894: 145-223, 1 pl.

Swinhoe C. 1894b. New species of Geometers and Pyrales from the Khasia Hills. Annals and Magazine of Natural History, (6)14: 135-149, 197-210.

Swinhoe C. 1894c. New species of Eastern Lepidoptera. Annals and Magazine of Natural History, (6)14: 429-443.

Swinhoe C. 1895. A list of the Lepidoptera of the Khasia Hills (continued). Transactions of the Entomological Society of London, 1895: 1-75, 1 pl.

Swinhoe C. 1897. New eastern Lepidoptera. Annals and Magazine of Natural History, 6(19): 164-170.

Swinhoe C. 1900a. Catalogue of Eastern and Australian Lepidoptera Heterocera in the collection of the Oxford University Museum. 2. Oxford: Clarendon Press, vi+630, 8 pls.

Swinhoe C. 1900b. New species of Eastern and Australian Moths. Annals and Magazine of Natural History, (7)6: 305-313.

Swinhoe C. 1902a. New species of Eastern and Australian Heterocera. Annals of Natural History London, (7)9: 415-424.

Swinhoe C. 1902b. New and little known species of Drepanulidae, Epiplemidae, Microniidae and Geometridae in the national collection. Transactions of the Royal Entomological Society of London, (3): 584-677.

Swinhoe C. 1903. A revision of the Old World Lymantriidae in the National Collection. Transactions of the Entomological Society of London, 1903: 375-498.

Swinhoe C. 1908. New Eastern Lepidoptera. Annals and Magazine of Natural History, 8(1): 60-68.

Swinhoe C. 1915. New species of indo-malayan Lepidoptera. Annals and Magazine of Natural History, 16: 171-185.

Swinhoe C. 1917. New indo-malayan species of Lepidoptera. Annals and Magazine of Natural History, (8)20: 157-166.

Swinhoe C. 1918. New species of indo-malayan Heterocera and descriptions of genitalia, with reference to the geographical distribution of species resembling each other. Annals and Magazine of Natural History, (9)2: 65-95.

Swinhoe C. 1922. A revision of the genera of the family Lymantriidae. Annals and Magazine of Natural History, 10(9): 449-484.

Tams W H T. 1935. Résultats scientifiques du voyage aux Indes Orientales neerlandaises de LL. AA. RR. le Prince et la Princesse Léopold de Belgique. Memoires du Mus, e Royal d'Histoire Naturelle de Belgique, 4(12): 33-64.

Tams W H T. 1938. Observations on the generic nomenclature of some British Agrotidae. Entomologist, 71: 123.

Tams W H T. 1939. Changes in the generic names of some British moths. Entomologist, 72: 66-74.

Thierry-Mieg P. 1899. Descriptions de Lepidopteres nocturnes. Annales de la Societe Entomologique de Belgique, 43: 20, 21.

Thierry-Mieg P. 1907. Descriptions de Lepidopteres nouveaux. Naturaliste, 21: 150-154, 174-175, 187-188, 200, 212, 224-225, 238, 247, 259-260, 271.

Thomas W. 1990. Die Gattung *Lemyra* (Lepidoptera, Arctiidae). Nachrichten des Entomologischen Vereins Apollo, (Supplementum): 15-83.

Treitschke F. 1825. *In*: Ochsenheimer F (ed), Die Schmetterlinge von Europa. Band 5/2. Leipzig: Fleischer, 448

Tshistjakov Y A. 1998. New data on the lappet-moths (Lepidoptera, Lasiocampidae) of the Russian Far East. Far Eastern Entomologist, 66: 1-8.

Turner A J. 1904. New Australian Lepidoptera, with synonymic and other notes. Transactions of the Royal Society of South Australia, 28: 212-247.

Turner A J. 1907. Revision of Australian Lepidoptera. III. Proceedings of the Linnean Society of New South Wales, 31: 678-710.

Turner A J. 1910. Revision of Australian Lepidoptera. V. Proceedings of the Linnean Society of New South Wales, 35: 555-653.

Turner A J. 1933. New Australian Lepidoptera. Transactions of the Royal Society of South Australia, 57: 159-182.

Tutt J W. 1902. A Natural History of the British Lepidoptera. Vol. 3. xi+558.

Tutt J W. 1903. Title unknown. Entomologist's Record. London. 15: unpaginated.

Tutt J W. 1904. A Natural History of the British Lepidoptera. Vol 4. xvii + 535.

Vaglia T, Haxaire J, Kitching I J, Liyous M. 2010. Contribution à la connaissance des *Theretra* Hübner, 1819, des complexes *clotho* (Drury, 1773), *boisduvalii* (Bugnion, 1839) *et rhesus* (Boisduval, 1875) d'Asie continentale et du Sud-est (Lepidoptera, Sphingidae). The European Entomologist, 3(1): 1-37.

Villers D C. 1789. Caroli Linnaei Entomologica. Volumes 1-4. Lyon.

Wagner F. 1923. Beitrage zur Lepidopteren-Fauna der Provinz Udine (Ital. sept, or.) nebst kritisohen Bemerkungen und Beschreibung einiger neuen Formen. Zeitschrift des österreichischen Entomologen Vereins, 8(5/6): 14-26, 34-44, 51-54.

Walker F. 1854-1866. List of Specimens of Lepidopterous Insects in the Collection of the British Museum. The order of the Trustees of the British Museum. Volumes 1-35.

Walker F. 1862a, 1863a, 1864a. Catalogue of the Heterocerous Lepidopterous insects collected at Sarawak, in Borneo, by Mr. A.R. Wallace, with descriptions of new species. Zoological Journal of the Linnean Society, 6: 82-145, 171-198; 7: 49-84, 160-198.

Walker F. 1862b. Characters of undescribed Lepidoptera in the collection of W.W. Saunders, Esp. Transactions of the Entomological Society of London, 3: 70-128.

Wallengren H D J. 1858. Nya Fjäril-slägten. Őfversigt af Kongliga Vetenskapes-Akadmiens Förhandlingar Stockholm, 15: 75-84, 135-142, 209-215.

Wallengren H D J. 1862. De till Lepidoptera Closterocera horande familjer och slagten. Ofversigt af K Vetenskapakademiens Forhandlingar, 19: 177-202.

Wallengren H D J. 1863. Lepidopterologische Mittheilungen. III. Wiener Entomologische Monatschrift, 7: 137-151.

Wallengren H D J. 1865. Heterocerous Lepidoptera collected in Kaffirland by J A. Wahlberg. Kongliga Svenska Vetensk.-Akad. Handlingar, 5(4): 1-88.

Wallengren H D J. 1869. Skandinaviens Heterocer-Fjärilar. Del II Spinnarne. CH Bü Lund.

Wang X, Wang M, Zolotuhin V V, Hirowatari T, Wu Sh, Huang G-H. 2015. The fauna of the family Bombycidae *sensu lato* (Insecta, Lepidoptera, Bombycoidea) from Mainland China, Taiwan and Hainan Islands. Zootaxa, 3989(1): 1-138.

Wang X-Y. 1998. Geometer Moths of Taiwan, Vol. 2. Taipei: Taiwan Museum.

Warren W. 1893. On new genera and species of moths of the family Geometridae from India, in the collection of H.J. Elwes. Proceedings of the Zoological Society of London, (2): 341-434, pls. 30-32.

Warren W. 1894a. New genera and species of Geometridae. Novitates Zoologicae, 1: 366-466.

Warren W. 1894b. New species and genera of Indian Geometridae. Novitates Zoologicae, 1: 678-682.

Warren W. 1895. New species and genera of Geometridae in the Tring Museum. Novitates Zoologicae, 2: 82-159.

Warren W. 1896a. New Geometridae in the Tring Museum. Novitates Zoologicae, 3: 99-148.

Warren W. 1896b. New species of Drepanulidae, Thyrididae, Uraniidae, Epiplemidae, and Geometridae in the Tring Museum. Novitates Zoologicae, 3: 335-419.

Warren W. 1896c. New species of Drepanulidae, Uraniidae, Epiplemidae, and Geometridae from the Papuan region, collected by Mr. Altert S. Meek. Novitates Zoologicae, 3: 272-306.

Warren W. 1897a. New genera and species of moths from the Old World regions in the Tring Museum. Novitates Zoologicae, 4: 12-130, 378-402.

Warren W. 1897b. New genera and species of Drepanulidae, Thyrididae, Epiplemidae, Uraniidae and Geometridae in the Tring Museum. Novitates Zoologicae, 4: 195-262, pl. 5.

Warren W. 1898. New species and genera of the families Drepunulidae, Thyrididae, Uraniidae, Epiplemidae, and Geometridae from the Old-World Regions. Novitates Zoologicae, 5: 221-258.

Warren W. 1899a. New species and genera of the family Drepanulidae, Thyrididae, Uraniidae, Epiplemidae and Geometridae from the Old World regions. Novitates Zoologicae, 6: 1-66.

Warren W. 1899b. New Drepanulidae, Thyrididae, and Geometridae from the Aethiopian region. Novitates Zoologicae, 6: 287-312.

Warren W. 1899c. New Drepanulidae, Epiplemidae, Uraniidae, and Geometridae from the Oriental and Palaearctic regions. Novitates Zoologicae, 6: 313-359.

Warren W. 1901. New Uraniidae, Epiplemidae and Geometridae fron the Oriental and Palaearctic regions. Novitates Zoologicae, 8: 21-37.

Warren W. 1902. Drepanulidae, Thyrididae, Uraniidae, Epiplemidae and Geometridae from the Oriental region. Novitates Zoologicae, 9: 340-372.

Warren W. 1903. New Drepanulidae, Thyrididae, Uraniidae and Geometridae from Oriental region. Novitates Zoologicae, 10: 255-270.

Warren W. 1904. New Drepanulidae, Thyrididae, Uraniidae and Geometridae from the Aethiopian region. Novitates Zoologicae, 11: 461-482.

Warren W. 1905. New species of Thyrididae, Uraniidae, and Geometridae from the Oriental Region. Novitates Zoologicae, 12: 6-73, 306-439.

Warren W. 1909-1913. Familie: Noctuidae. 9-444. *In*: Seitz A (ed), Die Gross-Schmetterlinge der Erde. Abteilung I. Die Gross-Schmetterlinge des Palaearktischen Faunengebietes. Band 3, Die Eulenartigen Nachtfalter. Alfred Kernen, Stuttgart.

Warren W. 1912. Family: Cymatophoridae. *In*: Seitz A (ed), The Macrolepidoptera of the World. Vol. 2. Alfred Kernen, Stuttgart, 321-333.

Warren W. 1916. New oriental Noctuidae in the Tring museum. Novitates Zoologicae, 23: 210-227.

Warren W. 1922-1928. Family: Drepanidae. *In*: Seitz A (ed), The Macrolepidoptera of the World. Vol. 10: Bombyces and Sphinges of the Indo-Australian Region. Alfred Kernen, Stuttgart, 443-490, pls. 48-50.

Watson A D, Fletcher D S, Nye I W B. 1980. Noctuoidea (part): Arctiidae, Cocytiidae, Ctenuchidae, Dilobidae, Dioptidae, Lymantriidae, Notodontidae, Strepsimanidae, Thaumetopoeidae, Thyretidae. *In*: Nye I W B (ed), The Generic Names of Moths of the World. Volume 2. Trustees of the British Museum (Natural History), London, xiv+228.

Watson A. 1957a. A revision of the genus *Tridrepana* Swinhoe (Lepidoptera: Drepanidae). Bulletin of the British Museum (Natural History)(Entomology), 4: 407-500, pls. 2-3.

Watson A. 1957b. A revision of the genus *Deroca* Walker (Lepidoptera, Drepanidae). Annals and Magazine of Natural History, (12)10: 129-148, 1 pl., 32 figs.

Watson A. 1959. A revision of the genus *Auzata* Walker (Lepidoptera, Drepanidae). Bonner Zoologische Beiträge, 9: 232-257, 1 pl., 47 figs.

Watson A. 1967. A survey of the extra-ethiopian Oretinae (Lepidoptera: Drepanidae). Bulletin of the British Museum (Natural History) (Entomology), 19: 149-221.

Watson A. 1968. The taxonomy of the Drepaninae represented in China, with an account of their world Distribution (Lepidoptera: Drepanidae). Bulletin of the British Museum (Natural History) (Entomology), Supplement 12: 1-151, pl. 14.

Wehrli E. 1923. Neue palaearktische Geometriden-Arten und Formen aus Ostchina.(Sammlung Höne.). Deutsche Entomologische Zeitschrift, Iris, 37: 61-75.

Wehrli E. 1924. Neue und wenig bekannte palaarktische und Sudchinesische Geometriden-Arten und Formen.(Sammlung Höne.)ii.

Mitteilungen der Münchner Entomologischen Gesellschaft, 14(6-12): 130-142, 1 fig.
Wehrli E. 1925. Neue und wenig bokannte palaarktische und sudchinesische Geometriden-Arten and Formen. iii. Mitteilungen der Münchner Entomologischen Gesellschaft, 15(1-5): 48-60.
Wehrli E. 1927. Geometridae. *In*: Bang-Haas A(ed), Horae Macrolepidopterologicae Regionis Palaearcticae. Volume 1: Dr. O. Staudinger & A. Bang-Haas, Dresden-Blasewitz, 91-98.
Wehrli E. 1932. Ein neues Genus, ein neues Subgenns und 4 neue Arten von Geometriden aus meiner Sammlung. Eutmologisdae Rundschau, 49: 220-222, 225-227, figs. 1-5.
Wehrli E. 1933a. Neue *Terpna-*, *Calleulype*-und *Obeidia*-Arten und -Rassen aus meiner Sammlung (Lep. Hes.). Internationalen Entomologischen Zeitschrift, 27: 37-44.
Wehrli E. 1933b. Neue Arten and Rassen der Gattung *Arichanna* Moore (*Arichanna s. str.*, *Icterodes* Btl., *Epicterodes* sg. n., *Paricterodes* Warr. und *Phyllabraxas* Leech) aus meiner Sammlung (Geometr. Lepid.). Entomologischen Zeitschrift Frankfurt am Main, 47: 29-31, 40-41, 47-51.
Wehrli E. 1934. Revision einiger subgenerischen Gruppen der Gattung *Abraxas* (die Picaria-, die Sinopicaria-, die Celidota-und z. Taeil auch die Grossulariata-Gruppe). Entomologische Zeitschrift, 48: 138-140, 148-151, 154-156, 162-164.
Wehrli E. 1935a. Ueber die *Metamorpha*-Gruppe, ein neues Sub-genus der Gattung *Abraxas*, Meso-hypoleuca und ihre Arten (Goome-trinae, Lep.). Internationale Entomologische Zeitschrift, 29: 1-3, 15-18, 25-33, 37-39, 49-51.
Wehrli E. 1935b. Zur Revision der *Abraxas sylvata* Scop. Gruppe, Sub-genus *Calospilos* Hbn., auf Grund anatomischer Untersuchungen. Neue Untergattungen und neue Arten der Gruppe. Entomologische Rundschau, 52: 100-103, 115-119, 121-124.
Wehrli E. 1936a. Neue Gattungen, Subgenera, Arten und Rassen (Lep. Geom.). Entomologische Rundschau, 53: 513-516, 562-568.
Wehrli E. 1936b. Neue Gattungen, Subgenera, Arten und Rassen (Lep. Geom.). Entomologische Rundschau, 54: 1-7, 126-130, 144-146.
Wehrli E. 1937a. Sur d'anciens et de nouveaux genres, especes et sous-especes de Geometridae. Amateur de Papillons, 8: 244-250.
Wehrli E. 1937b. Uber alte und neue Genera, Subgenera, Species and Subspecies. Entomologische Rundschau, 54: 502-503, 515-519, 562-563.
Wehrli E. 1937c. Neue Gattungen, Subgenera, Arten und Rassen (Lep. Geom.). Entomologische Rundschau, 54: 160-163, 260.
Wehrli E. 1937d. einige neue Untergattungen, Arten un dUnterarten. Internationale Entomologische Zeitschrift, 51: 117-120.
Wehrli E. 1938. Neue Untergattungen, Arten und Unterarten von ostasiatischen Geometriden (Lepid.)aus dem Sammlungen Oberthür und Dr. Höne und eine Boarmia der Ausbeute H, u. E. Kotzsch. Mitteilungen der Münchner Entomologischen Gesellschaft, 28(2): 81-89.
Wehrli E. 1938-1954. Subfamilie: Geometrinae. *In*: Seitz A (ed), Die Grossschmetterlinge der Erde. Volume 4(Supplement), Verlag A. Kernen, Stuttgart, 254-766, taf. 19-53.
Wehrli E. 1941. Neue Arten und Rassen aus dem Iran und aus China (Lep. Geometr.). Mitteilungen der Münchner Entomologischen Gesellschaft, 31: 1064-1071.
Wehrli E. 1951. Une nouvelle classification du genre Gnophos Tr. Lambillionea, 51: 6-11, 22-30, 34-37.
Wehrli W. 1931. Neue Geometriden-Arten und Rassen aus China und Tibet (Lepidoptera, Heterocera). Neue Beiträge zur Systematischen Insektenkunde, 5: 17-31.
Werny K. 1966. Untersuchungen über die Systematik der Tribus Thyatirini, Macrothyatirini, Habrosynini und Tetheini (Lepidoptera: Thyatiridae). Universität des Saarlandes, Saarbrücken, 463, 436 figs.
Westwood J O. 1841. Descriptions of two papilioniform moths from Assam. Arcana Entomologica, 1: 17-20.
Westwood J O. 1843. *In*: Humphreys H N, Westwood J O (ed), British Moths and Their Transformations. Volume 1. London.
Westwood J O. 1847-1848. The Cabinet of Oriental Entomology; being a Selection of some of the Rarer and More Beautiful Species of Insects, Natives of India and the Adjacent Islands, the Described and Figured. London, 88, 42 pls.
Weymer G. 1906. Zwei neue Saturniden [*sic*]. Deutsche Entomologische Zeitschrift, Iris, 15: 71-76.
White A. 1862. "A beautiful *Bombyx,* allied to the *Botnbyx certhia*, Fabr." [ohne Titelangabe]. Proceedings of the Zoological Society of London (London)1861 [=(3) 1]: 26).
Wileman A E, South R. 1917. New species of Heterocera from Japan and Formosa in the British museum. Entomologist, 50: 25-29.
Wileman A E. 1910. Some new Lepidoptera-Heterocera from Formosa. Entomologist, 43: 136-139, 176-179, 189-193, 200-223, 244-248, 285-291, 309-313, 344-349.
Wileman A E. 1911a. New species of Geometridae from Formosa . Entomologist, 44: 271-272, 295-297, 314-316, 343-345, 400-402.
Wileman A E. 1911b. New species of Boarmiinae from Formosa. Entomologist, 44: 314-316, 343-345.
Wileman A E. 1911c. New and unrecorded species of Lepidoptera Heterocera from Japan. Transactions of the Royal Entomological Society of London, 1911: 189-407.
Wileman A E. 1912. New species of Boarmiinae from Formosa. Entomologist, 45: 69-73, 90-92.
Wileman A E. 1914a. Some new species of Lepidoptera from Formosa. Entomologist, 47: 266-268.
Wileman A E. 1914b. New species of Heterocera from Formosa. Entomologist, 47: 318-323.
Wileman A E. 1915. New species of Heterocera from Formosa. Entomologist, 48: 12-19, 34-40, 58-61, 80-82.
Wilkinson C. 1968. A taxonomic revision of the genus *Ditrigona* (Lepidoptera: Drepanidae: Drepaninae). The Zoological Society of

London, 31: 407-517.
Wu C-S, Fang C-L. 2003. A taxonomic study of Chinese members of the genus *Platychasma* Butler (Lepidoptera: Notodontidae). Acta Zootaxonomica Sinica, 28(2): 307-309.
Wu C-S, Fang C-L. 2004. A review of the genus *Phalera* Hübner in China (Lepidoptera: Notodontidae). Oriental Insects, 38: 109-136.
Xiang L-B, Xue D-Y, Wang W-K, Han H-X. 2017. A review of *Euryobeidia* Fletcher, 1979 (Lepidoptera, Geometridae, Ennominae), with description of three new species. Zootaxa, 4317(2): 370-378.
Xue D-Y, Cui L, Jiang N. 2018. A review of *Problepsis* Lederer, 1853 (Lepidoptera: Geometridae) from China, with description of two new species. Zootaxa, 4392: 101-127.
Yazaki K. 1990. Notes on Hydatocapnia (Geometridae, Ennominae), with description of a new species from Taiwan. Tinea, 12(27): 239-244, 10 figs.
Yazaki K. 1994. Geometridae. *In*: Haruta T (ed), Moths of Nepal. Part 3. Tinea, 14(Supplement 1): 5-40, figs. 331-383, pls. 66-72.
Ylla J, Peigler R S, Kawahara A Y. 2005. Cladistic analysis of moon moths using morphology, molecules, and behaviour: *Actias* Leach, 1815; *Argema* Wallengren, 1858; *Graellsia* Grote, 1896 (Lepidoptera: Saturniidae). SHILAP Revista de Lepidopterologia, 33(131): 299-317.
Yoshimoto H. 1984. Redescription of *Neotogaria saitonis* Matsumura, 1931, with brief notes on its relatives (Lepidoptera, Thyatiridae). Tyô to Ga, 35: 20-27.
Yoshimoto H. 1993. Thyatiridae. *In*: Haruta T (ed), Moths of Nepal. Part 2. Tinea, 13(Supplement 3): 1-4, 42-56, 122-123.
Yoshimoto H. 1994. Noctuidae. *In*: Haruta T (ed), Moths of Nepal. Part 3. Tinea, 14(Suppl. 1): 85-139.
Zahiri R, Holloway J D, Kitching I J, Lafontaine J D, Mutanen M, Wahlberg N. 2012. Molecular phylogenetics of Erebidae (Lepidoptera, Noctuoidea). Systematic Entomology, 37: 102-124.
Zaspel J M, Branham M A. 2008. World Checklist of Tribe Calpini (Lepidoptera: Noctuidae: Calpinae). Insecta Mundi, 47: 1-15.
Zetterstedt J W. 1839. Insecta Lapponica. Lipsiae, 1140.
Zolotuhin V V, Tran T D. 2011. A new species of the Bombycidae (Lepidoptera) for the fauna of Vietnam with erection of a new genus, and remarks on biology of *Prismosticta* Butler, 1880. Tinea, 21(4): 179-183.
Zolotuhin V V, Wang X. 2013. A taxonomic review of *Oberthueria* Kirby, 1892 (Lepidoptera, Bombycidae: Oberthuerinae) with description of three new species. Zootaxa, 3693: 465-478.
Zolotuhin V V, Witt T J. 2000. The Lasiocampidae of Vietnam. Entomofauna, (supplement 11): 25-104.
Zolotuhin V V, Witt T J. 2009. The Bombycidae of Vietnam. Entomofauna, 16(supplement): 231-272.
Zolotuhin V V. 1995. To a study of Asiatic Lasiocampidae (Lepidoptera). 1. The Lasiocampidae of Thailand. Tinea, 14(3): 157-170.
Zolotuhin V V. 1996. To a study of Asiatic Lasiocampidae. 3. short taxonomic notes on *Paralebeda* Aurivillius, 1894 (Lepidoptera). Entomofauna, 17(13): 245-256.
Zolotuhin V V. 2000. To a study of Asiatic Lasiocampidae (Lepidoptera) 4. genus *Micropacha* Roepke, 1953. Tinea, 16(3): 151-160.
Zolotuhin V V. 2007. A revision of the genus *Mustilia* Walker, 1865 with descriptions of new taxa (Lepidoptera, Bombycidae). Neue entomologische Nachrichten, 60: 187-205.

中 名 索 引

J

K

L

T

W

Z

学 名 索 引

E

M

X

Z

外生殖器图

图 1–240　雄性外生殖器 (比例尺 =1 mm)

1. 野蚕蛾 *Bombyx mandarina* Moore, 1872; 2. 白弧野蚕蛾 *Bombyx lemeepauli* Lemée, 1950; 3. 黑点纵列蚕蛾 *Ernolatia moorei* (Hutton, 1865); 4. 列点毛带蚕蛾 *Penicillifera lactea* (Hutton, 1865); 5. 桑蟥 *Rondotia menciana* Moore, 1885; 6. 么茶蚕蛾 *Andraca melli* Zolotuhin *et* Witt, 2009; 7. 狭黑腰茶蚕蛾 *Andraca olivacea* Matsumura, 1927; 8. 直缘拟钩蚕蛾 *Comparmustilia semiravida* (Yang, 1995)

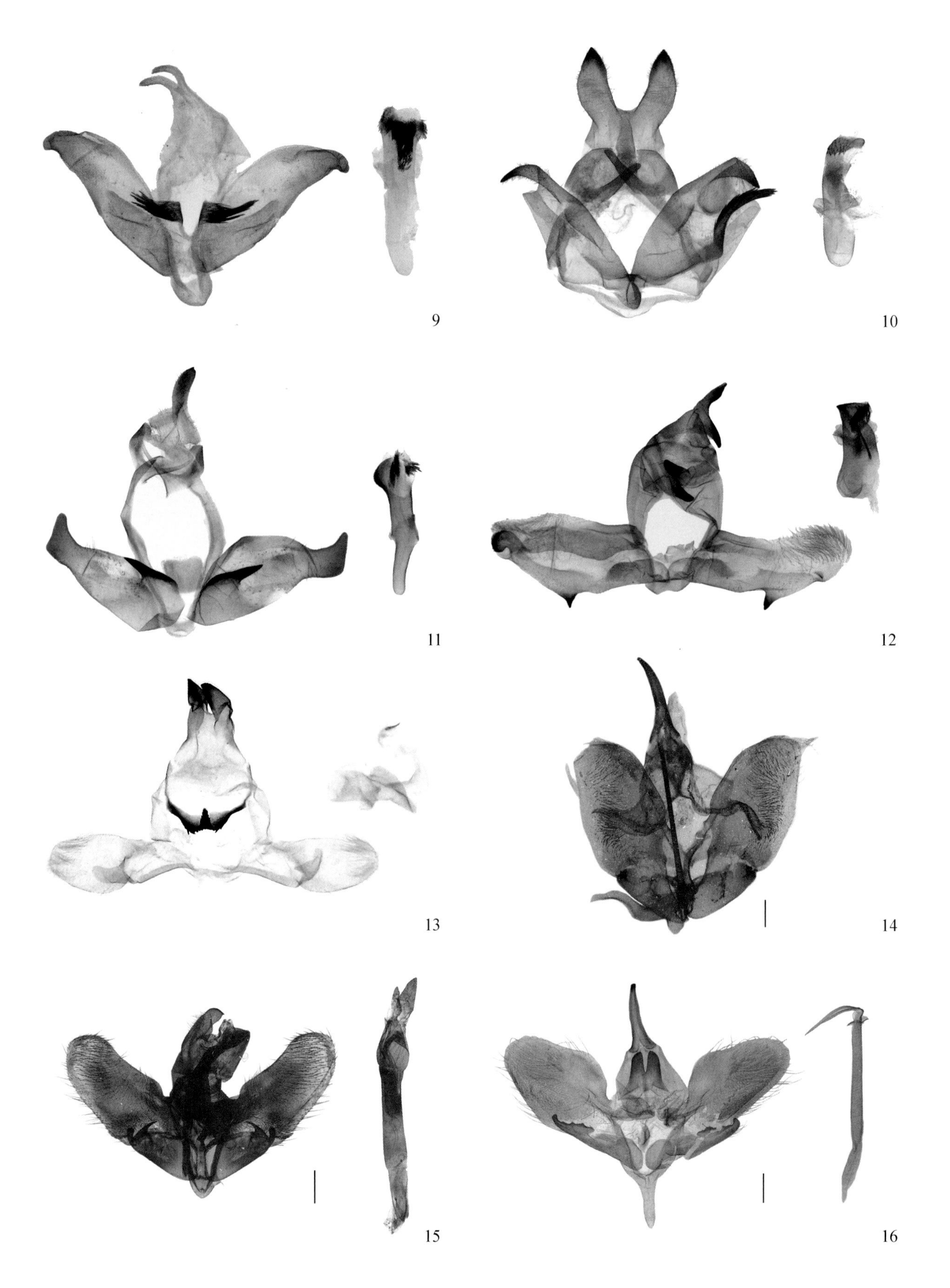

9. 百山祖如钩蚕蛾 *Mustilizans dierli* (Holloway, 1987); 10. 艳齿翅蚕蛾 *Oberthueria yandu* Zolotuhin *et* Wang, 2013; 11. 黄斑伪茶蚕蛾 *Pseudandraca flavamaculata* (Yang, 1995); 12. 一点蚕蛾 *Prismostictoides unihyala* (Chu *et* Wang, 1993); 13. 窗蚕蛾 *Prismosticta fenestrata* Butler, 1880; 14. 芝麻鬼脸天蛾 *Acherontia styx* Westwood, 1847; 15. 白薯天蛾 *Agrius convolvuli* (Linnaeus, 1758); 16. 马鞭草天蛾 *Meganoton nyctiphanes* (Walker, 1856)

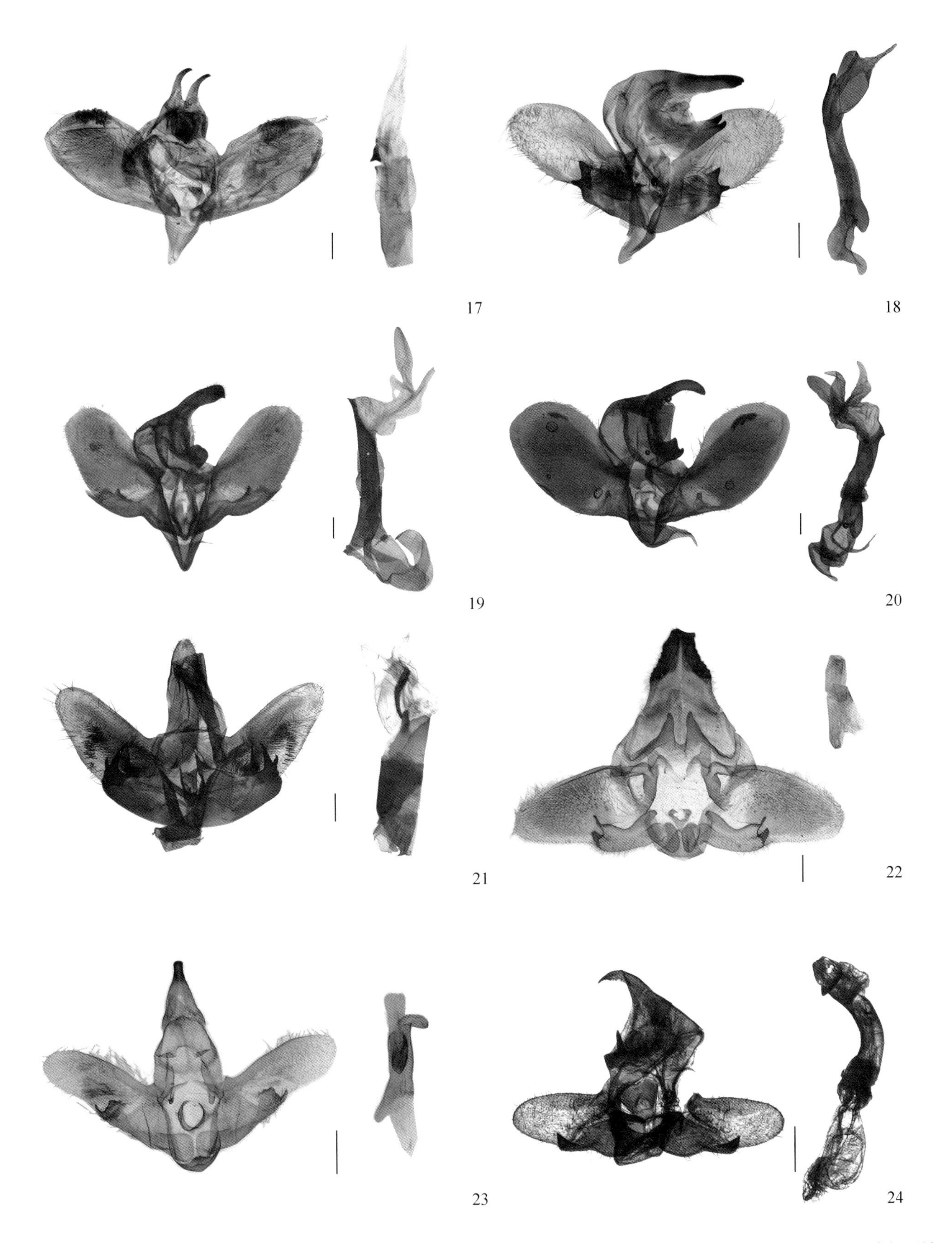

17. 丁香天蛾 *Psilogramma increta* (Walker, 1865); 18. 松黑天蛾 *Sphinx caligineus sinicus* (Rothschild *et* Jordan, 1903); 19. 鹰翅天蛾 *Ambulyx ochracea* Butler, 1885; 20. 杧果天蛾 *Amplypterus panopus panopus* (Cramer, 1779); 21. 绿带闭目天蛾 *Callambulyx rubricosa* (Walker, 1856); 22. 南方豆天蛾 *Clanis bilineata* (Walker, 1866); 23. 月天蛾 *Craspedortha porphyria porphyria* (Butler, 1876); 24. 枫天蛾 *Cypoides chinensis* (Rothschild *et* Jordan, 1903)

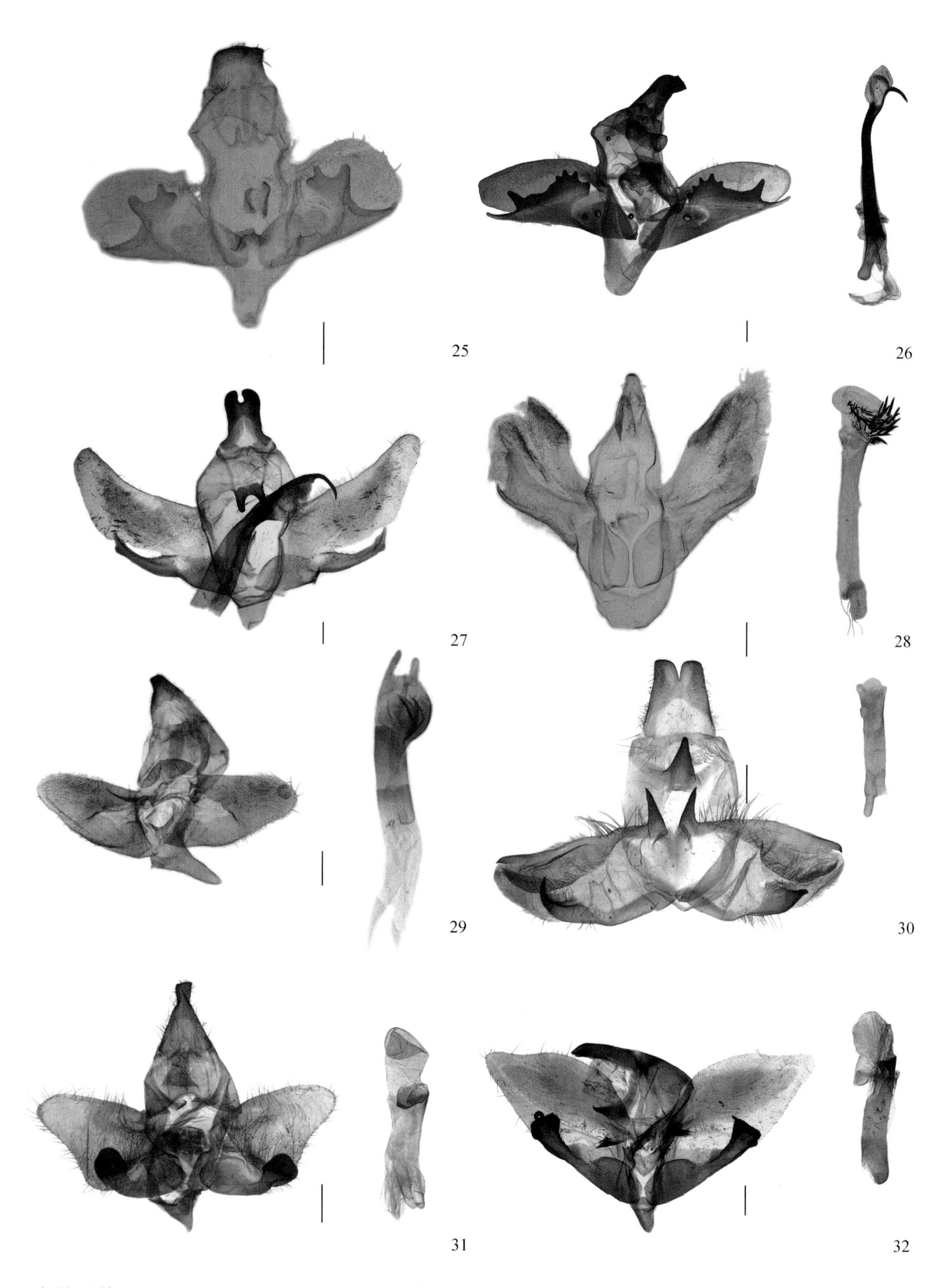

25. 小星天蛾 *Dolbina exacta* Staudinger, 1892; 26. 白须天蛾 *Kentrochrysalis sieversi* Alphéraky, 1897; 27. 锯翅天蛾 *Langia zenzeroides zenzeroides* Moore, 1872; 28. 黄脉天蛾华夏亚种 *Laothoe amurensis sinica* (Rothschild *et* Jordan, 1903); 29. 甘蔗天蛾 *Leucophlebia lineata* Westwood, 1847; 30. 椴六点天蛾 *Marumba dyras* (Walker, 1856); 31. 构月天蛾 *Parum colligata* (Walker, 1856); 32. 盾天蛾 *Phyllosphingia dissimilis* (Bremer, 1861)

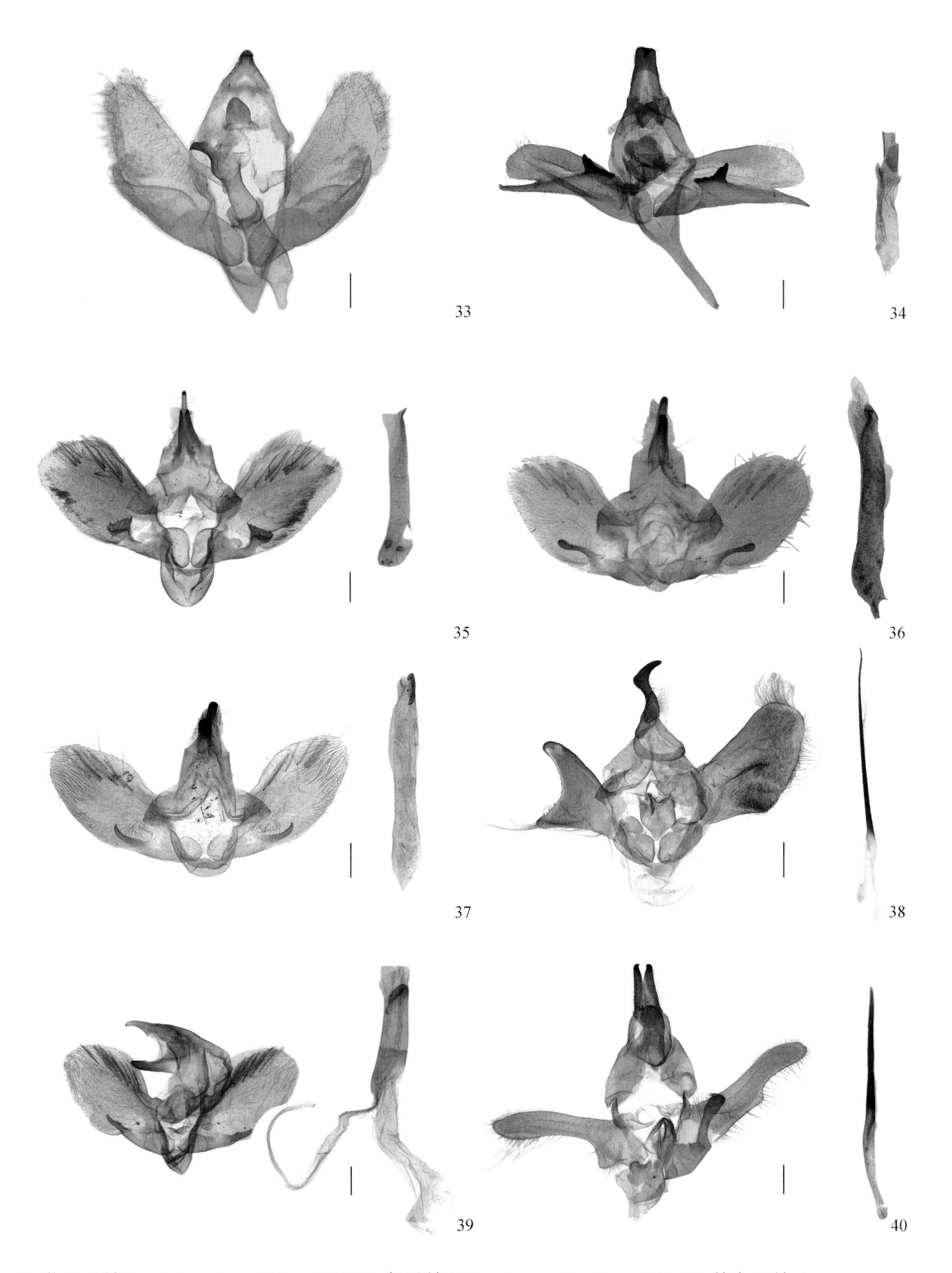

33. 蓝目天蛾 *Smerinthus planus* Walker, 1856; 34. 匀天蛾 *Sphingulus mus* Staudinger, 1887; 35. 缺角天蛾 *Acosmeryx castanea* Rothschild *et* Jordan, 1903; 36. 葡萄天蛾 *Ampelophaga rubiginosa rubiginosa* Bremer *et* Grey, 1853; 37. 条背天蛾 *Cechenena lineosa* (Walker, 1856); 38. 咖啡透翅天蛾 *Cephonodes hylas* (Linnaeus, 1771); 39. 红天蛾 *Deilephila elpenor* (Linnaeus, 1758); 40. 锈胸黑边天蛾 *Hemaris staudingeri* Leech, 1890

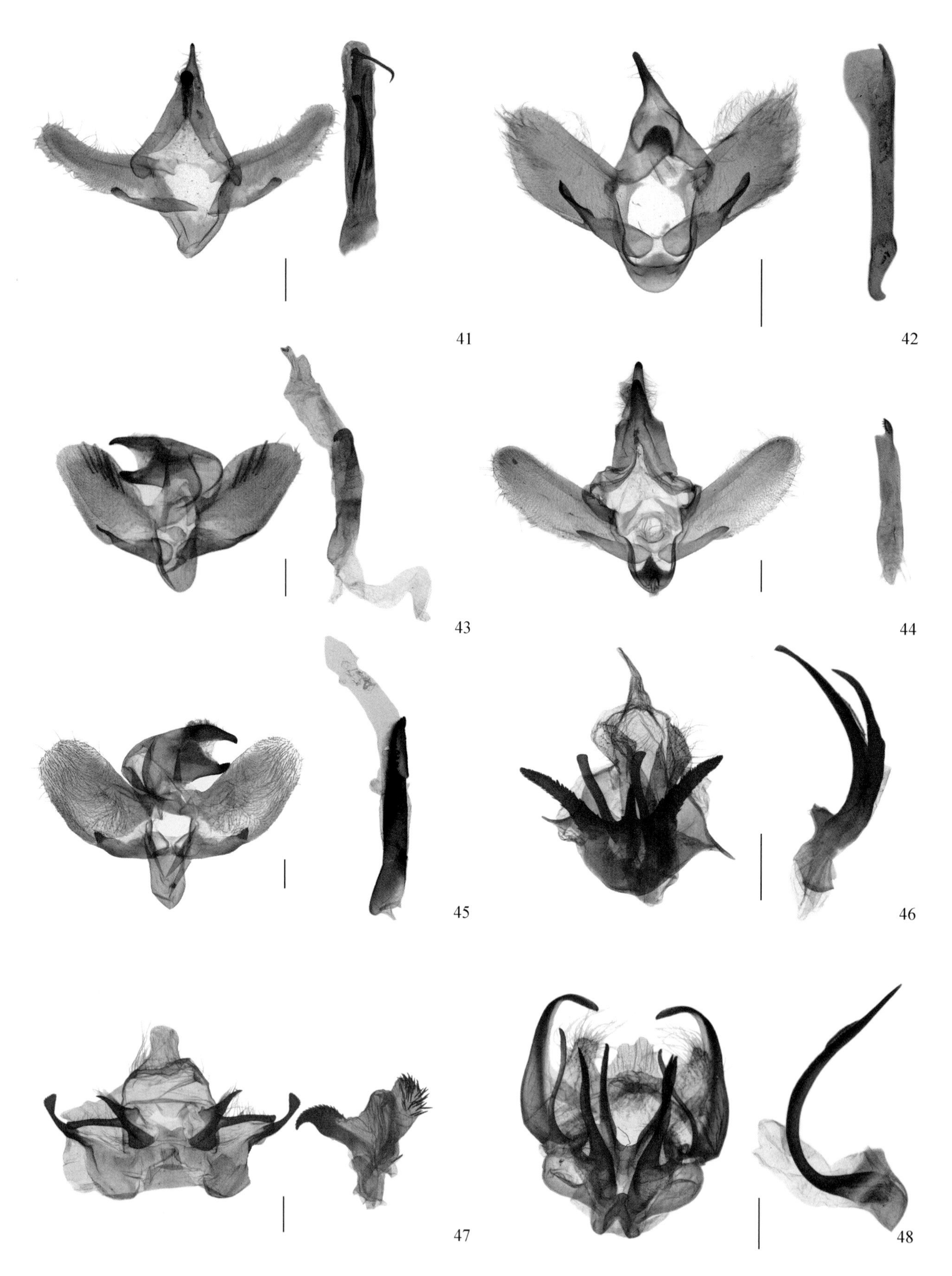

41. 小豆长喙天蛾 *Macroglossum stellatarum* (Linnaeus, 1758); 42. 团角锤天蛾 *Neogurelca hyas* (Walker, 1856); 43. 白肩天蛾 *Rhagastis mongoliana* (Butler, 1876); 44. 葡萄昼天蛾 *Sphecodina caudata* (Bremer *et* Grey, 1853); 45. 斜纹天蛾 *Theretra clotho clotho* (Drury, 1773); 46. 松小枯叶蛾 *Cosmotriche inexperta* (Leech, 1899); 47. 思茅松毛虫 *Dendrolimus kikuchii* Matsumura, 1927; 48. 竹纹枯叶蛾 *Euthrix laeta* (Walker, 1855)

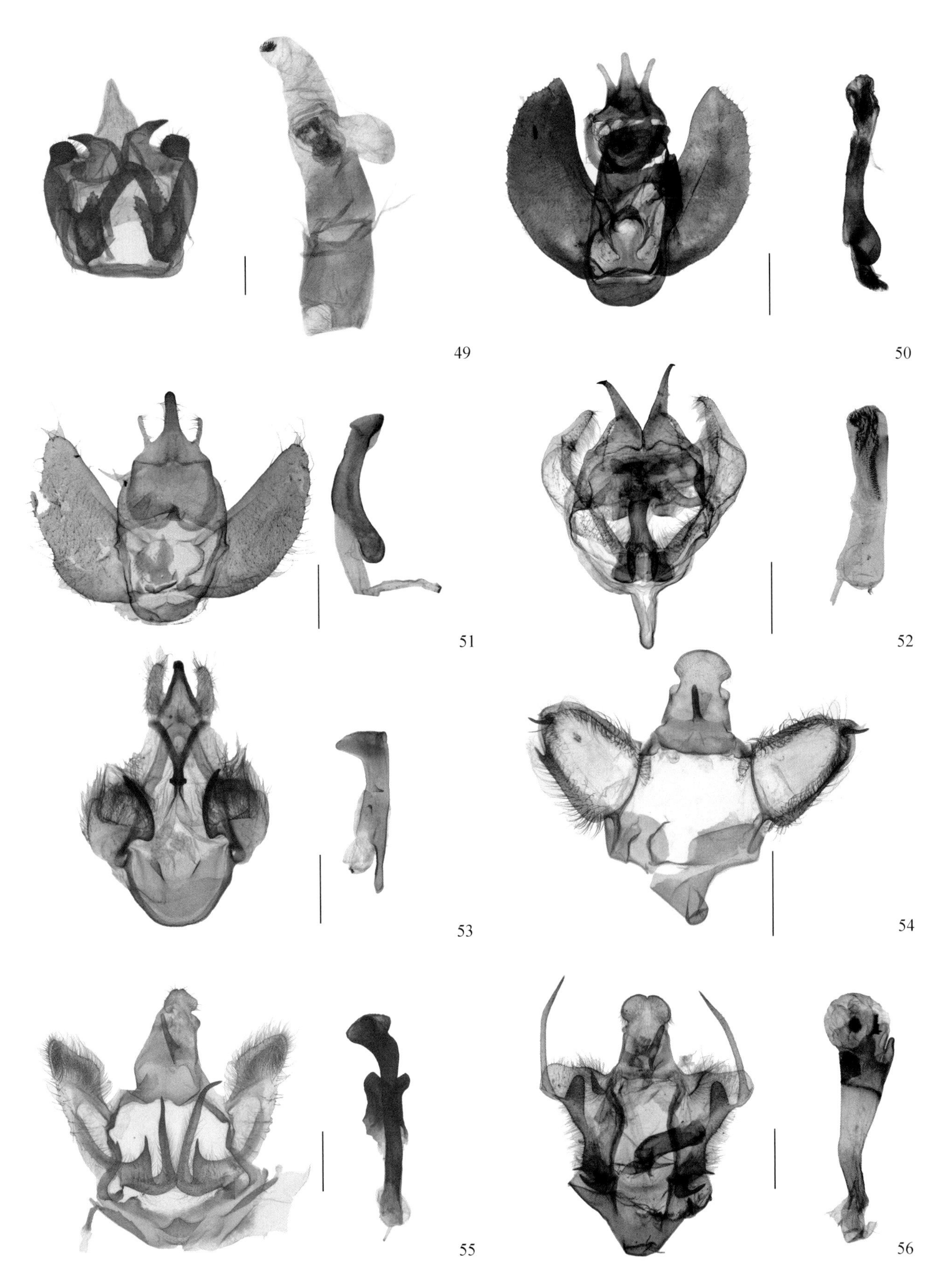

49. 赤李褐枯叶蛾 *Gastropacha quercifolia lucens* Mell, 1939; 50. 洋麻圆钩蛾 *Cyclidia substigmaria* (Hübner, 1825); 51. 赭圆钩蛾 *Cyclidia orciferaria* Walker, 1860; 52. 仲黑缘黄钩蛾 *Tridrepana crocea* (Leech, 1888); 53. 窗山钩蛾 *Spectroreta hyalodisca* (Hampson, 1896); 54. 荚蒾山钩蛾 *Oreta eminens* (Bryk, 1943); 55. 紫山钩蛾 *Oreta fuscopurpurea* Inoue, 1956; 56. 角山钩蛾 *Oreta angularis* Watson, 1967

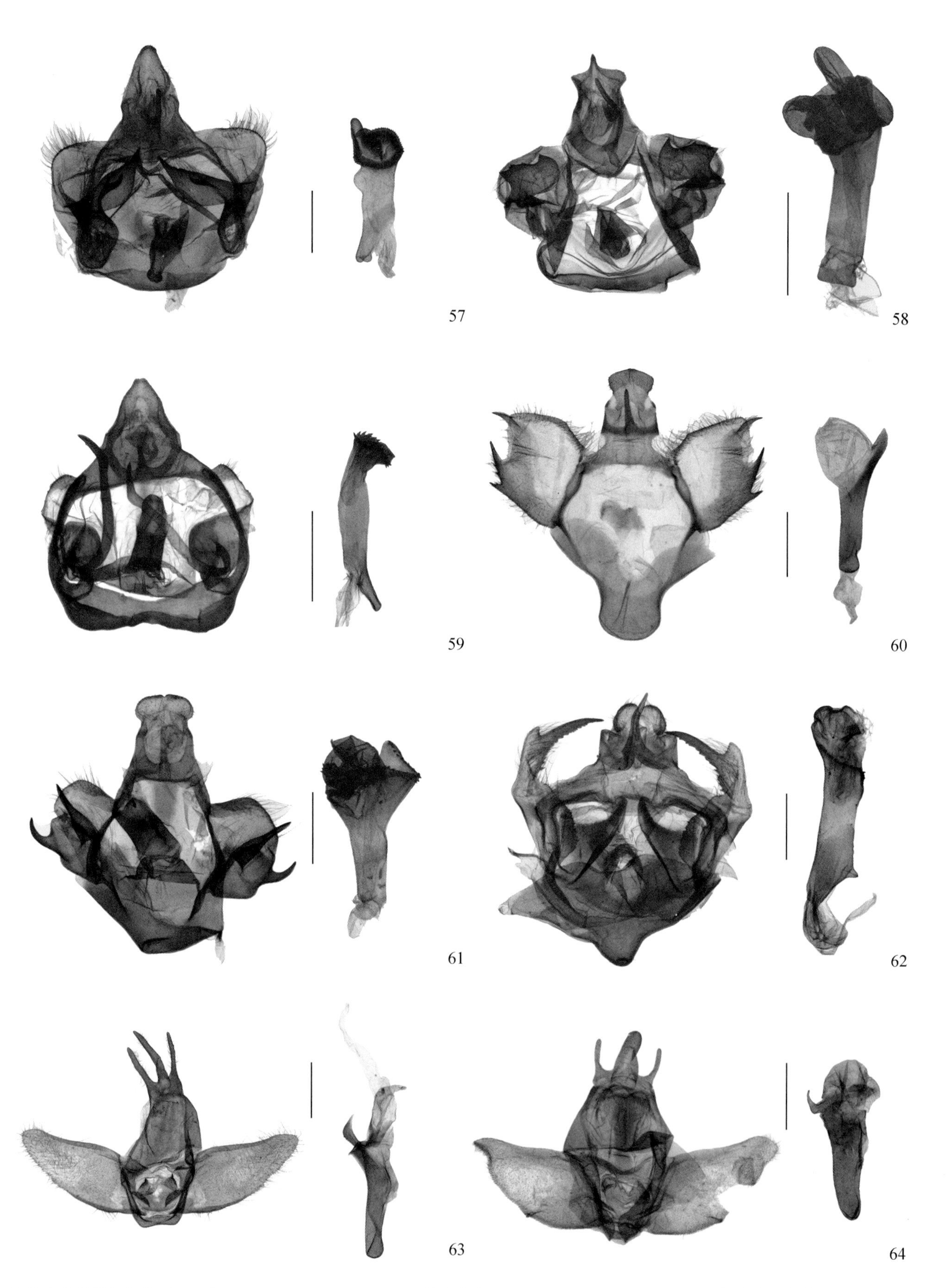

57. 宏山钩蛾浙江亚种 *Oreta hoenei tienia* Watson, 1967; 58. 沙山钩蛾 *Oreta shania* Watson, 1967; 59. 接骨木山钩蛾天目亚种 *Oreta loochooana timutia* Watson, 1967; 60. 三刺山钩蛾 *Oreta trispinuligera* Chen, 1985; 61. 孔雀山钩蛾华夏亚种 *Oreta pavaca sinensis* Watson, 1967; 62. 交让木山钩蛾 *Oreta insignis* (Butler, 1877); 63. 红波纹蛾 *Thyatira rubrescens* Werny, 1966; 64. 瑞大波纹蛾 *Macrothyatira conspicua* (Leech, 1900)

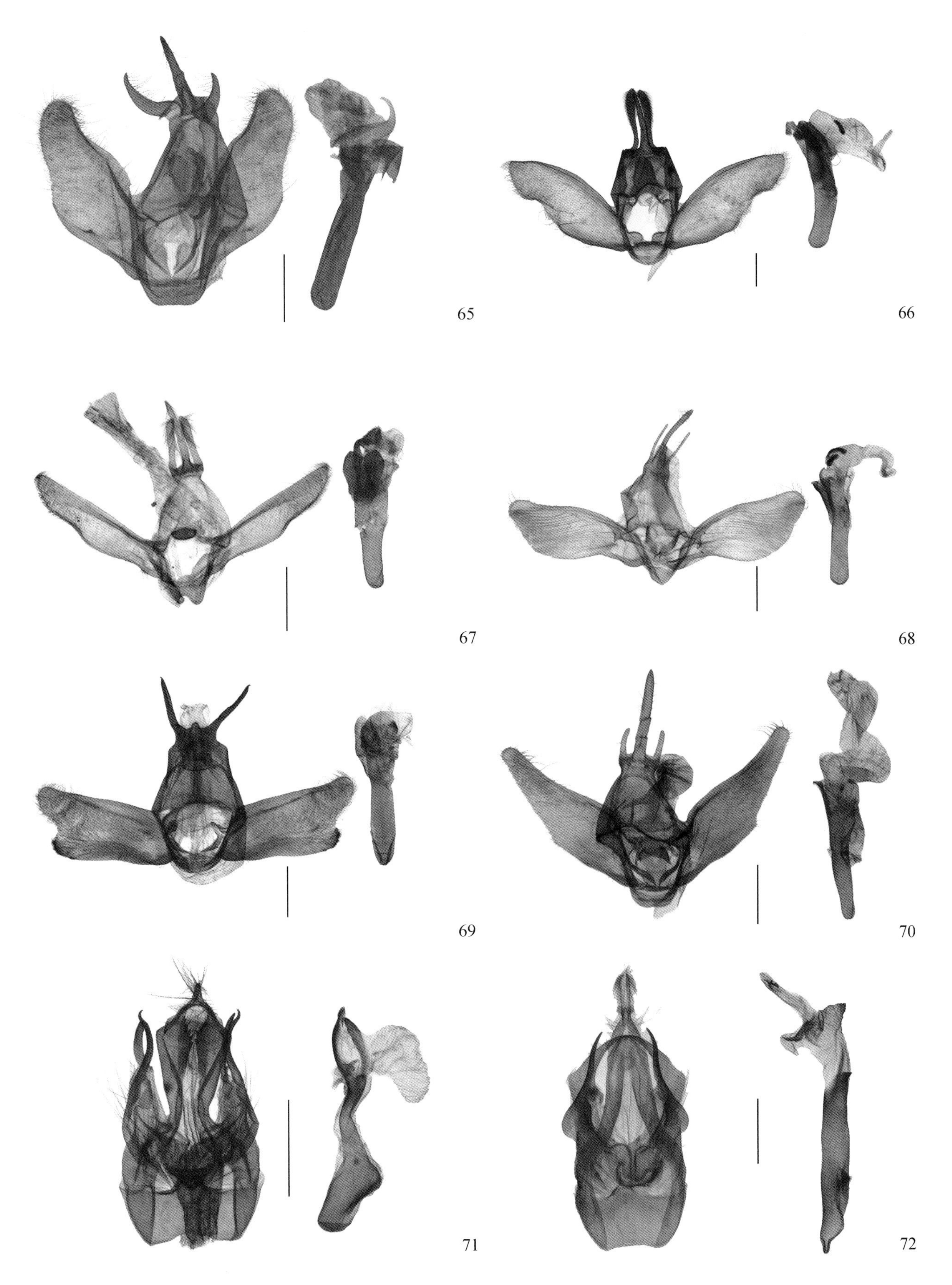

65. 粉太波纹蛾 *Tethea consimilis* (Warren, 1912); 66. 怪影波纹蛾 *Euparyphasma maxima* (Leech, 1888); 67. 点波纹蛾浙江亚种 *Horipsestis aenea minor* (Sick, 1941); 68. 银华波纹蛾 *Habrosyne violacea* (Fixsen, 1887); 69. 新华异波纹蛾 *Parapsestis cinerea* Laszlo, Ronkay, Ronkay *et* Witt, 2007; 70. 焰网波纹蛾 *Neotogaria flammifera* (Houlbert, 1921); 71. 白眼尺蛾 *Problepsis albidior* Warren, 1899; 72. 黑条眼尺蛾 *Problepsis diazoma* Prout, 1938

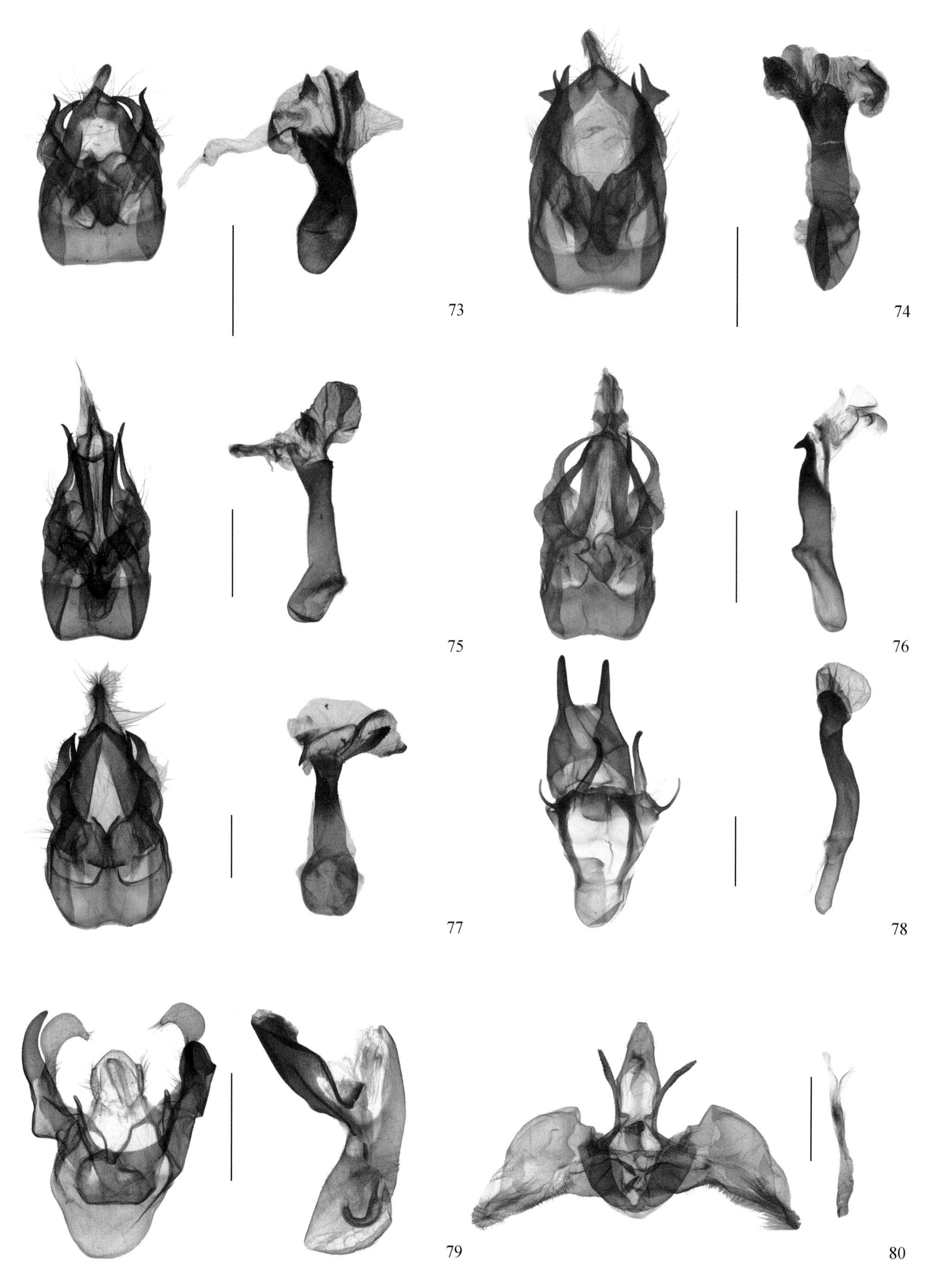

73. 佳眼尺蛾 *Problepsis eucircota* Prout, 1913; 74. 斯氏眼尺蛾 *Problepsis stueningi* Xue, Cui *et* Jiang, 2018; 75. 邻眼尺蛾 *Problepsis paredra* Prout, 1917; 76. 指眼尺蛾 *Problepsis crassinotata* Prout, 1917; 77. 猫眼尺蛾 *Problepsis superans* (Butler, 1885); 78. 烤焦尺蛾 *Zythos avellanea* (Prout, 1932); 79. 麻岩尺蛾 *Scopula nigropunctata nigropunctata* (Hüfnagel, 1767); 80. 褐赤金尺蛾 *Synegiodes brunnearia* (Leech, 1897)

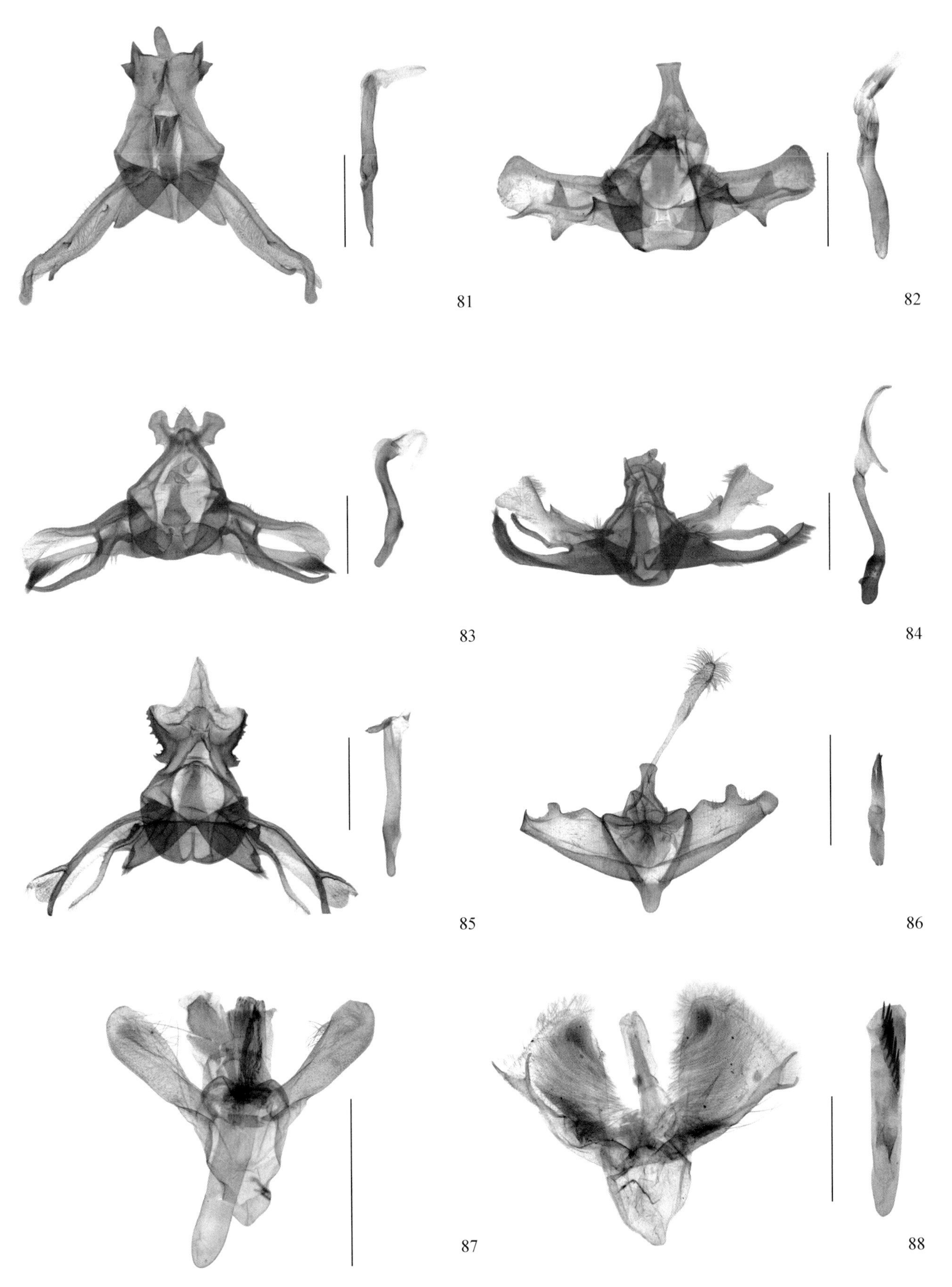

81. 分紫线尺蛾 *Timandra dichela* (Prout, 1935); 82. 极紫线尺蛾 *Timandra extremaria* Walker, 1861; 83. 曲紫线尺蛾 *Timandra comptaria* Walker, 1863; 84. 同紫线尺蛾 *Timandra convectaria* Walker, 1861; 85. 霞边紫线尺蛾 *Timandra recompta recompta* (Prout, 1930); 86. 深须姬尺蛾 *Organopoda atrisparsaria* Wehrli, 1923; 87. 虹尺蛾中国亚种 *Acolutha pictaria imbecilla* Warren, 1905; 88. 对白尺蛾 *Asthena undulata* (Wileman, 1915)

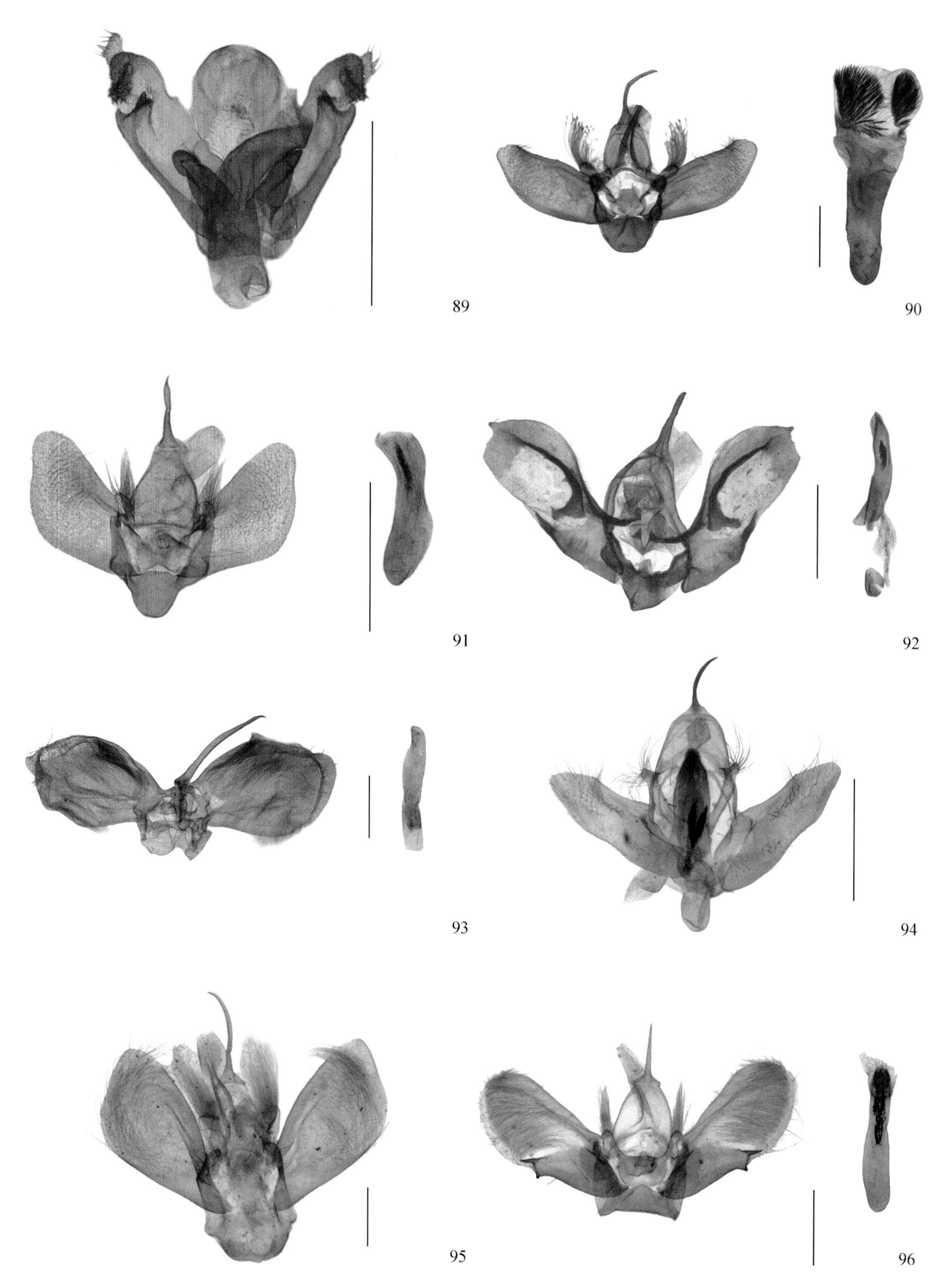

89. 双角尺蛾 *Carige cruciplaga* (Walker, 1861); 90. 常春藤洄纹尺蛾 *Chartographa compositata* (Guenée, 1857); 91. 方折线尺蛾 *Ecliptopera benigna* (Prout, 1914); 92. 暗后叶尺蛾 *Epilobophora obscuraria* (Leech, 1891); 93. 黑纹游尺蛾 *Euphyia undulata* (Leech, 1889); 94. 汇纹尺蛾 *Evecliptopera decurrens decurrens* (Moore, 1888); 95. 中国枯叶尺蛾 *Gandaritis sinicaria* Leech, 1897; 96. 奇带尺蛾 *Heterothera postalbida* (Wileman, 1911)

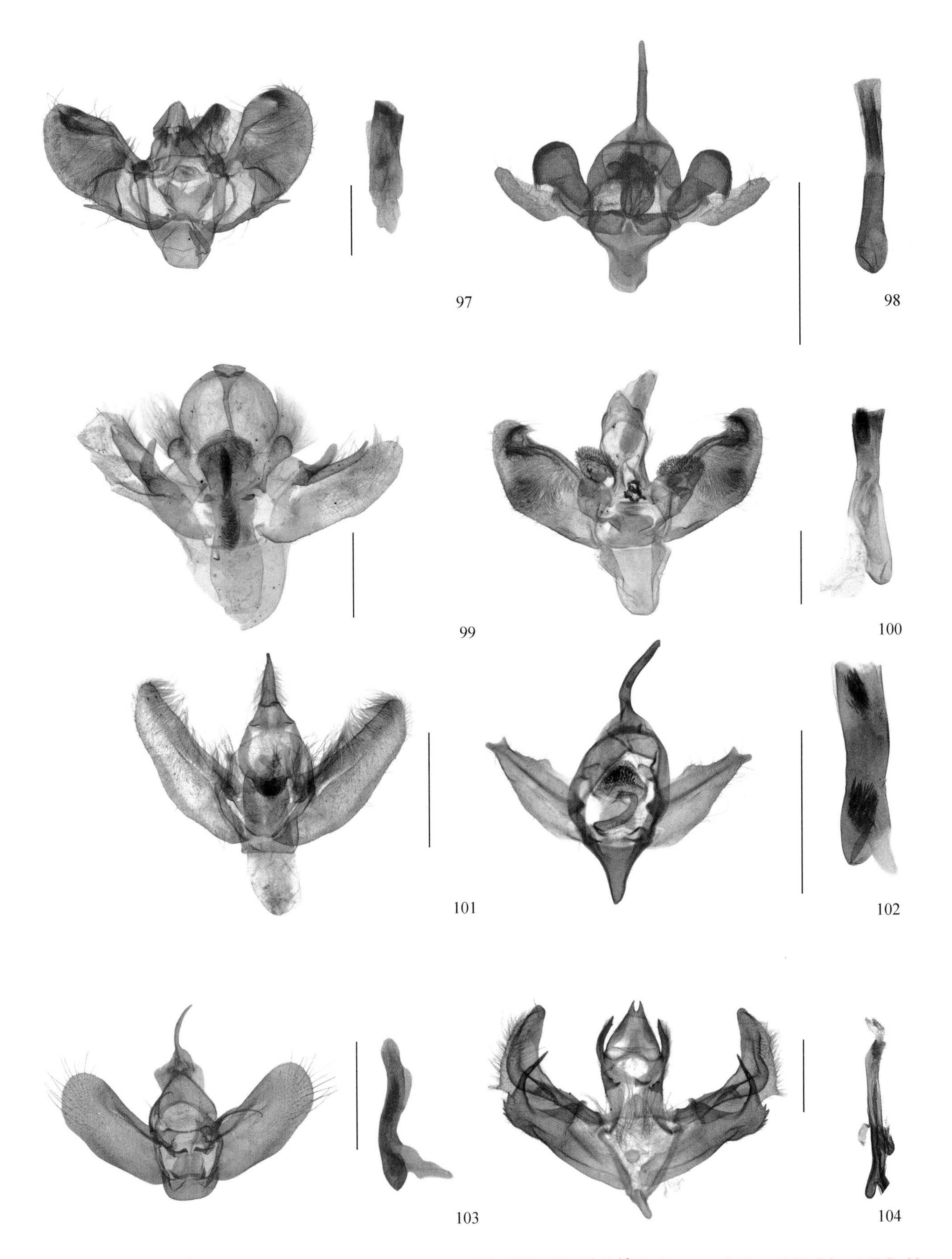

97. 黑岛尺蛾四川亚种 *Melanthia procellata szechuanensis* (Wehrli, 1931); 98. 泛尺蛾 *Orthonama obstipata* (Fabricius, 1794); 99. 阿里山夕尺蛾宁波亚种 *Sibatania arizana placata* (Prout, 1929); 100. 星缘扇尺蛾 *Telenomeuta punctimarginaria* (Leech, 1891); 101. 洁尺蛾缅甸亚种 *Tyloptera bella diacena* (Prout, 1926); 102. 盈潢尺蛾 *Xanthorhoe saturata* (Guenée, 1857); 103. 直线黑点尺蛾 *Xenortholitha euthygramma* (Wehrli, 1924); 104. 赭点峰尺蛾 *Dindica para* Swinhoe, 1891

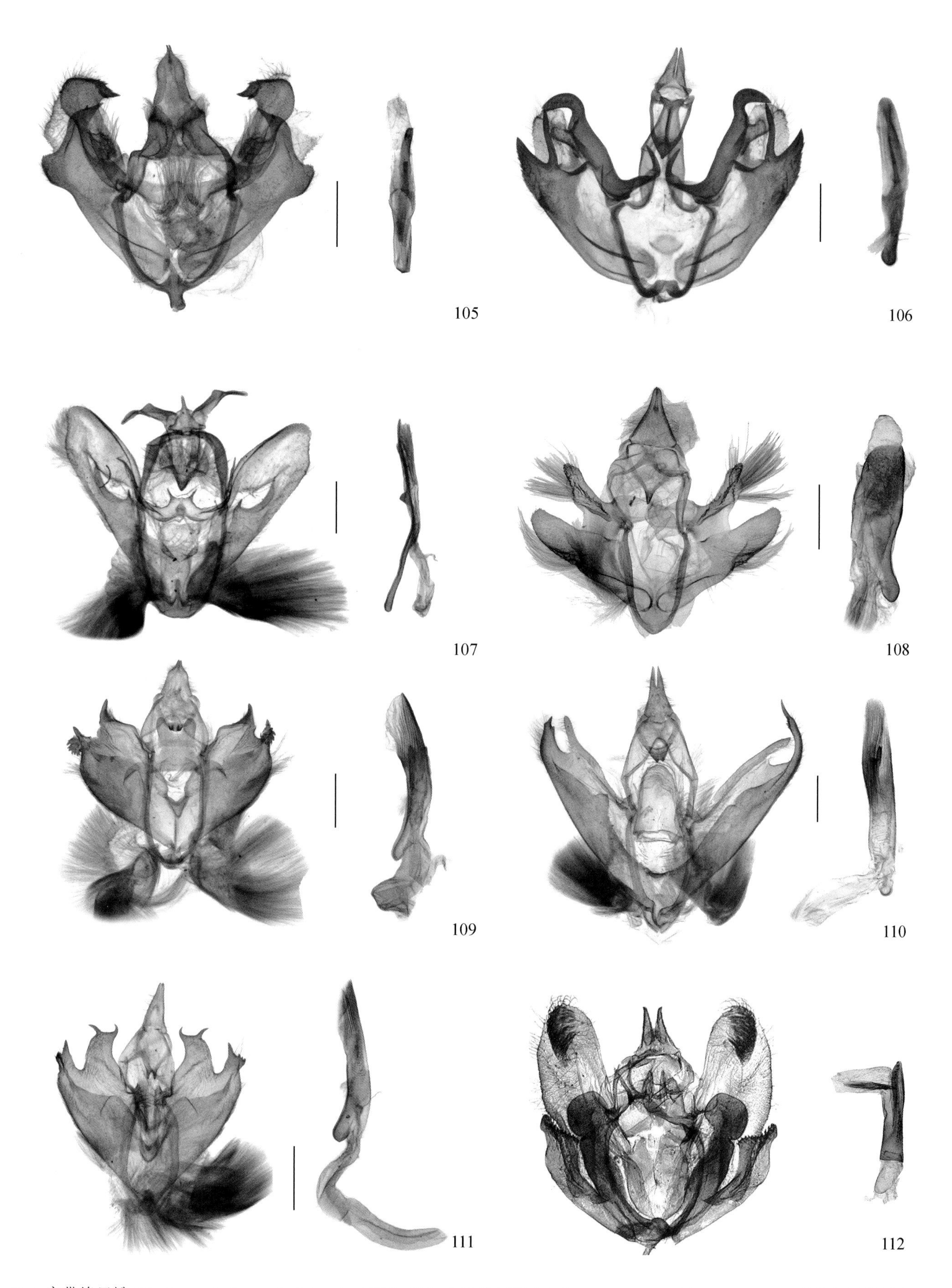

105. 宽带峰尺蛾 *Dindica polyphaenaria* (Guenée, 1858); 106. 天目峰尺蛾 *Dindica tienmuensis* Chu, 1981; 107. 绿始青尺蛾马来亚种 *Herochroma viridaria peperata* (Herbulot, 1989); 108. 金星垂耳尺蛾 *Pachyodes amplificata* (Walker, 1862); 109. 粉尺蛾日本亚种 *Pingasa alba brunnescens* Prout, 1913; 110. 红带粉尺蛾 *Pingasa rufofasciata* Moore, 1888; 111. 小灰粉尺蛾 *Pingasa pseudoterpnaria* (Guenée, 1858); 112. 紫砂豆纹尺蛾 *Metallolophia albescens* Inoue, 1992

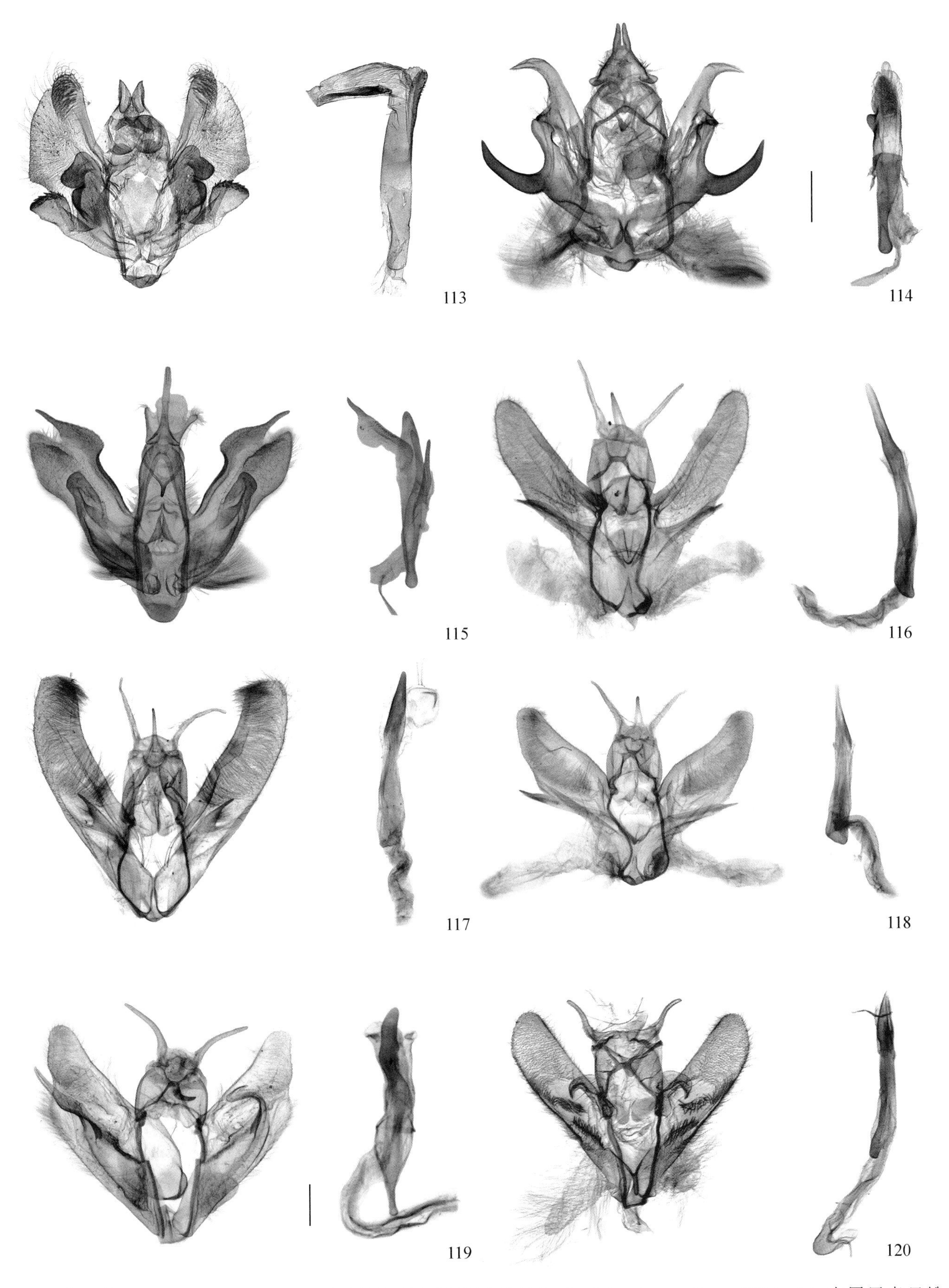

113. 豆纹尺蛾 *Metallolophia arenaria* (Leech, 1889); 114. 江浙冠尺蛾 *Lophophelma iterans* (Prout, 1926); 115. 中国巨青尺蛾 *Limbatochlamys rosthorni* Rothschild, 1894; 116. 白带青尺蛾 *Geometra sponsaria* (Bremer, 1864); 117. 乌苏里青尺蛾 *Geometra ussuriensis* (Sauber, 1915); 118. 直脉青尺蛾 *Geometra valida* Felder *et* Rogenhofer, 1875; 119. 镰翅绿尺蛾中国亚种 *Tanaorhinus reciprocata confuciaria* (Walker, 1861); 120. 三岔绿尺蛾 *Mixochlora vittata* (Moore, 1868)

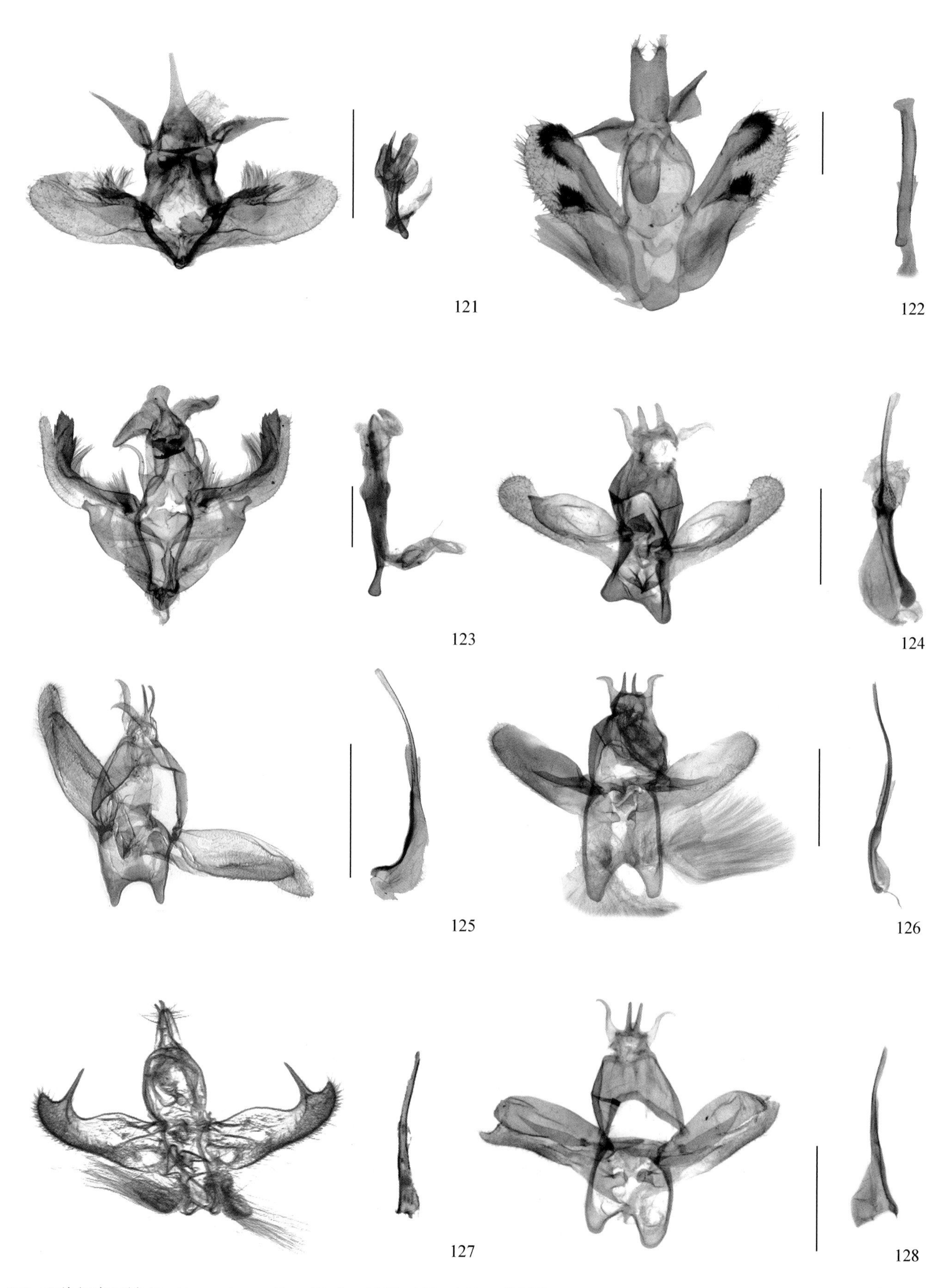

121. 双线新青尺蛾 *Neohipparchus vallata* (Butler, 1878); 122. 小缺口青尺蛾 *Timandromorpha enervata* Inoue, 1944; 123. 中国四眼绿尺蛾 *Chlorodontopera mandarinata* (Leech, 1889); 124. 紫斑绿尺蛾 *Comibaena nigromacularia* (Leech, 1897); 125. 黑角绿尺蛾 *Comibaena subdelicata* Inoue, 1986; 126. 肾纹绿尺蛾 *Comibaena procumbaria* (Pryer, 1877); 127. 栎绿尺蛾 *Comibaena quadrinotata* Butler, 1889; 128. 长纹绿尺蛾 *Comibaena argentataria* (Leech, 1897)

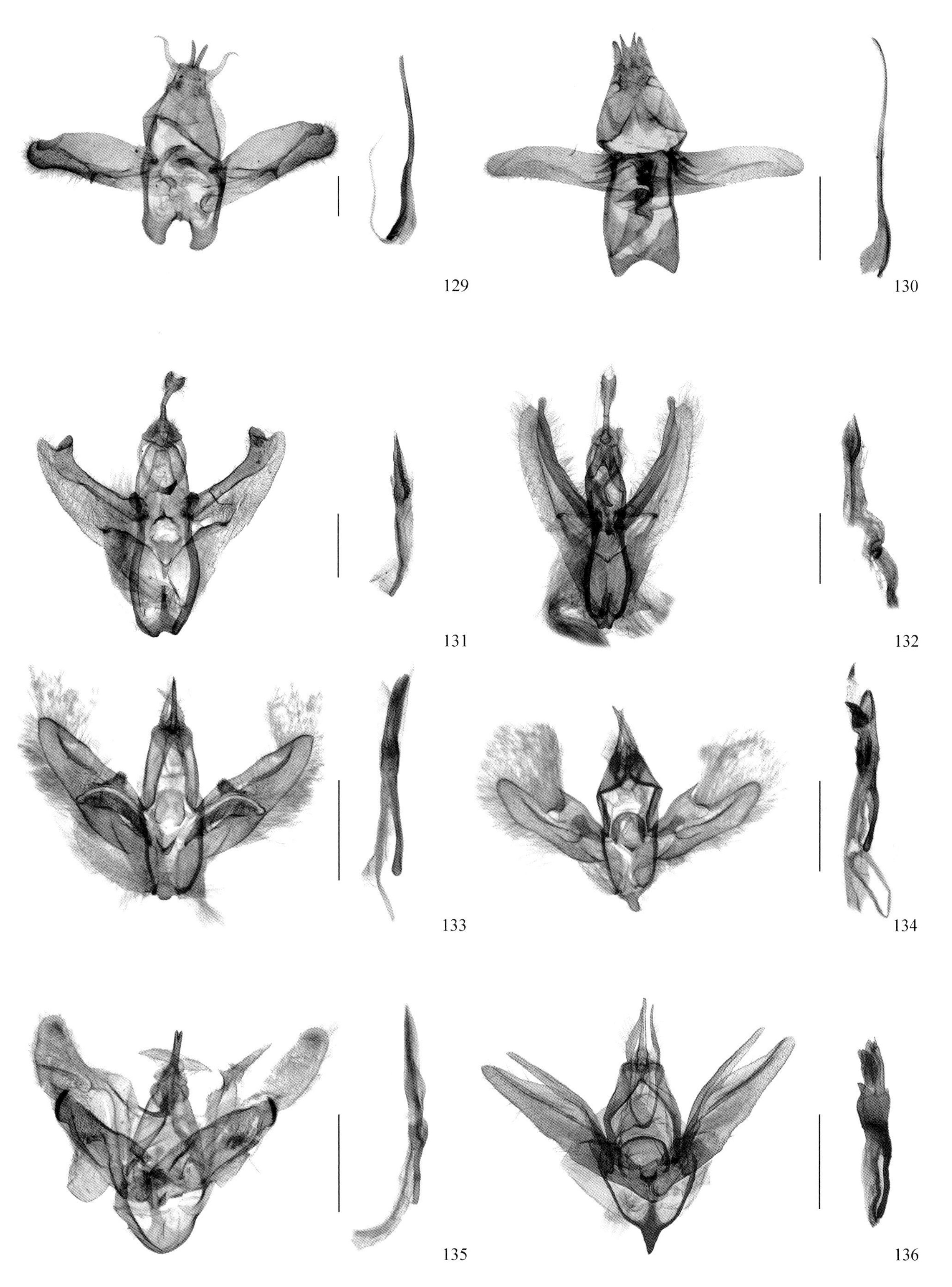

129. 亚长纹绿尺蛾中国亚种 *Comibaena signifera subargentaria* (Oberthür, 1916); 130. 菊四目绿尺蛾 *Thetidia albocostaria* (Bremer, 1864); 131. 枯斑翠尺蛾 *Eucyclodes difficta* (Walker, 1861); 132. 弯彩青尺蛾 *Eucyclodes infracta* (Wileman, 1911); 133. 奇锈腰尺蛾 *Hemithea krakenaria* Holloway, 1996; 134. 遗仿锈腰尺蛾 *Chlorissa obliterata* (Walker, 1863); 135. 亚四目绿尺蛾 *Comostola subtiliaria* (Bremer, 1864); 136. 赤线尺蛾 *Culpinia diffusa* (Walker, 1861)

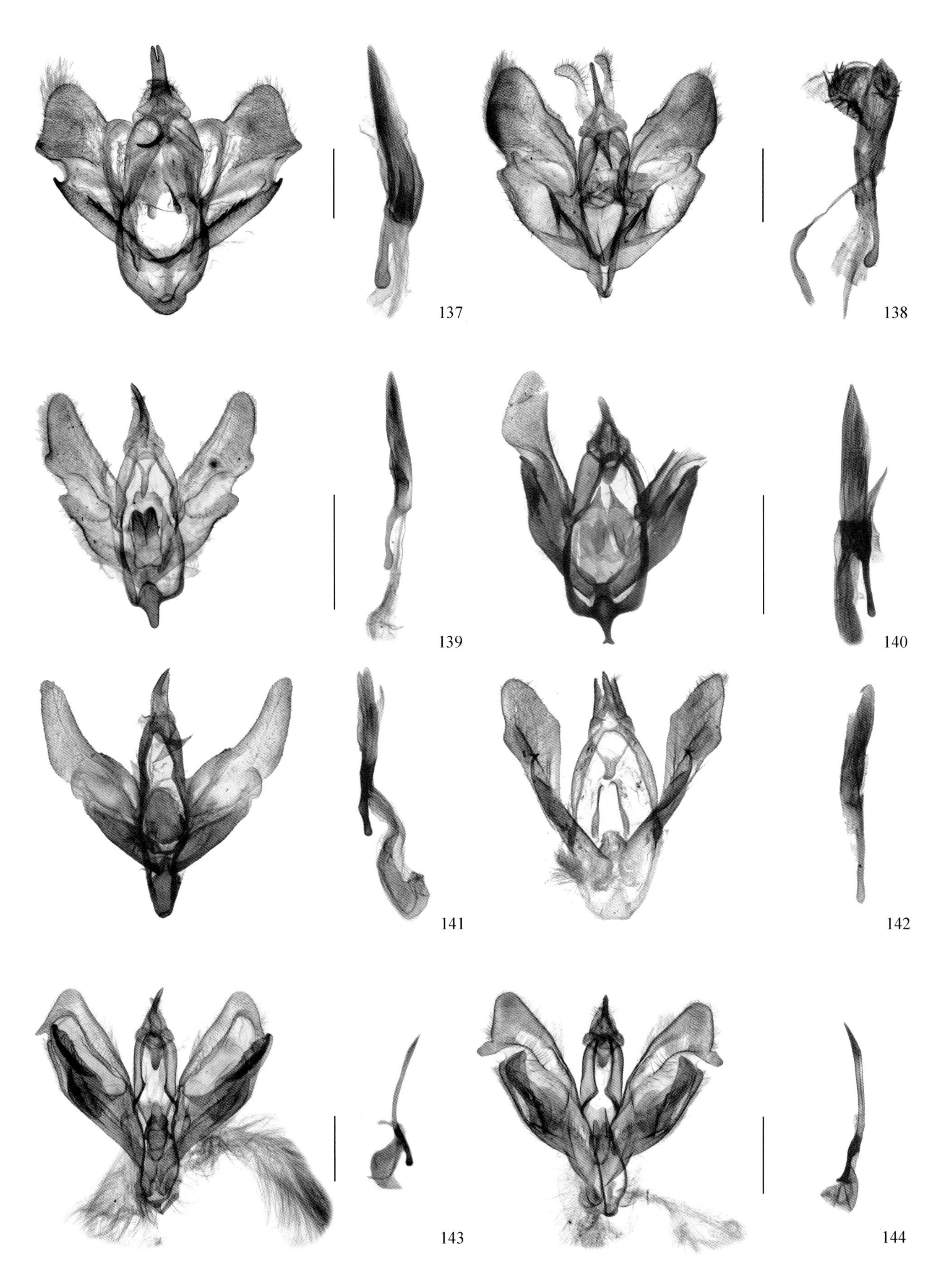

137. 粉无缰青尺蛾 *Hemistola dijuncta* (Walker, 1861); 138. 金边无缰青尺蛾 *Hemistola simplex* Warren, 1899; 139. 藕色突尾尺蛾 *Jodis argutaria* (Walker, 1866); 140. 齿突尾尺蛾 *Jodis dentifascia* (Warren, 1897); 141. 幻突尾尺蛾 *Jodis undularia* (Hampson, 1891); 142. 疑尖尾尺蛾 *Maxates ambigua* (Butler, 1878); 143. 续尖尾尺蛾 *Maxates grandificaria* (Graeser, 1890); 144. 线尖尾尺蛾 *Maxates protrusa* (Butler, 1878)

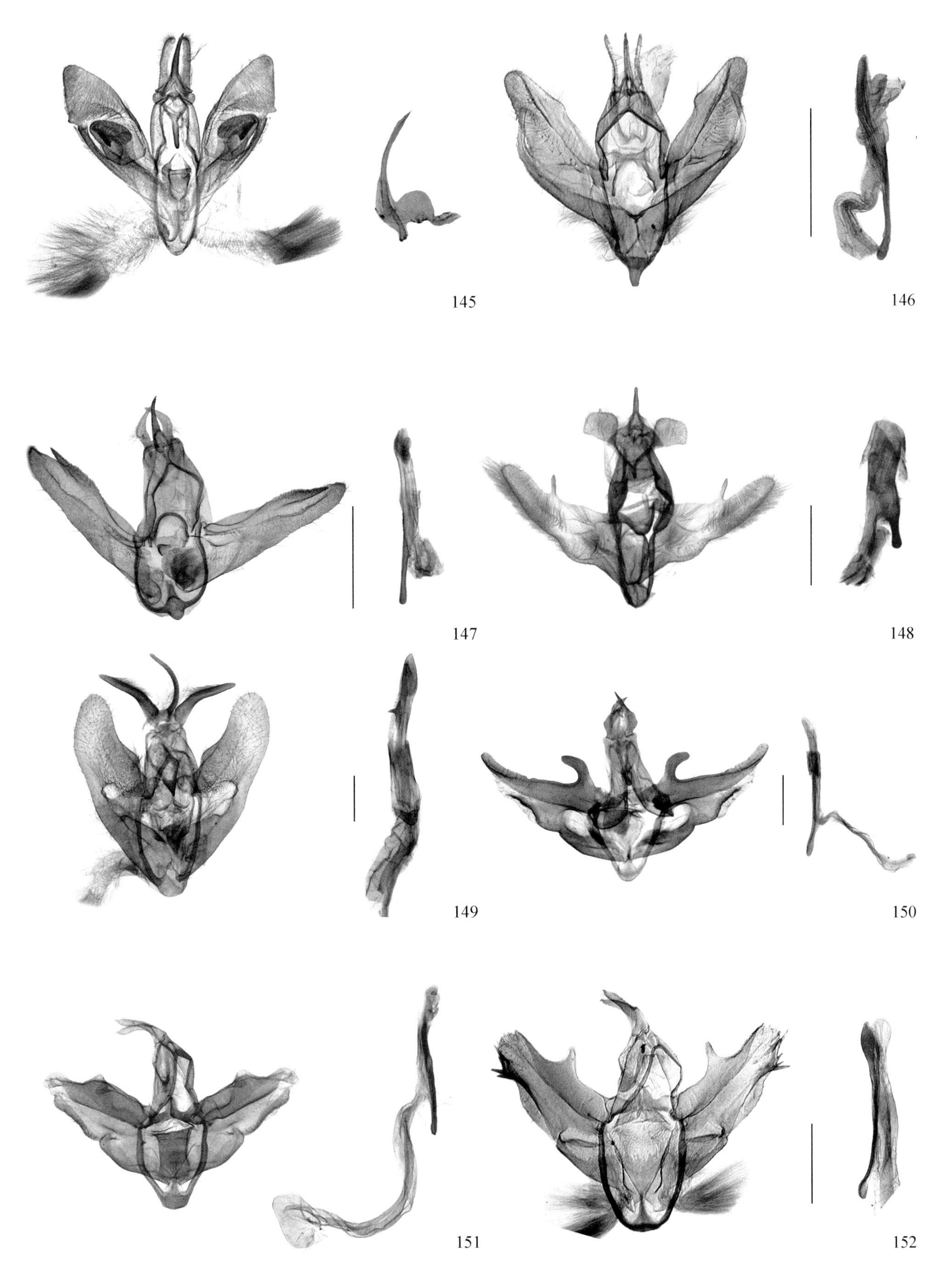

145. 斑尖尾尺蛾 *Maxates submacularia* (Leech, 1897); 146. 仿麻青尺蛾 *Nipponogelasma chlorissodes* (Prout, 1912); 147. 天目黄斑尺蛾 *Epichrysodes tienmuensis* Han *et* Stüning, 2007; 148. 海绿尺蛾 *Pelagodes antiquadraria* (Inoue, 1976); 149. 青辐射尺蛾 *Iotaphora admirabilis* (Oberthür, 1884); 150. 萝摩艳青尺蛾 *Agathia carissima* Butler, 1878; 151. 半焦艳青尺蛾 *Agathia hemithearia* Guenée, 1858; 152. 焦斑艳青尺蛾宁波亚种 *Agathia visenda curvifiniens* Prout, 1917

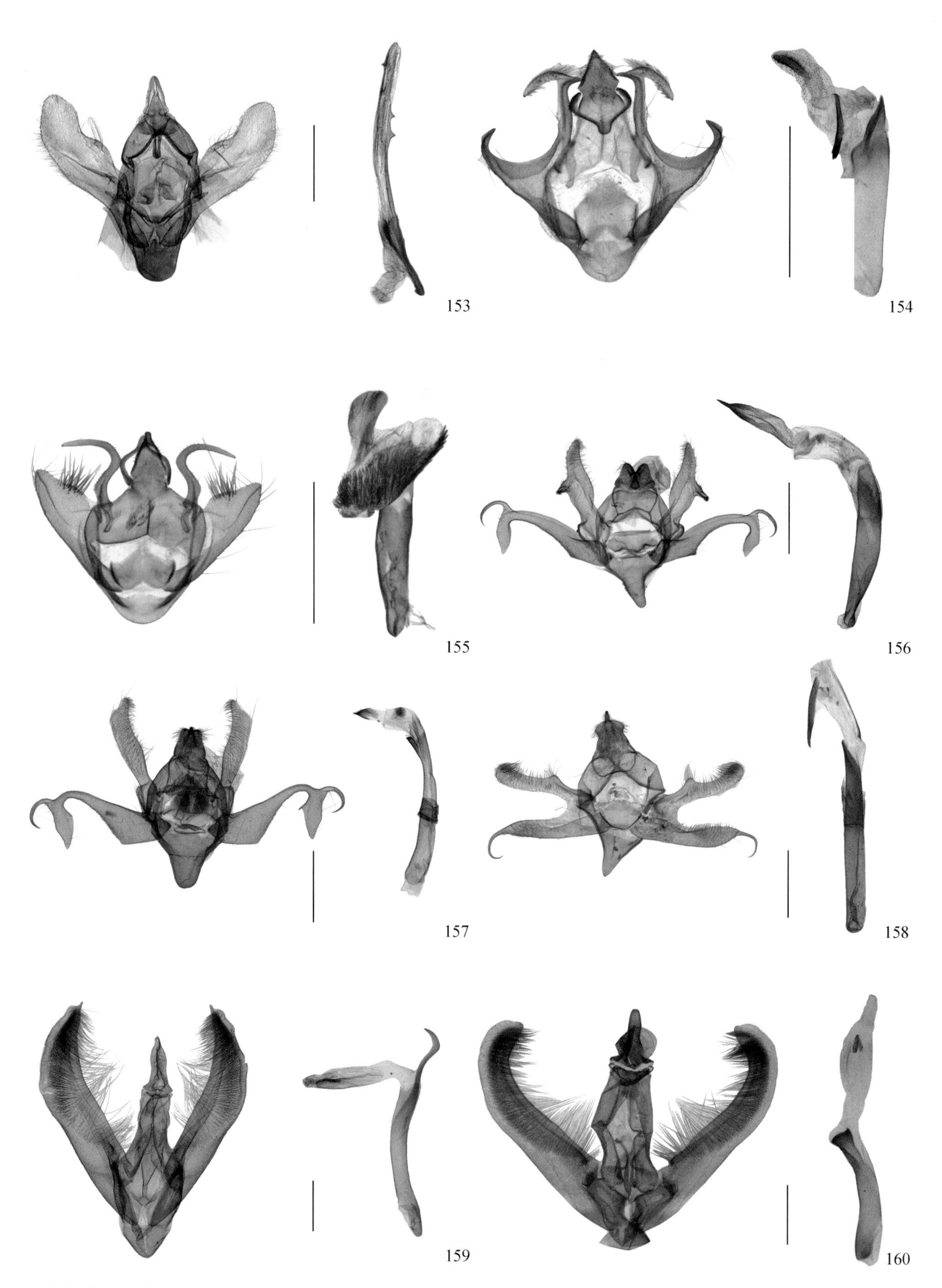

153. 褪色芦青尺蛾 *Louisproutia pallescens* Wehrli, 1932; 154. 长晶尺蛾江西亚种 *Peratophyga grata totifasciata* Wehrli, 1923; 155. 方泼墨尺蛾 *Ninodes quadratus* Li, Xue *et* Jiang, 2017; 156. 辉尺蛾 *Luxiaria mitorrhaphes* Prout, 1925; 157. 云辉尺蛾 *Luxiaria amasa* (Butler, 1878); 158. 突双线尺蛾 *Calletaera obvia* Jiang, Xue *et* Han, 2014; 159. 金丰翅尺蛾 *Euryobeidia largeteaui* (Oberthür, 1884); 160. 方丰翅尺蛾 *Euryobeidia quadrata* Xiang *et* Han, 2017

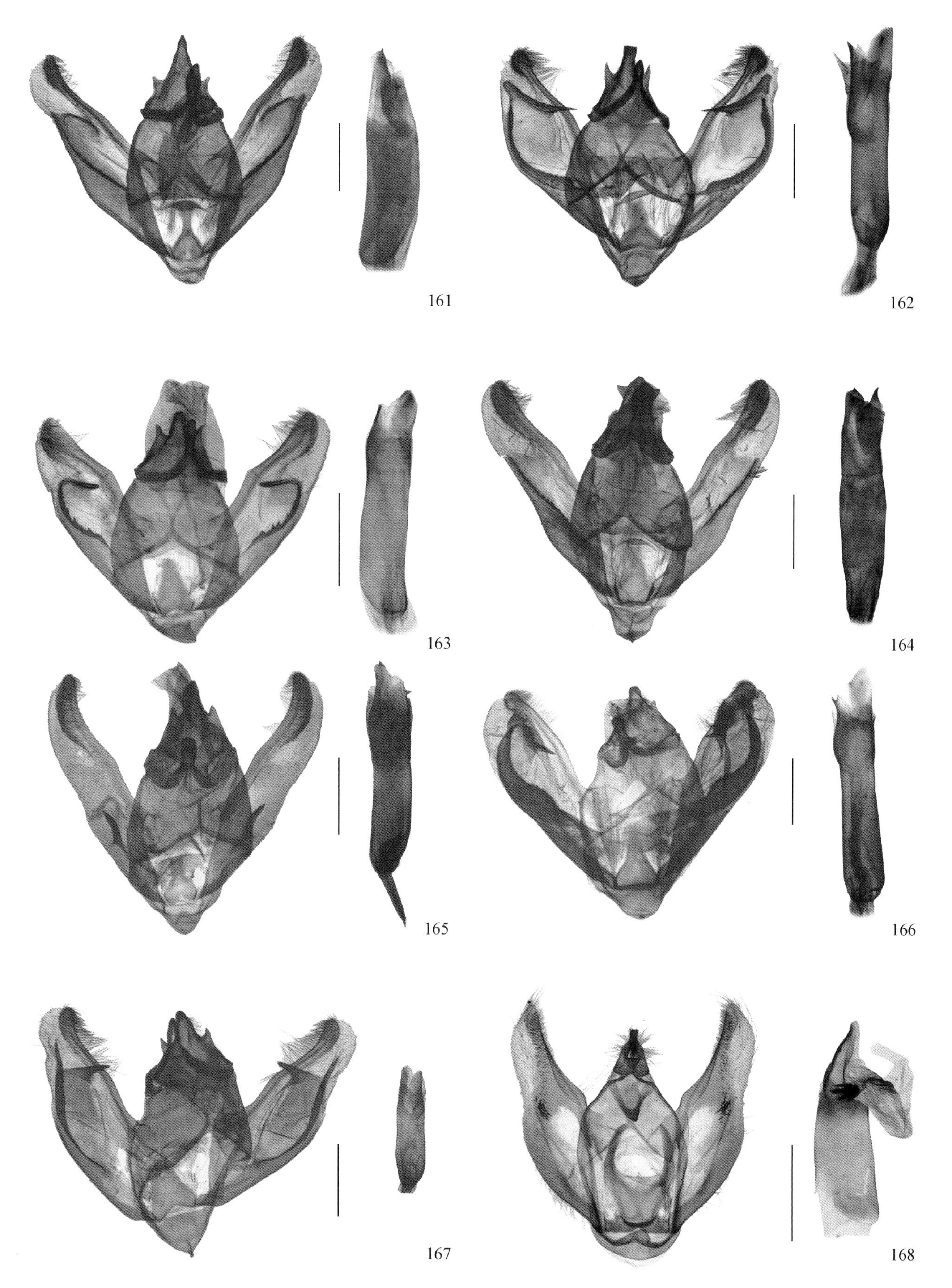

161. 核桃四星尺蛾 *Ophthalmitis albosignaria* (Bremer *et* Grey, 1853); 162. 锯纹四星尺蛾 *Ophthalmitis herbidaria* (Guenée, 1858); 163. 四星尺蛾 *Ophthalmitis irrorataria* (Bremer *et* Grey, 1853); 164. 钻四星尺蛾 *Ophthalmitis pertusaria* (Felder *et* Rogenhofer, 1875); 165. 中华四星尺蛾 *Ophthalmitis sinensium* (Oberthür, 1913); 166. 拟锯纹四星尺蛾 *Ophthalmitis siniherbida* (Wehrli, 1943); 167. 宽四星尺蛾 *Ophthalmitis tumefacta* Jiang, Xue *et* Han, 2011; 168. 拟雕尺蛾 *Arbomia kishidai* Sato *et* Wang, 2004

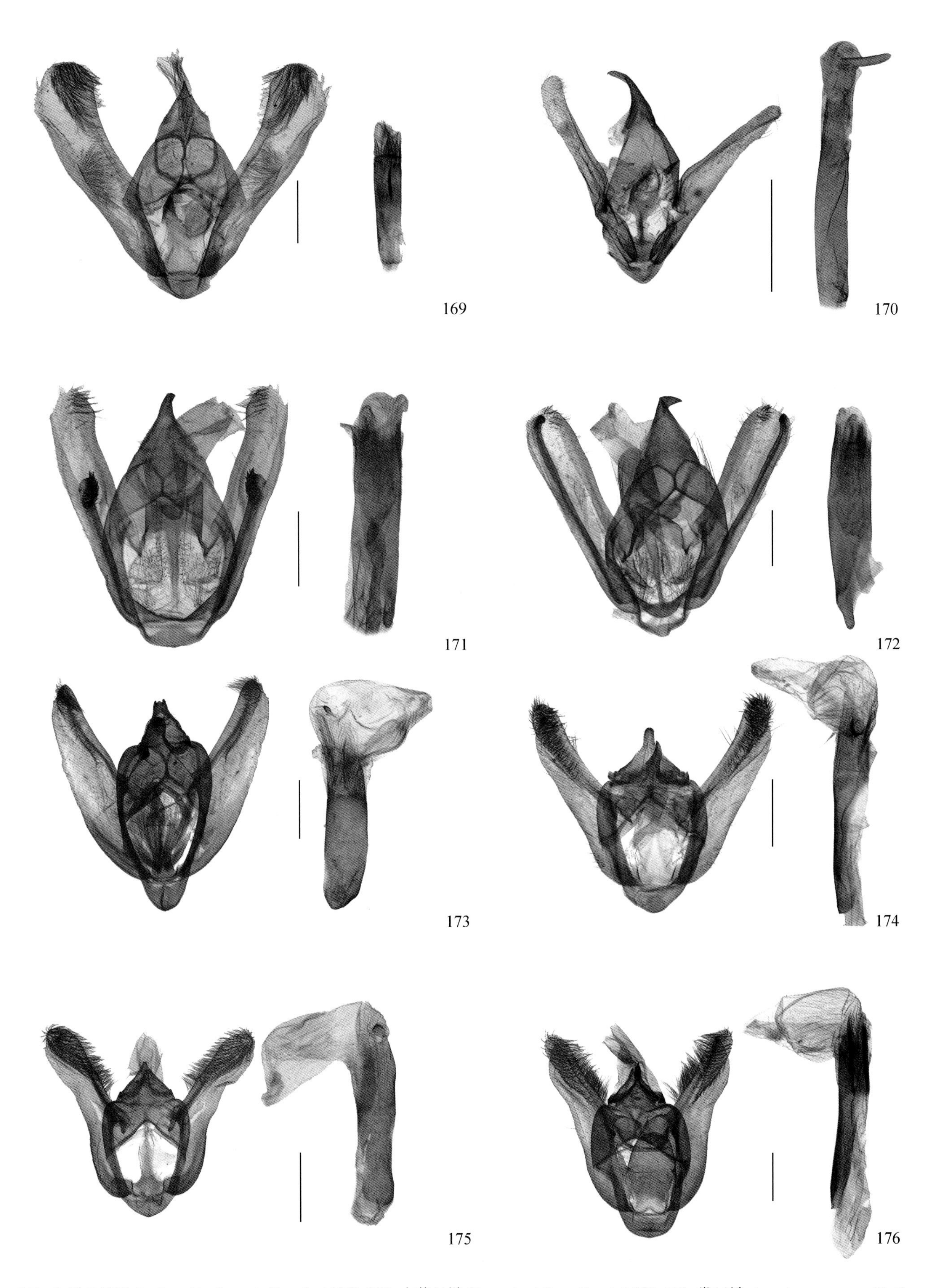

169. 小用克尺蛾 *Jankowskia fuscaria* (Leech, 1891); 170. 小茶尺蛾 *Ectropis obliqua* Prout, 1930; 171. 掌尺蛾 *Amraica superans* (Butler, 1878); 172. 拟大斑掌尺蛾 *Amraica prolata* Jiang, Sato *et* Han, 2012; 173. 花鹰尺蛾 *Biston melacron* Wehrli, 1941; 174. 油茶尺蠖 *Biston marginata* Shiraki, 1913; 175. 小鹰尺蛾 *Biston thoracicaria* (Oberthür, 1884); 176. 油桐尺蠖 *Biston suppressaria* (Guenée, 1858)

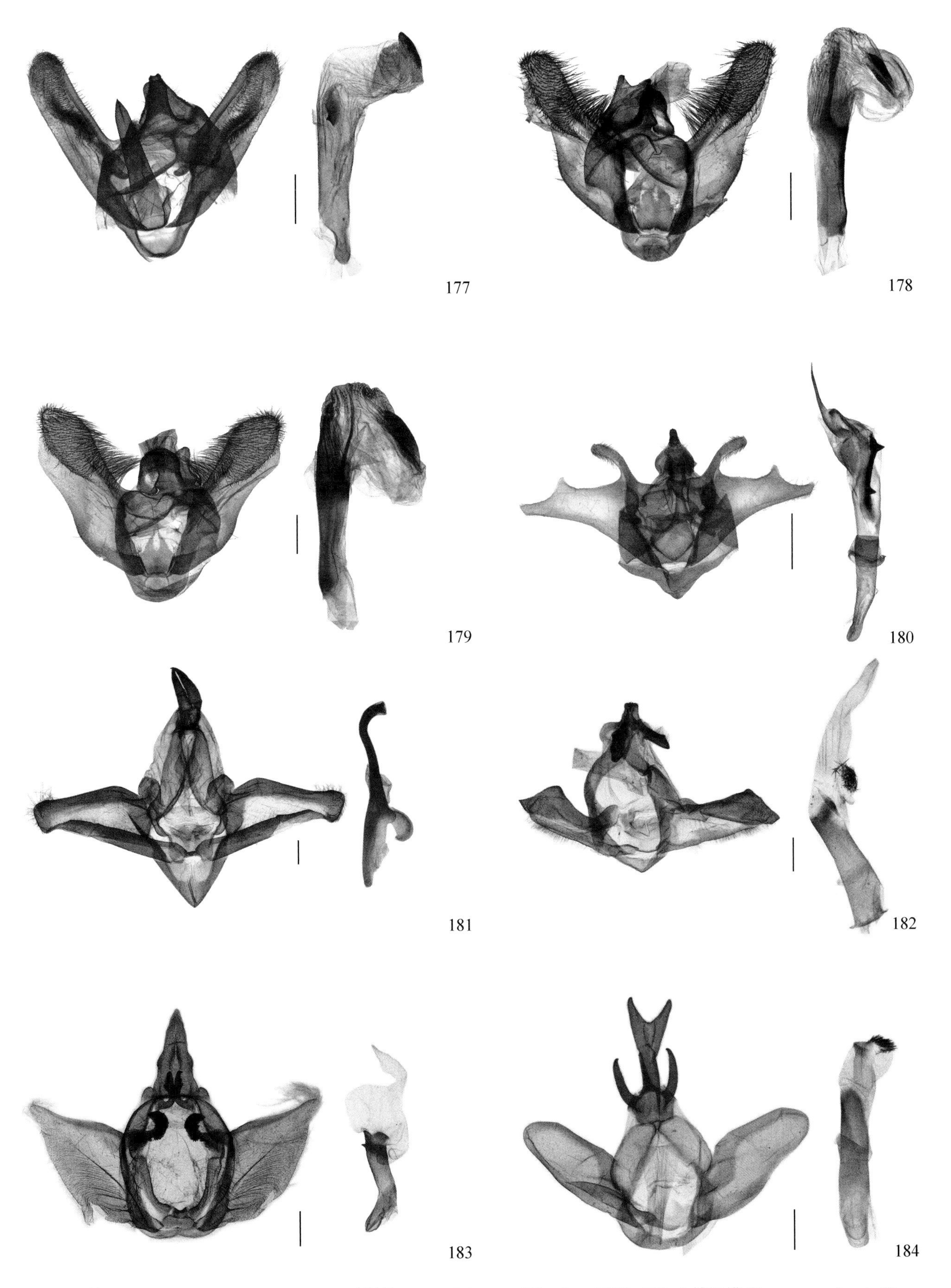

177. 双云尺蛾 *Biston regalis* (Moore, 1888); 178. 云尺蛾 *Biston thibetaria* (Oberthür, 1886); 179. 木橑尺蠖 *Biston panterinaria* (Bremer *et* Grey, 1853); 180. 小斑碴尺蛾 *Psyra falcipennis* Yazaki, 1994; 181. 黑蕊舟蛾 *Dudusa sphingiformis* Moore, 1872; 182. 核桃美舟蛾 *Uropyia meticulodina* (Oberthür, 1884); 183. 妙反掌舟蛾 *Antiphalera exquisitor* Schintlmeister, 1989; 184. 云舟蛾 *Neopheosia fasciata* (Moore, 1888)

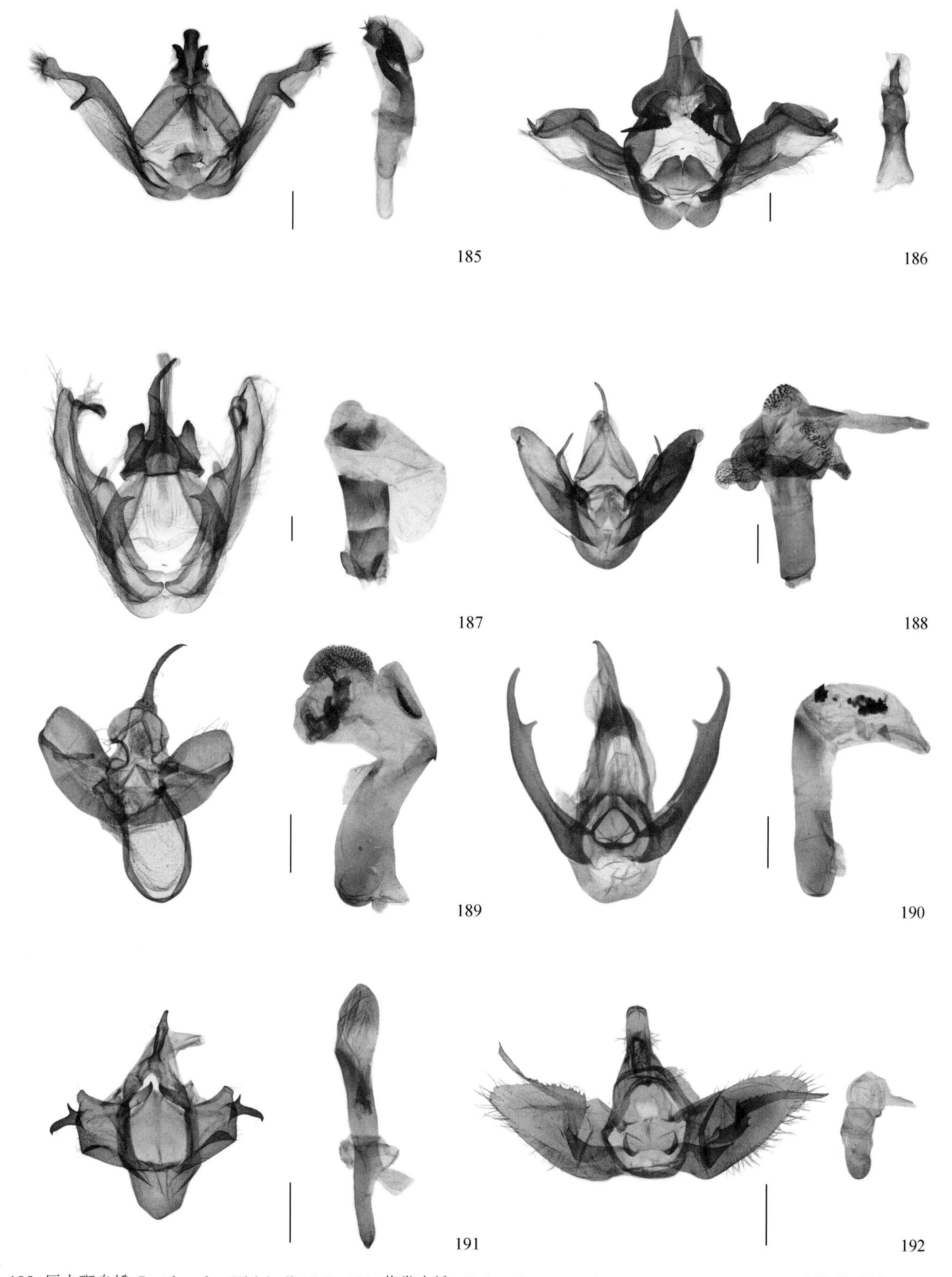

185. 厄内斑舟蛾 *Peridea elzet* Kiriakoff, 1963; 186. 苹掌舟蛾 *Phalera flavescens* (Bremer *et* Grey, 1852); 187. 刺槐掌舟蛾 *Phalera grotei* Moore, 1860; 188. 东方美苔蛾 *Miltochrista orientalis* Daniel, 1951; 189. 乌闪网苔蛾 *Macrobrochis staudingeri* (Alphéraky, 1897); 190. 八点灰灯蛾 *Creatonotos transiens* (Walker, 1855); 191. 枫毒蛾 *Lymantria nebulosa* Wileman, 1910; 192. 直角点足毒蛾 *Arctornis anserella* (Collenette, 1938)

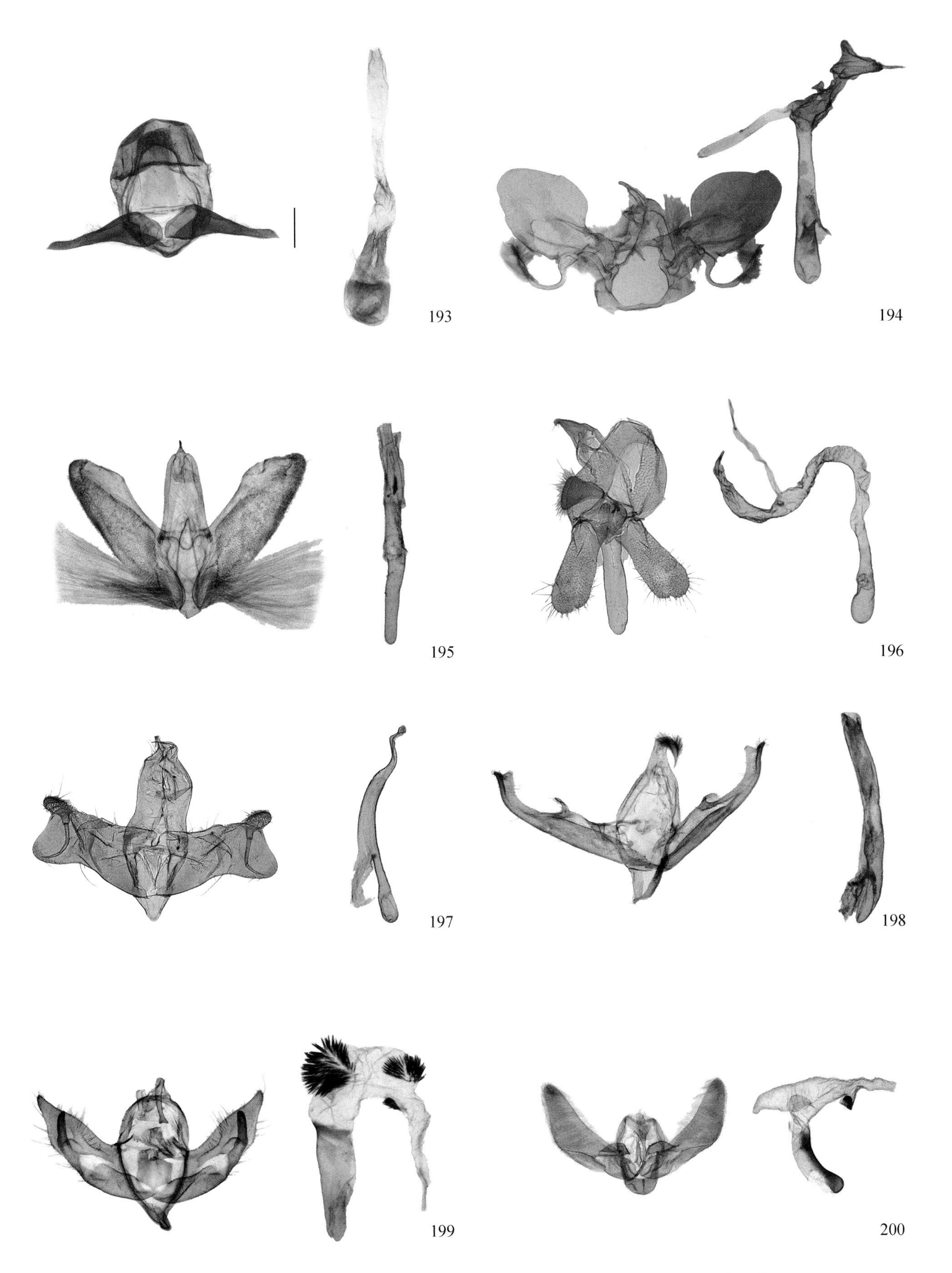

193. 旋夜蛾 *Eligma narcissus* (Cramer, 1775); 194. 柿癣皮夜蛾 *Blenina senex* (Butler, 1878); 195. 胡桃豹夜蛾 *Sinna extrema* (Walker, 1854); 196. 银斑砌石夜蛾 *Gabala argentata* Butler, 1878; 197. 鼎点钻夜蛾 *Earias cupreoviridis* (Walker, 1862); 198. 洼皮夜蛾 *Nolathripa lactaria* (Graeser, 1892); 199. 污后夜蛾 *Trisuloides contaminate* Draudt, 1937; 200. 新靛夜蛾 *Belciana staudingeri* (Leech, 1900)

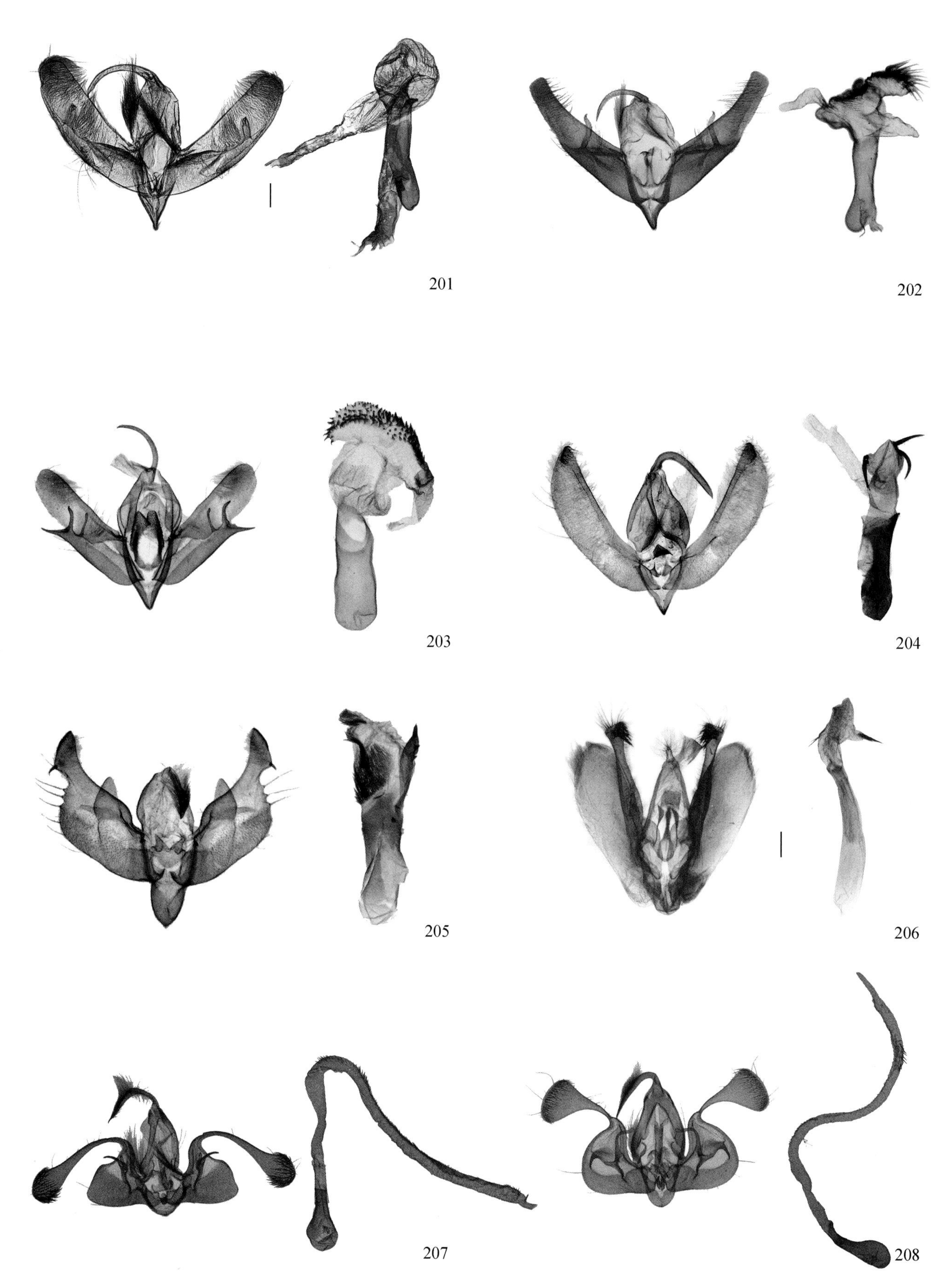

201. 大斑蕊夜蛾 *Cymatophoropsis unca* (Houlbert, 1921); 202. 梨剑纹夜蛾 *Acronicta rumicis* (Linnaeus, 1758); 203. 桃剑纹夜蛾 *Acronicta intermedia* Warren, 1909; 204. 绿孔雀夜蛾 *Nacna malachitis* (Oberthür, 1880); 205. 赭尾歹夜蛾 *Diarsia ruficauda* (Warren, 1909); 206. 掌夜蛾 *Tiracola plagiata* (Walker, 1857); 207. 柔秘夜蛾 *Mythimna placida* Butler, 1878; 208. 秘夜蛾 *Mythimna turca* (Linnaeus, 1761)

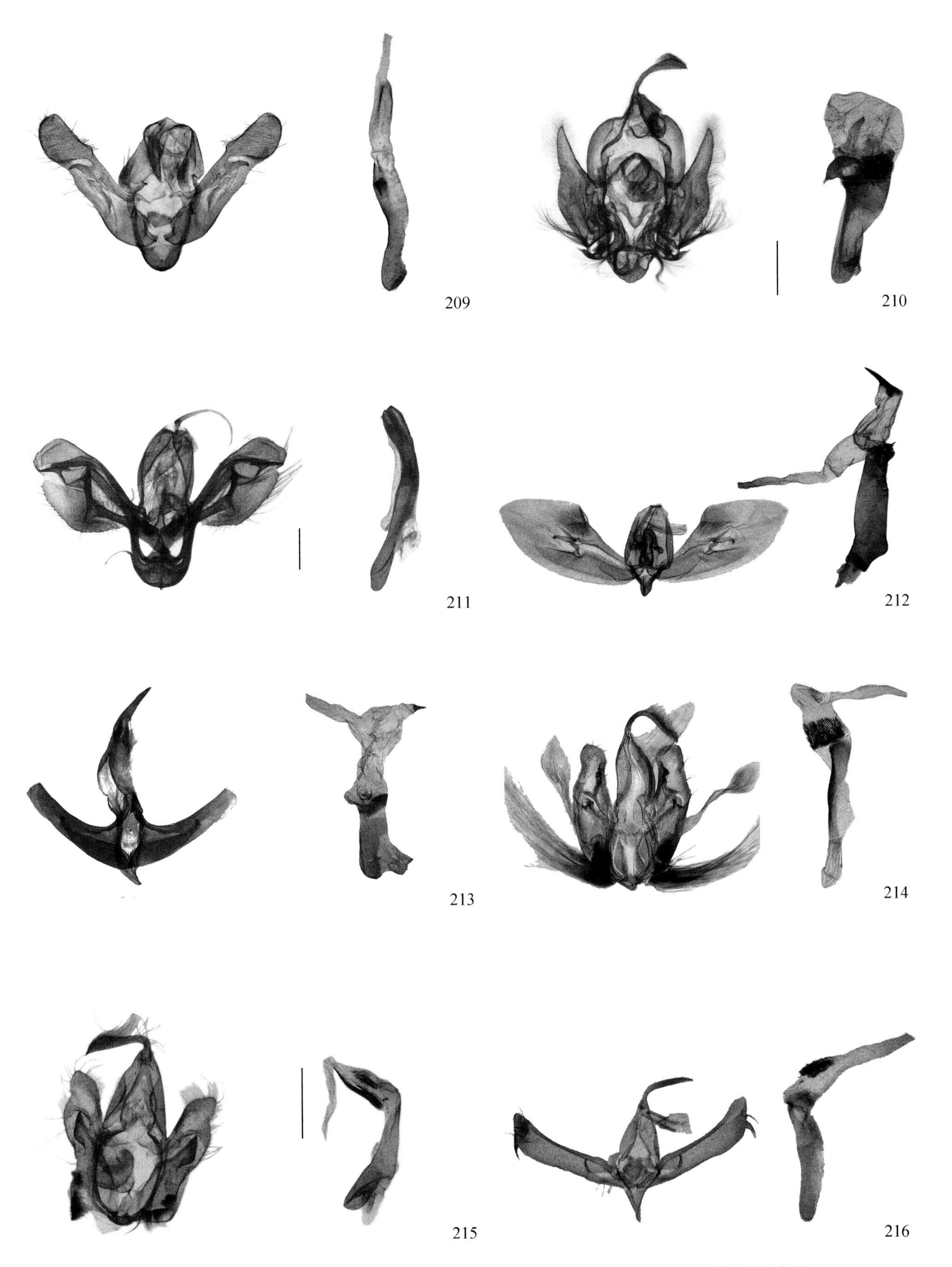

209. 纬夜蛾 *Atrachea nitens* (Butler, 1878); 210. 散纹夜蛾 *Callopistria juventina* (Stoll, 1782); 211. 斜纹灰翅夜蛾 *Spodoptera litura* (Fabricius, 1775); 212. 线委夜蛾 *Athetis lineosa* (Moore, 1881); 213. 白夜蛾 *Chasminodes albonitens* (Bremer, 1861); 214. 丹日明夜蛾 *Sphragifera sigillata* (Ménétriés, 1859); 215. 日月明夜蛾 *Sphragifera biplagiata* (Walker, 1865); 216. 井夜蛾 *Dysmilichia gemella* (Leech, 1889)

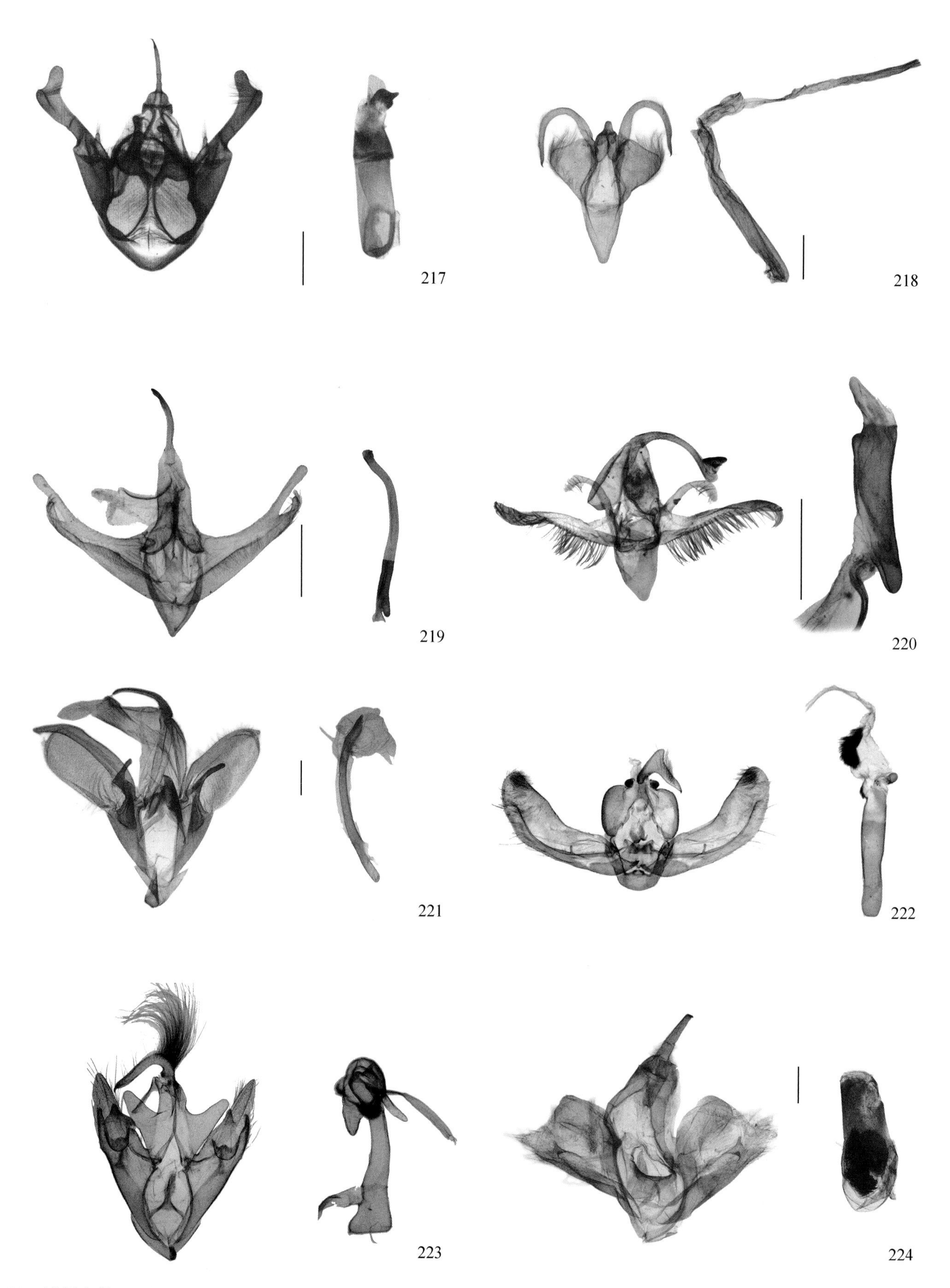

217. 漆尾夜蛾 *Eutelia geyeri* (Felder *et* Rogenhofer, 1874); 218. 折纹殿尾夜蛾 *Anuga multiplicans* (Walker, 1858); 219. 暗裙脊蕊夜蛾 *Lophoptera squammigera* Guenée, 1852; 220. 弯脊蕊夜蛾 *Lophoptera anthyalus* (Hampson, 1894); 221. 鸽光裳夜蛾 *Catocala columbina* Leech, 1900; 222. 苎麻夜蛾 *Arcte coerula* (Guenée, 1852); 223. 庸肖毛翅夜蛾 *Thyas juno* (Dalman, 1823); 224. 诶目夜蛾 *Erebus ephesperis* (Hübner, 1823)

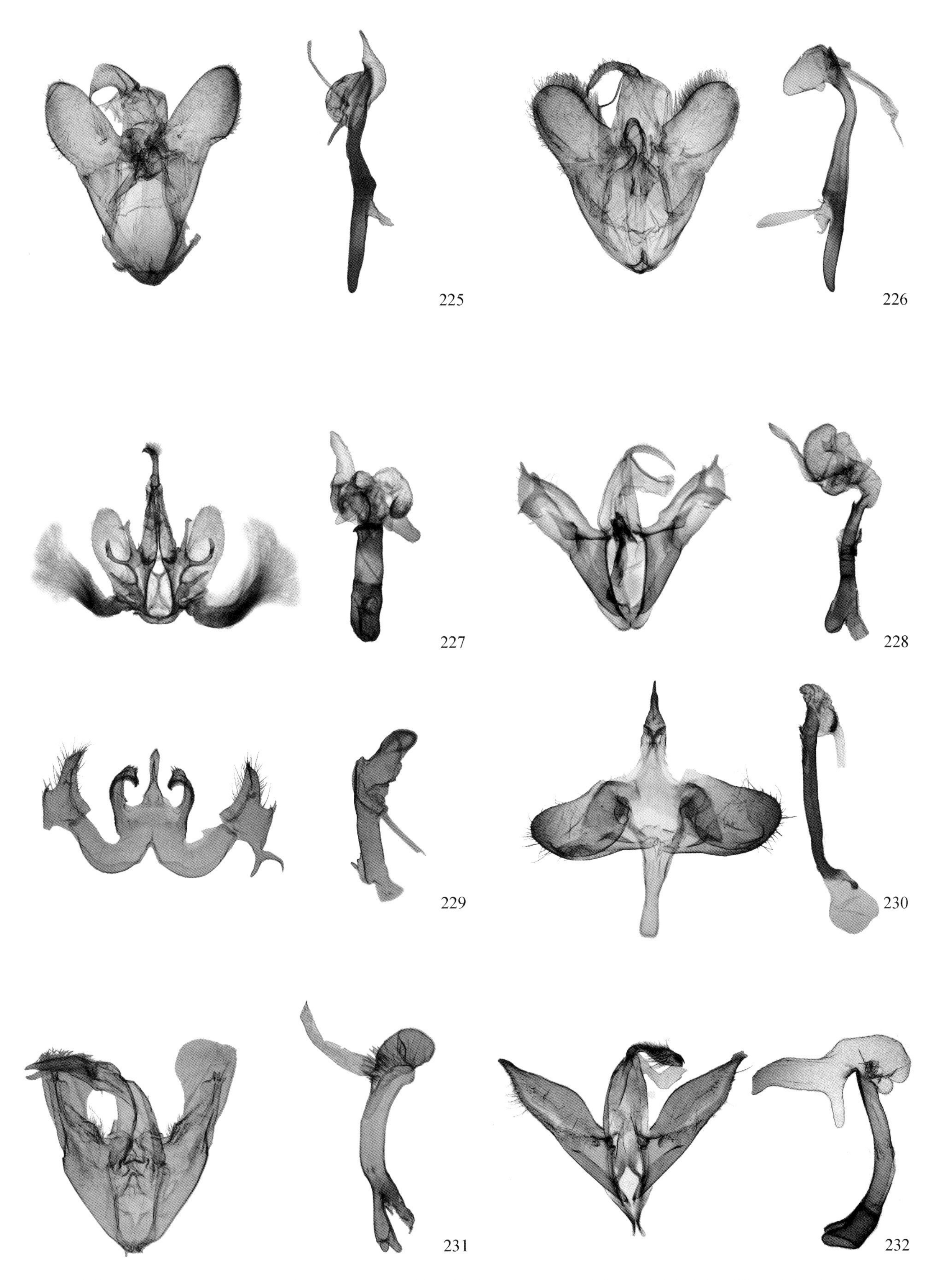

225. 变色夜蛾 *Hypopyra vespertilio* (Fabricius, 1787); 226. 环夜蛾 *Spirama retorta* (Clerck, 1764); 227. 石榴巾夜蛾 *Dysgonia stuposa* (Fabricius, 1794); 228. 毛胫夜蛾 *Mocis undata* (Fabricius, 1775); 229. 赫析夜蛾 *Sypnoides hercules* (Butler, 1881); 230. 白点朋闪夜蛾 *Hypersypnoides astrigera* (Butler, 1885); 231. 曲带双衲夜蛾 *Dinumma deponens* Walker, 1858; 232. 筱客来夜蛾 *Chrysorithrum flavomaculata* (Bremer, 1861)

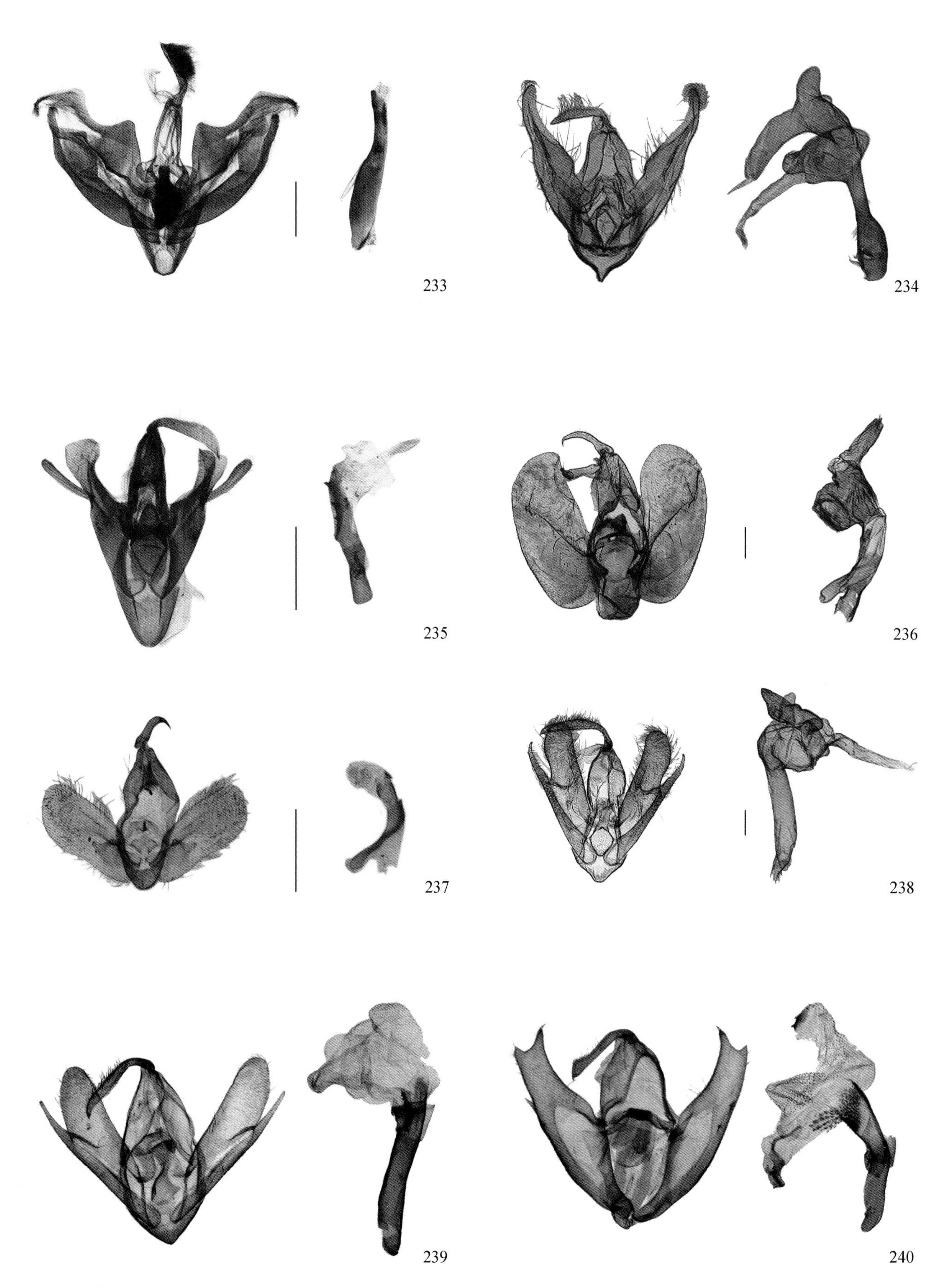

233. 双线卷裙夜蛾 *Plecoptera bilinealis* (Leech, 1889); 234. 纱眉夜蛾 *Pangrapta textilis* (Leech, 1889); 235. 红尺夜蛾 *Dierna timandra* Alphéraky, 1897; 236. 两色髯须夜蛾 *Hypena trigonalis* (Guenée, 1854); 237. 双色髯须夜蛾 *Hypena bicoloralis* Graeser, 1889; 238. 白肾夜蛾 *Edessena gentiusalis* Walker, 1859; 239. 钩白肾夜蛾 *Edessena hamada* (Felder *et* Rogenhofer, 1874); 240. 黄镰须夜蛾 *Zanclognatha helva* (Butler, 1879)

图 241–374 雌性外生殖器 (比例尺 =1 mm)

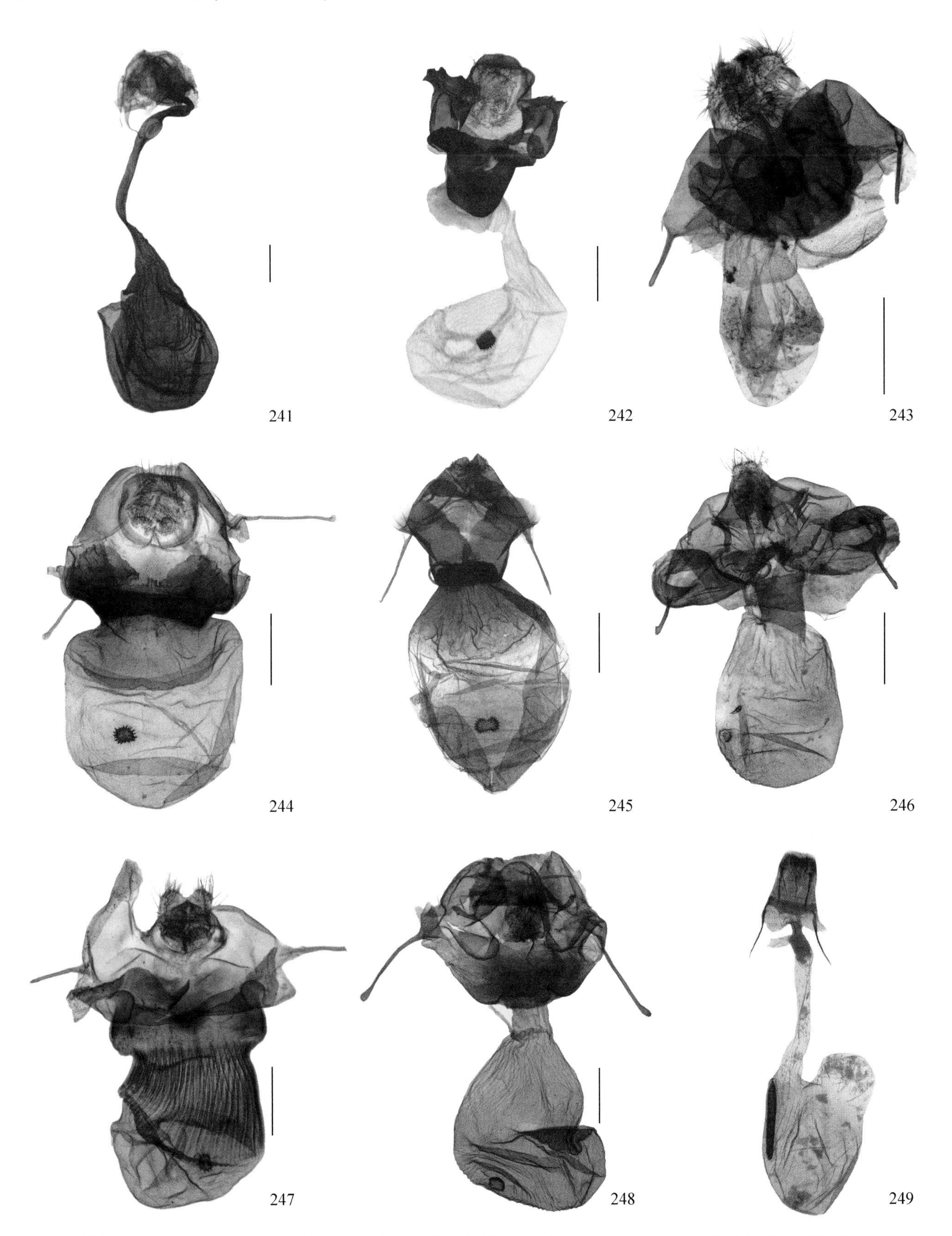

241. 洋麻圆钩蛾 *Cyclidia substigmaria* (Hübner, 1825); 242. 紫山钩蛾 *Oreta fuscopurpurea* Inoue, 1956; 243. 角山钩蛾 *Oreta angularis* Watson, 1967; 244. 宏山钩蛾浙江亚种 *Oreta hoenei tienia* Watson, 1967; 245. 接骨木山钩蛾天目亚种 *Oreta loochooana timutia* Watson, 1967; 246. 三刺山钩蛾 *Oreta trispinuligera* Chen, 1985; 247. 孔雀山钩蛾华夏亚种 *Oreta pavaca sinensis* Watson, 1967; 248. 交让木山钩蛾 *Oreta insignis* (Butler, 1877); 249. 瑞大波纹蛾 *Macrothyatira conspicua* (Leech, 1900)

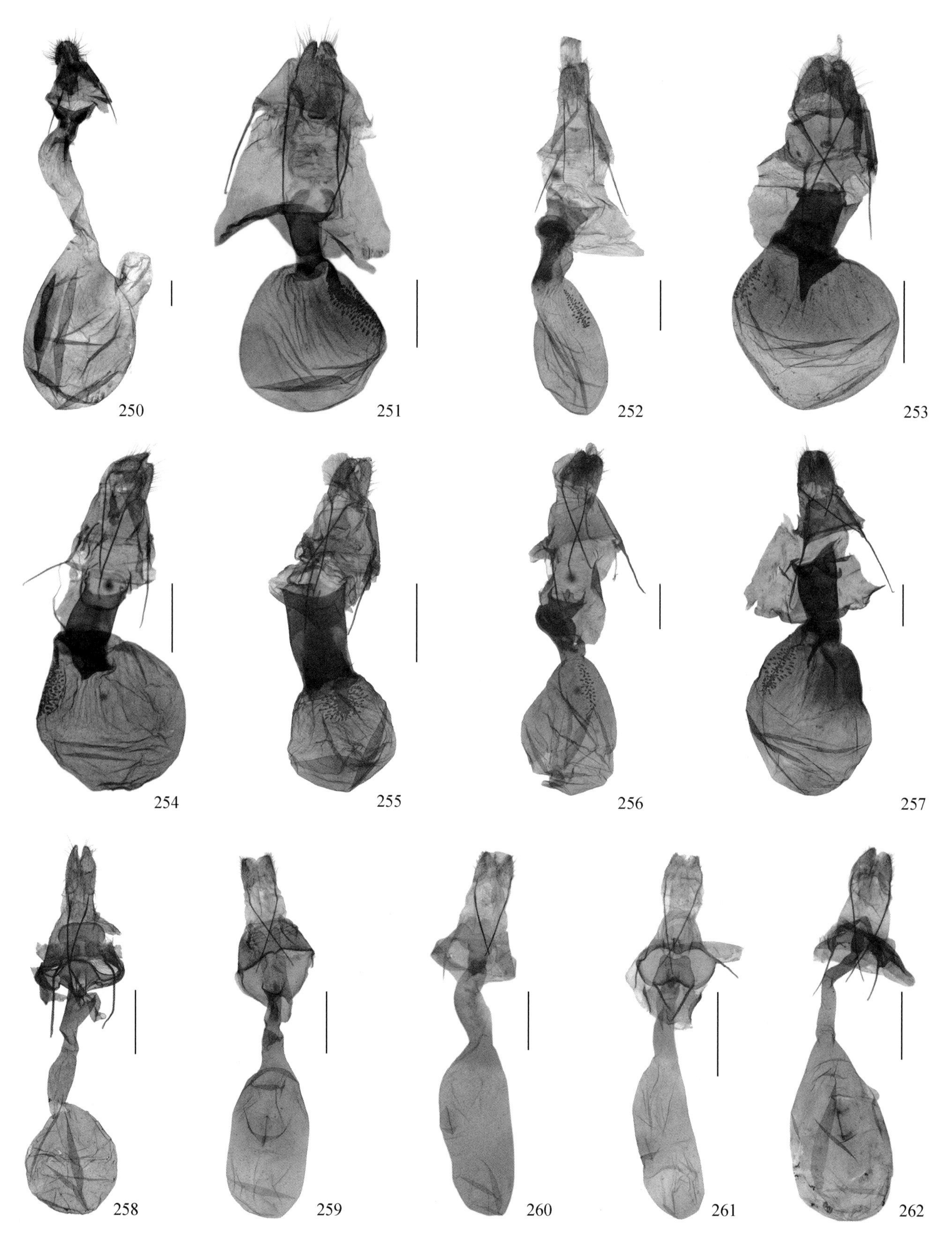

250. 怪影波纹蛾 *Euparyphasma maxima* (Leech, 1888); 251. 白眼尺蛾 *Problepsis albidior* Warren, 1899; 252. 黑条眼尺蛾 *Problepsis diazoma* Prout, 1938; 253. 佳眼尺蛾 *Problepsis eucircota* Prout, 1913; 254. 斯氏眼尺蛾 *Problepsis stueningi* Xue, Cui *et* Jiang, 2018; 255. 邻眼尺蛾 *Problepsis paredra* Prout, 1917; 256. 指眼尺蛾 *Problepsis crassinotata* Prout, 1917; 257. 猫眼尺蛾 *Problepsis superans* (Butler, 1885); 258. 褐赤金尺蛾 *Synegiodes brunnearia* (Leech, 1897); 259. 分紫线尺蛾 *Timandra dichela* (Prout, 1935); 260. 极紫线尺蛾 *Timandra extremaria* Walker, 1861; 261. 曲紫线尺蛾 *Timandra comptaria* Walker, 1863; 262. 同紫线尺蛾 *Timandra convectaria* Walker, 1861

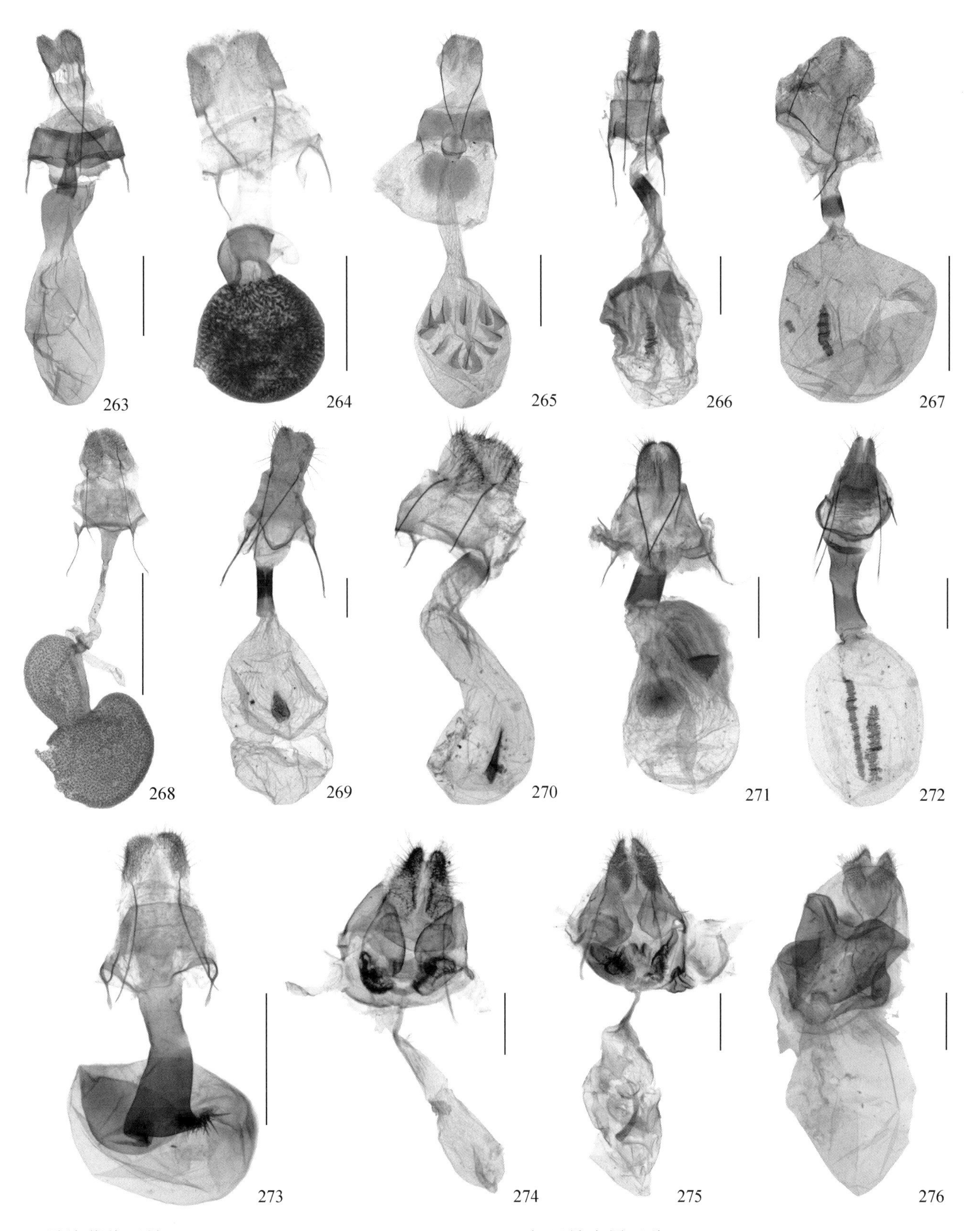

263. 霞边紫线尺蛾 *Timandra recompta recompta* (Prout, 1930); 264. 虹尺蛾中国亚种 *Acolutha pictaria imbecilla* Warren, 1905; 265. 双角尺蛾 *Carige cruciplaga* (Walker, 1861); 266. 常春藤洄纹尺蛾 *Chartographa compositata* (Guenée, 1857); 267. 方折线尺蛾 *Ecliptopera benigna* (Prout, 1914); 268. 黑线秃尺蛾 *Episteira nigrilinearia* (Leech, 1897); 269. 中国枯叶尺蛾 *Gandaritis sinicaria* Leech, 1897; 270. 奇带尺蛾 *Heterothera postalbida* (Wileman, 1911); 271. 阿里山夕尺蛾宁波亚种 *Sibatania arizana placata* (Prout, 1929); 272. 星缘扇尺蛾 *Telenomeuta punctimarginaria* (Leech, 1891); 273. 盈潢尺蛾 *Xanthorhoe saturata* (Guenée, 1857); 274. 赭点峰尺蛾 *Dindica para* Swinhoe, 1891; 275. 宽带峰尺蛾 *Dindica polyphaenaria* (Guenée, 1858); 276. 天目峰尺蛾 *Dindica tienmuensis* Chu, 1981

277. 绿始青尺蛾马来亚种 *Herochroma viridaria peperata* (Herbulot, 1989); 278. 金星垂耳尺蛾 *Pachyodes amplificata* (Walker, 1862); 279. 红带粉尺蛾 *Pingasa rufofasciata* Moore, 1888; 280. 紫砂豆纹尺蛾 *Metallolophia albescens* Inoue, 1992; 281. 豆纹尺蛾 *Metallolophia arenaria* (Leech, 1889); 282. 江浙冠尺蛾 *Lophophelma iterans* (Prout, 1926); 283. 中国巨青尺蛾 *Limbatochlamys rosthorni* Rothschild, 1894; 284. 白带青尺蛾 *Geometra sponsaria* (Bremer, 1864); 285. 乌苏里青尺蛾 *Geometra ussuriensis* (Sauber, 1915); 286. 直脉青尺蛾 *Geometra valida* Felder *et* Rogenhofer, 1875; 287. 镰翅绿尺蛾中国亚种 *Tanaorhinus reciprocata confuciaria* (Walker, 1861); 288. 三岔绿尺蛾 *Mixochlora vittata* (Moore, 1868); 289. 双线新青尺蛾 *Neohipparchus vallata* (Butler, 1878)

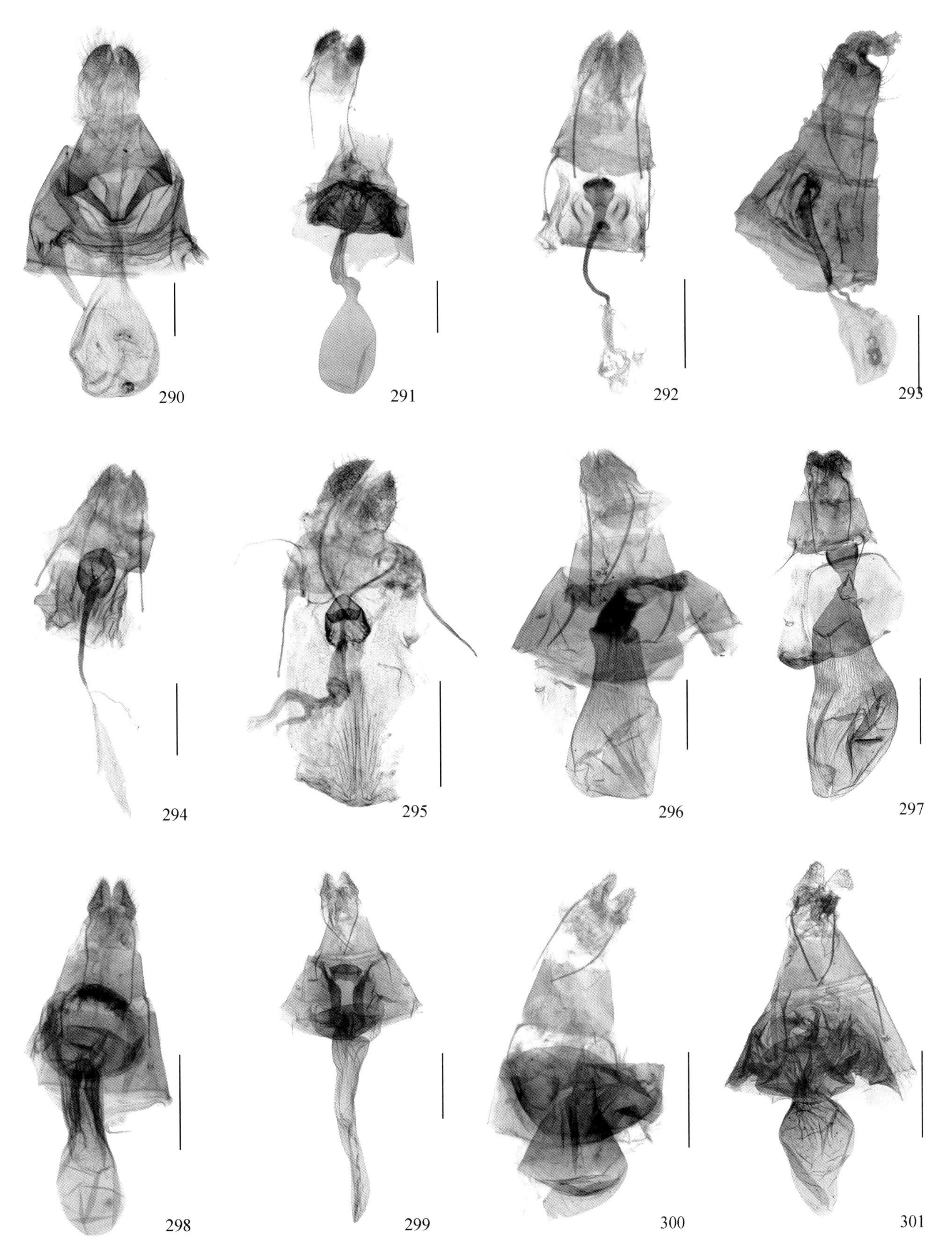

290. 小缺口青尺蛾 *Timandromorpha enervata* Inoue, 1944; 291. 中国四眼绿尺蛾 *Chlorodontopera mandarinata* (Leech, 1889); 292. 紫斑绿尺蛾 *Comibaena nigromacularia* (Leech, 1897); 293. 肾纹绿尺蛾 *Comibaena procumbaria* (Pryer, 1877); 294. 亚长纹绿尺蛾中国亚种 *Comibaena signifera subargentaria* (Oberthür, 1916); 295. 菊四目绿尺蛾 *Thetidia albocostaria* (Bremer, 1864); 296. 枯斑翠尺蛾 *Eucyclodes difficta* (Walker, 1861); 297. 弯彩青尺蛾 *Eucyclodes infracta* (Wileman, 1911); 298. 奇锈腰尺蛾 *Hemithea krakenaria* Holloway, 1996; 299. 遗仿锈腰尺蛾 *Chlorissa obliterata* (Walker, 1863); 300. 亚四目绿尺蛾 *Comostola subtiliaria* (Bremer, 1864); 301. 赤线尺蛾 *Culpinia diffusa* (Walker, 1861)

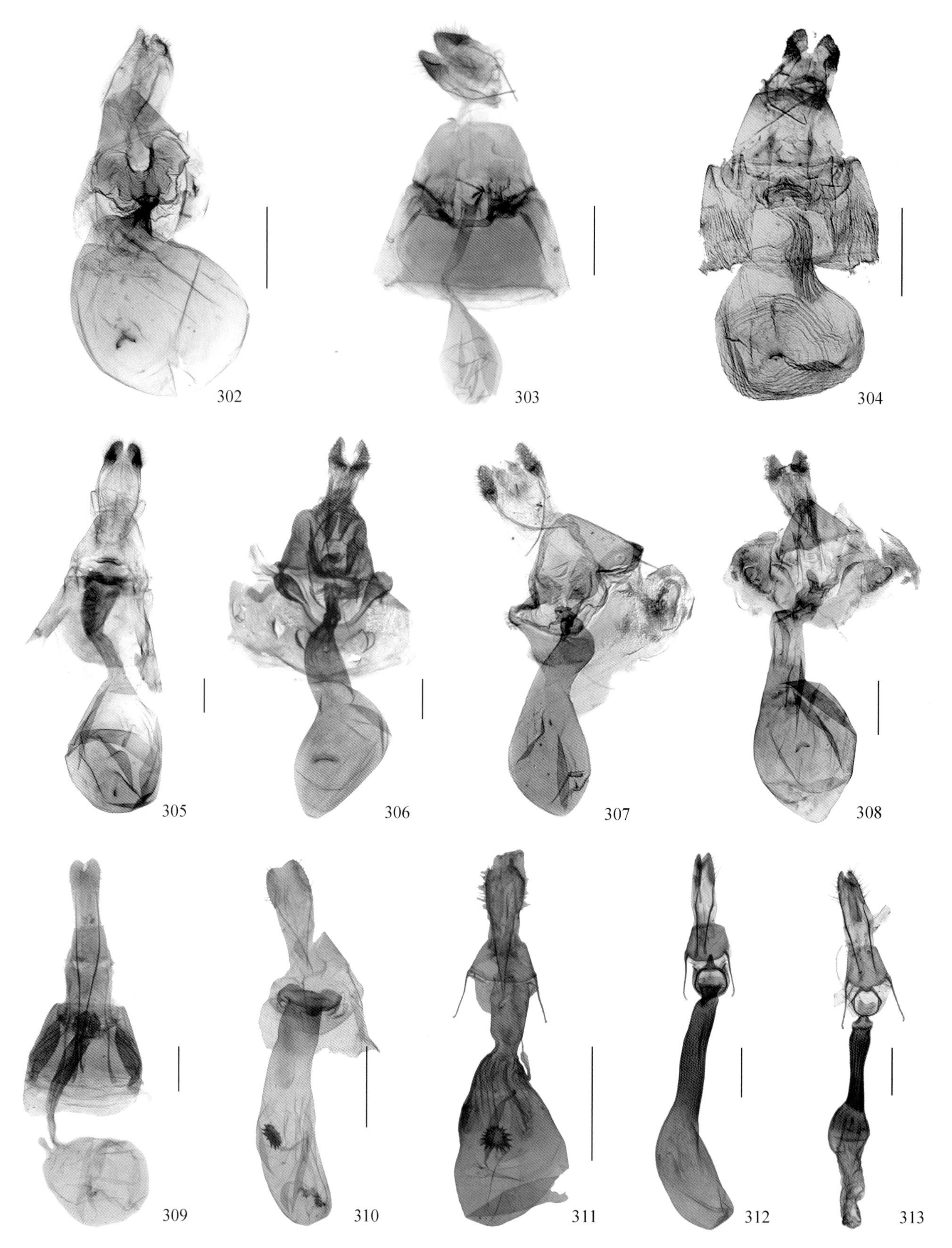

302. 齿突尾尺蛾 *Jodis dentifascia* (Warren, 1897); 303. 线尖尾尺蛾 *Maxates protrusa* (Butler, 1878); 304. 海绿尺蛾 *Pelagodes antiquadraria* (Inoue, 1976); 305. 青辐射尺蛾 *Iotaphora admirabilis* (Oberthür, 1884); 306. 萝摩艳青尺蛾 *Agathia carissima* Butler, 1878; 307. 半焦艳青尺蛾 *Agathia hemithearia* Guenée, 1858; 308. 焦斑艳青尺蛾宁波亚种 *Agathia visenda curvifiniens* Prout, 1917; 309. 褪色芦青尺蛾 *Louisproutia pallescens* Wehrli, 1932; 310. 长晶尺蛾江西亚种 *Peratophyga grata totifasciata* Wehrli, 1923; 311. 方泼墨尺蛾 *Ninodes quadratus* Li, Xue *et* Jiang, 2017; 312. 辉尺蛾 *Luxiaria mitorrhaphes* Prout, 1925; 313. 云辉尺蛾 *Luxiaria amasa* (Butler, 1878)

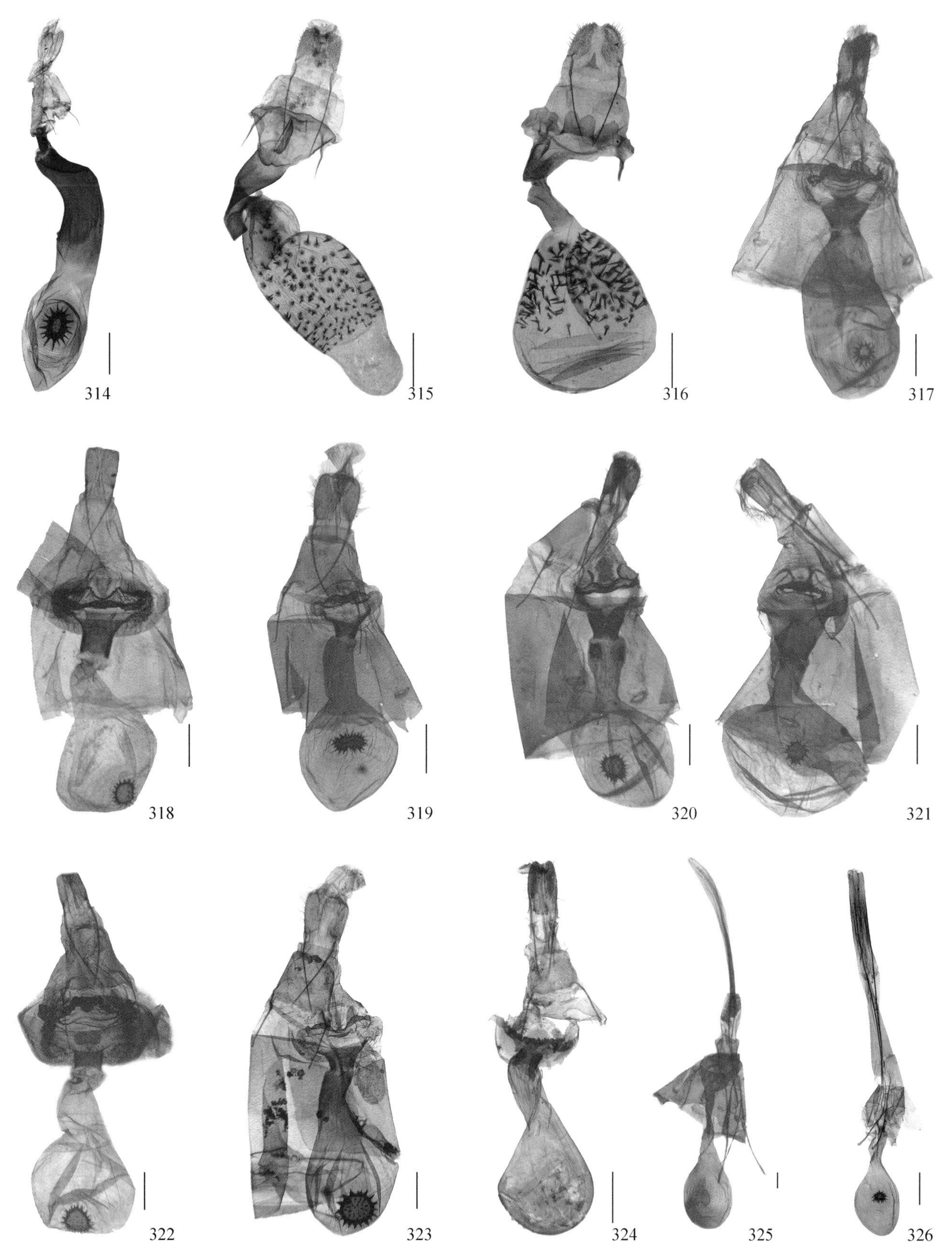

314. 突双线尺蛾 *Calletaera obvia* Jiang, Xue *et* Han, 2014; 315. 金丰翅尺蛾 *Euryobeidia largeteaui* (Oberthür, 1884); 316. 方丰翅尺蛾 *Euryobeidia quadrata* Xiang *et* Han, 2017; 317. 核桃四星尺蛾 *Ophthalmitis albosignaria* (Bremer *et* Grey, 1853); 318. 锯纹四星尺蛾 *Ophthalmitis herbidaria* (Guenée, 1858); 319. 四星尺蛾 *Ophthalmitis irrorataria* (Bremer *et* Grey, 1853); 320. 钻四星尺蛾 *Ophthalmitis pertusaria* (Felder *et* Rogenhofer, 1875); 321. 中华四星尺蛾 *Ophthalmitis sinensium* (Oberthür, 1913); 322. 拟锯纹四星尺蛾 *Ophthalmitis siniherbida* (Wehrli, 1943); 323. 宽四星尺蛾 *Ophthalmitis tumefacta* Jiang, Xue *et* Han, 2011; 324. 拟雕尺蛾 *Arbomia kishidai* Sato *et* Wang, 2004; 325. 小用克尺蛾 *Jankowskia fuscaria* (Leech, 1891); 326. 小茶尺蛾 *Ectropis obliqua* Prout, 1930

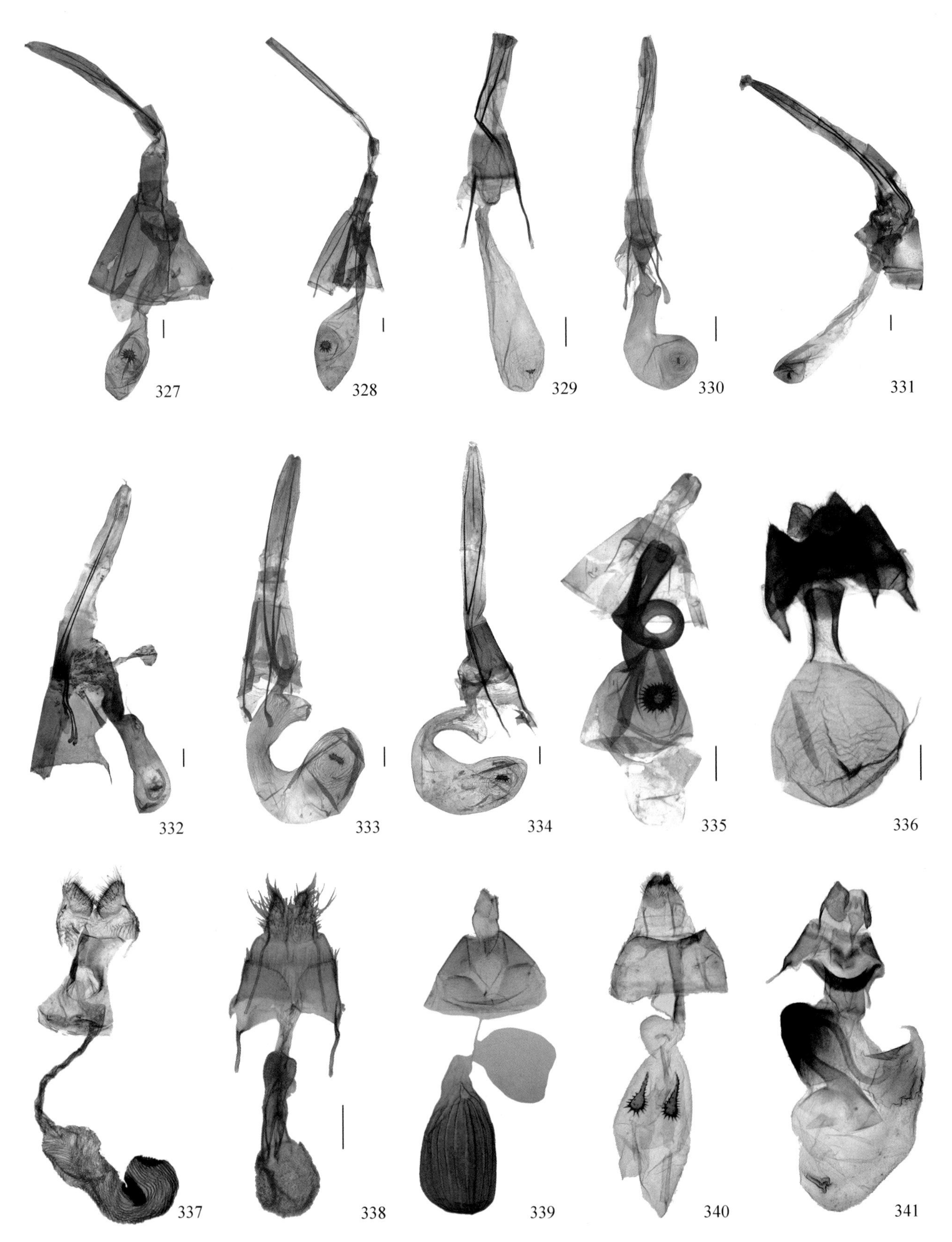

327. 掌尺蛾 *Amraica superans* (Butler, 1878); 328. 拟大斑掌尺蛾 *Amraica prolata* Jiang, Sato *et* Han, 2012; 329. 油茶尺蠖 *Biston marginata* Shiraki, 1913; 330. 小鹰尺蛾 *Biston thoracicaria* (Oberthür, 1884); 331. 油桐尺蠖 *Biston suppressaria* (Guenée, 1858); 332. 双云尺蛾 *Biston regalis* (Moore, 1888); 333. 云尺蛾 *Biston thibetaria* (Oberthür, 1886); 334. 木橑尺蠖 *Biston panterinaria* (Bremer *et* Grey, 1853); 335. 小斑碴尺蛾 *Psyra falcipennis* Yazaki, 1994; 336. 苹掌舟蛾 *Phalera flavescens* (Bremer *et* Grey, 1852); 337. 旋夜蛾 *Eligma narcissus* (Cramer, 1775); 338. 胡桃豹夜蛾 *Sinna extrema* (Walker, 1854) (比例尺 = 500 μm); 339. 鼎点钻夜蛾 *Earias cupreoviridis* (Walker, 1862); 340. 洼皮夜蛾 *Nolathripa lactaria* (Graeser, 1892); 341. 污后夜蛾 *Trisuloides contaminate* Draudt, 1937

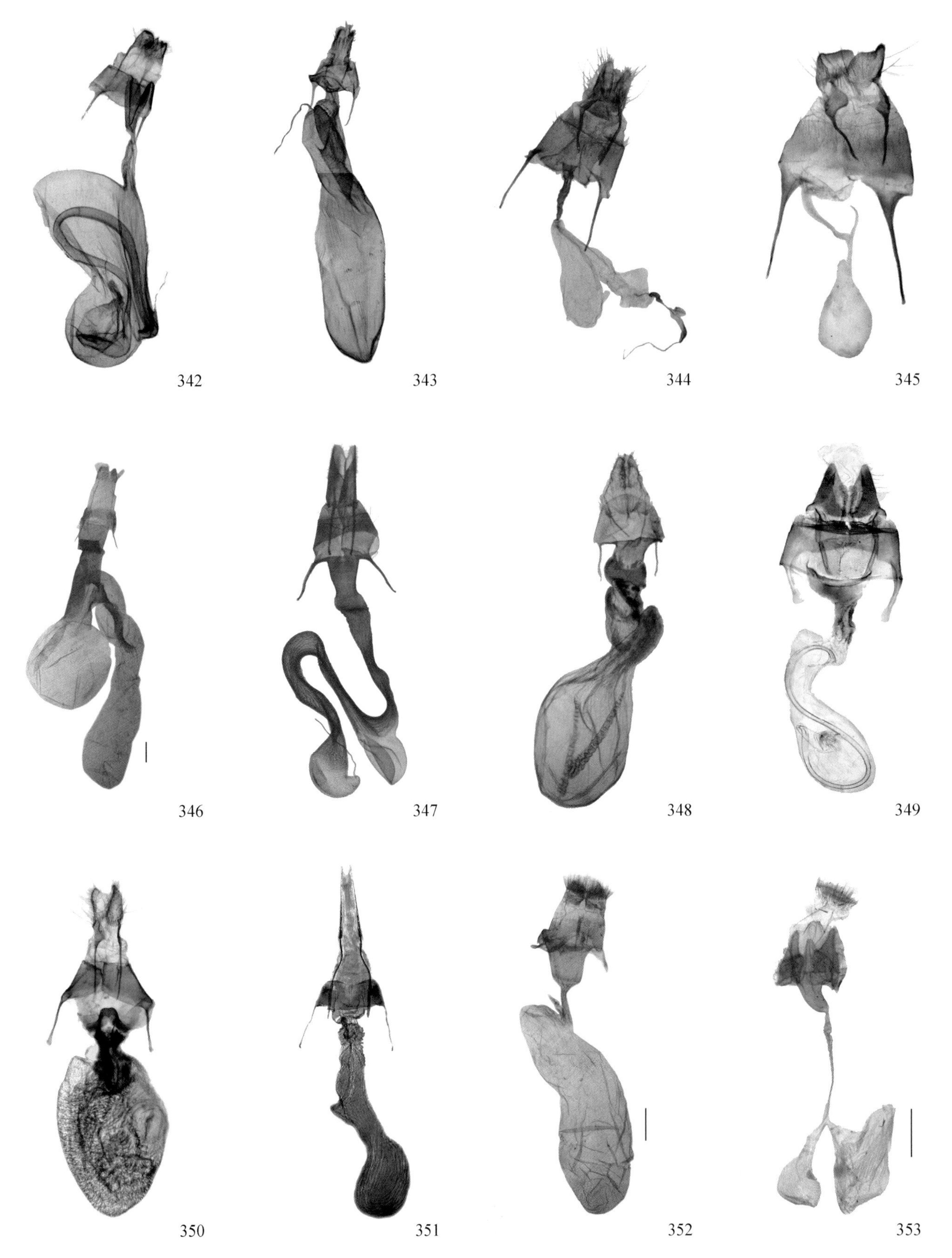

342. 新旋夜蛾 *Belciana staudingeri* (Leech, 1900); 343. 大斑蕊夜蛾 *Cymatophoropsis unca* (Houlbert, 1921); 344. 葡萄修虎蛾 *Sarbanissa subflava* (Moore, 1877); 345. 艳修虎蛾 *Sarbanissa venusta* (Leech, 1888); 346. 掌夜蛾 *Tiracola plagiata* (Walker, 1857); 347. 柔秘夜蛾 *Mythimna placida* Butler, 1878; 348. 胖夜蛾 *Orthogonia sera* Felder *et* Felder, 1862; 349. 纬夜蛾 *Atrachea nitens* (Butler, 1878); 350. 线委夜蛾 *Athetis lineosa* (Moore, 1881); 351. 白夜蛾 *Chasminodes albonitens* (Bremer, 1861); 352. 折纹殿尾夜蛾 *Anuga multiplicans* (Walker, 1858); 353. 暗裙脊蕊夜蛾 *Lophoptera squammigera* Guenée, 1852

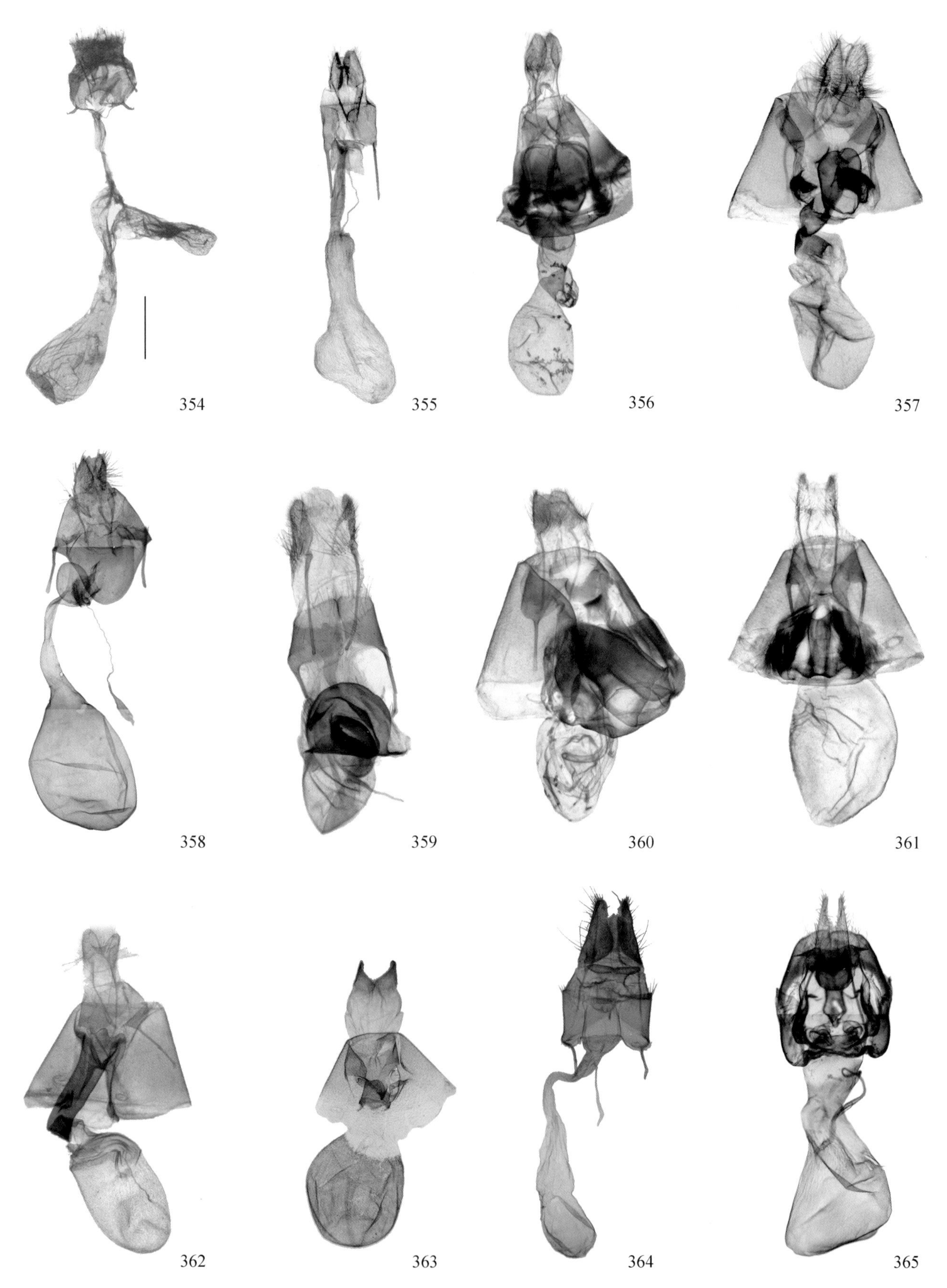

354. 弯脊蕊夜蛾 *Lophoptera anthyalus* (Hampson, 1894); 355. 苎麻夜蛾 *Arcte coerula* (Guenée, 1852); 356. 斜线关夜蛾 *Artena dotata* (Fabricius, 1794); 357. 安钮夜蛾 *Ophiusa tirhaca* (Cramer, 1777); 358. 环夜蛾 *Spirama retorta* (Clerck, 1764); 359. 玫瑰巾夜蛾 *Dysgonia arctotaenia* (Guenée, 1852); 360. 霉巾夜蛾 *Dysgonia maturata* (Walker, 1858); 361. 石榴巾夜蛾 *Dysgonia stuposa* (Fabricius, 1794); 362. 毛胫夜蛾 *Mocis undata* (Fabricius, 1775); 363. 奚毛胫夜蛾 *Mocis ancilla* (Warren, 1913); 364. 赫析夜蛾 *Sypnoides hercules* (Butler, 1881); 365. 曲带双衲夜蛾 *Dinumma deponens* Walker, 1858

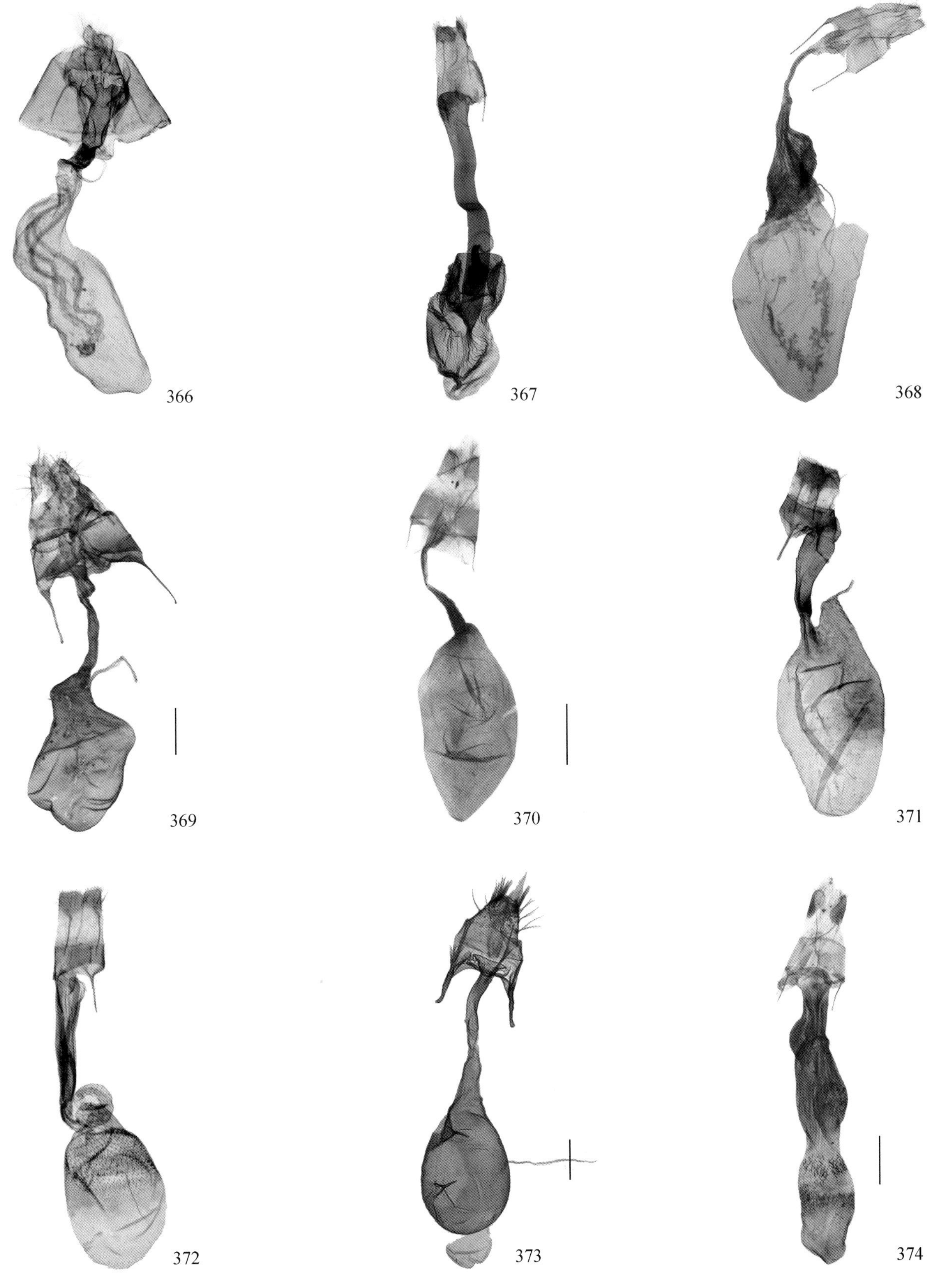

366. 筱客来夜蛾 *Chrysorithrum flavomaculata* (Bremer, 1861); 367. 鸟嘴壶夜蛾 *Oraesia excavata* (Butler, 1878); 368. 两色髯须夜蛾 *Hypena trigonalis* (Guenée, 1854); 369. 阴髯须夜蛾 *Hypena stygiana* Butler, 1878 (比例尺 = 500 μm); 370. 双色髯须夜蛾 *Hypena bicoloralis* Graeser, 1889; 371. 钩白肾夜蛾 *Edessena hamada* (Felder *et* Rogenhofer, 1874); 372. 黑点贫夜蛾 *Simplicia rectalis* (Eversmann, 1842); 373. 杉镰须夜蛾 *Zanclognatha griselda* (Butler, 1879) (比例尺 = 500 μm); 374. 淡缘波夜蛾 *Bocana marginata* (Leech, 1900)

图　　版

1. 野蚕蛾 *Bombyx mandarina* Moore, 1872; 2. 白弧野蚕蛾 *Bombyx lemeepauli* Lemée, 1950; 3. 黑点纵列蚕蛾 *Ernolatia moorei* (Hutton, 1865); 4. 列点毛带蚕蛾 *Penicillifera lactea* (Hutton, 1865); 5. 桑螨 *Rondotia menciana* Moore, 1885; 6. 么茶蚕蛾 *Andraca melli* Zolotuhin *et* Witt, 2009; 7. 狭黑腰茶蚕蛾 *Andraca olivacea* Matsumura, 1927; 8. 直缘拟钩蚕蛾 *Comparmustilia semiravida* (Yang, 1995); 9. 百山祖如钩蚕蛾 *Mustilizans dierli* (Holloway, 1987); 10. 艳齿翅蚕蛾 *Oberthueria yandu* Zolotuhin *et* Wang, 2013; 11. 黄斑伪茶蚕蛾 *Pseudandraca flavamaculata* (Yang, 1995); 12. 一点蚕蛾 *Prismostictoides unihyala* (Chu *et* Wang, 1993); 13. 窗蚕蛾 *Prismosticta fenestrata* Butler, 1880. 比例尺 =1 cm

图版 II

1. 宁波尾大蚕蛾 *Actias ningpoana* Felder, 1862; 2–3. 长尾大蚕蛾 *Actias dubernardi* (Oberthür, 1897), 2 ♂, 3 ♀; 4. 华尾大蚕蛾 *Actias sinensis* Walker, 1855; 5. 红尾大蚕蛾 *Actias rhodopneuma* Röber, 1925; 6. 藤豹大蚕蛾 *Loepa anthera* Jordan, 1911. 比例尺 =1 cm

1. 黄豹大蚕蛾 *Loepa katinka* (Westwood, 1848); 2. 银杏大蚕蛾 *Saturnia japonica* (Moore, 1862); 3. 樟蚕 *Saturnia pyretorum* Westwood, 1847; 4. 明眸大蚕 *Antheraea crypta* Chu *et* Wang, 1993; 5. 柞蚕 *Antheraea pernyi* Guérin-Méneville, 1855; 6. 钩翅大蚕蛾 *Antheraea assamensis* (Helfer, 1837); 7–8. 樗蚕 *Samia cynthia* (Drury, 1773). 比例尺 =1 cm

图版 IV

1. 鬼脸天蛾 *Acherontia lachesis* (Fabricius, 1798); 2. 芝麻鬼脸天蛾 *Acherontia styx* Westwood, 1847; 3. 白薯天蛾 *Agrius convolvuli* (Linnaeus, 1758); 4. 大背天蛾 *Meganoton analis* (Felder, 1874). 比例尺 =1 cm

1. 马鞭草天蛾 *Meganoton nyctiphanes* (Walker, 1856); 2. 丁香天蛾 *Psilogramma increta* (Walker, 1865); 3. 松黑天蛾 *Sphinx caligineus sinicus* (Rothschild *et* Jordan, 1903); 4. 核桃鹰翅天蛾 *Ambulyx schauffelbergeri* Bremer *et* Grey, 1853; 5. 华南鹰翅天蛾 *Ambulyx kuangtungensis* (Mell, 1922); 6. 鹰翅天蛾 *Ambulyx ochracea* Butler, 1885. 比例尺 =1 cm

图版 VI

1. 黄山鹰翅天蛾 *Ambulyx sericeipennis* Butler, 1875; 2–3. 浙江鹰翅天蛾 *Ambulyx zhejiangensis* Brechlin, 2009; 4. 杧果天蛾 *Amplypterus panopus panopus* (Cramer, 1779); 5. 绿带闭目天蛾 *Callambulyx rubricosa* (Walker, 1856); 6. 榆绿天蛾 *Callambulyx tatarinovii tatarinovii* (Bremer *et* Grey, 1853). 比例尺 =1 cm

1. 南方豆天蛾 *Clanis bilineata* (Walker, 1866); 2. 灰斑豆天蛾 *Clanis undulosa* Moore, 1879; 3. 月天蛾 *Craspedortha porphyria porphyria* (Butler, 1876); 4. 枫天蛾 *Cypoides chinensis* (Rothschild *et* Jordan, 1903); 5. 小星天蛾 *Dolbina exacta* Staudinger, 1892; 6. 大星天蛾 *Dolbina inexacta* (Walker, 1856); 7. 白须天蛾 *Kentrochrysalis sieversi* Alphéraky, 1897; 8. 锯翅天蛾 *Langia zenzeroides zenzeroides* Moore, 1872* (c) The Trustees of the Natural History Museum, London (CC BY 4.0). 比例尺 =1 cm

图版 VIII

1. 黄脉天蛾华夏亚种 *Laothoe amurensis sinica* (Rothschild *et* Jordan, 1903); 2. 甘蔗天蛾 *Leucophlebia lineata* Westwood, 1847; 3. 椴六点天蛾 *Marumba dyras* (Walker, 1856); 4. 枣桃六点天蛾 *Marumba gaschkewitschii* (Bremer *et* Grey, 1853); 5. 菩提六点天蛾 *Marumba jankowskii* (Oberthür, 1880)（源自 http://tpittaway.tripod.com/china/）; 6. 黄边六点天蛾 *Marumba maackii* (Bremer, 1861); 7. 黑角六点天蛾 *Marumba saishiuana saishiuana* Okamoto, 1924. 比例尺 =1 cm

图版 IX

1. 枇杷六点天蛾 *Marumba spectabilis spectabilis* (Butler, 1875); 2. 栗六点天蛾 *Marumba sperchius* (Ménétriés, 1857); 3. 构月天蛾 *Parum colligata* (Walker, 1856); 4. 斯绒天蛾 *Pentateucha stueningi* Owada *et* Kitching, 1997[*] (c) The Trustees of the Natural History Museum, London (CC BY 4.0); 5. 盾天蛾 *Phyllosphingia dissimilis* (Bremer, 1861); 6. 中国三线天蛾 *Polyptychus chinensis* Rothschild *et* Jordan, 1903[*] (c) The Trustees of the Natural History Museum, London (CC BY 4.0). 比例尺 =1 cm

图版 X

1. 黄带木蜂天蛾 *Sataspes infernalis* (Westwood, 1848); 2. 木蜂天蛾 *Sataspes tagalica tagalica* Boisduval, 1875; 3. 黎木蜂天蛾 *Sataspes xylocoparis* Butler, 1875* (c) The Trustees of the Natural History Museum, London (CC BY 4.0); 4. 蓝目天蛾 *Smerinthus planus* Walker, 1856; 5. 匀天蛾 *Sphingulus mus* Staudinger, 1887; 6. 缺角天蛾 *Acosmeryx castanea* Rothschild *et* Jordan, 1903; 7. 葡萄缺角天蛾 *Acosmeryx naga* (Moore, 1858); 8. 赭绒缺角天蛾 *Acosmeryx sericeus* (Walker, 1856); 9. 葡萄天蛾 *Ampelophaga rubiginosa rubiginosa* Bremer *et* Grey, 1853. 比例尺 =1 cm

1. 条背天蛾 *Cechenena lineosa* (Walker, 1856); 2. 平背天蛾 *Cechenena minor* (Butler, 1875); 3. 咖啡透翅天蛾 *Cephonodes hylas* (Linnaeus, 1771); 4. 红天蛾 *Deilephila elpenor* (Linnaeus, 1758); 5. 黑边天蛾 *Hemaris affinis* (Bremer, 1861); 6. 后黄黑边天蛾 *Hemaris radians* (Walker, 1856); 7. 锈胸黑边天蛾 *Hemaris staudingeri* Leech, 1890; 8. 深色白眉天蛾 *Hyles gallii* (Rottemburg, 1775); 9. 青背长喙天蛾 *Macroglossum bombylans* Boisduval, 1875; 10. 长喙天蛾 *Macroglossum corythus* Walker, 1856; 11. 佛瑞兹长喙天蛾 *Macroglossum fritzei* Rothschild *et* Jordan, 1903; 12. 夜长喙天蛾 *Macroglossum nycteris* Kollar, 1844; 13. 虎皮楠长喙天蛾 *Macroglossum passalus* (Drury, 1773); 14. 黑长喙天蛾 *Macroglossum pyrrhosticta* Butler, 1875; 15. 小豆长喙天蛾 *Macroglossum stellatarum* (Linnaeus, 1758). 比例尺 =1 cm

图版 XII

1. 三角锤天蛾 *Neogurelca himachala sangaica* (Butler, 1876); 2. 团角锤天蛾 *Neogurelca hyas* (Walker, 1856); 3. 缘白肩天蛾中国亚种 *Rhagastis albomarginatus dichroae* Mell, 1922; 4. 青白肩天蛾 *Rhagastis olivacea* (Moore, 1872); 5. 白肩天蛾 *Rhagastis mongoliana* (Butler, 1876); 6. 葡萄昼天蛾 *Sphecodina caudata* (Bremer *et* Grey, 1853); 7. 缘斑天蛾 *Sphingonaepiopsis pumilio* (Boisduval, 1875); 8. 斜纹后红天蛾 *Theretra alecto* (Linnaeus, 1758); 9. 斜纹天蛾 *Theretra clotho clotho* (Drury, 1773); 10. 浙江土色斜纹天蛾 *Theretra latreillii lucasii* (Walker, 1856); 11. 青背斜纹天蛾 *Theretra nessus* (Drury, 1773); 12. 雀纹天蛾 *Theretra japonica* (Boisduval, 1869). 比例尺 =1 cm

1. 赭斜纹天蛾 *Theretra pallicosta* (Walker, 1856); 2. 芋双线天蛾 *Theretra oldenlandiae* (Fabricius, 1775); 3. 芋单线天蛾 *Theretra silhetensis silhetensis* (Walker, 1856); 4. 黄褐箩纹蛾 *Brahmaea certhia* (Fabricius, 1793); 5. 女贞箩纹蛾 *Brahmaea ledereri* Rogenhofer, 1873; 6. 青球箩纹蛾 *Brahmaea hearseyi* White, 1862; 7. 双线枯叶蛾 *Arguda decurtata* Moore, 1879; 8. 松小枯叶蛾 *Cosmotriche inexperta* (Leech, 1899); 9. 波纹杂枯叶蛾 *Kunugia undans* (Walker, 1855); 10. 双斑杂枯叶蛾 *Kunugia yamadai* Nagano, 1917; 11. 云南松毛虫 *Dendrolimus grisea* (Moore, 1879); 12. 思茅松毛虫 *Dendrolimus kikuchii* Matsumura, 1927. 比例尺 = 1 cm

图版 XIV

1. 黄山松毛虫 *Dendrolimus marmoratus* Tsai *et* Hou, 1976; 2. 马尾松毛虫 *Dendrolimus punctata* (Walker, 1855); 3. 天目松毛虫 *Dendrolimus sericus* Lajonquière, 1973; 4. 竹纹枯叶蛾 *Euthrix laeta* (Walker, 1855); 5. 橘褐枯叶蛾 *Gastropacha pardale sinensis* Tams, 1935; 6. 石梓褐枯叶蛾 *Gastropacha pardale swanni* Tams, 1935; 7. 杨褐枯叶蛾 *Gastropacha populifolia* (Esper, 1784); 8. 赤李褐枯叶蛾 *Gastropacha quercifolia lucens* Mell, 1939; 9. 柳杉云枯叶蛾 *Pachypasoides roesleri* (Lajonquière, 1973); 10. 油茶大枯叶蛾 *Lebeda nobilis sinina* Lajonquière, 1979; 11. 黄褐幕枯叶蛾 *Malacosoma neustria testacea* (Motschulsky, 1861); 12. 棕色幕枯叶蛾 *Malacosoma dentata* Mell, 1939; 13. 苹枯叶蛾 *Odonestis pruni* (Linnaeus, 1758). 比例尺 =1 cm

1. 松栎枯叶蛾 *Paralebeda plagifera* (Walker, 1855); 2. 东北栎枯叶蛾 *Paralebeda femorata* (Ménétriès, 1855); 3. 黄角枯叶蛾 *Radhica flavovittata* Moore, 1879; 4. 无痕枯叶蛾 *Syrastrena sumatrana sinensis* Lajonquière, 1973; 5. 栗黄枯叶蛾 *Trabala vishnou* (Lefèbvre, 1827); 6. 小斑痣枯叶蛾 *Odontocraspis hasora* Swinhoe, 1894; 7. 洋麻圆钩蛾 *Cyclidia substigmaria* (Hübner, 1825); 8. 赭圆钩蛾 *Cyclidia orciferaria* Walker, 1860; 9. 紫线钩蛾中国亚种 *Albara reversaria opalescens* Warren, 1897; 10. 栎距钩蛾朝鲜亚种 *Agnidra scabiosa fixseni* (Bryk, 1949); 11–12. 花距钩蛾 *Agnidra specularia* (Walker, 1866), 11 ♂, 12 ♀; 13. 直缘卑钩蛾 *Microblepsis violacea* (Butler, 1889); 14. 三线钩蛾 *Pseudalbara parvula* (Leech, 1890); 15. 月三线钩蛾 *Pseudalbara fuscifascia* Watson, 1968; 16. 日本线钩蛾 *Nordstromia japonica* (Moore, 1877); 17. 星线钩蛾 *Nordstromia vira* (Moore, 1866); 18. 双线钩蛾 *Nordstromia grisearia* (Staudinger, 1892); 19. 曲缘线钩蛾 *Nordstromia recava* Watson, 1968; 20. 锯线钩蛾 *Strepsigonia diluta* (Warren, 1897); 21. 古钩蛾尖翅亚种 *Sabra harpagula emarginata* (Watson, 1968). 比例尺 =1 cm

图版 XVI

1. 一点钩蛾湖北亚种 *Drepana pallida flexuosa* Watson, 1968; 2. 仲黑缘黄钩蛾 *Tridrepana crocea* (Leech, 1888); 3. 方点丽钩蛾 *Callidrepana forcipulata* Watson, 1968; 4. 肾点丽钩蛾 *Callidrepana patrana* (Moore, 1866); 5. 豆点丽钩蛾广东亚种 *Callidrepana gemina curta* Watson, 1968; 6. 晶钩蛾广东亚种 *Deroca hyalina latizona* Watson, 1957; 7. 半豆斑钩蛾 *Auzata semipavonaria* Walker, 1863; 8. 短线豆斑钩蛾冠毛亚种 *Auzata superba cristata* Watson, 1959; 9. 中华豆斑钩蛾浙江亚种 *Auzata chinensis prolixa* Watson, 1959; 10. 单眼豆斑钩蛾 *Auzata ocellata* (Warren, 1896); 11. 小豆斑钩蛾浙江亚种 *Auzata minuta spiculata* Watson, 1959; 12. 秘铃钩蛾沃氏亚种 *Macrocilix mysticata watsoni* Inoue, 1958; 13. 圆带铃钩蛾 *Sewa orbiferata* (Walker, 1862); 14. 中华大窗钩蛾 *Macrauzata maxima chinensis* Inoue, 1960; 15. 浓白钩蛾灰白亚种 *Ditrigona conflexaria micronioides* (Strand, 1916); 16. 后四白钩蛾 *Ditrigona chama* Wilkinson, 1968; 17. 宽白钩蛾 *Ditrigona platytes* Wilkinson, 1968; 18. 镰茎白钩蛾 *Ditrigona cirruncata* Wilkinson, 1968; 19. 窗山钩蛾 *Spectroreta hyalodisca* (Hampson, 1896); 20. 荚蒾山钩蛾 *Oreta eminens* (Bryk, 1943); 21. 紫山钩蛾 *Oreta fuscopurpurea* Inoue, 1956; 22–23. 角山钩蛾 *Oreta angularis* Watson, 1967, 22 ♂, 23 ♀; 24. 宏山钩蛾浙江亚种 *Oreta hoenei tienia* Watson, 1967; 25. 沙山钩蛾 *Oreta shania* Watson, 1967; 26. 接骨木山钩蛾天目亚种 *Oreta loochooana timutia* Watson, 1967; 27. 三刺山钩蛾 *Oreta trispinuligera* Chen, 1985. 比例尺 =1 cm

1. 孔雀山钩蛾华夏亚种 *Oreta pavaca sinensis* Watson, 1967; 2. 交让木山钩蛾 *Oreta insignis* (Butler, 1877); 3. 红波纹蛾 *Thyatira rubrescens* Werny, 1966; 4. 大波纹蛾陕西亚种 *Macrothyatira flavida tapaischana* (Sick, 1941); 5. 瑞大波纹蛾 *Macrothyatira conspicua* (Leech, 1900); 6. 宽太波纹蛾山西亚种 *Tethea ampliata shansiensis* Werny, 1966; 7. 点太波纹蛾 *Tethea octogesima* (Butler, 1878); 8. 白太波纹蛾 *Tethea albicostata* (Bremer, 1861); 9. 粉太波纹蛾 *Tethea consimilis* (Warren, 1912); 10. 藕太波纹蛾 *Tethea* (*Saronaga*) *oberthuri* (Houlbert, 1921); 11. 怪影波纹蛾 *Euparyphasma maxima* (Leech, 1888); 12. 点波纹蛾浙江亚种 *Horipsestis aenea minor* (Sick, 1941); 13. 印华波纹蛾 *Habrosyne indica* (Moore, 1867); 14. 银华波纹蛾 *Habrosyne violacea* (Fixsen, 1887); 15. 异波纹蛾 *Parapsestis argenteopicta* (Oberthür, 1879); 16. 新华异波纹蛾 *Parapsestis cinerea* Laszlo, Ronkay, Ronkay *et* Witt, 2007; 17. 华异波纹蛾秦岭亚种 *Parapsestis lichenea tsinlinga* Laszlo, Ronkay, Ronkay *et* Witt, 2007; 18. 焰网波纹蛾 *Neotogaria flammifera* (Houlbert, 1921); 19. 白眼尺蛾 *Problepsis albidior* Warren, 1899; 20. 黑条眼尺蛾 *Problepsis diazoma* Prout, 1938. 比例尺 =1 cm

图版 XVIII

1. 佳眼尺蛾 *Problepsis eucircota* Prout, 1913; 2. 斯氏眼尺蛾 *Problepsis stueningi* Xue, Cui *et* Jiang, 2018; 3. 邻眼尺蛾 *Problepsis paredra* Prout, 1917; 4. 指眼尺蛾 *Problepsis crassinotata* Prout, 1917; 5. 猫眼尺蛾 *Problepsis superans* (Butler, 1885); 6. 忍冬尺蛾 *Somatina indicataria* (Walker, 1861); 7. 烤焦尺蛾 *Zythos avellanea* (Prout, 1932); 8. 双珠严尺蛾 *Pylargosceles steganioides* (Butler, 1878); 9. 滨海桥岩尺蛾 *Antilycauges pinguis* (Swinhoe, 1902); 10. 比岩尺蛾 *Scopula bifalsaria bifalsaria* (Prout, 1913); 11. 端点岩尺蛾 *Scopula apicipunctata* (Christoph, 1881); 12. 叉岩尺蛾 *Scopula emissaria* (Walker, 1861); 13. 皓岩尺蛾 *Scopula insolata* (Butler, 1889); 14. 褐斑岩尺蛾 *Scopula propinquaria* (Leech, 1897); 15. 距岩尺蛾 *Scopula impersonata* (Walker, 1861); 16. 麻岩尺蛾 *Scopula nigropunctata nigropunctata* (Hüfnagel, 1767); 17. 玛莉岩尺蛾 *Scopula proximaria* (Leech, 1897); 18. 琴岩尺蛾 *Scopula modicaria* (Leech, 1897); 19. 伊岩尺蛾 *Scopula ignobilis* (Warren, 1901); 20. 褐赤金尺蛾 *Synegiodes brunnearia* (Leech, 1897); 21. 分紫线尺蛾 *Timandra dichela* (Prout, 1935); 22. 极紫线尺蛾 *Timandra extremaria* Walker, 1861; 23. 曲紫线尺蛾 *Timandra comptaria* Walker, 1863; 24. 同紫线尺蛾 *Timandra convectaria* Walker, 1861; 25. 霞边紫线尺蛾 *Timandra recompta recompta* (Prout, 1930); 26. 深须姬尺蛾 *Organopoda atrisparsaria* Wehrli, 1923; 27. 虹尺蛾中国亚种 *Acolutha pictaria imbecilla* Warren, 1905; 28. 对白尺蛾 *Asthena undulata* (Wileman, 1915); 29. 双角尺蛾 *Carige cruciplaga* (Walker, 1861); 30. 常春藤洄纹尺蛾 *Chartographa compositata* (Guenée, 1857); 31. 云南松洄纹尺蛾 *Chartographa fabiolaria* (Oberthür, 1884); 32. 多线洄纹尺蛾 *Chartographa plurilineata* (Walker, 1862); 33. 方折线尺蛾 *Ecliptopera benigna* (Prout, 1914); 34. 暗后叶尺蛾 *Epilobophora obscuraria* (Leech, 1891); 35. 黑线秃尺蛾 *Episteira nigrilinearia* (Leech, 1897); 36. 黑纹游尺蛾 *Euphyia undulata* (Leech, 1889). 比例尺 =1 cm

1. 汇纹尺蛾 *Evecliptopera decurrens decurrens* (Moore, 1888); 2. 中国枯叶尺蛾 *Gandaritis sinicaria* Leech, 1897; 3. 奇带尺蛾 *Heterothera postalbida* (Wileman, 1911); 4. 黑岛尺蛾四川亚种 *Melanthia procellata szechuanensis* (Wehrli, 1931); 5. 泛尺蛾 *Orthonama obstipata* (Fabricius, 1794); 6. 阿里山夕尺蛾宁波亚种 *Sibatania arizana placata* (Prout, 1929); 7. 星缘扇尺蛾 *Telenomeuta punctimarginaria* (Leech, 1891); 8. 洁尺蛾缅甸亚种 *Tyloptera bella diacena* (Prout, 1926); 9. 盈潢尺蛾 *Xanthorhoe saturata* (Guenée, 1857); 10. 直线黑点尺蛾 *Xenortholitha euthygramma* (Wehrli, 1924); 11. 平峰尺蛾 *Dindica limatula* Inoue, 1990; 12. 赭点峰尺蛾 *Dindica para* Swinhoe, 1891; 13. 宽带峰尺蛾 *Dindica polyphaenaria* (Guenée, 1858); 14. 天目峰尺蛾 *Dindica tienmuensis* Chu, 1981; 15. 绿始青尺蛾马来亚种 *Herochroma viridaria peperata* (Herbulot, 1989); 16. 金星垂耳尺蛾 *Pachyodes amplificata* (Walker, 1862); 17. 粉尺蛾日本亚种 *Pingasa alba brunnescens* Prout, 1913; 18. 红带粉尺蛾 *Pingasa rufofasciata* Moore, 1888; 19. 小灰粉尺蛾 *Pingasa pseudoterpnaria* (Guenée, 1858); 20. 紫砂豆纹尺蛾 *Metallolophia albescens* Inoue, 1992; 21. 豆纹尺蛾 *Metallolophia arenaria* (Leech, 1889). 比例尺 =1 cm

图版 XX

1. 江浙冠尺蛾 *Lophophelma iterans* (Prout, 1926); 2. 川冠尺蛾江西亚种 *Lophophelma erionoma kiangsiensis* (Chu, 1981); 3. 中国巨青尺蛾 *Limbatochlamys rosthorni* Rothschild, 1894; 4. 白带青尺蛾 *Geometra sponsaria* (Bremer, 1864); 5. 乌苏里青尺蛾 *Geometra ussuriensis* (Sauber, 1915); 6. 直脉青尺蛾 *Geometra valida* Felder *et* Rogenhofer, 1875; 7. 镰翅绿尺蛾中国亚种 *Tanaorhinus reciprocata confuciaria* (Walker, 1861); 8. 三岔绿尺蛾 *Mixochlora vittata* (Moore, 1868); 9. 双线新青尺蛾 *Neohipparchus vallata* (Butler, 1878); 10. 小缺口青尺蛾 *Timandromorpha enervata* Inoue, 1944; 11. 中国四眼绿尺蛾 *Chlorodontopera mandarinata* (Leech, 1889); 12. 紫斑绿尺蛾 *Comibaena nigromacularia* (Leech, 1897); 13. 黑角绿尺蛾 *Comibaena subdelicata* Inoue, 1986; 14. 肾纹绿尺蛾 *Comibaena procumbaria* (Pryer, 1877); 15. 亚肾纹绿尺蛾 *Comibaena subprocumbaria* (Oberthür, 1916); 16. 栎绿尺蛾 *Comibaena quadrinotata* Butler, 1889; 17. 长纹绿尺蛾 *Comibaena argentataria* (Leech, 1897); 18. 亚长纹绿尺蛾中国亚种 *Comibaena signifera subargentaria* (Oberthür, 1916); 19. 菊四目绿尺蛾 *Thetidia albocostaria* (Bremer, 1864); 20. 枯斑翠尺蛾 *Eucyclodes difficta* (Walker, 1861); 21. 弯彩青尺蛾 *Eucyclodes infracta* (Wileman, 1911); 22. 奇锈腰尺蛾 *Hemithea krakenaria* Holloway, 1996; 23. 安仿锈腰尺蛾 *Chlorissa anadema* (Prout, 1930); 24. 遗仿锈腰尺蛾 *Chlorissa obliterata* (Walker, 1863); 25. 亚四目绿尺蛾 *Comostola subtiliaria* (Bremer, 1864); 26. 赤线尺蛾 *Culpinia diffusa* (Walker, 1861); 27. 粉无缰青尺蛾 *Hemistola dijuncta* (Walker, 1861). 比例尺 =1 cm

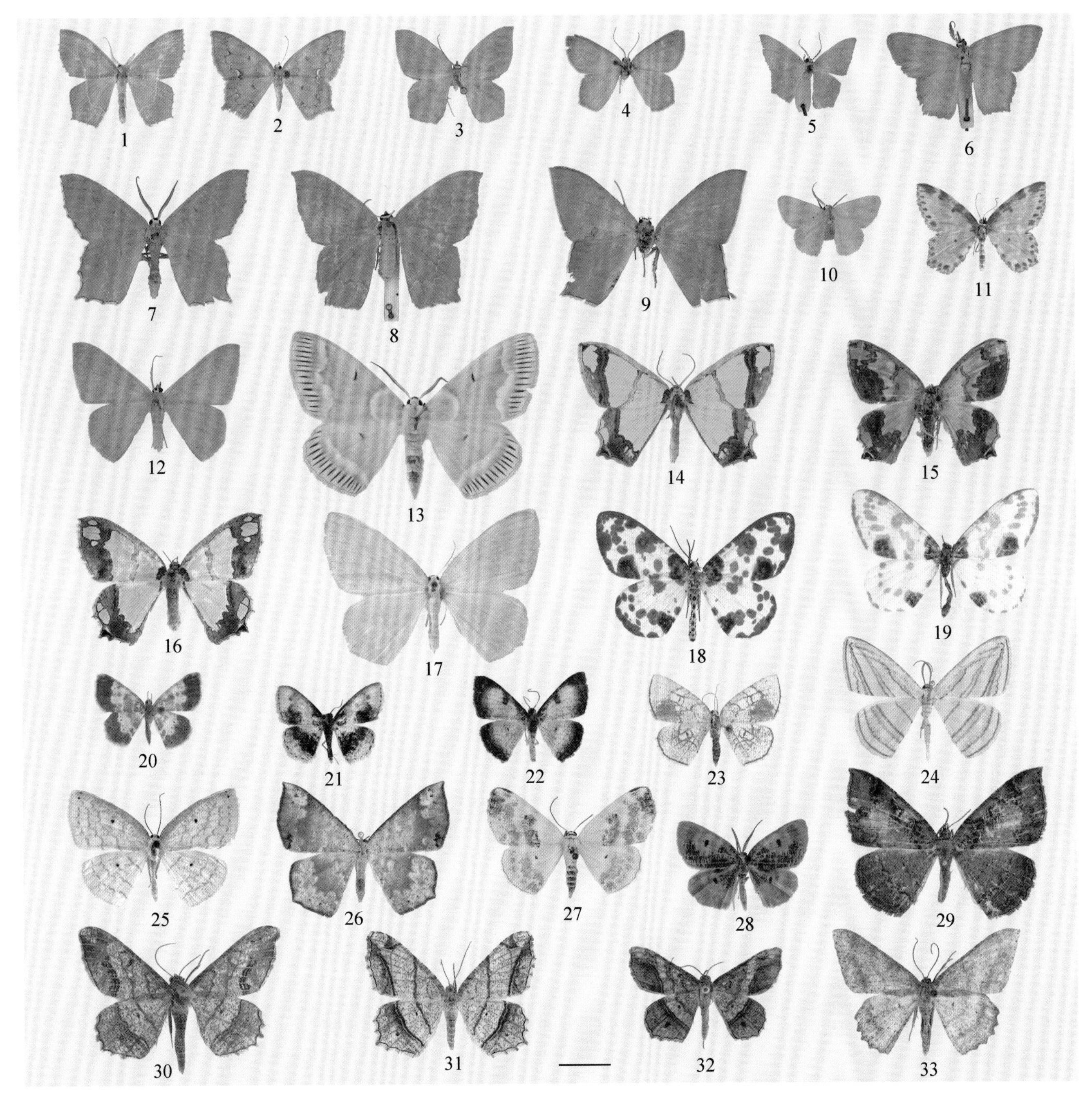

1. 金边无缰青尺蛾 *Hemistola simplex* Warren, 1899; 2. 藕色突尾尺蛾 *Jodis argutaria* (Walker, 1866); 3. 齿突尾尺蛾 *Jodis dentifascia* (Warren, 1897); 4. 东方突尾尺蛾 *Jodis orientalis* Wehrli, 1923; 5. 幻突尾尺蛾 *Jodis undularia* (Hampson, 1891); 6. 疑尖尾尺蛾 *Maxates ambigua* (Butler, 1878); 7. 续尖尾尺蛾 *Maxates grandificaria* (Graeser, 1890); 8. 线尖尾尺蛾 *Maxates protrusa* (Butler, 1878); 9. 斑尖尾尺蛾 *Maxates submacularia* (Leech, 1897); 10. 仿麻青尺蛾 *Nipponogelasma chlorissodes* (Prout, 1912); 11. 天目黄斑尺蛾 *Epichrysodes tienmuensis* Han *et* Stüning, 2007; 12. 海绿尺蛾 *Pelagodes antiquadraria* (Inoue, 1976); 13. 青辐射尺蛾 *Iotaphora admirabilis* (Oberthür, 1884); 14. 萝摩艳青尺蛾 *Agathia carissima* Butler, 1878; 15. 半焦艳青尺蛾 *Agathia hemithearia* Guenée, 1858; 16. 焦斑艳青尺蛾宁波亚种 *Agathia visenda curvifiniens* Prout, 1917; 17. 褪色芦青尺蛾 *Louisproutia pallescens* Wehrli, 1932; 18. 丝棉木金星尺蛾 *Abraxas suspecta* Warren, 1894; 19. 榛金星尺蛾 *Abraxas sylvata* (Scopoli, 1763); 20. 长晶尺蛾江西亚种 *Peratophyga grata totifasciata* Wehrli, 1923; 21. 方泼墨尺蛾 *Ninodes quadratus* Li, Xue *et* Jiang, 2017; 22. 双封尺蛾 *Hydatocapnia gemina* Yazaki, 1990; 23. 灰边白沙尺蛾浙江亚种 *Cabera griseolimbata apotaeniata* Wehrli, 1939; 24. 聚线琼尺蛾 *Orthocabera sericea sericea* Butler, 1879; 25. 清波琼尺蛾 *Orthocabera tinagmaria* (Guenée, 1858); 26. 雀斑墟尺蛾 *Peratostega deletaria* (Moore, 1888); 27. 云褶尺蛾 *Lomographa eximiaria* (Oberthür, 1923); 28. 金鲨尺蛾 *Euchristophia cumulata sinobia* (Wehrli, 1939); 29. 紫云尺蛾 *Hypephyra terrosa* Butler, 1889; 30. 槐尺蠖 *Chiasmia cinerearia* (Bremer *et* Grey, 1853); 31. 合欢奇尺蛾 *Chiasmia defixaria* (Walker, 1861); 32. 雨尺蛾 *Chiasmia pluviata* (Fabricius, 1798); 33. 辉尺蛾 *Luxiaria mitorrhaphes* Prout, 1925. 比例尺 =1 cm

图版 XXII

1. 云辉尺蛾 *Luxiaria amasa* (Butler, 1878); 2. 突双线尺蛾 *Calletaera obvia* Jiang, Xue *et* Han, 2014; 3. 中国虎尺蛾 *Xanthabraxas hemionata* (Guenée, 1858); 4. 巨狭长翅尺蛾 *Parobeidia gigantearia* (Leech, 1897); 5. 梭拟长翅尺蛾中部亚种 *Epobeidia lucifera conspurcata* (Leech, 1897); 6. 虎纹拟长翅尺蛾贵州亚种 *Epobeidia tigrata leopardaria* (Oberthür, 1881); 7. 后缘长翅尺蛾 *Postobeidia postmarginata* (Wehrli, 1933); 8. 金丰翅尺蛾 *Euryobeidia largeteaui* (Oberthür, 1884); 9. 方丰翅尺蛾 *Euryobeidia quadrata* Xiang *et* Han, 2017; 10. 柿星尺蛾 *Parapercnia giraffata* (Guenée, 1858); 11. 拟柿星尺蛾 *Antipercnia albinigrata* (Warren, 1896); 12. 中国后星尺蛾 *Metabraxas inconfusa* Warren, 1894; 13. 灰星尺蛾 *Arichanna jaguararia* (Guenée, 1858); 14. 边弥尺蛾 *Arichanna marginata* Warren, 1893. 比例尺 =1 cm

1. 达尺蛾 *Dalima apicata* Moore, 1868; 2. 洪达尺蛾 *Dalima hoenei* Wehrli, 1923; 3. 易达尺蛾 *Dalima variaria* Leech, 1897; 4. 钩翅尺蛾 *Hyposidra aquilaria* (Walker, 1862); 5. 剑钩翅尺蛾 *Hyposidra infixaria* (Walker, 1860); 6. 三角璃尺蛾 *Krananda latimarginaria* Leech, 1891; 7. 橄璃尺蛾 *Krananda oliveomarginata* Swinhoe, 1894; 8. 玻璃尺蛾 *Krananda semihyalina* Moore, 1868; 9. 蒿杆三角尺蛾 *Krananda straminearia* (Leech, 1897); 10. 白珠鲁尺蛾 *Amblychia angeronaria* Guenée, 1858; 11. 黑玉臂尺蛾 *Xandrames dholaria* Moore, 1868; 12. 折玉臂尺蛾 *Xandrames latiferaria* (Walker, 1860); 13. 白珠绶尺蛾 *Xerodes contiguaria* (Leech, 1897). 比例尺 =1 cm

图版 XXIV

1. 杜尺蛾 *Duliophyle agitata* (Butler, 1878); 2. 细枝树尺蛾 *Mesastrape fulguraria* (Walker, 1860); 3. 默方尺蛾 *Chorodna corticaria* (Leech, 1897); 4. 宏方尺蛾 *Chorodna creataria* (Guenée, 1858); 5. 拟固线蛮尺蛾 *Darisa missionaria* (Wehrli, 1941); 6–7. 蕾宙尺蛾 *Coremecis leukohyperythra* (Wehrli, 1925), 6 ♂, 7 ♀; 8. 紫带佐尺蛾 *Rikiosatoa mavi* (Prout, 1915); 9. 中国佐尺蛾 *Rikiosatoa vandervoordeni* (Prout, 1923); 10. 幽冥尺蛾 *Heterarmia tristaria* (Leech, 1897); 11. 金星皮鹿尺蛾 *Psilalcis abraxidia* Sato *et* Wang, 2006; 12. 天目皮鹿尺蛾 *Psilalcis menoides* (Wehrli, 1943); 13. 黑尘尺蛾 *Hypomecis catharma* (Wehrli, 1943); 14. 青灰尘尺蛾 *Hypomecis cineracea* (Moore, 1888); 15. 杂尘尺蛾 *Hypomecis crassestrigata* (Christoph, 1881); 16. 黎明尘尺蛾 *Hypomecis eosaria* (Walker, 1863). 比例尺 =1 cm

1. 齿纹尘尺蛾 *Hypomecis percnioides* (Wehrli, 1943); 2. 尘尺蛾 *Hypomecis punctinalis* (Scopoli, 1763); 3. 暮尘尺蛾 *Hypomecis roboraria* (Denis *et* Schiffermüller, 1775); 4. 罴尘尺蛾 *Hypomecis diffusaria* (Leech, 1897); 5. 桔斑矶尺蛾 *Abaciscus costimacula* (Wileman, 1912); 6. 浙江矶尺蛾 *Abaciscus tristis tschekianga* (Wehrli, 1943); 7. 襟霜尺蛾 *Cleora fraterna* (Moore, 1888); 8. 瑞霜尺蛾 *Cleora repulsaria* (Walker, 1860); 9. 大造桥虫 *Ascotis selenaria* (Denis *et* Schiffermüller, 1775); 10. 核桃四星尺蛾 *Ophthalmitis albosignaria* (Bremer *et* Grey, 1853); 11. 锯纹四星尺蛾 *Ophthalmitis herbidaria* (Guenée, 1858); 12. 四星尺蛾 *Ophthalmitis irrorataria* (Bremer *et* Grey, 1853); 13. 钻四星尺蛾 *Ophthalmitis pertusaria* (Felder *et* Rogenhofer, 1875); 14. 中华四星尺蛾 *Ophthalmitis sinensium* (Oberthür, 1913); 15. 拟锯纹四星尺蛾 *Ophthalmitis siniherbida* (Wehrli, 1943). 比例尺 =1 cm

图版 XXVI

1. 宽四星尺蛾 *Ophthalmitis tumefacta* Jiang, Xue *et* Han, 2011; 2. 拟雕尺蛾 *Arbomia kishidai* Sato *et* Wang, 2004; 3. 金盅尺蛾 *Calicha nooraria* (Bremer, 1864); 4. 凸翅小盅尺蛾 *Microcalicha melanosticta* (Hampson, 1895); 5. 斯小盅尺蛾 *Microcalicha stueningi* Sato *et* Wang, 2007; 6. 小用克尺蛾 *Jankowskia fuscaria* (Leech, 1891); 7. 齿带毛腹尺蛾中国亚种 *Gasterocome pannosaria sinicaria* (Leech, 1897); 8. 埃尺蛾 *Ectropis crepuscularia* (Denis *et* Schiffermüller, 1775); 9. 小茶尺蛾 *Ectropis obliqua* Prout, 1930; 10. 青蜡尺蛾 *Monocerotesa trichroma* Wehrli, 1937; 11. 半环统尺蛾 *Sysstema semicirculata* (Moore, 1868); 12. 锯线烟尺蛾 *Phthonosema serratilinearia* (Leech, 1897); 13. 掌尺蛾 *Amraica superans* (Butler, 1878); 14. 拟大斑掌尺蛾 *Amraica prolata* Jiang, Sato *et* Han, 2012; 15. 花鹰尺蛾 *Biston melacron* Wehrli, 1941; 16. 油茶尺蠖 *Biston marginata* Shiraki, 1913; 17. 小鹰尺蛾 *Biston thoracicaria* (Oberthür, 1884); 18. 油桐尺蠖 *Biston suppressaria* (Guenée, 1858). 比例尺 =1 cm

1. 双云尺蛾 *Biston regalis* (Moore, 1888); 2. 云尺蛾 *Biston thibetaria* (Oberthür, 1886); 3. 木橑尺蠖 *Biston panterinaria* (Bremer *et* Grey, 1853); 4. 桑尺蠖 *Menophra atrilineata* (Butler, 1881); 5. 大虚幽尺蛾 *Ctenognophos grandinaria* (Motschulsky, 1861); 6. 圆虚幽尺蛾 *Ctenognophos tetarte* (Wehrli, 1931); 7. 粗苔尺蛾 *Hirasa austeraria* (Leech, 1897); 8. 暗绿苔尺蛾 *Hirasa muscosaria* (Walker, 1866); 9. 书苔尺蛾天目亚种 *Hirasa scripturaria eugrapha* Wehrli, 1953; 10. 小斑碴尺蛾 *Psyra falcipennis* Yazaki, 1994; 11. 四点蚀尺蛾 *Hypochrosis rufescens* (Butler, 1880); 12. 玲隐尺蛾 *Heterolocha aristonaria* (Walker, 1860); 13. 深黑隐尺蛾 *Heterolocha atrivalva* Wehrli, 1937; 14. 金隐尺蛾 *Heterolocha chrysoides* Wehrli, 1937; 15. 雾隐尺蛾 *Heterolocha elaiodes* Wehrli, 1937; 16. 拉隐尺蛾 *Heterolocha laminaria* (Herrich-Schäffer, 1852); 17. 显隐尺蛾 *Heterolocha notata* Leech, 1897; 18. 黄玫隐尺蛾 *Heterolocha subroseata* Warren, 1894; 19. 绿离隐尺蛾 *Apoheterolocha patalata* (Felder *et* Rogenhofer, 1875); 20. 红褐斜灰尺蛾 *Loxotephria elaiodes* Wehrli, 1937; 21. 橄榄斜灰尺蛾 *Loxotephria olivacea* Warren, 1905; 22. 白顶魑尺蛾 *Garaeus niveivertex* Wehrli, 1936. 比例尺 =1 cm

图版 XXVIII

1. 无常魑尺蛾 *Garaeus subsparsus* Wehrli, 1936; 2. 灰绿片尺蛾 *Fascellina plagiata* (Walker, 1866); 3. 紫片尺蛾 *Fascellina chromataria* Walker, 1860; 4. 绿龟尺蛾 *Celenna festivaria* (Fabricius, 1794); 5. 粉红普尺蛾 *Dissoplaga flava* (Moore, 1888); 6. 斧木纹尺蛾 *Plagodis dolabraria* (Linnaeus, 1767); 7. 毛穿孔尺蛾 *Corymica arnearia* Walker, 1860; 8. 光穿孔尺蛾 *Corymica specularia* (Moore, 1868); 9. 红双线免尺蛾 *Hyperythra obliqua* (Warren, 1894); 10. 墨丸尺蛾 *Plutodes warreni* Prout, 1923; 11. 双线边尺蛾 *Leptomiza bilinearia* (Leech, 1897); 12. 紫白尖尺蛾 *Pseudomiza obliquaria* (Leech, 1897); 13. 束白尖尺蛾 *Pseudomiza argentilinea* (Moore, 1868); 14. 彤觅尺蛾天目山亚种 *Petelia riobearia erythroides* (Wehrli, 1936); 15. 大灰尖尺蛾 *Astygisa chlororphnodes* (Wehrli, 1936); 16. 金叉俭尺蛾 *Trotocraspeda divaricata* (Moore, 1888); 17. 桔黄惑尺蛾 *Epholca auratilis* (Prout, 1934); 18. 黄蟠尺蛾 *Eilicrinia flava* (Moore, 1888); 19. 波缘妖尺蛾南方亚种 *Apeira crenularia meridionalis* (Wehrli, 1940); 20. 缘斑妖尺蛾 *Apeira latimarginaria* (Leech, 1897); 21. 双波夹尺蛾 *Pareclipsis serrulata* (Wehrli, 1937); 22. 长突芽尺蛾 *Scionomia anomala* (Butler, 1881); 23. 娴尺蛾 *Auaxa cesadaria* Walker, 1860. 比例尺 =1 cm

1. 秋黄尺蛾天目亚种 *Ennomos autumnaria pyrrosticta* Wehrli, 1940; 2. 同慧尺蛾 *Platycerota homoema* (Prout, 1926); 3. 线角印尺蛾 *Rhynchobapta eburnivena* (Warren, 1896); 4. 赭尾尺蛾 *Exurapteryx aristidaria* (Oberthür, 1911); 5. 灰沙黄蝶尺蛾 *Thinopteryx delectans* (Butler, 1878); 6. 黄蝶尺蛾 *Thinopteryx crocoptera* (Kollar, 1844); 7. 天目凤蛾 *Epicopeia caroli tienmuensis* Chu *et* Wang, 1981; 8. 榆凤蛾 *Epicopeia mencia* Moore, 1874; 9. 浅翅凤蛾 *Epicopeia hainesii* Holland, 1889; 10. 斜线燕蛾 *Acropteris iphiata* (Guenée, 1857); 11. 后两齿蛱蛾 *Epiplema suisharyonis* Strand, 1916; 12. 著蕊舟蛾 *Dudusa nobilis* Walker, 1865; 13. 黑蕊舟蛾 *Dudusa sphingiformis* Moore, 1872. 比例尺 =1 cm

图版 XXX

1. 肖银斑舟蛾 *Tarsolepis japonica* Wileman *et* South, 1917; 2. 点银斑舟蛾 *Tarsolepis sericea* Rothschild, 1917; 3. 钩翅舟蛾 *Gangarides dharma* Moore, 1866; 4. 锯齿星舟蛾秦岭亚种 *Euhampsonia serratifera viridiflavescens* Schintlmeister, 2008; 5. 黄二星舟蛾 *Euhampsonia cristata* (Butler, 1877); 6. 银二星舟蛾 *Euhampsonia splendida* (Oberthür, 1880); 7. 黄带广舟蛾 *Platychasma flavida* Wu *et* Fang, 2003; 8–9. 竹篦舟蛾 *Besaia* (*Besaia*) *goddrica* (Schaus, 1928), 8 ♂, 9 ♀; 10. 枯舟蛾 *Besaia* (*Curuzza*) *frugalis* (Leech, 1898); 11. 竹箩舟蛾 *Saliocleta* (*Saliocleta*) *retrofusca* (de Joannis, 1894); 12. 皮纡舟蛾 *Periergos magna* (Matsumura, 1920). 比例尺 =1 cm

1–2. 杨二尾舟蛾大陆亚种 *Cerura erminea menciana* Moore, 1877, 1 ♂, 2 ♀; 3–4. 白邻二尾舟蛾 *Kamalia tattakana* (Matsumura, 1927), 3 ♂, 4 ♀; 5. 燕尾舟蛾 *Furcula furcula* (Clerck, 1759); 6. 东润舟蛾 *Liparopsis postalbida* Hampson, 1893; 7. 昏舟蛾 *Betashachia senescens* (Kiriakoff, 1963); 8. 核桃美舟蛾 *Uropyia meticulodina* (Oberthür, 1884); 9. 茅莓蚁舟蛾 *Stauropus basalis* Moore, 1877; 10. 苹蚁舟蛾 *Stauropus fagi* (Linnaeus, 1758); 11. 灰舟蛾 *Cnethodonta girsescens* Staudinger, 1887; 12. 微灰胯舟蛾 *Syntypistis subgriseoviridis* (Kiriakoff, 1963); 13. 普胯舟蛾 *Syntypistis pryeri* (Leech, 1899); 14. 佩胯舟蛾古田山亚种 *Syntypistis perdix gutianshana* (Yang, 1995); 15. 黑基胯舟蛾 *Syntypistis nigribasalis* (Wileman, 1910); 16. 白斑胯舟蛾 *Syntypistis comatus* (Leech, 1898), ♂. 比例尺 =1 cm

图版 XXXII

1. 白斑胯舟蛾 *Syntypistis comatus* (Leech, 1898); 2. 曲良舟蛾 *Benbowia callista* Schintlmeister, 1997; 3. 小斑枝舟蛾 *Harpyia tokui* (Sugi, 1977); 4. 妙反掌舟蛾 *Antiphalera exquisitor* Schintlmeister, 1989; 5. 栎纷舟蛾 *Fentonia ocypete* (Bremer, 1861); 6. 斑纷舟蛾 *Fentonia baibarana* Matsumura, 1929; 7. 涟纷舟蛾 *Fentonia parabolica* (Matsumura, 1925); 8. 云舟蛾 *Neopheosia fasciata* (Moore, 1888); 9–10. 白缘云舟蛾 *Neopheosia atrifusa* (Hampson, 1897), 9 ♂, 10 ♀; 11. 梨威舟蛾 *Wilemanus bidentatus* (Wileman, 1911); 12–13. 侧带内斑舟蛾 *Peridea lativitta* (Wileman, 1911), 12 ♂, 13 ♀; 14. 厄内斑舟蛾 *Peridea elzet* Kiriakoff, 1963; 15. 同心舟蛾 *Homocentridia concentrica* (Oberthür, 1911); 16. 大半齿舟蛾 *Semidonta basalis* (Moore, 1865); 17. 中介冠舟蛾 *Lophocosma intermedia* Kiriakoff, 1963; 18. 弯臂冠舟蛾 *Lophocosma nigrilinea* (Leech, 1899). 比例尺 =1 cm

1. 朝鲜新林舟蛾 *Neodrymonia coreana* Matsumura, 1922; 2. 连点新林舟蛾 *Neodrymonia seriatopunctata* (Matsumura, 1925); 3. 安新林舟蛾 *Neodrymonia anna* Schintlmeister, 1989; 4. 噶夙舟蛾 *Pheosiopsis gaedei* Schintlmeister, 1989; 5. 喜夙舟蛾秦岭亚种 *Pheosiopsis cinerea canescens* (Kiriakoff, 1963); 6–7. 皮霭舟蛾 *Hupodonta corticalis* Butler, 1877, 6 ♂, 7 ♀; 8. 槐羽舟蛾 *Pterostoma sinicum* Moore, 1877; 9. 绚羽齿舟蛾 *Ptilodon saturata* (Walker, 1865); 10. 灰小掌舟蛾中国亚种 *Microphalera grisea vladmurzini* (Schintlmeister, 2008); 11. 冠齿舟蛾 *Lophontosia cuculus* (Staudinger, 1887); 12. 歧怪舟蛾 *Hagapteryx mirabilior* (Oberthür, 1911); 13. 白纹扁齿舟蛾 *Hiradonta hannemanni* Schintlmeister, 1989; 14–15. 双线亥齿舟蛾 *Hyperaeschrella nigribasis* (Hampson, 1892), 14 ♂, 15 ♀; 16. 白颈异齿舟蛾 *Hexafrenum leucodera* (Staudinger, 1892). 比例尺 =1 cm

图版 XXXIV

1. 苹掌舟蛾 *Phalera flavescens* (Bremer *et* Grey, 1852); 2. 栎掌舟蛾 *Phalera assimilis* (Bremer *et* Grey, 1852); 3. 宽掌舟蛾 *Phalera alpherakyi* Leech, 1898; 4. 拟宽掌舟蛾 *Phalera schintlmeisteri* Wu *et* Fang, 2004; 5. 迈小掌舟蛾 *Phalera minor* Nagano, 1916; 6. 脂掌舟蛾 *Phalera sebrus* Schintlmeister, 1989; 7. 壮掌舟蛾 *Phalera hadrian* Schintlmeister, 1989; 8. 刺槐掌舟蛾 *Phalera grotei* Moore, 1860; 9. 富金舟蛾 *Spatalia plusiotis* (Oberthür, 1880); 10–11. 新奇舟蛾 *Allata sikkima* (Moore, 1879), 10 ♂, 11 ♀; 12–13. 伪奇舟蛾 *Allata laticostalis* (Hampson, 1900), 12 ♂, 13 ♀. 比例尺 =1 cm

1. 光锦舟蛾秦巴亚种 *Ginshachia phoebe shanguang* Schintlmeister *et* Fang, 2001; 2. 杨谷舟蛾细颚亚种 *Gluphisia crenata tristis* Gaede, 1933; 3. 角翅舟蛾 *Gonoclostera timoniorum* (Bremer, 1861); 4. 暗角翅舟蛾 *Gonoclostera denticulata* (Oberthür, 1911); 5. 杨扇舟蛾 *Clostera anachoreta* (Denis *et* Schiffermüller, 1775); 6. 分月扇舟蛾 *Clostera anastomosis* (Linnaeus, 1758); 7. 杨小舟蛾 *Micromelalopha sieversi* (Staudinger, 1892); 8. 黄灰佳苔蛾 *Hypeugoa flavogrisea* Leech, 1899; 9. 黄痣苔蛾 *Stigmatophora flava* (Bremer *et* grey, 1853); 10. 枚痣苔蛾 *Stigmatophora rhodophila* (Walker, 1864); 11. 之美苔蛾 *Miltochrista ziczac* (Walker, 1856); 12. 曲美苔蛾 *Miltochrista flexuosa* Leech, 1899; 13. 异美苔蛾 *Miltochrista aberrans* Butler, 1877; 14. 黑缘美苔蛾 *Miltochrista delineata* (Walker, 1854); 15. 优美苔蛾 *Miltochrista striata* (Bremer *et* Grey, 1853); 16. 东方美苔蛾 *Miltochrista orientalis* Daniel, 1951; 17. 硃美苔蛾 *Miltochrista pulchra* Butler, 1877; 18–19. 黄边美苔蛾 *Miltochrista pallida* (Bremer, 1864), 18 ♂, 19 ♀; 20. 毛黑美苔蛾 *Miltochrista nigrociliata* Fang, 1991; 21–22. 褐脉艳苔蛾 *Asura esmia* (Swinhoe, 1893), 21 ♂, 22 ♀; 23. 条纹艳苔蛾 *Asura strigipennis* (Herrich-Schäffer, 1855); 24–25. 绣苔蛾 *Asuridia carnipicta* (Butler, 1877), 24 ♂, 25 ♀; 26–27. 草雪苔蛾 *Cyana pratti* (Elwes, 1890), 26 ♂, 27 ♀; 28–29. 明雪苔蛾 *Cyana phaedra* (Leech, 1889), 28 ♂, 29 ♀; 30. 天目雪苔蛾 *Cyana tienmushanensis* (Reich, 1937); 31. 滴苔蛾 *Agrisius guttivitta* Walker, 1855; 32. 乌闪网苔蛾 *Macrobrochis staudingeri* (Alphéraky, 1897). 比例尺 =1 cm

图版 XXXVI

1. 点清苔蛾 *Apistosia subnigra* (Leech, 1899); 2. 头橙荷苔蛾 *Ghoria gigantea* (Oberthür, 1879); 3. 圆斑苏苔蛾 *Thysanoptyx signata* (Walker, 1854); 4. 缘点土苔蛾 *Eilema costipuncta* (Leech, 1890); 5. 前痣土苔蛾 *Eilema stigma* Fang, 2000; 6–7. 额黑土苔蛾 *Eilema conformis* (Walker, 1854), 6 ♂, 7 ♀; 8. 乌土苔蛾 *Eilema ussurica* (Daniel, 1954); 9. 灰土苔蛾 *Eilema griseola* (Hübner, 1827); 10. 耳土苔蛾 *Eilema auriflua* (Moore, 1878); 11–12. 粉鳞土苔蛾 *Eilema moorei* (Leech, 1890), 11 ♂, 12 ♀; 13. 黄土苔蛾 *Eilema nigripoda* (Bremer, 1853); 14. 泥苔蛾 *Pelosia muscerda* (Hüfnagel, 1766); 15–16. 肖浑黄灯蛾 *Rhyparioides amurensis* (Bremer, 1861), 15 ♂, 16 ♀; 17. 红点浑黄灯蛾 *Rhyparioides subvarius* (Walker, 1855); 18. 红缘灯蛾 *Aloa lactinea* (Cramer, 1777); 19. 八点灰灯蛾 *Creatonotos transiens* (Walker, 1855); 20–21. 梅尔望灯蛾 *Lemyra melli* (Daniel, 1943), 20 ♂, 21 ♀; 22–23. 伪姬白望灯蛾 *Lemyra anormala* (Daniel, 1943), 22 ♂, 23 ♀; 24–25. 漆黑望灯蛾 *Lemyra infernalis* (Butler, 1877), 24 ♂, 25 ♀; 26. 淡黄望灯蛾 *Lemyra jankowskii* (Oberthür, 1880); 27–28. 褐带东灯蛾 *Eospilarctia lewisii* (Butler, 1885), 27 ♂, 28 ♀. 比例尺 =1 cm

图版 XXXVII

1–2. 白雪灯蛾 *Chionarctia nivea* (Ménétriès, 1859), 1 ♂, 2 ♀; 3. 红星雪灯蛾 *Spilosoma punctarium* (Stoll, 1782); 4–5. 人纹污灯蛾 *Spilarctia subcarnea* (Walker, 1855), 4 ♂, 5 ♀; 6. 净污灯蛾 *Spilarctia alba* (Bremer *et* Grey, 1853); 7–8. 强污灯蛾 *Spilarctia robusta* (Leech, 1899), 7 ♂, 8 ♀; 9–10. 黑须污灯蛾 *Spilarctia casigneta* (Kollar, 1844), 9 ♂, 10 ♀; 11. 首丽灯蛾 *Callimorpha principalis* (Kollar, 1844); 12–13. 新丽灯蛾 *Chelonia bieti* Oberthür, 1883, 12 ♂, 13 ♀. 比例尺 =1 cm

图版 XXXVIII

1. 大丽灯蛾 *Aglaomorpha histrio* (Walker, 1855); 2. 牧鹿蛾 *Amata pascus* (Leech, 1889); 3. 结丽毒蛾 *Calliteara lunulata* (Butler, 1877); 4–5. 刻丽毒蛾 *Calliteara taiwana* (Wileman, 1910), 4 ♂, 5 ♀; 6. 角斑台毒蛾 *Teia gonostigma* (Linnaeus, 1767); 7. 肾毒蛾 *Cifuna locuples* Walker, 1855; 8. 素毒蛾 *Laelia coenosa* (Hübner, 1804); 9. 丛毒蛾 *Locharna strigipennis* Moore, 1879; 10–11. 白斜带毒蛾 *Numenes albofascia* (Leech, 1888), 10 ♂, 11 ♀; 12. 鹅点足毒蛾 *Redoa anser* Collenette, 1938; 13. 白点足毒蛾 *Redoa cygnopsis* (Collenette, 1934); 14. 茶点足毒蛾 *Redoa phaeocraspeda* Collenette, 1938. 比例尺 =1 cm

图版 XXXIX

1–2. 络毒蛾 *Lymantria concolor* Walker, 1855, 1 ♂, 2 ♀; 3. 栎毒蛾 *Lymantria mathura* Moore, 1865; 4–5. 枫毒蛾 *Lymantria nebulosa* Wileman, 1910, 4 ♂, 5 ♀; 6–7. 杧果毒蛾 *Lymantria marginata* Walker, 1855, 6 ♂, 7 ♀; 8–9. 条毒蛾 *Lymantria dissoluta* Swinhoe, 1903, 8 ♂, 9 ♀; 10. 扇纹毒蛾 *Lymantria minomonis* Matsumura, 1933; 11. 珊毒蛾 *Lymantria grandis* Walker, 1855; 12. 茶白毒蛾 *Arctornis alba* (Bremer, 1861); 13. 白毒蛾 *Arctornis l-nigrum* (Müller, 1764); 14. 黑足白毒蛾 *Arctornis moorei* (Leech, 1899); 15. 直角点足毒蛾 *Arctornis anserella* (Collenette, 1938); 16. 杨雪毒蛾 *Leucoma candida* (Staudinger, 1892); 17. 点背雪毒蛾 *Leucoma horridula* (Collenette, 1934); 18. 黄足毒蛾 *Ivela auripes* (Butler, 1877); 19. 侧柏毒蛾 *Parocneria furva* (Leech, 1888); 20–21. 豆盗毒蛾 *Euproctis piperita* (Oberthür, 1880), 20 ♂, 21 ♀; 22. 双线盗毒蛾 *Euproctis scintillans* (Walker, 1856). 比例尺 =1 cm

图版 XL

1. 戟盗毒蛾 *Euproctis pulverea* (Leech, 1888); 2–3. 云星黄毒蛾 *Euproctis niphonis* (Butler, 1881), 2 ♂, 3 ♀; 4. 叉带黄毒蛾 *Euproctis angulata* Matsumura, 1927; 5. 折带黄毒蛾 *Euproctis flava* (Bremer, 1861); 6. 梯带黄毒蛾 *Euproctis montis* (Leech, 1890); 7. 幻带黄毒蛾 *Euproctis varians* (Walker, 1855); 8. 乌桕黄毒蛾 *Euproctis bipunctapex* (Hampson, 1891); 9–10. 岩黄毒蛾 *Euproctis flavotriangulata* Gaede, 1932, 9 ♂, 10 ♀; 11. 旋夜蛾 *Eligma narcissus* (Cramer, 1775); 12. 柿癣皮夜蛾 *Blenina senex* (Butler, 1878); 13. 枫杨癣皮夜蛾 *Blenina quinaria* Moore, 1882; 14. 胡桃豹夜蛾 *Sinna extrema* (Walker, 1854); 15. 银斑砌石夜蛾 *Gabala argentata* Butler, 1878; 16. 花布夜蛾 *Camptoloma interiorata* (Walker, 1865); 17. 鼎点钻夜蛾 *Earias cupreoviridis* (Walker, 1862); 18. 粉缘钻夜蛾 *Earias pudicana* Staudinger, 1887; 19. 太平粉翠夜蛾 *Hylophilo*des *tsukusensis* Nagano, 1918; 20. 红衣夜蛾 *Clethrophora distincta* (Leech, 1889); 21. 洼皮夜蛾 *Nolathripa lactaria* (Graeser, 1892); 22. 显长角皮夜蛾 *Risoba prominens* Moore, 1881; 23. 污后夜蛾 *Trisuloides contaminate* Draudt, 1937; 24. 洁后夜蛾 *Trisuloides bella* Mell, 1935; 25. 新靛夜蛾 *Belciana staudingeri* (Leech, 1900); 26. 大斑蕊夜蛾 *Cymatophoropsis unca* (Houlbert, 1921); 27. 梨剑纹夜蛾 *Acronicta rumicis* (Linnaeus, 1758); 28. 桃剑纹夜蛾 *Acronicta intermedia* Warren, 1909. 比例尺 =1 cm

1. 白斑剑纹夜蛾 *Acronicta catocaloida* (Graeser, 1889); 2. 绿孔雀夜蛾 *Nacna malachitis* (Oberthür, 1880); 3. 选彩虎蛾 *Episteme lectrix* (Linnaeus, 1764); 4. 白云修虎蛾 *Sarbanissa transiens* (Walker, 1856); 5. 葡萄修虎蛾 *Sarbanissa subflava* (Moore, 1877); 6. 艳修虎蛾 *Sarbanissa venusta* (Leech, 1888); 7. 斑藓夜蛾 *Cryphia granitalis* (Butler, 1881); 8. 夕狼夜蛾 *Ochropleura refulgens* (Warren, 1909); 9. 暗缘歹夜蛾 *Diarsia cerastioides* (Moore, 1867); 10. 赭尾歹夜蛾 *Diarsia ruficauda* (Warren, 1909); 11. 污歹夜蛾 *Diarsia coenostola* Boursin, 1954; 12. 掌夜蛾 *Tiracola plagiata* (Walker, 1857); 13. 柔秘夜蛾 *Mythimna placida* Butler, 1878; 14. 秘夜蛾 *Mythimna turca* (Linnaeus, 1761); 15. 胖夜蛾 *Orthogonia sera* Felder *et* Felder, 1862; 16. 华胖夜蛾 *Orthogonia plumbinotata* (Hampson, 1908); 17. 暗翅夜蛾 *Dypterygia caliginosa* (Walker, 1858); 18. 乏夜蛾 *Niphonyx segregata* (Butler, 1878); 19. 白斑衫夜蛾 *Phlogophora albovittata* (Moore, 1867); 20. 白纹驳夜蛾 *Karana gemmifera* (Walker, 1858); 21. 纬夜蛾 *Atrachea nitens* (Butler, 1878); 22. 聚星普夜蛾 *Prospalta siderea* Leech, 1900; 23. 暗角散纹夜蛾 *Callopistria phaeogona* (Hampson, 1908); 24. 散纹夜蛾 *Callopistria juventina* (Stoll, 1782). 比例尺 =1 cm

图版 XLII

1. 红晕散纹夜蛾 *Callopistria replete* Walker, 1858; 2. 沟散纹夜蛾 *Callopistria rivularis* Walker, 1858; 3. 宏遗夜蛾 *Fagitana gigantea* Draudt, 1950; 4. 条夜蛾 *Virgo datanidia* (Butler, 1885); 5. 间纹炫夜蛾 *Actinotia intermediata* (Bremer, 1861); 6. 斜纹灰翅夜蛾 *Spodoptera litura* (Fabricius, 1775); 7. 线委夜蛾 *Athetis lineosa* (Moore, 1881); 8. 白夜蛾 *Chasminodes albonitens* (Bremer, 1861); 9. 丹日明夜蛾 *Sphragifera sigillata* (Ménétriés, 1859); 10. 日月明夜蛾 *Sphragifera biplagiata* (Walker, 1865); 11. 井夜蛾 *Dysmilichia gemella* (Leech, 1889); 12. 围星夜蛾 *Perigea cyclicoides* Draudt, 1950; 13. 海兰纹夜蛾 *Stenoloba marina* Draudt, 1950; 14. 兰纹夜蛾 *Stenoloba jankowskii* (Oberthür, 1884); 15. 桃红瑙夜蛾 *Maliattha rosacea* (Leech, 1889); 16. 白斑瑙夜蛾 *Maliattha melaleuca* (Hampson, 1910); 17–18. 两色绮夜蛾 *Acontia bicolora* Leech, 1889, 17 ♂, 18 ♀; 19. 卫翅夜蛾 *Amyna punctum* (Fabricius, 1794); 20. 钩尾夜蛾 *Eutelia hamulatrix* Draudt, 1950; 21. 漆尾夜蛾 *Eutelia geyeri* (Felder *et* Rogenhofer, 1874); 22. 折纹殿尾夜蛾 *Anuga multiplicans* (Walker, 1858); 23. 月殿尾夜蛾 *Anuga lunulata* Moore, 1867; 24. 暗裙脊蕊夜蛾 *Lophoptera squammigera* Guenée, 1852; 25. 弯脊蕊夜蛾 *Lophoptera anthyalus* (Hampson, 1894); 26. 鸱裳夜蛾 *Catocala patala* Felder *et* Rogenhofer, 1874; 27. 奇光裳夜蛾 *Catocala mirifica* Butler, 1877. 比例尺 =1 cm

1. 鸽光裳夜蛾 *Catocala columbina* Leech, 1900; 2. 兴光裳夜蛾 *Catocala eminens* Staudinger, 1892; 3. 白光裳夜蛾 *Catocala nivea* Butler, 1877; 4. 苎麻夜蛾 *Arcte coerula* (Guenée, 1852); 5. 斜线关夜蛾 *Artena dotata* (Fabricius, 1794); 6. 庸肖毛翅夜蛾 *Thyas juno* (Dalman, 1823); 7. 安钮夜蛾 *Ophiusa tirhaca* (Cramer, 1777); 8. 毛目夜蛾 *Erebus pilosa* (Leech, 1900); 9. 诶目夜蛾 *Erebus ephesperis* (Hübner, 1823). 比例尺 =1 cm

图版 XLIV

1. 变色夜蛾 *Hypopyra vespertilio* (Fabricius, 1787); 2–3. 环夜蛾 *Spirama retorta* (Clerck, 1764), 2 ♂, 3 ♀; 4. 蓝条夜蛾 *Ischyja manlia* (Cramer, 1766); 5. 雪耳夜蛾 *Ercheia niveostrigata* Warren, 1913; 6. 玫瑰巾夜蛾 *Dysgonia arctotaenia* (Guenée, 1852); 7. 霉巾夜蛾 *Dysgonia maturata* (Walker, 1858); 8. 肾巾夜蛾 *Dysgonia praetermissa* (Warren, 1913); 9. 石榴巾夜蛾 *Dysgonia stuposa* (Fabricius, 1794); 10. 毛胫夜蛾 *Mocis undata* (Fabricius, 1775); 11. 奚毛胫夜蛾 *Mocis ancilla* (Warren, 1913); 12. 连桥夜蛾 *Anomis combinans* (Walker, 1858); 13. 肘析夜蛾 *Sypnoides olena* (Swinhoe, 1893). 比例尺 = 1 cm

1. 赫析夜蛾 *Sypnoides hercules* (Butler, 1881); 2. 白点朋闪夜蛾 *Hypersypnoides astrigera* (Butler, 1885); 3. 巨肾朋闪夜蛾 *Hypersypnoides pretiosissima* (Draudt, 1950); 4. 曲带双衲夜蛾 *Dinumma deponens* Walker, 1858; 5. 客来夜蛾 *Chrysorithrum amata* (Bremer *et* Grey, 1853); 6. 筱客来夜蛾 *Chrysorithrum flavomaculata* (Bremer, 1861); 7. 二型畸夜蛾 *Bocula bifaria* (Walker, 1863); 8. 双线卷裙夜蛾 *Plecoptera bilinealis* (Leech, 1889); 9. 白线篦夜蛾 *Episparis liturata* (Fabricius, 1787); 10. 苹梢鹰夜蛾 *Hypocala subsatura* Guenée, 1852; 11. 枯艳叶夜蛾 *Eudocima tyrannus* (Guenée, 1852); 12. 翎壶夜蛾 *Calyptra gruesa* (Draudt, 1950); 13. 平嘴壶夜蛾 *Calyptra lata* (Butler, 1881); 14. 鸟嘴壶夜蛾 *Oraesia excavata* (Butler, 1878). 比例尺 = 1 cm

图版 XLVI

1. 大斑薄夜蛾 *Mecodina subcostalis* (Walker, 1865); 2. 中带薄夜蛾 *Mecodina lankesteri* Leech, 1900; 3. 赭灰勒夜蛾 *Laspeyria ruficeps* (Walker, 1864); 4. 纱眉夜蛾 *Pangrapta textilis* (Leech, 1889); 5. 白痣眉夜蛾 *Pangrapta albistigma* (Hampson, 1898); 6. 暗灰眉夜蛾 *Pangrapta griseola* Staudinger, 1892; 7. 浓眉夜蛾 *Pangrapta trimantesalis* (Walker, 1859); 8. 鳞眉夜蛾 *Pangrapta squamea* (Leech, 1900); 9. 红尺夜蛾 *Dierna timandra* Alphéraky, 1897; 10. 两色髯须夜蛾 *Hypena trigonalis* (Guenée, 1854); 11. 阴髯须夜蛾 *Hypena stygiana* Butler, 1878; 12. 双色髯须夜蛾 *Hypena bicoloralis* Graeser, 1889; 13. 满髯夜蛾 *Hypena mandarina* Leech, 1900; 14. 白线尖须夜蛾 *Bleptina albolinealis* Leech, 1900; 15. 白肾夜蛾 *Edessena gentiusalis* Walker, 1859; 16. 钩白肾夜蛾 *Edessena hamada* (Felder *et* Rogenhofer, 1874); 17. 黑点贫夜蛾 *Simplicia rectalis* (Eversmann, 1842); 18. 杉镰须夜蛾 *Zanclognatha griselda* (Butler, 1879); 19. 黄镰须夜蛾 *Zanclognatha helva* (Butler, 1879); 20. 淡缘波夜蛾 *Bocana marginata* (Leech, 1900); 21. 白条夜蛾 *Ctenoplusia albostriata* (Bremer *et* Grey, 1853); 22. 中金弧夜蛾 *Thysanoplusia intermixta* (Warren, 1913); 23. 淡银锭夜蛾 *Macdunnoughia purissima* (Butler, 1878). 比例尺 = 1 cm